国家科学技术学术著作出版基金资助出版

烹饪科学原理

邓　力　著

科 学 出 版 社

北　京

内 容 简 介

本书以火候这一烹饪核心问题为切入点展开研究。从心理物理学、感官评价、动力学、热质传递等原理出发，通过数理逻辑推演出烹饪成熟的定量公式和测定方法，构建了烹饪过程的数学模型，从而提出了火候的品质优化原理——烹饪成熟值理论，并通过试验研究和数值模拟进行了验证。在理论基础上研究了火候控制等关键问题，给出了烹饪的参数化科学分类、定义，研究了烹饪的前、后处理工艺，从而构建了烹饪科学的基本框架。

本书可供食品科学、烹饪、预制菜、杀菌等领域的学者、工程师、教师和学生参考。

图书在版编目（CIP）数据

烹饪科学原理 / 邓力著. —北京：科学出版社，2024.5

ISBN 978-7-03-076788-2

Ⅰ. ①烹… Ⅱ. ①邓… Ⅲ. ①烹饪理论 Ⅳ. ①TS972.11

中国国家版本馆 CIP 数据核字（2023）第 203298 号

责任编辑：贾　超　沈力匀　高　微/责任校对：杜子昂

责任印制：赵　博/封面设计：东方人华

科学出版社 出版

北京东黄城根北街 16 号

邮政编码：100717

http://www.sciencep.com

北京建宏印刷有限公司印刷

科学出版社发行　各地新华书店经销

*

2024 年 5 月第　一　版　开本：787 × 1092　1/16

2025 年 1 月第二次印刷　印张：50 1/4

字数：1 180 000

定价：228.00 元

（如有印装质量问题，我社负责调换）

序

邓力教授在江南大学博士学业期间，我是他所在班级的班主任。2006 年他博士毕业后，留校工作了 3 年，随后在贵州大学酿酒与食品工程学院任教。在一些学术会议和项目评审中，我大概了解他的学术研究方向和进展。20 年来，他一直深耕烹饪科学，坚持不懈。当他请我为书作序，拿到这本书的手稿后，我才较为全面地了解了他的研究工作。烹饪研究在我国算是一个冷门，而烹饪却在中国食品行业中占有重要地位，他能在这个冷门上持续努力，深思敏求，不断探索，确实难能可贵，很有意义。总体看来，这部书填补了我国在烹饪研究领域的不足，既有理论意义，又有应用价值，是一部有开创性的好书。

该书为解决烹饪的火候问题，把心理物理学、感官评价原理、动力学的底层原理结合起来，综合主观判断和客观变化定义了烹饪成熟，给出了成熟值的动力学公式。随后又建立了成熟值测量方法，对代表性烹饪原料开展成熟值测定试验，验证成熟定量原理的合理性。这个工作有基础研究意义，不仅为烹饪研究建立了原理支点，还有更广泛的食品科学价值。

建立烹饪热质传递数学模型并成功开展 CFD 数值模拟是该书的另一个贡献，这部分有难度的研究，对掌握烹饪的过程原理、实现烹饪的工程化很有价值。作者将成熟的动力学定量和烹饪热质传递结合起来，提出了火候的品质优化数学模型，并结合数值模拟和试验分析验证了这一原理，最终构建了成熟值理论，为研究烹饪提供了重要的理论视角。

作者将烹饪过程参数化，研究了油温、刀工、搅拌等各种条件对火候的影响，在理论基础上提出的火候控制方法和原则，为自动烹饪设计和评价指导手工烹饪提供了原理基础。书中将烹饪划分为烹饪前处理、烹饪、烹饪后处理三个阶段，并分别开展了一系列研究，而烹饪功耗测定、锅具研究、油脂的传递等专项研究也有良好的应用属性。这些工作使得这部书拥有了较高的应用价值。

书中构建的烹饪参数化科学分类，对提升烹饪科学研究严谨性、系统性提供了必要的支撑，也为将烹饪从手工技艺提升为工业过程做了原理铺垫。在研究中作者自行设计构建了一系列专用的试验装置、仪器、设备，烹饪专用 TTIs、热处理验证系统、FUHTS 验证设备的研发都有一定难度，为烹饪研究提供了必要的技术手段。

全书较全面地分析研究了烹饪成熟原理和火候控制，各章节相互支撑，发展递进，全书公式、符号统一，原理、方法和应用研究结合，有较强的系统性。作者在成熟定量研究上采用了科学研究的假设-验证方法，公式推导数理逻辑清晰，重要结论采用多角度多试验开展验证，交互使用试验方法和数值模拟，体现了其严谨性。

烹饪承载着中国深厚的传统饮食文化，更是国民摄入食物的主要手段。从习近平总书记提出的“大食物观”来看，为满足国民对便利烹饪、营养烹饪的需求，必须推动中国烹饪现代化、智能化发展。在烹饪产业、预制菜产业高速发展的背景下，开展烹饪科学研究不但重要而且紧迫。我一直认为，随着生物技术、人工智能、大数据和先进制造等技术的快速兴起，食品科学必将迎来大发展的黄金期。该书发源于中国烹饪，研究主要针对典型的中式烹饪工艺，中国特征显著，且具有一定的理论深度，有助于推动中国食品科学的发展。我很高兴可以看到，以书中原理为基础，作者已将包含 1：1 复制手工厨艺算法的高性能烹饪机器人开发成功。

我国食品工业已全面进入结构优化阶段，一些高新技术领域的研发能力与世界先进水平的整体差距明显缩小，不少关键核心技术实现了由单一的“跟跑”向“跟跑、并跑、领跑”并存的历史性转变。我相信，智能烹饪及配套产业链技术一定会在中国普及，从而创造一种既高度保持传统，又高度先进的食品加工形式，在烹饪领域形成自己的领跑技术。

中国工程院院士
江南大学校长
2023 年 1 月 29 日

前言——人类需要什么样的饮食

杂食者

吃对人类而言是第一位的，即所谓“民以食为天”。英国作家英吉曾说：“整个自然界就是吃，即吃与被吃。”

专注于人类饮食研究的克洛德·费席勒在其著作《杂食者》中提出了著名的“杂食者悖论”，后由塞西尔·多尔蒂-比加尔（Cécile Doherty-Bigare）总结为：人类最基本的特征之一就是杂食，这种物理和心理状态的经历并不像我们想象的那样简单（Pollan，2006）。诚然，人是杂食的，人在地球提供的丰富食物中做出选择时会出现困难。人的这种特征代表着自主、自由和适应性：与只吃特定食物的物种不同，多样的饮食带给杂食者一种极其珍贵的能力——生存，所以更能适应环境的变化。杂食者身上有一种根本性悖论，而这种悖论正是源自杂食的自由，即杂食者依赖于多样性同时又被多样性限制。因为如果从生物角度看，人类无法从一种食物中获取所有所需的养分，那他就成为多样性的奴隶。单一食物的动物只吃少数几种食物就能获取所需的一切，而且消化系统通常变得极为特定化，因此省下杂食动物面对食物的挑战时所需消耗的大量脑力（Ducasse，2012）。恩格斯（1963）指出：“蒸汽机的发明，毫无疑问地，绝没有像摩擦生火的发明那样大的解放的意义，因为摩擦所生之火，首先使人能够支配某种自然力，而最后与动物界相脱离”。

正是人类的杂食性，在形成了丰富多彩的饮食的同时，也造就了人类的思维能力。不同民族、不同地区乃至不同人群，依靠各自所在的自然环境获取可能的食物，在漫长的历史中演变出成为自己独特文化表征的传统饮食方式。这些传统饮食有个共同点：为我们的细胞提供了再生和修复的各种营养，这些营养在生理上相互补充，这种互补性是保持人类健康必不可少的。

饮食与社会和自然

食物还是人类个体联系社会和自然的纽带。

阿兰·杜卡斯说：“吃成为一种公民行为，一种个人存在于世界的方式”。一些哲学家甚至认为，正是人类不知餍足的胃口造就了人类的野蛮与文明，因为会想把所有东西（包括其他人类）都拿来吃的生物，会特别需要伦理、规则和仪式。神经系统科学已经充分证明就餐时大脑会激活大量情景、记忆和文化联想。这些联想会影响我们的食物偏好和面对食物时产生的情感。同一道菜，地点、时间、同伴不同，味道就会有所不同（Ducasse，2012）。

饮食人类学研究表明饮食与人种、生态、族群、区域、政治、伦理、礼仪、习俗等密切相关，展现了文明形态和文化形貌（彭兆荣和肖坤冰，2011）。食物的获得与调制、从生食到熟食的控制、菜系、饮食仪式与禁忌都代表着人类文化特征（陈运飘和孙箫韵，2005）。人在一种文化内，饮食习惯就受到这种文化的支配，从一出生，孩子就要学习支配着社会群体的饮食和烹饪法则。人的饮食习惯决定了个人在人类社会中的特定位置。阿兰·杜卡斯说：一个群体有一种饮食文化，我们选择食物的方式、烹饪方式与我们的饮食文化息息相关；正是这一整套规则、行事方法和分类，使人类找到饮食上的安全感，相关饮食系统将进食者纳入自己的体系了，可以将饮食系统看作一种世界观（Ducasse，2012）。

饮食习惯同样深刻影响社会和自然，因为个人对食物的选择对农业、生态、社交形态有巨大的影响力。世界各国越来越重视对人的饮食习惯的培育，普遍开展食育。一般食育的内容包括：传承传统的饮食文化；灌输饮食的基本营养和安全知识，培养健康的饮食行为；培育与自然环境协调的意识，感恩大自然提供我们食物；培养食品选购等日常饮食的基本技能；培养健全的人格及爱心；培养艺术想象力和创造力。2005 年，日本颁布了《食育基本法》，将其作为一项国民运动，以家庭、学校、保育所等地域为单位，在全国范围进行普及推广，以“通过食育，培养国民终身健康的身心和丰富的人性”。食育是一种口味的培养，却有着很深的社会意义，也对自然有着影响，与环境保护息息相关。笔者建议中国根据自身的饮食文化特点开展食育立法。

烹饪与人类

烹饪是人类造就自己的手段。正是远古智人使用火开始烹饪后，人类就不需要那么强壮的下颚来咀嚼生食了，从而给大脑扩容提供了条件。同时，人类只需要更短、更小的消化系统就能满足机体需要，造就了人类的体形。烹饪使一些原料从不可食变为可食，从难以消化变为容易消化，为人类扩展了食物源，因为容易获得充足的营养，得到更多的非谋食时间，所以促进了人类的进化和文明的形成。烹饪及烹饪后进食等相关活动也影响了人类自己的形态，促进了文明进步。烹饪塑造了人类，区别了人类与动物（Pollan，2014）。

烹饪也是一种传承。菜肴，尤其是一种跨代、微妙、不言而喻、间接、无意识的传播方式，它联系前代、当代和后代人的广阔而持久的关系，施加长期的影响，无论他们此时共处还是从未谋面（Ducasse，2012）。成书于公元 533～544 年的《齐民要术》中首次记载了炒菜——“炒鸡子法”（邱庞同，2010），即炒鸡蛋，其加葱白和盐后油炒的方法与今天炒蛋方法基本相同。我们与千年前的先祖有着相同的口味，通过烹饪-厨师联系在一起。这就是历史，这就是民族，这就是文化！在传统和现代之间，厨师扮演着摆渡人的角色。

烹饪也是对食物表达敬意的方式，致敬这些动物、植物和真菌，同时致敬的还有生产这些食物的土地与众人（Ducasse，2012）。人类与自然应该建立和谐的关系，应该敬畏自然、尊重自然。

我在研究烹饪的过程中产生了这样的认识：在漫长的烹饪历史演变中，厨师依靠食用烹饪菜品后的即时和长期身体响应，凭直觉摸索出最佳风味、最佳营养的烹饪技法，尽量满足就餐者的精神期待，从而使烹饪适应人类的生物性和社会性需要。同时，人类的生物性和社会性也使烹饪产生了适应性变化，这是一个相互适应的演变过程。这种相互适应，值得我们探索。研究历史，才能设计未来，把握未来人类饮食的方向，造福人类。

烹饪与食品工业

食品工业是烹饪的延伸和发展。在食品加工的第一个时代，食品的保藏技术的出现，如风干、烟熏、腌渍等，目的是弥补食品储存期限的不足。随着技术的进步，出现了罐藏、冷藏、真空包装等一系列近现代食品加工技术，进入食品加工的第二个时代。而化学和生物技术的进步，开始调整和改变食品的成分，如人造奶油、淀粉糖、合成增稠剂、合成香精、防腐剂（被定义为不作为食品成分，但实际上被人体摄入）的应用，这是食品加工的第三个时代（Pollan，2016）。食品加工的第四个时代正在酝酿，即生物合成各种食品，如人造肉——与天然肉完全类似，使得食品生产彻底脱离土地。我们可以看到，随着食品科学的进步，总体上出现了加工食品与传统饮食逐渐远离的过程。现代食品加工的发展逐渐远离烹饪、远离自然、远离多样性、远离人类生物本性。这种食品科学的进步都发生在食品充足的发达国家，与其说是满足人类饮食的需要，不如说是产业增长动力和资本扩张的欲望所促成。加热烹饪的危害，如维生素的损失、高温致癌物质的产生，是在人类使用火 50 万年（一说 100 万年）后才发现的。越来越多的现代食品加工新技术中是否包含了我们目前技术尚无法知道的危害呢？这是一个值得警惕的问题。

虽然超市中加工食品琳琅满目，实际上加工食品种类的丰富性，与传统烹饪食品相比仍是九牛一毛——在中国更是如此。加工食品品种中有大量的复制、变性、调制和模仿，高比例使用廉价大宗原料，不同品牌的风味差距很大的食品，其食用性质常常是近似的。实际上，其结果往往是食物越来越单一，且经济发达的地区尤为显著。为了追求高产量，养殖业、种植业的动植物品种也越来越少。这是由食品工业背后的资本逐利所决定的，更大的规模、更低的成本、更少的品种能带来更多的利润。全球最大的 10 家食品加工企业提供了全世界 26%的工业食品；全球集体食堂 73000 家，为 30 亿人供餐。这些企业和快餐店的供应链通常是统一的，意味着食材是单调的。快餐店及食品企业的广告常常给儿童以比家庭传统烹饪更强大的食育，让他们习惯甚至沉迷于这些低成本、大规模加工的食品。食用香料、添加剂为这种规模加工推波助澜。显然，大规模食品工业对满足人类杂食性是不利的，两者发生了冲突，杂食者的悖论在这里得到深刻体现。这是人类文明的商业规则和人类生物本性的冲突。

尽管大规模的种养殖业及食品加工在解决人类饥馑上功不可没，但也带来了相当多的问题。例如，垃圾食品导致了普遍性的肥胖症。一个国家的麦当劳数量越多，肥胖率就越高。麦当劳餐厅覆盖 44 个国家及世界总人口的 75%，研究表明：在每百万人拥有麦当劳的数量较少的国家，肥胖率低于 5%。在麦当劳分布最为密集的国家，肥胖率攀升至 25%（Ducasse，2012）。相关研究证实了这一点：个人对西式快餐等高热量食品的偏好每增加一个等级（共六个等级），其肥胖指数就会增加 0.07（倪国华和郑风田，2011）。这意味着西式快餐的普及对居民肥胖症的上升有很大的推动作用。在国家间，更不愿烹饪、最推崇营养和保健餐饮的美国的肥胖率最高（26%），而传统餐饮坚持较好的欧洲大陆（14%～16%）、日本（4%）肥胖率却较低。食品工业最发达最先进的美国，却有着发达国家中几乎最低的人均寿命。

法国健康环境协会（ASEF）的研究表明，在 8～12 岁的儿童中，有 35%的儿童不知道酸奶是用牛奶做的，41%的儿童说不出火腿来自哪种动物的肉。之前的研究已经发现，不足 10 岁的孩子甚至认为薯条是直接从地里长出来的（Ducasse，2012）。食品加工深度的增加，使人们无法知道食品的来源，更遑论知道培育食品的土地、物种和环境。

工业食品也使得人们更少地按传统方式烹饪及按传统形式聚餐，逐渐偏离自己千百年来依从的饮食文化。

人类需要什么样的饮食

法国烹饪协会提出了人文主义饮食的权利和义务：条款一，所有人都有权了解食材信息，掌握食材清晰而透明的可追溯性，并为自己的选择负责；条款二，所有人都有权利接受味觉教育，有义务学习和传承；条款三，所有人都有权利与乡土和土地建立联系，有义务尊重和保护土地及其节律；条款四，所有人都有权利保护并改善人类健康，有义务致力于保护生物多样性；条款五，所有人都有权利体验用餐的愉悦和餐饮中的社交，都有义务向自身行为差异性和共享的方向发展（Ducasse，2016）。这些条款仅仅是理想，而不是具体手段或法规。

一些饮食研究者提出了种种饮食原则来摆脱现代大规模食品产业，如提倡消费者自己烹饪，提倡自己寻找高品质有机食材，甚至自己种植、采集和狩猎（Pollan，2016）。这种返璞归真的想法很美好，对少数人也有可能实现，但对大多数人来说是不现实的。

人类需要什么样的饮食呢？或者说理想的饮食是什么样的呢？笔者认为，第一，能够以合理的数量和质量满足人类作为杂食者的生物需要；第二，能够继承传统饮食的烹饪方式和社会功能，并促进其进一步丰富和发展；第三，将人和土地、环境、物种联系起来，实现食材安全及环境的可追溯，提供可靠的选择依据；第四，用现代化的方式而不是手工的、小农的方式实现上述三条。

理想容易设计，而实现却很困难，因为上面理想饮食的实现需要同时满足技术可能性、消费者可接受性和产业链中所有各级企业的商业合理性。在长时间的理论准备、自动烹饪机器人设计、餐饮产业链商业调查、自动烹饪产业实践和分布式食品加工的技术前瞻后，笔者认为这个理想的实现是完全可能的，当前已经具备了启动的各项条件。

我们应该怎么做

实现上述理想的饮食，需要分布式的食品加工，具体要做到以下几方面。

商业模式：改变当前原料—中央厨房粗加工食材—物流—连锁餐饮/团膳烹饪的主流商业模式，以及前工业时代水平的农产品—农贸市场—家庭/餐厅烹饪的传统模式，转变为原料—中央厨房加工自动烹饪专用食材组合—物流配送—终端自动烹饪机器人—分布式的就近智能自动烹饪。

烹饪技术：开发出能够实现大多数主流手工厨艺的商用和家用烹饪机器人，并配套能够快速准确将手工厨艺录制为自动烹饪程序的电子菜谱生成技术，消费者通过APP 预先选择烹饪菜品，菜品电子菜谱对应的自动烹饪专用食材组合加工所需信息通过网络传递到中央厨房而完成制备，在餐前将组合配送到位于家庭、办公室、门店等的终端自动烹饪机器人。烹饪时通过下载云端菜品电子菜谱对应的自动烹饪程序，执行完成烹饪。这种鲜烹热食的形式，能最大限度地保持食材营养及烹饪风味，并有利于传承饮食习俗，远优于现有预制菜采用的开包即食模式、热链外卖模式、冷链复热模式。

信息技术：建立烹饪原料品种、土地、环境、营养、安全等信息的采集传递技术，使消费者能够通过软件（如点餐 APP）依据真实信息进行价格-品质选择，合理应用区块链技术保证信息的真实性。同时，软件还能够将消费者的饮食个性需求、健康需求智能地、实时地传递到全产业链，实现个性化智能烹饪。

物流技术：建立网状的、定时定点的、服务全产业链的物联网-物流技术。

结算技术：烹饪过程和原料的数字化，易于全产业链的资金的实时结算，并建立网状的原料和信息交易平台。例如，通过网络厨艺交易使提供厨艺的厨师得到合理的分成，从而引发厨艺的继承、繁荣与创新。

现有的自动烹饪技术、电子商务技术、物联网技术、食品物流技术、AI 技术已足以支撑上述有关技术。当前所需要的，就是由前瞻性的资本和企业开展组合运营。由于跨行业，可能需要政府产业政策的引导与扶持。

中国的机会和挑战

西方的工业化比中国早近 200 年。20 世纪中叶，西方的食品产业完成了现代化，大规模食品加工、团膳、连锁餐饮对传统烹饪产生了强烈的侵蚀，产业化、标准化食品完成了对几代人的食育，餐饮形式与传统餐饮相比发生了很大的变化。由于中国的后发展、对烹饪的独特态度及中式烹饪比西式烹饪更加复杂，较好地保存了传统烹饪。虽然连锁餐饮、团膳、大规模食品加工在改革开放以后高速发展，但当前的家庭烹饪和中餐馆仍然是中国人摄入食物的主要来源，中国饮食传统得到较好的保持。

中国在物联网技术及产业、电子商务技术及产业、物流技术及产业、AI 技术、机器人技术、食品科学等方面快速发展，甚至达到世界领先。这些技术和产业，为新的分布式食品加工奠定了坚实的基础。

这样，在当今中国，就出现了一个西方各国都没有过的机遇：饮食传统尚基本健全时，各项高科技基础已经成熟，因而有条件建立继承饮食传统的分布式食品加工餐饮体系。这个餐饮体系更加接近人类的理想饮食，优于现有的西方餐饮体系。由于中式餐饮的基础烹饪技法基本上覆盖西式烹饪技法，在未来，除了以高科技形式输出具有杂食性优势的中式烹饪外，还可以输出餐饮先进技术，使之符合自身传统及满足人类健康需求。食品加工通常是国民经济的第一大产业，其利润、销售和就业都名列前茅，这是中国的机会。

但是，也要看到西方的各种食品产业技术正在中国快速应用，西式快餐在中国迅速普及，产业化食品对中国儿童和青年的食育正在改变中国的传统饮食，年轻一代的烹饪技能越来越差，越来越不愿意烹饪，低水平的外卖烹饪以及简餐、洋餐正在侵蚀着人们的饮食。建立新型的餐饮体系的事业也还任重道远。时间紧迫！这是时代给我们提出的挑战。相信和其他很多领域一样，中国一定能够在自己擅长的饮食方面发展并超越，创造继承传统的、高科技的、领先世界的奇迹！

2020 年 9 月于贵阳石园村

参 考 文 献

陈运飘, 孙箫韵. 2005. 中国饮食人类学初论. 广西民族研究, (3): 47-53
恩格斯. 1963. 反杜林论. 吴黎平, 译, 北京: 人民出版社
倪国华, 郑风田. 2011. 西式快餐、肥胖与公共健康危机: 基于行为经济学偏好理论的实证分析. 中国农村经济, (9): 37-48
彭兆荣, 肖坤冰. 2011. 饮食人类学研究述评. 世界民族, (3): 48-56
邱庞同. 2010. 中国菜肴史. 青岛: 青岛出版社
Ducasse A. 2012. Nature: Simple, Healthy, and Good. New York: Rizzoli International Publications
Ducasse A. 2016. Cooking School: Mastering Classic and Modern French Cuisine. New York: Rizzoli International Publications
Pollan M. 2006. The Omnivore's Dilemma: A Natural History of Four Meals. London: Penguin Press
Pollan M. 2014. Cooked: A Natural History of Transformation. London: Penguin Press
Pollan M. 2016. Big Food Strikes Back. New York Times Magazine[2016-10-15]

目　　录

第1章 导论

1.1　概念与范畴

1.1.1　烹饪

烹调和烹饪是两个意义相近的概念。一般观点认为：烹调单指制作菜肴，烹饪则是包含菜肴和主食的整个饭菜制作（周晓燕，2008）。烹饪一词究其原意，烹，按《集韵》："烹，煮也"；饪，按《广雅》："饪，熟也"；按《说文》："饪，大熟也"。可见加热至成熟是烹饪概念的核心意义。《中国烹饪百科全书》定义烹饪为从烹调生产到饮食消费的全过程（中国烹饪百科全书编辑委员会，2002），其意义更为广泛。

本书烹饪一词，取其原意中的狭义，定义为食物原料加热至熟的过程，范围既包括主食又包括菜肴的加热烹饪。人类摄入的多数食物都必须经过加热，加热至熟而食是中国的传统，存在于多数烹饪技法中。本书定义和一般的烹饪概念的区别在于：首先，本书中的烹饪仅涉及加热烹饪，而不包括非加热烹饪；其次，只涉及与烹饪加热和成熟有关的内容，不包括与之无关的部分，如食材选配、雕刻技艺等。传质至熟与加热至熟有类似的过程传递规律，可以认为是加热至熟的衍生，涵盖于烹饪定义中。

本书主要深入研究烹饪的加热和成熟，寻找发现其内在规律，为烹饪科学研究和工程实践寻求方法并奠定理论基础。

1.1.2　烹饪科学

尽管有不同意见（华庆，2004），但普遍观点认为，烹饪科学属于食品科学领域（季鸿崑，2016）。根据食品科学的定义：食品科学是将基础学科和工程学的理论用于研究食品基本的物理、化学和生物化学性质及食品加工原理的学科（Potter，1986）。烹饪的主体材料是食品，其核心内容是烹饪过程食品材料的物理、化学变化，毫无疑问，烹饪科学应该是食品科学的一部分。食品科学的各个子学科，包括食品化学、食品营养、食品工程原理、食品物理、食品微生物、食品毒理、感官评价等专门学科和粮油、果蔬、乳品、肉类、饮料等分类学科，都与烹饪相关，可以应用于烹饪。如果烹饪科学仅仅是食品科学原理知识与分类知识的简单应用，是不能称其为科学的。

科学研究的目的是揭示研究对象内在的一般规律，并提出一套能够对研究对象进行充分描写和解释的抽象理论，发展理论是科学研究最根本的目的。烹饪科学建立在食品科学的基础上，基于自然科学理论和方法探索其中的共性规律，构建烹饪特有的基本原理。烹饪科学主要内容包括烹饪的成熟原理、烹饪的传递过程原理和烹饪的品质优化原理及它们的应用。科学，也是分科而学，指将各种知识通过细化分类（如数学、物理、化学等）研究，形成逐渐完整的知识体系。烹饪科学能否成为食品科学的一个分支，形成有其自身特征的知识体系，即是否具有一定的学科独立性，其关键在于烹饪研究是否能够建立有自己特征的理论基础和知识体系，如具有独有的基本概念及分类。

烹饪研究包括烹饪的自然科学研究和烹饪的社会科学研究，本书仅与烹饪的自然科学有关，不包括烹饪的文化研究和艺术研究。

1.1.3 烹饪工艺与烹饪过程

辞海（辞海编辑委员会，1989）中定义工艺为：将原材料或半成品加工成产品的工作、方法、技术等。因此，烹饪工艺是将食材原料加热为成熟成品的具体技术流程，包括原料配比、参数、加热条件等全部技术措施。

可以把烹饪按其工艺阶段划分为：烹饪前处理工艺，主要是烹饪食材的预处理，如拣选、除杂、清洗、去皮、切割（刀工）、预熟、涨发、混合、烫漂、浸渍等；烹饪工艺，指烹饪加热至成熟及其附属的搅拌、投料、划散、煸压等；烹饪后处理工艺，即烹饪成品的加工工艺，如冷藏-加热升温、包装、杀菌、冷藏、保温、配送等。现有的烹饪工艺学、烹调工艺学、烹饪原理等有关烹饪的论著都是按照手工技艺和烹饪关键问题来讨论烹饪工艺的。在现代工业中，工艺通常是按照流程进行描述和讨论的。因此，从烹饪工程和烹饪自动化的角度，需要按照烹饪操作的前后次序讨论烹饪工艺。当然，由于中式烹饪的复杂性，还是会出现工艺的交叉重叠。例如，相当一部分菜品需要多次加热烹饪，或者不同食材分次烹饪后合并烹饪，这种情况可以视作多次烹饪的叠加。在传统烹饪中，烹饪成品在多数情况下是直接食用的，但在烹饪工业化后，为满足商业需要，烹饪后的继续加工常常是必要的，这也是工业化烹饪的特征之一。

过程是指过程工业（process industry）生产中所进行的具有共同规律的化学和物理过程，一般要经过一系列的加工处理步骤。烹饪过程同样可以按步骤分为烹饪前处理过程、烹饪过程、烹饪后处理过程三类，参见图 1-1。烹饪前处理与一般食品加工中原料的前处理类似，通常可以引用现有过程原理，可针对烹饪原料的特征和加工需求开展进一步的研究。烹饪的后处理过程，如杀菌，通常是食品加工中的常见技术，虽然可以直接引用其过程原理，但也需要针对烹饪的特殊需求开展研究。实际上，最缺乏研究基础的是烹饪过程，即加热到成熟的过程。烹饪工艺和烹饪过程的对应关系参见图 1-1。

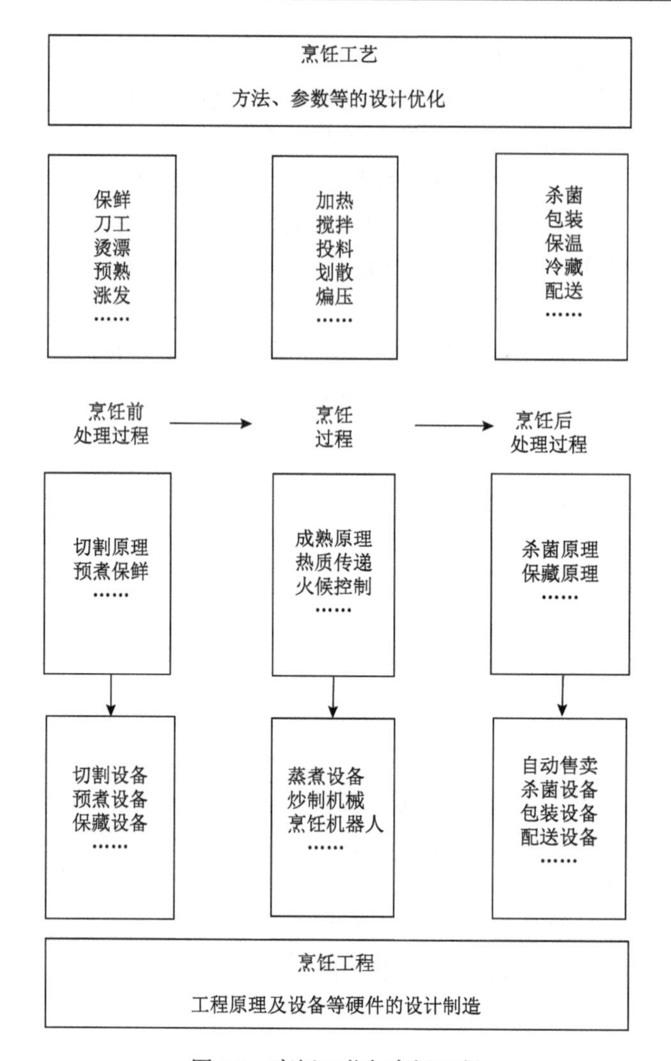

图 1-1 烹饪工艺与烹饪工程

从研究角度看，烹饪工艺是具有“个性”的，而烹饪过程是比较“共性”的，具有相似的内在变化规律。

1.1.4 烹饪工程与技术

美国工程师专业发展委员会（The American Engineers’ Council for Professional Development，AECPD）将工程定义如下：把通过学习、研究和实践所获得的数学和自然科学知识创造性地、经济有效地应用于自然资源，使其为人类造福。由此可见，相关基础数学、自然科学以及创造性应用是工程的组成要素。

烹饪工程是通过研究烹饪中的化学过程、物理过程和生物过程的共同规律，用于研究和开发烹饪加工方法、过程或/和装置。基本研究对象是烹饪过程中具有共性的客观规律。通过找到这些规律并上升到一定的高度，进而系统化、理论化，就构成了烹饪工程原理。应用烹饪工程原理，研究者或者从业者可以进一步研究和开发烹饪的加工方法、过程和装置，如自动烹饪。烹饪过程主要包括烹饪食材的理化变化和烹饪设备-物料体系的热质传递，其技术性质被涵盖在食品工程定义范围内（高福成，1998）。食品工程基本属于化学工程的范畴（高福成，1998）。在工程技术领域，烹饪工程属于食品工程，同时属于化学工程的范畴。

还可以从科学与技术两个方面分析烹饪科学研究所属的领域。技术泛指根据生产实践经验和自然科学原理而发展成的各种工艺操作方法和技能，除操作技能外还包括相应的生产工具和其他物资设备，以及生产的工艺过程或作业程序、方法（辞海编辑委员会，1989）。目前的烹饪技术主要是口传心授的各种手工技艺，烹饪机械也多是对手工的简单模仿，缺少科学原理支持。烹饪科学研究的主要目的之一就是推动烹饪工程的发展。

1.2 烹饪科学研究概述

1.2.1 烹饪中蕴含食品科学的深层次原理

1. 烹饪造就人类

哈佛大学的灵长类动物学家理查德·兰厄姆（Richard，1999）认为：烹饪是人类为数不多的独特能力之一，人类通过加热食物来预先消化食物的习惯可以让我们在消化上花费更少的能量；烹饪不仅仅是烹饪文化的基础，还给了我们的祖先一个巨大的进化优势，应该看到人类对烹饪的重大适应性变化（Gibbons，2007）。

理查德·兰厄姆（Richard，1999）综合营养、考古和灵长类动物的数据，提出熟食可以刺激大脑增大的假设，认为“即使饮食上的微小差异也会对生存和繁衍成功产生重大影响”。一个处于休息状态的成年人大脑消耗了25%的能量，而猿类大脑的平均消耗是8%。但人类消耗的总热量与体型相似的大脑较小的哺乳动物差不多。理查德·兰厄姆（Richard，1999）提出的解释是，当人类食用熟食时，通过减少胃肠器官工作负荷来节省能量，从而有效地增加了大脑能量供应。动物实验（Boback et al.，2007）提供了旁证：食用煮熟牛肉的蟒蛇消化牛肉所需能量减少了12.7%，如果肉既煮熟又磨碎，则消耗的能量减少了23.4%；食用熟肉的老鼠比食用生肉的老鼠在5周内体重多增加29%。

食用熟肉，消化食物所需能量更少，因此就有更多的能量用于其他活动和生长。古人类学家莱斯利·艾略（Leslie Ello）和生理学家彼得·惠勒（Peter Wheeler）提出了高耗能组织假说（expensive-tissue hypothesis）。Aiello和Wheeler（1995）在18种灵长类动物中研究了内脏与脑的平衡，发现人类的胃肠道只有类似体型灵长类动物预期大小的60%。黑猩猩平均每天需咀嚼食物5 h，而会烹饪的狩猎采集者每天仅需1 h。较少的咀嚼和啃咬导致下颌和牙齿变小、肠道和胸腔的缩小等，这些都是直立人特有的变化。

人类家族最早的成员，包括生活在 400 万～120 万年前的南方古猿，大脑大小与黑猩猩差不多。直到大约 190 万年前直立人（homo erectus）出现在非洲之后，大脑才急剧增大，最终大脑的平均体积为 1000 cm^3，约是黑猩猩的 2 倍。古人类学家杰克·哈里斯（Jack Harris）在坦桑尼亚和肯尼亚发现 150 万年前人类烧掉的石器和黏土，提出人类控制火的证据。随着人类将火种运用于烹饪，早期智人和尼安德特人大脑快速扩张，大脑体积在距今 50 万～20 万年前出现了一次飞跃，平均体积达到 1300 cm^3。古人类学家（Semaw et al.，1997；Walker，1991）指出，不到 20 万年前，尼安德特人和现代人的下半身变得更小，这与烹饪证据出现的时间差不多。尽管 80 万年前人类已经懂得如何控制火，但火在食物的系统制备中的直接应用证据仅在过去 10 多万年中才出现。烹饪促进了人类进化，造就了人类，当然也深层次地关联到食品科学。人类进化与烹饪的关联参见图 1-2。

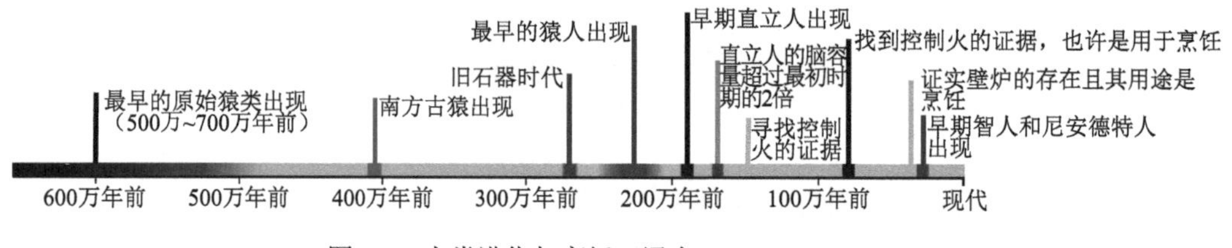

图 1-2　人类进化与烹饪（译自 Gibbons，2007）

2. 烹饪的食品科学内涵

笔者认为，在烹饪造就人类的漫长过程中，人类被烹饪改变的同时形成了人类对食物烹饪方式和程度的选择与判断。这种选择判断受到人类进化、自然环境、社会形态、文化形态、饮食生理、饮食心理等因素的影响。这种影响有多少源于遗传的先天本能，有多少是社会自然条件养成，是一个值得研究的问题。

不难形成这样的推测，人类形成对烹饪加热程度的选择判断可能受两方面因素的影响：一方面是源于直接、实时的感官响应，即根据烹饪后食品带给人类的视觉、听觉、味觉、嗅觉和触觉等感官刺激，选择符合自己喜好的、经一定烹饪方式和过程所获得的食物；另一方面是源于长期食用烹饪后食物的生理响应，即那些不能从感官刺激直接得到的生理后果。例如，烹饪后食物是否能够满足产生一定生理响应的维生素、氨基酸、脂肪酸及微量元素的需求。这种后果只能通过将不同烹饪方式与必需营养素满足/缺乏后的积极/消极生理后果联系起来才能推断出来。在没有科学知识的年代，形成这种推断需要有特别的睿智和直觉。

人类对烹饪品质的选择判断对食品科学与工程很重要。首先，由于肉类、谷物等都不适宜生食，人类摄入的多数食物必须经过加热制熟，因而制熟是最主要的食品加工手段。其次，确定人类对烹饪的选择判断标准是食品加工的基本任务之一。对于烹饪工程，什么是能吃，以及什么是好吃，是烹饪工艺和设备设计的基础性技术标准。

成熟识别是一种主观判断，如何将这种主观判断与食品热处理的物理、化学、微生物变化的知识相结合，是烹饪科学研究所面临的挑战。

与食品的品质保藏、营养和安全等方面的研究相比，烹饪研究也许更加关注人类对食物的本能的、内在的需求，同时也更加关注食物与社会文化、自然环境的关联。烹饪研究不仅是研究食品科学，也是研究人类自己，从而更深层次地揭示和丰富食品科学的内涵。

1.2.2 烹饪科学的中国视角

1. 中餐烹饪传统的启示

尽管中国传统知识体系一直没有发展出深刻严谨、邃密宏大的科学理论，但却拥有敏锐的方法-效果直觉。这一点在中医药、工程技术等方面都有显著体现，同样也体现在饮食技术上。在世界各民族、各地区的饮食方式中，中国餐饮有着鲜明的特色，其技法之丰富、食材之多样、烹饪品系种类之繁，在世界上首屈一指。很多烹饪技法都独具中国特色，有从石器时代发源的蒸，也有在南北朝发源，唐宋成熟，明清普及，而后逐渐发展成为中餐烹饪主要技法的炒。

在烹饪领域，我们的先辈很早就认识到了烹饪过程中品质变化的复杂性。2000 多年前成书的《吕氏春秋》就指出："五味三材，九沸九变，火为之纪，时疾时徐，灭腥去臊除膻，必以其胜，无失其理"。记录战国时期荀子（前 313～前 238 年）思想的《荀子》及西汉成书的《礼记》中都提到了"火齐"（音剂，剂量之意）。《礼记·月令》中有"陶器必良，火齐必得"。北齐孔颖达（574～648 年）说："'火齐必得'者，谓炊米和酒之时，用火齐，生熟必得中也"。火齐一词随后演变为火候。唐代段成式（803～863 年）《酉阳杂俎·酒食》中有："……饭食，……唯在火候，善均五味。"火候在中国是家喻户晓的烹饪概念。与西方烹饪著作中的"cooking time"相比，火候概念有更加丰富的内涵。

西方的食品科学基本是围绕西方传统烹饪开展的基础和应用科学研究，多数食品工程技术就是由西式烹饪的工程化发展而来的，是一个从技艺到工程（from art to engineering）的过程（Lund，1989）。在西方 200 多年的工业化过程中，现代食品加工技术的巨大商业优势让很多传统烹饪技艺退出了商业餐饮甚至家庭。虽然我国经历了 40 多年的高速发展，但传统烹饪技艺并未完全被现代食品加工技术所取代，传统烹饪饮食在食物摄入中仍占据主导地位。食品科学研究者不可避免地受到传统烹饪饮食氛围和技艺的影响与熏陶。即中国食品科学研究者已经有条件深入学习西方先进的食品科学技术理论，掌握现代食品热处理的理论和研究方法；同时，又直接接触甚至实践中式传统烹饪，传承传统烹饪经验。两者的结合，便得到了深入探究烹饪的原理实质，获得理论升华的机会。

我们的祖辈创制了蒸制、爆炒等独有的烹饪技法，经漫长演变后成为主流烹饪技艺，其中一定有其存在的内在合理因素。这些中国特征的烹饪工艺，为中国烹饪科学研究提供了独有的、关键的、能触及烹饪底层原理的研究素材。

2. 餐饮产业革命需要烹饪基础研究

早在 1994 年，伟大的科学家钱学森给杨家栋教授的信中说（涂元季，2007）：“快餐业就是烹饪业的工业化（industrialization of cuisine），把古老的烹饪操作用现代科学技术和经营管理技术变为像工业生产那样组织起来，形成烹饪产业（cuisine industry），这是一场人类历史上的革命！犹如出现于 18 世纪末西欧的工业革命，用机器和机械动力取代手工人力操作”。预见中国将出现烹饪产业革命。不同领域学者已形成这样的共识：烹饪需要且必将逐步实现社会化、工业化、现代化，并会对社会经济的发展产生巨大推动作用（李想，2012；苏扬和张聪，2015；胡茂苓等，2019）。

烹饪是中国国民摄入食品的主要加工方式，对社会经济、国民健康、生活方式、农业、餐饮业有重大影响。改革开放 40 多年以来，中国餐饮业收入从 1978 年的 54.8 亿元，增长到 2021 年的 4.69 万亿元；中国已经成为仅次于美国的世界第二大餐饮市场，未来必将成为全球第一大餐饮市场（王俊岭，2019）。

近年餐饮业的快速进步表现在以下四个方面（王俊岭，2019）：①自动化生产和智能技术的发展推动了中央厨房的发展，变革了传统的餐饮供应链管理模式和门店生产模式，促进了中国餐饮品牌连锁模式的快速发展；②中国餐饮业的信息化水平、数字化能力不断提高，餐饮业的管理和渠道正在快速数字化，加快了从传统服务业向数字化服务业转型的速度；③互联网推动餐饮产业平台经济蓬勃发展。互联网外卖平台给餐饮门店、传统外卖企业乃至餐饮企业的经营模式发展带来了巨大影响。2021 年，中国在线外卖市场规模已经超过了 7000 亿元，餐饮收入占比达 21.4%；④随着人工智能的快速发展和技术逐渐成熟，在人口红利消失、劳动力成本压力日益提高的背景下，餐饮业智能化发展加速，以烹饪和服务机器人等科技应用为特色的智能餐厅、无人餐厅兴起。

当前预制菜产业高速发展，2020 年新注册企业 1.25 万家，增长 9%，市场规模在 2000 亿～3000 亿元，预计 2025 年可达 6000 亿元。

无论中国的家庭烹饪还是商业烹饪，餐饮业价值占比达到 60%以上的菜肴烹饪远未实现自动化、数字化，手工操作仍占据绝对主导地位，总体仍处于前工业时代水平。烹饪技艺主要依靠言传口授，长期都是一种技艺性的生产操作，市场上尚没有能满足通常品质需求的炒制自动烹饪设备。烹饪加工缺少技术标准，导致市场被充分现代化的西餐所侵蚀。农产品-农贸市场-家庭烹饪仍是烹饪产业链的主体形式，然而这种前工业社会的商业形式不仅难以形成税收，还缺少行业监管，已成为解决中国食品安全问题的主要障碍。中国国民平均每天花 1 h 做饭，是最大的家务负担。究其根本原因，应归于缺乏烹饪核心原理及理论/应用技术研究。国内各类万亿～十万亿元规模的产业，如汽车、芯片等，都拥有健全的工业基础和研究体系。烹饪产业规模同为十万亿元级（含家庭烹饪），其工业基础和科学研究却极为缺乏，难以满足产业发展的对基础原理的需求。

烹饪的巨大商业规模和现代化发展形成对烹饪自动化、标准化技术和相应原理的紧迫需求，是推进烹饪科学研究的强大动力。

3. 中式烹饪与西式烹饪的差异

中国烹饪技术具有原料广泛、刀法繁多、调味丰富、烹法多样的特点（何荣显，1998）。总体上，中式烹饪比西式烹饪的种类更多、烹饪方法更复杂。高海薇（2001）比较了中西烹调方法，认为两者虽然在种类上有许多共同之处，但在具体方法上却各有特色。中国最具特色的烹调方法多以油脂为主要传热介质，其中许多是中餐独有的技艺，如爆、熘、煸、炝等。炒为中西共有，但中餐使用频率要比西餐高得多，内涵也更加深厚。如炒，又分为滑炒、软炒、生炒、熟炒 4 种；中国烹调方法强调“烹与调”的统一，西方烹调方法更偏重“烹”与“调”的分离；在中国，“蒸”的使用频率也更高；西式菜最常用的烹调方法是煎、炸、烤、熏、煮、烩，而中式菜惯用的炒、爆、炖、蒸等方法在西式菜中很少使用；中菜有“食不厌精、脍不厌细”的传统，刀工更加细腻。

应该注意到，多数焙烤食品、汤类及沙拉、肉制品和乳制品的工业化生产都源于西式烹饪，相关科学问题已研究得非常透彻，并实现了高度工程化、自动化，通常不再算作烹饪了。

总体而言，中式烹饪的研究难度高于西式烹饪，但在加热制熟核心原理上，中西烹饪遵循共同的规律。

1.2.3 烹饪科学研究现状

1. 西方烹饪研究

西方烹饪书籍 *Professional Cooking*（Gisslen，2011）中所述内容并未出现与一般食品科学原理不同的烹饪原理性知识，对火候（cooking time）控制的讨论深度也与中国烹饪专业教材中的内容差异不大。

《烹饪科学原理》（Joseph，2021）一书，原名 *The Science of Cooking: Understanding the Biology and Chemistry Behind Food and Cooking*，是一本介绍食品和烹饪相关的基础生物、化学知识的科普读物，并没有烹饪核心科学原理的内容。

烹饪是食品热处理中的一种，西方食品热处理书籍（Philip，2001；Toledo，2007）通常介绍了食品热处理的测量、验证与优化原理及其在杀菌、油炸、干燥等各种食品热处理工艺中的应用，目前尚未见系统研究烹饪热处理的西方文献，但西方在饮食哲学、饮食人类学（Hughes，1998）方面的研究较为深入，这对烹饪科学研究具有指导意义。

存在少量研究西方菜肴热处理品质和成熟的文献（Skovgaard and Philip，2005；Rosenthal，1999），其中缺乏具有普适性的原理研究，且由于中西方饮食方式存在巨大差距，中式烹饪研究难以直接引用西方研究成果。

2. 中国烹饪研究现状

烹饪学专家季鸿崑（2016）提出：烹饪学是研究烹饪劳动规律性的科学，而烹饪劳动又兼具文化属性和艺术属性，所以烹饪学的整体组成部分应包括烹饪文化（或饮食文化）、烹饪艺术和烹饪科学三部分。国内多数烹饪期刊内容中，同时包括自然科学和社会科学，其中自然科学论文在数量和水平上都占次要地位。虽然高等学校烹饪本科所用烹饪工艺、烹调工艺教材中也大量介绍手工操作，但所涉及自然科学内容也只是引述一般食品科学原理，内容与烹饪操作脱节，并不能直接指导烹饪工艺。这说明长期以来烹饪研究主流还是将烹饪作为手工工艺、文化现象、商业种类和艺术实践来研究的。

然而，很多学者都指出了烹饪自然科学研究的重要性和必要性。季鸿崑（2016）认为，烹饪学从本质上来说，属于自然和技术科学，需要把近代自然科学中广泛采用的在实验室内进行的单因子分析方法用于烹饪科学研究。这方面研究的先驱是杨铭铎教授领导的科研小组，在 20 世纪 90 年代中期开展了“烹调中主要操作环节最佳工艺条件的初步研究”（原商业部攻关项目），对中式烹调的主要工艺做了先驱性的探索，具体开展了鱿鱼碱发最佳工艺条件、糊配比对软炸里脊品质的影响、挂糊工艺与原料变化关系、勾芡淀粉物性与勾芡最佳工艺、制汤最佳工艺、滑炒最佳工艺、油煎烹调最佳工艺、水传热法最佳工艺、动物性原料油炸工艺等一系列烹饪工艺研究（杨铭铎，2005）。上述研究中采用主流食品科学研究手段，通过化学、物理和感官手段测定烹饪品质，较为全面地研究分析了各种烹饪现象，发表了多篇学术论文。当前常见烹饪研究中，一类是在相同时长内比较不同烹饪工艺方式的优劣，偏离了烹饪操作以成熟为目的的现实，结论一定是高温烹饪品质差，低温烹饪品质好；另一类是主观选择某一烹饪条件进行比较，研究缺少客观性。同时，当前常见烹饪研究是针对特定烹饪工艺获取数据，无法得到具有共性、体现烹饪过程规律的重要结论，如没有对火候等烹饪基本问题进行定义和解释，也没有提出能够指导烹饪工艺的理论。这些研究内容基本不涉及传热学和动力学，缺少工程应用价值。

近年来，随着烹饪产业的快速发展，烹饪研究逐渐增加，相关文献多从烹饪食品营养和安全方面开展研究。此外，大量文献研究内容集中在烹饪外围技术，如烹饪前处理、后处理工艺及米面主食加工工艺等。自动烹饪、真空烹饪技术的出现也为开展烹饪研究提供了新的研究方向，出现了较多的这些方面的研究，但对于中式烹饪过程的关键——加热到成熟的研究却非常少见，基本未见具有学术意义的烹饪核心科学原理研究。总体而言，国内现有烹饪科学研究通常是现象的归纳和总结，研究层次上基本属于如何做（know-how），而更深一些的为什么做（know-why）的研究偏少，烹饪加热-成熟核心原理方面的研究几近于无。

烹饪中的一些最基本的问题尚未得到解决。例如，火候是烹饪中最重要的概念之一，尚没有公认的具有理论基础的科学解释，更没有具体的分析计算方法。在烹饪和食品研究领域，一些人的想法还与 2500 多年前吕不韦的观念一样：“鼎中之变，精妙微纤，口弗能言，志弗能喻”（王利器等，1984），认为烹饪是一种技艺而与科学无关。在很长一段时期，部分食品专业期刊拒收烹饪研究的论文，也体现了这种观点的影响。一方面说明烹饪研究水平较低，烹饪现象得不到科学解释，达不到科学研究的基本水平；另一方面，部分人对烹饪存在偏见，认为中国烹饪与科学无关。造成这一局面的原因有二：一是中式烹饪研究的特殊性，国外不存在该领域研究，导致找不到合适的研究模式；二是缺乏理论支持，找不到合适的烹饪理论基础。

科学思维主要是从个别到一般、从特殊到普遍、从经验到理论，主要采用抽象、概括、分析的方法上升到理论水平；技术思维则主要采用从一般（规则）到个别、从普遍（原理）到特殊、从理论到经验的方法（陈昌曙，1999）。这样看来，当前烹饪文献所代表的烹饪研究绝大多数是技术性的，是现有食品科学在烹饪上的一般应用，而非科学原理研究，缺少有理论深度的针对烹饪主体——即烹饪加热至成熟机理的研究。在烹饪技术研究方面，多是对手工技艺的记录和经验总结，缺乏工程原理研究。有学者甚至提出：烹饪科学研究工作在近十年未见大的突破，其研究、开发能力与实际需求相距甚远，将烹饪科学隶属于大食品科学体系并未对烹饪科学的发展起到本质性的推动作用（华庆，2004）。

烹饪自动化存在巨大产业前景和商业价值。已出现大量的关于烹饪自动化的专利和专利申请，但尚未见得到大规模的商业应用。通读这些专利后会发现，烹饪技术原理模糊不清，大大限制了烹饪工业化、自动化技术的发展。例如，专利“自动烹调机及其控制系统”（刘小勇等，2004）中，申请是依据“发明人对火候进行的长期细致的琢磨分析”得到对火候的概念性理解。相信发明人如果能够在明晰可靠的火候原理之上开展构思，会取得更好的技术方案。显然，缺乏建立在科学基础上的火候原理——即烹饪的基本原理，限制了烹饪的工业化和自动化发展。任何现代工程技术，都是与其技术原理共同发展的，而技术原理的建立和深化，将极大地促进工程的技术进步和产业化发展。当前，中式烹饪产业出现了实践等待理论的状况，急需基础研究支撑。烹饪自然科学研究，尤其烹饪过程的原理研究，是烹饪工程化、自动化、标准化的技术基础。

西方食品科学界倡导类厨食品（chef-like food）概念（Brcker，2021），强调烹饪的食品工程实现。我们学习西方食品科学的同时，出现了不自觉地偏重西式食品，忽视中式食品、中式烹饪的倾向。为改变这一状况，需要依据西方食品，科学研究的原理原则，以中式传统烹饪为核心，开展针对中国食品、中国烹饪的科学研究，尤其是开展理论研究。

当前烹饪研究的现状与餐饮业及预制菜产业的快速发展和烹饪经济地位的迅速提高不相称，时代呼唤烹饪科学研究。

1.2.4 烹饪科学研究需要解决的问题

烹饪科学研究的主要目的是探索解决烹饪的成熟原理、传递过程原理、品质优化原理、科学分类等主要问题，并开展原理验证、参数测量和应用研究，从而组成一个系统的、内部自洽的知识体系。构建这个知识体系，除了丰富食品科学理论外，还应倾向于满足研究的主要应用目的：①为自动烹饪的工艺和设备设计提供底层原理，从而奠定烹饪工程的原理基础；②用于分析、评价现有烹饪，尤其是中式烹饪的合理性和不足，深度研究和评价各种烹饪细节，如翻锅、上浆、挂糊等；③为食品营养品质、质构品质、风味品质研究提供定量、通用、可比的成熟判断基准。研究方向的选择上，应当选择现有食品科学理论和方法未能解决的烹饪领域原理性、共性关键问题进行研究，讨论如下。

1. 烹饪加热成熟的主观与客观

什么是熟了？成熟的内在规律是什么？这些是烹饪研究的要害，是食品科学悬而未决的基础性问题。理想的烹饪成熟，应该是刚好达到消费者口感接受的最佳成熟程度，没有加热不足和加热过度的现象。这就需要对成熟定性和定量。烹饪成熟一方面联系到食品加工操作导致的加热升温及相应的食品品质的物理化学变化，另一方面成熟的判断却是主观的，烹饪成熟判断采用感官评价，无法依赖电子鼻、电子舌等仪器设备的客观分析。当前烹饪研究都是针对单独某一种烹饪，在没有普适性的成熟标准的情况下，只能人为设定烹饪加热程度来研究烹饪过程中的品质变化，从而失去可比性、严谨性，缺少科学性。因此，构建一种普适性的定量成熟的方法，是烹饪科学的奠基性工作，首要任务是找到烹饪食材成熟的普适性原理、测量方法和变化规律。

感官评价可以合理表征人类的主观成熟判断，心理物理学研究客观刺激产生心理响应的规律，而热处理品质变化动力学是联系烹饪品质与温度的纽带，可以得到加热温度对烹饪品质影响的客观规律。因此，成熟研究应基于感官评价、心理物理学、品质变化动力学，但如何将它们合理联系，使烹饪的主观与客观结合起来是烹饪科学研究面临的主要挑战之一。

相关研究见本书第 2 章、第 3 章。

2. 把握烹饪热质传递过程的规律

相比于其他食品热处理，烹饪热质传递过程更加复杂。例如，爆炒是典型的中式烹饪方式，其过程之剧烈短促、非稳态特征之突出，在所有流体-固体食品热处理中是首屈一指的。

数值模拟是流体-固体食品热处理研究中主要的，且常常是必不可少的传热学-品质动力学研究手段。对于流体-固体食品热处理，固体食品不同空间位置的品质差异很大，而这些差异恰恰是烹饪研究的重点，而采用传统取样分析方式研究烹饪中快速传热条件下小颗粒内部的品质差异几乎是不可能的。因此，必须通过烹饪热质传递过程的数值模拟来计算，分析烹饪过程中的温度分布历史，再通过动力学计算来把握烹饪品质变化过程规律。可见，烹饪科学研究无法回避热质传递数值模拟。

开展烹饪数值模拟，必须构建决定温度变化规律的数学物理方程，这些方程必须符合真实规律，而且是可求解的、参数能够获取的。完成这项工作有相当大的难度，会遇到各种原理问题和算法问题。在杀菌、干燥、预煮等热处理工艺中，介质温度通常是可控的、稳定的，而在爆炒烹饪中，介质温度是随操作条件急剧变化的，且对烹饪品质影响巨大，这是烹饪数值模拟实际应用遇到的特殊问题。这一问题又与爆炒固态食材颗粒表面存在剧烈蒸发、水分等流体在颗粒内部传递、过程中发生显著收缩等问题耦合在一起。在烹饪数值模拟模型开展可靠性、稳定性和准确性验证时，又会面临现有的热处理模拟装置、热处理验证系统、参数测量等现有传热学实验条件不能满足需求的问题，还需要针对性地开发烹饪研究专用装置和仪器。

相关研究见本书第 4 章、第 5 章。

3. 烹饪的火候控制问题

火候是传统中式烹饪中的核心概念。科学地定义和定量火候，是烹饪研究上升到科学高度的重要标志，也是烹饪科学获得工程应用的关键。

食品热处理研究的主要目的是优化热处理工艺参数以取得最优品质。因此，找到影响烹饪品质的操作参数和内在规律是研究烹饪火候的基础工作。传统上，对火候的认识就是控制加热程度和加热时间以便获得最佳品质。因而，火候研究需要建立食品热处理优化数学模型，以把握内在规律，开展优化应用。为实现上述目标，必须根据烹饪过程确定需优化的目标品质，找到必须满足的限制条件，结合其过程传递规律，构建烹饪品质优化模型。烹饪优化模型的构建、模型求解、优化搜索，都与现有各类食品热处理优化有所区别，需要依次解决所遇到的特有问题。

当火候获得了科学的定义和定量后，我们就可以分析不同的烹饪操作参数对烹饪品质的影响，得到火候控制的技术规律，厘清烹饪火候控制的关键难点，用于指导烹饪实践，评价烹饪工艺。

相关研究见本书第 8 章、第 9 章。

4. 烹饪的科学分类

现有食品科学通常基于技术特征进行合理分类，然后再针对某一类型的食品或技术方法开展专门研究，从而使研究更具高度、深度和专门性。学科分类后的分科研究更加深入，更加富有特征，推进了食品科学的丰富和发展。

通过烹饪动力学原理和过程原理研究确定烹饪过程的主要参数后，我们可以测定各类传统烹饪技法参数。再通过参数比较和分析，考察传统烹饪技法的异同，从而获得参数化的烹饪科学分类，为未来中式烹饪的研究及工程化奠定基础，促进烹饪科学的发展。

面对繁杂的手工烹饪工艺，如何找到可以参数化的技术特征来进行科学分类，是烹饪研究必须解决的问题，也是烹饪研究上升到科学层次的条件之一。

相关研究见本书第 10 章。

5. 其他烹饪科学问题

1）构建烹饪研究的仪器和方法

现有研究仪器和方法存在无法满足烹饪科学的研究需求的情况，因此需要开发专用的试验仪器和方法来满足烹饪研究需求，包括试验传热学、动力学的仪器和方法。详见本书第 6 章。

2）评价现有烹饪技术

通过对中式烹饪的营养保持和火候控制研究，可科学评价中式烹饪。通过试验数据，可给予科学原理解释，有理有据地反驳对中式烹饪不合理的负面评价。详见本书第 14 章。

3）解决烹饪工程问题

烹饪工程问题包括烹饪过程的能量需求、锅具对烹饪品质和控制的影响、不同种类烹饪食材的动力学分析和成熟值测定、烹饪前后处理技术等烹饪工程问题。详见本书第 11 章和第 12 章。

6. 烹饪成品的保藏技术

由于烹饪成品通常都有高水分活度、低酸性的特点，其长架寿保藏存在固有的技术困难。冷链保藏，如冰鲜保藏是其中一个发展方向，值得找到共性技术原理，开展深入的研究和工程实践。目前烹饪成品保藏应用较多的方法仍是包装后高温杀菌，也可以视作烹饪加热的规律。降低加热导致的品质损失，是热杀菌技术应用于烹饪成品的关键。因为热杀菌是最早形成热处理优化原理的热处理技术，与烹饪热处理有近似的原理。笔者正是通过学习和应用热杀菌原理和技术知识，逐渐掌握食品热处理优化的原理和研究方法，最终应用到烹饪热处理研究上。杀菌相关研究详见本书第 12 章和第 13 章。

1.3　烹饪科学研究的方法论

1.3.1　烹饪科学研究的路径

在烹饪研究中发现，仅仅以现有食品科学理论和方法直接应用于烹饪无法解决成熟、火候等烹饪的核心问题。显然，烹饪科学研究具有理论探索性。笔者接受的教育，以及国内食品科学研究的大环境，都是按照已有的食品科学研究范式去解决问题，主要是努力跟随西方食品科学前沿研究，很少涉及理论探索研究。

同时，食品热处理的理论和方法复杂，较深地涉及形式逻辑和数理逻辑。烹饪工艺的分类也涉及科学分类问题。烹饪研究关联到品质变化动力学、过程传递、感官评价及统计学、心理物理学、数学物理方程、最优化原理和各种食品原料的专门知识等，需要系统、合理地把相关知识组织起来并应用系统分析方法，在应用阶段必然需要食品系统工程学知识（于秋生，2020）。

实际上，方法论问题是在烹饪研究中由于缺乏高度而遇到重重困难、很多问题难以着手时出现的，只能通过学习科学研究方法、科学哲学来弥补这一研究能力的短板。

1.3.2　烹饪研究的方法论

1. 烹饪科学研究的两条主线

中式烹饪菜肴种类繁多，传统烹饪技法有数十种，针对每一种菜肴的烹饪和技法开展研究，既不合理，又不现实。找到烹饪过程的共性规律，是烹饪研究的不二法门。

烹饪工程原理研究的重点在于探索烹饪操作和烹饪品质之间的内在规律，把日常烹饪中模糊的经验变为由意义明确的参数所表达的定量公式，为工艺评价优化和工程设计找到原理依据，从而实现从技艺到工程的跨越（邓力和金征宇，2006）。

烹饪过程由烹饪品质变化动力学和烹饪过程原理两条主线组成。第一条主线是关于烹饪品质的形成，即烹饪成熟问题。不同的烹饪，其烹饪品质存在各种各样的因子，极为复杂。若不解决成熟问题，则烹饪研究缺少普适性，研究无法深入，也难以比较不同的烹饪工艺。我们可以通过热处理品质变化动力学分析其影响因素，并融入感官评价和心理物理学，从而建立有共性的表达主观、客观品质变化的动力学函数，使之能用于工艺设计、优化计算及不同烹饪的分析对比。第二条主线是从过程原理的角度分析烹饪的操作过程，建立烹饪过程的理论/唯象方程。热处理品质变化动力学函数是由温度决定的。通过烹饪过程原理分析，得到由烹饪操作所决定的烹饪过程控制参数，建立理论/唯象方程以计算烹饪过程的温度，从而获得烹饪品质变化动力学函数的计算条件。两条主线联合，即可分析各个控制参数对烹饪品质的影响，最终整体把握烹饪过程的烹饪品质变化规律，并开展以最优烹饪品质为目标的烹饪工艺及烹饪设备参数的设计、评价和优化，以及对传统烹饪技艺进行参数化分类。

烹饪科学的研究主线见图 1-3，其由左侧的品质研究和右侧的过程研究组成，联系两者的纽带是烹饪温度。品质研究主要基于热处理食品品质变化动力学，其基础为化学反应动力学，而化学反应动力学是研究化学反应速率和机理的科学（赵学庄，1984）。化学反应动力学中温度对反应速率的影响——Arrhenius 公式，就可以用于定量分析烹饪温度对烹饪品质变化速率的影响。这样，通过工艺研究得到品质变化动力学规律，了解温度与品质的关系，而过程原理研究可获得操作控制影响温度变化的规律。两部分综合，可得到烹饪过程中品质变化的总体规律，从而掌握传热控制和烹饪品质的关系。

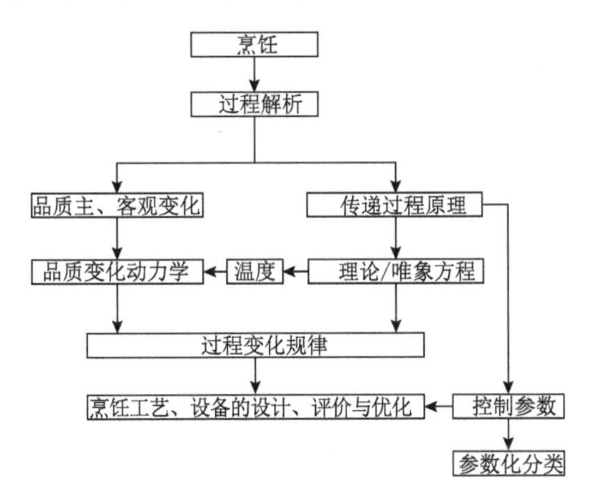

图 1-3　烹饪科学研究主线

2. 假说-验证方法

科学假说是根据已知的科学事实和科学原理，对所研究的自然现象及其规律提出的一种假定性的推测和说明，是科学技术理论建构的一种重要形式。只有通过检验证实了的假说才是科学理论，这使得它和假说根本地区分开来，正是在持续不断地对科学理论进行检验的过程中，推动了科学的发展（张功耀，2003）。

烹饪成熟依赖于主观判断，且这种判断可能是综合的总体感官判断，也可能是对某一特征指标的感官判断。不同的烹饪的感官评价数据之间是难以比较的，也无法作为表征烹饪进程的指标。这是因为在烹饪过程中不断进行烹饪感官评价得到统计数据是不可能的。厨师虽然能在烹饪过程中完成经验性的品尝，但达不到科研层次，难以应用于烹饪热处理研究。动力学函数作为热处理控制参数由来已久，容易出现这样一种设想，能否类似杀菌热处理优化中的 F 值、C 值，也为烹饪热处理建立类似的动力学函数呢？杀菌学中，可以通过测定指标菌孢子致死 z 值和 D 值得到 F 值计算的动力学公式，通过测定品质损失的化学反应动力学参数得到 C 值计算动力学公式，因为热处理中指标菌孢子致死和品质损失都服从一级反应动力学规律。但我们无法精确测定成熟判断的相关人类感官响应，从而无法得到其动力学规律和参数。我们可以假定，人类的成熟判断的感官响应与形成这些响应的物理、化学烹饪品质变化在动力学上是线性相关的，那么人类的成熟判断相关感官响应也会服从一级反应动力学规律。笔者在 2013 年提出了成熟值原理的假说（邓力，2013），其包含初期的设想和分析，成熟值概念在未经证实之前，仍是一个科学假说。

由于科学理论或假说往往以全称命题的形式出现，无法直接进行检验，需要由科学理论演绎出一些可以直接检验的推论，然后和观察实验结果相对照。如果符合观测结果，就获得支持，反之就遇到反驳。在科学实践活动中，大多数假说的检验实际上只能通过比较间接的方式来实现，即把科学假说的基本观念同其他方面的理论成果相结合，做出进一步的分析和推测，提出一些与假说基本观点相关的预见，再将这些预见与试验结果进行对照来达到对假说进行检验的目的。只要对假说进行越来越严格的经验检验，经过检验的假说将会得到越来越多的归纳支持。在建构科学理论的过程中，必须使科学理论经受各种检验以得到尽可能可靠而又符合更多科学事实的理论。同时又要谨慎对待经验检验，特别是当面对不利的检验时，不要轻易地放弃早先得到充分检验的理论，而要进行许多综合考虑，之后才决定对科学理论的取舍（张功耀，2003）。

本书的成熟值理论建立在假说-验证方法之上。假说需要充分的检验是本书重复罗列大量类似试验数据的缘由。

3. 演绎、归纳方法的运用

经典的科学方法有两大类，即归纳法和演绎法。

归纳法是从个别到一般的逻辑推理方法。它是通过对一些个别经验事实和感性材料进行概括和总结，从中抽象出一般的结论、原理、公式和原则的一种逻辑推理方法（栾玉广，2010）。归纳法应用于物理研究中时通常称为唯象理论，即不考虑其内在原因，而是用概括试验事实而得到的物理规律。采用归纳法或唯象理论得到的物理方程通常称为经验方程或唯象方程，唯象理论是试验现象的概括和提炼，没有深入解释内在原理。很多经验方程的应用范围受到其研究条件的限制，不是普适的。第 4 章中文献得到的和第 7 章由 Π 定理推导的对流传热系数无因次方程都是经验方程，在应用时应非常慎重，一旦选择不当，会导致结果偏离真实。

演绎法是从一般到个别的逻辑推理方法。演绎推理方法与归纳法相反，它是从已知的一般原理、定理、法则、公理或科学概念出发，而推导出新结论的一种逻辑理论思维方法和科学研究方法（栾玉广，2010）。基于公理而通过严谨的演绎推理得到的规律具有普适性。第4章中的非稳态传热方程、流体运动方程等核心控制方程，是由能量、质量和动量守恒的基本公理推导出的数学物理方程。数学物理方程指从物理学及其他各门自然科学、技术科学中所产生的偏微分方程，它们反映了有关的未知变量关于时间的导数和关于空间变量的导数之间的制约关系（谷超豪，2002）。第4章中的数学物理方程多数是通过数理逻辑推导而得的演绎方程，具有很强的普适性。只要参数准确，过程描述方程合理，一定可以由这些方程推算得到符合真实的过程变化。

在建立烹饪热处理过程的数学模型时，搞清楚方程的唯象或理论性质，有助于判断模型的适用性，以及推断模型的鲁棒性（robustness）——即模拟时系统在一定的参数摄动下维持其性能稳定的特性。理想的烹饪数值模拟在一定的参数摄动、非本构方程不够准确的条件下，计算应仍能够收敛并获得符合实际的结果。

4. 数值模拟

模拟方法就是根据相似理论，先设计和制作一个与原型相似的模型，然后，对模型开展试验研究，并将结果推论到原型上去，从而达到间接地去试验和研究原型的性质与规律性（栾玉广，2010）。它是通过创造尽可能逼近现实世界的虚拟环境条件、作用方式、物质构成来对现实世界进行可能性结果研究的方法。由于模拟方法并不直接接触现实世界，因此模拟方法并不是一种具有直接现实性和可靠性的方法（张功耀，2003）。

科学哲学家称模拟方法为“不得已的方法”。模拟方法只在下列条件下才被广泛采取：太多的不确定因素、研究对象过于复杂、太多的相互影响关系。食品热处理的热质传递过程高度复杂，因而计算流体动力学（computational fluid dynamics，CFD）在食品热处理中获得了广泛应用（Sun，2007；谢晶等，2004；王亮等，2014）。

随着计算机的飞速发展和广泛应用，数值模拟已经不再仅仅是实验研究和理论研究的辅助手段，而成为继实验和理论之外的第三种科学研究方法。一般来说，只要局部规律已知或者被假设，就能够数值模拟大范围、长时间的物理现象。数值模拟方法和传统试验方法相比，能够大幅度节约经费，缩短研究周期，具有更大的自由度和灵活性，而且特别安全，不存在物理试验中的测量误差和系统误差，没有测试干扰问题，可以较自由地选取参数，在物理试验很困难甚至不能进行的场合，仍可进行计算机试验。

烹饪热质传递在各类食品热处理中复杂性可能是最高的，因而数值模拟成为必不可少的研究手段。关于数值模拟应用必要性的讨论参见5.1.2节第1小节。数值模拟给烹饪过程原理研究带来了前所未有的可能性，成为研究重器、利器。

在学术交流中，遇到过对烹饪过程的数值模拟可靠性的质疑。例如，少量的传热学试验数据能否验证模型？计算得到的品质数据是不是从多个解中选取的？等等。虽然烹饪热质传递的控制方程是二阶偏微分方程，似应有多个解，但实际上绝大多数数学物理方程的解是唯一的。谷超豪（2002）给出了热传导方程在三种边界条件下解的唯一性的证明。数学物理方程组中的控制方程和本构方程是演绎得到的，且解是唯一的，当特定初始和边界条件下方程组的解与试验值相符合，就能证明数学模型是可靠的。实际上，模型验证和构建是交互进行的，通常会通过调整参数以使模型的解与试验值相符，调整后的烹饪热质传递模型具有较高的普适性和可靠性。至于模型的适用性，只需关注其中少量经验方程的适用范围和参数可靠性即可。

5. 选择典型研究对象

典型（type or example）是科学方法论中的一个重要概念。科学研究以最能代表某个事物类的个体（即典型）为直接研究对象，就能最有成效地做到事半功倍（黄勇，1991）。典型性原则是科学观察原则之一，需要通过对这些有限的事物或现象的科学观察，获得尽可能全面的、系统的和准确的科学技术研究资料；可以直接选取一类事物中具有代表性的种类，作为典型的观察对象，人们就可以集中精力对其进行仔细的科学观察（栾玉广，2010）。

经过对中式烹饪的全面分析研究，以炒为典型研究对象。首先，炒是中式烹饪的代表性工艺，研究价值高。其次，炒是烹饪中最为复杂的工艺，得到的过程传递模型应用于其他的烹饪工艺时，均为模型简化过程。炒的过程传递模型能通过简化覆盖大多数烹饪工艺。

1.4　烹饪科学的学科关联

1.4.1　烹饪科学与各学科的关系

何荣显（1998）及其他多数烹饪研究者都认为，调味、刀工和火候是烹饪三大技术要素，有机地构成了烹饪技术原理。我们可以把中式烹饪的繁复操作分为三类，即食材配伍、切割控形和加热控制，分别对应调味、刀工和火候，并以此解构烹饪，分析其学科关联，如图 1-4 所示。

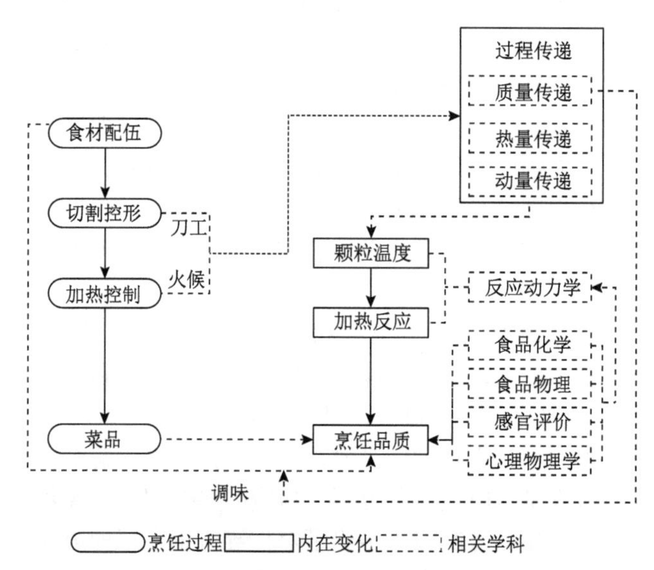

图 1-4　烹饪的解构及其与各学科的关系（据邓力，2013 修改）

虽然调味是中式烹饪的核心和灵魂（何荣显，1998），但主要体现于食材配伍。烹饪的食材配伍反映了民族、地域和个人的饮食偏好，尽管其对烹饪的食用品质、营养卫生、风格特点有决定性的影响，但其却是一种主观技术而不是客观规律，不应视作烹饪科学的核心内容。调味会影响烹饪中的质量传递，但在烹饪中的重要性远次于热量传递。

刀工作为切割控形手段，一个作用是便于咀嚼食用，另一个作用是决定了烹饪食材的传热学特征尺寸，是另一种形式的加热控制手段，是火候控制的一部分，对烹饪成熟过程有重大的影响，显然更为重要。

火候就是根据不同食材的性质、形态，不同烹法与口味要求，对热源的强弱和加热时间长短进行控制，以获得菜肴由生到熟所需的适当温度（周晓燕，2008）。在本书第 8 章中定义火候为使烹饪食材达到成熟且总体品质达到最优的烹饪加热程度。而考察烹饪全过程，切割控形、加热控制等传热相关操作决定了烹饪中的物料温度，而形成烹饪品质的化学反应和物理变化则是由物料温度决定的。温度变化可由热量、质量和动量的过程传递原理来分析研究。烹饪的品质变化由食品化学、食品物理和感官评价来分析研究，尤其是烹饪终点的确定更多地依赖感官评价，而心理物理学深层次研究刺激形成的感官响应。将温度变化和烹饪品质联系起来的则是动力学。动力学是联系烹饪品质和烹饪过程的纽带。反应动力学的关键问题是温度历史（temperature history），指时段内温度的总体历程，并非时间温度的简单一一对应关系，一段温度历史决定了特定的动力学后果，区别于传热学意义上的时间温度关系，温度历史是由传递过程决定的。因此，过程传递-反应动力学-食品品质变化决定了烹饪品质，是烹饪的核心原理之一。

1.4.2 烹饪中的三传一反

1. 烹饪的反应过程与三传

质量、能量和动量的传递过程原理和化学反应工程简称为“三传一反”。化学工程起始于诸多工业、工序的归纳，形成了以三传一反为核心的学问，后来，延伸到许多其他领域（郭慕孙和李静海，2000）。实际上，多数涉及三传一反的过程都可以用到基础的化工原理。Mashelkar（1995）将化工视为一种能与许多其他科学技术无缝交接的学问，可以处理各种复杂工程问题。可以由化工过程原理的三传一反分析传统中式烹饪过程。

食材：首先，中式烹饪中固体食物通常在切割后烹饪，食材大多数是以颗粒的形式存在，如片、丝、条、丁、末、块、团、丸等，在颗粒学上属于 Geldart 分类 D 类颗粒（金涌，2002）。其次，中式烹饪食材的另一个特征是，水（蒸汽）、油等流体在烹饪中起到重要作用，不仅作为烹饪成品组分，还起到作为传热及传质介质的重要作用。可以认为，典型中式烹饪的食材是液体-颗粒混合物，因而大多数烹饪是一个流体-固体的加热过程。

反应过程：烹饪的目的是加热食材使之成熟，而成熟的内在原因是食材在受热后，发生食品化学、物理和微生物变化，从而产生风味、色泽、毒理、质构、营养、水分保持及微生物等食用品质变化。

热量传递：从热源向食品的热量传递是所有加热烹饪过程都会发生的物理过程，在烹饪研究中具有重要的地位。

质量传递：烹饪过程中的水分相变和传递对传热和食品质构有重要影响，如油炸、爆炒中的水分迁移。烹饪中的传质过程对调味影响较大。

动量传递：中式烹饪分静态烹饪和动态烹饪两种，前者如蒸、焗等没有人工施加运动的操作，后者如爆、炒等操作。烹饪过程中通过晃锅、炒勺搅拌等措施施加物料运动，其目的是强化传热和传质。烹饪中动量传递的典型特点是流体颗粒的相对运动。烹饪中水（蒸汽）、油等流体也可能会出现自发的宏观运动，也涉及动量传递。动量传递对热质传递影响很大。

反应器：热源、锅、炒勺构成了烹饪反应器，其特征是气体的环境开放性，使用锅盖只能够在蒸汽不断产生时隔绝空气的进入，压力等同或略高于大气压，从化学工程的角度而言，容器仍然是开放的，但高压锅、真空锅等现代烹饪设备不是开放容器。

过程耦合（processing coupling）是将反应、传热及传质等两个（包括自身）或两个以上操作单元有机地结合起来进行联合操作的过程（周如金等，2002）。显然，烹饪过程是一个耦合过程。

2. 烹饪操作与传递过程

建立在质量守恒、动量守恒、能量守恒三大定理基础上的传递过程是单元操作的物理本质。传递过程从方法论上把单元操作统一到“三传”物理内核之中，成为分析操作过程的有力工具。传递过程与烹饪有密切关系，适用于分析烹饪过程的规律。

统一体现三种传递过程的传递通用方程为（江体乾，2002；王运东，2002）

$$\underbrace{\frac{\partial}{\partial t}(P)}_{\text{非定常项}} + \underbrace{\nabla(\rho u)}_{\text{对流项}} = \underbrace{\mu\nabla^2 P}_{\text{分子扩散项}} - \underbrace{\frac{\mathrm{D}F}{\mathrm{D}t}}_{\text{非定常流动相}} + \underbrace{G}_{\text{源项}} \tag{1-1}$$

式（1-1）及表 1-1 中：∇ 是哈密顿（Hamilton）算符，$\nabla = i\frac{\partial}{\partial x} + j\frac{\partial}{\partial y} + k\frac{\partial}{\partial z}$；$P$ 是单位体积的传递通量；u 是质点速度，m/s；v 是运动黏度，m^2/s；μ 是比例常数；$\mathrm{D}/\mathrm{D}t$ 是拉格朗日导数；F、G 是物理量代号；ρ 是密度，kg/m^3；g 是重力加速度，m/s^2；c_p 是比热容，J/（kg·℃）；T 是温度，℃；α 是热扩散系数，m^2/s；D_{AB} 是组分 A 在组分 B 中的传质系数，m^2/s；r_A 是组分质量生成速率，kg/（m^3·s）。式（1-1）的一维通量公式分别是牛顿黏性定理（动量传递）、傅里叶定理（热量传递）和菲克定理（质量传递）。各代号的不同意义见表 1-1。

表 1-1　传递通用方程代号在不同方程中的意义

方程	P	μ	F	G
动量方程	ρu	v	ρ	ρg
能量方程	$\rho c_p T$	α	黏性热	反应热
扩散方程	ρ	D_{AB}	0	r_A

所有烹饪过程全部或部分与三种传递过程有关。例如，炒、爆、烩等烹饪过程中，固体食材与液体食材、液体食材与炊具发生热量传递，搅拌过程和水分蒸发都会发生动量传递，调味成分和各食材成分之间存在着质量传递，因此与三种传递都有关；而蒸、烤等过程，烹饪食材通常未发生运动，可以认为没有动量传递。鉴于烹饪方法的繁复多样，不在此一一分析，参见图 1-5。

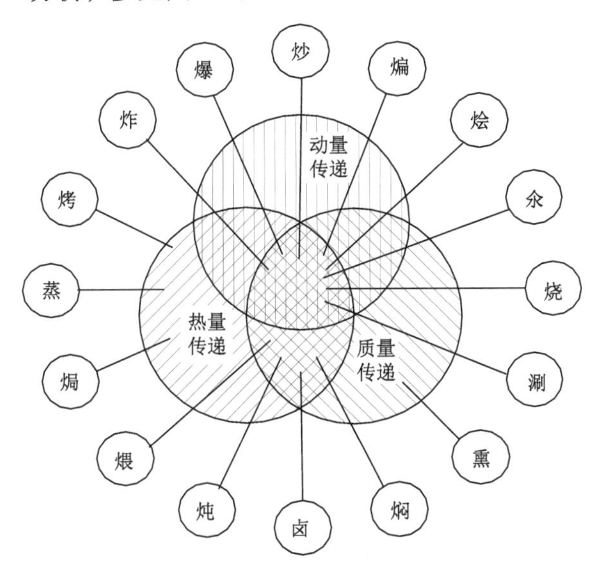

图 1-5 烹饪与传递现象的关系（邓力和金征宇，2004）

3. 烹饪与单元操作

单元操作总结了类似操作过程的内在规律，是处理分析化工和食品操作过程的基础手段。我们把发生同样的物理变化、遵循共同的规律、使用相似设备、具有相同作用的基本物理操作称为单元操作（姚玉英，1999）。传递过程原理是所有单元操作的共同原理基础。经过长时间的研究积累，单元操作已经累积了丰富的种类和研究成果。

某一类传统烹饪技艺的总体共性技术规律很难找，如不同物料搅拌水传热包含着复杂的过程，难以得到简明的、有实践指导意义的技术规律，也找不到已有的研究基础。但是，如搅拌水传热过程包含了液体-颗粒间的对流-非稳态传热、搅拌对对流传热系数的影响、蒸发、浸出和固液吸附等单元操作（表 1-2），上述单元操作有大量的研究基础、丰富的数学模型和计算方法，可以直接和借鉴应用于搅拌水传热研究。因此，在研究成分浸出、吸附等各种单元操作相关问题时，应充分利用现有化工单元操作的知识积累。

使用单元操作研究烹饪，可以利用现有的单元操作研究成果，看似较为简易，但由于烹饪中各单元操作深度耦合，很难简单应用单元操作来研究烹饪。通过更为底层的传递过程原理来研究烹饪更为合理。单元操作有助于理解烹饪过程，可以局部利用已有的单元操作展开研究。

表 1-2　烹饪与单元操作（邓力和金征宇，2006）

烹饪操作	单元操作							
	传热	搅拌	蒸发	浸出	萃取	气固吸附	干燥	固液吸附
搅拌水传热	○	○	○	○				○
水传热	○		○	○	○			○
搅拌油传热	○	○	○	○	○		○	○
油传热	○		○		○		○	○
焗	○		○					
熏						○		
煎	○		○					

注：○说明该烹饪操作包含本栏的单元操作。

4. 中式烹饪的过程特征

任何领域的研究中，找到具有代表性和基础性的典型研究对象是十分重要的。典型研究得到的结论可以引申、覆盖其他非典型的对象，成为整个领域的研究基础。因此，有必要分析中式烹饪的过程特征。

通过以上分析认为最典型的中式烹饪的过程特征是：开放容器中烹饪食材的传热、传质和品质变化过程，可以涵盖炒、煸、烩、汆、烧、涮、熏、焖、卤、炖、煨、焗、蒸、烤、炸、爆、煮、熘、㸆、煎、贴、扒等大多数中式烹饪过程。

考虑中式烹饪中流体的广泛使用和固体食材的颗粒特征，进一步地，认为较为典型的烹饪的过程特征是：开放容器中流体-颗粒烹饪食材的相对运动以及传热、传质和品质变化过程。可以涵盖炒、煸、烩、汆、烧、涮、熏、焖、卤、炖、煨、焗、蒸等主流的中式烹饪过程。

由于中式烹饪中广泛使用搅拌手段、液体，可以进一步总结其特征为开放容器中被搅拌液体-颗粒食材的传热、传质和品质变化过程，液体指油脂、水和水溶液（汤、汁），可以涵盖爆、炒、涮、汆、烩、炸、熘、烧、煸等更具代表性的中式烹饪过程。上述分析可以概括为表 1-3。

表 1-3　中式烹饪过程特征的代表性

烹饪操作	食材	反应过程	热量传递	质量传递	人为动量传递（搅拌）	反应器
煮、蒸、焖、爆、炒、煨、涮、汆*、烩、炸、熘、烧、煸、烤、㸆、煎、焗、贴、扒	所有种类	加热品质变化	有	有	有、无均可	开放容器
煮、蒸、焖、爆、炒、煨、涮、汆、烩、炸、熘、烧、煸	流体-颗粒	加热品质变化	有	有	有	开放容器-搅拌
爆、炒、涮、汆*、烩、炸、熘、烧、煸	液体-颗粒	加热品质变化	有	有	有	开放容器-搅拌
煮、蒸、焖、煨	流体-颗粒	加热品质变化	有	有	无	开放容器

*汆，音 tǔn。

1.4.3 烹饪科学与食品热处理

烹饪作为一种热处理过程应尽量利用已有食品热处理理论和方法。

食品热处理是指通过加热、保温或者冷却的手段，使食品达到安全指标的同时品质最佳（王亮等，2014）。由于人类所食用食品中的大多数都必须经过热处理，常用的杀菌、焙烤、油炸、干燥、蒸煮等热处理工艺是食品加工中的主导性技术。自 20 世纪 20 年代 Ball（1923）及其他学者初步奠定了食品热处理研究范式和理论基础以来，这一领域经历了 100 年的快速发展，目前已积累了大量的理论、方法和数据，论文、书籍、手册更是汗牛充栋。遗憾的是，我国在这一领域研究相对薄弱，目前尚没有全面系统的食品热处理理论与方法的中文书籍。热处理研究需要较多动力学、热质传递理论和数学知识，学科跨度大，研究周期长，学习和研究代价都较高。我国在这一领域的研究人员数量及成果与这一领域的重要性是极不相称的。很多食品科学的研究者对这一长期作为食品科学研究主流之一的领域感到陌生。

考察食品热处理研究的理论和方法主要包括以下三个方面：①动力学：基于阿伦尼乌斯方程及衍生的 D-z 值理论获得温度和时间积累对某一食品品质的影响，可以构建评价食品加热处理品质的普适性指标，如 F 值、C 值，形成了研究的普适性、可比性。②传热学：以传递过程理论为基础，通过实验传热学、理论传热学和数值模拟方法得到热处理食品的温度、压力等参数的分布历史。多数食品热处理是非稳态传热，常常带有对流、蒸发、热物性变化等复杂条件，研究难度较高。③工艺优化：由传热学和动力学结合计算分析食品品质、验证理论方法，开展工艺优化，得到使某一或某些品质最优的操作条件，最终实现工程应用（Toledo，2007）。

工程研究与工艺研究的区别在于，一些工程基础理论和方法的时效性比工艺研究长得多。在 100 年来食品热处理研究的艰苦探索中，以 Ball、Mansfield、Sastray、Teixieira、Bigelow、Ramaswamy、Datta 等学者为代表，他们的工作成就为烹饪热处理研究提供了立体的、丰富的理论基础和研究方法。充分学习和掌握这些知识，理清脉络、搞懂方法，并学习相关数学、过程原理、计算机编程等基础知识，是烹饪科学研究的必由之路。

1.5 本书的烹饪科学研究体系

本书烹饪研究体系包括实验研究方法、理论研究方法（解析法）和数值模拟方法，三者取长补短、相互印证。主要的研究流程和各研究的相互关系总结如图 1-6 所示。该图可供读者快速了解各章节之间的联系，便于系统地理解本书。

从图 1-6 的烹饪研究体系可以看出，烹饪科学研究的特点是学科跨度大。现代科学的明显特点是高度分化和高度综合的一致性导致发展的整体化趋势。日益增多的边缘学科和综合学科的出现，促进了各学科间的相互渗透，使得以前分离的领域相互联系起来。烹饪科学研究的发展需要将热质传递原理、品质变化动力学、感官评价方法、心理物理

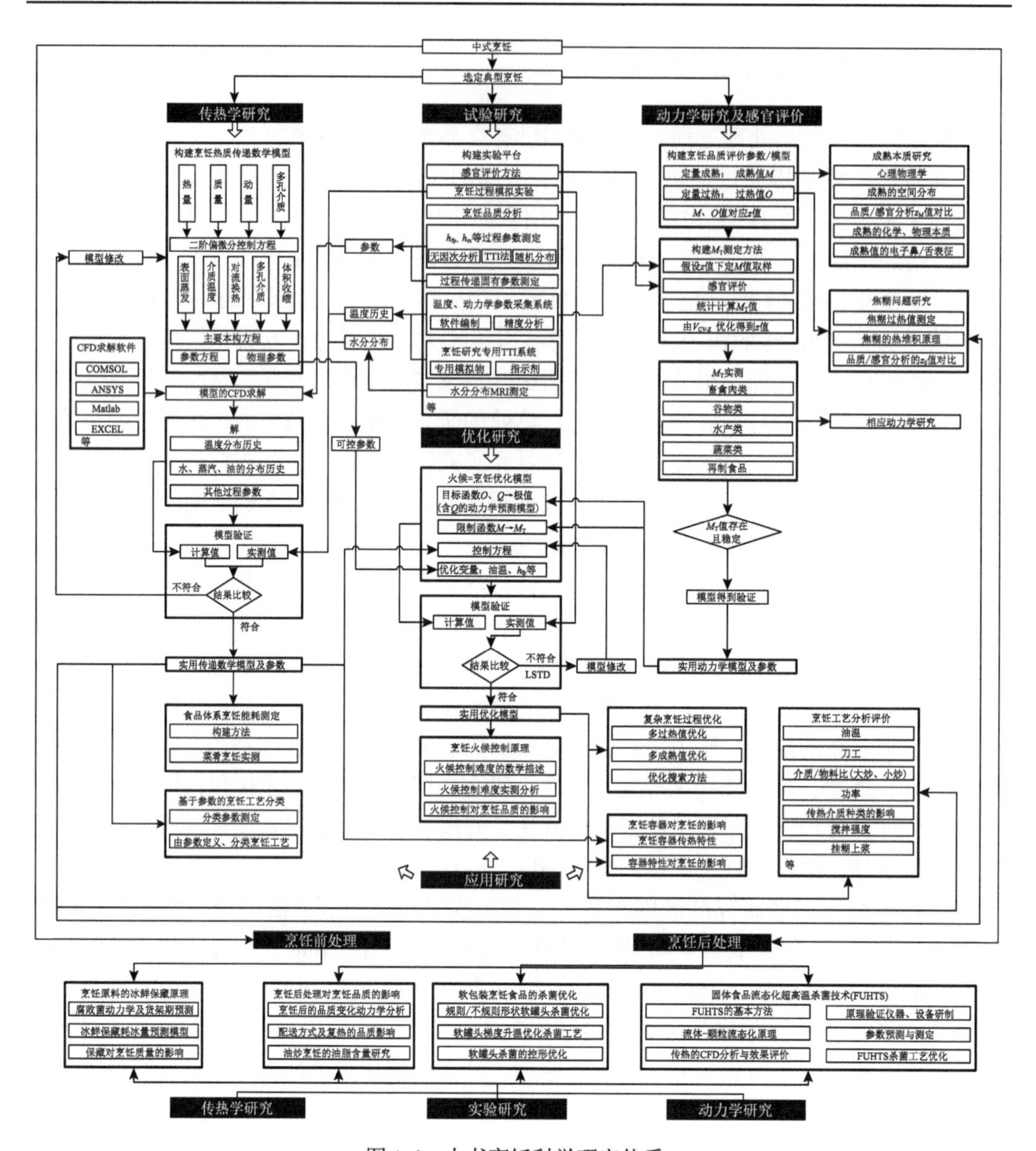

图 1-6　本书烹饪科学研究体系

注：CFD-计算流体动力学；TTI-时间温度积分器；M-成熟值；M_T-终点成熟值；O-过热值；Q-烹饪品质；z_M-成熟品质变化的 z 值；FUHTS-流态化超高温杀菌；LSTD-最小目标总体差平方；MRI-核磁共振成像；h_{fp}-流体与食品颗粒的对流传热系数；h_m-对流传质系数；V_{CV}-变异系数变率

学、数值计算、食品的物理、化学、微生物学等学科有机结合起来。

需要提请读者注意的是，本书不是按教科书的方式编辑撰写的，而是以原创理论的表述和验证的逻辑关系安排内容。请读者详察。

参 考 文 献

陈昌曙. 1999. 技术哲学引论. 北京：科学出版社

辞海编辑委员会. 1989. 辞海. 上海: 上海辞书出版社
邓力. 2013. 烹饪过程动力学函数、优化模型及火候定义. 农业工程学报, 29(6614): 278-284
邓力, 金征宇. 2004. 液体-颗粒食品无菌工艺的研究进展. 农业工程学报, 5: 12-21
邓力, 金征宇. 2006. 中式烹饪的过程原理解析及研究体系. 食品与机械, (6): 40-143
高福成. 1998. 食品工程原理. 北京: 中国轻工业出版社
高海薇. 2001. 中西烹调方法的比较. 四川烹饪高等专科学校学报, 4: 21-22
谷超豪. 2002. 数学物理方程. 2 版. 北京: 高等教育出版社
郭慕孙, 李静海. 2000. 三传一反多尺度. 自然科学进展, 12: 24-28
何荣显. 1998. 中国烹调技术. 长春: 吉林科学技术出版社
胡茂苓, 吴华昌, 王卫, 等. 2019. 烹饪菜肴工业化加工现状及其安全性控制分析. 中国调味品, 44(12): 11176-11180
华庆. 2004. 再论烹饪科学的归属问题. 扬州大学烹饪学报, (3): 52-54
黄勇. 1991. 论典型和科学方法论研究. 自然辩证法研究, 7(3): 4
季鸿崑. 2016. 烹饪学基本原理. 北京: 中国轻工业出版社
江体乾. 2002. 近代传递过程原理. 北京: 化学工业出版社
金涌. 2002. 流态化工程原理. 北京: 清华大学出版社
李想. 2012. 传统烹饪工业化——餐饮的产业革命. 餐饮世界, (6): 79-81
刘小勇, 李伟光, 刘水波, 等. 2004. 自动烹调机及其控制系统. 中国专利, 申请号: CN03140862.1
栾玉广. 2010. 自然科学技术研究方法. 2 版. 北京: 中国科学技术大学出版社
苏扬, 张聪. 2015. 中国餐饮业实现工业烹饪战略研究. 中国调味品, 40(1): 131-136
涂元季. 2007. 钱学森书信. 北京: 国防工业出版社
王俊岭. 2019. 中国餐饮产业 规模世界第二. 商业文化, 438(21): 74-77
王利器, 王贞珉, 邱庞同. 1984. 吕氏春秋本味篇-中国烹饪古籍丛刊. 北京: 中国商业出版社
王亮, 周建伟, 邵澜媛, 等. 2014. 计算流体动力学在食品热处理中的应用. 食品工业科技, (3): 383-386
王运东. 2002. 传递过程原理. 北京: 清华大学出版社
谢晶, 施骏业, 瞿晓华, 等. 2004. 计算流体力学在食品传热传质过程中的应用. 食品与机械, 20(5): 49-52
杨铭铎. 2005. 中国现代快餐. 北京: 高等教育出版社
姚玉英. 1999. 化工原理上. 天津: 天津大学出版社
于秋生. 2020. 现代食品系统工程学导论. 北京: 中国轻工业出版社
张功耀. 2003. 科学技术学导论. 长沙: 中南大学出版社
赵学庄. 1984. 化学反应动力学原理. 北京: 高等教育出版社
中国烹饪百科全书编辑委员会. 2002. 中国大百科全书: 精粹本. 北京: 中国大百科全书出版社
周如金, 宁正祥, 宋贤良. 2002. 食品及生物工程中的过程耦合技术. 食品科学, 23(12): 125-128
周晓燕. 2008. 烹调工艺学. 北京: 中国纺织出版社
Aiello L C, Wheeler P. 1995. The expensive-tissue hypothesis: the brain and the digestive system in human and primate evolution. Current Anthropology, 36(2): 199-221
Ball C O. 1923. Determining, by methods of calculation, the time necessary to process canned foods. Bulletin of the National Research Council, 37: 9-76
Boback S M, Cox C L, Ott B D, et al. 2007. Cooking and grinding reduces the cost of meat digestion. Comparative Biochemistry and Physiology. Part A, Molecular & Integrative Physiology, 148(3): 651-656
Brcker F. 2021. Chefs and artists in dialogue – about the use of food as a sensual and conceptual medium in contemporary art and cuisine. Science Direct. International Journal of Gastronomy and Food Science,

24(1): 100339

Dolhinow R. 1999. Demonic males: apes and the origins of human violence by Richard W. Wrangham; Dale Peterson. American Anthropologist, 101(2): 445-446

Gibbons A. 2007. Food for thought. Science, 316(5831): 1558-1560

Gisslen W. 2011. Professional Cooking. New Jersey: John Wiley & Sons Inc

Hughes W. 1998. Elizabeth telfer, food for thought: philosophy and food. Journal of Agricultural and Environmental Ethics, 11(1): 55-58

Joseph J P. 2021. 烹饪科学原理. 桑建, 译. 北京: 中国轻工业出版社

Lund D B. 1989. Food processing: from art to Eengineering. Food Technology, 43(9): 242

Mashelkar R A. 1995. Seamless chemical engineering science: the emerging paradigm. Chemical Engineering Science, 50(1): 1-22

Potter N N. 1986. Food Science. Dordrecht: Springer

Richard W. 1999. The raw and the stolen: Cooking and the ecology of human origins. Current Anthropology, 40(5): 567

Rosenthal A J. 1999. Food Texture: Measurement and Perception. Frederick: Aspen Publishers

Philip R, 2001. Thermal Technologies in Food Processing. Boca Raton: CRC Press

Semaw S, Renne P, Harris J W, et al. 1997. 2.5-million-year-old stone tools from Gona, Ethiopia. Nature,385(6614): 333-336

Skovgaard N, Philip R. 2005. Improving the thermal processing of foods. International Journal of Food Microbiology, 101: 351-352

Sun D W. 2007. Computational Fluid Dynamic in Food Processing. 1st ed. Boca Raton: CRC Press

Toledo R T. 2007. Thermal Process Calculations. In: Fundamentals of Food Process Engineering. Food Science Text Series. New York: Springer

Walker A. 1991. The Origin of the Genus Homo, Evolution of Life. Tokyo: Springer

第2章

成熟的定量

2.1 概　述

2.1.1 成熟的含义

《辞源》中成熟一词有两个含义：其一是植物的果实或谷实成长到可收获的程度；其二是比喻事物发展到完善的程度。烹饪领域中的成熟一词符合后者的含义，是指烹饪过程中烹饪品质达到完善的程度。在《韦氏大词典》（*Merriam-Webster Unabridged Dictionary*）中，成熟（doneness）是指达到完全烹饪或者充分烹饪的状态，也被定义为达到期望成熟程度的条件。可见，中外对于食品成熟的认识是相同的：成熟是终止烹饪加热的指标。成熟一词中含有发展、变化的寓意，暗含完善的程度是逐步达到的，符合烹饪实际，且范围更为宽广。烹饪食材除了生鲜原料外，还有干货等其他原料（冯胜文，2011），各种原料在烹饪中都存在成熟问题。在多数情况下烹饪成熟研究主要针对生鲜食材，如肉禽蛋、水产、蔬菜、菌类、粮谷的加热制熟。

2.1.2 文献回顾

目前国内关于烹饪、烹调的文献基本上以介绍烹饪的手工操作为核心，加以一定的食品科学解释。检索表明，无论是食品科学领域，还是烹饪研究领域，都鲜有烹饪成熟研究，尤其缺少普适性的成熟原理研究。

值得注意的是，已有的成熟研究多数都是针对肉的。肉在烹饪中有重要意义，以禽畜水产肉类为食材的烹饪菜品最多，在《中国烹饪百科全书》（1992）中列举的 32 种最常见家常菜中只有 4 种不涉及肉菜。肉的价值远高于一般蔬菜和配料，且肉加热品质变化的复杂性也较高。

国内常用成熟度或者成熟程度来表示烹饪终点。周晓燕（2008）指出食物制熟处理的作用包括：消除或杀死细菌，促进消化吸收，改善菜肴风味、质地和色泽及形成热敏性成分损失，并讨论了各种制熟工艺。在《烹调原理》（阎喜霜，2004）一书中讨论了水传热、油传热、水蒸气传热的制熟处理工艺，而未解释成熟。在烹饪机器人出现后，国内开始开展关于烹饪成熟的研究，一般采用感官评价的方法来评判肉类的成熟，以分析成熟与烹饪操作参数的关系（张建军等，2009；周晓燕等，2009）。对于食物成熟的判断研究，已积累了较多文献，取得了积极的成果。其中以研究肉的成熟居多。国外研究肉类成熟有较长的历史，研究水平也较高，在研究时通常结合了温度的测定。研究方法既有主观的，又有客观的。

主观方法，如颜色、质构、风味的感官评价，常被用于判断肉类的成熟程度（Quevedo et al.，2013；Stone et al.，2012）。由于热处理后肉的颜色变化通过肉眼很容易区分，因而消费者更倾向于通过肉的颜色评估成熟程度（Rhee et al.，2003；Mancini and Hunt，2005）。自 20 世纪 70 年代以来，国外一些研究（Parrish et al.，1973；Akinwunmi et al.，2010；Cox et al.，1997；Cross et al.，1976；Luchak et al.，1998）就致力于解释牛肉的适口性和感官成熟程度的关系，研究对象集中在牛肉和牛排上。国外烹饪中常用标准色卡来确定牛肉、牛排的烹饪成熟度。国内也有采用感官评定的方法确定机器人自动烹饪肉丝的成熟度的例子（张建军等，2009），然而，仅依赖人类的感官，不能精确判断肉的成熟。Chambers 等（2018）指出颜色受光线影响较严重，误差较大，不适合作为成熟研究的主要评价指标。Jenkinson 和 Cuskelly（2016）研究得出手机拍照对成熟程度进行分类与人感官颜色判断有较高相似性，但其本质还是基于人的感官评价。主观方法评价成熟具有随时间变化的特性，易产生偏差，费时且成本高（Meilgaard et al.，2006）。

客观方法，如测温法或计时法（李祥睿，2007），也积累了一定的研究成果。Obuz 等（2004）提出终点温度和烹饪速度是成熟程度的决定因素。美国肉类协会基于微生物安全提出肉类烹饪应使中心温度达到 71℃（Rhee et al.，2003），这一观点被广泛接受。在之后的一些文献，无论是消费者的可接受度研究（Oliver et al.，2006；Killinger et al.，2004）还是专业小组的感官评价研究（Yancey et al.，2005，2006），样品通常被加热到中心温度达到 71℃ ± 1℃。Sinha 等（1998）指出，不同牛肉产品的煮熟的程度主要是由内部温度决定，通常和表面褐变和总烹饪时间密切相关，将中心温度达到 60℃、70℃、80℃和 90℃分别定义为一分熟、五分熟、七分熟和全熟。中心温度可通过植入热电偶探针连接数字温度计测定。除了通过确定中心温度的方法外，国外还发明了通过硬度和数学运算判断成熟程度的装置。美国专利（Denomme and Catherine，1992）中提出了一种用于测试肉煮熟程度的设备，肉类随加热时间延长，以硬度变大为依据判断肉成熟程度。Samples（2011）的专利发明了一种通过连续地积分计算得到的 EI（the energy impulse）值以确定肉在烹饪过程中成熟度水平的方法和装置。特定类型的肉成熟度是由一系列 EI 值决定的，公式为

$$\mathrm{EI} = a\int\left[bT_{\mathrm{d}}(t)^{2} + cT_{\mathrm{d}}(t) + f\right]\mathrm{d}t \tag{2-1}$$

式中：$T_{\mathrm{d}}(t)=T(t)-T_{\mathrm{x}}(t)$，$T(t)$是 t 时刻的温度；$T_{\mathrm{x}}(t)$是参考温度，是一个恒定值，如开始发生成熟的温度；a、b、c、f 是针对特定肉类的常数。

当达到所需的 EI 值时，将会产生信号表明肉已熟至所需水平并终止烹饪过程，并提出 EI 值叠加加热得到成熟样的可行性。这些客观研究，一方面缺少严谨的理论基础的支持，适用面狭窄；另一方面，这些方法与感官评价没有深度关联，无法合理地反映消费者对成熟的主观判断。

总结现有烹饪成熟研究，可以得到以下结论：①多数烹饪成熟研究是针对肉类，很多成熟研究是以加热工艺优化的形式出现的，基本没有针对所有烹饪成熟现象的普适性研究。②多数烹饪成熟研究是基于感官评价和化学分析的，很少考虑到热量、水分迁移等纯物理因素对烹饪成熟的影响。③成熟非专利的文献中，主要是通过中心温度测量

和色卡比对来确定肉的烹饪成熟度。即使能够在烹饪过程中测定温度，以终点温度确定成熟度，却忽略了时间、尺度因素对成熟的作用，是不合理的，如分别以 75℃和 100℃加热食材到中心温度 70℃，两者的最终总体成熟品质是不同的。当烹饪过程中存在有色调味剂时，难以由颜色判断成熟。此外，不同原料肉的鲜肉色泽有所不同，色卡的适用范围、准确性会受到限制。④一些技术方案考虑到了成熟的时间温度积分问题，如 Samples 的专利，但提出的积分公式是经验公式，缺少理论支持，同时需要大量试验才能够确定公式中的参数，当更换食材时，公式就不一定适用，缺少普适性。⑤对中式烹饪的研究极少。西方研究者缺少接触中国饮食哲学及“火候”概念的机会，不熟悉炒、爆等中式烹饪技法，受到研究理念和研究范围的限制。

总之，当前的烹饪成熟研究，适用面狭窄、研究手段简单，究其原因，是缺少合理的关于成熟的理论支撑，因此需要一种科学合理的方法用于判断烹饪成熟程度。

2.1.3 烹饪成熟的主观与客观

食品整体及各种成分的加热品质变化已有很多研究，当前并没有建立任何具有普遍性的化学的、物理的、感官的成熟指标。

考察烹饪的成熟判断形成时，人们是通过对烹饪成品的色、香、味、形等食用前与食用后的感受综合判断烹饪成熟程度。烹饪成品给人的直接的视觉、嗅觉、味觉、触觉、听觉等信号并不能直接产生成熟与否的判断，最终的判断取决于个人的饮食习惯。因而，对烹饪的成熟判断具有主观性。不同的个人，如具有不同饮食文化背景、不同饮食偏好、不同性别、不同地域（国家）、不同年龄、不同教育背景的人可能对烹饪成熟有不同的判断标准。

人类使用火有 100 多万年的历史，食用熟食对人类产生的影响可能已使得成熟判断成为本能。同时，由于人类具有社会性，能够相互交流影响、代代相传，形成人群对烹饪成熟判断的共同标准。例如，饮食习惯差别很大的东西方对待肉的成熟，有着类似的判断。

在一些烹饪成熟程度的细节上，也许不同的人有不同的判断标准，但具有相同饮食习惯和饮食文化背景的人群，则对烹饪成熟判断的趋同程度更高。可以通过统计学方法，获得某一确定人群认为达到了成熟的一定加热程度的烹饪成品。这些与成熟关联的烹饪样品的品质是基本稳定的，具有近同的物质基础。

烹饪成熟的主观性是相对的，可以对烹饪成熟主观判断的形成原理及其变化规律开展研究，综合成熟主观判断和客观变化而定性定量成熟。

2.1.4 烹饪成熟研究的意义

自从人类使用火以来，人类摄入的多数食品都必须加热至熟，如肉类、谷物。食品科学研究的目的就是满足人们对美味和营养的需求。因此，成熟应是食品科学中的一个基础性、普遍性的问题。成熟研究的目的是找到人类能接受的加热程度标准，从而提供满足人类需求的烹饪控制指标。从品质优化角度来看，凡是超过一般人群认为熟了的程度，都是过度加热，会对品质产生损害，给烹饪热处理提供了加热强度标准。罐头食品热处理加工中，如果以刚好达到成熟指标为杀菌目标，而不是以保藏为目的 F 值为目标，其热处理程度最为理想。因此，具有普遍意义的成熟研究，能够给出食品热处理的最合理的控制指标。成熟研究的意义体现在：首先，深入研究成熟相关的食品品质特征及形成机理，将推进食品科学的进步；其次，结合食品工业中热处理过程控制品质优化提供目标控制参数，促进食品加工的品质提升甚至产生升级；最后，对成熟的研究也使我们能弄清人类感官与加热品质之间的细节关系，从而为给人类制造美味提供依据。

使用火是人类的特征，人类与动物的重大区别之一就是人类主要摄入熟食，不同社会、不同环境、不同地区、不同人群对成熟判断的指标也常常存在不同，因而烹饪成熟研究具有人类学、社会学意义。成熟研究存在食品科学之外的更为广泛的意义。

烹调是人类进行的第一项化学活动，烹调革命是破天荒的科学革命：人类经由实验和观察，发现烹调能造成生化性质的变化，改变味道，使食品较易消化（菲立普·费尔南多-阿梅斯托，2013）。成熟研究的目的就是寻求食物加热品质变化的理想终止点，获得理想烹饪品质。成熟在烹饪研究中的重要性毋庸置疑。

我们需要厘清烹饪成熟的内涵，获得其与烹饪操作的关系，把握其内在变化规律。成熟研究是打开烹饪科学大门的钥匙。

2.1.5　如何得到表征成熟的普适性函数

烹饪加热时发生的品质变化和其他所有的食品热处理遵循相同的规律。似乎完全可以借用 2.2.2 节中的常用热处理动力学公式来表征成熟，如直接引入 C 值这样的指标。但这些指标无法体现对热处理的感官响应和主观判断，仅能代表热处理过程中的化学物理变化的程度，并不能表征成熟，因此需要专门构建新的表征成熟的指标。

杀菌、焙烤、干燥、油炸等一般食品热处理，控制指标包括指标菌致死、水分含量等，数量不多但指标明确。由于前期成熟研究非常少，且烹饪种类复杂繁多，选择什么样的普适性函数表征成熟是首先必须解决的问题。

2.2　食品热处理品质变化动力学

化学反应动力学以动态的观点去研究化学反应全过程，是研究化学反应速率和机理的科学（赵学庄和罗渝然，1984）。食品品质变化一般指生产过程中化学的、物理的和微生物的变化，化学反应动力学基本理论模型可以用来描述这些变化，已经得到了广泛的应用（Boekel，1996）。食品体系的动力学可以用于优化食品加工和储藏工艺，提高产品品质量（Heldman et al.，2006）。动力学能够定量温度对烹饪品质变化的影响，而温度和时间是由烹饪操作决定的。在中式烹饪研究的总体方法中，针对烹饪品质变化的工艺研究和针对烹饪过程控制的工程研究以动力学为纽带结合在一起（邓力和金征宇，2006）。动力学是建立关联温度和时间的普适性烹饪成熟函数的最佳路径。

2.2.1 动力学原理

1. 反应级数

在动力学研究中，确定反应级数是最基础的工作。因为只有把握了反应机理，才能够按其规律控制反应。实际上，食品和生物反应机理的深入研究很少，研究人员通常以判断反应相关数据是否符合 0 级或者 1 级动力学反应规律来确定反应级数（Hui et al.，2006）。

确定反应级数主要有积分法（尝试法）、微分法、半衰期法、隔离法等（赵学庄和罗渝然，1984）。在食品科学领域，研究人员通常以积分法判断反应是否为 0 级或者 1 级。反应速率定义如下：

$$v_A = -\frac{dc_A}{dt} = k_A c_A^n \tag{2-2}$$

式中：v_A 是反应物 A 的反应速率，mol/（$dm^3 \cdot s$）；c_A 是反应物 A 的浓度，mol/dm^3；t 是反应时间，s；k_A 是 A 的反应速率常数，$mol^{1-n} \cdot dm^{3n-3}/s$；$n$ 是反应级数，无量纲。

式（2-2）两边取自然对数得到

$$\ln\left(-\frac{dc_A}{dt}\right) = \ln k_A + n\ln c_A \tag{2-3}$$

这样以 ln（$-dc_A/dt$）对 $\ln c_A$ 作图得到直线，由直线斜率和截距可以计算出反应级数 n 和速率常数 k。

食品品质变化领域常见的各级反应的基本模型方程如下。

1）1 级反应

若实验确定某反应物 A 的消耗速率与反应物 A 的物质的量浓度成正比，则为 1 级反应。微分速率方程为

$$v_A = -\frac{dc_A}{dt} = k_A c_A \tag{2-4}$$

反应时间由 $t_0 \to t$，组分 A 的浓度由 $c_{A0} \to c_A$，积分速率方程为

$$t = \frac{1}{k_A}\ln\frac{c_{A0}}{c_A} \text{ 或 } c_A = c_{A0}e^{-k_A t} \tag{2-5}$$

2）2 级反应

微分速率方程为

$$v_A = -\frac{dc_A}{dt} = k_A {c_A}^2 \tag{2-6}$$

积分速率方程为

$$t=\frac{1}{k_{\mathrm{A}}}\left(\frac{1}{c_{\mathrm{A}}}-\frac{1}{c_{\mathrm{A0}}}\right) \text{或} c_{\mathrm{A}}=\frac{1}{\frac{1}{c_{\mathrm{A0}}}+k_{\mathrm{A}}t} \tag{2-7}$$

3）0 级反应

微分速率方程为

$$v_{\mathrm{A}}=-\frac{\mathrm{d}c_{\mathrm{A}}}{\mathrm{d}t}=k_{\mathrm{A}} \tag{2-8}$$

积分速率方程为

$$t=\frac{1}{k_{\mathrm{A}}}(c_{\mathrm{A}}-c_{\mathrm{A0}}) \text{ 或 } c_{\mathrm{A}}=c_{\mathrm{A0}}-k_{\mathrm{A}}t \tag{2-9}$$

食品领域相关反应动力学模型还有 Weibull、Logistic、Gompertz 和 Michaelis-Menten 等。

2. 温度对反应速率常数的影响

温度对化学反应影响非常大，在动力学模型中，关于反应级数的模型称为动力学基本模型（primary model）。而温度对反应的影响称为二级模型（secondary model），包括 Arrhenius、Bigelow 和 Q_{10} 模型等，三者都适用于一级动力学反应（Hui et al.，2006）。长期的和大量的动力学研究表明，食品品质变化，包括微生物致死和食品品质的物理化学变化在多数情况下符合一级反应动力学模型（Fennema，2003）。三个二级模型，尤其 Arrhenius 和 Bigelow 模型在食品工程中有广泛应用。

1）Bigelow 模型

Bigelow 模型又称为热力致死时间模型（thermal death time model，TDT model）或 *D-z* 模型，由 Bigelow（1921）基于经验观察而提出，用于低酸性罐头的杀菌工艺设计。在较高温度和较短时间的情况下，微生物致死率的对数和时间呈线性关系，其斜率称为对数递减时间（decimal reduction time），即 D 值（D value）。在一个 D 值时间周期内，微生物数量递减一个周期，即死亡率 90%，即

$$D=-\frac{t}{\lg(N/N_0)} \tag{2-10}$$

式中：N 是活菌数，个/g（mL）；t 是时间，min；$t=0$时，$N=N_0$。

而 D 值的对数和温度呈线性关系，其斜率称为 z 值（z value）。在参考温度（reference temperature）下的 D 值（D_{ref}）是杀菌计算热力致死时间的基础参数（Nunes et al.，1993）。

Bigelow 模型已经被普遍接受，并被广泛用于计算食品热处理的品质损失（Bhowmik，1995）。将微生物数量换为反应物浓度，式（2-10）变为

$$D = -\frac{t}{\lg(c_{\mathrm{A}} / c_{\mathrm{A0}})} \tag{2-11}$$

式中：D 值是特定温度下某一食品品质因子变化一个对数周期（即变化 90%）所需要的时间，min。当反应时间由 $t_0 \rightarrow t$，表征品质因子的组分 A 的浓度由 $c_{\mathrm{A0}} \rightarrow c_{\mathrm{A}}$。

D 值表征了微生物或品质因子对温度的耐受性，其值越大耐受性越强。而 z 值定义为 D 值变化一个对数周期所需要的温度，表征了该品质因子对温度变化的敏感程度，其值越小说明其热处理品质变化对温度越敏感。由其定义可以得到

$$z = \frac{T - T_{\mathrm{ref}}}{\lg D_{\mathrm{ref}} - \lg D} \tag{2-12}$$

式中：z 是 D 值变化一个对数周期所需要的温度，℃；D 是特定温度 T 下某一食品品质因子变化一个对数周期所需要的时间，min；T 是温度，℃；D_{ref} 是参考温度下品质因子对数递减时间，min。

由式（2-11）得到表达组分浓度变化率为

$$\frac{c_{\mathrm{A}}}{c_{\mathrm{A0}}} = 10^{-\frac{t}{D}} \tag{2-13}$$

考虑温度对 D 值的影响，由式（2-11）得到相对于参考温度 T_{ref}，在 T 温度下的 D 值：

$$D = \frac{D_{\mathrm{ref}}}{10^{\frac{T - T_{\mathrm{ref}}}{z}}} \tag{2-14}$$

则在恒定温度 T 下的组分浓度变化率为

$$\frac{c_{\mathrm{A}}}{c_{\mathrm{A0}}} = 10^{-\frac{1}{D_{\mathrm{ref}}} \frac{T - T_{\mathrm{ref}}}{z} t} \tag{2-15}$$

容易看出，Bigelow 模型主要针对数量递减的反应物的动力学计算。

2）Arrhenius 模型

Arrhenius 模型又称为 $k\text{-}E_{\mathrm{a}}$ 模型，虽然只是一个经验模型，但已被大量实验数据证实，同时还得到碰撞理论和过渡态理论的支持（赵学庄和罗渝然，1990），有着稳固的基础，应用也远较 Bigelow 模型广泛。

Arrhenius 模型为

$$k = k_0 \mathrm{e}^{-E_{\mathrm{a}}/RT} \tag{2-16}$$

式中：k 是反应速率常数，s^{-1}；k_0 是指前因子，s^{-1}；E_{a} 是反应活化能，J/mol；R 是理想气体常数，8.314 J/（mol·K）；T 是反应温度，K。

在食品领域应用时，使用℃比 K 更为方便，对于 T 温度下的反应速率常数采用下面形式计算：

$$k = k_{\text{ref}} e^{\frac{-E_a}{R}\left(\frac{1}{T}-\frac{1}{T_{\text{ref}}}\right)} \tag{2-17}$$

式中：k_{ref}是参考温度下的反应速率常数，s^{-1}；T_{ref}是参考温度，℃。

虽然 Arrhenius 定理是描述基元反应（elementary reaction）的，但是对于许多包含不止一个基元反应的复杂反应来说有时也可适用（赵学庄和罗渝然，1990）。而复杂的微生物变化、食品品质变化可以视作一系列基元反应构成的总包反应（overall reaction），常常可以应用 Arrhenius 模型。

3）Q_{10}模型

Van't Hoff 在 1884 年首先定量地讨论反应速率对温度的一般性依赖关系，指出温度每升高 10℃，反应通常加速 2～4 倍，并定义某一反应温度 T 下的温度系数 Q_{10} 为每上升 10℃后反应速率与原来温度下之值的比，对于一级反应有

$$Q_{10} = \frac{k_{T+10}}{k_T} \tag{2-18}$$

Q_{10} 模型可应用于生鲜食品的货架期预测，也可以用于烹饪食材的保藏。对于温度 T 下食品货架期 θ_T，式（2-18）变为

$$Q_{10}^{\frac{T_1-T_2}{10}} = \frac{\theta_{T_1}}{\theta_{T_2}} \tag{2-19}$$

这样在已知可以计算 Q_{10} 的情况下，可以推算不同温度下的货架期（Labuza and Schmidl，1985）。

4）3 个模型之间的关系

一些研究者比较了 Bigelow 和 Arrhenius 模型与动力学实验数据的拟合，大多数符合程度都很好（Manji and van de Voort，1985；Saraiva et al.，1996）。Bigelow、Arrhenius 和 Q_{10}模型之间的关系如下（田玮和徐尧润，2000）：

$$k_{\text{ref}} = \frac{\ln 10}{D_{\text{ref}}} \tag{2-20}$$

$$Q_{10} = \frac{D_T}{D_{T+10}} = 10^{\frac{10}{z}} \tag{2-21}$$

$$E_a = \frac{\ln 10 R T T_{\text{ref}}}{z} \tag{2-22}$$

$$z = \frac{T - T_{\text{ref}}}{\lg \frac{k}{k_{\text{ref}}}} = \frac{10}{\lg Q_{10}} \tag{2-23}$$

式（2-22）中的 E_a 的自变量包括温度，但按照动力学原理，E_a 与温度无关，因此在 E_a 与 z 值之间相互推算时，需要谨慎使用该式（Heldman et al.，2006），前提是实验数据对于两种模型的回归均有较高的相关系数。

2.2.2　现有食品热处理动力学函数

食品热处理主要包括杀菌（sterilization）、热烫（blanching or scalding）、热挤压（hot extrusion）、油炸（frying）、烘焙（baking）、工业烹饪（industrial cooking）等。动力学可以揭示反应过程机理及温度对反应速率的影响，可以应用于热处理中的品质变化。近百年来，已经有了各种各样的描述食品加热过程品质变化的动力学函数。对于微生物致死的动力学方法通常采用 Bigelow 模型，对于食品品质的化学变化则通常采用 Arrhenius 模型（田玮和徐尧润，2000），但并没有严格区分。在食品杀菌的工艺设计与优化中，通常需要同时计算微生物致死和食品品质的化学变化，为了计算方便，通常只采用其中的一种，如 Bigelow 模型。随着超高温杀菌技术的发展，出现了在传统杀菌领域通常采用的 D-z 值模型，而在超高温杀菌领域通常采用 Arrhenius 模型的趋向（Nunes et al.，1993）。

1. 微生物致死相关动力学函数

现有食品化学反应及微生物致死动力学函数对烹饪热处理研究有重要的参考意义，因而将主要的热处理动力学函数在此表述，以供本书第 12 章、第 13 章等杀菌相关章节引用。

由于一个 D 值时间内，微生物数量递减一个对数周期。热力杀菌中公认指标菌（或指标菌芽孢）热致死达到 $12D$，即数量降到原有的 $1/10^{12}$，就能够满足安全要求。在一个恒定的参考温度 T_{ref} 下，根据 D 值的定义，容易计算出目标杀菌时间：

$$F_0 = D_{ref}\left(\lg n_0 - \lg n\right) = 12D_{ref} \tag{2-24}$$

但是，由于包装食品加热过程是非稳态的，温度随时间变化，杀菌温度不可能恒定在 T_{ref}。变温条件下，如何让热杀菌达到 F_0 值呢？结合动力学，通过计算在任何变温条件下达到相当于在参考温度 T_{ref} 下处理 1min 的杀菌效果所需的时间（min），即 F 值。当 $F \geqslant F_0$，就可以确定达到了杀菌条件。具体如下。

（1）F_z 值——D-z 值模型的等效杀菌时间（Ball and Olson，1957）：

$$F_z = \int_0^t 10^{\frac{T-T_{ref}}{z}} \mathrm{d}t \tag{2-25}$$

本书中未专门注明的 F 值是指 F_z 值。

（2）F_E 值——Arrhenius 模型下的等效杀菌时间，该值曾被称为 G 值（Hendrickx et al.，1993）：

$$F_E = \int_0^t e^{\frac{E_a}{R}\left(\frac{1}{T_{ref}}-\frac{1}{T}\right)} \mathrm{d}t \tag{2-26}$$

2. 其他品质变化的动力学函数

品质破坏的蒸煮值，即 C 值（cooking value），是 Mansfield（1962）参照 F 值针对低酸性食品无菌工艺提出的，取代了 Ball 提出的 E 值，得到广泛应用，已经成为标准术语（Holdsworth and Simpson，2007）。C 值是食品受热效果累积相当于在参考温度下加热 1 min 的时间，故称为等效加热时间，可以用于计算变温热处理中的等效品质损失，公式为

$$C = \int_0^t 10^{\frac{T - T_{\text{ref}}}{z}} \mathrm{d}t \tag{2-27}$$

式中：C 是等效加热时间，min；z 是品质因子平均 z 值，℃；T_{ref} 是参考温度，杀菌中通常取 100℃。

品质保持率（retention of quality），可以用于变温热处理中计算品质保持的百分比，当式（2-15）中温度不恒定时对温度积分，得到

$$\frac{c}{c_0} = 10^{-\frac{1}{D_{\text{ref}}}\int_0^t 10^{\frac{T - T_{\text{ref}}}{z}} \mathrm{d}t} \tag{2-28}$$

式中：c，c_0 是时间 t，t_0 的质量水平（品质因子浓度）；D_{ref} 是参考温度下品质因子对数递减时间，min。

3. 不同空间位置的品质变化动力学函数

由于在包装食品的杀菌、工业烹饪等热处理工艺中，食品原料的加热通常是非稳态的，原料的不同空间位置可能有不同的温度历史，常常有必要考察不同空间位置的品质变化动力学函数。这些空间位置包括几何中心、表面和体积平均等。不同空间位置的品质变化动力学函数有其各自的意义，对于微生物致死，需要系统最冷点到达杀菌条件，显然要采用中心动力学函数；表面色泽等则适合采用表面动力学函数；而营养则适合采用体积平均动力学函数。列举体积平均动力学函数如下（Field and Howell，1989）。

1）体积平均等效杀菌时间 F_s

$$F_s = D_{\text{ref}} \lg（\text{TMV}） \tag{2-29}$$

$$\text{TMV} = \frac{1}{V}\int_0^V 10^{-\frac{1}{D_{\text{ref}}}\int_0^t \frac{T - T_{\text{ref}}}{z}} \mathrm{d}t\mathrm{d}V \tag{2-30}$$

式中：TMV 是目标微生物总数平均残留（target mass average survival of microorganism）；V 是颗粒体积，m^3。

2）体积平均 C_{avg} 值

$$C_{\text{avg}} = \frac{1}{V}\int_0^V \int_0^t 10^{\frac{T - T_{\text{ref}}}{z}} \mathrm{d}t\mathrm{d}V \tag{2-31}$$

3）体积平均品质保持率

$$\left(\frac{c_{\mathrm{A}}}{c_{\mathrm{A0}}}\right)_{\mathrm{avg}}=\int_0^V 10^{-\frac{1}{D_{\mathrm{ref}}}\int_0^t 10^{\frac{T-T_{\mathrm{ref}}}{z}}}\mathrm{d}t\mathrm{d}V \tag{2-32}$$

对于发生在表面的食品品质变化，也可类似地写出动力学函数表达式，不再赘述。

2.2.3 食品热处理品质动力学在食品工程中的应用

1. 食品热处理设计

食品热处理设计（thermal processing evaluation），又可称为热处理计值，即依据热处理传热学和动力学原理以一定方法确定热处理条件参数。热处理包含了复杂的传热学和动力学过程，热处理设计的方法也复杂多样。由于食品热处理是应用最为广泛的食品加工方法，因而食品热处理设计有着广泛的应用。在食品加热杀菌的领域，由于希望在达到热处理目的的同时取得更好的品质，食品热处理设计应用最为深入，方法的发展更为完善。

热处理过程的温度时间历史决定了食品的微生物安全和物理化学品质，不同的热处理设计不仅关系到各种产品的不同工艺和品质，还关系到工艺参数的制定及热处理设备设计。因此食品热处理设计的首要任务是获得热处理目标的过程控制参数，这些参数应该具有普适性且可以测定。

热处理的后果是时间温度共同累积产生的，表达时间温度累积效果的指标包括：①指定温度下的等效时间，即在不同处理温度下两种热处理达到相同的品质变化效果所需的时间。这一指标应用最为广泛，包括 F 值、C 值。②指定加热时间下的等效温度。③等效温度下的等效时间，该指标可以用于热处理工艺的比较分析。

热处理设计目标包括两方面因素，一方面是达到热处理目标品质，如达到商业无菌条件，动力学函数 F 值必须达到目标值；另一方面，热处理后的品质，希望承受更少的过度加热。杀菌中相应的动力学函数是 C 值。显然，热处理设计包含了热处理的优化，即在达到无菌条件的同时让过度加热程度最小。

2. 推算热处理动力学参数的方法

热处理设计的方法包括（Hendrickx et al.，1993）：定位法（*in situ* evaluation）、物理-数学方法和时间温度积分器（time-temperature integrator，TTI）法。对于杀菌，由于 F 值必须满足商业杀菌的强制性标准，食品热处理 F 值的推算可能是食品科学中研究最多和最深入的领域之一，从 20 世纪 20 年代以来积累了大量的文献，这里只能做概貌性的介绍。

1）定位法

定位法（Silva et al.，1992）通过定量测定热处理前后的品质因子变化以确定或评价热处理强度。这一技术广泛应用于低温处理和热处理的营养、感官、色泽、组织和微生物安全的质量评价。其优点是可以精确和直接地了解热处理的影响。该法存在明显的缺点：首先，由于热处理过程常常高度复杂，很多操作参数的变化都导致品质的变动，在热处理工艺设计时，需要完成大量的品质检测，导致该方法成本高，人力和时间消耗大，使其应用受到严重限制；其次，一些热处理品质因子难以测量，某些品质因子受热后可能减小到低于检出限，如微生物数量，导致难以或者无法分析评估。

定位法只是热处理设计的辅助手段，以其设计复杂热处理工艺存在成本和原理上的不可行性，难以直接得到热处理控制条件和品质之间的规律。

2）*数学-物理方法*

数学-物理方法原意是将物理问题转换成数学问题，并求得解。对杀菌而言，有以下三种方法。

（1）基本推算法（general method）：1920 年 Begilow 提出食品加热杀菌基本推算法，以时间温度历史通过积分计算包装食品的杀菌动力学指标函数，经过改进和发展一直沿用到今天。对于包装食品，直接测量时间温度历史，通过数值积分或手工图形积分计算杀菌后果。微生物致死的基本推算法公式法为式（2-25）、式（2-26）；食品品质变化的基本推算法公式为式（2-27）、式（2-28）。

（2）公式法（formula method）：也称为 Ball 法。基本推算法必须使用图形积分或数值积分方法进行计算，如梯形法、辛普森法和高斯法，但是图形积分和数值积分是无法逆运算的。而热处理的参数决定、工艺优化都必须由热处理目标推算预测热处理条件。为解决这一难题，1923 年，Ball 根据罐头热传导规律推算杀菌时间经验公式，将时间温度数据半对数线性化，得到由杀菌目标函数值倒推计算杀菌时间的计算方法，称为公式法。公式法的基本原理是将规定条件下获得的时间温度数据半对数线性化，获得 f_h 值（加热速率因子，即半对数加热曲线的斜率）和 j 值（滞后因子，校正加热初期的升温滞后），对单一升温曲线可以由式（2-33）计算杀菌时间（无锡轻工业学院，1984），但式（2-33）未考虑冷却，公式如下：

$$B = f_h \lg\left(\frac{T_\infty - T_i}{T_\infty - T_g} j\right) \quad (2\text{-}33)$$

式中：B 是推算杀菌时间，s；f_h 是加热速率因子，s；T_∞是外界温度，℃；T_i 是初始温度，℃；T_g 是目标温度，℃；j 是滞后因子。

在具体计算中，针对目标 F 值，采用该法制定杀菌式时，还必须考虑冷却过程，要经历一系列运算流程。由于积分运算得不到解析解，必须通过复杂的算图求解。不稳定热传导的半对数线性化，升温初期阶段和加热、冷却过程之间的转折点的热滞后计算，都说明了公式法是经验性的，而不是理论性的。几十年来，公式法经历了多次改进和发展，Stoforos（1995）列举了 22 种效果评价和优化热处理过程的公式法。20 世纪 70 年代末 80 年代初，随着计算机技术的发展，出现了计算机公式法，通过计算机来完成复杂的积分计算（Gill et al.，1989）。目前已经拥有许多杀菌计算商业程序，如Calsoft、TPRO、Thermal Profiler 等。

（3）数值方法（numerical method）：从理论上说，只要相关参数足够准确可靠，非稳态传热方程可以全面准确地预测热传导过程。随着数值传热学的发展和成熟，热处理设计的数值方法应用逐渐广泛，这些方法建立在有限差分法、有限元法等数值方法求解热传导方程的基础上，已有大量应用研究。数值方法具有显著的优点：能全面地了解传热过程，对食品的全部空间进行微生物和食品物理化学品质预测，还适用于不规则形状食品。该方法依赖于计算传热学，所得结果的准确性和可靠性与热传导偏微分方程求解方法有关。数值方法专业性强，在热处理过程研究中应用较多，而在工业生产的工艺参数制定和优化中应用并不多。

由于数值传热学可以获得固体食品空间中全部网格节点的温度时间历史。这就意味着，可以对食品进行整体的动力学分析。参见 2.2.2 节的体积平均动力学函数。

3）时间温度积分器法

时间温度积分器定义为用于模拟目标质量参数时间温度总体变化效果的可以方便准确测量其模拟量的小型装置（Taoukis and Labuza，1989；Weng et al.，1991）。

在应用中，将 TTI 置入对象食品或食品模拟物中，在热处理前后测定 TTI 模拟量变化，按照动力学原理转化为被测模拟量变化，从而通过分析计算评价热处理效果。理想的 TTI 模拟量与被模拟量有相同的动力学参数，即 E_a 值或 z 值相同。由于微生物致死测量最为困难，文献中 TTI 主要用于微生物致死的动力学分析。液体颗粒无菌工艺中，由于温度测量困难，常常需要使用 TTI 技术评估杀菌过程（Ramaswamy et al.，1997；Kim and Taud，1993）。TTI 的细节介绍参见本书 6.3 节。

3. 热处理优化中的动力学

以杀菌为例，在杀菌过程中，限制函数 F 值和目标函数 C 值同时随时间温度增加，那么是不是在任何温度下杀菌达到 F 值后表征品质的 C 值都相同呢？答案是否定的。对特定条件下的杀菌过程存在最优温度条件，过高和过低的温度都会导致品质下降，这虽然与传热关系很大，但品质变化动力学是其中的关键因素。

以超高温杀菌（ultra high temperature sterilization，UHTS）的动力学原理为例，一般把加热温度为 135～150℃、加热时间为 2～8 s、加热后产品达到商业无菌要求的杀菌过程称为超高温杀菌。

由于杀菌热处理中微生物的致死活化能为 200～400 kJ/mol，z 值 4～10℃，因此主要品质因子（色、味、组织及营养成分）降解的活化能居中，为 60～120 kJ/mol，其中的酶促反应、扩散控制和氧化反应活化能较低，为 8～60 kJ/mol（Nielsen et al.，1993），典型品质变化的平均 z 值为 33℃。活化能和 z 值的不同表示反应对温升的敏感程度；微生物的致死活化能比品质因子降解等反应的活化能高，微生物的致死 z 值比品质因子降解等反应的 z 值低，说明微生物的致死比品质破坏对温度升高更为敏感，即微生物的致死率有更高的温度依赖性。因此在给定的微生物致死率的情况下，提高温度后，可以使达到无菌条件的时间急剧减少，同时由于化学反应对温度升高不敏感，食品的品质破坏程度明显低于微生物致死。因而提高升温速度和杀菌温度能够在达到杀菌条件的同时得到更好的品质，此为超高温杀菌技术的动力学原理。

图 2-1 表示了嗜热脂肪芽孢杆菌致死、各种食品物理及化学反应速率常数与温度的关系。不同反应直线斜率越大，表示对温度越敏感，从图 2-1 可以看出嗜热脂肪芽孢杆菌直线斜率明显高于其他化学反应的斜率，也说明微生物致死速率的化学反应速率对温度升高更为敏感。Chang 和 Toledo（1990）概括了在指定温度 T 下营养破坏程度与微生物失活之间关系的数学式，当忽略升温过程，加热温度恒定时得到

$$\lg(c/c_0)=\pm[(D_m/D_c)\lg(n_0/n)]\times[10^{(T_0-T)(\frac{1}{z_m}-\frac{1}{z_c})}]\times c/c_0 \tag{2-34}$$

式中：c，c_0，n，n_0 分别是加工前后的营养成分浓度和微生物数量；D_c，D_m 分别是营养成分和微生物在 T_0 下的对数递减时间；z_c，z_m 分别是营养和微生物的 D 值变化一个对数周期的温度值。

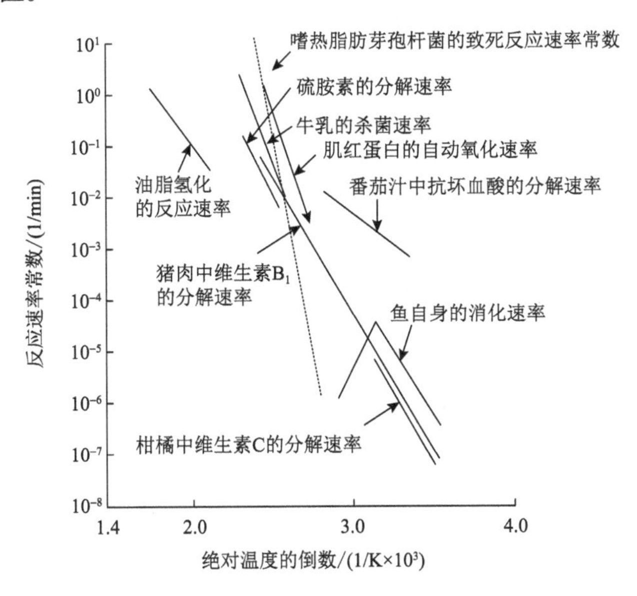

图 2-1　温度与嗜热脂肪芽孢杆菌致死及各种食品反应速率常数的关系

嗜热脂肪芽孢杆菌根据其热力致死时间曲线计算，其余数据来自文献（食品科学手册编辑委员，1989）

计算结果表明，n/n_0 要比 c/c_0 大得多才能维持方程的平衡。式（2-34）的应用虽然受到应用条件的限制，但揭示了超高温杀菌品质变化和微生物变化之间的关系。限制函数和目标函数的 z 值之差直接影响热处理的优化。

食品热处理品质动力学深刻地影响了现代食品加工和保藏，是很多新技术、新工艺的理论基础。对于加热杀菌，热处理品质动力学是其应用的基础性原理。由图 2-2 杀菌过程设计要素示意图可以看出热处理设计中动力学的基础性。

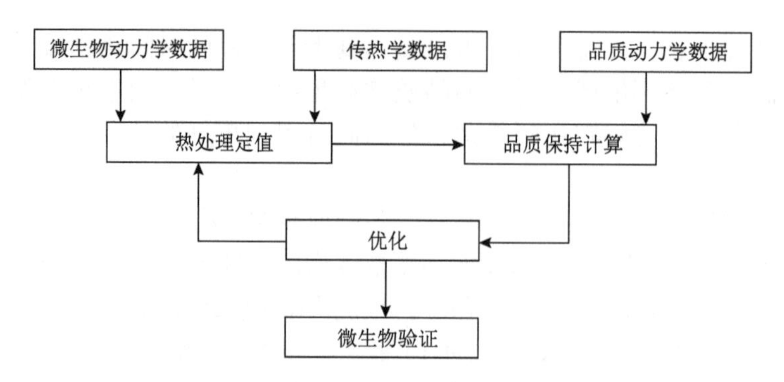

图 2-2　杀菌过程设计要素示意图（Stoforos，1995）

2.3　成熟的心理物理学及感官评价原理

感官评价是人们用来唤起、测量、分析及解释通过视觉、嗅觉、味觉、触觉和听觉而感知到的食品及其他物质的特征或者性质的一种科学方法（沈明浩和谢主兰，2011），涉及食品品质主观判断的研究需要感官评价科学。心理物理学（psychophysics）则关注刺激形成心理响应的规律。心理物理学原理及感官评价方法构成成熟主观性研究的基础。

2.3.1　成熟相关的心理物理学

心理物理学是实验心理学的分支学科，研究心理量与物理量之间的数量关系，解决心理量的计量问题。1860 年，费希纳（Fechner）最早提出“心理物理学”的概念及专门研究心理活动的实验方法——心理物理法，标志着该学科的诞生。心理物理学所要解决的问题是：多强的刺激才能引起感觉，即绝对感觉阈限的测量；物理刺激有多大变化才能被觉察到，即差别感觉阈限的测量；感觉怎样随物理刺激的大小而变化，即阈上感觉的测量，或者说心理量表的制作。

1. 韦伯-费希纳定律

德国生理学家韦伯（Weber）在人的触觉、重量感等感觉的定量测定的基础上得到的经验公式，称为韦伯定律（Lawless and Heymann，2001）：

$$k_w = \frac{\Delta I}{I} \tag{2-35}$$

式中：k_w是韦伯定律常数；I是起始刺激量；ΔI是刚能引起较强感觉的刺激量增量。

这一定律仅仅是关于刺激阈值的一个线性规律，但在应用中我们更希望得到在阈值以上的感觉与刺激的关系。

费希纳在韦伯的基础上做出这样一个假设：恰好引起感觉变化的刺激强度变化量所引起的感觉变化量是同比的。在这个假设的基础上，可以得到感官的感觉量（magnitude of sensation）ΔS与刺激量增量ΔI的关系：

$$\Delta S = k\frac{\Delta I}{I} \tag{2-36}$$

将式（2-36）改写成微分式，则有

$$\mathrm{d}S = k\frac{\mathrm{d}I}{I} \tag{2-37}$$

积分后得到

$$S = k\ln I + C \tag{2-38}$$

为消除积分常数 C，令 $S = 0$，有 $C = -k\cdot\ln I_C$，I_C 是绝对阈限。设绝对阈限为基本单位，$I_C=1$，则 $\ln I_C= 0$，以及设 $k_F = \ln 10k$，则有

$$S = k_F \lg I \tag{2-39}$$

式中：S 是感觉强度（perceived magnitude of sensation）；I 是刺激强度（stimulus intensity）；k_F 是费希纳心理物理常数。

式（2-39）即是作为心理物理学基础的韦伯-费希纳定律（Weber-Fechner's law），也称为费希纳定律，或精神物理定律（psychophysical law）。定律表明感觉强度同刺激强度的对数成正比，刺激强度增加 10 倍，感觉强度才增加 1 倍。韦伯-费希纳定律相关研究催生了精神物理学，也给烹饪成熟定量提供了重要的刺激-感觉原理基础（Boring，1950）。

在试验方法上，由于感觉不能被直接测量。人们找到易于感知的感觉阈限来开展心理物理学试验。感觉阈限包括（周家春，2013）：①绝对感觉阈限，即刚刚能引起感觉的最小刺激量和刚刚导致感觉消失的最大刺激量为绝对感觉的两个阈限。低于下限的刺激称为阈下刺激，高于上限的刺激称为阈上刺激。阈上刺激和阈下刺激都不能引起相应的感觉。②差别感觉阈限就是在刺激引起感觉之后，人体能否感觉到刺激强度的微小变化，这就是差别敏感性的问题。这种刚刚能引起差别感觉刺激的最小变化量称为差别感觉阈限或差别阈，也称为最小可觉差（just noticeable difference，JND）。

费希纳试图通过测量两个刺激之间的 JND，建立起一种感觉的测量单位。他提出，每个 JND 都应该对应于一种感觉单元，并且不同的 JND 之间是对等的（沈明浩和谢主兰，2011）。心理学家试图按照费希纳的这一方法不断积累 JND 值，而不是应用直接标度技术建立这些函数。

2. 史蒂文斯定律

史蒂文斯（Stevens' Law）定律是直接标度方法——量值估计技术出现的直接后果。量值估计技术已经成为研究感官系统反应特性的普遍工具（Lawless and Heymann，2001）。

量值估计有两种基本变化形式。第一种形式：给受试者一个标准刺激作为参考或基准，此标准刺激一般给它一个固定数值。所有其他刺激与此标准刺激相比较而得到标

度，这种标准刺激有时被称为“模数”；第二种形式：不给出标准刺激，参与者可选择任一数字赋予第一个样品，然后所有样品与第一个样品的强度比较而得到标度。在量值估计法中，品评员得到的第一个样品被就某项感官性质随意给定了一个数值，这个数值既可以由组织实验的人给定，也可以由品评员给定。然后要求品评员根据第二个样品对第一个样品该项感官性质的比例，给第二个样品确定一个数值。如果品评人员觉得第二个样品的强度是第一个样品的 3 倍，那么给第二个样品的数值就应该是第一个样品数值的 3 倍。因此，数字间的比率反映了感官强度大小的比率。量值估计法中使用的数字虽然本义是表示比例，但实际上通常是既表示比例又表示间距。

借助直接量值估计法，史蒂文斯观察到响应是刺激强度的幂函数。在数据积累的基础上，史蒂文斯对刺激和响应之间的关系提出了如下关系，称为史蒂文斯定律，也称“幂函数定律”：

$$S = k_{\mathrm{S}} I^{n} \tag{2-40}$$

式中：k_{S} 是史蒂文斯心理物理常数；n 是特征指数。

这个定律的公式化推动了该领域的发展，同时也引发了大量关于各种刺激-感官的功效函数（power function）的争论。与韦伯-费希纳定律一样，史蒂文斯定律也存在很多试验反例。这一领域至今也没有得出令人满意的普适性解决方案。

3. 成熟定量适用的心理物理学定律

成熟定量的心理物理学的主要问题是选择合理的刺激-感受定量的规则，相比于史蒂文斯定律，韦伯-费希纳定律更为适用。

首先，各种有关大量刺激-感受研究中涉及食品组分感官强度的试验结果，通常都与韦伯的原始观察一致，尽管不是所有试验结果都能与该数学表达式保持完全一致（沈明浩和谢主兰，2011）。这条经验法则（费希纳定律）在 75 年的时间里一直被使用，直到听觉研究人员对此提出质疑（Lawless and Heymann，2001）。而听觉感受只在一些脆性食品的成熟判断中起到次要作用。

其次，很多实验证明韦伯定律只适用于中等强度的刺激，当刺激强度接近绝对阈值时，韦伯比例值将会上升。费希纳定律也只适用于中等刺激强度范围，这一定律在感官分析中有较大的应用价值（周家春，2013）。而在烹饪成熟点的人类感官通常感觉比较“舒适”，不会在最大和最小刺激量附近出现，应处于阈下刺激和阈上刺激中较为居中的位置。

因此，韦伯-费希纳定律较其他定律更适用于烹饪成熟的感官感受与刺激强度之间的定量。

2.3.2　成熟定量的感官评价方法

1. 成熟涉及的感官品质

正如卫晓怡和白晨（2018）所指出的，经典的“5 种特殊感官”是视觉、听觉、味觉、嗅觉和触觉，最后者包括温度、疼痛、压力等感觉。每种感觉方式都有自己独特的受体和神经通路，通向大脑中更高、更复杂的结构。当感官信息被传送到大脑的高级中枢时，就会发生相当大的处理和整合，对于形成感官评价很重要。

阎喜霜（2004）认为烹饪过程中菜肴的成熟与否可以通过色、香和味进行判断。由于烹饪品质极其丰富，5 种基本感觉都会出现在烹饪成熟品质中。每种感觉以及它们之间的相互影响都有许多影响感官评价结果的生理的、心理的细节，有关原理可以由专业的感官评价书籍获得，不在此赘述。所有人都具有食品成熟的感官经验，专业人员对具体食品成熟能够形成独立的 5 种基本感觉成熟判断。

2. 成熟的感官评价目的

感官检验从生理角度而言，是机体对食品所产生刺激的一种反应。就其过程来说是相当复杂的，首先是通过感官接受来自食品的刺激，同时混杂个人的嗜好与偏爱，进而在大脑综合处理来自各方的信息（这种信息甚至包括广告效应、价格高低、个体的经验与希望等），最后付之于行动的过程（周家春，2013）。感觉（sense）是机体内外刺激信息传递到脑内形成的反映。特定的感受器接受刺激后，通过感受器的换能作用，将刺激所含的能量转换为相应的神经冲动，传达到大脑而产生感觉。通过选择和组织，大脑可以将感觉信息整合成有意义的模式，这个过程称作知觉（perception），而且与熟悉的背景特征相关（周家春，2013）。成熟的感官评价有以下 3 个阶段：烹饪加热形成的各种成熟品质刺激→产生相应感官响应→综合形成成熟判断。

食品感官评价科学实际上是由心理物理学和感官评价技术组成的。心理物理学的重点是将人作为研究对象，主要通过绝对阈值、差别阈值、响应标度或差别阈值间接标度研究刺激-响应关系。感官评价技术则是利用人来研究产品的感官特性，主要通过区别检验、描述/分析/标度品质强度、理想点标度来研究产品的感官特性，需要找到感官评价方法来获得有统计意义的成熟判断。

成熟研究同时涉及心理物理学和感官评价技术。首先，要通过心理物理学研究获得成熟品质刺激和感官响应之间的定量关系。随后，需要通过合适的感官评价技术来确定成熟样。

3. 烹饪成熟的感官评价需要解决的问题

烹饪成熟的感官评价方法涉及以下问题。

（1）样品的加热程度标度：烹饪研究中，需要对感官评价样品的加热程度进行标度，这个标度应是普适性的、可测定的。等效加热时间等热处理动力学参数可能是最好的标度手段，但需要实时采集仪器和技术的支持。动力学参数标度是一种客观标度，与主观标度的量值估计技术完全不同。

（2）成熟的感受强度的标度：现有的标度方法，如刺激阈值法、量值估计技术以及现代的风味/质地剖面描述法、模糊综合评价法都不能普适、准确地标度成熟感受强度。需要找到新的成熟感受强度的标度方法，并与动力学加热程度标度结合起来。

（3）建立判断成熟点的感官评价方法：现有单点和多点的区别检验、接受性和偏爱检验等方法都不能直接应用于获得烹饪成熟点，需要按照感官评价及其统计学的原理，针对成熟的感官/判断形成特征，建立合适的感官评价方法，且方法是普适性的、快速简便的。

（4）由于烹饪技法和成品品种极多，我们需要找到一种成熟感官评价的普适性的、快速简便的感官评价方法，建立统一的、不同烹饪之间可比的基于感官评价的成熟指标。

4. 成熟感官评价的统计学问题

统计学对感官数据的分析和描述有三个方面（Lawless and Heymann，2001）。①统计学的描述功能：用最能代表原始数据的值来概括感官评价结果，如用平均值和标准偏差来描述数据。②统计学的推论功能：为我们检验产品和变量得到的结论提供可信度分析，如 t 检验。③统计学的衡量功能：通过估计实验独立变量之间的相关程度考察数据的特性，并评价数据与得出的统计方程或模型的符合程度，如使用卡方检验估计变量间相关强度、实验影响因素大小。

平均值和标准偏差（standard deviation）可以用来描述样品标度数据、不同烹饪条件的样品成熟感觉强度数据、不同品评员之间的成熟判断数据。标准偏差是方差的算术平方根，是一种度量数据分布的分散程度的标准，用以衡量数据值偏离算术平均值的程度。标准偏差越小，数据值偏离平均值就越少。平均数相同的两组数据，标准偏差未必相同，与之等值的标准差还可体现在正态分布上。在数据的正态分布中，一个标准差所占比率为全部数据的 68%；两个标准差则为 95%。对于成熟判断采用平均值和标准差/标准偏差来表征是合理的手段。

在统计检验方面，需要检验成熟感官评价数据结果。t 检验是用 t 分布理论来推论差异发生的概率，从而比较两个平均数的差异是否显著。t 检验对小型试验平均值分析十分有用，并用于许多感官研究中。小型试验是指每个变量的观察数不超过 50（Lawless and Heymann，2001）。t 检验就是为了观测酿酒质量而发明的。其适用条件为已知一个总体均数，可得到一个样本均数及该样本标准差，样本来自正态或近似正态总体分布。t 检验非常适合成熟研究，可以用于烹饪成熟的样品间、烹饪不同品评员组之间、不同烹饪条件之间，以及单一因素和总体之间的感官评价数据的可信度分析。由于理论上即使样本量很小，为 10 甚至更小也可以进行 t 检验，可以缩小品评员规模，减少试验次数。当然，我们还可用卡方检验、F 检验、贝叶斯统计等方法，对复杂成熟数据开展进一步的统计分析。

2.3.3 成熟定量研究对感官评价科学的挑战

1. 成熟的感官评价的特殊性

美国食品科学技术专家学会对感官评价的定义：感官评价是一门测量、分析和解释视觉、嗅觉、声音、味觉和质地（或动觉）对产品的反应的科学。如严格按这个定义，作为成熟研究关键的主观成熟判断就不在感官评价的范围内了，因为这个定义不包含主观判断。食品成熟和其他食品品质的感官评价相比，有一定的特殊性。具体表现在以下几方面。

1）不能提供标准样品，完全依赖品评员的主观判断

从笔者研究团队的成熟感官评价实践来看，虽然给了色泽、风味、质构等各类成熟品质的描述提示，大多数品评员还是主要依据自己对成熟的经验和认识来判断。这种经验和认识可能是来源于饮食习惯。不同种族品评员（含贵州大学留学生）对肉类的大量感官评价结果的一致性使我们怀疑对一些基本食材的成熟判断有可能与人类本能有关。第 1 章我们叙述了人类与烹饪的关系，百万年的用火经历已经深刻地改变了人类，其中有可能包括人类的成熟判断。且成熟判断可能与其他形成接受、偏爱和嗜好的后天习惯与饮食经验有所不同，更为内在。

实际上，烹饪成熟的感官评价更符合 1975 年美国食品科学技术专家学会对感官评价的定义：感官评价是人们用来唤起（evoke）、测量、分析及解释通过视觉、嗅觉、味觉、触觉和听觉而感知到的食品及其他物质的特征或者性质的一种科学方法。一些书籍中对 evoke 有不同的理解，如解释一（周家春，2013）："唤起"是指应在一定的可控条件下制备和处理样品，使得偏见因素最小的原则。解释二（沈明浩和谢主兰，2011）：对食品感官评价定义的 evoke 的直译是唤起，但让人难以理解，赵镭和刘文（2011）把唤起解释为"在可控条件下唤起评价员的某种注意力，集中精力关注样品的某种方面，从而得到噪声影响最小的感知"，这样的解释更加合理，但没有直接解决食品感官分析的问题；此外，evoke 有想起、回忆、激发的概念，而人在品尝某种食品时，必然会激活对与之相关的其他食品的风味、质构、好恶、品味等的记忆，甚至引起思维发散。

烹饪成熟的感官评价恰恰能够给 evoke 以合理的解释，感官评价唤起了人们内在意识中对成熟的判断。所谓唤起，就是唤起感觉强度形成判断所需要的意识，这些意识很多是不够明确的下意识，需要正式的感官评价程序来唤起。当然唤起时应该尽量减少产生偏见的因素，从而前述解释一也具有合理性。

2）成熟样具有动态特性和内在规律性

与多数感官评价对象样品是主观调配制作的食品不同，成熟过程样品是按加热程度不同取样的，而加热过程及加热品质变化是连续的、服从自然规律的，而成熟判断是对这种规律性的响应，其中也应该有一定的规律性。

3）成熟感官评价的复杂性

在成熟过程样品中选择刚好成熟样时，涉及区别检验，如多样品（超过 5 个）的选择和排序。对最优样的选择时，又涉及接受性和偏爱检验，在成熟之前是接受性检验，而成熟之后应是偏爱检验。在成熟最接近的两个样品之间，还存在成熟的差别阈值问题。

4）成熟的不同品质因子之间关系的复杂性

在感官评价时，5 种基本感觉之间及相同感觉的不同刺激源之间有着相互影响，一些是增效的，一些是减效的，但混合抑制是普遍现象（Lawless and Heymann，2001）。在加热成熟过程中，各种品质因子都在快速变化，感官评价时它们之间的相互作用是复

杂的。目前的感官评价实践中，发现的显著现象是：肉、谷物等单一基础食物在成熟过程中，不同品质因子间存在成熟协调性，也就是说在常规烹饪条件下各种品质因子达到成熟的时间是相同的，这可能是人类适应成熟客观规律的结果。

2. 方法上的挑战

成熟感官评价研究与一般食品品质感官评价研究的主要不同之处在于，要找到的是食品热处理客观品质变化规律的感官和判断的响应规律。无论是在理论分析上、研究仪器上、采样方法上，还是数据统计分析上，都给烹饪成熟研究提出了挑战。

2.4 成熟的定量表达

尽管研究食品热处理动力学的文献极为丰富，但文献回顾表明，从烹饪成熟角度开展的动力学研究却几近于无。现有的热处理动力学函数基本都是表征微生物致死和受热品质损失的，而成熟研究中却需要表征有益的品质的形成。更重要的是，现有动力学函数只能表征客观变化，对于由人群主观判定的成熟，我们找不到合适的动力学函数来表达。因此，有必要提出新的、针对烹饪成熟过程的动力学函数。从烹饪的客观方面来看，虽然有各种感官评价方法，但评价结果通常不是具体的可测定计算的客观参数，缺少应用价值。成熟的判断显然具有主观性。如何将成熟的主观和客观结合起来，以及把动力学与感官评价结合起来，是定量表达成熟的关键。

2.4.1 基于动力学和感官评价定量成熟

1. 烹饪热处理动力学和感官评价的结合

烹饪热处理可以参照杀菌优化原理——在达到加热的目标时使得总体食品品质最优，即达到商业无菌所需 F 值时使得品质破坏的 C 值最小。相应地，烹饪热处理优化原理就是达到成熟时使得品质最优。因此，在烹饪热处理中找到与 F 值和 C 值对应的动力学函数，就可以类似地进行热处理设计，开展工艺优化。但成熟与杀菌有着本质上的不同，因为成熟是无法定量测量的主观判断，所以需要通过探索感官评价和动力学的基本原理，尝试建立起成熟的品质动力学函数。从应用角度来看，该动力学函数应该是普适的，并且是可测定的。

成熟的实质为在一定烹饪加热控制条件下食品升温导致作为成熟感官刺激的物理基础的品质因子逐渐积累，当这些刺激的强度达到人类心理认可的成熟感觉强度时，食品达到成熟。这种感觉强度是一个连续的过程变化量，因此，考虑到加热升温遵循传热学规律，烹饪感官品质的形成服从反应动力学，成熟的感官响应定量关系到心理物理学，成熟点的判断可由感官评价分析统计。将它们结合起来，分 4 步建立成熟感觉强度的动力学公式过程如图 2-3 所示。

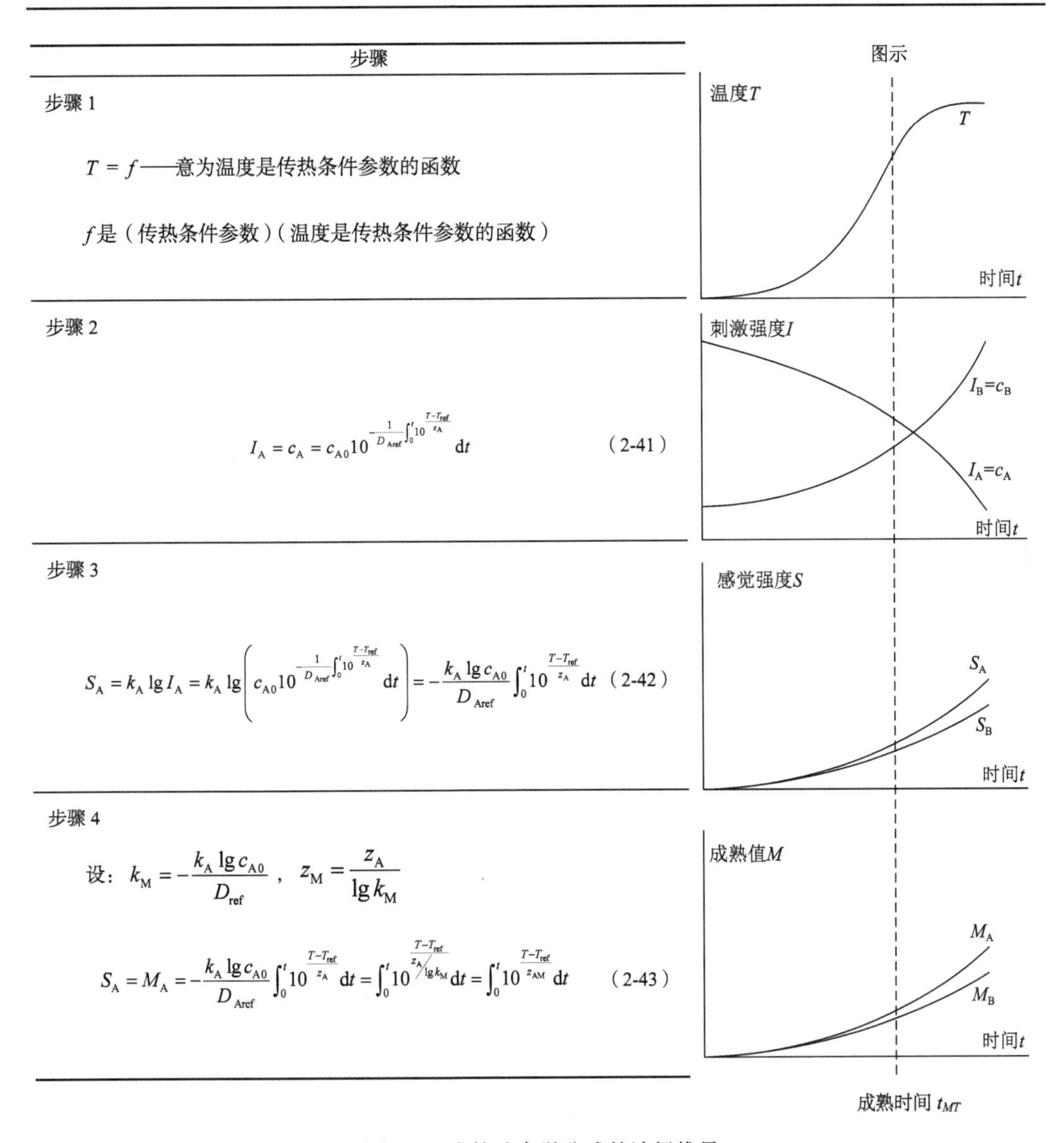

图 2-3　成熟动力学公式的演绎推导

T-食品加热温度；T_{ref}-参考温度；I_A-成熟品质因子 A 的刺激强度；c_A-成熟品质因子 A 的浓度；c_{A0}-成熟品质因子 A 的初始浓度；D_{Aref}-成熟品质因子 A 在参考温度下 D 值；t-加热时间；S_A-成熟品质因子 A 感觉强度；k_A-成熟品质因子 A 的心理物理常数；k_M-假设的常数；z_{AM}-成熟品质因子 A 感觉强度的 z 值；M_A-成熟品质因子 A 的成熟值

步骤 1，温度是各种传热控制条件的函数，控制条件包括加热功率、油料比、搅拌强度、食材颗粒的尺寸和热物性等，对应的图为烹饪中食材中心点的加热升温曲线。

步骤 2，在步骤 1 的温度历史的作用下，品质因子 A 在逐渐减少，如生青味、血腥味等；品质因子 B 在加热过程中逐渐增加，如变性蛋白质、香气等。以下以品质因子 A 为例开展分析。我们可以由式（2-28）得到品质因子 A 浓度 c_A 的动力学表达式（2-41）。通常浓度可直接作为物理刺激强度，因此品质因子 A 的物理刺激强度 I_A 与浓度 c_A 相等。图 2-3 的步骤 2 为烹饪品质因子 A 和品质因子 B 的浓度变化曲线。

步骤 3，在韦伯-费希纳定律中引入式（2-41）得到成熟品质因子 A 的感觉强度 S_A

的动力学表达式（2-42）。虽然该表达式中的反应动力学的 D_{Aref} 值和 z_{A} 值都是可以测定的，c_{A0} 是已知的，但直接测定成熟品质的心理物理常数 k_{A} 却非常困难。测定心理物理关系有三种常用的感官检验方法，分别是极限法、恒定刺激法和调整或均误法（Lawless and Heymann，2001）。常用的极限法并不适用，因为成熟中品质是一个变化过程，几乎不可能存在一个显著的感觉阈值。恒定刺激法和调整或均误法，均需要标准样，我们在品质变动剧烈的烹饪过程中很难取得一个稳定的、刚好成熟的标准样。同时，标准样也是必须通过感官评价才能得到，感官评价的模糊性也使得成熟标准样的品质评价精确性受到限制。对应的图为烹饪中品质因子 A 和品质因子 B 的感觉强度变化曲线，无论品质因子的浓度是增大还是减小，成熟的感觉强度都是正增长的。

步骤 4，将步骤 3 感觉强度 S_{A} 的动力学表达式（2-42）中的包括心理物理常数 k_{A} 在内的所有常数合并进入 z 值项，形成一个新的 z 值，称为 z_{M} 值。由于其包括了心理物理常数，z_{M} 值实际上反映了主观成熟感觉强度对温度的敏感性。这样，我们得到了将成熟的主观与客观联系在一起的动力学表达式（2-43）。可以将成熟的感觉强度 S_{A} 称为成熟值，记为 M。如果能创建一种方法测定得到的 z_{M} 值，只要在热处理动力学采集仪器中将 z 值设定为 z_{M} 值，就可以得到实时的、连续的、定量的基于感官响应的成熟感觉强度动态记录。这样，我们就将心理物理学融入了动力学，从而把模糊的成熟感觉强度变为清晰的、可以实时测定的动力学函数。对应的图为烹饪中各品质因子 A、B 的感觉强度变化曲线，也称成熟值的变化曲线，由于是等效加热时间，无论品质因子浓度是上升还是下降，成熟值都是增加的。

2. 成熟动力学函数和参数的定义

1）成熟值

基于上面的演绎推导，针对烹饪热处理提出新的动力学函数——成熟值（doneness value or maturity value），简称 M 值。成熟的汉语拼音首字母是 c，与现有的 C 值重复，而成熟的英文 doneness 的首字母是 d，与现有的 D 值重复，因此选用英文近义词 maturity 的首字 M 作为其名称（邓力，2013）。

由式（2-43），可以给出 Bigelow 模型的成熟值表达式（邓力，2013）：

$$M = \int_0^t 10^{\frac{T - T_{\text{ref}}}{z_{\text{M}}}} \text{d}t \qquad (2\text{-}44)$$

式中：z_{M} 是基于感官评价和心理物理学的烹饪成熟品质因子 z 值，℃；T_{ref} 是设定的参考温度，℃；T 是烹饪食材温度，℃；t 是加热时间，min。

成熟值定义为由特定人群感官评价某一特定品质的成熟程度相对参考温度的等效加热时间。

尽管仅由式（2-44）可给出成熟值的直接定义为：某一特定品质的成熟感觉强度相对于参考温度的等效加热时间。但由于式（2-44）中的 z_{M} 值必须通过特定人群的感官评价确定（参见第 3 章），同时，由于感觉强度一词不为人熟知，换为成熟程度，因而采用上述定义。成熟值表征某一变温条件下的烹饪加热过程与参考温度下的恒温加热过程产生相同的成熟效果，是对成熟的感官响应的动力学描述。举例说明：对于某一食材的变温烹饪过程，测知烹饪食材的温度历史，可按式（2-44）积分，如果得到其 $M_{70℃}$值为 2.5 min，则说明这次烹饪等效于食材经历了恒定在参考温度 70℃下 2.5min 的加热，所谓等效是指成熟效果相同。M 值可以定量表达成熟品质因子的加热程度，可以用于比较不同烹饪过程的加热成熟效果。选择不同的参考温度会影响 M 值的大小，却不会影响不同加热成熟效果之间的比较。

基于 Arrhenius 模型，类似地定义成熟值，称为 M_{E} 值，表达式为

$$M_{\mathrm{E}}=\int_0^t \mathrm{e}^{\frac{E_{\mathrm{aM}}}{8.314}\left(\frac{1}{T_{\mathrm{ref}}}-\frac{1}{T}\right)}\mathrm{d}t \tag{2-45}$$

式中：E_{aM}是基于感官评价和心理物理学的烹饪成熟品质因子反应活化能，kJ/mol。

除了油炸、烘烤等工艺的局部外，烹饪过程的固体食品的温度通常低于 100℃，比较适于采用 Bigelow 模型。鉴于食品领域积累了大量的基于 Bigelow 模型的 D 值和 z 值参数，成熟值优先使用 Bigelow 模型，但并不排斥使用 Arrhenius 模型。

2）终点成熟值

式（2-44）只能计算感官响应的过程变化规律，并不能确定成熟终点。成熟终点是由感官评价决定的。

成熟是指烹饪过程中烹饪品质达到完善的程度，因此在烹饪加热过程中可能会有一个烹饪成熟程度最佳的时间点。将达到成熟的时间称为成熟时间 t_{MT}（done time or matured time），也即烹饪的加热终止时间。终点成熟值（termination maturity value），记为 M_{T}，是成熟时间点的成熟值。

可以安排一组品评员对不同成熟值的序列样品针对某一品质因子通过感官评价选择成熟样，以某一成熟值被选为成熟样品的频数为权重，加权平均统计得到终点成熟值统计学公式（闫勇等，2014）：

$$M_{\mathrm{T}}=\frac{\sum_{j=1}^{n_j} M_j \times K_j}{\sum_{j=1}^{n_j} K_j} \tag{2-46}$$

式中：M_{T}是终点成熟值；j 是样品被选择为成熟的各个 M 值的序数；M_j是第 j 个被选择为刚成熟样的 M 值；K_j是选择标度为 M_j成熟值的样品为成熟的人数。

影响成熟的品质因子有多个时，同样按加权平均统计原理，同时考虑各个品质因子的感官评价权重，以式（2-47）计算平均终点成熟值（闫勇等，2014）：

$$\mathrm{AM}_{\mathrm{T}}=\sum_{i=1}^{n_i}\left(\frac{\sum_{j=1}^{n_j} M_j \times K_j}{\sum_{j=1}^{n_j} K_j}\times R_i\right)\Big/\sum_{i=1}^{n_i} R_i \tag{2-47}$$

式中：AM_T 是平均终点成熟值；i 是第 i 个品质因子；n_i 是品质因子个数；R_i 是第 i 个品质因子感官评价权重，根据测定成熟值对象的具体情况，可以由专家判断确定，也可以选择等权重。

终点成熟值的动力学表达式为（邓力，2013）

$$M_T = \int_0^{t_{MT}} 10^{\frac{T-T_{ref}}{z_M}} dt \tag{2-48}$$

式中：t_{MT} 是达到成熟所需时间，min。

在不知道 z_M 值时，无法用式（2-48）去获得 M_T 的具体数值，式（2-46）和式（2-47）是获得 M_T 数值的唯一途径。可以由已测得的 M_T 对 M-t 曲线插值计算出 t_{MT}。

如果说式（2-44）的成熟值定义主要反映了成熟感觉强度与温度-时间的关系，那么式（2-46）和式（2-47）则反映了特定人群对成熟的判断。它们的综合才能完整表达烹饪成熟。

3）z_M

z_M 反映了品质因子的成熟感觉强度对温度变化的敏感程度，是成熟值测定和计算的关键参数。由图 2-3 中步骤 4 可以得到成熟值 z_M 值和客观的反应动力学 z 值的关系：

$$z_M = \frac{z}{\lg\left(-\frac{k_p \lg c_0}{D_{ref}}\right)} \tag{2-49}$$

式中：D_{ref} 是参考温度下品质因子对数递减时间；k_p 是成熟品质因子的心理物理常数；c_0 是成熟品质因子的初始浓度；z 值是成熟品质因子的客观变化 z 值。

由式（2-49）可见，z_M 包含了心理物理学常数和客观变化动力学常数，是结合了客观变化和主观感受的关键参数。c_0、D_{ref}、k_p 都是常数或固定值，感官成熟 z_M 值和客观反映动力学 z 值之间是线性关系。由于心理响应的复杂性，k_p 相对缺乏稳定性。在具体应用中，如果能一次性测定 z_M 值，显然比测定 c_0、D_{ref}、k_p 三个值来计算更为直接便利，也更准确。

由式（2-49）可以得到

$$k_p = -\frac{D_{ref}}{\lg c_0} 10^{\frac{z}{z_M}} \tag{2-50}$$

从而建立了一种基于成熟感官响应动态变化过程测定心理物理常数 k_p 的方法。

值得注意的是，理论上无法根据 z_M 值的原始定义公式（2-49）通过测定各函数自变量来计算获得 z_M 值，必须建立其测定方法。可以由上文的分析推测：z_M 值的测量一定是围绕最终成熟点开展的；成熟值 M_T 和成熟 z_M 值应该是同时测定的，即在第一次测定某一食品的烹饪终点成熟值时，先获得 z_M 值再通过感官评价得到 M_T 和先获得 M_T 值直接推算 z_M 都是不可能的。z_M 值的测定方法见第 3 章。

4）不同空间位置的成熟值

烹饪品质与空间位置有关。例如，营养成分的价值在于被人体摄入，其效能与空间位置无关，应以体积平均或质量平均计；而在通常情况下，位于固体烹饪食材表面的色泽才能够被观察到，可以作为烹饪品质，内部色泽意义不大。

由于烹饪的非稳态传热，成熟可能出现在不同空间位置。通常最后的成熟出现在原料空间上的冷点（the coldest spot），通常是颗粒几何中心，但一些特定的成熟会出现于其他空间位置。表面成熟存在于一些需要表面色泽和质构变化的烹饪，如煎、炸等工艺。再如体积成熟，存在于一些需要嫌忌品质的消失或目的品质产生的烹饪，整体上降低或增加到一定浓度水平即标志成熟。

式（2-44）中温度为中心温度时，可以得到中心成熟值表达式（邓力，2013）：

$$M_c = \int_0^t 10^{\frac{T_c - T_{ref}}{z_M}} dt \tag{2-51}$$

式中：M_c是中心成熟值，min；T_c是中心温度，℃。

由于成熟通常最后出现于中心，中心成熟值应用最多，因此忽略下标 c。本书中 M 值若无专门说明或下标指明，默认为中心成熟值。

针对颗粒表面的温度历史，由式（2-44）对表面积分后除以总表面积，可以得到表面平均成熟值表达式（邓力，2013）：

$$M_s = \iint_A \int_0^t 10^{\frac{T_s - T_{ref}}{z_M}} dt ds / S \tag{2-52}$$

式中：M_s是表面平均成熟值，min；$\iint_A ds$是曲面面积积分，其中 A 为烹饪食材表面的面积域；T_s是表面温度，℃；S 是颗粒表面积，m^2。

对所有空间位置上的成熟值进行体积积分后除以总体积，得到用于计算体积平均成熟值的表达式（邓力，2013）：

$$M_v = \iiint_\Omega \int_0^t 10^{\left(\frac{T - T_{ref}}{z_M}\right)} dt dv / V \tag{2-53}$$

式中：M_v是体积平均成熟值，min；$\iiint_\Omega dv$是体积积分，其中 Ω 为烹饪食材空间域；T 是颗粒温度，℃；V 是颗粒体积，m^3。

上述公式分别对应表 2-2 中的中心成熟、表面成熟和整体成熟。

类似地，可以写出基于 Arrhenius 模型在不同空间位置的成熟值表达式，不再赘述。

3. 特例——客观成熟

在烹饪成熟中有一些特例，主要是一些有毒食材在烹饪中毒性加热去除的问题。在加热强度相同的情况下，当感官成熟判断得到的成熟时间小于毒素加热破坏的时间时，应以毒素消除为第一判断依据，这时，成熟判断的依据是客观的。

例如，扁豆中含有皂素和植物血凝素等天然毒素。皂素对胃黏膜有较强的刺激作用，可引起呕吐、腹泻等消化道症状。植物血凝素可以使红细胞凝集，降低红细胞携带氧的能力。这两种毒素要经过较长时间的加热才能被破坏，通常 100℃加热 10 min 以上，才能保证食品安全。其他含有可加热去除毒素的还有含秋水仙碱的新鲜黄花菜、部分含热敏性毒素的食用菌等。这时候，我们仍可以在烹饪后毒物剂量达到安全标准来开展动力学计算，得到客观成熟值。由于种类极少，人们都已经具备有关的烹饪常识，就未在此开展相关热处理动力学研究。

值得注意的是，以毒理学为基础的成熟动力学计算，需要以体积平均来计算总量，从而控制摄入毒素的总剂量。

2.4.2 烹饪过热的定量

食材的加热，一方面带来了期待的成熟品质，另一方面，却也不可避免地会带来加热品质损失。这种损失与成熟不可分离，一定意义上是成熟的一部分，因此也需要定量烹饪加热损失。

1. 基于感官评价的过热值

基于 Bigelow 模型，针对烹饪工艺提出另一新动力学函数——过热值（overheated value），简称 O 值，参照成熟值定义，将过热值定义为：由特定人群感官评价某一表征过热的烹饪品质因子变化程度相对参考温度的等效加热时间，单位为 min，其表达式为（邓力，2013）

$$O=\int_0^t 10^{\frac{T-T_{\text{ref}}}{z_{\text{O}}}}\,\mathrm{d}t \tag{2-54}$$

式中：z_{O}是基于感官评价的烹饪过热品质因子 z 值，℃。

z_{O} 反映了在感官评价中过热品质因子对烹饪温度变化的敏感程度，是过热值测定和计算的必需参数，是针对烹饪过热的。测定 z_{M} 感官响应的动力学描述时，可将感官评定的成熟终点判断替换为过热品质的出现判断，即刚好感到过热品质的判断，这一方法可称为阈值法。

O 值可以定量表达成熟品质因子的加热程度，可以用于比较不同烹饪过程的加热过热效果。选择不同的参考温度会影响 O 值，却不会影响对不同烹饪加热的过热效果之间的比较。

基于 Arrhenius 模型定义过热值，记为 O_{E} 值，表达式为

$$O_{\text{E}}=\int_0^t \mathrm{e}^{\frac{E_{\text{aO}}}{8.314}\left(\frac{1}{T_{\text{ref}}}-\frac{1}{T}\right)}\mathrm{d}t \tag{2-55}$$

式中：E_{aO}是烹饪过热品质因子反应活化能，kJ/mol。

显然，在应用中 O 值计算和 M 值计算应选用一致的 Bigelow 模型或 Arrhenius 模型。类似终点成熟值，定义终点过热值为达到成熟的时间 t_{MT} 时的过热值（termination over heated value），记为 O_T，表达式为（邓力，2013）

$$O_T = \int_0^{t_{MT}} 10^{\frac{T-T_{ref}}{z_O}} dt \quad (2\text{-}56)$$

式中：t_{MT} 是达到成熟所需时间，min。

终点过热值定量表达了烹饪完成后品质劣化的程度。

2. 客观烹饪过热值

成熟值与过热值的区别是，前者是由主观决定的食品加热终点，而后者则是伴随烹饪成熟产生的品质损失，这种损失可以是主观的——可由感官评价结果表征，为色泽、口感、风味等；但也可以是客观的，可以通过分析测定热敏性营养损失、焦煳、色泽等取得。客观过热值完全可以由蒸煮值 C[式（2-27）]和品质保持率 c/c_0[式（2-28）]来表征。在烹饪动力学中，O 值、C 值、c/c_0 都可以广义地称为过热值。在烹饪中 O 值/C 值越小越好，c/c_0 越大越好，通常是品质优化的目标函数。在应用中，测定客观烹饪过热值更为方便高效。

3. 不同空间位置的过热值

类似烹饪成熟，过热可能出现在不同空间位置。一些特定的过热会表现出其空间特征，如表面过热，包括表面色泽和质构的劣化等；再如体积过热，包括营养和风味的损失等。

对中心温度历史积分，可以得到中心过热值表达式（邓力，2013）：

$$O_c = \int_0^{t} 10^{\frac{T-T_{ref}}{z_O}} dt \quad (2\text{-}57)$$

式中：O_c 是中心过热值，min；T_c 是中心温度，℃。

针对颗粒表面的温度历史，对表面积积分后除以总表面积，可以得到表面平均过热值表达式（邓力，2013）：

$$O_s = \iint_A \int_0^{t} 10^{\frac{T_s-T_{ref}}{z_O}} dt ds / S \quad (2\text{-}58)$$

式中：O_s 是表面过热值，min；$\iint_A ds$ 是曲面面积积分，其中 A 为烹饪食材表面的面积域；T_s 是表面温度，℃；S 是颗粒表面积，m^2。

对所有空间位置上的过热值进行体积积分后除以总体积，得到用于计算体积平均过热值的表达式（邓力，2013）：

$$O_v = \iiint_{\Omega} \int_0^t 10^{\left(\frac{T - T_{ref}}{z_O}\right)} \mathrm{d}t\mathrm{d}v / V \tag{2-59}$$

式中：O_v是体积平均过热值，min；$\iiint_{\Omega}\mathrm{d}v$是体积积分，其中 Ω 为烹饪颗粒空间域；$T$是颗粒温度，℃；$V$是颗粒体积，$m^3$。

类似地，可以写出在不同空间位置的 Arrhenius 模型过热值表达式，不再赘述。

2.4.3 *M*值与 *O*值算例

通过模拟计算，进一步阐明成熟值和过热值的意义。选择厚度为 3 mm 片状食品经100℃液体加热的烹饪工艺进行模拟计算。该食品热物性为：导热系数 0.47 W/（m·℃）、比热容 3.772 kJ/（kg·℃）、密度 1057 kg/m^3。液体与片状食品的搅拌强度中等，据经验确定对流传热系数为 1000 W/（m·℃）。同时假设：片状食品形状近似为无限平板；烹饪过程无蒸发散热；烹饪过程中液体、颗粒的热物性恒定；烹饪开始时颗粒温度均匀，为 25℃；假设其烹饪成熟条件为 70℃，10 min，即终点成熟值为 M_T =10 min，参考温度 T_{ref} 为 70℃。可以通过式（5-6）和式（5-7）以解析法计算得到中心和表面温度历史。由式（2-44）及式（2-51）以 z_M=10℃值计算中心 M 值和表面 M 值，由式（2-57）及式（2-58）以 z_O=20℃计算中心过热值 O_c 和表面过热值 O_s。以 $M_{T70℃}$=10 min 对 M_c 和 M_s 曲线插值，得到中心和表面成熟时间 t_{MTc} 和 t_{MTs}。采用 MATLAB 编程计算，烹饪过程的动力学函数变化见图 2-4。

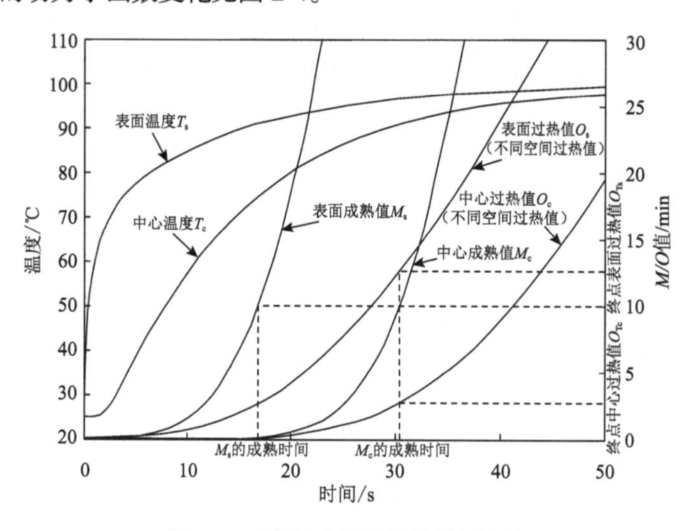

图 2-4 成熟值和过热值的模拟计算

由图 2-4 可见，由于表面温度 T_s 的升温速率高于中心温度 T_c 的升温速率，表面 M 值 M_s 增加速率大于中心 M 值 M_c。以终点成熟值 $M_{T70℃}$=10 min 对 M_s 和 M_c 曲线插值可以得到表面成熟时间 t_{MTs} 和中心成熟时间 t_{MTc}，t_{MTs}=17 s 和 t_{MTc}=31 s 是不同的，表面先于中心成熟，说明颗粒各个部分是逐步达到成熟的。再由得到的成熟时间 t_{MTs} 和 t_{MTc} 分

别对表面 O 值的 O_s 曲线和中心 O 值的 O_c 曲线插值，得到终点表面过热值 O_{Ts}=12.5 min 和终点中心过热值 O_{Tc}=2.5 min。显然，中心达到成熟时，表面早已经历了成熟之后的不必要加热，出现显著的过热。

由上例可以看出，采用 M 值和 O 值能够定量表达不同空间位置的烹饪品质成熟和过热变化，可以对烹饪过程的成熟和过热品质变化进行定量描述和分析。

2.4.4　动力学函数的空间位置选择

1. M 值和 F 值的位置选择

因为食材颗粒的冷点通常位于几何中心，烹饪和杀菌均在此最后完成成熟和微生物致死，因此通常 M 值和 F 值采用中心值。如未明确说明，本书中的 M 值和 F 值默认为中心位置。

2. 体积平均 O 值和 C 值

两者都表征品质损失，但参考温度和动力学参数等细节不同。由于烹饪和杀菌中食材颗粒温度分布不均匀，颗粒内部温度梯度与 O 值和 C 值的梯度方向相同。热处理中，食材颗粒中心点 O 值和 C 值最小，表面 O 值和 C 值最大。在计算时，中心 O 值和 C 值显然不能代表总体产品质量变化。用体积平均 O 值和 C 值评价营养成分、质构等品质因子比较合理。而对于色泽和高温敏感的风味成分等则采用表面 O 值和 C 值评价比较好。品质保持率也应选择体积平均保持率。

2.4.5　成熟值原理的可验证推论

1. 成熟值原理的假说-验证

前文的成熟值定量原理是在心理物理学、动力学和感官评定原理的基础上推导而得，需要符合以下两个基本条件：首先，成熟的物理刺激强度与感觉强度之间符合韦伯-费希纳定律；其次，形成物理刺激强度的品质因子的热处理变化符合一级动力学规律。食品热处理品质动力学原理和韦伯-费希纳定律是成熟定量原理存在普适性的基础。尽管上述两个条件存在合理性，但严格地说，成熟定量原理仍是一个假说，需要得到证明。幸而成熟值假说是一个实验性假说（experimental hypothesis）。可以按照“形成假说—理论演绎及推论—设计实验及检验—揭示规律”（郝元涛等，2006）的方式来进行验证。

2. 可验证的推论

可以由成熟值定量的有关定义和公式推断得到一些基本推论。当我们充分、大量地证实了这些基本推论成立时，也就验证了成熟值原理的合理性。表征烹饪成熟程度的 M 值主要取决于温度和时间的积累，如式（2-44）。其终点成熟值和对应动力学参数取决于特定来源烹饪食材和特定人群的成熟判断，而与其他因素无关。

推论一：终点成熟值存在且稳定。相同食材的终点成熟值测定值的数值范围较小，即其平均值的偏差较小。T_{ref} = 70℃、z_M = 10℃的食材，在温度达到100℃后仅1 min其成熟值 M 就达到1000 min。如果针对特定人群测定这种食材的终点成熟值在一个小范围（如0.1～1 min）内变动，而不是广泛分布，则可以认为这种食材的终点成熟值存在且稳定。

推论二：终点成熟值具有独立性，即不同烹饪加热条件下测定得到的成熟值稳定在一个偏差较小的数值范围内。根据式（2-44）、式（2-46）和式（2-47）给定的函数关系，特定食材的终点成熟值虽源于温度时间的累积，但最终取决于感官评价，应具有稳定性，相同食材在不同传热学条件下测定终点成熟值，应取得相同的数值。因此，终点成熟值不受尺寸、形状、初始温度、加热介质温度、流体颗粒对流传热系数和加热介质种类影响（除非该介质产生非热干扰或参与品质因子的变化），仅受品评员主观饮食习惯和烹饪食材特性的影响。可以设计各种因素对终点成熟值影响的试验来验证终点成熟值的独立性。

推论三：z_M 存在且稳定、独立。当测定得到终点成熟值 M_T 存在且稳定、独立，则说明 z_M 存在且稳定、独立。

需要足够多的烹饪终点成熟值测定来验证推论一至三。验证试验的烹饪工艺和品质因子的种类、数量越多就越能证明成熟值原理的合理性和普适性。

2.5 烹饪成熟和过热品质因子

烹饪成熟的感官响应源于烹饪热处理的化学和物理后果。在传统烹饪中，人们是通过视觉、嗅觉、味觉、触觉、听觉等感官获得的烹饪信息，结合个人经验来判断成熟。视觉可以观察到可见光谱的色泽，嗅觉可以对挥发性物质产生响应，味觉可以感受到甜、咸、酸、苦、鲜等化学刺激，触觉可以感受到接触、滑动、震动、温度、湿度等物理刺激，听觉可以感受咀嚼及被烹饪时食物发出的声音。可以按刺激物的特性把感官分为3类：化学的，包括味觉、嗅觉；机械的，包括触觉、听觉；光学的，包括视觉。这些刺激就是日常烹饪中用于判断烹饪质量的色、香、味、形的指标。分析这些指标和指标的变化规律就可以深入研究烹饪成熟。

绝大多数烹饪品质变化都是由加热产生的，其实质是一个或一组化学反应导致色、香、味变化。对烹饪品质的影响体现在反应物、反应产物的变化对食用性质的影响上。在烹饪过程中不发生变化的品质，对烹饪成熟是没有意义的，不能作为烹饪成熟品质因子。

烹饪成熟品质因子必须能够由感官感受到。基于现有的食品化学知识，在烹饪加热过程中，食材会发生数目惊人的食品化学变化。我们应挑选那些最能够表征烹饪成熟的品质因子进行分析研究。

下面从烹饪食材的主要成分和烹饪的色香味形两个角度开展讨论，来了解化学反应对烹饪成熟的意义，总体性考察烹饪成熟的食品化学与食品物理。

2.5.1　烹饪食材主要组分的成熟品质因子

有必要从食材组分角度对烹饪加热成熟过程中的化学变化开展讨论，从而使读者对烹饪成熟变化的本质有一个概貌性的了解。烹饪食材几乎涵盖了所有可食用物质，各种烹饪的成熟过程中发生数量巨大的化学变化，绝非本书能够全面讨论的。

1. 烹饪中的蛋白质

1）蛋白质对烹饪成熟的影响

几乎所有烹饪食材中都含有蛋白质，区别在于蛋白质的种类和含量的多少。蛋白质是氨基酸通过肽键线性排列而成的高分子，种类多样，性质复杂。在肉禽蛋水产等动物性食品的加热过程中，蛋白质变性是烹饪成熟的重要方面。在加热过程中蛋白质发生复杂的性质变化，会导致色泽变白、风味改变等一系列形成感官响应的烹饪品质变化。蛋白质变性伴随着化学键的改变，是一种化学反应。蛋白质在烹饪中部分作用总结见表 2-1。

表 2-1　蛋白质在烹饪中部分的作用

功能	机制	烹饪中的体现
溶解性	亲水性，加热溶出	肉类食材熬汤
黏度	亲水性，大分子流变性质	蛋清挂糊、浓汤等，形成黏滑口感
胶凝作用	网状结构，亲水性	肉蛋质构变化等、肉冻的形成、豆腐的持水性等
弹性	疏水结合和二硫键交联	肉、蛋加热后形成弹性质构
乳化	蛋白质双亲基团	烹饪中形成油脂、蛋白和水的混合物
变性	天然构象遭到热破坏	肉、蛋等食材的变白、质构变化、持水性降低等
产生鲜味	水解产生氨基酸等风味物质	动物性烹饪食材熬汤产生鲜味
产生香味	水解过程，释放小分子挥发性物质	动物性烹饪食材烹饪产生特有香气

蛋白质发生热变性，会发生上述一系列变化，从而影响烹饪感官品质，在烹饪食材以蛋白质为主时，会对成熟起到决定性的作用。值得注意的是，蛋白质在烹饪中的许多作用与蛋白质的水合作用有关。食材的流变和质构性质取决于水与其他组分（尤其像蛋白质和多糖那样的大分子）的相互作用；蛋白质的许多功能性质，如分散性、湿润性、肿胀、溶解性、增稠、黏度、持水能力、胶凝作用、凝结、乳化和起泡，取决于水-蛋白质相互作用（段振华，2012），而食品体系通常富含水。

2）影响蛋白质变性的因素

烹饪中影响蛋白质变性的主要因素是温度。温度导致蛋白质变性的机制非常复杂，主要影响一些非共价的弱相互作用，包括静电力、范德瓦耳斯力、疏水相互作用和氢键等。高温下静电力、范德瓦耳斯力和氢键作用不稳定，而疏水相互作用则在 60～70℃时强度最高，高于和低于这个温度范围，都会削弱疏水相互作用（段振华，2012）。另外，蛋白质肽链的构象熵、氨基酸的组成也影响蛋白质变性。烹饪食材通常具有多种对烹饪品质产生影响的蛋白质，可能具有差异很大的肽链结构和弱相互作用。烹饪过程中的蛋白变性是高度复杂的。

除了蛋白质自身的因素外，烹饪的外部条件也会影响蛋白质变性，如烹饪食材系统的 pH、盐的浓度、搅拌造成的剪切作用，都会影响蛋白质的变性。

3）蛋白质热变性对成熟的影响

对于以蛋白质为主要组分的食品，蛋白质变性全面地影响刺激感官的化学的、物理的和光学的性质。例如，肉类成熟时，在化学方面有肉蛋白变性释放水分及水解产生的肽和氨基酸；质构方面，出现软硬等口感变化；光学方面，肉类从半透明逐渐变白，纤维感增强。这些变化通常都可以通过仪器开展动力学测量，得到客观变化的动力学参数。成熟值测定时，我们还可以推算得到成熟感官评价的动力学参数，对比主观和客观的动力学参数，可以更深入地研讨蛋白质热变性对成熟判断的影响，分析其中的机理。

在烹饪中不同蛋白质对温度的敏感性是不同的。通常肌肉蛋白对温度敏感，加热时变性温度低、速度快，是烹饪成熟控制的重要品质因子。而胶原蛋白则温度敏感性低，变性温度高、速度慢。

2. 烹饪中的多糖

1）淀粉的糊化

有史以来，淀粉便是大多数人热量的来源，直到人类用火煮食后，淀粉的摄取变得更有效率（菲立普·费尔南多-阿梅斯托，2013）。淀粉是葡萄糖的高聚物，包括直链淀粉和支链淀粉，为人类提供了 70%的能量（迟玉杰，2012）。人类主要是通过食用谷物摄入淀粉的，而谷物通常难以生食，必须烹饪为熟食后食用。谷物烹饪的主要化学变化就是淀粉的糊化，即天然淀粉颗粒在水中加热至固态结构全部崩溃，淀粉分子形成单分子，并为水所包围而成为最适宜食用的凝胶或溶液状态。烹饪中影响淀粉糊化的最主要的因素是温度和食品中的含水量，淀粉种类、淀粉颗粒大小、脂类物质和食盐都会影响糊化。淀粉在一些食材（如粮谷类食材）中含量很高，其加热变化会对烹饪成品质构产生重要影响。淀粉糊化后的质构常常是判断烹饪食材和烹饪工艺优劣的依据。

生淀粉在烹饪中有较为广泛的应用，主要有 3 种，分别是挂糊、上浆和勾芡。挂糊就是下锅前在食材上加干淀粉；上浆就是下锅前在食材上加水淀粉；勾芡就是在起锅前加水淀粉使菜肴的汤变稠。勾芡仅仅是利用淀粉的糊化产生增稠效果，而挂糊和上浆除了保持水分、控制形状等作用外，还有通过影响传热控制烹饪成熟的作用。上浆在烹饪中作用的研究见本书 11.3 节。

2）结构多糖对烹饪的影响

结构多糖（structural polysaccharide）是构成动植物机械结构的单糖高聚物，如果胶、纤维素、半纤维素、甲壳素等。在烹饪中，果胶、纤维素、半纤维素的加热变化对植物性烹饪食材的质构和水分保持有重要影响，是一些烹饪中的成熟品质因子。

有序排列的结构多糖分子组成植物细胞壁结构，并因细胞内部渗透压与细胞膨压的不同而影响细胞的韧度，这些细胞构成的组织决定了果蔬的质地性质。果蔬加热时，细胞膜破裂、细胞膨压丧失、细胞壁收缩、果胶溶解性增大，使细胞间的结合力降低，细胞分离，造成果蔬质地软化；另外，烹饪加热时，还使果胶甲酯酶的活性发生钝化，抑制了果胶甲酯酶对果胶的分解作用，使果胶中甲醇含量降低，自由羧基大量减少，从而抑制了与钙、镁等金属离子的交联作用，不能形成赋予果蔬硬度的组织结构（韩涛等，2003）。

影响烹饪食材中果胶变化的主要因素是温度，而二价金属离子浓度、pH 等因素也影响烹饪过程的果胶加热化学反应。

3）多糖对烹饪成熟的其他影响

除质构外，多糖还对烹饪成熟有其他贡献。例如，淀粉糊化产生的视觉、口感变化是谷物、薯类烹饪成熟的感官依据。蔬菜类果胶等结构多糖水解产生的口感和外形变化也是成熟判断的依据。这些多糖水解后产生的味觉、嗅觉等化学刺激，也会对成熟判断产生影响。多糖的水合与水解是成熟判断的重要依据。

3. 烹饪中的脂质

1）烹饪中脂质的作用

脂质的主要成分是甘油三酯。在烹饪中脂质有三重含义，即作为固态烹饪食材天然组分的脂质、作为流体烹饪食材的脂质、作为烹饪传热介质的脂质。脂质总体上耐热，化学反应的温度敏感性低，但长期高温加热后会出现水解、氧化等化学反应，一些条件下会产生脂质氧化物、杂环胺化合物、反式脂肪酸等有毒产物。

中式传统烹饪中，脂肪对于烹饪成熟的重要意义在于作为烹饪过程的传热介质，采用多量油脂高温加热烹饪食材是爆炒的重要技术特征。

2）脂质对成熟的影响

对于作为烹饪食材天然组分的脂肪，关系到烹饪加热成熟。因为在加热过程中，脂肪细胞破裂释放出脂肪，同时带出脂溶性的风味物质，对烹饪品质有积极意义，可能成为成熟的品质因子。对于作为烹饪食材组分的脂肪，由于脂肪的润滑作用，脂肪对烹饪口感的影响较大，加热后影响质构，从而影响烹饪成熟判断。当前主要使用的烹饪油脂经过精炼，品质较高，可以直接食用，其本身基本不存在成熟问题。但对于未经精炼的毛油，在烹饪中，有一个经过高温加热以去除异味形成香气以达到成熟的过程。

4. 烹饪中的水

1）烹饪过程中水的作用

烹饪过程中，水的作用较为广泛，主要表现在 4 方面：①水黏度较小、热容量大、导热能力较强，是主要的烹饪传热介质之一；②水是一种极性溶剂，食材在加热过程中细胞结构破裂，水溶性成分溶出并与调味品中的水溶性物质混合，有助于成熟风味的形成；③烹饪加工过程中发生水解反应等一系列物理化学变化，水作为反应物或产物影响烹饪成熟；④水在烹饪中的多个作用并不是独立存在的，其相互影响，共同作用而影响烹饪成熟。例如，对大多数食材而言，水分是保持嫩度的关键，也是风味的重要载体。在油炸中，水分蒸发后形成脆硬质构是判断成熟的重要感官品质。

2）食材中水分对烹饪成熟的影响

水是食材重要的组成成分，烹饪食材中水分的变化影响到食材的色、香、味、形等特征。水在食材中起着溶解分散蛋白质和淀粉等成分的作用，从而形成溶胶或溶液。水对食材的鲜度、硬度、流动性、呈味性和加工等方面都有重要的影响。食材本身含有水分的状态和含量对其成熟时的质构、色泽和香味等都有很大影响。食材加热过程中水分含量变化及其内部水分分布对食材的感官品质有重大影响。本书 5.4 节基于过程传递原理对食材加热过程中的水分含量变化规律进行了研究。

5. 烹饪中的毒素

一些食品在正常生长条件下经生物合成途径产生的有毒代谢产物称为内源有毒物（段振华，2012），如有毒配糖生物碱、皂苷、蛋白酶抑制剂、凝集素等。在一些烹饪中需要将内源有毒物加热去除后才能食用。这时，毒性的去除成为成熟指标。由于多数毒性去除过程没有可以观察到的现象依据，尤其需要科学研究的支持。参见 2.4.1 节有关客观成熟的讨论。

2.5.2　烹饪成熟的风味品质因子

1. 嗅感品质因子

香气是烹饪成品品质的灵魂，是烹饪成品除颜色之外给人的第二印象，是烹饪品质的重要方面，也是烹饪成熟的重要指标。嗅感是指挥发性物质刺激鼻腔嗅觉神经而在中枢神经中引起的一种感觉，是一种比味感更复杂、更敏感的感觉现象。食品中生成嗅感物质的基本途径主要有基本组分的相互作用、基本组分的热降解、非基本组分的降解三大类，所谓基本组分是食物中的碳水化合物、蛋白质和脂肪三大营养物质，能分别水解成单糖、氨基酸和脂肪酸，而且在一定条件下也能相互反应（丁耐克，1996）。

烹饪中的嗅感物质大体上可分为两类：一类是在酶的直接或间接催化下以氨基酸、脂肪酸、单糖、糖苷、色素等为前体进行生物合成产生的，烹饪加热会导致相关酶的酶活变化，从而影响嗅感物质的形成，如葱、蒜、卷心菜中嗅感物质的产生；另一类是通过烹饪加热过程的非酶化学反应（如羰氨反应、焦糖化）中产生的风味物质。值得注意的是，在食用前的嗅闻中，嗅感物质是自然逸出烹饪成品的挥发性物质。而食用时，嗅闻到的是在口腔内经咀嚼产生的挥发性物质，两者有所区别。

食材在烹煮时，蔬菜、谷类除原有香气有部分损失外，也有一定量的新嗅感物生成；鱼、肉等动物性食物则通过反应形成大量浓郁的香气；在该条件下发生的非酶反应主要有羰氨反应、维生素和类胡萝卜素的分解、多酚化合物的氧化、含硫化合物的降解等（丁耐克，1996）。鱼、肉等动物性食物原有的血腥味在加热后消失，也是烹饪成熟品质因子之一。

油炸时发生的非酶反应主要有羰氨反应及维生素、油脂、氨基酸和单糖的降解，还包括 β-胡萝卜素、儿茶酚等非基本组分的热降解。油炸食品的特有香气被鉴定为油脂热分解出的 2,4-癸二烯醛，油炸食品的香气成分还包含有高温生成的吡嗪类和酯类化合物以及油脂本身的独特香气（丁耐克，1996）。

汪潇和王锡昌（2007）对水煮加热 5 min、15 min 和 30 min 后大葱挥发性风味成分开展研究，分别检测出 27～38 种物质，随着加热时间的延长，葱白和葱叶中的含硫化合物和酮类物质不断减少，而醛类和醇类物质不断增加，15 min 为水煮加热大葱的最适时间，说明烹饪中风味存在最佳成熟时间点，并且有明确的物质基础。

在烹饪嗅感物质的形成中，温度是关键影响因素。温度影响嗅感物质形成的合成酶或分解酶的酶活、非酶风味化学反应的速率、香味物质的挥发，对烹饪成品的香气形成有控制性作用。

值得注意的是，烹饪中常常加入各种调料，以补充、提升和调节烹饪成品的嗅感。

2. 味感品质因子

味感是食物在人的口腔内对味觉器官化学感系统进行刺激而产生的一种感觉，这种刺激有时是单一性的，但多数情况下是复合性的（丁耐克，1996）。我国通常将味感分成甜、苦、酸、咸、辣、鲜、涩 7 种。烹饪过程中，可能出现各种复杂的味感变化，包括期待味感的形成和嫌忌味感的消减。

烹饪中可能以甜、鲜等有益味感的形成以及苦、涩等嫌忌味感的消减为成熟指标。但消费者对烹饪的味感品质期待是高度复杂的，通常是包含食材加热形成的特征味感的特定复合味。

与烹饪中的嗅感类似，烹饪中也通过加入各种调料，以补充、提升和调节烹饪成品的味感。一些情况下，调料的传质过程会成为烹饪成熟的指标。

2.5.3　烹饪成熟的物理品质因子

烹饪中食材的颜色、质构等品质的表征虽然是物理的，但这些物理参数的变化是由化学反应引起的。然而，烹饪中仍然有一部分品质仅仅发生物理变化，与化学反应无关，主要包括温度对食材质构的物理影响、烹饪组分的传质、水分的迁移、热物性和光物性的单纯物理变化等。文献中对烹饪品质的描述中，一般都以烹饪品质的化学变化为主，而一些物理变化，如水分的迁移，对烹饪品质起到重大影响。

1. 烹饪中视觉相关的变化

色泽是烹饪食材给人的第一印象，是表征食品感官质量的一个重要因素。烹饪过程中会发生各种颜色的化学反应，出现生色、褪色、变色等现象。由于烹饪食材色泽容易观察，是烹饪成熟判断的主要指标之一。从科学研究的角度看，色泽也较容易定量分析。分析烹饪中颜色变化的物质基础和变化规律有助于烹饪成熟研究。

1）原有色素的变化

动物性、植物性甚至微生物性食材中通常包含各种天然色素，如血红素、叶绿素等吡咯类色素，胡萝卜素、叶黄素等多烯类色素，花青素、花黄素等酚类色素，红曲色素、姜黄色素等杂类色素等。这些食材所含的天然色素多数对热敏感，在一定温度下会发生颜色反应，反映食材被加热的程度。例如，畜肉类的血红素褐变反应是被期望的，是肉类成熟的判据之一。

2）颜色生成化学反应

在烹饪过程中，还会发生一些无色物质经过化学反应变成有色物质的现象，主要是非酶褐变反应，如美拉德反应（Maillard reaction）、焦糖化反应（caramelization reaction）和抗坏血酸褐变反应等。它们在烹饪中起到一定作用，有时还可能是烹饪成熟的标志。

美拉德反应指含有氨基的化合物和含有羰基的化合物之间经缩合、聚合而生成类黑精（melanoidin）的反应（郑文华和许旭，2005）。类黑精为分子结构多样的复杂高分子色素，通常呈现诱人食欲的红褐色，同时具有浓郁的焦香风味（肖怀秋等，2005）。在很多烹饪成品（如酱卤味的菜肴）中，类黑精的色泽和风味是烹饪成熟品质的重要部分。

糖类在没有氨基化合物存在的情况下，当加热温度超过它的熔点（135℃）时，即发生脱水或降解，然后进一步缩合生成黏稠状的黑褐色产物，这类反应称为焦糖化反应。焦糖化反应的结果是生成两类物质：一类是糖脱水聚合产物，俗称焦糖或酱色（caramel）；一类是降解产物，主要是一些挥发性的醛、酮等（迟玉杰，2012）。焦糖化反应给烹饪成品带来悦人的色泽和风味，在烹饪中有着广泛的应用，如应用于红烧类、黄焖类菜肴。

2. 质构对烹饪成熟的影响

温度会引起构成烹饪食材力学品质的组分产生化学/物理变化，从而影响烹饪的质构。烹饪成品的质构是由其中的具有一定力学强度的组分构成的。这些成分的化学变化会影响烹饪成品质构。前文对蛋白质、多糖、脂肪的加热变化及对质构的影响已有讨论。

大多数固体食品都属于非晶态高分子材料，其在口腔中咀嚼的感官特性是由其力学性质（即黏弹性）所决定的，如弹性变形、塑性变形、破断、脆性断裂、蠕变、玻璃化转变等，而决定这些物理变化的弹性模量、剪切模量、体积模量、蠕变柔量、各种屈服强度等材料性质是温度的函数，常常受温度影响较大，因而温度对烹饪成品的质构有着较大影响。例如，一些烹饪成品，如油炸花生，在低温下才具有脆性；而一些烹饪成品在较高温度下才具备可接受质构，如一些高支链淀粉含量的年糕等。温度也直接影响液体食品的流变学性质，高温下有较低的黏度，口感爽快；而低温下，黏度增长，甚至凝胶化、固化，形成厚重口感。因此，温度影响烹饪食材的物理性质，从而对烹饪品质和烹饪成熟产生影响。

温度还会影响烹饪食材的热物性，会对烹饪的传热产生较大影响。热物性对烹饪火候的影响见本书 9.6.3 节。

3. 组分传质对烹饪成熟的影响

烹饪组分的传质是一个物理过程，对烹饪调味起到重要作用。烹饪中的物质运动有两种，一种是人为的机械搅拌混合；一种是由浓度梯度驱动的自发物质传递，即传质（mass transfer）。前者是整体性的、可以快速完成的宏观运动，后者是小分子的、由传递过程方程决定的微观运动。对于不溶性固体物质，可能的运动方式是人工搅拌，以及悬浮于液体中时由自然对流或沸腾对流形成的液体-颗粒运动；对于液体，运动方式包括自然对流、搅拌形成的强制对流及沸腾造成的沸腾对流；对于可溶性组分，包括在固体内部的分子扩散和固体表面的对流扩散；很多情况下，还包括烹饪组分在相间（主要是油水两相间）的迁移，即液-液萃取；对于气体，主要是水蒸气，运动方式包括沸腾、蒸发和扩散迁移，而构成烹饪嗅感的气体分子也存在内部扩散、表面吸附-解吸、气体分子运动等物理运动。

显然，烹饪中的物质运动为发生烹饪化学反应提供了反应物的接触条件，对很多种类的烹饪来说是必需的。在一些烹饪操作（如蒸、烤）中，食材内部并不发生宏观运动，只存在小分子的微观运动。

在烹饪组分的传质中，除了人工搅拌以外主要的影响因素仍然是温度。温度会影响吸附解吸等温曲线、内部和表面传质系数、流体的黏度，从而影响传质。绝大多数情况下，温度越高，传质越剧烈。

烹饪过程的传质虽然非常复杂，但对烹饪成熟产生直接控制性影响的并不多，主要是影响温度而产生间接性影响。因为：①对于发生化学反应后才形成烹饪品质的物质，化学反应是关键，物理变化通常是次要的；②在人工搅拌的参与下，混合过程发生很快，同时，风味气体成分的扩散运动速度也很快，成为烹饪品质瓶颈的可能性很小；③在咀嚼食用时，口腔内还有一次再混合，前期的传质不足可以得到弥补。

少量烹饪工艺中传质对成熟起到决定性作用，如卤制，卤料和色素进入食材的程度决定了烹饪成熟（魏瑶等，2021）。

4. 光物性对烹饪成熟的影响

食品的光物性包括对可见光、不可见光波的反射，透射特性往往也是反映食品品质的指标（李里特，2001）。烹饪中食材的表面状态，如是否有光泽、是否晶莹透明等，是由光物性决定的。光物性通常不由食品中的色素决定，而是取决于食品表面分子的种类、大小和排列形式。温度会影响烹饪成品表面的分子排列形式，从而改变光物性，使外观发生变化，而影响烹饪质量。在烹饪成熟研究中，我们发现一些食材的烹饪过程中，光物性对成熟判断的影响可能比色泽变化更显著，如肉的成熟，这是一个值得开展深入研究的领域。参见本书 3.9.3 节的讨论。

2.5.4 烹饪成熟因子的复杂性

1. 成熟品质指标因子的选择

首先，一次烹饪中会有多个烹饪成熟因子；其次，对于烹饪的不同品种、不同的原料形状、不同的周期、不同的温度、不同的搅拌措施，可能出现纷繁复杂的烹饪成熟变化。例如，加热到某一程度时，某些成熟品质因子达到最佳，而另一些成熟品质因子尚未达到最佳或已经过度加热而品质下降。要全面把握烹饪的所有品质因子来分析考察成熟是不可能的。这些化学反应和物理变化通常在烹饪过程中经历了相同的温度历史，是共同发生的，随时间发生变化的程度也是正相关的，不同品质因子之间形成的主观成熟判断具有一定的一致性，即在烹饪成熟过程中不同品质因子具有变化协同性。可以找到其中一种或几种容易测量或感受的关键品质因子，来简化成熟的分析测量。这种指标成熟品质因子应该有较强的烹饪成熟代表性，在成熟过程中变化剧烈，容易出现不足和过度。这样就可以通过感官分析确定最佳成熟点。

2. 烹饪成熟带来的品质破坏

烹饪食材在加热至熟的同时，也不可避免地给食品品质带来破坏。成熟是指烹饪过程中烹饪品质达到完善的程度。所谓完善，既包括需要使得烹饪食材达到必需的成熟，又包括烹饪品质破坏最小。由此看来，烹饪过程中的品质破坏也是烹饪成熟的一部分，具体讨论见下文。

2.5.5 烹饪的过热品质因子

食材在烹饪加热成熟时，不可避免地导致一些有益热敏性品质的减少和不期望的有害品质的产生，称为烹饪过热。类似成熟品质因子，我们将每一个独立出来的过热品质变化称作烹饪过热品质因子（quality factors of culinary over heated），即烹饪过程中一种或一组烹饪食材物质原有而加热后变化的或原来没有经加热才产生的品质，且这些品质是负面的、不被期望的。在加热中各种烹饪过热品质因子发生相同的加热变化，具有相同的变化条件和变化规律。值得注意的是，过热品质因子可以是关系到感官的，也可以不是。

烹饪中的与温度相关的食用品质有各自的最佳的加热程度。一部分品质其最佳的加热程度为 0，即不加热，如热敏性维生素的破坏。因此，对这部分品质，所有的加热都是过热。另一部分品质，则有一个特定的品质是最优的加热程度，但超过这个程度以后的加热就会带来品质劣化，如一些蔬菜在烹饪加热后的质构软化有一个理想值，超过以后就会过软而产生品质劣化。因此，对同一个烹饪成品，成熟品质因子和过热品质因子可能是不同的，也可能是相同的。

具体地，过热品质因子可能体现在多个方面。风味上，可能出现焦煳味、不良的蒸煮味（沉闷风味）；色泽上，可能出现过度褐变等不良颜色，失去烹饪成品应有的良好色泽；质构上，肉类可能出现蛋白质变性过度产生韧性、蔬菜出现过度软化等不良现象，失去烹饪成品应有的良好口感；毒理上，可能因加热过度出现毒性；在营养上，过热会导致热敏性营养品质的损失等（邓力，2013）。周晓燕（2008）中指出食材的加热品质破坏包括颜色、维生素等。烹饪过程中，焦煳现象对食品风味、色泽、质构、毒理和营养存在极大的负面影响，是烹饪中的不可忽视的过热品质因子。

1. 质地相关过热品质因子

Matz（1962）最早定义食品的质构（texture）是除温度感觉和痛觉以外的食品物性感觉，主要由口腔中皮肤及肌肉的感觉来感知。松本幸雄（1991）曾对 16 种常见食品进行了消费者的心理调查，结果发现除了酒、果汁、腌菜等少数几种食品外，约占 2/3 的食品中质构是美味感觉的决定因素。尤其是米饭、豆腐、汤圆、饼干等食品，化学因素对品质影响的比重只占 20%左右，而物理因素的影响占 70%左右。

质构在烹饪品质中占据了重要地位。前文已经从烹饪成熟的角度讨论了蛋白质、多糖及其他物质的化学变化对烹饪成品质构的影响。这些化学变化，在达到成熟之后继续进行，由于加热通常会导致结构性的大分子的热降解，很可能会产生破坏性的质构变化。例如，米饭随着焖制时间的延长，弹性先增大后减小，米饭的硬度与黏性比值先减小后增加，焖制时间过长或过短都会对米饭的食用品质产生负面影响，焖制时间为 20 min 左右品质较好（张玉荣等，2008）。肉类加热烹饪时，硬度、弹性、胶黏性、咀嚼性等都是先下降再升高，在达到最优点后继续加热会导致品质下降（Lawrie and Ledward，2006）。质地相关的品质因子是很多烹饪品种的控制性过热品质因子。例如，肉类烹饪的控制性过热品质因子是质构，风味则次要得多，因为成熟后继续加热导致的风味劣化极为有限，而质构变化非常显著。

烹饪食材质构的变化与整个食品体系有关，不但与固体原料有关，液体原料作为咀嚼时的润滑剂，其液-固比例、黏附性、流变学性质对烹饪最终质地有着重要影响。多数情况下，烹饪固体原料是构成烹饪成品质地的主体。其质构性质也受其组分在烹饪中的品质变化的影响，通常是高度复杂的。各种组分的化学变化、水分的分布和迁移、油脂的渗入、孔隙比例、温度等都对质构有影响。

由于多数烹饪中固体食品具有非稳态传热特征，决定其各种加热变化是不均匀的，表面变化最大，而中心变化最小。这个特征决定了烹饪成品的质构不均匀性。一些烹饪品种利用了这个特征，并采用各种手段强化，如脆皮豆腐、脆皮土豆等各种脆皮菜肴的烹饪（唐建华和周晓燕，2010）。

2. 风味相关过热品质因子

前文已经讨论过烹饪成熟中的味觉和嗅觉化学反应，但味觉和嗅觉化学反应也同样会出现在烹饪品质破坏阶段，成为过热品质因子。作为不期望在烹饪中出现的变化，风味相关的品质破坏因子有以下两种情况。

1）作为烹饪特征的原有风味减弱、变味和消失

一些烹饪食材的原有风味作为烹饪成品的特征风味是积极的烹饪品质，越多越好。但是，实现成熟所必需的烹饪加热会造成特征风味的损失，包括减弱、变味和消失。很多果

蔬烹饪食材的风味是受人喜爱的，加热破坏对烹饪品质不利。例如，葱、姜、香菜等以风味为特色的食材，烹饪加热会导致风味损失，相关反应可能成为烹饪过热品质因子。

2）产生新的不良风味

烹饪过程中从无到有形成的不良风味对烹饪品质起到消极作用。例如，过度加热时，美拉德反应和焦糖化反应都会形成焦味嗅觉物质和苦味味觉物质。油脂过度加热，会形成含有醛、酮等刺激性产物的不良风味物质。

3. 色泽相关过热品质因子

烹饪加热会导致食材天然色素产生被期望的表征成熟的变色，与此同时，也会导致对烹饪品质不利的颜色变化，形成过热品质因子。

1）原有色泽的变化

吡咯类色素、多烯类色素、酚类色素、杂类色素等，都具有不饱和键，对热、光、pH、金属离子、氧化还原等不稳定。烹饪加热会导致食材中的天然色素褪色，如常见叶绿素褐变反应。消费者喜爱植物原有的鲜艳色泽，过度变色是不新鲜和品质低下的标志。

2）产生新的色泽

很多情况下，美拉德反应、焦糖化反应和抗坏血酸褐变反应等非酶褐变会使食材的新鲜色泽变得黯淡。加热强度高时，还会出现黑褐色，破坏烹饪成品感官品质。

4. 营养相关过热品质因子

食品营养素是维持人的生命和健康、保证良好生长发育和运动的物质基础。一部分食品营养成分是热敏性的，如维生素、脂肪、蛋白质等，加热后导致营养价值的损失（孟丹丹和甘晓露，2016）。维生素有维持生命之效（菲立普·费尔南多-阿梅斯托，2013），是人和动物维持正常的生理功能所必需的一类营养素，也是最容易在烹饪过程中损失变性的一类营养素（黄玲和李飞妍，2017）。维生素对维持人体细胞生长和正常代谢必不可少，且人体无法合成或合成量不能满足人体需要，需要通过膳食摄入补充。

热烫对蔬菜中维生素 C、维生素 B_1、维生素 B_2 的损失分别是 16%～58%，16%～34%，30%～50%（里切西尔，1989）；而肉类中维生素 B_1 在油炸、烤、炖、煮烹饪方式下的平均损失分别是 26%、27%、60%、42%；猪里脊肉在中式爆炒时，油温 120～140℃加热条件下，在终点成熟值（M_T=0.5 min）时，还有较高的维生素 B_1 保持率，损失不超过 20%（程芬，2019）。

不同烹饪食材含维生素的种类和量不同，且不同维生素结构的热敏感性不同，在烹饪研究中应权衡利弊，优化加热条件，最大化保留食材原有的维生素含量。参见本书第 8 章中相关研究。

5. 毒理相关过热品质因子

如果不对加热加以限制，所有食材的过度加热都可能会导致有害物质的产生。

过度的美拉德反应会产生丙烯酰胺、糖基化产物等有害物质。可从烹饪食材的烹调方式入手，控制美拉德反应程度，从而既能增强烹饪成品风味，又能使有害物质尽可能降低（纪有华，2006）。油脂在高温时会发生许多化学和物理变化，包括水解、氧化、聚合等，产生丙烯醛、反式脂肪酸、脂质氧化物、胆固醇氧化物、杂环胺化合物等有毒物质（刘少娟等，2005；杨铭铎等，2006）。需要注意的是，反复使用油脂导致的毒性，并非烹饪中的过热，过热只出现在成熟以后的过度加热。烹饪食材中原有的消极品质因子与烹饪过热无关。

2.6　成熟与过热的分类及特征

2.6.1　成熟的分类

对于种类极多、技艺繁杂的中式烹饪，成熟的形式多种多样。对成熟的甄别和分类方面的工作尚未见前人做过。在全面考察烹饪的成熟后，提出一些分类原则。

按成熟的阶段，可以分为初熟和后熟。烹饪初熟是指在加热后去除了不可接受的品质达成的成熟，如通过加热去除膻腥味、生青味、毒素、不可接受质构、不可接受色泽等；而烹饪后熟则是指在达到基本的可食用条件后，继续加热形成的品质，是烹饪品质在初熟后的品质调整或增进。肉类爆炒的成熟就是初熟，肉类在初熟之前通常是不可食用的。而肉类炖煮的成熟则是后熟，此时质构软烂、炖煮风味形成，品质与初熟有所不同。对于同一食材，后熟有不同的判断标准，有可能存在多种、多次后熟。初熟主要出现在爆、炒、汆等快速烹饪工艺，后熟主要出现在煮、炖等长时烹饪工艺。

按成熟出现的空间位置可以分为中心成熟、整体成熟和表面成熟。爆、炒、汆等快速烹饪工艺主要是中心成熟。煮、炖等长时烹饪工艺主要是整体成熟，因为在恒温长时烹饪中，总体上物料的整体温度一致，整体品质也是一致的。而煎、炸等烹饪工艺，则属于表面成熟。

按食材成熟的内外因素可以分为内因成熟和外因成熟。内因成熟是烹饪食材自身变化导致的成熟。外因成熟是烹饪食材外部成分进入形成的成熟，主要是风味成分的进入，如调味料的传质、不同烹饪食材之间的物质传递等。外因成熟主因是传质，也可以称为传质成熟。一些烹饪中，传热介质的浓缩也可能成为成熟指标，如酱、卤等烹饪工艺。

按成熟的内在影响因素可以分为化学成熟、物理成熟和生物成熟。

中式烹饪的特征就是其多样性，肯定还有其他的分类形式，或者某种难以分类定义的特殊成熟。

多数情况下，烹饪的成熟是复合的，是多种成熟的综合。例如，对于煎，表面成熟和中心成熟必须都满足。进一步的分类研究参见本书第 10 章。

2.6.2 不同烹饪工艺的成熟特征

分析各种烹饪工艺的成熟特征见表 2-2。

表 2-2 各种烹饪工艺的成熟特征

序号	传统名称	传统定义	代表性成熟特征						文献页码
			后熟	内因成熟	外因成熟	中心成熟	表面成熟	整体成熟	
1	煨	将原料加入多量汤水后用旺火烧沸，再用小火或微火长时间加热至酥烂	是	兼	兼	兼	非	兼	A（92）
2	炖	将原料加汤水及调味品，旺火烧沸后用中、小火长时间烧煮成菜	是	兼	兼	兼	非	兼	A（92）
3	煮	原料加多量汤或清水，旺火烧沸转中小火加热	是	兼	兼	兼	非	兼	A（91）
4	燻	以小火烧煮使原料入味	是	兼	兼	兼	非	兼	B（131）
5	烩	将几种原料混合在一起，加汤水用旺火或中火烧制成菜	是	兼	兼	兼	非	兼	A（95）
6	焖	将经初步熟处理的原料加汤水及调味品后密盖，用中小火较长时间烧煮至酥烂而成菜	是	兼	兼	兼	非	兼	A（94）
7	烧	将经过初步熟处理的原料加适量汤（或水）用旺火烧开，中、小火烧透入味，旺火收汁	是	兼	兼	兼	非	兼	A（93）
8	扒	将经过初步熟处理的原料整齐入锅，加汤水及调味品，小火烹制收汁，保持原形盛菜装盘	是	非	是	兼	非	兼	A（94）
9	㸆	在烧煮的基础上将汤直接提浓或收干	是	兼	非	兼	兼	兼	A（95）
10	卤	将原料用卤汁以中、小火煨、煮至熟或烂并入味	是	非	是	兼	兼	兼	B（256）
11	酱	用事先配制的酱汁以中、小火将原料烧、煮至熟烂	是	非	是	兼	兼	兼	C（286）
12	氽	小型原料于沸汤中快速致熟	非	是	非	是	非	非	A（91）
13	烫	利用沸水使原料成熟	非	是	非	是	非	非	A（91）

续表

序号	传统名称	传统定义	代表性成熟特征						文献页码
			后熟	内因成熟	外因成熟	中心成熟	表面成熟	整体成熟	
14	涮	由食用者将备好的原料夹入沸汤中，来回晃动至熟	非	兼	兼	是	非	非	A（96）
15	熘	将烹制好的熘汁浇淋在预熟好的主料上，或把主料投入熘汁中快速拌均匀	是	非	是	兼	兼	非	A（103）
16	蒸	利用蒸汽传热使原料成熟	是（长时）	兼	无	兼（短时）	兼	兼（长时）	B（733）
17	爆	沸油猛火急炒或沸水(汤）急烫使小型原料快速致熟	非	是	非	是	非	非	A（101）
18	炒	以少油旺火快速翻炒小型原料成菜	非	兼	兼	是	非	非	A（101）
19	炸	以多量食油旺火加热使原料成熟	是	是	非	兼	兼	非	A（97）
20	烤	利用辐射热使原料成熟	非	是	非	兼	兼	非	A（106）
21	煎	原料平铺锅底用少量油，加热使原料表面呈金黄色而成菜	非	是	非	兼	兼	非	A（104）
22	贴	将几种原料经刀工成形后加调味品拌渍，合贴在一起，挂糊后在少量油中先煎一面，使其呈金黄色，另一面不煎(或稍煎）	非	兼	兼	兼	兼	非	A（105）
23	灼	生料氽至九成熟后取出再速炒成菜（氽+炒）	非	兼	兼	是	非	非	B（765）
24	浸	将原料下入沸热液体致熟而成菜	非	兼	兼	是	非	非	A（91）
25	烙	通过炊具的干热使原料成熟	非	是	非	兼	兼	非	A（109）
26	烘	将原料置于无焰小火上，利用辐射热使之成熟	非	是	非	兼	兼	非	D（361）
27	焗	运用密闭式加热，促使原料自身水分汽化致熟	非	兼	兼	兼	兼	兼	A（109）
28	塌	原料挂糊后煎制并烹入汤汁，使之回软并将汤汁收尽	是	非	是	兼	兼	非	A（105）

续表

序号	传统名称	传统定义	代表性成熟特征						文献页码
			后熟	内因成熟	外因成熟	中心成熟	表面成熟	整体成熟	
29	淋	原料不下锅，以热油浇淋成菜	非	是	非	兼	兼	非	D（340）
30	烹	原料经熟处理后，泼入调味汁，利用高温使味汁大部分汽化而渗入原料，并快速收干	是	非	是	兼	兼	非	A（103）
31	炝	把制熟原料用调味品调制，使其味进入原料	是	非	是	兼	兼	兼	D（361）
32	焐	利用微火或火灰余热保持恒温使密封在炊具中的原料酥烂	是	兼	兼	兼	兼	兼	D（623）

注：上表关于后熟，不涉及成熟过程，其中的使用了“非”的，并非没有经历过初熟；“是”-该工艺这类成熟特征中唯一的成熟因素；“非”-该工艺不包含该成熟特征；“兼”-该工艺同时包含两种及以上成熟特征。

参考文献：A 为文献(戴桂宝和金晓阳，2014)；B 为文献(史万震和陈苏华，2015)；C 为文献(中国烹饪百科全书编辑委员会，1992)；D 为文献(姜毅和李志刚，2004)。

参 考 文 献

程芬. 2019. 烹饪火候控制及后处理对食品食用品质的影响. 贵阳: 贵州大学

迟玉杰. 2012. 食品化学. 北京: 化学工业出版社

戴桂宝, 金晓阳. 2014. 烹饪工艺学. 北京: 北京大学出版社

邓力, 金征宇. 2006. 中式烹饪的过程原理解析及研究体系. 食品与机械, (6): 40-143

邓力. 2013. 烹饪过程动力学函数、优化模型及火候定义. 农业工程学报, 29(4): 278-284

丁耐克. 1996. 食品风味化学. 北京: 中国轻工业出版社

段振华. 2012. 高级食品化学. 北京: 中国轻工业出版社

菲立普·费尔南多-阿梅斯托. 2013. 文明的口味: 人类食物的历史.韩忆良, 译. 广州: 新世纪出版社

冯胜文. 2011. 烹饪原料学. 上海: 复旦大学出版社

韩涛, 李丽萍, 艾启俊. 2003. 漂烫对蔬菜果实质地的影响及低温漂烫作用的机理. 食品工业科技, (2): 89-92

郝元涛, 方积乾, 吴少敏, 等. 2006. WHO 生存质量评估简表的等价性评价. 中国心理卫生杂志, 20(2): 71-75

黄玲, 李飞妍. 2017. 炒对蔬菜中维生素 B_1、B_2、C 含量的影响. 食品安全导刊, (22): 80-82

纪有华. 2006. 烹饪过程中美拉德反应对菜肴的影响. 扬州大学烹饪学报, (4): 32-36

姜毅, 李志刚. 2004. 中式烹调工艺学. 北京: 中国旅游出版社

李里特. 2001. 食品物性学. 北京: 中国农业出版社

李祥睿. 2007. 西餐中肉类的烹调成熟度及其辨别方法. 中国食品, 477(5): 42-43

里切西尔. 1989. 加工食品的营养价值手册. 陈葆新, 译. 北京: 中国轻工业出版社

刘少娟, 王明, 陈松青, 等. 2005. 煎炸油重复使用存在的卫生问题及其控制措施. 中国食品卫生杂志,

17(6): 544-547
孟丹丹, 甘晓露. 2016. 微波真空干燥技术在热敏性和含水率较高的食品中的应用. 现代食品, 3(5): 116-119
沈明浩, 谢主兰. 2011. 食品感官评定. 郑州: 郑州大学出版社
食品科学手册编辑委员会. 1989. 食品科学手册. 北京: 中国轻工业出版社
史万震, 陈苏华. 2015. 烹饪工艺学. 上海: 复旦大学出版社
唐建华, 周晓燕. 2010. 烹饪中脆皮糊调配的优化工艺研究. 食品工业, (6): 67-69
田玮, 徐尧润. 2000. Arrhenius 模型与 z 值模型的关系及推广. 天津轻工业学院学报, (4): 1-6
汪潇, 王锡昌. 2007. 顶空固相微萃取与气质联用法分析大葱的挥发性风味成分. 现代食品科技, 23(3): 4
卫晓怡, 白晨. 2018. 食品感官评价. 北京: 中国轻工业出版社
魏瑶, 邓力, 李静鹏, 等. 2021. 酱卤猪肉煮制过程中品质变化动力学研究. 食品与发酵科技, 57(2): 77-83, 102
无锡轻工业学院. 1984. 食品工艺学(上册). 北京: 中国轻工业出版社
肖怀秋, 李玉珍, 林亲录. 2005. 美拉德反应及其在食品风味中的应用研究. 中国食品添加剂, (2): 27-30
闫勇, 邓力, 何腊平, 等. 2014. 猪里脊肉烹饪终点成熟值的测定. 农业工程学报, 30(12): 284-292
阎喜霜. 2004. 烹调原理. 北京: 中国旅游出版社
杨铭铎, 邓云, 石长波, 等. 2006. 油炸过程与油炸食品品质的动态关系研究. 中国粮油学报, (5): 93-97
张建军, 齐宝玲, 周晓燕, 等. 2009. 烹饪机器人中影响肉丝成熟度的因素分析. 食品科技, 25(4): 24-27
张玉荣, 周显青, 张秀华, 等. 2008. 大米蒸煮条件及蒸煮过程中米粒形态结构变化的研究. 粮食与饲料工业, (10): 1-4
赵镭, 刘文. 2011. 感官分析技术应用指南. 北京: 中国轻工业出版社
赵学庄, 罗渝然. 1984. 化学反应动力学原理(上册). 北京: 高等教育出版社
赵学庄, 罗渝然. 1990. 化学反应动力学原理(下册). 北京: 高等教育出版社
郑文华, 许旭. 2005. 美拉德反应研究进展. 化学进展, 17(1): 122-129
中国烹饪百科全书编辑委员会. 1992. 中国烹饪百科全书. 北京: 中国大百科全书出版社
周家春. 2013. 食品感官分析. 北京: 中国轻工业出版社
周晓燕. 2008. 烹调工艺学. 北京: 中国纺织出版社
周晓燕, 王萧, 唐建华, 等. 2009. 烹调中油水传热温度变化及对里脊肉丝划油成熟度的影响. 食品科学, 30 (15): 36-39
Akinwunmi I, Thompson L D, Ramsey C B. 2010. Marbling, fat trim and doneness effects on sensory attributes, cooking loss and composition of cooked beef steaks. Journal of Food Science, 58(2): 242-244
Ball C O, Olson F. 1957. Sterilization in Food Technology, Theory, Practice and Calculations. New York: McGraw-Hill Book Co
Bhowmik S. 1995. Thermal kinetics of color changes in pea puree. Journal of Food Engineering, 24(1): 77-86
Bigelow W D. 1921. The logarithmic nature of thermal death time curves. Journal of Infectious Diseases, 29(5): 528-536
Boekel M A. 1996. Statistical aspects of kinetic modeling for food science problems. Journal of Food Science, 61(3): 477-486
Boring E G. 1950. The 1950 meeting of the american philosophical society. American Journal of Psychology, 63 (3): 454-455
Chang S Y, Toledo R T. 1990. Advantages of aseptic processing of fruits and vegetables. Food Technology,

44(2): 72, 74-76

Chambers E I, Edgar D, Godwin S L, et al. 2018. Recipes for determining doneness in poultry do not provide appropriate information based on US government guidelines. Foods, 7(8): 126

Cox R J, Thompson J, Cunial C, et al. 1997. The effect of degree of doneness of beef steaks on consumer acceptability. Meat Science, 45(1): 75-85

Cross H R, Stanfield M S, Koch E J. 1976. Beef palatability as affected by cooking rate and final internal temperature. Journal of Animal Science, 43(1): 114-121

Denommew, Catherine E. 1992. Meat doneness tester. US, US5099682 A

Fennema O R. 2003. 食品化学. 许时婴, 译. 北京: 中国轻工业出版社

Field R W, Howell J A. 1989. Process Engineering for the Food Industry, 2nd ed. London: Elsevier Applied Science

Gill T A, Thompson J W, Leblanc G, et al. 1989. Computerized control strategies for a steam retort. Journal of Food Engineering, 10(2): 135-154

Heldman D R, Lund D B, Sabliov C. 2006. Handbook of Food Engineering. Boca Raton: CRC Press

Hendrickx M, Maesmans G, Cordt S D, et al. 1993. Evaluation of the integrated time-temperature effect in thermal processing of foods. Critical Reviews in Food Science and Nutrition, 35(3): 231-262

Holdsworth D, Simpson R. 2007. Engineering Aspects of Thermal Food Processing. Thermal Processing of Packaged Foods. Boston: Springer

Hui Y, Castellperez E, Cunha L, et al. 2006. Handbook of Food Science, Technology, and Engineering-4Volume Set. Boca Raton: CRC Press

Jenkinson R, Cuskelly G J. 2016. Use of mobile phone technology to measure beef steak doneness preference. Proceedings of The Nutrition Society, 75(OCE3): 1475-2719

Killinger K M, Calkins C R, Umberger W J, et al. 2004. A comparison of consumer sensory acceptance and value of domestic beef steaks and steaks from a branded, Argentine beef program. Journal of Animal Science, 82(11): 3302-3307

Kim H J, Taud I A. 1993. Intrinsic chemical markers for aseptic processing of particulate foods. Food Technology, 47(1): 91

Labuza T P, Schmidl M K. 1985. Accelerated shelf-life testing of foods. Food Technology, 39(9): 57-64

Lawless H T, Heymann H. 2001. 食品感官评价原理与技术. 王栋, 译. 北京: 中国轻工业出版社

Lawrie R A, Ledward D A. 2006. Lawrie's Meat Science. Cambridge: Woodhead Publishing

Luchak G L, Miller R K, Belk K E, et al. 1998. Determination of sensory, chemical and cooking characteristics of retail beef cuts differing in intramuscular and external fat. Meat Science, 50(1): 55-72

Mancini R A, Hunt M C. 2005. Current research in meat color. Meat Science, 71(1): 100-121

Manji B, van de Voort F. 1985. Comparison of two models for process holding time calculations: convection system. Journal of Food Protection, 48(4): 359-363

Mansfield T. 1962. High temperature short time sterilization. Congress Food Science and Technology, 4: 311-316

Matz S A. 1962. Food Texture. Wesport: The Avi Publishing Co. , Inc

Meilgaard M C, Civille G, Carr B T. 2006. Sensory Evaluation Techniques, Fourth Edition. Boca Raton: CRC Press

Nielsen S S, Marcy J E, Sadler G D. 1993. Chemistry of aseptically processed foods. Chemistry, 32(1): 35-71

Nunes R V, Swartzel K R, Ollis D F. 1993. Thermal evaluation of food processes: the role of a reference temperature. Journal of Food Engineering, 20(1): 1-15

Obuz E, Dikeman M E, Erickson L E, et al. 2004. Predicting temperature profiles to determine degree of doneness for beef biceps femoris and longissimus lumborum steaks. Meat Science, 67(1): 101-105

Oliver M A, Nute G R, Furnols M, et al. 2006. Eating quality of beef, from different production systems, assessed by German, Spanish and British consumers. Meat Science, 74(3): 435-442

Parrish F C, Olson D G, Miner B E, et al. 1973. Effect of degree of marbling and internal temperature of doneness on beef rib steaks. Journal of Animal Science, 37(2): 430-434

Quevedo R, Valencia E, Cuevas G, et al. 2013. Color changes in the surface of fresh cut meat: a fractal kinetic application - ScienceDirect. Food Research International, 54(2): 1430-1436

Ramaswamy H S, Awuah G B, Simpson B K. 1997. Heat transfer and lethality consideration in aseptic processing of liquid/particle mixtures: a review. Critical Reviews in Food Science and Nutrition, 37: 253-286

Rhee M S, Lee S Y, Hillers V N, et al. 2003. Evaluation of consumer-style cooking methods for reduction of escherichia coli O157: H7 in ground beef. Journal of Food Protection, 66(6): 1030-1034

Samples R H. 2011. Method and system for determining level of doneness in a cooking process. US8455027 B2

Saraiva J, Oliveira J C, Hendrickx M, et al. 1996.Analysis of the inactivation kinetics of freeze-dried α-amylase from bacillus amyloliquefaciens at different moisture contents. Lebensmittel Wissenschaft und Technologie, 29(3): 260-266

Silva C, Hendrickx M, Oliveira F, et al. 1992. Critical evaluation of commonly used objective functions to optimize overall quality and nutrient retention of heat-preserved foods. Journal of Food Engineering, 17(4): 241-258

Sinha R, Rothman N, Salmon C P, et al. 1998. Heterocyclic amine content in beef cooked by different methods to varying degrees of doneness and gravy made from meat drippings. Food & Chemical Toxicology, 36(4): 279-287

Stoforos N G. 1995. Thermal process design. Food Control, 6(2): 81-94

Stone H, Bleibaum R, Thomas H A. 2012. Sensory Evaluation Practices. Cambridge: Academic Press

Taoukis P S, Labuza T P. 1989. Applicability of time-temperature indicators as shelf life monitors of food products. Journal of Food Science, 54(4): 783

Webster. 2002. Webster's third new international dictionary. Springfield: Merriam Webster

Weng Z, Hendrickx M, Maesmans G, et al. 1991. Immobilized peroxidase: a potential bioindicator for evaluation of thermal processes. Journal of Food Science, 56(2): 567

Yancey E J, Dikeman M E, Hachmeister K A, et al. 2005. Flavor characterization of top-blade, top-sirloin, and tenderloin steaks as affected by pH, maturity, and marbling. Journal of Animal Science, 83(11): 26, 18-23

Yancey E J, Grobbel J P, Dikeman M E, et al. 2006. Effects of total iron, myoglobin, hemoglobin, and lipid oxidation of uncooked muscles on livery flavor development and volatiles of cooked beef steaks. Meat Science, 73(4): 680-686

松本幸雄. 1991.食品の物性とは何か. 川崎: 弘学出版

第3章

成熟的测量

3.1　成熟值测量方法的构建

前文建立了烹饪成熟动力学函数，并进行了理论分析和模拟计算，但终点成熟值是否存在、其值是否稳定、成熟值假说的有关推论是否符合事实，并未得到验证。同时，由于烹饪成熟高度复杂，如肉类的加热成熟过程是一系列加热食品化学反应的综合，并非一个单独反应，且人类对成熟感官刺激的心理响应也很复杂，是否存在一个清晰表征其成熟的终点成熟值，需要试验证实。终点成熟值是烹饪科学原理研究的关键指标，是烹饪工艺优化、烹饪操作控制的依据。测定典型烹饪食材的终点成熟值，对烹饪研究有奠基性的作用。由于终点成熟值测定与 z_M 值不可分割，因此应构建包含终点成熟值测定及 z_M 值测定的成熟值测量方法，并通过具体食材的成熟值测量证实终点成熟值存在的普遍性和合理性。

3.1.1　成熟值 *M* 测定的技术基础

得到标度 *M* 值的样品是成熟值测量的基础。成熟值 *M* 是一个依赖于温度和时间的动力学函数，已知 z_M 值时，可以通过采集样品温度数据由计算机实时计算 *M* 值。

1. 温度历史测量

准确测量运动颗粒温度的难度很大（邓力和金征宇，2004）。手工烹饪中食材剧烈运动，基本不可能直接测量获得动态温度数据。因此应构建烹饪模拟装置，使得食材温度可测，形成必要的烹饪研究条件。

第一代烹饪模拟装置（闫勇等，2014）采用超级恒温油浴槽模拟烹饪环境，由油泵驱动油循环，与试样发生相对运动，产生与烹饪过程类似的颗粒-流体相对运动，以模拟烹饪条件。随后又设计了可以定量控制流速的第二代受控烹饪模拟装置（张宏文，2019）。用油浴槽后，烹饪食材颗粒处于静态，便于插入热电偶测量食材温度，从而提供了成熟值测量的必要条件。同时，油浴槽能够精确控制油温，能够方便准确地设置介质温度这一重要传热学条件。烹饪模拟装置的构建详见 6.4 节。

2. 实时采集成熟值

标度食材成熟值需要能实时测定成熟值的硬件，该硬件不仅能够记录显示温度历史，还需要实时积分计算和动态显示成熟值，以完成特定成熟值采样。为此专门研制了一种烹饪传热学及动力学数据采集分析系统（周杰等，2013），详见 6.2.2 节。

3. 试样制作和取样技术

试样制作和取样技术主要关系采集温度的准确性，为保证温度采集点准确置于食材中心，开发了半厚黏接法，该法适于快速、批量制作试样，具体方法如图 3-1 所示。

图 3-1　以半厚黏接法制作待测试样

3.1.2　同时测定 M_T 和 z_M 的假设试算法

首次测定某一食材的终点成熟值 M_T 时，并不知道 z_M 值。必须设计一种方法同时测定 M_T 和 z_M 值。成熟测量流程和相关试验条件参见图 3-2。具体方法步骤如下。

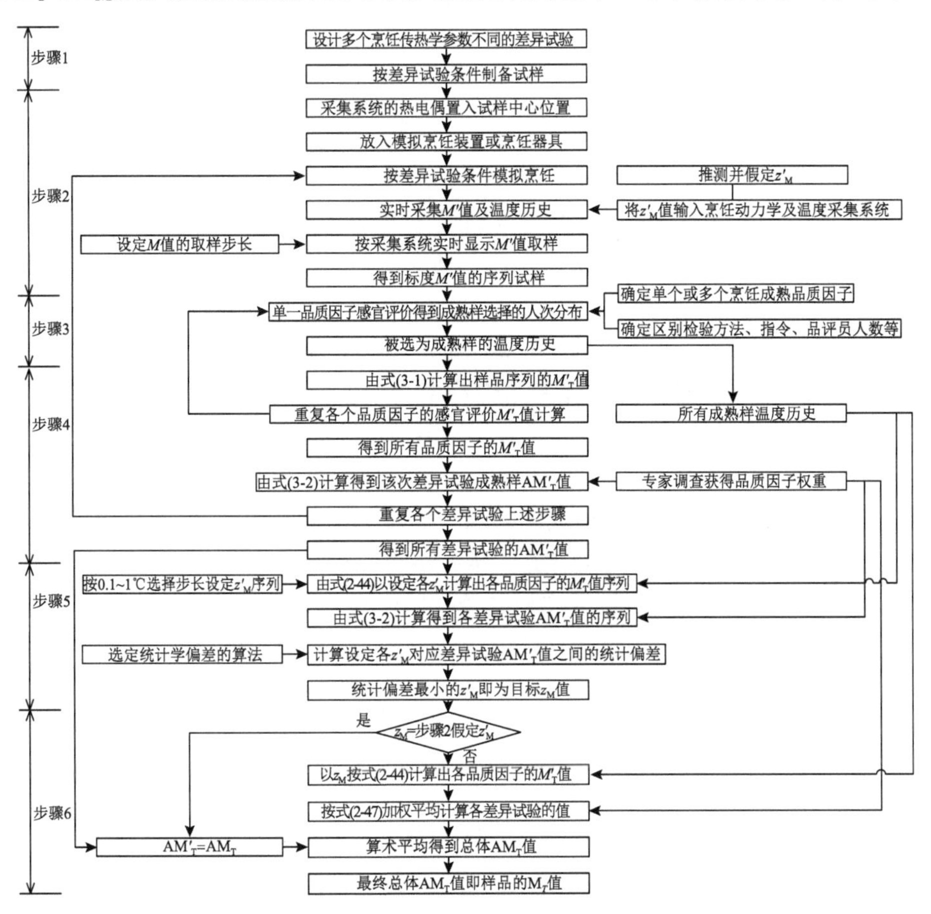

图 3-2　同时测定 M_T 和 z_M 的假设试算法流程

1）步骤 1：设计差异试验

设计传热参数不同的差异试验条件，如不同的烹饪介质温度、烹饪传热介质种类、食品的几何尺寸等，按差异试验条件准备试样及烹饪模拟装置参数，然后模拟烹饪，目的是让试样经历不同的温度历史达到成熟，以形成成熟值测量所需的差异试验终点成熟值之间的统计偏差。

2）步骤 2：以假设的 z'_M 值获得标度 M'值序列样品

（1）根据烹饪食材的种类，参照这类食材主要热处理变化品质因子的客观动力学数据和以往成熟测定经验，假设一个尽量接近真实值的值，记为 z'_M 值，必要时，开展预试验以取值，使之尽量接近真实值。将 z'_M 值输入为 M'值实时采集显示的计算条件。

（2）按步骤 1 中的第一个差异试验条件设置烹饪模拟装置参数和准备试样，将插入热电偶的试样放入模拟装置油浴槽启动模拟烹饪，同时启动数据采集。

（3）以采集系统实时显示的 M'值（以 z'_M 值计算而得，也是假设值，所以记为 M'）按合理的 M'数值范围和步长采样，获得标度 M'值的序列样品，记录并保存所有样品的温度历史。

3）步骤 3：以感官评价从标度 M'值序列样品中获得成熟样

（1）确定感官评价方法，采用区别感官检验中的 n 项必选法（n-alternative forced choice，n-AFC）选出唯一成熟样，其他区别感官检验中的排序测试、评分法（选出成熟评分最高的成熟样）等（Stone et al.，2012；马永强等，2005）也可考虑采用。可针对成熟的感官特点和类别设计感官评价的指令，以提高感官评价的有效性和一致性。

（2）确定感官评价成熟品质因子：成熟品质因子可以是单一的因子，如色泽、风味、口感等，也可以是综合的，如成熟综合感受。

（3）确定品评员人数，必要时开展品评员培训和筛选。

（4）对各品质因子分别开展感官评价：品评员对步骤 2 得到的标度 M'值的序列样品以选定感官评价方法选择出最早成熟的唯一样品，记录不同 M'值选为成熟的人次，得到各 M'值成熟选择的人次分布。被选为成熟的样品称为成熟样。

试验中可采用多个相同食材试样相同条件同时模拟烹饪，仅其中一个试样采集温度及实时显示 M'值，则可以满足感官评价所需较大数量的试样制备。

4）步骤 4：M'_T 值的统计计算

（1）单一品质因子的 M'_T 值计算

由步骤 3 得到 M'值选择人次分布，统计平均得到假设 z'_M 值下终点成熟值 M'_T 值，由式（2-46）得到计算公式：

$$M'_T = \frac{\sum_{j=1}^{n_j} M'_j \times K_j}{\sum_{j=1}^{n_j} K_j} \tag{3-1}$$

式中：j 是样品被选择为成熟的各个 M'值的序数；n_j 是样品被选择为成熟的 M'值的总数；M'_j是第 j 个被选择为成熟的 M'值；K_j是选择具有 M'_j成熟值样品为成熟的人数。

（2）单次差异试验的假设 z'_M值下平均终点成熟值 AM'_T值计算

对所有品质因子感官评价结果，考虑不同品质因子对成熟影响的权重，加权平均统计单次差异试验的平均终点成熟值 AM'_T。权重由品质因子对成熟的贡献确定，可由专家调查得到的权重数据平均计算而得。由式（2-47）得到计算公式

$$AM'_T = \sum_{i=1}^{n_i}\left(\frac{\sum_{j=1}^{n_j} M'_j \times K_j}{\sum_{j=1}^{n_j} K_j} \times R_i\right) / \sum_{i=1}^{n_i} R_i \tag{3-2}$$

式中：AM'_T是假设 z'_M值下平均终点成熟值（或称为综合终点成熟值），min；i 是第 i 个品质因子（i=1，2，3，…）；n_i是品质因子总数；R_i是第 i 个品质因子感官评价权重。

（3）重复步骤 1～步骤 3 及步骤 4（1）～（2）得到所有差异试验条件下的 AM'_T值。需要注意，以上 M'_T值和 AM'_T都是以最初假设的 z'_M值计算得到的假设值。

5）步骤 5：由统计分析获得目标 z_M值

（1）设定一组用于试算的假定 z'_M 值序列。设定方法为：①选定步长，如设为 0.1～1℃；②设置计算范围，尽量选在真实 z_M值附近，在无法预判真实 z_M值时，可以设为 1～90℃。

（2）以设定序列 z'_M值，逐一以步骤 2（3）的标度 M'值样品的温度历史按式（3-1）计算得到所有品质因子的 M'_T值序列。

（3）按式（3-2）由上一步得到的 M'_T值序列计算得到各差异试验的 AM'_T值序列。

（4）按第 2 章 2.4.5 节推论二，在差异试验条件下所有成熟样的 M'_T值应数值稳定。逐一计算相同 z'_M值对应的各差异试验 AM'_T值之间的统计偏差，统计偏差最小的那个 z'_M值，即目标 z_M值，目标 z_M值即最终测定值。

统计偏差是成熟值稳定性的判据。具体统计方法有标准差最小值法、变异系数最小值法、标准差最大曲率法及标准差变率定值法等，详见 3.1.4 节。

6）步骤 6：计算 M_T测定值

（1）以目标 z_M 值由成熟样温度历史按式（2-44）、式（2-46）计算得到各品质因子的 M_T值。

（2）按式（2-47）加权平均计算得到各差异试验的 AM_T值。当步骤 2 假设的 z'_M与目标 z_M值相同时，则直接认定步骤 4 计算得到的各差异试验 AM'_T值为 AM_T值。

（3）由各差异试验的 AM_T值的算术平均值得到总体平均 AM_T值，该值即食材烹饪成熟的 M_T测定值。

在理解成熟测定的假设试算法时，要注意到式（2-44）反映成熟的加热动力学变

化，式中的 z_M 值包含了对成熟的心理物理学响应，而式（2-47）则反映了特定人群对成熟的主观判断。

基于 Arrhenius 模型的成熟值测定，也可以采用与上述 D-z 值模型测定 AM_T 值和 z_M 值类似的方法：通过差异试验得到由假设 $E'a_M$ 值计算的 M'_E 值标度的样品，感官评价取得成熟样，统计分析得到差异试验成熟样 M'_{ET} 之间的统计偏差，统计偏差最小的 $E'a_M$ 即目标 Ea_M，以目标 Ea_M 计算得到该食材的目标 M_{ET} 值。

虽然测定 M_T 和 z_M 的假设试算法表述起来较为繁复，参读后文的实际测定后，会发现编程后的实际过程并不复杂。参考"附录四　变异系数变率定值法测定 M_T 和 z_M 的 MATLAB 代码"，可以了解到算法的细节计算流程。

3.1.3　已知 z_M 值的 M_T 测量方法

如果已知 z_M，容易设计出终点成熟值测量方法。

（1）在受控的烹饪装置上完成差异试验条件下的烹饪过程。

（2）设定 z_M 后通过烹饪传热学和动力学数据采集系统实时采集烹饪对象的 M 值，对选定的各个 M 值进行序列采样，得到标度 M 值的样品序列。

（3）对标度 M 值的样品序列采用一组品评员开展以不同品质因子开展感官评价区别检验，得到成熟样的选择人次分布。

（4）按式（2-44）、式（2-46）计算出各品质因子的 M_T 值，再按式（2-47）统计平均值得到该食材的各差异试验的 AM_T 值，最后算术平均得到该食材的总体平均 AM_T 值。

本方法可以对 z_M 值稳定的食材的不同种类或不同部位的 M_T 值差异开展分析研究。

3.1.4　成熟值测量中的统计偏差计算方法

1. 标准差最小值法及变异系数最小值法

最早的成熟值测定中统计偏差计算方法（邓力，2013）为：按上文步骤 4 方法以假定的序列 z'_M 值计算得到各个差异试验条件下 AM'_T 值，并计算它们之间的标准偏差，其中最小的标准偏差所对应的 z'_M 值即为目标值。标准差计算公式如下：

$$\sigma=\sqrt{\frac{\sum_{i=1}^{n}\left(AM'_{Ti}-\overline{AM'_T}\right)^2}{n}} \tag{3-3}$$

式中：AM'_{Ti} 是第 i 个差异试验选定成熟样的 AM'_T 值；σ 是所有差异试验成熟样的 AM'_T 值的标准差，min；$\overline{AM'_T}$ 是所有差异试验成熟样的 AM'_T 值的平均值，min；n 是差异试验数，个。

此法称为标准差最小值法（简称 σ 最小值法），应用中以设定 z'_M 值对差异试验条件下成熟样 M'_T 值数值的标准偏差 σ 作图，标准偏差最小的 z'_M 值为目标值，参见图 3-3。

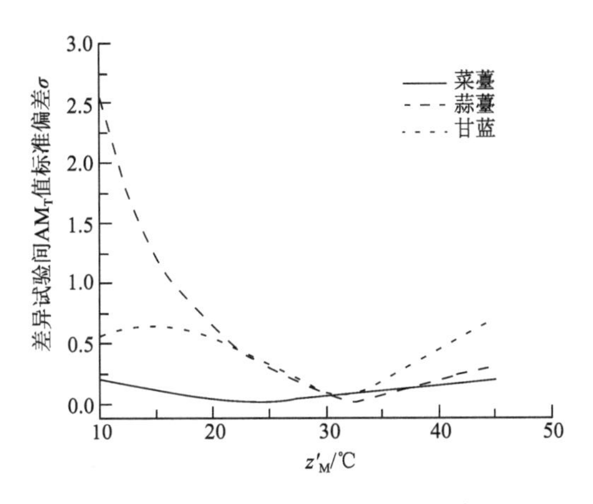

图 3-3　σ-z'_M 中出现 σ 最小值的情况

标准差的数值大小与原值大小有关，为消除测量尺度的影响，用变异系数（coeffient of variation，CV）来代替标准偏差 σ，用以表征 AM'_T 的稳定性。变异系数可以比较不同品种食材成熟试验之间的 AM'_T 值稳定性。变异系数又称“离散系数”，是概率分布离散程度的一个归一化量度。终点成熟值的变异系数公式如下：

$$CV = \frac{\sigma}{AM'_T} \tag{3-4}$$

式中：CV 是选定成熟样的 M'_T 值的变异系数，无量纲。

此法称为变异系数最小值法（简称 CV 最小值法）。CV-z'_M 呈现与 σ-z'_M 相似的变化规律，两者最小值对应的 z'_M 值相同，参见图 3-4。

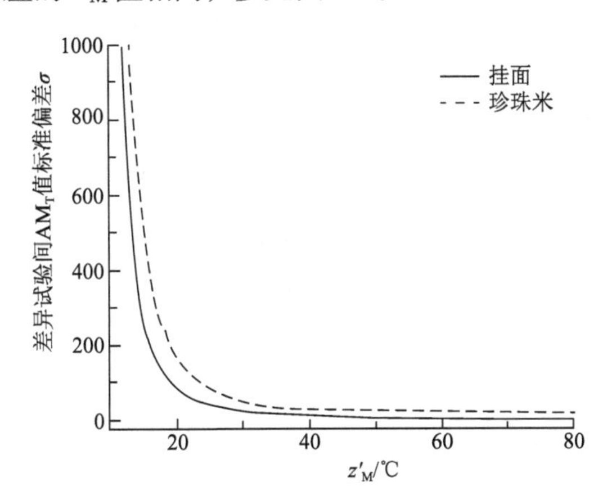

图 3-4　σ-z'_M 中未出现 σ 最小值的情况

上述两法使用方便，原理清楚，容易理解。σ 最小值法在猪里脊肉成熟值测定中，σ-z'_M 关系曲线呈 U 形，明显存在最小值，从而得到有效应用，如图 3-3 中菜薹、蒜薹、甘蓝的 σ-z'_M 曲线。但实际测定中对一些成熟后继续加热品质劣化不显著的食材，σ-z'_M曲线出现了 L 形的情况，如图 3-4 中的谷物食品成熟值测定。此时，CV 和 σ 在与 z'_M 的曲线中不出现最小值，其标准差最小时的 z'_M 数值为假设 z'_M 序列值中的最大值，明显不合理。上述情况使得 σ/CV 最小值法在应用中受到限制。这种情况下，如何得到确定 z'_M 值的通用统计方法就成为一个问题。

研究发现，感官评价指令、品评员素质、温度采集数据是否真实及关键成熟反应是否符合一级动力学，都会不同程度影响 σ-z'_M 曲线的形状。

2. 标准差最大曲率法（σ 最大 CT 法）

观察不同食材 M_T 值测量中取得的 σ-z'_M 曲线可以发现，未出现 σ 最小值时，合适的 z'_M 值出现在 σ-z'_M 曲线的转折点。因此通过计算曲线曲率，找到曲线的曲率值最大点，该点对应的 z'_M 值即为目标值。曲线的曲率（curvature，CT），是针对曲线上某个点的切线方向角对弧长的转动率，表明曲线偏离直线的程度。通常 σ 最小值法的 σ 最小值点也较接近曲率最大点。因此，标准差最大曲率法可以通用于所有出现和不出现 σ 最小值的情况，此法称为标准差最大曲率法。对 σ-z'_M 曲线的曲率计算公式如下：

$$\mathrm{CT}=\frac{\left|\dfrac{\mathrm{d}^2\sigma}{\mathrm{d}{z'_M}^2}\right|}{\left[1+\left(\dfrac{\mathrm{d}\sigma}{\mathrm{d}z'_M}\right)^2\right]^{\frac{3}{2}}} \tag{3-5}$$

式中：CT 是 σ-z'_M 曲线的曲率，℃。

我们无法得到 σ-z'_M 的解析函数关系，只能得到散点关系。在应用中，通过 MATLAB 编程对 σ-z'_M 数据采用三次样条插值法得到的三次多项式拟合式，以其按式（3-5）进行曲率计算，得到不同 z'_M 值对应 M'_T 值标准偏差与 z'_M 值变化关系多项式曲线的曲率，寻找曲率最大值点对应的 z'_M 值即为所求。由于 z'_M 的步长是人为设置的，可以设置步长小到保证曲率计算精度。各类食品成熟测定中的 CT-z'_M 变化见图 3-5。

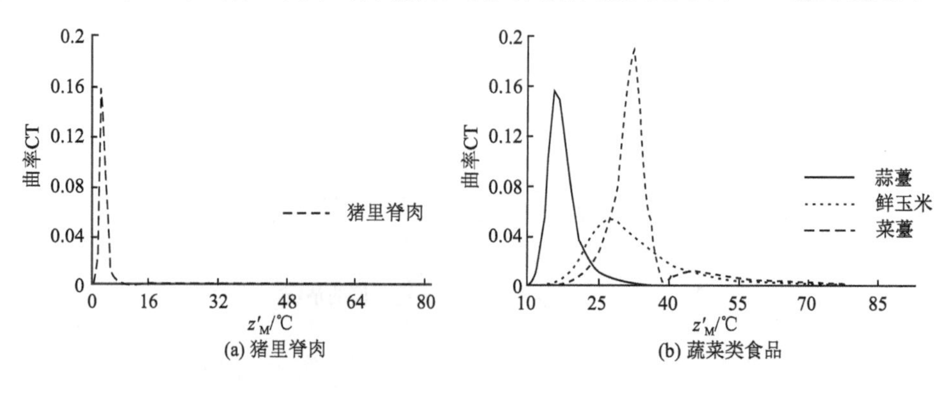

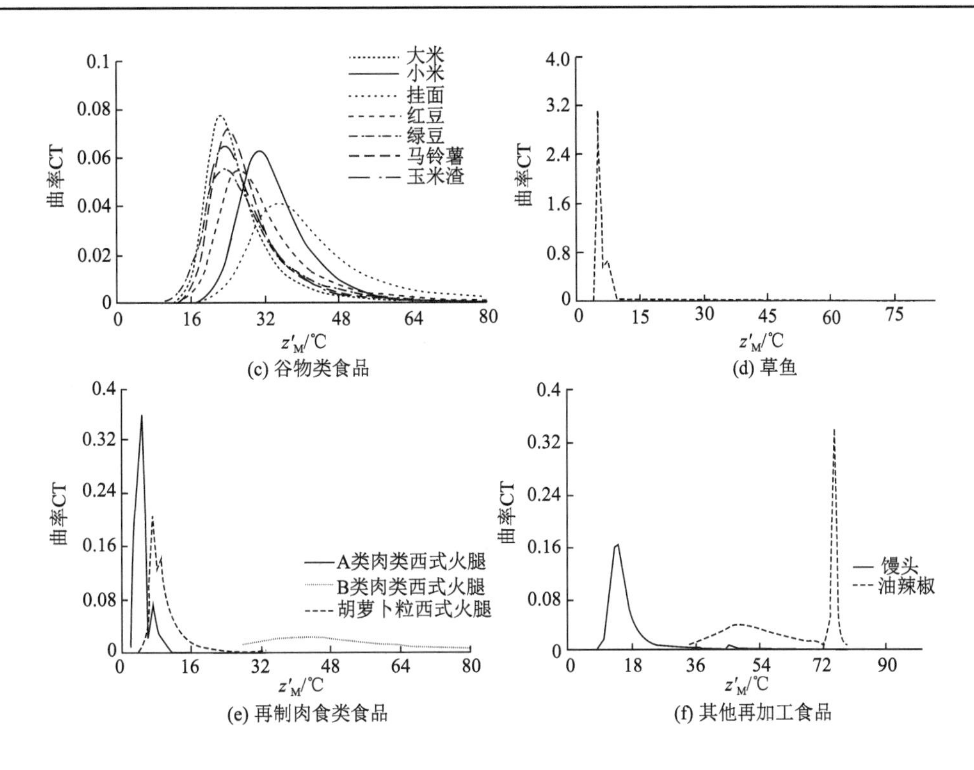

图 3-5　各类食品 CT-z'_M 曲率变化

此算法在谷物成熟值测定应用中也取得了有规律的计算结果（石宇，2020），参见图 3-5（c）。但在应用中发现如下问题。

（1）在将该法应用于明显出现曲率最小值的猪里脊肉、蒜薹和草鱼等食材时，发现测定得到的 z_M 值偏小。例如，最小值法猪里脊肉测得的 z_M= 10℃，而 σ 最大曲率法测得值为 z_M= 4℃。

（2）在应用中发现，计算时 z'_M 取值的范围对曲率计算结果有影响。这是计算中使用的三次样条插值法的数值依赖性造成的。由于曲率计算必须对 σ-z'_M 的散点数据进行一阶和二阶微分，必须通过数值方法完成，即使换用其他数值方法，这一问题仍有可能存在。而不同食材的 z'_M 的取值范围可能差别较大。

（3）在一些情况下，尤其是在标准差比 z_M 值小 1～2 个数量级的情况下，最大曲率值点并未反映真实的转折点。

（4）σ-z'_M 最大曲率与 CV-z'_M 最大曲率多数时候是不同的。

3. 变异系数变率定值法（CV 变率定值法）

为解决 σ 最大曲率法的难题，随后发展了变异系数变率定值法，即计算变异系数随 z'_M 值发生变化的变化率，当其达到 0.05 设定值时，认为 CV-z'_M 曲线进入合适的转折点，该点对应的 z'_M 值即为目标值。

变异系数变率 V_{CV} 的计算公式如下：

$$V_{\mathrm{CV}}=\frac{\mathrm{CV}_{i+1}-\mathrm{CV}}{\mathrm{CV}_i z'_{\mathrm{M\ step}}} \tag{3-6}$$

式中：V_{CV}是变异系数变率，℃$^{-1}$；CV_{i+1}是第 i+1 个 z'_{M}值计算得到的差异条件下的多个 $\mathrm{AM}'_{\mathrm{T}}$值的变异系数，min；$\mathrm{CV}_i$是第 i 个 z_{M}值计算得到的差异条件下的多个 $\mathrm{AM}'_{\mathrm{T}}$值的变异系数，min；$i$是设定的 z'_{M}值序列中的序号；$z'_{\mathrm{M\ step}}$是设定的 z'_{M}值序列的步长，℃。

CV 变率反映了 CV 曲线在 z'_{M}值点的变化率并考虑了 z'_{M}步长的影响，能够真实反映 CV 的变化情况。所有试验 $z'_{\mathrm{M\ step}}$ 设定为 0.1 min。容易通过 MATLAB 编程计算 V_{CV}= 0.05 时对应的 z'_{M} 值。由成熟差异试验的温度历史数据计算 z_{M}值及 M_{T}值的计算程序见附录四。变异系数变率定值法以同一套算法程序对 CV-z'_{M}曲线出现 U 形和 L 形的情况都可以计算得到 z_{M}值。

对于 U 形 CV-z'_{M}曲线，标准差变率值在 σ 最小值点由正到负，V_{CV}-z'_{M}曲线会呈现一段接近竖直的曲线，V_{CV}= 0.05 直线必定与 V_{CV}-z'_{M} 曲线相交，因此只要 σ 出现最小值，合理 z_{M}必定出现在 V_{CV}= 0.05 与 V_{CV}-z'_{M}曲线的交点中，即 σ 变率定值法一定可以得到标准差最小值法及变异系数最小值法近同的 z'_{M}计算结果，这种情况见图 3-6。

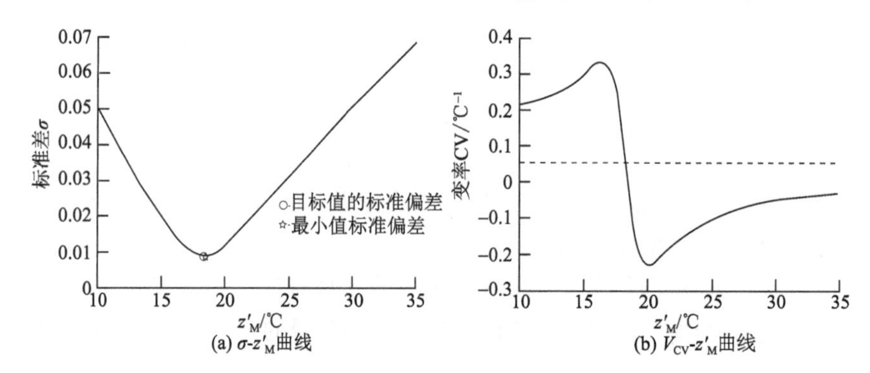

(a) σ-z'_{M}曲线　(b) V_{CV}-z'_{M}曲线

图 3-6　挂糊虾成熟值测量的 σ-z'_{M} 曲线及 V_{CV}-z'_{M} 曲线

对于 L 形 CV-z'_{M}曲线，V_{CV}= 0.05 直线与 V_{CV}-z'_{M}曲线的交点对应的为目标值，见图 3-7（b）。成熟后品质变化不大的食材，在 z'_{M}值较大范围内 σ 都较小。显然，刚刚达

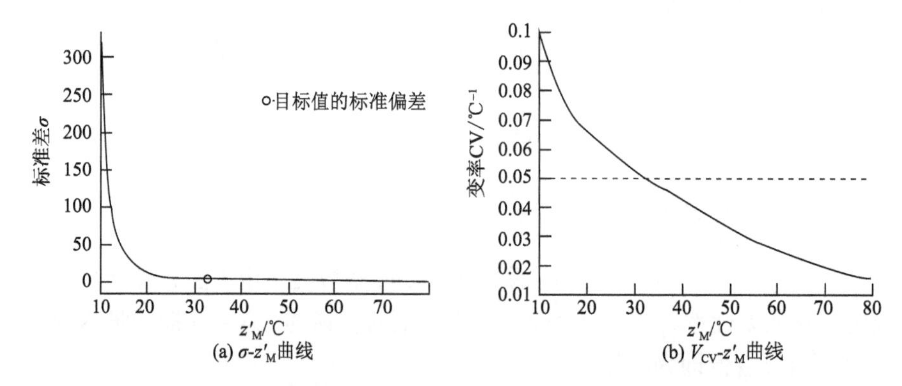

(a) σ-z'_{M}曲线　(b) V_{CV}-z'_{M}曲线

图 3-7　油传热马铃薯成熟值测量的 σ-z'_{M} 曲线及 V_{CV}-z'_{M} 曲线

到较小 σ 的 z'_M 值是合理的数值。而 V_{CV}= 0.05 的设定值是根据大量的成熟测定数据，综合平衡确定的。应用后取得了较好的数据结果，CV 变率定值法普适于所有食材的成熟值测定。

有时由于数值计算的波动，可能在明显不合理区间出现 V_{CV}= 0.05 的 z'_M 值，可通过调整假设 z'_M 值的范围筛除掉不合理的数据。

3.2　成熟值的首次测量——猪里脊肉成熟值的测量

肉类是人类的主要食物之一，通常必须加热熟食，且食用品质和烹饪成熟度高度相关。猪里脊肉具有块形大、颜色均匀、质地细腻、品质适中的性质与特点，适用于肉类成熟研究（Lawrie and Ledward，2006；Omana et al.，2014；Kim et al.，2013）。本节数据主要来自文献（闫勇等，2014；Li et al.，2017）。由于以猪里脊肉开展了成熟值的首次测量，下文较详细介绍试验的过程与结果。

3.2.1　测量方法

应用同时测量 M_T 和 z_M 的假设试算法，按 3.1.2 节的步骤 1～步骤 6 开展测定，具体流程如图 3-8 所示。一些试验细节补充说明如下。

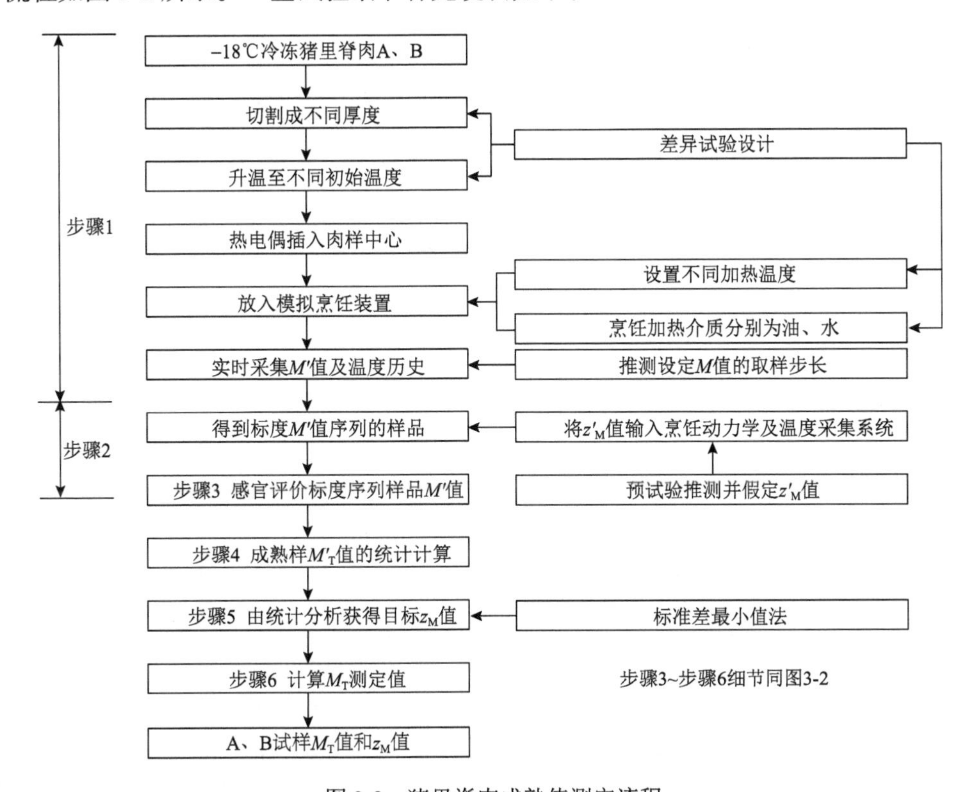

图 3-8　猪里脊肉成熟值测定流程

1. 试样准备

试验中选择外观色泽有明显区别的 A 和 B 两种猪里脊肉为试样。相比于 B 试样，A 试样偏红，预试验发现它相对不易成熟。将上述试样装于不同密封袋内，于 −18℃冷冻备用。试验前，将试样肉用切片机切片，准确控制厚度为 2.0 mm、4.0 mm 和 6.0 mm，长宽大于 20 mm。样品解冻到 15℃（除指定初始温度以外）。

按图 3-1 的半厚黏接法将采集系统热电偶置入肉片中心。

2. 差异试验设计

以不同加热介质温度、厚度、初始温度、形状和加热介质种类设计烹饪差异试验，具体差异试验条件见表 3-1 第二栏。

表 3-1　差异试验条件下肉样品的感官评价结果和平均 M_T 值

试样	差异试验条件		品质因子	选择试验	取样点 $M_{T70℃}$/min							AM_T	差异试验 AM_T	试样 M_T
					0.1	0.2	0.3	0.4	0.5	0.6	0.7			
A	油温（肉片厚度 4 mm，初温 15℃）	90℃	颜色	选择次数	—	—	0	0	10	0	0	0.50	0.50	0.50
			气味		—	—	0	0	9	1	0	0.51		
			口感		—	—	0	2	7	1	0	0.49		
		120℃	颜色		—	—	0	0	10	0	0	0.50		
			气味		—	—	0	2	7	1	0	0.49		
			口感		—	—	0	2	6	2	0	0.50		
		150℃	颜色		—	—	0	0	10	0	0	0.50		
			气味		—	—	0	0	8	2	0	0.52		
			口感		—	—	0	0	8	2	0	0.52		
	厚度（油温 120℃，初温 15℃）	2 mm	颜色	选择次数	—	—	0	0	10	0	0	0.50	0.50	
			气味		—	—	0	2	6	2	0	0.50		
			口感		—	—	0	1	7	2	0	0.51		
		4 mm	颜色		—	—	0	0	10	0	0	0.50		
			气味		—	—	0	2	7	1	0	0.49		
			口感		—	—	0	2	6	2	0	0.50		
		6 mm	颜色		—	—	0	0	7	3	0	0.53		
			气味		—	—	0	1	7	2	0	0.51		
			口感		—	—	0	1	8	1	0	0.50		
	初始温度（肉片厚度 4 mm，油温 120℃）	10℃	颜色	选择次数	—	—	0	0	10	0	0	0.50	0.50	
			气味		—	—	0	1	8	1	0	0.50		
			口感		—	—	0	2	8	0	0	0.48		

续表

试样	差异试验条件		品质因子	选择试验	取样点 $M_{T70℃}$/min							AM_T	差异试验 AM_T	试样 M_T
					0.1	0.2	0.3	0.4	0.5	0.6	0.7			
A	初始温度（肉片厚度4 mm，油温120℃）	15℃	颜色	选择次数	—	—	0	0	10	0	0	0.50	0.50	0.50
			气味		—	—	0	2	7	1	0	0.49		
			口感		—	—	0	2	6	2	0	0.50		
		20℃	颜色		—	—	0	0	10	0	0	0.50		
			气味		—	—	0	0	8	2	0	0.52		
			口感		—	—	0	1	8	1	0	0.50		
	形状（油温120℃，初温15℃）	条状（厚度4 mm）	颜色	选择次数	—	—	0	0	9	1	0	0.51	0.51	
			气味		—	—	0	0	9	1	0	0.51		
			口感		—	—	0	0	7	3	0	0.53		
		块状（边长4 mm）	颜色		—	—	0	0	10	0	0	0.50		
			气味		—	—	0	2	7	1	0	0.49		
			口感		—	—	0	2	6	2	0	0.50		
A	加热介质（肉片厚度4 mm，初温15℃）	水（水温96.7℃）	颜色	选择次数	—	—	0	1	9	0	0	0.49	0.50	
			气味		—	—	0	2	6	2	0	0.50		
			口感		—	—	0	1	8	1	0	0.50		
		油（油温120℃）	颜色		—	—	0	0	10	0	0	0.50		
			气味		—	—	0	2	7	1	0	0.49		
			口感		—	—	0	2	6	2	0	0.50		
B	油温（肉片厚度4 mm，初温15℃）	90℃	颜色	选择次数	0	0	10	0	0	/	/	0.30	0.31	0.31
			气味		0	0	8	2	0	/	/	0.32		
			口感		0	0	9	1	0	/	/	0.31		
		120℃	颜色		0	0	10	0	0	/	/	0.30		
			气味		0	0	9	1	0	/	/	0.31		
			口感		0	0	8	2	0	/	/	0.32		
		150℃	颜色		0	0	10	0	0	/	/	0.30		
			气味		0	0	8	2	0	/	/	0.32		
			口感		0	0	8	2	0	/	/	0.32		

注：本试验 $z'_M=z_M=10$℃。表中“—”为未测定无数值。

3. 预试验

根据文献（邓力，2013）推测，初步假定 z'_M 值范围为 5～10℃。在烹饪传热学及动力学采集分析系统设定 z'_M 为 5℃、7℃和 10℃。由于猪肉达到卫生安全的温度为70℃，且该温度下成熟值数值大小合适，设定采集分析系统参考温度为 T_{ref}= 70℃。预试验结果发现：z'_M 为 5℃、7℃时，感官分析中成熟点上的样品的 $M'_{T70℃}$差别较大，而 z'_M为 10℃时，成熟值基本稳定，选择 z'_M 为 10℃。

4. 成熟值标度样的取样

将肉片放入第一代油炒模拟装置的恒温油浴槽模拟烹饪，M'值接近设定值后，将肉样迅速从油浴中取出并置于 0℃冷水中冷却，此时成熟值的增加减缓，采集仪所显示数据最终稳定到设定 M'值。M'值满足要求时保留样品，否则丢弃样品，重复上述步骤完成所有设定 M'值的样品取样，完成成熟值的标度。

5. 感官评价

1）区别检验

加热过程中肉的成熟程度可以通过色、香、味进行判断，所以以颜色、光泽、口感作为感官分析的品质因子。由 10 名专业品评员对各品质因子根据表 3-2 感官评价指令开展感官评价。品评员选自贵州大学酿酒与食品工程学院的学生，其通过了肉制品感官评价的基本培训（Kemp，2013）。感官评价在学院感官评价实验室进行。评价颜色和气味时将肉片从中心黏合处分开，根据断面品质选择成熟样，评价口感时对于较厚样品则切割去掉肉样两侧，品尝中心部位。采用 n 项必选法，以及对一种成熟品质因子只从不同 M 值标度的样品挑选出一个认为是成熟的样品。

表 3-2　成熟程度的感官评价指令

品质因子		颜色	光泽	口感	
				风味	咀嚼感
程度	生	红	血红	不好	咀嚼感差
	五成熟	粉红	微带血色	稍好	稍好
	熟	灰	褐变	特有香味	良好
	过熟	棕	不良色泽	焦煳味	软化严重

2）测定品质因子权重

将品质因子的总分定义为 1.00 分，并由 5 位食品专家对各品质因子的得分进行评价，得到各人的颜色、光泽和口感评级的权重，平均值为 0.36、0.28 和 0.36。

6. z_M 值确定的统计偏差算法

采用标准差最小值法。z'_M序列范围设置为 5～13℃，步长为 1℃。

7. 显著性分析

基于 t 检验中的独立样本检验法采用 SPSS 19.0 分析不同品质因子之间的 M'_T、差异试验之间的 AM'_T 和 A、B 试样之间的 AM'_T 数据是否具有显著性差异，判断 M_T 和 AM_T 是否稳定。

3.2.2　测定结果

A、B 试样的所有差异试验均测量温度历史和计算 M 值。图 3-9 为不同油温下 4 mm 猪里脊肉肉片 A 的成熟样中心温度历史及其成熟值趋势，其他数据略。

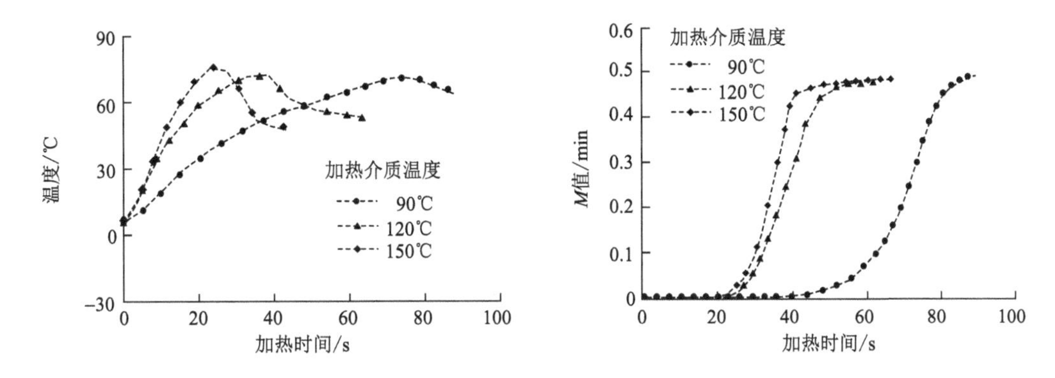

图 3-9　不同油温下 4mm 猪里脊肉 A 的成熟样中心温度和成熟值

各差异试验条件下的感官评价结果、AM_T 和 M_T 值计算结果见表 3-1 最后三栏。各差异试验以标准差/变异系数最小值法获得目标 z_M 值计算结果，见表 3-3。

表 3-3　各差异试验目标 z_M 值统计计算结果

材料	差异试验条件		结果	z_M'/℃					
				5	7	9	10	11	13
A	厚度	2 mm	M_T 值	1.11	0.64	0.49	0.47	0.43	0.40
		4 mm		1.23	0.69	0.52	0.48	0.45	0.41
		6 mm		0.81	0.59	0.52	0.50	0.49	0.48
			σ	0.22	0.05	0.02	0.02	0.03	0.04
			CV	0.21	0.08	0.03	0.03	0.07	0.10
	初始温度	10℃	M_T 值	0.94	0.63	0.53	0.51	0.49	0.48
		15℃		1.23	0.69	0.52	0.48	0.45	0.41
		20℃		1.00	0.64	0.52	0.49	0.47	0.45
			σ	0.16	0.04	0.01	0.01	0.02	0.03
			CV	0.15	0.04	0.01	0.01	0.02	0.03
B	油温	90℃	M_T 值	0.18	0.23	0.27	0.29	0.31	0.35
		120℃		0.36	0.31	0.31	0.31	0.31	0.32
		150℃		0.29	0.29	0.30	0.30	0.31	0.32
			σ	0.09	0.05	0.02	0.01	0.00	0.02
			CV	0.33	0.16	0.06	0.03	0.00	0.05

图 3-10 为不同 z'_M 值下差异试验 $M_{T70℃}$的变异系数。图 3-11 为不同 z'_M 值下差异试验 $M_{T70℃}$的标准偏差。

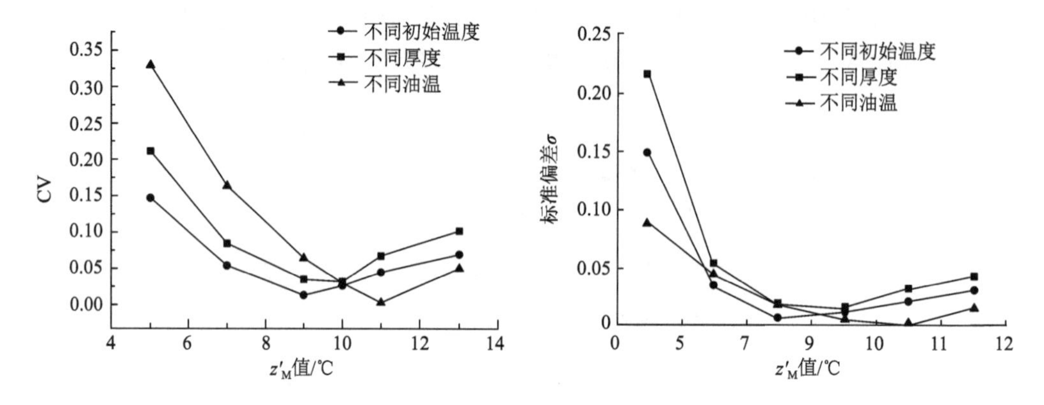

图 3-10　不同 z'_M 值下差异试验 $M_{T70℃}$的变异系数　图 3-11　不同 z'_M 值下差异试验 $M_{T70℃}$的标准偏差

由表 3-1、图 3-10 和图 3-11 可知，对猪里脊肉的 3 个成熟品质因子，在 z'_M 值分别为 9℃、10℃和 11℃时，相应终点成熟值的变异系数及标准偏差最小，平均后得到 z_M 值的总体平均值为 10℃。终点成熟值测定的感官评价结果与计算过程和结果见表 3-1，测定得到 A、B 两试样的终点成熟值分别为 0.5 min、0.31 min。

3.2.3　采用变异系数定值法再次测定

上述试验开展于 2012～2013 年。在变异系数定值法成熟后，2022 年再次开展了试验。

1. 方法的改进

基准试样采用 4 cm × 4 cm × 0.6 cm（长 × 宽 × 厚）猪里脊肉，试样色泽接近前次试验试样 A，初温 15℃。简化差异试验，仅保留温度差异，差异试验设计见表 3-4 第一行。除在计算 z'_M 值时采用 CV 变率定值法外，其他方法同上。

表 3-4　猪里脊肉成熟感官评价及终点成熟值、平均综合终点成熟值、总体综合终点成熟值计算结果

100℃					120℃					140℃				
成熟值 M'	成熟值 M	成熟样选择人次			成熟值 M'	成熟值 M	成熟样选择人次			成熟值 M'	成熟值 M	成熟样选择人次		
z'_M=10℃	z_M=10℃	颜色	口感	气味	z'_M=10℃	z_M=10℃	颜色	口感	气味	z'_M=10℃	z_M=10℃	颜色	口感	气味
0.21	0.22	0	0	0	0.22	0.22	0	0	0	0.23	0.23	0	0	0
0.29	0.30	0	0	0	0.27	0.28	0	0	0	0.33	0.32	0	0	0
0.40	0.40	2	1	2	0.41	0.41	1	3	2	0.40	0.43	0	0	2

续表

100℃					120℃					140℃				
成熟值 M'	成熟值 M	成熟样选择人次			成熟值 M'	成熟值 M	成熟样选择人次			成熟值 M'	成熟值 M	成熟样选择人次		
z'_M=10℃	z_M=10℃	颜色	口感	气味	z'_M=10℃	z_M=10℃	颜色	口感	气味	z'_M=10℃	z_M=10℃	颜色	口感	气味
0.50	0.51	6	5	6	0.50	0.50	8	5	6	0.51	0.51	7	8	6
0.62	0.62	2	4	2	0.59	0.59	1	2	2	0.62	0.62	3	2	2
0.72	0.72	0	0	0	0.68	0.68	0	0	0	0.70	0.67	0	0	0
M_T/min		0.51	0.54	0.51			0.50	0.49	0.50			0.54	20.53	0.52
AM_T/min			0.52					0.50					0.53	
z'_M/℃							10							
总体 AM_T/min							0.52							

注：M'、z'_M 表示假设值。

2. 测定结果

差异试验条件下所有标度 M 值试样的温度历史和成熟值 M 变化分别见图 3-12 和图 3-13。终点成熟值 AM_T 和 z'_M 值的测定及计算如图 3-14 所示。感官评价结果、AM_T 和 M_T 值计算结果如表 3-4 所示。测定结果为：z_M =10℃，AM_T =0.52 min。与前次测定结果基本一致。

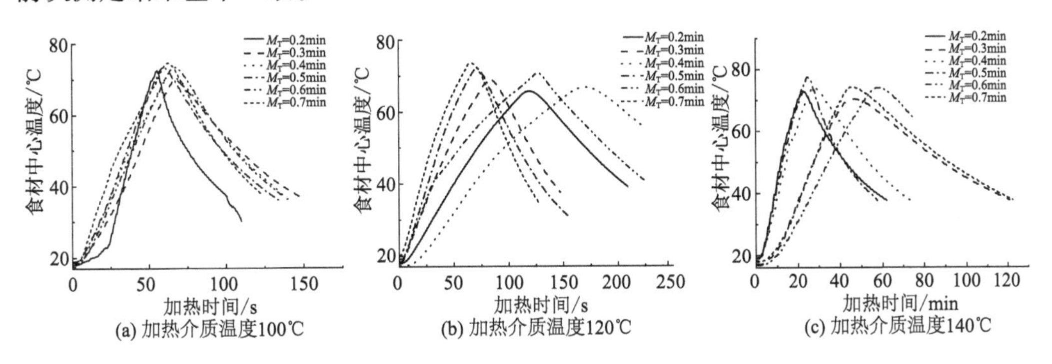

图 3-12　不同油温下标度 M 值猪里脊肉样品的中心温度历史

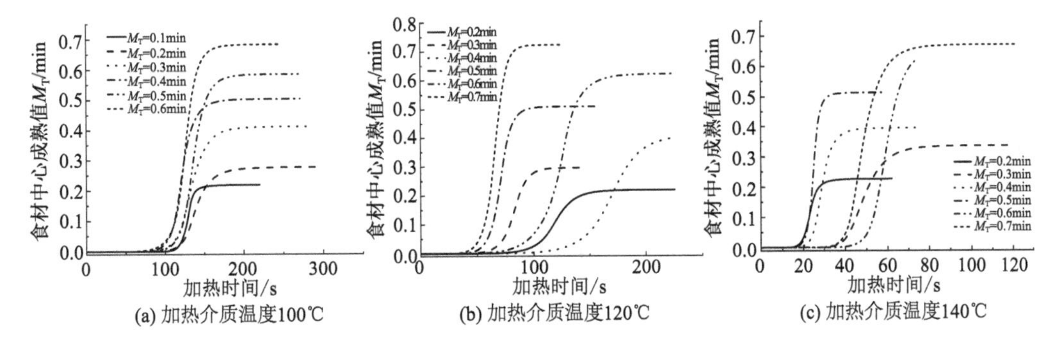

图 3-13　不同油温下标度 M 值猪里脊肉 M 值曲线（图例 M_T 为加热结束标度的 M 值）

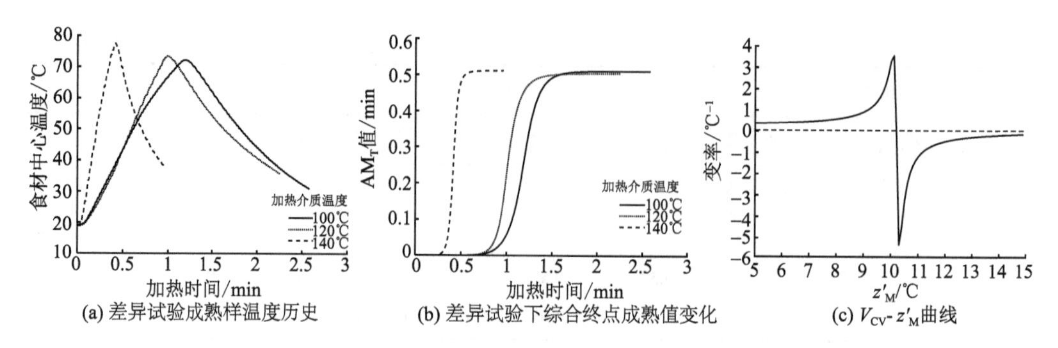

图 3-14　猪里脊肉成熟值测定的成熟样温度历史、综合终点成熟值变化及 V_{CV}-z'_M 曲线

3. z'_M 计算原理展示

上例计算了序列 z'_M 与 AM'_T 的关系，结果如图 3-15 所示。由图可看到 AM'_T 值随假设 z'_M 变化，在差异试验的 AM'_T 曲线相互最接近时的 z'_M 值为目标 z_M 值，目标 z_M 值对应目标 M_T 值。差异试验统计分析 AM'_T 统计偏差的目的就是找到这个最接近点，以确定目标 z_M 值和 M_T 值。

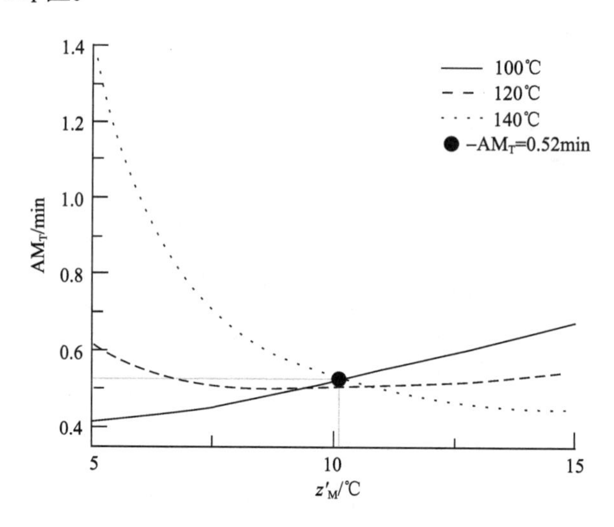

图 3-15　差异试验条件下 AM_T-z'_M 曲线

3.2.4　AM_T 的影响因素分析及成熟值原理验证

1. AM_T 的影响因素

据 3.2.2 节试验结果，不同品质因子之间的 M_T、不同差异试验之间的 AM_T 及 A 试样和 B 试样之间的 AM_T 的显著性差异分析如表 3-5 所示。结果表明，不同的品质因子对 M_T 无显著性影响，不同试验条件对 AM_T 无显著性影响，但不同试样对 AM_T 有显著性影响。

表 3-5　M_T 与 AM_T 的差异分析

比较参数	比较对象	P 值	显著性
$M_{T70℃}$	颜色和气味	0.85	不显著
	气味和口感	0.87	
	颜色和口感	1.00	
$AM_{T70℃}$	初始温度和介质种类	0.85	不显著
	油温和初始油温	0.53	
	油温和形状	0.71	
	油温和加热介质	0.39	
	初始油温和加热介质	0.69	
	厚度和介质种类	0.74	
	厚度和初始油温	0.60	
	初始油温和形状	0.42	
	形状和介质种类	0.48	
	厚度和形状	0.65	
	A 材料和 B 材料	0.00	显著

2. 成熟值原理验证

1）对 2.4.5 节（2）推论一的验证

测得的全部 AM_T 数值为 0.30～0.52 min，A 肉样的 AM_T 为 0.48～0.52 min，B 肉样的 AM_T 为 0.30～0.32 min，由于猪里脊肉在 100℃下经历 1 min 时该值可达 1000 min，说明数据范围极小，终点成熟值数值稳定。油传热猪里脊肉的烹饪终点成熟值存在且稳定，给出了推论一的实验证据。

2）对 2.4.5 节（2）推论二及推论三的验证

表 3-5 结果表明 AM_T 不受油温、厚度、初始温度、形状和加热介质种类的影响，说明 M_T 及 z_M 具有独立性。

需要指出的是，由于本节试验假设 z'_M 和测得 z_M 相同，计算过程中的 M_T 和 AM_T 未加标"′"。

3.3　畜肉成熟值的对比及影响因素分析

3.2 节证实了猪里脊肉终点成熟值存在且稳定，本节考察不同畜类、畜种和部位对终点成熟值的影响。本节数据主要来自文献（李文馨，2015）。

3.3.1 目标及方法

1. 目标

基于成熟值原理，以不同畜类、畜种和部位肉样为对象，以颜色、气味和口感等品质因子测定终点成熟值，研究影响终点成熟值的因素，从而判断不同原料、不同部位对终点成熟值的影响，并研究终点成熟值与原料组分之间的关系。试验对象包括：长白猪、贵州黄牛、贵州黑山羊、南阳黄牛、藏牦牛不同部位的肉。

2. 方法

1）试验流程

采用 3.1.3 节已知 z_M 值测定 M_T 方法，流程见图 3-16。

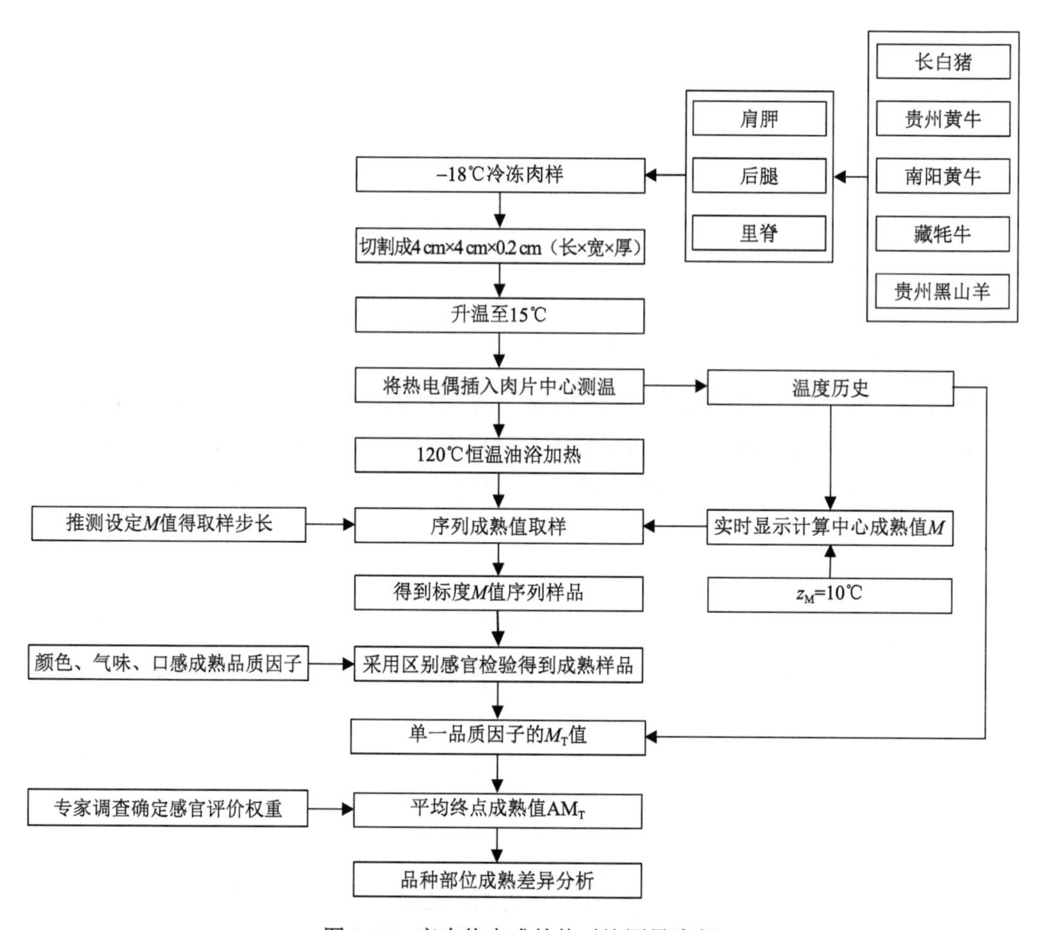

图 3-16　畜肉终点成熟值对比测量流程

在预试验中，用温度差异试验测定不同畜肉典型肉样的 z_M 值均在 9～11℃，因此，所有肉样 z_M 值统一采用 10℃。

2）感官评价

方法同 3.2.1 节“5.感官评价”。

3）原料成分测定

（1）水分含量测定：采用卤素水分测定仪测定。选取 3 个样品进行测量并求其平均值。

（2）不同状态水分比例测定：通过 NMI20-Analyst 核磁共振成像分析仪测定 T2 弛豫时间，确定不同状态水分比例。每份样品均准确称质量 2 g ± 0.01 g，重复 3 次。

（3）脂肪含量测定：索氏抽提法测定。

（4）蛋白质含量测定：考马斯亮蓝法测定。

4）统计分析

对不同种类、部位肉的 M_T 进行显著性 t 检验。

3.3.2　不同畜肉的 M_T 的对比测量

1. 测定结果

（1）长白猪不同部位的感官评价结果及终点成熟值，见表 3-6。

表 3-6　长白猪不同部位的感官评价结果及终点成熟值

成熟值 M（z_M=10℃）	前腿			里脊			后腿		
	成熟样选择人次			成熟样选择人次			成熟样选择人次		
	颜色	气味	口感	颜色	气味	口感	颜色	气味	口感
0.10	0	0	0	0	0	0	0	0	0
0.20	1	1	1	1	0	0	0	1	0
0.30	0	0	0	1	1	1	0	0	0
0.40	1	2	3	6	5	4	6	6	5
0.50	6	7	3	2	4	4	2	1	3
0.60	2	0	2	0	0	1	1	2	1
0.70	0	0	0	0	0	0	1	0	1
M_T/min	0.48	0.45	0.41	0.39	0.43	0.45	0.47	0.43	0.48
AM_T/min		0.46			0.42			0.46	

（2）贵州黄牛不同部位的感官评价结果及终点成熟值，见表 3-7。

表 3-7　贵州黄牛不同部位的感官评价结果及终点成熟值

成熟值 M（z_M=10℃）	肩胛			里脊			后腿		
	成熟样选择人次			成熟样选择人次			成熟样选择人次		
	颜色	气味	口感	颜色	气味	口感	颜色	气味	口感
0.10	0	0	0	0	0	0	0	0	0
0.20	0	0	0	0	0	0	1	1	1
0.30	0	0	0	0	0	0	6	5	4
0.40	0	0	0	1	1	0	2	3	3
0.50	0	0	0	4	3	4	1	0	2
0.60	3	3	2	2	3	3	0	1	0
0.70	5	4	5	3	3	3	0	0	0
0.80	2	3	2	0	3	0	0	0	0
0.90	0	0	1	0	0	0	0	0	0
1.00	0	0	0	0	0	0	0	0	0
M_T/min	0.69	0.70	0.72	0.57	0.58	0.59	0.33	0.35	0.36
AM_T/min		0.70			0.58			0.35	

（3）不同品种牛后腿肉的感官评价结果及终点成熟值，见表 3-8。

表 3-8　不同品种牛后腿肉的感官评价结果及终点成熟值

成熟值 M（z_M=10℃）	贵州黄牛			藏牦牛			南阳黄牛		
	成熟样选择人次			成熟样选择人次			成熟样选择人次		
	颜色	气味	口感	颜色	气味	口感	颜色	气味	口感
0.10	0	0	0	0	0	0	0	0	0
0.20	1	1	1	0	0	0	0	0	0
0.30	6	5	4	0	0	0	0	0	0
0.40	2	3	3	0	0	0	0	0	0
0.50	1	0	2	5	5	4	3	2	2
0.60	0	1	0	1	2	2	7	7	6
0.70	0	0	0	4	2	4	0	1	2
0.80	0	0	0	0	1	0	0	0	0
0.90	0	0	0	0	0	0	0	0	0
1.00	0	0	0	0	0	0	0	0	0
$M_{T70℃}$/min	0.33	0.35	0.36	0.59	0.59	0.60	0.57	0.59	0.60
$AM_{T70℃}$/min		0.35			0.60			0.59	

（4）不同种类后腿肉感官评价结果及终点成熟值，见表 3-9。

表 3-9　不同种类后腿肉感官评价结果及终点成熟值

成熟值 M（z_M=10℃）	长白猪			贵州黄牛			贵州黑山羊		
	成熟样选择人次			成熟样选择人次			成熟样选择人次		
	颜色	气味	口感	颜色	气味	口感	颜色	气味	口感
0.10	0	0	0	0	0	0	0	0	0
0.20	0	1	0	1	1	1	0	0	0
0.30	0	0	0	6	5	4	0	0	0
0.40	6	6	5	2	3	3	0	0	0
0.50	2	1	3	1	0	2	0	1	1
0.60	1	2	1	0	1	0	0	0	0
0.70	1	0	1	0	0	0	4	1	3
0.80	0	0	0	0	0	0	0	5	1
0.90	0	0	0	0	0	0	4	3	3
1.00	0	0	0	0	0	0	2	0	2
$M_{T70℃}$/min	0.47	0.43	0.48	0.33	0.35	0.36	0.84	0.79	0.81
$AM_{T70℃}$/min	0.46			0.35			0.82		

2. 差异性分析

对不同品质因子、种类、品种、部位的肉类之间的 AM_T 的显著性进行 t 检验，检验结果如表 3-10 所示。由表 3-10 可见，长白猪的前腿、里脊和后腿之间差异不显著，说明长白猪的不同部位对 AM_T 没有影响；对于贵州黄牛不同部位而言，差异极显著，说明贵州黄牛的不同部位对平均 AM_T 影响很大；对于不同品种牛的后腿肉而言，贵州黄牛和藏牦牛，贵州黄牛和南阳黄牛 AM_T 差异极显著，藏牦牛和南阳黄牛差异不显著，说明对于相同部位不同品种可能影响 AM_T；对于不同种类肉的后腿肉而言，差异极显著，说明肉的不同种类 AM_T 差异极显著。

表 3-10　AM_T 数据的差异性分析

比较项	不同条件参数	P 值	显著差异
长白猪不同部位	前腿-后腿	0.627	不显著
	前腿-里脊	0.434	
	后腿-里脊	0.191	
贵州黄牛不同部位	肩胛-后腿	0.000	极显著
	肩胛-里脊	0.000	
	后腿-里脊	0.000	

续表

比较项	不同条件参数	P 值	显著差异
不同品种牛的后腿肉	贵州黄牛-藏牦牛	0.000	极显著
	贵州黄牛-南阳黄牛	0.000	
	藏牦牛-南阳黄牛	0.519	不显著
不同种类肉的后腿肉	长白猪-贵州黄牛	0.003	极显著
	长白猪-贵州黑山羊	0.000	
	贵州黄牛-贵州黑山羊	0.000	

3.3.3　AM_T 与食材组分的关系

水分含量，结合水、束缚水、自由水比例，脂肪、蛋白质含量的检测结果和相关性分析如表 3-11 所示。平均终点成熟值和气味口感终点成熟值与蛋白质含量呈显著负相关，与束缚水比例和脂肪含量呈负相关，与其余食材成分含量呈正相关，但相关性不显著。颜色终点成熟值与束缚水比例、脂肪含量和蛋白质含量呈负相关，与其他成分呈正相关，但相关性均较弱。总体上成熟与蛋白质含量相关性较大，说明蛋白质是肉类成熟的控制性组分。

表 3-11　终点成熟值和各食材成分含量间的相关性

项目		水分含量	结合水比例	束缚水比例	自由水比例	脂肪含量	蛋白质含量
长白猪	前腿	66.88±3.00	1.47±0.24	97.94±0.39	0.59±0.45	6.76±0.07^{Aa}	25.66±0.36^{a}
	里脊	60.26±2.24	1.42±0.15	97.80±0.53	0.78±0.44	3.14±0.52^{Bb}	26.05±0.37^{a}
	后腿	63.55±4.97	1.47±0.08	97.61±0.47	0.92±0.43	3.07±0.11^{Bb}	24.34±0.82^{b}
贵州黄牛	肩胛	67.99±2.90	1.48±0.25	98.09±0.23^{a}	0.43±0.11^{b}	1.02±0.14^{Bb}	19.20±0.35^{Bb}
	里脊	66.91±1.79	1.56±0.07	96.89±0.61^{b}	1.55±0.54^{a}	2.60±0.34^{Aa}	21.69±0.53^{Aa}
	后腿	71.31±1.95	1.36±0.07	97.95±0.27^{a}	0.69±0.33^{b}	0.99±0.14^{Bb}	21.26±0.31^{Aa}
不同品种牛后腿	贵州黄牛	71.31±1.95^{Aa}	1.36±0.07^{Bb}	97.95±0.27^{Aa}	0.69±0.33^{Bb}	0.99±0.14^{Bb}	21.26±0.31^{Ab}
	藏牦牛	63.11±2.73^{Bb}	2.40±0.31^{Aa}	92.46±2.26^{Bb}	5.14±2.11^{Aa}	1.15±0.19^{ABb}	22.79±0.88^{Aa}
	南阳黄牛	70.34±1.83^{Aa}	2.34±0.48^{ABa}	95.13±0.75^{ABb}	2.52±0.55^{ABb}	1.92±0.45^{Aa}	18.41±0.47^{Bc}
不同种类后腿肉	长白猪	63.55±4.97^{Bb}	1.47±0.08^{Bb}	97.61±0.47	0.92±0.43^{a}	3.07±0.11^{Aa}	24.34±0.82^{Aa}
	贵州黄牛	71.31±1.95^{ABa}	1.36±0.07^{Bb}	97.95±0.27	0.69±0.33^{a}	0.99±0.14^{Bb}	21.26±0.31^{Bb}
	贵州黑山羊	73.96±1.84^{Aa}	1.72±0.07^{Aa}	98.22±0.12	0.06±0.04^{b}	0.78±0.14^{Bb}	18.47±0.80^{Cc}
$AM_{T70℃}$	Pearson 相关性	0.35	0.36	−0.09	0.02	−0.46	−0.70*
	显著性（双侧）	0.35	0.34	0.81	0.96	0.22	0.04
	N	9	9	9	9	9	9
颜色 $AM_{T70℃}$	Pearson 相关性	0.39	0.34	−0.07	0.00	−0.38	−0.66
	显著性（双侧）	0.30	0.37	0.86	1.00	0.31	0.06
	N	9	9	9	9	9	9

续表

项目		水分含量	结合水比例	束缚水比例	自由水比例	脂肪含量	蛋白质含量
气味 $AM_{T70℃}$	Pearson 相关性	0.32	0.38	−0.12	0.05	−0.46	−0.71*
	显著性（双侧）	0.40	0.31	0.76	0.90	0.22	0.03
	N	9	9	9	9	9	9
口感 $AM_{T70℃}$	Pearson 相关性	0.30	0.36	−0.11	0.04	−0.54	−0.72*
	显著性（双侧）	0.44	0.34	0.78	0.91	0.13	0.03
	N	9	9	9	9	9	9

注：食材组分之间差异的显著性分析见肩标：①表中测定数值均以平均值±标准差表示（n=3）；②同行数据肩标无字母或相同字母表示差异不显著（$P>0.05$），不同小写字母表示差异显著（$P<0.05$），不同大写字母表示差异极显著（$P<0.01$）。详见文献（李文馨，2015）。

*在 0.05 水平（双侧）上显著相关。

3.3.4　对成熟值原理的验证

（1）根据本节数据，测定得到的猪、牛、羊的不同品种和不同部位的畜肉的平均终点成熟值 AM_T 在 0.30～0.84 min。在实际烹饪中，M 值变化剧烈，在高温介质烹饪中可以在数秒内上升 1 个数量级。0.30～0.84 min 是一个狭窄的范围，说明畜肉的终点成熟值是稳定的。即使不同种类畜肉之间，终点成熟值也相对稳定。

（2）不同品种、不同部位的畜肉综合平均成熟值存在差异，符合 2.4.5 节“2.可验证的推论”推论二中终点成熟值受食材影响的判断，表明了终点成熟值具有原料依赖性。对于成熟，猪不同部位之间差异小，而牛不同部位之间差异大，不同畜肉之间差异大，符合一般烹饪经验，说明终点成熟值对烹饪有指导意义。

3.3.5　肉的成熟的复杂性

肉品在加热过程中发生了大量的物理化学变化，如汁液流失、蛋白质变性（包括肌原纤维蛋白、肌浆蛋白和结缔组织蛋白）、变色、剪切力（嫩度）变化、微观组织结构（肌纤维直径密度、肌内膜、肌束膜、肌节等）变化等。这些变化是肉品成熟的内因，是加热品质变化的品质因子。

1. 烹饪中肉品的水分变化机理

决定肌肉持水性能力的物质是肌肉中的结构蛋白质，主要是肌球蛋白，肌球蛋白数量的多少和存在状态对肌肉的持水性起关键作用。然而，保持肌肉中水的存留和维持相应蛋白质的结构作用力包括：毛细管张力，电荷的相互作用力。肌肉加热时会引起脱水，这是由于肌肉蛋白质因加热变性使保持水力降低，肌肉热收缩排出水分，肌肉脱水，导致肌肉重量的减少和体积收缩。在加热过程中肉重量的变化有两个较明显的阶段：一个在 45℃附近，一个在 65℃附近，且第一阶段的重量减少更快。

常使用核磁共振检测 T2 弛豫时间研究加热中肉的水分变化，以判断水分状态和分布。Bertram 等（2006）在猪肉煮制过程中进行 T2 检测和感官评定。研究发现：肌肉中心温度 62℃与 75℃的肉样水分分布有显著差异，而 T2 弛豫信息可预测感官特性，两者之间有较强的相关性。

2. 烹饪中蛋白质变性及肉品嫩度变化机理

加热会使肌肉蛋白中大量的氢键和静电力被破坏，球状蛋白展开，同时纤维状蛋白质结构松散，使得肌原纤维蛋白的溶解性增加，随着温度进一步升高，蛋白质表面的疏水作用力增加，蛋白质和蛋白质间因交联形成凝胶，使得其溶解性降低（Tornberg，2005）。

肌球蛋白是热稳定性最差的蛋白，一般在 40～60℃变性（Bendall and Restall，1983）；肌动蛋白是热稳定性最高的蛋白，开始变性温度为 71℃，到 83℃时完全变性（Gordon and Barbut，1992），这种变性会导致肉的剪切力值上升。Mutungi 等（1995）报道，猪肉背最长肌和髂肋肌的单根肌纤维的张力在 50℃以下变化很慢，到 80℃时变化极快。Tornberg（2005）认为牛肉在加热过程中维系蛋白质分子结构的共价键和非共价键断裂，使得蛋白质分子失去原来的结构。

肉在加热过程中肉质变硬，剪切力分三个阶段上升：第一阶段在 40～50℃，随着温度的升高肌浆蛋白质和肌原纤维蛋白逐渐失去高级结构，凝聚收缩，变性溶解，肌原纤维中的汁液缓慢排出胞外，其硬度不断增加，但没有发生明显收缩；第二阶段在 50～70℃，肌膜中的胶原蛋白纤维发生显著热收缩，肌纤维中汁液快速流出，而且该温度下的热收缩程度取决于肌膜的热稳定性（动物越老，胶原蛋白间的交联越多，肌膜热稳定性越大，因此收缩时产生的张力越大）；第三阶段在 70～80℃，肌内膜、肌束膜和肌外膜都发生热收缩，肌动球蛋白收缩和脱水，肌纤维直径变小，蒸煮损失增加；随着加热时间的延长，温度进一步升高到 90℃以上时，肌外膜、肌内膜和肌束膜中的胶原蛋白克服分子间力的束缚，逐渐溶解并凝胶化形成明胶，使肌肉的剪切力下降，肉质变软。

3. 品质变化的动力学综合后果

由上文可见，肉的加热变化中发生了大量的且不同温度阶段变化不同的化学和物理变化。而成熟品质变化是这些变化的后果。可以通过客观反应动力学准确测定单一变化的动力学参数，且可以肯定，这些动力学参数的数值是不同的。但在前面的研究中用一个综合的反应动力学参数 z_M 值来描述成熟品质变化，且取得了较为明确的结果。实际中，很多由大量复杂生物化学反应组成的总包反应通常符合一级反应动力学规律。例如，微生物加热致死包括了大量的蛋白质变性、酶失活、膜的通透性转变等变化，但微生物的致死却呈现一级反应动力学规律。

3.4 蔬菜成熟值的测定

蔬菜是人们日常饮食中必不可少的食物之一。中国人均蔬菜消费量居世界第一，高比例食用蔬菜是中式烹饪的特征之一。据联合国粮食及农业组织（简称联合国粮农组织）数据，人体必需的维生素 C 的 90%、维生素 A 的 60%来自蔬菜。蔬菜主要以煮、蒸、炒等方式进行烹饪处理，因此有必要研究蔬菜的油炒、煮制和蒸制成熟。

首个蔬菜成熟研究对象选择了蒜薹。蒜薹是世界范围内普遍食用的高档细菜，外形规整，容易通过色泽选择品质一致的样品，较适合于成熟研究。菜薹以肥嫩的茎部为食用部分，与蒜薹同为茎菜，但烹饪的加热强度明显不同，尝试开展对比测定。山药为根菜，也是全世界产量排名前十的一种粮食，其生鲜品品质特质与谷物差距很大而更接近蔬菜，在中国主要以蔬菜的形式食用，日常烹饪有蒸、煮、炒、炸等多种方式，在烹饪过程中具有从成熟到过热很长一段时间内品质变化不明显的特点，易导致加热过度，有必要对其开展成熟测定。马铃薯是全球第四大粮食作物，但其特质更接近蔬菜，在我国主要以蔬菜形式食用，选用产量较大和有特色的品种开展研究，并研究去皮对成熟的影响。甘蓝是一种叶菜，是中国重要蔬菜之一，与茎菜菜薹、根菜山药及马铃薯进行对比成熟测定。

3.4.1　测量方法

1. 测定流程

应用同时测量 M_T 和 z_M 的假设试算法，按 3.1.2 节的步骤 1～步骤 6 开展测定，具体流程如图 3-17 所示。试验细节补充说明见试验条件。

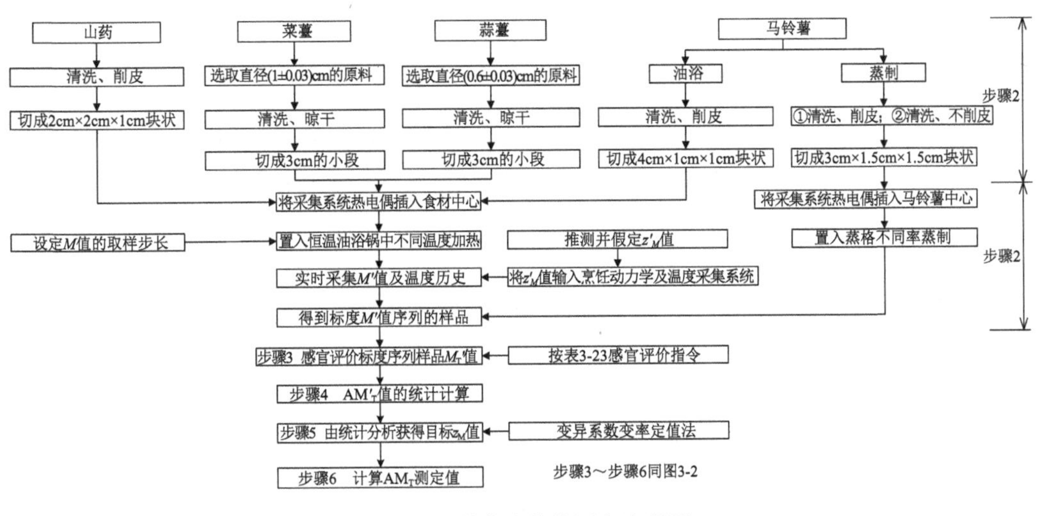

图 3-17　蔬菜成熟值测定流程图

2. 试验条件

蔬菜烹饪可以以水、油和汽为加热介质，即通常的煮、炒、蒸烹饪。其中，对马铃薯进行成熟值测定时，以油炒和蒸制分别开展试验，甘蓝以水为介质，其余都以油为介质。详见表 3-23 烹饪条件及测温方法一栏。

1）差异试验设计

差异试验尽量形成食材烹饪加热温度历史差异，一般通过流体传热介质温度不同形成差异，蒸制温度恒定，则采用不同功率加热，气流速度不同影响换热而形成差异，详见表 3-23 差异试验条件一栏。烹饪模拟及其参数选择参照 3.2.1 节。

2）预试验

（1）参考温度的选择：为了与肉的成熟比较，选择 T_{ref} =70℃为参考温度。马铃薯在油传热烹饪和蒸制过程中选用的是日常烹饪沸水的温度，如果参考温度为 100℃，AM_T 即为实际烹饪时间（不考虑非稳态传热），因此选 T_{ref} =100℃也有合理性。为便于阅读理解，在表 3-23 中补充计算 $AM_{T100℃}$。

（2）设定烹饪传热学及动力学采集分析系统的 z'_M 值按文献动力学参数值参考确定。

（3）成熟值标度样的取样：蔬菜成熟没有肉类快，单位时间内成熟变化较为稳定，选择成熟标度样品时，合理确定 M'_T 数值，且由此确定取样间隔时长。

3）温度测量

测温点取食材冷点，即食物的几何中心。蔬菜通常透明度较好，插入热电偶后，正交观察是否在中心。试验结束后，在测温点切断，观察是否在中心。出现偏离，则放弃数据，重做试验。

4）z_M 值的计算

蔬菜与肉类一样在成熟点的感官响应显著，其差异试验 AM'_T 值统计偏差的变化规律与肉类类似，通常会出现最小值。选用通用方法——变异系数变率定值法。

5）感官评价

感官评价品质因子选择、权重及感官评价指令见表 3-23。

3.4.2　蔬菜的成熟值测定结果

1. 蒜薹

蒜薹的成熟差异试验设计细节见表 3-23。表 3-12 为蒜薹成熟感官评价选择试验和 z_M、M_T、AM_T 计算结果，本次试验 z_M 值的假设值 z'_M 与测定值 z_M 不同，左侧第一栏为以假设 z'_M 值采集的成熟值 M'，第二栏为以测得 z_M 值计算的成熟值 M。底部几行为测定得到的 z_M 值、不同品质因子对应的终点成熟值 M_T、各差异试验的平均终点成熟值 AM_T 及总体平均 AM_T。

表 3-12　蒜薹成熟感官评价及终点成熟值、平均综合终点成熟值、总体综合终点成熟值计算结果（T_{ref}=70℃）

100℃					120℃					140℃				
成熟值 M'（z'_M=34℃）	成熟值 M（z_M=32℃）	成熟样选择人次			成熟值 M'（z'_M=34℃）	成熟值 M（z_M=32℃）	成熟样选择人次			成熟值 M'（z'_M=34℃）	成熟值 M（z_M=32℃）	成熟样选择人次		
		颜色	口感	气味			颜色	口感	气味			颜色	口感	气味
6.12	6.56	0	0	0	6.33	6.96	0	0	0	6.58	7.34	0	0	0
11.12	12.10	0	0	0	11.16	12.28	0	0	0	11.58	12.97	0	0	0
16.15	17.66	1	0	1	16.11	17.80	0	1	1	16.25	18.32	1	0	0
21.22	23.30	3	2	2	20.75	22.83	3	3	2	21.20	23.86	2	3	2
26.32	28.92	4	5	6	25.93	28.62	5	4	6	25.70	28.84	4	4	5
31.31	34.46	2	3	1	30.87	34.08	2	2	1	30.94	34.41	3	3	3
36.18	39.73	0	0	0	35.84	39.64	0	0	0	35.74	40.28	0	0	0
41.16	45.30	0	0	0	40.71	45.01	0	0	0	40.70	45.85	0	0	0
46.19	50.89	0	0	0	45.74	50.52	0	0	0	45.71	51.52	0	0	0
51.15	56.43	0	0	0	50.57	55.88	0	0	0	50.70	57.13	0	0	0
M_T/min		27.22	29.46	27.22			27.98	26.89	26.93			28.46	29.02	29.52
AM_T/min			27.89					27.26					29.02	
z_M/℃							32							
总体 AM_T/min							28.06							

蒜薹成熟值测定的成熟样温度历史、综合终点成熟值变化及 V_{CV}-z'_M 曲线的关系见图 3-18。图 3-18（a）为差异试验条件下成熟样的温度历史，（b）为差异试验下综合终点成熟值变化，（c）为 V_{CV}-z'_M 曲线，与 V_{CV}=0.05 的交点对应的 z'_M 值为目标值 z_M，z_M=32℃。按 3.1.4 节“3.变异系数变率定值法（CV 变率定值法）”，由 V_{CV}-z'_M 曲线的趋势可见，差异试验的变异系数明显出现了最小值。

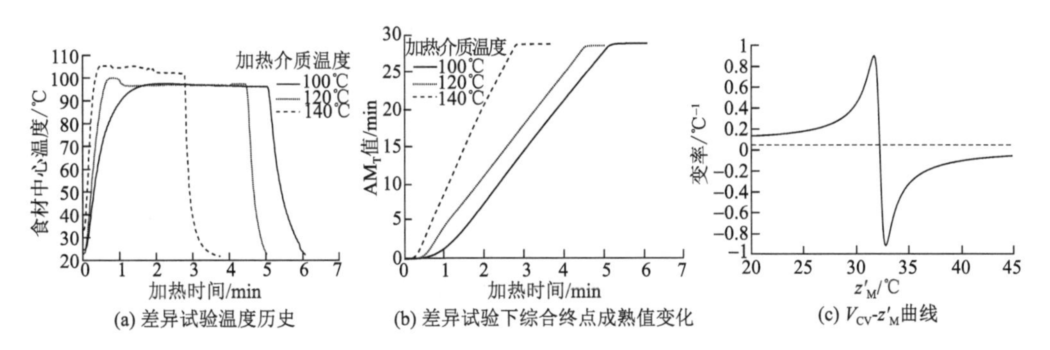

图 3-18　蒜薹成熟值测定的成熟样温度历史、综合终点成熟值变化及 V_{CV}- z'_M 曲线

2. 菜薹

菜薹的成熟差异试验设计细节见表 3-23。表 3-13 为菜薹成熟感官评价选择试验和 z_M、M_T、AM_T 计算结果。菜薹成熟值测定的成熟样温度历史、综合终点成熟值变化及 V_{CV}-z'_M 曲线见图 3-19。

表 3-13　菜薹成熟感官评价及终点成熟值、平均综合终点成熟值、总体综合终点成熟值计算结果

100℃					120℃					140℃				
成熟值 M'（z'_M=34℃）	成熟值 M（z_M=23℃）	成熟样选择人次			成熟值 M'（z'_M=34℃）	成熟值 M（z_M=23℃）	成熟样选择人次			成熟值 M'（z'_M=34℃）	成熟值 M（z_M=23℃）	成熟样选择人次		
		颜色	口感	气味			颜色	口感	气味			颜色	口感	气味
8.09	14.00	0	0	0	8.19	16.25	0	0	0	8.29	17.85	0	0	0
13.69	26.89	0	0	0	13.30	28.79	0	0	0	12.719	29.46	0	0	0
18.44	39.73	0	0	1	18.21	39.81	0	0	0	17.569	43.27	2	0	0
24.50	54.00	2	1	2	23.45	53.58	3	3	2	22.779	54.53	2	4	3
28.91	65.75	5	5	5	27.52	65.36	5	4	6	27.449	65.97	5	5	6
33.71	79.01	1	4	1	33.99	80.09	2	3	2	32.519	80.92	1	1	1
38.98	91.80	2	0	1	37.08	89.18	0	0	0	37.53	93.82	0	0	0
43.10	102.36	0	0	0	42.70	100.62	0	0	0	42.76	104.10	0	0	0
48.53	115.79	0	0	0	46.99	116.18	0	0	0	46.06	114.34	0	0	0
54.10	129.80	0	0	0	51.48	128.96	0	0	0	52.39	132.24	0	0	0
M_T/min		69.94	69.88	64.73			64.77	66.25	65.95			60.64	62.89	64.03
AM_T/min			67.99					65.65					62.57	
z_M/℃								23						
总体 AM_T/min								65.40						

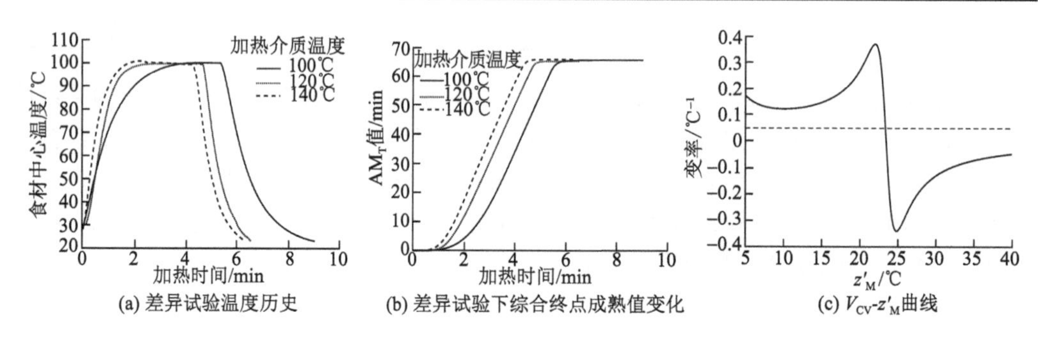

图 3-19　菜薹成熟值测定的综合终点成熟样温度历史、综合终点成熟值变化及 V_{CV}- z'_M 曲线

3. 山药

山药的差异试验设计细节见表 3-23。表 3-14 为山药成熟感官评价选择试验和 z_M、M_T、AM_T 测定结果。山药成熟值测定的成熟样温度历史、综合终点成熟值变化及 V_{CV}-z'_M 曲线见图 3-20。本次试验 z_M 值的假设值与测定值不同。

表 3-14　山药成熟感官评价及终点成熟值、平均综合终点成熟值、总体综合终点成熟值计算结果

100℃				120℃				140℃			
成熟值 M'（z'_M=40℃）	成熟值 M（z_M=23℃）	成熟样选择人次		成熟值 M'（z'_M=40℃）	成熟值 M（z_M=23℃）	成熟样选择人次		成熟值 M'（z'_M=40℃）	成熟值 M（z_M=23℃）	成熟样选择人次	
		颜色	口感			颜色	口感			颜色	口感
6.50	15.43	0	0	6.29	15.70	0	0	5.88	15.94	0	0

续表

100℃				120℃				140℃			
成熟值 M'（z'_M=40℃）	成熟值 M（z_M=23℃）	成熟样选择人次		成熟值 M'（z'_M=40℃）	成熟值 M（z_M=23℃）	成熟样选择人次		成熟值 M'（z'_M=40℃）	成熟值 M（z_M=23℃）	成熟样选择人次	
		颜色	口感			颜色	口感			颜色	口感
7.17	17.60	0	0	6.80	17.39	0	0	6.45	17.99	1	0
7.85	19.90	0	0	7.49	19.69	0	0	7.02	20.05	3	2
8.00	21.43	0	4	8.00	21.43	3	3	7.40	21.42	3	4
9.10	24.21	3	4	8.70	23.77	3	4	8.16	24.17	3	4
10.07	25.53	3	2	9.73	25.44	2	3	9.11	25.86	0	0
10.85	27.49	0	0	10.47	27.39	2	0	9.81	27.85	0	0
11.62	29.46	4	0	11.22	29.35	0	0	10.51	29.84	0	0
12.40	31.42	0	0	11.97	31.31	0	0	11.21	31.83	0	0
13.17	33.39	0	0	12.72	33.27	0	0	11.91	33.82	0	0
M_T/min		26.71	23.36			24.13	23.57			21.49	22.25
AM_T/min		24.80				23.81				21.92	
z_M/℃						23					
总体 AM_T/min						23.51					

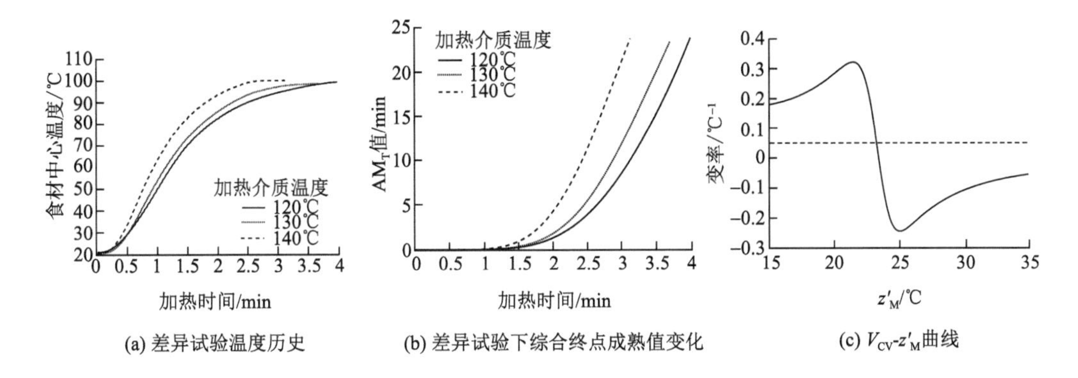

图 3-20　山药成熟值测定的成熟样温度历史、综合终点成熟值变化及 V_{CV}-z'_M 曲线

4. 马铃薯

马铃薯的油传热烹饪成熟差异试验设计细节见表 3-23。

1）马铃薯油传热成熟值测定

表 3-15 为油传热会-2 马铃薯成熟感官评价选择试验和 z_M、M_T、AM_T 计算结果。本次试验 z_M 值的假设值与测定值不同。油传热会-2 马铃薯成熟值测定的成熟样温度历史、综合终点成熟值变化及 V_{CV}-z'_M 曲线见图 3-21。

表 3-15　油传热会-2 马铃薯成熟感官评价及终点成熟值、平均综合终点成熟值、总体综合终点成熟值计算结果

100℃					120℃					140℃				
成熟值 M'（z'_M=24℃）	成熟值 M（z_M=33℃）	成熟样选择人次			成熟值 M'（z'_M=24℃）	成熟值 M（z_M=33℃）	成熟样选择人次			成熟值 M'（z'_M=24℃）	成熟值 M（z_M=33℃）	成熟样选择人次		
		口感	气味	形态			口感	气味	形态			口感	气味	形态
15.71	11.92	0	1	2	11.13	7.18	0	0	0	3.53	3.09	0	0	0
27.50	20.73	2	0	0	27.51	15.97	2	1	1	15.77	10.18	2	2	2
39.32	32.20	5	7	5	41.54	28.11	6	8	7	36.51	26.60	6	6	6
57.67	44.82	3	2	3	57.77	36.49	2	1	2	59.11	44.30	2	2	2
68.55	53.27	0	0	0	74.60	47.13	0	0	0	88.49	66.32	0	0	0
M_T/min		33.69	32.70	31.93			27.36	27.73	28.57			26.84	26.84	26.84
AM_T/min		33.28					27.57					26.84		
z_M/℃		33												
总体 AM_T/min		29.23												

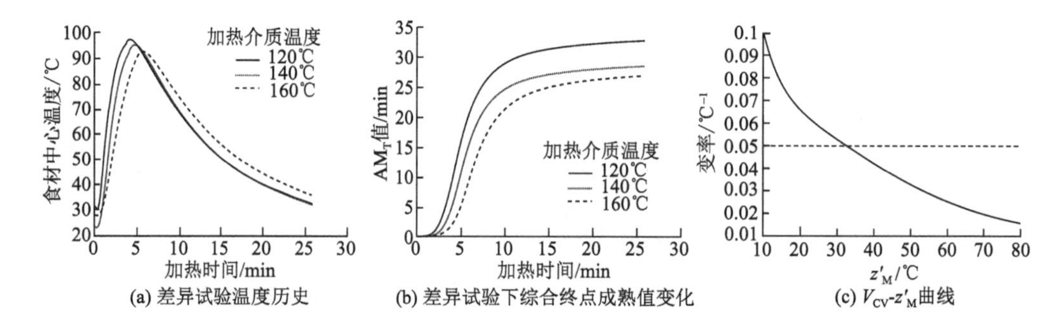

图 3-21　油传热会-2 马铃薯成熟值测定的成熟样温度历史、综合终点成熟值变化及 V_{CV}-z'_M 曲线

2）马铃薯蒸制成熟值测定

a. 会-2 马铃薯成熟值测定

（1）不带皮会-2 马铃薯蒸制成熟成熟值测定。

表 3-16 为不带皮会-2 马铃薯蒸制成熟感官评价选择试验和 z_M、M_T、AM_T 计算结果。本次试验 z_M 值的假设值与测定值相同。

表 3-16　蒸制不带皮会-2 马铃薯成熟感官评价及终点成熟值、平均综合终点成熟值、总体综合终点成熟值计算结果

蒸制功率（500 W）				蒸制功率（1200 W）				蒸制功率（2100 W）			
成熟值 M（z_M=24℃）	成熟样选择人次			成熟值 M（z_M=24℃）	成熟样选择人次			成熟值 M（z_M=24℃）	成熟样选择人次		
	滋味	口感	形态		滋味	口感	形态		滋味	口感	形态
14.74	1	0	0	14.80	1	1	1	12.21	0	0	0
16.55	0	0	2	16.56	1	4	3	13.71	3	0	0

续表

蒸制功率（500 W）				蒸制功率（1200 W）				蒸制功率（2100 W）			
成熟值 M（z_M=24℃）	成熟样选择人次			成熟值 M（z_M=24℃）	成熟样选择人次			成熟值 M（z_M=24℃）	成熟样选择人次		
	滋味	口感	形态		滋味	口感	形态		滋味	口感	形态
18.30	6	7	6	18.39	5	4	5	15.43	2	2	1
20.30	2	2	1	20.37	3	1	1	16.73	2	3	7
22.10	1	1	1	22.17	0	0	0	18.39	3	5	2
M_T/min	18.72	19.08	18.53	—	18.44	17.50	17.68	—	16.06	17.30	16.93
AM_T/min	18.80			17.89				16.75			
z_M/℃	24										
总体 AM_T/min	17.81										

不带皮会-2马铃薯成熟值测定的成熟样温度历史、综合终点成熟值变化及 V_{CV}-z'_M 曲线见图3-22。

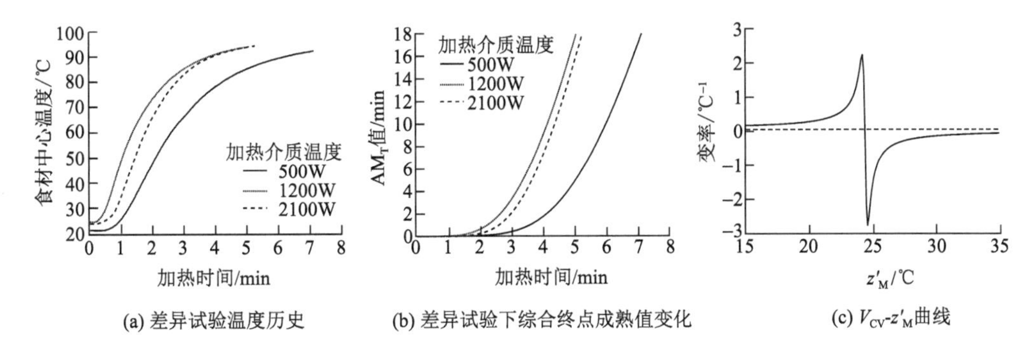

图3-22　不带皮会-2马铃薯蒸制成熟值测定的成熟样温度历史、综合终点成熟值变化及 V_{CV}-z'_M 曲线

（2）带皮会-2马铃薯蒸制成熟值测定。

表3-17为带皮会-2马铃薯蒸制成熟感官评价选择试验和 z_M、M_T、AM_T 计算结果。本次试验 z_M 值的假设值与测定值不同。

表3-17　蒸制带皮会-2马铃薯成熟感官评价及终点成熟值、平均综合终点成熟值、总体综合终点成熟值计算结果

蒸制功率（500 W）					蒸制功率（1200 W）					蒸制功率（2100 W）				
成熟值 M'（z'_M=24℃）	成熟值 M（z_M=26℃）	成熟样选择人次			成熟值 M'（z'_M=24℃）	成熟值 M（z_M=26℃）	成熟样选择人次			成熟值 M'（z'_M=24℃）	成熟值 M（z_M=26℃）	成熟样选择人次		
		滋味	口感	形态			滋味	口感	形态			滋味	口感	形态
15.52	14.01	0	0	0	14.25	12.54	0	0	1	14.40	12.64	0	0	0
18.29	16.38	7	6	2	16.76	14.64	0	1	0	16.74	14.59	0	0	1
20.53	18.47	3	4	6	18.51	16.10	5	6	1	19.12	16.56	5	3	2

续表

蒸制功率（500 W）					蒸制功率（1200 W）					蒸制功率（2100 W）				
成熟值 M'（z'_M=24℃）	成熟值 M（z_M=26℃）	成熟样选择人次			成熟值 M'（z'_M=24℃）	成熟值 M（z_M=26℃）	成熟样选择人次			成熟值 M'（z'_M=24℃）	成熟值 M（z_M=26℃）	成熟样选择人次		
		滋味	口感	形态			滋味	口感	形态			滋味	口感	形态
23.04	20.72	0	0	1	20.61	18.02	4	3	6	21.40	18.66	4	5	6
25.79	23.20	0	0	1	22.85	19.98	1	0	2	23.50	20.48	1	2	1
M_T/min		17.01	17.22	18.75			17.26	16.53	17.67			17.18	17.22	17.41
AM_T/min			17.57					17.11					17.26	
z_M/℃							26							
总体 AM_T/min							17.31							

带皮会-2马铃薯蒸制成熟值测定的成熟样温度历史、综合终点成熟值变化及 V_{CV}-z'_M 曲线见图3-23。

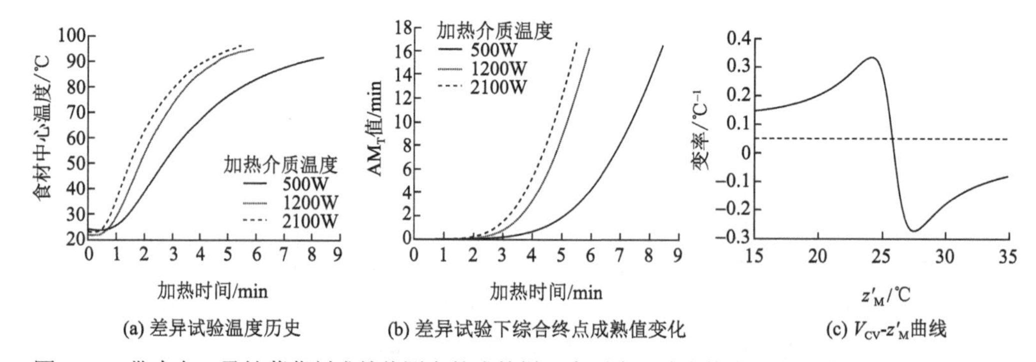

图3-23　带皮会-2马铃薯蒸制成熟值测定的成熟样温度历史、综合终点成熟值变化及 V_{CV}-z'_M 曲线

b. 合作-88马铃薯成熟值测定

（1）不带皮合作-88马铃薯蒸制成熟值测定。

表3-18为不带皮合作-88马铃薯蒸制成熟感官评价选择试验和 z_M、M_T、AM_T 计算结果。本次试验 z_M 值的假设值与测定值不同。

表3-18　蒸制不带皮合作-88马铃薯成熟感官评价及终点成熟值、平均综合终点成熟值、总体综合终点成熟值计算结果

蒸制功率（500 W）				蒸制功率（1200 W）				蒸制功率（2100 W）			
成熟值 M（z_M=21℃）	成熟样选择人次			成熟值 M（z_M=21℃）	成熟样选择人次			成熟值 M（z_M=21℃）	成熟样选择人次		
	滋味	口感	形态		滋味	口感	形态		滋味	口感	形态
21.76	0	0	0	23.44	1	1	3	17.91	0	0	0
24.34	4	2	3	26.03	1	4	5	20.46	0	0	0
27.45	6	7	5	28.69	5	4	1	22.46	2	0	1

续表

蒸制功率（500 W）				蒸制功率（1200 W）				蒸制功率（2100 W）			
成熟值 M（z_M=21℃）	成熟样选择人次			成熟值 M（z_M=21℃）	成熟样选择人次			成熟值 M（z_M=21℃）	成熟样选择人次		
	滋味	口感	形态		滋味	口感	形态		滋味	口感	形态
30.75	0	1	1	32.19	3	1	1	24.53	2	3	3
34.06	0	0	1	34.78	0	0	0	26.65	6	7	6
M_T/min	26.21	27.16	27.51	—	28.95	27.45	26.14	—	25.39	26.01	25.60
AM_T/min	26.92				27.62				25.67		
z_M/℃	21										
总体 AM_T/min	26.74										

不带皮合作-88 马铃薯蒸制成熟值测定的成熟样温度历史、综合终点成熟值变化及 V_{CV}-z'_M 曲线见图 3-24。

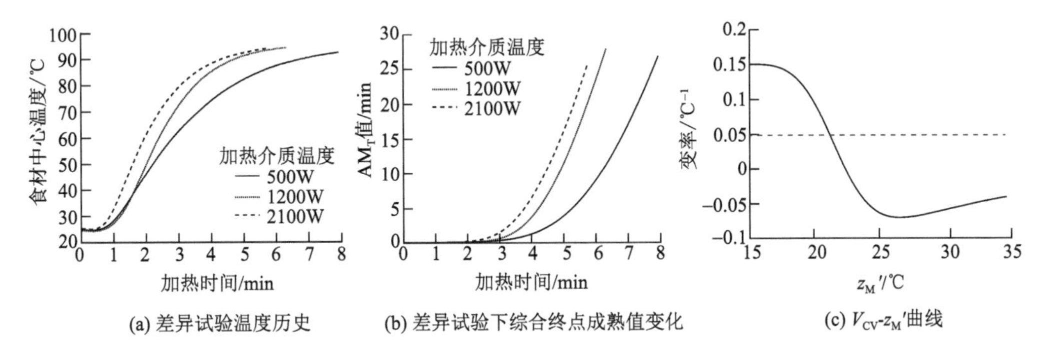

图 3-24　不带皮合作-88 马铃薯蒸制成熟值测定的成熟样温度历史、综合终点成熟值变化及 V_{CV}-z'_M 曲线

（2）带皮合作-88 马铃薯蒸制成熟值测定。

表 3-19 为带皮合作-88 马铃薯蒸制成熟感官评价选择试验和 z_M、M_T、AM_T 计算结果。本次试验 z_M 值的假设值与测定值不同。

表 3-19　蒸制带皮合作-88 马铃薯成熟感官评价及终点成熟值、平均综合终点成熟值、总体综合终点成熟值计算结果

蒸制功率（500 W）				蒸制功率（1200 W）				蒸制功率（2100 W）			
成熟值 M（z_M=22℃）	成熟样选择人次			成熟值 M（z_M=22℃）	成熟样选择人次			成熟值 M（z_M=22℃）	成熟样选择人次		
	滋味	口感	形态		滋味	口感	形态		滋味	口感	形态
16.00	2	1	1	17.54	3	3	3	14.55	0	0	0
17.78	3	2	3	19.62	5	6	6	16.59	1	3	2
20.03	5	7	5	21.59	2	1	1	18.33	5	2	2

续表

蒸制功率（500 W）				蒸制功率（1200 W）				蒸制功率（2100 W）			
成熟值 M（z_M=22℃）	成熟样选择人次			成熟值 M（z_M=22℃）	成熟样选择人次			成熟值 M（z_M=22℃）	成熟样选择人次		
	滋味	口感	形态		滋味	口感	形态		滋味	口感	形态
22.50	1	0	0	24.19	0	0	0	19.93	4	5	6
24.93	0	0	1	26.14	0	0	0	21.77	0	0	0
M_T/min	20.80	19.18	19.44	—	19.39	19.19	19.19	—	18.80	18.61	18.94
AM_T/min	19.84			19.26				18.77			
z_M/℃	22										
总体 AM_T/min	19.29										

带皮合作-88 马铃薯蒸制成熟值测定的成熟样温度历史、综合终点成熟值变化及 V_{CV}-z'_M 曲线见图 3-25。

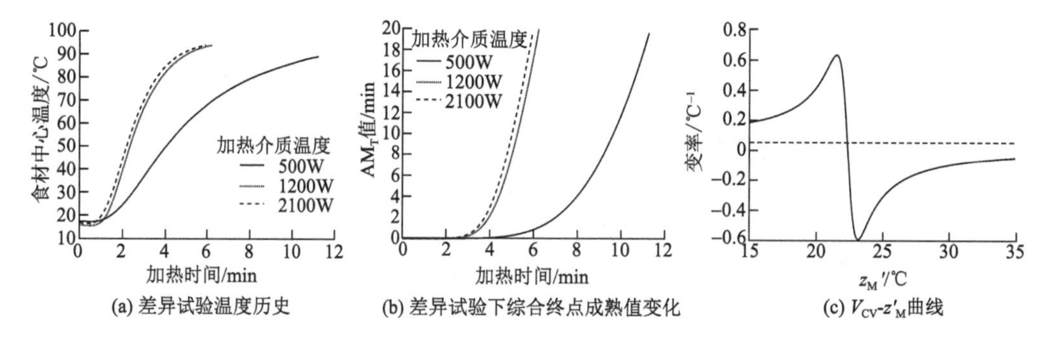

图 3-25　带皮合作-88 马铃薯蒸制成熟值测定的成熟样温度历史、综合终点成熟值变化及 V_{CV}-z'_M 曲线

c. 七彩土豆蒸制成熟值测定

（1）不带皮七彩土豆蒸制成熟值测定。

表 3-20 为不带皮七彩土豆蒸制成熟感官评价选择试验和 z_M、M_T、AM_T 计算结果。本次试验 z_M 值的假设值与测定值不同。

表 3-20　蒸制不带皮七彩土豆成熟感官评价及终点成熟值、平均综合终点成熟值、总体综合终点成熟值计算结果

蒸制功率（500 W）				蒸制功率（1200 W）				蒸制功率（2100 W）			
成熟值 M（z_M=24℃）	成熟样选择人次			成熟值 M（z_M=24℃）	成熟样选择人次			成熟值 M（z_M=24℃）	成熟样选择人次		
	滋味	口感	形态		滋味	口感	形态		滋味	口感	形态
20.81	1	0	0	19.45	0	0	0	18.95	0	0	0
23.48	7	6	5	21.36	1	1	1	21.59	1	1	1

续表

蒸制功率（500 W）				蒸制功率（1200 W）				蒸制功率（2100 W）			
成熟值 M（z_M=24℃）	成熟样选择人次			成熟值 M（z_M=24℃）	成熟样选择人次			成熟值 M（z_M=24℃）	成熟样选择人次		
	滋味	口感	形态		滋味	口感	形态		滋味	口感	形态
25.61	1	4	2	23.50	7	7	7	23.40	7	7	7
27.84	0	0	3	25.62	2	2	2	25.51	2	2	2
30.15	1	0	0	27.50	0	0	0	27.19	0	0	0
M_T/min	24.09	24.33	25.21	—	23.71	23.71	23.71	—	23.64	23.64	23.64
AM_T/min	24.49				23.71				23.64		
z_M/℃	24										
总体 AM_T/min	23.95										

不带皮七彩土豆蒸制成熟值测定的成熟样温度历史、综合终点成熟值变化及 V_{CV}-z'_M 曲线见图 3-26。

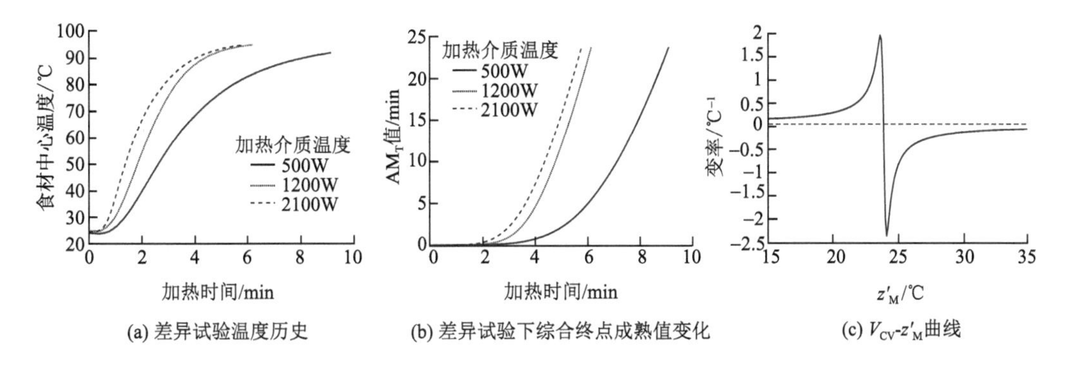

图 3-26 不带皮七彩土豆蒸制成熟值测定的成熟样温度历史、综合终点成熟值变化及 V_{CV}- z'_M 曲线

（2）带皮七彩土豆蒸制成熟值测定。

表 3-21 为带皮七彩土豆蒸制成熟感官评价选择试验和 z_M、M_T、AM_T 计算结果。本次试验 z_M 值的假设值与测定值相同。

表 3-21 蒸制带皮七彩土豆成熟感官评价及终点成熟值、平均综合终点成熟值、总体综合终点成熟值计算结果

蒸制功率（500 W）				蒸制功率（1200 W）				蒸制功率（2100 W）			
成熟值 M（z_M=24℃）	成熟样选择人次			成熟值 M（z_M=24℃）	成熟样选择人次			成熟值 M（z_M=24℃）	成熟样选择人次		
	滋味	口感	形态		滋味	口感	形态		滋味	口感	形态
21.52	0	0	3	19.48	0	0	0	19.43	0	0	0
23.83	8	5	4	21.64	1	1	4	21.45	1	1	4

续表

蒸制功率（500 W）				蒸制功率（1200 W）				蒸制功率（2100 W）			
成熟值 M（z_M=24℃）	成熟样选择人次			成熟值 M（z_M=24℃）	成熟样选择人次			成熟值 M（z_M=24℃）	成熟样选择人次		
	滋味	口感	形态		滋味	口感	形态		滋味	口感	形态
26.18	1	4	3	23.83	3	7	5	23.69	3	7	5
28.52	0	1	0	25.89	6	2	0	25.95	6	2	0
30.86	1	0	0	28.01	0	0	1	28.06	0	0	1
M_T/min	24.77	25.24	23.84	—	24.85	24.02	23.37	—	24.82	23.92	23.23
AM_T/min	24.68				24.14				24.05		
z_M/℃	24										
总体 AM_T/min	24.29										

带皮七彩土豆蒸制成熟值测定的成熟样温度历史、综合终点成熟值变化及 V_{CV}-z'_M 曲线见图 3-27。

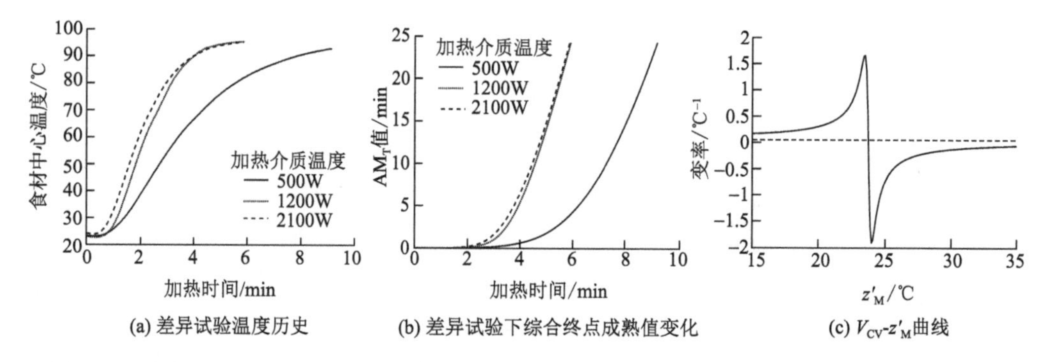

(a) 差异试验温度历史 (b) 差异试验下综合终点成熟值变化 (c) V_{CV}-z'_M曲线

图 3-27 带皮七彩土豆蒸制成熟值测定的成熟样温度历史、综合终点成熟值变化及 V_{CV}-z'_M 曲线

5. 甘蓝

甘蓝的成熟差异试验设计细节见表 3-23。表 3-22 为甘蓝成熟感官评价选择试验和 z_M、M_T、AM_T 计算结果。

表 3-22 甘蓝成熟感官评价及终点成熟值、平均综合终点成熟值、总体综合终点成熟值计算结果

75℃					85℃					95℃				
成熟值 M（z'_M=34℃）	成熟值 M（z_M=31℃）	成熟样选择人次			成熟值 M（z'_M=34℃）	成熟值 M（z_M=31℃）	成熟样选择人次			成熟值 M（z'_M=34℃）	成熟值 M（z_M=31℃）	成熟样选择人次		
		颜色	口感	气味			颜色	口感	气味			颜色	口感	气味
4.39	4.45	0	0	0	4.18	4.50	0	0	0	4.62	5.11	0	0	0
7.86	7.92	0	0	0	6.98	7.63	0	0	0	7.57	8.66	0	0	0
10.29	10.57	0	0	0	11.58	12.59	0	0	0	10.95	12.67	0	0	0

续表

75℃					85℃					95℃				
成熟值 M (z'_M=34℃)	成熟值 M (z_M=31℃)	成熟样选择人次			成熟值 M (z'_M=34℃)	成熟值 M (z_M=31℃)	成熟样选择人次			成熟值 M (z'_M=34℃)	成熟值 M (z_M=31℃)	成熟样选择人次		
		颜色	口感	气味			颜色	口感	气味			颜色	口感	气味
12.48	12.79	0	0	0	14.52	16.18	0	0	0	14.83	17.28	1	1	0
15.35	15.77	0	0	1	17.14	18.91	0	1	1	16.36	19.22	3	3	3
18.19	18.73	1	1	3	20.20	22.41	3	3	2	19.65	23.20	4	5	5
21.71	22.59	5	6	5	23.10	25.54	5	4	6	22.74	26.77	2	1	2
25.02	26.38	3	2	1	26.58	29.27	2	2	1	26.02	30.73	0	0	0
27.66	28.94	1	1	0	28.08	31.63	0	0	0	28.71	33.87	0	0	0
30.22	31.27	0	0	0	35.92	39.41	0	0	0	33.99	40.10	0	0	0
M_T/min		23.98	23.60	21.13			25.35	24.68	24.62			22.13	21.77	22.72
AM_T/min			22.81					24.88					22.24	
z_M/℃								31						
总体 AM_T/min								23.31						

甘蓝成熟值测定的成熟样温度历史、综合终点成熟值变化及 V_{CV}-z'_M 曲线见图 3-28。

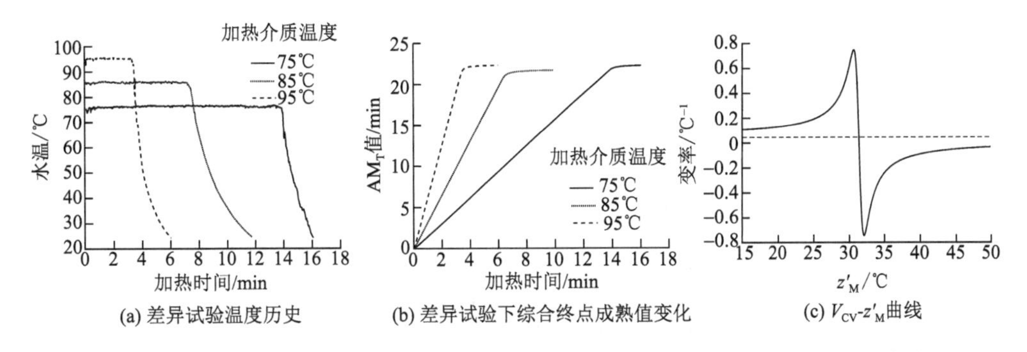

(a) 差异试验温度历史　(b) 差异试验下综合终点成熟值变化　(c) V_{CV}-z'_M曲线

图 3-28　甘蓝成熟值测定的成熟样温度历史、综合终点成熟值变化及 V_{CV}-z'_M 曲线

3.4.3　蔬菜成熟测定的总结与讨论

1. 蔬菜成熟测定和计算结果总结

各种蔬菜的 AM_T 测定条件与测定结果如表 3-23 所示。

对蒜薹、山药、菜薹、马铃薯、甘蓝的成熟值测量总体上证明蔬菜类食品终点成熟值存在且稳定，成熟值原理适用于蔬菜类食品成熟过程。

蔬菜类食品成熟动力学参数 z_M 值测定结果均在 21～33℃，数值范围较窄，与主要食品化学反应的 z 值平均值 33℃接近。

表 3-23　各种蔬菜的成熟值测定条件与测定结果

食材	烹饪条件及测温方法	差异试验条件	品质因子（权重）	感官评价指令			CV 变率定值法测定结果
				生	熟	过热	
油传热蒜薹	原料直径0.55 cm ± 0.05 cm，切成3 cm的小段，热电偶插入中心	加热油温 100℃ 120℃ 140℃	气味（0.37）	蒜味、生青味、刺激性辣味	蒜味和不良气味淡，产生相应的蒜薹香味、香甜味	焦煳味	z_M=32℃ $AM_{T70℃}$= 28.06 min $AM_{T100℃}$= 3.29 min
			口感（0.30）	纤维感过强、不易咀嚼	良好的组织形态及口感	良好的组织形态及口感	
			颜色（0.33）	绿色	黄绿色	黄色	
油传热菜薹	原料d=1.2 cm ± 0.1 cm，清洗、晾干，切成3 cm的小段，热电偶插入中心	加热油温 100℃ 120℃ 140℃	颜色（0.33）	浅绿色	绿色	逐渐加深的翠绿色	z_M=23℃ $AM_{T70℃}$=65.40 min $AM_{T100℃}$=3.39 min
			气味（0.37）	生菜薹清香的味道	生菜薹清香的味道消失，并产生菜薹特有的香气	菜薹的香味会消失，并产生其他气味	
			口感（0.30）	菜薹较硬且表皮光滑，有很好的咀嚼性，纤维感较强	变得软硬适中，表皮出现轻微皱褶，咀嚼感合适，具有良好口感	变得更软，且表皮皱褶变多，致咀嚼性降低	
油传热山药	取样切成 2 cm × 2 cm × 1 cm（长 × 宽 × 高）的块状，热电偶插入中心	加热油温 120℃ 130℃ 140℃	口感（0.57）	脆度大，有大量黏液，麻舌头、刺喉咙	微脆，微量黏液，不麻舌头、不刺喉咙	有粉面感，无黏液	z_M=23℃ $AM_{T70℃}$= 23.51 min $AM_{T100℃}$=1.19 min
			颜色（0.43）	横切面白点大且密，周围透明圈小，颜色为乳白色	白点小且稀疏，周围透明圈大，颜色为米白色	白点消失，无透明圈，变成实心，颜色为米白色	
油传热马铃薯	取样切成 4 cm × 1 cm × 1 cm（长 × 宽 × 高）块状，热电偶插入中心	加热油温 120℃ 140℃ 160℃	口感（0.67）	生硬难咀嚼	软硬适中口感良好	口感软烂入口即化	z_M=33℃ $AM_{T70℃}$=29.23 min $AM_{T100℃}$=3.50 min
			气味（0.22）	生涩的淀粉味	马铃薯香味	焦煳味	
			形态（0.11）	形态完整颜色发白	形态完整颜色发黄	周围棱角破损	

续表

食材	品种	处理	烹饪条件及测温方法	差异试验条件	品质因子（权重）	感官评价指令			CV 变率定值法测定结果
						生	熟	过热	
蒸制马铃薯	会-2	不带皮	取样切成 3 cm×1.5cm×1.5 cm（长×宽×高）块状，热电偶插入中心	蒸制功率2100 W、1200 W、500 W、蒸锅加水 1000 mL沸腾后加料	口感（0.36）	生硬难咀嚼	软硬适中 口感良好	口感软烂 入口即化	z_M=24℃ $AM_{T70℃}$=17.81 min $AM_{T100℃}$=1.04 min
		带皮							z_M=26℃ $AM_{T70℃}$=17.31 min $AM_{T100℃}$=1.19 min
	合作-88	不带皮			滋味（0.36）	生涩的淀粉味	马铃薯香味	焦煳味	z_M=21℃ $AM_{T70℃}$=26.74 min $AM_{T100℃}$=1.03 min
		带皮							z_M=22℃ $AM_{T70℃}$=19.29 min $AM_{T100℃}$=0.87 min
	七彩土豆	不带皮			形态（0.28）	形态完整颜色发白	形态完整 颜色发黄	周围棱角 破损	z_M=24℃ $AM_{T70℃}$=23.95min $AM_{T100℃}$=1.29 min
		带皮							z_M=24℃ $AM_{T70℃}$=24.29 min $AM_{T100℃}$=1.32 min
水煮甘蓝			原料5 cm ×5 cm×1 cm，（长×宽×高），热电偶插入中心		口感（0.30）	清脆	软硬适中、具香甜味	质地过软	
					颜色（0.33）	浅绿色	浅黄绿色	逐渐加深黄绿色	
				水温 75℃ 85℃、95℃， 加水 3000 mL 沸腾后加料	气味（0.37）	生甘蓝气味	生甘蓝气味消失，并产生特有的甘蓝香甜味	甘蓝特有气味消失，产生其他气味	z_M=31℃ $AM_{T70℃}$=23.31 min $AM_{T100℃}$=2.57 min

2. 不同加热介质的成熟差异

在蔬菜的成熟测定中发现，蒜薹、菜薹、马铃薯（油传热和蒸制）、甘蓝（水传热）等蔬菜在加热介质不同的情况下存在较明显的差异。其中，马铃薯最为明显，当其加热介质是油时，其 z_M= 33℃，而其在蒸制时，z_M 均值为 24℃。按成熟值原理，烹饪传热介质只要不参与成熟反应，是不会影响 z_M 值的。但对于马铃薯，糊化反应中，水是反应物，因而有可能影响烹饪成熟。其细节机理，需要进一步研究。

3.5　水产品及内脏成熟值的测定

鱼、虾等水产品营养价值高，是日常生活中常见的烹饪食材。猪肝是猪屠宰后的主要副产品之一，含有丰富的营养价值。西方国家很少食用动物内脏，因此对猪肝的食用研究相对较少，基本没有猪肝热处理研究的文献。而猪肝在国内主要用于直接烹调，是一种被广泛接受的烹饪食材。且猪肝等内脏食品对加热敏感，成熟变化快，成熟特征显著，且火候控制对品质影响很大。内脏菜的火候需要“三旺三热”，即汤氽要旺火沸汤，油划要旺火热油，爆汁要旺火热锅，与肉类烹饪有一定差异。选择鱼肉（长吻鮠）、虾仁（南美白对虾）和猪肝开展成熟值测定，并研究挂糊对虾仁成熟的影响。

3.5.1　测量方法

1. 测定流程

应用同时测量 M_T 和 z_M 的假设试算法，按 3.1.2 节的步骤 1～步骤 6 开展测定，具体流程如图 3-29 所示。试验细节补充说明如下。

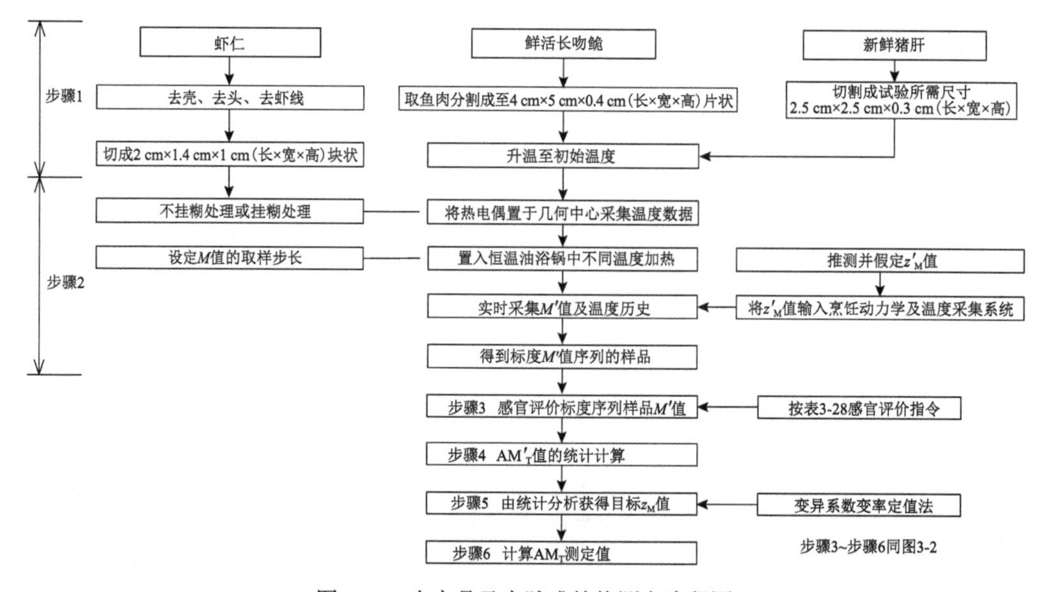

图 3-29　水产品及内脏成熟值测定流程图

2. 试验条件

1）食材及烹饪条件的选择

鱼肉原料选用市售鲜活长吻鮠（俗称江团）。长吻鮠肉质较紧实，在测定中不易散。虾仁由市购冷冻南美白对虾（大对虾）解冻去头去壳去虾线制备。猪肝选用市售新鲜猪肝。

以水产食材的中式烹饪主流方式确定烹饪条件。详见表 3-28 烹饪条件及测温方法一栏。

2）差异试验设计

由于水产品及内脏烹饪时间较短，因此在选择差异条件时注意形成足够的温度历史差别，详见表 3-28 差异试验条件一栏。由于烹饪成熟时间较短，鱼、猪肝以 0.5 s 的采样间隔，虾以 0.2 s 采样间隔采集温度和成熟值数据，选择 T_{ref} =70℃为参考温度进行计算。

3）感官评价

感官评价品质因子选择、权重及感官评价指令见表 3-28。

4）温度测量

成熟值测定过程选取食材冷点为测定点进行温度采集。

5）z_M 值的计算

水产品及内脏与肉类成熟显著相关，其差异试验形成的 z_M 值对应的 M_T 值标准差的变化规律与肉类相同，通常会出现最小值。选用变异系数变率定值法。

3.5.2　水产品和内脏的成熟值测定结果

1. 鱼肉

鱼肉的成熟差异试验设计细节见表 3-28。表 3-24 为鱼肉成熟感官评价选择试验和 z_M、M_T、AM_T 计算结果。鱼肉成熟值测定的成熟样温度历史、综合终点成熟值变化及 V_{CV}-z'_M 曲线见图 3-30。

表 3-24　新鲜鱼肉成熟感官评价及终点成熟值、平均综合终点成熟值、总体综合终点成熟值计算结果

75℃					85℃					95℃				
成熟值 M'（z'_M=9℃）	成熟值 M（z_M=10℃）	成熟样选择人次			成熟值 M'（z'_M=9℃）	成熟值 M（z_M=10℃）	成熟样选择人次			成熟值 M'（z'_M=9℃）	成熟值 M（z_M=10℃）	成熟样选择人次		
		颜色	口感	气味			颜色	口感	气味			颜色	口感	气味
2.25	2.07	3	2	2	2.74	2.40	3	2	2	2.59	2.16	1	3	2
3.12	2.83	5	6	5	3.45	2.85	4	5	5	2.90	2.35	3	2	3
4.31	3.82	1	2	2	3.68	3.03	2	3	2	3.94	2.86	6	5	5

续表

75℃					85℃					95℃				
成熟值 M'（z'_M=9℃）	成熟值 M（z_M=10℃）	成熟样选择人次			成熟值 M'（z'_M=9℃）	成熟值 M（z_M=10℃）	成熟样选择人次			成熟值 M'（z'_M=9℃）	成熟值 M（z_M=10℃）	成熟样选择人次		
		颜色	口感	气味			颜色	口感	气味			颜色	口感	气味
4.99	4.41	1	0	1	5.72	4.54	1	0	1	7.39	5.03	0	0	0
5.54	4.89	0	0	0	6.10	4.53	0	0	0	9.45	6.65	0	0	0
M_T/min		2.86	2.88	3.03	—	—	2.92	2.81	2.97	—	—	2.64	2.55	2.57
AM_T/min			2.91		—	—		2.88		—	—		2.58	
z_M/℃								10						
总体 AM_T/min								2.79						

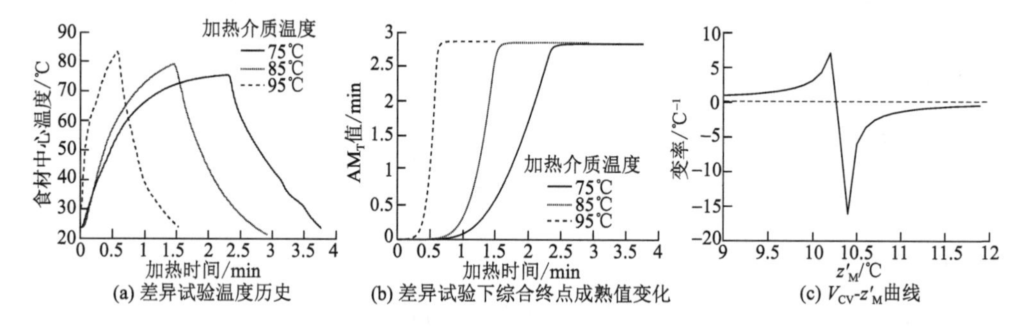

图 3-30　鱼肉成熟值测定的成熟样温度历史、综合终点成熟值变化及 V_{CV}-z'_M 曲线

2. 虾仁

1）挂糊虾仁

挂糊虾仁的成熟差异试验设计细节见表 3-28。表 3-25 为挂糊虾仁成熟感官评价选择试验和 z_M、M_T、AM_T 计算结果。

表 3-25　挂糊虾仁成熟感官评价及终点成熟值、平均综合终点成熟值、总体综合终点成熟值计算结果

100℃					120℃					140℃				
成熟值 M'（z'_M=12℃）	成熟值 M（z_M=18℃）	成熟样选择人次			成熟值 M'（z'_M=12℃）	成熟值 M（z_M=18℃）	成熟样选择人次			成熟值 M'（z'_M=12℃）	成熟值 M（z_M=18℃）	成熟样选择人次		
		颜色	口感	气味			颜色	口感	气味			颜色	口感	气味
0.12	0.21	0	0	0	0.10	0.26	0	0	0	0.11	0.26	0	0	0
0.21	0.36	0	0	0	0.19	0.40	0	0	0	0.20	0.38	0	0	0
0.30	0.53	0	0	0	0.32	0.59	0	0	0	0.30	0.48	0	0	0
0.39	0.59	0	0	0	0.39	0.66	0	0	0	0.42	0.41	0	0	0
0.53	0.70	0	0	2	0.51	0.67	1	1	1	0.49	0.67	1	0	1
0.57	0.80	5	7	6	0.57	0.78	8	8	8	0.63	0.79	6	6	5
0.70	0.85	4	2	2	0.71	0.90	1	1	1	0.70	0.80	2	3	3
0.80	1.04	1	1	0	0.79	0.92	0	0	0	0.77	0.96	1	1	1
0.89	1.11	0	0	0	0.92	1.11	0	0	0	0.87	1.11	0	0	0

续表

100℃					120℃					140℃				
成熟值 M'（z'_M=12℃）	成熟值 M（z_M=18℃）	成熟样选择人次			成熟值 M'（z'_M=12℃）	成熟值 M（z_M=18℃）	成熟样选择人次			成熟值 M'（z'_M=12℃）	成熟值 M（z_M=18℃）	成熟样选择人次		
		颜色	口感	气味			颜色	口感	气味			颜色	口感	气味
0.97	1.13	0	0	0	1.14	1.19	0	0	0	1.16	1.19	0	0	0
M_T/min		0.84	0.83	0.79			0.78	0.78	0.78			0.80	0.81	0.80
AM_T/min			0.82					0.78					0.80	
z_M/℃								18						
总体 AM_T/min								0.80						

挂糊虾仁成熟值测定的成熟样温度历史、综合终点成熟值变化及 V_{CV}-z'_M 曲线见图 3-31。

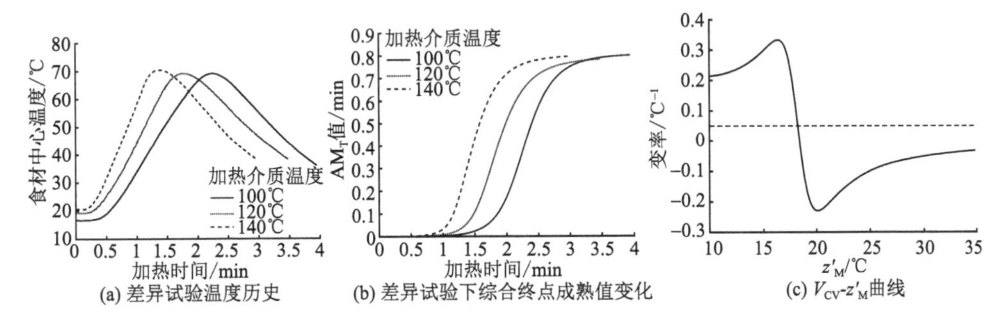

图 3-31　挂糊虾成熟值测定的成熟样温度历史、综合终点成熟值变化及 V_{CV}-z'_M 曲线

2）虾仁

虾仁的成熟差异试验设计细节见表 3-28。表 3-26 为虾仁成熟感官评价选择试验和 z_M、M_T、AM_T 计算结果。

表 3-26　虾仁成熟感官评价及终点成熟值、平均综合终点成熟值、总体综合终点成熟值计算结果

100℃					120℃					140℃				
成熟值 M'（z'_M=9℃）	成熟值 M（z_M=7℃）	成熟样选择人次			成熟值 M'（z'_M=9℃）	成熟值 M（z_M=7℃）	成熟样选择人次			成熟值 M'（z'_M=9℃）	成熟值 M（z_M=7℃）	成熟样选择人次		
		颜色	口感	气味			颜色	口感	气味			颜色	口感	气味
0.09	0.05	0	0	0	0.12	0.08	0	0	0	0.10	0.06	0	0	0
0.15	0.10	0	0	0	0.14	0.10	0	0	0	0.15	0.11	0	0	0
0.22	0.14	0	0	0	0.21	0.15	0	0	0	0.19	0.17	0	0	0
0.25	0.19	0	0	0	0.26	0.21	0	0	0	0.26	0.22	0	0	0
0.32	0.25	0	1	0	0.29	0.25	0	0	0	0.30	0.25	0	0	0
0.35	0.29	2	2	2	0.35	0.30	3	2	2	0.35	0.32	1	2	2
0.43	0.37	8	7	8	0.42	0.38	7	8	8	0.39	0.36	9	8	8
M_T/min		0.35	0.34	0.35			0.36	0.36	0.36			0.36	0.35	0.35

续表

100℃					120℃					140℃				
成熟值 M'（z'_M=9℃）	成熟值 M（z_M=7℃）	成熟样选择人次			成熟值 M'（z'_M=9℃）	成熟值 M（z_M=7℃）	成熟样选择人次			成熟值 M'（z'_M=9℃）	成熟值 M（z_M=7℃）	成熟样选择人次		
		颜色	口感	气味			颜色	口感	气味			颜色	口感	气味
AM_T/min			0.35					0.36					0.35	
z_M/℃								7						
总体 AM_T/min								0.35						

虾仁成熟值测定的成熟样温度历史、综合终点成熟值变化及 V_{CV}-z'_M 曲线见图 3-32。

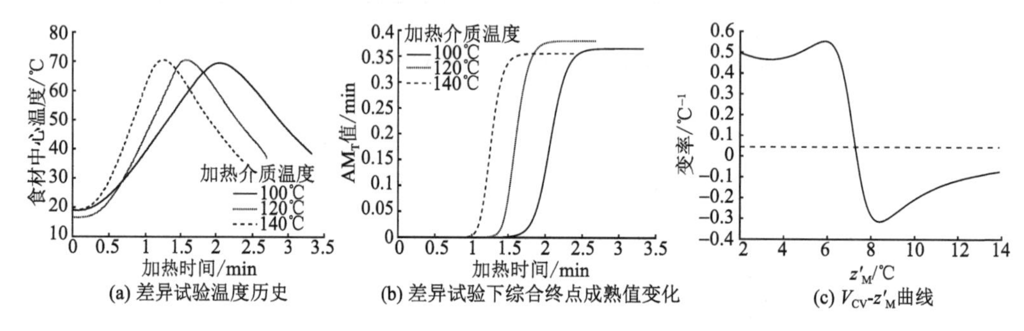

图 3-32　虾仁成熟值测定的成熟样温度历史、综合终点成熟值变化及 V_{CV}-z'_M 曲线

3. 猪肝

猪肝的成熟差异试验设计细节见表 3-28。表 3-27 为猪肝成熟感官评价选择试验和 z_M、M_T、AM_T 计算结果。猪肝成熟值测定的成熟样温度历史、综合终点成熟值变化及 V_{CV}-z'_M 曲线见图 3-33。

表 3-27　猪肝成熟感官评价及终点成熟值、平均综合终点成熟值、总体综合终点成熟值计算结果

100℃					120℃					140℃				
成熟值 M'（z'_M=8℃）	成熟值 M（z_M=8℃）	成熟样选择人次			成熟值 M'（z'_M=8℃）	成熟值 M（z_M=8℃）	成熟样选择人次			成熟值 M'（z'_M=8℃）	成熟值 M（z_M=8℃）	成熟样选择人次		
		颜色	口感	气味			颜色	口感	气味			颜色	口感	气味
0.30	0.29	0	0	0	0.25	0.28	0	0	0	0.29	0.31	0	0	0
0.39	0.38	0	0	0	0.43	0.43	0	0	0	0.44	0.44	0	0	0
0.51	0.59	0	0	0	0.53	0.58	0	0	0	0.53	0.56	0	0	0
0.62	0.62	2	1	2	0.59	0.59	3	3	2	0.61	0.62	2	4	3
0.71	0.70	5	5	5	0.73	0.72	5	4	6	0.71	0.73	6	5	6
0.80	0.82	1	4	2	0.84	0.81	2	2	2	0.83	0.80	1	1	1
0.87	0.92	2	0	1	0.93	0.94	0	1	0	0.89	0.94	1	0	0
1.02	1.07	0	0	0	0.98	0.99	0	0	0	0.95	0.99	0	0	0
M_T/min		0.74	0.74	0.73			0.70	0.72	0.71			0.74	0.69	0.70
AM_T/min			0.74					0.71					0.71	
z_M/℃								8						
总体 AM_T/min								0.72						

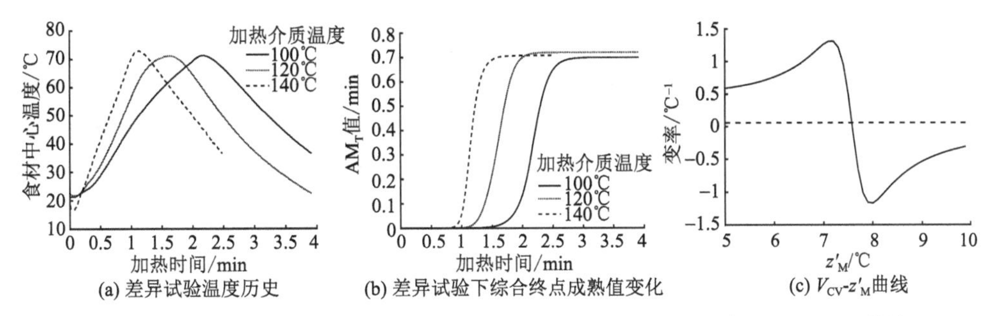

图 3-33　猪肝成熟值测定的成熟样温度历史、综合终点成熟值变化及 V_{CV}-z'_M 曲线

3.5.3　水产品及内脏成熟测定的总结与讨论

各种水产品及内脏的 AM_T 测定条件与测定和计算结果见表 3-28。

表 3-28　各种水产品及内脏的成熟值测定条件与测定和计算结果

食材	烹饪条件及测温方法	差异试验条件	品质因子（权重）	感官评价指令：生	半熟	熟	过热	方法与结果：变异系数变率定值法
新鲜鱼肉	分割成 4 cm×5 cm×0.4 cm（长×宽×高）片状，热电偶插入中心	加热水温 75℃ 85℃ 95℃	颜色（0.28）	切面透明		白色浑浊	灰白	z_M=10℃ $AM_{T70℃}$= 2.79 $AM_{T100℃}$= 0.0033 min
			气味（0.225）	鱼腥味较重	—	鱼腥味消失，并产生相应的酸香味和鱼肉香气	产生不良气味	
			口感（0.495）	不易咀嚼		良好的组织形态及口感	过度软化	
虾仁	挂糊：切割为 2 cm × 1.4 cm × 1 cm（长×宽×高）的块状，糊配比为红薯淀粉 60 g、小麦粉 20 g、食盐 1 g、水 30 g、五香粉 0.1 g、生姜粉 0.2 g、菜籽油 3 g、泡打粉 0.5 g、鸡蛋液 35 g，热电偶插入中心	加热油温 100℃ 120℃ 140℃	颜色（0.34）	青色	外侧呈淡红色，里面灰白	外层呈红色、里面白亮	褐红色	z_M=18℃ $AM_{T70℃}$= 0.80 min $AM_{T100℃}$= 0.019 min
			气味（0.28）	鱼腥味	微带鱼腥味	具有虾仁蛋白质特有的香气	不良气味	
	不挂糊：切割为 2 cm × 1.4 cm × 1 cm（长×宽×高）的块状，插入热电偶		口感（0.38）	口感差、肉质不成形，纤维感较强	口感稍好，肉质疏松	嫩度适中，肉质紧密有嚼劲	肉质松散，口感粗糙	z_M=7℃ $AM_{T70℃}$= 0.35 min $AM_{T100℃}$= 0.00026 min
猪肝	切割为 2.5 cm×2.5 cm× 0.3 cm（长×宽×高），插入热电偶	加热油温 100℃ 120℃ 140℃	颜色（0.43）	暗紫色	淡紫红色	灰色	棕色	z_M=8℃ $AM_{T70℃}$= 0.72 min $AM_{T100℃}$= 0.000079 min
			气味（0.21）	血腥气	微带血腥气	具有猪肝特有的香气	不良气味	
			口感（0.36）	口感差	口感稍好	嫩度适中，有嚼劲和弹性感，爽口不黏牙	过老，黏牙	

对鱼、虾、猪肝的终点成熟值测定总体上证明水产品及内脏类食品终点成熟值存

在且稳定，成熟值原理适用于水产品及内脏类食品成熟过程。

水产品与内脏类食品（不挂糊）成熟动力学参数 z_M 值均在 7～10℃，由于此类食品成熟速度较快，因此在试验过程中按特定 M 值采样的难度较大，需要一定的试验经验和技巧，可以先做预试验摸索。由于其 z_M 值较小，因此两个参考温度间的 M 差异较为明显。

3.6　再制生食的烹饪成熟值的测定

再制生食就是食材经过加工重组后仍必须加热烹饪后才能食用的烹饪食材。在烹饪和食品加工中，再制生食较为常见。灌肠后的西式火腿是一种再制生食，需要煮制后才能食用。目前对西式火腿低温煮制的时间和温度主要依靠经验，且文献资料基本以煮制温度为 70～80℃下保持 2～3h 为煮制终点（李增利，1988；涂黎明，1991；余德敏，2007），无法准确指导工业化生产。

鱼丸是民间的传统菜品，由鱼肉配合其他配料制成，需要煮制后食用。

西式火腿在我国有较大市场，成品也需加热成熟才能食用。

油辣椒是日常烹饪中深受大家喜爱的调味品，且具有很高的商业价值，是贵州省优势特色食品。其用加工过的干辣椒面由热油熬制而成，油辣椒的成熟值测定对指导油辣椒工业生产有一定意义。

3.6.1　测量方法

1. 测定流程

应用同时测量 M_T 和 z_M 的假设试算法，按 3.1.2 节的步骤 1～步骤 6 开展测定，具体流程如图 3-34 所示。试验细节补充说明如下。

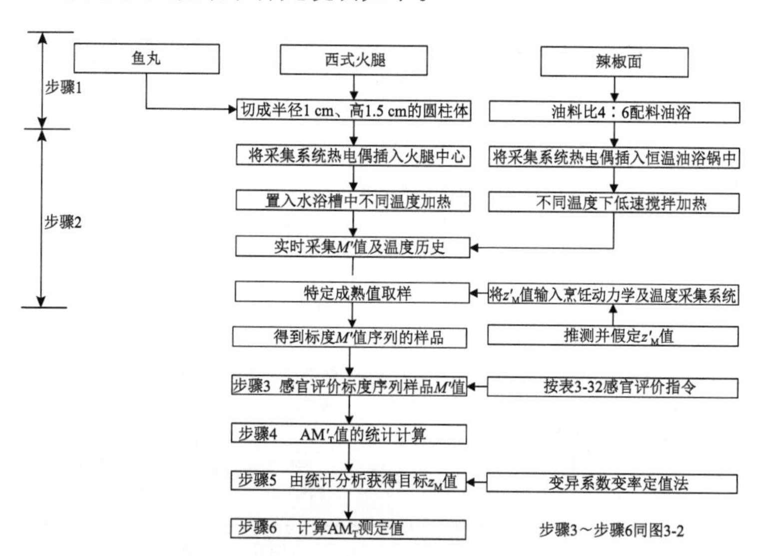

图 3-34　再制生食成熟值测定试验流程

2. 试验条件

1）食材和烹饪条件的选择

西式火腿为实验室自制（石宇等，2019）；鱼丸采用冷冻闽南脆丸；制作油辣椒的辣椒面为贵阳市购。烹饪条件详见表 3-32 烹饪条件及测温方法一栏。

2）差异试验设计

尽量使得烹饪加热的温度历史形成差异，详见表 3-32 差异试验条件一栏。以每秒 1 次的采样频率采集温度和成熟值数据，选择 T_{ref} = 70℃为参考温度。

3）感官评价

采用区别检验法，同 3.2.1 节。感官评价品质因子选择、权重及感官评价指令见表 3-32。

4）温度与 z_M 值的测算

（1）温度测量。按原理，成熟值测定中选取食物的几何中心为测定点进行温度采集。

（2）z_M 值的计算。其差异试验形成的 z_M 值对应的 M_T 值标准差的变化规律与肉类相同，通常会出现最小值。选用变异系数变率定值法。

3.6.2 再制生食的成熟测定结果

1. 西式火腿

西式火腿的成熟差异试验设计细节见表 3-32。表 3-29 为西式火腿成熟感官评价选择试验和 z_M、M_T、AM_T 计算结果，本次试验 z_M 值的假设值与测定值相同。

表 3-29　自制肉类西式火腿成熟感官评价及终点成熟值、平均综合终点成熟值、总体综合终点成熟值计算结果

75℃				80℃				85℃			
成熟值 M（z_M=9℃）	成熟样选择人次			成熟值 M（z_M=9℃）	成熟样选择人次			成熟值 M（z_M=9℃）	成熟样选择人次		
	颜色	口感	形态		颜色	口感	形态		颜色	口感	形态
0.85	0	0	0	0.49	0	0	0	0.72	0	0	0
1.34	1	0	0	1.01	0	0	0	1.27	0	0	0
1.84	1	0	1	1.50	0	0	0	1.78	0	0	0
2.34	0	3	2	2.06	2	0	1	2.24	2	2	2
2.85	8	7	7	2.55	8	10	9	2.74	8	8	8
M_T/min	2.60	2.70	2.65	—	2.45	2.55	2.50		2.64	2.64	2.64
AM_T/min		2.67				2.52				2.64	

续表

75℃				80℃				85℃			
成熟值 M（z_M=9℃）	成熟样选择人次			成熟值 M（z_M=9℃）	成熟样选择人次			成熟值 M（z_M=9℃）	成熟样选择人次		
	颜色	口感	形态		颜色	口感	形态		颜色	口感	形态
z_M/℃					9						
总体 AM_T/min					2.61						

自制肉类西式火腿成熟值测定的成熟样温度历史、综合终点成熟值变化及 V_{CV}-z'_M 曲线见图 3-35。

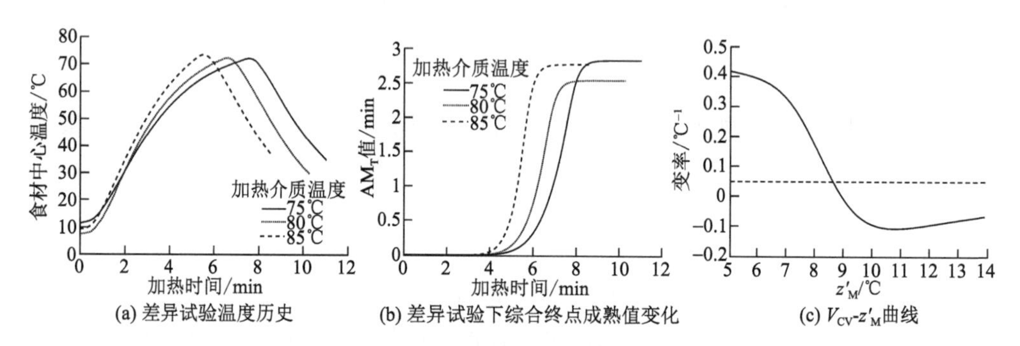

图 3-35　自制肉类西式火腿成熟值测定的成熟样温度历史、综合终点成熟值变化及 V_{CV}-z'_M 曲线

2. 油辣椒

油辣椒成熟差异试验设计细节见表 3-32。表 3-30 为油辣椒成熟感官评价选择试验和 z_M、M_T、AM_T 计算结果。油辣椒成熟值测定的成熟样温度历史、综合终点成熟值变化及 V_{CV}-z'_M 曲线见图 3-36。

表 3-30　不同油温下油辣椒成熟感官评价及终点成熟值、平均综合终点成熟值、总体综合终点成熟值计算结果

100℃				110℃				120℃			
成熟值 M（z_M=79℃）	成熟样选择人次			成熟值 M（z_M=79℃）	成熟样选择人次			成熟值 M（z_M=79℃）	成熟样选择人次		
	颜色	气味	口感		颜色	气味	口感		颜色	气味	口感
16.59	0	0	0	16.14	0	0	0	16.64	0	0	0
20.74	0	0	0	20.18	1	0	0	20.80	1	0	0
24.89	2	0	2	24.21	1	1	1	24.96	1	1	2
29.03	5	7	5	28.25	5	6	5	29.12	4	8	6
33.18	3	3	3	32.28	3	3	4	33.28	4	1	2
41.48	0	0	0	40.35	0	0	0	41.61	0	0	0
M_T/min	29.45	30.28	29.45	—	28.25	29.06	29.46		29.54	29.12	29.12
AM_T/min		29.75				28.88				29.27	
z_M/℃						79					
总体 AM_T/min						29.30					

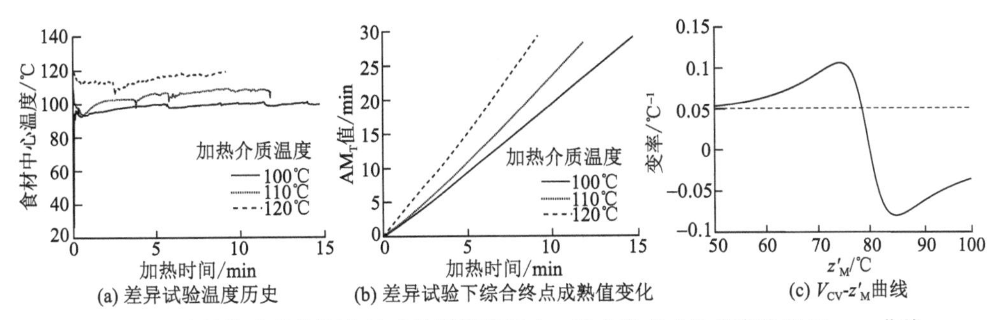

图 3-36　油辣椒成熟值测定的成熟样温度历史、综合终点成熟值变化及 V_{CV}-z'_M 曲线

3. 鱼丸

鱼丸成熟差异试验设计细节见表 3-32。表 3-31 为鱼丸成熟感官评价选择试验和 z_M、M_T、AM_T 计算结果。鱼丸成熟值测定的成熟样温度历史、综合终点成熟值变化及 V_{CV}-z'_M 曲线见图 3-37。

表 3-31　鱼丸成熟感官评价及终点成熟值、平均综合终点成熟值、总体综合终点成熟值计算结果

75℃					85℃					95℃				
成熟值 M（z'_M=59℃）	成熟值 M（z_M=68℃）	成熟样选择人次			成熟值 M（z'_M=59℃）	成熟值 M（z_M=68℃）	成熟样选择人次			成熟值 M（z'_M=59℃）	成熟值 M（z_M=68℃）	成熟样选择人次		
		味感	嗅感	口感			味感	嗅感	口感			味感	嗅感	口感
1.03	1.15	0	0	0	1.41	1.51	0	0	0	1.93	1.98	0	0	0
2.22	2.33	0	0	0	3.17	3.15	0	0	0	4.33	4.10	0	0	0
3.48	3.57	0	0	0	4.93	4.78	0	0	0	6.73	6.24	2	2	1
4.88	4.88	0	0	0	6.71	6.43	1	2	1	9.43	8.55	6	5	7
5.90	5.92	0	0	0	9.11	8.64	6	6	6	12.04	10.84	2	3	2
7.39	7.32	2	3	3	10.88	10.24	3	2	2	14.53	13.06	0	0	0
8.65	8.52	4	5	4	12.43	11.68	0	0	1	17.16	15.35	0	0	0
9.75	9.62	2	1	2	14.22	13.42	0	0	0	19.34	17.31	0	0	0
11.08	10.90	2	1	1	15.64	14.67	0	0	0	34.22	19.65	0	0	0
12.04	11.86	0	0	0	17.44	16.40	0	0	0	25.17	22.37	0	0	0
M_T/min		8.98	8.51	8.62			8.90	8.52	9.04			8.47	8.76	8.78
AM_T/min			8.70					8.83					8.71	
z_M/℃								68						
总体 AM_T/min								8.75						

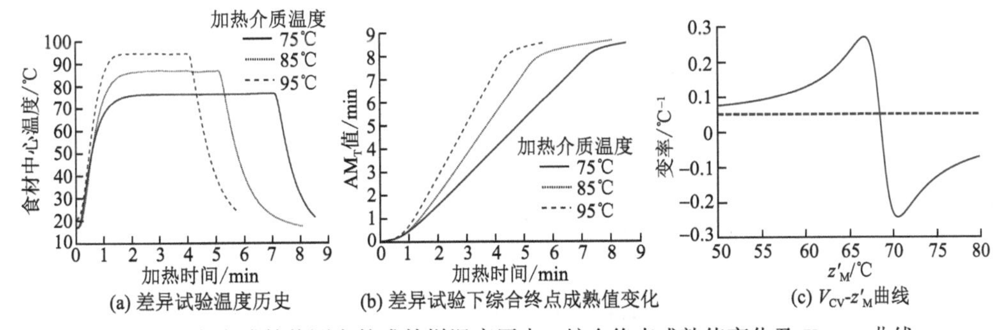

图 3-37　鱼丸成熟值测定的成熟样温度历史、综合终点成熟值变化及 V_{CV}-z'_M 曲线

3.6.3　再制生食成熟测定的总结与讨论

各种再制生食的 AM_T 测定条件与测定结果见表 3-32。

表 3-32　各种再制食品的成熟值测定条件与测定结果

食材	烹饪条件及测温方法	差异试验条件	品质因子（权重）	感官评价指令			方法与结果
				生	熟	过热	变异系数变率定值法
西式火腿	原料半径为 1 cm、高为 1.5 cm 圆柱体，插入热电偶	加热油温 75℃ 80℃ 85℃	颜色（0.15）	呈淡红色气孔多状态	同市面上火腿颜色相同		z_M=9℃ $AM_{T70℃}$= 2.61 min $AM_{T100℃}$= 0.00085 min
			口感（0.61）	口感软烂	弹性良好	质地粗糙	
			形态（0.24）	中心肉糜状	中心成形且弹性良好		
油辣椒	油辣椒原辅料与油量比例为 4：6	加热油温 100℃ 110℃ 120℃	气味（0.36）	刺激性呛鼻气味	不刺鼻的油辣香味	不刺鼻的油辣香味	z_M=79℃ $AM_{T70℃}$= 29.30 min $AM_{T100℃}$= 12.16 min
			颜色（0.36）	鲜红色	红褐色	黑褐色	
			口感（0.28）	刺激性辛辣味	油辣香味	辣味消失并产生苦味	
鱼丸	原料半径为 1.0 cm ± 0.1 cm、长 1.5 cm 圆柱体，插入热电偶	加热水温 75℃ 85℃ 95℃	味感（0.32）	生淀粉味、鱼腥味	鱼香味	鱼香味淡	z_M=68℃ $AM_{T70℃}$= 8.75 min $AM_{T100℃}$= 3.03 min
			嗅感（香气）（0.32）	鱼腥味	鱼香味	鱼香味淡	
			口感（0.36）	无弹性、无嚼劲	鲜嫩并耐嚼、爽口、富有弹性	无弹性、质地松软	

通过对西式火腿、油辣椒、鱼丸等再制生食进行终点成熟值测定发现，再制生食成熟值存在且稳定，证明成熟值理论适用于再制生食的加热成熟过程。

再制生食的成熟主要取决于其主要生食组分的加热品质变化。以猪肉为主制作的西式火腿（石宇，2020）的成熟 z_M 值 9℃与畜肉的成熟值 10℃很接近。

鱼丸的主要用途是火锅原料，需要耐煮，添加了三聚磷酸钠、焦磷酸钠、鸡蛋白粉、大豆蛋白等添加剂，其 z_M 值 68℃与新鲜鱼肉的 z_M 值 10℃差别巨大，对温度敏感性大幅度降低，且终点成熟值也增大了数倍，说明再制食品的复配及使用添加剂会对烹饪成熟产生重大影响，可作为控制烹饪成熟的手段。

油辣椒的品质形成需要轻度焦煳，其 z_M 值 79℃数值很大，与多数肉类、蔬菜、谷物的 z_M 值差异很大，却与本书 11.4 节测定的肉的热堆积（焦煳）的 z 值更接近。

3.7　谷物成熟值的测定

谷物是人类最重要的主食。《烹饪概论》（陈光新，2004）将谷物分为米、麦、豆、薯四类。2018 年，联合国粮农组织数据库统计得到全世界产量排名前十的谷物类食品分别为玉米、大米、小麦、土豆、大麦、高粱、小米、绿豆、燕麦和谷类制品。

米类选择粳米、珍珠米为测定对象。麦类选用小麦为测定对象。而小麦一般通过再加工方式为人类食用，故选择挂面和馒头作为代表性食物。豆类选择绿豆和芸豆为测定对象。薯类品质更接近蔬菜，归入蔬菜类，见本章 3.4 节。

谷物类食品日常主要以煮和蒸的方式进行烹饪处理，煮制是指谷物在过量水下加热，使淀粉糊化（肖华志等，2010），且煮制以水为介质传热效率较高。因此，采用煮制加热对谷物类食品成熟进行研究。

3.7.1　测量方法

1. 测定流程

应用同时测量 M_T 和 z_M 的假设试算法，按 3.1.2 节的步骤 1～步骤 6 开展测定，具体流程如图 3-38 所示。差异试验设计细节见表 3-39。试验细节补充说明如下。

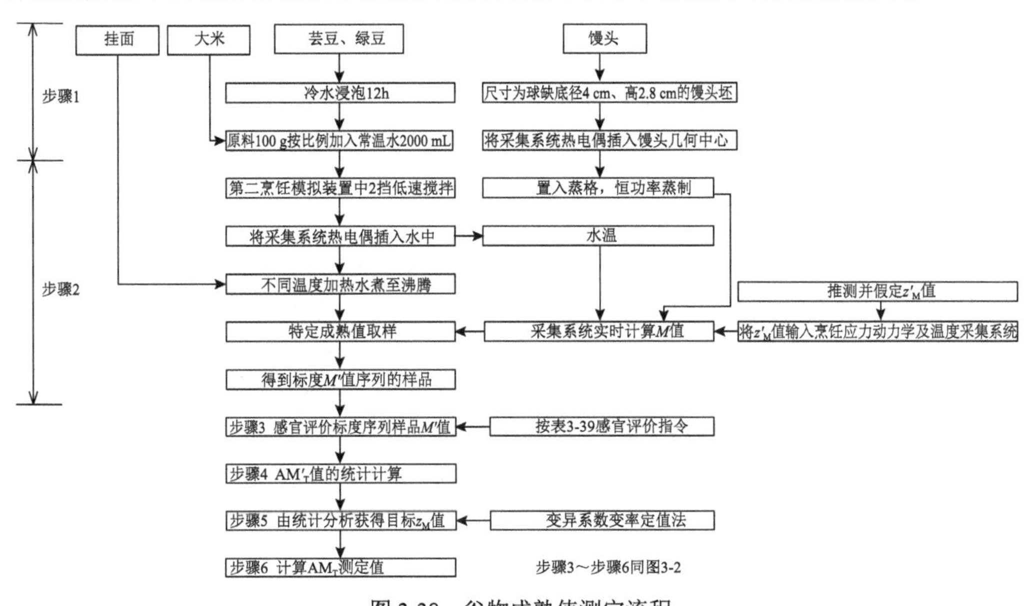

图 3-38　谷物成熟值测定流程

2. 试验条件

1）试样预处理

低水分谷物的成熟测定与肉类有显著差异，必须做适当调整。豆类水分含量较低，直接烹饪会导致测量过程过长，且不符合日常烹饪习惯，因此在测定前用水浸泡12 h，让其充分吸水。

2）烹饪条件的选择

由于糊化是谷物成熟的基本条件，水既是传热介质，又是烹饪成熟的反应物，成为食物烹饪成品的一部分。烹饪谷物，通常不适合使用油作为传热介质。以对象谷物的中式烹饪主流方式确定烹饪条件。大米、挂面、豆类和馒头的烹饪方式各有不同。在日常烹饪中，在水煮沸后才将挂面放入水中，在测定过程中，当水达到加热温度时，才开始烹饪。试验设计尽量接近日常烹饪习惯。详见表 3-39 烹饪条件及测温方法一栏。使用 6.4.2 节第二代烹饪模拟装置，2 挡低速搅拌。

3）差异试验设计

谷物烹饪的煮制加热条件很特殊，必须通过水的沸腾实现搅拌，提升传热效率，保证传热均匀。水的沸点是恒定的，因此很难像肉的油浴加热一样，设计不同的加热温度，实现差异化加热。为此，设计以不同功率热源加热烹饪，以形成差异。虽然形成的差异弱于肉类油浴，但也达到了基本的差异化效果，形成温度历史差异，详见表 3-39 差异试验条件一栏。

4）预试验

（1）参考温度的选择：谷物烹饪通常在沸点进行，参考温度 T_{ref} 应选 100℃，但为了与肉的成熟比较，同时选择 T_{ref}= 70℃为参考温度，参考温度 100℃与 70℃的 AM_T 计算结果见表 3-39。本课题组之前做的谷物试验用的是曲率法计算 z_M 值，在后续的探究中，发现此法有一定的弊端，详见 3.1.3 节。为了撰写本书，课题组重新测定了谷物类食材成熟值，以变率法计算 z_M 值。

（2）设定烹饪传热学及动力学采集分析系统的 z'_M 值为：大米 31℃、粳米 37℃、绿豆 23℃、芸豆 25℃、挂面 22℃、馒头 45℃展开预试验。结果发现当粳米 33℃、珍珠米 25℃、挂面 28℃、绿豆 30℃、芸豆 22℃、馒头 26℃时最稳定，以此展开正式试验。

（3）成熟值标度样的取样：谷物没有肉类成熟显著，成熟反应缓慢，单位时间内成熟变化不大。因此在选择成熟标度样品时，取样间隔时长较长。以 10 s 以上一次的采样频率采集温度和成熟值数据。

5）温度与 z_M 值的测算

（1）温度测量。按原理，应测量食材冷点温度的计算终点成熟值。但对于小颗粒谷物而言，冷点温度不但测量困难，而且没必要。因为颗粒小，中心温度与水温一致仅需数秒至十多秒，而烹饪达到成熟终点的时间尺度是数分钟到数十分钟。因此，通过测量流体温度即可近似获得谷物温度，该温度能够代表谷物煮制的温度变化规律，以采集烹饪传热介质温度代替食材中心温度。

（2）z_M 值的计算。由于谷物成熟点没有肉类成熟显著，其差异试验形成的 z_M 值对

应的 M_T 值标准差的变化规律与肉类不同，通常没有最小值出现或出现的最小值无意义，不适合选择σ最小值法及 CV 最小值法，因此采用变异系数变率定值法。

6）感官评价

感官评价品质因子选择、权重及感官评价指令见表 3-39。

3.7.2　各种谷物成熟值测定结果

1. 豆类

1）绿豆

表 3-33 为绿豆成熟感官评价选择试验和 z_M、M_T、AM_T 计算结果。绿豆成熟值测定的成熟样温度历史、综合终点成熟值变化及 V_{CV}-z'_M 曲线见图 3-39。

表 3-33　不同温度煮制绿豆成熟感官评价及终点成熟值、平均综合终点成熟值、总体综合终点成熟值计算结果

80℃			90℃			100℃		
成熟值 *M*（z_M=30℃）	成熟样选择人次		成熟值 *M*（z_M=30℃）	成熟样选择人次		成熟值 *M*（z_M=30℃）	成熟样选择人次	
	滋味	口感		滋味	口感		滋味	口感
430.00	0	0	420.00	0	0	430.00	0	0
440.00	0	0	430.00	0	0	440.00	0	0
450.00	0	0	440.00	1	1	450.00	0	0
460.00	2	1	450.00	5	6	460.00	3	1
470.00	6	7	460.00	3	2	470.00	4	6
480.00	1	1	470.00	1	1	480.00	2	2
490.00	1	1	480.00	0	0	490.00	1	1
M_T/min	471.00	472.00		454.00	453.00		471.00	473.00
AM_T/min	471.33		453.67			471.66		
z_M/℃	30							
总体平均 AM_T/min	465.55							

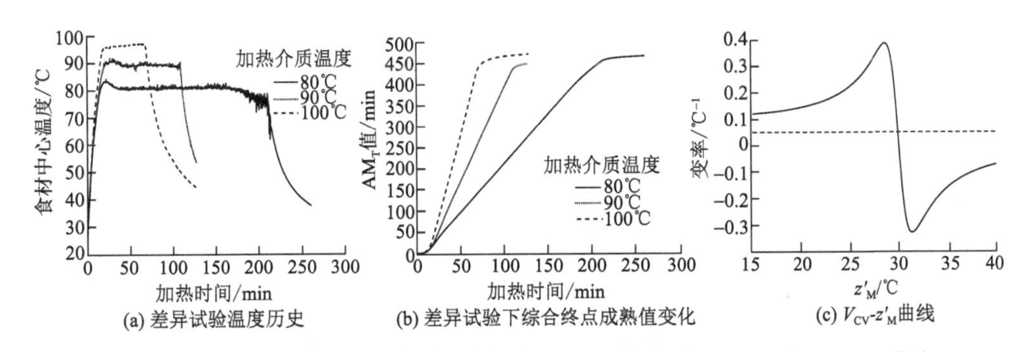

图 3-39　绿豆成熟值测定的成熟样温度历史、综合终点成熟值变化及 V_{CV}- z'_M 曲线

2）芸豆

表 3-34 为芸豆成熟感官评价选择试验和 z_M、M_T、AM_T 计算结果。芸豆成熟值测定的成熟样温度历史、综合终点成熟值变化及 V_{CV}-z'_M 曲线如图 3-40 所示。

表 3-34　不同温度煮制芸豆成熟感官评价及终点成熟值、平均综合终点成熟值、总体综合终点成熟值计算结果

80℃			90℃			100℃		
成熟值 *M*（z_M=22℃）	成熟样选择人次		成熟值 *M*（z_M=22℃）	成熟样选择人次		成熟值 *M*（z_M=22℃）	成熟样选择人次	
	滋味	口感		滋味	口感		滋味	口感
720.00	0	0	720.00	0	1	720.00	0	0
730.00	0	0	730.00	1	1	730.00	0	0
740.00	0	0	740.00	4	6	740.00	1	0
750.00	1	1	750.00	2	2	750.00	1	1
760.00	5	7	760.00	2	0	760.00	4	2
770.00	3	2	770.00	1	0	770.00	3	6
780.00	1	0	780.00	0	0	780.00	1	1
M_T/min	764.00	761.00		748.00	739.00		762.00	767.00
AM_T/min	763.01			745.03			763.65	
z_M/℃				22				
总体平均 AM_T/min				757.23				

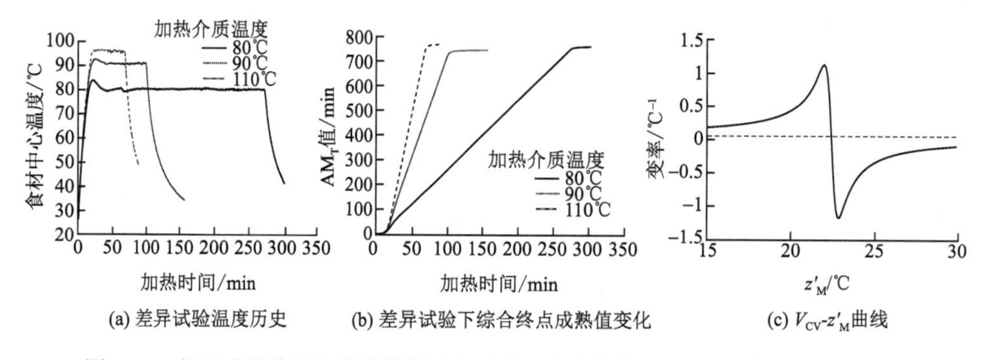

(a) 差异试验温度历史　(b) 差异试验下综合终点成熟值变化　(c) V_{CV}-z'_M曲线

图 3-40　芸豆成熟值测定的成熟样温度历史、综合终点成熟值变化及 V_{CV}- z'_M 曲线

2. 大米

1）粳米

表 3-35 为粳米成熟感官评价选择试验和 z_M、M_T、AM_T 计算结果。

表 3-35　不同温度煮制粳米成熟感官评价及终点成熟值、平均综合终点成熟值、总体综合终点成熟值计算结果

80℃			90℃			100℃		
成熟值 M（z_M=33℃）	成熟样选择人次		成熟值 M（z_M=33℃）	成熟样选择人次		成熟值 M（z_M=33℃）	成熟样选择人次	
	滋味	口感		滋味	口感		滋味	口感
100.00	0	0	120.00	0	0	100.00	0	0
110.00	0	0	130.00	0	0	110.00	0	0
120.00	1	0	140.00	0	0	120.00	1	0
130.00	1	1	150.00	0	0	130.00	1	0
140.00	4	5	160.00	1	2	140.00	1	2
150.00	3	3	170.00	1	6	150.00	4	4
160.00	1	1	180.00	5	1	160.00	2	3
170.00	0	1	190.00	3	1	170.00	1	1
M_T/min	142.00	161.00		180.00	171.00	—	148.00	153.00
AM_T/min	148.27			177.03			149.65	
z_M/℃				33				
总体 AM_T/min				158.32				

粳米成熟值测定的成熟样温度历史、综合终点成熟值变化及 V_{CV}-z'_M 曲线如图 3-41 所示。

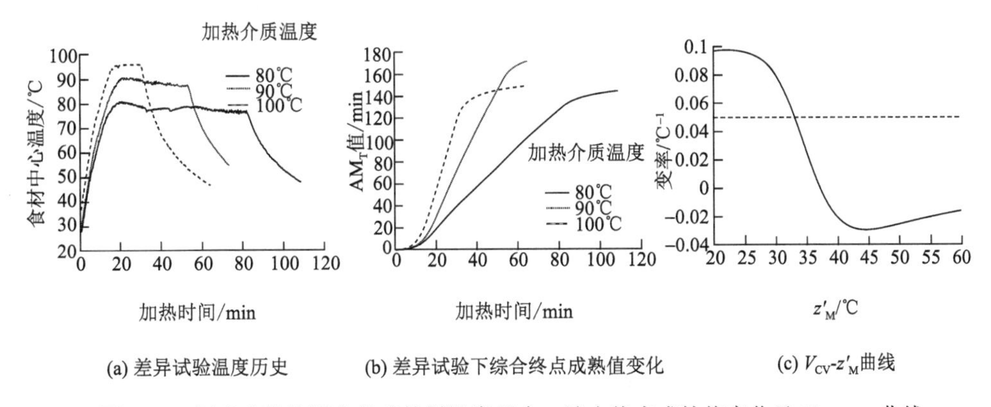

(a) 差异试验温度历史　(b) 差异试验下综合终点成熟值变化　(c) V_{CV}-z'_M曲线

图 3-41　粳米成熟值测定的成熟样温度历史、综合终点成熟值变化及 V_{CV}- z'_M 曲线

2）珍珠米

表 3-36 为珍珠米成熟感官评价选择试验和 z_M、M_T、AM_T 计算结果。珍珠米成熟值测定的成熟样温度历史、综合终点成熟值变化及 V_{CV}-z'_M 曲线如图 3-42 所示。

表 3-36　不同温度煮制珍珠米成熟感官评价及终点成熟值、平均综合终点成熟值、总体综合终点成熟值计算结果

80℃			90℃			100℃		
成熟值 M（z_M=25℃）	成熟样选择人次		成熟值 M（z_M=25℃）	成熟样选择人次		成熟值 M（z_M=25℃）	成熟样选择人次	
	滋味	口感		滋味	口感		滋味	口感
130.00	0	0	310.00	0	1	230.00	1	1
140.00	0	0	320.00	0	1	240.00	1	1
150.00	0	0	330.00	1	1	250.00	1	1
160.00	0	0	340.00	1	1	260.00	3	2
170.00	2	0	350.00	5	4	270.00	2	4
180.00	1	3	360.00	2	1	280.00	1	1
190.00	7	7	370.00	1	1	290.00	1	0
M_T/min	185.00	187.00		351.00	343.00		261.00	260.00
AM_T/min	185.66			348.36			260.67	
z_M/℃				25				
总体平均 AM_T/min				264.90				

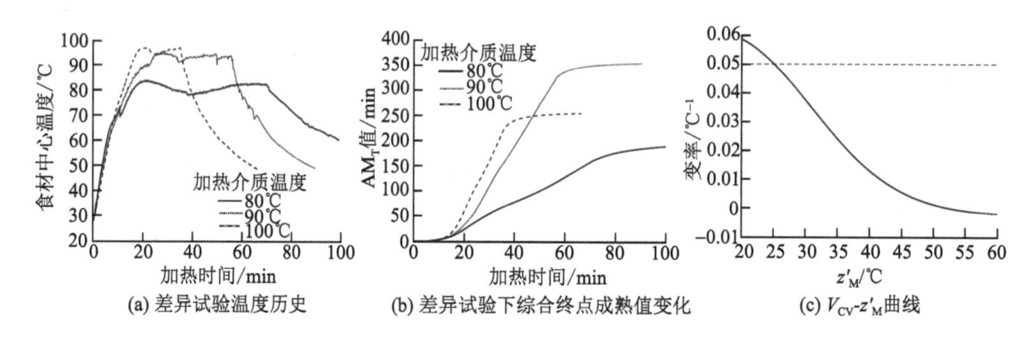

图 3-42　珍珠米成熟值测定的成熟样温度历史、综合终点成熟值变化及 V_{CV}-z'_M 曲线

3. 挂面

表 3-37 为挂面成熟感官评价选择试验和 z_M、M_T、AM_T 计算结果。挂面成熟值测定的成熟样温度历史、综合终点成熟值变化及 V_{CV}-z'_M 曲线如图 3-43 所示。

表 3-37　不同温度煮制挂面成熟感官评价及终点成熟值、平均综合终点成熟值、总体综合终点成熟值计算结果

80℃			90℃			100℃		
成熟值 M（z_M=28℃）	成熟样选择人次		成熟值 M（z_M=28℃）	成熟样选择人次		成熟值 M（z_M=28℃）	成熟样选择人次	
	滋味	口感		滋味	口感		滋味	口感
2.00	0	0	4.00	1	0	7.00	1	0

续表

80℃			90℃			100℃		
成熟值 M（z_M=28℃）	成熟样选择人次		成熟值 M（z_M=28℃）	成熟样选择人次		成熟值 M（z_M=28℃）	成熟样选择人次	
	滋味	口感		滋味	口感		滋味	口感
3.00	1	0	5.00	1	0	8.00	1	1
4.00	1	2	6.00	1	1	9.00	1	1
5.00	5	4	7.00	4	5	10.00	4	5
6.00	1	3	8.00	1	3	11.00	1	2
7.00	1	1	9.00	1	1	12.00	1	1
8.00	1	0	10.00	1	0	13.00	1	0
M_T/min	5.30	5.30		7.0	7.40		10.00	10.10
AM_T/min	5.30		7.20			10.05		
z_M/℃	28							
总体 AM_T/min	7.52							

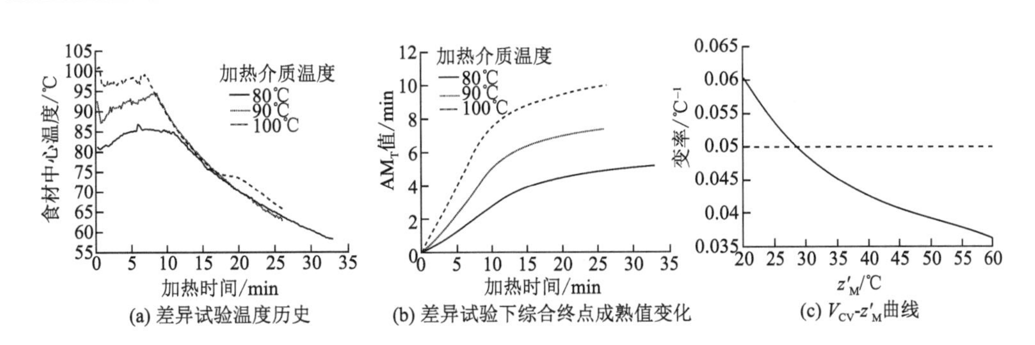

图 3-43 挂面成熟值测定的成熟样温度历史、综合终点成熟值变化及 V_{CV}- z'_M 曲线

4. 馒头

表 3-38 为馒头成熟感官评价选择试验和 z_M、M_T、AM_T 计算结果。馒头成熟值测定的成熟样温度历史、综合终点成熟值变化及 V_{CV}-z'_M 曲线如图 3-44 所示。

表 3-38 不同温度蒸制馒头成熟感官评价及终点成熟值、平均综合终点成熟值、总体综合终点成熟值计算结果

1000 W					1400 W					1800 W				
成熟值 M'（z'_M=46℃）	成熟值 M（z_M=26℃）	成熟样选择人次			成熟值 M'（z'_M=46℃）	成熟值 M（z_M=26℃）	成熟样选择人次			成熟值 M'（z'_M=46℃）	成熟值 M（z_M=26℃）	成熟样选择人次		
		颜色	口感	气味			颜色	口感	气味			颜色	口感	气味
15	0.001	0	0	0	15	0.002	0	0	0	15	0.002	1	0	0
25	0.39	2	2	1	25	0.4	1	2	1	25	0.47	1	0	1
35	3.45	3	4	3	35	5.36	5	3	4	35	7.84	4	4	4
45	14.82	4	3	6	45	17.19	3	4	4	45	21.83	3	5	4

续表

1000 W					1400 W					1800 W				
成熟值 M'（z'_M=46℃）	成熟值 M（z_M=26℃）	成熟样选择人次			成熟值 M'（z'_M=46℃）	成熟值 M（z_M=26℃）	成熟样选择人次			成熟值 M'（z'_M=46℃）	成熟值 M（z_M=26℃）	成熟样选择人次		
		颜色	口感	气味			颜色	口感	气味			颜色	口感	气味
55	44.35	1	1	0	55	57.24	1	1	1	55	64.15	1	1	1
M_T/min		11.48	10.34	9.97	—	—	13.60	14.29	14.78	—	—	16.15	20.47	18.33
AM_T/min			10.47					14.31		—	—		18.64	
z_M/℃								26						
总体 AM_T/min								14.47						

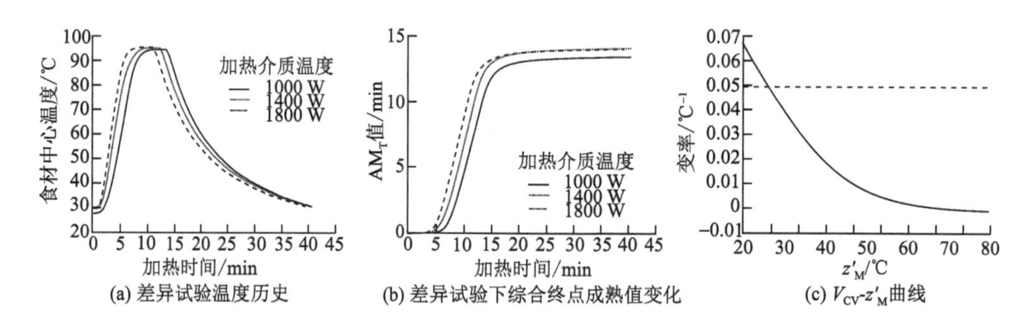

图 3-44 馒头成熟值测定的成熟样温度历史、综合终点成熟值变化及 V_{CV}-z'_M 曲线

3.7.3 谷物成熟测定的总结与讨论

1. 干燥谷物和润湿谷物的成熟差异

在谷物的成熟测定中发现，大米、挂面等干燥谷物和预浸泡润湿谷物的成熟测定出现了较大的差异，表现在差异试验的成熟样的终点成熟值差距较大。干燥谷物差异试验获得的终点成熟值之间的差距较润湿谷物大。豆类等预润湿谷物差异试验获得的终点成熟值之间的差距较小，数据较好。

谷物的主要成熟化学反应变化是淀粉的糊化。而水分渗透是淀粉糊化的必要条件。水分的渗透只是糊化成熟的必要条件，与加热糊化反应没有直接关系，并且温度对水分渗透和淀粉糊化反应影响的动力学规律不同。因此，干燥谷物对成熟值原理的符合程度较低。试验结果得到的 z_M 值与以淀粉糊化为主要成熟反应的食品品质变化 z 值（南瓜 33℃，马铃薯 21℃，参见表 7-1）接近，说明成熟测定仍有其合理性。

润湿谷物的水分已经进入谷物组织内部，因此主要受到糊化反应的影响，较好地符合成熟值原理。干燥谷物的成熟值测量中扣除渗透过程对成熟的干扰后，应更加符合成熟动力学规律，如何扣除尚需深入研究。

2. 谷物成熟测定结果总结

各种谷物的 AM_T 测定条件与测定结果见表 3-39。

表 3-39 各种谷物成熟值测定条件与测定结果

食材	烹饪条件及测温方法	差异试验条件	品质因子（权重）	感官评价指令			方法与结果
				生	熟	过热	变异系数变率定值法
绿豆	试样 100 g，纯净水 2000 g，集热式恒温加热煮制	煮制温度 80℃ 90℃ 100℃	滋味（0.67）	豆腥味	豆香味	豆香味	z_M=30℃ $AM_{T70℃}$= 465.55 min $AM_{T100℃}$= 46.17 min
			口感（0.33）	生硬	软硬适中	软烂口感	
芸豆	试样 100 g，纯净水 2000 g，集热式恒温加热煮制	煮制温度 80℃ 90℃ 100℃	滋味（0.67）	明显的豆腥味	良好的豆腥味	浓郁的豆香味	z_M=22℃ $AM_{T70℃}$= 757.23 min $AM_{T100℃}$= 34.78 min
			口感（0.33）	口感坚硬	口感软硬适中有嚼劲	过于软烂	
粳米	试样 100 g，纯净水 2000 g，集热式恒温加热煮制	煮制温度 80℃ 90℃ 100℃	滋味（0.67）	有生硬颗粒感及生涩淀粉味	米粒饱满，表观完整	米粒表观不完整且表面胀破痕迹明显	z_M=33℃ $AM_{T70℃}$= 158.32 min $AM_{T100℃}$= 19.62 min
			口感（0.33）	咀嚼时有明显硬心	口感软滑，内部无硬心感	米粒过于软烂无弹性	
珍珠米	试样 100 g，纯净水 2000 g，集热式恒温加热煮制	煮制温度 80℃ 90℃ 100℃	滋味（0.67）	有生硬颗粒感及生涩淀粉味	米粒饱满，表观完整	米粒表观不完整且表面胀破痕迹明显	z_M=25℃ $AM_{T70℃}$= 264.90 min $AM_{T100℃}$= 16.88 min
			口感（0.33）	咀嚼时有明显的硬心	口感软滑，内部无硬心感	米粒过于软烂无弹性	
挂面	试样 100 g，纯净水 2000 g，集热式恒温加热煮制	煮制温度 80℃ 90℃ 100℃	滋味（0.5）	有生粉味，白色硬心明显	面条香味，由白色变为半透明	过度糊化，软烂	z_M=28℃ $AM_{T70℃}$= 7.52 min $AM_{T100℃}$= 0.66 min
			口感（0.5）	咀嚼时生硬无弹性	有弹性无嚼劲	口感软烂、黏腻	
馒头	100 g 面粉，干酵母 1g，0.5 g 白砂糖、蒸馏水 50 mL，在搅拌机中搅拌 15 min，手工成形蒸制	功率分别 1000 W 1400 W 1800 W 蒸制	颜色（0.36）	灰白	白色	淡黄色	z_M=26℃ $AM_{T70℃}$= 14.47 min $AM_{T100℃}$=3.16 min
			气味（0.28）	发酵味	麦香味	带有异味的麦香味	
			口感（0.36）	有一定的生淀粉味	口感柔软有弹性	有发黏感或发硬的感觉	

对大米、小米、挂面、红豆、绿豆、马铃薯和玉米糁的终点成熟值测定总体上证明谷物类食品终点成熟值存在且稳定，成熟值原理适用于谷物类食品成熟过程。

谷物类食品成熟动力学参数 z_M 值测定结果均在 20～45℃，证明同一类别食品 z_M 值存在稳定范围，表现出明显的类别特征。

各类谷物成熟测定中，烹饪方法差异较大，如豆类有种皮且进行了预浸泡，大米去除谷壳和皮层，挂面经和面后干燥、馒头经和面后发酵。各类谷物食材之间的成熟测定结果缺少可比性。谷物的成熟测定还需要深入研究。

3.8 成熟值测量总结及参数意义

3.8.1 测定结果总结

1. z_M 值、AM_T 值测定结果

不同食材 z_M 值、AM_T 值测定结果见表 3-40。不同食材的 z_M 值、AM_T 值、CV 见图 3-45～图 3-47。

表 3-40 不同食材 z_M 值、AM_T 值测定结果

类别	名称	烹饪条件	变异系数最小值法				变异系数变率定值法			
			z_M/℃	σ	CV	AM_T/min	z_M/℃	σ	CV	AM_T/min
畜禽肉类	猪里脊肉	油浴	10	0.0037	0.0072	0.51	10	0.01	0.02	0.52
蔬菜类	蒜薹	油浴	32	0.15	0.0053	27.81	32	0.84	0.03	28.06
	菜薹	油浴	23	0.31	0.0047	65.31	23	1.96	0.03	65.40
	山药	油浴	23	0.22	0.0098	22.63	23	1.18	0.05	23.51
	马铃薯	油浴	80	0.55	0.025	21.89	33	2.92	0.10	29.23
	不带皮会-2 马铃薯	蒸制	24	0.02	0.0012	17.88	24	0.89	0.05	17.81
	带皮会-2 马铃薯	蒸制	26	0.24	0.014	16.81	26	0.17	0.01	17.31
	不带皮合作-88 马铃薯	蒸制	22	0.78	0.036	21.64	21	0.80	0.03	26.74
	带皮合作-88 马铃薯	蒸制	22	0.27	0.014	19.30	22	0.39	0.02	19.29
	不带皮七彩土豆	蒸制	24	0.05	0.0022	24.07	24	0.48	0.02	23.95
	带皮七彩土豆	蒸制	24	0.07	0.0028	24.79	24	0.24	0.01	24.29
	甘蓝	水浴	31	0.35	0.015	23.41	31	1.17	0.05	23.31
水产类及内脏类	新鲜鱼肉	水浴	10	0.01	0.0031	2.86	10	0.14	0.05	2.79
	挂糊虾仁	油浴	19	0.01	0.011	0.86	18	0.02	0.02	0.80
	虾仁	油浴	7	0.01	0.033	0.36	7	0.005	0.01	0.35
	猪肝	油浴	8	0.01	0.015	0.76	8	0.01	0.02	0.72
再制生食	自制肉类西式火腿	水浴	9	0.15	0.056	2.72	9	0.05	0.02	2.61
	油辣椒	油浴	—	0.46	0.016	28.84	79	0.29	0.01	29.30
	鱼丸	水浴	69	0.07	0.0072	9.30	68	0.06	0.01	8.75
谷物类	绿豆	水浴	30	12.00	0.026	461.49	30	9.31	0.02	465.55
	芸豆	水浴	23	11.34	0.015	756.23	22	8.33	0.01	757.23

续表

类别	名称	烹饪条件	变异系数最小值法				变异系数变率定值法			
			z_M/℃	σ	CV	AM_T /min	z_M/℃	σ	CV	AM_T/min
谷物类	粳米	水浴	37	14.18	0.098	144.65	33	17.42	0.11	158.32
	珍珠米	水浴	53	22.63	0.18	125.70	25	66.23	0.25	264.90
	挂面	水浴	—	0.82	0.048	16.98	28	1.96	0.26	7.52
	馒头	蒸制	68	0.09	0.01	7.11	26	0.36	0.03	14.47

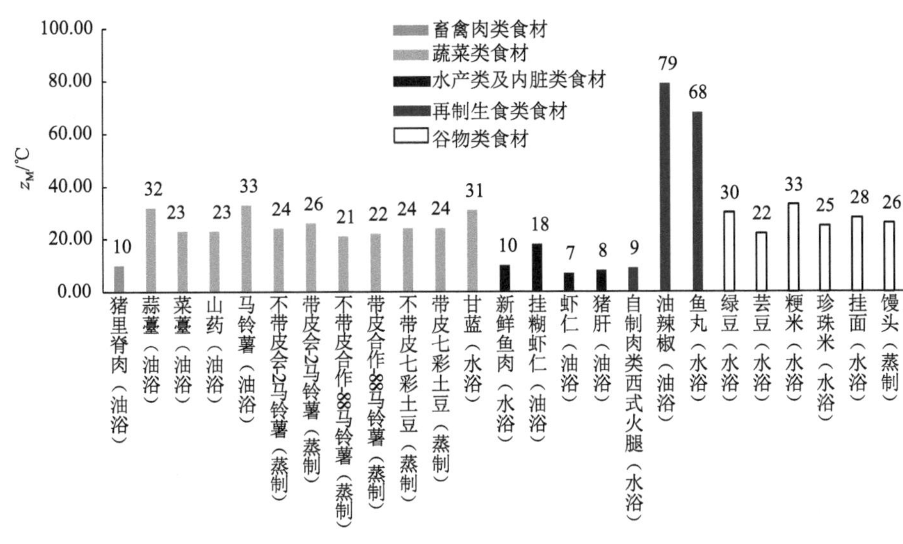

图 3-45　不同食材 z_M 值

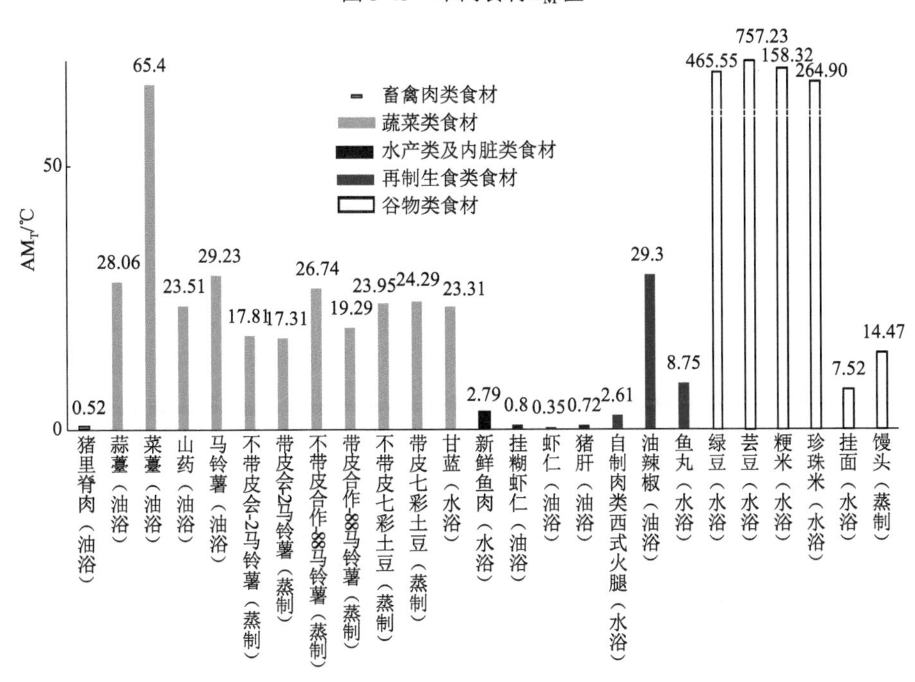

图 3-46　不同食材的 AM_T 值

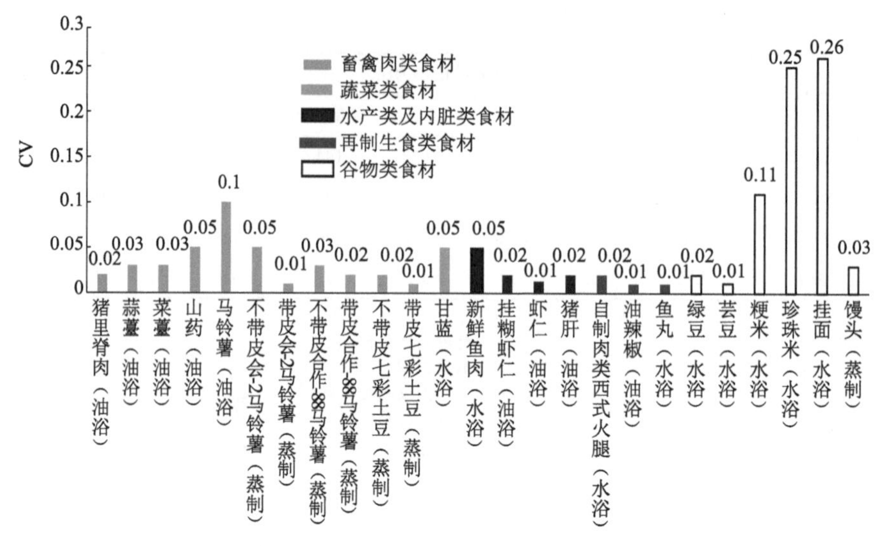

图 3-47 不同食材成熟值测定 CV 值

测定得到的畜肉、鱼肉、虾仁（不挂糊）、猪肝、西式火腿等以动物蛋白质为主要组分的食材的 z_M 值范围为 7～18℃，$AM_{T70℃}$值范围为 0.36～8.75 min；测定得到的蒜薹、菜薹、甘蓝、马铃薯、山药等蔬菜类食材的 z_M 值范围为 21～79℃，$AM_{T70℃}$值范围为 17.31～65.40 min；粳米、珍珠米、挂面、馒头、芸豆、绿豆等粮谷类食品的 z_M 值范围为 22～33℃，$AM_{T70℃}$值范围为 7.52～757.23 min。整体上显示出规律性，即成熟温度敏感性 z_M 值较小的食材表征成熟快慢的 $AM_{T70℃}$值较小，类别特征明显。

2. 不同品质因子的成熟协同性

在对食物进行成熟值测定时，会选取不同的成熟品质因子进行感官评价。对于不同食材，形成不同品质因子感官响应刺激的食材组分在烹饪中的动力学变化规律不可能完全一致，但从前文的测定数据来看，不同品质因子的终点成熟值的一致性却非常高。例如，猪里脊肉测定中，颜色、气味和口感的感官评价成熟样选择显示了一致性。在不同食材的成熟值测定中，不同品质因子感官评价成熟样选择都显示出明显的协同性。采用为模拟人眼视觉而设计的色差计测定猪里脊肉的亮度（L^*）、白度（W）、红绿值（a^*）等光学指标的客观动力学参数 z 值在 26～41℃（李文馨，2015），与蛋白值变性的 z 值 5～10℃有显著不同，但包括颜色判断在内的主观成熟测定得到的 z_M 值为 10℃。

推测产生这种现象的两个原因：①形成感官刺激并非是通常认为的直接因素产生的变化，而是由其他变化引起的，如引起猪里脊肉视觉成熟刺激的不是颜色，而可能是纤维感、光泽度等“质感”；②在对加热烹饪的长期适应中，人类大脑对成熟刺激产生了适应性，形成了不同品质因子成熟判断的协同性，参见 3.9.3 节。

3.8.2 成熟值测量各参数的意义

烹饪成熟值测量涉及以下参数：成熟值 M、终点成熟值 M_T值、z_M值、各差异试验

得到成熟样 M_T 值的标准差 σ 与变异系数 CV。在理论构建和试验测量基础上讨论各参数的意义，如下。

1. 终点成熟值 M_T 值

1）终点成熟值 M_T 值与 z_M 值的相互依赖性

M_T 值与 z_M 值是相互依赖的伴生参数，两者缺一不可。相同温度历史不同食材的烹饪，z_M 值不同，则 M_T 值不同。

2）终点成熟值 M_T 值的应用价值

烹饪成熟的过程参数——成熟值 M 是一个定量反映成熟程度的参数，而影响成熟值 M 的三个因素是温度、时间和 z_M。以往只能依赖感官模糊地判断成熟程度，现在可以用成熟值采集仪和数值计算得到精确数值。而终点成熟值 M_T 仅受特定人群饮食习惯和食品特性的影响，与传热等其他因素无关，是一个独立性很强的参数，可以广泛应用于烹饪的设计、优化和科学研究。其可能的应用如下。

（1）作为烹饪火候控制指标。

已知某一食材的 M_T 值，对于确定的加热条件，即可通过传热学准确推算食材的成熟时间，可用于烹饪工艺和工程设计。M_T 是烹饪火候控制的第一被控变量，详见本书 9.1 节。M_T 值在烹饪中是必须实现的条件，是烹饪优化的限制函数（参见第 8 章），是品质优化必不可少的前提条件。

对于单一食材，M_T 值可以用于分级成熟度，可以测定不同成熟度的不同 M_T 值。传统烹饪中的几成熟只能依靠感官经验模糊分级，而 M_T 值可以对不同的成熟程度给出准确的数值。

对于不同食材，可以用 M_T 值衡量不同食材的加热强度。由于中式烹饪有很高比例的菜肴同时使用多种烹饪食材，如蔬菜炒肉，这种情况下可以通过不同的 M_T 值设计和优化烹饪工艺。蔬菜炒肉中，通常将肉爆好后放置，再烹饪蔬菜，最后合并烹饪，就是使两种 M_T 值不同的食材都达到合理成熟的例子。

M_T 值在未来的工业烹饪和自动烹饪中是制定工艺的核心指标。

（2）作为烹饪研究的基础参数。

当前的烹饪研究，都是以人为规定的加热条件开展研究，与烹饪的合理成熟条件常常差别很大。研究结果与实际烹饪差距较大，影响了应用价值。不同的食材烹饪对比研究也由于缺乏成熟对比基准而难以开展。

2. z_M 值

1）z_M 值的意义

z_M 值表征成熟主观响应对温度的敏感性，作为心理物理常数的函数，它包含了成熟感觉形成的生理-心理客观规律；它由感官评价测定，因此包含了成熟的主观判断，从而综合了成熟感觉形成的主观与客观，展现了成熟的内在本质，其值越小，成熟对温度的敏感性越高，成熟越快。z_M 值作为一个主观动力学参数表达了成熟过程的本质，可以衡量成熟的速率。

z_M 值按值大小，可以分为 3 个区间：① $z_M \leqslant 10℃$，可定义为快速成熟，通常成熟的感官响应清晰明确，主要出现在肉类、水产、内脏等食材，成熟主要变化是蛋白质变性；② $10℃ < z_M \leqslant 15℃$，为中速成熟，处在这个范围的食材较少，如一些蔬菜；③ $z_M > 15℃$，为慢速成熟，成熟感官响应相对模糊，多数不以蛋白质变性为主要成熟变化的食材的 z_M 值都在这一范围，如多数谷物、部分蔬菜等。在食品杀菌 C 值（主要指品质劣化，相当于本书的过热值）的大量测定中，品质变化的平均 z 值为 33℃，与慢速成熟的数值接近，参见表 3-40 和图 3-45。

2）z_M 值的应用

z_M 值对烹饪热处理优化至关重要，成熟值和过热值之差是存在烹饪优化空间的基本条件。由于 z_o 值数值通常在 33℃附近，快速成熟食材 z_M 值较小，与过热值的 z_o 值差值大，则烹饪品质优化空间大，烹饪控制也较为复杂，控制难度大。慢速成熟食材 z_M 值较大，与过热值的 z_o 值接近，烹饪品质优化空间小，烹饪控制也较为简易。参见本书第 8、9 两章。

3）z_M 值测定可靠性对 M_T 值的影响

z_M 值是基于感官评价测定和统计分析获得的，因而测定得到 z_M 值的准确性和稳定性肯定不如基于反应动力学的客观测量的 z 值。但即使统计分析方法导致 z_M 值不准确，任何由特定烹饪条件计算得到的 M_T 值和 z_M 值都是在感官评价选择得到的成熟样基础上计算而得的，在与测定试验烹饪传热的类似条件下，即使 z_M 值测定有偏差，由该特定 z_M 值计算的 M_T 值预测计算得到的成熟时间也是准确的。z_M 值不准确时，应用于偏离试验测定的传热条件较大的情况，会影响 M_T 值计算和成熟时间预测的准确性。z_M 值是烹饪品质优化计算的关键参数之一，其值不准确，会影响烹饪品质优化结果。

4）z_M 值的有效数字位数

考察 z_M 值的测定计算方法，其值依赖于感官评价及统计分析，小数点后的数值意义不大，因此有效数字仅到个位。在其他食品热处理动力学中，客观 z 值有效数字位数通常也仅取到个位或小数点后 1 位。

3. 参考温度 T_{ref}

1）T_{ref} 的意义

由成熟值的基本定义，所有成熟值都是针对某一特定温度的等效加热时间。T_{ref} 是一个用于比较的基准温度。不同 T_{ref} 会影响 M_T 的数值，但在应用计算时，同一成熟值测定中以不同 T_{ref} 得到的 M_T 值是等价的，不影响成熟时间计算结果和相同参考温度下不同食材成熟值之间的相互比较。在应用时，应对 M_T 以下标表示出 T_{ref}，没有明确 T_{ref} 的 M_T 是没有意义的。第 2 章已规定 M_T 没有下标标示时参考温度默认为 70℃。

2）T_{ref} 的取值

由前文的成熟值测定可见，在同一参考温度下不同食材的 M_T 值可能相差千倍。在使用较高参考温度时，M_T 值可能数值极小而不便使用，因此需要对不同食材使用不同的参考温度。以目前的测定值情况来看，选用 70℃时各种食材通常都可以得到方便使用的数值，偶尔会出现耐热食材的成熟值过大。但是，很多烹饪的介质温度在烹饪中处于水的沸点 100℃左右，因此 100℃也是较有应用价值的参考温度。例如，对于小颗粒谷物的成熟，由于谷物通常在 100℃恒温蒸煮（当谷物颗粒投入沸水或蒸汽，升温时间极短，可忽略），按成熟值定义，$M_{T100℃}$ 即为达到成熟所需的实际蒸煮时间。

4. 差异试验成熟样 AM_T 值的标准差 σ

首先，σ 反映了基于感官评价的成熟响应的概率分布。该值与感官评价对差异试验 AM_T 的一致性及感官评价质量有关，食材的成熟点模糊或低质量的感官评价会导致 σ 值变大。

其次，在感官评价质量稳定时，差异试验各成熟样间 AM_T 值的标准差 σ 表征了烹饪终点成熟值的分布，其值越小，偏离烹饪成熟点所产生的成熟感官响应变化越大。换言之，σ 越小，M 值偏离 AM_T 值时产生的品质变化越大，即成熟时间范围越窄。而 σ 越大，则成熟点的范围就宽，在较宽时间范围内的成熟都是可以接受的。标准差 σ 是表征食材烹饪成熟特性的重要指标。

5. 差异试验成熟样 AM_T 值的变异系数 CV

由于标准差 σ 大小受到 AM_T 值数值大小的影响，不同食材的 AM_T 值数值差异很大，导致不同种类食材之间难以用标准差 σ 作为成熟特性比较指标。变异系数是标准差 σ 除以 M_T 平均值，是单位成熟值的标准差，消除了 M_T 值数值差异的影响。因此可以选用差异试验成熟样 M_T 值的变异系数 CV 来比较不同种类食材之间的成熟特性和成熟测定的质量，还可以用来判断食材烹饪对成熟值原理符合的程度，参见图 3-47。

3.9　成熟值原理的验证与探索

3.9.1　成熟值假说的验证

1. 对成熟值推论的验证

在 2.4.5 节“2.可验证的推论”提出了由成熟值定量的有关定义和公式推断得到两个基本推论。推论一：终点成熟值存在且稳定。推论二：终点成熟值具有独立性。3.2.4

节“2.成熟值原理验证”及 3.3.4 节给出了支持这两个推论的猪里脊肉和畜肉终点成熟值测定实验证据。随后对蔬菜、水产品及内脏、再制生食和谷物的成熟测定，为终点成熟值的存在、稳定和独立给出更广泛的实验证据。

为提高验证试验的可靠性，对猪里脊肉成熟值测定开展了多次、多方法试验，且品评员为完全不同的两组成员，取得了高度一致的测定结果。马铃薯蒸制成熟值测定中安排的多品种试验，也展现了成熟测定结果的一致性。

试验中也出现了一些对终点成熟值独立性和稳定性的反例。反例一，马铃薯在油、蒸汽介质中的终点成熟值的不一致。由于马铃薯蒸制成熟过程中是吸水的，水在作为传热介质的同时还参与或影响了成熟过程的化学反应，因而产生了与油传热不同的成熟变化。肉的品质变化的核心是蛋白质变性，变性时向外部释放水分，外部水分不影响成熟过程，因而油传热和水传热对肉的成熟没有影响。本例不排除受到试验质量的影响的可能。反例二，低水分谷物终点成熟值的稳定性不够好。这是由于成熟的主要反应物水的渗透对成熟过程产生了干扰。这些现象并不违背成熟值的动力学原理，不影响成熟值原理的成立，且所测定的成熟数据仍有应用价值。

2. 验证结论

笔者在 2013 年提出成熟值的概念及公式，并开展了初次测定，但仍缺乏理论支持和全面的成熟值测量的支持。此时，成熟值原理仍是一个假说。

随后数年开展了较全面的试验测定，并进一步改进了试验测定的方法，得到普适所有食材的成熟值测定的假设试算法。不同种类食材的成熟值测定，进一步验证了成熟值原理的合理性。

2021 年，结合心理物理学给出了成熟值公式的演绎推导，为成熟值原理提供了关键的理论证据。

综上，成熟值假说得到了试验和理论的双重支持，得到了初步的验证。但成熟值原理仍是一个初创的理论，仍需要更广泛和更深入的研究来稳固、充实和深化。

3. 成熟值原理的适用性

根据成熟值的基本原理，成熟值理论适用于烹饪品质变化服从一级动力学的烹饪热处理工艺。绝大多数烹饪热处理反应服从一级反应动力学规律，决定了该理论有很广泛的使用范围。对于同种食材设计差异性试验，使用变异系数变率定值法所得到的成熟值都具有稳定性，从而适用于大部分食材。

3.9.2　成熟值测量可靠性评价

成熟值的测量没有可以参照的先例，在测量实践中遇到了不少问题，处理起来相当棘手。由于成熟值测量涉及感官评价，因此不存在客观的真值，无法分析成熟值测量的绝对误差，只能评价其可靠性。下面从三个方面讨论成熟值测量的可靠性。

1. 客观测量误差

在测量 M_T 和 z_M 的假设试算法中，步骤 1～步骤 3 的目的是获得经动力学标度的成熟样。试样动力学标度的准确性是后续试验的基础。而在成熟值测量的试验中成熟值采集准确性与试样切割、温度测量、成熟值实时积分计算相关。应尽量减少客观测量误差，为感官评价提供稳定准确的成熟标度样品。

1）温度测量产生的成熟值标度误差

温度时间关系的数据是动力学计算的基础，而 M 值与温度是指数关系，温度历史的准确性对成熟值影响很大。在加热成熟过程中试样的油浴加热为非稳态加热状态。因此，油温、试样几何尺寸、热电偶插入位置的准确性和一致性都关系到采集温度的准确性。使用的烹饪传热学和动力学采集系统的温度采集准确性和数值积分计算可靠性等有关内容参见本书 6.2 节。该系统能够满足成熟值测量的要求。研究中受控烹饪模拟装置采用了超级恒温油浴槽，温度控制精度达到 ± 0.1℃，也能满足要求。

由于烹饪过程食材传热的非稳态特性显著（徐宝成等，2006；Halder et al.，2007），加热温度分布不均匀，在不同的空间位置上成熟程度不同，只有最冷点（几何中心）达到成熟才表明整个食材熟了。而对于非稳态传热，采集温度的位置的偏移可能形成温度误差和成熟值误差，因此将温度传感器（热电偶）末端放入中心位置的准确性，对成熟值测量至关重要。对半透明食品可采用肉眼正交角度观察确定中心位置。对不透明食品，以往国外文献中都是通过 X 射线正交透视观察法确定位置的，需要依赖具有放射性的大型设备的多角度观察。上述方法研究成本高，对实验人员健康不利，需要多次尝试，多次重复穿插，对食材破坏大，不适合大量试验，且准确度不高。经过探索，笔者团队建立了半厚黏接法，即将试样，如肉片切割为试验样品所需尺寸的半厚，然后将热电偶末端放入 1 片肉片的表面中心位置，最后使用极少量透明耐热亲水胶体将 2 片肉片黏接，参见图 3-1。该法快捷、安全、高效、准确，取得良好的效果。所调制的亲水胶体完全能够耐受高温加热，不会出现起泡、分离等影响数据准确性的现象，且易于分开两个半厚试样查看中心位置的感官品质。

在试验中，测温点准确位于中心位置，便于批量制作试样，感官评价从所有试样的中心位置部分开展，只需其中一个试样测温标度成熟值。

2）试样形状尺寸准确性带来的成熟值标度误差

由于烹饪传热中的非稳态特征，不同外形尺寸的食品试样的温度历史是不同的，而采集系统只能测定采集试样中心的温度和成熟值。因此需要尽量使采集试样和感官评价试样外形尺寸保持一致。

对于片状样品，采用切片机定厚度切片，随后用游标卡尺测量，保证厚度的均匀和稳定。肉类等黏弹态食品，则冷冻后解冻到硬度较低用时切片机切片。也可以用挖孔器在体积较大的食品上旋切得到形状尺寸一致的圆柱状食品。一些外形比较规则的食品，如蒜薹、豌豆等，则可直接用游标卡尺测量尺寸，选择尺寸、外形一致的个体作为试样。

3）取样时机带来的成熟值标度误差

以采集系统按设定 M 值取样时，加热烹饪取样后放入冰水的食材中心温度不会瞬时下降，成熟值还会短时上升后才稳定，实际成熟值会高于取样时的设定数值。因此必须在未达设定 M 值时提前取样，与热电偶一起取样放入冰水中冷却，让终点成熟值最终稳定在设定值。一般通过预试验建立经验和通过理论计算得到时间提前量。

由于成熟值标度取样时机把握困难，按设计的 M 值标度序列值取样困难。在序列值附近的标度取样也是可以接受的，对测定结果影响有限。

4）成熟标度样品的代表性

样品的成熟标度基于食材中心温度历史，因此是以被标度的食材中心点成熟值代表整体成熟值。理想的情况是感官评价样品仅仅来源于测温点。从直径 0.5 mm 超细热电偶附近微量取样是无法开展感官分析的，而越远离温点，温度和成熟值越高。当体积过大，内外成熟值差别过大时，以被标度的食材中心点成熟值代表整体成熟值是不合理的。因此，应尽量控制食材体积，能够满足感官评价要求的情况下，体积越小越好。差异试验采用不同体积食材时，在感官评价前，去除体积大的食材外表部分，尽量使所有食材体积小且一致。

2. 主观感官评价对可靠性的影响

由前文的成熟值测定可见，差异试验的成熟判断较一致时，测定的统计偏差就小，测定结果较理想。因而感官评价的准确性是成熟值测定中的关键问题，方法不当可能严重影响成熟值测量的可靠性。

1）品评员选择

应选择有经验、感官评价较为熟练的品评员。人数可适当多一些。品评员的饮食习惯对评价结果可能会有明显影响。因此，得到的成熟值测定结果仅针对这一组品评员及其所代表的特定人群。需要注意到，品评员个人对成熟品质的偏好可能产生测量误差。可以通过合理设计品评员筛选方案，筛除掉成熟判断比较极端的品评员。本章成熟值测量中的品评员为贵州大学的来自全国各地的食品专业研究生，基本能代表中国人的成熟判断。

2）试样的一致性

尽量选择特性一致的食材开展成熟值测定。例如，猪里脊肉块形大、品质均匀，容易分割得到品质均匀的试样。不一致的试样也可开展测定，得到的成熟值测量结果代表这一组试样。试样准备时，通常是将成熟试样由生到熟按序排列的。为提高结果的可靠性，减少主观干扰，可以考虑乱序排列。

3）成熟评价的感官评价指令

指令设计会一定程度上影响品评员的成熟判断结果，应精心设计指令。

3. 试验设计和统计计算方法引起误差

1）差异试验设计

差异试验的目的是形成不同的烹饪温度历史，差异足够大，才能使得差异试验的试样间的标准差变化显著，使标准差最小值法和标准差变率定值法得到良好应用。

2）统计计算方法

如 3.1.4 节所述，统计计算方法和参数直接影响测定终点成熟值 M_T 值和 z_M 值的准确性。在目前的成熟值测量中，成熟感官判断的品评员间一致性是可以接受的，因而没有在感官评价的试验设计上做更深入研究。但数据的统计分析与检验方法也有可提高之处。

3）统计计算的精确度

容易通过数据处理让最优的 z_M 值精确到小数点后多位。但通过观察试验数据可知，z_M 的小幅度波动并不会引起终点成熟值 M_T 数值的较大变化，z_M 值变化 1℃，导致各种不同条件下测定 M_T 数值的标准偏差变化不超过 0.02 min。同时感官评价的不确定性也不支持过高的统计精确度。因此，设定 z_M 值有效数字到个位即可。M 值及 M_T 值有效数字可取到小数点后 2 位。

4. 成熟值测量的可靠性评价

经过覆盖主要食材种类的成熟值测定，包括一定数量的重复测定，证明所建立的成熟值测量方法是稳定可靠的。

“*Thermal Processing of Packaged Foods*”（Holdsworth and Simpson，2016）中对食品加热过程整体客观和感官质量变化动力学参数进行了总结，部分结果见表 3-41。对应加入本章的 z_M 测定结果后，发现成熟值测定取得的动力学参数 z_M 值与形成成熟刺激的客观变化 z 值多数近似或相同。上述对比表明，所构建的成熟值测量方法及软、硬件系统有相当的可靠性，能够取得合理可信的结果。

表 3-41　食品热处理动力学参数总结及与成熟值对照

名称		温度范围/℃	T_{ref}/℃	z 值/℃	品质因子	参考文献	z_M 测定值/℃
大米		75～110	75	35.2	质构	Suzuki et al.，1976	33
马铃薯		72～121	121.1	23	整体感官质量	Mansfield，1974	21～26
红薯		80～100	100	21.2	质构	Kubota et al.，1978	—
豆类	棕豆	98～127	120	18	质构	Quast and da Silva，1977	22～30
	白豆	90～122	100	21.3	质构	van Loey et al.，1995	

续表

名称		温度范围/℃	T_{ref}/℃	z 值/℃	品质因子	参考文献	z_M测定值/℃
豆类	黑豆	98～127	120	19	质构	Quast and da Silva，1977	22～30
	绿豆	80～148	121.1	28.8	整体感官质量	Hayakawa et al.，1977	
	绿豆	84～116	121.1	15.6	整体感官质量	Mansfield，1974	
玉米，整粒		100～121	121.1	36.6℃	整体感官质量	Lund，1975	—
		80～148	121.1	31.7℃	整体感官质量	Hayakawa et al.，1977	

当然也在测量中出现了成熟值测定取得的动力学参数 z_M 与形成成熟刺激的客观变化 z 值不符合的现象，如猪里脊肉的颜色变化。将在下节讨论其视觉成熟的机理。

5. 缺陷与改进

所构建的成熟值测量方法在应用中还较烦琐，需要进一步改进成熟值测量的方法，尤其是改进其中的软件算法。下一步将标准化测定流程和方法，编制成熟值测定的图形用户界面（graphical user interface，GUI），封装成熟值计算的全套 MATLAB 代码，只要输入感官评价结果和温度历史，即可自动计算出成熟测定结果。笔者团队会以适当方式向外界提供成熟值测量的全套软、硬件。

3.9.3　视觉成熟原理探索

1. 问题的产生

在加热烹饪中，尤其是快速烹饪过程中，烹饪者难以通过连续品尝获得成熟判断所需的味觉、嗅觉刺激，唯一能够取得连续性刺激的只有视觉。因此，我们特别关注成熟的视觉变化。测定 M_T 值的关键是取得主观判断成熟过程的动力学指标 z_M 值。例如，测得特定人群包括视觉判断在内的综合猪里脊肉成熟 z_M 值为 10℃（闫勇等，2014）。由于人的感觉强度源于刺激强度，容易推断，人类主观成熟判断的 z_M 值应与客观颜色变化的 z 值一致。但采用模拟人眼视觉的色差计测定猪里脊肉的光学指标亮度（L^*）、白度（W）、红绿值（a^*）等参数的热处理客观动力学参数时，得到的 z 值却在 26～41℃（李文馨，2015），远远大于主观成熟的 z_M 值。也就是说，引起成熟判断的主观视觉变化对温度的敏感性远远超过仪器测定值。换言之，人眼看到的成熟过程中视觉品质变化速度远快于色差计数据。仪器的灵敏度和感官评价-动力学方法不可能形成这样大的数值误差，那么，肉类成熟中到底是什么视觉因素引发了成熟判断?其物理、化学基础是什么?这是一个饶有兴味且富有科学意义和应用价值的问题，值得深入探索。

2. 原理推测

经过分析，推测形成肉的成熟视觉判断可能源于食材的光物性变化引起的视觉“质感”变化，即肉类蛋白质热变性引起的各种光物性动态变化，从而引起下列视觉刺激：①肉的组织内部，成熟过程中透射减少，反射和散射光增加，导致由透明转为乳白的变化；②水分流失导致表面“纤维感”；③其他人眼可感光物性和表面形状变化。可以合理选取原有和次生光物性指标，测定其烹饪热处理动力学 z 值，与主观成熟判断 z_M 值比对，以两者一致性确定人类成熟判断的光学-视觉依据。

获得主观成熟的光学指标后，可以初步探索这些光学指标变化的物质基础，分析蛋白质热变性与成熟相关光物性之间的关系，摸索达到终点成熟值（M_T 值）时的蛋白质热变性特征，为以后从分子层次探索肉类成熟本质做准备。

3. 肉类光物性研究进展

当前肉类的光物性研究主要关注生肉从屠宰到保藏过程中的颜色变化、光物性以及两者关系。文献（Swatland，2001；Hughes et al.，2019）表明，生肉颜色不仅与肌红蛋白（Mb）和血红蛋白（Hb）等有色组分的数量和氧化还原状态有关，还受反射、散射、折射光的光物性特征影响。其中，光物性特征是影响视觉成熟感受的重要因素（Spadea et al.，2016；Hughes et al.，2017）。这一观点与前期发现色差计和视觉判定的动力学差异不谋而合。

肉类的计算机视觉技术多用于代替肉眼检测生肉的新鲜度、嫩度、大理石花纹等（Teresa et al.，2021）。已经建立基于机器视觉和人工智能的牛肉新鲜度分级模型，采用高光谱成像技术区分不同部位肉样、进行品质分级等（Moon et al.，2020，Al-Sarayreh et al.，2020，Aheto et al.，2019）。这些研究表明，计算机视觉同样具备代替肉眼做出合理判断的可能性。笔者团队也用计算机视觉结合人工神经网络（ANN）尝试了肉类成熟的自动计算机视觉-卷积神经网络（CNN）判断（谢乐，2021）。

尚未见肉类成熟过程中的光物性变化研究，文献（Hughes et al.，2018）推测热处理影响光物性特征，从而改变消费者观察结果，并未开展试验研究。因此，有必要筛选出关联视觉成熟的光物性类型，并找到相应数学关系。目前的肉类光物性研究都是对特定样品的静态研究，未见对连续过程的动力学研究。

4. 光物性与肉类视觉成熟的理论预研

1）视觉成熟判断的原理

人的成熟视觉判断十分复杂，不同成熟程度肉样的视觉刺激进入人眼，再通过视神经传导到达大脑，形成综合成熟判断。成熟判断的形成的动力学-心理物理原理推测见图 3-48。

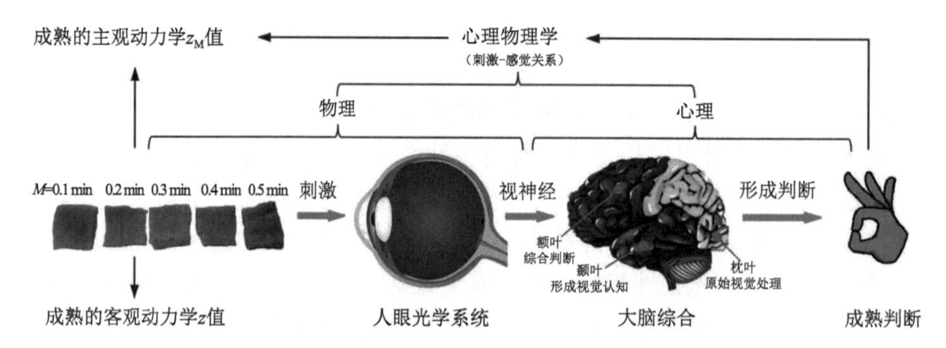

图 3-48　成熟判断的形成的动力学-心理物理原理推测

2）筛选成熟视觉刺激光物性指标

一束光入射到非均质、具有高分子四级结构的肉样后同时产生反射、散射、吸收、透射和折射等多种光现象，如图 3-49 所示，但进入人眼的反射光和散射光构成了成熟判断的视觉基础。我们推测引起成熟判断的可能不是亮度和颜色，而是复杂反射和散射形成的“质感”与“纤维感”。

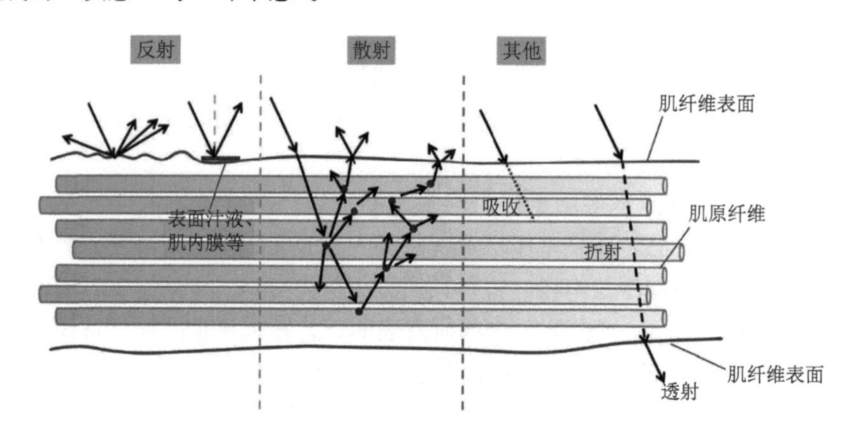

图 3-49　影响成熟判定的光物性特征示意图

（1）表征成熟肉类“质感”的光物性指标推测。肉的组织内部光物性变化引起的视觉“质感”变化：①通常漫反射带来发白的视感，漫反射率可能是引起成熟视觉的光物性指标；②表征反射光光物性特征的相对反射率在可见光波段的积分面积部分反映了漫反射强度，这也是可能的指标；③激光光斑面积能够反映光在肉样内部透射和散射的情况，预试验结果也证实了由生到熟的激光散射光斑面积会显著变小，因此，光斑面积也是值得研究的指标；④肉样内部不同深度位置的散射光图片灰度可能会影响视觉“质感”判断，而且可以排除色彩对视觉成熟判断的干扰，散射光图片灰度也是可能的指标。

（2）表征成熟肉类“纤维感”的光物性指标推测。肉样加热成熟过程中蛋白质二级结构改变，同时伴随一定的水分损失（Stone et al.，2012），导致肉样表面形状变化，肌纤维凸显，形成视觉可见“纤维感”。高分子取向度用于表征样品内部的各向异性程度，虽然不是一个纯粹的光学指标，但是通常必须由激光传输方法测量。

肉类加热成熟过程中的光物性变化十分复杂，上述指标以及色度、亮度等指标之间的相互比值、指数值等次生参数也是可能的指标。

3）肉类光物性与蛋白质变性关系预判

课题组前期研究及文献结果表明，肉类感官判定 z_M 值与客观动力学测定的 z 值出现较大差异，而蔬菜、谷物、再制肉类等均无明显差异，而动物蛋白热变性是肉类与其他食品加热成熟过程存在差异的关键因素。Hughes 等（2019）推测蛋白类结构性大分子热变性是引发熟肉光物性改变的化学基础。

热变性过程中，二级结构含量比例的改变会带来蛋白质空间结构、构象变化，进而影响光物性（Hughes et al.，2019，2014）。变性过程伴随着显著的水分损失，疏水基团暴露，透射、折射光减少，反射、散射光增加。相变焓（ΔH）的变化可以表征蛋白质熔融、重结晶和分子裂变过程吸收或放出的热，侧面反映构型变化带来的光物性转变（Hughes et al.，2019）。此外，一般认为肉类中心温度达到 70℃即为成熟，这一温度附近以肌动蛋白变性为主，肌束膜上整齐排列的胶原蛋白变性凝胶，肌原纤维纵向收缩导致相邻纤维间距比例增加，大量肌束膜暴露，出现复杂的反射、散射界面。因此，我们推测蛋白质热变性过程中的二级结构比例、水分含量及其分布、相变焓以及肌纤维间距，最有可能影响肉类成熟过程中的光物性变化。相关的深入研究目前正在进行中。

3.9.4　成熟程度和调味对水传热烹饪草鱼风味的影响

1. 研究对象

研究对象为草鱼的水传热烹饪。草鱼背部肌肉的试验重复性较好（荣建华，2015），同时是制作酸汤鱼的优良原料，因此选取草鱼背肉为原料。在成熟值标度取样后，通过电子鼻、电子舌和顶空固相微萃取气质联用仪（HS-SPME-GC-MS）分析成熟程度和调味对草鱼风味的影响。

成熟程度中有两个有明显区别的成熟，即初熟和后熟。由 2.6.1 节可知，烹饪初熟是指在加热后去除了不可接受的品质达成的成熟；而烹饪后熟则是指在达到基本的可食用条件后，继续加热形成的品质，是烹饪品质在初熟后的品质调整或增进。酸汤煮草鱼在初期烹饪中去除膻腥味、肉色变白后已可食用，形成初熟，但并非最佳食用成熟度。继续煮较长时间，调味充分后，才达到最佳食用品质，形成后熟。

本节数据来源见文献（Wan et al.，2022；万蔚阳，2020），并做了简化，分析和结论相对原文有重大修改。

2. 成熟值测定及样品制备

参照 3.2 节的方法测定酸汤草鱼的成熟值，差异试验条件设为：煮制温度 60℃、70℃、80℃。测定结果为：初熟成熟值 $M_{T50℃}$=1.89 min，选用 z_M =10℃（变异系数定值法成熟后，重新计算得到 z_M=9℃，差距不大，仍采用）。测定初熟成熟值有关数据如图 3-50 所示。后熟成熟值较为模糊，采用感官评价直接选定，得到后熟成熟值 $M_{T80℃}$=15.00 min，折算后 $M_{T50℃}$=11084.16 min。有关测定细节见文献（万蔚阳，2020）。

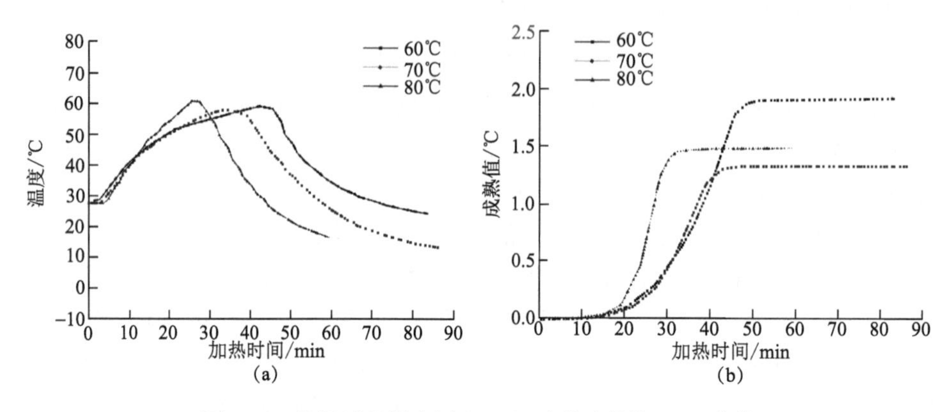

图 3-50　差异试验温度历史（a）及其成熟值（b）曲线

为研究成熟程度和调味对水传热烹饪草鱼风味的影响，制备标度成熟值的样品。在特定成熟值采样，制备酸汤煮制样品如下：①半熟样，M_T=0.5 min，记为 S0.5；②初熟样，$M_{T50℃}$=1.89 min，记为 S1.89；③后熟样，$M_{T50℃}$=11084.16 min，记为 S15。为研究调味对风味的影响，制备盐水（2%食盐，与酸汤浓度相同）煮制样品如下：①水煮初熟对照样，$M_{T50℃}$=1.89 min，记为 W1.89；②水煮后熟对照样，$M_{T50℃}$=11084.16 min，记为 W15。并制备生样，即生草鱼片，M_T=0 min，记为 R。

3. 电子鼻分析

采用德国 AIRSENSE 公司 PEN 型 3.5 电子鼻系统测定各标度成熟值样品的气味，仪器设置及测定细节见文献（万蔚阳，2020）。图 3-51 雷达图中数字 1～10 分别代表对不同气味成分灵敏的传感器。

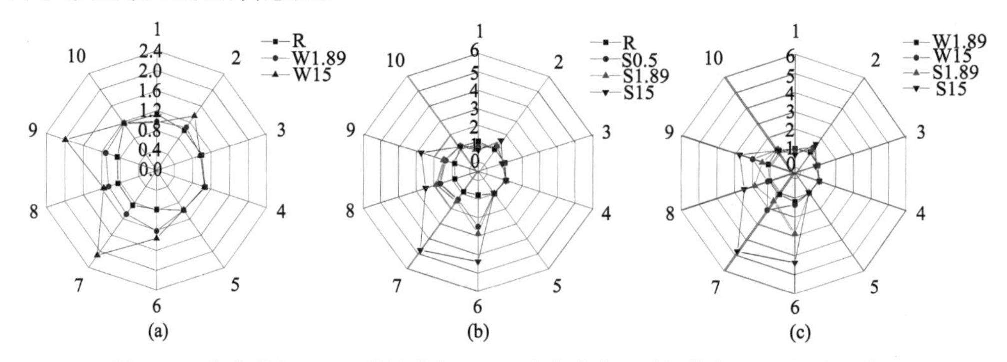

图 3-51　水煮草鱼（a）、酸汤草鱼（b）、水煮草鱼及酸汤草鱼（c）气味雷达图

由图 3-51（a）、（b）可见，不同成熟值样品的电子鼻气味雷达响应有显著区别，表明烹饪不同阶段酸汤草鱼、水煮草鱼整体气味发生重大变化，且气味强度随成熟值整体上呈现渐进性变化。由图 3-51（c）可见，酸汤调味后，气味强度明显高于水煮对照样。

采用主成分分析法（principal components analysis，PCA）处理测定结果得到图 3-52，由图可知：①酸汤煮制样品从生到后熟，在 PCA 图中位置由第四象限移动至第一、二象限交界处，最终移动至第三象限，表明酸汤对酸汤草鱼的气味产生了重大影响，其中，初熟与半熟时位置接近，表明二者气味整体轮廓相似；②酸汤初熟样、酸汤后熟样与水煮初熟对照样、水煮后熟对照样在 PCA 图中整体距离较远，表明酸汤草鱼与水煮草鱼对照样在气味成分上存在较大差异，与前文雷达图分析结果一致；③而水煮后熟对照样和酸汤后熟样之间在图中距离较远，表明酸汤草鱼与水煮草鱼的气味差异显著，证明后熟过程在酸汤草鱼烹饪中是必要的。

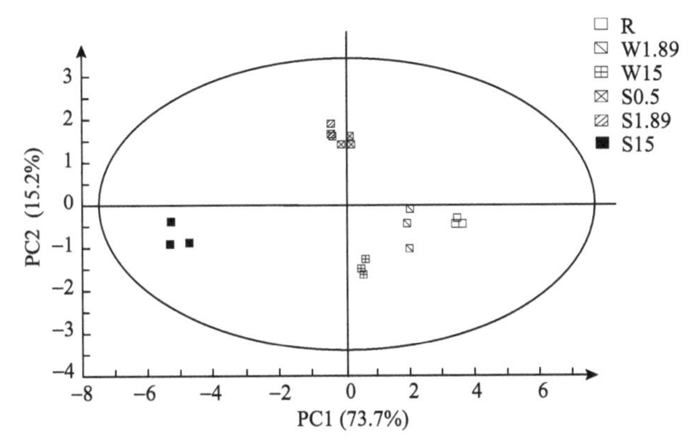

图 3-52　生草鱼、水煮草鱼、酸汤草鱼电子鼻测定结果的主成分分析图

4. 电子舌分析

采用日本 INSENT 公司的 SA－402B 味觉分析系统测定各标度成熟值样品的味道，仪器设置及测定细节见文献（万蔚阳，2020）。

由图 3-53（a）、（b）电子舌味觉雷达图可得，不同样品的味觉差异主要体现在酸味、苦味、涩味、咸度方面。类似气味，滋味强度随成熟值整体上呈现渐进性变化。由图 3-53（c）可知，酸汤后熟时的酸味味觉值最大，表明处于后熟状态的酸汤草鱼酸味最重，浓厚的酸味是酸汤鱼的风味特征。由图 3-53 可知，成熟程度和调味对味觉雷达图的基本轮廓影响不大，说明无论是否调味，水传热烹饪草鱼的基本滋味特征有一定稳定性。

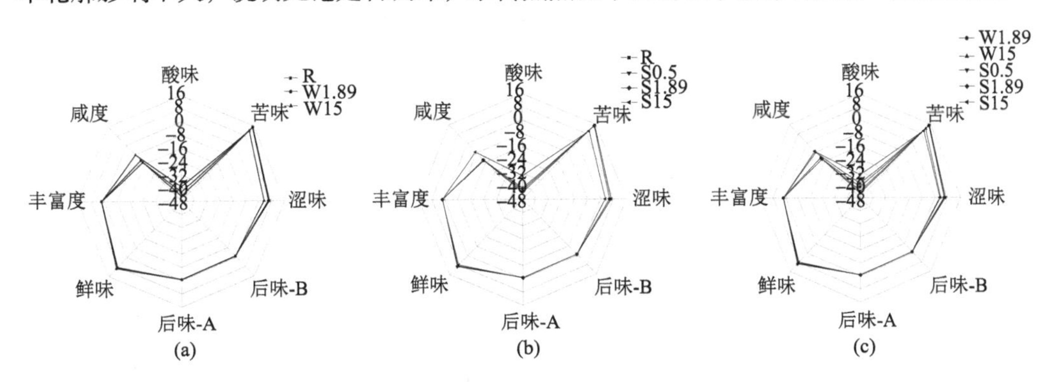

图 3-53　水煮草鱼（a）、酸汤草鱼（b）、水煮草鱼及酸汤草鱼（c）味觉雷达图

由图 3-54 可知：①酸汤样品由生到后熟烹饪过程中，在 PCA 图中各样品有一定距离，可以得到明显区分，说明成熟值对滋味的形成有影响。②水煮初熟对照样和酸汤初熟样之间在第一主成分上差距不大，说明酸汤初熟样的调味传质在初熟时并未产生显著滋味区别。而水煮后熟对照样和酸汤后熟样之间在电子舌 PCA 图中距离较远，表明酸汤草鱼与水煮草鱼的味觉差异显著，证明后熟过程在酸汤草鱼烹饪中是必要的。③生样与酸汤半熟样位置接近，表明二者的味觉整体轮廓相似，呈现出未成熟特征。

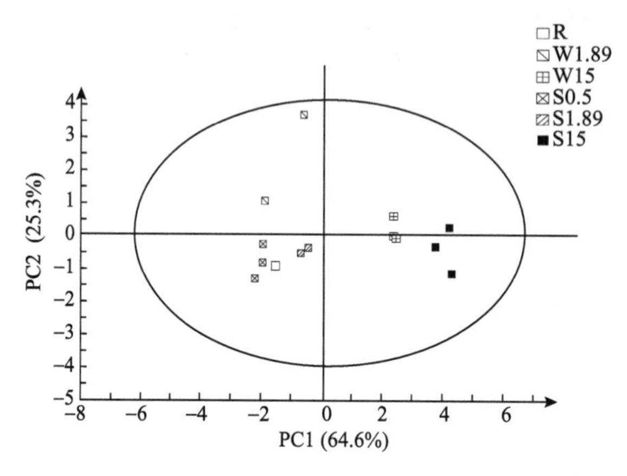

图 3-54　生鱼、水煮鱼、酸汤鱼电子舌测定结果的主成分分析图

5. HS-SPME-GC-MS 分析

为更清晰地了解成熟过程及调味酸汤草鱼气味构成的影响，采用美国安捷伦公司气相色谱（7890B）-质谱（5975C）联用仪，以及 SUPELCO 公司萃取头 50/30 μmCAR/PDMS/DVB，以内标法对不同烹饪阶段酸汤草鱼及对照组中的挥发性化合物定性定量。挥发性物质种类及挥发性成分含量见图 3-55 和图 3-56。所有样品共鉴定出 57 种挥发性化合物，包括 13 种醇、9 种酯、11 种醛、6 种酸、5 种酮、7 种烃、6 种芳香类及其他化合物。对样品 R、W1.89、W15、S0.5、S1.89、S15 分别检测出 31 种、35 种、35 种、47 种、43 种、49 种挥发性化合物。

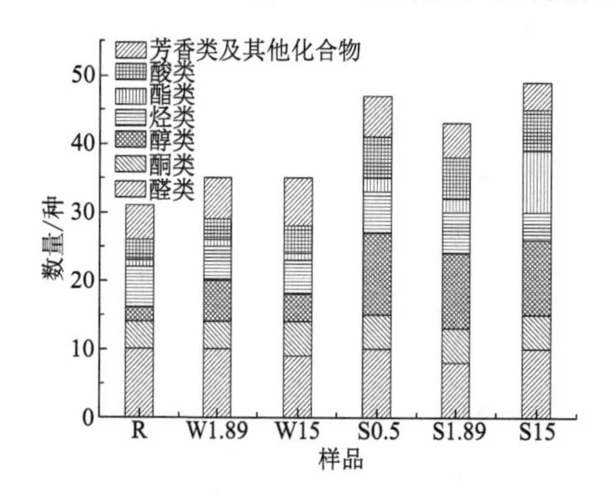

图 3-55　生草鱼、水煮草鱼、酸汤草鱼挥发性物质种类图

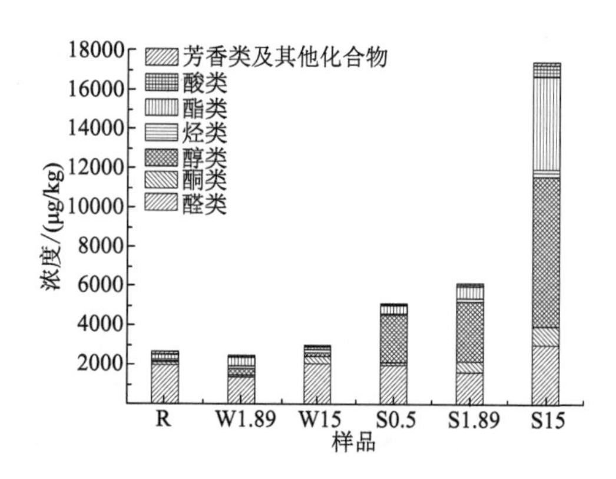

图 3-56　生草鱼、水煮草鱼、酸汤草鱼挥发性成分含量图

由 HS-SPME-GC-MS 分析结果可见：水煮对照样品由生到初熟再到后熟的挥发性化合物种类及含量变化不明显，而在相同成熟值下酸汤样品中水煮对照样品风味挥发性化合物种类含量差别巨大，浓度也有所增加，说明酸汤对风味形成有巨大影响，调味对烹饪品质的形成起到重大作用。

6. 总结与讨论

（1）初熟和后熟的终点成熟值差别巨大，说明本书 2.6.1 节中初熟和后熟的分类合理且有实际应用价值。

（2）上述研究表明，酸汤调味并没有完全改变草鱼风味的实质特征，但对主体风味起到了显著调节作用，说明烹饪中调味的重要作用以及辅助性质。

（3）研究表明，成熟与烹饪的风味成分之间有明确的关联，风味成分的化学变化是成熟的重要物质基础。

（4）得到烹饪过程中定量标度成熟值的样品，为风味形成的机理研究提供了强有力的手段。可以开展不同品种食材烹饪的风味研究，以及多种食品混合烹饪后的风味协同研究。推而广之，成熟值标度也必将在烹饪热处理的各种食品化学研究中展现广泛的应用前景，成为揭示烹饪品质形成机理，优化烹饪品质的新方法。

参 考 文 献

陈光新. 2004. 烹饪概论(烹饪专业). 北京: 高等教育出版社
邓力. 2013. 烹饪过程动力学函数, 优化模型及火候定义. 农业工程学报, 29(4): 278-284
邓力, 金征宇. 2004. 液体-颗粒食品无菌工艺的研究进展. 农业工程学报, 20(5): 12-21
李文馨. 2015. 基于成熟值理论的肉类蔬菜烹饪的动力学研究. 贵阳: 贵州大学
李增利. 1988. 西式火腿蒸煮温度和时间的确定. 肉类工业, (6): 23-25
马永强, 韩春然, 刘静波. 2005. 食品感官检验. 北京: 化学工业出版社
荣建华. 2015. 冷冻和热加工对脆肉鲩肌肉特性的影响及其机制. 武汉: 华中农业大学
石宇. 2020. 基于成熟值理论的各类食品成熟规律研究. 贵阳: 贵州大学
石宇, 邓力, 谢乐, 等. 2019. 西式火腿煮制过程中品质变化动力学研究. 食品与机械, 35(7): 45-50
涂黎明. 1991. 西式火腿加工方法. 江西畜牧兽医杂志, 10(2): 3
万蔚阳. 2020. 基于成熟值理论的酸汤鱼风味表征物质研究. 贵阳: 贵州大学
肖华志, 王世忠, 王占忠, 等. 2010. 方便大米粥的生产工艺及糊化回生机理. 天津大学学报, 43(4): 6
谢乐. 2021. 基于移动网格的烹饪过程数值模拟及成熟智能识别. 贵阳: 贵州大学
徐宝成, 黄桂东, 刘建学, 等. 2006. 中国传统菜肴工业化可行性分析. 中国食品工业, 10(10): 34-36
闫勇, 邓力, 何腊平, 等. 2014. 猪里脊肉烹饪终点成熟值的测定. 农业工程学报, 30(12): 284-292
余德敏. 2007. 西式火腿加工工艺及其质量控制. 肉类工业, (2): 7-9
张宏文. 2019. 基于成熟值理论的中式烹饪关键传热规律研究. 贵阳: 贵州大学
周杰, 邓力, 闫勇, 等. 2013. 烹饪传热学及动力学数据采集分析系统的研制. 农业工程学报, 29(23): 241-246
Aheto J H, Huang X, Tian X, et al. 2019. Combination of spectra and image information of hyperspectral imaging data for fast prediction of lipid oxidation attributes in pork meat. Journal of Food Process

Engineering, 42(6): 1-11

Al-Sarayreh M, Reis M M, Wei Q Y, et al. 2020. Potential of deep learning and snapshot hyperspectral imaging for classification of species in meat. Food Control, 117: 1-12

Bendall J R, Restall D J. 1983. The cooking of single myofibres, small myofibre bundles and muscle strips from beef M. psoas and M. sternomandibularis muscles at varying heating rates and temperatures. Meat Science, 8(2): 93-117

Bertram H C, Wu Z, Andersen H J, et al. 2006. NMR relaxometry and differential scanning calorimetry during meat cooking. Meat Science, 74(4): 684-689

Gordon A, Barbut S. 1992. Mechanisms of meat batter stabilization: a review. Critical Reviews in Food Science and Nutrition, 32(4): 299-332

Halder A, Dhall A, Datta A K. 2007. An improved, easily implementable, porous media based model for deep-fat frying Part I: model development and input parameters. Trans IChemE, Part C, Food and Bioproducts Processing, 85(C3): 209-219

Hayakawa K, Timbers G E, Stier E F. 1977. Influence of heat treatment on the quality of vegetables: Organoleptic quality. Journal of Food Science, 42: 1286-1289

Holdsworth S D, Simpson R. 2016. Thermal Processing of Packaged Foods. Boston: Springer

Hughes J M, Oiseth S K, Purslow P P, et al. 2014. A structural approach to understanding the interactions between colour, water-holding capacity and tenderness. Meat Science, 98(3): 520-532

Hughes J M, Clarke F, Purslow P, et al. 2017. High pH in beef longissimus thoracis reduces muscle fibre transverse shrinkage and light scattering which contributes to the dark colour. Food Research International, 101: 228-238

Hughes J M, Clarke F, Purslow P, et al. 2018. A high rigor temperature, not sarcomere length, determines light scattering properties and muscle colour in beef M. sternomandibularis meat and muscle fibres. Meat Science, 145: 1-8

Hughes J M, Clarke F M, Purslow P P, et al. 2019. Meat color is determined not only by chromatic heme pigments but also by the physical structure and achromatic light scattering properties of the muscle. Comprehensive Reviews in Food Science and Food Safety, 19(1): 1-20

Kemp S E. 2013. Consumers as part of food and beverage industry innovation. Open Innovation in the Food and Beverage Industry, 2013: 109-138

Lawrie R, Ledward D. 2006. Lawrie's Meat Science. Cambridge: Woodhead Publishing Limited

Li J, Deng L, Jin Z, et al. 2017. Modelling the cooking doneness via integrating sensory evaluation and kinetics. Food Research International, 92: 1-8

Lund D B. 1975. Effects of blanching, pasteurization and sterilization on nutrients // Harris R S, Karmas E. Nutritional Evaluation of Food Processing. Westport CT: AVI Publishers

Mansfield T. 1974. A Brief Study of Cooking. San Jose: Food Machinery Corporation

Moon E J, Kim Y, Xu Y, et al. 2020. Evaluation of salmon, tuna, and beef freshness using a portable spectrometer. Sensors (Basel, Switzerland), 20 (15): 2-12

Mutungi G, Purslow P, Warkup C. 1995. Structural and mechanical changes in raw and cooked single porcine muscle fibres extended to fracture. Meat Science, 40(2): 217

Omana D A, Goddard E, Plastow G S, et al. 2014. Influence of on-farm production practices on sensory and technological quality characteristics of pork loin. Meat Science, 96(1): 315-320

Quast D C, da Silva S D. 1977. Temperature dependence of the cooking rate of dry legumes. Journal of Food Science, 42: 370-374

Kim H J, Yong H I, Park S, et al. 2013. Effects of dielectric barrier discharge plasma on pathogen inactivation and the physicochemical and sensory characteristics of pork loin. Current Applied Physics, 13(7): 1420-1425

Kubota K, Oshita K, Hosokawa Y, et al. 1978. Studies of cooking rate equations of potato and sweet-potato slices.Report from Hiroshima University: Institutional Repository

Spadea L, Maraone G, Verboschi F, et al. 2016. Effect of corneal light scatter on vision: A review of the literature. International Journal of Ophthalmology, 9(3): 459-464

Stone H, Bleibaum R N, Thomas H A. 2012. Sensory Evaluation Practices (Fourth Edition). San Diego: Academic Press

Swatland H J. 2001. Effect of connective tissue on the shape of reflectance spectra obtained with a fibre-optic fat-depth probe in beef. Meat Science, 57(2): 209-213

Suzuki K, Kubota K, Omichi M, et al. 1976. Kinetic studies on cooking of rice. Journal of Food Science, 41: 1180-1184

Teresa A, Daniel C, Silvia G, et al. 2021. Evaluation of fresh meat quality by hyperspectral imaging (HSI), nuclear magnetic resonance (NMR) and magnetic resonance imaging (MRI): A review. Meat Science, 172: 1-12

Tornberg E. 2005. Effects of heat on meat proteins-implications on structure and quality of meat products. Meat Science, 70(3): 493-508

van Loey A, Fransis A, Hendrickx M, et al. 1995. Kinetics of quality changes in green peas and white beans during thermal processing. Journal of Food Engineering, 24: 361-370

Wan W, Zeng X, Li D, et al. 2022. Determination of cooking state of a Chinese traditional fish dish (Suantangyu) and flavor characterization by modeling, sensory evaluation, and instrumental analysis. Journal of Food Processing and Preservation, 46(11): 1-14

第4章

烹饪的热质传递

4.1　烹饪与热质传递

4.1.1　烹饪热质传递问题的展开

烹饪的本质就是加热食材到成熟，温度是烹饪品质的控制性因素。传热学（heat transfer）是研究热量传递规律的科学，可分析计算烹饪过程的温度变化，但爆炒等烹饪过程伴随着强烈的蒸发过程，存在显著的水-蒸汽的相变及传质现象，导致热量的转移，直接影响烹饪传热，因而本章将以热质传递过程原理研究烹饪过程的参数变化规律。

传热学在各个科学技术领域中遇到的传热问题大致可以归纳为三种类型（陶文铨，2001）：①强化传热，即在一定的条件（如一定的温差、体积、重量等）下增加所传递的热量；②削弱传热，或称热绝缘，即在一定的温差下使热量的传递减到最小；③温度控制，为得到优质产品，要对热量传递过程中物体关键部位的温度进行控制。这三种传热问题在烹饪过程控制中都会遇到。对于爆炒，由于迅速升温对烹饪品质是有利的，通过预热高温油脂蓄积热量提高传热介质温度，通过刀工减小烹饪食材颗粒的传热学尺寸，通过搅拌提高对流传热系数等都是强化传热的手段。在油炸工艺中通过挂糊避免烹饪食材颗粒受到高温加热而焦煳，就是一种削弱传热的手段。通过温度控制获得最优烹饪品质，更是烹饪的关键技术，烹饪火候的本质就是控制热质传递以优化品质。

烹饪传热是烹饪科学原理的核心内容之一，是烹饪过程控制的原理基础，对烹饪工艺和烹饪工程至关重要。2020 年我国城市家庭的天然气用气量约占城市天然气消耗总量的 31%，而家庭用气量中大部分消耗在炊事上（吕淼，2021）。传热原理是节能设计的基础，烹饪节能也需要烹饪传热研究。

4.1.2　烹饪过程的传热类型

1. 传热的三种方式

热能传递有三种基本方式：热传导（heat conduction）、热对流（heat convection）与热辐射（radiative heat transfer），都出现在烹饪传热中。

热传导是指物体各部分之间不发生相对位移时，依靠分子、原子及自由电子等微观粒子的热运动而产生的热能传递，简称导热。固体内部热量从温度较高的部分传递到温度较低的部分，以及温度较高的固体把热量传递给与其接触的温度较低的另一固体都是导热现象。

热对流是指流体的宏观运动而引起的流体各部分之间发生相对位移，冷、热流体相互掺混所导致的热量传递过程。热对流仅能发生在流体中，而且由于流体中的分子同时在进行着不规则的热运动，因而热对流必然伴随有热传导现象。流体流过一个物体表面时流体与物体表面间的热量传递称为对流传热（convective heat transfer），以区别于一般意义上的热对流。对流传热可区分为自然对流（natural convection）和强制对流（forced convection）两大类。自然对流是由流体冷、热各部分的密度不同而引起的。如果流体的流动是由外力作用所造成的，则称为强制对流。另外，还常遇到液体在热表面上沸腾及蒸汽在冷表面上凝结的对流传热问题，分别简称为沸腾传热（boiling heat transfer）及凝结传热（condensation heat transfer），是有相变的对流传热。上述各种热对流形式都会出现在烹饪中。

热辐射是以辐射方式进行的物体间的热量传递。物体与周围环境存在温度差是热辐射的存在条件。

2. 烹饪传热体系的构成

传统烹饪的传热体系由以下几个对象构成：热源、烹饪容器及搅拌器（包含对它们的烹饪手工操作）、食材、烹饪传热介质，参见图 4-1。

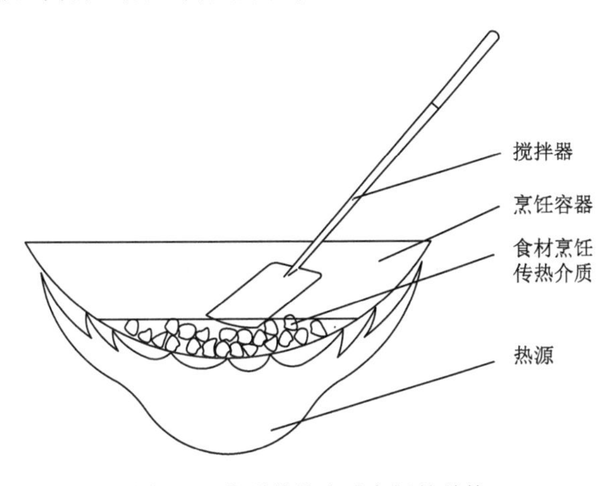

图 4-1　典型传统中式烹饪的结构

各种形式的烹饪热源为烹饪工艺提供能量，有各自的发热及传热原理。

烹饪容器在传统中式烹饪中不仅仅用于容纳烹饪食材，在手工操作下还是搅拌器，如传统的晃锅（又称晃勺、翻锅），其对物料产生了剧烈而均匀的搅拌作用。当然，烹饪中还常用锅铲（炒勺）等辅助搅拌器。从过程原理看，热源、烹饪容器及搅拌器（含对它们的烹饪手工操作）构成了烹饪的反应器，一切烹饪品质变化发生在其中。

烹饪食材是指所有进入烹饪容器并最终成为烹饪成品的物料，也包括在加工中被蒸发、粘锅等损耗了的部分。烹饪食材包括固体和液体食材。烹饪食材颗粒是烹饪食材中的固体部分，在除了汤汁以外的大多数烹饪品种中构成了烹饪品质的主体。这里的颗粒为广义颗粒概念，是指具有明确表面的固体。

烹饪传热介质是在烹饪容器内对食材颗粒进行对流加热的传热媒介，主要包括油脂、水（含汤汁）、蒸汽三种。其他的空气（烟气）、盐粒、熔糖等传热介质较少应用。烹饪传热介质可能成为烹饪成品的一部分。没有成为烹饪成品的流体，仅仅起到传热介质作用。成为烹饪成品的流体，则既是烹饪食材，又是烹饪传热介质。例如，油爆烹饪中，加热后通过沥油回收的油脂仅仅作为传热介质，而进入烹饪成品中的油脂则既是食材又是传热介质。这种情况还出现在油炸、焯水、水爆等烹饪工艺中。一些工艺还会使用固体导热介质，这些介质通常不进入或少量进入烹饪成品，如盐焗工艺中的盐粒、糖砂工艺中的糖砂等。颗粒传热介质在烹饪中是以导热而非对流的形式传热，但在搅拌时，产生了类似对流加热的效果。

烹饪传热体系的外部环境，如温度、气流、气压等对烹饪有一定影响，但通常情况下影响不大。

3. 烹饪传热方式概述

1）烹饪加热热源

燃烧加热、电阻加热、卤素灯辐射加热、电磁感应加热、太阳能加热、微波加热都应用于烹饪加热中。目前，燃烧加热仍占据烹饪能量来源的主流，光电加热的应用在逐步增长。

燃烧加热是目前烹饪领域应用最多的加热形式，其传热形式包括高温火焰对容器的辐射加热和上升热气流对容器的对流加热。

电阻加热、卤素灯辐射加热主要靠高温辐射加热容器，由于热效率较低，应用很少。电磁感应加热的原理是通过电路产生的交变磁场作用于铁质容器产生交变电流而产生热能。电磁感应加热的热效率能够达到 95%以上，解决了电阻加热效率低下的问题，在烹饪领域获得越来越广泛的应用。

以上加热形式都是对烹饪容器加热。微波加热是以微波直接穿透食品的整体升温加热方式。微波加热技术成本低，热效率高，已经得到普及。被加热对象的介电常数不均匀导致加热不均匀，且加热程度控制困难，被限制于预热、复热、解冻等辅助烹饪加热工艺中，并未在主食、菜品的烹饪中得到广泛应用。本书的烹饪传热内容除专门注明以外均针对非微波加热。

从烹饪工程的角度看，热源对容器加热的方式应该满足以下条件：①峰值功率大，可以满足爆炒等高功率烹饪工艺的最大功率需求；②功率可调节，满足烹饪火候控制的加热功率调节需求；③功率控制稳定性好，在长时间使用中，功率稳定不变。

2）容器内部热传导

热源加热容器时，热源侧与物料侧存在温差，形成容器外壁向容器内壁的热传导。热源侧温度通常相对稳定，但物料侧的温度常常是变化的，因此烹饪容器的热传导可能是非稳态，即容器各点的温度随时间的变化。在煮、炖、蒸等长时间加热烹饪工艺中，物料侧处于水性传热介质沸点温度稳定不变，容器热传导是稳态的，即容器各点的温度不随时间变化。

烹饪容器是烹饪加热的第一道热阻，对传热的烹饪温度控制、物料搅拌都有一定影响。容器热传导的存在，有使烹饪容器内壁温度均匀的倾向，对烹饪会产生一定的影响。锅具对烹饪品质的影响原理见本书 11.2 节。

多数情况下，烹饪容器是薄壁容器，热容量不大，对烹饪传热的影响有限。近年来，一些创新烹饪器具以提高烹饪品质为目的，采用蓄热材料做成厚重容器，这类烹饪容器深度参与了烹饪的加热过程，其作用与预热大量油脂蓄热类似，对烹饪传热影响较大。

3）容器向传热介质及食材颗粒的传热

烹饪加热时，容器内壁向内容物传递热量，可能出现以下几种情况。

（1）只有食材颗粒的烹饪。

容器与食材颗粒的传热形式为热传导，即使加强搅拌，由于容器与食材颗粒的接触面积有限，容器内壁-食材颗粒群传热热阻过大，容器吸收的热源热量无法向食材传递而温度急剧升高，使得食材颗粒在与高温容器接触时产生焦煳，与此同时食材颗粒群由于与容器接触有限而升温缓慢。因此在多数烹饪中，为保证烹饪品质，通常必须使用传热介质。这种情况在实际烹饪中较为少见。

（2）食材颗粒和水性传热介质的烹饪。

水性传热介质为水、汤汁等水分占绝对多数的液体。在此条件下，容器与食材的传热包括容器内壁与食材颗粒的传导传热、容器与水性传热介质的对流换热。容器内壁与食材颗粒为点接触，而液体与容器内壁是面接触，在传热中占据主导地位，即使少量的传热介质也会起到主要的热量传递作用。

容器与水性传热介质的对流换热有以下几种情况：①人工搅拌情况下，对流换热形式为强制对流，对流传热系数受到搅拌操作的控制，如涮、汆等；②在没有人工搅拌的情况下，对流换热形式在水性传热介质沸腾之前为自然对流换热，而在沸腾之后为沸腾对流换热，对流传热系数由于相变的存在会急剧增加，如炖、煮等。在水分未完全蒸发前，沸腾对流换热下的水性传热介质温度一直保持在沸点。

（3）食材颗粒和油性传热介质的烹饪。

情况与水性传热介质相似。但油脂的沸点可达 220～400℃，烹饪中基本不可能达到这样高的温度。在强制对流和自然对流条件下，油脂温度可能出现较大范围的变化，从而给烹饪传热控制提供了较大的调控空间。

（4）食材颗粒和油性与水性传热介质混合物的烹饪。

在仅采用油脂传热介质的情况下，由于加热导致食材颗粒中的水分析出，从而出现油水混合传热介质的情况。由于水的沸点远低于油脂且相对密度大于油脂而沉底，被优先加热。只要有水分的存在，温度就会受到水分沸点温度的限制。

值得指出的是，内容物的固液比会严重影响内壁对传热介质的对流换热。在固液比高的炒、煸工艺和固液比低的爆、煮等工艺中，对流换热有着显著的不同。

4）传热介质和食材颗粒的水分蒸发

水性传热介质和食材颗粒会在温度达到沸点后出现蒸发，导致系统热量消耗。由于水的蒸发潜热很大，会消耗大量热量，对传热影响巨大。

5）传热介质向食材颗粒的传热

传热介质向食材颗粒的传热发生在食材颗粒的表面，有以下两种情况。

（1）传热介质温度低于颗粒内水分沸点。

这时会发生传热介质与食材颗粒的对流换热，如果存在强制搅拌，则成为强制对流换热。

（2）传热介质温度高于颗粒内水分沸点。

这时会发生传热介质与食材颗粒的沸腾对流换热，主要出现在油为传热介质的情况下。

6）食材颗粒内部传热

发生在食材颗粒的内部，需要考虑以下两种情况。

（1）传热介质温度低于颗粒内水分沸点。

食材颗粒仅存在热传导，且在颗粒整体升温到与传热介质温度相同之前均为非稳态导热。

（2）传热介质温度高于颗粒内水分沸点。

油脂作为传热介质时，其温度可能高于颗粒内水分蒸发温度。当颗粒温度高于水分蒸发温度后会发生水分蒸发。最早的蒸发发生在颗粒表面，导致表面水分浓度低于内部浓度，从而出现水分的由内向外的扩散。当内部水分向表面的传质速率低于蒸发速率，表面水分蒸发殆尽，蒸发面会向颗粒内部移动，从而在表面形成一个低水分的壳层，且这个壳层的导热系数会大幅度降低。此时，水分蒸发形成孔隙，被流入的油脂填充。这种情况出现在油炸，尤其是长时间油炸工艺中。前期爆炒传热研究中的一些试验结果表明，当传热介质温度远远高于颗粒内水分蒸发温度时，会导致颗粒的蒸汽压超过组织强度，导致组织溃破，产生闪急蒸发，导致温度瞬间跌落后又回升。因此，在传热介质温度高于颗粒内水分蒸发温度时，颗粒的温度由热传导、水-蒸汽相变，以及水分-油脂-蒸汽传质所构成的热质传递所控制。

在爆炒工艺中，在极短的时间内，发生了复杂的质量、能量、尺寸、组织结构、热物理性质变化。在现有的食品热处理研究中，尚未见到过复杂性与之类似的先例。

7）辐射传热

只要有温差，就存在辐射传热。对于燃烧加热，存在火焰-环境、火焰-容器、容器-环境、食材-环境等一系列辐射传热现象。

将烹饪传热方式分析结果总结入表 4-1。10.2 节中，从烹饪分类角度对烹饪过程的热质传递进行了全局性考察，视角更为广阔，可参阅该节内容。

表 4-1　烹饪的传热方式一览表

传递种类	传递位置
热传导	容器内部、颗粒内部、容器-颗粒
对流换热	火焰气流-容器、容器-传热介质、流体传热介质自身、流体传热介质-颗粒
辐射传热	火焰-环境、火焰-容器、容器-环境、颗粒-环境
相变	水性传热介质蒸发、颗粒水分蒸发
质量传递	颗粒内水分、蒸汽、非水传热介质的传递

4.1.3　文献回顾

1. 忽略蒸发的食品流-固热质传递模型

邓力和金征宇（2004）研究了液体-颗粒无菌工艺的进展，对无菌工艺的基本原理、热质传递过程做了原理性总结和评述，并总结了相应的研究方法，为烹饪流体-颗粒热处理研究提供了参考。邓力（2013）从工程角度考察了中式烹饪过程，指出原料成形、热量传递、固-液及液-液传质、过程调节是中式烹饪操作的主要过程特征。朱代根（2012）构建了食品对流烹饪中传热传质过程的二维数学模型，建立了传热控制方程和质量控制方程，将扩散系数设置为温度的函数，使能量控制方程与质量控制方程相互耦合。在结果与讨论中，给出了加热介质温度为 135℃时，颗粒中心点的温度-时间变化曲线，加热前半段温度与试验值吻合较好，加热后半段试验温度明显低于模拟温度。出现模拟结果与试验结果温度偏差较大的根本原因在于忽略了水分蒸发带走的热量。

2. 考虑蒸发的食品流-固热质传递模型

国外没有直接针对爆、炒等烹饪热质传递过程的研究，但食品热处理研究一直是西方食品科学领域研究的热点。在对油炸、干燥、焙烤、热杀菌等流体-固体热处理研究中形成了许多基于传热学和动力学的理论和方法，并广泛使用数值模拟技术，参见表 5-1。

对研究中式烹饪热质传递过程具有指导意义的有以下模型，但都不能直接应用于烹饪热处理研究。Sahin 等（1999）构建了颗粒导热过程数学模型，考虑了颗粒表面水分蒸发对颗粒温度分布的影响，通过计算机编程求解偏微分方程，得到了颗粒的温度分布。但没有考虑颗粒内部水分的对流和扩散，而水分含量的变化对多孔介质内部的传热、传质起决定性影响。虽然其构建的数学模型不够完善，但对烹饪传热研究有借鉴意义。Wang 和 Sun（2002）构建了真空冷却中颗粒的传热传质数学模型，虽然考虑了颗粒表面的蒸发，将水分蒸发带走的热量作为源项写入能量控制方程，但将水分简单归结为层流流动，没有考虑水分扩散对温度分布的影响。Kondjoyan 等（2013）分析了牛肉蒸煮过程中的水分损失，将传热与动力学联系起来，认为水分损失符合一级反应动力学，经过积分得到水分含量与温度的函数关系，但该方法不具有普适性，并不适用于过程更为复杂的油传热烹饪过程中颗粒水分损失的分析计算。

液体-颗粒食品热处理过程的热质传递数学模型大致分为以下几种类型，基本体现了这类模型的发展阶段：①将热处理过程简单地归结为导热问题，如使用集总热容法；②将传热问题与水分传质问题进行简单的耦合，如将水分蒸发归入对流传热系数；③考虑传热与传质的耦合，将水分蒸发量、水分蒸发带走的热量分别作为源项写入质量控制方程和能量控制方程中，但没有考虑颗粒的多孔介质的属性；④基于多孔介质传递理论，构建有颗粒水分蒸发的多孔介质热质传递数学模型。

3. 热处理中食品的体积变化

烹饪过程中常常伴随食品体积的变化，如加热导致的收缩、吸水膨胀等，而收缩现象在烹饪热处理过程中最常见、最显著。可将膨胀视为收缩的逆过程，从而应用收缩模型。

1）收缩现象机理

食材颗粒收缩现象与内部的液相组分从内到外的迁移有关。大多数固体和半固体食材多为各向异性且可视作多孔介质，在固相多孔结构中常容纳着大量液体相，常见的有果蔬、肉类等农产品烹饪原材料，其具有内部结构多孔和较高初始含水率的特点。在烹饪热处理过程中，固相的持水能力持续下降，液相从食材的物体多孔结构中迁移出，造成内外压力的不平衡，所产生的应力作用于内部结构导致收缩变形。

2）原料收缩现象的数学描述方法

原料收缩现象耦合了热量和质量传递，部分还涉及动量传递过程，其机理非常复杂。为降低计算成本和求解难度，在构建考虑原料收缩现象的数学模型时，常适当简化。

目前，在烹饪过程领域中针对原料收缩现象构建的数学模型主要集中在以下两类。

第一类是以经验模型作为描述原料收缩现象的数学模型，此类方法直接将原料烹饪过程中面积或体积收缩与内部水分含量、加热处理时间相联系，建立线性或非线性经验数学模型。

Wang 等（2010）研究了鸡块在深层油炸过程中的收缩现象，构建鸡块水分含量与体积收缩量的线性拟合关系式，对深层油炸中鸡块收缩现象进行了数学描述。该数学模型仅考虑了水分含量变化对体积收缩量和鸡块部分物性参数的影响，如鸡块的密度，未考虑深层油炸中鸡块与加热介质间的热质传递过程，虽然预测与试验数据拟合较好，但该模型普适性不足。

收缩的非线性经验公式建模中，常使用收缩体积减少量与加热时间的动力学关系式对原料收缩现象进行描述。Costa 等（2001）基于 WeiBull 模型构建了一种非线性收缩现象的数学模型，对法式薯条在油炸过程中的体积减少量进行了数学描述。该文献指出，土豆原料的厚度和油炸加热温度会影响动力学参数。此外，通过上述模型预测与试验测量数据验证对比后，得出除土豆含水量非常低的情况外，水分损失是土豆体积减少的主要影响因素。Taiwo 和 Baik（2006）研究了各种预处理工艺对红薯油炸过程中质构、收缩程度的影响，认为原料在烹饪过程中收缩减少的体积与原料内的失水体积相近。

以上模型仅基于烹饪时间与食材体积经验公式建立动力学数学模型。虽然拟合度较高，但未考虑烹饪过程中原料与加热介质间的热质传递过程，未对原料水分含量、水分损失规律等影响食材收缩的重要因素进行数学描述，无法对油炸过程中的温度历史、水分分布和收缩情况进行预测，且过度依赖烹饪热处理的条件和原料的性质，造成数学模型的适用范围受到限制。在预测不同食品原材料的不同温度油炸过程时，需重新测量动力学参数。

第二类是以基本理论方程数学模型对原料烹饪过程中的原料收缩现象进行建模，此类模型认为收缩变化量在整个烹饪加热过程中呈线性或非线性变化，同时考虑烹饪过程中原料收缩对其物性参数的影响。

Baik 和 Mittal（2004）结合豆腐水分含量-厚度线性经验公式，构建了豆腐在深层油炸过程中考虑收缩现象的热质传递数学模型。为简化收缩描述模型，仅考虑豆腐在油炸过程中的厚度变化，认为相较于豆腐的水分含量，加热温度在深层油炸过程中对豆腐的收缩程度影响不显著，其水分含量为油炸过程中豆腐厚度变化的主要影响因素。以热质传递过程基本方程和水分含量-原料厚度线性经验公式构建数学模型，可以对油炸过程中原料的温度历史和水分含量进行预测。但未考虑加热过程中，原料收缩现象对物性参数、传热传质规律的影响，描述收缩数学模型与热质传递数学模型互相独立，导致得出加热温度对豆腐油炸过程中收缩程度无显著影响的不合理结论，但其建模思路具有参考价值。

Li 等（2018）则认为原料收缩量在整个烹饪加热过程中呈非线性，并结合结构力学模型，构建了考虑收缩现象的花竹虾水浴加热的热质传递数学模型。将花竹虾视为黏弹性材料，加热过程中原料的收缩现象由内应力造成，原料中的全局应力增长量为弹性应力和初始收缩应力增量的总和，其中收缩应力由水分损失造成。通过模拟发现，花竹虾缓慢的失水将导致虾肉收缩的延迟，从而增加了虾肉内部压力。同时，文献指出当水浴温度达到虾肉肌动蛋白变性温度时，由于虾肉肌动蛋白持水性下降，大量水分快速流失导致虾肉迅速收缩。文献认为收缩现象由虾肉失水造成的热应力驱动，从原理角度解释了食品多孔介质内液相损失为何会造成其收缩，但文献构建的数学模型仅适用于水浴加热过程，该过程相较中式快速烹饪过程更为温和平缓、时间较长，参考价值有限。

Yamsaengsung 和 Moreira（2002）同样认为原料收缩量在整个烹饪加热过程中呈非线性，考虑了墨西哥玉米片油炸过程中收缩现象对物性参数的影响，如玉米片孔隙率、内部各液相饱和度，构建了玉米片油炸过程热质传递数学模型。模型以某一时刻的玉米片直径与初始时刻直径的比值作为收缩因子，使用收缩因子对玉米片收缩程度进行描述。其中，收缩因子的线性经验方程包含玉米片内的水分饱和度。该文献结合了多孔介质理论，考虑了油炸过程中玉米片收缩现象对其物性参数的影响，所构建的数学模型基本符合实际。

3）收缩中边界移动问题的求解方法

有限元分析软件 COMSOL 可用于求解计算热质传递模型。在涉及收缩现象的边界移动问题时，常使用基于任意拉格朗日-欧拉（the arbitrary Lagrangian-Eulerian，ALE）方法的移动网格（mesh moving）功能对其求解计算。该方法涉及无须修改网格拓扑的连续适应性网格，是为解决流体结构的相互作用和边界问题而提出的，即通过移动网格功能，有限元分析软件计算材料的结构收缩过程时，其材料质点、边界的移动能与网格同步移动，使得含边界移动问题，即考虑收缩现象的热质传递模型求解能顺利进行，并增加了对不同情况的收缩计算适应性（Donea and Ponthot，1982）。移动网格的方法原理见本章 4.6.4 节。

Aversa 等（2010）构建了土豆条对流干燥过程中的热质传递数学模型，同时耦合了土豆块收缩现象数学模型，属于基于线性基本方程的数学模型，在 COMSOL 中使用移动网格功能对收缩现象中的边界移动进行求解。该模型可以较好地预测对流干燥过程中土豆条表面温度、水分含量、干燥曲线和干燥率，并研究了土豆块内部水分蒸发过程的水分相变和迁移传质规律。

Joardder 等（2017）构建了苹果片在微波对流干燥过程中的热质传递数学模型，并考虑了苹果片的收缩现象，同样使用移动网格功能对收缩边界移动问题进行求解计算。该文献通过构建模型探究了干燥过程中苹果片内部的传质规律，如水分-蒸汽质量流、蒸发变化率、内部压力变化规律等，同时研究了干燥过程中苹果片的物性变化规律，如有效导热率与水分变化关系、密度与水分变化规律等。由上述分析可得出，考虑收缩现象的烹饪过程数值模拟在基于多孔介质理论并耦合热质传递数学模型的情况下，所构建的数学模型可靠性更高，适用性更好。对于中式快速烹饪中食材收缩现象的边界移动问题，可使用有限元分析软件中的移动网格功能对其进行求解。但由于中式快速烹饪过程的复杂性，上述数学模型不能直接使用。

将中式快速烹饪过程与干燥过程对比可以发现，中式快速烹饪过程可以近似看作短时间的干燥过程，两者对比如表 4-2 所示。因此，干燥过程中原料的收缩数学描述方法和边界移动求解方法，对中式快速烹饪考虑收缩现象的热质传递数学模型的构建具有一定的参考价值。

表 4-2　快速烹饪过程收缩现象与干燥过程收缩现象的对比

特征	干燥收缩	烹饪收缩（炒）
稳态-动态	动态为主	强烈动态
可控变量相互关联性	高	很高
可控变量稳定性	变化	剧烈变化
过程时间	长时间、慢过程为主	短时间、极快过程为主
物质能量传递情况	热质传递	热质传递

4.1.4　烹饪传热的研究方法

1. 三种传热学研究方法

传热学的研究方法包括以温度测量为基础的实验测定、基于能量方程的理论分析及以数值计算分析为手段的数值模拟（numerical simulation）（杨世铭，2006）。三种方法分别称为实验传热学、分析传热学及数值传热学，三者互相关联，共同构成了现代传热学的研究体系（陶文铨，2001）。由于烹饪传热的复杂性，三种方法在烹饪传热研究中都必不可少。

1）实验传热学

实验研究无疑是传热学最基本的研究方法。因为数值计算中所采用的物理与数学模型的准确性需要通过对现象的必要观测得到验证。

2）分析传热学

分析传热学是应用数学求解方法来获得传热学问题精确解的传热学分支，在导热领域发展得尤为成熟，但复杂情况下也还是难以获得分析解。至于对流换热，由于问题本身的非线性，能得出分析解的例子更少。

尽管如此，分析解有着独特的地位和作用。这是因为：①分析解具有普遍性，且各种因素的影响清晰可见；②分析解为检验数值计算的准确度提供了基准；③为实验传热学提供了校正方法、仪器。在数值传热学的研究中，一种新数值方法总是要使用所提出的方法或软件来计算几个有分析解的问题，以通过对结果的分析比较确认方法或软件的可靠性。

3）数值传热学

数值传热学又称计算传热学，近 30 年得到飞速发展。在很多情况下，由于问题的复杂性，既无法做分析解，又可能因费用昂贵而无力进行实验测定，而数值计算的方法具有成本较低和能模拟较复杂或较理想过程等优点。经验证的数值计算软件可以拓宽实验研究的范围，减少成本昂贵的实验工作量。在给定的参数下用计算机对现象进行一次数值模拟相当于进行一次数值试验。已有由数值模拟先发现新现象而后由实验予以证实的事例。

2. 烹饪的传热学研究

烹饪传热过程复杂，有较大的研究难度。把理论分析、实验研究及数值模拟合理结合起来可以起到互相补充、相得益彰的作用。在理论分析基础上开展数值模拟把握烹饪传热规律，并以实验研究验证模型，是烹饪传热学研究方法的主线。

本章将全面分析讨论烹饪的热质传递过程原理。首先，分析与烹饪近似的各种食品热处理热质传递文献，找到合理的借鉴。然后，建立各种情况下的理论模型，给出理论方程和经验方程，并开展分析讨论。同时，由于烹饪加热中出现体积的收缩或膨胀是普遍现象，本章也开展了烹饪食材收缩问题的探讨，并在本书 5.5 节给出了具体的建模方法。第 5 章将针对具体烹饪条件，以本章建立的模型开展数值模拟，并给予实验传热学的验证。

4.2 烹饪传热的控制方程

在流动和传热问题中，描述物理量的方程包括控制方程、本构方程和附加方程。控制方程是满足守恒定律的能够比较准确、完整描述某一物理现象或规律的数学方程，属于反映物质宏观性质的本构方程。为使本构方程能够求解，还需给出初始及边界条件方程、参数方程，这些统称为附加方程。

4.2.1 热传导

烹饪体系中的两类固态物体——烹饪容器和食材颗粒存在导热，会出现稳态和非稳态导热的情况，分析如下。

1. 烹饪容器的非稳态热传导

多数情况下烹饪容器的导热是非稳态的。烹饪容器内外传热条件变动会使得烹饪容器出现随时间变化的温度分布，这可能由以下因素导致：①在烹饪过程中热源功率发生变化，如人为控制烹饪容器和热源的距离、调整燃烧强度等，使得容器外壁传热边界条件发生变动；②在烹饪容器内侧，在所有烹饪过程的初期，传热介质温度都会发生较大变动，从而形成边界条件的变化。这时，应该用非稳态导热来分析烹饪容器的传热。

由非稳态传热学原理（杨世铭，2006）建立容器传热非稳态控制方程为

$$\rho_{\mathrm{ve}}c_{\mathrm{pve}}\frac{\partial T}{\partial t}=\frac{\partial}{\partial x}\left(k_{\mathrm{ve}}\frac{\partial T}{\partial x}\right)+\frac{\partial}{\partial y}\left(k_{\mathrm{ve}}\frac{\partial T}{\partial y}\right)+\frac{\partial}{\partial z}\left(k_{\mathrm{ve}}\frac{\partial T}{\partial z}\right) \tag{4-1}$$

非稳态项　　　　扩散项

式中：ρ_{ve}是烹饪容器密度，kg/m^3；c_{pve}是烹饪容器比热容，J/（kg·℃）；k_{ve}是烹饪容器导热系数，W/（m·℃）；T是温度，℃；t是时间，s。

当热源为燃烧加热，物料在容器内均匀搅拌，周围环境物体温度均匀，充分搅拌的情况下容器仅与液体接触，考虑热量平衡为：燃烧辐射加热+热气流对流加热=容器吸热+容器壁向食品体系的传导传热+容器的辐射散热，可变为：容器吸热=燃烧辐射加热+热气流对流加热－容器壁向食品体系的传导传热－容器的辐射散热，则建立式（4-2）边界条件如下。

（1）对于容器外壁受到燃烧的辐射和对流加热的部分，忽略气体辐射（胡正和林其钊，2007），得到火焰-容器表面换热方程：

$$-k_{\mathrm{ve}}\left(\frac{\partial T}{\partial x}+\frac{\partial T}{\partial y}+\frac{\partial T}{\partial z}\right)=h_{\mathrm{vb}}(T_{\mathrm{b}}-T_{\mathrm{vo}})+F_{\mathrm{vb}}\sigma\ \varepsilon_{\mathrm{v}}\left[\left(T_{\mathrm{cb}}+273.15\right)^4-\left(T_{\mathrm{vo}}+273.15\right)^4\right] \tag{4-2}$$

容器边界导热项　　燃气热气流对流加热项　　燃气辐射加热项

式中：h_{vb} 是火焰-容器对流传热系数，W/（m^2·℃）；T_{b} 是火焰温度，℃；T_{vo} 是容器外壁温度，℃；F_{vb} 是燃烧室底面与容器外壁辐射角系数，无量纲；σ 是斯特藩-玻尔兹曼辐射常数，W/（m^2·K^4）；ε_{v} 是容器外壁黑度，无量纲；T_{cb} 是燃烧室底面温度，℃。

（2）对于容器内壁与液体烹饪传热介质接触部分，由牛顿冷却定律和傅里叶传热定律得到容器-烹饪传热介质对流换热方程：

$$-k_{\mathrm{ve}}\left(\frac{\partial T}{\partial x}+\frac{\partial T}{\partial y}+\frac{\partial T}{\partial z}\right)=h_{\mathrm{vf}}(T_{\mathrm{vi}}-T_{\mathrm{f}}) \tag{4-3}$$

容器边界导热项　　容器液体对流加热项

式中：h_{vf} 是容器-液体对流传热系数，W/（m^2·℃）；T_{f} 是液体温度，℃；T_{vi} 是容器内壁与流体接触部分温度，℃。

（3）对于容器外壁暴露部分辐射散热，由斯特藩-玻尔兹曼定律和傅里叶传热定律得到容器辐射散热方程：

$$-k_{\mathrm{ve}}\left(\frac{\partial T}{\partial x}+\frac{\partial T}{\partial y}+\frac{\partial T}{\partial z}\right)=\sigma\varepsilon_{\infty}\left[\left(T_{\mathrm{ve}}+273.15\right)^4-\left(T_{\infty}+273.15\right)^4\right] \tag{4-4}$$

容器边界导热项　　容器辐射散热项

式中：T_{ve} 是容器内壁暴露部分温度，℃；T_{∞} 是环境温度，℃；ε_{∞} 是环境黑度，无量纲。

我们并不特别关心容器的温度分布与变化，因为它们仅仅是热量传递的一个次要环节。烹饪传热学研究中更重要的是液体温度 T_{f}，因为通常作为烹饪品质关键的食材颗粒是由流体介质加热的，其温度的变化对最终品质有控制性作用。

从另一个角度看，在大多数烹饪中，食材吸收的全部热量都要经由液体传热介质，所以可以通过计算热源总功率和液体吸收热量之比，计算烹饪加热的热效率，从而为烹饪节能提供依据。

2. 烹饪容器的稳态热传导

对一些有多量的水性传热介质的长时间烹饪操作，如炖，经过加热初期非稳态阶段后，加热热源功率和传热介质温度稳定，且加热热量和蒸发热量达到平衡，并认为燃烧室底面温度 T_{cb}、容器外壁温度 T_{vo}、容器内壁温度 T_{vi}、流体温度 T_{f} 分布均匀，整个烹饪体系的传热处于稳态。由于热源到外壁、外壁到内壁和内壁到传热介质的热流量相等，考虑传热介质数量较大，对于受到热源加热的容器部分，忽略容器的辐射散热，根据稳态传热原理，容易得到对火焰-烹饪容器-传热介质的稳态传热方程：

$$q_{\mathrm{bf}}=\frac{T_{\mathrm{cb}}-T_{\mathrm{vo}}}{\dfrac{1}{h_{\mathrm{vb}}+\alpha_{\mathrm{R}}}}=\frac{T_{\mathrm{vo}}-T_{\mathrm{vi}}}{\dfrac{\delta_{\mathrm{v}}}{k_{\mathrm{ve}}}}=\frac{T_{\mathrm{vi}}-T_{\mathrm{f}}}{\dfrac{1}{h_{\mathrm{vf}}}} \tag{4-5}$$

式中：q_{bf} 是火焰到烹饪传热介质热流密度，W/m^2；δ_{v} 是烹饪容器厚度，m；α_{R} 是火焰到烹饪容器的辐射传热系数，W/（m^2·℃），为

$$\alpha_{\mathrm{R}}=\frac{F_{\mathrm{vb}}\sigma\,\varepsilon_{\mathrm{v}}\left[\left(T_{\mathrm{cb}}+273.15\right)^4-\left(T_{\mathrm{vo}}+273.15\right)^4\right]}{T_{\mathrm{cb}}-T_{\mathrm{vo}}} \tag{4-6}$$

式中：F_{vb} 是燃烧室底面与容器外壁辐射换热角系数，无量纲；σ 是斯特藩-玻尔兹曼辐射常数，W/（m^2·K^4）；ε_{v} 是容器外壁黑度，无量纲。

式（4-5）还可以改写为

$$q_{\mathrm{bf}}=\frac{T_{\mathrm{cb}}-T_{\mathrm{f}}}{\dfrac{1}{h_{\mathrm{vb}}+\alpha_{\mathrm{R}}}+\dfrac{\delta_{\mathrm{v}}}{k_{\mathrm{ve}}}+\dfrac{1}{h_{\mathrm{vf}}}} \tag{4-7}$$

从式（4-7）可以清楚地看到各项热阻对传热的影响。

而对于容器非加热的暴露部分，将向外壁散热，类似地，得到容器散热稳态方程：

$$q_{\mathrm{f}\infty}=\frac{T_{\mathrm{ve}}-T_{\infty}}{\dfrac{1}{h_{\infty}+\alpha_{\infty}}}=\frac{T_{\mathrm{ve}}-T'_{\mathrm{vi}}}{\dfrac{\delta_{\mathrm{v}}}{k_{\mathrm{ve}}}}=\frac{T'_{\mathrm{vi}}-T_{\mathrm{f}}}{\dfrac{1}{h_{\mathrm{vf}}}} \tag{4-8}$$

式中：$q_{\mathrm{f}\infty}$是烹饪传热介质到环境的热流密度，W/m^2；T'_{vi} 是烹饪容器非加热的暴露部分的内壁温度，℃；h_{∞}是外壁向空气的对流传热系数，W/（m^2·℃）；α_{∞}是烹饪容器到环境的辐射传热系数，W/（m^2·℃），有

$$\alpha_{\infty}=\frac{\sigma\,\varepsilon_{\infty}\left[\left(T_{\mathrm{ve}}+273.15\right)^4-\left(T_{\infty}+273.15\right)^4\right]}{T_{\mathrm{ve}}-T_{\infty}} \tag{4-9}$$

对于炖锅等垂壁圆筒形烹饪容器，如果热源气流被物理隔离，即燃烧热气流不经过容器外壁，烹饪容器外壁温度一般不超过 150℃，则可按式（4-10）计算对流-辐射联合传热系数（姚玉英，1999）：

$$\alpha_{\mathrm{T}}=9.4+0.052(T_{\mathrm{ve}}-T_{\infty}) \tag{4-10}$$

式中：α_T 是对流-辐射联合传热系数，W/（m^2·℃）。

如果热源气流未被物理隔离，对流传热系数与流速有关，可按式（4-11）和式（4-12）计算（姚玉英，1999）。

当热气流流速≤5 m/s:

$$\alpha_T = 6.2 + 4.2u \tag{4-11}$$

当热气流流速＞5 m/s：

$$\alpha_T = 7.8u^{0.78} \tag{4-12}$$

式中：u 是热气流流速，m/s。

在中式烹饪中，非稳态通常是烹饪品质控制的关键过程和难点，稳态的情况下烹饪品质控制较易。通常在烹饪稳态传热中控制烹饪质量的水性传热介质的温度是由气液相变温度决定的，体系温度恒定。稳态传热在烹饪传热研究中相对次要。

3. 食材颗粒的非稳态热传导

烹饪中食材颗粒不出现水分蒸发，即按非稳态传热原理分析颗粒内部传热。在煮、炖、汆、蒸等水、汽为传热介质的烹饪工艺中，颗粒温度不可能高于水分沸点，不出现水分蒸发。采用油脂传热介质，在油温低于水的沸点或对流传热系数足够小或加热时间足够短的情况下，也不会出现水分蒸发，但这种情况较为罕见。

如食材颗粒完全淹没在传热介质中，没有蒸发，按非稳态传热原理，得到颗粒非稳态导热控制方程为

$$\frac{\partial\left(\rho_p c_p T\right)}{\partial t} = \frac{\partial}{\partial x}\left(k_p \frac{\partial T}{\partial x}\right) + \frac{\partial}{\partial y}\left(k_p \frac{\partial T}{\partial y}\right) + \frac{\partial}{\partial z}\left(k_p \frac{\partial T}{\partial z}\right) \tag{4-13}$$

非稳态项　　　　扩散项

式中：ρ_p 是颗粒密度，kg/m^3；c_p 是颗粒比热容，J/（kg·℃）；T 是颗粒温度，℃；k_p 是颗粒导热系数，W/（m·℃）。

其边界条件则为食材颗粒-流体表面换热方程：

$$k_p\left(\frac{\partial T}{\partial x} + \frac{\partial T}{\partial y} + \frac{\partial T}{\partial z}\right) = -h_{fp}(T_p - T_f) \tag{4-14}$$

颗粒边界导热项　流体-颗粒表面换热项

式中：h_{fp} 是流体与食品颗粒的对流传热系数，W/（m^2·℃）。

当烹饪中颗粒温度高于内部水分沸点时，水分蒸发和迁移导致热量的消耗和传递，情况更加复杂，有关的原理分析和控制方程的建立将在 4.3 节中表述。

4.2.2 热对流/对流换热

在烹饪中会出现以下几种热对流/对流换热情况：①燃烧加热时热气流对容器外壁的对流加热；②容器内壁对流体传热介质的对流加热；③容器内流体传热介质自身的自然和强制热对流；④容器内热流体对食材颗粒的对流加热；⑤环境冷空气对容器（包括容器盖）的对流冷却；⑥环境冷空气对食材的对流冷却。上述对流换热中的第②和第③项是烹饪传热中的关键传热过程，也是被用于控制烹饪总体传热强度的传热过程。一般情况下，最后两项中的热对流可以忽略。

式（4-3）和式（4-14）描述的对流换热方程分别是烹饪容器和食材颗粒非稳态导热的关键边界条件。式（4-5）和式（4-8）描述的热对流对烹饪稳态传热至关重要。

1. 流体传热介质的对流换热平衡

1）流体传热介质对流换热平衡计算

多数烹饪工艺中，是由烹饪容器加热液态传热介质，而后被加热的烹饪传热介质再去加热食材颗粒的。对于流体传热介质，无论是水还是汽，在温度升高到沸点之前，存在着容器向流体对流换热、流体向颗粒对流换热以及流体本身的对流换热和吸热升温。忽略沸腾前水蒸发产生的能量变化，忽略辐射散热，假设液态传热介质温度均匀，容易建立流体传热介质的热量平衡方程：

$$A_{vf}h_{vf}\left(T_{vi}-T_{f}\right)=A_{fp}h_{fp}\left(T_{f}-T_{p}\right)+C_{f}m_{f}\left(T_{f}-T_{p}\right) \tag{4-15}$$

容器内壁对流加热项　　颗粒吸热项　　流体吸热项

式中：A_{vf}是容器内壁与流体的接触面积，m^2；A_{fp}是流体与食材颗粒的接触面积，m^2；h_{vf}是容器内壁与流体的对流传热系数，W/（m^2·℃）；h_{fp}是流体与食材颗粒的对流传热系数，W/（m^2·℃）；C_f是流体的比热容，J/（kg·℃）；m_f是流体的质量，kg；T_{vi}是容器内壁与流体接触部分温度，℃；T_f是流体的温度，℃；T_p是食材颗粒的温度，℃。

有蒸发的情况下，热平衡公式参见式（5-40）。

2）流体传热介质的自然对流

流体传热介质在强制和自然对流情况下，只要没有介质的蒸发，基本上都服从式（4-15）。当水性传热介质加热升温到超过沸点时，进入沸腾状态，热量平衡就必须考虑相变，见4.3节。

3）流体传热介质的强制对流

液态传热介质受到容器壁的对流加热后，流体自身的热量传递依靠强制对流和自然对流。由于在炒、爆等烹饪工艺中，通常会施加搅拌，从而形成液态传热介质的强制对流。强制对流的强度受到搅拌强度的影响。搅拌越强烈，对流越剧烈，温度越均匀。这种情况下，上述液态传热介质温度均匀的假设是合理的。

烹饪工艺为蒸时，水沸腾汽化为蒸汽后加热食材颗粒。由于作为传热介质的蒸汽不断产生，其对流形式为强制对流。当然，蒸汽的温度均匀保持在 100℃左右，对流对介质温度没有影响。

2. 对流传热系数

对流换热的基本公式是牛顿冷却定理：

$$\Phi = h A \Delta T \tag{4-16}$$

式中：Φ 是传热量，W；h 是对流传热系数，W/（m^2·℃）；A 是换热面积，m^2；ΔT 是液体与固体表面之间的温差，℃。

对于无相变非高速流动强制对流换热，对流传热系数是流体流动速度、传热表面特征尺寸、流体密度、黏度、流体比热容及导热系数的函数（杨世铭，2006），如容器与烹饪传热介质的对流传热系数与各参数的函数关系可表示为

$$h_{vf} = f\ (u_{vf}, L_{vf}, \rho_f, \mu_f, c_{pf}, k_f) \tag{4-17}$$

式中：u_{vf} 是容器-流体相对运动速度，m/s；L_{vf} 是容器-流体传热表面特征尺寸，m；ρ_f 是流体密度，kg/m^3；μ_f 是流体黏度，Pa·s；c_{pf} 是流体比热容，J/（kg·℃）；k_f 是流体导热系数，W/（m·℃）。

类似地，烹饪传热介质与食材颗粒的对流传热系数 h_{fp}（heat transfer coefficient between fluid and particulate）可表示为

$$h_{fp} = f\ (u_{pf}, L_{fp}, \rho_f, \mu_f, c_{pf}, k_f) \tag{4-18}$$

式中：u_{pf} 是颗粒-流体相对运动速度，m/s；L_{fp} 是颗粒-流体传热表面特征尺寸，m。

烹饪传热介质与食材颗粒的对流传热系数 h_{fp} 直接影响食材颗粒的加热，对最终的烹饪品质有关键性的影响。因此，h_{fp} 是烹饪传热学中的关键参数。

获得对流传热系数表达式的方法大致有以下 4 种：分析法、实验法、比拟法、数值法（杨世铭，2006）。分析法就是获得对流换热偏微分方程解析解，但目前取得的成果仅限于层流对流换热，在烹饪湍流对流换热情况下难以应用。而比拟法可靠性较差，数值法尚不成熟。当前获得对流传热系数表达式的主要方法仍然是实验法，即通过实验获得流体-颗粒的对流传热系数的无因次关系式。

雷诺数 Re（Renold number）代表了惯性力和黏性力之比，格拉斯霍夫数 Gr（Grashof number）代表了浮力与黏性力之比，普朗特数 Pr（Prandtl number）代表了运动黏度与热扩散系数之比。Re 和 Gr 在自然和强制对流两种机制的传热学计算中起到重要作用，考虑黏度对动量交换和传导传热的影响，Pr 也经常应用在 h_{fp} 计算中。无因次对流传热系数——努塞尔数 Nu（Nusselt number）通常是以上 3 个无因次准数的函数：

$$Nu = f(Re,\ Gr,\ Pr) \tag{4-19}$$

式中：$Nu=\frac{h_{fp}L}{k_f}$；$Re=\frac{d_p u\rho}{\mu}$；$Gr=\frac{gL^3\rho^2\beta\Delta T}{\nu^2}$；$Pr=\frac{c_p\mu}{k_p}=\frac{\nu}{\alpha}$。其中：$L$ 是准数方程中的特征尺寸；d_p 是颗粒直径，m；u 是相对运动速度，m/s；ρ 是密度，kg/m^3；μ 是动力黏度，Pa·s；g 是重力加速度，m/s^2；β 是热膨胀系数，℃$^{-1}$；ΔT 是温差，℃；c_p 是颗粒的比热容，J/（kg·℃）；k_p 是颗粒导热系数，W/（m·℃）；α 是导温系数，也称热扩散系数，m^2/s；ν 是运动黏度，m^2/s。

由对流换热原理可知，当没有搅拌，烹饪时颗粒和流体之间没有相对运动，流体处于自然对流状态，此时 Re=0，则有 Nu=2.0；如果处于极端剧烈的颗粒和流体之间相对运动状态，即佩克莱数 Pe（Peclet number）状态下，则 Nu=9.0。佩克莱数 Pe 表示对流与扩散的相对比例，表征流体剪切运动的剧烈程度，表达式为

$$Pe=RePr=\frac{u\rho c_p L}{k}=\frac{uL}{\alpha} \tag{4-20}$$

流体和颗粒的传热与流体 Pe 数有关，文献（Ramaswamy et al.，1997）中 Nu 是 Pe 的函数：

$$Nu=2.0+0.5Pe+0.25Pe^2\ln Pe+0.334Pe^2+\frac{1}{16}Pe^3\ln Pe \tag{4-21}$$

在液体颗粒的无菌工艺研究中，Chandarana 等（1989）认为，颗粒尺寸的减小可以增加颗粒的表面积与体积之比（the surface area to volume ratio，SAV）从而使 h_{fp} 增加，在其试验中得到 h_{fp} 与 SAV 和 Re 的关系如下：

$$h_{fp}=1.14\times10^4\times\mathrm{SAV}\times1.94Re^{0.07} \tag{4-22}$$

在罐头中食品颗粒加热的对流传热系数研究中，一些结果对烹饪传热有参照价值。文献（Sahin et al.，1999）中对于罐头中多个颗粒，当 $0.32<Bi<4.78$[Bi 是毕渥数，$Bi=\frac{h_{fp}L}{k}$。式中：h_{fp} 是对流传热系数，W/（m^2·℃）；L 是传递过程特征尺寸，m；k 是固相导热系数，W/（m·℃）]，对马铃薯颗粒：

$$Nu=1.1075(GrPr)^{0.0887}(V_p/V_f)^{0.1562} \tag{4-23}$$

式中：V_p 是颗粒体积，m^3；V_f 是流体体积，m^3。

对番茄颗粒：

$$Nu=2.3721(GrPr)^{0.0741}(V_p/V_f)^{0.0110} \tag{4-24}$$

对于蘑菇颗粒：

$$Nu=2.4158(GrPr)^{0.0523}(V_p/V_f)^{0.0190} \tag{4-25}$$

上述无因次关系式的 Bi 数范围，在煮、烩的范围内，却在爆、炒范围之外。

流-固相对速度不等于 0 时，文献（Johnson et al.，1944）提出：

$$Re>500: \quad Nu = 0.714Re^{0.5}Pr^{0.5} \tag{4-26}$$

$$Re>200: \quad Nu = 0.37Re^{0.6}Pr^{0.33} \tag{4-27}$$

食品加工中存在大量液体-颗粒传热的情况，如漂烫、预煮、油炸、含颗粒罐头杀菌、液体-颗粒无菌工艺等。当前已经累积了关于测定和计算 h_{fp} 的大量文献（Ramaswamy et al.，1997；邓力和金征宇，2004）。直接针对烹饪条件下，尤其中式烹饪条件下的对流传热系数的研究尚为空白。但是，上述许多研究的条件和烹饪类似，相关方法可以应用于烹饪研究。有关烹饪对流传热系数的测定参见 7.3 节。

3. 对流传热系数的数值

对流传热系数是烹饪传热学计算所必需的，通过以往研究得到的数值范围，可以估计不同烹饪过程中的对流传热系数。文献中的对流传热系数测量值见表 4-3。

表 4-3　对流传热系数测量值

颗粒材料	颗粒形状	颗粒尺寸/cm	流体性质	流动条件	h_{fp}/[W/（m^2·℃）]	参考文献
硅胶	立方体	2.54	淀粉悬浮液	静态	8～36	Rovedo et al.，1997
马铃薯海藻胶混合物	立方体	1	NaCl 水溶液	2.1～12.7 gal/min	300～2000	Cacace et al.，1994
马铃薯	立方体	1～2	水	0.36-0.86 cm/s	239～303	Cacace et al.，1994
铝	球体	2.39	水	4.3～11 gal/min	2039～2507	Balasubramaniam and Sastry，1994
铝	蘑菇状	3.29	CMC 溶液	0.08～0.29 kg/s	548～1175	Balasubramaniam and Sastry，1994
铝	蘑菇状	2.29	CMC 溶液	（5～51）$\times10^{-4}$ m/s	22～153	Balasubramaniam and Sastry，1994
铝	球体	1.33～2.39	水	2.1～12.7 gal/min	688～3005	Balasubramaniam and Sastry，1994
聚甲基丙烯酸甲酯	球体	0.8～1.27	甘油/水	Re=73.1～369	58～1301	Mwangl et al.，1993
铝	球体	1.33～2.39	CMC 溶液	Re=14.8～798	134～669	Balasubramaniam and Sastry，1994

参照上述数据推断烹饪流-固对流传热系数数值范围在数个到数千 W/（m^2·℃）。

从一般工程文献和传热学书籍中可以查到对流传热系数的大致量级，见表 4-4（姚玉英，1999）。

表 4-4　对流传热系数的大致量级

对流形式	对流传热系数/[W/（m^2·℃）]
空气自然对流	5～25
气体强制对流	20～100
水的自然对流	200～1000
水的强制对流	1000～15000
油类的强制对流	50～1500
水蒸气的冷凝	5000～15000
水的沸腾	2500～25000

由文献对比推断，对于采用水性传热介质的没有搅拌烹饪过程，如煮、焖、炖等，其 h_{fp} 范围在 200～1000 W/（m^2·℃）；对于采用水性传热介质的没有搅拌烹饪过程，如氽、涮等，其 h_{fp} 范围在 1000～15000 W/（m^2·℃）；对于油传热的有搅拌烹饪过程，如爆、炒，其 h_{fp} 范围在 50～1500 W/（m^2·℃）；对于蒸汽传热的烹饪过程，如蒸，其 h_{fp} 范围在 20～100 W/（m^2·℃），在初期的短时表面冷凝时，h_{fp} 可在 5000～15000 W/（m^2·℃）。

实测的各种烹饪工艺（模拟）的对流传热系数见表 10-10。由该表可见，除蒸以外各工艺的 h_{fp} 都在上述预测范围内。实测蒸的 h_{fp} 为 94～2058 W/（m^2·℃），远远超过预测，应为蒸汽的内部传递导致数值的大幅度提高，参见文献（邓夏和彬阳，2002）。

4. 烹饪对流换热的复杂性

焙、烤之外的各种烹饪中，食材颗粒和烹饪传热介质之间的表面换热会出现各种复杂情况。初步总结如下。

（1）当固液比较高时，固体颗粒不被传热介质淹没，而是在搅拌后，固体颗粒与传热介质周期性或不规则相互接触和运动。研究这种情况下的传热时，可以沿用研究液体-表面换热的传热学研究方法，获得的对流传热系数可以称为表观对流传热系数。

（2）颗粒表面出现蒸发，如在爆炒时，食材颗粒与高温油脂接触，可能出现剧烈表面蒸发，形成沸腾对流换热，h_{fp} 会急剧上升。同时，相变还会吸收大量热量，直接影响颗粒内部温度分布的非稳态变化，从而影响烹饪品质，需要针对性开展研究。

（3）由于搅拌直接控制了颗粒-流体相对运动速度，从而影响雷诺数，因此对 h_{fp} 有控制性作用。

（4）在固液比较高的情况下，颗粒-容器之间的直接接触导热会与对流换热同时发生。由于接触程度与运动有关，这种传热受到搅拌的控制，可以把这种传热形式归入对流换热中，由对流传热系数来表征。

（5）食材颗粒形状多样，有条、丝、丁、末、块等，当颗粒形状一致性较差，且颗粒尺寸有较宽的分布时，会增加烹饪表面传热研究分析的难度。

（6）当流体介质是蒸汽时，蒸汽气流速率和颗粒的表面形状、粗糙度决定了 h_{fp} 的大小。

4.2.3　热辐射

在烹饪中仅有以下几种热辐射会影响烹饪传热：①燃烧加热时火焰对容器外壁的辐射加热；②容器、食材对环境的辐射散热。其中前者对烹饪总体传热影响最大。

由式（4-2）可知，燃烧火焰对烹饪容器的辐射加热是烹饪过程的热源。由式（4-4）可知，辐射散热是烹饪容器散热因素之一，容器处于高温时，对传热有一定影响。在式（4-5）、式（4-6）中可见，热辐射影响烹饪稳态传热。

1. 燃烧加热的热辐射计算

烹饪中燃烧加热热辐射的表达式见式（4-2）的燃气辐射加热项。其中，容器外壁黑度 ε_v 是一个常数，容易由材料手册查到。因此，燃烧辐射加热的主要影响因素是燃烧室底面与容器外壁辐射角系数 F_{vb}。

根据辐射传热的辐射角原理（皮茨和西索姆，2002），对于典型传统烹饪中的圆盘形燃烧室和球缺形容器，角系数 F_{vb} 与两者的形状尺寸和距离有关：

$$F_{vb} = f(R_b, R_v, h_v, d_{bc}) \tag{4-28}$$

式中：R_b 是燃烧室半径，m；R_v 是球缺容器半径，m；h_v 是球缺容器半径高度，m；d_{bc} 是燃烧室与容器底的距离，m。

具体地，当热源采用圆形辐射壁（胡正和林其钊，2007），而烹饪容器采用圆形平底锅时，则辐射发生在锅底和辐射壁，即在两个平行圆片之间，参见图 4-2。假定锅底和辐射壁是漫射的，两表面向外发射的辐射热流密度均匀，按文献（罗森诺，1992）得到辐射角计算公式：

设定 $X = \dfrac{R_v}{d_{bc}}$，$Y = \dfrac{d_{bc}}{R_b}$，$Z = 1 + \left(1 + X^2\right)Y^2$，则

$$F_{vb} = \frac{Z - \sqrt{Z^2 - 4X^2Y^2}}{2} \tag{4-29}$$

式中：X，Y，Z 是运算代号。

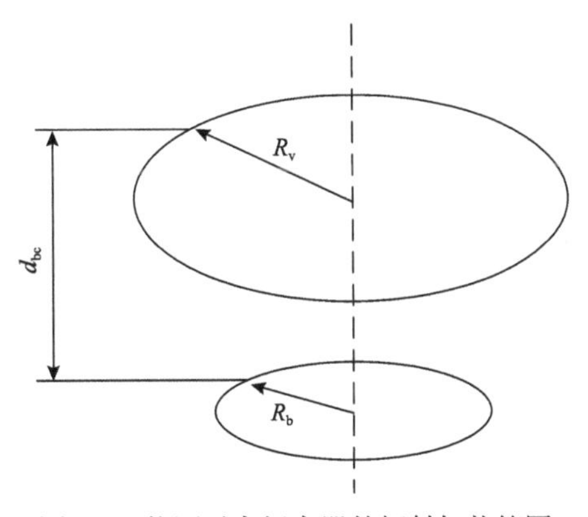

图 4-2　热源对烹饪容器的辐射加热简图

设烹饪容器锅底直径 30 cm，辐射壁直径 15 cm，由 MATLAB 编程计算得到辐射角系数 F_{vb} 和距离 d_{bc} 的关系，如图 4-3 所示。由图可见，当容器与辐射壁的距离分别为 0 cm、10 cm、20 cm、30 cm、40 cm 时，其角系数分别为 1.00、0.878、0.653、0.469、0.340。可见随着容器和辐射源距离的增加，热效率急剧下降。距离热源约 30 cm 时，热效率下降约 50%。上述计算可以解释厨师通过调整锅具与灶具的距离以控制加热及火候的合理性。

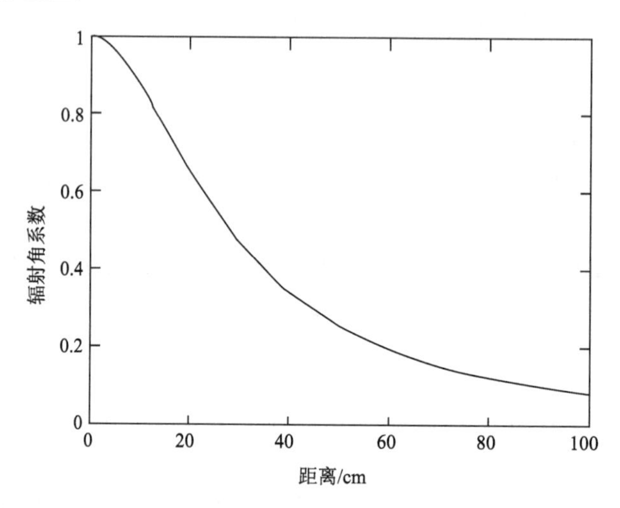

图 4-3　热源对烹饪容器的辐射角系数与距离的关系

2. 容器、食材对环境的辐射散热

容器、食材对环境的辐射散热关系烹饪节能。尤其在自动烹饪充分发展后，由于烹饪加热的普遍性，其意义尤为显著。烹饪容器温度较高，非加热部的辐射散热较为强烈，式（4-4）中的容器辐射散热项即为容器的辐射散热表达式。烹饪中辐射散热对烹饪体系的传热影响有限，因而对烹饪品质影响不大，故不做更深入的分析。

4.3　相变条件下的烹饪传热传质

4.3.1　烹饪的相变问题概述

爆炒等液体-颗粒的热质传递过程包含传热介质与颗粒表面的对流、颗粒内部热传导、流体介质在颗粒内部的传质和颗粒表面水分蒸发等传热过程与相变过程，还可能同时伴随固相的体积变化，如图 4-4 所示。传热造成的内部温度梯度、表面蒸发造成的水分浓度梯度与压力梯度，为内部空气和水分向表面扩散和对流提供了动力，造成水分损失及收缩。传质过程包括了颗粒内空气和水分向边界对流与扩散、颗粒表面的空气和蒸汽扩散。

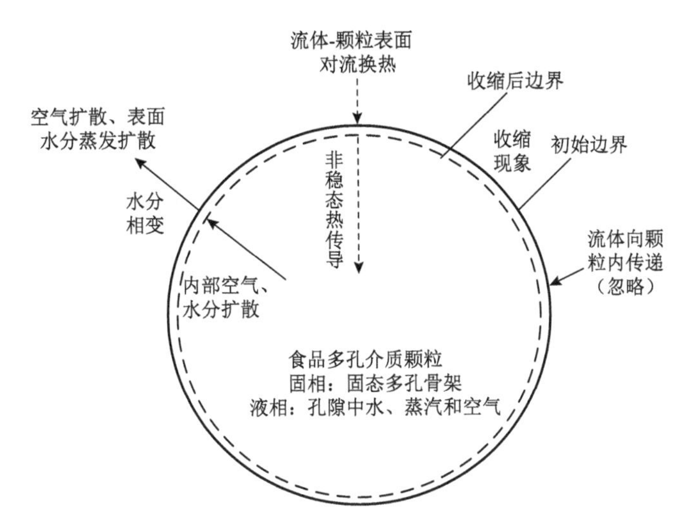

图 4-4　烹饪中流体-颗粒热质传递及收缩过程

由于爆炒时颗粒表面水分向外剧烈蒸发，油脂渗入极少，通常可忽略油脂向颗粒内的传递。绝大多数烹饪固体食材都可视作含湿非饱和多孔介质，而收缩将改变诸如孔隙率、比表面积、饱和度等受体积影响的多孔介质参数。食材收缩问题的讨论详见 4.6 节。

1. 烹饪的各种相变

几乎所有烹饪加热工艺中都会包含相变过程，最普遍的相变是固液相变和液气相变。所有的相变都涉及热量的吸收与释放，影响烹饪过程的传热，对烹饪品质产生影响。在一些烹饪工艺中，相变有关键性影响。

固液相变包括加热后固态油脂的液化、蛋白凝胶的液化、白砂糖的液化等。被食品组织束缚的水分的释放也是一种特殊的固液转变过程，导致烹饪中游离水分的产生。液气相变在烹饪中出现比较普遍，表现为食材受热气化，如水分的蒸发、油烟的产生等。烹饪中水分蒸发现象很普遍，包括水性传热介质的水分蒸发和食材颗粒中的水分蒸发，前者是简单相变，而后者则包含复杂的热质传递，一些情况下甚至可视为由固体直接转变为气体。液态油脂汽化为油烟则是化学反应的后果，当油脂温度超过其烟点时，会产生热氧化分解物气体而脱离烹饪食品体系，造成空气污染。多数食材在温度超过烟点后，会转变为气态或可被气流携带的微粒。

在以油为传热介质的烹饪加热过程中，食品受热后常常会析出水分，水比油密度大而下沉，优先与烹饪容器接触而成为主要传热介质。由于水可以蒸发，水分蒸发殆尽后，油又重新成为主要传热介质。这种油-水相的交替变化，在烹饪中是比较常见的现象。

烹饪中还存在一些其他相变，如蒸工艺初期会出现冷凝的气液相变、熏工艺中的气态转变为固态等。在挂霜烹饪工艺中还会出现结晶现象。这些相变过程，在烹饪中较为少见，无关宏旨，不一一讨论。

最值得研究的是带有水分相变的颗粒食材热质传递问题，其在烹饪传热中常常起到关键性作用。

2. 食材颗粒中的热质传递

烹饪中，当颗粒温度高于水的沸点时会出现蒸发，蒸汽向外传递，一些情况下还存在油向颗粒内部的传递。当出现食材颗粒水分内部蒸发时，传热情况比不产生蒸发时要复杂得多。

许多油传热烹调方法是中餐所独有的，如爆、熘、煸、炝，中餐使用炒的频率要比西餐高得多（高海薇，2001）。在使用油传热烹饪时，中式烹饪具有温度高、时间短的特点，常常伴随着剧烈传热和蒸发。最典型的工艺是爆炒，即将油脂加热到高温后投料，剧烈搅拌，快速加热到成熟。爆炒工艺具有显著的技术优势，不但烹饪效率高，还会产生更高的烹饪品质，原理分析见第 8、9 章。因此，在烹饪研究中，热质传递过程是无法回避的关键问题，需要深入分析研究。直接的关于爆炒的热质传递研究在文献（邓力，2013）之前为空白，只能参照类似研究探索可行方法。

4.3.2　水性传热介质的蒸发方程

1. 水传热介质的热平衡

对于采用水性传热介质的烹饪过程，水性传热介质温度超过沸点，出现蒸发，而这时颗粒温度仍然低于传热介质温度，忽略辐射散热，容易建立水性传热介质的热平衡，如下：

$$h_{vf}(T_{vi}-T_f)=h_{fp}(T_f-T_p)+H_v m_{sfv} A_{fa} \tag{4-30}$$

容器内壁对流加热项　颗粒吸热项　蒸发吸热项

式中：H_v 是水分蒸发潜热，J/kg；m_{sfv} 是蒸发率，kg/（$m^2 \cdot s$）；A_{fa} 是流体暴露于空气的面积，m^2。

式（4-30）可以改写为颗粒吸热情况下的蒸发方程，以计算蒸发量：

$$m_{sfv}=\frac{h_{vf}(T_{vi}-T_f)-h_{fp}(T_f-T_p)}{H_v A_{fa}} \tag{4-31}$$

上述情况可能出现在涮、氽、水爆等烹饪工艺中，即在沸腾的水性传热介质中，加入食材颗粒，且容器内壁对流加热热量大于颗粒吸热热量。

当颗粒吸热完全，进入稳态阶段时，颗粒和传热介质温度为水性传热介质沸点，均匀一致。这种状态出现在煮、炖等烹饪过程的后期阶段，则颗粒吸热项消失，式（4-31）可改写为无颗粒吸热的蒸发方程：

$$m_{sfv}=\frac{h_{vf}(T_{vi}-T_f)}{H_v A_{fa}} \tag{4-32}$$

2. 锅体内壁的饱和沸腾传热

烹饪工艺为蒸时，水沸腾汽化为蒸汽后加热食材颗粒。由于作为传热介质的蒸汽不断产生，其对流形式为强制对流。蒸汽的温度保持在 100℃左右，对流换热对蒸汽温度没有影响。在水沸腾之前，锅底内壁与水的传热为自然对流换热。当壁面温度高于水的饱和温度时，水被加热汽化并产生气泡的过程称为水的沸腾传热。由于沸腾传热有相变产生，并在加热面上不断地经历着气泡的生成、长大和脱离的过程，造成对高温壁面附近水的剧烈扰动。因此，水沸腾传热时的对流传热系数比无相变时大得多。大容器饱和沸腾时流体的运动是由温差和气泡的扰动所引起的，锅体内壁的大容器饱和沸腾传热随锅体内壁表面与水的饱和温度的温差 $\Delta T'=T_v-T_w$（$\Delta T'$称为过热度；T_v 为锅体内壁温度；T_w 为水的饱和温度，即水和蒸汽处于动态平衡饱和状态时所具有的温度）变化出现不同的沸腾状态。

（1）自然对流：当 $\Delta T'<4$℃时，锅体内壁面上没有气泡产生，此时锅体内壁与水的传热属于自然对流换热：

$$k_v\left(\frac{\partial T}{\partial x}+\frac{\partial T}{\partial y}+\frac{\partial T}{\partial z}\right)=-h_{vf}(T_{vi}-T_f) \tag{4-33}$$

锅体表面换热项　　锅壁-水对流加热项

式中，h_{vf} 是锅壁-水对流传热系数，W/（m^2·℃）；T_f 是水的温度，℃；T_{vi} 是锅体内壁与水接触部分温度，℃。

自然对流的强度可用格拉斯霍夫数 Gr 表示，其是反映自然对流程度的无量纲准数，表征作用在流体上的浮力与黏性力的比率。当格拉斯霍夫数 $Gr>1\times10^9$ 时，自然对流边界层就会失去稳定而从层流状态转变为紊流状态。Gr 在自然对流过程中的意义相当于雷诺数 Re 在受迫对流过程中的意义，根据其大小可确定边界层的流动状态。自然对流的 Gr 无量纲关联式为

$$Gr=\frac{g\beta\Delta T'L^3}{v^2} \tag{4-34}$$

式中，g 是重力加速度，m/s^2；β 是热膨胀系数，℃；$\Delta T'$是温差，℃；L 是特征尺寸，m；v 是饱和水的运动黏度，m^2/s。

（2）核态沸腾：$\Delta T'>4$℃后，锅体内壁面上个别点开始产生气泡。随着 $\Delta T'$的进一步增加，气泡会合形成气块及气柱，此时气泡的扰动剧烈，传热系数和热流密度都急剧增大。大容器饱和核态沸腾的无量纲关联式有

$$\frac{c_{pl}\Delta T'}{H_v}=C_{wl}\left[\frac{q}{vH_v}\sqrt{\frac{\phi}{g(\rho_l-\rho_{st})}}\right]^{0.33}Pr_l^s \tag{4-35}$$

式中：c_{pl} 是饱和水的定压比热容，J/（kg·℃）；C_{wl} 是取决于加热表面-水组合情况的经

验常数；H_v是汽化潜热，J/kg；g 是重力加速度，m/s^2；q 是沸腾热流密度，W/m^2；$\Delta T'$是过热度，℃；v 是饱和水的动力黏度，m^2/s；ρ_l、ρ_{st} 分别是饱和水和饱和水蒸气的密度，kg/m^3；ϕ是水的液体-蒸汽界面的表面张力，N/m；s 是经验指数，对于水 s=1；Pr_l是饱和水的普朗特数。

（3）过度沸腾：随着 $\Delta T'$的进一步增大，气泡逐渐汇聚并覆盖在锅体内壁表面。与此同时，蒸汽排除过程更加剧烈，此时热流密度不仅不随 $\Delta T'$的升高而提高，反而越来越低，这种情况持续到热流密度降至最低点为止。这个沸腾阶段很不稳定，称为过度沸腾。在蒸制中控制好加热功率，一般不会出现过度沸腾。

（4）模态沸腾：当热流密度降到最低时，传热规律再次发生转折。这时锅体内壁面上已形成稳定的蒸汽膜层，产生的蒸汽有规律地排离膜层，热流密度随 $\Delta T'$的增加而增大，此阶段称为稳定模态沸腾。由于蒸制过程中锅体内壁与水的 $\Delta T'$低于 200℃，不会出现模态沸腾。

3. 蒸制工艺中的对流换热

烹饪工艺为蒸时，食材颗粒与蒸汽接触部分的对流换热，由牛顿冷却定律和傅里叶传热定律有如下关系。

（1）蒸制前期，当食材温度低于露点时，蒸汽冷凝产生潜热，有

$$k_p\left(\frac{\partial T}{\partial x}+\frac{\partial T}{\partial y}+\frac{\partial T}{\partial z}\right)=-h_{ps}(T_{ps}-T_{st})+H_c I \tag{4-36}$$

锅体表面导热项　食材颗粒-蒸汽对流加热项　蒸汽冷凝项

式中：k_p 是食材导热系数，W/（m·℃）；h_{ps} 是食材颗粒-蒸汽对流传热系数，W/（m^2·℃）；T_{st}是蒸汽温度，℃；T_{ps}是食材颗粒与蒸汽接触部分温度，℃；H_c是冷凝潜热，J/kg；I是冷凝相变速率，kg/（m^3·s）。

（2）当食材颗粒表面温度高于露点时，则

$$k_p\left(\frac{\partial T}{\partial x}+\frac{\partial T}{\partial y}+\frac{\partial T}{\partial z}\right)=-h_{ps}(T_{ps}-T_{st}) \tag{4-37}$$

锅体表面导热项　食材颗粒-蒸汽对流加热项

4.3.3 多孔介质热质传递理论

1. 原理基础

1）多孔介质

多孔介质是指多孔固体骨架构成的孔隙空间中充满单相或多相介质，固体骨架遍及多孔介质所占据的体积空间，孔隙空间相互连通，其内的介质可以是气相流体、液相

流体或气液两相流体。固体骨架（solid matrix）遍及流体介质所占据的体积空间，孔隙空间相互连通。多孔介质的主要物理特征是孔隙尺寸极其微小，比表面积数值很大（刘伟等，2006）。

2）多孔介质的基本参数

孔隙率（porosity）是指多孔介质内的微小孔隙的总体积与该多孔介质总体积的比值，其表达式为

$$\omega = \frac{V_{孔隙}}{V_{介质}} \times 100\% \tag{4-38}$$

式中：ω是孔隙率，无量纲；V是体积，m^3（刘伟等，2006）。

饱和度（saturation）是在多孔材料中某特定流体所占据孔隙容积的百分比。多孔材料中的孔隙，可以部分地为液体占有，另一部分则被空气或其他蒸汽占有，或者由两种以上互不相溶的液体共同占有。每种流体所占据孔隙容积的多少是多孔材料的一个重要特性参数。

$$S_w = \frac{V_{流体}}{V_{孔隙}} \times 100\% \tag{4-39}$$

式中：S_w是饱和度，无量纲。

当多种流体共同占有多孔材料的孔隙时，有

$$\sum_{i=1}^{n} S_{wi} = 1 \tag{4-40}$$

式中：i是流体序号。

流体饱和度可用各种实验方法，如体积平衡法、直接称量法、电阻法或 X 射线吸收法来测定。

3）达西定律

达西定律又称达西渗流定律，可宏观描述流体在多孔介质内运动的基本规律，见下式（刘伟等，2006）：

$$u = -\frac{k'}{\mu}\frac{\partial p}{\partial x} \tag{4-41}$$

式中：u 是流体在孔隙中的速度，m/s；k'是绝对渗透率，m^2；μ 是动力黏度，Pa·s；p 是压力，Pa；x 是压力方向的一维长度，m。

渗透率（permeability）由达西定律所定义，为在一定流动驱动力推动下，流体通过多孔材料的难易程度，表征多孔介质对流体的传输性能。为便于应用，渗透率衍生出以下概念。

绝对渗透率，通常是空气通过多孔介质渗透率值，可由试验测定。显然，孔隙大小及其分布对其具有决定性影响，因此，又称为固有渗透率。

相（有效）渗透率，是指多相流体共存和流动时，其中某一相流体通过多孔介质的能力大小，称为该相流体的相渗透率或有效渗透率。例如，当研究含湿非饱和多孔介质时，流体为气液两相，则分别对应两个相渗透率，即气相渗透率和液相渗透率。

相对渗透率是相渗透率与绝对渗透率的比值。可以用下式表示：

$$k''=-\frac{k_i}{k'} \tag{4-42}$$

式中：k'是绝对渗透率，无量纲；k_i是相渗透率，m^2。

4）菲克定律

多孔介质在不依靠宏观的混合作用发生传质现象时，描述分子扩散过程的基本公式为菲克定律（Fick' law）。该定律由菲克于 1855 年总结得出，对于一维稳态传质：

$$J=-D\frac{\mathrm{d}c}{\mathrm{d}x} \tag{4-43}$$

式中：J 是单位时间通过垂直于扩散方向的单位面积的扩散物质的通量，kg/（$m^2 \cdot s$）；$\mathrm{d}c/\mathrm{d}x$ 是溶质的浓度梯度；负号表示物质总是从浓度高处向浓度低的方向迁移；D 是扩散系数，m^2/s。

菲克第一定律只适用于稳态扩散，即在扩散的过程中各处的浓度不因为扩散过程的发生而随时间的变化而改变，即 $\mathrm{d}c/\mathrm{d}t = 0$。在 $\mathrm{d}c/\mathrm{d}t \neq 0$，物质的浓度随时间变化的情况下，服从菲克第二定律，一维扩散体系下的表达式为

$$\frac{\partial c}{\partial t}=-D\frac{\partial^2 c}{\partial x^2} \tag{4-44}$$

在距离中心 x 处，浓度随时间的变化率等于该处的扩散通量随距离变化率的负值（内部浓度减小）。

2. 多孔介质的热质传递

1）多孔介质中的传热过程

多孔介质内的传热过程主要包括（林瑞泰，1995）：①固体骨架与固体颗粒之间存在或不存在接触热阻时的导热过程；②流体（液体、气体或两者均有）的导热和对流换热过程；③流体与固体颗粒之间的对流换热过程；④固体颗粒之间、固体颗粒与孔隙中气体之间的辐射过程。同时还可以包括液体沸腾、蒸发及蒸汽凝结等相变换热（刘伟等，2006）。

2）多孔介质中的传质过程

多孔介质的传质过程包括以下两种：①分子扩散，由流体分子的无规则随机运动或固体微观粒子的运动而引起的质量传递；②对流传质，由流体的宏观运动而引起的质量传递，它与热量传递中的对流换热相对应。概括而言，它既包括流体与固体骨架壁面之间的传质，又包括两种不混溶流体（如汽液两相）之间的对流传质。

3）多孔介质的热质传递模型

由于多孔介质热质传递过程很复杂，已发展了多种模型，其中比较典型的有 Philip-de Vries 模型、Luikov 模型、Whitaker 模型。

Philip-de Vries 模型（Philip and de Vries，1957）是 20 世纪 50 年代中期建立的，认为含湿量的迁移可分为液体的毛细流动和蒸汽的扩散渗透，并把多孔介质处理成连续介质，从而导出一组偏微分方程组。该模式在地质水文领域内应用较多。

1954 年 Luikov 基于不可逆热力学理论，给出了体现传热和传质的相互影响的热质传递过程方程：

$$\frac{\partial T}{\partial t}=K_1\nabla^2 T+K_2\nabla^2 C+K_3\nabla^2 p \tag{4-45}$$

$$\frac{\partial X}{\partial t}=K_1\nabla^2 T+K_2\nabla^2 C+K_3\nabla^2 p \tag{4-46}$$

$$\frac{\partial P}{\partial t}=K_1\nabla^2 T+K_2\nabla^2 C+K_3\nabla^2 p \tag{4-47}$$

式中：K_1、K_2、K_3 是相关系数，无量纲；C 是含水率，无量纲；p 是气体压力，Pa。

该模型有以下缺点（Wang and Chen，1999）：①参数的物理解释并不清楚，这是因为所有通量表达式都基于唯象关系；②虽然相关系数提供了简单的解决方案，但系数难以确定，如汽相中的水传输与液相中的水传输的比率，使该模型为半经验式模型；③气体扩散未在方程中描述。

Whitaker 模型又称连续介质理论，由 Whitaker（1977）提出。该模型把多孔介质看作是一种在大尺度上均匀分布的虚拟连续介质，即用包含固、液、气相的假想连续介质代替多相多孔介质。在此基础上，从多孔介质内部各相守恒关系出发，基于动量、能量及质量守恒得到一系列的控制方程。这种处理方法尽管与多孔介质的真实微观状态存在一定的差别，但在一定程度上仍能满足科学研究与工程设计的需要。

3. 多孔介质理论在食品热处理中的应用

1）食品多孔介质

对大多数食品而言，其固体骨架由蛋白质、脂肪或碳水化合物等高分子结构以及它们所束缚的结合水组成，孔隙间由液态水、水蒸气或液态油脂填充，为含湿多孔介质。孔隙完全被水分等液体充满时，则为含湿饱和多孔介质。面包、饼干等食品为非饱和多孔介质。烹饪中食材内部产生蒸汽时，为含湿非饱和多孔介质，参见图 4-5。

(a) 散装的菊苣根

(b) 面包的显微镜照片(SEM)

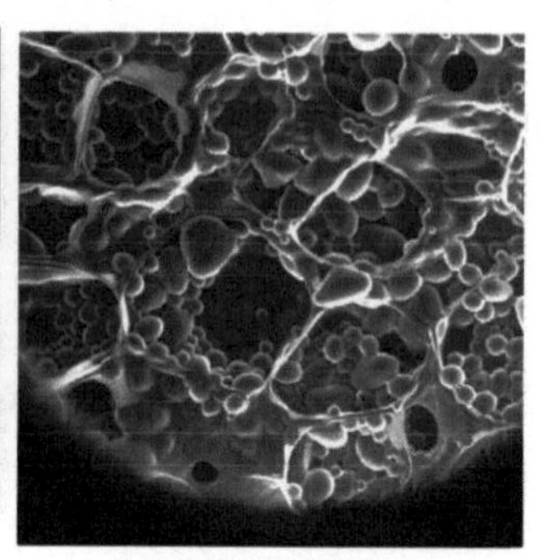
(c) 马铃薯的显微镜照片(SEM)

图 4-5　食品多孔介质（Datta，2006a）

2）多孔介质热质传递理论在食品热处理中的应用

在干燥、油炸、烹饪等食品热处理过程研究中广泛应用了多孔介质热质传递理论，研究中取得与现象符合的结果，说明将多数烹饪食材视为多孔介质是合理的。

食品热处理中的应用主要使用 Whitaker 模型。考虑颗粒食品热处理时内部水分会以液相和气相状态共存，通常构建流体-颗粒食品的温度和湿度的双场耦合模型，如牛肉丸深层油炸模型（Baik and Mittal，2004）、饼干焙烤模型（Sakin-Yilmazer et al.，2012）以及果蔬热处理模型（尹海蛟等，2010）等。双场耦合模型能更加真实地模拟颗粒食品热处理过程。Farkas 等（1996）所构建的多孔介质油炸热质传递模型进一步考虑压力场，但他们将颗粒食品内部分为干/湿区域，且只考虑了干区内水蒸气的压力驱动。模型经适当修正后应用于更多领域，建立了面包焙烤（Nicolas et al.，2014）、土豆油炸（Warning et al.，2015）、烟叶干燥（Ousegui et al.，2010）等模型，描述了以温度梯度、湿度梯度及压力梯度为驱动力的流体-颗粒食品热质传递过程。连续介质模型控制方程复杂和各传递系数测定困难限制了连续理论模型的应用，但随着研究的积累，其越来越被广泛应用（刘晗，2013；朱杰，2006）。随着研究的深入，颗粒食品热处理中所发生的蒸发（Ousegui et al.，2010；Halder and Datta，2012）、形变（Li et al.，2018；王会林，2015）等现象也被转换为适当的数学语言加载至混合模型中，模型的鲁棒性及准确性均大幅度提高。

文献（Datta，2006a，2006b）构建了有水分蒸发的、基于多孔介质传递理论的马铃薯油炸过程热质传递数学模型。油炸仅在初期类似爆炒，且对油炸过程模拟不重要，其构建的数学模型不能直接应用于爆炒过程研究，但其模拟构架为烹饪爆炒模拟提供了有益参考，参见 5.1.3 节“2.现有模型不能应用于烹饪模拟”。

食品热处理中多孔介质特征总结见表 4-5。

表 4-5　食品热处理中多孔介质传递特征总结（Datta，2006a）

多孔介质特征	食品热处理中的应用示例	过程描述方程
孔隙大、外部施加压力	冷藏堆积的农产品，如马铃薯或草莓	达西方程的 Navier-Stokes 模拟；能量方程；组分浓度方程
孔隙小、压力源于内部强蒸发	大多数食品加工过程涉及大量加热，如干燥、油炸、微波加热等	达西方程代替动量方程；能量方程；组分浓度方程
孔隙小，仅为毛细现象，无明显内部蒸发	加热不剧烈的低温过程，如复水过程、储存	达西方程仅适用于毛细管压力；液相组分方程
孔隙小、有毛细现象及其他方式；伴随少量蒸发	加热不剧烈的低温过程	具有有效扩散系数的组分方程的半经验公式；具有经验蒸发项的能量方程

在中式烹饪中，内部蒸发造成的压力梯度驱使内部流动相在食材孔隙中流动，从而影响烹饪体系的传热传质，因此有必要以多孔介质热质传递理论研究烹饪热处理。

4.3.4　基于多孔介质理论构建烹饪热质传递模型

将烹饪食材颗粒视为多孔介质，油传热烹饪过程中的孔隙流动介质包括水、油、水蒸气和空气。Whitaker 连续介质理论认为体系由 4 种连续相态：固态（骨架）、液态水、油（通常忽略）和气体（空气及蒸汽）共同组成。颗粒中的毛细管压力由各相分压组成。忽略结合水，因而所有水分都可流动。参照文献（Halder et al.，2007a，2007b）建立的深层油炸热质传递模型，考虑油传热烹饪过程的技术特征，构建控制方程及边界条件，如下。

1. 质量平衡

根据达西定律构建各相的非稳态质量平衡方程。

（1）以水分饱和度表示水分浓度，考虑水分的运动、饱和度梯度引起的扩散及水分蒸发，建立水分传质控制方程，如下：

$$\underbrace{\frac{\partial\left(\omega\rho_{\mathrm{w}}S_{\mathrm{w}}\right)}{\partial t}}_{\text{非稳态项}}+\underbrace{\nabla\left(\omega\rho_{\mathrm{w}}\nabla u_{\mathrm{w}}\right)}_{\text{运动项}}=\underbrace{\nabla\cdot\left[D_{\mathrm{w}}\nabla\left(\omega\rho_{\mathrm{w}}S_{\mathrm{w}}\right)\right]}_{\text{扩散项}}-\underbrace{I}_{\text{蒸发项}} \tag{4-48}$$

式中：ω 是颗粒孔隙率，无量纲；ρ_{w} 是水的密度，kg/m^3；S_{w} 是水分饱和度，无量纲；u_{w} 是水的速度，m/s；D_{w} 是水在颗粒孔隙中扩散系数，m^2/s；I 是水分蒸发量，kg/（m^3·s）；t 是时间，s；$\nabla=\frac{\partial}{\partial x}\boldsymbol{i}+\frac{\partial}{\partial y}\boldsymbol{j}+\frac{\partial}{\partial z}\boldsymbol{k}$，是哈密顿算符，$\boldsymbol{i}$、$\boldsymbol{j}$、$\boldsymbol{k}$ 分别是 x、y、z 坐标轴上的单位矢量。

其中，

$$D_{\mathrm{w}} = -\rho_{\mathrm{w}} \frac{k'_{\mathrm{w}} k''_{\mathrm{w}}}{\omega \mu_{\mathrm{w}}} \frac{\partial p_{\mathrm{c}}}{\partial S_{\mathrm{w}}} \tag{4-49}$$

式中：k'_{w} 是水的固有渗透率，m^2；k'' 是水的相对渗透率，m^2；p_{c} 是毛细管压力，Pa；μ_{w} 是水的动力黏度，Pa·s。

颗粒表面的水分蒸发等于内部水分扩散，则有

$$\vec{n}_{\mathrm{w}} = h_{\mathrm{m}} \omega S_{\mathrm{w}} \left(\rho_{\mathrm{g}} \phi_{\mathrm{v}} - \rho_{\mathrm{va}} \right) \tag{4-50}$$

式中：$\vec{n}_{\mathrm{w}}$ 是水的质量流率，kg/（m^2·s）；h_{m} 是表面对流传质系数，m/s；ρ_{g} 是颗粒表面气体密度，$\mathrm{kg/m^3}$；ϕ_{v} 是颗粒表面蒸汽质量分数；ρ_{va} 是环境蒸汽密度，$\mathrm{kg/m^3}$。

式（4-50）联立水的动量方程（4-59）即可得到水分传质的边界条件方程：

$$-\rho_{\mathrm{w}} u_{\mathrm{w}} - D_{\mathrm{w}} \rho_{\mathrm{w}} \omega \nabla S_{\mathrm{w}} = h_{\mathrm{m}} \omega S_{\mathrm{w}} \left(\rho_{\mathrm{g}} \phi_{\mathrm{v}} - \rho_{\mathrm{va}} \right) \tag{4-51}$$

（2）类似水，且油相无蒸发，建立油的传质控制方程如下：

$$\frac{\partial \left(\omega \rho_{\mathrm{o}} S_{\mathrm{o}} \right)}{\partial t} + \nabla \left(\omega \rho_{\mathrm{o}} \nabla u_{\mathrm{o}} \right) = \nabla \cdot \left[D_{\mathrm{o}} \nabla \left(\omega \rho_{\mathrm{o}} S_{\mathrm{o}} \right) \right] \tag{4-52}$$

式中：ρ_{o} 是油的密度，$\mathrm{kg/m^3}$；S_{o} 是油的饱和度，无量纲；u_{o} 是油的速度，m/s；D_{o} 是油的扩散系数，$\mathrm{m^2/s}$。其中，

$$D_{\mathrm{o}} = -\rho_{\mathrm{o}} \frac{k'_{\mathrm{o}} k''_{\mathrm{o}}}{\omega \mu_{\mathrm{o}}} \frac{\partial p_{\mathrm{c}}}{\partial S_{\mathrm{o}}} \tag{4-53}$$

式中：k'_{o} 是油的固有渗透率，m^2；k''_{o} 是油的相对渗透率，m^2；p_{c} 是毛细管压力，Pa；μ_{o} 是油的动力黏度，Pa·s。

其为第一类边界条件，具体为

$$S_{\mathrm{o}} = S_{\mathrm{o1}} \tag{4-54}$$

式中：S_{o1} 是环境液相中油的饱和度，无量纲。

由于在爆炒过程中，液体水不断地经颗粒孔道运动扩散至表面，然后经表面蒸发，水的扩散过程阻碍了油脂向颗粒内部的渗入，因此在快速烹饪中，只要有显著蒸发，一般不考虑油相在食材内部的传递。但油炸等长时油传热烹饪工艺中则不可忽略油相的传质。

（3）气体的传质控制方程如下。

气相是水蒸气和空气组成的二元混合物，即湿空气。但由于两者分子浓度不同，存在相互扩散。湿空气的扩散可由 Stefan-Maxwell 多相传质扩散方程表示，则总的气体传质控制方程为

$$\frac{\partial\left(\omega\rho_{g}S_{g}\phi_{v}\right)}{\partial t}+\nabla\cdot\left(u_{g}\rho_{g}\phi_{v}\right)=\nabla\cdot\left(\omega S_{g}\frac{C_{g}^{2}}{\rho_{g}}M_{a}M_{v}D_{g}\nabla x_{v}\right)+I \tag{4-55}$$

非稳态项　　对流项　　扩散项　　蒸发项

式中：ρ_g 是气体的密度，kg/m^3；S_g 是气体的饱和度，无量纲；ϕ_v 是气体中的蒸汽质量分数，无量纲；u_g 是气体的速度，m/s；C_g 是气体的摩尔密度，由气体状态方程计算，取决于压力，kmol/m^3；D_g 是气体在颗粒中的扩散系数，m^2/s；M_a 和 M_v 是空气和蒸汽的分子量；x_v 是蒸汽的摩尔分数，$x_v=\dfrac{\dfrac{\phi_v}{M_v}}{\dfrac{\phi_v}{M_v}+\dfrac{\phi_a}{M_a}}$，$\phi_v+\phi_a=1$，无量纲，$\phi_a$ 是气体中的空气质量分数，无量纲。

多数食材是致密的，基本不含空气。因而烹饪中实际流动的主要是蒸汽，可采用混合气体中蒸汽的流率来近似描述边界上混合气体的流率大小，考虑边界上的水分蒸发，有

$$\vec{n}_{v}=h_{m}\omega S_{g}(\rho_{g}\phi_{v}-\rho_{va}) \tag{4-56}$$

式中：$\vec{n}_v$ 是蒸汽的质量流率，kg/（m^2·s）。

式（4-56）联立气体的动量方程式（4-62）即可得到气体传质的边界条件方程：

$$-\rho_{v}u_{v}-\frac{C_{g}^{2}}{\rho_{v}}M_{a}M_{v}D_{g}\nabla x_{v}=h_{m}\omega S_{g}(\rho_{g}\phi_{v}-\rho_{va}) \tag{4-57}$$

式中：ρ_v 是水蒸气的密度，kg/m^3；u_v 是气体的速度，m/s；h_m 是表面对流传质系数，m/s；ρ_{va} 是环境蒸汽密度，kg/m^3。

2. 动量传递控制方程

研究一般流体力学时，可采用 Navier-Stokes 动量控制方程描述流体流动，但对于多孔介质中的流体流动，由于内部孔道细小，且流体流动过程的雷诺数值不高，流动呈线性层流，通常采用 Darcy 定律描述孔道内流体的流动，即采用 Darcy 方程代替标准的动量守恒方程描述每个相的流动。流动相的速度与压力梯度成正比，即

$$u_{i}=-\frac{k_{i}'\ k_{i}''}{\mu_{i}}\nabla p \tag{4-58}$$

式中：i 是 i 相，包括水、油脂和混合气体，对于水：i = w，对于油：i = o；对于气体：i = g。

对于相同相，其流速相等，如气相中水蒸气和空气的流速相同。

水的总流率取决于压力差，即 $p-p_c$，在此需要说明的是，气体总压力 p 和毛细管

压力 p_c 是不同的。因此，水的总流率为

$$\vec{n}_w = -\rho_w \frac{k'_w k''_w}{\mu_w} \nabla(p - p_c) = -\rho_w \frac{k'_w k''_w}{\mu_w} \nabla p + \rho_w \frac{k'_w k''_w}{\mu_w} \nabla p_c = -\rho_w u_w - D_w \rho_w \omega \nabla S_w \tag{4-59}$$

油的总流率为

$$\vec{n}_o = -\rho_o \frac{k'_o k''_o}{\mu_o} \nabla(p - p_c) = -\rho_o \frac{k'_o k''_o}{\mu_o} \nabla p + \rho_o \frac{k'_o k''_o}{\mu_o} \nabla p_c = -\rho_o u_o - D_o \rho_o \omega \nabla S_o \tag{4-60}$$

式中：$\vec{n}_o$ 是油的流率，kg/（$m^2 \cdot s$）。

对于混合气体，蒸发过程产生的蒸汽可以视为混合气体中存在的一个质量源，其质量控制方程见式（4-61）。气体质量平衡方程可求解气体总压力 p，联合式（4-59）可求解流动相的流速。

$$\frac{\partial}{\partial t}(\omega S_v \rho_v) + \nabla \cdot (-\rho_v \frac{k'_v k''_v}{u_v} \nabla p) = I \tag{4-61}$$

式中：ρ_v 是蒸汽的密度，kg/m^3；u_v 是蒸汽的速度，m/s；S_v 是蒸汽的饱和度，无量纲；k'_v 是蒸汽固有渗透率，m^2；k''_v 是蒸汽的相对渗透率，m^2。

气体的总流率为

$$\vec{n}_v = -\rho_v \frac{k'_g k''_g}{\mu_g} \nabla p - \frac{C_g^2}{\rho_v} M_a M_v D_g \nabla x_v = -\rho_v u_v - \frac{C_g^2}{\rho_v} M_a M_v D_g \nabla x_v \tag{4-62}$$

式中：k_g' 是气体固有渗透率，m^2；k''_g 是气体的相对渗透率，m^2；μ_g 是气体动力黏度，Pa·s。

烹饪过程中，颗粒表面的总压力等于环境压力，在整个加热过程保持不变，边界条件可表示为

$$p = p_{amb} \tag{4-63}$$

式中：p_{amb} 是环境压力，Pa。

3. 热量传递控制方程

利用能量守恒定律，分析多孔介质传热过程，得到描述其传热过程的能量控制方程：

$$\underset{\text{非稳态项}}{\frac{\partial\left(\rho c_p T\right)}{\partial t}} + \underset{\text{对流项}}{\Delta\left(\rho_{cf} c_{pcf} u_{cf} T_{cf}\right)} = \underset{\text{导热项}}{\Delta\left(kT\right)} - \underset{\text{蒸发项}}{H_v I} \tag{4-64}$$

式中：ρ 是固体基质密度，kg/m^3；c_p 是颗粒基质比热容，J/（kg·℃）；T 是固体基质温

度，℃；ρ_{cf} 是流体密度，kg/m^3；c_{pcf} 是流体比热容，J/（kg·℃）；u_{cf} 是流体速度，m/s；k 是导热系数；T_{cf} 是流体温度，℃；H_v 是水分蒸发潜热，J/kg。

其热流密度边界条件为

$$k\nabla T = -h_{fp}(T_{ps} - T_f) - H_v K_g(p_{sat} - p_{amt}) + \rho_o c_{po} T v_o \tag{4-65}$$

边界导热项　对流换热项　蒸汽带走热量项　油带走热量项

式中：K_g 是基于压力的对流传质系数，kg/（s·m^2·Pa）；p_{sat} 是饱和蒸汽压，Pa；p_{amt} 是环境蒸汽压，Pa；c_{po} 是油的比热容，J/（kg·℃）；v_o 是油的流率，kg/（m^2·s）；H_v 是水的蒸发潜热，J/kg；T_{ps} 是食材颗粒与蒸汽接触部分温度，℃。

K_g 的计算式为（Sahin et al.，1999）

$$K_g = \frac{h_{fp}}{\rho_v C_{p,v} R_g T} \tag{4-66}$$

式中，R_g 是气体常数，8.314 J /（mol·K）。

4. 参数公式

由多孔介质理论的基本原理，多孔介质的总体导热系数、相对密度和比热容按下式计算：

$$k_{eff} = (1-\omega)k_s + \omega\left(S_w k_w + S_o k_o + S_g k_g\right) \tag{4-67}$$

$$\rho = (1-\omega)\rho_s + \omega\left(S_w \rho_w + S_o \rho_o + S_g \rho_g\right) \tag{4-68}$$

$$\left(\rho c_p\right)_{eff} = (1-\omega)\rho_s c_{ps} + \omega\left[S_w \rho_w c_{pw} + S_o \rho_o c_{po} + S_g \rho_g\left(\phi_v c_{pv} + \phi_a c_{pa}\right)\right] \tag{4-69}$$

式中：k_{eff} 是多孔介质有效导热系数，W/（m·℃）；k_s 是非流动相（固相）导热系数，W/（m·℃）；k_w 是水的导热系数，W/（m·℃）；k_o 是油的导热系数，W/（m·℃）；k_g 是气体导热系数，W/（m·℃）；S_g 是气体的饱和度，无量纲；ϕ_a 是气体中的空气质量分数，无量纲；ϕ_v 是气体中的水蒸气质量分数，无量纲；c_{ps}、c_{pw}、c_{po}、c_{pa}、c_{pv} 分别是固体基质、水、油、空气、水蒸气的比热容，J/（kg·℃）；eff 是多孔介质系统有效参数。

且显然有

$$S_w + S_o + S_g = 1 \tag{4-70}$$

$$\phi_a + \phi_v = 1 \tag{4-71}$$

5. 水分的蒸汽压及蒸发速率

水和蒸汽的相变平衡是热质传递的关键过程。可以通过湿空气的水分相变平衡公式计算水分的蒸汽压：

$$\ln\frac{p_{\mathrm{v,eq}}}{p_{\mathrm{sat}}(T)}=-0.0267W_{\mathrm{a}}^{1.656}+0.0107e^{1.287M}W_{\mathrm{a}}^{1.513}\ \ln\left[p_{\mathrm{sat}}(T)\right] \tag{4-72}$$

式中：$p_{\mathrm{v,eq}}$ 是平衡蒸汽压，Pa；p_{sat}（T）是温度 T 下的饱和蒸汽压，容易从 Clapeyron-Clausius 方程算出，Pa；W_{a} 是空气湿含量，在此 $W_{\mathrm{a}}=\dfrac{\omega S_{\mathrm{w}}\rho_{\mathrm{w}}}{(1-\omega)\rho_{\mathrm{s}}}$，无量纲。

文献（Le et al.，1995；Scarpa and Milano，2002）在构建多孔介质中水分相变模型时，采用了一个更通用的非平衡蒸汽速率计算公式，即

$$I=m(\rho_{\mathrm{v,eq}}-\rho_{\mathrm{v}}) \tag{4-73}$$

式中：$\rho_{\mathrm{v,eq}}$ 是平衡蒸汽密度，$\mathrm{kg/m^3}$；m 是蒸发速率常数，1/s。

纯水的蒸发速率常数为 1，对于高含湿多孔介质材料，可以参照水的蒸发速率常数（Datta，2006a，2006b）。

4.4　控制方程的适用性

4.4.1　模型的适用与简化

1. 不同烹饪工艺的模型适用

技法的多样性是中式烹饪的特征之一。不同的烹饪工艺有不同的热质传递特征，需要用不同的热质传递控制方程来描述，因而不同烹饪工艺适用的控制方程从本质上区分了它们。当然，一些较为接近的烹饪工艺是由参数不同而区分的。

选择典型烹饪工艺，确定适用控制方程见表 4-6。

表 4-6　典型烹饪的控制方程

传热介质	烹饪工艺	传热过程									
					介质				颗粒		
		热源-容器	容器传热	容器-介质	无蒸发	有蒸发		介质-颗粒	有蒸发（热质传递）	无蒸发（非稳态传热）	是否稳态
						颗粒吸热	无颗粒吸热				
油	爆	式(4-2)	式(4-1)	式(4-3)	式(4-15)	—	—	式(4-14)	式(4-48)～式(4-73)	式(4-13)	非稳态
	炒	式(4-2)	式(4-1)	式(4-3)	式(4-15)	—	—	式(4-14)	式(4-48)～式(4-73)	式(4-13)	非稳态
	炸*	式(4-2)	式(4-1)	式(4-3)	式(4-15)	—	—	式(4-14)	式(4-48)～式(4-73)	—	非稳态

续表

传热介质	烹饪工艺	传热过程									
					介质				颗粒		
		热源-容器	容器传热	容器-介质	无蒸发	有蒸发		介质-颗粒	有蒸发（热质传递）	无蒸发（非稳态传热）	是否稳态
						颗粒吸热	无颗粒吸热				
水性	煮前期	式(4-2)	式(4-1)	式(4-3)	式(4-15)	式(4-31)	—	式(4-14)	—	式(4-13)	非稳态
	煮后期	式(4-2)	式(4-5) 式(4-8)	式(4-5)	—	—	式(4-32)	恒温于沸点	—	恒温于沸点	稳态
	汆	式(4-2)	式(4-1)	式(4-3)	—	式(4-31)	—	式(4-14)	—	式(4-13)	非稳态
	蒸前期*	式(4-2)	式(4-1)	式(4-33)、式(4-34)	式(4-15)	—	—	式(4-36)	—	式(4-13)	非稳态
	蒸后期*	式(4-2)	式(4-1)	式(4-33)、式(4-35)	式(4-15)	—	—	式(4-37)	—	恒温于沸点	稳态

注：加*烹饪工艺的控制方程在表中未完全列出；—表示该情况不可能出现；油传热烹饪中，如油温低于水的沸点，可能出现无蒸发非稳态传热。

烹饪过程中，当食材温度有变化，容器温度为非稳态时，热源-容器对流换热以及容器内部导热都服从式（4-1）～式（4-3）。而当食材温度没有变化，容器温度为稳态时，整个烹饪传热体系（图 4-1）每一点的温度保持不变，这时容器内部导热服从式（4-5）和式（4-8）。

油脂作为传热介质时，烹饪体系传热服从式（4-15）。在颗粒温度未达到蒸发温度前，流体-颗粒传热应服从式（4-13）及式（4-14），但是中式烹饪通常采用将油脂预热到高温后加入食材，因而在油传热烹饪中，不出现蒸发的情况较罕见，对于爆、炒、炸等常见工艺，颗粒的传热服从式（4-48）～式（4-73）。爆、炒、炸三者的区别主要体现在边界条件、初始条件和传热学参数上。参见第 5 章数值模拟中的控制方程应用实例。

采用水作为传热介质加热时，通常分两个阶段：①加热初期，介质、颗粒升温，介质尚未出现蒸发，颗粒处于非稳态，这时烹饪体系传热服从式（4-30），水-颗粒传热服从式（4-13）及式（4-14）；②当介质沸腾，颗粒温度升高到和介质相同时，在加热功率一定时，整个体系都处于稳态，介质传热服从式（4-32），体系的加热热量与蒸发散热量达到平衡。需要注意的是，介质沸腾一段时间后，颗粒才会进入稳态，两个阶段之间存在过渡。对于“汆”这样的短促加热工艺，与油爆类似，以至于被称为水爆，差别在于颗粒没有水分蒸发以及介质温度稳定在沸点，非稳态特征显著，体系服从与“煮”前期相同的控制方程。

蒸的过程相对简单，但也分为前期和后期。前期，烹饪固体食材处于升温阶段，服从式（4-13）。而到蒸的后期，烹饪固体食材的温度和蒸汽温度一致。

表 4-6 仅仅指出了不同烹饪对应的主要控制方程及本构方程，实际意义仅在于指出不同烹饪使用的计算条件及这些条件背后相关的理论。具体应用时，还需细致分析，引

用合适的计算公式。值得注意的是，表 4-6 并未给出完整的边界条件方程和参数方程。对烹饪热质传递过程进行数学描述需要严谨、全面地把握烹饪过程特征，在掌握原理的基础上灵活运用。本章列出的方程并不能描述所有烹饪现象。在实际数值模拟中，还需针对具体情况进行调整，并补充各种边界、参数及附加方程，应用实例见第 5 章。

2. 模型的简化

在保证模型可靠性和精确度的条件下，数学模型越简单越好，有利于降低研究成本，提高研究效率，因此应尽量简化烹饪热质传递模型。

虽然基于对烹饪过程的解析提出了前述的一系列烹饪热质传递控制方程，但在实际应用中，没有必要囿于这些方程。可以根据实际情况，合理简化，必要时建立经验模型。

在模型应用时，可以去掉一些次要因素，抓住要害，简化模型。例如，在短时爆炒过程中，水分迅速蒸发向外扩散，导致油和空气很难逆向进入食品内部。这种情况下，可以把流体介质中的油和空气忽略，只考虑水和蒸汽，从而简化该模型，这也是爆炒和油炸热质传递模型的区别之一。

4.4.2 模型条件的满足

数学物理方程都在一定的条件下成立，当实际情况偏离了条件时，就会导致建立的控制方程偏离实际，导致误差甚至出现错误。因此有必要分析模型的合理性，以便正确使用烹饪过程热质传递的有关控制方程。

1. 烹饪是否适用于多孔介质模型

1）烹饪食材是否具有多孔介质特性

烹饪食材种类极为丰富，由蛋白质、多糖和脂肪等高分子组分为主体成分的烹饪食材占多数，它们通常来源于动植物机体，具有各种天然的流体通道，适用于多孔介质模型。而一些特殊的烹饪材料，如畜、禽、水产中的骨，以及盐、糖等单一组分结晶物质，都不适用于多孔介质模型。

如前文所述，在干燥、油炸等工艺中，多孔介质热质传递理论得到了良好的应用。分析干燥、油炸过程就会发现，过程中食品状态逐渐由致密向多孔状态发展，无论干燥还是油炸，通常在较长时间后，会形成多孔状结构。烹饪过程与这些过程相比，具有特殊性，关键差异体现在过程持续时间上。在积累了较多研究后，我们发现在爆炒，尤其高温爆炒过程中，同样会在食材内部形成排气通道，只是程度较轻，并集中分布在靠近表面部分。

总体而言，多孔介质热质传递理论适合于多数烹饪食材，尤其适用于高温短时的流体-颗粒传热过程。

2）多孔介质热质传递理论在烹饪过程中应用的一些问题

首先，在干燥、油炸等工艺中，食材形成多孔状态的时间在整个工艺中占据多数，对该理论的应用是有利的。而烹饪过程短促，前期未出现蒸发的无传质加热时间占据整个过程的比例明显高于干燥和油炸，这是否会影响传热分析的准确性，还需要以数值模拟结果与实验传热学对比验证。

其次，多孔介质热质传递理论假设系统连续均匀，但是很多动植物食材是有方向性的，如肉纤维、植物组织等，可能会导致式（4-48）～式（4-72）方程的应用受到影响。

2. 烹饪食材颗粒是否出现体积变化

在数学物理方程中，有一个通常不需提及的条件，即对象物体尺寸是稳定不变的。但在烹饪中，这一条件常常不能被满足。在烹饪热质传递中无法回避烹饪固体颗粒的体积变化问题。

3. 烹饪食材、介质热物理性质的不稳定性

烹饪食材的热物理性质与其组成相关（Rao and Rizvi，1986），在烹饪中物料的传质、发生的化学反应都会导致比热容、相对密度和导热系数的变化。烹饪食材的热物理性质与温度有关，是温度的函数。烹饪过程的大幅度温度变化会导致热物理性质的变化（Rao and Rizvi，1986）。因此，在应用有关控制方程时，需要考虑过程参数变化导致的烹饪食材和介质的热物性变化。

4. 内热源

食品烹饪时发生的化学反应可能吸热和放热，但其量级通常不足以影响食品传热。而在微波烹饪时，就必须考虑内部热量的形成。此时有关非稳态传热方程需要加上内热源项，成为非齐次偏微分方程。

4.5　烹饪热质传递特征分析

烹饪研究的主要目的是为传统烹饪的工业化提供技术基础。构建烹饪过程数学模型的目的也在于此。前面构建的数学模型的合理应用，必须把握传统烹饪工艺的热质传递特征。因此有必要分析传统烹饪工艺，整体性地考察热质传递过程，寻找过程规律。

4.5.1　不同烹饪工艺的传热学特征

在传统中式烹饪中和加热有关的就有数十种烹饪技法，并没有基于过程原理概括分析，传统命名的内涵也比较混乱，出现交叉重叠。分析传统烹饪的所有命名，其包含

了多方面的意义：①加热强度大小；②加热时间长短；③加热介质和形式；④搅拌方式；⑤调味方式；⑥部分工艺还包含了多次加热过程的组合。由于一些烹饪工艺还有地域性，不同地区的人对其有不同的理解。

剥离掉调味等无关的内容，完全从热质传递角度分析传统烹饪工艺。首先从文献（中国烹饪百科全书编委会，1995）中获得各种传统烹饪工艺的定义，分别考察其传热介质种类、搅拌强弱、介质蒸发情况、颗粒蒸发情况、是否存在浓缩及加热时间长短等项，从而判断其基本的传热学特征。相关分析结果见表4-7。

表 4-7　各种加热烹饪工艺的传热学特征分析

序号	传统名称	传统定义	传热学特征						
			传热介质	搅拌	介质蒸发	颗粒蒸发	浓缩	时间	加热功率
1	煨	将原料加入多量汤水后用旺火烧沸，再用小火或微火长时间加热至酥烂	水性	极少	有	无		长	大转小
2	炖	将原料加汤水及调味品，旺火烧沸后用中、小火长时间烧煮成菜	水性	极少	有	无		长	大转小
3	煮	原料加多量汤或清水，旺火烧沸转中小火加热	水性	少	有	无			大转小
4	熝*	以小火烧煮使原料入味	水性	少	有	无	有		小
5	烩	将几种原料混合在一起，加汤水用旺火或中火烧制成菜	水性	少	有	无			大或中
6	焖	将经初步熟处理的原料加汤水及调味品后密盖，用中小火较长时间烧煮至酥烂而成菜	水性	少	有	无			小
7	烧	将经过初步熟处理的原料加适量汤（或水）用旺火烧开，中、小火烧透入味，旺火收汁	水性	少	有	无	有		大转中小转大
8	扒	将经过初步熟处理的原料整齐入锅，加汤水及调味品，小火烹制收汁，保持原形成菜装盘	水性	无	有	无	有		小
9	㸆	在烧煮的基础上将汤直接提浓或收干	水性	无	有	无	有		
10	卤	将原料用卤汁以中、小火煨、煮至熟或烂并入味	水性	少	有	无	有		中小
11	酱	用事先配制的酱汁以中、小火将原料烧、煮至熟烂	水性	少	有	无	有		中小
12	汆	小型原料于沸汤中快速致熟	水性	有	有	无		短	保持沸腾
13	烫	利用沸水使原料成熟	水性	有	有	无			保持沸腾
14	涮	由食用者将备好的原料夹入沸汤中，来回晃动至熟	水性	强	有	无		短	保持沸腾
15	熘	将烹制好的熘汁浇淋在预熟好的主料上，或把主料投入熘汁中快速拌均匀	水性	特殊	无	无		短	无
16	蒸	利用蒸汽传热使原料成熟	蒸汽	无	有	无			保持蒸发
17	爆	沸油猛火急炒或沸水（汤）急烫使小形原料快速致熟	油/水	强	无	有		极短	极大

续表

序号	传统名称	传统定义	传热学特征						
			传热介质	搅拌	介质蒸发	颗粒蒸发	浓缩	时间	加热功率
18	炒	以少油旺火快速翻炒小形原料成菜	油	强	无	有		短	大
19	炸	以多量食油旺火加热使原料成熟	油	有	无	有			大
20	氽*	用较低油温以中、小火炸制	油	有	无	有			中小
21	煎	原料平铺锅底，用少量油加热使原料表面呈金黄色而成菜	油	特殊	无	有			小
22	贴	将几种原料经刀工成形后，加调味品拌渍，合贴在起，挂糊后在少量油中先煎一面，使其呈金黄色，另一面不煎（或稍煎）	油	特殊	无	有			小
23	灼	生料氽至九成熟后取出再速炒成菜	油	有		有		短	无
24	浸	将原料下入沸热液体致熟而成菜	水/油	特殊				短	大
25	烙	通过炊具的干热使原料成熟的烹调方法	无	特殊	无	有			小
26	烘	将原料置于无焰小火上，利用辐射热使之成熟	无		无	有			小
27	烤	利用辐射热使原料成熟	无		无	有			大
28	焗	运用密闭式加热，促使原料自身水分汽化致熟	固体	无	无	有			
29	塌	原料挂糊后煎制并烹入汤汁，使之回软并将汤汁收尽					有		
30	淋	原料不下锅，以热油浇淋成菜	油	无	无				

*：𤏶，音 dǔ；氽，音 tǔn。

由表 4-7 可以看出，各种烹饪工艺之间存在着传热学特征的区别，基本没有完全相同的操作，说明在长期烹饪时间操作中总结得到的技法是有传热学原理支持的。同时也可以对烹饪传热过程的复杂性获得一个概貌性的了解。

由表 4-7 还可以看出，在 30 种烹饪技法中，烘、烤、焗三种烹饪工艺中流体未在传热中起到主要作用，在煎、贴两种烹饪工艺中流体的作用较小，剩余的 25 种烹饪工艺中流体作为传热介质在烹饪中起到重要作用，说明前文总结的流体-颗粒传热是中式烹饪有代表性过程的结论是合理的。

4.5.2　烹饪加热功率与热阻

1. 功率与热效率

烹饪热源是烹饪加热的能量来源，热源强弱可用功率表示。但由于热源功率并不能全部传递给烹饪容器，还要考虑加热的热效率。容器获得的热量还可能向食品体系外散失一部分。包含烹饪传热介质和食材的食品体系所吸收的热量才是有效功率。计算有效功率时，要在热源功率上乘上一个体系热效率系数。

前述数学模型中，表达烹饪容器的非稳态热传导的式（4-1）～式（4-4）描述了有辐射的燃烧加热过程。功率大小与式（4-2）中火焰-容器对流传热系数 h_{vb}、火焰温度 T_b、燃烧室底面与容器外壁辐射角系数 F_{vb} 相关。式（4-29）反映了火焰加热烹饪中通过控制容器和火焰距离调控功率的情况。式（4-2）适用于有辐射盘的火焰加热，也适用于电阻丝和卤素灯的辐射加热情况，但是，电感加热也是普遍使用的烹饪热源。这时，可以用加热功率代替式（4-2）中的热气流对流加热项和燃气辐射加热项，如热源加热均匀，则式（4-1）～式（4-4）可以由式（4-74）代替：

$$P_s\varphi_s = h_{vf}(T_{vi} - T_f)A_{vm} \tag{4-74}$$

式中：P_s 是热源功率，W；φ_s 是体系热效率，无量纲；A_{vm} 是有效加热面积，即容器和食品接触面积，m^2。

式（4-74）适用于所有热源，但不同种类热源的功率计算和功率控制方法都不相同，有各自的技术规律。烹饪过程中热源的功率和热效率是可以实验测定的（胡正和林其钊，2007；陈明等，2001），可参考国标《家用燃气灶具》（GB 16410—2020）。

2. 加热功率对烹饪传热的影响

烹饪加热的目的是使食材冷点达到成熟要求。但加热功率与成熟时间并非线性关系，而是受到复杂的传热过程的控制。

在加热功率相同的情况下，烹饪成熟的快慢与食材数量、烹饪传热介质数量以及烹饪容器的有效加热面积有关。对不同热源、不同容器、不同食材的加热功率进行对比时，采用比功率才合理。可以将烹饪传热中的各种比功率定义如下。

原料比功率 P_r：

$$P_r = \frac{P_s}{M_r} \tag{4-75}$$

式中：P_r 是原料比功率，W/kg；M_r 是烹饪食材质量，kg。

介质比功率 P_m：

$$P_m = \frac{P_s}{M_m} \tag{4-76}$$

式中：P_m 是介质比功率，W/kg；M_m 是烹饪传热介质质量，kg。

面积比功率 P_a：

$$P_a = \frac{P_s}{A_{vm}} \tag{4-77}$$

式中：P_a 是面积比功率，W/m^2；A_{vm} 是烹饪容器有效加热面积，m^2。

原料综合比功率 P_{ir}：

$$P_{ir} = \frac{P_s}{M_r A_{vm}} \tag{4-78}$$

式中：P_{ir} 是原料综合比功率，W/（kg·m²）。

介质综合比功率 P_{im}：

$$P_{im} = \frac{P_s}{M_m A_{vm}} \tag{4-79}$$

式中：P_{im} 是介质综合比功率，W/（kg·m²）。

比功率会对烹饪品质产生决定性的影响，一般而言，比功率大，有利于提高烹饪品质。大炒和小炒的品质不同，正是由比功率的差异造成的。

3. 烹饪传热热阻

烹饪传热过程是多个传热过程的联合，热阻（thermal resistance）的概念可以使我们深入理解传热过程的实质。热阻反映阻止热量传递的能力，热阻小，利于传热，热阻大，抑制传热。对于三种传热形式，分别存在：①导热热阻，即以热传导的方式传递时遇到的热阻；②对流换热热阻，即在对流换热过程中固体壁面与流体之间的热阻；③辐射热阻，即两个温度不同的物体相互辐射换热时的热阻。在温度不随时间变化的稳态状况下，热阻可以直接用于传热计算。例如，式（4-7）的火焰-烹饪容器-传热介质的稳态传热方程中，导热热阻为 δ_v/k_{ve}，对流换热热阻 $1/h_{vf}$，燃烧加热的对流及辐射热阻为 $1/(h_{vb}+\alpha_R)$。

烹饪中的稳态传热仅出现在炖、煮的后期，在所有烹饪操作中出现的频率不高。多数情况下，烹饪的传热状态为非稳态，这时式（4-7）不适用，但是，我们仍可以引用热阻的概念来分析烹饪的传热状况，分析传热控制的关键因素。例如，在烹饪的传热过程中，一旦出现较大的热阻，传热受到限制，如果热源的功率不减，必然会出现热量堆积，造成局部温度升高。过高的温度会导致焦煳、变味等品质劣变现象，对烹饪是不利的。

4.5.3　水传热烹饪工艺的传热特征

在表 4-7 中列出的 30 种烹饪技法中，采用水性传热介质的有 15 种：煨、炖、煮、㸆、烩、焖、烧、扒、熻、卤、酱、汆、烫、涮、熘，油、水性兼为传热介质的有 2 种：爆和浸，共有 17 种。下面讨论水性传热介质的烹饪工艺的主要传热学特征。

1. 水传热烹饪工艺的热阻分析

在图 4-1 的烹饪条件下，当采用水性传热介质时，火焰辐射和对流为热源，目标是使食品体系中最大食材颗粒冷点加热成熟。各烹饪热阻如图 4-6 所示。

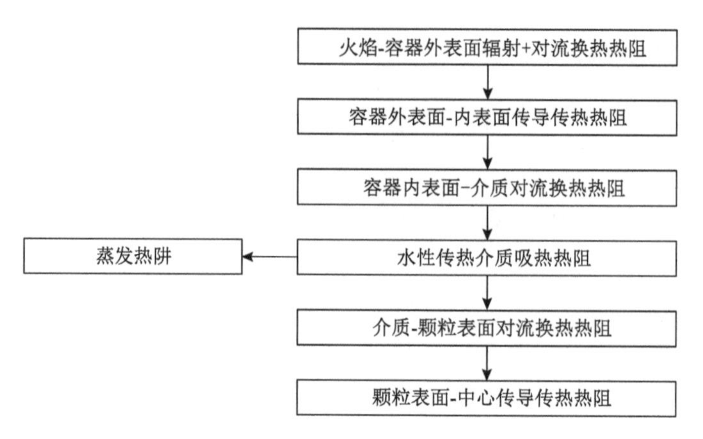

图 4-6　水传热烹饪的热阻

水传热烹饪的最大特点是蒸发热阱的存在。热阱是一个工程概念，在不同领域有不同定义，通常是指能够无限制吸收热量并将热量排出系统的散热器或散热机制。在水传热烹饪的传热体系中，蒸发显然具有这样的特征。热源功率提高，蒸发就相应增加，只要有水存在，这个热阱就一直会起作用。蒸发热阱是水传热烹饪的控制性因素，它是形成恒温、浓缩、稳态等水传热烹饪特征的根源。

2. 恒温烹饪

由于水温不会超过水的沸点，水传热烹饪工艺可以很容易把温度控制在 100℃左右，实现恒温加热烹饪，这是油传热烹饪难以做到的。当恒温足够时间后，烹饪食品体系温度一致，进入全系统任何位置的温度不随时间变化的稳态。因此，长时水传热烹饪的火候控制难度较低。

3. 烹饪时长

烹饪加热品质是由温度和时间的共同积累形成的，加热时间是烹饪工艺的关键因素。水传热烹饪中，煨、炖是长时工艺，氽、灼、涮、熘、爆、浸是短时工艺，炒、煮、燴、烩、焖、烧、扒、㸆、卤、酱的烹饪时间在长时和短时之间。加热工艺中无论长时短时，都必须达到成熟。因此，由于水性传热介质加热温度基本在 100℃左右，短时工艺要求有更高的传热强度，即需要更强的搅拌、更大的加热功率。而长时烹饪则相反。观察各种烹饪过程，不难发现各种烹饪操作通常都符合上述技术规律。

值得注意的是，颗粒体积对传热有决定性影响。颗粒体积越小，传热越快，成熟越快。短时工艺中，通常烹饪固体食材较小，长时工艺的颗粒体积则相对较大。

4. 水传热对流传热系数的影响因素

1）搅拌

水传热烹饪中是否搅拌、搅拌的强弱，都直接影响容器-液体和液体-颗粒的对流传热系数，从而对传热产生影响，并且对两者产生同步且效果接近的影响。煨、炖、煮等工艺通常较少或没有搅拌。而燴、烩、焖、烧、扒、㸆、卤、酱等工艺通常需要一定的搅拌，但不是持续的，主要目的不是提高传热效率，而是起到混合作用，使得调味均匀以及防止容器底部焦煳。对于汆、烫、涮、水爆等工艺，通常配合强烈搅拌，但这些工艺中搅拌也并非是绝对必需的，因为这些工艺都在强烈沸腾状态下进行，沸腾强制对流可以起到搅拌作用，尤其在液料比较大时。

2）对流

必须注意到，水性液体加热时，未沸腾前的自然对流和沸腾后形成的沸腾强制对流都影响容器-液体和液体-颗粒的对流传热系数，对流越强烈，对流传热系数就越大。加热有效功率直接影响对流换热强度。对于自然对流，由于流体各部分温度不均匀而形成密度差，从而在重力场或其他力场中产生浮升力引起运动。加热功率越大，温差越大，运动越强烈。对于沸腾对流，沸腾气泡的上升起到了搅拌作用，加热功率越大，沸腾越强烈，搅拌作用越剧烈。另外，液体颗粒比也会影响对流强度。当液体颗粒比小时，即固体原料多，液体介质较少时，流体运动空间变小，对流受阻。因此，当液体颗粒比小时，搅拌就显得更为重要。

3）投料形式

水传热烹饪主要有 3 种投料形式：①汆、烫、涮、爆、浸等工艺，采用在沸腾水性传热介质中加入食材颗粒，通常适用于对温度敏感，且需要快速加热、短时加热的食材；②如煨、炖、煮、燴、烩、焖、烧、扒、㸆、卤、酱等烹饪工艺，可以将食材与水性传热介质共同加热升温，也可以在沸腾水性传热介质中加入；③熘，则是向烹饪食材中加入沸腾水性流体，通常是较浓的汁液。不同的投料形式会影响液体颗粒对流传热系数。

4）液体颗粒比

当用多量水性传热介质加热颗粒时，通常颗粒被介质淹没。在液体颗粒比较小时，一部分颗粒可能不被介质淹没。但未被淹没部分的颗粒可能被蒸发产生的蒸汽所加热。在烹饪操作中常通过搅拌使所有颗粒轮流被加热，使得品质均匀。通常煨、爆、炖、煮、汆、烫、涮等工艺的液体颗粒比较高，而烩、焖、烧、扒、㸆、卤、酱、熘、浸则略低。

虽然在液体颗粒比较低时，人为搅拌导致颗粒的受热是周期性的，一些时间段并不是液体-颗粒的表面换热，但液体-颗粒表面换热仍然起到主导作用。我们仍然可以用对流传热系数来分析计算颗粒的表面换热，即表观对流传热系数。

5）浓缩

水的相变蒸发导致浓缩作用。这是非水传热烹饪方式不具有的现象。烹饪时较多的水可以从食材中浸提出水溶性成分，而后通过蒸发浓缩，形成特殊的风味、口感，由于浓缩程度不同，形成所谓的汤、汁。在烧、扒、㸆、卤、酱等工艺中，浓缩是必需的过程，高浓度有利于调味传质。在其他的水传热烹饪中，浓缩也可能对烹饪品质产生作用。

4.5.4 油传热烹饪工艺的传热特征

在表 4-7 中列出的 30 种烹饪技法中，采用油传热介质的有爆、炒、炸、汆、煎、贴、灼、浸等 8 种。爆、炒等是中式烹饪的代表性工艺。下面讨论油传热烹饪工艺的主要传热学特征。

1. 油传热烹饪工艺的热阻分析

在图 4-1 的烹饪条件下，当采用油传热介质时，从火焰到食材颗粒中心传热过程的各个烹饪热阻如图 4-7 所示。

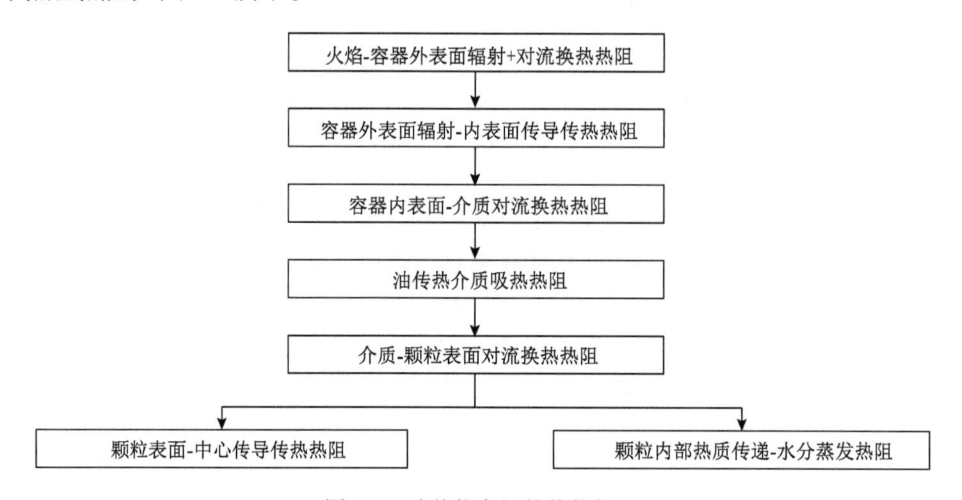

图 4-7　油传热烹饪的传热热阻

当颗粒温度低于水分蒸发温度时，油传热烹饪的各个热阻与水传热烹饪相似，但没有介质蒸发。当颗粒温度高于水分蒸发温度时，则会发生复杂的热质传递，水分蒸发带走热量。油传热烹饪与水传热烹饪的根本区别在于，油传热烹饪不存在传热介质的蒸发热阱，而是由食材颗粒的蒸发形成热量出口。但是食材颗粒的蒸发受到颗粒内部导热速率和水汽传递的限制，只在蒸发初期水分充足时有短暂的热阱性质，总体上不能称其为热阱。

2. 烹饪温度分布宽、变动大

由于没有蒸发热阱，油传热烹饪过程中油相和固相的温度变动普遍存在，非稳态特征更为显著。在传统烹饪中，爆炒等过程中通常将油脂加热到发烟作为油脂预热的结束。常用烹饪油脂的烟点为：压榨菜籽油 190～232℃、初榨玉米油 178℃、猪油

188℃、压榨大豆油 166℃、精炼大豆油 234℃、压榨花生油 160℃、精炼花生油 232℃。传统烹饪中主要使用压榨大豆油和猪油，因此油传热烹饪温度可达 166～190℃。一些极端情况下，会将油加热到燃点温度，一般油脂的燃点都在 300℃以上，大豆油燃点 363℃（何东平，2015）。油传热加热温度远高于水传热的烹饪温度，具有温度分布宽、变动大的特点。

3. 容易出现热堆积

由于没有蒸发热阱，当加热功率较大时，热量容易在较大的热阻前产生堆积。例如，加热低含水烹饪食材颗粒时，由于低含水食材颗粒水分蒸发少，导热系数小，吸热慢，很容易使得油温急剧上升而导致颗粒表面过热。油炸果仁类食品时就会出现这种现象。即使是高含水颗粒，当油温过高时，颗粒表面水分急剧蒸发，形成一个干燥壳层，具有较高热阻，从而在壳层形成热堆积，造成焦煳等品质破坏，这是很多食品油爆、油炸前必须挂糊上浆的原因之一。热堆积是烹饪中的重要现象，如何控制热堆积，是烹饪传热控制的重要课题。

4. 烹饪时长

在油传热烹饪的各种工艺中，爆是最快的，时长以秒计，炒次之，炸、汆、煎、贴、灼相对时间较长。总体上，油传热烹饪的加热时间明显比水传热烹饪短，这是因为在烹饪中油温通常比水温高得多。

5. 油传热对流传热系数的影响因素

1）搅拌

油传热烹饪中，流体介质温度明显高于水传热烹饪，因此需要更高的流体-颗粒对流传热系数，以减少热堆积及提高烹饪品质。油传热烹饪中搅拌的使用频率和强度都高于水传热烹饪。专业中式烹饪中采用的搅拌手段是翻锅（颠锅）和用勺。翻锅是手工运动锅具，使锅内物料周期性加速和跌落，产生的运动剧烈而均匀，最大限度地提高了容器-油和油-颗粒的对流传热系数。在爆、炒等高温短时烹饪工艺中，翻锅应用极为广泛。用勺是用锅铲、长柄勺等烹饪搅拌工具搅拌食材，这在非专业的烹饪中是主要搅拌手段，而在专业烹饪中则是次要的搅拌手段，使用频率较翻锅少。而在煎、贴等工艺中出现接触传导传热，也必须配合翻动，其传热规律与表面换热不同。值得注意的是，相同搅拌强度下，水传热的对流传热系数高于油传热。

2）对流

与水传热烹饪相同，油加热时，温差形成的自然对流会影响容器-液体和液体-颗粒的对流传热系数，对流越强烈，对流传热系数就越大。区别在于，烹饪温度不会达到油脂的沸点，所以油传热烹饪中不存在沸腾对流。因此油传热烹饪需要提高加热强度时，更依赖搅拌。

3）投料形式

传统油传热烹饪主要投料形式为热油中加入食材，一些烹饪中，也以热油浇入的形式加热食材。

4）液体颗粒比

液体颗粒比同样影响油传热烹饪的加热，对于油传热烹饪可称为油料比。油传热烹饪中爆、炸、氽等工艺的油料比较大，而炒、灼、浸的油料比较少，而煎、贴用油非常少。由于炒在烹饪中广泛使用，总体上油传热烹饪的液体颗粒比相对水传热烹饪低。前述的表观对流传热系数概念可能在油传热烹饪中有更多的应用。

4.5.5　汽传热烹饪工艺的传热特征

在表 4-7 中列出的 30 种烹饪技法中，采用汽传热介质仅有蒸 1 种。蒸也是中式烹饪的代表性工艺，应用广泛。汽传热烹饪中蒸汽较少成为烹饪成品的组分，油和水性传热介质则会较多进入烹饪成品。下面讨论汽传热烹饪工艺的主要传热学特征。

1. 汽传热介质烹饪工艺的热阻分析

当采用汽传热介质时，从火焰到食材颗粒的中心的传热过程的各个烹饪热阻如图 4-8 所示。汽传热介质烹饪的关键传热热阻是蒸汽-颗粒表面对流换热热阻，其他热阻对烹饪传热和烹饪品质影响不大。

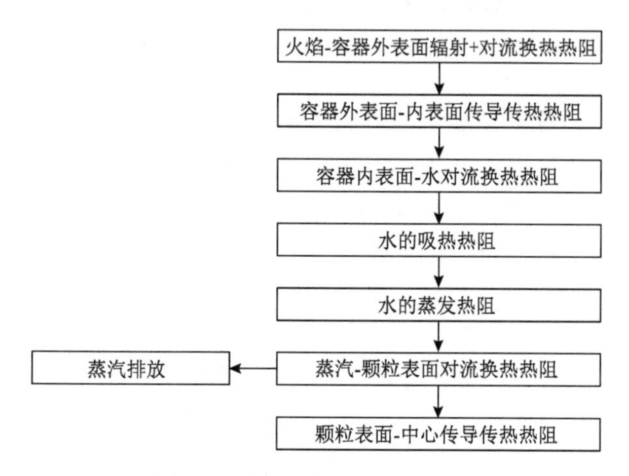

图 4-8　传统热烹饪的传热热阻

2. 汽传热烹饪的传热特征

在开放体系中的汽传热烹饪是恒温烹饪。汽传热烹饪中只要产生蒸汽并占据食材的周围空间，恒温烹饪就开始了。由式（4-17），蒸汽-颗粒对流传热系数由蒸汽与原料的相对运动速度决定，而加热功率越大，蒸发越剧烈，相对运动速度越快，传热就越快。通常气体-固体的对流传热系数要比液体-固体的对流传热系数低，但由于冷凝和蒸汽渗透的影响，蒸制对流传热系数并不低。

汽传热烹饪的优势是比水传热和油传热烹饪更容易控制，只要保持充足的供水和蒸发热量供应就可以顺利进行。值得指出的是，在蒸的初期，蒸汽可能在食材表面冷凝，会有很高的对流传热系数。但很快原料表面就会超过冷凝温度，冷凝水也会被蒸汽带走。这个过程容易被研究者所忽略。蒸制烹饪过程中，食材是静态的，仅有蒸汽运动，特别适于质构易被破坏的原料。

由于蒸汽向外排放，蒸制烹饪的能量损耗较大，对烹饪节能不利。

4.5.6　三种烹饪介质的性质对烹饪传热的影响

1. 不同传热介质的蓄热能力

蓄热能力是指不考虑外部热源，仅以传热介质的温度降低向食材提供热量的能力。中式烹饪的一个重要特色，就是将食材颗粒投入高温传热介质中，由介质蓄热弥补热源加热功率的不足，从而迅速加热食材。分析两种情况下的蓄热能力：第一种，从介质的常用工作温度到常温，常温设为 25℃；第二种，从介质的常用工作温度到食材的平衡烹饪温度。由于绝大多数食材都富含水分，在烹饪加热过程中，会在水的沸点有一个持续一定时间的热量平衡，平衡烹饪温度为 100℃。水性介质的常用工作温度显然是 100℃，而油性介质的工作温度为 100～200℃。水和蒸汽的热物性由表 7-25 和表 7-24 得到。油选用大豆油，有关参数由文献获得，一些参数通过插值计算。100 mL 传热介质蓄热量计算公式如下：

$$Q_{100} = T_1 \times c_{pT_1} \times 100 \times d_{T_1} - T_2 \times c_{pT_2} \times 100 \times d_{T_2} \tag{4-80}$$

式中：Q_{100} 是 100 mL 传热介质蓄热量，J；T_1 是蓄热温度，即初始工作温度，℃；T_2 是放热结束温度，℃；c_{pT_1} 是蓄热温度下比热容，J/（kg·℃）；d_{T_1} 是蓄热温度下的相对密度，无量纲；c_{pT_2} 是放热温度下比热容，J/（kg·℃）；d_{T_2} 是放热温度下的相对密度，无量纲。

计算结果见表 4-8，并可以得到下面的结论。

表 4-8　不同传热介质的蓄热量

		100 mL 传热介质						
		大豆油					水	汽
	蓄热温度/℃	120	140	160	180	200	100	100
蓄热量/kJ	蓄热温度→常温	18.68	23.96	30.84	36.68	43.70	31.73	～0.01
	蓄热温度→平衡温度（100℃）	0.72	6.00	12.88	18.72	25.74	0	0

（1）对传热介质降温到常温释放的热量，100℃水与约 160℃的油脂相当。但油脂可以加热到更高温度。由此可见，尽管水的比热容大大高于油脂，但是同量高温烹饪油脂的蓄热能力超过水。由于蒸汽的密度极小，基本没有蓄热能力。

（2）如果降温到平衡温度，即维持食材温度保持在沸点，由于水性传热介质的沸点与食材在沸点相同或几乎相同，这时仅有油脂具有蓄热能力，高温油脂的蓄热量较高。

油脂蓄热对烹饪火候影响的详细计算分析参见本书 9.3.2 节。

2. 不同传热介质的曳力系数比较

曳力系数又称流体阻力系数，是流体作用于颗粒上的曳力对颗粒在其运动方向上的投影面积与流体动压力乘积的比值。在烹饪中，这一系数可以表征传热介质对食材颗粒的拖曳或是携带作用。曳力系数对烹饪的搅拌操作和传热都有较大影响。

单颗粒的曳力系数 C_{Ds} 与流体颗粒相对速率有关，可以按下列公式计算（姚玉英，1999）：

斯托克斯区域： $$C_{Ds}=\frac{24}{Re_p}\qquad Re_p<0.4\tag{4-81}$$

过渡区域： $$C_{Ds}=\frac{18.5}{Re_p^{\ 0.6}}\qquad 0.4\leqslant Re_p<500\tag{4-82}$$

牛顿区域： $$C_{Ds}=0.43\qquad 500\leqslant Re_p<200000\tag{4-83}$$

Re_p 为颗粒雷诺数，烹饪过程的曳力系数只在式（4-82）和式（4-83）的范围内。由于

$$Re_p=\frac{d_p u_{fs}\rho}{\mu}\tag{4-84}$$

式中：d_p 是颗粒直径，m；u_{fs} 是流体颗粒两相的相对速度，m/s；μ 是流体黏度，Pa·s。

显然，对于相同的食材颗粒，在相同的流体颗粒两相相对速度下，黏度决定了曳力系数的大小。蒸汽黏度极小，在烹饪中的曳力作用可以忽略不计。而水的黏度在 25～100℃为 1.00～0.284 cP；大豆油的黏度在 25～100℃为 14.3～1.18 cP（1cP=1mPa·s）。容易得出结论：高温油脂和常温的水有接近的颗粒携带能力，且相同温度下油的颗粒携带能力是水的数倍到十多倍。

3. 传热介质性质对对流传热系数的影响

对流传热系数是烹饪传热的关键参数之一。容器-传热介质以及传热介质-食材颗粒的对流传热系数都对烹饪品质有着重大影响。传热介质的性质对对流传热系数的影响也反映了不同介质烹饪的内在技术原理和特征。

水的导热系数和比热容都大于食用油，但黏度远小于食用油，即油的导热性能、蓄热性能和流动性都低于水。因此在流体颗粒相对运动速度、颗粒尺寸相同、无蒸发的情况下，颗粒-水应该比颗粒-油的对流传热系数大。例如，按式（4-22）计算，相同条件下颗粒-油的对流传热系数应是颗粒-水的 12%～40%。实际烹饪中，由于表面水分蒸

发和搅拌的对流传热强化作用，通常油传热烹饪的对流传热系数远高于水传热烹饪。

4. 传热介质性质对相变的影响

油脂的沸点远比水高，通常在 200℃以上，硬脂酸的沸点达到 376℃。绝大多数食材是高含水物料，油脂可以提供水的相变温度以上的加热温度，这是水性传热介质无法实现的。

4.6　烹饪中的食材收缩问题

4.6.1　基本概念

烹饪中食材的热处理变形，即食材在热处理中产生的形状和尺寸的变化，如收缩和膨胀现象，在烹饪热处理过程中最为常见。蔬菜、水果等农产品通常具有多孔的内部结构和较高的初始水分含量，在烹饪热处理过程中，大量液相从食材的物体结构中迁移出时，会使物料内部与外部压力直接产生不平衡，在应力的作用下产生收缩，导致物料收缩或坍塌，产生变形。收缩主要有两种情形，即均匀收缩与非均匀收缩。由于食材的各向异性，非均匀收缩极为常见。食材的收缩可以分为纵向收缩、横向收缩、挠曲、角变形、波浪收缩、错边收缩以及螺旋收缩。参见 4.1.3 节。

4.6.2　研究食材收缩问题的意义

对于高水分含量的食品，在烹饪过程中常伴随着收缩现象的发生。食材的收缩会使物料组织内部结构发生改变，如发生皱缩、硬化、扭曲、卷曲及破溃等变化，还会出现对食材的水分扩散系数、孔隙率和渗透率等物性参数变化。收缩导致食材颗粒的尺寸减小、中心升温速度加快，对物料中的水分传质产生促进作用，进一步加速物料的收缩。

从食品热处理数值模拟领域来看，在油炸、颗粒对流干燥、流态化干燥、流态化超高温杀菌（fluidization ultra high temperature sterilization，FUHTS）等食品热处理中应合理考虑收缩现象。烹饪数值模拟中，如果忽略物料的收缩现象，会偏离真实情况，导致出现模拟误差（Rossello et al.，1997）。

4.6.3　可参考的收缩现象数学模型

现有的食品收缩模型主要源于干燥过程物料收缩研究。可供烹饪收缩研究参照。

1. 线性和非线性经验模型

最简单的收缩建模方法是使用线性和非线性经验模型，直接将物料脱水过程中收缩现象和内部水分含量联系起来，各类线性和非线性经验模型参见表 4-9 和表 4-10。

表 4-9　线性经验模型

模型类型	几何	收缩的维度	材料	参考文献
$D_R = K_1X + K_2$	圆柱	体积	苹果	Lozano et al.，1980
$D_R = K_1X + K_2$	球体	半径	黄豆	Misra and Young，1980
$D_R = K_1X + K_2$	椭圆球体	三维坐标系	杏子	Vagenes and Marinos-Kouris，1991
$D_R = K_1X + K_2$	圆柱	体积	胡萝卜	Ratti，1994
$D_R = K_1X + K_2$	圆柱	体积	直链淀粉凝胶	Izumi and Hayakawa，1995
$D_R = K_1X + K_2$	球体	半径	杏子	Mahmutogklu et al.，1995
$D_R = K_1X + K_2$	平板	厚度、宽度、长度	马铃薯	Wang and Brennan，1995
$D_R = K_1X + K_2$	球体	体积	葡萄	Simal et al.，1998
$D_R = K_1X + K_2$	圆柱和平板	体积	马铃薯	Khraisheh et al.，1997
$D_R = K_1X + K_2$	圆柱	体积	绿豆	Rossello et al.，1997
$D_R = (k_1T + k_2) + (k_3T + k_4)X$	圆柱	体积	马铃薯	McMinn and Magee，1997a，1997b

注：D_R是收缩系数；k_1、k_2、k_3、k_4、K_1、K_2是经验公式常数；X是干基水分含量（kg 水/kg 干基固体）。

表 4-10　非线性经验模型

模型类型	几何	收缩的维度	材料	参考文献
$D_R = 0.16 + 0.816\frac{X}{X_0} + 0.022\exp\left(\frac{0.018}{X+0.025}\right) + k_1\left(1-\frac{X}{X_0}\right)$ 其中 $k_1 = 0.209 - k_2; k_2 = \frac{0.966}{X_0 + 0.796}$	圆柱	表面积与体积之比	苹果、胡萝卜、马铃薯	Ratti，1994
$\frac{a_v}{a_{v0}} = k_1 + k_2X + k_3X^2 + k_4X^3$	球体	表面积与体积之比	马铃薯	Mclaughlin and Magee，1998
$\frac{a_v}{a_{v0}} = k_1 + k_2X + k_3X^2 + k_4X^3$	球体	表面积与体积之比	樱桃	Ochoa et al.，2002
$D_R = k_1 + k_2X + k_3X^2 + k_4X^3$	圆柱	床层体积	苹果、胡萝卜、马铃薯	Ratti，1994
$D_R = k_1 + k_2\exp(-k_3t)$	平板	表面积	马铃薯、南瓜	Rovedo et al.，1997
$D_R = k_1 + k_2\left(\frac{X}{1+X}\right) + \exp\left(k_3\frac{X}{1+X}\right)$	半球体、圆柱	直径，高	花椰菜	Mulet et al.，2000

注：D_R是收缩系数，无量纲；k_i是经验系数及常数，i代表常数序号；X是干基水分含量（kg 水/kg 干基固体）；t是时间,s；a_v是表面积与体积之比，m^{-1}；a_{v0}是初始表面积与体积之比，m^{-1}；X_0是初始干基水分含量，kg/kg。

这些模型通常非常依赖试验数据。由于干燥条件和物料的性质，其应用范围受到了限制，且需要大量的试验测试。

2. 线性和非线性基本方程模型

基本方程模型可以在无须复杂数学计算的情况下，预测物料水分含量和体积变化。与经验模型不同的是，基本方程模型不依赖不同实验条件下的收缩值。表 4-11～表 4-13 介绍了线性和非线性基本方程模型，分为三组：①贯穿整个干燥过程的物料线性收缩行为的线性模型（表 4-11）；②包括这种线性收缩行为的偏差的非线性模型（表 4-12）；③包括通过干燥过程显著孔隙率改变的收缩行为的收缩基本方程模型（表 4-13）。

表 4-11 线性基本方程

方程	几何	收缩维度	材料	参考文献
$\frac{V}{V_0}=k_1+k_2\frac{X}{X_0};k_2=1/\left(X_0\left(\frac{\rho_s}{\rho_w}\right)+1\right)$	圆柱	体积	胡萝卜、马铃薯、红薯、小萝卜	Ratti，1994
均匀干燥模型：$\frac{A}{A_0}=\left(\frac{V}{V_0}\right)^{(2/3)}$ 模型 A： $\frac{V}{V_0}=(X+k_1)/(X_0+k_1);k_1=X_e\left(\frac{1}{\rho_e}-1\right)+\frac{1}{\rho_e}$ 模型 B： $\frac{V}{V_0}=k_1X+k_2;k_1=\frac{\rho_0}{X_0+1};k_2=1+k_1-\rho_0$	立方体	面积	胡萝卜、马铃薯、红薯，小萝卜	Suzuki et al.，1977
核心干燥模型： $\frac{V}{V_0}=k_1X+1;k_1=\frac{1-k_2}{X_0-X_e}$ $k_2=\frac{(X_e+1)\rho_0}{(X_0+1)\rho_e};\frac{A}{A_0}=\left(\frac{V}{V_0}\right)^{(2/3)}$	立方体	面积	胡萝卜、马铃薯、红薯、小萝卜	Suzuki et al.，1977

注：A、A_0是面积，下标 0 代表初始值，m^2；k_i是经验系数及常数，i 代表常数序号；V、V_0是体积，下标 0 代表初始值，m^3；X、X_0是干基水分含量，下标 0 代表初始值，kg/kg 干基固体；ρ、ρ_0、ρ_s、ρ_w、ρ_e是密度，下标 0、s、w、e 分别代表初始值、固体、水、终点值，kg/m^3；X_e是终点干基水分含量，无量纲。

表 4-12 非线性基本方程

方程	几何	收缩维度	材料	参考文献
半核心干燥模型： $\frac{V}{V_0}=\frac{X+k_1}{X_0+k_1};k_1=X_e\left(\frac{1}{p_e}-1\right)+\frac{1}{p_e}$	立方体	面积	胡萝卜、马铃薯、红薯、小萝卜	Suzuki et al.，1977

续表

方程	几何	收缩维度	材料	参考文献
$S_{\mathrm{b}}=\left[\dfrac{\left(X+\dfrac{\sum_{1}^{j}\chi_{j}}{d+\sum_{0}^{j}\chi_{j}}\right)+\dfrac{d}{d+\sum_{1}^{j}\chi_{j}}\dfrac{p_{\mathrm{w}}}{p}}{X_{0}+\dfrac{\sum_{1}^{j}\chi_{j}}{d+\sum_{0}^{j}\chi_{j}}+\dfrac{d}{d+\sum_{1}^{j}\chi_{j}}\dfrac{p_{\mathrm{w0}}}{p}}\right]\dfrac{p_{\mathrm{w0}}}{p_{\mathrm{w}}}$	圆柱	体积	苹果	Suzuki et al.，1977
$D_{\mathrm{R}}=k_{2}+k_{3}\dfrac{X}{X_{0}}+0.26k_{1}\left(1-\dfrac{X}{X_{0}}\right)^{3}$	圆柱	体积	木薯	Moreira et al.，1999

注：d 是非糖干物质含量，kg/kg 干物质；k_i 是经验系数及常数，i 代表常数序号；p、p_{w}、p_{w0} 是压力，下标 w、0 分别代表水、初始值，kg/m^2；V、V_0 是体积，下标 0 代表初始值，m^3；D_{R} 是收缩系数，无量纲；S_{b} 是相对体积收缩率，无量纲；X、X_0 是干基水分含量，下标 0 代表初始值，无量纲；χ_j 是组分体积分数，下标 j 代表各流体组分，无量纲。

表 4-13　非线性基本方程（含孔隙率）

方程	几何	收缩维度	材料	参考文献
模型 A（包含初始孔隙率）： $D_{\mathrm{R}}=\left[k_{1}\dfrac{X}{X_{0}}+k_{2}X\right]k_{3}$ $k_{1}=\left(1+\dfrac{\chi_{\mathrm{g}}}{X_{0}}+\dfrac{p_{0}}{X_{0}}k_{4}\right)^{(-1)}$ $k_{2}=\dfrac{\left(\chi_{\mathrm{g}}+k_{0}Xk_{4}\right)k_{1}}{X_{0}}$ $k_{4}=\dfrac{\chi_{\mathrm{w}}}{p_{\mathrm{w}}}+\dfrac{\chi_{\mathrm{s}}}{p_{\mathrm{g}}}$	圆柱平板	体积	胡萝卜、大蒜、梨、马铃薯、红薯	Lozano et al.，1980
模型 B（不包含初始孔隙率）：				
$D_{\mathrm{R}}=\dfrac{1}{(1-\omega)}\dfrac{\left(k_{1}+\dfrac{\chi_{\mathrm{g}}}{\rho_{\mathrm{g}}}+\dfrac{X}{\rho_{\mathrm{s}}}\right)\rho_{0}}{X_{0}+1}$	圆柱平板	体积	胡萝卜、大蒜、梨、马铃薯、红薯	Lozano et al.，1980
$D_{\mathrm{R}}=\dfrac{1}{(1-\omega)}\left[1+\dfrac{\rho_{0}\ (X-X_{0})}{\rho_{\mathrm{w}}(1+X_{0})}\right]$	平板	体积	牛肉	Perez and Calvelo，1984
$D_{\mathrm{R}}=\dfrac{p_{0}}{p}\left[\dfrac{1+X}{1+X_{0}}\right];p=\dfrac{(1-\omega_{\mathrm{e}}-\omega)}{\sum_{i=1}^{m}\dfrac{M_{i}}{RT}i}$	平板	体积	乌贼	Rahman，2001
$D_{\mathrm{R}}=\dfrac{1}{(1-\omega)}\left[1+\dfrac{p_{0}(X-X_{0})}{p_{\mathrm{w}}(1+X_{0})}-\omega_{0}\right]$	圆柱	体积	苹果、马铃薯、乌贼、胡萝卜	Perez and Calvelo，1984

注：p、p_0、p_{g}、p_{w} 是压力，下标 0、g、w 分别代表初始值、气体、水，kg/m^2；D_{R} 是收缩系数，无量纲；k_i 是经验系数及常数，i 代表常数序号；M_i 是摩尔气体浓度，i 代表不同气体组分，mol/m^3；R 是气体常数，m^3/（mol·K）；T 是温度，℃；ρ_0、ρ_{w}、ρ_{g}、ρ_{s} 是密度，下标 0、w、g、s 分别代表初始值、水、气体、固体，kg/m^3；ω、ω_0、ω_{e} 是孔隙率，下标 0、e 分别代表初始值、终点值，无量纲；χ_{g}、χ_{w}、χ_{s} 是体积分数，下标 g、w、s 分别代表气体、水、固体；X、X_0 是干基水分含量，下标 0 代表初始值，kg 水/kg 干基固体。

4.6.4　收缩中边界移动问题的求解方法——移动网格法

可供参考的收缩现象数学模型大多数来源于食品干燥领域。将中式烹饪过程与干燥过程对比，可将中式烹饪过程近似看作短时间的干燥过程，它们之间的异同见表 4-2。干燥过程中原料的收缩数学描述方法和边界移动求解方法，对中式快速烹饪考虑收缩现象的热质传递数学模型的构建具有参考价值。

在 CFD 软件中，对收缩现象数学模型的求解，需要借助基于任意拉格朗日-欧拉方法的移动网格功能，以下介绍移动网格功能中的欧拉方法、拉格朗日方法和任意拉格朗日-欧拉（ALE）方法。

欧拉方法，侧重于“场”，把流体的性质，如温度、速度、质量、密度等定义为空间坐标-时间的函数，即把空间分成一个个的网格，网格的空间位置是恒定不变的，流体可以自由流入流出这些网格。在进行有限元计算前，为不同空间位置的网格依次生成一个特定唯一的编号，在计算完成后，可以根据特定唯一的编号查看不同空间位置的网格内计算数据结果。如图 4-9 所示，欧拉方法中网格是固定的，质点相对于网格移动（Donea et al.，2017）。因此，欧拉方法适用于处理具有大扭曲运动的网格连续运动问题，在流体动力学中得到了广泛的应用。

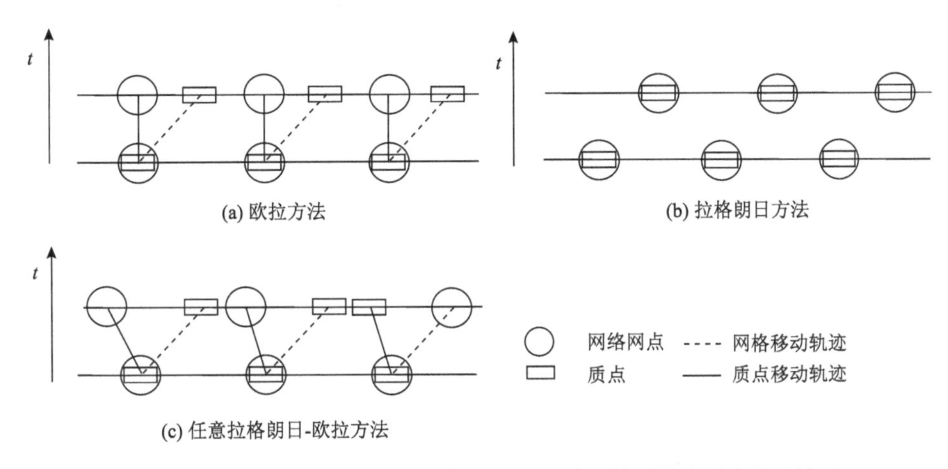

图 4-9　拉格朗日方法、欧拉方法和 ALE 方法一维网格和质点移动情况

而拉格朗日方法，则侧重于把流体看作“质点”或“流体微元”，将流体的性质依照质点，进行逐个定义。定义将这些性质写成初始坐标的函数，用质点的初始坐标来描述质点，即把流体划分成网格，网格的空间位置一直在变化。同样地，在进行有限元计算前，为初始时刻的流体网格生成一个特定唯一的编号，在计算完成后，也可以根据特定唯一的编号查看网格内计算结果。但是，由于拉格朗日方法中网格的空间位置并非恒定不变，不能像欧拉方法一样按照空间坐标查看计算结果。因此，拉格朗日方法多应用于结构力学，如图 4-9（b）所示，在质点移动过程中，网格中每个单独的节点都跟随着其相对应的质点移动（Donea and Ponthot，1982）。

有限元分析中，将拉格朗日网格描述方法与欧拉网格描述方法有机结合的任意拉格朗日-欧拉方法充分利用了前两者方法的优点，并克服了两者的缺点。在 CFD 软件中，ALE 允许移动边界时，无须网格跟随材料坐标系移动。因此，ALE 适用于网格节点发生变形并运动的情况，如图 4-9（c）所示，可以是网格节点一同跟随流体质点运动，也可以是在某一方向上网格节点固定不动而其他方向上与流体质点运动（Donea and Ponthot，1982）。如图 4-9 所示，拉格朗日方法中质点固定在网格内，若要移动质点，则网格也要随之移动；欧拉方法中，网格固定不变，质点可以在一维空间坐标轴中自由移动；而相较拉格朗日方法和欧拉方法，ALE 方法中的质点不与网格相绑定，二者可以自由地在一维空间坐标轴中移动。

4.6.5 烹饪过程中收缩现象数学模型

忽略收缩导致热处理数值模拟结果偏离实际，降低模型应用的可靠性（Farinu and Baik，2008）。应参照干燥等领域的收缩研究文献，建立适用的耦合收缩现象的烹饪热质传递模型。

1. 原料收缩体积-水分损失体积基本方程

由文献（Du and Sun，2005）发现，烹饪过程中肉类的收缩主要由原料内水分损失造成。因此，通过原料肉的收缩体积-水分流失体积基本方程对原料收缩现象进行数学描述。原料在烹饪任意给定时间的体积 V_{t}，将以初始体积 V_0 和失水体积 $V_{\mathrm{w,l}}$ 之间的关系式表示（Feyissa et al.，2009），见式（4-85）：

$$V_{\mathrm{t}} = V_0 - \beta V_{\mathrm{w,l}} \tag{4-85}$$

式中，V_{t} 是任意时间原料肉的体积，m^3；V_0 是原料肉的初始体积，m^3；$V_{\mathrm{w,l}}$ 是原料肉在烹饪过程中的失水体积，m^3；β 是孔隙生成系数，取值范围 0～1，无量纲。其中，β 描述烹饪过程中生成的孔隙所造成的影响，当 β=1 时代表无孔隙生成，水分损失体积与收缩体积相当；当 β=0 时代表大量孔隙生成，但此时孔隙中流失的水分完全被空气代替，不发生收缩。猪里脊肉的 β 可取 0.8（Feyissa et al.，2009）。

依据假设，原料为各向同性，其收缩过程中的体积变化可写作式（4-86）：

$$V_t = V_0\left(1-\frac{\beta V_{\mathrm{w,l}}}{V_0}\right) = \pi R_0^2\left(1-\frac{\beta V_{\mathrm{w,l}}}{V_0}\right)^{\frac{2}{3}} \times Z_0\left(1-\frac{\beta V_{\mathrm{w,l}}}{V_0}\right)^{\frac{1}{3}} = \pi R_t^2 \times Z_t \tag{4-86}$$

式中，R_t 是原料 t 时刻肉柱的半径，m；Z_t 是原料 t 时刻肉柱的高度，m；R_0 是初始半径，m；Z_0 是初始高度，m。其中，肉柱的半径 R_t 与高度 Z_t 的计算如式（4-87）和式（4-88）所示：

$$R_t = R_0\left(1-\frac{\beta V_{\mathrm{w,l}}}{V_0}\right)^{\frac{1}{3}} \tag{4-87}$$

$$Z_t = Z_0\left(1-\frac{\beta V_{w,l}}{V_0}\right)^{\frac{1}{3}} \tag{4-88}$$

2. 边界移动速度方程

由于在 COMSOL 中，使用移动网格模块对边界移动问题进行求解时需要各边界的移动速度公式，因此，式（4-87）和式（4-88）对时间进行求导，获得各边界移动速度方程。收缩时高度 Z 方向的移动速度 v_z 和半径 R 方向边界移动速度 v_R 的关系式见（4-89）和式（4-90）：

$$v_z = \frac{dZ}{dt} = -\frac{Z_0\beta}{3V_0}\left(1-\frac{\beta V_{w,l}}{V_0}\right)^{-\frac{2}{3}}\frac{d}{dt}\left(V_{w,l}\right) \tag{4-89}$$

$$v_R = \frac{dR}{dt} = -\frac{R_0\beta}{3V_0}\left(1-\frac{\beta V_{w,l}}{V_0}\right)^{-\frac{2}{3}}\frac{d}{dt}\left(V_{w,l}\right) \tag{4-90}$$

此外，中心对称面位置的移动速度为 0 m/s。

式（4-89）和式（4-90）中的水分损失体积 $V_{w,l}$ 由水分的损失造成，其关系如下：

$$V_{w,l} = \frac{m_d(X_0 - X_w)}{\rho_w} = \frac{\rho_0 V_0(1-w_0)}{\rho_w}\left(\frac{w_0}{1-w_0}-\frac{w_{av}}{1-w_{av}}\right) \tag{4-91}$$

式中，m_d 是原料肉质量，kg；X_0 是初始水分质量分数，无量纲；X_w 是水分质量分数，无量纲；w_0 是初始湿基水分含量，无量纲；w_{av} 是平均湿基水分含量，无量纲；ρ_w 是水的密度，kg/m^3；ρ_0 是原料肉的初始密度，kg/m^3。

水分流失速率可通过水分流失体积对时间求导得到

$$\frac{dV_{w,l}}{dt} = \frac{\rho_0 V_0(1-w_0)}{\rho_w}\left(\frac{1}{1-w_{av}}\right)^2\frac{dw_{av}}{dt} \tag{4-92}$$

参 考 文 献

陈明, 侯根富, 段常贵. 2001. 中餐燃气炒菜灶采用红外线无焰燃烧的可行性研究. 哈尔滨建筑大学学报, 1: 80-84

邓力. 2013. 中式烹饪热质传递过程数学模型的构建. 农业工程学报, 29(3): 285-292

邓力, 金征宇. 2004, 液体-颗粒食品无菌工艺的研究进展. 农业工程学报, 5: 12-21

邓夏, 彬阳. 2002. 食品蒸制传热过程及品质形成规律研究与比较. 贵阳: 贵州大学

高海薇. 2001. 中西烹调方法的比较. 四川烹饪高等专科学校学报, 4: 20-21

何东平. 2015. 油脂工厂设计手册. 2 版. 武汉: 湖北科学技术出版社

胡正, 林其钊. 2007.中餐炒菜灶的系统热效率分析. 工业加热, 10 (4): 10-12

刘晗. 2013. 外部能量源作用下多孔介质相变传热传质耦合计算. 哈尔滨: 哈尔滨工业大学

林瑞泰. 1995. 多孔介质传热传质引论. 北京: 科学出版社

刘伟, 范爱武, 黄晓明. 2006. 多孔介质传热传质理论与应用. 北京: 科学出版社
罗森诺. 1992. 传热学基础手册(上册). 北京: 科学出版社
吕淼. 2021. 2020 年城市燃气行业发展现状及“十四五”的机遇与挑战. 能源, 6: 45-49
皮茨, 西索姆. 2002. 传热学. 2 版. 北京: 科学出版社
陶文铨. 2001. 数值传热学. 2 版. 西安: 西安交通大学出版社
王会林. 2015.可变形多孔介质对流干燥过程热质传递机理研究. 北京: 北京化工大学
杨世铭. 2006. 传热学. 北京: 高等教育出版社
姚玉英. 1999. 化工原理(上册). 天津: 天津大学出版社
尹海蛟, 杨昭, 陈爱强. 2010. 果蔬热处理传热过程的数值模拟及验证.农业工程学报, (11): 344-348
中国烹饪百科全书编委会. 1995. 中国烹饪百科全书. 北京: 中国大百科全书出版社
朱代根. 2012. 食品对流烹饪过程热质传递分析. 科技信息, 16: 38-39
朱杰. 2006. 多孔介质内的相变传热传质过程研究. 大连: 大连理工大学
Aversa M, Curcio S, Calabrò V, et al. 2010. Transport phenomena modeling during drying of shrinking materials. Computer Aided Chemical Engineering, 28 (1): 91-96
Baik O, Mittal G S. 2004. Heat and moisture transfer and shrinkage simulation of deep-fat tofu frying. Food Research International, 38 (2): 183-191
Balasubramaniam V M, Sastry S K. 1994. Liquid-to-particle convective heat transfer in non-Newtonian carrier medium during continuous tube flow. Journal of Food Engineering, 23(2): 169-187
Cacace D, Palmieri L, Pirone G, et al. 1994. Biological validation of mathematical modeling of the thermal processing of particulate foods: the influence of heat transfer coefficient determination. Journal of Food Engineering, 23(1): 51-68
Chandarana D I, Gavin III A, Wheaton F W. 1989. Simulation of parameters for modeling aseptic processing of foods containing particulates. Food Technology, 3(43): 137-146
Costa R M, Oliveira F, Boutcheva G. 2001. Structural changes and shrinkage of potato during frying. International Journal of Food Science & Technology, 36 (1): 11-23
Datta A K. 2006a. Porous media approaches to studying simultaneous heat and mass transfer in food processes. I: Problem formulations. Journal of Food Engineering, 80(1): 80-95
Datta A K. 2006b. Porous media approaches to studying simultaneous heat and mass transfer in food processes. II: Property data and representative results. Journal of Food Engineering, 80 (1): 96-110
Donea J, Ponthot J. 1982. An arbitrary lagrangian-Eulerian finite element method for transient dynamic fluid-structure interactions. Computer Methods in Applied Mechanics and Engineering, 33(3): 56-67
Donea J, Huerta A, Ponthot J P, et al. 2017. Arbitrary Lagrangian-Eulerian Methods-Encyclopedia of Computational Mechanics Second Edition. Hoboken: John Wiley and Sons
Du C J, Sun D W. 2005. Correlating shrinkage with yield, water content and texture of pork ham by computer vision. Journal of Food Process Engineering, 28(3): 219-232
Farinu A, Baik O. 2008. Convective mass transfer coefficients in finite element simulations of deep fat frying of sweetpotato. Journal of Food Engineering, 89(2): 187-194
Farkas B E, Singh R P, Rumsey T R. 1996. Modeling heat and mass transfer in immersion frying. I, Model Development. Journal of Food Engineering, 29(2): 211-226
Feyissa A H. Adler-Nissen J. Gernaey K V. 2009. Model of Heat and Mass Transfer with Moving Boundary During Roasting of Meat in Convection-Oven. Milan: European Comsol Conference
Halder A, Datta A K. 2012. Surface heat and mass transfer coefficients for multiphase porous media transport models with rapid evaporation. Food and Bioproducts Processing, 90(3): 475-490
Halder A, Dhall A, Datta A K. 2007a. An improved, easily implementable, porous media based model for deep-fat

frying: Part I: Model development and input parameters. Food and Bioproducts Processing, 85(3): 209-219

Halder A, Dhall A, Datta A K. 2007b. An improved, easily implementable, porous media based model for deep-fat frying: Part II: Results, validation and sensitivity analysis. Food and Bioproducts Processing, 85(3): 220-230

Izumi M, Hayakawa K. 1995. Heat and moisture transfer and hygrostress crack formation and propagation in cylindrical, elastoplastic food. International Journal of Heat and Mass Transfer, 38(6): 1033-1041

Joardder M U H, Kumar C, Karim M A. 2017. Multiphase transfer model for intermittent microwave-convective drying of food: Considering shrinkage and pore evolution. International Journal of Multiphase Flow, 95: 101-119

Johnson H F, Pigford R L, Chapin J H. 1944. Heat transfer to clouds of falling particles. Transactions of the Institution of Chemical Engineers, 37: 95-101

Khraisheh M A M, Cooper T J R, Magee T R A. 1997. Shrinkage characteristics of potatos dehydrated under combined microwave and convective air conditions. Drying Technology, 15(4): 1003-1022

Kondjoyan A, Oillic S, Portanguen S, et al. 2013. Combined heat transfer and kinetic models to predict cooking loss during heat treatment of beef meat. Meat Science, 95(2): 132-143

Le C V, Ly N, Postle R. 1995. Heat and mass transfer in the condensing flow of steam through an absorbing fibrous medium. International Journal of Heat & Mass Transfer, 38(1): 81-89

Li X, Llave Y, Mao W, et al. 2018. Heat and mass transfer, shrinkage, and thermal protein denaturation of kuruma prawn (*Marsupenaeus japonicas*) during water bath treatment: A computational study with experimental validation. Journal of Food Engineering, 238: 30-43

Lozano J E, Rotstein E, Urbicain M J. 1980. Total porosity and open-pore porosity in the drying of fruits. Journal of Food Science, 6(19): 467-490

Luikov A V. 1966. Heat and Mass Transfer in Capillary-porous Bodies. Oxford: Pergamon Press

Mahmutogklu T, Pala M, Unal M. 1995. Mathematical modelling of moisture, volume and temperature changes during drying of pretreated apricots. Journal of Food Processing and Preservation, 19(6): 467-490

Mclaughlin C P, Magee T R A. 1998. The effect of shrinkage during drying of potato spheres and the effect of drying temperature on vitamin C retention. Food and Bioproducts Processing, 76(3): 138-142

Mcminn W A M, Magee T R A. 1997a. Physical characteristics of dehydrated potatoes—Part I. Journal of Food Engineering, 33(1): 37-48

Mcminn W A M, Magee T R A. 1997b. Physical characteristics of dehydrated potatoes—Part II. Journal of Food Engineering, 33(1): 49-55

Misra R N, Young J H. 1980. Numerical solution of simultaneous moisture diffusion and shrinkage during soybean drying. Transactions of the ASAE, 23(5): 1277-1282

Moreira R G, Castell-perez M E, Barrufet M A. 1999. Deep fat frying: Fundamentals and applications. Food technology (USA), 49(4): 146-150

Mulet A, Garcia-Reverter J, Bon J, et al. 2000. Effect of shape on potato and cauliflower shrinkage during drying. Drying Technology, 18(6): 1201-1219

Mwangl J A, Rizv S, Datta A K. 1993. Heat transfer to particles in shear flow application in aseptic processing. Food Engineering, 9(1): 55-61

Nicolas V, Salagnac P, Glouannec P, et al. 2014. Modelling heat and mass transfer in deformable porous media: Application to bread baking. Journal of Food Engineering, 130: 23-35, 42

Ochoa M R, Kesseler A G, Pirone B N, et al. 2002. Volume and area shrinkage of whole sour cherry fruits (*Prunus cerasus*) during dehydration. Drying Technology, 20(1): 147-156

Ousegui A, Moresoli C, Dostie M, et al. 2010. Porous multiphase approach for baking process–Explicit

formulation of evaporation rate. Journal of Food Engineering, 100(3): 535-544
Perez M G R, Calvelo A. 1984. Modeling the thermal conductivity of cooked meat. Journal of Food Science, 49(1): 152-156
Philip J R, de Vries D A. 1957. Moisture movement in porous materials under temperature gradients. Eos, Transactions American Geophysical Union, 38(2): 222-232
Rahman M S. 2001. Towards prediction of porosity in foods during drying: A brief review. Drying Technology, 19(1): 1-13
Ramaswamy B, Awuah G B, Simpson B K. 1997. Heat transfer and lethality considerations in aseptic processing of liquid/particle mixtures: a review. Critical Reviews in Food Science and Nutrition, 37(3): 253-286
Rao M A, Rizvi S S H. 1986. Engineering Properties of Foods. New York: Marcel Dekker Inc
Ratti C. 1994. Shrinkage during drying of foodstuffs. Journal of Food Engineering, 23(1): 91-105
Rossello C, Simal S, Sanjuan N, et al. 1997. Nonisotropic mass transfer model for green bean drying. Journal of Agricultural and Food Chemistry, 45(2): 337-342
Rovedo C O, Suárez C, Viollaz P E. 1997. Kinetics of forced convective air drying of potato and squash slabs/Cinética del secado de rodajas de patatas y calabacin con corriente de aire. Food Science and Technology International, 3(4): 169-179
Sahin S, Sastry S K, Bayindirli L. 1999. Heat transfer during frying of potato slices. LWT-Food Science and Technology, 32(1): 239-243
Sakin-Yilmazer M, Kaymak-Ertekin F, Ilicali C. 2012. Modeling of simultaneous heat and mass transfer during convective oven ring cake baking. Journal of Food Engineering, 111(2): 289-298
Scarpa F, Milano G. 2002. The Role of Adsorption and phase change phenomena in the thermophysical characterization of moist porous materials. International Journal of Thermophysics, 4(23): 1033-1046
Simal S, Rosselló C, Berna A, et al. 1998. Drying of shrinking cylinder-shaped bodies. Journal of Food Engineering, 37(4): 423-435
Suzuki K, Ihara K, Kubota K, et al. 1977. Heat transfer coefficient of the constant rate period in the drying of agar gel, carrot and sweetpotato. Nippon Shokuhin Kogyo Gakkaishi, 24(8): 387-393
Taiwo K A, Baik O D. 2006. Effects of pre-treatments on the shrinkage and textural properties of fried sweet potatoes. LWT-Food Science and Technology, 40(4): 661-668
Vagenes G K, Marinos-kouris D. 1991. Drying kinetics of apricots. Drying Technology, 9(3): 113-144
Wang L, Sun D W. 2002. Modelling vacuum cooling process of cooked meat—part 2: Mass and heat transfer of cooked meat under vacuum pressure. International Journal of Refrigeration, 25(7): 317-322
Wang N, Brennan J G. 1995. Changes in structure, density and porosity of potato during dehydration. Journal of Food Engineering, 24(1): 962-966
Wang Y, Ngadi M, Adedeji A. 2010. Shrinkage of chicken nuggets during deep-fat frying. International Journal of Food Properties, 13(2): 404-410
Wang Z H, Chen G. 1999. Heat and mass transfer during low intensity convection drying. Chemical Engineering Science, 54(17): 3899-3908
Warning A D, Arquiza M R, Datta A K. 2015. A multiphase porous medium transport model with distributed sublimation front to simulate vacuum freeze drying. Food and Bioproducts Processing, 94: 637-648
Whitaker S. 1977. Simultaneous heat, mass, and momentum transfer in porous media: A theory of drying. Advances in Heat Transfer, 13: 119-203
Yamsaengsung R, Moreira R G. 2002. Modeling the transport phenomena and structural changes during deep fat frying. Journal of Food Engineering, 53(1): 429-440

第5章

烹饪过程的数值模拟

5.1 引　　言

掌握烹饪过程的温度历史，是深入研究烹饪的基础条件。上一章给出了一系列描述烹饪热质传递过程的数学方程，但这些二阶偏微分方程组的求解有相当的难度，需要专门的数学知识和软件技能，并以合理的实验传热学方法验证求解结果。经过了十多年的持续努力，已能较为全面可靠地模拟烹饪热质传递过程。

5.1.1 数值传热学与计算流体动力学

计算流体动力学（CFD）是通过计算机数值计算和图像显示，对包含流体流动和热传导等相关物理现象的系统所做的分析，是目前除实验测量、理论分析之外，解决复杂流体传热、传质问题最重要的技术手段之一（王福军，2004）。数值传热学（numerical heat transfer，NHT）又称计算传热学（computational heat transfer，CHT），是指对描述流动与传热问题的控制方程采用数值方法通过计算机予以求解的一门传热学与数值方法相结合的交叉学科（杨世铭，2006）。一般而言，计算流体动力学更偏重流动，数值传热学偏重传热，两者的原理、方法类似，内涵高度重叠。计算流体动力学这一名称更为通用。

计算流体动力学和数值传热学求解数学物理方程的基本思想是：把原来在空间与时间坐标中连续物理量的场，如速度场、温度场、浓度场等，用一系列有限个离散点上的值的集合来代替，通过一定的原则建立起这些离散点上变量值之间关系的代数方程，求解所建立起来的代数方程以获得所求解变量的近似值。其基本思想可以用图 5-1 表示（陶文铨，2001）。

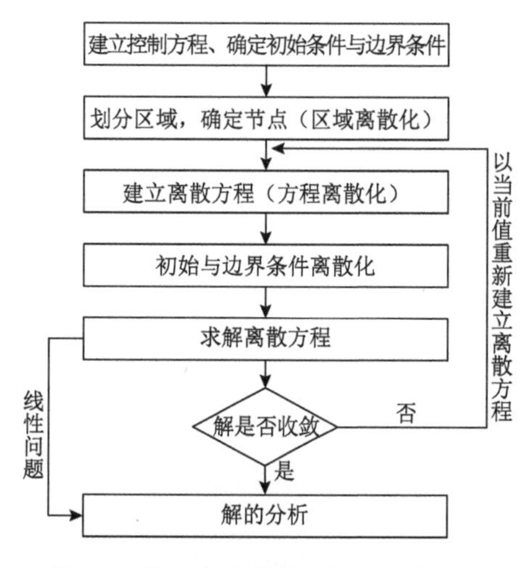

图 5-1　物理问题数值求解的基本过程

计算流体动力学的应用方式基本上分为三种：①由用户自己编程分析。成本较低，程序针对性强，但编写计算流体动力学求解程序需要精通流体动力学理论、数值方法和计算机编程，需要专门人才，并且重复劳动较多，软件通用性较差，工作周期长。②使用商业软件，通用性好，使用方便，但要求具有较强的经济实力和技术力量。③委托计算流体动力学专业单位利用专门人才和专业软件完成特定的任务。

5.1.2 烹饪数值模拟的必要性及带来的挑战

1. 烹饪数值模拟的必要性

1）常规研究方法的局限性

烹饪过程研究的主要目的是得到操作条件与品质之间的关系，以优化烹饪工艺。但由于烹饪的特殊性，目前广泛应用的正交试验、响应面分析等常规的因素-后果唯象研究方法受到严重限制，表现在以下几个方面。

（1）采样困难。由于油炒烹饪变化剧烈，食材颗粒在每一时刻、每一空间位置的品质都迅速变化，依靠定位法取样检验来分析品质很难取得有代表性的样品。而从平均样、终点样不能得到过程分析所需的数据。

（2）研究成本高。采用分析阶段品质和最终品质的方法研究特定烹饪时，由于烹饪过程的复杂性，影响最终品质的因素非常多，需要开展大量实验才能得到优化结论。

（3）机理研究缺失。唯象研究方法得到的结果并不能揭示过程条件形成品质后果的内在机理。

（4）缺少普适性。响应面、正交等优化分析方法针对特定烹饪得到的经验模型仅限于试验条件下应用，不具备普适性。一旦烹饪食材、烹饪工艺等实验条件改变，就必须重新开展研究。对于品种、工艺都极为多样的中式烹饪，其应用价值受到严重限制。

2）实验传热学研究的局限性

烹饪温度决定品质，只有获得全程、全局的温度，才能把握品质形成的内在规律。目前的温度测量手段，只能获得单点、多点温度和表面温度分布。烹饪过程中颗粒剧烈运动，更增加了温度测量的困难。更重要的是，仅靠实验传热学研究难以解释烹饪热质传递的内在机理。

3）数值模拟是烹饪过程研究的必要手段

烹饪数值模拟对空间和时间进行离散，最终得到整体的温度历史数据库，是获得烹饪全程全局温度的唯一手段。只有在全局温度历史的基础上，才能结合动力学得到全局全程的品质变化规律。烹饪过程的主要控制方程建立在基本的能量、质量平衡的微元方程基础之上，虽然有经验公式和试验参数的加入，但总体上是演绎推理的结果，从而使其在应用上具备普适性。烹饪热处理品质形成的动力学原理也具备基于理论演绎的普适性。

烹饪过程中一些重要参数的获取也依赖于数值模拟，如对流传热系数的测算、非稳态法测定食品的热物性等。此外，烹饪专用 TTIs 的应用也依赖于数值模拟，若没有数值模拟基础，则 TTIs 无法以之推算温度历史，其几乎失去应用价值。

因此，数值模拟可以细节地、定量地、全面地研究操作因素对烹饪品质的影响，当烹饪的种类、条件发生变化时，只需要调整模型参数就能完成研究。由于数学物理方程解的唯一性，只需要在特定条件和有限的点上就可验证数值模拟的可靠性。因此，数值模拟经济、可靠，是优选的烹饪过程研究手段。

2. 烹饪数值模拟带来的挑战

以多量油为传热介质的快速烹饪方式通称为炒或油炒，是中式烹饪的代表性操作。油炒工艺耦合了蒸发相变、内部液体/气体传递、体积收缩等复杂过程，通常短促剧烈。目前已开展数值模拟食品热处理工艺，如热杀菌、液体颗粒无菌工艺、油炸、干燥等，其中油炸具有和油炒类似的复杂相变，其他的热处理工艺的传递过程相对简单。油炸工艺数值模拟重点关注的是油炸后期壳层的形成和油的渗入，并不关注初期物料进入高温油脂的剧烈变化。而对于油炒烹饪而言，加热的全过程都处于剧烈变化中。油炒以外的食品热处理工艺的时间尺度都是分钟级的，通常持续数分钟到数十分钟。但很多油炒工艺的时间尺度是秒级的，仅持续数秒到数十秒，如爆。由于短时间内发生了剧烈的传热、形变和相变，被求解量大幅度波动，使得数值模拟特别容易出现不收敛的情况，在求解器选择、加载边界条件、网格生成和步长控制上，都提出了更高的要求。

油炒烹饪传递过程的短促剧烈同样给数值模拟模型的验证带来了困难。因为验证数值模拟的准确性需要测定得到温度、水分含量等物理量数据与模拟数据对比。但缺少能够全局、动态地测定油炒中食材颗粒温度的手段。即使测量烹饪中食材颗粒的单点温度历史，也是非常困难的事情。这种情况迫使我们以较高的科研代价开发专用的温度采集系统、烹饪模拟系统和 TTIs。

现有的流-固食品热处理工艺中，流体介质的温度通常都是恒定或分段恒定的，而在油炒烹饪过程中，介质温度却处于剧烈变化中。烹饪过程的原料不均匀性也非常显著。这些烹饪过程的特殊性给烹饪过程的数值模拟带来挑战。

油炒是烹饪中最复杂的工艺。其他烹饪都可以视作油炒工艺的简化，可以通过简化本构方程、边界条件和参数来完成过程的数学描述。油炒烹饪的数学模型基本可以覆盖绝大多数烹饪传递过程。

5.1.3 文献回顾

1. 类似热质传递模拟研究的文献总结

考察具有热质传递的食品加工过程，主要有干燥、油炸、烘烤、杀菌等工艺。干燥和油炒的区别很大，具体区别在于：食品干燥的温度较低、介质通常为空气、过程时间长，而油炒的温度较高、介质为油脂、过程短促。虽然干燥的热质传递研究的文献极其丰富，但通常加热时间长，变化温和，参考意义不大。烘烤过程与干燥类似，温度更高一些，且以辐射加热为主要加热方式。

相对而言，与油炒最类似的是油炸工艺，两者都是采用油脂为传热介质，加热温度都较高，区别仅在于油炒加热时间更短和搅拌更强。在中西烹饪中，油炸也是一种常用工艺，尽管通常作为研究对象的深层油炸（deep-fat frying）工艺与日常烹饪的中浅层油炸（shallow frying）有所区别。总体上，油炸是油炒烹饪最接近的参照，且西方油炸食品较普遍，其热质传递研究积累较多。

油炸的热质传递过程中，内部水分从中心移向蒸发区，蒸发为蒸汽后离开产品，脱水壳层向内发展。由于过程复杂，材料物理性质变化大，油炸的热质传递过程建模难度很大（Halder et al., 2007a；Halder et al., 2007b）。建立油炸热质传递模型的最简单的方法是集总热容法，如文献（Ikediala et al., 2010；Ateba and Mittal, 2007）中将内部导热系数视作无穷大，从而获得了单面油炸肉馅饼的温度历史，该方法偏离了真实的物理过程，并不适用于烹饪热质传递过程研究。

另一类的油炸热质传递模型（Williams and Mittal, 1999；Dincer, 1996）可以称为扩散模型，即将油炸处理为简单的热传导和水分扩散过程，忽略蒸发，如 Moreira 等（1999）在油炸热质传递模型中将蒸发视作表面边界条件。这些油炸热质传递模型仅基于传质扩散展开，无法描述油炸过程的各种复杂现象，如油炸时存在的内部流体的压差变化、壳层的形成等，存在局限性。由于模型的简化，取得的一些参数不具备基础性，限制了模型的广泛应用。如果沿用到烹饪数值模拟研究中，局限性仍然会存在。

壳层模型（Farkas et al., 1996；Bouchon and Pyle, 2005）与前面的扩散模型相比有显著的进步，其研究将油炸颗粒分为有清晰边界的中心层和壳层，模型中外壳和中心两个区域具有各自的控制方程。其边界在油炸中是由外向内移动的。这种相变边界移动情况还出现在冷冻工艺冻结面的移动中。Farkas 等（1996）首次考虑油炸时壳层中的蒸汽的压差流动。但是没有考虑油炸中心区的蒸汽扩散以及全部区域内水和油的流动。烹饪的油炒工艺不会形成壳层，或仅仅在表面形成很薄的壳层，因此类似于油炸的初期过程。这类模型的优势和问题，在建立油炒热质传递模型时同样存在。

区域蒸发模型（Yamsaengsung and Moreira, 2002；Ni and Datta, 1999）认为蒸发仅发生在一个区域内。实际上，这个区域即使存在，也是一个很窄的区域，基本上就是一个蒸发面。同时该模型未考虑热质传递相关系数在油炸未蒸发和蒸发两个不同阶段会发生显著变化，这个变化已被 Hubbard 和 Farkas（2010）所证实。上述问题限制了该模型在油炒热质传递模型上的应用。

多相多孔介质模型（Datta, 2007a；Datta, 2007b）是迄今最为完善的油炸热质传递模型。该模型基于多孔介质传热传质理论，模拟了油炸的几乎所有的物理过程，考虑了未蒸发和蒸发两个阶段、壳层的形成及蒸发面内移、油水汽三相的内部传递。在寻找油炒过程的参照模型时，该模型是最合适的。尽管该模型并不能直接支持油炒工艺，但其对油炸过程进行的物理描述，适合作为油炒热质传递过程的研究参照。

食品热处理数值模拟方面积累了大量文献，将有参考意义的模拟总结于表 5-1。从表 5-1 可以看到，表中的热处理工艺与中式烹饪均有差别，无法直接引用。按学术惯例，文献只公开数学模型，而数值模拟的具体方法细节，如软件代码、命令流等都是不公开的。开展烹饪数值模拟必须逾越这一难关。

表 5-1　食品流体-颗粒数值模拟技术文献回顾

文献	应用	模拟对象及几何形状	技术（软件）	控制方程	边界条件	传递系数	热物性参数	关键细节
Hu and Sun，2000	空气-冷却温度分布和质量损失	煮熟的猪肉1/8 圆柱	CFD（FORTRAN）	三维热传导	热对流热辐射水分蒸发	CFD 稳态流场分析的计算平均值 Lewis 关系	引用	3 步分析过程：稳态流场分析；对流传热系数估算；热质传递模拟；实验验证
Kuitche et al.，1996	空气-冷却温度分布和质量损失	牛后腿肉无限长圆柱体	解析法（MATLAB）	一维热传导	耦合热对流热辐射和蒸发	引用 Lewis 关系	实验值	利用回归方程解释非均匀初始温度；加工环境条件的相对湿度和室温随时间变化
Mallikarjunan，1994	空气-冷却温度分布和质量损失	牛肉二维横截面	二维有限元法（FLUENT）	有内热源的二维热传导二维质量扩散	热对流热辐射水分蒸发对流传质	垂直板的经验相关式 Lewis 关系	经验式	不规则几何形状中试验验证
Marcotte et al.，2008	烹饪-冷却温度分布和致死率	香肠有限圆柱	自主编程（Visual Basic）	二维热传导	热对流	引用	引用	*S. Senftenberg*、*E. coli*、*L. Monocytogenes*、*E. Faecalis* 等杀菌过程计算；过程优化的能耗估算
Pham et al.，2009	空气-冷却温度分布和质量损失	牛肉三维和二维横截面	3D CFD 二维有限元法（FLUENT）	三维/二维热传导一维质量扩散	热对流水分蒸发对流传质	CFD 模拟回归方程，计算局部值	回归方程引用	外部传热条件验证
Wang and Sun，2002	空气-冷却温度分布	熟肉 1/4 椭圆1/4 方形	三维/二维有限元（Visual C++）	三维热传导	耦合热对流及热辐射水分蒸发	椭球经验关系式 Lewis 关系式	经验关系式	非均匀初始温度；在商用空气冷却器中验证；研究了空气速度对冷却时间的影响
Cepeda et al.，2013	温度分布和干燥质量损失	圆柱食品有序排列	CFD（FLUENT）	有内热源的二维热传导二维质量扩散	热对流蒸发热损失	实验值	引用	同时处理多个食品对象
Pradhan et al.，2007	对流烹饪温度分布及质量损失	鸡胸肉	二维有限元法（MATLAB）	二维热传导和质量扩散	热对流水分蒸发对流传质	引用	引用	结合 *L. innocua* 一阶致死模型
Halder et al.，2007a	油炸土豆水分、温度分布	土豆二维轴对称	CFD（COMSOL）	二维传热传质，考虑水分蒸发	对流换热、对流传质	经验式	引用	预测温度和水分分布及丙烯酰胺含量

续表

文献	应用	模拟对象及几何形状	技术（软件）	控制方程	边界条件	传递系数	热物性参数	关键细节
Santos et al.，2008	水浴加热温度分布	香肠 不规则二维横截面	二维有限元法（MATLAB）	二维热传导	热对流	实验值	引用	大肠杆菌一级致死模型；假设热物参数和加工条件不随时间变化
Sprague and Colvin，2011	油炸温度分布及质量	牛肉 饼圆柱	二维有限元法（FORTRAN）	二维热导 二维质量扩散 蒸发	热对流蒸发热损失对流传质	引用	引用	结合模型预测杂环胺的生成
Davey and Pham，2000	空气冷却热负荷和重量损失	牛肉胴体 结合平板和圆柱体 2D 横截面	有限差分法二维有限元（FORTRAN）	二维热传导	结合热对流和热辐射以及水分蒸发	垂直平面和平板的经验相关关系	回归方程； 文献值；无温度变化	适用于模拟工业条件；算出牛肉胴体可见脂肪部分生成的导热阻力
Goni and Salvadori，2010	烤制温度曲线和重量损失	不规则 牛肉肌肉	三维有限元（COMSOL）	三维热传导	结合热对流和热辐射及水分蒸发	圆的经验相关关系	经验相关关系；导热系数的异向性效应	考虑水滴损失；可用于优化的牛肉烹饪时间和将重量损失减小到最低限度
Wang and Sun，2002	真空冷却温度分布及重量损失	熟肉 椭球和长方体	三维有限元（VISUAL C++）	有内热源的三维热传导 有内部蒸发的蒸汽传递 （多孔介质）	热辐射蒸发热损失 表面压力=真空室蒸汽压	经验关系式	引用	实验室验证； 多孔直径对传质系数的影响；提出了相关产品几何尺寸与产品重量的经验公式
Amézquita et al.，2005	空气-冷却温度曲线和重量损失	熟火腿 1/4 椭圆	二维有限元（MATLAB）	二维热传导	结合热对流、热辐射及水分蒸发	经验关系式 Lewis 关系式	引用	对非均匀性初始温度采用多项式回归；可用于评估工业复合冷却环境
Wang and Sun，2002	鼓风冷却温度分布	熟火腿	二维有限元（VISUAL C++）	二维热传导	耦合热对流及热辐射、水分蒸发	经验关系式 Lewis 关系式	经验关系式	在实验室空气冷却器中验证； 结合植物乳杆菌生长模型

2. 现有模型不能应用于烹饪模拟

Datta（2007a，2007b）构建了有水分蒸发的、基于多孔介质传递理论的油炸热质传递数学模型，并利用 COMSOL 进行了数值求解。数学模型包括 5 个控制方程、5 个初始条件、5 个边界条件、20 个附加方程及 43 个参数，在不忽略颗粒水分蒸发的液体-颗粒热处理中，数学模型的完整性达到了新的高度，为研究油炒热质传递数值模拟提供了一个可供参考的范例。

经过一年多努力，笔者团队将 Datta 数学模型重构，按其原模型及条件以 COMSOL 求解，求解结果与原文结果相同后，将该模型应用于油炒工艺，模拟结果与试验结果出现了很大的偏差，见图 5-2。片状肉尺寸为 4 cm×4 cm×0.4 cm，加热介质温度为 130℃，控制方程、定解条件及参数参见文献（Datta，2007b），试验地点在贵州省贵阳市，水的沸点为 96℃。油炒过程中，对于水分含量高、组织疏松的固体食材，当加热介质温度高于水的沸点时，颗粒表面温度迅速达到水的沸点，蒸发带走大量潜热的同时使颗粒表面水分含量降低，导致水分由颗粒中心向表面迁移。由于油炒时间短促，在蒸发面还未向内部移动时，烹饪过程已结束，整个颗粒的最高温度会维持在水的沸点温度，直到颗粒中的水分完全蒸发，颗粒温度才开始上升。显然，将 Datta 模型应用于烹饪过程时，其模拟温度与实测温度会在高温段出现很大偏差，相应的数学模型不能直接应用于油炒过程研究，需要在此基础上构建适用于油炒热质传递数学模型。

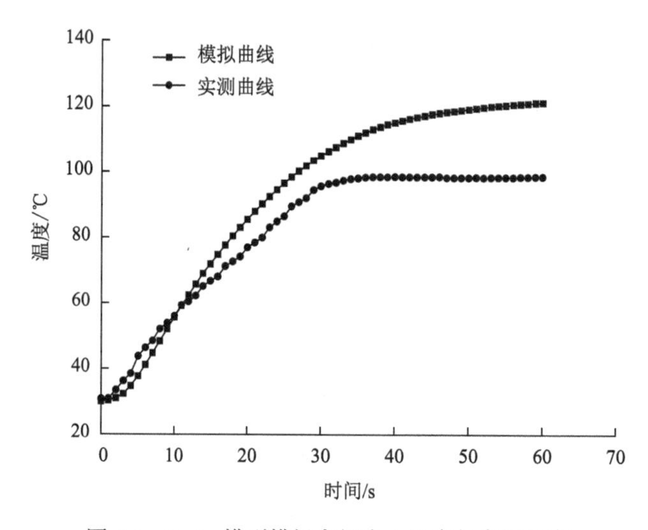

图 5-2　Datta 模型模拟烹饪中心温度与实测温度

5.1.4　控制方程适定性的烹饪工程意义

数学物理方程解的适定问题是指满足下列三个要求：①解是存在的；②解是唯一的；③解的连续依赖于初边值条件。这三个要求中，只要有一个不满足，则称为不适定问题。这里的解是一个数学物理过程的全局解。每一个正确反映物理现象的数学方程及定解条件当然应该存在解，且解唯一和稳定（戴嘉尊，2002）。

在流动和传热过程中，数学上可以证明，如果某一函数满足方程以及确定的初始和边界条件，则不可能同时存在两个都满足导热微分方程及同一定解条件的不同的解（杨世铭，2006），称为解的唯一性定律（高应才，1983）。对于对流换热，如果知道了物体在边界上的温度状况（或热交换状况）和物体在初始时刻的温度，就可以完全确定物体在以后时刻的温度（陶文铨，2001）。

长期以来，由于烹饪过程的复杂性，存在着将烹饪神秘化的倾向。《吕氏春秋·本味篇》中论述烹饪："鼎中之变，精妙微纤，口弗能言，志不能喻"，这种观点被很多人认可，并将烹饪中"人"的因素无限拔高。而根据数学物理方程解的唯一性，一定的烹饪操作，只可能形成唯一的烹饪品质。由解的唯一性定律可以推断：厨师手工操作与机械自动完成的烹饪，对于相同烹饪食材，只要烹饪传热相关参数完全相同，一定会获得相同的烹饪品质。烹饪过程和一切自然现象一样是服从一定规律的，是可控的。自动烹饪完全可以获得与手工烹饪相同的品质。烹饪过程实现工程化具有过程原理上的可行性。

5.2　模型的构建、求解与验证方法

5.2.1　模型的构建原理

数学模型是在对实际问题进行分析和抽象的基础上建立起来的一组数学表达式，是客观事物运行规律和变化发展趋势的反映。对于热质传递模型的数学描述主要包括本构方程（含控制方程）、参数方程和定解条件。

烹饪体系内的流动和传热过程都受最基本的 3 个物理规律的支配，即质量守恒、动量守恒及能量守恒。而这些守恒服从相应的偏微分方程，即控制方程。因此求解这些控制方程后，即可掌握烹饪体系温度在时间和空间上的变化规律。改变模型结构和参数，即可模拟各种烹饪过程，全面解析烹饪的过程规律。进一步联立烹饪热处理的动力学方程后，即可模拟烹饪的品质变化。

1. 控制方程的通用形式

有关烹饪过程的控制方程的核心是包括式（4-13）、式（4-48）、式（4-52）、式（4-55）和式（4-64）在内的二阶偏微分方程，为描述质量、热量、动量输运过程的抛物型方程，可以表示成以下通用形式（Patankar，1980）：

$$\frac{\partial(\rho\psi)}{\partial t}+\mathrm{div}(\rho\bar{U}\psi)=\mathrm{div}(\Gamma_{\psi}\mathrm{grad}\,\psi)+S_{\psi} \tag{5-1}$$

式中：ψ 是通用变量，表征温度等求解变量；ρ 是密度，$\mathrm{kg/m^3}$；grad 是梯度，$\mathrm{grad}\,\psi=\frac{\partial\psi}{\partial x}i+\frac{\partial\psi}{\partial y}j+\frac{\partial\psi}{\partial z}k$；$\bar{U}$ 是流体的速度矢量；div 是散度，$\mathrm{div}\boldsymbol{a}=\frac{\partial a}{\partial x}+\frac{\partial a}{\partial y}+\frac{\partial a}{\partial z}$，$a$ 为一向量场；Γ_{ψ} 是广义扩散系数；S_{ψ} 是广义源项。通用方程的解为满足该方程的函数 $\psi(x,y,z,t)$。

上式与本书 1.4.2 中式（1-1）意义相同，且未考虑描述复杂流动的非定常流动项。可参见表 1-1 应用于能量方程、质量方程和动量方程的通用符号转换。

针对爆炒烹饪过程，可以按式（5-1）的形式写出能量方程、质量方程，并用达西定律得到动量方程，分别描述颗粒温度、多孔介质颗粒内各流体的饱和度和颗粒内各流体的流率。在动量方程中忽略了加速度，因此方程只有一阶。式（4-48）~式（4-73）为有蒸发的油传热烹饪数学模型，其待解物理量包括温度 T、压力 p、饱和度 S_w、S_g 和 S_o 等。

2. 烹饪控制方程的定解条件

1）定解条件

描述输运过程的数学物理方程必须考虑研究对象所处的特定“环境”和“历史”，即边界条件和初始条件，两者合称定解条件（梁昆淼，2010）。

初始条件是描述物理过程初始状态的数学条件，指所研究的物理量 ψ 的初始分布，如初始温度分布、初始饱和度分布。初始条件数学表达式为

$$\psi(x,\ y,\ z)\big|_{t=0} = f(x, y, z) \tag{5-2}$$

其中，$f(x,y,z)$ 是已知函数。

对于烹饪过程，初始条件为温度、各个流动相的饱和度等参数在烹饪食材中的空间分布。

2）边界条件

边界条件是物理过程的边界上约束情况，即描述物理过程边界状态的数学条件。常见的线性边界条件，数学上分为三类：第一类边界条件（Dirichlet 边界条件），直接规定了所研究的物理量在边界上的数值；第二类边界条件（Neumann 边界条件），规定了所研究的物理量在边界外法线方向上导数的数值；第三类边界条件（Robin 边界条件），规定了所研究的物理量及其外法向导数的线性组合在边界上的数值（梁昆淼，2010），即

第一类：
$$\psi(t)\big|_{\Sigma} == f(M,t) \tag{5-3}$$

第二类：
$$\left.\frac{\partial \psi}{\partial n}\right|_{\Sigma} = f(M,t) \tag{5-4}$$

第三类：
$$\left.\left(\psi + \mathrm{Const}\frac{\partial \psi}{\partial n}\right)\right|_{\Sigma} = f(M,t) \tag{5-5}$$

以上三个公式中：Σ 是边界域；$f(M,\ t)$ 是已知函数；M 是边界域中的变点；n 是法线方向长度；Const 是常数；t 是时间，s。

对于非稳态传热，三类边界条件如下：①第一类边界条件：规定边界温度值；②第二类边界条件：规定边界的热流密度值；③第三类边界条件：规定边界的对流传热系数及流体温度。当对流传热系数趋于无穷大时，边界温度等于流体温度，则转换为第一类边界条件。

烹饪热质传递的边界条件主要为第三类边界条件，如无蒸发流体-颗粒烹饪的传热边界条件式（4-14）、有蒸发油传热边界条件式（4-65）、有蒸发油传热烹饪的水分传质边界条件式（4-51）、有蒸发油传热烹饪的气体传质边界条件式（4-57）。而第一类边界条件出现在有蒸发油传热烹饪的油传质边界条件，见式（4-54）。

3. 模型参数

1）烹饪过程控制方程有关参数

还需要确定一系列的参数，主要模型参数见表 5-2。

表 5-2　烹饪热质传递数学模型的主要参数

参数	符号	单位	参数	符号	单位
密度：			比热容：		
水	ρ_w	kg/m^3	水	c_{pw}	J/（kg•℃）
蒸汽	ρ_v	kg/m^3	蒸汽	c_{pv}	J/（kg•℃）
空气	ρ_a	kg/m^3	空气	c_{pa}	J/（kg•℃）
油	ρ_o	kg/m^3	油	c_{po}	J/（kg•℃）
固体	ρ_s	kg/m^3	固体	c_{ps}	J/（kg•℃）
导热系数：			多孔介质参数：孔隙率	ω	无量纲
水	k_w	W/（m•℃）	饱和度	S_{ol}	无量纲
蒸汽	k_v	W/（m•℃）	黏度：		
空气	k_a	W/（m•℃）	水	μ_w	Pa•s
油	k_o	W/（m•℃）	蒸汽及空气	μ_g	Pa•s
固体	k_s	W/（m•℃）	油	μ_o	Pa•s
固有渗透率：			相对渗透率：		
水	k'_w	m^2	水	k''_w	无量纲
蒸汽及空气	k'_q	m^2	蒸汽及空气	k''_q	无量纲
油	k'_o	m^2	油	k''_o	无量纲
扩散系数：			边界传递系数等：		
水	$D_{w,cap}$		水分蒸发潜热	H_v	J/kg
蒸汽及空气（空气中）	$D_{eff,g}$	m^2/s	液体-颗粒对流传热系数	h_{fp}	W/（m^2•℃）
蒸汽及空气（内部）	D_o	m^2/s	容器-颗粒对流传热系数	h_{vp}	W/（m^2•℃）
油	D_g	m^2/s	颗粒表面蒸汽对流传质系数	h_m	m^2/s

2）参数的获取

烹饪热质传递模型的主要参数有固相的多孔介质性质、固相和流动相的热物理性质、流动相的流体力学性质以及固相和流动相之间的对流传递系数。

在复杂食品加工过程的数值计算中，过程参数对计算结果的可靠性至关重要。要准确测定这些参数，是存在一定困难的。而获取这些参数是应用烹饪热质传递模型必需的前提条件。

烹饪过程涉及一个很宽的温度范围，从常温到 180℃，甚至更高。100℃以下的固体食品的热物性比较好测量。但超过沸点后的热物性，尤其是导热系数，测量难度较大。Maarten（1998）仅测量了最高温度不高于 150℃的马铃薯比热容和导热系数。

固相和流动相之间的对流传递系数包括液体-颗粒对流传热系数、容器-颗粒对流传热系数、颗粒表面蒸汽对流传质系数等，它们不是某一物体的内在性质，而是一个过程性质，复杂性高，变动大，测量难度大。

对于多孔介质的性质以及流体在多孔介质中的流动性质测量，刘伟等（2006）中提供了各种方法。但食品材料的有关参数文献积累不多，仅有马铃薯等少数几种。

有关烹饪热质传递模型中重要参数的查取、计算和测量，见第 7 章。

5.2.2　模型的求解方法

1. 解析解

烹饪时食材颗粒不出现内部蒸发时，对于非均匀各向同性体，热传导方程为式（4-13），边界条件为式（4-14）。三维非稳态导热偏微分方程可以通过分离变量法、误差函数法和拉普拉斯变换法等方法求得解析解（analytical solution）。应用最广泛的是分离变量法，即由傅里叶级数法得到无穷级数形式的解析解。

1）热传导解析公式

下列解析解公式是 Eckert 和 Drake（1972）文献中相关公式符号和形式一致化后的形式，条件为物体初始温度均匀；物体热物性均匀、恒定；对流传热系数恒定；流体温度均匀、恒定。

A. 无限大物体热传导解析公式

a. 无限平板

$$\Theta=\sum_{n=1}^{\infty}\frac{2\sin\lambda_n L\cos\lambda_n x}{\lambda_n L+\sin\lambda_n L\cos\lambda_n L}\exp(-\lambda_n{}^2L^2Fo) \tag{5-6}$$

式中：Θ 是过余温度准数，$\Theta=\dfrac{T-T_0}{T_\infty-T_0}$，无量纲；$T$ 是物体温度，℃；T_0 是初始温度，℃；T_∞是流体温度，℃；λ_n 是非稳态传热解析计算特征值；L 是计算尺寸，m；x

是平板计算点中心距和半厚之比；Fo 是傅里叶数，$Fo=\dfrac{\alpha t}{L^2}$：α 是导温系数，m^2/s；t 是时间，s。其中 λ_n 符合特征方程：

$$\cot\lambda_n L=\frac{\lambda_n k}{h_{fp}}=\frac{\lambda_n L}{Bi}\qquad n=1,2,3,\cdots \tag{5-7}$$

式中：Bi 是毕渥数，$Bi=\dfrac{h_{fp}L}{k}$：h_{fp} 是流体-颗粒对流传热系数，W/（m^2·℃），k 是导热系数，W/（m^2·℃）。

当 $h_{fp}\to\infty$，即 $Bi\to 0$，式（5-6）变为

$$\Theta=\frac{4}{\pi}\sum_{n=1}^{\infty}\frac{(-1)^{n+1}}{2n-1}\exp\left[-\left(\frac{2n-1}{2}\right)^2\pi^2 Fo\right]\cos\left(\frac{(2n-1)\pi x}{2L}\right) \tag{5-8}$$

b. 无限长圆柱

$$\Theta=2\sum_{n=1}^{\infty}\frac{BiJ_0(\lambda_n x)}{(\lambda_n{}^2L^2+Bi^2)J_0(\lambda_n L)}\exp(-\lambda_n L^2 Fo) \tag{5-9}$$

式中：J_0 是零阶第一类贝塞尔（Bessel）函数；x 是圆柱体计算点半径和圆柱半径之比。其中 λ_n 符合特征方程：

$$\frac{J_0(\lambda_n L)}{J_1(\lambda_n L)}=\frac{\lambda_n L}{Bi} \tag{5-10}$$

式中：J_0 和 J_1 分别是零阶和一阶第一类贝塞尔函数。

当 $h_{fp}\to\infty$，即 $Bi\to 0$，式（5-9）变为

$$\Theta=2\sum_{n=0}^{\infty}\frac{J_0\left(\lambda_n r/D\right)}{\lambda_n J_1\left(\lambda_n\right)}\exp\left[-\lambda_n{}^2 Fo\right] \tag{5-11}$$

B. 有限大物体热传导解析公式

a. 球体

$$\Theta=2\sum_{n=1}^{\infty}\frac{(\sin\lambda_n L-\lambda_n\cos\lambda_n L)\sin\lambda_n x}{\lambda_n x(\lambda_n L-\sin\lambda_n L\cos\lambda_n L)}\exp\left(\frac{-\lambda_n{}^2 Fo}{L^2}\right) \tag{5-12}$$

式中：x 是球体计算点半径和球体半径之比。其中 λ_n 符合特征方程：

$$\lambda_n L\cot(\lambda_n L)=1-Bi \tag{5-13}$$

当 $h_{fp}\to\infty$，即 $Bi\to 0$，式（5-12）变为

$$\Theta=\frac{2}{n\pi}\left(\frac{d_p}{r}\right)(-1)^{n+1}\sum_{n=1}^{\infty}\sin\left(\frac{n\pi r}{d_p}\right)\exp(-n^2\pi^2 Fo) \tag{5-14}$$

b. 圆柱体

前面三种情况是直接采用或通过转变坐标系得到一维形式，从而得到解析解。对于三维物体则必须通过数学物理方程解的乘积定理获得解析解。对于有限长度圆柱体，可以认为是由无限平板和无限圆柱垂直相交形成的。按照非稳态导热控制方程解的连乘定理有

$$\Theta_{有限圆柱}=\Theta_{无限平板}\times\Theta_{无限圆柱} \tag{5-15}$$

可以通过无限平板和无限圆柱温度分布的过余温度准数解析计算公式得到有限圆柱的过余温度，从而得到圆柱体的温度分布的解析解。

c. 长方体

类似地得到长方体的过余温度准数解析计算公式：

$$\Theta_{长方体}=\Theta_{长度无限平板}\times\Theta_{宽度无限平板}\times\Theta_{高度无限平板} \tag{5-16}$$

C. 热量计算

采用解析法可以计算流体-颗粒传热量，如球体传热量计算解析公式为

$$\frac{Q}{Q_N}=6\sum_{n=1}^{\infty}\frac{\left(\sin\lambda_n L-\lambda_n L\cos\lambda_n L\right)^2}{\lambda_n x^3\left(\lambda_n L-\sin\lambda_n L\cos\lambda_n L\right)}\left[1-\exp\left(\frac{-\lambda_n{}^2 Fo}{L^2}\right)\right] \tag{5-17}$$

$$Q_N=\frac{4}{3}\pi r\rho c_p(T_0-T_m) \tag{5-18}$$

式中：Q 是球体吸收或放出的热量，J；Q_N 是球体从初始时刻到与周围介质处于热平衡过程所传递的能量，J；ρ 是球体的密度，kg/m^3；c_p 是球体的比热容，J/（kg·℃）；T_0 是球体初始温度，℃；T_m 是球体与周围介质处于热平衡时的温度，℃。

2）解析解公式的计算

A. 诺模图（nomograph）法

对于无限平板、无限圆柱和球体的解析法求解计算烦琐，尤其是式（5-7）、式（5-10）和式（5-13）中特征值的计算涉及超越方程求解，因此通常采用各种标准算图用于非稳态传热解析解的计算。

由式（5-6）、式（5-9）和式（5-12），非稳态传热的解析解可以表达为无量纲数群的隐函数形式：

$$\Theta=F\left(Bi,x/L,Fo\right) \tag{5-19}$$

利用无限大平板、无限长圆柱体和球体的 Bi、x/L、Fo 三者关系曲线诺模图（又称 Heisler 图），由初始条件和边界条件计算出 Bi、x/L、Fo，查取 Θ，最后可以获得热传导的时间温度分布。这一方法在食品工程上有广泛的应用。由于该方法借助算图求解，目测取得数据，误差较大。但是一些烹饪研究中，如烹饪成熟终点时间计算中，需要在已知终点温度、边界条件和烹饪食材热物性及尺寸的情况下倒推加热时间，即已知 Θ、Bi 和 x/L 后推算 Fo，通过无穷级数公式反向计算不方便，而查取诺模图简易快捷。

B. 软件编程求解

a. Excel 编程

笔者利用 Office 软件的宏功能编程，以式（5-8）、式（5-11）、式（5-14）以及圆柱体和长方体的热传导温度分布解析计算编制 Excel 程序。

Excel 解析法计算温度分布程序由无限平板、无限圆柱、球体、长方体和圆柱体五个工作表组成。该计算软件是通过 Visual Basic 对 Excel 二次开发编制的。输入参数后，点击宏开关，执行编制的 Visual Basic 宏命令，自动完成计算，并直接在图形上显示计算结果，该软件特别适合颗粒传热学实验和复杂数值计算前的预计算，可以有效地提高工作效率。毕竟 Excel 不是专业的数学软件，难以自动求解式（5-7）、式（5-10）和式（5-13）超越方程得到根数序列并调用，因此上述程序只能用于对流传热系数无穷大的场合，其应用受到了限制。

b. MATLAB 编程

由于 MATLAB 软件的强大功能，编制出的烹饪非稳态传热计算程序灵活易用，可以作为烹饪传热研究的基础计算方法。由于还可以同时计算传热分析得到的相应温度历史的 M 值/O 值及 F 值/C 值，可以进行过程模拟研究。目前已编制了球体、圆柱体和长方体非稳态导热温度分布计算和相应 M 值/O 值及 F 值/C 值计算程序。编制的 MATLAB 传热计算软件可应用于 h_{fp} 有限的条件，应用范围宽。

C. 解析解在应用上的优势与限制

解析解具有显著的优点：与数值方法相比，解析解准确可靠；同时，计算方法相对简明，不需要大型数值软件，便于实际应用。解析法还可以用于校验数值计算模型以及传热学数据采集系统的准确性。

各种烹饪传热中，对于烹饪食材固相没有相变的蒸、煮等工艺，如果烹饪食材是球体、柱体和长方体，采用解析法进行计算方便准确，但要求边界流体温度分布均匀不随时间变化，且初始温度分布均匀。但能够满足解析解求解条件的烹饪非稳态传热情况较少。很多烹饪食材的颗粒形状在解析法能够处理的几种规则形状之外，通常还会出现有限 h_{fp}，流体温度随操作阶段发生变化，同时还有初始温度分布不均匀等情况。这时必须采用数值方法求解非稳态热传导偏微分方程。

2. 数值求解

1）方法

数值计算方法是在计算热传导过程中，将在时间域和空间域中连续物理量的场离散化处理为有限个离散点上的值的集合，通过编制的程序以特定方法将控制方程线性化为代数方程组，并求解得到离散点上待解物理量的值。

各种数值解法的主要区别在于区域的离散方式、方程的离散方式及代数方程求解的方法这三个环节上。所有的商用 CFD 软件均包括三个基本环节：前处理、求解和后处理，与之对应的程序模块常简称前处理器、求解器、后处理器，参见图 5-3。计算流体动力学应用通常按图示流程。

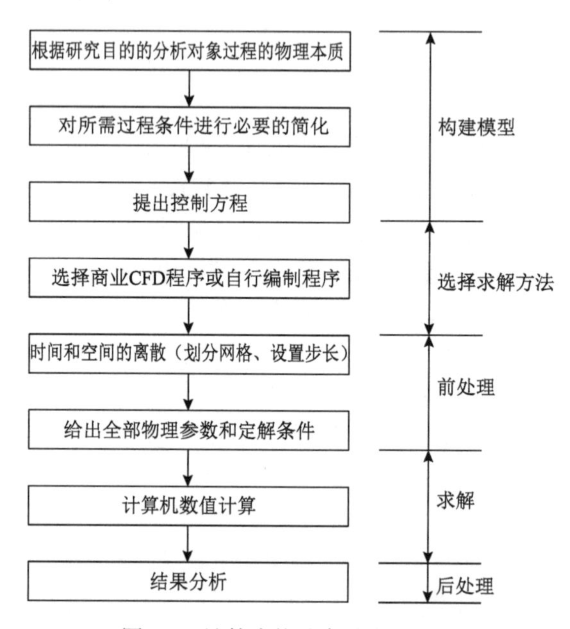

图 5-3　计算流体动力学应用流程

前处理器（preprocessor）用于向 CFD 软件输入所求问题的相关数据，完成以下工作：定义所求问题的几何计算域，并划分成多个互不重叠的子区域，形成由单元组成的网格；选择对象过程相应的控制方程；定义过程传递的属性参数；为计算域边界处的单元指定边界条件；对于非稳态问题，指定初始条件。一般来讲，单元越多、尺寸越小，所得到的解的精度越高，但所需要的计算机内存资源及 CPU 时间也相应延长。为了提高计算精度，在物理量梯度较大的区域，往往要加密计算网格。

求解器的核心是数值求解方法，应用较广泛的是有限差分法（finite difference method，FDM）、有限元法（finite element method，FEM）、有限分析法（finite analytic method，FAM）及有限容积法（finite volume method，FVM），其求解过程大致相同。有限差分法用有限个网格节点代替连续的求解域，然后将偏微分方程的导数用差商代替，推导出含有离散点上有限个未知数的线性代数方程组。方程组的解就是偏微分方程近似解。有限元法是在空间和时间离散基础上，通过泛函变分求极值的方法得到线性代数方程组，联立求解得到偏微分方程的近似解，是目前工程应用中使用最多、应用最广的数值计算方法。

由于数值计算得到的控制方程的解的数量=离散时间数量×离散点数量，这是一个数据集，读取和分析数据就十分重要。后处理的目的是有效地观察和分析 CFD 计算结果，包括计算域的几何模型及网格显示；矢量线图，如速度、温度、浓度矢量线；等值线图；填充型的等值线图——云图等。借助后处理视频生成功能，还可动态模拟流动效果，直观地了解 CFD 的计算结果。

2）CFD 软件

CFD 软件包括通用软件和专用软件，发展迅速，种类繁多，并处于互相整合过程中。通用软件包括 ANSYS、COMSOL、CFX5、STAR-CD、PHOENICS、CFDRC 等。还有一些针对专门领域的 CFD 软件，如 BARRACUDA（流态化）。一些 CFD 的软件由处理器、求解器和后处理器等不同的子软件组成。为便于应用，将三个计算流程整合在一个软件上是当前 CFD 软件的发展主流。本书中求解烹饪、杀菌过程控制方程涉及的软件包括 MATLAB、Excel、ANSYS、COMSOL 等。

a. ANSYS 软件及应用

ANSYS 是大型通用有限元分析软件，有以下特点：①ANSYS 是完全的 WINDOWS 程序，应用方便；②产品由可扩展的模块组成，因而能满足各种需要；③可以开展多物理场耦合分析；④自带参数化设计语言 APDL（ANSYS parametric design language），也为日常分析提供了便利。ANSYS 典型的分析过程由前处理、求解和后处理三个部分组成，如图 5-4 所示。

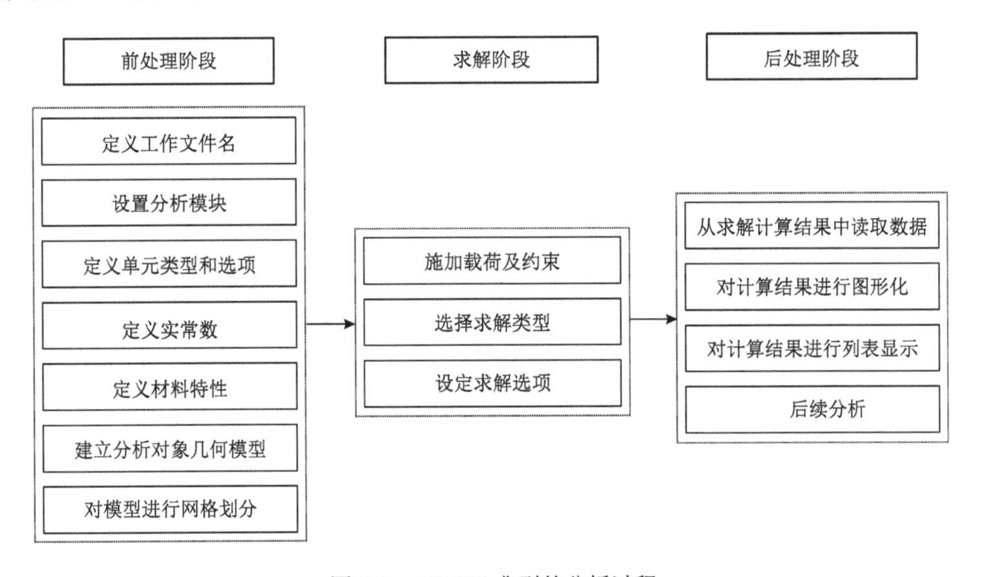

图 5-4　ANSYS 典型的分析过程

ANSYS 中的非线性算法主要有：稀疏矩阵法、预共轭梯度法和波前法，其中稀疏矩阵法性能强大。

b. COMSOL

COMSOL 是一款大型的多物理场有限元数值仿真软件，源于 MATLAB 软件的 PDE（偏微分）工具箱，工作界面友好，可视化的工作界面可实时观察数值求解的过程，最大的特点是可以直接进行强耦合分析。其较适合烹饪过程的传热与传质的耦合分析。

COMSOL 提供了三种自定义 PDE 应用模式（马慧，2009）：系数型、广义型和弱解型。系数型简单，广义型灵活，弱解型功能强大，但是弱解型对数学功底有较高的要求，需要掌握格林公式、高斯变换，容易出错。对于较复杂的控制方程，广义型 PDE 基本可以满足需求。为了简化工作量，可以将参数定义为全局变量或局部变量。参数可以设定为分段函数、差值函数或解析函数，直接导入控制方程组中进行解析计算，比较适合参数变动剧烈的烹饪过程。其网格生成器可以自动生成三角网格或四边形网格，也可以对局部进行网格细化，支持移动网格划分，适合研究烹饪收缩。结果可保存为 MATLAB 识别的 m 文件，可在 MATLAB 中进行数据处理。也可通过 Simulink 与 MATLAB 相集成，将 MATLAB 算法融入模型，或将仿真结果导出至 MATLAB 并做进一步分析。

5.2.3　模型的验证方法

数值模拟的解是每个时间步长、每个网格节点的每个求解参数的数值。对于烹饪过程，这些参数包括温度以及水、油、空气、蒸汽的饱和度和运动速度等。因此，求解结果是一个数据库。通过软件自带的后处理功能，我们可以获得某一点的参数的数值，或某一特定面积、体积的参数平均值。将其与测定值比较，可以对模拟的准确性进行验证，比较方法如下。

1. LSTD 法

比较模拟和实测得到的温度历史等参数，可以采用最小总体温差平方和法（least sum of squared temperature differences approach，LSTD）。LSTD 可以反映模拟值与试验值的全程差异，利用 MATLAB 编程进行计算，相应公式见式（5-20）。一般认为 LSTD 值小于 5%时，两组数据的差异可以接受，即证明模拟值是可靠的（Lens and Lund，1978）。

$$\mathrm{LSTD}=\frac{\sum_{n=0}^{n=m}\left(T_{\mathrm{sn}}-T_{\mathrm{cn}}\right)^{2}}{m} \tag{5-20}$$

式中，LSTD 是温度差平方和；T_{sn}、T_{cn} 分别是在共 m 个时间点中第 n 个时间点的模拟温度与实测温度。

2. 相关系数法

两组曲线相关系数 R，可以反映模拟值与试验值的相关程度，计算公式见式（5-21）。

$$R=\frac{\sum_{i=1}^{n}\left(x_i-\bar{x}\right)\left(y_i-\bar{y}\right)}{\sqrt{\sum_{i=1}^{n}\left(x_i-\bar{x}\right)^2\cdot\sum_{i=1}^{n}\left(y_i-\bar{y}\right)^2}} \tag{5-21}$$

式中：x_i、y_i 分别是模拟值与试验值，$\bar{x}$、$\bar{y}$ 分别是模拟值与试验值的平均值。

5.3　考虑水分蒸发的烹饪过程数值模拟

本节内容主要来自文献（崔俊，2017），并有简化调整。

5.3.1　模型的构建

1. 模拟对象

选用油炒猪里脊肉烹饪过程为模拟对象。采用与 3.2 节试验相同的材料以保证研究的关联性、延续性。具体条件为①食材：4 cm×4 cm×0.2 cm 猪里脊肉片，初始温度为 10℃；②传热介质：大豆油；③烹饪过程条件：初始油温为 160℃，搅拌条件按 6.4.2 节中第一代模拟烹饪试验装置形成的食材-油相对运动条件。试验条件下会有较强烈的食材表面水分蒸发。

2. 模型依据与假设

油炒过程中，固体食材的孔隙中存在的连续相有固体基质、液体水、油和气体。为了定量分析油炒热质传递过程，根据质量、动量、能量守恒及多孔介质传递理论构建质量、动量、能量控制方程及对应的边界条件。

结合油炒的过程特点，为简化模拟计算，对传热传质过程做如下假设：①各相的压力、温度处于局部平衡状态；②忽略结合水的变化；③忽略重力的影响；④宏观上，多孔介质是均匀的，相同相的流动是连续的；⑤忽略颗粒的收缩；⑥忽略辐射传热和黏度耗散传热；⑦由于油炒过程时间短、操作剧烈，仅持续数十秒，整个烹饪过程就已完成，且颗粒与油介质之间主要时间段被向外运动的蒸汽隔离，因此忽略颗粒-油脂的传质过程；⑧忽略气相中的空气，仅考虑蒸汽传递。由于肉的组织较为致密，属于小孔多孔介质。

上述过程简化忽略的各个变化，均对烹饪过程的影响较小。整个数学模型完整，除未考虑收缩外，没有较大的折中和退让，能够较全面、真实地反映烹饪过程的变化规律。

3. 数学模型

根据本书 4.3.4 中式（4-48）～式（4-73）构建有蒸发的油炒烹饪热质传递数学模型，控制方程及附加方程见表 5-3。

表 5-3　控制方程及附加方程

		主要控制方程		附加方程
质量守恒方程	液态水	$\frac{\partial\left(\omega\rho_{w}S_{w}\right)}{\partial t}+\nabla\left(\omega\rho_{w}\nabla u_{w}\right)=\nabla\cdot\left[D_{w}\nabla\left(\omega\rho_{w}S_{w}\right)\right]-I$	（4-48）	$D_{w}=1\times10^{-8}\exp(-2.8+2.0C)$（5-30） $I=m\left(\rho_{v,eq}-\rho_{v}\right)$（4-73） $C_{g}=\frac{p}{R_{g}T}$（5-22）
	蒸汽	$\frac{\partial\left(\omega\rho_{g}S_{g}\phi_{v}\right)}{\partial t}+\nabla\cdot\left(u_{g}\rho_{g}\phi_{v}\right)=\nabla\cdot\left(\omega S_{g}\frac{C_{g}^{2}}{\rho_{g}}M_{a}M_{v}D_{g}\nabla x_{v}\right)+I$	（4-55）	$\rho_{g}=\left(x_{v}M_{v}+\left(1-x_{v}\right)M_{a}\right)\frac{p}{R_{g}T}$（5-22-1） $S_{w}+S_{g}=1$（5-22-2） $\phi_{a}+\phi_{v}=1$（4-71） $x_{v}=\frac{\frac{\phi_{v}}{M_{v}}}{\frac{\phi_{v}}{M_{v}}+\frac{\phi_{a}}{M_{a}}}$（5-23）
动量守恒方程		$u_{i}=-\frac{k_{i}'k_{i}''}{\mu_{i}}\nabla p$（$i$=w，o，g）	（4-58）	
能量守恒方程		$\frac{\partial\left(\rho c_{p}T\right)}{\partial t}+\Delta\left(\rho_{cf}c_{pcf}u_{cf}T\right)=_{\Delta}\left(k_{\Delta}T\right)-H_{v}I$	（4-64）	$\rho_{cf}c_{pcf}u_{cf}=c_{p,w}[\rho_{w}u_{w}-D_{w}\nabla(\phi_{w}S_{w}\rho_{w})]+\rho_{g}u_{g}[\phi_{v}c_{p,v}+\phi_{a}c_{p,a}]$（5-24） $\rho=\left(1-\omega\right)\rho_{s}+\omega\left(S_{w}\rho_{w}+S_{g}\rho_{g}\right)$（5-25） $c_{p}=\{(1-\omega)\rho_{s}c_{p,s}+\omega[S_{w}\rho_{w}c_{p,w}+S_{g}\rho_{g}(\phi_{v}c_{p,v}+\phi_{a}c_{p,a})]\}/\rho$（5-26） $k=\left(1-\omega\right)k_{s}+\omega\left(S_{w}k_{w}+S_{g}k_{g}\right)$（5-27）

注（符号按字母顺序排列）：C 是干基水分含量，无量纲；C_g 是混合气体摩尔密度，mol/m^3；c_p 是多孔介质总体比热容，J/（kg·℃）；c_{pw} 是水的比热容，J/（kg·℃）；c_{ps} 是固体基质的比热容，J/（kg·℃）；c_{pa} 是空气的比热容，J/（kg·℃）；c_{pv} 是水蒸气的比热容，J/（kg·℃）；c_{pcf} 是流体的比热容，J/（kg·℃）；D_w 是水在颗粒中扩散系数，m^2/s；D_g 是气体在颗粒中扩散系数，m^2/s；H_v 是水的蒸发潜热，J/kg；I 是水分蒸发量，kg/（m^3·s）；k'_g 是气体的固有渗透率，m^2；k''_g 是气体的相对渗透率，m^2；k''_w 是水的相对渗透率，m^2；k_s 是非流动相导热系数，W/（m·℃）；k_w 是水的导热系数，W/（m·℃）；k_g 是气体导热系数，W/（m·℃）；m 是蒸发速率常数，1/s；M_v 是蒸汽的分子量，kg/mol；M_a 是空气的分子量，kg/mol；p 是压力，Pa；R_g 是摩尔气体常数；S_w 是水的饱和度，无量纲；S_g 是气体的饱和度，无量纲；T 是温度，℃；T_f 是流体温度，℃；u_g 为气体的速度，m/s，u_{cf} 是流体的速度，m/s；u_w 是水的速度，m/s；x_v 是蒸汽的摩尔分数，无量纲；ω 是颗粒孔隙率，无量纲；μ_i 是动力黏度，i=w 为水，i=g 为气体，Pa·s；ρ_g 是气体的密度，kg/m^3；ρ_s 是固体基质的密度，kg/m^3；ρ_v 是蒸汽的密度，kg/m^3；ρ_w 是水的密度，kg/m^3；ρ_{cf} 是流体的密度，kg/m^3；ϕ_v 是气体中的蒸汽质量分数，无量纲；ϕ_a 是气体中的空气质量分数，无量纲。

模型以 4 个偏微分方程构成的方程组给出过程数学描述。模型的质量和动量传递主要考虑对其有决定性影响的水和蒸汽的传递，并忽略油相。水和蒸汽质量守恒二阶偏微分方程分别为式（4-48）及式（4-55），并有一系列附加方程。水和蒸汽动量守恒方程应用达西定律，建立流速的微分方程式（4-58）。能量守恒必须整体考虑食材颗粒的固相和流动相，建立热平衡方程，见式（4-64）。在质量守恒方程和能量守恒方程中，均加入了表面蒸发项，分析相变对传热和传质的影响。与第 4 章多孔介质模型相比，较大的调整是用式（5-30）代替式（4-49），应用中取得了较好的模拟结果。

计算式（4-64）时，由能量平衡，有

$$\rho_{\rm cf}c_{\rm pcf}u_{\rm cf}=c_{\rm p,w}[\rho_{\rm w}u_{\rm w}-D_{\rm w}\nabla(\phi_{\rm w}S_{\rm w}\rho_{\rm w})]+\rho_{\rm g}u_{\rm g}[\phi_{\rm v}c_{\rm p,v}+\phi_{\rm a}c_{\rm p,a}] \tag{5-24}$$

由第 4 章式（4-68）、式（4-69）、式（4-67）去除油相得到：

$$\rho=(1-\omega)\rho_{\rm s}+\omega\left(S_{\rm w}\rho_{\rm w}+S_{\rm g}\rho_{\rm g}\right) \tag{5-25}$$

$$c_{\rm p}=\left\{(1-\omega)\rho_{\rm s}c_{\rm p,s}+\omega\left[S_{\rm w}\rho_{\rm w}c_{\rm p,w}+S_{\rm g}\rho_{\rm g}\left(\phi_{\rm v}c_{\rm p,v}+\phi_{\rm a}c_{\rm p,a}\right)\right]\right\}/\rho \tag{5-26}$$

$$k=(1-\omega)k_{\rm s}+\omega\left(S_{\rm w}k_{\rm w}+S_{\rm g}k_{\rm g}\right) \tag{5-27}$$

由表 5-3 可知，整个模型共有控制方程和附加方程 15 个，32 个参数，23 个变量（含函数型参数）。模型的待解量（COMSOL 因变量）为水的饱和度 $S_{\rm w}$、压力 p、温度 T、蒸汽质量分数 $\phi_{\rm v}$。

5.3.2　模型的求解

1. 几何模型

在 COMSOL 中按食材尺寸构建长方体几何模型。

2. 网格划分

在 COMSOL 利用其 Meshing 进行网格划分，网格数为 1024 个，如图 5-5 所示。

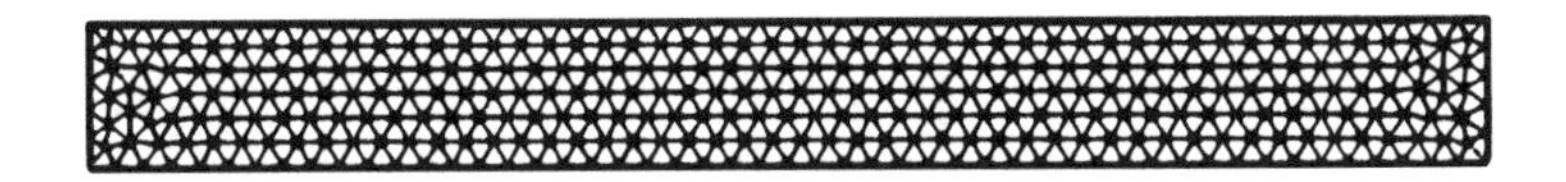

图 5-5　网格划分

3. 定解条件

参照 Datta（2007b）文献结合猪里脊肉油炒烹饪具体情况，建立控制方程的初始条件和边界条件，见表 5-4。

表 5-4　定解条件

控制方程	初始条件	边界条件	
水分传质控制方程	$S_{\rm w}$=0.3	$-\rho_{\rm w}u_{\rm w}-D_{\rm w}\rho_{\rm w}\omega\nabla S_{\rm w}=h_{\rm m}\omega S_{\rm w}\left(\rho_{\rm g}\phi_{\rm v}-\rho_{\rm va}\right)$	（4-51）
蒸汽传质控制方程	$\phi_{\rm v}$=0.02, ω=0.2	$-\rho_{\rm v}u_{\rm v}-\dfrac{C_{\rm g}^2}{\rho_{\rm v}}M_{\rm a}M_{\rm v}D_{\rm g}\nabla x_{\rm v}=h_{\rm m}\omega\,S_{\rm g}(\rho_{\rm g}\phi_{\rm v}-\rho_{\rm va})$	（4-57）

续表

控制方程	初始条件	边界条件
动量控制方程	$p_0=p_{amb}$	$p = p_{amb}=88900\text{Pa}$　（4-63）
能量控制方程	$T_0=10℃$	$k\nabla T = -h_{fp}(T - T_f) - H_v K_g (p_{sat} - p_{amt})$，设置$T_f$，不考虑油相（4-65）

注（符号按字母顺序排列）：C_g是气体的摩尔密度，kmol/m^3；D_w是水在颗粒孔隙中扩散系数，m^2/s；D_g是气体在颗粒中扩散系数，m^2/s；h_{fp}是液体-颗粒对流传热系数，W/（m^2·℃）；h_m是对流传质系数，m/s；H_v是水的蒸发潜热，J/kg；K_g是基于压力的对流传质系数，kg/（s·m^2·Pa）；M_a、M_v分别是空气和蒸汽的分子量；p是颗粒表面压力，Pa；p_0是气体初始压力，Pa；p_{amb}是环境压力，Pa；p_{sat}是饱和水蒸气的压强，Pa；S_w是水的饱和度，无量纲；S_g是气体的饱和度，无量纲；T是温度，℃；T_f是加热介质温度，℃；u_v是气体的速度，m/s；x_v是蒸汽的摩尔分数；ρ_g是颗粒表面气体密度，kg/m^3；ρ_{va}是环境蒸汽密度，kg/m^3；ϕ_v是颗粒表面蒸汽质量分数，无量纲；ω是孔隙率，无量纲。

4. 模型参数

模型计算所需的物性参数见表5-5。

表5-5　模型参数

参数	符号	数值及算式	单位	来源
密度：				
水	ρ_w	998	kg/m^3	
蒸汽	ρ_v	理想气体	kg/m^3	宋晓燕，2015
空气	ρ_a	理想气体	kg/m^3	
固体基质	ρ_s	1419	kg/m^3	
摩尔质量：				
水/蒸汽	M_v	0.018	kg/mol	
空气	M_a	0.029	kg/mol	
比热容：				
水	c_{pw}	式（5-31）	J/（kg•℃）	Lewis，1987
蒸汽	c_{pv}	式（5-32）	J/（kg•℃）	Chang and Toledo，1989
空气	c_{pa}	1006	J/（kg•℃）	宋晓燕，2015
固体基质	c_{ps}	1419	J/（kg•℃）	宋晓燕，2015
动力黏度：				
水	μ_w	0.988×10^{-3}	Pa•s	Datta，2007a；Datta，2007b
空气和蒸汽	μ_g	1.8×10^{-5}	Pa•s	Datta，2007a；Datta，2007b
导热系数：				
水	k_w	式（5-33）	W/（m•℃）	Blackwell，1975
蒸汽	k_v	0.026	W/（m•℃）	Blackwell，1975
空气	k_a	0.026	W/（m•℃）	Blackwell，1975
固体基质	k_s	0.21	W/（m•℃）	宋晓燕，2015
相对渗透率				
水	k''_w	式（5-29）	无量纲	Blackwell，1975
空气和蒸汽	k''_g	式（5-28）	无量纲	Blackwell，1975

续表

参数	符号	数值及算式	单位	来源
绝对渗透率：				
水	k'_w	5×10^{-14}	m^2	Datta，2007a
空气和蒸汽	k'_g	10×10^{-14}	m^2	Datta，2007a
扩散系数：				
水	D_w	式（5-30）	m^2/s	Ni and Datta，1999
干基水分含量	C	式（5-35）	kg/kg	
对流传质系数	h_m	0.028	m/s	Datta，2007b
对流传热系数	h_{fp}	600	W/（m^2·℃）	Datta，2007b
水的相变焓	H_v	2.3×10^6	J/kg	Datta，2007b
蒸汽在空气中的扩散系数	$D_{eff,g}$	2.6×10^{-4}	m^2/s	Datta，2007b
孔隙率	ω	0.923	无量纲	宋晓燕，2015
环境压力	p_{amb}	88900	Pa	贵阳市平均大气压
加热介质温度	T_f	160	℃	实测
饱和水蒸气压	p_{sat}	式（5-34）	Pa	Datta，2007a

水和蒸汽的相对渗透率可按 Blackwell（1975）文献中的公式计算：

$$k''_g = 1 - 1.1S_w * (S_w < 1/1.1) + 0 * (S_w > 1/1.1) \tag{5-28}$$

$$k''_w = \left(\frac{S_w - S_r}{1 - S_r}\right)^3 * (S_w > S_r) + 0 * (S_w < S_r) \tag{5-29}$$

式中：S_r 是液态水的最低饱和度，对于猪肉，取 0.09。“*”“+”为 COMSOL 的程序语言，如不满足“*”后的条件，则按“+”后的表达式计算。

Ni 和 Datta（1999）研究了水在毛细管中的扩散现象，得到扩散系数是水分含量的函数，表达式为

$$D_w = 1\times10^{-8}\exp(-2.8 + 2.0C) \tag{5-30}$$

式中：C 是干基水分含量，kg/kg。

用该式取代式（4-49），得到较好的模拟结果。

水和蒸汽的比热容为温度的函数，由 Chang 和 Toledo（1989）给出：

$$c_{p,w} = 5.4731\times10^{-3}(T-273)^2 - 0.00909(T-273) + 4176.2 \tag{5-31}$$

$$\begin{aligned} c_{p,v} = {} & [-3.594\times10^{-9}(T-273)^3 + 1.054\times10^{-5}(T-273)^2 \\ & + 0.192\times10^{-2}(T-273) + 32.22]\frac{1000}{M_v} \end{aligned} \tag{5-32}$$

水的导热系数为温度的函数，由 Blackwell（1975）给出：

$$k_w = -6.7036\times10^{-3}(T-273)^2 + 1.762\times10^{-3}(T-273) + 0.57109 \tag{5-33}$$

饱和水蒸气压为温度的函数，由 Datta（2007a）给出：

$$p_{sat} = \exp\left(23.1964 - \frac{3816.44}{T-227.02}\right) \tag{5-34}$$

干基水分含量与水饱和度的函数关系为

$$C = \frac{S_w \omega \rho_w}{(1-\omega)\rho_s} \tag{5-35}$$

式中：C 是干基水分含量，kg/kg。

饱和水蒸气密度为温度的函数，由刘战国等（2001）和周西华等（2007）获得，见表 5-6。

表 5-6　饱和水蒸气密度与温度的函数关系

温度范围/K	密度对温度的回归方程
283～293	$0.001[0.02075(T-273)^2+0.166(T-273)+5.674]$
293～303	$0.01[0.00315(T-273)^2-0.027(T-273)+1.0091]$
303～323	$0.001[0.000632(T-273)^3-0.02048(T-273)^2+1.1736(T-273)-3.473]$
323～343	$0.00001[0.0984(T-273)^3-7.364(T-273)^2+386.4(T-273)-4911]$
343～373	$0.0001[0.0152(T-273)^3-1.8996(T-273)^2+123.202(T-273)-2548.87]$
373～423	$0.0001[0.02487(T-273)^3-4.9338(T-273)^2+442.021(T-273)-13761.2]$
423～473	$0.0001[0.04362(T-273)^3-13.4749(T-273)^2+1745.043(T-273)+80320.5]$

5. 计算求解

采用 COMSOL 进行数值计算。控制方程式（4-55）有两个未知变量（S_g 及 ϕ_v，$S_g=1-S_w$），且方程的系数是因变量的函数，所以物理场选择广义型偏微分方程，见式（5-36）。

COMSOL 中规定二阶偏微分方程的标准格式为

$$\underset{\text{质量项}}{e_a\frac{\partial^2\xi}{\partial t^2}} + \underset{\text{阻尼项}}{d_a\frac{\partial\xi}{\partial t}} + \underset{\text{能量项}}{\nabla\cdot\Gamma} = \underset{\text{源项}}{f} \tag{5-36}$$

式中：e_a、d_a 是偏微分方程的系数，可根据实际控制方程定义为标量或者张量；ξ 是偏微分方程的变量，可以改写为其他符号；Γ 是守恒能量项可以灵活定义，将控制方程修改成与之类似的形式，填入正确的形式 Γ，即完成 4 个控制方程的定义。需要注意的是在 COMSOL 工作界面需要定义变量和源项的单位。步长设置为 1 s，计算时间长度与油炒烹饪过程的时间相同。

5.3.3　模型模拟结果

1. 肉片温度分布

爆炒过程中，肉片表面与传热介质对流换热，表面温度迅速上升至水的沸点，对流换热获得的能量一部分被蒸发带走，剩余能量则以导热形式向肉片内部传递，因而肉片内部温度逐渐升高。

在肉片中的水分未完全蒸发掉以前，肉片最高温度会一直维持在水的沸点附近，见图 5-6。贵阳市水的沸点为 96.6℃，猪里脊肉孔隙中的水分包含溶质，导致沸点升高，多次试验测得肉中水分的沸点约 98℃。此外，由于肉片表面直接接触高温加热介质，升温速率大于内部，因此存在温度梯度。

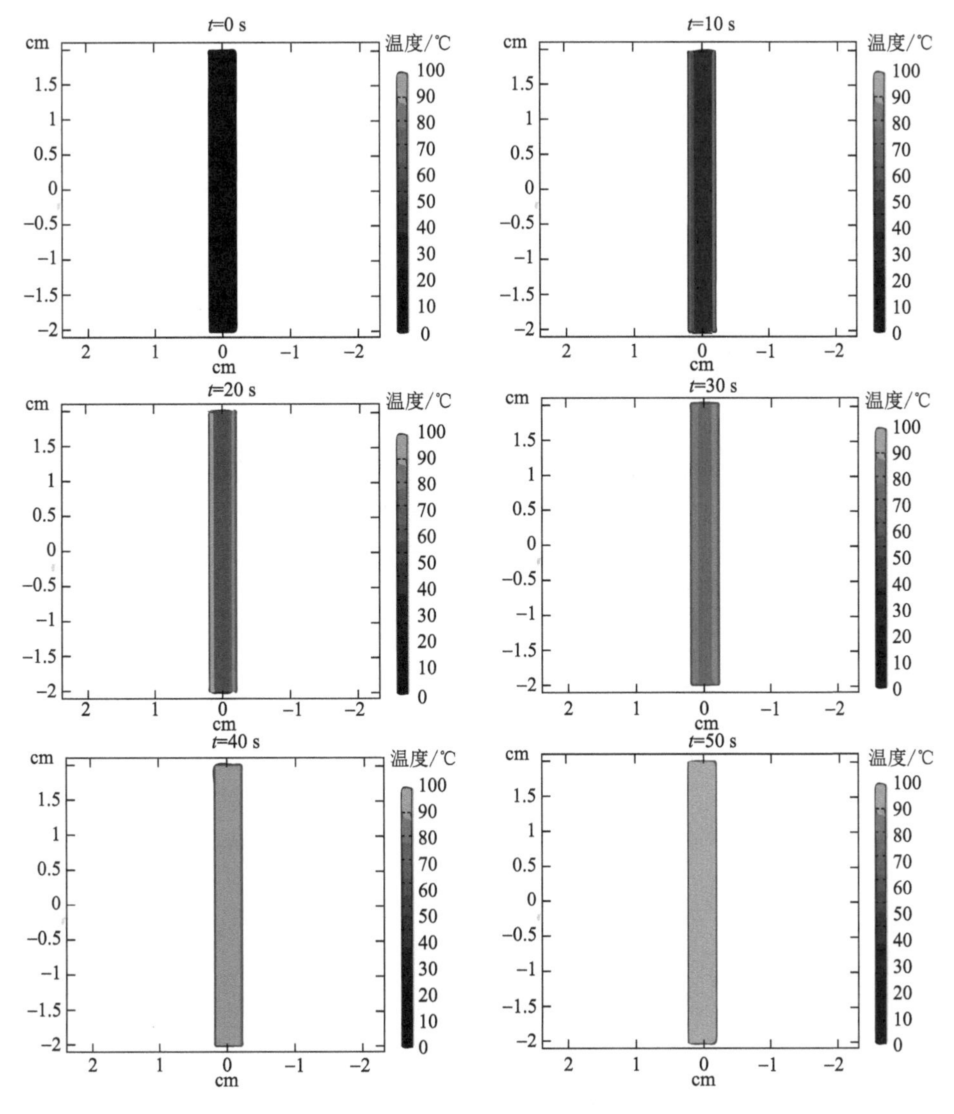

图 5-6　不同时间段下的肉片温度分布云图

利用 COMSOL 的域点探针，得到肉片不同空间位置的温度变化曲线如图 5-7 所示。距肉片表面不同距离的温度不同，由于导热热阻的存在，颗粒内部升温速率明显低于颗粒表面。一段时间后，整个肉片温度分布均匀，此时肉片表面对流换热获得的能量与水分蒸发带走的热量达到动态平衡，肉片温度维持在沸点温度（98℃）。

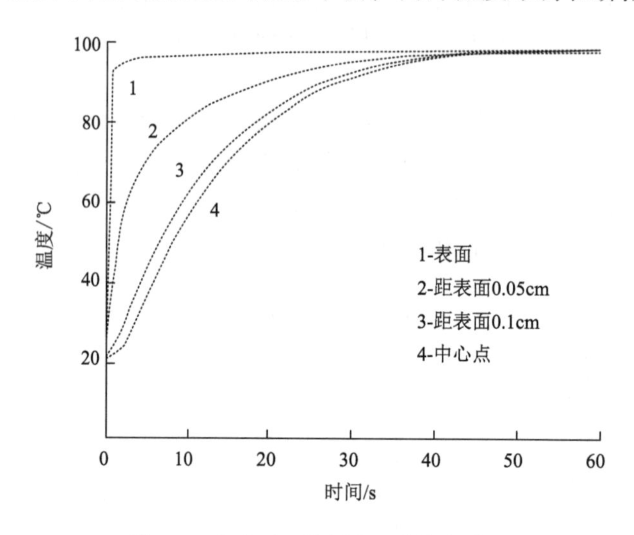

图 5-7　肉片不同位置的温度变化曲线

2. 肉片水分含量分布

爆炒过程中，肉片表面温度迅速升高，水分不断蒸发，导致肉片表面水分含量降低，在浓度梯度和压力差的驱动下，肉片内部水分具有向表面流动、扩散的趋势。由于爆炒过程时间短促，仅有数十秒，肉片中心水分没来得及向表面流动和扩散，整个爆炒过程就已完成，如图 5-8 和图 5-9 所示。爆炒菜肴多汁嫩滑的原因就在于食材颗粒原料达到成熟时，中心水分损失少。

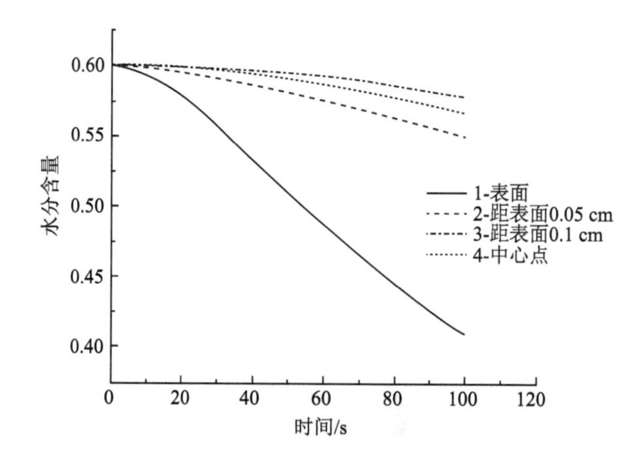

图 5-8　肉片不同位置的水分含量变化曲线

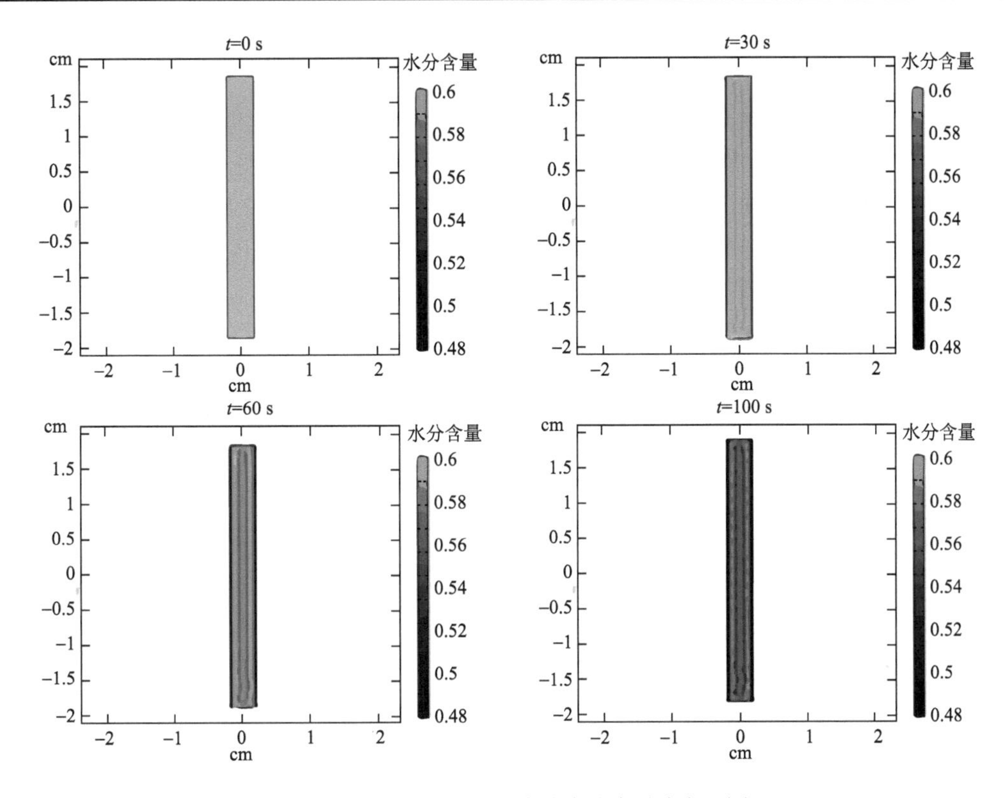

图 5-9　不同时间段下的肉片水分含量分布云图

5.3.4　模型的验证

1. 验证原理及方法

对于一个由基本质量平衡和能量平衡演绎推导而得的热质传递数学模型，只要在一个特定传递条件下，如果模拟结果符合实测结果，就说明这个模型是合理的，并根据符合的情况判断模型的准确性。这个特定的传递过程条件需要包含被表征的主要过程，而不需要与所有可能的实际过程完全一致。因此，我们可以设计一种烹饪过程的模拟装置，准确测定求解量；并在数值模拟中使用模拟装置相同的参数进行模拟，比较求解量的差异，即可判断模型的可靠性。

采用 6.4.2 节中第一代烹饪模拟装置。具体地，将猪里脊肉切分后放置于−18℃冰箱中冷冻，然后用切片机将其准确切割为 4 cm×4 cm×0.2 cm（长×宽×厚）的肉片，放入−4℃冰箱中冷藏，12 h 后取出。当肉片温度与室温相同时，将热电偶末端插入肉片中心，放入烹饪模拟装置的恒温油浴槽内加热，开启油泵使肉片与油脂产生相对运动，模拟实际油炒过程。温度采集由烹饪传热学及动力学采集系统自动完成。将温度传感器（热电偶）末端放入中心位置时则采用闫勇等（2014）的半厚黏接法，可准确地获得肉片的中心温度，如图 3-1 所示。

2. 由温度历史验证模拟结果

采用烹饪传热学及动力学数据采集分析系统测量加热介质温度 T_f 分别为 80℃和 140℃时不同厚度肉片的中心温度曲线，与模拟温度曲线进行对比，两组曲线吻合较好，如图 5-10、图 5-11 所示。同时，对模拟温度与实测温度的差异进行了分析，见表 5-7。模拟结果与实测结果的差异很小，证明模拟结果是可靠的。相比图 5-2 中的数值模拟结果取得了实质性的进步。

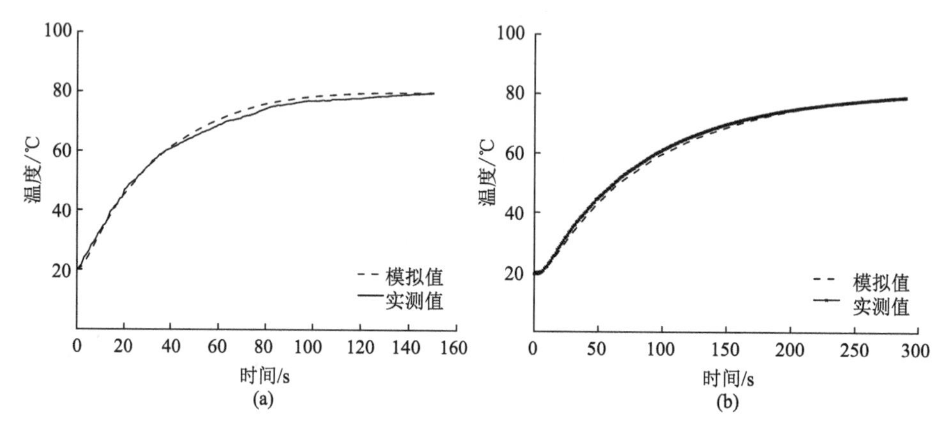

图 5-10　加热介质温度为 80℃，厚度为 3 mm（a）、6 mm（b）肉片的中心温度曲线

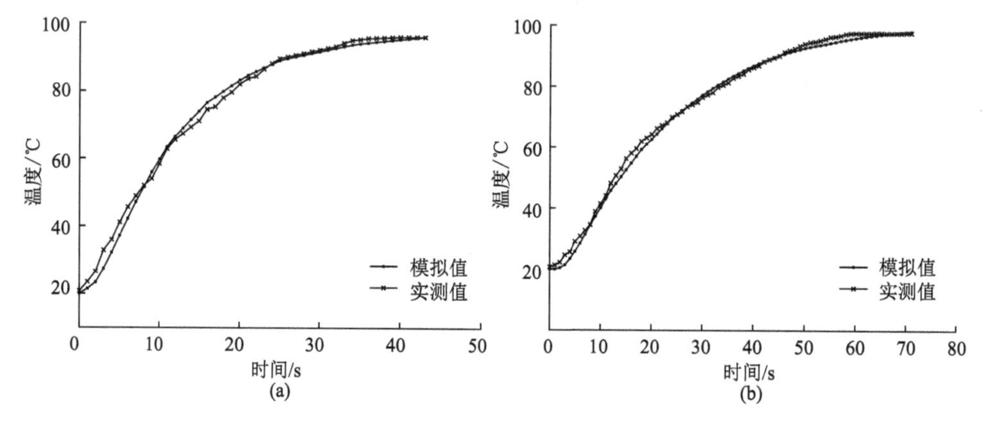

图 5-11　加热介质温度为 140℃，厚度为 3 mm（a）、6 mm（b）肉片中心温度曲线

表 5-7　模拟温度与实测温度差异

差异指标	参数条件			
	80℃		140℃	
	3 mm	6 mm	3 mm	6 mm
绝对误差平均值/℃	0.8571	0.8582	0.3944	0.8468
相关系数	0.9992	0.9994	0.9973	0.9989
LSTD/%	0.11	0.06	0.38	0.26

3. 由水分含量验证模拟结果

汪孝（2017）利用油浴锅模拟油炒烹饪过程，测定了不同加热温度下肉片达到终点成熟值（M=0.5 min）时的水分含量（湿基）。对比文献的试验数据与模拟结果，如图 5-12 所示，水分含量的绝对误差平均值为 0.996，模拟得到的平均水分含量与实测值基本吻合，说明了模拟方法在模拟水分变化方面也是准确可靠的。

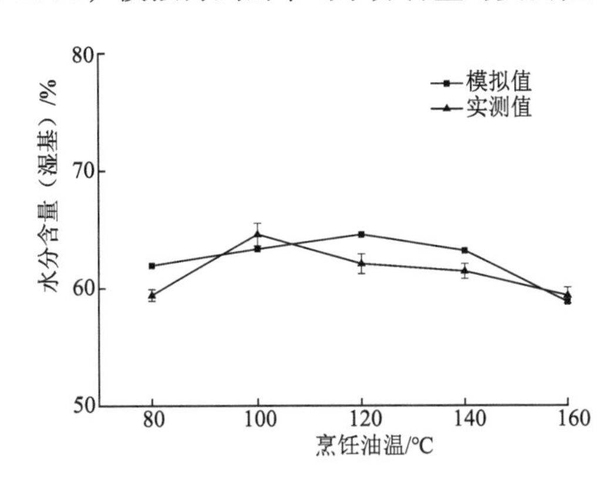

图 5-12　水分含量的模拟值与实测值的对比

模拟中也多次出现不收敛、温度变化和水分含量变化不协调等情况，同时该模型忽略了烹饪中通常会出现的体积收缩问题。为提高模型的验证模拟结果和准确性，还有必要对模型进一步改进。

4. COMSOL 计算准确度分析

COMSOL 是一种基于有限元的数值计算方法，其计算准确度受到模型和算法的影响。有必要考察本模型的计算准确度。

1）方法

为了解 COMSOL 数值计算的精度，在此简化数学模型，只考虑在加热过程中的非稳态导热问题。以无限平板材料为模拟对象，非稳态导热控制方程和边界条件分别为式（4-13）、式（4-14），初始温度为 25℃，物性参数见表 5-8，厚度分别设置为 0.2 cm、0.4 cm 和 0.6 cm。然后通过解析法在相同尺寸条件和边界条件下由式（5-6）及式（5-7）MATLAB 软件编程计算出中心温度-时间关系，再与 COMSOL 数值解进行对比，如图 5-13 所示。

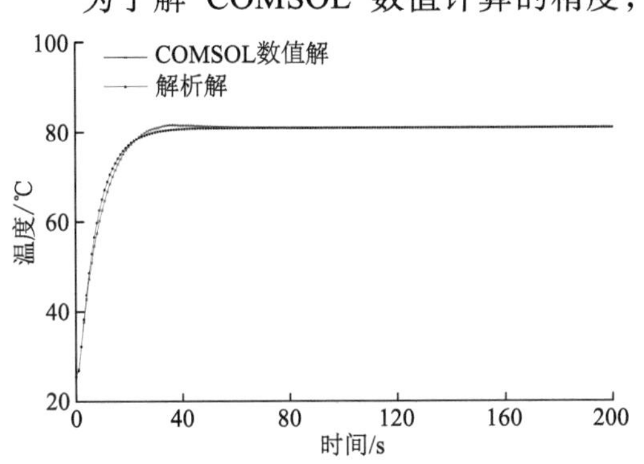

图 5-13　解析解与数值解的对比

表 5-8　无限平板材料物性参数

参数	符号	数值	单位
比热容	c_p	3772	J/（kg·℃）
导热系数	k	0.47	W/（m·℃）
颗粒密度	ρ	1057	kg/m^3
初始温度	T_o	25	℃

续表

参数	符号	数值	单位
传热介质温度	T_f	80	℃
对流传热系数	h_{fp}	1000	W/（m^2·℃）

2）对比结果

由表 5-9 的两组数据差异分析表明，COMSOL 数值解是可靠的。

表 5-9　COMSOL 数值解与解析解差异

差异指标	无限平板厚度（全厚）		
	0.2 cm	0.4 cm	0.6 cm
绝对误差平均值/℃	0.0107	0.0195	0.0938
相关系数	0.9981	0.9980	0.9992
LSTD/%	0.0042	0.0723	0.0601

5.4　油炒过程温度和水分分布数值模拟

本节内容主要来自文献（余冰妍，2019），并作修改调整，重新计算了部分模拟数据。

5.4.1　模型的构建

1. 需要解决的问题

上一节中针对猪里脊肉油炒过程构建了考虑表面蒸发的多孔介质热质传递模型，开展数值模拟后，通过试验初步验证了模型的可靠性。

然而，该模型还存在一些问题有待完善。首先，对过程短促、非稳态特征明显的油炒烹饪，以平均水分含量作为模拟水分迁移的验证指标不尽合理，因为平均水分含量并不能反映颗粒内部的水分分布情况。水分的迁移对烹饪热质传递有重大影响，有必要寻找合适的方法获得颗粒食品水分分布情况，以水分含量的空间分布为指标作为模型验证。其次，前期数学模型仅考虑颗粒食品表面蒸发，当食品表面游离水含量较高时，此假设合理，但随着加热的进行，食品表面水分含量降低，蒸发将向内部迁移，忽略内部蒸发会导致内部温度及水分含量估计值过高（Khan et al.，2018），需要针对性地改进模型。最后，模拟采用的液体固有渗透率、对流传质系数等参数为从文献获得的推测值，应以实际测定值进行模拟，可以提高模拟准确度，提升模型鲁棒性。

2. 模拟对象与验证条件

本节的模拟采用了圆柱形的肉丝。一方面，与上一节所用片状肉有所不同，可以验证外形变化对模型可靠性的影响；另一方面，圆柱形便于使用检测腔为圆柱形的

MRI（核磁共振成像仪）测定肉丝的水分分布。具体地，猪里脊肉冷冻成型后利用模具切割出所需肉样（直径×高度：1.0 cm×1.5 cm），恢复室温后即可在恒温油浴锅中加热处理，在可调搅拌强度的第二代烹饪模拟装置（见本书 6.4.2 节）中模拟油炒过程。模拟时的油温分别取 120℃、140℃、160℃。

采用相同实验条件参数模拟得到肉丝中心温度变化和水分含量分布模拟值后，利用热电偶实时采集油炒过程中的颗粒食品中心温度曲线，利用 MRI 和 MATLAB 数学软件编程计算获取颗粒食品水分含量分布实测值，通过颗粒食品中心温度及水分含量分布的实测值与模拟值对比验证模拟的可靠性。

MRI 可用于颗粒食品水分分布及其迁移情况的测定，现有多数研究仅限于通过成像得到的质子密度图观测其水分含量相对分布而未能得到数值化分析结果，需要将质子密度图转化为水分含量具体数值。

3. 数学模型及改进

对传热传质过程的条件假设同5.3.1节2.。在表5-3中数学模型的基础上进行改进。本章5.3节模型分析蒸发时，仅考虑蒸发发生在颗粒食品表面，其不仅会影响其内部温度、水分含量的准确预测，也会限制数学模型的适用范围。实测猪里脊肉内部水分沸腾蒸发温度为98℃（贵阳市），以此为蒸发发生条件，在数学模型的能量控制方程以 COMSOL 语言中添加蒸发描述——$(H_{\mathrm{v}}I)*(T>=98℃)$，即当温度大于等于98℃时，样品内部开始蒸发。

5.4.2　模型的求解

1. 几何模型

由于几何模型为圆柱形（圆柱直径×高度：1 cm×1.5 cm），则在 COMSOL 中选取构建二维轴对称组件，沿轴旋转即可形成三维图形。

2. 网格划分

求解时以二维计算获得三维模型计算结果，以减轻计算负荷。以所需圆柱 1/2 轴截面（长×宽：1.5 cm×0.5 cm）构建几何形状，网格划分如图 5-14 所示，网格数为 624 个。

图 5-14　1/2 轴截面网格划分

3. 定解条件

数学模型定解条件同表 5-4。

4. 模型参数

除表 5-10 中的参数外，其余参数同表 5-5。

表 5-10　模型参数

参数名	符号	数值及算式	单位	来源
对流传质系数	h_m	4.27×10^{-6}	m/s	实测，见本书 7.4 节
对流传热系数	h_{fp}	500	W/（m^2·℃）	Datta，2007b
蒸汽在空气中的扩散系数	$D_{eff,g}$	2.6×10^{-4}	m^2/s	Datta，2007b

5. 计算求解

数值求解时间与油炒烹饪试验时间等同，时间步长选择 1 s，虽然较小的时间步长可提高模型结果的精度，但时间步长会影响模型的收敛性能，求解时若想提高计算精度，可在保证模型收敛的前提下适当减小时间步长。

计算完成后，设定不同域点探针即可得到肉样在不同位置的温度变化曲线；同理，在几何模型上设置二维截线，计算此截线上各点的水分含量值可得到水分含量分布模拟值，几何模型中域点探针及二维截线示意图如图 5-15 所示。

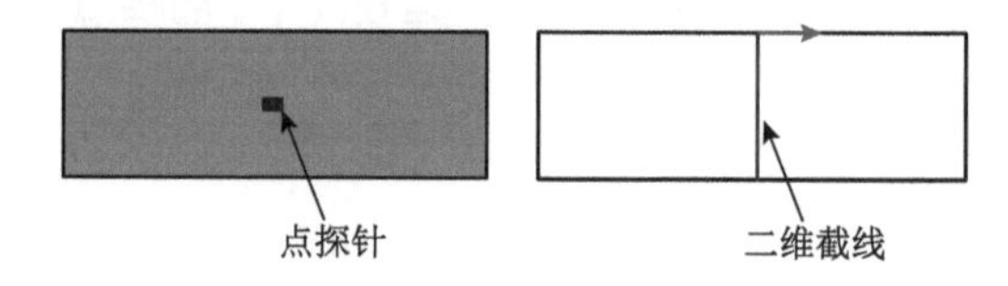

图 5-15　几何模型中心域点探针及二维截线示意图

5.4.3　模型模拟结果

1. 温度分布

图 5-16 为模拟得到的油温为 120℃、140℃和 160℃下烹饪 55 s 时的颗粒食品内部温度分布云图。

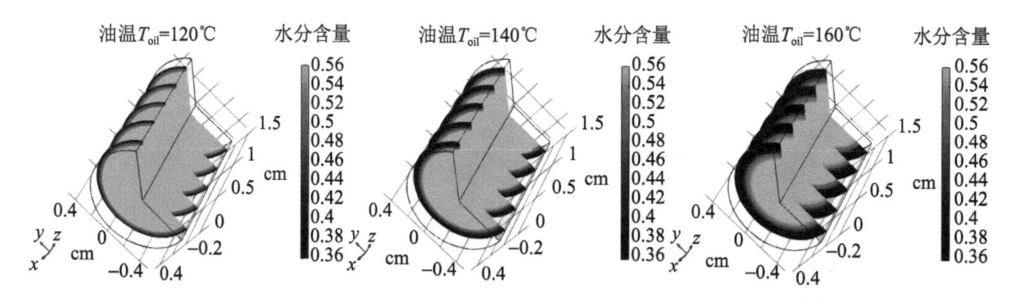

图 5-16　油炒样品温度分布云图

域点探针获得颗粒食品在 120℃、140℃和 160℃的油温下油炒的中心温度变化历史，如图 5-17 所示。由两图可知，油温越高则肉样整体和中心温度上升越快。

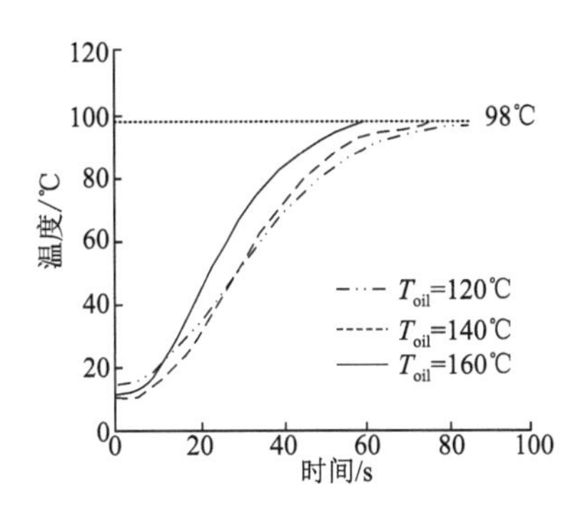

图 5-17　不同加热油温下肉样的中心温度

2. 水分分布

图 5-18 为颗粒食品分别在油温为 120℃、140℃和 160℃的条件下烹饪至成熟值（M）为 0.5 min 时的水分含量分布云图。

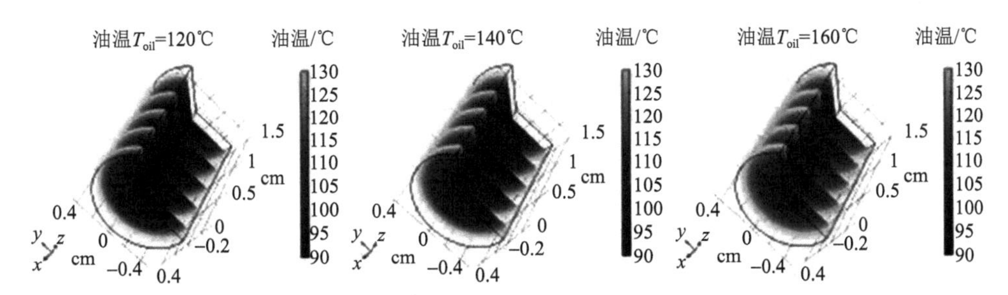

图 5-18　颗粒食品在 120℃、140℃、160℃油温下烹饪至成熟值 M = 0.5 min 时的水分含量分布云图

油炒烹饪温度越高，颗粒食品成熟值（M 值）变化越迅速，在达到特定成熟值下样品中心水分向表面迁移量较少，因此油炒结束后样品的中心水分含量仍保持较高水平。

利用 COMSOL 二维截线获得颗粒食品 120℃、140℃及 160℃油温下油炒至不同 M 值时的水分含量分布曲线，如图 5-19 所示。可见成熟值与水分相关联，超过终点成熟值 M_T = 0.5 min 后，水分持续下降。

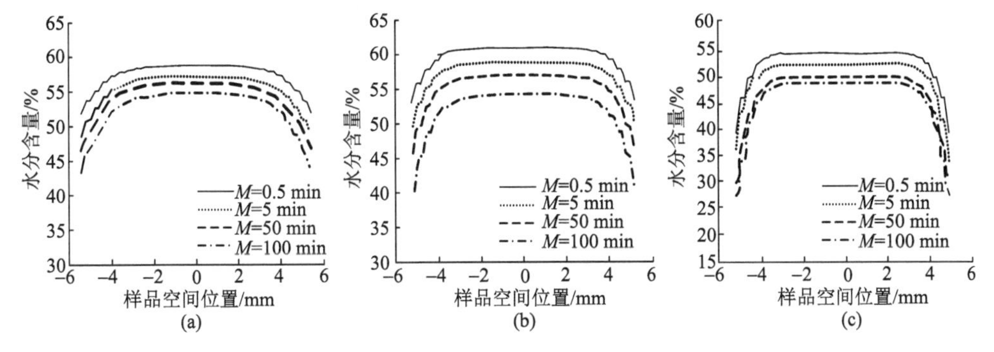

图 5-19　猪里脊肉在不同加热油温 [120℃（a）、140℃（b）、160℃（c）]下达到不同 M 时的水分含量分布图

5.4.4　模型的验证

1. 温度模拟验证

试验验证原理及步骤和方法同 5.3.4 节。油温为 120℃、140℃和 160℃条件下测得的肉片中心温度曲线与模拟曲线符合度较好，如图 5-20 所示。同时利用两条曲线间的相对误差平均值、最小总体温差平方和（LSTD）及相关系数证明了模拟结果的可靠性，见表 5-11。

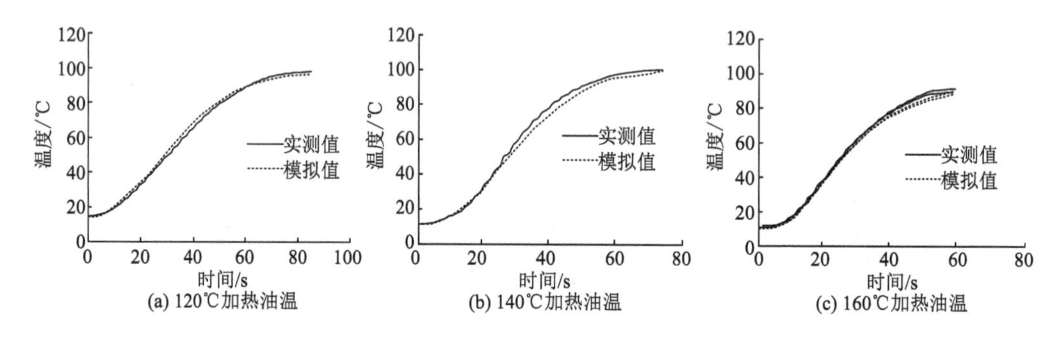

图 5-20　不同加热油温下肉样的模拟及实测中心温度曲线对比

表 5-11　模拟值与实测值间的差异

参数条件	120℃	140℃	160℃
相对误差平均值/%	1.64	4.40	2.75
相关系数	0.9984	0.9972	0.9996
LSTD/%	0.18	0.42	0.24

2. 水分分布验证

1）样品水分分布测定方法

a. MRI 成像

当油炒肉样成熟值达到 0.5 min、5 min、50 min、100 min 时取出，立即用吸油纸去除样品表面附着的油脂后进行 MRI 成像。

通过低场核磁共振成像软件中的多层自旋回波（multi-slice spin echo，MSE）序列得到肉样质子密度图。具体过程为：将处理后的样品置于核磁管中，利用 FID 序列寻找仪器中心频率后打开成像序列，调试参数使其进行数据采集成像得到质子密度图。成像序列主要参数设定为：DW=50 μs；SW=20000 Hz；D0= 800 ms；RFA1=6.5；RFA2=11；GSliceY=GphaseX=GreadZ=1；GA0=GA2=51.4；GA1=10；GA3=14.3；GA4=7；GA5=11.3；RP1Count=8；RP2Count=128。软件得到的质子密度图以.bmp 及.fid 格式导出备用。

b. MRI 图像处理

质子密度图的明暗程度代表水分含量的多少，信号越强，所呈图像越亮，水分含量越多。质子密度图经核磁共振影像系统添加伪彩，色彩上的区别可更直观地表征猪里脊肉表面与中心水分含量的差异；再者，为得到样品水分含量分布值，利用 MATLAB 对猪里脊肉质子密度图进行灰度化处理得到图像中各像素点的灰度值，灰度值的大小表征水分含量的多少。

c. 水分含量与灰度值间关系曲线制作

准备标度不同中心 M 值的猪里脊肉样品，经不同湿度环境吸附/解吸平衡水分后分别进行低场核磁共振成像，同时利用卤素水分测定仪测定该样品的水分含量，成像得到的质子密度图经 MATLAB 图像分析编程计算得到对应的灰度值，选取灰度值最为均匀的样品及其对应水分含量获得猪肉水分含量与灰度值间的关系，如图 5-21 所示。

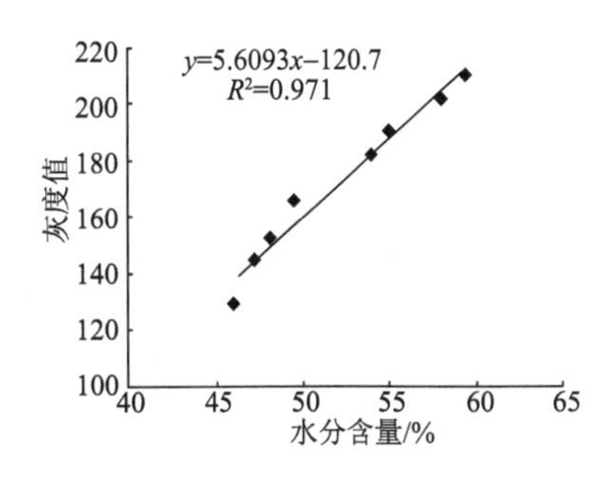

图 5-21 水分含量与灰度值的关系

d. 样品质子密度图及其伪彩图

经 MRI 成像及核磁共振影像系统处理后，各样品质子密度图及其伪彩图如图 5-22～图 5-24 所示。由伪彩图图例可知，图像红色部分水分含量高，绿色、蓝色部分水分含量低。针对达到某一特定成熟值的猪里脊肉，随着加热油温的升高，伪彩图中黄绿色区域增大，表明当猪里脊肉被加热至相同成熟度时，加热油温越高，样品表面水分损失越严重；同理，以某加热油温为基准时，成熟值的增加导致样品水分含量减少，在加热初期表面水分逐渐损失，而中心部位仍保持较高含量，但当成熟值较大（如 50 min 和 100 min）时，其中心部位的水分含量也剧烈降低，红色区域几乎完全消失。

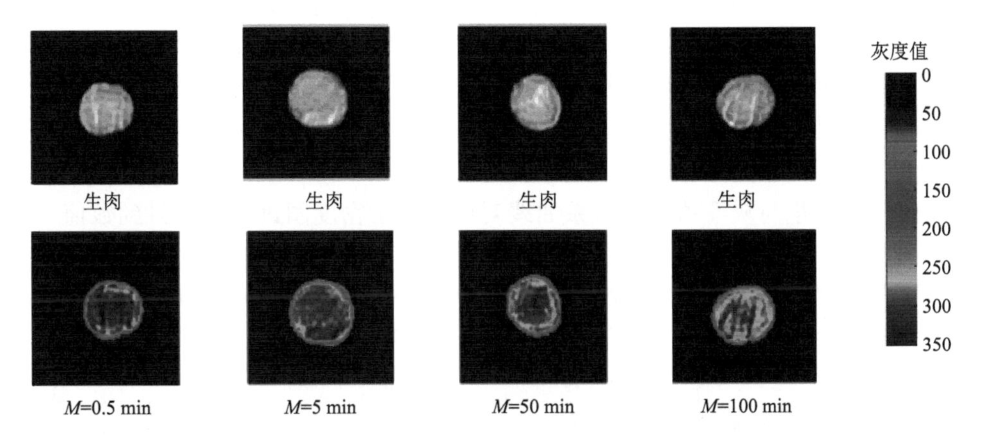

图 5-22 猪里脊肉 120℃油炒烹饪后的 MRI 水分分布伪彩图

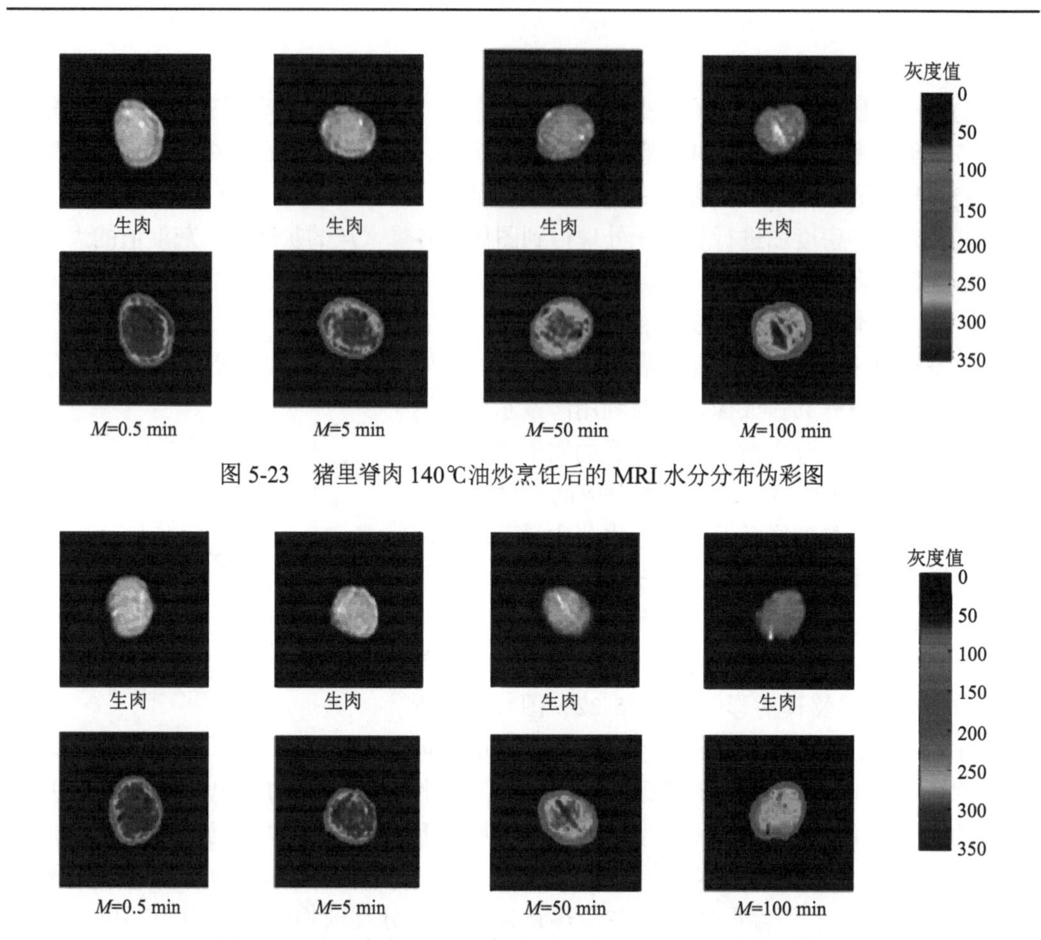

图 5-23　猪里脊肉 140℃油炒烹饪后的 MRI 水分分布伪彩图

图 5-24　猪里脊肉 160℃油炒烹饪后的 MRI 水分分布伪彩图

水分含量的高低与食材的烹饪品质直接相关，对于肉与肉制品，水分含量与肉的多汁性、风味、质构等品质指标显著相关（夏天兰等，2011）。上述伪彩图直观地证实了食材经过不同热处理操作条件达到相同成熟程度时可能导致不同品质的结果，也说明针对快速、剧烈的油传热烹饪过程，以水分分布情况为品质指标更具有说服力。

e. 水分含量分布曲线

通过水分含量与灰度值间的关系曲线对样品质子密度图进行转换得到数值，转换结果如图 5-25 所示。

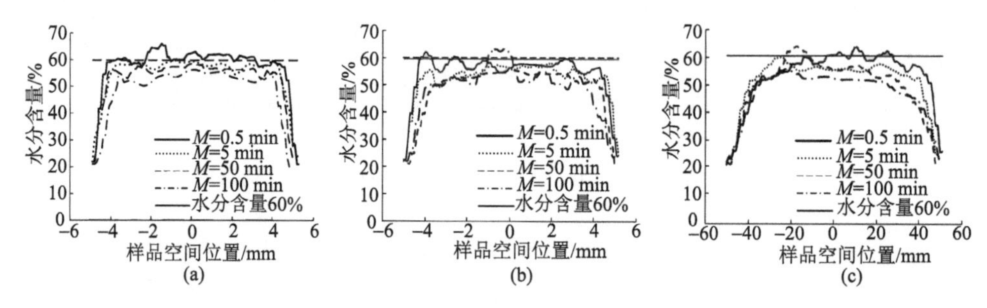

图 5-25　在 120℃（a）、140℃（b）、160℃（c）下肉样中心截面的水分含量分布图

由伪彩图水分与截面水分分布图可知，中心横截面水分分布曲线也并不平滑对称，说明肉样水分分布不均匀，这是因为即使肉样被加热至相同成熟度，但油温不同时，在相同时间下给予肉样的能量不同，肉样内部蛋白质变性程度不一；其次，猪里脊肉质地并不均匀，还含有筋膜等，组分上的差异使肉样在热量/质量传递速率上有所不同，所以样品升温与水分损失速率不一；最后，如 Brasiello 等（2017）所述，颗粒食品在进行低场核磁共振成像实验时，实验噪声较大，信噪比的分布曲线本身也并不平滑，存在系统误差。因此，在选择试验样品时，应注意尽量选择同种类、同部位、含筋膜少的原料，并多次试验以提高试验结果的准确性。

油传热烹饪过程短促剧烈，样品成熟值以指数规律变化，在成熟值为 0.5 min 与成熟值达到 100 min 的过程仅有十几秒的时间间隔，加上样品质地的不同，这些因素造成了不同成熟值样品的水分含量分布较为接近且在某些部位存在曲线相交或彼此反超的现象，这是各向异性含湿食材在油炒烹饪过程中的正常现象，并不影响其在油传热烹饪过程中水分含量分布整体规律性，即在油传热烹饪过程中，初始油温越高，成熟值越大，最终样品内部水分含量就越低，且表面的水分损失程度远高于中心部位的。

2）水分分布模拟结果验证

在 5.4.3 节中已分析得到猪里脊肉在油炒过程的水分分布情况，因不同成熟值下水分含量分布存在彼此交叉现象，为避免图像中曲线过于繁多杂乱，选取猪里脊肉 $M = 0.5$ min 和 $M = 100$ min 两个差异较大的点进行对比验证，如图 5-26 所示。验证方法同 5.3.4 节。由图可知，实测样品表面与中心水分含量差异较大，水分分布的非稳态特征显著。

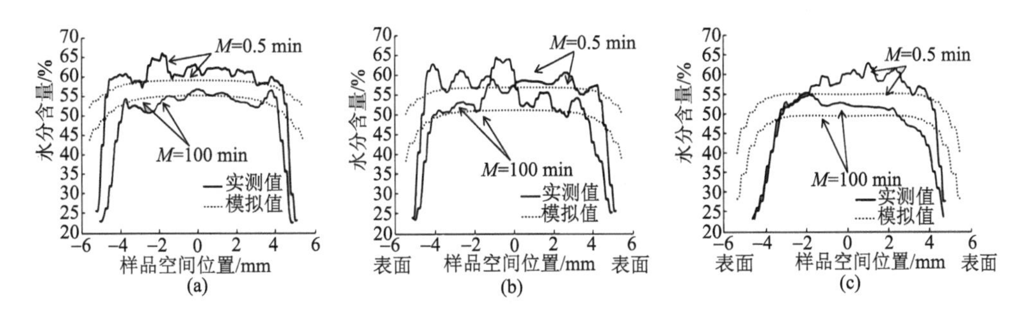

图 5-26　在 120℃（a）、140℃（b）、160℃（c）油温下肉样的模拟及实测水分含量分布曲线

分析其原因如下：①所建模型并未考虑化学反应，而加热会导致蛋白质变性而释放水分。表面受热强度最高，变性最严重，水分释放最多，从而导致在表面部分的模拟结果与试验值差距过大而中间部分较为接近。②现有数学模型得到的水分含量模拟值分布曲线无法精确体现样品水分含量分布的变化规律，特别是样品表面水分含量与实测值存在较大差距。数学模型的简化条件包括颗粒食品为各向同性且物性参数为常数，物性参数值与其在生鲜状态下的数值一致（Ni，1997），非稳态加热导致了一致性的改变，引起模拟结果变化，但所建模型的水分含量分布的整体规律性可从模拟结果中体现，其

在猪里脊肉水分含量分布的预测上仍具有一定的应用价值。③样品在 MRI 试验前及试验过程中也可能因表面水分扩散而产生水分损失。

5.5　考虑食材收缩的烹饪过程数值模拟

本节内容主要来自文献（谢乐，2020；谢乐等，2020），并做了简化调整。

5.5.1　模型的构建

1. 模拟对象

模拟对象仍选择烹饪猪里脊肉的油炒工艺，重点研究收缩现象对烹饪传递过程的影响。

2. 模拟目的与验证方法

在烹饪过程中，由于加热失水，食材的收缩是普遍现象。但前期使用数值模拟技术研究烹饪过程时，常忽略收缩现象及其带来的影响，这不但与现实情况不符，而且可能带来一定误差。

为验证数值模拟结果，使用 Φ1.3 cm × 5.00 cm 圆柱取样器，对预冻于−10℃下 4 h 的猪里脊肉进行切割取样，取样方向平行于肌纤维方向，切割获得 Φ1.3 cm × 1.00 cm 肉柱。使用定位器（参见图 6-29）将热电偶置于样品肉柱几何中心，放入第二代烹饪模拟装置中加热（参见本书 6.4.2 节），温度设定为 120℃，转速 2 挡，使用烹饪传热学及动力学实时采集系统（参见本书 6.2 节），对样品加热过程的温度历史进行实时采集。以 60 s 间隔依次取出 3 根肉柱测定平均水分含量与体积收缩率，直到 240 s 将连有热电偶的余下肉柱取出，停止中心温度采集。重复上述试验 3 次。以食材相对静止、流体加热介质移动的形式模拟爆炒烹饪过程中食材移动、流体加热介质相对静止的烹饪过程。加热过程中的搅拌强度由可控转子进行控制。每个样品取出后用保鲜膜密封，冷却至室温备用。

3. 模型依据与假设

为简化模拟计算，对传热传质过程所做的假设条件与 5.3.1 节相同，但考虑了食材的收缩现象，整个数学模型更为完整、全面。

4. 控制方程

控制方程同表 5-3，再加载表 5-12 中的收缩方程。在 COMSOL 中，使用动网格模块加载收缩方程。选取圆柱中心截面 1/2 进行二维轴对称模型建模，尺寸为 Φ1.3 cm × 1.00 cm。设定网格域为自由变形模式，通过添加高和半径的收缩速度 v_z、v_r 方程作为边界移动速度条件，模拟肉柱收缩过程。

表 5-12 收缩现象描述方程组

	主要方程	附加方程
收缩现象描述方程组	$v_z=\dfrac{dZ}{dt}=-\dfrac{Z_0\beta}{3V_0}\left(1-\dfrac{\beta V_{w,l}}{V_0}\right)^{-\frac{2}{3}}\dfrac{d}{dt}\left(V_{w,l}\right)$ （4-89）	
	$v_r=\dfrac{dR}{dt}=-\dfrac{R_0\beta}{3V_0}\left(1-\dfrac{\beta V_{w,l}}{V_0}\right)^{-\frac{2}{3}}\dfrac{d}{dt}\left(V_{w,l}\right)$ （4-90）	$C=\dfrac{S_w\omega\rho_w}{(1-\omega)\rho_s}$ （5-35）
	$V_{w,l}=\dfrac{m_d(X_0-X_w)}{\rho_w}=\dfrac{\rho_0V_0(1-w_0)}{\rho_w}\left(\dfrac{w_0}{1-w_0}-\dfrac{w_{av}}{1-w_{av}}\right)$ （4-91）	$w=\dfrac{C}{1+C}$ （5-37）
	$\dfrac{dV_{w,l}}{dt}=\dfrac{\rho_0V_0(1-w_0)}{\rho_W}\left(1-\dfrac{1}{w_{av}}\right)^2\dfrac{dw_{av}}{dt}$ （4-92）	

注（符号按字母顺序排列）：C 是干基水分含量，kg/kg；m_d 是试样质量，kg；R_0 是初始半径，m；R 是试样肉柱的半径，m；S_w 是水的饱和度，无量纲；t 是时间，min；v_z 是高的收缩速度，m/s；v_r 是半径的收缩速度，m/s；V_0 是试样初始体积，m^3；$V_{w,l}$ 是水分损失体积，m^3；w_0 是初始湿基水分含量，kg/kg；w_{av} 是平均湿基水分含量，kg/kg；X_0 是初始水分质量分数，无量纲；X_w 是水分质量分数，无量纲；Z_0 是初始高度，m；Z 是试样肉柱的高度，m；ρ_0 是原料肉的初始密度，kg/m^3；ρ_s 是固体基质的密度，kg/m^3；ρ_w 是水的密度，kg/m^3；β 是孔隙生成系数，取值范围 0～1，无量纲；ω 是颗粒孔隙率，无量纲。

5.5.2 模型的求解

1. 几何模型

在 COMSOL 中，几何模型使用的是二维轴对称模型。边界条件只加载于暴露在外的 2 个边界上，余下 2 个内部边界为绝热面。

2. 网格划分

通过 COMSOL 后处理的二维旋转（revolution 2D）功能处理数据集，对几何模型网格划分后，共有网格三角形 628 个，网格顶点 347 个，如图 5-27 所示。

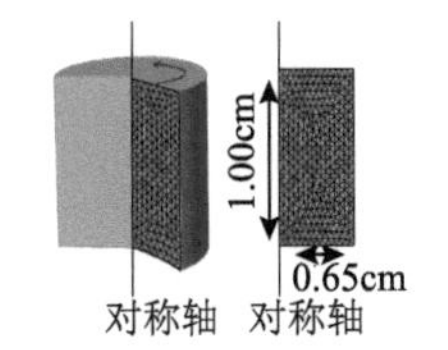

图 5-27 数据集二维旋转和网格划分示意图

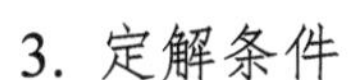

3. 定解条件

定解条件见表5-13。

表 5-13 定解条件

方程	初始条件	边界条件
质量守恒方程		
液相（水）	S_w=0.3（Datta，2007b）	式（4-51）
气相（空气、水蒸气）	ϕ_v=0.2 （Datta，2007b）	式（4-57）
动量守恒方程	p_0=p_{amb}（Datta，2007b）	式（4-63），p_{amb}=88900 Pa
能量守恒方程	T_0=10℃	式（4-65），T_f=160℃
收缩现象描述方程组	β=0.8、C_0=0.72（Feyissa et al.，2009）	—

注：C_0 是颗粒初始干基水分含量，kg/kg。

4. 模型参数

除表 5-14 中的参数外，其余参数同表 5-5。

表 5-14　模型参数

参数	符号	数值及算式	单位	来源
对流传质系数	h_m	4.27×10^{-6}	m/s	实测
对流传热系数	h	315	W/（m^2·℃）	Datta，2007b
水的相变焓	H_v	2.26×10^{6}	J/kg	Datta，2007b
蒸汽扩散系数	$D_{eff,g}$	2.6×10^{-4}	m^2/s	Datta，2007b
孔隙率	ω	$0.923-0.001\times T$（温度）	无量纲	宋晓燕，2015

5. 计算求解

能量控制方程式、质量控制方程式、动量控制方程式使用 COMSOL Multiphysics 广义型偏微分方程模块求解，并加载收缩数学模型，成熟值和终点成熟值以 COMSOL 后处理得到的温度历史导入 MATLAB 编程计算。数值模拟总时长与爆炒过程试验时间等同，步长选择 1 s。模拟内容包括：探究爆炒过程颗粒的各项变化，包括表面蒸发速率、体积收缩率、内部压力、水分含量、温度等变化规律和机制；结合成熟值理论，探究火候控制对烹饪成熟和品质的影响。数值模拟流程图见图 5-28。

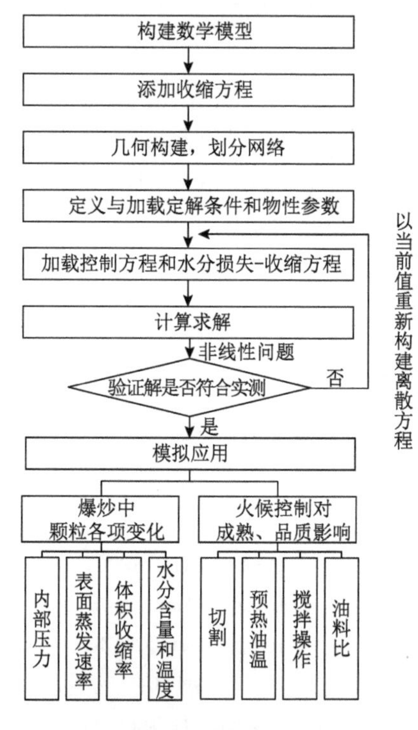

图 5-28　数值模拟流程图

5.5.3　模型模拟结果

1. 前期表面蒸发速率、体积收缩率和压力

对加热介质温度 120℃、食材尺寸为 $\Phi1.3\ \text{cm}\times1.00\ \text{cm}$ 的爆炒进行数值模拟。图 5-29 展示了爆炒前期 6 s 内颗粒表面蒸发速率、体积收缩率和半径方向距中心不同位置压力（表压）的模拟值。在 1 s 前，表面蒸发速率和体积收缩率迅速上升，内部压力骤降为负压且距中心 0.5 mm 压力先于中心压力达到最小值。这是由于爆炒剧烈的对流换热带来的大量能量使表面水分迅速蒸发，引起的水分损失使体积收缩率增大，所造成的水分含量梯度使内部水分迅速向外边界扩散和对流；水分向外迁移、内部空气排出使内部压力骤降。Chemkhi 等（2009）对陶器干燥过程的数值模拟中也出现了内部负压的情况。但由于爆炒过程的剧烈性，负压出现的时刻将更早、持续时间更短。约 2 s 后中心压力和浅层压力转为正压，压差由 415 Pa 变为 12 Pa，中心压力略大于浅层压力。这是由表面蒸发速率迅速上升后，水分损失及体积收缩率增大所产生的对内压力引起的。因此，在爆炒前期颗粒表面蒸发速率增大将提高水分损失及体积收缩率，前期颗粒内部压力受体积收缩率的影响。

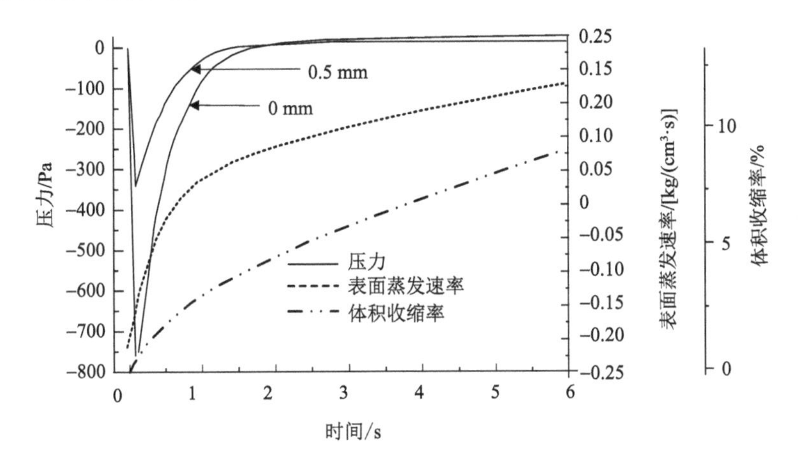

图 5-29　压力、颗粒表面蒸发速率和体积收缩率随时间变化模拟值

2. 水分损失与体积收缩率

图 5-30 展示了爆炒中食材颗粒内部水分空间分布随时间变化的情况。图中 z 轴为水分含量，y 轴为时间，x 轴为半径方向离中心的距离。z 轴的颜色越深则代表内部水分含量越低。中心到边界距离随着传热的进行不断缩短，展示了颗粒的收缩过程。由水分含量等高线可以看出，内部水分含量梯度在 40～80 s 时间段间出现了大幅度减少，水分传递过程加强，水分损失加剧，物料体积开始大幅度减小。在 120 s 后，表面水分含量急剧下降，表面水分含量越低，边界离中心的距离越短，这是由于收缩造成的压力驱动内部水分向外迁移并通过强烈蒸发流失。

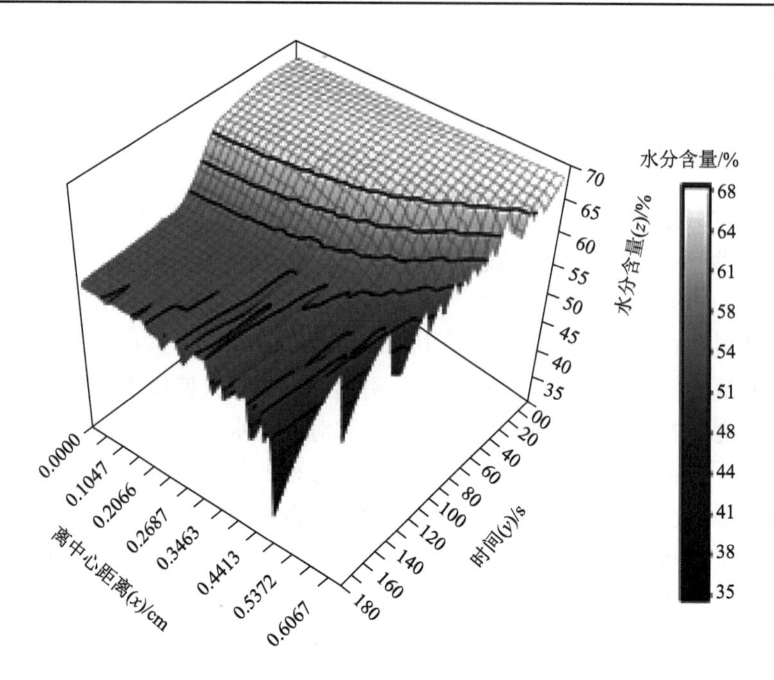

图 5-30　颗粒由中心至边界的水分空间分布模拟值

图 5-31 显示了爆炒过程中食材颗粒水分损失和体积收缩率随温度的变化情况。可以观察到随着传热的进行，水分损失趋势与体积收缩率相近，水分损失越大，体积收缩率越大，但水分损失将逐渐大于体积收缩率。在 40～50℃之间水分损失和体积收缩率出现拐点，这与 Briskey 等（1967）报道的肉的持水下降温度区间相符。图中试验值为 Oroszvári 等（2005）观察冷冻肉沫馅水分损失随温度变化的实测值，与模拟值对比可知，在温度低于 42℃时，模拟值与试验值差异明显，这是因为爆炒过程为非稳态传热，不同加热初始温度分布会造成两者内部传热出现差异，而且本部分数值模拟研究对象为猪里脊肉肉柱，其孔隙率、渗透率等物性参数与肉沫馅存在较大差异。综上所述，可利用水分损失与体积收缩率的相近趋势将水分含量与收缩联系起来。

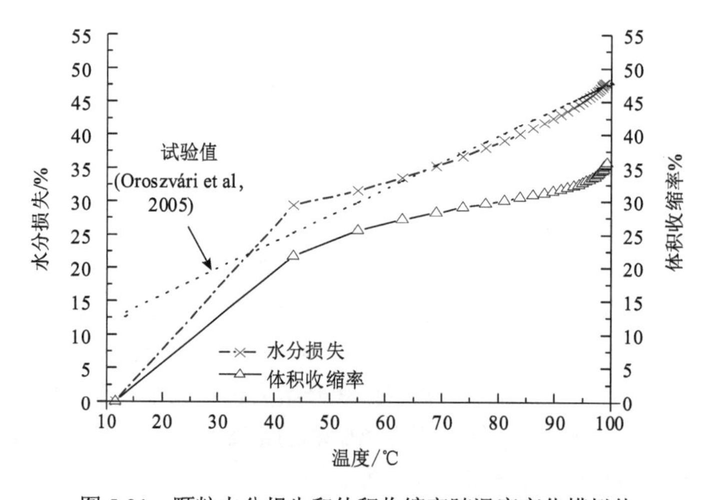

图 5-31　颗粒水分损失和体积收缩率随温度变化模拟值

3. 温度分布与收缩现象

图 5-32（b）相较于图 5-32（a），颗粒体积已大幅度减小，随着传热持续进行，即使浅表面剧烈蒸发消耗了大量能量，余下能量仍迅速向内部传导，使内部温度迅速升高。图 5-32（c）表明烹饪 140 s 后，内部温度分布趋于均匀，表面被加热至当地水的沸点（96.6℃）以上。图 5-32（d）显示了不同时间点由肉柱中心到外表层的温度空间分布，30 s 时存在较大的温度梯度，随着传热进行，温度梯度不断减小，温度曲线最右端点持续向左靠拢，侧面反映了收缩现象；60 s 时中心温度 65.7℃相较 30 s 中心温度 30.1℃增大 118%；在 90 s 后温度分布曲线趋平，内部温度梯度减小，中心温度与表面温度更为接近，蒸发现象减弱，表面被加热至沸点以上。收缩使颗粒相对表面积增大，增大了传热效率，有利于传热，内部中心温度升高更快，内部温度更快趋于均匀；同时，收缩使颗粒内部产生正压力，促进调味物质向颗粒内的渗入。因此，收缩现象影响颗粒的传热和传质过程，有利于烹饪成熟、水分含量、口感等品质的形成与优化，是爆炒的技术优势之一。

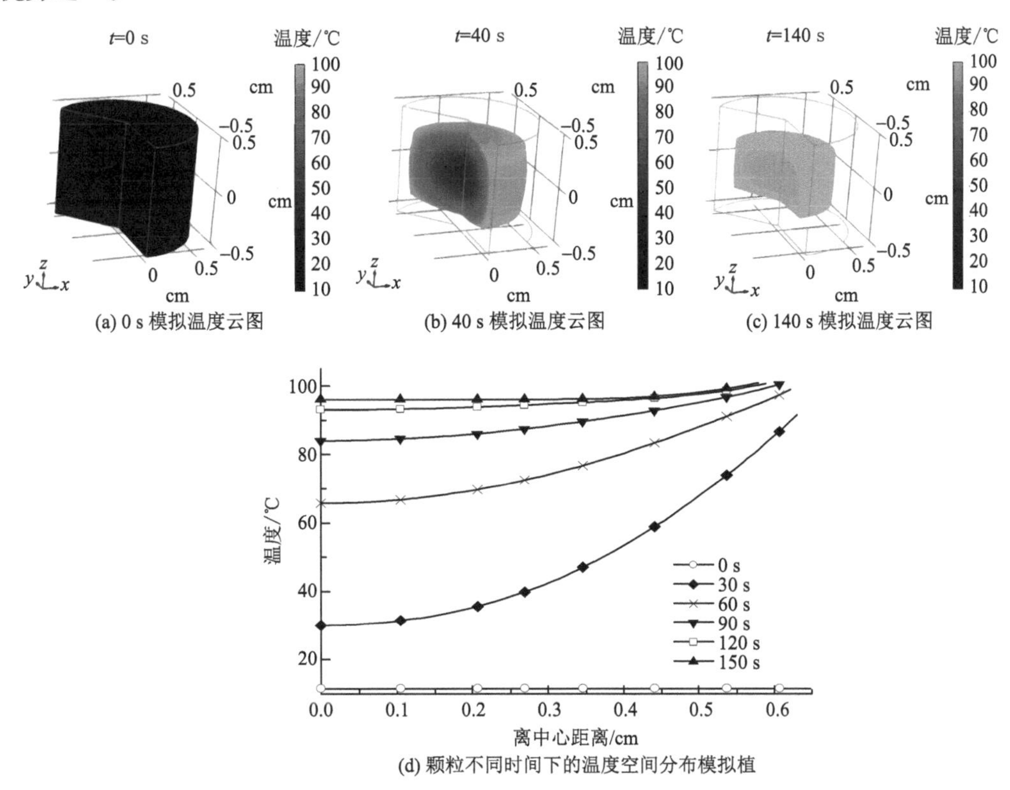

(a) 0 s 模拟温度云图　(b) 40 s 模拟温度云图　(c) 140 s 模拟温度云图

(d) 颗粒不同时间下的温度空间分布模拟植

图 5-32　爆炒过程模拟中颗粒内部变化图

爆炒成品水分含量越高，则肉显得多汁，口感好。在烹饪品质优化中，水分保持是正面指标。但在烹饪中，肉的水分流失是不可避免的。第 8 章的优化研究结果表明，提高烹饪升温速度可以提高菜肴总体水分含量，而水分流失产生的收缩有利于提高爆炒升温速度。但随着传热的进行，收缩也增加了总过程的水分传质效率，使水分含量下降。这样就出现了收缩同时正负面影响水分保持率的复杂情况。值得注意的是，收缩是水分流失所致，而不是相反。烹饪爆炒中的水分变化剧烈，影响因素多，是影响热质传递和烹饪品质优化的核心指标，有待更深入的研究。

5.5.4 模型的验证

1. 试验方法

试验测定温度变化、水分含量变化和收缩率。温度、水分测定方法同 5.3 节。体积收缩率测定方法为：参考文献（Du and Sun，2005）的体积收缩率测定方法稍作调整，借助相机对恒温油浴槽加热 0 s、60 s、120 s、180 s 时刻的肉柱进行三视图拍摄，通过图像分析软件 Image-Pro Plus 测量样品的底面积与高度，用于计算样品体积。样品体积收缩率的计算公式见式（5-38）。

$$V_s = \frac{V - V_0}{V_0} \times 100\% \tag{5-38}$$

式中：V_0是样品原始体积，m^3；V_s是体积收缩率，无量纲。

2. 验证结果

1）中心温度历史

试验采集加热介质的温度分别为 100℃、120℃和 140℃，试验与模拟的猪里脊肉柱中心温度历史如图 5-33 所示。使用 LSTD 法、相关系数方法比较试验值和模拟值，结果见表 5-15。

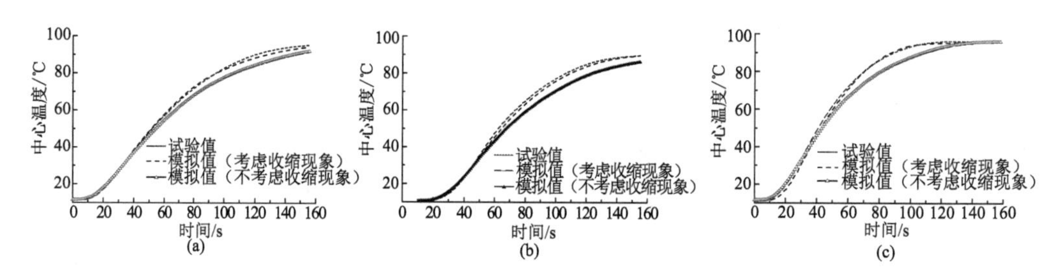

图 5-33 100℃（a）、120℃（b）、140℃（c）加热条件下样品中心温度的试验值和模拟值

表 5-15 数值模拟与实测温度历史相似度比较

加热温度	100℃		120℃		140℃	
对比指标	考虑收缩	不考虑收缩	考虑收缩	不考虑收缩	考虑收缩	不考虑收缩
LSTD/%	0.0440	0.1569	0.0577	0.2173	0.0624	0.1619

续表

加热温度	100℃		120℃		140℃	
对比指标	考虑收缩	不考虑收缩	考虑收缩	不考虑收缩	考虑收缩	不考虑收缩
相关系数	0.9997	0.9975	0.9995	0.9950	0.9997	0.9950

考虑收缩的模型，出现中心温度模拟值略低于试验值的现象，主要原因包括：加热后期肉柱剧烈的表面蒸发使其在加热介质中运动，以及收缩的不均匀性，导致热电偶偏离几何中心位置；为降低计算成本，模拟中 h_{fp} 设为恒定值，但在实际传热后期样品表面蒸发减弱，导致 h_{fp} 减小，模拟温度出现误差。若模型不考虑收缩，该模拟值与试验值差异明显，加热温度为 100℃和 120℃，在肉柱中心温度达到约 40℃时与实测值偏离；加热温度为 140℃，在肉柱中心温度达到约 50℃时与实测值偏离，符合 Briskey 等（1967）报道，肉在 40～50℃时持水能力开始下降，出现收缩。模型加入收缩指标后，LSTD 值最大减小了 72.0%，模拟温度历史更符合试验值，吻合程度更好，相关性更高。显然，考虑收缩现象的爆炒过程热质传递模型更为全面，鲁棒性更好。

2）平均水分含量

测定不同油温下烹饪所得猪里脊肉柱的水分含量，并与模拟值进行比较，结果如图 5-34 所示。考虑收缩的模型模拟得到的平均水分含量与实际试验值基本吻合，其中 100℃油温下 LSTD=0.0142，R=0.8857；120℃油温下 LSTD=0.0140，R=0.9870；140℃油温下 LSTD=0.0216，R=0.9236，证明模型准确可靠。

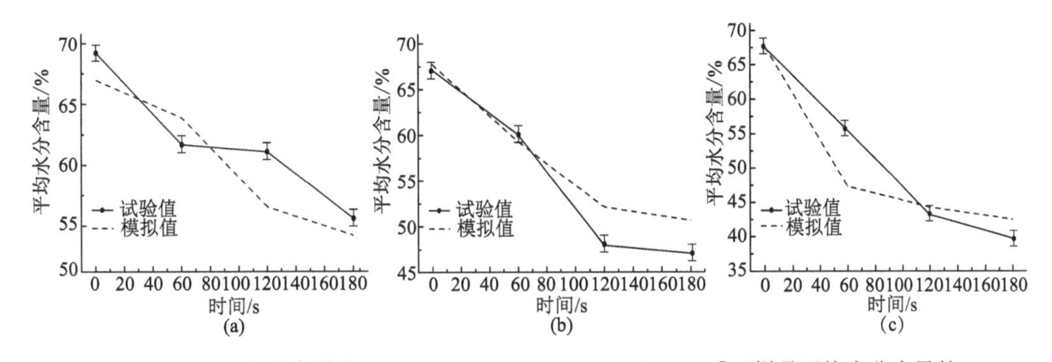

图 5-34　不同加热条件[（a）100℃，（b）120℃，（c）140℃]下样品平均水分含量的试验值和模拟值

3）平均收缩率

试验测量与模拟条件一致的油炒猪里脊肉柱收缩率，并与数值模拟收缩率进行比较，得图 5-35。同样，数学模型模拟得到的平均收缩率与实际试验测量值能较好吻合，其中 100℃油温下 LSTD=0.0199，R=0.9723；120℃油温下 LSTD=0.0151，R=0.9834；140℃油温下 LSTD=0.0088，R=0.9982，模型收缩模拟的可靠性、准确性得到了验证。

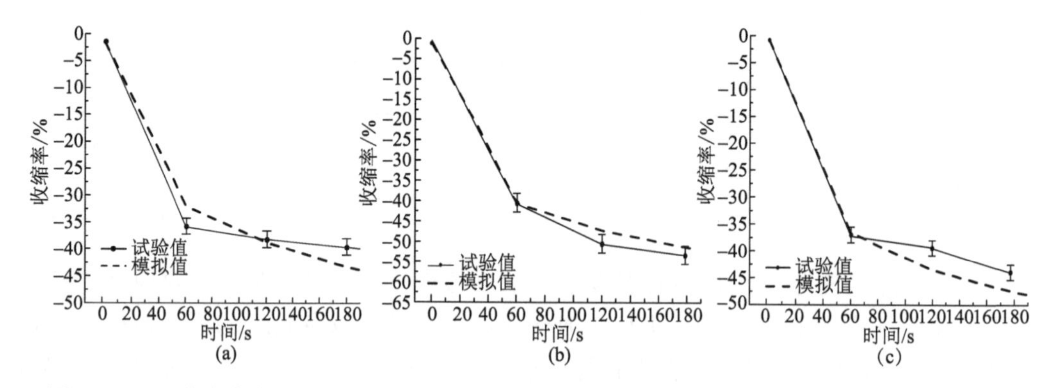

图 5-35　不同加热条件[（a）100℃，（b）120℃，（c）140℃）]下样品平均收缩率的试验值和模拟值

5.6　油炒中颗粒加热均匀性研究及基于此的全局数值模拟

本节内容主要来源于唐国云（2022）研究，并有修改。

5.6.1　研究需求分析

1. 前期模拟存在的问题

数值模拟是总体掌握油炒中食材颗粒传热过程的关键手段。虽然第 4 章、第 5 章的研究相关模型已较为完备，在烹饪模拟装置中的试验验证中体现了较高准确度，但由于单颗粒不能准确表征代表实际烹饪的全部过程特征，存在以下问题：①单颗粒模型无法描述多颗粒系统中的受热不均匀性问题；②单颗粒模型中油温通常恒定，而实际上油温是受烹饪操作参数影响的变量，这一假设不符合实际烹饪情况，导致单颗粒模型中无法研究油料比等全局烹饪参数对烹饪传热的影响；③在烹饪火候控制中，单颗粒模型的冷点、全局温度历史与多颗粒系统的冷点、全局温度历史有差距，导致作为优化目标函数和限制函数的最后成熟点的 M_T 值和全局 O_{Tv} 值有差距，从而在开展整体品质优化时出现偏差。上述问题导致单颗粒模型的应用性受到严重限制。单颗粒模型中，仅主要模拟了烹饪食品流-固两相中的固相，而流动相被简化为边界条件，导致模型不完整。因此，有必要研究油炒中颗粒加热均匀性并基于此开展全局数值模拟。

2. 研究参照

实际油炒烹饪是一个动态变化的流体-多颗粒多相反应系统。目前国内外有关流-固两相流动的模拟已有大量报道，从尺度及属性上区分，主要有 3 大类模型：连续介质模型、离散颗粒模型和流体拟颗粒模型（金涌，2001）。化工上流体-多颗粒多相系统通常是特定条件下的自发过程，无人工干预，且颗粒群基本是均匀一致的。而实际烹饪中搅拌等操作对每一颗粒的传热影响带有随机性质，导致每一颗粒经历的对流传热系数 h_{fp} 等传热参数不一致。同时，还存在：①颗粒的尺寸（size）不均匀；②颗粒的热物性不均匀；③甚至可能出现颗粒烹饪动力学参数（z_M、z_O）不均匀。在整体烹饪成熟时间计算和烹饪工艺优化中，必须知道全系统的冷点的温度历史及全局温度历史（为优化计算中目标函数的总体品质计算所需）。但在数值模拟中，上述参数的不均匀性很难进行准确的直接数学描述，导致当前化学工程领域的 3 类流体-多颗粒模型无法直接应用到烹饪研究中，因此需要探索新的研究方法。

温度是导致烹饪品质变化的关键因素。目前，在食品热处理研究领域有多种方式描述温度等参数分布均匀性，均基于数理统计与概率分析。郑先哲等（2021）引入温度离散值、热区分布值和温度对比值等指标表征加热均匀性，解析连续和间歇变功率输入模式对浆果微波加热均匀性影响的原因。由于该分析方法需要实时测定物料全局温度历史，不适用于加热中存在颗粒动态运动的烹饪研究。在食品杀菌领域，液体颗粒无菌工艺在处理含颗粒的液体食品时，涉及液体与颗粒间的停留时间分布（residence time distribution，RTD），这是影响产品品质的决定性因素之一（Gao et al.，2012）。Alcairo 和 Lee 分别建立正态分布模型和 Γ 分布模型来表征 RTD，进而分析杀菌处理后的产品品质均匀性（Alcaro and Zurtz，1990；Lee and Singh，1993）。此类考虑参数分布特性的模型能很好地解析热处理过程温度-品质变化规律，但杀菌热处理是没有人工干预的自动化连续过程，有关方法也不能直接应用于油炒过程研究。

由流-固两相传热方程可知（参见本书第 4 章及 7.3 节），h_{fp} 是影响颗粒温度变化的关键过程参数（邓力等，2017）。因此首先研究对流传热系数的均匀性，试验测量后，加入数值模拟中，建立全局模拟模型。

3. 研究流程

由上述研究需求分析，考虑引入关键参数的随机性，构建研究流程如图 5-36 所示。

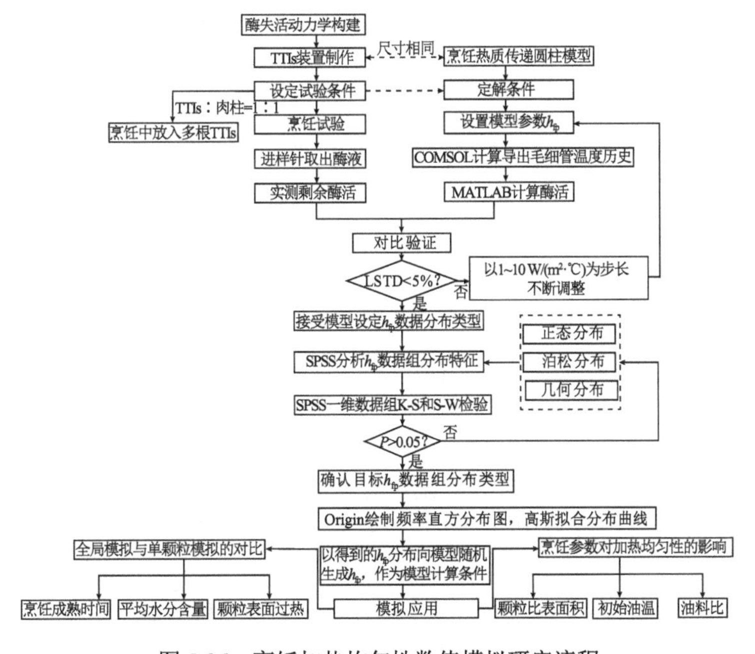

图 5-36　烹饪加热均匀性数值模拟研究流程

5.6.2 h_{fp}的随机分布特性研究

本节将多个 TTIs 与食材混合后完成实际的手工搅拌烹饪，测定 TTI 剩余酶活——酶活残存率，结合前期单颗粒烹饪数学模型，以剩余酶活为目标值由假设试算法得到多个对流传热系数 h_{fp}，由概率论原理分析 h_{fp} 分布类型及分布函数。以此探究油炒加热过程中颗粒受热不均匀的形成机制，获得油炒过程中关键传热参数的分布特征。

1. 方法与原理

（1）TTI 指示剂酶采用耐高温淀粉酶（江苏博立生物制品有限公司）。参照 6.3.4 节方法测定指示剂酶的酶活及热失活动力学参数 D_{ref} 和 z 值。研究细节参见文献（唐国云，2022）。

（2）TTIs 的制备：

采用 6.3.3 节中 2.及 6.3.4 节中 1.的方法制备长 3.10～3.50 cm、外径 1.0 mm、内径 0.8 mm 的耐高温淀粉酶毛细管胶囊及 g-KGM 载体组成的圆柱形 TTIs。TTIs 尺寸为 ϕ0.9 cm×2.5 cm。

（3）实际油炒烹饪实验如下。

a. 油炒烹饪实验

每组分别使用 15 根 TTIs 和 15 根同尺寸的猪里脊肉。使用锅底厚度为 0.25 cm 铸铁锅-电磁炉为烹饪器具，在最大功率为 2100 W、油料比为 0.4 下，以初始油温 120℃、140℃、160℃、180℃及 1 Hz 的搅拌频率烹饪 1 min。结束后快速取出所有 TTIs，置于冰水混合液中冷却 1 min。然后从 TTIs 载体中取出毛细管胶囊，折断后用微量进样器吸取经热处理后的酶液，稀释后测量吸光度，计算得到剩余酶活，每组试验重复三次，三次试验平均值为最终测定值。

b. 对照恒温油浴烹饪实验

每组分别使用 15 根 TTIs 在第一代烹饪模拟装置中以初始油温 120℃、140℃、160℃、180℃加热 1 min。结束后快速取出所有 TTIs 置于冰水混合液中冷却 1 min。随后以与 a.相同的方法测定剩余酶活。

（4）假设试算法计算 h_{fp}。

应用 5.6.4 节中油炒烹饪全局数值模拟模型，对流传热系数 h_{fp} 设定某一计算范围，逐一代入模型，求解，完成后导出毛细管区域全局温度历史。将模拟得到的全局温度历史代入酶失活动力学模型中，通过 MATLAB 编程计算该温度历史对应的酶活，随后与上一步测得的实际酶活进行比对，按照 1～10 W/（m^2·℃）的步长不断调整模型中 h_{fp} 参数，直到两者误差在 5%以内时，则该对流传热系数 h_{fp} 为测定目标值。

（5）h_{fp} 的随机分布特性分析。

a. 方法选择

在 SPSS 中进行正态性检验的方法有两种，分别是：科尔莫戈罗夫-斯米尔诺夫检验（Kolmogorov-Smirnov test，简称 K-S 检验），以及夏皮洛-威尔克检验（Shapiro-Wilk test，简称 S-W 检验）。当分析大样本数据时，倾向于使用 K-S 检验。当分析小样本数据时，倾向于使用 S-W 检验。K-S 检验基于累积分布函数，可用于检验一个经验分布是否符合特定理论分布。而 S-W 检验法在频率上统计检验正态性，用于验证一个随机样本数据是否来自正态分布。当 K-S 检验和 S-W 检验结果为 $P>0.05$ 时，则认为 h_{fp} 数据组符合假定分布。

b. 随机分布判断

根据得到的每个温度组的 15 个 h_{fp} 数据，使用软件 IBM SPSS Statistics 26 绘制频率直方图，采用 K-S 非参数检验-单样本检验，选择正态分布、泊松分布和几何分布，以蒙特卡罗方法（置信度为 95%），计算得到样本平均值、标准差、渐近显著性等统计结果，并得到分布函数参数，计算概率密度；同时采用 S-W 检验法判断样本是否符合假定分布。

2. 试验结果

1）TTI 指示剂酶的 z 值、酶失活方程的测定

TTI 标定试验的酶活残存率与时间的关系曲线如图 5-37 所示，以其得到图 5-38 不同温度下原酶液 D 值曲线，从而得到耐高温 α-淀粉酶原酶液的 z 值为 13.35℃。该 z 值与闫勇（2014）文献中猪里脊肉成熟 z_M 值 10℃相近，因此可采用该耐高温 α-淀粉酶的失活表征肉类油炒过程中烹饪成熟程度。

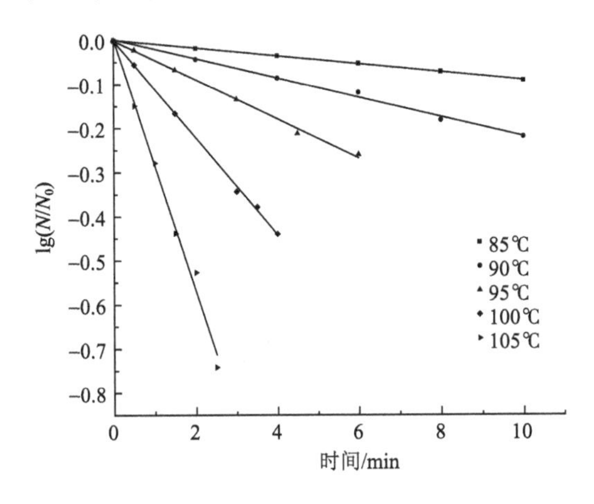

图 5-37　不同温度下酶活残存率的对数与时间关系

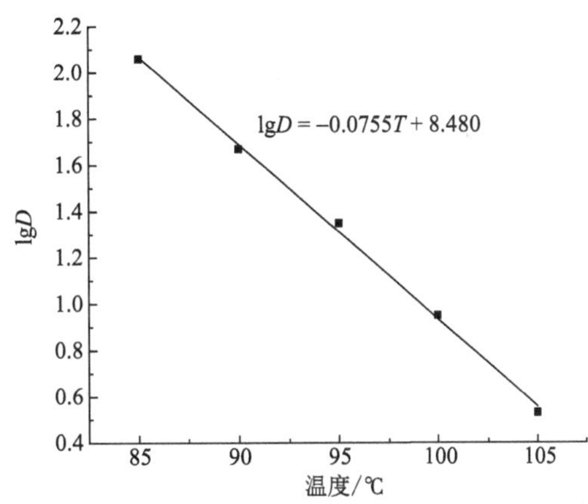

图 5-38　不同温度下原酶液 D 值曲线

同时得到酶失活动力学方程式（5-39），由该式可通过温度历史计算出酶活残存率。

$$\lg\left(\frac{N}{45795.93}\right)=-\frac{1}{22.27}\int_0^t 10^{\left(\frac{T-95}{13.35}\right)}\mathrm{d}t \tag{5-39}$$

2）h_{fp} 分布特征分析

h_{fp} 测定结果数据量大，不在此列出。K-S 检验表明，常规烹饪的 h_{fp} 分布在正态分布、泊松分布和几何分布中明显符合正态分布。常规烹饪的 h_{fp} 分布拟合及验证结果、恒温油浴 h_{fp} 对照试验标准差见表 5-16。h_{fp} 分布的直方图及概率密度见图 5-39。

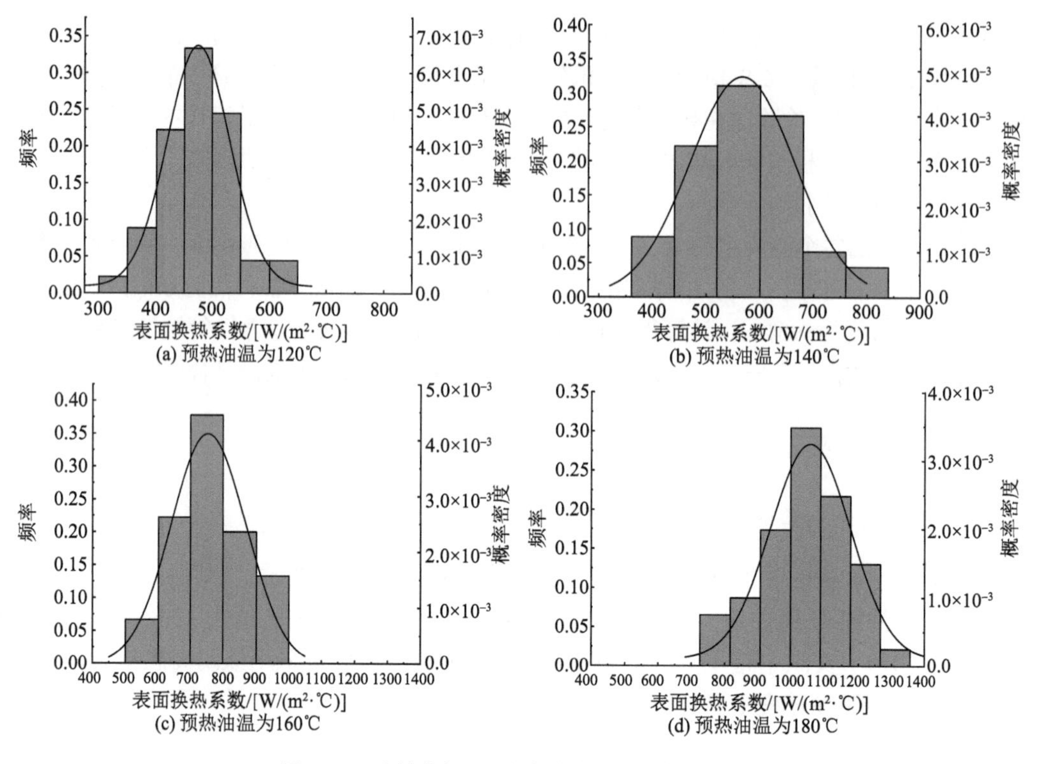

图 5-39　油炒烹饪 h_{fp} 分布的直方图及概率密度

表 5-16　h_{fp} 分布拟合及验证结果

预热油温/℃	对照恒温油浴试验		油炒烹饪试验		SPSS 分布检验		分布函数
	均值 μ/[W/(m²•℃)]	标准差 σ	均值 μ/[W/(m²•℃)]	标准差 σ	K-S 检验	S-W 检验	
120	433.16	4.34	497.47	61.96	$P=0.2$	$P=0.994$	$f(x)=\frac{1}{\sqrt{2\pi}}\exp\left(-\frac{(x-497.47)^2}{7678.08}\right)$
140	504.57	5.36	610.71	91.87	$P=0.2$	$P=0.995$	$f(x)=\frac{1}{\sqrt{2\pi}}\exp\left(-\frac{(x-610.71)^2}{16882.72}\right)$
160	656.32	4.19	805.42	103.49	$P=0.2$	$P=0.591$	$f(x)=\frac{1}{\sqrt{2\pi}}\exp\left(-\frac{(x-805.42)^2}{21420.36}\right)$
180	824.43	4.69	1086.96	124.71	$P=0.2$	$P=0.596$	$f(x)=\frac{1}{\sqrt{2\pi}}\exp\left(-\frac{(x-1086.96)^2}{31105.17}\right)$

3. 结果分析

图5-39和表5-16数据结果表明以下几个方面。

1）h_{fp} 测定结果

本书表 7-7 油炒过程 h_{fp} 测定结果在 300～1400 W/（m²·℃），本试验得到实际油炒

过程 h_{fp} 数值在 497.47～1086.96 W/（$m^2·℃$），与之相符。

2）引起 h_{fp} 分布的主要原因

由表 5-16 可知，对照恒温油浴试验 h_{fp} 数据组标准差 σ（4.19～5.36）远小于 TTI 烹饪试验标准差 σ（61.96～124.71），表明烹饪试验 h_{fp} 分布主要由烹饪操作引起。因此，可忽略 TTI 装置本身的不均匀性对分布结果的影响。

3）实际油炒烹饪的 h_{fp} 分布特性

由表 5-16 可知，不同初始油温下，K-S 检验结果表明，实际油炒烹饪的 h_{fp} 分布特性符合正态分布的显著性 P 均为 0.2，大于 0.05。S-W 检验也表明，实际油炒烹饪的 h_{fp} 分布特性符合正态分布的显著性 P 均大于 0.05。因此，油炒烹饪过程颗粒群的 h_{fp} 分布符合正态分布。

4）影响 h_{fp} 正态分布特性的因素

实际油炒烹饪中，初始油温越高，传热越快，强化了不均匀性对传热的影响，h_{fp} 正态分布的标准差 σ 越大，概率密度曲线越扁平，h_{fp} 分布越分散，烹饪加热越不均匀。

4. 由正态分布划分油炒中颗粒的热区和冷区

正态分布在显著性水平为 0.05 时的置信区间为[$\mu-1.96\sigma$，$\mu+1.96\sigma$]。根据置信度划分油炒过程颗粒冷热区间如图 5-40 所示，油炒体系冷区 A 颗粒 h_{fp} 的范围为[$\mu-1.96\sigma$，$\mu-\sigma$]，最冷颗粒（即系统冷点）的 h_{fp} 为 $\mu-1.96\sigma$，热区 D 颗粒 h_{fp} 的范围为[$\mu+\sigma$，$\mu+1.96\sigma$]，最热颗粒的 h_{fp} 为 $\mu+1.96\sigma$。油炒过程的操作优化应以冷区 A 颗粒中心成熟而热区 D 颗粒不出现过热焦煳为限制条件，参见图 5-46。

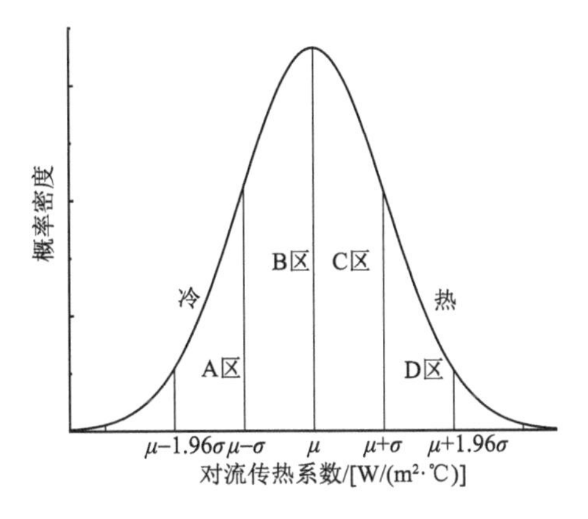

图 5-40　由置信度划分油炒过程颗粒冷热区间

5. 油炒过程中 h_{fp} 呈现正态分布的原因

根据中心极限定理，如果一个事物受到多种因素的影响，不管每个因素本身是什么分布，它们加和后，结果的平均值就是正态分布。由式（4-18），颗粒特性、流体特性和流体颗粒的相对运动都会影响对流传热系数。由于因素众多，不管这些因素服从什么分布，根据中心极限定理，h_{fp} 应呈现正态分布。具体地：①烹饪中搅拌、翻锅、颠勺等操作使表面换热出现波动，使 h_{fp} 呈现正态分布。②油炒过程油脂质量小于食材质量，食材颗粒不能浸没在传热介质中，形成了颗粒与传热介质的随机性，导致换热不均匀；③TTIs 本身大小、形状、质地不均一，存在传热差异；④油炒过程中，食材颗粒表面水分蒸发会出现不均匀收缩，收缩改变了颗粒的形状和表面积，影响了颗粒与流体的表面换热；⑤油炒过程中热量传递方向为热源-锅具-传热介质（油脂），锅底的形状与厚度的不均匀会导致油脂呈现温度分布。

5.6.3　油炒全局数值模拟的模型构建

1. 模拟对象

选用油炒猪里脊肉烹饪过程中食品体系全局为模拟对象。

2. 控制方程、边界条件及收缩方程

1）模型基础

采用 5.5.1 节的本构方程、附加方程、收缩方程作为描述食品体系中固相的基础模型。仍以单颗粒模型为基础，测定得到的正态分布随机输入 h_{fp} 以及在附加方程中输入食品体系热量平衡方程描述油炒烹饪中食品体系的热质传递过程。

2）食品体系热量平衡

考虑食品体系全局的热平衡，构建油温热平衡方程。基于能量守恒原理，在整个食品体系中释放的热量等于吸收的热量。释放的热量主要是由加热热源提供的，而吸收的热量包括油在升温过程中吸收的热量、颗粒在升温过程中吸收的热量、颗粒表面蒸发散失的热量。加热功率、油料比、刀工、搅拌频率/强度等操作参数分别以热量、固-液比例、颗粒尺寸、对流传热系数的形式输入方程中，其中油温是方程中的待求解变量，见图 5-41。

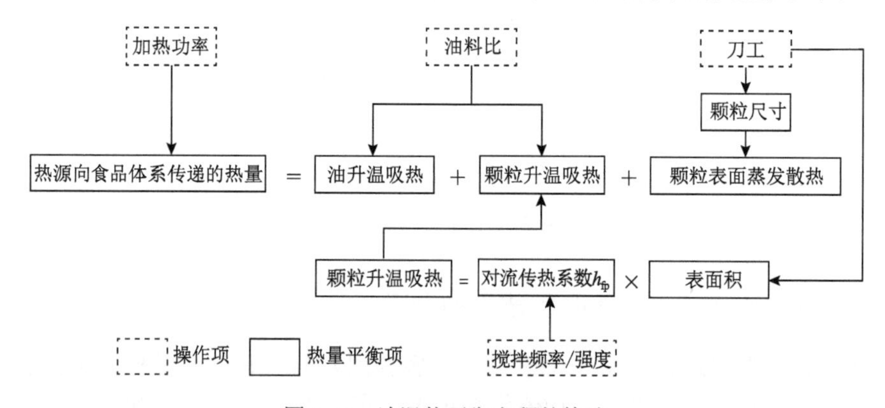

图 5-41　油温热平衡方程的构建

3. 油温热平衡方程

基于能量守恒原理，参照李云飞和葛克山（2014）文献原理，假设油温均匀一致，由前述热平衡分析建立了能够描述整个油炒过程热量传热的油温热平衡方程，油温热平衡方程表达式如下：

$$P_{\text{eff}} = -c_{\text{pf}} m_{\text{f}} \frac{\mathrm{d}T_{\text{f}}}{\mathrm{d}t} - h_{\text{fp}} A_{\text{p}} \left(T_{\text{ps}} - T_{\text{f}}\right) - A_{\text{p}} \vec{n}_{\text{w}} H_{\text{v}} \tag{5-40}$$

式中：由左至右各项分别表示有效加热功率、油升温吸热功率、颗粒升温吸热功率、颗粒表面蒸发散热功率；P_{eff} 是有效加热功率，W；c_{pf} 是液体比热容，J/（kg·℃）；m_{f} 是液体质量，kg；h_{fp} 是液体-食材颗粒对流传热系数，W/（m^2·℃）；A_{p} 是食材颗粒表面积，m^2；T_{ps} 是食材颗粒表面温度，℃；T_{f} 是液体温度，℃；$\vec{n}_{\text{w}}$是水的质量流率，kg/（m^2·s）；H_{v} 是水的蒸发潜热，J/kg。其中：

$$P_{\text{eff}} = P_{\text{h}} \eta \tag{5-41}$$

式中，P_{h} 是热源功率，W；η 是能量转化效率。

5.6.4　油炒烹饪全局数值模拟与验证

1. 模拟方法

1）几何模型的构建及网格划分

在 COMSOL 中，以圆柱中心截面 1/2 进行二维轴对称模型建模，尺寸为 0.45 cm×2.50 cm（半径×高）。为降低计算负荷，使模型求解计算更易收敛，通过 COMSOL Multiphysics 5.4 后处理的二维旋转（revolution 2D）功能处理数据集，如图 5-42 所示。网格划分后，共有网格三角形 628 个，网格顶点 347 个。

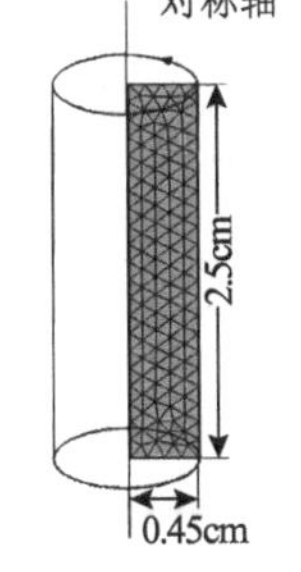

图 5-42　数据集二维旋转和网格划分示意图

2）定解条件、边界条件与物性/过程参数加载

边界条件只加载于暴露在外的 3 个矩形边上，余下边界 1 为绝热面。除表 5-17 中定解条件外，其余条件同表 5-4。模型中主要采用表 5-5 的参数，与表 5-5 不同的参数为：固体基质密度为 1350 kg/m^3，液体比热容为 2680 J/（kg·℃），固体基质比热容为 2850 J/（kg·℃），固体基质导热系数为 0.25 W/（m·℃），对流传质系数为 0.0024 m/s。

表 5-17　初始条件和边界条件

控制方程	初始条件	边界条件	参考文献
收缩现象描述方程组	β=0.6 C_0=0.72	T_σ=52℃	Oroszvári et al.，2005；Tornberg，2005
油温热平衡方程		式（5-42）	

3）数值模拟

（1）模型加载：使用 COMSOL 中“广义型偏微分方程”模块加载质量守恒方程和能量守恒方程，使用“达西定律”模块加载动量守恒方程，并输入其他本构方程和附加方程。

（2）体积收缩设置：在“动网格”（ALE）模块中设置几何网格为“自由变形”并加载收缩方程中 v_r、v_z 指定轴向边界和径向边界网格位移速度，同时对称面边界设置为“零法向网格速度”。

（3）模拟设置：研究步骤中开启“自动重新划分网格”，以“网格质量”作为重新划分条件，使用全耦合 MUMPS 直接求解器求解所有模块，得到温度、压力、水分含量和水分蒸发量，在求得水分含量基础上计算 ALE 模块，得到边界移动速度并重新划分网格（细节参见本书 5.5 节）。

（4）模拟指定烹饪食材颗粒的热质传递和品质。

①颗粒群的模拟和总体平均。使用自定义高斯脉冲函数功能实现 h_{fp} 随机取值，共运行 45 次，以得到的 45 个 h_{fp} 值为数值模拟条件，得到表征颗粒群热质传递情况的 45 个数值模拟结果，每次计算结果储存为 MATLAB 数据矩阵的形式。

②最冷和最热颗粒的模拟。由 MATLAB 中根据表 5-16 的 h_{fp} 正态分布函数，最冷颗粒（即系统冷点）的 h_{fp} 取值点为 $\mu-1.96\sigma$，最热颗粒的 h_{fp} 取值点为 $\mu+1.96\sigma$。

（5）采用 Simulink 完成联合计算。

①采用 Simulink 的必要性。由于每一条件下，需要完成 45 次模拟，每次都要自动随机生成 h_{fp}，并要对计算结果进行动力学计算和数据平均。分别采用 MATLAB 和 COMSOL 手工逐次计算和处理数据，人力消耗难以承受。因此，采用 Simulink 完成联合计算。

Simulink 是 MATLAB 中的一种可视化仿真工具，用于多域仿真以及基于模型的设计。它支持系统设计、仿真、自动代码生成以及嵌入式系统的连续测试和验证，可提供图形编辑器、可自定义的模块库以及求解器，能够进行动态系统建模和仿真，具有适应面广、结构和流程清晰及仿真精细、贴近实际、效率高、灵活等优点，已被广泛应用于复杂过程的仿真和设计。Simulink 与 MATLAB 相集成，能够在 Simulink 中将 MATLAB 算法融入模型，还能将仿真结果导出至 MATLAB 做进一步分析。

②本全局模拟通过“COMSOL Multiphysics 5.4 with MATLAB”端口实现 COMSOL 与 MATLAB 串联运算，以 MATLAB 编程程序为脚本控制 COMSOL 模型，按表 5-16 中的正态分布函数随机产生 h_{fp} 数据，以之进行模拟计算，并将模拟结果导入 MATLAB 中进行动力学计算、平均计算等数据处理。

（6）通过 MATLAB R2019b 编程计算成熟值和终点成熟值。

4）各项模拟目标值的计算

（1）最冷、最热颗粒中心温度历史计算：以前文定义最冷、最热颗粒的中心冷点 h_{fp} 的模拟计算得到中心温度历史。最冷颗粒中心温度历史为颗粒群全局冷点。

（2）全局温度历史计算：以表 5-16 的 h_{fp} 分布随机产生 45 个 h_{fp} 模拟计算得到 45 个温度分布历史，每个温度分布包含 347 个网格顶点的温度历史。

（3）均值颗粒的温度分布历史：以全局温度历史得到 347 个网格顶点的 45 个温度历史，在每个网格顶点的每个时间点上取平均值得到均值颗粒温度历史。

（4）颗粒群平均中心温度历史计算：以全局温度历史中的 45 个中心温度历史在每个时间点上取平均值得到颗粒群中心温度历史。

（5）成熟时间计算：当 M_T 为 0.5 min 时猪里脊肉颗粒达到成熟。以 M_T=0.5 min 对以冷点温度历史计算得到的成熟值（M）-时间（t）曲线插值，得到成熟时间 t_{MT}。

（6）单颗粒体积平均终点过热值的计算：以 347 个网格顶点的温度历史计算过热值乘以对应网格体积，总体求和后除以颗粒总体积。

（7）颗粒群的全局体积平均终点过热值计算：以随机产生 45 个 h_{fp} 模拟计算得到的 45 个温度分布历史计算得到每个单颗粒体积平均终点过热值，所有单颗粒体积平均终点过热值的平均值为全局体积平均终点过热值。

（8）平均水分含量：以随机产生 45 个 h_{fp} 模拟计算得到 45 个水分分布历史，在计算时间点上以 347 个网格顶点水分含量计算得到总体体积平均值，即为平均水分含量。

2. 验证试验方法

1）样品制备

使用圆柱取样器，对经-10℃预冻 4 h 的猪里脊肉进行切割取样，取样方向为平行肌肉纤维方向，切割获得 0.45 cm × 2.50 cm（半径 × 高）肉柱。

2）颗粒中心温度与油温历史测定

使用定位器将热电偶置于样品肉柱几何中心位置，将食用油加入锅底厚度为 0.25 cm 铸铁锅中，将一根热电偶浸入油中不接触锅底，待油温升至 140℃时，立即放入 14 根肉柱和 1 根中心插入热电偶的肉柱，使用烹饪传热学及动力学实时采集系统对样品加热过程的温度历史和油温历史进行实时采集。以 30 s 间隔依次取出 3 根肉柱进行平均水分含量测量，直到 120 s 停止温度采集，试验结束，平行 3 次试验。每个样品取出后使用保鲜膜密封包装，冷却至室温备用。

3）水分含量测定

使用快速水分测定仪测定样品的水分含量，平行测量 3 次。

4）验证计算式

使用式（5-20）最小总体温差平方和法（LSTD）和式（5-21）相关系数方法对试

验实测值与数学模型模拟值进行计算，参见 5.2.3 节。

3. 油炒过程全局模拟模型的验证

设定的油炒烹饪全局模拟数学模型的定解条件和物性参数与试验条件、猪里脊肉物性参数一致。模拟油炒过程颗粒中心温度历史、油温历史和平均水分含量，通过模拟值与试验值对比，验证模型的可靠性。

1）颗粒群平均中心温度历史

由图 5-43（a）可见，模型模拟中心温度值与试验值差异很小（LSTD=0.11%，R=0.9987）。模拟值略低于试验值，其原因为加热后期肉柱表面剧烈蒸发以及收缩的不均匀性，使热电偶偏离几何中心位置，使得试验值偏高。

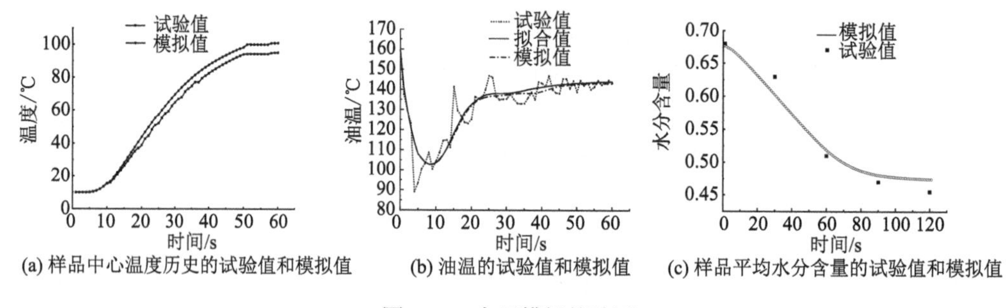

(a) 样品中心温度历史的试验值和模拟值 (b) 油温的试验值和模拟值 (c) 样品平均水分含量的试验值和模拟值

图 5-43 全局模拟的验证

2）油温

由于试验过程中受人工搅拌的影响，油与颗粒发生相对运动，油温在油炒过程中出现不规律的动态变化。利用烹饪传热学及动力学分析系统采集得到的体系中某点的油温变化历史并非是平滑曲线，难以直接与模型中的模拟曲线进行对比，因此以 MATLAB 利用 Smooth 函数进行平滑处理，得到了平滑曲线，再与模拟曲线对比。模拟曲线与实测曲线的吻合度较好（LSTD=4.05%，R=0.9997），如图 5-43（b）所示。油温总体趋势呈现先降后升，这是由于烹饪初期颗粒表面与油脂迅速换热，导致油温下降，随着烹饪的进行，热源不断供热，使油与食材颗粒群同时升温。全局模拟合理描述了烹饪过程的油温变化。

3）平均水分含量

图 5-43（c）中油炒过程原料平均水分含量模拟值与试验值基本吻合（LSTD=3.29%，R=0.9922）。水分含量在 40～80 s 出现了骤降，这是由于强烈的表面蒸发造成内外水分浓度差，使内部水分向外扩散和对流；收缩使体积减小，水分运输路径缩短更易损失。根据多孔介质的 Kozeny-Carman 方程，孔隙率与相对渗透率呈正相关，其原因可能是收缩使孔隙率减小（Costa，2006）。

4. 模拟计算结果

图 5-44 为采用全局模拟模型对最冷颗粒、均值颗粒、最热颗粒在特定条件下的数

值模拟结果。由图可以看出，相同尺寸颗粒群在加热一定时间后最冷颗粒、均值颗粒、最热颗粒在加热一定时间后温度分布、收缩程度都出现了显著的不同。颗粒体系中最热颗粒与最冷颗粒温度差异大，两者的温度历史的均值都不能代表整个烹饪过程。只有全局模拟才能真实模拟实际烹饪过程。

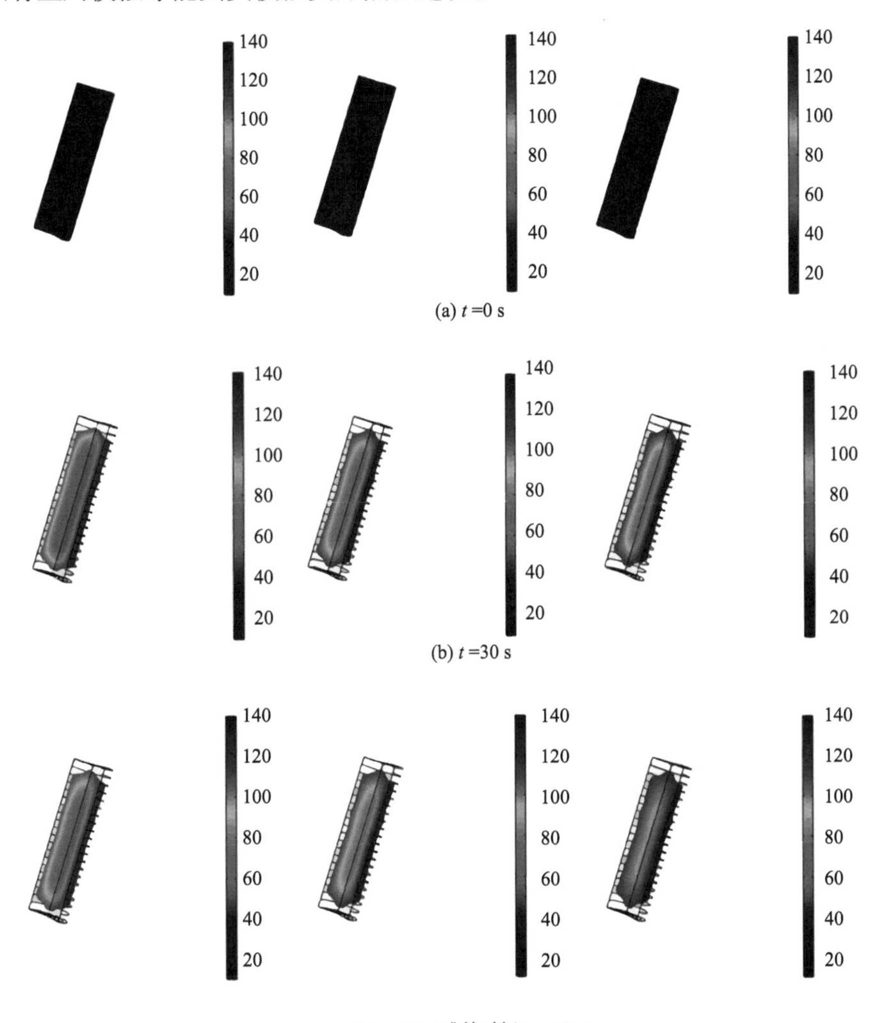

(a) t =0 s

(b) t =30 s

(c) t =37 s(成熟时间t_{MT}=37 s)

图 5-44　预热油温为 160℃、油料比为 0.4、加热功率为 2000 W 时的温度模拟云图

从左至右分别为颗粒系统中的最冷颗粒、均值颗粒、最热颗粒

5.6.5　全局模拟模型的对比与应用

1. 全局模拟模型与单颗粒模型的对比

1）方法

以上一小节相同的常规烹饪参数条件（加热功率为 2000 W、油料比为 0.4），分别

开展考虑油炒加热均匀性的全局数值模拟和单颗粒模拟（采用 5.5 节模型），对比颗粒（最冷）中心温度历史、成熟时间、颗粒群的全局体积平均终点过热值、平均水分含量等参数，计算方法见 5.6.4 节。

2）结果

不同预热油温下单颗粒模拟和全局模拟烹饪的对比如图 5-45 所示，不同预热油温处理的烹饪终点成熟时间模拟结果见表 5-18。

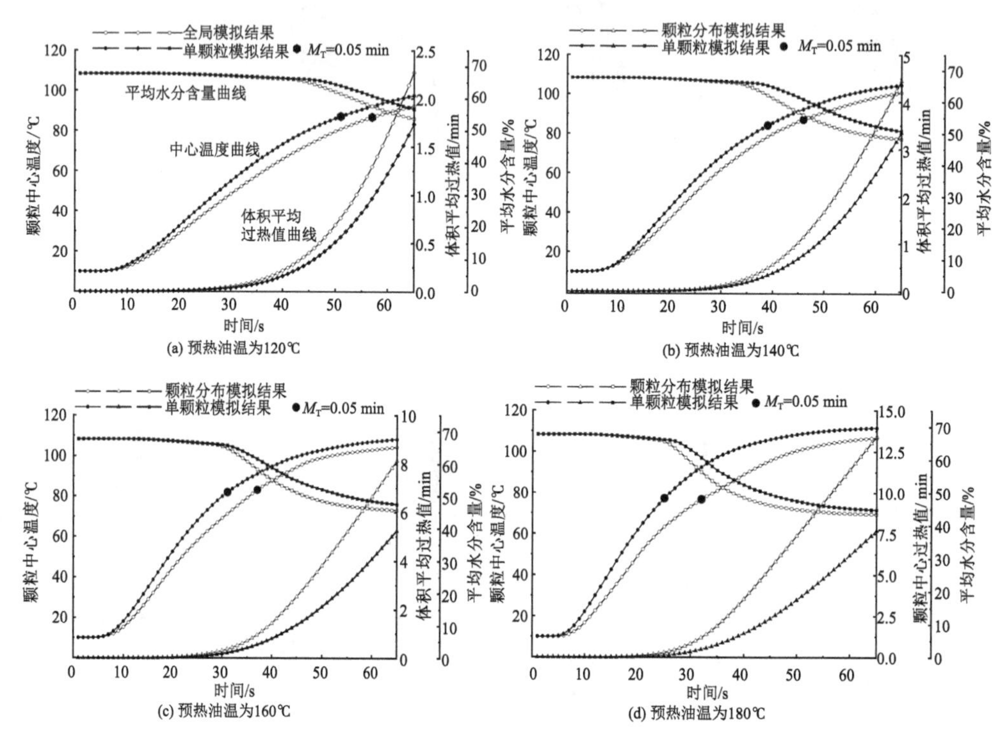

图 5-45　全局模拟与单颗粒模拟结果对比

表 5-18　不同预热油温处理的烹饪终点成熟时间模拟结果

预热油温/℃	烹饪终点成熟时间 t_{MT}/s		
	全局模拟	单颗粒模拟	相对变化
120	57^A	51^B	10.5%
140	46^A	39^B	15.2%
160	37^A	31^B	16.2%
180	31^A	24^B	22.6%

注：表中同一行中不同大写字母表示有极显著性差异（$P<0.01$）。

3）分析与讨论

a. 两种模拟计算结果的差异

由图 5-45 可见，油炒烹饪的单颗粒模拟和全局模拟各项结果指标在终点成熟时间附近已经产生了显著区别，说明了单颗粒模拟的局限性和全局模拟的必要性。

b. 终点成熟时间对比

当 A 区最冷颗粒中心成熟时，B、C、D 等其他区域中颗粒已经成熟。由表 5-19 可知，预热油温为 120℃、140℃、160℃和 180℃时，单颗粒模拟成熟时间比全局模拟都有提前，差异极显著（$P<0.01$）。整个颗粒群的成熟是由冷区 A 的最冷颗粒决定的，忽略颗粒分布对烹饪成熟的影响，会造成成熟时间的错误预判。对表 5-19 中全局模拟数据进行拟合可得到预热油温 T_y 与成熟时间 t_{MT} 线性模型，如下式：

$$t_{MT} = -0.45T_y + 110 \qquad (R^2 = 0.9853) \tag{5-42}$$

表 5-19　不同预热油温处理下烹饪成熟时的平均水分含量模拟结果

预热油温/℃	平均水分含量/%		
	全局模拟	单颗粒模拟	相对变化
120	57.62^A	63.94^B	11.0%
140	57.81^A	65.19^B	12.8%
160	58.35^A	65.72^B	12.6%
180	56.29^A	66.10^B	17.4%

注：表中同一行中不同大写字母表示有极显著性差异（$P<0.05$）。

c. 平均水分含量对比

不同预热油温下单颗粒模拟和全局模拟平均水分含量预测结果如图 5-45 和表 5-19 所示。由表 5-19 可知，单颗粒模拟平均水分含量比全局模拟更高，差异显著（$P<0.05$）。单颗粒模拟忽略了颗粒群冷热区对烹饪整体品质的影响，不能全面反映整个烹饪的品质变化规律。

d. 颗粒体积平均过热值

不同预热油温下单颗粒模拟和全局模拟颗粒体积平均过热预测结果如图 5-45 和表 5-20 所示。单颗粒模拟颗粒中心终点过热值比全局模拟明显降低，差异极显著（$P<0.01$）。

表 5-20　不同预热油温处理下烹饪成熟时的终点过热值模拟结果

预热油温/℃	体积平均过热值 O_v/min		
	全局模拟	单颗粒模拟	相对变化
120	1.29^A	0.57^B	55.8%
140	1.14^A	0.34^B	70.2%
160	0.95^A	0.22^B	76.8%
180	1.18^A	0.12^B	89.8%

注：表中同一行中不同大写字母表示有极显著性差异（$P<0.01$）。

研究表明若不考虑油炒烹饪过程的加热不均匀性，数值模拟对成熟和品质的预测出现显著偏差，会影响以成熟为基准的烹饪品质优化（优化原理见第 8 章）。

2. 烹饪操作参数对油炒烹饪均匀性的影响

1）方法

其他条件与上述全局模拟相同的情况下，初始加热油温设为 160℃，针对研究不同加热功率及油料比对品质的影响。①油料比为 0.4，在全局模型中调节加热功率（500 W、1000 W、1500 W、2000 W、2500 W、3000 W），模拟计算温度历史，计算颗粒之间的温度离散值；②加热功率设定为 2000 W，在全局模型中调节油料比（0.1、0.25、0.4、0.55、0.7、0.85、1.0），模拟计算温度历史，计算颗粒之间的温度离散值。

温度离散值（V_{T}）通过式（5-43）计算（郑先哲等，2021）：

$$V_{\mathrm{T}} = \frac{100\sqrt{\sum\left(T - \overline{T}\right)^2}}{\overline{T}\sqrt{N}} \tag{5-43}$$

式中，$\overline{T}$ 是温度平均值，℃；N 是样本总数或模型的节点总数。

2）模拟结果

图 5-46（a）展示了不同预热油温下颗粒中心温度离散值随时间的变化趋势，结合图 5-45 油炒过程颗粒中心温度和油温变化历史，可知颗粒群在油炒加热过程中经历了 3 个阶段，分别为表面升温阶段（Ⅰ）、中心升温阶段（Ⅱ）与温度平衡阶段（Ⅲ）。在Ⅰ阶段，颗粒与预热后的油脂接触，表面与油脂迅速换热，油温快速下降，中心温度稳定不变，该阶段大约持续 10 s，预热油温越高，持续时间越短；在Ⅱ阶段，热源的持续供热使油温升高，颗粒表面-中心发生非稳态热传导，中心迅速升温，此时受烹饪操作等影响油温发生波动，颗粒群受到非均匀加热，颗粒中心温度离散值增大；在Ⅲ阶段，颗粒中心与表面的温差不断减小，中心温度缓慢上升最后稳定，颗粒中心温度离散值逐渐降低。

由图 5-46（b）可知，预热油温越高，烹饪成熟时颗粒中心温度离散值越大，油炒加热越不均匀。预热油温越高，烹饪成熟时颗粒体积平均过热值呈先减小后增大的趋势，出现了品质最优初始油温 160℃。与 8.4.3 节中由模拟及试验得到的 4 mm 猪里脊肉中的恒定油温烹饪最优油温 140℃相比，全局模拟得到的最优初始油温更高。这是由于烹饪中加入食材后，油温会迅速降低[图 5-46（b）]，因此实际烹饪中，初始油温必须高于恒温烹饪中的最优油温。由上述分析可见全局模拟比单颗粒模拟更加实用。随预热油温升高，颗粒平均过热值和加热均匀性呈现相反的变化趋势。

由图 5-46（c）和表 5-21 可知，加热功率越高，烹饪终点成熟时间越短，中心温度离散值越大，油炒加热越不均匀。加热功率从 500 W 增大到 1500 W 时，烹饪终点成熟时间缩短了 26.2%；从 1500 W 增大到 3000 W 时，烹饪终点成熟时间缩短了 42.2%。加热功率主要影响了油炒过程快速升温阶段（Ⅱ），加热功率越大，Ⅱ阶段升温速率越大。

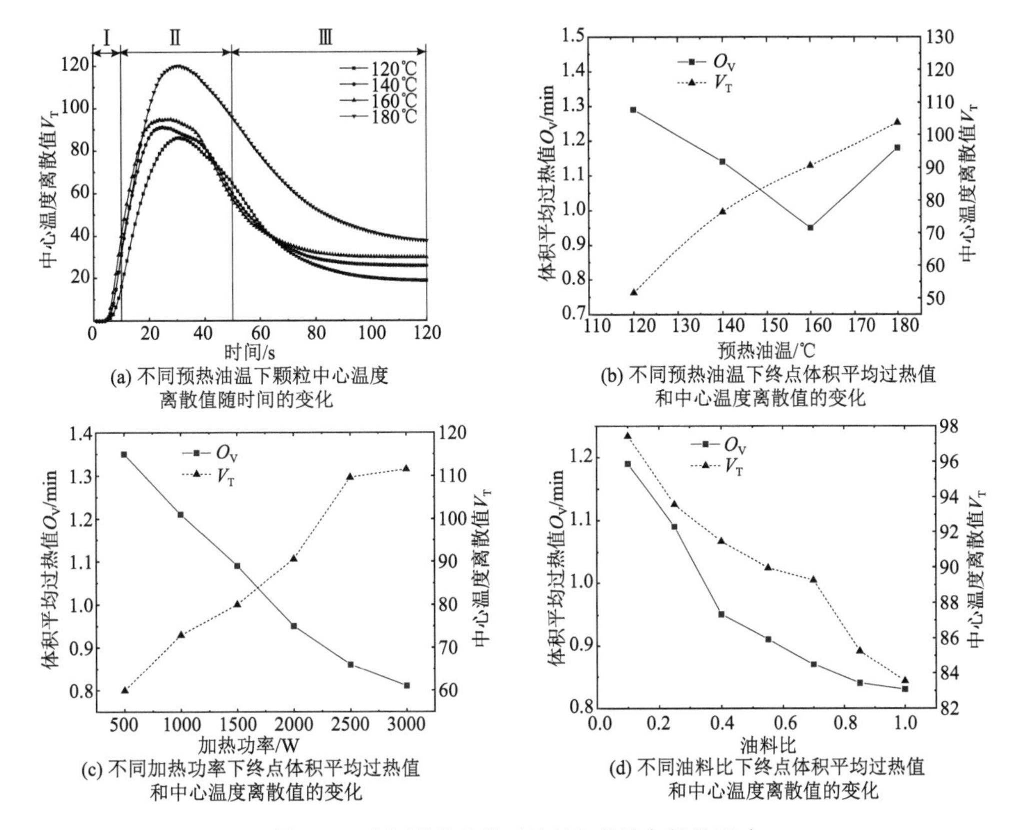

(a) 不同预热油温下颗粒中心温度离散值随时间的变化

(b) 不同预热油温下终点体积平均过热值和中心温度离散值的变化

(c) 不同加热功率下终点体积平均过热值和中心温度离散值的变化

(d) 不同油料比下终点体积平均过热值和中心温度离散值的变化

图 5-46　烹饪操作参数对油炒加热均匀性的影响

表 5-21　不同加热功率下的烹饪终点成熟时间模拟结果

加热功率/℃	烹饪终点成熟时间 t_{MT}/s	加热功率/℃	烹饪终点成熟时间 t_{MT}/s
500	61	2000	37
1000	52	2500	31
1500	45	3000	26

在单位时间内，颗粒群更多地获得来自对流传热的能量，缩短了加热时间，颗粒群体积平均过热值减小；加热功率增大，油升温速率变快，油温受到的扰动变大，颗粒群非均匀受热程度变大，加剧了颗粒表面-中心非稳态热传导，导致颗粒群中心温度不均。对表 5-21 中数据进行拟合可得到成熟时间（t_{MT}）-加热功率（P_h）线性模型，如下式：

$$t_{MT} = -0.015P_h + 67.93 \quad (R^2 = 0.98412) \tag{5-44}$$

由图 5-46（d）和表 5-22 可知，随着油料比的升高，烹饪终点成熟时间越短，中心温度离散值越小，油炒加热越均匀。这是由于传热介质比例增大，传热介质蓄热更多，同时颗粒-流体的换热面积增加，颗粒-流体充分接触，传热更均匀的同时 h_{fp} 增加，缩短了加热时间，颗粒群体积平均过热值减小。油料比从 0.10 增加到 1.00 时，烹饪终点成熟时间缩短了 17.1%，中心温度离散值降低了 14.7%，对比预热油温和加热功率，油料比对烹饪均匀性的影响较小。但当加热功率较小时，油料比会对成熟时间产生更大的影响。

表 5-22　不同油料比下的烹饪终点成熟时间模拟结果

油料比	烹饪终点成熟时间 t_{MT}/s	油料比	烹饪终点成熟时间 t_{MT}/s
0.10	41	0.70	35
0.25	39	0.85	35
0.40	37	1.00	34
0.55	36		

5.6.6　基于 TTI 试验评价不同炒锅的烹饪均匀性

烹饪均匀性研究起始于锅具对烹饪影响的研究，目的是探究不同锅具对烹饪均匀性是否有影响，从而为使用不同锅具烹饪食品的火候控制提供相应的指导。本节以三种不同锅底厚度的炒锅为研究对象，通过设计 TTIs 试验，得到烹饪过程中 h_{fp} 的分布情况，进而判断分析烹饪过程中不同位置的食品受热情况，对比评价不同炒锅的传热特点和烹饪效果。

1. 试验设计

1）试验目的

通过 TTIs 试验与烹饪过程数值模拟结合，拟合分析得到烹饪过程中的颗粒-流体的 h_{fp} 分布函数，根据 h_{fp} 分布的离散程度即可判断经不同炒锅油炒后菜肴烹饪效果的均匀性。

2）试验内容

将多根由食品模拟物和指示剂组成的 TTIs 以一定比例放入烹饪食材中一起经历手工烹饪加热过程，烹饪结束后取出 TTI 装置，测定指示剂变化率。以假设的 h_{fp} 模拟计算温度历史，结合该温度历史根据 TTI 指示剂的动力学参数计算出指示剂变化率。当计算值和实测值相符时，即得到烹饪过程 h_{fp} 的分布情况，获得 h_{fp} 分布函数，导入烹饪过程热质传递模型，即可计算出受 h_{fp} 影响的烹饪过程的温度、成熟值、过热值等参数的分布情况。

3）试验锅具

分别以旋压炒锅、铸铁锅、三层锅为烹饪器具，选择的三种试验锅具的基本参数见表 5-23。

4）试验步骤

（1）TTI 指示剂酶失活动力学模型及 TTI 装置的构建同 5.6.2 中 1.的 1）～2）。

（2）不同炒锅的 TTIs 常规烹饪试验。

除炒锅采用表 5-23 试验锅具外，其余同 5.6.2 中的 3）a.。

表 5-23　试验锅具基本参数

锅具	半径/cm	高度/cm	平底直径/cm	锅边厚度/cm	锅底厚度/cm	容积/L	锅体密度/cm^3
旋压炒锅	16.00	9.60	12.80	0.125	0.198	5.31	7.711
三层锅	15.90	9.50	12.20	0.280	0.242	5.69	7.795
铸铁锅	16.00	9.50	11.50	0.295	0.261	5.41	6.915

（3）h_{fp} 计算方法同 5.6.2 中 1.的（4）。

（4）h_{fp} 分布类型的确定与概率密度分布图计算同 5.6.2 中 1.的（5）b.。

2. 研究结果——锅具对烹饪均匀性的影响

通过 MATLAB 编程拟合出 h_{fp} 分布的概率密度图，使用三种锅具烹饪的 h_{fp} 分布符合正态分布。不同锅具烹饪的 h_{fp} 概率密度分布图和标准差对比图见图 5-47。

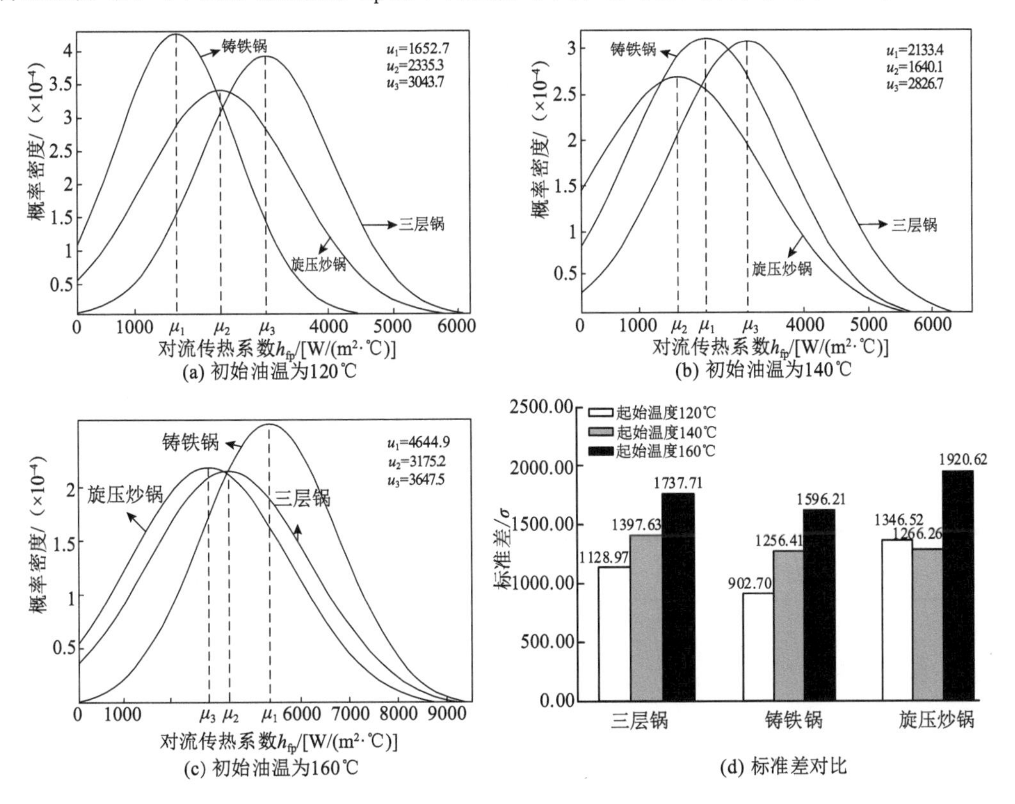

图 5-47　不同初始油温下使用不同锅具烹饪的 h_{fp} 概率密度分布图和标准差对比图

数据结果表明：①使用同一种锅具烹饪，初始油温越高，h_{fp} 正态分布的标准差 σ 越大，曲线越扁平，h_{fp} 分布越分散，烹饪越不均匀。②使用同一种锅具烹饪，油初始温度越高，h_{fp} 正态分布的均值 μ 越大。③在油初始温度为 120℃的条件下，旋压炒锅的 h_{fp} 正态分布的标准差 σ 大于铸铁锅和三层锅，相差超过 15%，烹饪均匀性较铸铁锅和三层锅差。旋压炒锅、铸铁锅和三层锅的锅底厚度分别为 0.198 cm、0.261 cm 和 0.251 cm，锅底厚度越大，热阻越大，锅底材料对垂直方向上的热传导的阻碍能力越强，因而有利于锅底横向传热，锅底温度分布较均匀，烹饪更均匀。三层锅中心有一层铝，铝片的导热系数是不锈钢的 3 倍，热阻较小，加快了锅底热量的横向传递，使锅底温度分布更均匀，烹饪均匀性较好。④在油初始温度为 140℃和 160℃的条件下，人工搅拌和较高的初始油温对 h_{fp} 扰动较大，烹饪均匀性较差。锅具对烹饪品质的影响的更多研究参见 11.2 节及文献（彭静，2018）。

5.7　模型的总结及评价

5.7.1　烹饪热质传递模型的总结

对已构建模型的特征和应用条件总结如表 5-24 所示。

表 5-24　已构建模型特征对比

模型	5.3 节模型	5.4 节模型	5.5 节模型	5.6 节模型
模拟对象	流体-单颗粒	流体-单颗粒	流体-单颗粒	全局
特征项	蒸发项	蒸发项	蒸发项、收缩项	蒸发项、收缩项
重点模拟参数	颗粒温度、平均水分含量	颗粒温度、水分分布	颗粒温度、收缩率	h_{fp} 分布
几何构建	平板	圆柱	圆柱	圆柱
网格划分	二维网格	二维网格	二维移动网格	二维移动网格
传热介质温度	恒温	恒温	恒温	变温
控制及本构方程数	5	5	9	10
边界条件方程数	4	4	5	7
附加方程数	13	14	19	22
模型精度（中心温度历史最大 LSTD）	0.72	0.22	0.16	0.03

5.7.2　模型评价

1. 适用性

烹饪热质传递模型建立在基本的能量和质量平衡之上，基础稳固，在调整控制方程构成和参数后能够模拟分析当前大多数烹饪过程。且模型条件简化较少，充分考虑了烹饪过程中各项影响因素，模型的可靠性和准确性较高。

2. 鲁棒性

现有模型的鲁棒性优势体现在模型的适应性较强，大多数烹饪中都取得较理想的模拟结果。但现有模型在一些情况下还会出现不收敛的情况，需要继续改进。

3. 参数依赖

由于模型在实际烹饪应用时，需要对流传热系数、对流传质系数、多孔介质性质等较多参数。参数的准确性对模拟结果影响很大。一些参数测量难度较大，且需要专门仪器。在本书第 7 章开展了烹饪热质传递的几个主要过程参数和物性参数的测量研究，为数值模拟提供了重要的基础条件。

参 考 文 献

崔俊. 2017. 爆炒烹饪的 CFD 数值模拟及功率测定研究. 贵阳: 贵州大学

戴嘉尊. 2002. 数学物理方程. 南京: 东南大学出版社

邓力, 黄德龙, 彭静, 等. 2017. 中式烹饪用时间温度积分器的构建与验证. 农业工程学报, 33(7): 281-288

高应才. 1983. 数学物理方程及其数值解法. 北京: 高等教育出版社

金涌. 2001. 流态化工程原理. 北京: 清华大学出版社

李云飞, 葛克山. 2014. 食品工程原理. 4 版. 北京: 中国农业大学出版社

梁昆淼. 2010. 数学物理方法. 4 版. 北京: 高等教育出版社

刘伟, 范爱武, 黄晓明. 2006. 多孔介质传热传质理论与应用. 北京: 科学出版社

刘战国, 周齐国, 余岚. 2001. 饱和水蒸气密度与压力及温度的回归方程. 暖通空调, 4: 100-101

马慧. 2009. COMSOL Multiphysics 基本操作指南和常见问题解答. 北京: 人民交通出版社

彭静. 2018. 基于成熟值理论的烹饪锅具评估方法构建及应用优化研究. 贵阳: 贵州大学

宋晓燕. 2015. 食品真空冷却的传热传质机理研究. 上海: 上海理工大学

唐国云. 2022. 烹饪过程中流体-颗粒加热随机性研究及全局数值模拟应用. 贵阳: 贵州大学

陶文铨. 2001. 数值传热学. 2 版. 西安: 西安交通大学出版社

汪孝. 2017. 中式烹饪优化原理的初步验证. 贵阳: 贵州大学

王福军. 2004. 计算流体动力学分析: CFD 软件原理与应用. 北京: 清华大学出版社

夏天兰, 刘登勇, 徐幸莲, 等. 2011. 低场核磁共振技术在肉与肉制品水分测定及其相关品质特性中的应用. 食品科学, 32(21): 253-256

谢乐. 2020. 基于移动网格的烹饪过程数值模拟及成熟智能识别. 贵阳: 贵州大学

谢乐, 邓力, 李静鹏, 等. 2020.考虑收缩的爆炒热质传递过程模拟与验证. 农业工程学报, 36(18): 251-262

闫勇. 2014. 操作参数对烹饪传热和食品品质的影响. 贵阳: 贵州大学

闫勇, 邓力, 何腊平, 等. 2014. 猪里脊肉烹饪终点成熟值的测定. 农业工程学报, 30(12): 284-292

杨世铭. 2006. 传热学. 4 版. 北京: 高等教育出版社

余冰妍. 2019. 油传热烹饪过程的数值模拟及实验研究. 贵阳: 贵州大学

郑先哲, 高明, 张雨涵, 等. 2021. 功率输入模式对浆果微波加热均匀性的影响. 农业工程学报, 37(21): 303-314

周西华, 梁茵, 王小毛, 等. 2007. 饱和水蒸汽分压力经验公式的比较. 辽宁工程技术大学学报, 3: 331-333

Alcaro E, Zurtz C. 1990. Residence time distribution of spherical particles suspended in non-Newtonian flow in scraped surface heat exchanger. Transactions of the ASAE, 33(5): 1621-1628

Amézquita A, Wang L, Weller C L. 2005. Finite element modeling and experimental validation of cooling rates of large ready-to-eat meat products in small meat-processing facilities. Transactions of the ASAE, 48(1): 287-303

Ateba P, Mittal G S. 2007. Modeling the deep-fat frying of beef meat balls. International Journal of Food Science & Technology, 29(4): 429-440

Blackwell R J. 1975. Dynamics of Fluids in Porous Media. New York: American Elsevier

Bouchon P, Pyle D L. 2005. Modelling oil absorption during post-frying cooling. I. Model development. Food & Bioproducts Processing, 83(4): 253-260

Brasiello A, Iannone G, Adiletta G, et al. 2017. Mathematical model for dehydration and shrinkage: Prediction of eggplant's MRI spatial profiles. Journal of Food Engineering, 203(1): 1-5

Briskey E J, Cassens R G, Trautman J C 1967. The Physiology and Biochemistry of Muscle as a Food. London: University of Wisconsin Press

Cepeda J F, Weller C L, Thippareddi H, et al. 2013. Modeling cooling of ready-to-eat meats by 3D finite element analysis: Validation in meat processing facilities. Journal of Food Engineering, 116(2): 450-461

Chang S Y, Toledo R T. 1989. Heat transfer and simulated sterilization of particulate solids in a continuously flowing system. Journal of Food Science, 54(4): 751-762

Chemkhi S, Jomaa W, Zagrouba F. 2009. Application of a coupled thermo-hydro-mechanical model to simulate the drying of nonsaturated porous media. Drying technology, Taylor & Francis, 7(27): 842-850

Costa A. 2006. Permeability-porosity relationship: A reexamination of the Kozeny-Carman equation based on a fractal pore-space geometry assumption. Geophysical Research Letters, 33: L02318

Datta A K. 2007a. Porous media approaches to studying simultaneous heat and mass transfer in food processes. I. Problem formulations. Journal of Food Engineering, 80(1): 80-95

Datta A K. 2007b. Porous media approaches to studying simultaneous heat and mass transfer in food processes. Ⅱ. Property data and representative results. Journal of Food Engineering, 80(1): 96-110

Davey L M, Pham Q T. 2000. A multi-layered two-dimensional finite element model to calculate dynamic product heat load and weight loss during beef chilling. International Journal of Refrigeration, 23(6): 444-456

Dincer I. 1996. Modelling of thermal and moisture diffusions in cylindrically shaped sausages during frying. Journal of Food Engineering, 28(1): 35-44

Du C, Sun D. 2005. Correlating shrinkage with yield, water content and texture of pork ham by computer vision. Journal of Food Process Engineering, 28(3): 219-232

Eckert E R G, Drake J R. 1972. Analysis of Heat and Mass Transfer. New York: McGraw-Hill

Farkas B E, Singh R P, Rumsey T R. 1996. Modeling heat and mass transfer in immersion frying. I. Model development. Journal of Food Engineering, 29(2): 211-226

Feyissa A H, Adler-Nissen J, Gernaey K V. 2009. Model of Heat and Mass Transfer with Moving Boundary during Roasting of Meat in Convection-Oven. COMSOL Conference, Milan

Gao Y, Muzzio F J, Ierapetritou M G. 2012. A review of the residence time distribution (RTD) applications in solid unit operations. Powder Technology, 228: 416-423

Goni S M, Salvadori V O. 2010. Prediction of cooking times and weight losses during meat roasting. Journal of Food Engineering, 100(1): 1-11

Halder A, Dhall A, Datta A K. 2007a. An improved, easily implementable, porous media based model for deep-fat frying. Food and Bioproducts Processing, 85(3): 209-219

Halder A, Dhall A, Datta A K. 2007b. An improved, easily implementable, porous media based model for deep-fat frying. Food and Bioproducts Processing, 85(3): 220-230

Hu Z, Sun D W. 2000. CFD simulation of heat and moisture transfer for predicting cooling rate and weight loss of cooked ham during air-blast chilling process. Journal of Food Engineering, 46(3): 189-197

Hubbard L J, Farkas B E. 2010. A method for determining the convective heat transfer coefficient during immersion frying. Journal of Food Process Engineering, 22(3): 201-214

Ikediala J N, Correia L R, Fenton G A, et al. 2010. Finite element modeling of heat transfer in meat patties during single-sided pan-frying. Journal of Food Science, 61(4): 796-802

Khan M, Joardder M, Kumar C, et al. 2018. Multiphase porous media modelling: A novel approach to predicting food processing performance. Critical Reviews in Food Science and Nutrition, 58(4): 528-546

Kuitche A, Daudin J D, Letang G. 1996. Modelling of temperature and weight loss kinetics during meat chilling for time-variable conditions using an analytical-based method. I. The model and its sensitivity to certain parameters. Journal of Food Engineering, 28(1): 55-84

Lee J, Singh R. 1993. Residence time distribution characteristics of particle flow in a vertical scraped surface heat exchanger. Food Engineering, 1(18): 413-424

Lens M, Lund D. 1978. The lethality-Fourier number method, heating rate variations and lethaliy confidence intervals for forced-convection heated foods in containers. Journal of Food Process Engineering, 1(2): 227-236

Lewis M J. 1987. Physical properties of foods and food processing systems. Physical Properties of Foods and Food Processing Systems, 11(1): 446-458

Maarten F G. 1998. Thermal Diffusivity of Moist Food Materials at High Temperatures. Blacksburg: Virginia Polytechnic Institute and State University

Mallikarjunan P. 1994. Heat and mass transfer during beef carcass chilling—Modelling and simulation. Journal of Food Engineering, 23(3): 277-292

Marcotte M, Chen C R, Grabowski S, et al. 2008. Modelling of cooking-cooling processes for meat and poultry products. International Journal of Food Science & Technology, 43(4): 673-684

Moreira R, Castell-perez M, Barrufet M. 1999. Deep fat frying: Fundamentals and applications. Food Technology (USA), 49(4): 146-150

Ni H, Datta A K. 1999. Moisture, oil and energy transport during deep-fat frying of food materials. Food and Bioproducts Processing, 77(3): 194-204

Ni H. 1997. Multiphase moisture transport in porous media under intensive microwave heating. I thaca, New York: Cornell University dissertation

Oroszvári B K, Sjöholm I, Tornberg E. 2005. The mechanisms controlling heat and mass transfer on frying of beefburgers. I. The influence of the composition and comminution of meat raw material. Journal of Food Engineering, 4(67): 499-506

Patankar S V. 1980. Numerical Heat Transfer and Fluid Flow. Washington: Hemisphere Pub. Corp

Pham Q T, Trujillo F J, Mcphail N. 2009. Finite element model for beef chilling using CFD-generated heat transfer coefficients. International Journal of Refrigeration, 32(1): 102-113

Pradhan A K, Li Y, Marcy J A, et al. 2007. Pathogen kinetics and heat and mass transfer-based predictive model for Listeria innocua in irregular-shaped poultry products during thermal processing. Journal of Food Protection, 70(3): 607-618

Santos M V, Zaritzky N, Califano A. 2008. Modeling heat transfer and inactivation of *Escherichia coli* O157: H7 in precooked meat products in Argentina using the finite element method. Meat Science, 79(3): 595-602

Sprague M A, Colvin M E. 2011. A mixture-enthalpy fixed-grid model for temperature evolution and heterocyclic-amine formation in a frying beef patty. Food Research International, 44(3): 789-797

Tornberg E V. 2005. Effects of heat on meat proteins-implications on structure and quality of meat products. Meat Science, 70(3): 493-508

Wang L, Sun D W. 2002. Modelling three conventional cooling processes of cooked meat by finite element method. International Journal of Refrigeration, 25(1): 100-110

Williams R, Mittal G S. 1999. Low-fat fried foods with edible coatings: Modeling and simulation. Journal of Food Science, 64(2): 317-322

Yamsaengsung R, Moreira R G. 2002. Modeling the transport phenomena and structural changes during deep fat frying. Part I: Model development. Journal of Food Engineering, 53(1): 1-10

第6章

试验手段、仪器与装置

6.1　烹饪科学研究需要的试验手段

工欲善其事必先利其器，可靠、高效、先进的试验手段是保证烹饪科学研究水平的基础。本章讨论烹饪科学原理研究的试验手段、仪器与装置。

6.1.1　烹饪科学的实验研究

科学实验是指根据一定目的，运用一定的仪器、设备等物质手段，在人工控制条件下，观察、研究自然现象及其规律性，是获取经验事实和检验科学假说、理论真理性的重要途径（邓伟志，2009）。实验和理论是相辅相成的，两者相互作用引起量的渐进积累和质的突变飞跃，成为学术进步的动力。

在第 2、3 章中已提出了成熟值的概念和测定方法。在第 4、5 章中，分析了过程烹饪传递过程特征，构建了数学模型，并开展了数值模拟。这些新构建的理论、方法需要实验来验证、丰富和发展，数学模型得到实验实测参数的支持和结果验证，过程模拟才可靠。而符合成熟值动力学理论的实验证据越多，成熟值理论就越稳固。实验过程中积累的数据、发现的新现象都会丰富和发展成熟值理论。

烹饪技法众多，一些过程激烈而复杂，且成熟值和过热值变化与传热高度相关，烹饪中的各种操作条件都与烹饪品质存在关联。因此，烹饪的实验研究是体系性的，涉及实验和理论传热学、品质变化动力学、食品理化分析和感官评价，应通过对烹饪过程开展理论分析和实验研究，相互支持，相互印证，最终建立稳固的、系统性的知识体系。

6.1.2　烹饪科学所需的试验研究条件

试验是为了查看某事的结果或某物的性能而从事某种活动，而实验是由试验来完成的。烹饪科学研究中需要在一定条件下完成一定的测定、分析，以达到实验研究目标。烹饪研究的总体目的是分析烹饪操作对烹饪品质的影响，把握其中的内在变化规律。

烹饪研究需要实验传热学研究、动力学研究、热处理验证、参数化烹饪和烹饪前后处理的试验手段，部分研究可以采用市购的成熟仪器。但由于烹饪科学的特殊性，现有仪器无法满足一些必需的试验，因此自行开发构建烹饪研究所需试验仪器与装置成为烹饪研究的前提条件。

烹饪研究必须把握烹饪的温度分布历史和动力学参数的实时变化规律。而烹饪过程的动力学、热质传递特征都与罐头杀菌热处理有很大区别，不能直接使用现有针对罐头杀菌开发热处理验证装置。同时，成熟值研究必须采集已知成熟值的样品，因此必须自行开发能够实时计算烹饪成熟值等动力学参数和采集温度历史的热处理验证设备。

烹饪热处理验证装置依赖热电偶测量的过程温度，但无法测定烹饪中运动颗粒的温度，需要采用间接手段来开展试验。因此用于动态颗粒温度测量的 TTIs 的开发，是烹饪研究所必需的。而 TTIs 依赖于热质传递数学模型及求解，第 4 章和第 5 章的数学模型和模拟方法为 TTIs 的应用创造了条件。

当前烹饪主要是使用传统的锅、铲通过手工完成的，显然会使烹饪过程受到操作者主观因素的影响，造成试验缺乏客观性，而具备客观性的烹饪过程模拟装置是推进烹饪科学研究的基础，因此必须构建参数化烹饪试验平台。

与其他的食品热处理手段，如干燥、预煮灭酶、油炸、杀菌相比，烹饪过程非稳态特征更为突出，导致其工程化程度较低。由于这些特殊性，相当多的热处理研究常规手段难以应用到烹饪科学研究，因此，必须开发烹饪研究专用传热模拟试验装置的构建工作，以满足研究需要。在烹饪的后处理杀菌研究中，创新的 FUHTS 必须由试验设备来开展原理验证。根据其基本原理可知，整套装置有较高的复杂性，需要付出一定代价来开发建造。同时，对于其杀菌效果，也必须开展热处理验证，与烹饪热处理验证类似，也必须研发专用的热处理验证设备。

6.2　构建烹饪热处理验证和实验传热学研究手段

烹饪科学研究需要烹饪热处理验证和实验传热学研究手段。前者主要解决温度和动力学参数的实时采集问题，后者主要解决对流传热系数的测量问题。

6.2.1　热处理验证系统研制的必要性

1. 研究需求

1）现有热处理验证系统

食品领域的传热学和动力学试验研究设备称为热处理验证系统（thermal validation system），也称为热力温度验证系统。其功能主要是完成：①实时的温度采集、记录和显示；②动力学函数，如 F 值的实时计算、记录和显示。F 值是杀菌工艺的核心指标，对工艺控制和产品品质有决定性影响，受到强制性法规的限制。目前已有成熟的热处理验证设备出售，如丹麦 Ellab 有限公司、广东嘉仪仪器集团有限公司、杭州数测科技有限公司等公司的相关产品，可以满足科研与工业需要。

2）烹饪科学研究对热处理验证系统与需求

a. 烹饪热处理过程和 FUHT 杀菌研究中的温度与压力采集

烹饪温度决定烹饪品质，因此，在烹饪热处理过程研究中需要掌握烹饪体系的温度。由于烹饪传热过程的非稳态特征，温度在烹饪体系中存在空间分布的不均匀性，随空间和时间变化剧烈。因此，烹饪研究中理想的温度采集系统需要能够进行全部空间维度和时间维度上的温度测量，但目前技术尚不能实现。这种情况下，只能采用定点测量方式。为把握温度分布，通常需要进行多点温度测量。

在 FUHT 杀菌中，由于颗粒被限制在流态化床层内，因此可以采用静态颗粒法（Alhamdan and Sastry，2007；Chang and Toledo，1989）记录杀菌全过程中的颗粒中心温度。尽管热电偶限制了颗粒运动，并影响了其表面换热，但在颗粒之间传热学特性基本相同的情况下，被测定颗粒是系统最冷颗粒，同时由于流态化形成的流体湍动及颗粒碰撞，静态颗粒与运动颗粒的中心温度相差较小。因此，首次出现了超高温杀菌条件下固体颗粒食品中心温度采集的需要。此外，FUHT 杀菌系统需要施加背景压力，杀菌过程中压力在正压-常压-负压之间切换，压力变化与温度和杀菌效果直接相关，因此还需要对压力进行采集记录。

b. 动力学函数的积分计算

在烹饪过程研究中，需要跟踪掌握加热烹饪食材的成熟值、过热值等动力学函数值，或者取得具有特定动力学函数数值的烹饪食材样品。此时，需要根据温度数据实时积分计算并显示 M 值、O 值。由于温度的不均匀性，以及不同空间位置的 M 值、O 值具有不同的意义，通常需要进行多点温度测量及动力学函数的积分计算。

在 FUHT 杀菌的研究中，F 值、C 值也是关键的过程参数，也存在空间分布，同样需要进行多点动力学函数的积分计算。

c. 研究效率的需求

烹饪科学研究及 FUHT 杀菌的研究中，温度和动力学的采集数据量巨大，需要频繁设置 z 值、E_a 值等动力学参数，且针对不同烹饪工艺及研究，其测量温度范围、时间长短均有较大差异。因此，两种情况下的传热学和动力学采集系统需要进行智能化设计，使参数设置、图形显示、数据记录具有一定的智能性，一些工作自动完成，具有良好的人机交互性能，从而有效提高研究效率。

d. 精度需求

由于 M 值、O 值、F 值、C 值等动力学函数都是对温度进行积分计算，温度的测量误差会在积分中累积，因此需要高精度的温度测量手段，并对温度误差引起的动力学函数误差进行分析。

2. 通用型的热处理验证系统

现有设备，如丹麦 Ellab 有限公司的 E-Val Flex 热力温度验证系统、广东嘉仪仪器集团有限公司的 CAN-F-125 杀菌温度记录仪都能够实时采集温度和计算动力学参数。

Ellab 的 E-Val Flex 热力温度验证系统的性能参数如下：测量范围：–20～+400℃；通道数：6～16；传感器类型：T；热电偶直径：3 mm；测量精度（23℃）：±0.05℃；总体系统精度（23℃）：±0.1℃；分度：0.01℃；采样频率：1 s～24 h。使用 VALSUITE 软件可以实时多点显示温度历史和 F 值。

嘉仪的 CAN-F-125 杀菌温度记录仪（罐头 F_0 值测定仪）相应参数：测量范围：–20～+140℃；通道数：1～2；传感器类型：Pt100；测量精度：±0.1℃；采样频率：5 s～8 h；采用 CND-LogSee 软件。

3. 开发烹饪专用热处理验证系统的必要性

1）烹饪热处理过程研究

现有热处理验证设备由于存在以下问题难以直接应用于烹饪热处理过程研究。

（1）采用的触壳型铠装热电偶直径达到 2～3 mm，热响应时间（达到目标温度 50%的时间）为 0.4～0.6 s。而一些爆炒烹饪过程仅持续数秒，会导致严重的测量误差，而且较高的温度滞后会导致数据失实，无法满足研究需要。

（2）现有的热处理验证设备计算的动力学参数为 *F* 值和 *C* 值，与烹饪研究中的 *M* 值和 *O* 值有不同的参数设置，不包含 Arrhenius 模型，难以满足烹饪研究需求。

（3）采样频率最小为 1 Hz，不能满足 *M* 值/*O* 值积分精度需求。

2）FUHT 杀菌研究

在 FUHT 杀菌研究中对 0.5～1.5 cm 食材颗粒的流态化加热过程进行温度测量和 *F* 值/*C* 值显示，优化后 0.5 cm 颗粒杀菌时间仅 20 s（邓力和金征宇，2004），远小于传统杀菌釜杀菌。现有热处理过程评估与监测系统，如 Ellab 有限公司的热力温度验证系统存在热电偶直径大而导致数据失实、采样间隔大于 1 s 等问题，不能反映短时杀菌过程温度变化规律，因此无法应用于 FUHT 杀菌研究。另外，这些进口设备价格昂贵，热电偶等易损、易耗配件价格高，设备的校正步骤复杂且服务费用不菲，频繁使用时会产生较高的研究成本。

因此，有必要研制用于烹饪过程和烹饪后处理的 FUHT 杀菌热处理验证的传热学和动力学数据采集及分析系统。

6.2.2　食品热处理温度及动力学数据采集系统的构建

1. FUHT 杀菌的温度及动力学数据采集系统的构建

1）系统原理

A. 硬件构成

该采集显示系统包括温度采集模块、RS485/RS232 信号标准转换模块、热电偶、压力传感器、串口连接线、计算机以及 24 V 直流电源，如图 6-1 所示。

图 6-1　FUTH 杀菌的动力学数据采集系统硬件组成

a. 超细铠装热电偶

温度传感器采用超细铠装热电偶，这是本系统的关键硬件，如图 6-2 所示。鉴于在 FUHT 杀菌设备中测温位置处于压力容器中，被测尺寸较小并且对象在测量过程中受力，有一定运动，因此选用超细铠装 K 或 T 型热电偶。超细的直径能够反映瞬时温度，铠装能够耐受压力和运动产生的摩擦。具体性能为：直径：1 mm；响应时间：12 ms；型式：触壳型。经过标准温度计恒温油槽检验和筛选，并采用数值校正（软件自带模块），最终准确度达到 ± 0.1℃（含模块误差）。

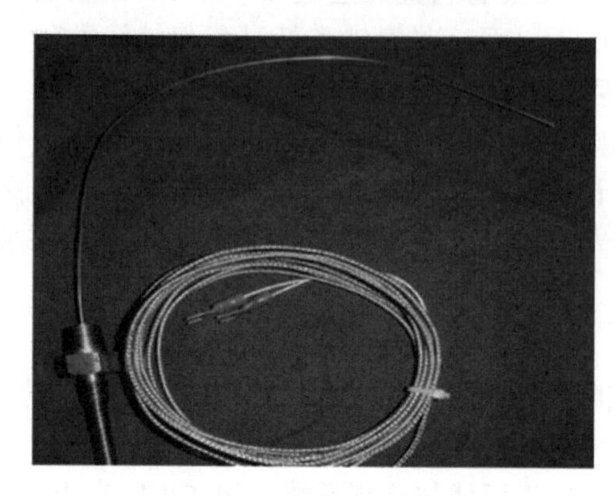

图 6-2　1mm 超细铠装热电偶

使用热电偶而不使用精度更高的热电阻，如 Pt1000，是因为热电阻体积较大，导致温度测量滞后大，不适于测量小颗粒杀菌原料。

b. 耐热绝压型压力传感器

鉴于压力传感器将在 140～180℃下工作，并需要测量真空，选用耐热绝压型压力传感器。具体性能为：量程：0～2 MPa；供电：24 VDC；输出：4～20 mA；准确度：± 0.25%F.S.（满量程），考虑采集模块误差后的最终压力数据准确度为 ± 0.006 MPa。该传感器采用进口压力传感元件，可以耐受近 200℃高温，为专门定制产品。

c. 数据采集模块

温度采集使用泓格 I-7018 温度采集模块，主要性能为：最大通道数：8；热电偶输入类型：J、K、T、E、R、S、B、N、C；精度：± 0.05%；采样频率：10 个/s。压力采集使用泓格 I-7012D 模拟量采集模块，主要性能为：采样频率：10 个/s；精度：± 0.05%；显示：$4^1/_2$digits LED；RS485/RS232 信号标准转换模块采用泓格 I-7000。模块实物见图 6-44 右下图。

B. 主要工作原理

该系统工作原理如下：热电偶直接与被测量对象接触，获得热电势信号。电势信号首先被采集模块 I-7018 识别，将热电势模拟量转换为数字信号，并通过内置的热电势和温度关系的参考函数得到温度数字信号。压力传感器压电输出的模拟量（mA）由模块 I-7012D 转换为 RS485 数字信号，再通过模块 I-7000 转换为 RS232 信号后，通过串口接线输入计算机。在 Visual Basic 6.0 软件中通过 MSComm 控件对 RS232 串口编程，实现硬件之间的通信，完成温度数据的实时采集。压力数字信号在采集软件中将数字信号（mA）转换为压力（MPa）。

2）实时采集计算 F 值/C 值的精度

按 6.2.3 节动力学函数误差分析原理，本系统的温度测量误差为 ± 0.1℃，相应的 F_z 值误差为 ± 2.3%（z =10℃），C 值误差为 ± 0.7%（z =33℃）；尽管梯形法和辛普森法都是低精度积分方法，但数值分析表明，在采样间隔小于 1 s 时，辛普森法可以满足颗粒对流加热过程中 F 值/C 值积分计算的误差要求（＜0.02 min）；对于短边为 0.3 cm 以上，长边为短边 4 倍的长方体颗粒，只要按表 6-2 设置积分步长，即可满足 F 值/C 值积分计算的误差要求（＜0.02 min）。

实际采集中，首先预测 F_z/F_E 值达到 10 min 所需时间 $t_{F=10}$，用 $t_{F=10}$ 乘以相应 F_z 值，辛普森法数值积分允许最大步长 0.05，辛普森法 F_E 值数值积分允许最大步长 0.04 即可得到能够保证积分精度要求的最大采样间隔。该系统采集模块的采样频率可达 10 个/s，采样间隔最低可设置为 0.1 s。采用辛普森法可满足 F 值/C 值积分计算的误差要求（＜0.02 min）。

3）软件的实现

a. 软件的功能

采用 Visual Basic 6.0 编制本数据采集系统软件。软件主要功能：设置采集温度范围、采样间隔、采样时间范围等温度实时采集参数；通过命令窗口向模块发送命令，调整模块设置；设置 F_z 值/C 值的 z 值、活化能 E_a 值；设置 F_z 值/C 值的计算范围。图 6-3 为 FUHT 杀菌用采集系统主程序流程图，图 6-4 为软件界面。

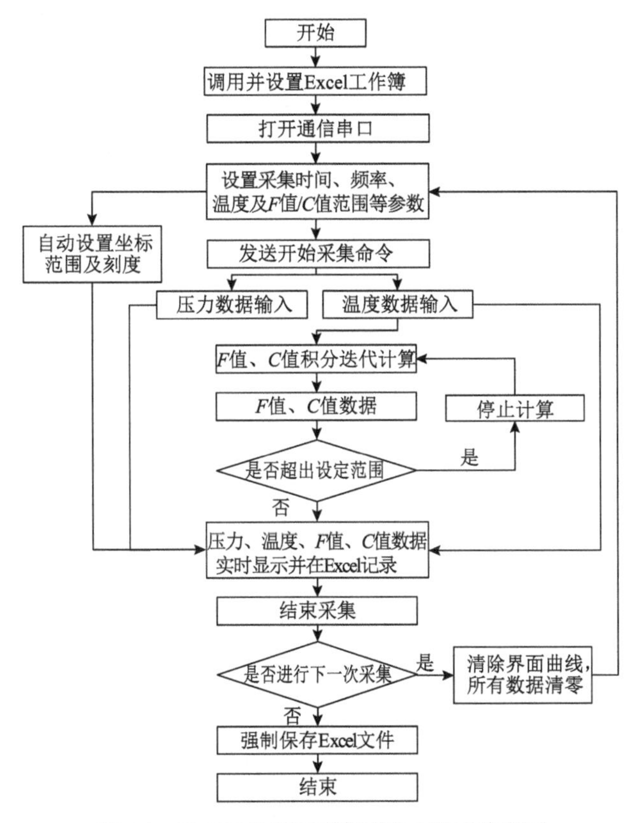

图 6-3　FUHT 杀菌用采集系统主程序流程图

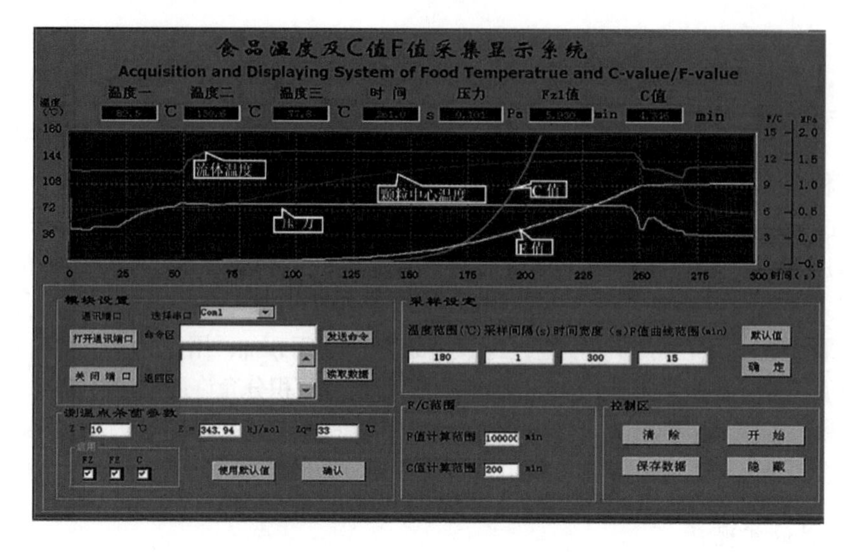

图 6-4　食品温度及 *C* 值、*F* 值采集显示系统软件界面

b. 数据显示和记录的智能化

FUHT 杀菌用温度及动力学采集系统在长时间高温加热后可能会出现 *F* 值/*C* 值过大，造成内存占用增加，而过大的 *F* 值/*C* 值在热处理研究中也没有实际意义，因此软件对 *F* 值/*C* 值的计算设定上限，超过一定数值后，计算停止，自动出现警告标签。

显示界面可以在设置温度范围、采样间隔、采样时间范围后自动调整温度曲线坐标。为便于后续数据处理和应用，数据记录引用外部 Excel 程序，在软件所在目录 data 文件中自动生成相应的 Excel 文件，并以生成时间自动取名，产生的 Excel 文件如图 6-5 所示。

A1　=　时间

	A	B	C	D	E	F	G	H	I	J	K	L	M
1	时间	温度一	温度二	温度三	FZ1	FE1	C1	FZ2	FE2	C2	FZ3	FE3	C3
11	3:27 PM												
45	143	96	22	21.8	2.64E-05	0.543305	0.014092	6.72E-11	0.53897	0.002384	6.54E-11	0.538939	0.002365
46	144	107.2	22.8	22.1	0.0004	0.559881	0.034168	6.95E-11	0.555063	0.002459	6.75E-11	0.555029	0.002437
47	145	112.8	22.8	22	0.002009	0.576497	0.068297	7.21E-11	0.571159	0.002535	6.96E-11	0.571119	0.002509
48	146	116.1	22.8	22	0.005967	0.593134	0.11428	7.46E-11	0.587255	0.002611	7.17E-11	0.587209	0.002581
49	147	119.2	22.6	22	0.014169	0.609786	0.171722	7.71E-11	0.603351	0.002687	7.38E-11	0.603299	0.002653
50	148	121.6	22.7	21.9	0.029243	0.62645	0.241153	7.95E-11	0.619446	0.002762	7.59E-11	0.619389	0.002725
51	149	123.1	22.6	22	0.052326	0.643122	0.320534	8.19E-11	0.635541	0.002838	7.79E-11	0.635479	0.002797
52	150	121.7	22.5	22	0.075632	0.659795	0.400178	8.43E-11	0.651635	0.002913	8.00E-11	0.651569	0.002869
53	151	120	22.5	21.9	0.092042	0.676461	0.471698	8.67E-11	0.667729	0.002988	8.21E-11	0.667659	0.002941

图 6-5　FUHT 杀菌系统显示软件采集实例

2. 烹饪传热学及动力学数据采集分析系统的构建

烹饪传热学及动力学数据采集分析系统与 FUHT 杀菌的温度及动力学数据采集系统功能、结构和软件相似。前者用于烹饪热处理研究，独立、便携，研发时间较晚，一些参数设计更为先进。后者是 FUHT 杀菌原理验证设备的组成部分，嵌入该设备的控制系统中。

1）系统硬件及工作原理

A. 硬件

本系统硬件包括热电偶、温度采集模块、信号转换模块、串口连接线、计算机、电源及机箱。其系统构成与图 6-1 类似，但没有压力传感器和压力采集模块，实物如图 6-6 所示。

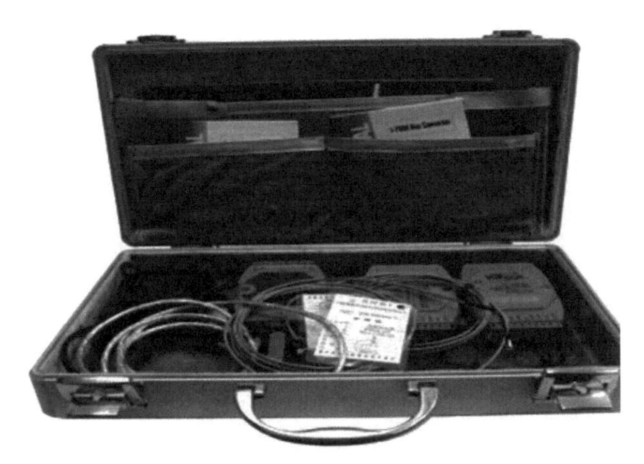

图 6-6　烹饪传热学及动力学数据采集分析系统实物

a. 热电偶的选择

采用偶丝直径 0.1 mm、不锈钢套管径 0.5 mm 的超细触壳型铠装热电偶，电偶为 K 型和 T 型，精度 I 级。铠装热电偶热惰性小，响应速度快，挠性好、机械强度高、寿命长，适用于测量热容量小的物体温度（张锦霞，2000；王魁汉，2007）。K 型和 T 型电偶具有线性度好，热电动势大，灵敏度高，稳定性和均匀性较好等特点。其中，K 型电偶使用温度范围为−40～1200℃，具有更好的柔韧性，精度略差（游伯坤，1990），用于预备试验和低精度采集。T 型热电偶使用温度范围为−40～350℃，精度和稳定性更好。在烹饪研究的关键温度为 80～150℃，配合软件在恒温油浴槽中采用标准温度计进行校正后，T 型热电偶测量准确度可达 ± 0.05℃。

系统热电偶的响应时间计算式为（游伯坤，1990）

$$\tau_{\mathrm{m}} \approx 0.7T_{\mathrm{C}} = 0.7 \times \frac{t_2 - t_1}{\ln \vartheta_1 - \ln \vartheta_2} \tag{6-1}$$

式中：τ_{m} 是响应时间，s；T_{C} 是时间常数，s；t 是时间，s；ϑ 是 t 时刻介质温度与感温器温度的差值，℃。

在超级恒温油浴槽中对铠装热电偶进行响应时间测定，由式（6-1）计算本系统的热电偶动态响应时间为 30 ms。

外径 0.5 mm 超细铠装热电偶实物如图 6-7 所示。

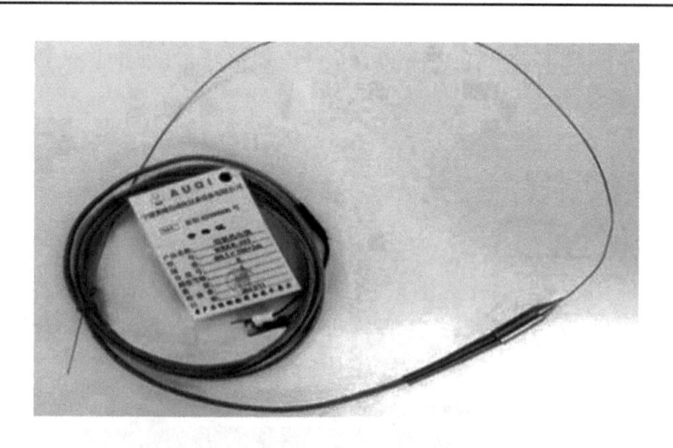

图 6-7　0.5mm 超细铠装热电偶

b. 采集和通信模块

系统中温度采集模块采用泓格公司的 ICPCON-7011P 模块。主要技术参数为：8 个数据通道，采集精度为 ± 0.05%，最大输入频率为 50 Hz，最小脉宽为 1 ms，采样频率达到 10 个/s，系统自带软件可对各热电偶进行数据校正。

系统中数据采集信号转换模块采用泓格的 RS485/RS232 信号标准转换模块 ICPCON PA-7520。具体技术参数为：通信速率 300～115200 b/s，传输距离 400 m 内速率达到 115.2 kB/s。

c. 计算机

计算机配置为 CPU N455-1.66 GHz/1 G 内存/250 G 硬盘，Windows XP 以上系统。

B. 系统工作原理

热电偶在测量对象中获得的热电势信号被 ICPCON-7011P 模块采集识别后，热电势信号模拟量转换为数字信号 RS485，即时通过 ICPCON-7520 模块转换为 RS232 信号后，通过串口连接线输入计算机，最后由 Visual Basic 6.0 软件通过 MScomm 控件来对 RS232 编程后串口连接，实现硬件间通信，最终完成温度数据的实时采集。

2）烹饪动力学函数积分计算及误差

采用辛普森法进行数值积分计算。由式（6-10）可算出 M 值误差为 ± 1.16%（z_M= 10℃）。由式（6-11）可算出 O 值误差为 ± 0.58%（z_O =20℃）。ICPCON-7011P 模块采样频率达到 10 个/s，采用辛普森法积分可以满足精度需要。

3）软件的实现

软件使用流程和操作界面如图 6-8 和图 6-9 所示。软件主要功能有：设置温度实时采集参数（温度范围、时间间隔、时间总长）；设置烹饪动力学参数 z_M、z_O 及设置 M 值、O 值计算最大限值；实时显示温度、时间和温度采集点的 M 值、O 值。采用 Arrhenius 模型，则输入 E_a 值。

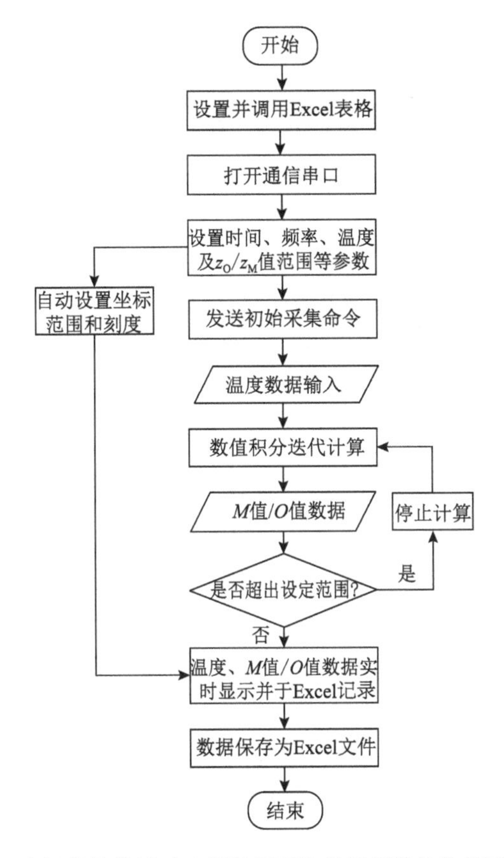

图 6-8　烹饪传热学及动力学数据采集分析系统软件使用流程图

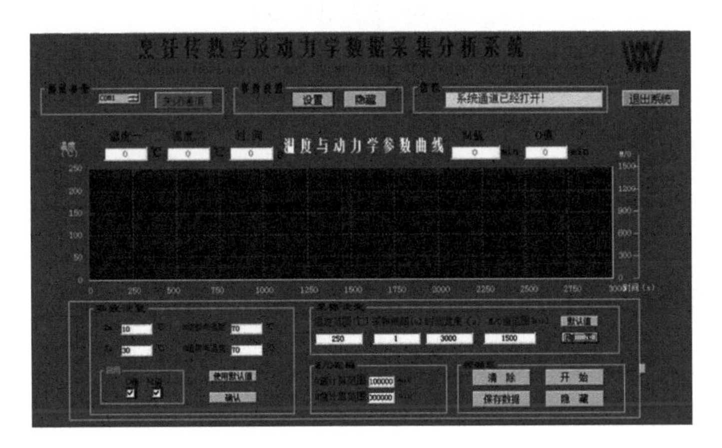

图 6-9　烹饪传热学及动力学数据采集软件界面

与 FUHT 杀菌采集系统类似，也具有自动调整温度曲线坐标和自动设置 Excel 数据记录的功能。已在中国版权保护中心登记该软件的著作权。

4）应用

在烹饪研究中，传热学及动力学数据采集分析系统可用于以下方面：传热学上，较高精度的多点温度采集功能可以用于获得烹饪过程中食品体系不同空间位置的温度历史，以及验证烹饪的热质传递数学模型；动力学上，能够实时计算采集和显示烹饪 *M* 值/*O* 值，可用于分析、评价烹饪过程特征及烹饪品质，还可测定实际烹饪过程中的原料成熟值；烹饪工艺研究上，可由实时采集显示的动力学函数值来控制烹饪操作，比较分析不同烹饪操作条件对烹饪品质的影响。应用实例如下。

在 100℃恒温油槽中，利用热电偶测定 Φ6.98 mm×50.00 mm 圆柱形胡萝卜试样中心和表面温度，试样中心温度达到最高温度后迅速用冷水冷却。系统实时采集的温度、时间和 *M* 值/*O* 值结果见图 6-10。

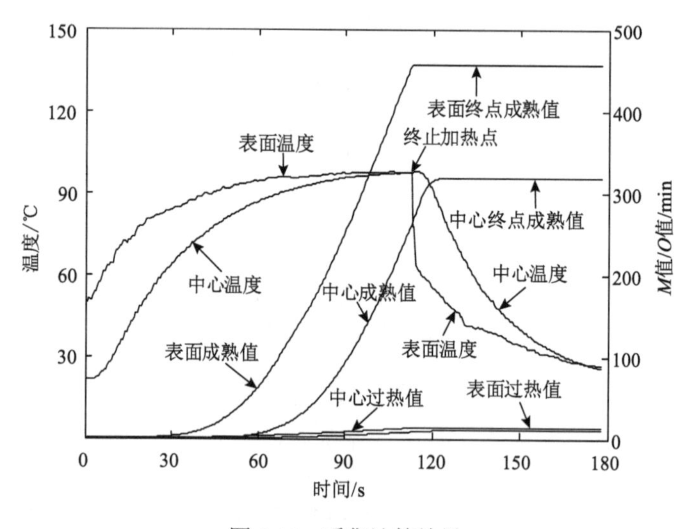

图 6-10　采集计算结果

本次应用实例中动力学参数设置为：z_M =10℃，z_O =20℃，成熟值参考温度 70℃，过热值参考温度 75℃。样品加热终止时间为 112.5 s。由图 6-10 可见，利用该系统采集得到胡萝卜试样的表面和中心温度、表面和中心成熟值、表面和中心过热值变化曲线。当温度明显低于参考温度后，成熟值不再变化，其最终值即该次烹饪操作的终点成熟值。

6.2.3　动力学函数数据采集精度控制

本部分内容主要出自邓力（2006）文献。

1. 问题的提出

1）基本概念

设计构建的烹饪热处理和 FUHT 杀菌的传热学和动力学采集系统，作为一种仪器，其精度应能够满足研究的需要。

精度是测量值与真实值的接近程度，包含精密度和准确度两个方面。精度常使用三种方式来表征：最大误差占真值的百分比，如测量误差；最大误差，如测量精度；误差正态分布。测量值与真值之间的差异是误差，测量值偏离真值的大小称为绝对误差，绝对误差与测量值或多次测量的平均值的比值称为相对误差。

2）需要解决的问题

动力学函数值是由采集得到的温度积分计算而得的。采集计算时，温度误差、积分方法和积分步长（采样时间间隔）都会带来动力学函数的误差。如果误差过大，就会导致研究偏差。因此，无论是构建烹饪热处理过程还是 FUHT 杀菌热处理验证设备，都需要考虑采集精度问题。由于 F 值/C 值采集计算的精度关系到杀菌食品的安全和品质，采集精度问题在 FUHT 杀菌上显得更为重要。

等效杀菌时间 F 值和等效品质破坏时间 C 值是杀菌工艺计算、控制和优化必不可少的核心函数。在传统杀菌釜杀菌工艺中，长期使用图形积分技术获得热处理温度时间数据 F 值，如方格纸方格记数法、剪纸称重法（Patadhnik，1953），以上方法烦琐且误差大。20 世纪 50 年代后数值积分方法被引入 F 值计算，如梯形法、辛普森法和高斯法（Halden et al.，2010）。由于数值积分运算量大，在没有计算机自动采集数据的前提下意义不大。随着传感器技术和计算机技术的发展，温度自动采集和 F 值计算机积分运算成为可能。一般的热处理动力学函数的采集计算流程如下：①温度传感器获得模拟型号；②A/D（模拟/数值）转换和分度计算获得温度数值；③以温度-时间数据完成动力学函数的实时积分计算；④记录和显示。

传统杀菌釜杀菌工艺中，杀菌时间长达 20～120 min，数秒到数十秒的采样间隔以及梯形法积分产生的 F 值精度就足以满足工艺需要。这种情况下，几乎没有必要研究积分方法对 F 值精度的影响。

由于 FUHT 杀菌的高效换热，0.5～1.5 cm 直径的颗粒食品杀菌时间可以缩短到 20～180 s。在这样短的时间内，采样间隔和积分方法显然会对 F 值/C 值积分结果产生较大影响。烹饪热处理过程研究中也存在类似问题。首先，M 值/O 值是针对烹饪成熟提出的动力学函数，没有研究先例。其次，一些烹饪热处理过程，如爆炒，部分工艺持续时间仅数秒，采样间隔和积分方法必然对 M 值/O 值的实时采集精度产生较大影响。这样就出现了研究动力学函数值实时采集精度的必要性。

由于未见动力学函数误差分析的有关文献，没有可借鉴的方法。邓力（2006）针对典型液体-颗粒超高温杀菌条件，通过解析和数值方法，分析了温度测量误差、积分方法对实时采集 F 值/ C值误差的影响，所得原理和结果可供 M 值/O 值的误差分析和控制参考。

2. 相关理论基础

1）相关动力学模型

烹饪热处理和 FUHT 杀菌所涉及的 M 值/O 值、F 值/C 值公式见本书第 2 章。为便于阅读，不妨把相关公式重录于此。

$$F_z = \int_0^t 10^{\frac{T-T_{\text{ref}}}{z}} \mathrm{d}t \tag{2-25}$$

$$F_E = \int_0^t e^{\frac{E_a}{8.314}\left(\frac{1}{T_{ref}} - \frac{1}{T}\right)} dt \tag{2-26}$$

$$C = \int_0^t 10^{\left(\frac{T - T_{ref}}{z_q}\right)} dt \tag{2-27}$$

$$M = \int_0^t 10^{\left(\frac{T - T_{ref}}{z_M}\right)} dt \tag{2-44}$$

$$O = \int_0^t 10^{\left(\frac{T - T_{ref}}{z_O}\right)} dt \tag{2-54}$$

2）数值积分方法

由徐萃薇（1985）文献，如将积分区间$[a,b]$分为 n 等分，步长为采样区间除以等分次数：

$$h = \frac{1}{n}(b - a) \tag{6-2}$$

式中：h 是积分步长。

则有如下公式

（1）复化梯形公式。

$$\int_a^b f(x) \approx \frac{h}{2}\left[f(a) + 2\sum_{k=1}^{n-1} f(x_k) + f(b) \right] \tag{6-3}$$

式中：k 是 1～n 个积分步中的第 k 个积分步。

该方法具有 1 次代数精度，其截差为

$$R(f) = -\frac{(b-a)}{12} h^2 f''(\eta) \qquad \eta \in [a,b] \tag{6-4}$$

式中：$R(f)$是截差；η 是$[a,b]$上任一点。

（2）复化辛普森公式。

$$\int_a^b f(x) \approx \frac{h}{6}\left[f(x_k) + 4\sum_{k=1}^{n-1} f(x_k) + f(x_{k+1}) \right] \tag{6-5}$$

该方法具有 3 次代数精度，其截差为

$$R(f) = -\frac{(b-a)}{2880} h^4 f^{(4)}(\eta) \qquad \eta \in [a,b] \tag{6-6}$$

3. 动力学函数值的采集误差形成的解析计算

F 值/C 值是温度、时间和 z 值/E_a 值的函数，z 值/E_a 值在单一研究条件下为常数，在计算机自动采集时，时间误差一般可忽略，因而温度测量误差、积分方法和积分步长决定了 F 值/C 值的准确度。在可能的情况下，应尽量通过误差传递原理解析计算误差和误差源的关系。

下面分析温度测量误差导致的 F_z 值和 C 值的相对误差 R_{F_z} 和 R_C。由式（2-25）和误差传递原理有：

$$F_z + E_{F_z} = \int_0^t 10^{\frac{T+E_T-121}{10}} \mathrm{d}t \tag{6-7}$$

式中：E_T 是温度测量绝对误差；E_{F_z} 是由温度测量误差引起的 F_z 值绝对误差。

则 F_z 值相对误差：

$$\begin{aligned} R_{F_z} &= \frac{(F_z + E_f) - F_z}{F_z} \times 100\% \\ &= \frac{10^{\frac{E_T}{10}} \times \int_0^t 10^{\frac{T-121}{10}} \mathrm{d}t - \int_0^t 10^{\frac{T-121}{10}} \mathrm{d}t}{\int_0^t 10^{\frac{T-121}{10}} \mathrm{d}t} \times 100\% = (10^{\frac{E_T}{10}} - 1) \times 100\% \end{aligned} \tag{6-8}$$

类似地，C 值相对误差：

$$R_C = (10^{\frac{E_T}{33}} - 1) \times 100\% \tag{6-9}$$

式中：R_C 是由温度测量误差引起的 C 值相对误差；z_C=33℃。

类似地，对于 M 值和 O 值，有

$$R_M = (10^{\frac{E_T}{10}} - 1) \times 100\% \tag{6-10}$$

式中：R_M 是由温度测量误差引起的 M 值相对误差；设 z_M=10℃。

$$R_O = (10^{\frac{E_T}{33}} - 1) \times 100\% \tag{6-11}$$

式中：R_O 是由温度测量误差引起的 O 值相对误差；z_O=33℃。可以计算出当 F_z =10 min，C =40 min时，温度误差范围在−0.5～0.5℃时，温度对绝对误差与 F_z 值/C 值绝对误差的影响见图6-11。

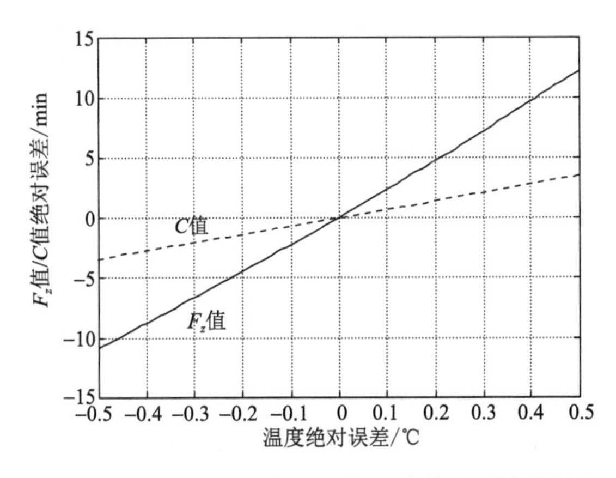

图 6-11　温度绝对误差对 F_z 值/C 值绝对误差的影响

4. 动力学函数值的采集误差形成的数值分析方法（以 F 值为例）

1）建立误差数值分析方法的典型温度-时间条件

为开展采集精度分析，需要以适当的温度-时间数据为计算基础，因此必须构建误差分析条件。这一条件不仅要能够反映实际采集的时间-温度数据变化规律，还应包括出现最大积分误差的条件。由式（6-4）和式（6-6）容易看出，采样间隔越大，截差就越大。由于硬件性能限制，最小采样间隔是有限的，液体-颗粒无菌工艺中尺寸越小的颗粒加热后达到目标 F_z 值越快，最短采集过程产生步长和截差最大。而研究中颗粒尺寸受到热电偶直径的限制。对于 0.5～1 mm 超细热电偶，仅适于采集尺寸大于 0.5 cm 的颗粒，而考虑有可能采用更细的热电偶，从而适用于更小的食材颗粒，因此选取最小食材颗粒：0.30 cm × 0.30 cm × 5.0 cm 立方体食材颗粒（丝状烹饪食材）。其余条件相同：食品初始温度 30℃，传热介质温度 155℃，食品均质，对流传热系数无穷大。同时选取其他典型条件见表 6-1。

表 6-1　误差分析中采用的典型条件

条件	立方体颗粒尺寸/cm^3	导温系数/（$\times10^{-7}$ m^2/s）	计算时间/s	初温/℃	介质温度/℃	对流传热系数/[W/（m·℃）]
条件 A	0.3×0.3×5.0	1.08	18	30	155	∞
条件 B	0.5×0.5×5.0	1.08	75	30	155	∞
条件 C	0.8×0.8×5.0	1.08	100	30	155	∞
条件 D	1.0×1.0×5.0	1.08	150	30	155	∞
条件 E	1.5×1.5×5.0	1.08	300	30	155	∞

注：以 F 值达到 80～120 min 所需时间作为计算时间。

2）温度测量误差导致动力学函数值误差的数值分析

A. 常用积分数值计算方法

数值积分方法有牛顿-科茨（Newton-Cotes）公式、龙贝格（Romberg）算法、高斯型求积等方法（徐萃薇，1985）。后两种方法分别通过节点加密和采用不规则节点提高精度，显然不适用于必须固定采样频率的计算机采集。而牛顿-科茨公式，如常用的梯形求积公式和辛普森求积公式，由于积分步长固定，步进计算方便，计算负荷小，适用于计算机实时积分计算，但它们是低精度方法，能否满足颗粒食品超高温杀菌的 F 值/C 值采集精度要求，还需进一步分析。

B. 误差分析的数值方法

F 值/C 值的采集精度是和具体温度-时间数值相关的，在无法进行解析分析时应在选定的典型温度-时间条件下通过数值分析研究 F 值/C 值采集精度。实际采集中，某一硬件（温度传感器）及软件（积分方法）条件下获得了 F_z 值，如其真值为 $F'_{z\omega}$，则绝对误差为 $E_{F_z}=F_z-F'_{z\omega}$。但是，温度 T 的真值难以获得，又没有任何积分方法能得到 $F'_{z\omega}$，导致误差分析困难。因此，采用下述方法模拟 F_z 值误差的形成，从而实现误差的计算分析。F_E 和 C 值的误差分析方法与其相同。

积分方法对误差的影响的数值分析方法如下。

将式（2-25）中被积函数写为：$\xi\left(F_z\right)=10^{\frac{T-121.1}{z}}$。选取一组体现采集过程特征的典型杀菌条件，由非稳态传热的解析计算得到温度-时间数组 ψ（$T_j, t_j, j=1\sim n$），以之计算出被积函数值 $\xi(F_z)_{\psi j}$。对 $\xi(F_z)_{\psi j}$-t_j 进行多项式拟合，得到拟合多项式，记为：$\xi(F_z)_{\mathrm{fi}}=f(t)$，并由拟合多项式对任意时间数列回算得到新的温度-时间数组 ω。鉴于容易得到多项式的积分解析式，则数组 ω 可解析计算 F_z 值的真值，为

$$F'_{z\omega}=\int_0^t \xi\left(F_z\right)_{\mathrm{fit}}\,\mathrm{d}t \tag{6-12}$$

式中：$F'_{z\omega}$ 是温度-时间数组 ω 计算得到的 F_z 值；$\xi(F_z)_{\mathrm{fit}}$ 是由温度-时间数组 ψ 得到的拟合多项式。计算 $\xi(F_z)_{\mathrm{fit}}$ 与 $\xi(F_z)_{\psi j}$ 之间的标准差以及 ω 与 ψ 之间温度的标准差，考察拟合度。由于数组 ω 和数组 ψ 的高度相似性，两者具有类似的数值积分特征，分析数组 ω 的相应误差可了解典型温度-时间数组 ψ 的误差变化规律。拟合计算和符号积分由 MATLAB 编程完成。下面是一个算例。

对于条件 A，温度-时间关系的解析解的无穷级数项数设为 100，得到条件 A 的时间-温度数组 ψ_{A}，见图 6-12 中曲线 ψ_{A}。在此基础上计算出 $\xi(F_z)_{\psi_{\mathrm{A}}}$，取不同的多项式次数进行拟合，并计算拟合多项式回算值与 $\xi(F_z)_{\psi_{\mathrm{A}}}$ 的偏差绝对值的平均值，发现在多项式次数约为 40 时，偏差绝对值的平均值最小，为 3.36×10^{-7}。由得到的 40 次多项式回算出新的时间-温度数组 ω_{A}，见图 6-12 中曲线 ω_{A}。80℃以上部分曲线 ψ_{A} 和 ω_{A} 之间的偏差绝对值的平均值为 2.14×10^{-4}。在 ψ_{A} 和 ω_{A} 基础上分别计算 F_z 值，即 $F_{z\psi_{\mathrm{A}}}$ 和 $F_{z\psi_{\mathrm{A}}}$，它们之间的偏差绝对值的平均值为 2.82×10^{-9}。在此基础上，进一步得到各种条件下的误差分析方法。

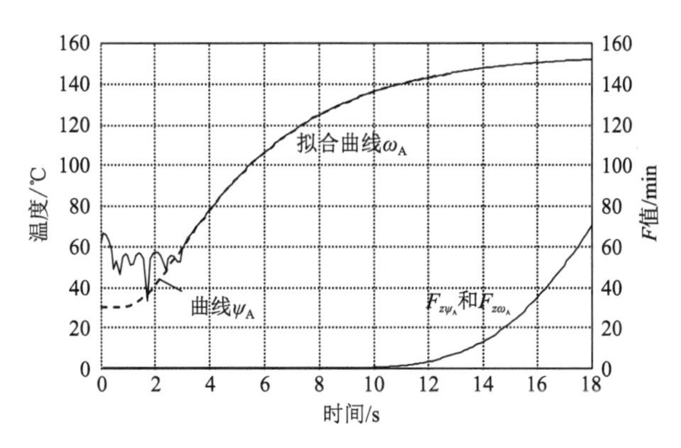

图 6-12　条件 A 下 F_z 值曲线及中心温度-时间曲线的拟合

a. 温度误差引起的 F 值绝对误差分析方法

对数组 ω 中的温度引入温度误差 E_T，由辛普森法积分计算 $F_{z\omega}^{E_T}$，相应的 F 值绝对误差为

$$F_{F_{z\omega}}^{E_T}=F_{z\omega}^{E_T}-F'_{z\omega} \tag{6-13}$$

式中：E_T是温度绝对误差，℃；$F_{z\omega}^{E_T}$是加入温度绝对误差E_T后温度-时间数组ω计算得到的F_z值（min）。

b. 采样间隔对积分误差影响的分析方法

选取不同采样间隔 $S=t_{i+1}-t_i$，$i=1,2,3,\cdots$，根据得到的时间数列由拟合多项式回算获得数组ω，分别采用梯形法、辛普森法对数组ω进行数值积分，得到积分值$F_{z\omega}^{\text{Trapz}}$和$F_{z\omega}^{\text{Simp}}$，它们与数组$\omega$解析积分得到的真值$F'_{z\omega}$的差值分别为梯形法、辛普森法产生的积分误差：

$$E_{z\omega}^{\text{Trapz}}=F_{z\omega}^{\text{Trapz}}-F'_{z\omega} \tag{6-14}$$

$$E_{z\omega}^{\text{Simp}}=F_{z\omega}^{\text{Simp}}-F'_{z\omega} \tag{6-15}$$

式中：$E_{z\omega}^{\text{Trapz}}$是由温度-时间数组 ω 采用梯形法积分得到的$F_{z\omega}^{E_T}$误差；$E_{z\omega}^{\text{Simp}}$是由温度-时间数组$\omega$采用辛普森法积分得到的$F_{z\omega}^{\text{Simp}}$误差。

c. 典型条件下特定F_z值步长对积分绝对误差的影响的分析方法

具体分析不同典型条件下F_z=10 min时步长对梯形法和辛普森法积分绝对误差的影响。在不同典型条件下，分别由解析计算得到的温度-时间数据ψ计算F值，通过插值（MATLAB软件interp1命令）得到F_z=10 min的时间点。对由积分方法对误差影响的数值分析方法得到的误差-时间关系在F_z=10 min的时间点进行插值，得到F_z=10 min时不同采样间隔对应的梯形法和辛普森法积分绝对误差。将采样间隔按照式（6-2）转化为步长（采样区间宽度值为F_z=10 min的时间值）后，得到不同典型条件下F_z=10 min时不同步长对应的梯形法和辛普森法积分绝对误差。

5. 动力学函数值误差数值分析方法的应用

1）温度误差引起的F_E值绝对误差分析

从式（6-13）无法得到F_E值的相对误差解析式。由条件A和条件D下得到的温度-时间数据计算F_E值，通过插值得到F_E=10 min的时间点。再由该时间点分别对梯形法和辛普森法积分绝对误差进行插值，得到F_E值=10 min时不同采样间隔对应的梯形法和辛普森法积分绝对误差，结果如图6-13所示。

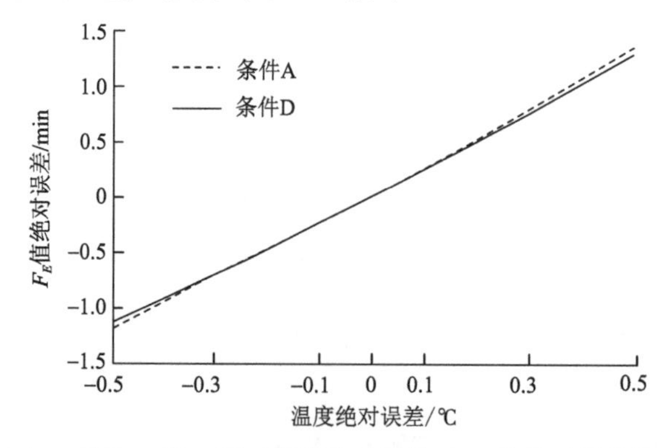

图6-13　条件A和D下，温度绝对误差对F_E值绝对误差的影响

2）积分方法产生的 F_z 值误差分析

根据前述采样间隔对积分误差影响的分析方法得到条件 A 下不同采样间隔下梯形法和辛普森法对 F_z 值误差的影响，见图 6-14 和图 6-15。由式（6-14）及式（6-15）得到 F_z=10 min 时，不同条件下的梯形法和辛普森法 F_E 值绝对误差与步长的关系见图 6-16 和图 6-17。类似地，对 F_z 值进行误差分析，得到 F_E=10 min 时，不同条件下的梯形法和辛普森法 F_z 值绝对误差与步长的关系，见图 6-18 和图 6-19。

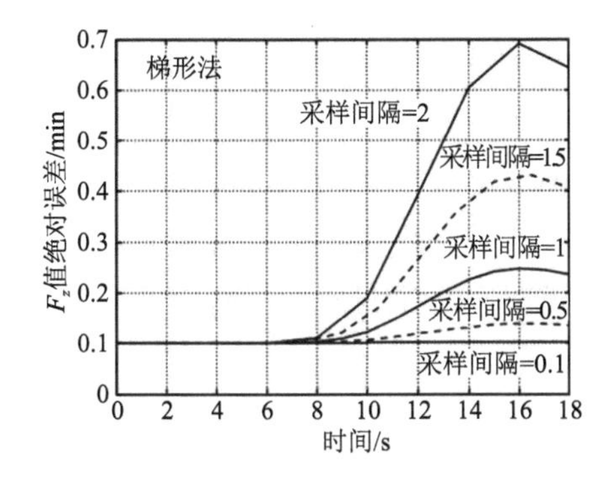

图 6-14　条件 A 梯形法采样间隔对 F_z 值绝对误差的影响

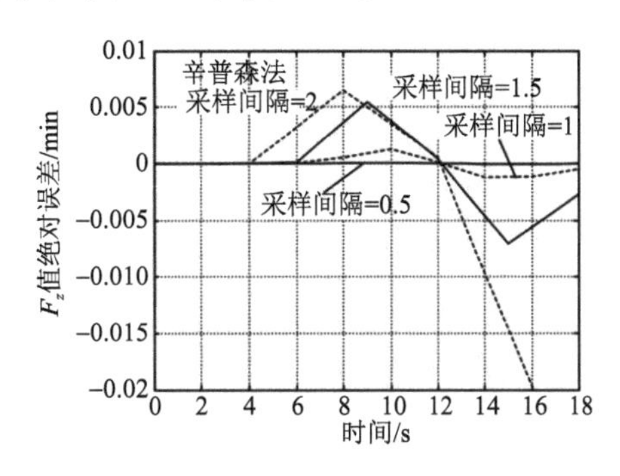

图 6-15　条件 A 辛普森法采样间隔对 F_z 值绝对误差的影响

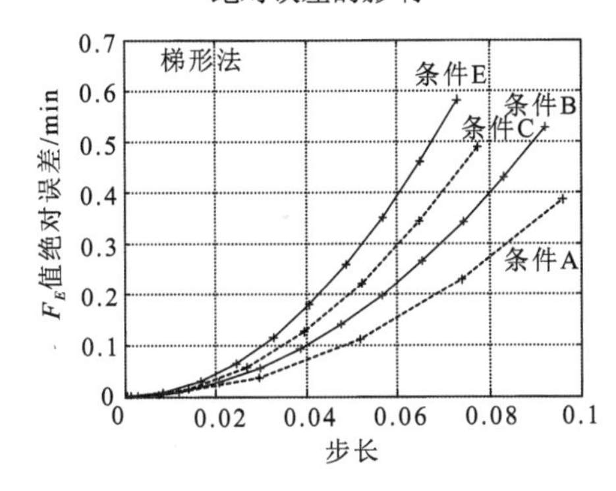

图 6-16　F_z=10 min 时，不同条件下的梯形法 F_E 值绝对误差与步长的关系

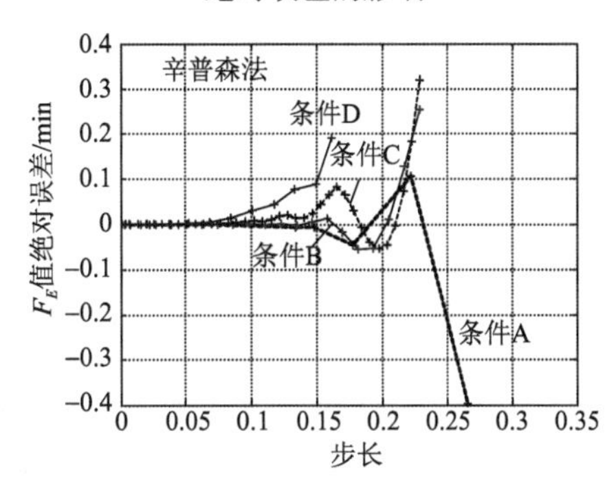

图 6-17　F_z=10min 时，不同条件下的辛普森法 F_E 值绝对误差与步长的关系

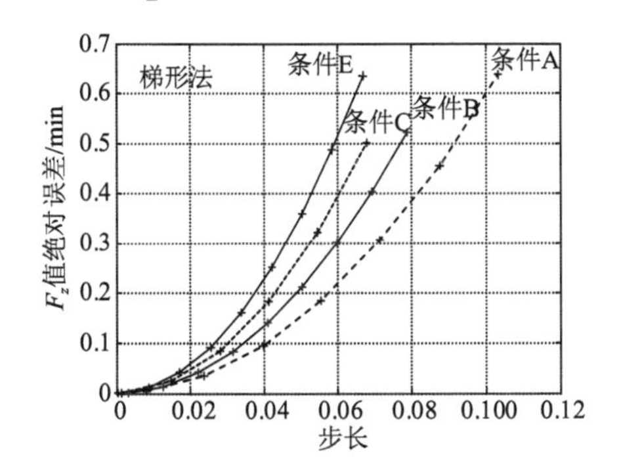

图 6-18　F_E=10 min 时，不同条件下的梯形法 F_z 值绝对误差与步长的关系

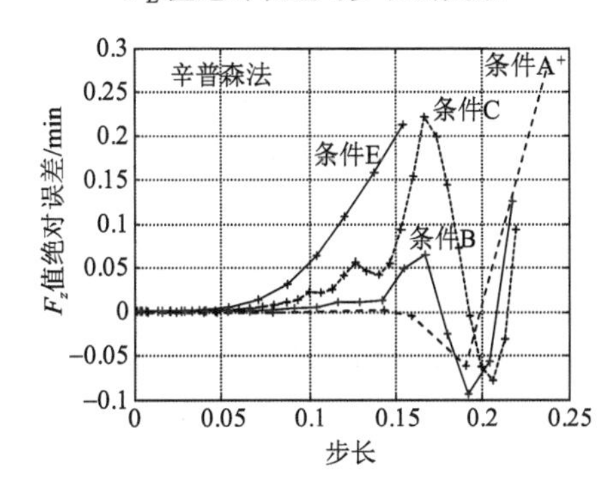

图 6-19　F_E=10 min 时，不同条件下的辛普森法 F_z 值绝对误差与步长的关系

3）采用梯形法和辛普森法获得的 F 值的误差

按照前述典型条件下特定 F_z 值步长对积分绝对误差的影响的分析方法得到 1.0 cm × 1.0 cm × 5.0 cm 条状马铃薯颗粒在采样间隔为 1 s 和 2 s 各 5 组实际采集数据，求得梯形法和辛普森法取得的 F 值的差值平均值为 0.03 min 和 0.04 min。

6. 误差分析结果的适用性及误差控制

1）分析结果的适用性

（1）温度误差对 F_z 值/C 值误差影响分析结果为解析结果，具有普适性。在 F_z 值和 F_E 值均为 10 min 时，温度误差产生的 F_z 值绝对误差与 F_E 值绝对误差极为相近，这是由于 F_z 值与 F_E 值虽然有区别，但在实际计算中数值接近（田玮和徐尧润，2000），式（6-8）也可以作为温度误差对 F_E 值误差影响分析的近似公式，可在 F_E 值为 1～15 min 范围内应用。

（2）标准差分析结果表明，数组 ψ 和数组 ω 符合程度很高，如果采集温度数据完全符合理论规律，数组 ω 能够代表实际采集数据。但由于数组 ω 是由拟合多项式回算取得的，曲线比实际采集曲线光滑。这可能导致在采样间隔较小时，误差分析结果可能过于积极。实际采集的温度-时间数据采用得到的梯形法和辛普森法取得的 F 值的差值平均值为 0.03 min 和 0.04 min，而由数值分析计算得到相同条件下差值分别为 0.01 min 和 0.03 min，也从侧面印证了上述判断。因此，在实际应用中上文中的误差分析结果可用于实际采集数据的误差估计。如果硬件精度高且软件可靠，采样间隔较大时，可以相对积极一些，反之要保守一些。

2）误差源对 F/C 值影响的比较

F/C 值被积函数和温度是指数关系，温度测量误差对 F/C 值的精度影响很大。而测量食品温度的传感器通常采用热电偶，普通工业一级 T 型或 K 型热电偶在试验量程下的误差范围在 0.5℃左右，即使经过仔细地挑选和校准，也仅能够达到 0.05～0.1℃（凌善康和于湜然，1997）。由式（6-8），得到温度误差为 0.1℃和 0.5℃时，F_z 值的相对误差将达到 2.33%和 12.2%。在 F_z=10 min 时将产生超过 0.23 min 的绝对误差。在实际采集中温度测量误差是主要的误差来源。但由图 6-14～图 6-19 可以看出，当采用低精度积分方法（如梯形法），同时采样间隔较长时，就会产生较大的误差。

可以认为积分方法产生的误差比温度误差产生的误差小一个数量级，即在 F_z=10 min 时，F_z 值绝对误差＜0.02 min，该积分方法可以满足 F_z 值精度要求。

3）积分方法的选择

在采样间隔小于 1 s（多数硬件能达到）时，综合误差分析结果表明，在 F_z=10 min 时，辛普森法产生的误差远小于 0.02 min（图 6-15），因此可以认为辛普森法能够满足 F 值/C 值误差要求。

4）确定合理的采样间隔

保守考虑，分析图 6-14～图 6-19，确定 F_z=10 min 时，F_z/F_E 值绝对误差＜0.02 min 时的合理步长，得到典型条件范围内普适性的最大步长要求，见表 6-2。实际采集中，首先预测 F_z/F_E 值达到 10 min 时的时间 t_F=10 min，用 t_F=10 min 乘以表 6-2 相应最大步长，即可得到能够保证积分精度要求的最大采样间隔。

表 6-2　*F* 值积分方法最大步长

	梯形法 F_z 值	辛普森法 F_z 值	梯形法 F_E 值	辛普森法 F_E 值
最大步长/min	0.002	0.05	0.0015	0.04

5）*F* 值/*C* 值、*M* 值/*O* 值的误差分析与控制

按照一般规律，液体颗粒无菌工艺的杀菌完成阶段，*C* 值总是比 *F* 值小，产生的绝对误差也小于 *F* 值。另外，通常需要实时采集食品表面 *C* 值，在工艺过程中食品表面温度与流体温度通常相同，通常处于恒温状态，其积分误差就更低了。因此，只要 *F* 值的采集精度达到要求，*C* 值精度就能得到保证。

M 值的典型 *z* 值与 *F* 值相近，都在 10℃左右（邓力，2013；闫勇等，2014），因此其误差形成规律与 *F* 值相同。*O* 值的实质和 *C* 值相同，常用 *z* 值在 33℃附近，具有相同的误差形成规律。但烹饪过程动力学函数的参考温度为 70℃，且通常的终点成熟值（相当于 F_z=10 min）在 0.1～1 min，且加热过程更为短促。因此，在 *M* 值/*O* 值采集时，应尽量调小采样间隔。需要指出的是，*M* 值、*C* 值、*O* 值是食用品质的指标，而 *F* 值则是食品安全指标，食品安全指标的误差控制显然更加重要。

由于温度测量误差是动力学函数误差形成的主要原因，而热电偶使用后会产生劣化和漂移，因此在使用时应定期检定热电偶，保证温度采集的准确性。

6.3　烹饪研究用 TTIs 的构建

6.3.1　技术背景与必要性

1. 概念

TTI 是时间温度积分器（time temperature integrator）的英文缩写，能够指示食品热处理中品质变化随时间温度累计的积累。而 TTIs 定义为用于模拟目标质量参数时间温度总体变化效果的小型装置（Weng et al.，1991a）。实际应用中，将 TTI 指示剂置于载体——食品或食品模拟物（food analogue）中，通过分析热处理前后的 TTI 指示剂变化，按照动力学原理进一步将其换算为被测模拟量的变化，从而间接评价热处理效果。TTIs 一般应用于非稳态传热条件下的流体-颗粒热处理工艺，其应用通常需要依赖传热

学和动力学模型。TTIs 的应用基本原理如下：由于 TTI 指示剂的动力学变化依赖于时间温度的积累，检测指示剂变化，通过传热学和动力学计算可以获得相应的温度历史。当然，如果不考虑热处理条件，相应的温度历史很可能不是唯一的。因此，应用 TTIs 获得温度历史的定解条件时必须使用非稳态数学模型。可以通过 TTI 结合数学模型解决以下问题：①推算出 TTIs 所经历的温度历史，由数学物理方程解的唯一性定理可知，在定解条件下温度历史是唯一的。同时，可由非稳态数学模型得到颗粒的全局温度历史；②用假设-数值逼近的方法推算出某一个未知定解条件，如 h_{fp}，参见 7.3.3 节；③推算出其他动力参数，如致死率、F 值、M 值等；④推算出食品品质变化，如营养损失、微生物致死等。品质变化测定主要有两种 TTI 方法：一是将食品颗粒视为整体，研究热敏性营养物质的损失，从而鉴定热处理效果，这时宜采用指示剂均匀混合方式制作 TTIs，用于测定"平均品质保存率"（Rao et al.，1981）；二是选取食品颗粒中特定的受热位点进行研究，制作该情况下的 TTIs 时可以将指示剂用胶囊式的方法进行包埋，测定胶囊所在位置的品质变化。

理想的 TTIs 应具备：①造价低，容易快速制备；②载体热物性和流体力学性质与被模拟食品相同或近似；③指示剂容易测定，且动力学性质如活化能 E_a 值和 z 值应与被模拟食品热处理变化的相应参数的数值近似；④使用方便、测量准确。

根据使用需要，TTI 指示剂在载体中有不同的空间分布形式，共有三种：中心、表面和均布。将指示剂封装在毛细管置于载体中心是最主要的应用形式，将 TTI 指示剂与载体均匀混合也较常用。

在流体-食品影响的热处理研究中，TTIs 常常是获得温度历史的唯一手段，还可广泛用于动力学分析研究，如推测 M 值、F 值及品质保持率等。从现有文献资料看，笔者课题组是国内唯一应用 TTI 技术开展食品热处理研究的团队。

2. TTI 指示剂

指示剂的种类可以将 TTIs 分为以下三种（Hendrickx et al.，1995）。

（1）生物 TTIs：其指示剂主要是一些热稳定性较强的生物试剂，如酶制剂与微生物孢子。最早的微生物 TTI 是用包埋的嗜热脂肪芽孢杆菌（*Bacillus stearothermophilus*）验证颗粒食品杀菌工艺（Hinton et al.，1989）。常用的微生物 TTI 指示剂还有球形芽孢杆菌（*Bacillus coagulans*）、枯草芽孢杆菌（*Bacillus subtilis*）等。微生物 TTI 通过检测热处理过程前后指示剂的减少量或残余量来反映相应的温度，其优点是微生物对温度的敏感性好，缺点是部分微生物培育和检测周期长，并且有污染食品的危险。相比于微生物 TTI，以酶为指示剂的 TTI 易于操作和检测，因而越来越受到重视，常用的指示剂有 α-淀粉酶、辣根过氧化物酶等。随着生物技术的飞速进步，这类方法不断得到发展，并被广泛应用。

（2）化学 TTIs：其指示剂主要是一些会随温度变化发生特征性化学反应的化合物。通过分析这些化学反应与温度、时间的关系进行测量。化学 TTIs 应用时间最早，目前已有 40 余年的成功运用经验（Mulley et al.，1975）。此类指示剂操作灵活，检测精度高，缺点是可以供选择的相关指示剂很少，如硫胺素、双糖水解（Pflug and Odlaug，1986）。

（3）物理 TTIs：其指示剂是能随温度变化而发生相应物理变化的物质。Witonsky（1977）首次构建了物理 TTIs，所用指示剂是一种渗透性能会随温度变化的物质，后来又出现电子热分析单元（thermal memory cell）TTI（Ganesan et al.，1991）。近年来随着计算机和传感器技术的快速发展，越来越多的固定的或可移动的温度传感器也被视为物理 TTI，它们的应用使数据记录和处理变得更加快捷。

已经测定得到 z 值的 TTI 实例有：辣根过氧化物酶（z 值 55.4℃）（高毅等，2007）、α-淀粉酶（z 值 7.36℃）（邓力等，2017）；化学 TTI：硫胺素（z 值 18℃）、双糖水解（z 值=18℃）；物理 TTI：蒸汽渗透组件（z 值 10℃）等。研究中使用较多的是生物 TTIs。

3. 食品模拟物

食品模拟物是在实验室制作的一类用于研究食品热处理的实验模型，用于替代真实的食品材料，可消除真实食品不均匀的、复杂多样的外形结构与内部组成对实验结果带来的负面影响，可以更真实、准确地反映食品热处理效果（Halden et al.，2010）。食品模拟物主要分为固体和液体两种，以前者应用居多，其材料选择与构建方法视具体热处理条件的要求而定。优质的食品模拟物必须能够反映真实的热处理过程并能提供准确数据。目前，食品模拟物的应用主要集中在杀菌技术方面。

1）连续液体-颗粒食品无菌工艺研究

在液体-颗粒食品无菌工艺中，食品颗粒复杂多样的组织和外形、液体部分复杂的流变特性、加工中食品热物理性质的变化（如加热过程中食品的边界移动、热物性的温度依赖性等）、运动颗粒的温度测量等都会影响无菌工艺的理论计算和实验验证，使得这一技术的复杂性远远超过液体食品无菌工艺和传统罐头杀菌技术（Silva et al.，1992），因此必须大量使用各种食品模拟系统替代真实食品进行研究（邓力和金征宇，2004）。在这些食品模拟系统中，最完善的是基于海藻胶颗粒技术的食品模拟系统（Hinton et al.，1989）。该食品模拟物的制作是将微生物与食品混合置入海藻酸钠中，可做成类似真实食品的形状和尺寸。然后用它模拟真实工艺条件，如 pH、蛋白质和脂肪含量（Ronner，1990）。

2）欧姆杀菌技术研究

欧姆杀菌的特征是通过欧姆加热作为杀菌热源，一般认为，欧姆杀菌的致死机理与热致死机理相同。虽有研究表明电场的非热致死效果也会产生一定的作用，但是没有得到研究者的一致认可。该技术目前主要应用于高黏度液体食品超高温杀菌。尽管欧姆杀菌也在液体-颗粒混合食品的杀菌上有应用，但都停留在实验室规模，尚未见到应用于商业生产的报道。其加热的效果主要受工作电压与材料本身电导率的影响，为了更好地研究这两者间的关系，大量食品模拟体系被设计和开发并得到广泛应用。早期 Halden 和 Alwis 等利用猪肉、土豆颗粒与盐溶液组成的混合物，研究了溶液电导率的变化对杀菌效果的影响（Halden et al.，2010）；Filiz 和 Coskan（2005）为了研究不同工作电压的效果，设计出由甲基纤维素溶液与牛肉颗粒组成的食品模拟系统。这方面的研究一直没有间断过。将欧姆加热应用于液体-颗粒混合物一直是研究热点，由于冷点难以确定，该方法一直未见突破性应用成果。

3）微波杀菌研究

微波杀菌加热快捷和便利，因而被越来越多地应用到食品再加热。由于该技术加热的不均衡，这项技术很难应用于食品加工。微波加热产生的热量与微波的频率和功率、食品的介电常数、介质损耗系数以及食品在微波场中的空间位置有关。而食品的介电常数、介质损耗系数是温度依赖性的，同时为保证微波加热的均匀性，食品在加热过程中是运动的，因此在微波加热过程中食品空间内温度分布表现出高度复杂的变化性。Sakai 等（2005）设计了不同盐浓度的琼脂凝胶组成的食品模拟系统，通过监控不同位置随时间发生的温度变化，研究不同食品的介电常数、空间位置对微波加热效果的影响，并得到了系统温度分布图。

作为热处理验证使用的食品模拟物，必须满足以下要求（Hendrickx et al.，1995）：①质地均匀，可以加工成适宜的大小和形状；②本身性质稳定，适合与指示剂结合使用；③在水分含量、热物性等方面与真实食品有一定的相关性；④结构稳定，热处理过程中指示剂不会泄漏；⑤可以承担一定的压力，不会瓦解；⑥易保存，可以随时使用，不需要特别制备。

固体食品模拟物主要有三类：①金属制作的胶囊，其特点是形状稳定、可重复使用，但由于金属本身与真实食品相差太远，这种方法已经很少使用（Teixeira and Manson，1983）；②真实食品，在杀菌研究早期曾广泛使用（Kim and Taub，1993），但由于食品本身的一些缺陷，如结构不均匀、组织强度小、本身热稳定性不好等缘故，应用范围受到限制；③以海藻胶颗粒技术为代表的凝胶颗粒食品模拟系统（Bhamidipati and Singh，1996）。这种食品模拟物的优点是结构均匀、组织强度大，并且可以模拟真实产品的真实环境[如酸度（pH）、水分活度（Aw）等]以及食品成分（如蛋白质、脂肪等）对微生物的保护作用。该技术在液体-颗粒食品无菌工艺中得到广泛应用，但用于 FUHTS（流态化超高温杀菌）时，其质构和持水性都不能满足研究的要求；用于烹饪时，在爆炒等强烈加热和运动条件下其强度不能满足要求。

4. 烹饪研究用 TTIs 的要求

烹饪热处理过程中，肉类食品成熟的 z_M 值通常小于 10℃，而过热值的 z 值在 30℃左右，因此需要动力学参数类似的指示剂。由于传统杀菌研究中，F 值的 z 值为 10℃左右，而蒸煮值的 z 值为 30℃左右，因此可以参照文献寻找合适的指示剂。但食品模拟物方面，由于烹饪高温爆炒，机械搅拌和高温闪急蒸发造成组织破断，都对食品模拟物的强度有较高要求。经试用，目前文献上的多种亲水胶体模拟物都出现溃破等问题，不能满足需求，需要开发新的食品模拟物。FUHTS 所需 TTIs 情况与此类似。

理想的烹饪研究用 TTIs 应具备与被模拟食品近同的外形和热物性，有能够经受高温油爆和剧烈搅拌的内部组织强度，其动力学参数与需要指示的成熟值和过热值接近。

6.3.2 烹饪研究用 TTI 指示剂的寻找与标定

1. 研究目标

从安全卫生和方便易用考虑，耐高温酶是烹饪研究用的合适指示剂。但由于动力学指标并非酶的产品参数，因此必须自行筛选合适的酶。从 2005 年至今，课题组的高毅、徐林、周杰、黄德龙等筛选了多种 TTI 酶指示剂。简述测定结果如下。

2. 辣根过氧化物酶

辣根过氧化物酶（horseradish peroxidase）具有优良的热稳定性，常作为指示剂广泛应用在对食品热处理的研究中（Weng et al.，1991b）。

酶的热失活动力学参数测定并不复杂。不妨列出第 2 章的 D 值和 z 值的计算公式。根据动力学原理，酶加热失活 D 值与酶浓度之间的关系为

$$D=-\frac{t}{\lg(N/N_0)} \tag{2-10}$$

式中：D 值是在一定温度下酶活减少 90%所需的时间，min；t 是加热时间，min；N_0 是原酶活，U；N 是加热时间为 t 时的剩余酶活，U，t=0 时，N=N_0。

而 z 值与 D 值的关系为

$$z=\frac{T-T_{\text{ref}}}{\lg D_{\text{ref}}-\lg D} \tag{2-12}$$

式中：z 值是 D 值减少 90%所需要的温度，℃，表征酶失活的温度敏感性；T 是加热温度，℃；T_{ref} 是参考温度，取 100℃；D_{ref} 是参考温度下品质因子递减时间，min。

参考温度下等效加热时间，即在特定的变温加热条件下酶活变化等效于参考温度下的恒温加热时间，定量表征加热强度，计算公式为

$$S=\int_0^t 10^{\left(\frac{T-T_{\text{ref}}}{z}\right)}\mathrm{d}t \tag{6-16}$$

式中：S 是参考温度下等效加热时间，min；T 是颗粒中心温度，℃；T_{ref} 是参考温度，取 100℃；t 是加热时间，min。

高毅等（2007）测定了不同温度下的辣根过氧化物酶活残存率，计算出 D 值和 z 值。辣根过氧化物酶 z 值半对数和 D 值曲线分别如图 6-20、图 6-21 所示。

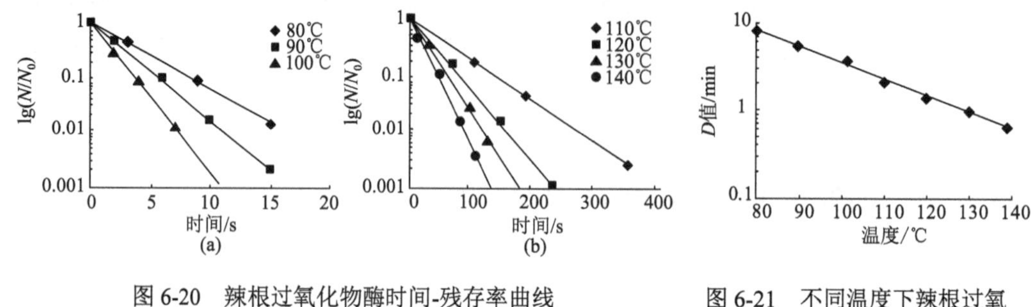

图 6-20　辣根过氧化物酶时间-残存率曲线

图 6-21　不同温度下辣根过氧化物的 D 值曲线

计算得出辣根过氧化物酶的 z 值为 55.4℃。Bhamidipati 和 Singh（1996）与 Lineback（1994）报道的辣根过氧化物酶的 z 值分别为 48.4℃和 42.2℃。这些差异推测是由于酶的来源不同、纯度不同或是酶中的微量成分不同。计算得出辣根过氧化物酶 E_a 值为 170 kJ/mol、D_{121} 值为 1.41 min。辣根过氧化物酶的 z 值、E_a 值、D_{121} 值均与加热过程中真实一般食品品质变化的相关参数 33℃相对接近，适合作为蒸煮值和过热值的指示剂，但不适合指示更为重要的烹饪成熟值。

3. 耐高温 α-淀粉酶

徐林（2008）测定了一种耐高温 α-淀粉酶，计算得出耐高温 α-淀粉酶的 z 值为 35.34℃。Mehauden 等（2007）及 Tucker 和 Brown（2007）报道的耐高温 α-淀粉酶的 z 值分别为 23.5℃和 25.6℃。计算得出耐高温 α-淀粉酶 E_a 值为 63.2 kJ/mol、D_{121} 值为 3.28 min，该指示剂的 z 值作为成熟值的指示剂过高。

4. 耐高温 α-淀粉酶（诺维信（中国）生物技术有限公司）

周杰等（2013）测得该耐高温 α-淀粉酶的 z 值为 21.14℃。同时，通过提高酶液浓度及酶活测定的检出限，提高了 TTIs 的准确度。

5. 耐高温 α-淀粉酶（江苏博立生物制品有限公司）

邓力等（2017）测得该耐高温 α-淀粉酶的 z 值为 7.36℃，是理想的烹饪研究用 TTI 指示剂。

根据经验，不同厂家，甚至同一厂家不同批次的 TTI 酶指示剂耐高温酶的动力学参数都可能不同。在使用时，要逐批检测。较好的方法是一个批次购买量较大，测定后短期内连续使用。因为同一批样品，在放置一段时间后，动力学参数测定结果会发生漂移。

6.3.3　烹饪研究用食品模拟物的构建

1. 胡萝卜海藻酸钠食品模拟物

1）应用目的

多数食品模拟物都是人工凝胶，周杰等（2013）研究了一种胡萝卜海藻酸钠凝胶（sodium alginate gel，g-SA），适合于热处理强度不高的中式烹饪研究。因为含有食品成分，其性质与天然食品接近。该法可以灵活应用于其他各种食品的模拟。

2）胡萝卜 g-SA 的制作

新鲜胡萝卜，去皮后在沸水中煮 20 min 软化，晾干表面准确称取 300 g 胡萝卜，另加 100 mL 蒸馏水于打浆机中制作成胡萝卜糜备用。再准确称取 0.225 g 柠檬酸三钠与不同质量的海藻酸钠混合一同加入 100 g 胡萝卜糜中，用搅拌器充分搅拌 5 min，用模具定型后放入 300 mL 不同浓度的氯化钙溶液中浸泡。

3）胡萝卜 g-SA 模拟物特性

通过单因素实验以及响应面方法优化了制作胡萝卜 g-SA 的配比。结果表明，在 g-SA 浓度 4.5%、氯化钙浓度为 2.5%和浸泡时间为 30 h 的优化条件下，模拟物硬度为 1.923×10^4 Pa ± 0.7×10^6 Pa。质构分析结果表明，胡萝卜 g-SA 模拟物的硬度和胶性比真实的胡萝卜小，但是研制的模拟物具有较好的凝聚性，优势明显，而且胡萝卜 g-SA 模拟物质构的回复性也优于真实的胡萝卜，质构特性见表 6-3。该食品模拟物组织结构均匀，颜色鲜艳，与胡萝卜外观高度相似，但具有均匀一致的品质，见图 6-22。

表 6-3　胡萝卜与模拟物的质构特性对比表（周杰等，2013）

样品	硬度/g	凝聚性/%	回复性/%	胶性/g
模拟物凝胶	1863.9	81.88	38.28	1526.18
胡萝卜	5884.9	48.46	36.32	2851.85

胡萝卜片a　胡萝卜片b　食品模拟物　胡萝卜片c　胡萝卜片d

图 6-22　模拟物与胡萝卜的对比照片

2. 构建魔芋葡甘聚糖食品模拟物

本部分内容主要来自文献（高毅等，2007）。

1）研究目标

由于烹饪爆炒和 FUHTS 工艺的特殊性，文献报道的食品模拟物的强度和硬度等都达不到要求。烹饪研究用的食品模拟物不仅要有均匀的质地和良好的热物性，还要有优良的质构性质。

目前最常用的食品模拟物海藻胶颗粒在测试中出现了炸裂、溃破、脱水等情况，不能满足烹饪研究需要，因此需要制作新的食品模拟物。研究各种凝胶性质的文献后，发现魔芋葡甘聚糖（konjac gluco mannan，KGM）中的热不可逆凝胶（g-KGM）性质独特，有作为新型食品模拟物的潜力。

2）g-KGM 及 g-SA 的制作

g-KGM 的制作：在真空排气处理后 200 mL 的 pH 为 12.0 磷酸缓冲溶液中缓慢加入魔芋精粉，至终浓度为 6%（*w/v*）。然后在 30℃下搅拌 10 min。90℃水浴 2 h 后形成胶体（王修俊和张义明，1999）。

g-SA 的制作：将 20 g 马铃薯淀粉和 7.2 g 海藻酸钠搅拌均匀后加入 85 mL pH 为 6.1 的磷酸缓冲液，然后在另一份 85 mL 磷酸缓冲液中缓慢加入 0.12 g 柠檬酸钠和 0.48 g 硫酸钙，搅拌至全部溶解。将两份溶液混合，600 r/min 搅拌均匀，静置 2～3 min 后成胶（Bhamidipati and Singh，1996）。

3）g-KGM 和 g-SA 的比较

a. g-KGM 和 g-SA 持水性的比较

水分含量是决定热物性的重要指标之一。水的流失会引起材料的热物性质发生变化，导致传热学研究的误差。为准确验证数学模型，食品模拟物在热处理前后必须保证水分没有大量流失，因此持水率是衡量食品模拟物的重要指标之一。

g-KGM 和 g-SA 在不同温度下的持水率如图 6-23 所示。由图可知，两者持水率都随温度的升高而降低，但在 100℃以上的温度处理时，g-SA 的持水率下降更快。其主要原因是由于 g-SA 在高温下表面容易形成硬壳，致使结构和热物性不一致。

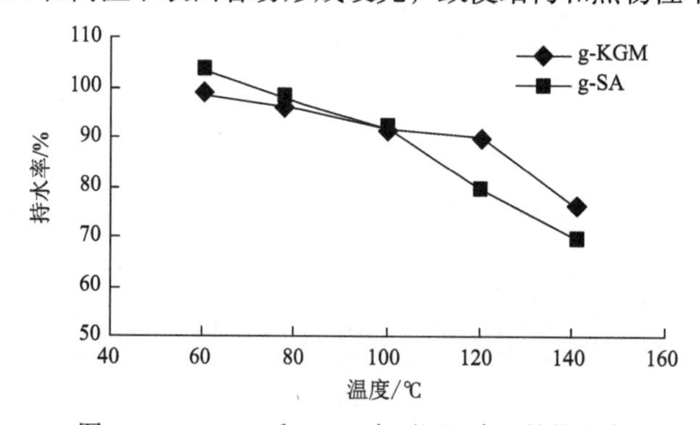

图 6-23　g-KGM 和 g-SA 在不同温度下的持水率

g-KGM 优良的持水性与其分子结构有关。g-KGM 分子是由吡喃型葡萄糖和吡喃型甘露糖以 β-1,4-糖苷键连接而成的。它可以形成柔软的螺条，螺条上带有维持其构象的乙酰基修饰基团，使之形成具有空隙的双螺旋结构。这些结构和游离的糖链能保持大量水分，使 g-KGM 具有较好的持水性。

b. g-KGM 和 g-SA 的质构特性比较

质构特性包括硬度和压缩变形。g-KGM 和 g-SA 在不同温度处理后，用质构测定仪测得一系列应力曲线，如图 6-24 所示。

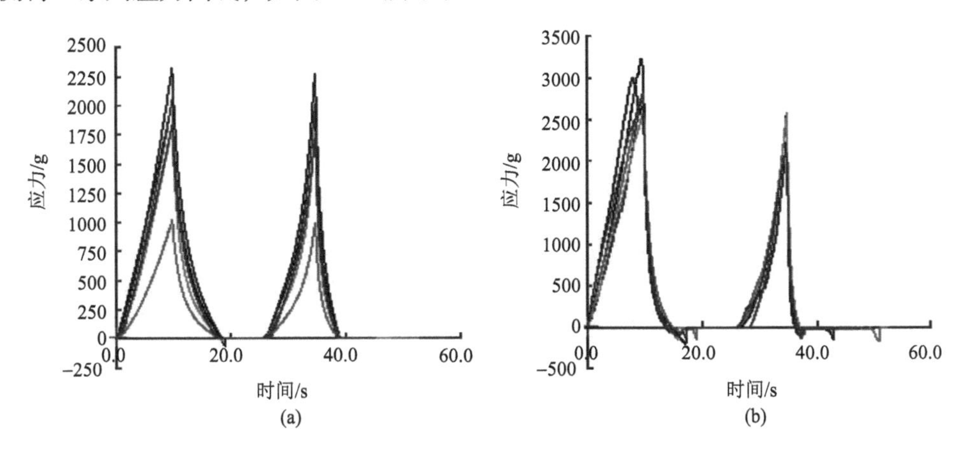

图 6-24　g-KGM（a）与 g-SA（b）不同温度下的应力曲线

再由应力图专用分析软件处理得到 g-KGM 和 g-SA 在不同温度处理下的硬度和弹性变化规律，如图 6-25 和图 6-26 所示。

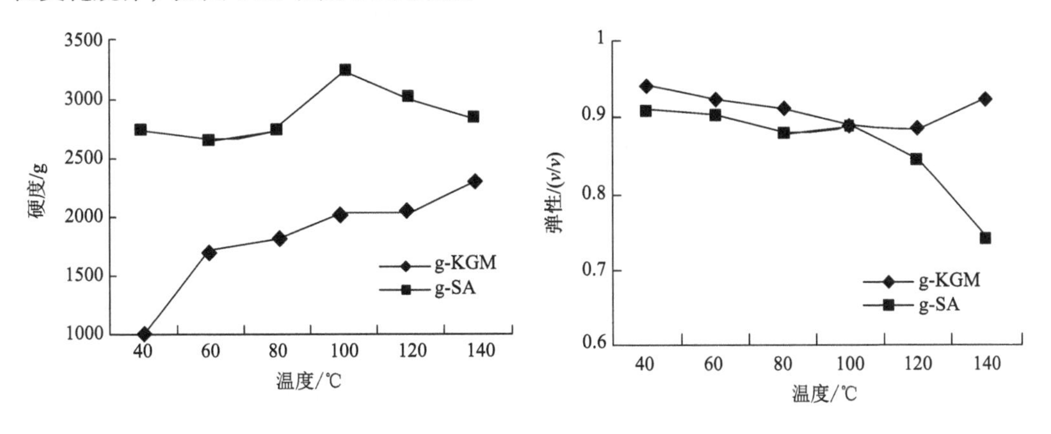

图 6-25　g-KGM 与 g-SA 在不同温度下的硬度　　图 6-26　g-KGM 与 g-SA 在不同温度下的弹性

g-KGM 是在碱性条件下魔芋甘露聚糖经过系列反应形成高强度可拉伸的凝胶，温度升高，分子间振动加剧，硬度随之升高。g-SA 的主要成分是淀粉，初始硬度高于 g-KGM，温度升高后，淀粉糊化后质构发生变化，硬度反而下降。在几何形状方面两者在低温时都能良好保持，温度升高后 g-SA 弹性较差。综上，g-KGM 的质构特性优于 g-SA，更适合作为高温热处理研究用食品模拟物。

6.3.4　TTIs 系统的构建与应用

1. TTIs 系统的构建

1）指示剂封装技术

因为 g-KGM 有较强的碱性，且含有残余淀粉，作为 TTI 指示剂的耐高温 α-淀粉酶不适合采用混匀加入的均布形式。为方便数值计算，烹饪研究中采用玻璃毛细管封装 TTI 指示剂制成毛细管胶囊后置于食品或食品模拟物的几何中心。由于数学模型是按照中心温度开展计算的，指示剂越接近几何中心，TTI 分析结果的准确度越高。研究中采用更为细小的毛细管可以提高 TTIs 的准确度，但过细的毛细管会导致酶液过少，要求更高的酶活测定技术。

毛细管胶囊的制作方法：采用内径为 1 mm 左右的毛细管，使用酒精喷灯烧结一头，待冷却后用微量注射器加入 0.06 mL 酶液。使用冰冻处理后的夹具夹住装有液体的部分，用酒精喷灯烧结另一头，迅速冷藏处理。尽量减少酶液在过高或过低温度环境下的放置时间。必要时，通过开封检测封装后的酶活损失，判断封装效果。封装后的毛细管见图 6-27。

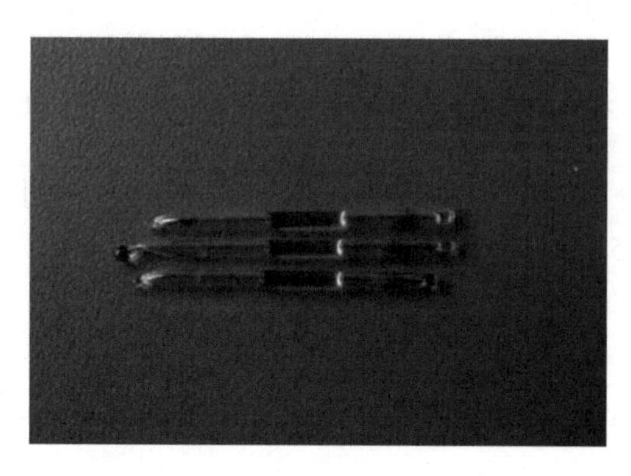

图 6-27　毛细管封装后的耐高温 α-淀粉酶 TTI 指示剂（周杰等，2013）

2）食品模拟物的形状控制

食品模拟物的形状受数值模拟所需传热学特征尺寸限制，需要形状规整，便于计算，尤其需要尺寸保持完全一致。手工切割可以做成各种形状，却难以保持尺寸一致。高毅等（2007）采用打孔器在整块 g-KGM 凝胶上打孔，得到长条圆柱形模拟物。一套打孔器有多种规格，因此可以取得一系列直径的模拟物，且直径范围与烹饪食材类似。在传热学数值模拟时，假设圆柱形模拟物为无限长圆柱（只要稍长就不影响模拟精度），只需一维建模，简单高效。

3）TTIs 的封装

毛细管插入圆柱 g-KGM 凝胶时，是否在中心对 TTIs 的使用结果有显著影响，稍微偏离就会产生较大误差。之前常用方法是借助 g-KGM 凝胶的半透明特性，使用强光源，轮流正交观察确定中心位置，取得了良好效果。课题组随后开发了 TTIs 插入对准装置，只需将模拟物放入卡槽扣紧后从装置上方细孔插入毛细管胶囊就可准确插入中心。装置示意图见图 6-28 及图 6-29，3D 打印得到的实物图见图 6-30。

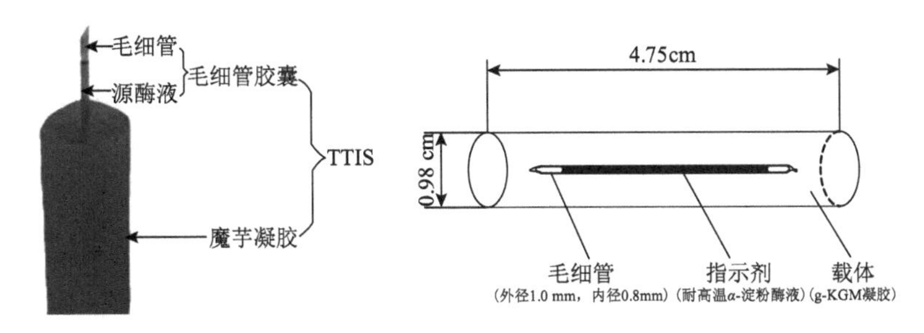

图 6-28　一种封装后的 g-KGM/耐高温 α-淀粉酶 TTIs 实物（中心插入毛细管）及结构图（邓力，2017）

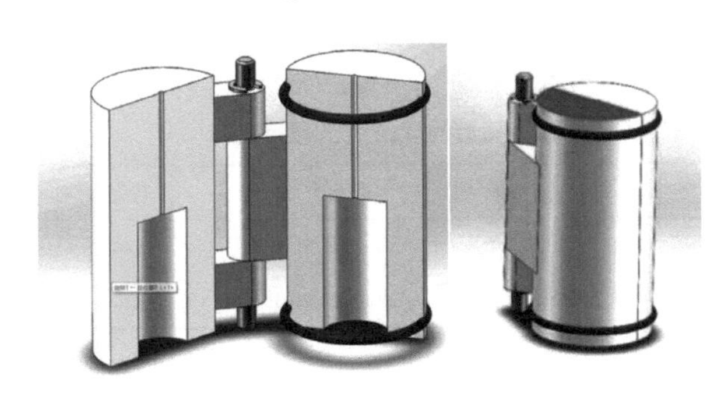

图 6-29　TTIs 插入对准装置 3D 设计图

图 6-30　TTIs 插入对准装置实物图

构建后的 TTIs 还需对其可靠性开展验证。在可控的稳态、非稳态热处理条件下使用 TTIs，用传热学/动力学数学模型计算出残余酶活，再与实测值比较，即可判断 TTIs 的准确性。达到要求的 TTIs 就可以用于各种烹饪研究了。

4）TTIs 的检测验证

由式（2-10）和式（2-12）可以得到：

$$\frac{N}{N_0}=10^{\left[-\frac{1}{D_{\mathrm{ref}}}\int_0^t 10^{\frac{(T-T_{\mathrm{ref}})}{z_{\mathrm{E}}}}\mathrm{d}t\right]} \tag{6-17}$$

式中：N、N_0 分别是 TTI 指示剂的测定酶活和初始酶活，U；D_{ref} 是在参考温度（可设为与成熟值相同）下的酶热失活 D 值，min；T_{ref} 是参考温度；z_{E} 是酶的 z 值，℃。

直接用烹饪传热学及动力学数据采集分析系统采集测温 TTIs 的中心温度数据，按上式计算得到酶活残存率，用于验证真实 TTIs 的测定酶活。可以在为验证而设计的静态温度条件下开展验证，测温 TTIs 可以不安装指示剂毛细管，而只用模拟物，被验证 TTIs 则安装指示剂毛细血管。两者同时经历相同的热处理，可以保证验证的准确性。

进一步，还可以通过采集 M 值直接推算酶活残存率，由于采集系统上可实时显示动力学函数值，进一步方便了测定操作。由成熟值定义式（2-44）和式（6-17），容易推导得到：

$$\frac{N}{N_0}=10^{\frac{-D_{\mathrm{refq}}M}{\int_0^t 10^{(T-T_{\mathrm{ref}})\left(\frac{z_E-z_M}{z_E z_M}\right)}\mathrm{d}t}} \tag{6-18}$$

式中：M 是成熟值，min；z_M 是基于感官评价的烹饪成熟品质因子 z 值，℃；z_E 是酶的 z 值，℃。

高毅等（2007）将制作好的 TTIs 在 4 种不同条件下进行热处理，实验测定 TTIs 中残留的辣根过氧化物酶酶活和理论计算酶活结果如表 6-4 所示。理论和实测酶活结果吻合度较好，说明构建的辣根过氧化物酶 TTIs 准确度较高。

表 6-4　TTIs 中残留的辣根过氧化物酶酶活的理论值和实测值

处理方法	95℃/4 min	135℃/1 min	梯度升温	包埋加热
理论酶活/（U/mL）	120.06	50.62	236.51	41.35
实测酶活/（U/mL）	125.58 ± 6.50	55.25 ± 3.69	250.35+20.35	50.20 ± 5.26

徐林（2008）在 4 种不同温度、时间条件下处理后，测定 TTIs 中残留的耐高温 α-淀粉酶酶活，同时计算出理论剩余酶活，两者对比吻合度较好，如表 6-5 所示。

表 6-5　TTIs 中残留的耐高温 α-淀粉酶酶活实际值和理论计算值

处理方法	95℃/5 min	105℃/3 min	115℃/2 min	125℃，加热 1 min 后冷却再加热 1 min
理论酶活/（U/mL）	11162.3	10356.7	8742.0	4142.0
实测酶活/（U/mL）	11153.2±85.3	10360±56.0	8748±66.3	4138±48.3

邓力等（2017）对构建的 g-KGM/耐高温 α-淀粉酶 TTIs 按表 6-5 中加热条件处理后，测得实际剩余酶活；采用烹饪传热学及动力学数据采集分析系统采集得到相同加热条件下 TTIs 载体中心温度-时间关系，由式（6-17）计算得到剩余酶活，结果见表 6-6。两者酶活最大误差为 2.23%。这一准确度能够满足烹饪热处理验证的需要。

表 6-6　TTIs 实测酶活与动力学模型推算酶活

处理条件	100℃/3.00 min	120℃/2.00 min	140℃/1.50 min
TTIs 实测酶活/（U/mL）	54945	53387	54362
动力学计算酶活/（U/mL）	53722	53586	53896
误差/%	2.23	0.37	0.86

2. TTIs 在烹饪研究中的应用

TTIs 检测无误后，再配合相应的传热学和动力学模型，可以用于实验传热学和动力学相关研究。一些关键的烹饪研究中，TTIs 甚至是唯一手段。这也是课题组历时十多年潜心开发烹饪研究用 TTIs 的目的，其无法回避。

1）温度历史测量

在流体-固体的非稳态热处理中，置入 TTIs，处理完成后测定 TTIs 的变化，以不同定解条件开展传热学模拟计算得到不同温度历史，再由温度历史计算出残余酶活，当计算值与实测值相同时，该温度历史就是目标数据，相对应的定解条件即为目标条件。

采用 TTIs 获得温度历史是 TTIs 应用的主要目的之一，以其为基础可以开展一系列实验传热学研究。需要注意的是，TTIs 的应用高度依赖于传热学和动力学数学模型。模型的可靠性、参数是否准确，直接影响 TTIs 的应用测量效果。

2）对流传热系数 h_{fp} 等参数的测定

具体方法是将由食品模拟物和指示剂组成的 TTIs 放入烹饪食材中一起经历烹饪加热过程，结束后取出 TTIs 测定指示剂变化率。以假设的 h_{fp} 模拟计算温度历史，再由该温度历史根据 TTIs 指示剂的动力学参数计算出指示剂变化率。当计算值和实测值相同时即得目标 h_{fp}。

除了测定烹饪传热的关键参数 h_{fp} 外，上述方法还可以用于其他传热学定解条件的参数测定，测定时只需要将 h_{fp} 换成其他定解条件参数。有关 TTIs 的主要应用及具体方法见本书 5.6 节油炒中颗粒加热均匀性研究，7.3 节对流传热系数的测量，9.7.3 节基于 TTIs 将手工烹饪转变为自动烹饪方法，10.4 节不同烹饪工艺的传热、成熟及 h_{fp} 对比。在第 5 章、第 8 章的数值模拟中 TTIs 也用于获取关键参数对流传热系数 h_{fp}。在烹饪科学研究中 TTIs 不可或缺。

6.4　参数化烹饪试验平台的设计构建

6.4.1　必要性

1. 试验平台的重要性

由于烹饪工艺的复杂性，加之以手工烹饪为操作基准，极大提升了其研究难度，尤其是存在试验结果重复性差、稳定性差等问题。目前针对烹饪品质研究的主要试验手段为测定烹饪前后品质的定位法，该方法存在试样重复性差、品质稳定性不可控等问题，已难以满足复杂的中式烹饪过程动力学、传热学研究需求。因此，需构建一套稳定、准确、快速、重复性好的烹饪模型试验装置。

2. 平台的设计思路

油炒作为典型的中式烹饪操作，工艺复杂多样，有晃、颠、翻、倾等锅具动作，翻、划、拨和搅等锅铲动作，常常快速而剧烈，锅具内液体-颗粒的相对运动快速且分布不均，难以直接测量。针对这一烹饪研究中遇到的典型问题，通过采取固定食材颗粒位置，控制加热介质的流速，使物料颗粒-介质间产生相对运动，以模拟真实油炒过程中的颗粒与加热介质的相对运动。

搅拌作为中式烹饪的关键操作之一，对烹饪传热及品质影响较大。搅拌可加快物料与加热介质间的相对运动，增强食材颗粒与介质间的相对流速，进而增大其对流传热系数 h_{fp}，最终增大换热速率。因此，在固定食材颗粒位置的基础上，增添流速测定仪，可开展更进一步的实验传热学及流体力学研究。

借助可调速调温恒温油浴锅，结合检测装置，以模拟不同温度、不同搅拌强度、不同阶段的烹饪过程，并采集所需时间温度历史，测定典型参数等，满足烹饪过程研究的需要。

6.4.2 设计构建

1. 第一代烹饪模拟装置

第一代烹饪模拟装置由可调温恒温油浴槽、烹饪传热学及动力学数据采集分析系统构成，如图 6-31 所示。该装置采用超级恒温油浴槽代替油炒烹饪，即通过油浴槽自带的油泵使食材颗粒与油脂产生相对运动，可用于对油炒和其他烹饪过程的模拟与研究。由于流速不可调节，h_{fp}基本恒定，不能模拟油炒过程中的不同搅拌效果，具有一定的局限性。

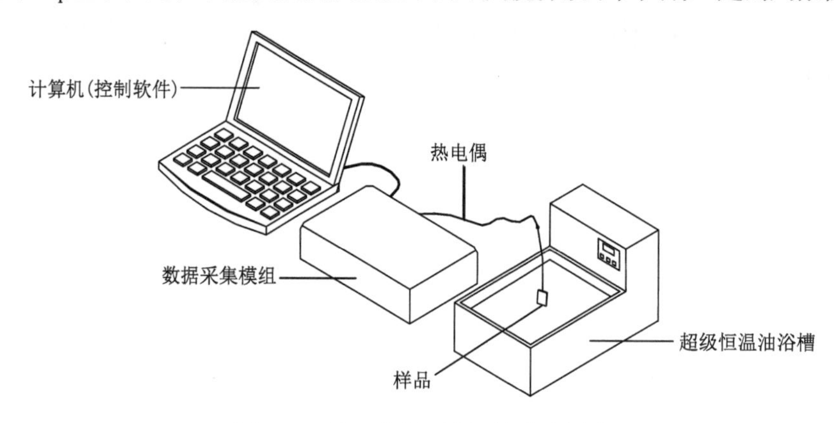

图 6-31　第一代烹饪模拟装置示意图

2. 第二代烹饪模拟装置

采用可调速油浴锅代替原有油浴锅来模拟油炒烹饪的运动，以不同温度的油浴模拟油炒，可在一定范围内以不同的搅拌强度开展相应搅拌强度的实际烹饪模拟，装置示意图见图 6-32、实物图见图 6-33。该装置的温度测量采用 6.2.2 节所述烹饪传热学及动力学数据采集分析系统，能够满足中式烹饪传热与动力学研究的需要。由于油浴锅搅匀时流速分布不均匀，因此选用皮托管对油浴锅流速进行定点测量。

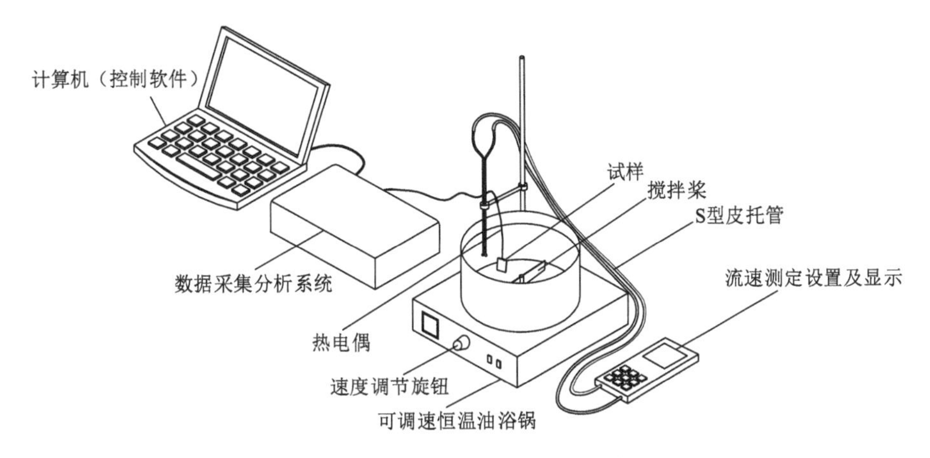

图 6-32　第二代烹饪模拟装置示意图

图 6-33　第二代烹饪模拟装置实物图

由于第二代烹饪模拟装置可调节流速有限，最大可调的 h_{fp} 值较小，而实际快速搅拌爆炒中物料的 h_{fp} 可达 2000 W/（m^2·℃）。因此，拟开发第三代烹饪模拟装置来模拟高强度搅拌，甚至是颠锅、翻锅等复杂剧烈过程，高度近似于手工烹饪，由于其难度较大，仍需进一步研究与开发。两种烹饪模拟装置，采用油为传热介质时，可模拟炒、爆、炸等油传热烹饪工艺，也可应用于水介质模拟煮、炖、卤等水传热烹饪工艺。

所开发的两代烹饪模拟装置在成熟值测定、数值模拟验证、烹饪工艺优化与控制、过程参数测定、烹饪分类研究中都作为研究平台，在笔者团队的烹饪科学研究中起到了基础性的作用。

6.4.3　流速-挡位标定

测量第二代烹饪模拟装置在不同加热介质、位点和温度下的颗粒-环境相对流速，并建立起可调挡位与流速之间的关系，以便于后续直接简便地得到试验所需颗粒与环境之间的相对流速模型。油浴锅外型和流速测量点位置见图 6-34。

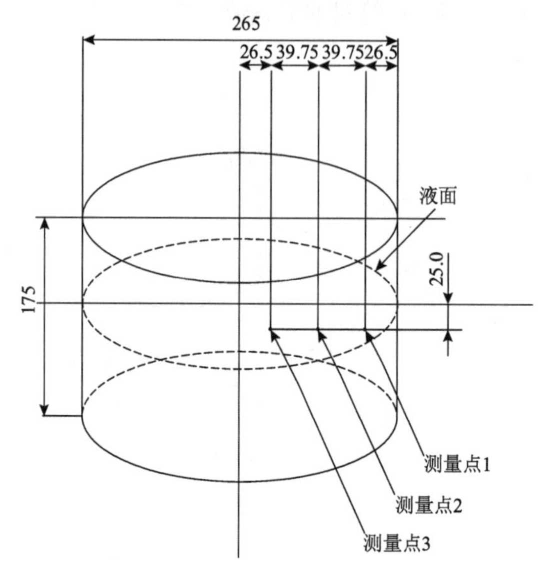

图 6-34　油浴锅外型及流速测量点示意图（单位：mm）

1. 水介质

对于水介质，首先将调速旋钮开到最大，通过皮托管测速仪测定不同温度下的压差和流速。结果见表 6-7 及图 6-35。研究中发现温度对流速的影响有限。

表 6-7　油浴锅内水介质在不同温度和位置下的最大压差和流速

温度/℃	皮托管最大压差/Pa			最大流速/（m/s）		
	测量点 1	测量点 2	测量点 3	测量点 1	测量点 2	测量点 3
70℃	115	38	27	0.41	0.24	0.20
96.6℃（沸点）	118	41	28	0.42	0.25	0.21

随后在 96.6℃下，对两个主要实测位置做了调速旋钮不同挡位与流速关系的分度测量，结果见表 6-8 及图 6-36。实际应用中，不必使用皮托管测速计，只要设定旋钮挡位，即可知道流速。

表 6-8　水介质在 100℃油浴锅不同位置不同挡位下的最大流速

调速旋钮挡位	皮托管最大压差/Pa		最大流速/（m/s）	
	测量点 1	测量点 2	测量点 1	测量点 2
1	25	6	0.19	0.1
3	53	18	0.28	0.17
5	78	25	0.34	0.19

续表

调速旋钮挡位	皮托管最大压差/Pa		最大流速/（m/s）	
	测量点 1	测量点 2	测量点 1	测量点 2
7	103	35	0.40	0.23
9	118	41	0.42	0.25

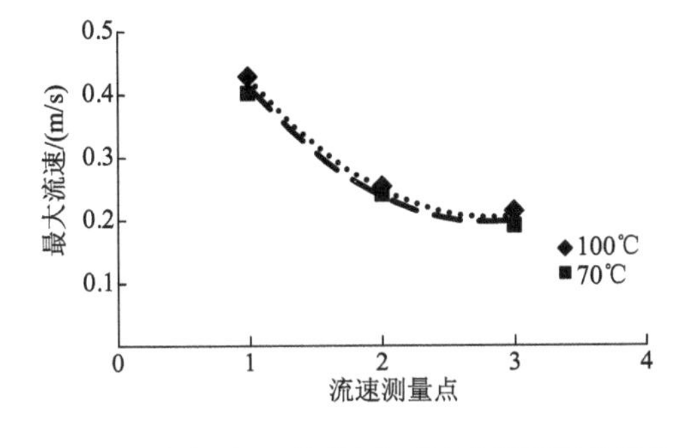

图 6-35　水介质在不同温度下油浴锅不同位置的最大流速图

图 6-36　水介质在 100℃油浴锅不同位置不同挡位下的最大流速

2. 油介质

类似地，对油介质 100℃下、160℃下的旋钮调节作流速分度测定如表 6-9～表 6-11 所示，结果见图 6-37 及图 6-38。

表 6-9　油介质在不同温度下油浴锅不同位置的最大流速

温度/℃	皮托管最大压差/Pa			最大流速/（m/s）		
	测量点 1	测量点 2	测量点 3	测量点 1	测量点 2	测量点 3
70	59	22	11	0.35	0.19	0.14
100	54	28	12	0.30	0.22	0.14
130	56	25	12	0.31	0.21	0.14
160	58	24	12	0.32	0.21	0.15

表 6-10　油介质在 100℃油浴锅不同位置不同挡位下的最大流速

挡位	皮托管最大压差/Pa		最大流速/（m/s）	
	测量点 1	测量点 2	测量点 1	测量点 2
0	0	0	0	0
2	28	13	0.22	0.15
4	41	21	0.27	0.19
6	54	28	0.30	0.22
8	68	31	0.34	0.23

表 6-11　油介质在 160℃油浴锅不同位置不同挡位下的最大流速

挡位	皮托管最大压差/Pa		最大流速/（m/s）	
	测量点 1	测量点 2	测量点 1	测量点 2
0	0	0	0	0
2	29	15	0.23	0.16
4	43	22	0.28	0.20
6	58	24	0.32	0.21
8	69	33	0.35	0.24

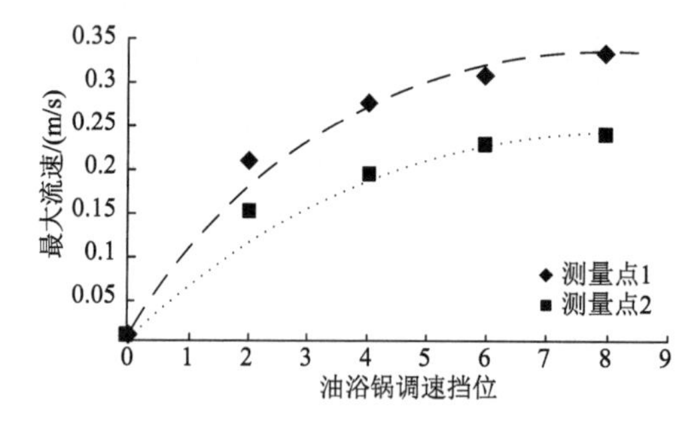

图 6-37　油介质在 100℃油浴锅不同位置不同挡位下的最大流速

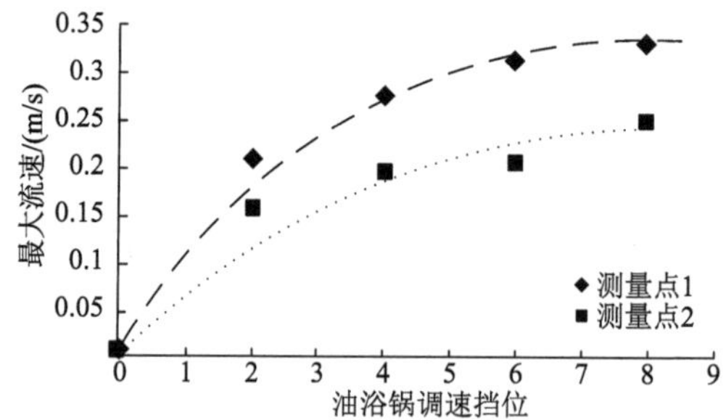

图 6-38　油介质在 160℃油浴锅不同位置不同挡位下的最大流速

6.5　FUHTS 原理验证设备的设计构建

6.5.1　研制的必要性

尽管在第 13 章中理论分析和数值模拟能够较为全面地分析 FUHTS 技术的过程规律，且实验验证设备研制代价较大，但是作为一个全新的技术原理，没有实验验证是缺少说服力的。同时一些技术问题，如闪急蒸发中食品的破断，只有在原理验证设备的基础上，才能够进行更为深入的研究。

建造这一设备的重要目的之一就是对 FUHTS 技术的核心参数 h_{fp} 的理论模拟结果予以证明，从而确立技术优势基础，证实其关键技术可行性。因此在设备设计上重点考虑这一研究目的。

开发流程如下：原理学习，初算，算法及参数收集⟶方案构想⟶制造难度评估⟶方案筛选⟶确定方案⟶确定制造企业⟶设计-验算-设计⟶压力容器制造⟶元器件购买⟶自控设计及软件编制⟶制造，调试，改造⟶联动试车、拆卸运输及安装⟶验收⟶软硬件调试⟶消除软件 bug 和安全隐患⟶应用。

6.5.2 功能、组成及系统原理

1. 基本功能

FUHTS 原理验证设备基本功能包括：液-固流态化加热实现固体食品超高温杀菌；常压及真空冷却；流态化冷却；多点温度测量及自动采集；F 值及 C 值实时测量及自动采集；压力测量及自动采集；食品液-固流态化的视频观察分析；杀菌工作温度的自动控制。具体参见图 6-39。

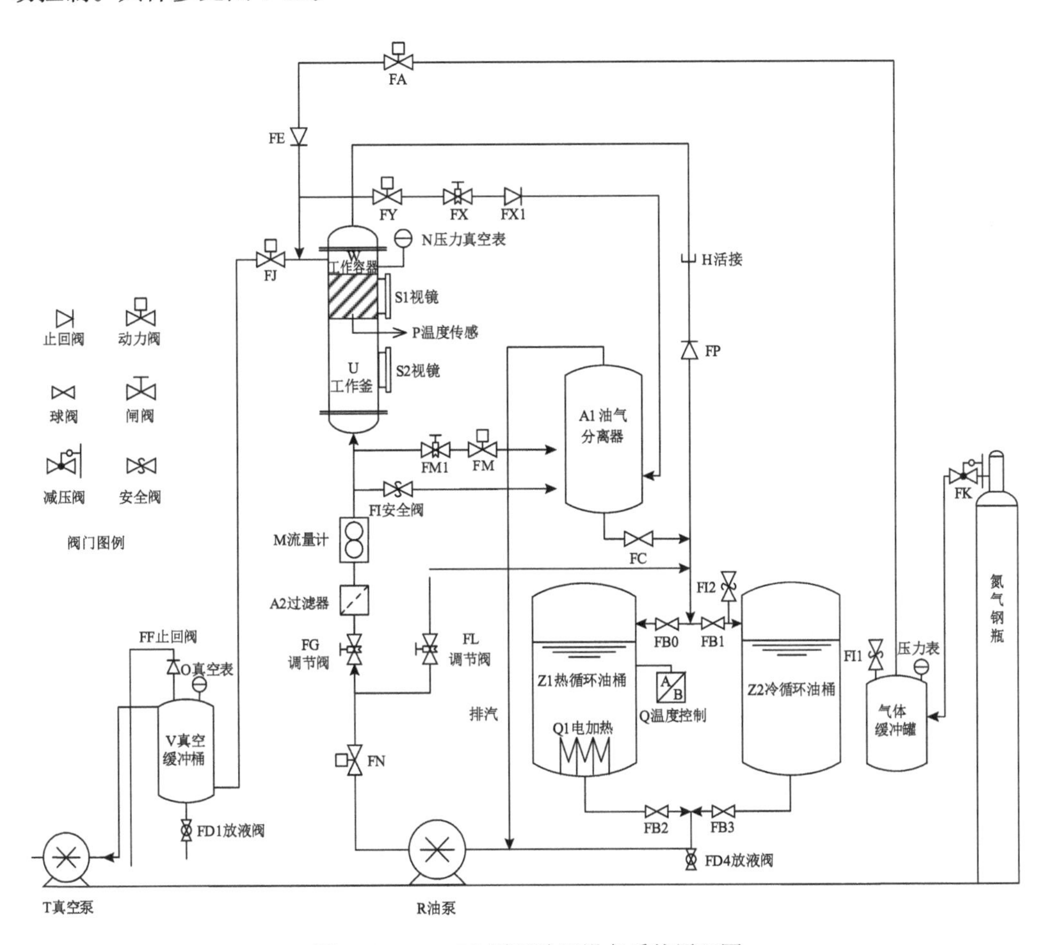

图 6-39 FUHTS 原理验证设备系统原理图

2. 设备组成

FUHTS 原理验证设备由以下部分组成：杀菌容器/杀菌釜快开结构及装料机构；杀菌介质加热、温度控制及循环系统；自动控制系统；真空系统；背景压力系统；压力、温度、F 值及 C 值实时测量系统；流量调节及测量；压力温度显示仪表；颗粒食品动态观测的照明及录像系统；支架及操作平台。

3. 系统原理

FUHTS 原理验证设备的工作原理是通过热油泵驱动液体传热介质向上运动与工作釜内的食材颗粒形成流态化对流换热杀菌，随后通过常压/真空减压蒸发降温，或者通过低温传热介质流态化对流换热降温。参见表 6-12 所示标准操作程序。

表 6-12 标准操作程序

步骤	操作	目的
1	将自控目标温度设为需要值，加热热循环油桶中油以达到目标温度	控制杀菌温度
2	关闭阀 FB2、FB3、FB1，打开阀 FB0、FC，锁紧工作釜封头，关闭阀 FC、FM、FJ、FA，打开阀 FB2、FG、FL、FN，启动油泵 R，使系统循环温度达到目标温度值	预热设备，控制杀菌温度
3	调节阀 FG 和调节阀 FL 控制流量，使流量达到设定值，调节加热器功率，使温度波动降低到最低	颗粒流体相对速度调节
4	打开 FA，调节减压阀 FK，使气体缓冲罐压力数值达到设定值	背景压力设置
5	打开真空泵，使真空缓冲桶真空度达到目标值	真空蒸发冷却真空度设置
6	食品备料，装入工作容器，打开上封头及活接，将装有试样的工作容器放入工作釜，将温度传感器插入食品合适位置，将工作容器用卡销固定，装上上封头及活接，锁紧	装料，测温准备
7	打开油泵，开始循环杀菌，达到预定时间后，关闭油泵	杀菌
8	打开阀 FY，当油液面低于工作容器后，关闭阀 FY、FA、FN，打开阀 FM，排出气体及残余热油	常压蒸发冷却
9	关闭阀 FM，打开阀 FJ 使食品真空蒸发，直到工作釜压力真空表真空度达到设定值	真空蒸发冷却
10	关闭阀 FJ，打开阀 FM	工作釜与大气平衡
11	打开工作釜上封头及活接 H，拨开卡销，取出工作容器，得到已处理食品	结束

6.5.3 关键设计计算

1. 传热学相关计算

1）基本杀菌学计算

计算内容和目的包括：适用颗粒直径范围；不同直径颗粒杀菌时间以确定操作条件、最优杀菌温度以确定传热介质温度范围。有关计算方法见第 13 章。在设计过程中进行针对性的计算，具体计算过程从略，部分计算得到参数参见表 6-13。

2）系统加热功率及升温时间计算

计算原理如下式：

升温时间=（传热介质吸收热量+设备吸收热量+设备表面散热+食品杀菌能量消耗）/加热器功率

传热介质和设备吸收热量分别等于其比热容、重量与温差的乘积；设备表面散热按照化工管道散热参比相关直径估算（大连理工大学，1989）。详细计算过程烦琐，从略。

综合平衡后采用功率为 22.5 kW，冬季（环境温度 10℃）升温到 180℃的时间≤10 min。

2. 流体力学计算

1）流体输送条件计算

根据第 14 章得到的液-固流态化操作速度表 13-4 及表 13-5 范围计算流动条件，包括热油泵的流量及扬程、工作釜及管道直径。计算过程从略。考虑技术经济综合平衡后的相关结果见表 6-13 设备技术参数一览表。

表 6-13　设备技术参数一览表

序号	项目名称	单位	数据	备注
1	标准食品数量（以鲜肉计）	g	100	
2	最大食品数量（以鲜肉计）	g	200	
3	工作釜容积	cm^3（L）	1060（10.6）	ϕ150 cm×400 cm
4	工作温度	℃	5～190	
5	加热介质标准容积	cm^3（L）	50000（50）	
6	加热介质		食用油，水	
7	工作压力	kg/cm^2	0.1～1.59	
8	标准总蒸发量（水蒸气）	g/周期	14	
9	标准常压蒸发量（水蒸气）	g/周期	8.5	
10	标准真空蒸发量（水蒸气）	g/周期	5.5	
11	加热器功率	kW	22.5	可调
12	真空管道流导	m^3/min	24.2	
13	真空泵抽速	m^3/min	0.8	
14	真空泵功率	kW	2.5	
15	真空泵供水量	L/min	10～15	
16	真空泵极限真空压力	Pa	80×10^3	
17	传热介质温控范围	℃	常温～200	
18	传热介质温控精度	℃	±1	
19	油泵功率	kW	5～7	

续表

序号	项目名称	单位	数据	备注
20	油泵流量	m^3/h	20～24	

2）流化床分布板开孔率的确定

液-固流态化设备计算的文献资料非常少。参照气固流态化的计算公式（陈甘棠和王樟茂，1996）考虑影响因素，综合平衡后分布板开孔率取 45%，排布方式为三角形。

3. 减压蒸发及抽气速度计算

1）减压蒸发计算

初始蒸发温度 120～150℃，终点蒸发温度 30～90℃，按照设备能够处理的标准食品数量 100 g 计算。由常压蒸发量计算确定油气分离器及相关管道的尺寸。具体计算过程从略。

2）真空泵抽气速度与抽气时间计算

对于简单真空泵抽气系统可以采用真空基本方程进行计算（樊丽秋，1990）：

$$\frac{1}{S}=\frac{1}{S_{pu}}+\frac{1}{C_v} \tag{6-19}$$

式中：S 是有效抽气速度，m^3/s；S_{pu} 是真空泵抽气速度，m^3/s；C_v 是流导，m^3/s。

圆长管流导计算采用 Poiseulle 公式（达道安，1991）：

$$C_v=\frac{\pi d_{tube}^4}{128\mu_f}P_m \tag{6-20}$$

式中：d_{tube} 是管道管径，m；P_m 是真空系统进口和出口压力平均值，Pa；μ_f 是流体动力黏度，Pa·s。

真空系统抽气时间可以按下式计算（达道安，1991）：

$$t_v=2.3\frac{V}{S}\lg\frac{p_i}{p} \tag{6-21}$$

式中：t_v 是抽气时间，s；V 是设备容积，m^3；S 是有效抽气速度，m^3/s；p_i 是初始压力，MPa；p 是压力，MPa。

考虑到验证设备杀菌过程中蒸发过程自发进行；假设系统无泄漏，蒸汽输出过程中无冷凝。选用抽速 4 L/s 和 8 L/s 真空泵针对 100 g 食品按照式（6-21）计算抽气速度。由于系统的流导按照式（6-20）计算得到 24223 L/s（压力差：0.5～1 atm）或 6606 L/s（压力差：0.1～1 atm），远远大于真空泵抽气速度，因此忽略系统流导，以真空泵抽气速度作为有效抽气速度计算，计算结果见图 6-40。

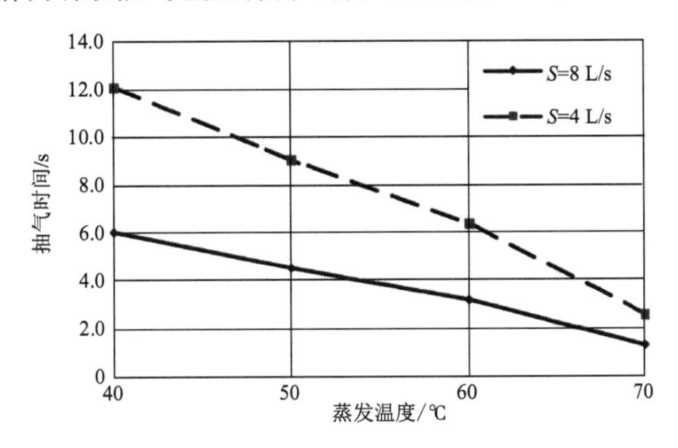

图 6-40　真空蒸发温度与抽气时间

即使使用 8 L/s 真空泵，达到 70℃温度（对 F 值/C 值基本没有影响）需要 1.3 s，一方面对于小颗粒食品，降温速度仍然过长；另一方面不能满足闪急蒸发试验的需要。而加大真空泵抽气速度，则不经济。最终采用 20 L 真空缓冲罐解决这一问题。系统首先由真空缓冲罐减小初始压力，以缩短抽气时间。增加真空缓冲罐后在 70℃下抽气时间仅 0.3 s。最终选用真空泵抽气速度 8 L/s，极限真空度 0.08 MPa。

4. 设计

采用 AutoCAD2000 进行计算机辅助绘图设计。

6.5.4　自动控制

1. 自动控制的必要性

对于小颗粒食品的流态化超高温杀菌，常压减压、真空减压到恢复常压操作要求在数十秒内完成，并且精确控制各步骤的时间，这是手工操作无法做到的，必须进行自动控制。

2. 自动控制系统设计

1）自动控制及数据自动采集系统

在 FUHTS 原理验证设备研制中，考虑到自动控制和数据采集的共同点，将两者合并在一个软硬件系统中。数据采集部分是可以独立工作的，并且与自动控制的目的不同，详见本章 6.2.2 节。自动控制及数据采集系统原理见图 6-41。

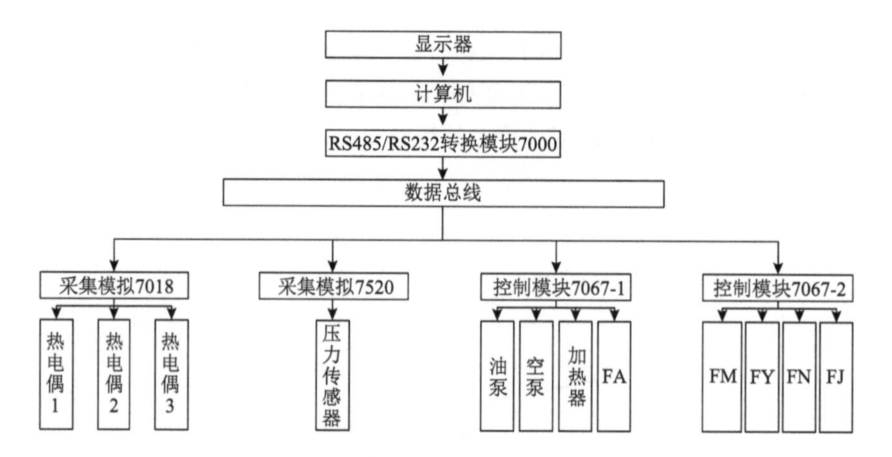

图 6-41　自动控制及数据采集系统原理图

2）硬件组成

硬件组成包括电控气动球阀 FM、FN、FJ；电磁阀 FA、FY；控制模块研华 7076 × 2；电子计算机；RS485/RS232 转换模块研华 7000；24 V 直流稳压电源。

3. 自动控制系统的软件实现

1）流程与界面

Visual Basic 6.0 具有强大的界面编辑功能，是一种完全面向对象的编程语言，具有人机界面直观友好、易操作、易实现等特点。图 6-42 为自动控制系统软件界面及数据输入子界面，图 6-43 为自动控制系统软件的程序框图。

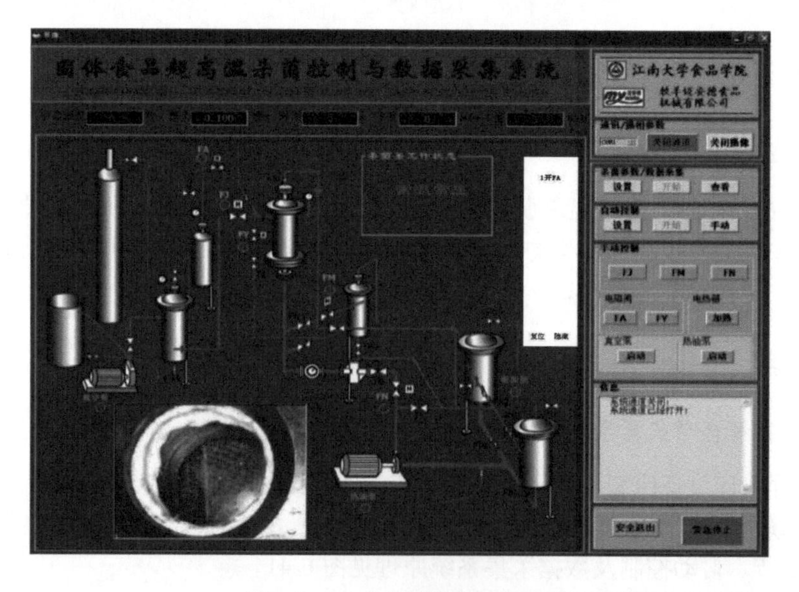

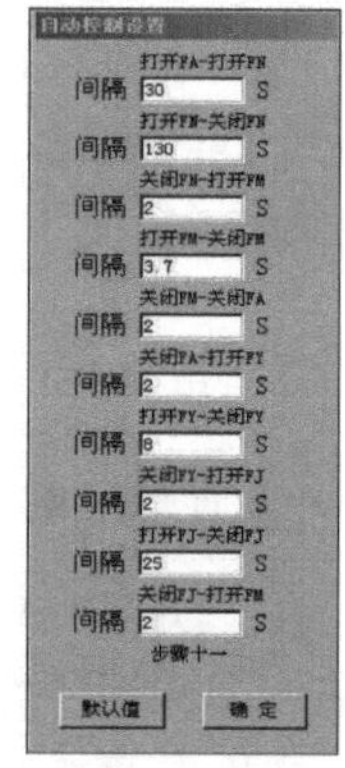

图 6-42　自动控制系统软件界面及数据输入子界面

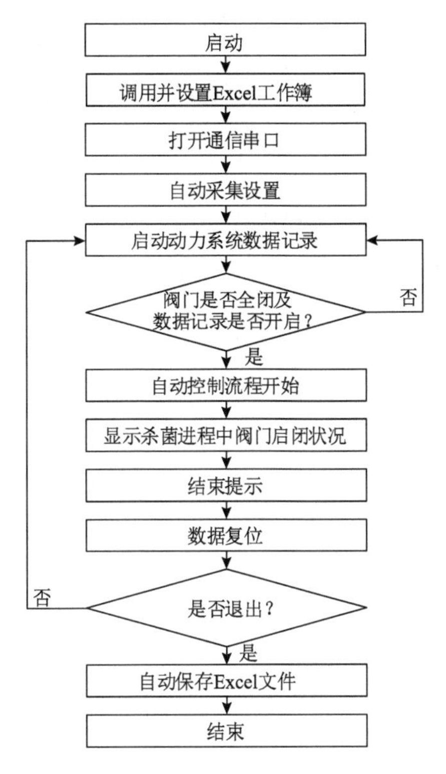

图 6-43　自动控制软件的程序框图

2）软件功能

（1）核心杀菌操作的自动控制。

（2）紧急停止：该设备是高温高压设备，必须保证操作安全，专门设置了紧急停止操作选项，在故障或危急情况下点击后实现一系列操作，保证安全。

（3）自动控制动作记录：通过调用 Excel 与数据采集过程同步记录自动控制，得到详细准确的动作-时间记录及其与采集数据的关联。

（4）图形人机界面：利用 Visual Basic 6.0 的图形界面功能建立了友好的人机操作界面，包括实时显示所有自动控制对象操作状况；工作釜状态提示：高温、高压、负压的自动显示；实时显示温度、压力、时间及 F 值/C 值。

（5）视频监视：通过视频采集相关软硬件，可在软件界面直接观察工作釜内状况。

（6）信息窗口：窗口动态显示操作进程，提示操作状态，避免误操作。

6.5.5　结果与使用后评价

1. 设备技术参数

设备照片见图 6-44。设备技术参数见表 6-13。

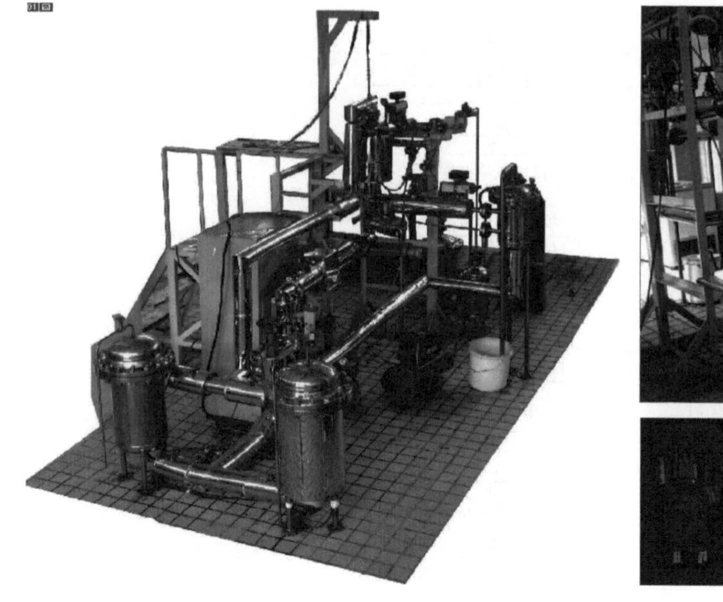

图 6-44　设备照片

2. 使用效果

该设备在软硬件调试后达到设备设计各项要求，取得了丰富的试验数据。但仍然存在一些技术问题。

（1）加料工作强度比较大。

（2）采用离心泵对作为传热介质的油脂产生乳化作用，油脂透明度降低，影响了对工作釜内部的观察，导致流态化观察困难。

（3）现有视镜结构不合理，对工作釜内油脂流型干扰较大。

6.5.6　主要设备设计选型

1. 动力系统

传热介质输送系统：采用离心泵+流量计方案。离心泵选择能够耐受 200℃及 1.49 MPa 压力的热油泵。

真空系统：采用真空泵+缓冲罐方案。

压力系统：氮气钢瓶+减压阀+气体缓冲罐，可以减少系统中食品及传热介质的氧化变质。

加热及温度控制系统：采用电热管加热。电热管根据热油循环桶专门设计，设计尽量加长电热管长度（每根电热管长度达 3 m），避免电热管加热表面油脂过热导致品质破坏。温度控制器采用欧姆龙（OMRON）E 系列温度控制器，该温控器适用各种型号热电偶法及热电阻；控制方法采用二自由度 PID（进程控制）或者 ON/OFF 控制；设置通过前面板按键进行数值设置，方便快捷；同时在前面板实时显示被控制温度后的目标温度。精心调节热电偶位置并进行 PID 设置后，温控效果良好，正常循环状态下工作釜中传热介质温度波动≤±1℃，工作条件变动较大时温度波动≤±2℃。由于加热功率达到 22.5 kW，为保证可靠性，采用了可控硅固态继电器。

空气压缩机：采用微型空气压缩机为气动自动控制阀提供动力。

2. 仪表及显示系统

流量测量：由于主要传热介质为高温油脂，选用耐高温椭圆转子流量计。

压力显示仪表：为便于观察及保证安全，在杀菌工作釜、真空缓冲罐、气体缓冲罐都安装压力表或真空表或压力真空表。

显示系统：压力、F 值及 C 值实时显示系统。

视频显示系统：包括摄像头、灯孔、视孔、USB 加长线、视镜灯、Visual Basic 6.0 视频 ezVidCap 插件、计算机及显示器。参见图 6-42 和图 6-44。

3. 容器、阀门及管道

本部分包括工作釜、杀菌容器、杀菌操作快开结构以及装料机构。采用蝶形螺母的非标准封头及管箍形成了快开结构。不锈钢笼状杀菌容器及其分配板、紧固装置、铠装热电偶的配合使装料较为方便。

系统的杀菌操作过程要在短时间内进行、高压常压和真空切换，要求是比较苛刻的，计算必须准确无误。所有容器、阀门及管道都采用不锈钢，以满足食品卫生要求。

参考文献

陈甘棠，王樟茂. 1996. 流态化技术的理论和应用. 北京：中国石油化学工业出版社

达道安. 1991. 真空设计手册. 北京：国防工业出版社

大连理工大学. 1989. 化工容器及设备简明设计手册. 北京：化学工业出版社

邓力. 2006. 固体食品流态化超高温杀菌技术研究. 无锡：江南大学

邓力. 2013. 烹饪过程动力学函数、优化模型及火候定义. 农业工程学报, 29(4): 278-284

邓力，黄德龙，彭静，等. 2017. 中式烹饪用时间温度积分器的构建与验证. 农业工程学报, 33(7): 281-288

邓力，金征宇. 2004. 液体-颗粒食品无菌工艺的研究进展. 农业工程学报, (5): 12-21

邓伟志. 2009. 社会学辞典. 上海：上海辞书出版社

樊丽秋. 1990. 化工设备设计全书：真空设备设计. 北京：机械工业出版社

高毅，邓力，金征宇. 2007. 对魔芋葡甘聚糖凝胶——一种新型食品模拟的研究. 食品工业科技, (5): 107-109, 112

凌善康，于渥然. 1997. 温度测量基础. 北京：中国标准出版社

田玮，徐尧润. 2000. Arrhenius 模型与 z 值模型的关系及推广. 天津轻工业学院学报, 4: 1-6

王魁汉. 2007. 温度测量实用技术. 北京：机械工业出版社

王修俊，张义明. 1999. 水浸魔芋丝的生产技术及 HACC 质量控制研究. 贵州工业大学学报(自然科学

版), 28(3): 83-86
徐萃薇. 1985. 计算方法引论. 北京: 高等教育出版社
徐林. 2008. 高温过程中食品模拟物传热的研究. 无锡: 江南大学
闫勇, 邓力, 何腊平, 等. 2014. 猪里脊肉烹饪终点成熟值的测定. 农业工程学报, 30(12): 284-292
游伯坤. 1990. 温度测量与仪表: 热电偶和热电阻. 北京: 科学技术文献出版社
张锦霞. 2000. 热电偶使用、维修与检定技术问答. 北京: 中国计量出版社
周杰, 邓力, 闫勇, 等. 2013. 烹饪传热学及动力学数据采集分析系统的研制. 农业工程学报, 29(23): 241-246
Alhamdan A, Sastry S K. 2007. Natural convection heat transfer between non-Newtonian fluids and an irregular shaped particle. Journal of Food Process Engineering, 13(2): 113-124
Bhamidipati S, Singh R K. 1996. Model system for aseptic processing of particulate foods using peroxidase. Journal of Food Science, 61(1): 171
Chang S Y, Toledo R T. 1989. Heat transfer and simulated sterilization of particulate solids in a continuously flowing system. Journal of Food Science, 54(4): 1017-1023
Filiz I, Coskan I. 2005. The use of tylose as a food analog in ohmic heating studies. Food Engineering, 69(1): 67-77
Ganesan S G, Hamaker R W, Kuehn R T, et al. 1991. Thermal memory cell and thermal system evaluation. U. S. Patent No. 5021981
Halden K, Alwis A, Fryer P J. 2010. Changes in the electrical conductivity of foods during ohmic heating. International Journal of Food Science & Technology, 25(1): 9-25
Hendrickx M, Maesmans G, de Cordt S, et al. 1995. Evaluation of the integrated time-temperature effect in thermal processing of foods. Critical Reviews in Food Science and Nutrition, 35 (3): 231-262
Hinton J A, Driver M G, Silverman G J. 1989. Validation of the thermal sterilization of particulates processed at elevated temperatures. Activities Report of the R&D Associates, (41): 39-41
Kim H J, Taub I A. 1993. Intrinsic chemical markers for aseptic processing of particulate foods. Food Technology, (47): 91-96
Lineback D S. 1994. Simulation and evaluation of aseptic processing of particulate foods. West Lafayette: Purdue University
Mehauden K, Cox P W, Bakalis S. 2007. A novel method to evaluate the applicability of time temperature integrators to different temperature profiles. Innovative Food Science and Emerging Technologies, 8(4): 507-514
Mulley E A, Stumbo C R, Hunting W M. 1975. Thiamine: a chemical index of the sterilization efficacy of thermal processing. Journal of Food Science, 40(5): 993-996
Patadhnik M. 1953. A simplified procedure for thermal process evaluation. Food Technology, 7 (1): 1-6
Pflug I J, Odlaug T E. 1986. Biological indicators in the pharmaceutical and the medical device industry. Journal of Parenteral Science & Technology A Publication of the Parenteral Drug Association, 40(5): 242-248
Rao M A, Lee C Y, Katz J, et al. 1981. A kinetic study of the loss of vitamin c, color, and firmness during thermal processing of canned peas. Journal of Food Science, 46(2): 636-637
Ronner U. 1990. A new biological indicator for aseptic sterilization. Food Technology, 90: 43-45
Sakai N, Mao W J, Koshima Y, et al. 2005. A method for developing model food system in microwave heating studies. Journal of Food Engineering, 66(4): 525-531
Silva C, Hendrickx M, Oliveira F, et al. 1992. Critical evaluation of commonly used objective functions to optimize overall quality and nutrient retention of heat-preserved foods. Journal of Food Engineering,

17(4): 241-258

Teixeira A, Manson S E. 1983. Thermal process control for aseptic processing system. Food Technology, 4 (37): 128

Tucker G S, Brown H M. 2007. A sterilisation time-temperature integrator based on amylase from the hyperthermophilic organism pyrococcus furiosus. Innovative Food Science and Emerging Technologies, 8(1): 63-72

Weng Z, Hendrickx M, Maesmans G, et al. 1991a. Immobilized peroxidase: A potential bioindicator for evaluation of thermal processes. Journal of Food Science, 56(2): 567-570

Weng Z, Hendrickx M, Maesmans G, et al. 1991b. Thermostability of soluble and immobilized horseradish peroxidase. Journal of Food Science, 56: 574-578

Witonsky R J. 1977. A new tool for the validation of the sterilization of parenterals. Bulletin of the Parenteral Drug Association, 31(6): 274

第7章

参数的获取

目前针对中式烹饪参数测定的研究较少，专门针对烹饪的研究几乎为空白，导致烹饪研究参数缺乏。在烹饪热质传递方面，较全面的烹饪数值模拟中涉及近 50 个参数，对模拟结果影响较大。参数测量的准确性直接关系到烹饪科学理论构建及烹饪过程传递模型的健壮性（鲁棒性），是烹饪精深研究的必要条件。参数的积累有助于准确可靠地研究中式烹饪，意义重大。

7.1 参数研究的意义

7.1.1 参数测量基础

测量就是借助专门的技术工具，并采用某一计量单位把待测量的大小表示出来。参数测量有不同的分类方法。按被测变量变化速度分为静态测化工过程参数监测（习惯称其为检测）和动态测量（习惯称其为监测），烹饪成熟值 M 和过热值 O 的测量属于动态测量；按测量敏感元件是否与介质接触可分为接触式测量和非接触式测量；按比较方式分为直接测量和间接测量。在实际应用中，更多地按直接测量和间接测量来分。直接测量方法是指用事先标定好的仪表或量具直接读出测量值，即把待测量与作为标准量的单位进行比较，确定被测量是标准量单位的倍数，直接得到测量结果的方法。间接测量方法是指用多个仪表（或环节）所组成的一个测量系统（一般包含被测变量的测量、变换、传输、显示、记录和数据处理过程）的方法，这种测量方法在温度测量过程中应用广泛。热电偶法测温为直接测量，TTI 法测温则为间接测量。中式烹饪过程的参数测量研究中需要多种测量方法结合使用。

7.1.2 烹饪参数的测量与获取

获得烹饪参数的方式有以下三种：①从文献和数据手册直接查取；②根据理论或经验公式，由食材或过程的基本特性计算而得；③试验测定。

中式烹饪过程的参数测定和分析主要包括以下几个方面。

（1）热质传递参数测量：包括温度及温度分布的测量、烹饪食材及传热介质的热物性/多孔介质特性测量、对流传热系数、表面传质系数等传热传质相关参数的测量。

（2）动力学参数测量：基础动力学参数测量，如品质因子的 M 值、O 值、D 值、z 值和 E_a 值测量，以及对特定烹饪的某一品质因子的热处理品质变化动力学类型的判定。

（3）烹饪品质分析：理化和感官指标测量。

但烹饪过程存在非稳态特征显著以及运动颗粒温度测量难度大等问题，需要我们采用间接手段来开展试验，主要包括数值模拟烹饪传热过程，以获得温度历史；通过 TTI 技术结合数值模拟获得温度历史。

一些烹饪研究必需的参数测定，如表面传质系数、渗透率等，在食品领域研究较少，国内基本为空白，使得烹饪参数研究具有一定挑战性。

7.2　动力学参数的测量

中式烹饪过程剧烈且迅速，在此期间常伴随大量非稳态热质传递及剧烈的食品化学反应，是一个典型的动态变化过程，而针对动态变化过程的研究多以动力学为切入点。因此，动力学参数的获取是研究烹饪过程品质动力学的基础。本节就烹饪过程中的动力学参数相关研究进行介绍，重点阐述油浴条件下典型食品的加热动力学参数的测量。

7.2.1　动力学参数概述

1. 品质动力学参数获取的必要性

中式烹饪中固体颗粒非稳态加热时品质不均匀，同时由于烹饪操作时间短、品质变化快的特点，导致取样困难，常规方法研究烹饪品质难度较大，而动力学可以将决定温度-时间变化的传热控制和烹饪品质联系起来，是联系烹饪工艺和工程的纽带（邓力和金征宇，2006）。结合动力学与热质传递数值模拟，可以对不同温度条件下的食品品质进行模拟预测，动态并定量地描述烹饪品质在不同温度和空间位置下的变化。烹饪过程的数值模拟也需要动力学参数来模拟预测食品品质的变化。更为重要的是，引入了动力学，使得种类多样、技法复杂的各种烹饪有了统一的方法，使得不同的烹饪可以用动力学函数进行分析比较，使烹饪的热质传递和品质控制联系起来，是烹饪研究形成知识体系的关键。

基于传热学和动力学的试验设备——热处理验证设备，可以对热处理过程的操作参数和品质进行分析研究，并对热处理评价分析（Hendrickx et al.，1995）。烹饪传热学和动力学数据采集分析系统中动力学参数 z_M、z_O 值均需要预先设置，而不同的烹饪常常具有不同的 z_M、z_O。因此，需要积累相应动力学实验参数。在第 3 章已介绍了烹饪热处理主观动力学参数 z_M 的测量，本节介绍客观动力学参数的测量。

2. 现有食品热处理品质动力学参数文献汇总

在食品热处理领域现已积累了相当数量的品质动力学参数数据，参见表 7-1。这些数据主要针对杀菌领域，测定条件的温度较高，有时甚至缺少低温段，但给烹饪研究提供了有益的数据参照。然而由于：①烹饪热处理在食材种类、处理时间长度、温度范围都与现有的热杀菌、干燥等热处理有明显不同；②烹饪的油浴加热具有特殊性，而现有动力学参数数据主要在传热介质为水的条件下测定。因此，有必要开展针对烹饪研究动力学参数的测定。

烹饪领域的动力学参数测定有以下特征：①温度范围低于杀菌；②需要研究传热介质为油、蒸汽的动力学参数；③选用的对象品质因子与其他热处理有所不同，主要针对烹饪食材；④加热时间明显短于杀菌。

表 7-1　加热过程食品品质变化的动力学参数（Hallstrom，1988）

性质	z/℃	E_a/（kJ/mol）	D_{121}/min
维生素破坏			
总体	20～30	80～125	100～1 000
硫胺素（thiamine）VB_1	20～30	90～125	38～380
抗坏血酸（ascorbic acid）VC	51	65～160	245
泛酸（pantothenic acid）VB_3	31	84～160	250～6 400
核黄素（riboflavin）VB_2	28	100	2 800
叶酸（folic acid）VB	37	70	2 800
酶失活			
总体	7～55	40～125	1～10
过氧化物酶	26～37	67～85	2～3
脂酶（源于假单胞菌）	25～37	75～110	1.2～1.7
蛋白酶（源于 *P. frourosceus*）	20～35	75～135	4～27
蛋白酶（源于假单胞菌）	32	85	0.5～1.7
总体质量评估			
豌豆	17～28	80～95	12.5
甜菜	29	140	2.0
整玉米	36	65～85	2.4
花椰菜	44	55	4.4
南瓜	33	105	1.5
胡萝卜	15	160	1.4
青豆	14～29	90～170	1.4
马铃薯	21	115	1.2
色泽			
叶绿素（菠菜）	38～80	30～90	14～350
类胡萝卜素（红辣椒）	19	140	0.038
甜菜红苷	59	46	48

3. 反应动力学参数测定原理

反应动力学研究的目的是确定反应级数和测定动力学常数，有关基本原理详见 2.2.1 节。

1）反应级数和速率常数的测定

进行动力学研究首先需要确定反应级数，测定方法通常选择积分法。通过将实验所测定的品质指标与时间的变化以反应级数 n 的反应速率微分方程积分式进行拟合，选用误差最小的反应级数。为了方便阅读，不妨将第 2 章的微分式列出：

$$\ln\left(-\frac{\mathrm{d}c_{\mathrm{A}}}{\mathrm{d}t}\right)=\ln k+n\ln c_{\mathrm{A}} \tag{2-3}$$

由于 $\mathrm{d}c_{\mathrm{A}}/\mathrm{d}t$ 是 c_{A}-t 曲线的斜率，容易以 $\ln(-\mathrm{d}c_{\mathrm{A}}/\mathrm{d}t)$对 $\ln c_{\mathrm{A}}$ 作图得到直线，由直线斜率和截距分别计算出反应级数 n 和速率常数 k。

将所测定的品质指标的变化与时间采用 Excel 软件运用最小二乘法进行线性和非线性拟合，得到决定系数 R^2，选取 R^2 较高的反应级数以及相应的速率常数。

2）E_{a} 值的测定

由 2.2.1 节中 2.中的 Arrhenius 模型可知，温度对速率常数 k 的影响为式（2-16），变形为下式：

$$\ln k = -\frac{E_{\mathrm{a}}}{RT}+\ln k_0 \tag{7-1}$$

将 $\ln k$ 和 $1/T$ 进行线性回归分析，如图 7-1 所示，其斜率即为$-E_{\mathrm{a}}/R$ 值，由此计算出 E_{a} 值。

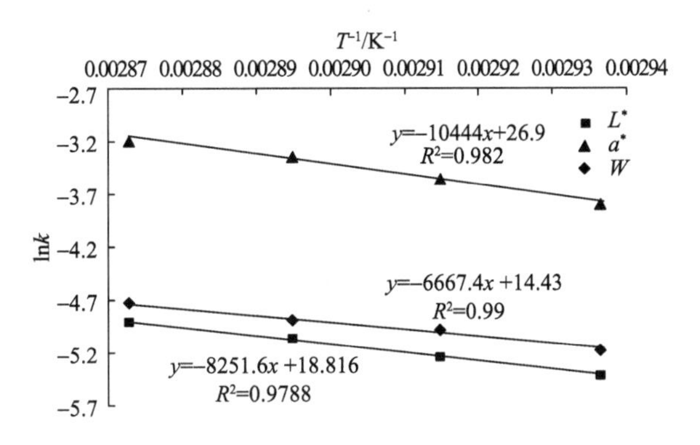

图 7-1　猪里脊肉颜色变化 Arrhenius 图

3）D 值和 z 值的测定

由 2.2.1 节 2.中可知 D 值为特定温度下某一食品品质因子变化一个对数周期（即变化 90%）所需要的时间，表达式如下：

$$D=-\frac{t}{\lg(c_{\mathrm{A}}/c_{\mathrm{A0}})} \tag{2-11}$$

长期的和大量的动力学研究表明，食品品质变化在多数情况下符合一级反应动力学模型。当反应属于一级动力学时，由 2.2.1 节 1.可知积分速率方程为（k_{A} 为品质因子的反应速率常数，以下记为 k）

$$c_{\mathrm{A}}=c_{\mathrm{A0}}\mathrm{e}^{-k_{\mathrm{A}}\times t} \tag{2-5}$$

所以当反应属于一级动力学时，由式（2-11）和式（2-5）可以推导获得 D 值与速

率常数 k 之间的关系式：

$$D=\frac{2.303}{k\times 60} \tag{7-2}$$

式中：D 是特定温度下某一食品品质因子变化一个对数周期所需要的时间，min；k 是反应速率常数。

对于 D-z 模型有：

$$z=\frac{T-T_{\text{ref}}}{\lg D_{\text{ref}}-\lg D} \tag{2-12}$$

对一级动力学反应，由式（7-2）和速度常数 k 计算出 D 值。将 D 值的对数 $\lg D$ 和加热温度 T 进行线性回归，如图 7-2 所示，由式（2-12）可知其斜率即为 z 值的倒数。

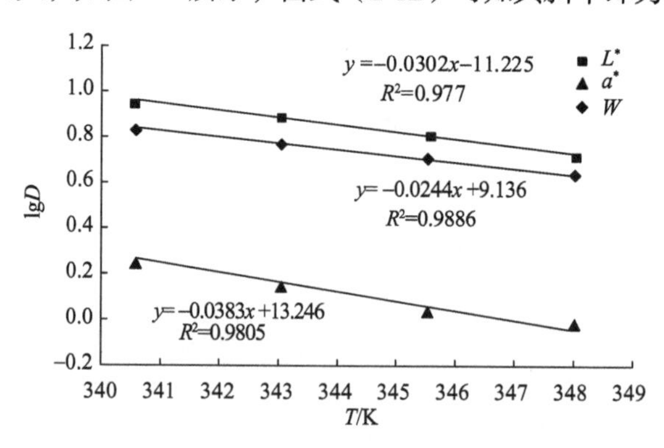

图 7-2　猪里脊肉颜色变化的 D-T 关系

7.2.2　油传热成熟品质动力学参数的测量

本部分内容主要来自文献（余冰妍等，2018），并做了简化调整。

1. 猪里脊肉油传热的品质变化动力学参数的测定

针对油传热烹饪中猪里脊肉的颜色、蒸煮损失和剪切力三个品质指标，分别分析测定与加热时间和加热温度的关系，取得相应的客观动力学参数。

1）测定方法

将原料猪里脊肉切分后放置于−18℃冰箱中冷冻，然后用切片机将其切割成 5 cm × 10 cm × 0.1 cm（颜色和剪切力测定）和 2 cm × 5 cm × 0.1 cm（蒸煮损失测定），升至室温后，放入温度为 67.5℃、70℃、72.5℃和 75℃的油浴锅中均匀搅动后，在设定时间点从油浴锅中取出，于 0℃水中快速冷却，取出静置到室温后进行各项测定。

a. 表面颜色测定

将静置后的实验材料选取表面 3 处颜色均匀的部分采用色差仪测定 L^*、a^*、b^*值（Rubio et al.，2008）。白度根据下面公式计算（Ramirez-Suarez and Morrissey，2005）：

$$W = 100 - \sqrt{\left(100 - L^{*}\right)^{2} + a^{*2} + b^{*2}} \tag{7-3}$$

式中：L^*是亮度；a^*是绿色/红色值；b^*是蓝色/黄色值。其中$-a^*$值表示绿色值，其值越小，表示绿色损失越严重；b^*值表示蓝色/黄色值，其值越大，颜色越黄。

b. 剪切力测定

采用肌肉嫩度仪测定肉片嫩度。每个样品取表面均匀平整的 3 处不同位置，切割成 4 cm×2 cm×0.1 cm 尺寸，然后对折一次，置于载样台，记录数值（夏建新等，2010），设置 3 个平行。

c. 蒸煮损失测定

按照文献（Wattanachant et al.，2005）的方法，根据猪里脊肉处理前的重量与处理 t 时刻后重量的差异进行计算。每个处理条件测定 3 次，结果以平均值 ± 标准差形式表示。

$$\mathrm{CL}_t = \frac{m_t - m_0}{m_0} \times 100\% \tag{7-4}$$

式中：CL_t是蒸煮损失，%；m_0是样品初始质量，g；m_t 是 t 时刻样品质量，g。

2）参数测定结果与分析

将实验数据根据 7.2.1 节 3.中原理处理，得到图 7-1～图 7-5，猪里脊肉 L^*（亮度）、a^*（红度值）和 W（白度值）的 z 值分别为 33.1℃、26.1℃和 41.0℃；E_a 值分别为 68.6 kJ/mol、86.8 kJ/mol 和 55.4 kJ/mol。剪切力变化（即嫩度）的 z 值为 17.9℃；E_a 值为 127.1 kJ/mol。蒸煮损失变化的 E_a 值为 28.9 kJ/mol。

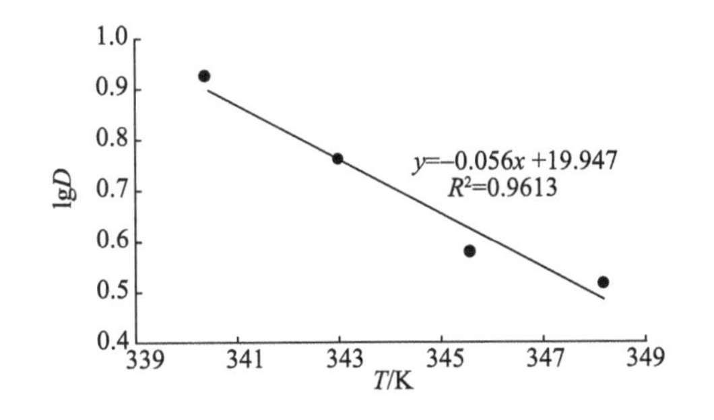

图 7-3　猪里脊肉剪切力变化的 D-T 关系

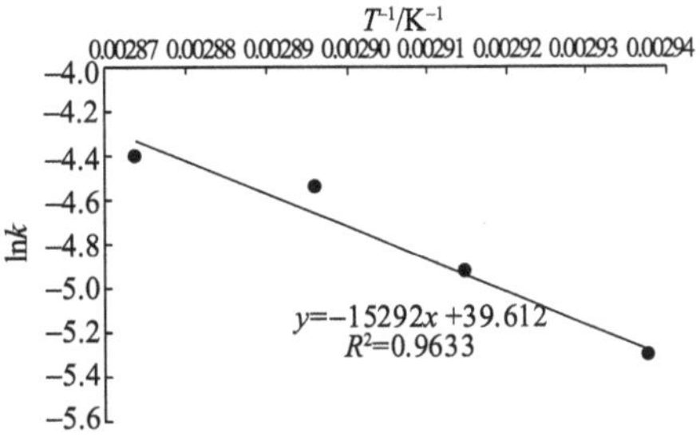

图 7-4　猪里脊肉剪切力变化的 Arrhenius 图

Ohlsson（2010）对鱼糕和猪肝泥的亮度进行了测定，得出一级动力学的 z 值分别为 25℃和 21℃，与本测定的数值较接近。本书 3.2 节得到相同来源的猪里脊肉颜色总体变化成熟的 z_M=10℃（闫勇等，2014），与本研究差距很大，说明主观动力学 z_M 结果远远小于客观测定得到的 z 值。经初步分析，认为可能是以下原因：①加热中蛋白质变性导致多肽链结构的展开（刘珊和刘晓艳，2006），水分流失，肉纤维凸显产生的光学变化导致色差仪和肉眼的不同响应，则结果有差异。肉眼判断肉加热成熟时，可能不仅受到颜色变化的影响，还受质构变化影响，而蛋白质变性的 z 值正是在 4～10℃（Hallstrom，1988）。②肉眼视觉受到心理影响。③应朝福（2001）指出不同光源光谱功率分布的不同，导致同一物体在不同光源照射下颜色存在差异，而肉眼观测和色差仪测定时的光源是不同的。主客观动力学差异需要进一步的研究来探明，参见本书 3.9.3 节。

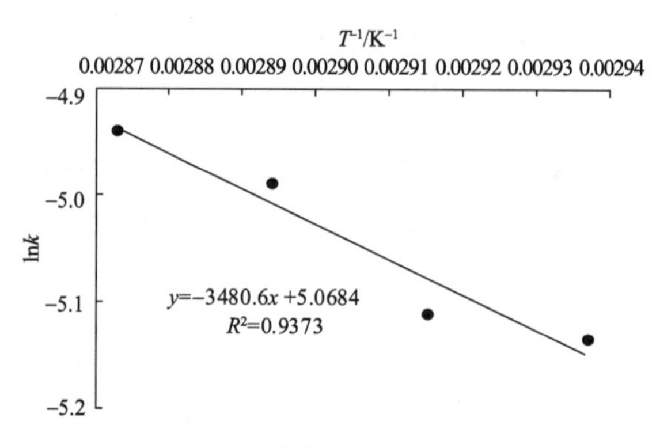

图 7-5　猪里脊肉蒸煮损失变化的 Arrhenius 图

根据文献（Bailey and Light，1989；Barbut and Findlay，2010；Brunton et al.，2006；Sims and Bailey，1992），肉在加热过程中剪切力在 60～70℃范围的上升是由胶原蛋白收缩导致的，而在 70～90℃范围上升，是由于肌动球蛋白收缩和脱水所致。其他研究指出肉在加热过程中肌原纤维蛋白的变性收缩影响肉的嫩度（Brunton et al.，2006），肌动蛋白在 71℃开始变性（Barbut and Findlay，2010），使得肉的剪切力值上升（Sims and Bailey，1992）。根据上述文献，剪切力变化主要由多种蛋白质变性叠加形成。

2. 菠菜油传热的烹饪品质变化动力学参数的测定

本部分内容主要来自李文馨等（2015）文献，并做了简化调整。

菠菜富含钙、磷、铁和维生素 C 等人体必需的营养元素，也是常用的中式烹饪原料（岳荣德，1987）。蔬菜烹饪过程的过热品质包括色泽上失去原有的良好色泽，口感上由于水分的过度流失而变得松软及营养成分被破坏等。其中，水分关系到烹饪产品的口感和嫩度等食用品质，颜色变化可以反映消费者对烹饪产品最直观的感受，因此水分和颜色变化是合适的研究指标。针对油传热烹饪中菠菜的水分含量变化、叶绿素降解、表面和平均颜色四个品质指标，测定动力学参数。

1）测定方法

将原料去除杂质，洗净，晾干后，放入设定温度的油浴锅中均匀搅动后，在设定时间点从油浴锅中取出，在 0℃水中快速冷却，取出静置到室温后进行各项测定，同时进行鲜样的测定。

a. 水分含量

采用卤素水分测定仪测定。选取 3 个样品进行测定并求其平均值。

b. 叶绿素含量测定

称取 0.10 g 脱水样品，置于 25 mL 容量瓶中，加浸提液 10 mL 左右，进行超声波提取至全部叶片褪绿为止，冷却后定容至刻度，即为叶绿素提取液（刁恩杰等，2010）。测定方法在 Lichtenthaler 和 Wellburn 方法的基础上进行了改进（Mohammadi et al.，2008）。

c. 表面颜色测定

同 7.2.2 节 1.。

d. 平均颜色测定

将处理后的菠菜，加入等量的护色液（0.1%NaCl：0.1%柠檬酸=1：1）后研磨，将约 2/3 体积匀浆放入玻璃称量瓶，测量方法同上。

2）参数测定结果与分析

将实验数据根据 7.2.1 节 3.原理处理，得到图 7-6～图 7-13。

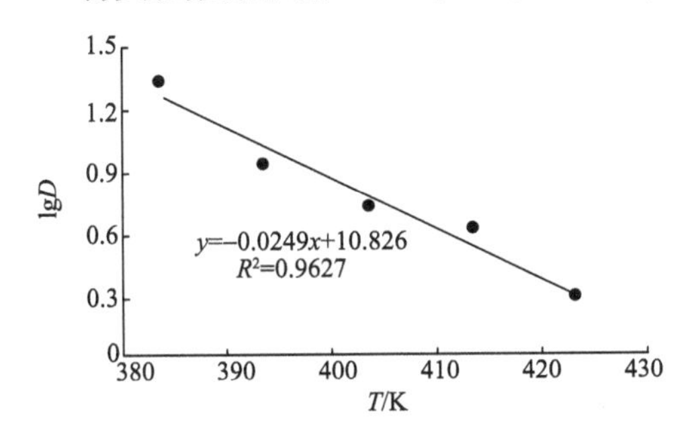

图 7-6　菠菜水分含量变化的 D-T 关系

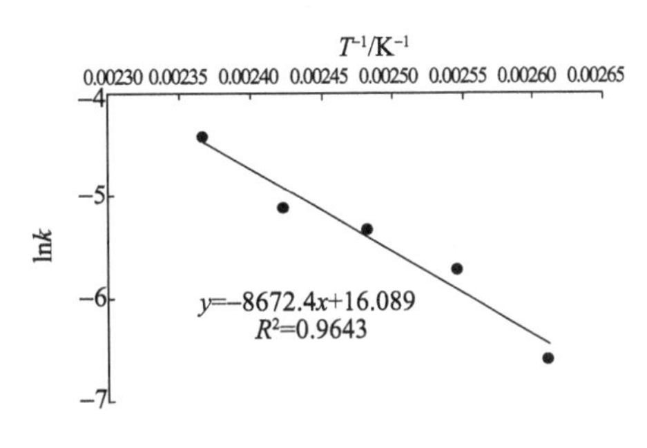

图 7-7　菠菜水分含量的 Arrhenius 图

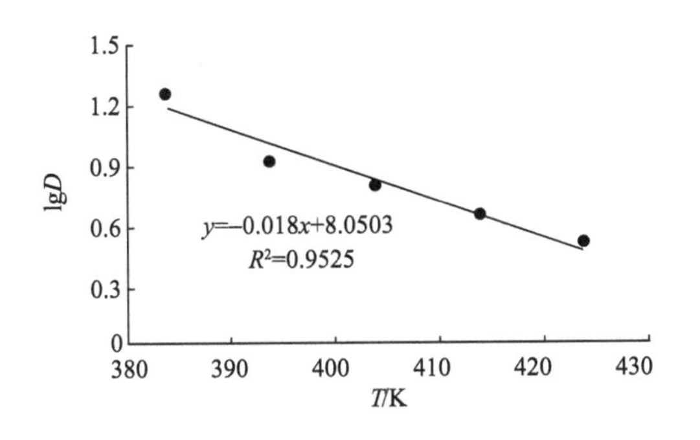

图 7-8　菠菜叶绿素降解的 D-T 关系

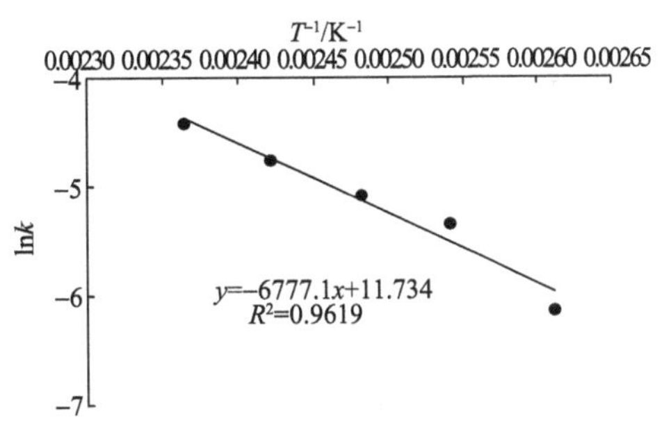

图 7-9　菠菜叶绿素降解的 Arrhenius 图

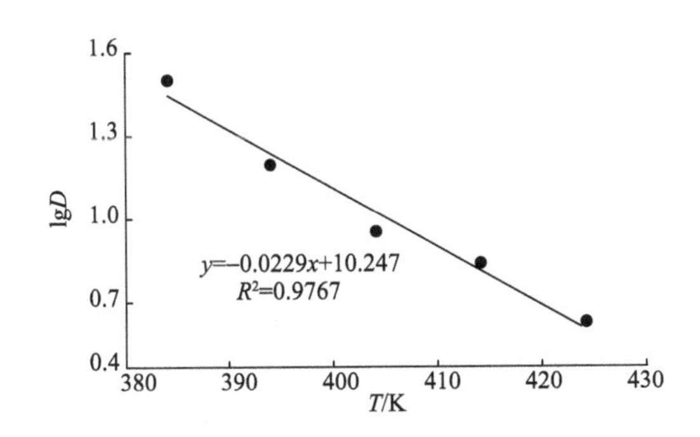

图 7-10　菠菜表面−a^*值变化的 D-T 关系

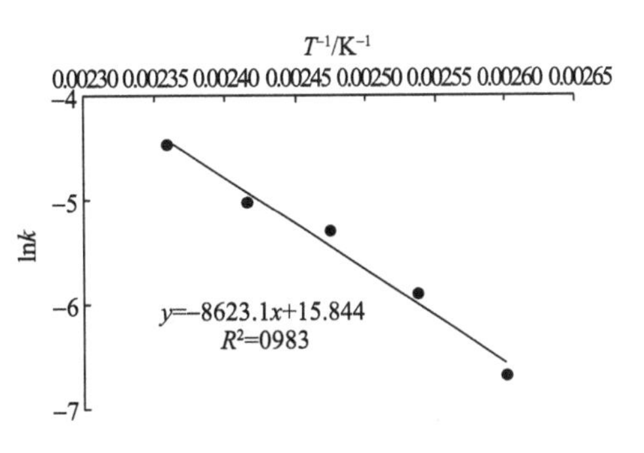

图 7-11　菠菜表面−a^*值变化的 Arrhenius 图

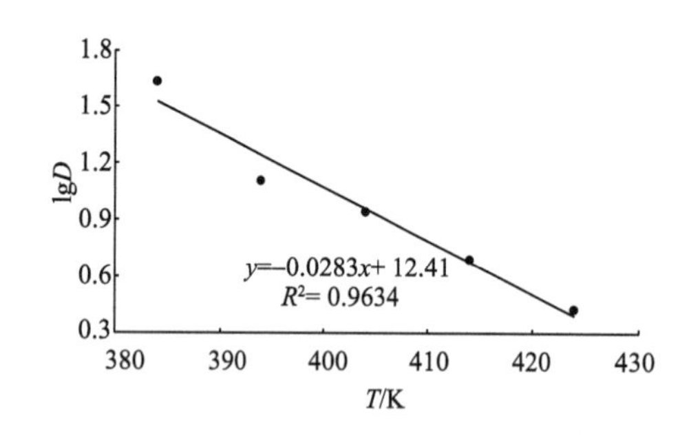

图 7-12　菠菜平均–a^*值变化的 D-T 关系

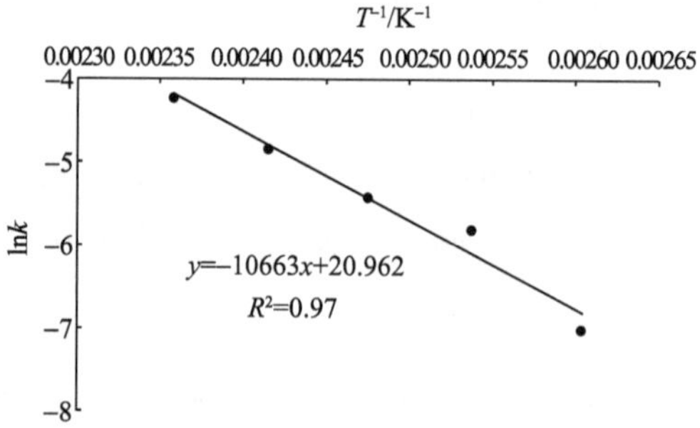

图 7-13　菠菜平均–a^*值变化的 Arrhenius 图

测定结果为：菠菜的水分含量变化的 z 值为 40.2℃，E_a值为 72.1 kJ/mol；叶绿素总质量分数的变化 z 值为 55.6℃，E_a值为 56.3 kJ/mol；表面绿色值–a^*的 z 值为 43.7℃，E_a值为 71.7 kJ/mol；平均绿色值–a^*变化的 z 值为 35.3℃，E_a值为 88.7 kJ/mol。

菠菜的水分含量下降是不被期待出现的品质劣化现象，因而属于过热品质因子。Sweeney 和 Martin（1961）指出叶绿素的保持率被用作衡量绿色蔬菜质量的方法。谢晶等（2013）研究得到蔬菜上海青储藏中的叶绿素降解 z 值和 E_a 值与本研究的结果有较大差距，推测是由于原料不同，加上反应温度水分含量差距较大导致。Gupte 等（2010）文献中菠菜浆叶绿素 a、b 的 z 值数值范围（表 7-4）包含本研究测定值。Koca 等（2007）测定了不同 pH、不同温度下热烫青豆的颜色变化动力学，绿色值的 E_a 值和 z 值均小于本测定的值，可能是由于温度范围和原料不同导致。比较菠菜表面和平均绿色值–a^*可知，平均绿色值的变化更显著，这可能是由于测定时，表面绿色值选择菠菜叶正面这一受热面，而忽略了叶片背面的绿色值变化。从应用效果而言，应该选取平均绿色值作为针对菠菜颜色变化的指标。张丽华等（2012）测定得到的猕猴桃果浆中绿色值 E_a 值和 z 值都与本研究较接近。文献数据详见表 7-4。

3. 蒜薹油炒烹饪过程品质动力学参数的测定

本部分内容主要来自程芬等（2018）文献，并做了简化调整。

选择蒜薹为烹饪食材，维生素 C、表面绿色值–a^*及水分含量作为品质指标，获得相应的动力学参数。

1）测定方法

选取蒜薹直径为 6 mm 的部位，切割成厚度为 2 mm 的小片；将处理过的原料分别放入设定温度的恒温油浴锅中进行加热处理，并开启油浴锅的油泵模拟油炒烹饪过程。

a. 维生素 C 测定方法

蒜薹中维生素 C 的测定参照文献（杨媛等，2015）。

维生素 C 保持率的计算方法如下：

$$维生素C保持率=\frac{烹饪后维生素C浓度}{生蒜薹维生素C浓度}\times\frac{烹饪后蒜薹质量}{烹饪前蒜薹质量} \tag{7-5}$$

b. 表面颜色及水分含量的测定

同上小节。

2）参数测定结果与分析

将实验数据根据 7.2.1 节 3.原理处理，得到图 7-14～图 7-19。

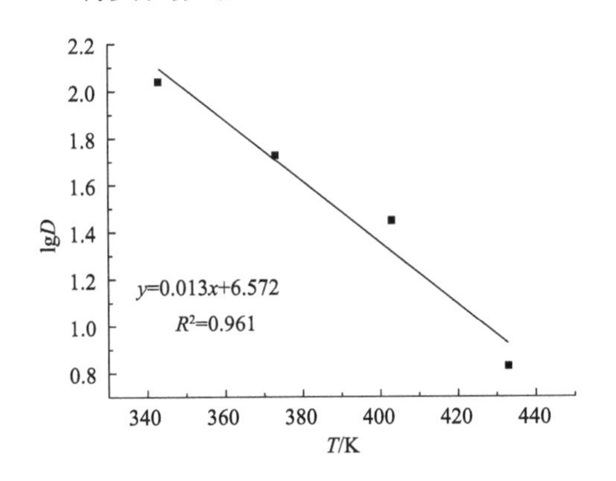

图 7-14　蒜薹维生素 C 变化的 D-T 变化

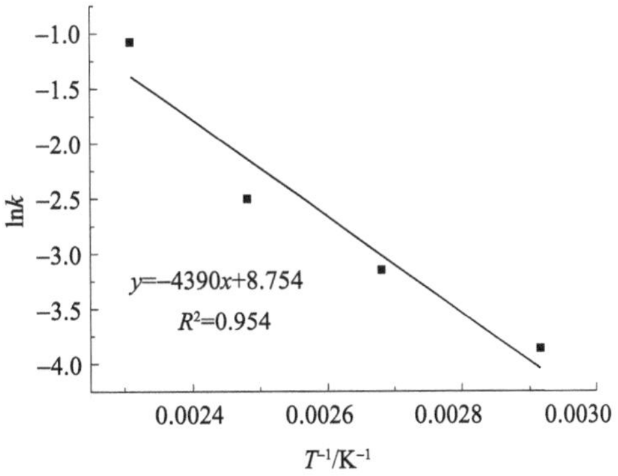

图 7-15　蒜薹维生素 C 变化的 Arrhenius 图

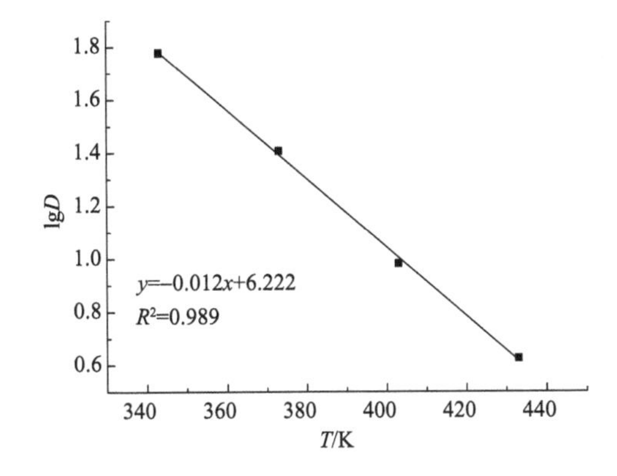

图 7-16　蒜薹表面颜色–a^*值变化的 D-T 变化

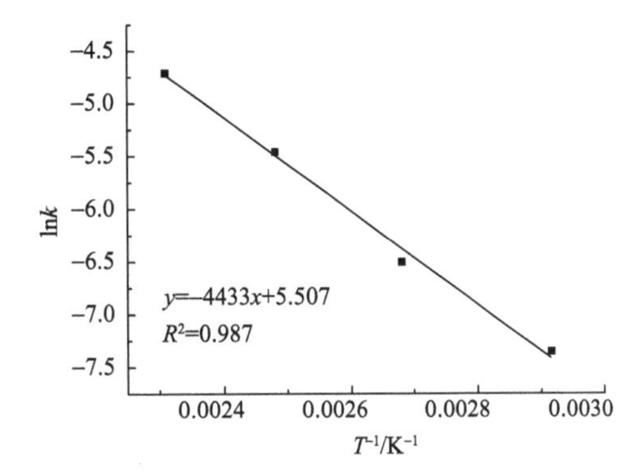

图 7-17　蒜薹表面颜色–a^*值变化的 Arrhenius 图

蒜薹维生素 C 的 z 值为 76.92℃，E_a 值为 35.5 kJ/mol；表面颜色–a^*的 z 值为 83.33℃，E_a 值为 36.97 kJ/mol；水分含量的 z 值为 62.5℃，E_a 值为 46.7 kJ/mol。

测得的蒜薹维生素 C 的 E_a 值包含在文献（Heldman and Lund，2007）的区间内（5～40 kcal/mol）。一般认为烹饪中维生素的损失有热破坏和流失两种方式。烹饪的热破坏是一个复杂的理化因素交织变化、相互影响的过程，高温、热量和氧气容易使维生素 C 发生氧化反应、热降解反应和光分解反应。而流失是传质过程，即维生素通过扩散或渗透等方式从烹饪食材中浸析出来，当烹饪温度较高时，颗粒表面蒸发剧烈，造成维生素的蒸发损失，尤其是水溶性维生素，当颗粒表面与内部出现水分梯度后，水分向表面迁移，从而加剧维生素的损失。

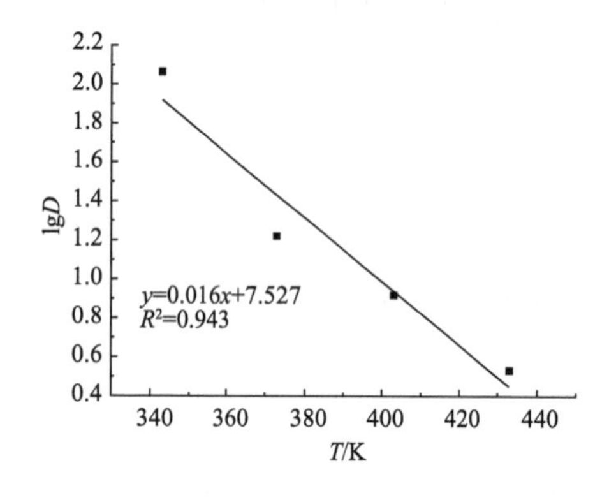

图 7-18　蒜薹水分含量变化的 D-T 变化

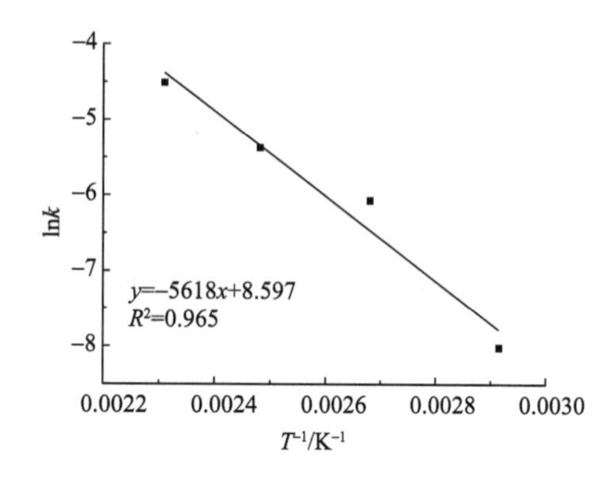

图 7-19　蒜薹水分含量变化的 Arrhenius 图

由表 7-2 可知，以油为传热介质情况下，本研究获得的 z 值与文献值相差较小。已有研究显示动力学参数受到材料尺寸的影响较大（Dhuique-Mayer et al.，2007），较小的尺寸会造成更多的维生素损失，同时，剧烈的表面水分蒸发也使维生素 C 损失更加剧烈。由于蒜薹升温过程是非稳态的，升温过程会影响动力学试验数据的准确性，为了尽量减少这种影响，本试验将蒜薹切割成厚度为 2 mm 的薄片，原料快速升温到油浴温度，最大限度缩减中心升温滞后对试验产生的误差。

表 7-2　维生素 C 的热损失动力学参数总结

食材	加热介质	温度范围/℃	参考温度/℃	D 值/min	z 值/℃	参考文献
豌豆	水	110～132	121.1	50	18.2	
菠菜	油	70～100	100	25.9	74.4	Awuah et al.，2007
菠菜	水	70～100	100	1.07	91.2	
柑橘汁	油	60～90	80	1212	64	Dhuique-Mayer et al.，2007
蒜薹	油	70～160	70	109.67	76.92	本研究
			100	53.56		
			130	28.09		
			160	6.75		

绿色值（$-a^*$值）常作为颜色测量中表示绿色的物理参数（Dhuique-Mayer et al.，2007）。上一节中测定的菠菜油炒烹饪表面绿色值得到的 E_a 值和 z 值与本试验得到的 z 值较为接近，但本试验的 E_a 值较小，这可能是由于研究对象不同导致。

4. 猪肝油炒过程中品质变化动力学参数的测定

本部分内容主要来自李丽丹等（2021）文献，并做了简化调整。

1）测定方法

将猪肝冷冻成型，切割成 2 cm × 2 cm × 0.1 cm，待猪肝温度升至室温时分别放入设定温度的恒温油浴锅中，开启油泵形成烹饪食材与油的相对运动，模拟油炒烹饪过程。根据预试验，猪肝颜色变化在相同条件下较剪切力和蒸煮损失更迅速，因此测定颜色时共加热 64 s，每隔 8 s 取一次样，测定蒸煮损失、剪切力时共加热 80 s，每隔 10 s 取一次样，于 0℃水中快速冷却，取出擦干静置到室温后进行各项指标测定，同时进行鲜样的测定。

a. 颜色测定

采用 WSC-S 色差仪进行测定，同 7.2.2 节 1.。

b. 剪切力测定

采用嫩度仪测定剪切力值，剪切力取猪肝横纹理与纵纹理的平均值，每个处理条件测定 3 次。方法同 7.2.2 节 1.。

c. 蒸煮损失测定

同 7.2.2 节 1.。

2）参数测定结果与分析

将实验数据根据 7.2.1 节 3.原理处理，得到图 7-20～图 7-25。

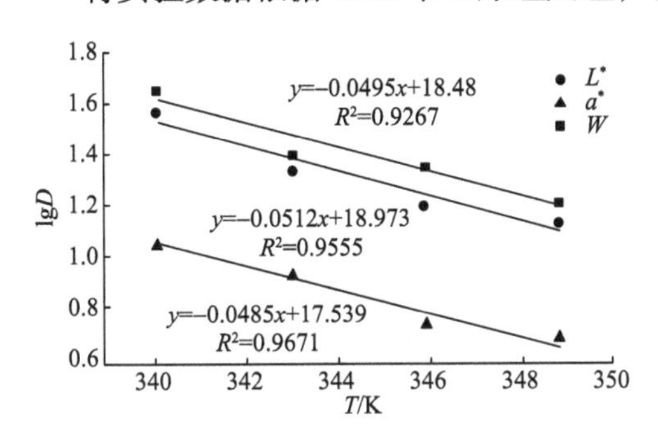

图 7-20　猪肝颜色变化 D-T 关系

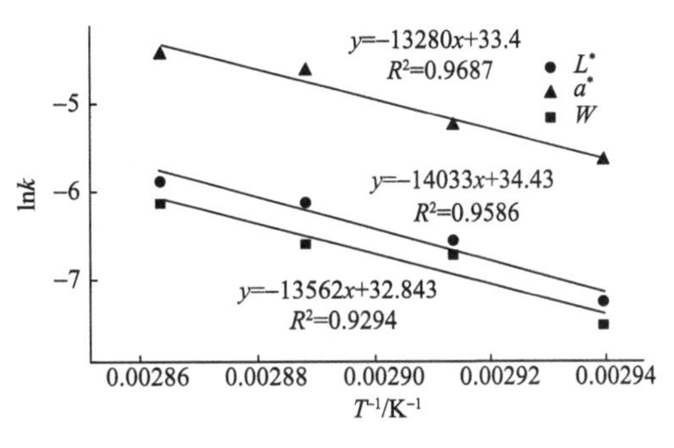

图 7-21　猪肝颜色变化的 Arrhenius 图

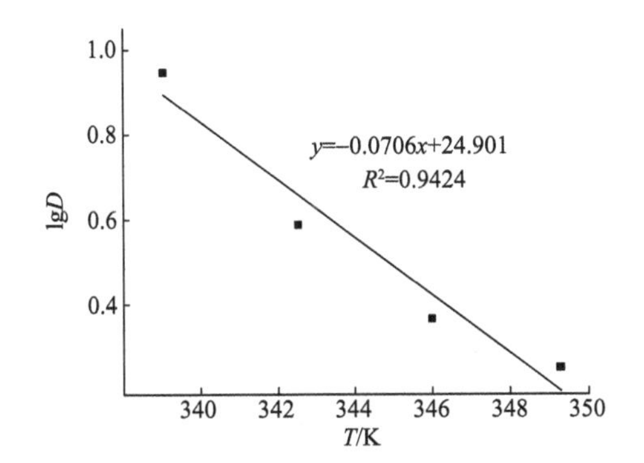

图 7-22　猪肝剪切力变化 D-T 关系

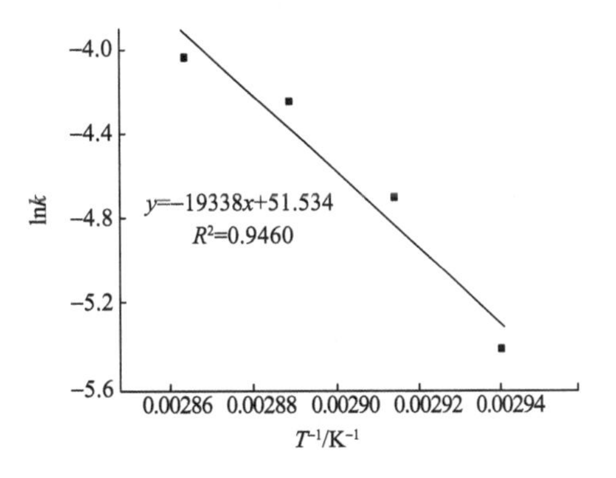

图 7-23　猪肝剪切力变化的 Arrhenius 图

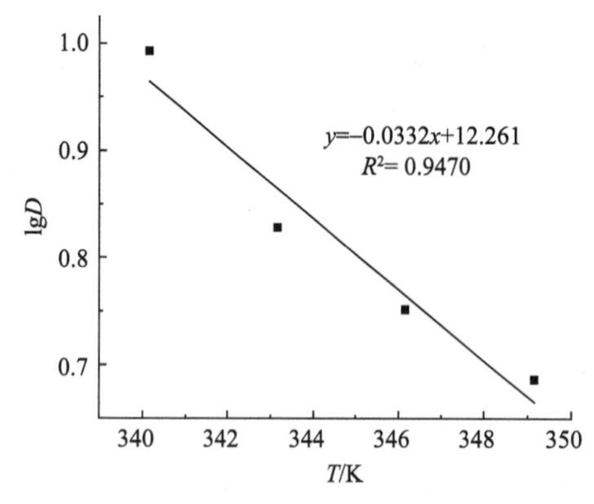

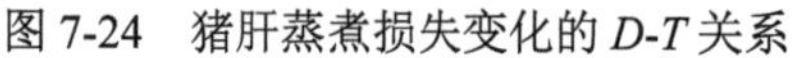
图 7-24　猪肝蒸煮损失变化的 *D*-*T* 关系

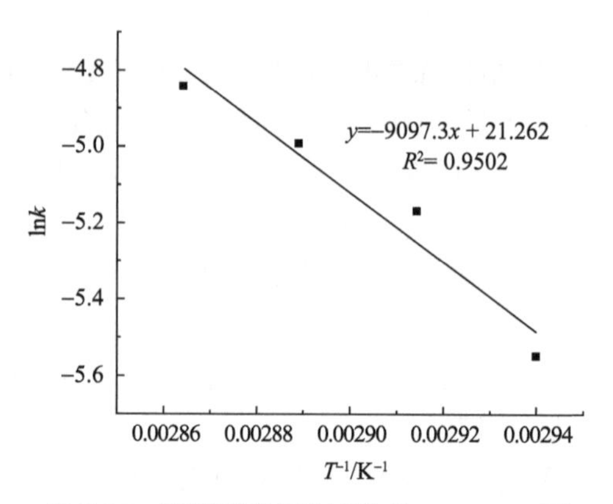

图 7-25　猪肝蒸煮损失变化的 Arrhenius 图

测定结果为：猪肝颜色 L^*、a^*、W 变化的 E_a 值分别为 116.67 kJ/mol、110.40 kJ/mol、112.75 kJ/mol，z 值分别为 19.53℃、20.61℃、20.20℃；剪切力变化的 E_a 值为 160.77 kJ/mol，z 值为 14.16℃。猪肝蒸煮损失变化的 E_a 值为 75.63 kJ/mol，z 值为 30.12℃。

余冰妍等（2018）以猪里脊肉为研究对象，得到其 L^*、a^*、W 的 z 值分别为 33.1℃、26.1℃、41.0℃，所得颜色的 z 值均大于本试验猪肝颜色变化的 z 值，说明猪肝的颜色变化对温度更敏感。

嫩度是肉制品最重要的品质指标之一，主要由肌肉中各种蛋白质的含量及其化学结构特性决定。剪切力作为一种客观测量肉类柔软度的指标，能精确反映食品品质变化（Battaglia et al.，2020）。猪肝剪切力 z 值比猪里脊肉剪切力 z 值小 17.9℃（余冰妍等，2018），这可能是由于猪肝的蛋白质和水分含量都比猪里脊肉高，加热过程中蛋白质变性收缩与水分流失更剧烈。

Bertola 等（2010）研究了牛肉半膜肌在 60～90℃水浴中的蒸煮损失，E_a 值为 54.93 kJ/mol，z 值为 41℃。Kong 等（2007）研究了鲑鱼在 100～131.1℃油浴中的蒸煮损失，E_a 值为 36.98 kJ/mol，z 值为 60℃。余冰妍等（2018）研究了猪里脊肉在 67.5～75℃油浴中的蒸煮损失的 E_a 值为 28.9 kJ/mol。本研究所得猪肝蒸煮损失 z 值与一般食品蒸煮过程的总体品质劣化 z 值 33℃（Rao and Rizvi，1986）接近。不同烹饪食材蒸煮损失动力学模型及参数存在差异，这与食材组成成分、传热介质以及处理条件等密切相关。

7.2.3　西式火腿水浴加热成熟品质动力学参数的测量

以再制生食西式熏煮生火腿为对象，测定其过热品质因子（颜色、剪切力和水分含量）在不同温度煮制不同时间的变化趋势，得到相应的动力学参数。本小节内容主要来自文献（石宇等，2019），并做了简化调整。

1. 测定方法

1）原材料处理

西式火腿参考余德敏（2007）文献的方法制作，西式火腿要保证在低温下制作。将西式火腿最终样品放置于–18℃冰箱中冷冻储存，煮制前统一置于–4℃冰箱解冻 8 h。将火腿切割为半径 2 cm、高为 2 cm 的圆柱形火腿，在设定温度下的恒温水浴中开展试验。

2）颜色测定、剪切力测定、水分含量测定、数据处理

在设定温度下按设定时间恒温水浴；样品取出置于 0℃冰水中快速降温。

a. 颜色测定

同 7.2.2 节 1.。

b. 剪切力测定

取表面均匀平整的火腿片切割成 1.5 cm × 1.5 cm × 0.5 cm 长方体状，方法同 7.2.2 节 1.。

c. 水分含量

同 7.2.2 节 2.。

2. 参数测定结果与分析

将实验数据根据 7.2.1 节 3.原理处理得到图 7-26～图 7-31。测定结果为：西式火腿 L^*

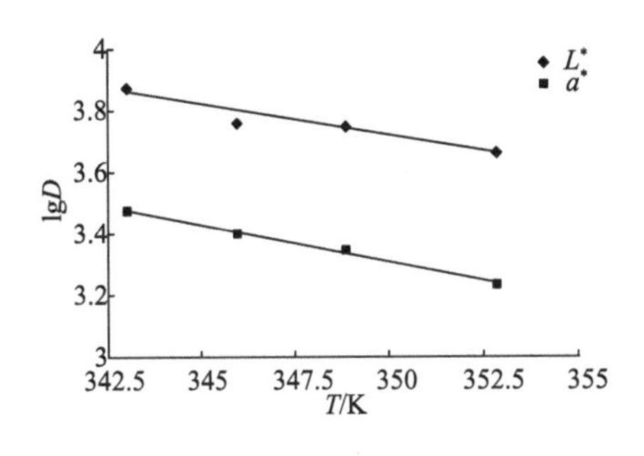

图 7-26　西式火腿颜色变化的 D-z 值

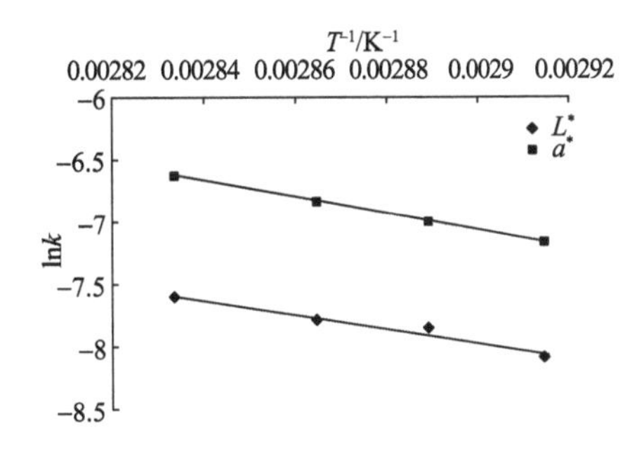

图 7-27　西式火腿颜色变化的 Arrhenius 图

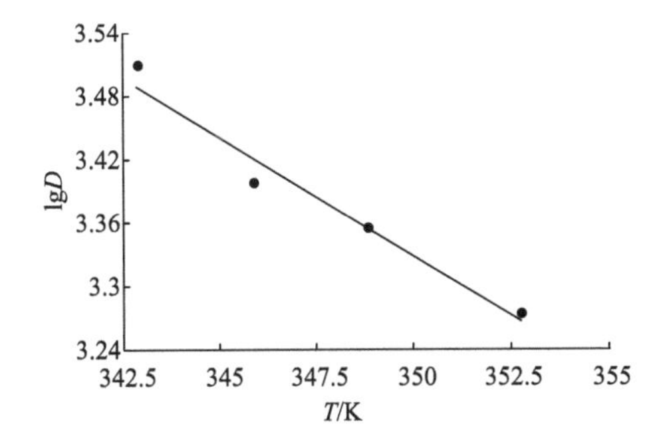

图 7-28　西式火腿水分含量变化的 D-z 值

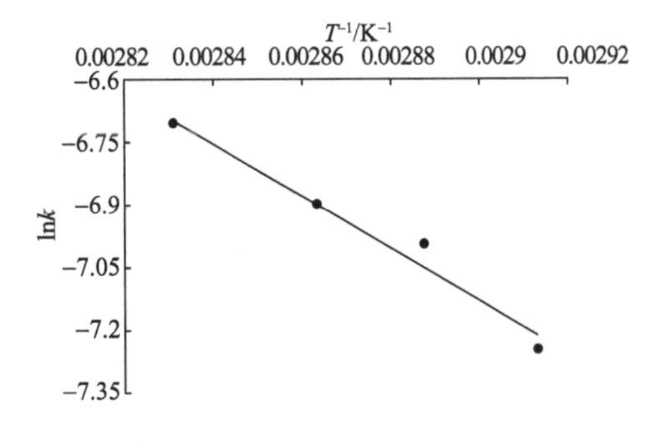

图 7-29　西式火腿水分含量变化的 Arrhenius 图

的 z 值为 49.69℃，E_a 值为 46.73 kJ/mol；a^* 的 z 值为 41.85℃，E_a 值为 55.27 kJ/mol。水分含量变化的 z 值为 44.45℃，E_a 值为 52.22 kJ/mol；剪切力变化的 z 值为 34.81℃，E_a 值为 66.69 kJ/mol。

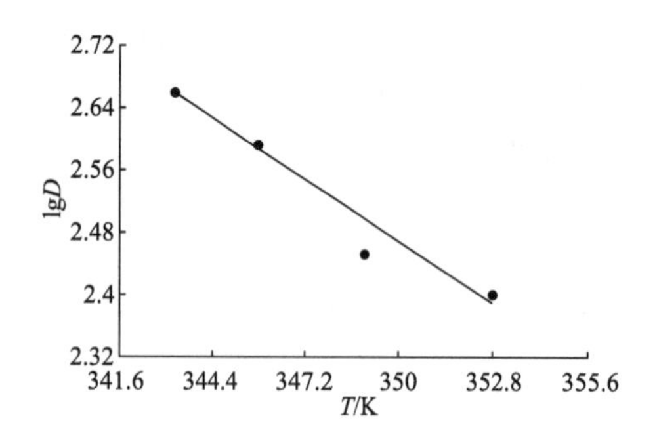

图 7-30　西式火腿剪切力变化的 D-z 值

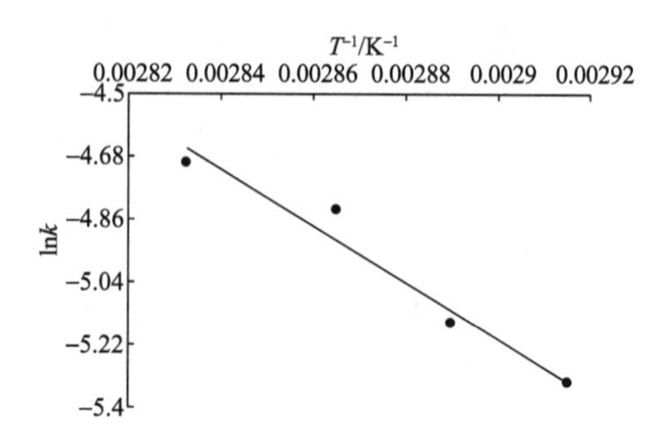

图 7-31　西式火腿剪切力变化的 Arrhenius 图

7.2.4　动力学参数的应用

1. 油介质与水介质对动力学参数的影响

无论是在油介质还是水介质烹饪中，热处理化学反应通常都是相同的，大多符合一级反应动力学。油介质和水介质对反应动力学的影响主要在于反应成分是油溶性还是水溶性，水溶性成分会随食材中的水分向外释放而流失或溶解于水中而流失，油溶性成分会溶解于油而流失。例如，维生素 C 是水溶性物质，其在水浴加热中会随水流失。

2. 与主观动力学的对比

文献中的客观动力学参数 z 值与第 3 章中的主观动力学参数 z_M 值有较大差距。例如，猪里脊肉的不同品质因子的 z 值范围为 17.9～41℃，而 z_M 值为 10℃；蒜薹的不同品质因子的 z 值范围为 62.5～83.33℃，而 z_M 值为 32℃；猪肝的不同品质因子的 z 值范围为 14.16～30.12℃，而 z_M 值为 8℃；自制西式火腿的不同品质因子的 z 值范围为 34.81～49.69℃，而 z_M 值为 9℃。

主观和客观的 z 值有显著区别。z_M 值表征成熟品质因子主观感受强度对加热温度的敏感性，z 值表征试验测定的食品烹饪成熟过程理化品质因子对加热温度的敏感性。人类感官与仪器测定的品质因子变化的响应原理是不同的，导致动力学参数的区别。

3. 结果总结

将笔者课题组针对烹饪的动力学参数结果总结至表 7-3，相关的文献参考数据总结至表 7-4。

表 7-3　烹饪加热过程中的各种食材的品质动力学参数

传热介质	品质因子		食品	温度范围/℃	E_a/（kJ/mol）	z 值/℃	来源
油	颜色	L^*	猪里脊肉	67.5～75	68.6	33.1	余冰妍等，2018
			猪肝	67～76	116.67	19.53	李丽丹等，2021
		a^*	猪里脊肉	67.5～75	86.8	26.1	余冰妍等，2018
			猪肝	67～76	110.40	20.61	李丽丹等，2021
			菠菜（表面）	111 ～151	71.7	43.7	李文馨等，2015
			菠菜（平均）	111 ～151	88.7	35.3	李文馨等，2015
			蒜薹	70～160	36.97	83.33	程芬等，2018
		W	猪里脊肉	67.5～75	55.4	41.0	余冰妍等，2018
			猪肝	67～76	112.75	20.20	李丽丹等，2021
	剪切力		猪里脊肉	67.5～75	127.1	17.9	余冰妍等，2018
			猪肝	67～76	160.77	14.16	李丽丹等，2021
	蒸煮损失		猪里脊肉	67.5～75	28.9	—	余冰妍等，2018
			猪肝	67～76	75.63	30.12	李丽丹等，2021
	水分含量		菠菜	111～151	72.1	40.2	李文馨等，2015
			蒜薹	70～160	46.7	62.5	程芬等，2018
	叶绿素总质量分数		菠菜	111～151	56.3	55.6	李文馨等，2015
	维生素 C 含量		蒜薹	70～160	35.5	76.92	程芬等，2018
水	水分含量		自制肉类西式火腿	70～80	52.22	44.45	石宇等，2019
	剪切力		自制肉类西式火腿	70～80	66.69	34.81	
	颜色	L^*	自制肉类西式火腿	70～80	46.73	49.69	
		a^*	自制肉类西式火腿	70～80	55.27	41.85	

表 7-4　加热过程中的动力学参数文献汇总

品质因子	食品	温度范围/℃	参考温度/℃	E_a/（kJ/mol）	z 值/℃	参考文献
维生素 B_1	牛心	109～150	150	135	25	Feliciotti and Esselen，1957
	牛肝	109～150	150	131.1	26	
	羊肉酱	109～150	150	135	25	
	猪肉酱	109～150	150	135	25	
	菠菜	109～150	150	155.4	22	
	牛肉酱	122	122	112.5	26.6	Mulley et al.，1975
	豌豆泥	103～116	121.1	—	30.3	Nasri et al.，1993

续表

品质因子	食品	温度范围/℃	参考温度/℃	E_a/（kJ/mol）	z 值/℃	参考文献
过氧化物酶	豌豆泥	70～110	110	84.5	33.16	Adams，1978
	菠菜泥	77～92	77	138	18	Resende et al.，1969
多酚氧化酶	番茄酱	110～134	121.1	111～187	17～27	Ohlsson，2010
	蔬菜泥	110～134	121.1	125～167	18～24	
	莴笋	75～95	—	124.35	—	郑海鹰等，2011
氧合血红蛋白	牛肉酱	110～134	121.1	136～158	19～22	Ohlsson，2010
	鱼饼	110～134	121.1	103～130	23～29	
	肝酱	110～134	121.1	88.2～120	24～34	
质构	鱼饼	110～134	121.1	130	23	Ohlsson，2010
	豌豆	90～122	100	94.9	28.5	Loey et al.，1995
	皱纹盘鲍足肌	60～100	—	7.5～47.2	—	王兆琦等，2012
	大米	110～150	110	36.8	75	Suzuki et al.，2010
颜色	豌豆泥，绿色素	94～132.2	121.1	92	32.5	Lenz and Lund，1980
	皱纹盘鲍足肌，色差 ΔE	60～100	—	29.6-80.1	—	王兆琦等，2012
	猕猴桃果浆　叶绿素 a	70～90	—	9.6-86.5	—	张丽华等，2012
	猕猴桃果浆　叶绿素 b	70～90	—	21.5-62.9	—	
	猕猴桃果浆　绿色素	70～90	—	37.3-66.7	—	
	菠菜浆　叶绿素 a	120～150	—	—	33.3	Gupte et al.，2010
	菠菜浆　叶绿素 b	120～150	—	—	80.6	
	上海青蔬菜叶绿素	—	—	78.08	20	谢晶等，2013
	青豆的绿色值（pH 5.5）	—	—	34.32±9.46	69.9	Koca et al.，2007
	青豆的绿色值（pH 6.5）	—	—	49.81±3.68	47.6	
	青豆的绿色值（pH 7.5）	—	—	44.79±3.64	51.8	

7.3　对流传热系数的测量

7.3.1　概述

1. 对流传热系数

对流传热系数是指牛顿冷却定律中热通量与传热温差的比例系数，单位是 W/（m^2·℃）。对流传热系数越大，表示对流传热越快。参见本书 4.2.2 节对流换热原理。

烹饪传热中有流体-颗粒对流传热系数、容器-液体对流传热系数、火焰-容器对流传热系数、容器-外壁向空气的对流传热系数等。其中最重要的是流体-颗粒对流传热系数 h_{fp}，对烹饪品质控制起到重要作用。

与比热容和导热系数不同，h_{fp} 不是物质的特性，而是流体-颗粒的传热学/流体力学特性的复杂函数。对流传热系数受以下几个因素的影响（杨世铭和陶文铨，2006）：①颗粒的大小和形状；②颗粒和流体的热物理性质；③颗粒在系统中的位置；④流体颗粒相对速度；⑤颗粒在环境中的空间关系；⑥流体黏度和温度。

由于该参数在热处理设计、优化中的重要性，在食品热处理领域，尤其是流体-颗粒热处理工艺领域，发展了一系列测定对流传热系数的方法。在烹饪中食材颗粒与流体常常处于运动状态，目前尚没有适合这一条件的准确可靠的测温技术，导致对流传热系数测定困难。

h_{fp} 一般是在精确设定的试验条件下对温度历史及其反应动力学后果进行物理测量后通过计算获取。目前已发展出多种有关流体-颗粒 h_{fp} 的测量方法，但这些方法没有一种发展成为标准测定方法。

2. 流体-颗粒对流传热系数 h_{fp} 的测量方法

1）静态颗粒法

静态颗粒法（stationary particle method）也称静态热电偶法，该法中颗粒在流动流体中保持不动，同时测定颗粒和流体的温度。取得温度时间数据后，可由瞬态传热方程式求得 h_{fp}。具体可以采用 Lenz 和 Lund（1980）提出的最小总体温差平方和法来选定 h_{fp} 的预测值。由于颗粒的移动和转动受到限制，静态颗粒法偏离了真实的条件，导致结果误差（Ramaswamy et al.，1982）。而对于非牛顿流体，由于流体颗粒相对速度较低，通常属于层流状态，这时静态颗粒法可以用于对 h_{fp} 作出保守计算。一些研究者（Chang and Toledo，1989）使用这一方法在低温和高温条件下研究了各种工艺参数对 h_{fp} 的影响。第 6 章中的烹饪模拟装置用于 h_{fp} 测定，即为静态颗粒法的应用。

2）移动热电偶法

为了测量颗粒移动对 h_{fp} 的影响，Sastry 等（1989）发展了移动热电偶法（moving thermocouple method）。该方法是通过电机使固定在食品中的钩状热电偶以设定的速度移动，h_{fp} 以获得的时间温度数据通过集总热容法计算。这个方法的优势在于：①记录了移动颗粒的准确温度；②可以使用不透明载流。但是颗粒的运动仍然受到某种限制，并对载流产生一定的干扰。Sastry 等（1990）的实验表明，运动可以明显提高传热效率。Sastry 指出移动热电偶法的预测数据是一个保守值。该法主要用于液体-颗粒无菌工艺，不适用于颗粒无规则运动的烹饪 h_{fp} 测量。

3）熔点法

熔点法（melting point method）是利用聚合物在一定温度下变色的特性通过色泽解

析计算出 h_{fp}。Mwangi 等（1993）放置了一个温度指示范围为 51～80℃的熔点指示器于一个直径 8～12.7 mm 的聚甲基丙烯酸酯球中，通过一个文丘里管将颗粒引入一个模拟无菌工艺保温管中，载流为甘油/水混合物。温度上升后，指示剂达到熔点后变色，记录颜色变化时间的关系以及载流的温度-时间关系。同时通过瞬态传热方程的有限差分算法得到的 h_{fp} 值预测指标物的表面温度。预测温度与观测温度之差最小的 h_{fp} 值为目标值。因为变色是不可逆的，因此颗粒不能重复使用，这一方法是非破坏性的，但是要求实验容器必须透明。该法显然也不适用于烹饪研究。

4）微生物法

微生物法（microbiological indicator method）类似于 TTI 技术。Hunter（1972）首次通过加热置入芽胞的海藻胶小球，通过数学模型推算 h_{fp}。采用最小绝对致死率差方法（the least absolute lethality difference，LALD），通过数学模型计算的致死率与实验数据获得的致死率的差值来选择 h_{fp} 预测值，其与 LSTD 相比更为准确。两种方法的差别是两种方法采用的温度时间曲线的性质不同。

5）液晶法

Stoforos 等（1989）首次使用液晶法（liquid crystal method）测定连续系统中的 h_{fp}。Moffat（1990）提出了使用液晶法测算 h_{fp} 的详细方法。该法在颗粒表面覆盖一层热敏性变色液晶以录像记录变化。通过与校验后的标准色比较来确定表面温度。该法是非破坏性的，并且快速，提供了与 h_{fp} 相关的表面温度测定方法。而该法的温度测量准确性受下列条件限制：①颜色变化对应的温度变化范围；②录像的解析度；③颗粒表面色泽可见。因而，该法不适于在高温高压系统及不透明液体条件下使用。烹饪中无法连续观察一个颗粒的表面，导致其无法应用。

6）流体温度量热法

流体温度量热法（liquid/temperature calorimetry method）是通过添加低温颗粒进入热流体中，记录流体温度，已知颗粒和流体的热物理性质，这样就可以通过能量平衡测算 h_{fp}（Stoforos and Merson，1990）。该法可以测算颗粒总体 h_{fp}，并可以用于不透明载流。但是无法判明单个颗粒的 h_{fp} 变化。同时，在高温高压下，使用该法比较困难。这一方法虽然原理简明，却不适用于单独颗粒的 h_{fp} 测算。该法结合数学模型，有用于 h_{fp} 测定研究的可能。

7）TTI 法（time temperature integrator method）

Weng 等（1992）采用固定过氧化物酶代替微生物在巴氏杀菌条件下测定液体-颗粒的 h_{fp}。在爆炒等实际烹饪中，烹饪食材颗粒剧烈运动，无法使用热电偶测定中心温度。即使使用高频热像仪，也不可能得到一个固定表面的连续温度记录。这时，由 TTIs 测定 h_{fp} 几乎是唯一能够使用的方法。该法是上述 h_{fp} 测定的微生物法的变种，在移动食品颗粒热处理推算中有较多应用，但在国内使用极少，目前仅限作者的课题组在使用该技术。

3. 流体-颗粒烹饪对流传热系数 h_{fp} 的测量方法

流体-颗粒烹饪对流传热系数的测量方法主要选用静态颗粒法和 TTI 法，前者主要用于在烹饪模拟装置中的静态食材的 h_{fp} 测量，后者主要用于实际烹饪中运动食材的 h_{fp} 测量。

1）静态颗粒假设试算法

在烹饪模拟装置中，测量烹饪过程中的食材颗粒中心温度时间关系。假设一系列 h_{fp} 值，由适用的烹饪流体-颗粒热质传递模型以模拟烹饪的参数条件来计算得到中心温度-时间关系，将实测与模拟的中心温度-时间关系进行比较，方法是采用本书 5.2.3 节的 LSTD 法和相关系数法，LSTD 最小或相关系数 R 最高时的 h_{fp} 值为目标值。

由于 h_{fp} 与食材的特性有关，如受含水量影响的蒸发特性、表面特性等。相同条件下，食材不同，h_{fp} 可能不同。准备大量尺寸和热物性一致的食材试样存在技术困难。因此在开展不同烹饪之间的 h_{fp} 比较时，可以用具有稳定尺寸和热物性的食品模拟物代替食材。

2）动态颗粒 TTI 假设试算法

选取与食材热物性相近、尺寸相同的 TTIs 为实验对象，将 TTIs 和里脊肉同时烹饪后，测得其剩余酶活。以实际烹饪过程参数为条件，其中包括实测的油温历史，假设一系列 h_{fp}，对传热过程进行数值模拟，得到对应的温度历史后结合酶失活动力学计算求得剩余酶活，选择计算酶活与实测酶活差别最小时对应的 h_{fp} 为目标值。

3）量纲分析法

在 h_{fp} 测量的基础上，按量纲分析（dimensional analysis）原理建立经验公式，在适用范围内可以按对流换热条件参数直接计算得到 h_{fp} 值。一些情况下，也可参照类似条件建立经验公式，如式（4-21）～式（4-27）。

7.3.2　基于量纲分析的油炒对流传热系数预测模型

本部分主要参考文献（张宏文，2019；张宏文等，2019），并做简化调整。

量纲分析是 Backingham 于 20 世纪初提出的一种在物理领域中建立数学模型的方法，可有效分析和探索物理量之间的关系（谈庆明，2005）。量纲分析是自然科学中一种重要的研究方法，它根据一切量所必须具有的形式来分析判断事物间数量关系所遵循的一般规律。通过量纲分析可以检查反映物理现象规律的方程在计量方面是否正确，甚至可提供寻找物理现象某些规律的线索。

相比较于其他计算方法，该方法对数据进行合理降维，在减少计算量的同时保证计算精度，能最大程度反映影响模型过程的各个参数之间的关系。早在 1938 年，Froszling 利用量纲分析法建立了计算空气中水滴 h_{fp} 的无量纲算式：$Nu=2.0+0.55Re^{1/2}Pr^{1/3}$。在食品热处理领域，Chandarana 等（1990）得出立方体硅脂颗粒分别在淀粉液和水中 h_{fp} 的无量纲预测式：$Nu=2.0+0.0282Re^{1.6}Pr^{0.89}$ 和 $Nu=2.0+0.0333Re^{1.08}$。Zitoun 和 Sastry（1994）研究了管道蘑菇形铝质颗粒在 CMC 溶液中的传热过程，得到了无量纲预测式：$Nu=2.0+28.37Re^{0.233}Pr^{0.143}(d_m/d_t)^{1.787}$（式中：$d_m$、$d_t$ 分别是管道和颗粒的直径）。目前利用量纲分析法预测 h_{fp} 主要应用于杀菌领域（Ramaswamy et al.，1997；Singh et al.，2016）。

下面针对油炒过程中不同火候、不同流体流速模拟食物搅拌与颠锅过程，基于量纲分析法中 Π 定理推导 h_{fp} 的无量纲预测模型，结合实测 h_{fp} 验证模型准确性，以期为油炒烹饪提供一种普适、方便、经济的 h_{fp} 预测方法。

1. 量纲和量纲分析的基本原理

1）量纲

量纲（physical dimension），也称因次，是指物理量的属性，表示一个量是由哪些基本量导出及如何导出的式子（白光富等，2012）。物理量可分为有量纲量和无量纲量，有量纲量是指物理量的大小与其选用的单位密切相关，如质量、长度、时间、温度等；而无量纲量则是指物理量的大小与其选用的单位无关，如角度、长度之比、时间之比和温度之比（Buckingham，1914；谈庆明，2005）。

基本量纲具有独立性，是不能由其他量纲推导出来的量纲。国际单位制中有七个基本物理量：质量、长度、时间、温度、电流、物质的量和发光强度，其量纲分别是 M、L、T、θ、I、H 和 J。把由基本量纲推导出的量纲称为导出量纲（谈庆明，2005）。例如，物理量 a 的量纲可记为$[a]$，由若干个基本量纲的幂积形式表示，如以下形式的量纲式：

$$[a]=M^{\alpha}L^{\beta}T^{\gamma}\theta^{\lambda} \tag{7-6}$$

式中：$[a]$是物理量 a 的量纲；M、L、T 和 θ 分别是基本量质量、长度、时间和温度的量纲，指数 α、β、γ 和 λ 称为量纲指数。量纲指数可以是任意自然数，假如该物理量的量纲指数全部为零，则为无量纲量，量纲式如下：

$$[a]=M^{0}L^{0}T^{0}\theta^{0}=1 \tag{7-7}$$

量纲分析方法的基本原理主要是 Π 定理和量纲和谐原理（也称量纲齐次原理）。量纲和谐原理适用于处理相对简单的问题，相关未知变量数一般不超过 5 个，而 Π 定理则具有普适性。

2）Π 定理

在 n 个物理量作用的系统中，其中存在 p 个相互独立的基本量纲，那么该系统中各物理量相互关系可以简化为 $m=n-p$ 个相互独立的无量纲数群（准数）之间的关系，且各无量纲量形成确定的函数关系。

用数学方式解释 Π 定理如下。

设 n 个物理量之间满足以下函数关系：

$$f(x_1,x_2,\cdots,x_n)=0 \tag{7-8}$$

式中，$x_1,x_2,\cdots,x_n$ 是物理量。这 n 个物理量中含有 p 个基本量纲（$p<n$），则式（7-8）与下述关系式（7-9）等价：

$$F(\Pi_1,\Pi_2,\cdots,\Pi_m)=0 \tag{7-9}$$

式中，$\Pi_1,\Pi_2,\cdots,\Pi_m$ 是无量纲数群（准数），且 $m=n-p$，F 为待求函数关系。

3）量纲齐次性原理

同一方程中各项的量纲必须相同。用基本量纲的幂次式表示时，各个基本量纲的幂次应相等，称为量纲齐次性。

正确反映客观规律的物理方程必须在其量纲上保持一致，即只有当方程的两个量纲相同时，方程两边才能等价。量纲和谐原理常常用来检验方程的正确性和完整性，确定物理公式中物理量的指数，建立物理方程式的结构形式。

2. h_{fp} 的无量纲预测模型的构建

1）影响烹饪过程中 h_{fp} 的主要因素

4.2.2 节中分析了影响烹饪食材颗粒-传热介质对流传热系数的因素，为了温度的无量纲化，将温度分为流体温度 T_f 和参考温度 $T_参$。则式（4-18）的等价关系式为

$$f(h_{fp}, L, v, T_f, T_参, \mu, \rho, c_{pf}, k)=0 \tag{7-9-1}$$

式（4-18）中 9 个物理量的符号、单位及量纲见表 7-5，可以看出其由 4 个基本量纲：长度 L、质量 M、时间 T 和温度 θ 组成。

表 7-5　试验物理量及量纲

变量	符号	单位	量纲
对流传热系数	h_{fp}	W/（m²·℃）	$MT^{-3}\theta^{-1}$
特征尺寸	L	m	L
流速	v	m/s	LT^{-1}
流体温度	T_f	℃	θ
参考温度	$T_参$	℃	θ
黏度	μ	Pa·s	$ML^{-1}T^{-1}$
密度	ρ	kg/m³	ML^{-3}

续表

变量	符号	单位	量纲
比热容	c_{pf}	J/（kg·℃）	$L^2T^{-2}\theta^{-1}$
导热系数	k	W/（m·℃）	$MLT^{-3}\theta^{-1}$

2）确定无量纲 Π 准数的数目

依据 Π 定理，无量纲 Π 准数的数目：

$$m = n - p = 9 - 4 = 5 \tag{7-10}$$

若 Π_1、Π_2、Π_3、Π_4 和 Π_5 表示这五个准数，则式（4-18）可表示为

$$\Pi_5 = F(\Pi_1, \Pi_2, \Pi_3, \Pi_4) \tag{7-11}$$

3）按下列步骤确定准数的形式

以长度 L、质量 M、时间 T 和温度 θ 作为基本量纲，建立其量纲矩阵，如表 7-6 所示。

表 7-6　量纲矩阵

量纲	h_{fp}	L	v	T_f	$T_参$	μ	ρ	c_{pf}	k
M	1	0	0	0	0	1	1	0	1
L	0	1	1	0	0	−1	−3	2	1
T	−3	0	−1	0	0	−1	0	−2	−3
θ	−1	0	0	1	1	0	0	−1	−1

通过 MATLAB 软件中 null 函数对表 7-6 中量纲矩阵进行齐次线性方程求解，以解为各变量进行齐次方程求解，得到式（7-12）中 5 个无量纲准数：

$$\Pi_1 = \frac{T_参}{T_f}, \Pi_2 = \frac{v^2\mu}{h_{fp}T_fL}, \Pi_3 = \frac{v^3\rho}{h_{fp}T_f}, \Pi_4 = \frac{c_{pf}T_f}{v^2}, \Pi_5 = \frac{k}{h_{fp}L} \tag{7-12}$$

进行代数变换，得到下式中的 4 个无量纲准数：

$$\Pi_1' = \Pi_1 = \frac{T_参}{T_f}, \Pi_2' = \Pi_2 = \frac{Lv\rho}{\mu}, \Pi_3' = \frac{\Pi_4}{\Pi_2} = \frac{c_{pf}\mu}{k}, \Pi_4' = \frac{1}{\Pi_5} = \frac{h_{fp}L}{k} \tag{7-13}$$

为了简便，假设 $T_参$ 为 100℃，同时，该试验的 9 个变量中，除 h_{fp} 为因变量外，其余均为自变量，所以将含有 h_{fp} 的 Π_5' 作为因变 Π 项，应满足：

$$\frac{h_{fp}L}{k} = F\left(\frac{lv\rho}{\mu}, \frac{c_{pf}\mu}{k}, \frac{T_f}{100℃}\right) \tag{7-14}$$

此时，方程等号两边的量纲必须相同，当用基本量纲的幂次式表示时，各个基本

量纲的幂次相等，保持量纲齐次性。上式以幂函数的形式表示为

$$\frac{h_{\mathrm{fp}}L}{k}=\left(\frac{Lv\rho}{\mu}\right)^{a}\left(\frac{c_{\mathrm{pf}}\mu}{k}\right)^{b}\left(\frac{T_{\mathrm{f}}}{100℃}\right)^{c} \tag{7-15}$$

即

$$Nu=Re^{a}Pr^{b}\left(T_{\mathrm{f}}/100℃\right)^{c} \tag{7-16}$$

各准数的解释参见附录二“准数表”。

3. 通过实验确定无量纲关系式系数

1）实测

将新鲜猪里脊肉准确切割为 4 cm × 4 cm（长×宽），厚度为 0.2 cm、0.4 cm、0.6 cm 和 0.8 cm 规格，采用半厚黏接法将热电偶准确插入肉片中心（闫勇等，2014）。在第二代烹饪模拟系统中进行模拟烹饪试验，用采集系统记录样品中心时间-温度历史，并由模拟装置通过 S 型皮托管测量流速。特征尺寸：采用等体积当量直径，对于体积为 V_{p} 的颗粒，计算公式为

$$d_{\mathrm{V}}=\left(\frac{6V_{\mathrm{p}}}{\pi}\right)^{\frac{1}{3}} \tag{7-17}$$

假设一个 h_{fp} 值，由 5.3 节烹饪流体-颗粒多孔介质热质传递模型中得到模拟的中心时间-温度关系，同时得到实测中心平均时间-温度关系。在 MATLAB 中计算实测与模拟的中心时间-温度关系的拟合优度：相关系数 R；改变 h_{fp} 值，先以 50 W/（$\mathrm{m^2·℃}$）为步长，后以 10 W/（$\mathrm{m^2·℃}$）为步长，重复计算拟合优度，选择拟合优度最好的 h_{fp} 为目标值。

将不同试验条件下实测的时间-温度数据经上述方法计算得到的 h_{fp} 列于表 7-7，可以发现 h_{fp} 随温度的升高而增大，这是由于流体温度越高，食品颗粒单位面积表面的温度梯度越大，从而换热越快，这与文献（Feyissa et al.，2015；Sandhu et al.，2016；Warning et al.，2012）的研究成果相一致。流体-颗粒相对运动速度的大小会影响 h_{fp}，流速越大，换热越剧烈，h_{fp} 越大。Baptista 等（1997）文献中颗粒的特征尺寸有等体积当量直径、体积/表面积和直径等，本书采用常见的等体积当量直径。试验表明，特征尺寸与 h_{fp} 呈负相关。Ramaswamy 等（1997）综述了不同作者测量 h_{fp} 的文献，关于特征尺寸与 h_{fp} 的变化趋势总体上与本研究相同。

表 7-7　各试验的参数条件及求解的 h_{fp} 计算结果

试验序号	温度/℃	流速/（m/s）	特征尺寸/m	h_{fp}/[W/（$\mathrm{m^2·℃}$）]	h_{fp} 拟合相关系数 R
1	80	0.14	0.02	360	0.98

续表

试验序号	温度/℃	流速/（m/s）	特征尺寸/m	h_{fp}/[W/（m^2·℃）]	h_{fp}拟合相关系数 R
2	100	0.14	0.02	390	0.99
3	120	0.14	0.02	450	1.00
4	140	0.14	0.02	590	0.99
5	160	0.14	0.02	650	0.99
6	140	0.14	0.02	700	0.99
7	140	0.14	0.02	590	0.99
8	140	0.14	0.03	550	1.00
9	140	0.14	0.03	500	1.00
10	140	1.0×10^{-6}	0.02	250	0.98
11	140	0.07	0.02	300	0.98
12	140	0.10	0.02	400	0.99
13	140	0.14	0.02	590	0.99
14	140	0.17	0.02	850	0.99

2）h_{fp}的无量纲预测模型的拟合与修正

将式（7-16）两侧取对数，并以试验值（表 7-8）计算，从而转化为多元线性问题。随后使用 origin 2021 软件进行多元线性回归分析，可得到相关系数 R^2 为 0.534 的残差散点图（图 7-32），以及 h_{fp} 与各因素关系的回归方程：

$$\lg Nu = 0.135\lg Re + 2.59\lg Pr + 4.947\lg\left(T_f/100\right) - 3.61 \tag{7-18}$$

表 7-8　各无量纲数试验值

试验序号	Re	Pr	$T_f/100$	Nu	$\lg Re$	$\lg Pr$	$\lg(T_f/100)$	$\lg Nu$
1	277.42	120.36	0.80	49.43	2.44	2.08	−0.10	1.69
2	408.00	84.26	1.00	54.04	2.61	1.93	0.00	1.73
3	549.62	64.37	1.20	62.88	2.74	1.81	0.08	1.80
4	696.43	52.29	1.40	83.10	2.84	1.72	0.15	1.92
5	843.99	44.40	1.60	92.23	2.93	1.65	0.20	1.96
6	554.11	52.29	1.40	78.44	2.74	1.72	0.15	1.89
7	696.43	52.29	1.40	83.10	2.84	1.72	0.15	1.92
8	799.38	52.29	1.40	88.92	2.90	1.72	0.15	1.95
9	878.11	52.29	1.40	88.79	2.94	1.72	0.15	1.95
10	0.00	52.29	1.40	35.21	−2.30	1.72	0.15	1.55

续表

试验序号	Re	Pr	$T_f/100$	Nu	$\lg Re$	$\lg Pr$	$\lg(T_f/100)$	$\lg Nu$
11	348.21	52.29	1.40	42.25	2.54	1.72	0.15	1.63
12	497.45	52.29	1.40	56.34	2.70	1.72	0.15	1.75
13	696.43	52.29	1.40	83.10	2.84	1.72	0.15	1.92
14	845.66	52.29	1.40	119.72	2.93	1.72	0.15	2.08

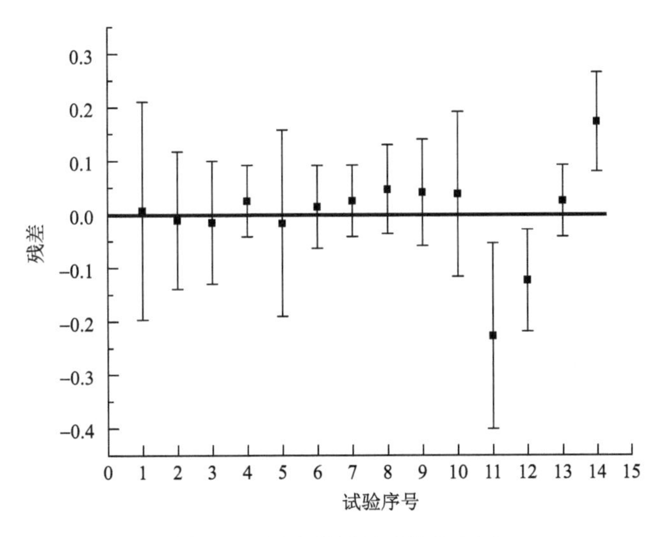

图 7-32 回归分析的残差分布图

从图 7-32 回归分析的残差散点分布图中可以看出，各个残差的置信区间均包含零点，但第 11、12 和 14 这 3 个数据的残差离零点较远，回归模型对原始数据的拟合效果一般，为提高式（7-18）中多元回归方程的拟合效果，将这 3 个数据视为异常点并剔除，并对剩余各点进行多元线性回归拟合分析，从而得到新的相关系数 R^2 为 0.967 的多元线性回归方程式（7-19）：

$$\lg Nu = 0.129\lg Re + 2.094\lg Pr + 3.857\lg\left(T_f/100\right) - 2.617 \tag{7-19}$$

修正后的多元线性回归方程的拟合优度得到较大提高，回归方程较好地符合原始数据。将式（7-19）经指数逆变换之后得到各待定参数的回归值，即得到无量纲预测关系式：

$$Nu = 10^{-2.617} Re^{0.129} Pr^{2.094} \left(T_f/100\right)^{3.857} \tag{7-20}$$

$Nu = \dfrac{h_{fp}L}{k}$，可以由试验参数通过式（7-20）快捷计算得到 h_{fp}。

同时，由 R^2=0.97 及图 7-33 可以说明预测模型的预测值与实测数据数值计算值接近，其值均匀地分布在直线 1∶1 两侧，拟合效果良好。

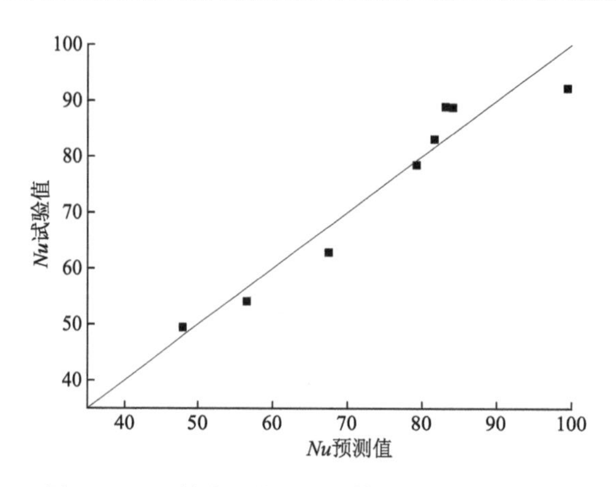

图 7-33　*Nu* 的实测值与预测模型预测值的比较图

7.3.3　TTI 假设试算法测定爆炒中动态颗粒对流传热系数

本小节利用 TTIs 对爆炒工艺中的对流传热系数进行测算，内容主要来自文献（邓力等，2017），并做了简化调整。

1. 原理概述

选取与猪里脊肉热物性相近的 TTIs 为实验对象，将尺寸相同的 TTIs 和里脊肉同时过油/颠锅爆炒后，测得其剩余酶活。以实际爆炒过程参数为条件，其中包括实测的油温历史，假设一系列 h_{fp}，对传热过程进行数值模拟，得到对应的温度历史，结合酶失活动力学计算求得剩余酶活，选择计算酶活与实测酶活差别最小时对应的 h_{fp} 为目标值。

2. 方法

1）TTIs 制备与测定

a. TTIs 的制作

TTIs：指示剂标定为 z 值 7.36℃（见 6.3.2 节）耐高温 α-淀粉酶液 14 μL，封装入直径 1mm、长度 3.10～3.50 cm 的毛细管，载体采用 g-KGM，利用打孔器将凝胶制作成尺寸为 Φ 0.79 cm × 4.75 cm 的圆柱体 TTIs 载体；将 TTI 毛细管胶囊置入魔芋凝胶载体的几何中心位置，构建成 TTIs 装置。详见 6.3 节。

b. 实测剩余酶活

按王金鹏等（2010）耐高温 α-淀粉酶酶活测定和计算方法，将原酶液稀释不同倍数，测定稀释液与淀粉液反应不同时间对应的吸光度值（A），并对其对数化（$\lg A$），得到与时间的关系曲线和回归方程；然后测定酶解反应终点时的 A 值，代入回归方程计算不同稀释倍数的酶反应到达终点所需的时间，由反应终点时间计算出酶活力，求平均值得到平均酶活，即为原酶活力。

剩余酶活测定则是将毛细管胶囊取出后迅速放入冰水混合物中冷却 1 min，用微量注射器将酶液取出至 10 mL 容量瓶中，然后用蒸馏水反复冲洗毛细管 3 次并定容，将酶液稀释 714.29 倍，按上述方法测量剩余酶活。

2）烹饪热质传递数学模型的构建和求解

TTIs 为颗粒，液体为烹饪用油，假设烹饪开始时颗粒初始温度均匀。

a. 几何模型

TTIs 载体和猪里脊肉形状相同。

b. 网格划分

利用 ANSYS 软件建立实体三维模型，考虑其对称性选取 1/8 建模，如图 7-34 所示，网格单元数为 317293，如图 7- 35 所示。

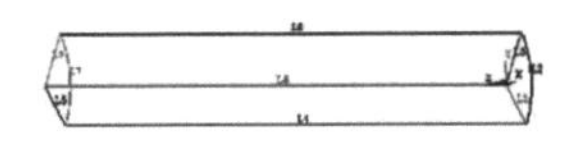

图 7-34　ANSYS 三维建模

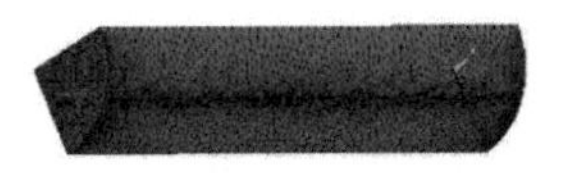

图 7-35　网格划分

c. 控制方程

在食品热处理过程中，固体食品内部任意空间位置点的温度随时间变化，表现出非稳态温度分布特征，即三维非稳态温度分布。控制方程为式（4-13）。

d. 定解条件

烹饪热质传递数学模型初始条件为 $T_1=T_0$，为室温；边界条件为式（4-14）。

e. 烹饪热质传递数学模型物性参数设定

见表 7-9。

表 7-9　数值计算参数输入

符号	参量	单位	数值
C	比热容	J/（kg·℃）	3959.20
k	导热系数	W/（m·℃）	0.54
ρ	密度	g/cm^3	1075.00
T_0	室温	℃	22.50
T_1	初始温度	℃	22.50
T_p	颗粒表面温度	℃	22.50
T_f	流体温度	℃	实测输入
h_{fp}	对流传热系数	W/（m^2·℃）	待测

f. 计算求解

利用 ANSYS Mechanical 进行数值求解。在 PREP 处理器中定义单元类型、比热容 C、导热系数 k、密度 ρ，建立几何实体并进行网格划分；在 SOLUTION 中施加载荷，输入 T_1、T_f、t、h_{fp}，选用 JCG 自动迭代求解器获得有限元解；在后处理器中查看并导出温度变化数值。

3. TTIs 应用于爆炒不同阶段 h_{fp} 的测定

1）爆炒阶段

模拟爆炒肉类的两个阶段过程，即先颠锅爆炒，过油（滤去油脂）后再次调味爆炒。

a. 颠锅爆炒

采用大火加热，由一级厨师操作快速颠锅爆炒，称量得菜籽油与 TTIs 装置、猪里脊肉、胡萝卜混合物的质量比为 1∶5。

b. 过油、颠锅爆炒

采用大火加热，由一级厨师操作快速过油、颠锅爆炒，称量得菜籽油与 TTIs 装置、猪里脊肉和胡萝卜混合物的质量比为 1∶5。

2）爆炒过程 h_{fp} 测定

a. h_{fp} 测算方法

将尺寸为 Φ0.79 cm × 6.08 cm、形状相同的圆柱形 TTIs 装置和猪里脊肉一起爆炒，加热完成后，取出 TTIs 装置中的毛细管胶囊并迅速冷却，测定其剩余酶活。利用 ANSYS 软件求解 TTIs 载体的非稳态传热控制方程，利用该软件自带的函数编辑器定义该变温函数，并通过调用函数载入器读取。以 0.1 W/（m^2·℃）为步长，假设一系列 h_{fp}，并在 ANSYS 软件中输入该参数，计算得到 TTIs 载体的中心温度-时间关系，根据指示剂酶失活动力学模型由温度-时间关系计算得到剩余酶活，与实测剩余酶活进行比较，当误差小于 5%时，则认为设定 h_{fp} 为烹饪中油-猪里脊肉对流传热过程中的目标值。

b. 过油/颠锅爆炒过程的 h_{fp} 测算

将 10 个尺寸形状均相同的 TTIs 装置和猪里脊肉一起经历过油/颠锅后，迅速取出 3 个 TTIs 装置中的毛细管胶囊，放入冰水混合物中进行冷却处理，测定剩余酶活。根据 a.的方法算出对流传热系数 h_{fp}。剩余的 TTIs 和猪里脊肉经过油/颠锅后，再经滤油、颠锅爆炒，利用烹饪传热学及动力学数据采集分析系统，每 10 s 测量锅内介质温度变化，并通过函数载入器载入该温度变化。爆炒结束后迅速取出剩余的 TTIs 装置中的毛细管胶囊并进行冷却处理，测定实际剩余酶活。按 a.的方法算出本阶段的 h_{fp}。

4. 结果与分析

1）颠锅爆炒工艺对流传热系数 h_{fp} 的测量

a. 介质温度的记录

采集油温及 TTIs 载体的初始温度分别为 170℃、22.5℃，整个爆炒过程持续 50 s，该过程锅内介质温度变化见图 7-36。

b. 爆炒过程 h_{fp} 的测量

对图 7-36 中的变温曲线加载到 ANSYS 模型求解 TTIs 载体的传热控制方程，得到温度-时间关系，见图 7-37，根据指示剂酶失活动力学模型计算求得剩余酶活为 55335 U/g，与实测酶活 55305 U/g 相比，误差小于 0.1%，求得 h_{fp} 为 1301.5 W/（m^2·℃）。

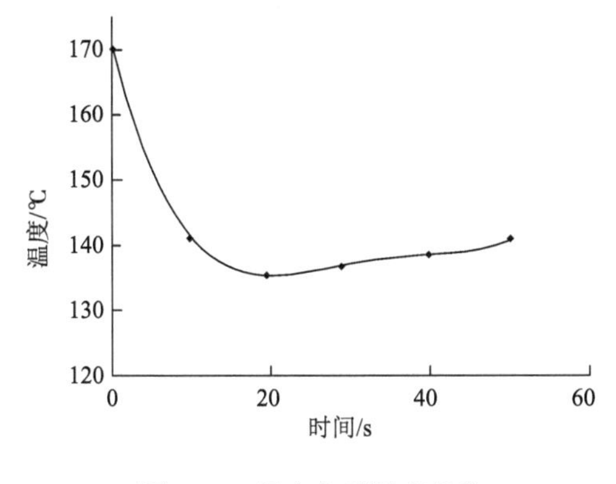

图 7-36　锅内介质温度变化

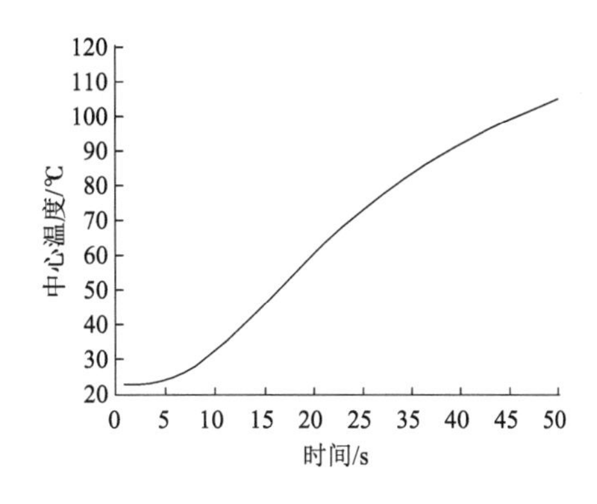

图 7-37　数值模拟的中心温度-时间关系

2）过油、颠锅爆炒工艺不同阶段 h_{fp} 的测量

a. 介质温度的记录

实际烹饪爆炒工艺包括滤油、颠锅爆炒，持续时间分别为 75 s、40 s，采集滤油、爆炒过程锅内介质温度变化，分别见图 7-38 和图 7-39。

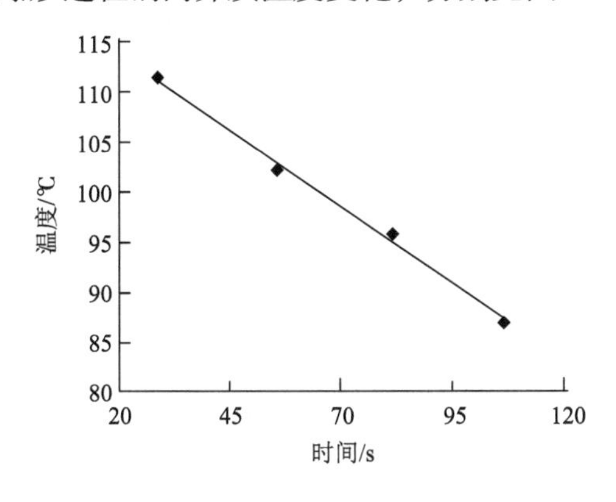

图 7-38　滤油阶段 TTIs 表面温度变化

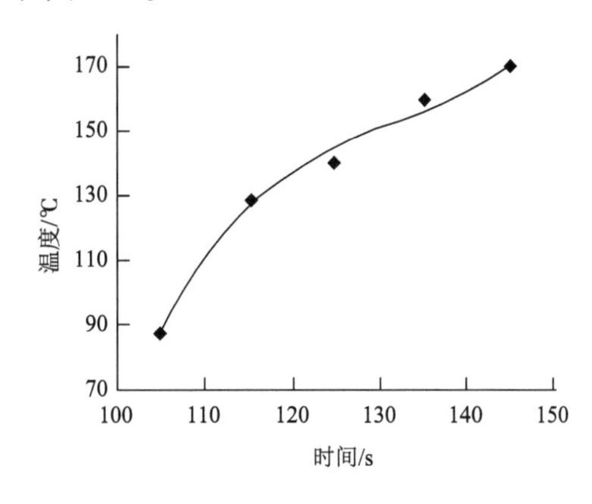

图 7-39　爆炒过程介质温度变化

b. 过油阶段 h_{fp} 计算

利用烹饪传热学及动力学数据采集分析系统测得过油过程油温度为 170℃，过油时间为 30 s。利用 TTIs 装置得到实际测量剩余酶活为 53605 U/g，数值模拟计算得到的酶活为 53428 U/g，两者的误差为 0.33%，此时对应的 h_{fp} 为 1401.2 W/（m^2·℃），TTIs 中心温度-时间关系见图 7-40。

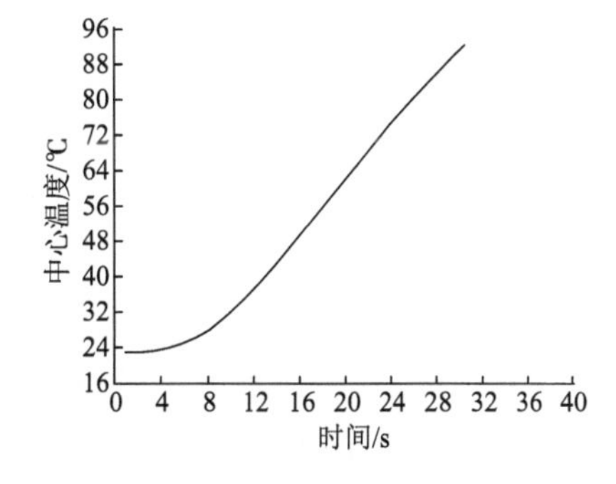

图 7-40　过油阶段 TTIs 中心温度变化曲线

3）过油、颠锅爆炒全过程 h_{fp} 计算

爆炒全过程结束后，测得 TTIs 的剩余酶活为 52151 U/g，利用 ANSYS 软件对 TTIs 的数学模型进

行求解，得到中心温度变化历史，见图 7-41 及图 7-42，结合温度对酶活影响动力学模型，利用 MATLAB 编程计算得到剩余酶活为 52204 U/g，与实测酶活误差为 0.11%，并求得油爆、滤油、颠锅爆炒过程的 h_{fp} 分别为 1401.2 W/（m^2·℃）、200.3 W/（m^2·℃）、1199.8 W/（m^2·℃）。

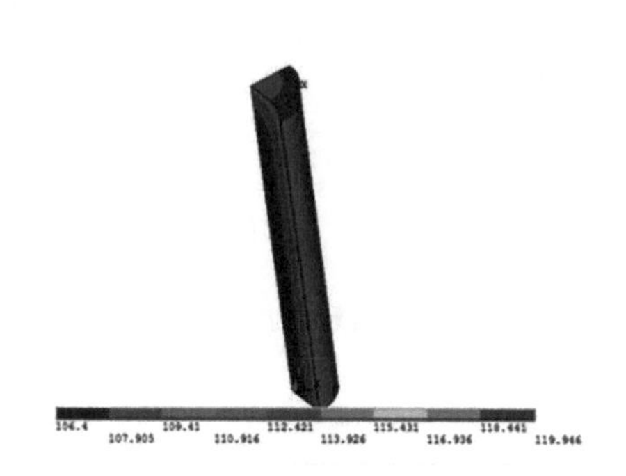

图 7-41　过油颠锅爆炒过程 TTIs
（载体内部温度分布云图）

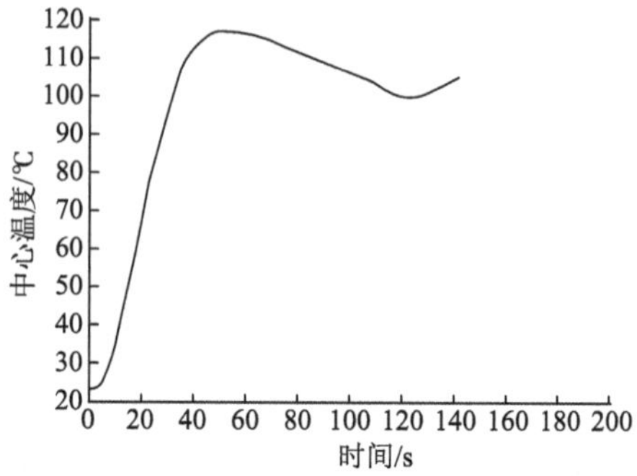

图 7-42　过油颠锅爆炒过程 TTIs
（中心温度变化曲线）

由于本试验的油料比（1∶5）很低，在烹饪过程中物料并未完全包围在油中，颗粒与锅内面的接触传热也视作对流传热。因此测得的 h_{fp} 是表观对流传热系数。

7.3.4　小结

1. 测量结果

除上述研究外，更多的不同烹饪条件下的 TTI 法 h_{fp} 测量及结果见本书 10.4 节，由图 10-2～图 10-10 可见，对流传热系数对烹饪成熟时间影响很大，是烹饪成熟控制的关键参数。表 10-9 和表 10-10 总结了笔者团队开展的不同烹饪方式对流传热系数 h_{fp} 测量结果。

2. 测量计算方法对结果的影响

需要注意的是，测量所使用的材料、温度历史计算方法、烹饪条件都会影响对流传热系数的计算结果。

由于 KGM 食品模拟物的持水性明显强于大多数食材，烹饪中蒸发较弱，从而使升温速度更快，相同条件下，其对流传热系数数值略较高。

在假设试算中，采用的数学模型对计算结果影响很大。初期采用的 MATLAB 模型和 ANSYS 模型未考虑蒸发的影响，固液界面蒸发带走的热量都被考虑为对流传热系数，导致测定得到的对流传热系数偏小。

合理的对流传热系数测定，应采用真实食材，以考虑蒸发、收缩的完整烹饪热质传递数学模型计算温度历史完成假设试算。

3. 测量结果的应用

在引用现有测量的对流传热系数时，应谨慎。需要考察采用测定试样、试验条件和温度历史的算法，对照应用条件，合理选用。

7.4　表面传质系数的测量

7.4.1　概述

水分的表面传质系数 h_m（surface mass transfer coefficient）是烹饪传质过程的典型过程参数，其参数准确性会影响烹饪数值模拟结果。因食品种类多样、结构强度低，与化工等领域颗粒对比，食品颗粒的过程参数测量更为困难，且其在热处理过程中组分、状态和结构不断变化，物性参数也发生相应改变，参数测定难度较大（邓力和金征宇，2006）。在颗粒食品各物性参数中，表面传质系数是颗粒食品边界条件之一，也直接表征了热处理过程热质传递效率及状态（Sandhu et al.，2016）。

对流传热系数的研究历史较长，相应研究也较为全面，而表面传质系数的实验测定方法甚少，可参考数据较少。现有的几篇传质系数实验测定方法均为无量纲水分含量分析法（Kose and Dogan，2016；Dincer，1996），且仅针对食品油炸过程。但油炸过程的参数测定方法是否可用于油炒过程，且不同热处理下其参数值是否存在差异有待探究。

为提升数学模型的准确性和适用性，利用无量纲水分含量分析法原理，通过试验结合 MATLAB 软件编程测算猪里脊肉在油炒过程中的水分表面传质系数，并分析样品形状、比表面积及油温对其的影响。本节内容主要来自文献（余冰妍，2019），并修正了其中的公式错误，以正确公式重新计算。

7.4.2　表面传质系数测量原理

1. 平板样品

对流传热系数预测方法基于颗粒食品几何形状及其对流传质微分方程与定解条件，依赖试验得到颗粒食品水分含量-加热时间关系曲线，由曲线斜率、截距或相关系数计算得到表面传质系数。

厚度为 2 L 的无限大平板，初始水分含量为 C_0，置于一定环境温度且水分含量为 0 kg/kg 的流体中，平板水分含量内部扩散变化遵循微分方程（杨世铭和陶文铨，2006）：

$$\frac{\partial^2 C}{\partial x^2}=\frac{1}{D}\frac{\partial C}{\partial t} \qquad 0\leqslant x\leqslant L,\ t>0 \tag{7-21}$$

式中：C 是水分含量，kg/kg；D 是有效水分扩散系数，m^2/s；L 是平板半厚，m；t 是时间，s。

方程定解条件为

$$\frac{\partial C}{\partial x}\Big|_{x=0}=0,\ -D\frac{\partial C}{\partial x}\Big|_{x=L}=h_{\mathrm{m}}\left(C\big|_{x=L}-C_{\infty}\right),\quad C\big|_{t=0}=C_{\mathrm{i}} \tag{7-22}$$

式中：h_{m} 是表面传质系数，m/s；C_{∞}是平衡水分含量，kg/kg；C_{i} 是初始均匀水分含量，kg/kg；x 是无限平板中沿厚度方向位置（$0\leqslant x\leqslant L$）。

采用分离变量法可得式（7-21）、式（7-22）的分析解：

$$\frac{C(x,t)-C_{\infty}}{C_{\mathrm{i}}-C_{\infty}}=\sum_{n=1}^{\infty}\frac{2\sin\mu_n}{\mu_n+\sin\mu_n\cos\mu_n}\times\cos\left(\mu_n\frac{x}{L}\right)\times\exp\left(-\mu_n^2\frac{Dt}{L^2}\right) \tag{7-23}$$

式中：μ_n是超越方程（7-24）特征根，其有无穷多个特征根的第一项μ_1已能满足方程解的准确度（Yildiz et al.，2007）：

$$\tan\mu_n=\frac{Bi_{\mathrm{m}}}{\mu_n}\qquad n=1,2,\cdots,\infty \tag{7-24}$$

$$Bi_{\mathrm{m}}=\mu_1\tan\mu_1=\frac{h_{\mathrm{m}}L}{D} \tag{7-25}$$

式中，Bi_{m}是传质毕渥数，表示物体内部传质阻力与外部传质阻力的比值。

则式（7-23）变为

$$\frac{C(x,t)-C_{\infty}}{C_{\mathrm{i}}-C_{\infty}}=\frac{2\sin\mu_1}{\mu_1+\sin\mu_1\cos\mu_1}\times\cos\left(\mu_1\frac{x}{L}\right)\times\exp\left(-\mu_1^2\frac{Dt}{L^2}\right) \tag{7-26}$$

取式（7-26）中无穷级数解的第一项，对整个体积积分，得到无限平板内平均水分浓度式（7-27）（王永岩等，2013）：

$$\frac{\overline{C}(t)-C_{\infty}}{C_{\mathrm{i}}-C_{\infty}}=\frac{2\sin\mu_1}{\mu_1+\sin\mu_1\cos\mu_1}\times\exp\left(-\mu_1^2\frac{Dt}{L^2}\right)\times\frac{\sin\mu_1}{\mu_1} \tag{7-27}$$

等号两边同时取自然对数，得

$$n\left(\frac{\overline{C}(t)-C_{\infty}}{C_{\mathrm{i}}-C_{\infty}}\right)=\ln\frac{2\sin^2\mu_1}{\mu_1(\mu_1+\sin\mu_1\cos\mu_1)}-\mu_1^2\frac{Dt}{L^2} \tag{7-28}$$

因此，当我们得到 $\ln\left(\frac{\overline{C}(t)-C_{\infty}}{C_{\mathrm{i}}-C_{\infty}}\right)$-$t$ 拟合曲线的截距 B，可计算出μ_1，见式（7-29）、斜率 b 可确定水分扩散系数 D，见式（7-30），再根据式（7-25）计算得到其表面传质系数，见式（7-31）（Yildiz et al.，2007）：

$$\ln\frac{2\sin^2\mu_1}{\mu_1\left(\mu_1+\sin\mu_1\cos\mu_1\right)}=B \tag{7-29}$$

$$-\mu_1^2\frac{D}{L^2}=b \tag{7-30}$$

$$h_{\mathrm{m}}=\frac{\mu_1\tan\mu_1 D}{L} \tag{7-31}$$

2. 圆柱样品

设有直径为 2 R 的无限圆柱，初始水分含量为 C_0，置于一定环境温度且水分含量为 0 kg/kg 的流体中，则样品水分含量受热迁移变化遵循微分方程（杨世铭和陶文铨，2006）：

$$\frac{\partial^2 C}{\partial r^2}+\frac{1}{r}\frac{\partial C}{\partial r}=\frac{1}{D}\frac{\partial C}{\partial t}\qquad t>0 \tag{7-32}$$

式中：r 是径向坐标（$0\leqslant r\leqslant R$），m。

方程定解条件为

$$\frac{\partial C}{\partial r}\Big|_{r=0}=0,\ -D\frac{\partial C}{\partial r}\Big|_{r=R}=h_{\mathrm{m}}\left(C\big|_{x=R}-C_\infty\right) \tag{7-33}$$

采用分离变量法得其分析解（杨世铭和陶文铨，2006）：

$$\frac{C(r,t)-C_\infty}{C_{\mathrm{i}}-C_\infty}=\sum_{n=1}^{\infty}\frac{2}{\mu_n}\frac{J_1(\mu_n)}{J_0^2(\mu_n)+J_1^2(\mu_n)}\times\exp\left(-\mu_n^2\frac{Dt}{R^2}\right)J_0\left(\mu_n\frac{r}{R}\right),\quad C\big|_{t=0}=C_{\mathrm{i}} \tag{7-34}$$

式中：J_1 是一阶贝塞尔函数；J_0 是零阶贝塞尔函数；R 是圆柱半径，m。

其中，μ_n 为超越方程（7-35）的特征根：

$$\mu_n\frac{J_1(\mu_n)}{J_0(\mu_n)}=Bi_{\mathrm{m}}\qquad n=1,2,\cdots \tag{7-35}$$

同理，特征根 μ_1 即可满足方程的准确度，过余水分含量准数 θ 为

$$\theta=\frac{C_t-C_\infty}{C_{\mathrm{i}}-C_\infty}=\frac{2}{\mu_1}\frac{J_1(\mu_1)}{J_0^{\,2}(\mu_1)+J_1^{\,2}(\mu_1)}\times\exp\left(-\mu_1^2\frac{Dt}{R^2}\right)J_0\left(\mu_1\frac{r}{R}\right) \tag{7-36}$$

式中：θ 是过余水分含量准数。

转化得

$$\theta = \frac{2Bi_{\mathrm{m}}}{J_0(\mu_1)+(\mu_1^2+B_i^2)} \times \exp\left(-\mu_1^2 \frac{Dt}{R^2}\right) \qquad 0 < Bi_{\mathrm{m}} < 100 \tag{7-37}$$

当仅考虑超越方程（7-35）的第一个根时，其表达式为

$$Bi_{\mathrm{m}} = \mu_1 \frac{J_1(\mu_1)}{J_0(\mu_1)} = \frac{h_{\mathrm{m}} R}{D} \tag{7-38}$$

则由试验获得样品在不同加热时间的水分含量，对样品的过余水分含量准数θ与时间的关系以指数方程形式拟合得到系数 a 与 f:

$$\theta = a \times \exp(-f\,t) \tag{7-39}$$

根据式（7-37）和式（7-39）得到$\mu_1^2 \dfrac{D\,t}{R} = f\,t$，此外系数 a 等于式（7-37）的指前项。针对圆柱形样品，系数 a 与毕渥数 Bi_{m} 的关系（Ahromrit and Nema，2010）为

$$a = \frac{2Bi_{\mathrm{m}}}{J_0(\mu_1)+(\mu_1^2+Bi_{\mathrm{m}}^2)} = \exp\left(\frac{0.5066Bi_{\mathrm{m}}}{1.7+Bi_{\mathrm{m}}}\right) \qquad 0< Bi_{\mathrm{m}} <100 \tag{7-40}$$

超越方程式（7-38）中包含贝塞尔阶乘函数 J_0、J_1，仍具有较高复杂性，计算难度大。为进一步简化计算过程，研究者们对当 Bi_{m} 在[0,100]范围内的超过 10000 个特征根（μ_1）进行回归拟合处理得到特征根（μ_1）与 Bi_{m} 的关系（Dincer and Dost，1995），即

$$\mu_1 = \left[(0.72)\ln(6.8Bi_{\mathrm{m}}+1)\right]^{1/1.4} \qquad 0 < Bi_{\mathrm{m}} < 10 \tag{7-41}$$

$$\mu_1 = \left[\ln(1.74Bi_{\mathrm{m}})+147.3\right]^{1/1.2} \qquad 10 < Bi_{\mathrm{m}} < 100 \tag{7-42}$$

由此计算得到样品在此条件下的传质毕渥数（Bi_{m}），代入式（7-41）或式（7-42）得到特征根μ_1，再根据 $\mu_1^2 \dfrac{D\,t}{R} = f\,t$ 及式（7-43）即可计算得出表面传质系数（Ahromrit and Nema，2010；Dincer and Dost，1995）:

$$h_{\mathrm{m}} = \frac{D(0.5066 - \ln a)}{R(1.7\ln a)} \tag{7-43}$$

3. 传质系数文献汇总

溶质在凝胶或食品中的扩散系数（Rao and Rizvi，1986）及本节所测的扩散系数见表 7-10。

表 7-10　溶质在凝胶或食品中的扩散系数

溶质	凝胶或食品	温度 /℃	D_{AB} / (m^2/s)	参考文献
葡萄糖	0.79%琼脂	5	3.3×10^{-11}	Rao and Rizvi，1986
蔗糖	3.8%明胶	5	2.1×10^{-11}	
蔗糖	10.35%明胶	5	1.1×10^{-11}	
氯化钠	2%琼脂糖凝胶	25	14×10^{-11}	
山梨酸	1.5%琼脂	25	7.35×10^{-11}	
山梨酸	1.5%琼脂+8%氯化钠	25	4.92×10^{-11}	
氯化钠	泡黄瓜（直径 2 cm）	18.9	1.1×10^{-10}	
氯化钠	鲜肉	2	2.2×10^{-10}	
氯化钠	冷冻-解冻肉	2	3.9×10^{-10}	
氯化钠	鲱鱼	20	2.3×10^{-10}	
乙酸	鲱鱼	5	1.8×10^{-10}	
棕榈酸甘油酯	3.6%微晶纤维素（60%）阿拉伯胶（40%）	50	4.5×10^{-14}	
棕榈酸甘油酯	12.4%微晶纤维素（60%）阿拉伯胶（40%）	50	0.35×10^{-11}	
环己醇	马铃薯	20	2.0×10^{-10}	
上述物质平均值			1.035×10^{-10}	
水	猪里脊肉（圆柱：0.5 cm×1.5 cm）	120	3.62×10^{-7}	本例
水	猪里脊肉（圆柱：0.5 cm ×1.5 cm）	140	2.32×10^{-7}	
水	猪里脊肉（圆柱：0.5 cm ×1.5 cm）	160	5.55×10^{-7}	
水	猪里脊肉（圆柱：0.4 cm ×2.0 cm）	120	2.74×10^{-7}	
水	猪里脊肉（圆柱：0.4 cm ×2.0 cm）	140	3.35×10^{-7}	
水	猪里脊肉（圆柱：0.4 cm ×2.0 cm）	160	1.52×10^{-7}	
水	猪里脊肉（圆柱：0.3 cm ×2.0 cm）	120	1.28×10^{-6}	
水	猪里脊肉（圆柱：0.3 cm ×2.0 cm）	140	1.02×10^{-5}	
水	猪里脊肉（圆柱：0.3 cm ×2.0 cm）	160	1.17×10^{-7}	
水	猪里脊肉（片状：4 cm ×4 cm ×0.4 cm）	120	1.80×10^{-8}	
水	猪里脊肉（片状：4 cm ×4 cm ×0.4 cm）	140	3.20×10^{-8}	
水	猪里脊肉（片状：4 cm ×4 cm ×0.4 cm）	160	1.16×10^{-7}	
水	猪里脊肉（片状：4 cm ×4 cm ×0.3 cm）	120	9.59×10^{-9}	
水	猪里脊肉（片状：4 cm ×4 cm ×0.3 cm）	140	1.39×10^{-8}	
水	猪里脊肉（片状：4 cm ×4 cm ×0.3 cm）	160	6.26×10^{-8}	
水	猪里脊肉（片状：4 cm ×4 cm ×0.2 cm）	120	5.93×10^{-9}	
水	猪里脊肉（片状：4 cm ×4 cm ×0.2 cm）	140	8.79×10^{-9}	
水	猪里脊肉（片状：4 cm ×4 cm ×0.2 cm）	160	8.32×10^{-9}	

7.4.3　测定方法与结果

1. 测定方法

1）原料预处理

将猪里脊肉冷冻成型后取出切割为长×宽×高为 4 cm ×4 cm ×0.4 cm（$\Omega=6.0$）、4 cm×4 cm×0.3 cm（$\Omega=7.7$）、4 cm×4 cm×0.2 cm（$\Omega=11.0$）的片状及半径×高：0.5 cm×1.5 cm（$\Omega=5.3$）、0.4 cm×2 cm（$\Omega=6.0$）、0.3 cm×2 cm（$\Omega=7.7$）的圆柱状，用保鲜膜覆盖置于试验台上恢复至室温待用。

$$\Omega=\frac{样品表面积}{体积} \tag{7-44}$$

式中：Ω是比表面积，表征样品与加热油脂有效接触面积。

2）样品热处理

将预处理后的猪肉样品置于油脂温度为 120℃、140℃、160℃的第二代油炒烹饪模拟装置中加热处理，处理时启动油浴锅中转子使油运动以模拟油炒烹饪过程；热处理时间为 100～150 s 且随样品实际受热情况改变热处理时间长短及取样间隔。

3）水分含量测定

取出热处理后的样品并迅速用厨房吸油纸去除猪肉样品表面附着的油脂并利用快速水分测定仪测定样品的水分含量。

4）表面传质系数计算

对于片状样品，根据测得水分含量与热处理时间拟合得到 $\ln\left(\frac{C(t)-C_\infty}{C_i-C_\infty}\right)$-$t$ 曲线，得到曲线的截距、斜率即 B 和 b 值。将 B 值代入式（7-29）求出 μ_1，将得到的 μ_1 和 b 值代入式（7-30）得到 D 值，再由式（7-31）计算得到样品在不同处理条件下的表面传质系数；对于圆柱形样品，拟合得到过余水分含量准数θ与加热时间 t 的指数关系式可得到 a、f 的值。将 a 值代入式（7-40）计算得到的 Bi_m 代入式（7-41）或式（7-42）计算出 μ_1，再由关系式 $\mu_1^2\frac{Dt}{R}=ft$ 得到 D 值，代入式（7-43）最终计算得到其表面传质系数。

5）数据统计分析

实验得到的数据采用 SPSS 软件进行 ANOVA 单因素方差分析及 t 检验，得到样品表面传质系数与样品形状、油脂温度、比表面积的相关性。

2. 猪里脊肉油炒过程无量纲水分含量变化

对于片状样品，拟合无量纲水分含量对数值与加热时间的关系曲线，曲线截距

（B）与斜率（b）为后期表面传质系数计算所需中间参数；同理，对于圆柱形样品，拟合无量纲水分含量与加热时间的指数关系曲线得到系数 a 与 f 待用，各样品在不同操作条件下的无量纲水分含量与加热时间关系如图 7-43～图 7-48 所示。

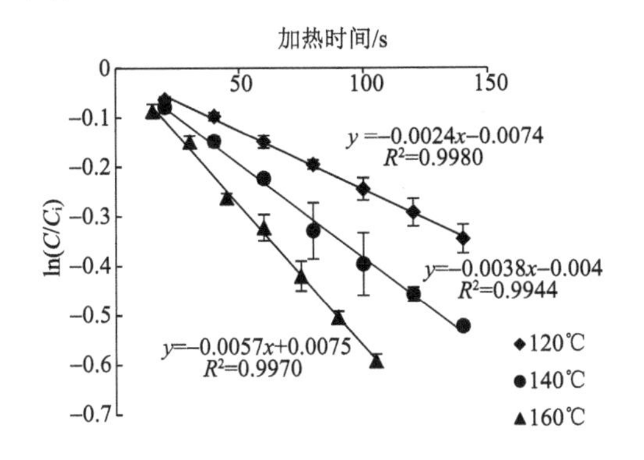

图 7-43　比表面积为 6.0 m^{-1} 的猪里脊肉片水分含量变化

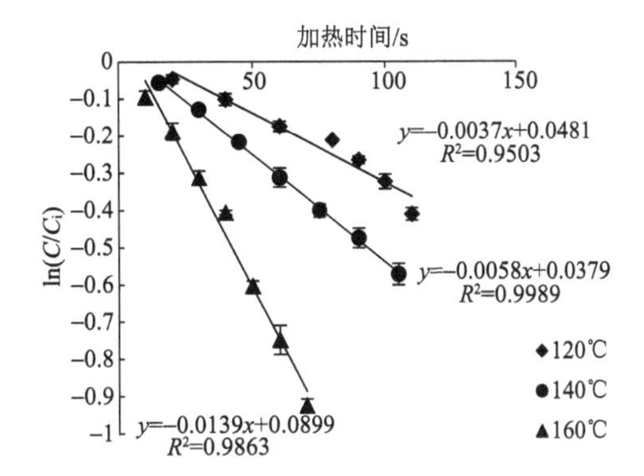

图 7-44　比表面积为 7.7 m^{-1} 的猪里脊肉片水分含量变化

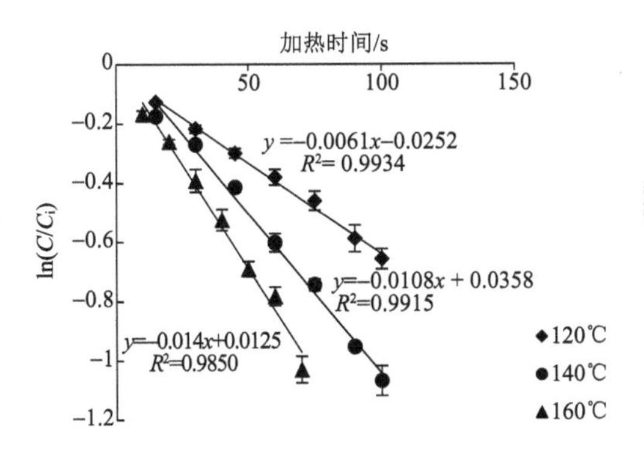

图 7-45　比表面积为 11.0 m^{-1} 的猪里脊肉片水分含量变化

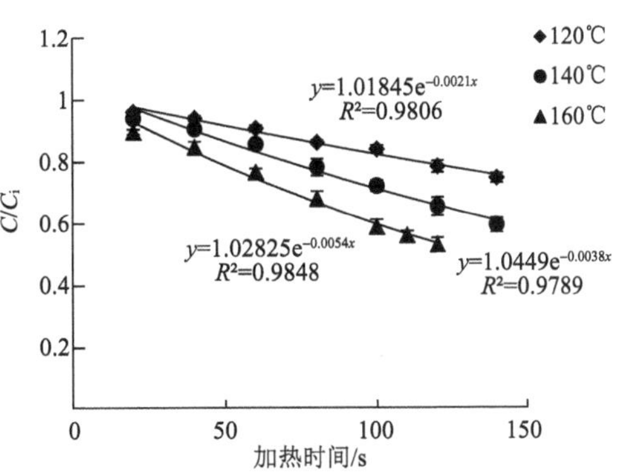

图 7-46　比表面积为 5.33 m^{-1} 的猪里脊肉柱水分含量变化

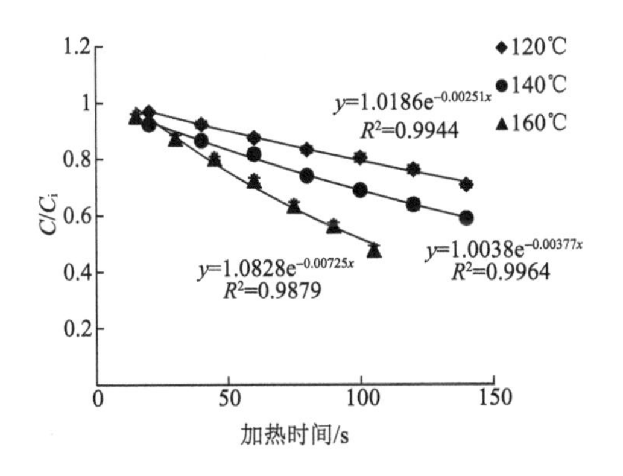

图 7-47　比表面积为 6.04 m^{-1} 的猪里脊肉柱水分含量变化

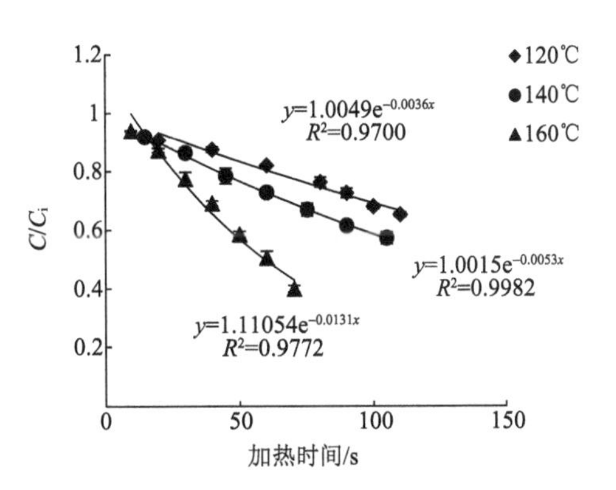

图 7-48　比表面积为 7.7 m^{-1} 的猪里脊肉柱水分含量变化

3. 猪里脊肉油炒过程中的表面传质系数

由以上 6 个图的无量纲水分含量变化可知，猪里脊肉在油炒过程中水分含量逐渐减少。以片状样品为例，当猪里脊肉比表面积一定时，曲线斜率的绝对值，即水分损失速率随着温度的升高而增大，当加热油脂温度一定时，水分损失速率随猪里脊肉比表面积的增加而增加。同时，猪里脊肉水分在热处理初期损耗较快，损失更多，随着热处理的延长，水分含量减少幅度会有所减缓。这是由于当被分切为特定尺寸的猪里脊肉在热处理初期，表面温度迅速升高而发生剧烈蒸发，液态水转变为水蒸气散失，猪里脊肉内部出现的水分含量梯度促使其内部水分逐渐向表面迁移再转变为蒸汽脱离样品表面，即表面水分散失由表面蒸发控制转变为内部传递控制。另外，样品表面直接与高温油脂接触，能量高且传热延迟小，当水分由中心向表面的转移速度小于其表面水分蒸发散失速度时，猪里脊肉表面缺水的同时高温促使其蛋白质变性，热处理延长表面可能出现壳层且壳层逐渐向内推进；壳层的形成不仅表征着猪里脊肉水分含量的大量减少，也会阻碍热量向内传递，从而延缓水分损失速率。

由拟合曲线获得的参数公式及 MATLAB 求解程序计算得出油炒过程中猪里脊肉表面传质系数（h_m），见表 7-11。

表 7-11　猪里脊肉在不同加热条件下的表面传质系数（m/s）

比表面积Ω（形状）（尺寸，各数字单位：cm）	油温 120℃	油温 140℃	油温 160℃
5.3（圆柱）（ϕ0.5×1.5）	4.605×10^{-6}	7.508×10^{-6}	1.098×10^{-5}
6（圆柱）（ϕ0.4×2）	4.397×10^{-6}	1.072×10^{-6}	1.205×10^{-5}
6（片状）（4×4×0.4）	5.888×10^{-6}	9.089×10^{-5}	1.221×10^{-5}
7.7（圆柱）（ϕ0.3×2）	7.069×10^{-6}	1.665×10^{-5}	1.735×10^{-5}
7.7（片状）（4×4×0.3）	8.016×10^{-6}	1.310×10^{-5}	2.520×10^{-5}
11（片状）（4×4×0.2）	9.664×10^{-6}	1.955×10^{-5}	3.845×10^{-5}

由此表可知，猪里脊肉在油炒过程中的表面传质系数值在 4.605×10^{-6}～3.845×10^{-5} m/s 范围内变动，且当猪里脊肉的比表面积越大、加热油温最高时其表面传质系数越大。再者，对于比表面积为 6.0 和 7.7 的片状和圆柱形样品，它们在相同处理下的表面传质系数差别不大，可能是由于样品形状对颗粒食品表面传质系数的影响较小，具体相关性会在后续比较分析。

由文献搜集的表面传质系数见表 7-12。与文献结果相比，本试验所得表面传质系数数值相对较大，表明油炒烹饪的表面水分传递可能相对于其他热处理更为剧烈。无量纲水分含量分析解法从基础原理出发，可适用于不同油传热处理方式的表面传质系数测定。

表 7-12　食品原料在油炸中的表面传质系数（h_m）

食品原料	处理方式	几何形状	油温/℃	h_m/（$\times10^{-6}$m/s）	参考文献
米果	油炸	球形（球径：1 cm）	150～190	5.51～9.7	Mosavian and Karizaki，2012
南瓜	油炸	圆柱（直径：1 cm）	180	1.97	Ahromrit and Nema，2010
芋头	油炸	圆柱（直径：1 cm）	180	1.88	Ahromrit and Nema，2010
番薯	油炸	圆柱（直径：1 cm）	180	2.46	Ahromrit and Nema，2010
土豆	油炸	平板（厚度：7 cm）	150～180	11.2～20.7	Yildiz et al.，2007
Tulumba	油炸	圆柱（直径：2 cm）	150～180	3.009～3.695	Kose and Dogan，2016
猪里脊肉	油炒	平板（厚度：0.2～0.4 cm）	120～160	5.887～38.45	本例
猪里脊肉	油炒	圆柱（直径：0.6～10 cm）	120～160	4.266～20.54	本例

注：Tulumba 是一种土耳其食品。

4. 影响表面传质系数的因素

1）表面传质系数影响因素间的相关性分析

因表面传质系数研究相对较少，无法明确指出影响其参数变化的主要因素而对烹饪操作进行指导。因此，有必要针对不同油炒烹饪操作条件，探究各因素对表面传质系数的影响。具体地，研究表面传质系数与预热油温、样品比表面积及形状的相关性，采用 SPSS 软件经 t 检验及方差分析进行显著性分析。

针对样品形状，因试验仅测定样品两种形状的表面传质系数，通过 t 检验判定其对表面传质系数的相关性，分析发现：同一比表面积不同形状的猪里脊肉表面传质系数值间无显著性（$P>0.05$），表明样品形状对其影响不显著。

以片状猪里脊肉为例，经方差分析探究样品油脂温度对表面传质系数的相关性，结果见表 7-13。不同油脂温度及不同样品比表面下，P 值均小于 1%，即在烹饪热处理过程中，油脂温度的改变及样品尺寸的改变均会造成表面传质系数极显著变化，是颗粒食品进行传热、传质试验与数值模拟必须考虑的条件因素。

表 7-13　片状猪里脊肉 h_m 与比表面积/温度关系方差分析表

		平方和	df	均方	F	显著性（P）
油温 120℃	组间	1.98×10^{-11}	2	9.89×10^{-12}	48.39	1.99×10^{-4}
	组内	1.23×10^{-12}	6	2.04×10^{-13}		
	总数	2.10×10^{-11}	8			
油温 140℃	组间	1.28×10^{-11}	2	6.42×10^{-12}	20.22	2.158×10^{-3}
	组内	1.90×10^{-12}	6	3.17×10^{-13}		
	总数	1.47×10^{-11}	8			

续表

		平方和	df	均方	F	显著性（P）
油温 160℃	组间	9.54×10^{-10}	2	4.77×10^{-10}	107.91	2.00×10^{-4}
	组内	2.65×10^{-11}	6	4.22×10^{-12}		
	总数	9.81×10^{-10}	8			
比表面积 6	组间	8.83×10^{-11}	2	4.42×10^{-11}	116.43	1.60×10^{-5}
	组内	2.28×10^{-12}	6	3.79×10^{-13}		
	总数	9.06×10^{-11}	8			
比表面积 7.7	组间	4.72×10^{-10}	2	2.36×10^{-10}	169.29	5.00×10^{-6}
	组内	8.36×10^{-12}	6	1.39×10^{-12}		
	总数	4.80×10^{-10}	8			
比表面积 11	组间	1.58×10^{-9}	2	7.92×10^{-10}	249.66	2.00×10^{-6}
	组内	1.90×10^{-11}	6	3.17×10^{-12}		
	总数	1.60×10^{-9}	8			

2）温度、比表面积对表面传质系数的影响

猪里脊肉在油炒烹饪过程中表面传质系数的变化主要随温度、比表面积的改变而变化。

a. 温度对表面传质系数的影响

当比表面积一定时，油温升高，增大了油脂与猪里脊肉间的温度梯度与传递速率，单位时间内由油脂提供给猪里脊肉的热能增大，促进了水分的转移与传递；同时温度升高提高了水分子动能，使水分以蒸汽的形式更快散失，导致表面传质系数的增加（Farinu and Baik，2007）。温度与表面传质系数的关系如图 7-49 所示，拟合曲线的决定系数均在 0.9 以上。在数学模型的构建中，可根据几何模型规格计算其比表面积，输入相应温度函数关系以提高模型准确率。

b. 比表面积对表面传质系数的影响

当猪里脊肉处于特定油温时，比表面积的增加使猪里脊肉与油脂的接触面积增大，即单位时间内从外界环境传递至猪里脊肉内部的能量越多，水分传递驱动力增大的同时猪里脊肉内部能量传导加快，加快水分子获得能量，最终加快水蒸气的逸出，表面传质系数增大。在本试验中，比表面积与表面传质系数的线性关系如图 7-50 所示，拟合曲线的决定系数在 0.93 以上。

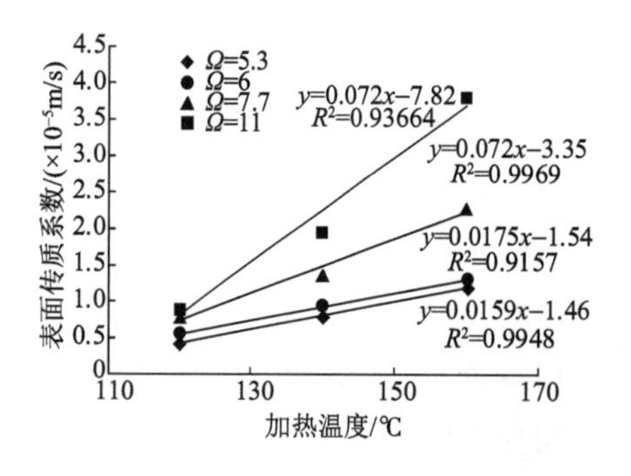

图 7-49　温度对表面传质系数的影响

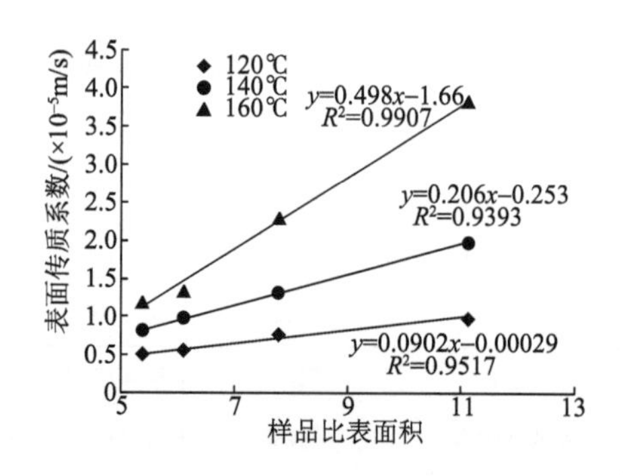

图 7-50　比表面积对表面传质系数的影响

7.5　热物理性质参数的获取与测量

在烹饪热质传递研究中，需要一系列的热物性、流体力学和多孔介质参数。这些参数是否能够获得，是否准确，都关系到烹饪的数值模拟能否实现以及模拟结果是否准确。烹饪物性参数中一些参数的获取是有一定难度的，开展烹饪食材物性参数的研究，对烹饪过程的模拟、优化、评价有重要的支持作用。

7.5.1　概述

表 5-2 列出了烹饪热传递相关参数，表中只有对流传热系数、表面传质系数是过程参数以及环境温度和加热介质温度是条件参数，其余的都是烹饪热质传递数学模型相关的物性参数。物性参数是某一物体的固有参数，烹饪食材包括固态食材和液态食材，其中大部分具有高含水量、低酸性、呈凝胶状的特点。水、油、蒸汽、空气的有关参数可由各种手册查取，较难获得的是烹饪食材的物性参数。

烹饪相关固体食材的热物理性质包括比热容、导热系数、密度和热扩散系数；多孔介质性质包括相对渗透率和绝对渗透率。虽然热扩散系数可由前面三个参数计算取得，但也可以单独测量及应用。固体食品的外形及尺寸也是重要的物性，对传热有重大影响。

液态烹饪食材主要包括油脂、水、流体调料等。油脂和水不但可以是烹饪食用组分，还可以是烹饪传热介质，并非每次烹饪的所有传热介质都会成为食品组分。水还可以经过相变成为水蒸气，作为烹饪传热介质用于蒸制食品。流体传热介质的流体力学和热物理性质包括密度、黏度、比热容和相变热。

目前国内的食品数据手册物性数据很少，而且数据质量不高，通常都未标明数据来源。一些中式烹饪食材可以引用的外文文献也相对较少。因此在研究中一些参数需要估计或者依靠数学模型预测。

FUHTS 对物性参数的需要与烹饪热处理类似，但是由于杀菌要承担食品安全后果，因此对物性的准确性要求更高一些。

7.5.2　固体烹饪食材热物理性质

1. 导热系数 k

食品的导热系数的测定较比热容测定更为困难，数据较少。Rao 和 Rizvi（1986）总结了不同的水分含量下各种蔬菜和肉类的导热系数，见图 7-51。部分食品的导热系数见表 7-14。由图 7-51、表 7-14 可见，绝大多数食品在冰点以上的导热系数在 0.15～0.67 之间，并且随水分含量增加而增加，但线性关系没有比热容明显。食品的导热系数随温度的增加而增加，但影响不大。

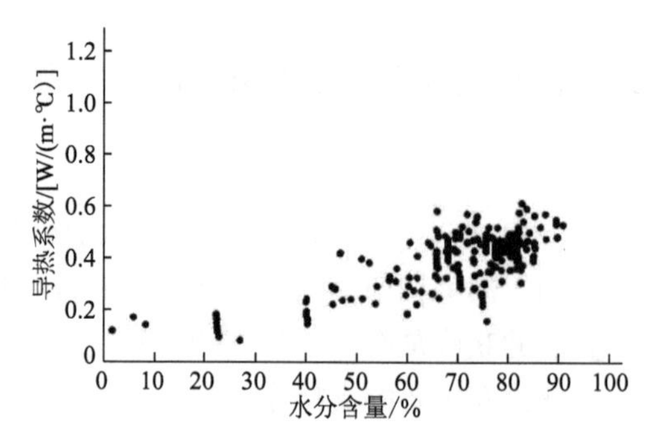

图 7-51 冰点以上蔬菜和肉类的导热系数

表 7-14 一些食品的比热容、导热系数和密度

食品种类	水分含量/%	比热容/[J/（kg·℃）]	导热系数/[W/（m·℃）]	密度/（kg/m^3）	资料来源
胡萝卜	88.2	3.6～3.8	1.8～1.9	—	无锡轻工业学院，1984
土豆	77.8	3.43	0.42～1.10	—	无锡轻工业学院，1984
蘑菇	91.1	3.89	—	—	Siebel，1982
青椒	92.4	3.93	—	—	Siebel，1982
黄瓜	95.4	4.02	—	—	Rao and Rizvi，1986
芜菁	90.8	3.89	0.56	—	无锡轻工业学院，1984
番茄	94	3.98	0.46～0.53	—	无锡轻工业学院，1984
桃子（不包括核）	85.1	3.77	—	—	Rao and Rizvi，1986
豌豆	75.8	3.56	—	—	Rao and Rizvi，1986
水果	—	—	—	1030～1070	Siebel，1982
蔬菜	—	—	—	1060～1100	Siebel，1982
人造奶油	9～15	—	0.234	—	无锡轻工业学院，1984
鸡蛋蛋白	86.5	3.81	—	—	Rao and Rizvi，1986
鸡蛋蛋黄	50.0	3.10	—	—	Rao and Rizvi，1986
全蛋	66.4	3.31	—	—	Rao and Rizvi，1986
牛肉（新鲜瘦肉）	74.5	3.52	—	—	Rao and Rizvi，1986
鳕鱼肉	80.3	3.69	—	—	Rao and Rizvi，1986
牛肉	62～77	2.91～3.42	0.453	—	Siebel，1982
鲜猪肉	60～75	2.85	0.44～0.54	—	无锡轻工业学院，1984
鲜羊肉	60～70	2.8～3.2	0.41～0.48	—	无锡轻工业学院，1984
家禽	74.0	3.37	—	—	Siebel，1982
瘦肉（牛、猪、羊）	—	—	—	1020～1070	Siebel，1982
猪脂肪	—	—	0.17	—	Siebel，1982

续表

食品种类	水分含量/%	比热容/[J/（kg·℃）]	导热系数/[W/（m·℃）]	密度/（kg/m³）	资料来源
牛脂肪	—	—	0.17	960～980	Siebel，1982
瘦鱼	—	—	0.45	—	Siebel，1982

已有一些导热系数和食品组成关系的经验公式（Choi and Okos，1983）。例如：

$$k = 0.61X_w + 0.20X_p + 0.205X_c + 0.175X_f + 0.135X_a \tag{7-45}$$

式中：k 是导热系数，W/（m·℃）；X_w 是水分含量，%；X_p 是蛋白质含量，%；X_c 是碳水化合物含量，%；X_f 是脂肪含量，%；X_a 是灰分含量，%。

导热系数的测定方法见 7.5.3 节。

2. 比热容 c_p

1）经验公式

研究者总结出了多种食品比热容与水分含量的经验公式。其中较为著名的是 Siebel（1982）公式：

$$c_p = 0.873 + 3.349W \tag{7-46}$$

式中：c_p 是比热容，J/（kg·℃）；W 是水分质量分数，%。

以及（Heldman and Singh，1981）：

$$c_p = 1.424X_c + 1.549X_p + 1.675X_f + 0.837X_a + 4.187X_w \tag{7-47}$$

式中：X_c 是碳水化合物含量，%；X_p 是蛋白质含量，%；X_f 是脂肪含量，%；X_a 是灰分含量，%；X_w 是水分含量，%。

比热容与温度关系的数学模型很少，如 Fermández-Martín（1972）的牛乳比热计算公式：

$$c_p = 4.19W + [(1.370 + 0.01137T)(1 - W)] \tag{7-48}$$

2）部分食品比热容汇总

Rao 和 Rizvi（1986）总结了 1000 多种食品的比热容。部分食品的比热容见表 7-14、图 7-52。由相关图表可以看出，绝大多数食品在冰点以上的比热容在 1.8～4.1 J/（kg·℃）之间。由图 7-52 可以看出，食品的比热容和水分含量有显著的线性关系。值得指出的是，水通常是固体烹饪食材的主要成分，因而水的热物理性质对固体烹饪食材的热物理性质起到决定性的作用，水的热物理性质见表 7-25。温度对比热容有一定影响，作者团队实测不同温度下部分食品的比热容见表 7-15。

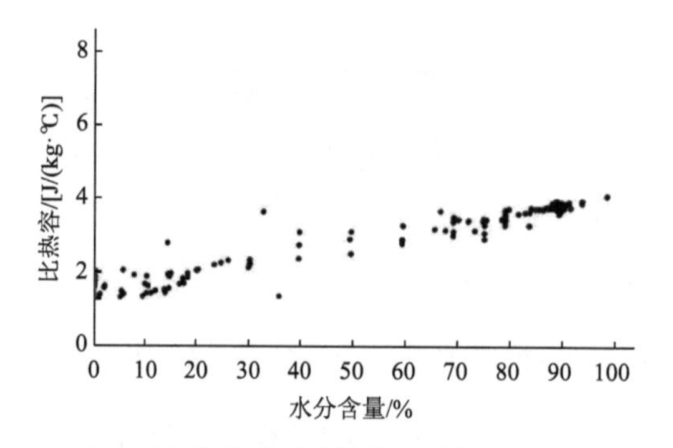

图 7-52　冰点以上各种食品的比热容（Rao and Rizvi,1986）

表 7-15　样品不同温度加热相同时间的比热容测试值[J/（kg·℃）]

样品	80℃	90℃	100℃	110℃	120℃
牛肉	4.93	4.98	4.99	5.02	5.04
猪里脊	4.66	4.71	4.73	4.76	4.78
萝卜	3.97	3.99	3.96	3.78	3.36
土豆	3.90	3.96	4.03	4.02	3.67
山芋	3.60	3.66	3.72	3.71	3.39

3. 热扩散系数 α

热扩散系数又称导温系数，是直接影响固体颗粒食品非稳态传热的热物理参数，定义见式（7-16）。它代表了物体的导温能力，热扩散系数越大，相同传热条件下食品颗粒的温度场越均匀。

从表 7-16 可见，大多数果蔬和肉类食品以及水的热扩散系数在（1.19～1.68）$\times10^{-7}$ m^2/s 之间，差异并不大（不锈钢的热扩散系数为 6.15×10^{-6} m^2/s，常温下空气热扩散系数为 2.29×10^{-5} m^2/s）。这是由于导热系数较低的食品通常水分含量较低，相应的密度和比热容也较低，综合后使得大多数果蔬和肉类食品的热扩散系数相差不大。各种食品具有接近的热扩散系数对于烹饪和 FUHTS 的数值模拟与动力学分析来说是有利的，这意味着不同种类的食品在相同的传热条件下具有类似的温度-时间历程。

表 7-16　一些食品的热扩散系数（哈斯，1992）

食品品种	水分含量/%	测定温度/℃	热扩散系数/（$\times10^{-7}m^2/s$）
苹果（成熟，红）	85	0～30	1.37
鳄梨	—	0～25	1.24
香蕉果肉	—	5	1.18
香蕉果肉	—	65	1.68

续表

食品品种	水分含量/%	测定温度/℃	热扩散系数/（$\times10^{-7}m^2/s$）
成熟菜豆	—	4～122	1.68
马铃薯（熟，糊）	78	5	1.23
草莓（果肉）	92	5	1.27
鳕鱼片	81	5	1.22
牛肉（肩肉）	66	40～65	1.23
牛肉（后殿）	71	0～65	1.47

4. 固体食品颗粒的颗粒特征

作为固体食品与化工流态化技术中研究的大多数颗粒有明显的不同。具有以下特征：①烹饪食品颗粒主要用作直接食用，粒径较大。属于 Geldart 分类中D类颗粒。而通常化工研究中，尤其是流态化技术研究中主要对象是粒径小于 0.5 mm 的 A 类和 B 类颗粒。②颗粒形状复杂：不同的食品品种及不同的切割方法产生了食品颗粒复杂的形状。③由于食品的天然来源，不同食品颗粒之间存在着几何尺寸和物理性质上的较大差异。相同品种食品颗粒内部也常常存在不均质现象，物理性质有较大差异，如肉类和一些植物食品中纤维的存在，使物理性质具有方向性。④多数颗粒食品，尤其是固体烹饪食材，具有复杂的黏弹性，会影响颗粒的运动和碰撞行为。

食品颗粒的几何特征对烹饪研究有重要意义。就外部形状而言，可以是规则的几何体，如球体、柱体、立方体，也可以是无规则的。天然食品颗粒很难得到绝对规则的几何体。颗粒内部可以分为实体结构和多孔结构，多孔结构又可以分为内封闭孔及开放孔。由于球体是最简单的颗粒形状，仅仅采用直径就可以描述全部形状特征。因此，对非球形颗粒采用人为定义的球体等效直径（equivalent diameter）、颗粒形状系数、比表面积等参数来描述其尺寸和外部形状，便于工程计算。

1）颗粒的等效直径

常用的颗粒等效直径有三种定义方式：等体积当量直径、等表面积当量直径和等比表面积当量直径。其中在流体力学中常用的是等体积当量直径，即假定一球形颗粒具有与被考察颗粒相同的体积，则该球形颗粒的直径与被考察颗粒的直径相当：

$$d_v=\left(\frac{6V_p}{\pi}\right)^{\frac{1}{3}} \tag{7-49}$$

式中：V_p 是颗粒体积，m^3；d_v 是颗粒等体积当量直径，m。

2）比表面积和颗粒的形状系数

上述计算公式适用于规则形状的颗粒。对不规则颗粒在内的所有颗粒可以用颗粒的形状系数、比表面积、圆形度、内孔隙率等参数来描述。

球形度是指颗粒外形接近球体程度的无因次参数。常用定义为与被考察颗粒体积 V_p 相等的球体表面积和被考察颗粒表面积之比：

$$\Phi_s = \frac{\pi\left(6V_p / \pi\right)^{\frac{2}{3}}}{S_p} \tag{7-50}$$

式中：Φ_s 是球形度；V_p 是颗粒体积，m^3；S_p 是颗粒表面积，m^3。

7.5.3　导热系数及热扩散系数的测量

烹饪固体原料和 TTIs 食品模拟物的导热系数对数值模拟影响较大，需要准确测定。

1. 导热系数的测量方法

有许多因素影响食品的导热系数，如食品组成、密度、结构等，目前已有多种方法应用于食品导热系数的测定，就其温度与时间的变化关系而言，这些方法可以分为两大类：稳态测量方法和非稳态测量方法。

1）稳态测量方法

稳态测量方法是指当待测试样上温度分布达到稳定后通过测定流过试样的热量和温度梯度等参数来计算材料的导热系数的方法。包括平板法、同心圆球法、护板法、热流计法等。稳态测量方法简单且在比较大的温度范围均可应用。但是在高温下辐射和对流热量损失比较大，因而在许多情况下常使用辐射屏蔽或真空，以减少能量的损失。另外，一些系统原因，如热接触不良、温度的漂移、接触热阻等造成大的测量误差。稳态测量方法的另一缺点是从开始加热到获得稳定温度梯度必须经过较长的时间，而较长的测量时间往往会引起样品本身性质的变化，如测量含有一定水分的物质热传导系数，样品中的水分含量会发生变化，从而出现很大的误差，对食品导热系数测量会产生严重误差。

a. 平板法

该法（易维明，1996）如图 7-53 所示。对试样进行加热是由安装在试样一端并对其一侧进行绝热保护的平板电加热器来提供。加热热流速率可以由该平板加热器的电功率来确定。试样的温度由热电偶进行检测。测量时将测温结点及电偶丝沿等温线放置。为了尽可能保证测量精度，仅取大试样中心的相当小的一部分面积作为测试面积。

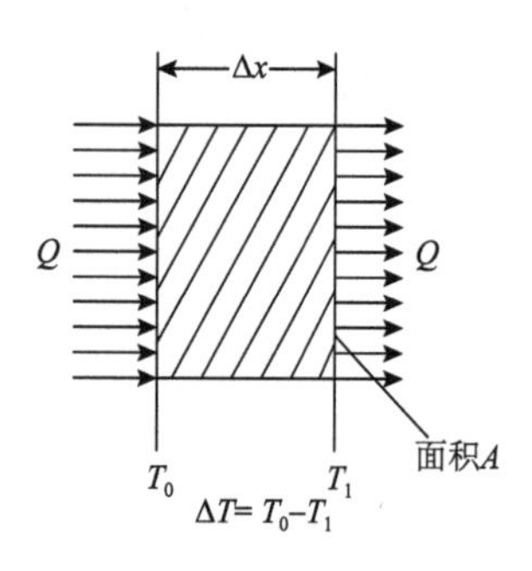

图 7-53　平板法示意图

这一方法一般用于不易破碎的且水分含量很低的固态食品的导热系数的测定。水分食品的水分逸出及蒸发会严重影响测定准确度。

b. 同心圆球法

该法（易维明，1996）的原理是在两个同心的圆球壳之间充满被测物料，由内球面向其加热，外球面向空间散热，当这一过程达到平衡时，就可通过测量两球壁之间的温差、加热速率和球壳的几何参数来确定导热系数。这一测量方法的优点是，由于是内球面加热，其加热损失是零，可以保证精确地测定加热功率。问题是两个球壳的同心度和充填物料的均匀度对测量的准确度影响不能被忽视。这种方法适用于水分含量低的干燥易碎的食品测量。

2）非稳态测量方法

非稳态测量方法是最近几十年内开发出的导热系数测量方法，包括热线法、热盘法、激光法等。根据试样的形状又可以分为平板法、圆柱体法、圆球法等。非稳态测量方法测量热传导系数的原理是样品上的温度分布随时间而变化，通过温度的变化推算导热系数。非稳态测量方法的特点是测量时间短、精确性高、对环境要求低，但受测量方法的限制，多用于比热容基本趋于常数的中、高温区导热系数的测量。这种方法与稳态测量方法相比的主要优点是缩短测量时间，能减少热量损失以及防止样品的化学性质和结构发生变化。激光法不适合含水食品的测定，因为测定时出现水分蒸发，导致数值偏离真实。导热系数标准测量方法参考《闪光法测量热扩散系数或导热系数》（GB/T 22588—2008），但由于使用激光加热，不适合高含水食品。

a. 热探针法

热探针法（张忠进和金文桂，1997；苏国锋等，2002）又称热线法，在样品（通常为大的块状样品）中插入一根热线。测试时，在热线上施加一个恒定的加热功率，使其温度上升。测量热线本身或平行于热线的一定距离上的温度随时间上升的关系。测量过程中试样在探针表面处只有几摄氏度的温升，其余部分的温升更小，试样的物性变化极小，测试结果能准确地反映试样的真实状态。因此，热探针法特别适合于食品中高水分含量物体的测量，目前在食品物性领域获得广泛应用，原理如图 7-54 所示。

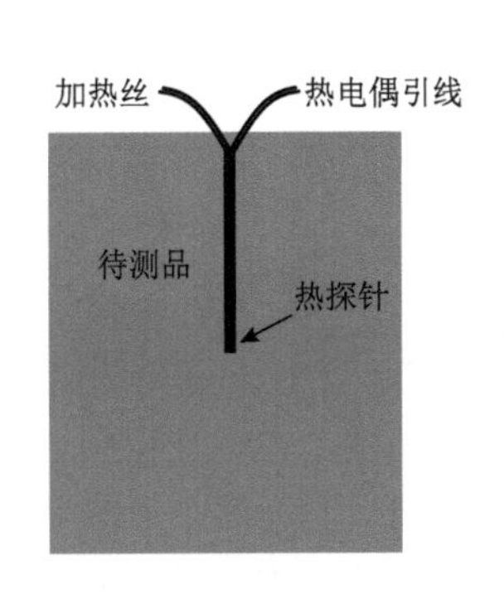

图 7-54　热探针法示意图

b. 热敏电阻法

由于微珠状热敏电阻的尺度很小，兼作加热和测温元件，在较大的温度范围内稳定，因此可以将其作为球形内热源插入待测物质中，原理如图 7-55 所示。

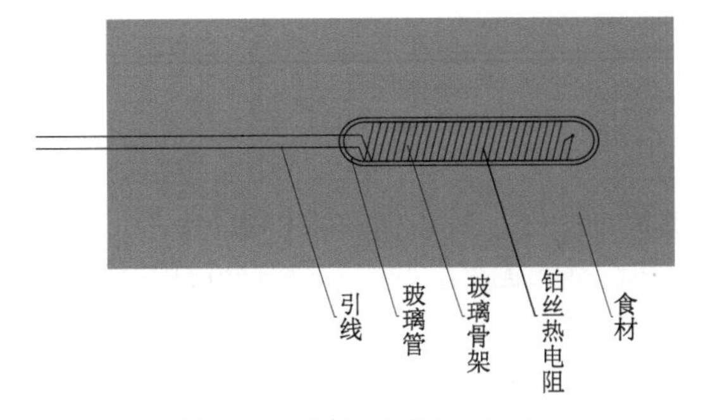

图 7-55　热敏电阻法示意图

在这种方法（张海峰等，2003）中，热敏电阻兼作加热和测温元件，能够减少误差，并且由于热敏电阻是由半导体材料、陶瓷和金属等组分组成的混合物，在一定的温度范围内，其体积膨胀系数极小，导热变化系数也很小。

c. 改进热线法

改进热线法（Tavman，1999）是把一条细电阻线放在两块矩形样品间，通以恒电流，第一块样品是已知热学性质的绝热保温材料。通过热电偶来测量两块样品中心的温度变化以推算导热系数，如图 7-56 所示。

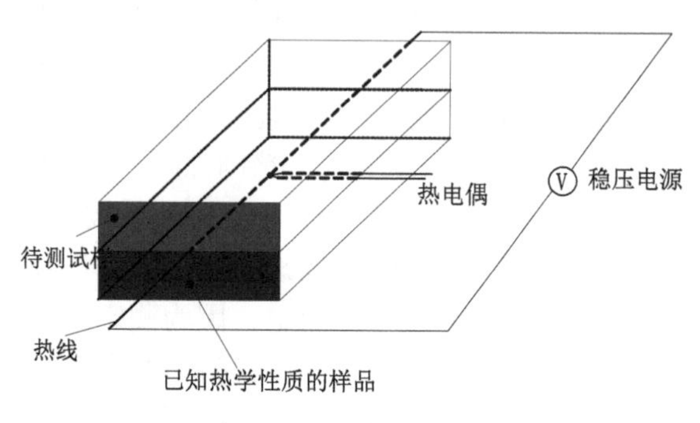

图 7-56　改进热线法示意图

2. 热敏电阻法测定导热系数

本部分内容主要来自文献（徐林等，2008），并有修改。

1）构建方法

FUHTS 研究初期试图以激光法测定马铃薯的导热系数，由于激光照射受热水分蒸发而失败。在无法找到合适仪器的情况下，不得不自己开展了热敏电阻法的方法和硬件的构建，并开展了导热系数的测定工作。

在热敏电阻作热源非稳态传热模型的基础上，选择体积很小、在较大的温度范围内参数稳定的 ϕ1 mm 微珠状热敏电阻兼作加热和测温元件，组装了探测器及相应电路设计，并分别以甘油、水和甲苯为标定物，通过对标准样品的测量，得出以甘油和水为标定物所得到的热敏电阻的特性参数的准确度最高。并且测量数据表明通过热敏电阻法得到的样品的导热系数都在允许误差内。随后还分析了测量样品大小、加热功率对热敏电阻法的稳定性的影响，细节方法如下。

2）食品导热系数的测定

a. 测量原理及方法

微珠状热敏电阻的尺度很小，可兼作加热和测温元件，在较大的温度范围内状态稳定。将其作为球形内热源插入无穷大的均质待测介质中。测试前热敏电阻与被测介质处于热平衡状态，且假设二者之间没有接触热阻；在测试过程中热敏电阻的半径和导热系数保持不变；热敏电阻的内热源均匀分布。

文献（Balasubramanian and Bowan，1974；胡芃和陈则韶，1990）研究表明将热敏

电阻作为匀质球形热源处理，热敏电阻温度可以取其体积平均温度，结果与实际情况相符合。热敏电阻阻值 R_T 与温度 T 的关系为（Gelder，1998）

$$\ln R_{T_0} - \ln R_T = \beta\left(\frac{1}{T_0} - \frac{1}{T}\right) \tag{7-51}$$

式中：T_0 是热敏电阻的初始温度，℃；T 是测量过程中的温度，℃；R_{T_0} 是温度 T_0 时的热敏电阻的阻值，Ω；R_T 是温度 T 时的热敏电阻的阻值，Ω；β 是热敏电阻系数，K。

可得热敏电阻的温升 ΔT 为

$$\Delta T = \frac{TT_0}{\beta}\ln\frac{R_{T_0}}{R_T} \tag{7-52}$$

导热系数的测量公式（Gelder，1998）：

$$k_{\mathrm{m}} = \frac{1}{4\pi r\dfrac{\Delta T}{P} - \dfrac{1}{5k_{\mathrm{t}}}} \tag{7-53}$$

式中：k_{m} 是食品导热系数，W/（m·℃）；k_{t} 是热敏电阻的导热系数，W/（m·℃）；r 是热敏电阻的半径，mm；ΔT 是热敏电阻的升温，℃；P 是热敏电阻的耗散功率，W。

热扩散系数的测量公式（Dougherty，1987）：

$$\alpha_{\mathrm{m}} = \frac{r}{\sqrt{\pi}\left(\varepsilon / A\right)\left(1 + \dfrac{k_{\mathrm{m}}}{5k_{\mathrm{t}}}\right)} \tag{7-54}$$

式中：α_{m} 是食品的热扩散系数，$\times 10^{-6}\ \mathrm{m^2/s}$；$\varepsilon$ 是热常数；A 是稳态常数。

$$A = \frac{I^2 R}{\left(\dfrac{4}{3}\pi r^3\right)} = \frac{P}{\left(\dfrac{4}{3}\pi r^3\right)} \tag{7-55}$$

若已知热敏电阻的半径 r、导热系数 k_{t} 和热常数 ε，就可以通过测量其温升 ΔT 和消耗的功率 P，由式（7-53）、式（7-54）求得食品的导热系数 k_{m} 和热扩散系数 α_{m}。

由于热敏电阻的尺度很小（$r \leqslant 0.75$ mm），测量过程中，调节加热功率 3～5 mW，控制热敏电阻的平均温升 $\Delta T \leqslant 3$℃，因此被测物质在热敏电阻热源作用区域内物性参数均匀分布和测量过程中物性稳定不变是合理的假设。

为了便于实验操作，用环氧树脂将直径约 1 mm 的微珠状热敏电阻固定在毛细管一端，聚乙烯薄膜缠绕热敏电阻的两根导线从管中穿过，即构成探测器。环氧树脂包在热敏电阻的引线外，起固定和绝缘作用。测量电路如图 7-57 所示，图中 $R_1=R_2=10$ kΩ，电压表测量电阻箱 R_3 与热敏电阻之间的势能差（$U_{差}$）。首先调节电阻箱 R_3 的阻值使得电压表的读数为零，此时 R_1 两端的电压 U_{R_1} 可用下式表示为

$$U_{R_1}=\frac{R_1}{R_1+R_3}\times U_{总} \tag{7-56}$$

式中：R_1 是电阻 R_1 的阻值，Ω；R_3 是电阻箱 R_3 的阻值，Ω；$U_{总}$是电源电压，V；U_{R_1} 是电阻 R_1 两端电压，V。

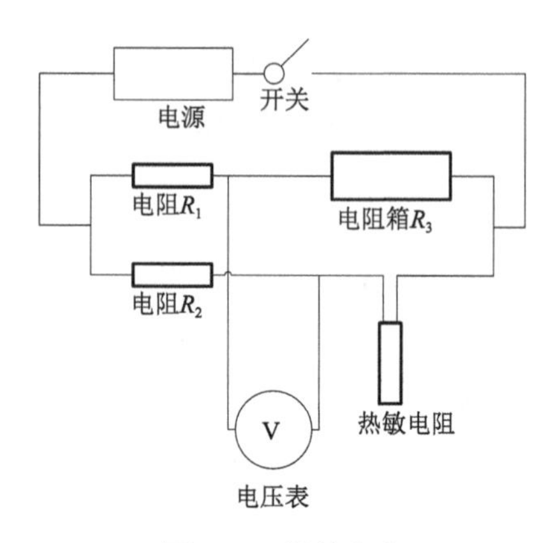

图 7-57　测量电路

用 $U_{热}$表示热敏电阻两端的电压，则 $U_{热}=U_{总}-U_{R_1}-U_{差}$，此时，热敏电阻的损耗功率 P 可以表示为

$$P=IU=\frac{\left(U_{R_1}+U_{差}\right)}{R^2}\times\left(U_{总}-U_{R_1}-U_{差}\right)=\frac{\left(U_{R_1}+U_{差}\right)\cdot U_{总}-\left(U_{R_1}+U_{差}\right)^2}{R^2} \tag{7-57}$$

式中：$U_{差}$是电压表 V 的读数，V；R_1 是电阻 R_1 的阻值，Ω；P 是热敏电阻功率，MW。

用 $R_{热}$表示热敏电阻的阻值，则有下列关系式：

$$R_{热}=\frac{U_{热}R^2}{U_{总}-U_{热}}=\frac{U_{总}-U_{R_1}-U_{差}}{U_{R_1}+U_{差}}\times R^2 \tag{7-58}$$

将式（7-57）、式（7-58）联立得到：

$$R_{热}=P\times\frac{R^2}{\left(U_{R_1}+U_{差}\right)^2} \tag{7-59}$$

由于控制探头温升 $\Delta T\leqslant 3$℃，将式（7-59）代入式（7-52）即可得到温升与加热功率的关系：

$$\Delta T=\frac{T^2}{\beta}\ln\left[\frac{\left(U_{R_1}+U_{差T}\right)}{\left(U_{R_1}+U_{差T_0}\right)}\times\frac{P_{T_0}}{P_T}\right] \tag{7-60}$$

室温下，打开电源开关连通电路，待电压表读数稳定时调节电阻箱 R_3，使得电压表的读数为零，记录此时电阻箱 R_3 的阻值。测定样品时，将热敏电阻探头深入待测样品内部，待电压表读数重新稳定时，再次调节电阻箱 R_3，使得电压表的读数回到零，再次记录此时电阻箱 R_3 的阻值，根据上述电路原理，将两次记录到的阻值转换成温升 ΔT 及功率 P 代入式（7-53）、式（7-54）计算即可得到样品的导热系数及热扩散系数。

b. 热敏电阻特性参数的标定

β 的标定：热敏电阻的系数标定根据济南敏杰电子有限责任公司提供的阻温系数表，由式（7-52）拟合计算出系数。

r 和 k_t 的标定：热敏电阻需要标准物质来确定特性参数，其准确度决定热敏电阻法测量物质的热物性的准确性。Dougherty（1987）发现同一热敏电阻在乙二醇溶液中的热敏电阻特性参数与在水、甘油、甲苯中得到的不同。目前的标定物有水、甘油、蓖麻油、乙二醇、甲苯（Kravets，1988；Nieto de Castro et al.，1986）。由于已知甘油、水和甲苯在各温度下的热物性，分别选用甘油、水和甲苯两两作为在常温下标定 α 和 k_t 的标准样品。每个样品测量 12 次，取平均值作为 $\Delta T/P$ 的测量值，再通过对标准样品的测定确定最佳标定物。

c. 结果与讨论

采用上述方法测定不同食品导热系数，如表 7-17 所示。

表 7-17　食品和魔芋凝胶的导热系数（30℃）

食品	胡萝卜	马铃薯	苹果	冬瓜	洋葱	黄瓜	青萝卜	鸭梨	蒜	魔芋胶
导热系数/[W/（m·℃）]	0.56	0.54	0.56	0.64	0.58	0.61	0.58	0.58	0.50	0.59

从上面的数据可以看出，TTI 载体魔芋凝胶的导热系数和食品在一个范围内，从导热系数来说，魔芋凝胶适合用作食品模拟物。

通过测量不同温度下马铃薯、胡萝卜和 TTI 载体魔芋的导热系数，如图 7-58 所示，各食品的导热系数均和温度呈高度的正相关关系，经过 Excel 进行线性回归分析，建立温度与导热系数之间的关联方程，F 值检验结果表明回归方程均具有高度显著性，可用其预测相同食品在不同温度下的导热系数值。

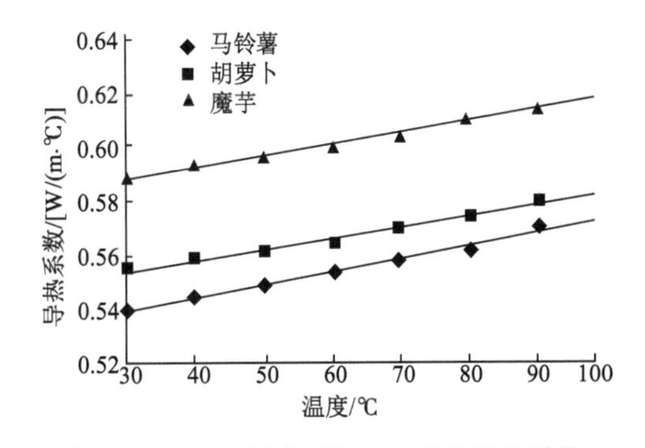

图 7-58　不同温度下不同食品的导热系数

3. 热扩散系数的测定

在导热系数测定的基础上，再测定比热容和密度，即可计算热扩散系数（徐林等，2008）。

食品热扩散系数根据其定义对热敏电阻法的测量值进行验证，其定义式为

$$\alpha = \frac{k}{c_p \rho} \tag{7-61}$$

式中：α 是热扩散系数，$\times 10^{-6}\ m^2/s$；k 是导热系数，W/（m·℃）；c_p 是比热容，J/（kg·℃）；ρ 是密度，kg/m^3。

热扩散系数是物体中某一点的温度的扰动传递到另一点的速率的量度。由于热扩散系数综合了所有热物性，在传热计算中只需热扩散系数即可开展计算。由于 c_p 和 ρ 较易测定，热扩散系数和导热系数的测定基本是等同的。标准测量方法参考《闪光法测量热扩散系数或导热系数》（GB/T 22588—2008），不适合高含水食品，我们必须另外测定比热容。

比热容测定方法有经验公式法、混合法、热护板法、比较量热法、比热容计算法、绝热量热法、差示扫描量热法（DSC）。其中 DSC 法快速、方便、准确，试样需求少，适合烹饪研究。采用 DSC 法测得马铃薯和胡萝卜的热补偿功率，代入下式计算马铃薯和胡萝卜的比热容。

$$c_p = \frac{P_t \times t}{M_g \times \Delta T} \tag{7-62}$$

式中：P_t 是热补偿功率，W；t 是加热时间，s；M_g 是物料质量，kg；ΔT 是升高温度，℃。

DSC 仪对胡萝卜和马铃薯的分析结果见图 7-59 和图 7-60。

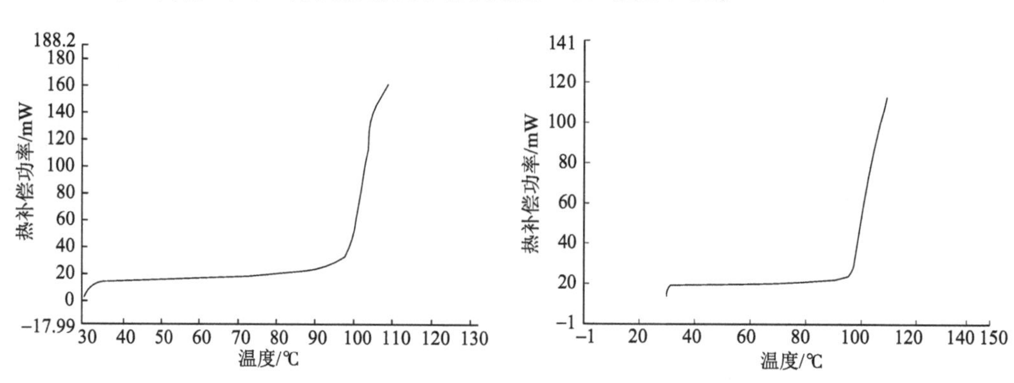

图 7-59　胡萝卜 DSC 热补偿功率曲线图　　图 7-60　马铃薯 DSC 热补偿功率曲线图

马铃薯的热补偿功率曲线图中从 40℃到 90℃的 DSC 曲线是一条直线，因此将这个过程看成匀速加热的过程，可以进行比热容的测定。根据图中数据计算马铃薯比热容 c_p=3.45 kJ/（kg·℃）；胡萝卜的比热容 c_p=3.82 kJ/（kg·℃）；由排水法测得马铃薯的密度

为 1100 kg/m^3，胡萝卜的密度为 943.6 kg/m^3。表 7-18 是测量值与实际计算值的比较结果，热敏电阻法适合食品热扩散系数的测量。

表 7-18　样品的热扩散系数

	测量值/（$\times10^{-6}$ m^2/s）	实际值/（$\times10^{-6}$ m^2/s）	相对偏差/%
马铃薯	0.151±0.009	0.155	2.58%
胡萝卜	0.139±0.007	0.142	2.11%

注：测量值是用热敏电阻法按公式直接计算得到的。

7.5.4　马铃薯的高温段热物理性质外推及误差分析

在 FUHTS 研究中，采用马铃薯为试样，杀菌温度最高可达 150℃，国内联系调研多种试验设备以后没有找到合适的测量方法，自行开发测定软硬件的代价也难承受。因此只有采用外推方法，由于杀菌涉及食品安全，要考虑参数对 F 值的影响必须计算外推产生的误差。

1. 马铃薯水分的测定

干燥减重法测定 4 种马铃薯样品，水分含量分别为：79.51%、82.86%、81.71%、79.63%，平均值为：80.93% ± 1.93%。

2. 比热容

1）文献总结

马铃薯比热容研究基本都是采用混合法进行的，有关文献结果总结至表 7-19。

表 7-19　马铃薯的比热容

水分含量/%	温度/℃	比热容/[kJ/（kg·℃）]	参考文献
76.3	40	2.74	Rice et al.，1988
76.3	50	3.17	Rice et al.，1988
76.3	60	3.32	Rice et al.，1988
76.3	70	3.48	Rice et al.，1988
76.3	80	3.96	Rice et al.，1988
76.3	90	4.02	Rice et al.，1988
78.8	50	3.33	Rice et al.，1988
75.4	50	3.17	Rice et al.，1988

续表

水分含量/%	温度/℃	比热容/[kJ/（kg·℃）]	参考文献
72.3	50	2.53	Rice et al.，1988
77.8	＞0	3.43	哈斯，1992
0～100	20	$1.381+2.806M_w$	Niesteruk，1996

注：M_w是水分含量。

2）40～150°C马铃薯比热容的计算

将马铃薯近似看作二组分体系，即水+干物质，并假设干物质具有单一物质热物理特征。混合物比热容计算公式（Niesteruk，1996）如下：

$$c_p=\sum (c_{p,i}\times X_i) \tag{7-63}$$

式中：c_p是比热容，J/（kg·℃）；$c_{p,i}$是i组分比热容，J/（kg·℃）；X_i是食品中i组分含量。

对于马铃薯二组分混合物有：

$$c_p=c_{pw}X_w+c_{ps}X_s \tag{7-64}$$

式中：c_{pw}是水分比热容，J/（kg·℃）；X_w是食品中水分含量；c_{ps}是干物质比热容，J/（kg·℃）；X_s是食品中干物质含量。

水分的比热容c_{pw}已知，见表7-25。由式（7-64）引用Rice的数据计算出40～90℃温度条件下c_{ps}，按照温度-c_{ps}关系线性外推，获得100～150℃的c_{ps}，然后通过式（7-64）计算实际水分含量X_w= 80.93%马铃薯在40～150℃下的比热容，得到的结果在数据外推的同时校正了水分含量不同所产生的误差，结果见表7-21。计算结果与Niesteruk（1996）的经验公式符合较好。

3. 导热系数

1）文献总结

Maarten（1998）对食品导热系数测量技术进行了详细的分析，并发展了耐高压的热电阻探头法，将温度测量上限提高到150℃，且对马铃薯比热容进行了测量分析。Maarten对采用线热源法和热电阻探头法测量的马铃薯导热系数进行了比较分析，认为由于水分蒸发导致前者测定值偏大（100℃下的测定值高于水分导热系数）。Maarten的测定方法设计可靠，校准精细，测定的马铃薯（品种为Idaho和California white）导热系数值非常可靠，可惜没有测量对象马铃薯的水分，导致无法应用他的研究成果。

总结参考文献测定的数据至表7-20。

表 7-20　马铃薯导热系数

温度/℃	导热系数/[W/（m·℃）]	参考文献
25	0.55	Gratzek and Toledo，1993
50	0.58	Gratzek and Toledo，1993
100	0.6	Gratzek and Toledo，1993
25	0.57	Gelder，1998
70	0.62	Gelder，1998
100	0.63	Gelder，1998
25	0.55	Rao et al.，1975
25	0.53	Rao et al.，1975
25	0.57	Rao et al.，1975

由上述数据比较可以看出，在相同温度下各测定数值是相当接近的，数值之间相对误差不超过 5%。

2）预测计算

利用文献（Gelder，1998）的导热系数-温度关系数据线性插值及外推，获得 40～150℃温度导热系数数据，结果见表 7-21。由于 Gelder（1998）的导热系数-温度关系数据来源中马铃薯的水分含量未测定，因此必须考虑水分含量变化引起的误差。方法如下：将马铃薯看作二组分体系，并考虑马铃薯的组织结构是水和淀粉等物质均匀混合的特点，采用二组分串联模型（ Rao and Rizvi，1986）得到：

$$\frac{1}{k}=\frac{X_s}{k_s}+\frac{X_w}{k_w} \tag{7-65}$$

$$k=\frac{k_s k_w}{k_w X_s+k_s X_w} \tag{7-66}$$

式中：k_w 是水分导热系数，W/（m·℃）；X_w 是食品中水分含量；k_s 是干物质导热系数，W/（m·℃）；X_s 是食品中干物质含量。

表 7-21　马铃薯热物理性质

温度/℃	比热容/[J/（kg·℃）]	导热系数/[W/（m·℃）]	密度/（kg/m^3）	热扩散系数/（$\times10^{-7}$ m^2/s）	总体相对误差/%
40	2.90	0.58	1082	1.84	8.19
50	3.29	0.59	1082	1.66	8.19
60	3.42	0.6	1082	1.61	8.19
70	3.56	0.6	1082	1.56	8.19
80	3.98	0.6	1082	1.40	8.19

续表

温度	比热容/[J/（kg·℃）]	导热系数/[W/（m·℃）]	密度/（kg/m^3）	热扩散系数/（$\times 10^{-7} m^2/s$）	总体相对误差/%
90	4.04	0.61	1082	1.39	8.19
100	4.09	0.61	1082	1.38	8.19
110	4.15	0.62	1082	1.38	16.19
120	4.20	0.63	1082	1.38	16.19
130	4.26	0.63	1082	1.37	16.19
140	4.31	0.64	1082	1.36	16.19
150	4.37	0.64	1082	1.36	16.19
平均值	3.88	0.61	1082	1.52	11.52

而水分的导热系数 k_w 已知，见表 7-25。

按照绝对误差分析原理对式（7-62）进行分析误差如下：

$$
\begin{aligned}
E_k &= E\left(\frac{k_s k_w}{k_w X_s + k_s X_w}\right) \\
&= \left\{-k_s k_w\left[E\left(k_w X_s\right)+E\left(k_s X_w\right)\right]+\left(k_w X_s+k_s X_w\right)\left(k_w E\left(k_s\right)\right)+k_s E\left(k_w\right)\right\} \\
&\quad /\left(k_w X_s+k_s X_w\right)
\end{aligned} \tag{7-67}
$$

考虑一般马铃薯水分含量变化不超过±4%，$E(X_s)= E(X_w)= 0.04$；手册中取得的 k_w 误差 $E(k_w)$为 0。并设 X_s=0.2，X_w=0.8，按此计算出相应的 k_s。仅考虑水分含量误差对导热系数误差的影响，有

$$
E_k = k_s k_w\left[-0.04\left(k_s+k_w\right)\right]/\left(k_w X_s+k_s X_w\right) \tag{7-68}
$$

可以估算出平均 $E_k = 5.6\times 10^{-3}$，平均相对误差为 0.94%。

4. 马铃薯的密度

马铃薯的密度与淀粉含量呈线性关系（食品科学手册编辑委员会，1989），但是变化很小，马铃薯淀粉含量为 14%～16%，相应密度为 1.08～1.09 kg/m^3。采用 1.08 kg/m^3，可以根据上下限算出相对误差为 0.25%。

5. 热扩散系数的计算

按照热扩散系数的定义式（$\alpha = k/c_p d$）计算，结果见表 7-21。

相对误差估算如下：比热容和导热系数测定误差均为 4%（Rao and Rizvi，1986；Rice et al.，1988），水分变化导致导热系数误差 0.94%，100℃以上数据推算模型误差 8%，马铃薯密度误差 0.25%，算得热扩散系数平均总体相对误差 11.52%。

7.5.5　烹饪传热介质的热物理性质和流体力学性质

1. 概述

烹饪和 FUHTS 的液体传热介质主要是水和油脂。由于油脂通常在烹饪加热过程中无相变，并且密度小于食材颗粒，食材下沉形成较好的传热效果，适合作为烹饪传热介质，但是由于导热系数较小，传热效果略差；水在 100℃相变，导致烹饪温度受到限制。在 FUHTS 中由于水与主食食品颗粒密度差较小，难以形成流态化，还可能造成食品水溶性成分的传质损失。但水的导热系数较高，传热效果明显优于油脂。水不但是许多烹饪的传热介质，通常还是固体食材的主要成分，因而水的热物理性质在烹饪研究中极为常用。

当气体烹饪传热介质的饱和温度高于食品表面温度时会产生冷凝，极大地提高了烹饪换热效率，如蒸的初期。由于水蒸气性质稳定，不与食品发生化学反应，不发生干燥脱水作用，并且洁净蒸汽的发生技术已经成熟（直接杀菌中必须采用洁净蒸汽发生技术），适合作为 FUHTS 气体传热介质。

2. 油脂的流体力学性质和热物理性质

1）油脂的相对密度

油脂的相对密度与温度呈现线性关系（Swern，1989；食品科学手册编辑委员会，1989），并与碘价有关，见图 7-61。

综合有关数据，在 FUHTS 的传热介质温度操作范围为 135～155℃，油脂的相对密度为 0.82～0.86，平均值为 0.84，正好是大豆油在 145℃的相对密度值。

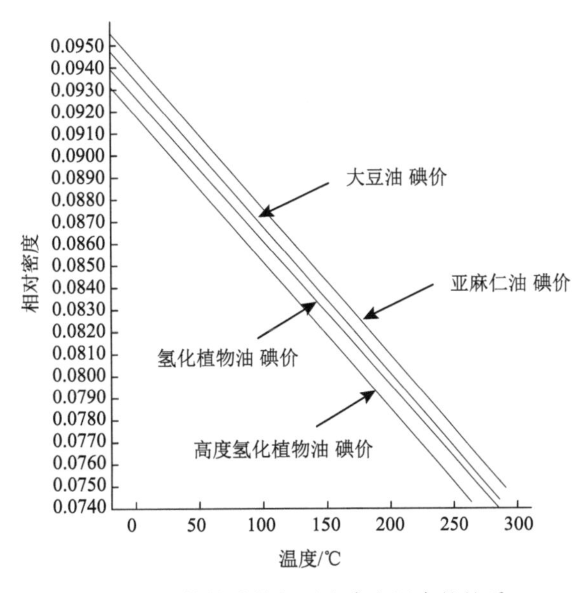

图 7-61　植物油的相对密度和温度的关系

2）油脂的黏度 μ

由于油脂中甘油酯长链的存在，常温下油脂有较高的黏度。但是当温度升高后黏度迅速下降。文献（Hui，2001）中油脂的动力黏度与温度呈现半对数线性关系，即符合经验关系式：

$$\lg\mu = a + b \times T \tag{7-69}$$

式中：μ 是动力黏度，Pa·s；T 是温度，℃；a 和 b 是系数。

主要油脂的动力黏度见表 7-22。

表 7-22　主要液态油脂的动力黏度

温度/℃	黏度/（Pa·s）							
	杏仁	油菜	棉籽	大豆	葵花	椰子	棕榈	猪油
37.8	43.2	50.64	35.86	28.49	33.31	29.79	30.92	44.41
98.9	8.74	9.09	8.39	7.6	7.68	6.06	6.5	8.81

通常沸点以下的液体的黏度和温度可由 Andrade 经验关系式确定（马沛中，2003）。油脂也可以应用这一公式（Swern，1989）：

$$\lg\mu = -A + B/(T + 273.15) \tag{7-70}$$

式中：μ 是动力黏度，Pa·s；T 是温度，℃；A 和 B 是系数。

由式（7-70）计算得到的结果见图 7-62。

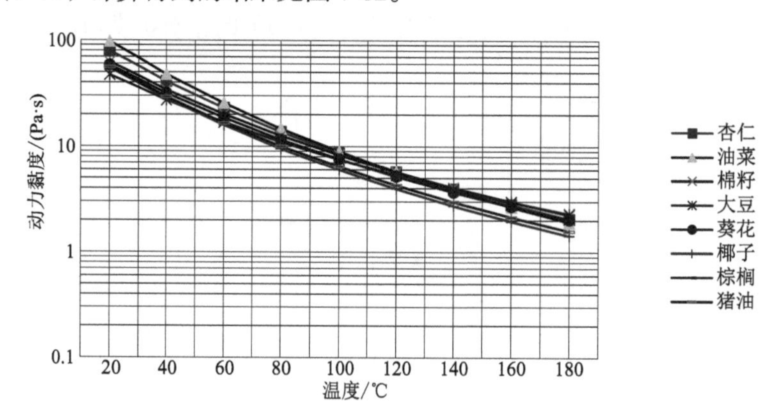

图 7-62　按照 $\lg\mu = -A + B/(T+273.15)$ 计算的主要液态油脂温度和黏度的关系

此外，还有 Gouw、Vlugrer 和 Roelands 关于油脂动力黏度和温度的经验关系式（Swern，1989）：

$$\lg(1.20 + \lg\mu) = C - D\lg\left[1 + (T + 273.15)/135\right] \tag{7-71}$$

式中：μ 是动力黏度，Pa•s；T 是温度，℃；C 和 D 是系数。

式（7-71）计算结果与式（7-70）类似。综合上述的计算有关数据，在 135～180℃绝大多数液态油脂的黏度在 1～5 Pa·s，145℃大豆油动力黏度为 2.35 Pa·s，具有代表性。

3）油脂的导热系数

有关油脂导热系数的文献较少。油脂的导热系数随温度上升而下降，但是变化不大。表 7-23 是不同油脂的导热系数。估算 145℃油脂平均导热系数 0.160 W/（m·℃）。

表 7-23　不同油脂的导热系数

油脂	导热系数/[W/（m·℃）]	参考文献
橄榄油	0.19（5.6℃） 0.16（100℃）	Remeo，1991
芝麻油	0.18	Remeo，1991
花生油	0.17	Remeo，1991
玉米油	0.18	Hui，2001
蓖麻油	0.18	Swern，1989
油酸	0.19（162.5℃） 0.18（194℃）	Swern，1989

4）油脂的比热容

常温下，大多数动植物油脂比热容在 1.926～2.052 之间（食品科学手册编辑委员会，1989）。油脂比热容和温度关系如下（Swern，1989）：

$$c_p = 4.18 \times (0.462 + 0.00061T) \tag{7-72}$$

式中：c_p 是比热容，J/（kg·℃）；T 是温度，℃。

该式适用范围为 15～60℃，但采用该式计算大豆油等油脂的常温～200℃比热容，与文献数值（Swern，1989）符合很好。采用该式计算 145℃条件下油脂的比热容为 2648 J/（kg·℃）。

5）典型油脂性质

烹饪及 FUHTS 中 145℃下典型油脂性质为：密度 840 kg/m^3；黏度 2.35 Pa·s；导热系数 0.160 W/（m·℃），比热容 2648 J/（kg·℃）。

3. 蒸汽

饱和水蒸气热物理性质见表 7-24。

表 7-24　饱和水蒸气热物理性质

温度/℃	压力/atm	密度/（kg/m³）	黏度/（mPa·s）	导热系数/[W/（m·℃）]	比热容/[J/（kg·℃）]	*Pr*
	化学工程手册编辑委员会，1980	Siebel，1982	化学工程手册编辑委员会，1980	姚玉英，2001	姚玉英，2001	化学工程手册编辑委员会，1980
100	1.03	0.597	0.012 0	0.023 7	2 135.37	1.08
110	1.46	0.825	0.012 5	0.024 8	2 177.24	1.09
120	2.01	1.120	0.012 9	0.025 9	2 206.55	1.09
130	2.75	1.715	0.013 2	0.026 8	2 256.79	1.11
140	3.69	1.962	0.013 5	0.027 8	2 315.41	1.12
145*	4.27	2.238	0.013 7	0.038 3	2 355.19	1.14
150	4.85	2.543	0.013 9	0.028 8	2 394.96	1.16
160	6.30	3.252	0.014 3	0.030 0	2 478.70	1.18
170	8.08	4.113	0.014 7	0.031 2	2 583.38	1.21
180	10.23	5.145	0.015 1	0.032 6	2 708.99	1.25
190	12.80	6.378	0.015 6	0.034 1	2 855.53	1.30
200	15.86	7.840	0.016 0	0.035 4	2 135.37	1.36

*除密度外，145℃的各参数通过线性插值获得。

4. 水的热物理性质

水的热物理性质见表 7-25。

表 7-25　水的热物理性质

项目	20℃	25℃	30℃	40℃	50℃	60℃	70℃	80℃
导热系数/[W/（m·℃）]	0.60	0.61	0.61	0.63	0.64	0.65	0.67	0.67
密度/（kg/m³）	998.5	997.1	995.5	992	987.8	983.1	977.7	971.7
比热容/[J/（kg·℃）]	4181	4180	4179	4179	4181	4184	4190	4197
热扩散系数/（$\times10^{-6}$m²/s）	0.14	0.15	0.15	0.15	0.16	0.16	0.16	0.16
项目	90℃	100℃	110℃	120℃	130℃	140℃	150℃	—
导热系数/[W/（m·℃）]	0.67	0.68	0.68	0.68	0.68	0.68	0.68	—
密度/（kg/m³）	965.1	958.2	950.8	942.8	934.5	925.6	916.4	—
比热容/[J/（kg·℃）]	4207	4218	4229	4244	4263	4285	4311	—
热扩散系数/（$\times10^{-6}$m²/s）	0.17	0.17	0.17	0.17	0.17	0.17	0.17	—

7.6　多孔介质渗透率的测量

渗透率是流体在特定压力驱动下通过多孔介质的能力，是研究多相流体在多孔介质内部运输机制所必需的参数。这些参数的准确测量使利用数学模型预测颗粒食品在油传热烹饪过程的温度、水分分布更具说服力，但现有的食品渗透率数据十分有限。目前无针对颗粒食品绝对渗透率的专用测定仪器，现有仪器并不能直接应用于食品，必须自行改造设计。但作为多孔介质数学模型中不可缺少的参数之一，有必要开展食品绝对渗透率的测定试验。本部分内容主要来自文献（余冰妍，2019），并有调整修改。

7.6.1　渗透率测量原理

渗透率（k）可分为绝对渗透率（k_i）和相对渗透率（k_r），一般需实验测量的为绝对渗透率，相对渗透率为颗粒食品饱和度的函数，经函数估算得到。

1. 绝对渗透率的预测模型

作为多孔介质基本特性参数之一，流体在多孔介质中的流动性能满足达西定律，其可用于定义食品颗粒的渗透率，表达式为

$$q = -K\frac{\partial H}{\partial s} \tag{7-73}$$

式中：q 是体积通量，$m^3/(m^2 \cdot s)$；H 是水力势能，包括基质势能（h）和重力势能（z），m；s 是流体距离，m；K 是渗透系数，m/s。

渗透系数（K）与流体的势能相关，依赖于固体基质性能和流体性能，可近似地将多孔介质看作是在固体基质中镶嵌着不同直径的管束（Datta，2006），则

$$K = \frac{\rho g}{\mu} \cdot \frac{1}{8\tau}\sum_i^n \Delta\beta_i r_i^2 \tag{7-74}$$

式中：ρ 是流体密度，kg/m^3；μ 是流体动力黏度，$kg/(m \cdot s)$；τ 是固体基质弯曲度，无量纲；$\Delta\beta_i$ 是孔径中 i 流动相的体积分数；r_i 是孔半径，m；g 是重力加速度，m/s^2。

对于固体基质：

$$k_i = \frac{1}{8\tau}\sum_i^n \Delta\beta_i r_i^2 \tag{7-75}$$

$$K = \frac{k_i \rho g}{\mu} \tag{7-76}$$

式中：k_i 是绝对渗透率，m^2。

代入达西定律可得到：

$$q = -K\frac{\partial H}{\partial s} = -\frac{k_i}{\mu} \cdot \frac{\partial(\rho g H)}{\partial s} = -\frac{k_i}{\mu} \cdot \frac{\partial p}{\partial s} \tag{7-77}$$

式中：p 是颗粒承受压力，Pa。

因此，当测定出经施加压力加载特定时间后由食品组织流出的水的重量时，食品

液体绝对渗透率为

$$k_i = \frac{V}{\Delta p} \cdot \frac{\mu \Delta x}{A} \tag{7-78}$$

式中：V是颗粒食品体积，m^3；Δx是样品厚度，m；A是颗粒食品表面积，m^2。

基于达西定律测定颗粒食品渗透率的最大困难在于获得通过食品组织的流体流量，实验中根据需要设定测定装置且在保证颗粒食品完整性的基础上使流体在实验压力下仅从食品组织流过。Datta 等学者曾利用此方法测定了新鲜土豆及牛肉、烹饪后的牛排、苹果的液体绝对渗透率，见表 7-26。

表 7-26　食品原料在不同处理方式下的绝对渗透率

食品	处理方式	流体	绝对渗透率/m^2	参考文献
土豆、牛肉	生鲜状态	水	10^{-17}～10^{-19}	Datta，2006
牛排	50～80℃下加热	水	6.8×10^{-18}～1.6×10^{-16}	Oroszvári et al.，2006
生面团	—	气体	2×10^{-14}～2.3×10^{-11}	Goedeken and Tong，2010
苹果	生鲜状态	气体	8.89×10^{-13}～4.57×10^{-11}	Feng et al.，2004
面包	焙烤	气体	10^{-12}～3.6×10^{-10}	Chaunier et al.，2008
猪里脊肉	10～50℃下加热	水	1.67×10^{-17}～99×10^{-17}	本例

2. 相对渗透率的预测模型

食品相对渗透率与其饱和度相关，在现有的多孔介质数学模型中，以气体或液态水为基准的相对渗透率的广泛使用表达式为

$$k_{gr} = \begin{cases} 1-1.1S_w & S_w < 1/1.1 \\ 0 & S_w < S_{ir} \end{cases} \tag{7-79}$$

$$k_{wr} = \begin{cases} \left(\dfrac{S_w - S_{ir}}{1-S_{ir}}\right)^3 & S_w > S_{ir} \\ 0 & S_w \leqslant S_{ir} \end{cases} \tag{7-80}$$

式中：k_{gr}是气体相对渗透率，无量纲；k_{wr}是水的相对渗透率，无量纲；S_w是水的饱和度，无量纲；S_{ir}是不可约饱和度，是假设值，指当认为液态水处于不连续状态时的饱和度。在食品应用中，S_{ir}常用设定值为 0.08。

目前未搜索到通过实验测定食品相对渗透率的相关文献，唯一查阅到的预测模型是 Feng 等（2004）针对苹果组织所建立的相对渗透率与液态水饱和度之间的函数：

$$k_{gr} = 1.01\mathrm{e}^{-10.86S}\quad(0 < S_w < 1) \tag{7-81}$$

式中：k_{gr}是气体相对渗透率，无量纲；S_w是水的饱和度，无量纲。

7.6.2　猪里脊肉液体绝对渗透率的测定

一般情况下，食品组织的绝对渗透率测定包括以水为流体介质的液体绝对渗透率和以惰性气体为流体介质的气体绝对渗透率，但因设备条件因素，本试验仅以水为流体介质测定猪里脊肉的液体绝对渗透率值。

1. 方法

1）材料、试剂及仪器设备

（1）材料与试剂：猪里脊肉、吸油纸、食用调和棕榈油、凡士林。

（2）仪器设备：第二代烹饪模拟装置；切片机：BL658，深圳市博莱电子电器有限公司；烹饪传热学及动力学采集系统：贵州大学，自研；DSY 多孔陶瓷渗透率测定仪：上海乐傲试验仪器有限公司，对该仪器进行了改造，增加了食材支撑网架以及恒温定压高位槽，实物见图 7-63，原理图见图 7-64；电子天平：AR224CN，奥豪斯仪器有限公司；数字压力表：MD-S280，上海铭控传感技术有限公司。

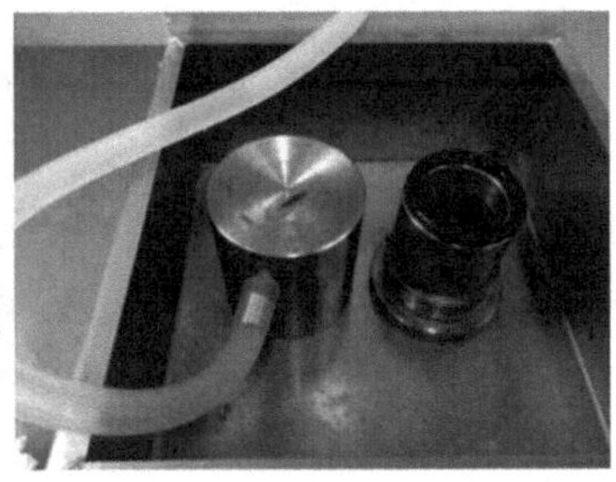

图 7-63　DSY 多孔陶瓷渗透率测定仪实物图

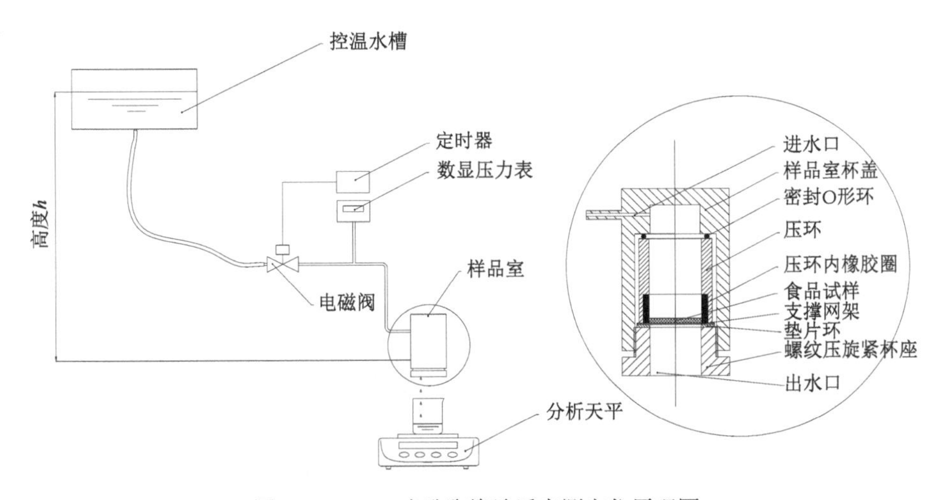

图 7-64　DSY 多孔陶瓷渗透率测定仪原理图

2）原料处理

根据 DSY 多孔陶瓷渗透率测定仪的样品池尺寸切割冷冻成型的猪里脊肉，恢复至室温后备用；将烹饪模拟装置的恒温油浴锅内油脂温度分别设为 20℃、30℃、40℃、50℃（此试验在冬天完成，未加热处理的肉样温度为 10℃），温度恒定后放入肉样加热处理，利用烹饪传热学及动力学采集系统自带的热电偶实时采集样品中心温度，当其中心温度达到 20℃、30℃、40℃、50℃时取出肉样。

3）样品固定

利用吸油纸去除肉样表面所附带的油脂并将其侧面用凡士林涂抹均匀（起密封作用，保证流体仅从样品上下截面通过）后放入仪器样品池。

4）绝对渗透率测定

通过调节水位高度改变对食品组织所施加的压力值，经预实验确定既可使流体从食品组织中流出，又能保持食品组织的完整性的压力值；记录持续施压一段时间后流经食品组织上下截面的流体量，据式（7-78）计算出不同温度下食品组织的液体绝对渗透率值。

5）猪里脊肉液体绝对渗透率

一般情况下，食品组织的绝对渗透率测定采用的介质包括水和惰性气体，但因设备条件因素本试验仅以水为流体介质测定猪里脊肉的液体绝对渗透率值。本试验组的测定压力在 80 kPa ± 2 Pa 范围内，温度范围为 10～50℃，试验结果变化主要受温度影响：随着猪里脊肉中心温度的升高，其液体绝对渗透率值逐渐增大，当猪里脊肉中心温度达到 50℃时，其液体绝对渗透率可达 9.9×10^{-16} m^2。

根据试验测得数值外推得到温度与猪里脊肉液体绝对渗透率的多项式表达式，如图 7-65 所示，该表达式可尝试应用于外推高温下猪里脊肉液体绝对渗透率的计算。

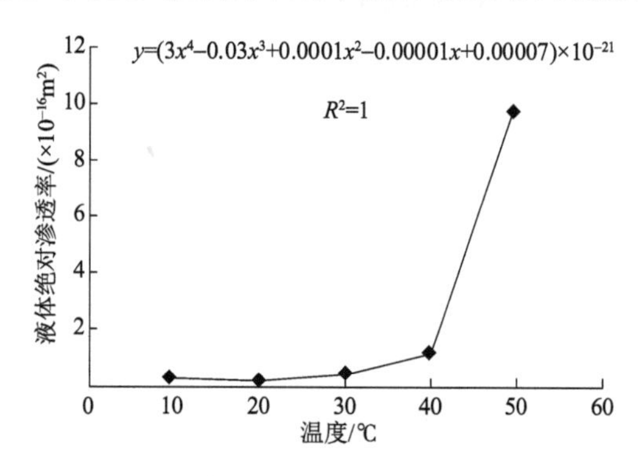

图 7-65　猪里脊肉液体绝对渗透率与温度的关系

2. 温度、压力对液体绝对渗透率的影响

猪里脊肉含有 20%左右的蛋白质，加热导致蛋白质变性，造成猪里脊肉内部结构

变化的同时使其持水力下降。食品组织水分的流失与多孔骨架的收缩使其内部分布的孔隙增多，孔径增大。多数蛋白质的变性温度集中于 40～60℃（郭丽萍，2016；王振宇等，2008）。在本试验中，当猪里脊肉中心温度为 10～30℃时，轻微的蛋白质变性对样品结构影响不大，故其绝对渗透率值变化不大，但当其中心温度达到 40～50℃时，猪里脊肉颜色发生明显变化，相当部分的蛋白质已变性，样品内部结构变化明显，孔径增加，绝对渗透率值增大。测定结果见表 7-27。

表 7-27　不同热处理条件下猪里脊肉的液体绝对渗透率测定值

温度/℃	10	20	30	40	50
绝对渗透率/m^2	1.67×10^{-17}	2.03×10^{-17}	3.94×10^{-17}	1.15×10^{-16}	9.9×10^{-16}

未测定在不同压力驱动下的猪里脊肉液体绝对渗透率，主要是因为：首先，使流体流出颗粒食品且不使其组织破裂的具体压力范围不易确定；其次，已有文献研究发现压力变化对颗粒食品液体绝对渗透率值变化的影响并不显著。Datta（2006）曾基于达西定律测定了不同驱动压力下新鲜土豆与牛肉的液体绝对渗透率，发现其随所施加压力的变化而显著变化。然而 Oroszvári 等（2006）对油炸烹饪后牛排的液体绝对渗透率值进行测定时却发现绝对渗透率值随压力的变化并不显著。这是由于 Datta 的测定对象为未处理的新鲜样品，施加不同的压力造成样品易发生形变而改变其内部结构；Oroszvári 等的测定对象为破碎重组且热处理后的牛排，在测定前蛋白质基质已发生不可逆变性，内部结构固定，测定时压力的变化并未导致肉样发生明显形变，由压力改变所引起的绝对渗透率值变化不再显著。研究表明对颗粒食品组织绝对渗透率影响最大的不是压力，而是食品组织的自身内部结构，即颗粒食品组织内部孔隙越多，孔径越大，流体在一定压力条件下流过食品组织越容易，液体绝对渗透率越大（Feng et al.，2004；Chaunier et al.，2008；Goedeken and Tong，2010）。本试验对象为未完全变性的猪里脊肉，施加不同压力时会导致食品组织发生不同程度的形变，影响测定结果判断，因此，本试验以相同的压力驱动流体流过食品组织，绝对渗透率主要受温度的影响。

本次测定是对食品渗透率测定的初步尝试，随后将开展更加深入、全面的测定工作。

参考文献

白光富, 胡林, 刘盛华, 等. 2012. 大学物理教学中量纲分析与应用. 物理与工程, 22(2): 14-16
程芬, 邓力, 汪孝, 等. 2018. 基于成熟值理论的蒜薹油炒过程品质变化动力学. 食品工业科技, 39(24): 18-23
邓力. 2006. 固体食品流态化超高温杀菌技术研究. 无锡: 江南大学
邓力, 黄德龙, 彭静, 等. 2017. 中式烹饪用时间温度积分器的构建与验证. 农业工程学报, 33(7): 281-288
邓力, 金征宇. 2006. 中式烹饪的过程原理解析及研究体系. 食品与机械, (6): 140-143
刁恩杰, 李向阳, 丁晓雯. 2010. 脱水菠菜贮藏过程中颜色变化动力学. 农业工程学报, 26(8): 350-355

郭丽萍. 2016. 超高压结合热处理对猪肉蛋白质氧化、结构及特性的影响. 绵阳: 西南科技大学
哈斯 G D. 1992. 食品工程数据手册. 彭倍勤, 朱妙清, 译. 北京: 中国轻工业出版社
胡芃, 陈则韶. 1990. 量热技术和热物性测定. 合肥: 中国科学技术大学出版社
化学工程手册编辑委员会. 1980. 化学工程手册第一篇化工基础数据. 北京: 化学工业出版社
李丽丹, 邓力, 赵庭霞, 等. 2021. 猪肝油炒过程中品质变化动力学分析. 现代食品科技, 37(5): 153-159, 187
李文馨, 邓力, 闫勇, 等. 2015. 基于成熟值理论的菠菜油炒过程品质变化动力学研究. 食品科技, (8): 101-108
刘珊, 刘晓艳. 2006. 热变性对蛋白质理化性质的影响. 中国食品添加剂, (6): 108-112
马沛中. 2003. 化工数据. 北京: 中国石化出版社
石宇, 邓力, 谢乐, 等. 2019. 西式火腿煮制过程中品质变化动力学研究. 食品与机械, 35(7): 51-56
食品科学手册编辑委员会. 1989. 食品科学手册. 北京: 中国轻工业出版社
苏国锋, 袁宏永, 赵建华, 等. 2002. 热探针法测定烟草导热系数的实验研究. 消防科学与技术, 21(2): 25-27
谈庆明. 2005. 量纲分析, 合肥: 中国科学技术大学出版社
王金鹏, 徐林, 邓力, 等. 2010. 用耐高温 α-淀粉酶构建时间-温度积分器. 食品与生物技术学报, 29(5): 641-647
王永岩, 秦楠, 苏传奇, 等. 2013. 无限大平板非稳态导热过程的数字特征. 青岛科技大学学报(自然科学版), 34(5): 511-515
王兆琦, 薛长湖, 丛海花, 等. 2012. 皱纹盘鲍足肌热处理过程中品质变化的动力学初探. 食品工业科技, 33(21): 85-90
王振宇, 刘欢, 马俪珍, 等. 2008. 热处理下的猪肉蛋白质特性. 食品科学, (5): 73-77
无锡轻工业学院. 1984. 食品工艺学 (上册). 北京: 中国轻工业出版社
夏建新, 王海滨, 徐群英, 等. 2010. 肌肉嫩度仪与质构仪对燕麦复合火腿肠测定的比较研究. 食品科学, 31(3): 145-149
谢晶, 张利平, 苏辉, 等. 2013. 上海青蔬菜的品质变化动力学模型及货架期预测. 农业工程学报, 15: 271-278
徐林, 王金鹏, 邓力, 等. 2008. 热敏电阻法测量胡萝卜及马铃薯的热物性. 农业工程学报, 11: 245-249
闫勇, 邓力, 何腊平, 等. 2014. 猪里脊肉烹饪终点成熟值的测定. 农业工程学报, 30(12): 284-292
杨世铭, 陶文铨. 2006. 传热学. 4 版. 北京: 高等教育出版社
杨媛, 冯晓元, 石磊, 等. 2015. 高效液相色谱法同时测定水果蔬菜中 L-抗坏血酸、D-异抗坏血酸、脱氢抗坏血酸及总维生素 C 的含量. 分析测试学报, 8: 934-938
姚玉英. 2001. 化工原理(新版). 天津: 天津大学出版社
易维明. 1996. 生物质导热系数的测定方法. 农业工程学报, 12(3): 38-41
应朝福. 2001. 不同光源下标准色板的颜色误差分析. 浙江师范大学学报(自然科学版), 24 (2): 146-149
余冰妍. 2019. 油传热烹饪过程的数值模拟及实验研究. 贵阳: 贵州大学
余冰妍, 邓力, 李文馨, 等. 2018. 猪里脊肉油传热过程中品质变化动力学研究. 食品与机械, 34(4): 48-53
余德敏. 2007. 西式火腿加工工艺及其质量控制. 肉类工业, (2): 24-26
岳荣德. 1987. 蒜薹恒温贮藏保鲜. 农业科技通讯, (5): 37
张海峰, 程曙霞, 何立群, 等. 2003. 一种测定生物组织在 233—293K 温区导热系数的方法. 中国科学技术大学学报, 33(2): 197-203
张宏文. 2019. 基于成熟值理论的中式烹饪关键传热规律研究. 贵阳: 贵州大学
张宏文, 何腊平, 邓力, 等. 2019. 基于量纲分析的油炒对流传热系数预测模型. 食品与机械, 35(3): 39-46
张丽华, 李顺峰, 刘兴华, 等. 2012. 猕猴桃果浆中叶绿素和颜色的热降解动力学. 农业工程学报, 28 (6): 289-292
张忠进, 金文桂. 1997. 探针法测量农副产品导热系数的研究. 农业机械学报, 28(1): 94-97

郑海鹰，傅玉颖，石玉刚，等. 2011. 莴笋烫漂过程中过氧化物酶失活动力学模型的建立. 食品科学, 32(17): 238-242

中华人民共和国国家质量监督检验检疫总局，中国国家标准化管理委员会. 2008. GB/T 22588－2008. 闪光法测量热扩散系数或导热系数. 北京：中国标准出版社

Hui Y H. 2001, 贝雷油脂化学与工艺学(第五版，第二册).徐生庚,裘爱泳，译. 北京：中国轻工业出版社

Adams J B. 1978. The inactivation and regeneration of peroxides in relation to HTST processing of vegetables. Food Technology, 13: 281-297

Ahromrit A, Nema P K. 2010. Heat and mass transfer in deep-frying of pumpkin, sweet potato and taro. Journal of Food Science & Technology, 47 (6): 632-637

Awuah G B, Ramaswamy H S, Economides, et al. 2007. Thermal processing and quality: Principles and overview. Chemical Engineering & Processing Process Intensification, 46(6): 584-602

Bailey A J, Light N D. 1989. Connective tissue in meat and meat products. International Journal of Food Science & Technology, 1 (3): 183-192

Balasubramanian T A, Bowan H F. 1974. Temperature field due to a time dependent heat of source of spherical geometry in an infinite medium. ASME Journal of Transfer, 193: 296-299

Baptista P N, Oliveira F, Oliveira J C, et al. 1997. Dimensionless analysis of fluid-to-particle heat transfer coefficients. Journal of Food Engineering, 31(2): 199-218

Barbut S, Findlay C J. 2010. Influence of sodium, potassium and magnesium chloride on thermal properties of beef muscle. Journal of Food Science, 51(2): 252-262

Battaglia C, Vilella G F, Bernardo A, et al. 2020. Comparison of methods for measuring shear force and sarcomere length and their relationship with sensorial tenderness of longissimus muscle in beef. Journal of Texture Studies, 56(1): 180-182

Bertola N C, Bevilacqua A E, Zaritzky N E, et al. 2010. Heat treatment effect on texture changes and thermal denaturation of proteins in beef muscle. Journal of Food Processing and Preservation, 18(1): 31-46

Brunton N P, Lyng J G, Zhang L, et al. 2006. The use of dielectric properties and other physical analyses for assessing protein denaturation in beef biceps femoris muscle during cooking from 5 to 85°C. Meat Science, 72(2): 236-244

Buckingham E. 1914. On physically similar systems; illustrations of the use of dimensional equations. PhysicalReview,4(4): 345-376

Chandarana D I, Iii A G, Wheaton F W. 1990. Particle/fluid heat transfer under UHT conditions at low particle/fluid relative velocities. Journal of Food Process Engineering, 13(3): 191-206

Chang S Y, Toledo R T. 1989. Heat transfer and simulated sterilization of particulate solids in a continuously flowing system. Journal of Food Science, 54: 1017

Chaunier L, Chrusciel L, Delisee C, et al. 2008. Permeability and expanded structure of baked products crumbs. Food Biophysics, 3(4): 344-351

Choi Y, Okos M R. 1983. The thermal properties of liquid foods-review. Presented at the 1983 Winter Meeting of the American Society of Agricultural Engineers, Chicago

Dhuique-Mayer C, Tbatou M, Carail M, et al. 2007. Thermal degradation of antioxidant micronutrients in citrus juice: Kinetics and newly formed compounds. Journal of Agricultural and Food Chemistry, 55(10): 4209-4216

Dincer I. 1996. Modelling heat and mass transfer parameters in deep frying of products. Heat and Mass Transfer, 32(1): 109-113

Dincer I, Dost S. 1995. Thermal diffusivities of geometrical objects subjected to cooling. Applied Energy,

51(2): 111-118

Dougherty B P. 1987. An automated probe for thermal conductivity measurements. MSc Thesis in Mechanical Engineering, Virginia Polytechnic Institute and State University

Datta A K. 2006. Hydraulic permeability of food tissues. International Journal of Food Properties, 9(4): 767-780

Farinu A, Baik O D. 2007. Heat transfer coefficients during deep fat frying of sweetpotato: Effects of product size and oil temperature. Food Research International, 40(8): 989-994

Feliciotti E, Esselen W B. 1957. Thermal destruction rates of thiamin in pureed meats and vegetables. Food Technology, 11(2): 77-84

Feng H, Tang J, Plumb O A, et al. 2004. Intrinsic and relative permeability for flow of humid air in unsaturated apple tissues. Journal of Food Engineering, 62(2): 185-192

Fernández-Martín F. 1972. Influence of temperature and composition on some physical properties of milk and milk concentrates. I. Heat capacity. Journal of Dairy Research, 39(1), 65-73

Feyissa A H, Christensen M G, Pedersen S J, et al. 2015. Studying fluid-to-particle heat transfer coefficients in vessel cooking processes using potatoes as measuring devices. Journal of Food Engineering, 163: 71-78

Gelder M F. 1998. Thermal diffusivity of moist food materials at high temperatures. Virginia Polytechnic Institute and State University

Goedeken D L, Tong C H. 2010. Permeability measurements of porous food materials. Journal of Food Science, 58(6): 1329-1333

Gratzek J P, Toledo R T. 1993. Solid food thermal conductivity determination at high temperatures. Journal of Food Science, 58(4): 908-913

Gupte S M, El-Bisi H M, Francis F J. 2010. Kinetics of thermal degradation of chlorophyll in spinach puree. Journal of Food Science, 29(4): 379-382

Hallstrom B. 1988. Heat transfer and food products. London, New York: Elsevier Applied Science

Heldman D R, Singh R P. 1981. Food Process Engineering. 2nd Ed. Westport, Conn: Avi Publishing Co

Heldman D R, Lund D B. 2007. Handbook of food engineering.Boca Raton: CRC Press

Hendrickx M, Maesmans G, De Cordt S, et al. 1995. Evaluation of the integrated time-temperature effect in thermal processing of foods. Critical Reviews in Food Science and Nutrition, 35(3): 231-262

Hunter G M. 1972. Continuous sterilization of liquid media containing suspended particles. Food Technology Australia, 24: 158

Koca N, Karadeniz F, Burdurlu H S. 2007. Effect of pH on chlorophyll degradation and colour loss in blanched green peas. Food Chemistry, 100(2): 609-615

Kong F, Tang J, Rasco B. 2007. Kinetics of salmon quality changes during thermal processing. Journal of Food Engineering, 83(4): 510-520

Kose Y E, Dogan I S. 2016. Determination of simultaneous heat and mass transfer parameters of tulumba dessert during deep-fat frying. Food Processing and Preservation, 41(4): 1-8

Kravets R R. 1988. Determination of thermal conductivity of food materials using a bead thermistor. Ph.D. thesis in Food Science and Technology, Virginia Polytechnic Institute and State University

Lenz M K, Lund D B. 1980. Experimental procedures for determining destruction kinetics of food components. Food Technology, 34(2): 51-55

Loey A V, Fransis A, Hendrickx M, et al.1995. Kinetics of quality changes of green peas and white beans during thermal processing. Journal of Food Engineering, 24(3): 361-377

Moffat R J. 1990. Some experimental methods for heat transfer studies. Experimental Thermal and Fluid Science, 3(1): 14-32

Mohammadi A, Rafiee S, Emam-Djomeh, et al. 2008. Kinetic models for colour changes in kiwifruit slices during hot air drying. World Journal of Agricultural Sciences, 4 (3): 376-383
Mosavian M T H, Karizaki V M. 2012. Determination of mass transfer parameters during deep fat frying of rice crackers. Rice Science, 19(1): 64-69
Mulley E A, Stumbo C R, Hunting W M. 1975. Kinetics of thiamine degradation by heat. Journal of Food Science, (40): 985-989
Mwangi J M, Rizvi S, Datta A K. 1993. Heat transfer to particles in shear flow: Application in aseptic processing. Journal of Food Engineering, 19(1): 55-74
Nasri H, Simpson R, Bouzas J, et al. 1993. An unsteady-state method to determine kinetic parameters for heat inactivation of quality factors: Conduction-heated foods. Journal of Food Engineering, 19(3): 291-301
Niesteruk R. 1996. Chances of thermal properties of fruits and vegetables during drying. Drying Technology, 14 (2): 415-422
Nieto de Castro C A, Li S F Y, Nagashima A, et al. 1986. Standard reference data for the thermal conductivity of liquids. Journal of Physical & Chemical Reference Data, 15(3): 1073-1086
Ohlsson T. 2010. Temperature dependence of sensory quality changes during thermal processing. Journal of Food Science, 45(4): 836-839
Oroszvári B K, Rocha C S, Tornbery E, et al. 2006. Permeability and mass transfer as a function of the cooking temperature during the frying of beefburgers. Journal of Food Engineering, 74(1): 1-12
Ramaswamy H S, Awuah G B, Simpson B K. 1997. Heat transfer and lethality considerations in aseptic processing of liquid/particle mixtures: A review. C R C Critical Reviews in Food Technology, 37(3): 253-286
Ramaswamy H S, Lo K V, Tung M A. 1982. Simplified equations for transient temperatures in conductive foods with convective heat transfer at the surface. Journal of Food Science, 47(6): 2042-2047
Ramirez-Suarez J C, Morrissey M T. 2005. Effect of high pressure processing (HPP) on shelf life of albacore tuna (*Thunnus alalunga*) minced muscle. Innovative Food Science & Emerging Technologies, 7(1): 19-27
Rao M A, Barnard J, Kenny J F. 1975. Thermal conductivity and thermal diffusivity of process variety squash and white potatoes. Transactions of the ASAE, 18(6): 1188-1192
Rao M A, Rizvi S S H. 1986. Engineering Property of Foods. New York: Marcel Dekker Press
Remeo T. 1991. Fundamentals of Food Process Engineering. 2nd Ed. NewYork: Van Nostrand Reinhold
Resende R, Francis F J, Stumbo C R, et al. 1969. Thermal destruction and regeneration of enzymes in green bean and spinach puree. Food Technology, 23: 63-66
Rice P, Selman J D, Rezzak R K, et al. 1988. Effect of temperature on thermal properties of 'Record' potatoes. International Journal of Food Science & Technology, 23(3): 281-286
Rubio B, Martínez B, Garcíacachán M D, et al. 2008. Effect of the packaging method and the storage time on lipid oxidation and colour stability on dry fermented sausage salchichón manufactured with raw material with a high level of mono and polyunsaturated fatty acids. Meat Science, 80(4): 1182-1187
Sandhu J, Parikh A, Takhar P S, et al. 2016. Experimental determination of convective heat transfer coefficient during controlled frying of potato discs. LWT-Food Science and Technology, 65: 180-184
Sastry S K, Lima M, J B, et al. 1990. Liquid-to-particle heat transfer during continuous tube flow: Influence of flow rate and particle to tube diameter ratio. Journal of Food Process Engineering, 3(13): 239-253
Sastry S K, Heskitt B F, Blaisdell J L, et al. 1989. Experimental and modeling studies on convective heat transfer at the particle-liquid interface in aseptic processing systems. Food Technology, (3): 132
Siebel J E. 1982. Specific heat of various products. Ice Refrigeration, 2: 256-257
Sims T J, Bailey A J. 1992. Structural aspects of cooked meat. Cambridge: The Royal Society of Chemistry

Singh A P, Singh A, Ramaswamy H S. 2016. Dimensionless correlations for heat transfer coefficients during reciprocating agitation thermal processing (RA-TP) of Newtonian liquid/particulate mixtures. Food and Bioproducts Processing. Transactions of the Institution of Chemical Engineers, Part C, (97): 76-87

Stoforos N G, Merson R L. 1990. Estimating heat transfer coefficients in liquid/particulate canned foods using only liquid temperature data. Journal of Food Science, 55(2): 478-483

Stoforos N G, Park K L, Merson R L, et al. 1989. Heat transfer in particulate fobs during aseptic processing. IFT Annual Meeting. Chicago

Suzuki U, Kubota K, Omichi M, et al. 2010. Kinetic studies on cooking of rice. Journal of Food Science, 41 (5): 1180-1183

Sweeney J P, Martin M E. 1961. Stability of chlorophyll in vegetables as affected by pH. Food Technology, 15 (5): 263-266

Swern D. 1989. 贝雷油脂化学与工艺学（第四版.第一册）. 秦洪万, 等译. 北京: 中国轻工业出版社

Tavman I H T. 1999. Measurement of thermal conductivity of dairy products. Journal of Food Engineering, 41 (2): 109-114

Warning A, Dhall A, Mitrea D, et al. 2012. Porous media based model for deep-fat vacuum frying potato chips. Journal of Food Engineering, 110(3): 428-440

Wattanachant S, Benjakul S, Ledward D A. 2005. Effect of heat treatment on changes in texture, structure and properties of Thai indigenous chicken muscle. Food Chemistry, 93(2): 337-348

Weng Z, Hendrickx M, Maesmans G, et al. 1992. The use of a time-temperature-integrator in conjunction with mathematical modelling for determining liquid/particle heat transfer coefficients. Journal of Food Engineering, 16 (3): 197-214

Yildiz A, Palazoglu T K, Erdqgdu F, et al. 2007. Determination of heat and mass transfer parameters during frying of potato slices. Journal of Food Engineering, 79(1): 11-17

Zitoun K B, Sastry S K. 1994. Determination of convective heat transfer coefficient between fluid and cubic particles in continuous tube flow using noninvasive experimental techniques. Journal of Food Process Engineering, 17: 209-228

第8章

火候的本质

8.1 引　　言

调味、刀工和火候是烹饪三大技术要素（周晓燕，2008），有机地构成了烹饪技术。调味技术虽位列三大技术之首，是烹饪的核心内容，但更多的是一种主观技术，与饮食习俗、风味审美有关，源于菜品创作者的主观判断和创作灵感，在烹饪科学与工程中不占据主要地位。从第 4 章的传热学原理可以知道，刀工对传热的影响巨大，实际上是火候的一部分。火候在三大技术要素中居其二，是烹饪技术的核心内容。

火候，望文生义，火意味着加热；候意味着成熟的时机。烹饪的加热到成熟的意义完全对应，说明火候和烹饪内在意义类似。在第 2 章及第 3 章，采用动力学原理描述烹饪成熟，提出了烹饪成熟值原理，并构建了成熟值的测定方法，赋予“候”以定量公式。在第 4 章及第 5 章，采用理论传热学和试验传热学来分析烹饪加热过程，构建并求解了数学模型，弄清了“火”的问题。那是否火候问题就解决了吗？否！火候问题并非“火”与“候”的简单叠加。

8.1.1　火候的源起

火候是一个历史久远、来源于中国烹饪手工技艺的词汇，为中国特有。笔者没有找到意义完全相同的英文词汇。

火候最早称为火齐。至少 2000 年前就成书的《周礼・天官・亨人》中有“亨人掌共鼎镬，以给水火之齐”。成书于西汉的《礼记・月令・仲冬之月》中有“乃命大酋，秫稻必齐，曲蘖必时，湛炽必洁，水泉必香，陶器必良，火齐必得”。北齐孔颖达（574—648）注疏说：“火齐必得者，谓炊米和酒时，火齐生熟必得中也”，指出火齐与生熟的关系。火齐里的“齐”同剂，剂就是剂量，火齐的意义就是加热程度。在隋唐以后，炼丹术中的火候一词引入烹饪，成为通行的烹饪词汇。清代袁枚（1716—1798）《随园食单》中：“熟物之法，最重火候。有须武火者，煎炒是也。火弱则物疲矣。司厨者能知火候而谨伺之，则几于道矣”，清晰总结了中国人对火候的传统认识。

在中国悠久的餐饮历史中，对火候的理解以及烹饪中火候作用的认识不断演变。“在周代文献里，最主要的似乎是煮、蒸、烤、炖、腌和晒干，现在烹饪术中最重要的方法，即炒，则在当时是没有的”（张光直，1983）。春秋、战国、汉代时期已有具体的铜制炊具，证明炒法可以存在（邱庞同，2010），但没有炒的明确文字记载。大约成书于北魏末年（公元 533～544 年）的《齐民要术》记载了铜锅炒菜，炒的技艺开始萌芽。唐宋以后炒迅速发展，到明清近代完全成熟，成为中国烹饪的主要的也是代表性的技法。先秦烹饪的煮、蒸、烤、炖、腌和晒干的火候控制，显然比炒要容易一些。煮、炖、腌和晒品质变化速度慢，重点成熟时间范围通常较宽，比较好把握；烤，通常是可以观察到火候控制的关键指标——色泽，且时间较长。而炒的火候控制显然更加困难，一方面烹饪时间短促；另一方面，很多烹饪品质，如持水性、嫩度等，是难以直接观察到的，需要建立在经验基础上的预见能力。现代的中餐职业厨师通常要经过专业训练，培养火候预测和控制能力是其中的核心技能。

纵观中国烹饪史，火候是一个从简单到复杂的演变过程。在炒这一技法中，火候的复杂性、控制难度和对烹饪品质的决定性都达到了空前的高度。火候的概念和相关技术，体现了我们的祖辈厨师的长时间烹饪经验积累，蕴含了他们对食品加热品质变化的敏锐洞察。我们有理由相信，这种火候的进步，带来的不仅仅是风味变化和饮食乐趣，一定有更深层次的原理。

火候这个源于手工技艺的概念，是否可以给出基于现代自然科学的定义，是否能够找到有内在的统一的科学规律，关系到对中国传统烹饪的科学评价，关系到中国烹饪的现代化，值得我们深入研究。

8.1.2 当代的火候定义

火候的烹饪科学核心概念已有不少研究与探索，以下列举一些关于火候的定义。

定义 1（中国烹饪百科全书编委会，1995）：烹制菜肴、面点时控制用火时间和火力大小的技能，是临灶的关键之一。因肴馔不同，用火时间的长短和火力的大小也不同，火候掌握恰当，可使肴馔成熟适度，并使肴馔的色、香、味、形和质地均达到最佳效果，反之易致欠火或过火，导致肴馔失败。掌握火候的基础在于正确认识产生热能的火力。

定义 2（徐传骏，1996）：火候是指烹饪原料在加热过程中，受加热温度、时间和热容量等因素制约及成熟的程度。

定义 3（刘正顺，1996）：烹制过程中原料加工或制作成菜点时，所需热量的高低和时间的长短称为火候。

定义 4（李斌，1996）：火候就是在单位时间内通过烹饪原料表面等温面的热量与热效率之比。

定义 5（周晓燕，2008）：火候就是根据不同原料的性质、形态，不同烹法与口味要求，对热源的强弱和加热时间长短进行控制，以获得菜肴由生到熟所需的适当温度。

定义 6（闫维新，2010）：指出所谓的“火”是指单位热能，“候”是指烹饪时刻与时段。

定义 7（Gisslen，2011）：火候的英文最接近词汇为：Cooking time，其被解释为：It takes time to heat a food to a desired temperature，the temperature at which a food is “done”（meaning the desired changes have taken place），即加热食品达到成熟（产生期望的变化）温度所需要的时间。Cooking time 的影响因素有 3 个方面：①烹饪温度：加热烹饪原料的炉灶、油炸用油、锅具表面和液体的温度；②加热速度：不同的加热方法的传热速率是不同的；③形状、初温和食品特性。

以上所有定义都关注了火候的本意，“火”意味着传热控制，“候”意味着时间控制，在定义中都表达了这一点。而定义 1、2、3、6 都注意到了火候和成熟的关系，发现了在烹饪中火候的“候”就是成熟。而定义 5 试图从传热学上探索火候，却没有原理的支持，定义本身也很混乱，不具科学价值。定义 7 对火候认识片面，只简单考虑了日用供能设备单位时间热量供应，单纯地认为火候是随时间延长能量累积的过程，而忽视了烹饪过程中传热的复杂性及品质受温度影响的动力学，不具有应用价值。

文献回顾表明：①当前烹饪文献对火候的定义都基于该词的原意：加热和时间的控制；②当前的火候定义都是用文字语言进行描述的定性定义；③这些定义都缺少基础自然科学的支持，和古人或一般专业厨师的理解相比，并没有本质性的提高，还停留在手工技艺阶段。

8.1.3 研究火候的目的

火候来自于烹饪技艺实践，是历代厨师对烹饪加热控制和成熟时机把握经验的朴素认识。将考察火候的角度转到科学和工程上来就可以清楚地看到，传统火候概念存在模糊性，并不能直接指导烹饪手工技艺，更不能支持烹饪过程设计与控制。火候控制原理的缺乏，在很大程度上限制了烹饪工程和自动烹饪的发展。因此，有必要以自然科学原理和方法深入研究烹饪的火候，重新定义烹饪火候，通过理论分析和试验验证找到火候的内在原理，获得火候控制的技术规律，揭示火候控制的科学内涵，最终将火候控制的技术规律应用于烹饪的指导与评价，尤其是用于烹饪的自动化、标准化。

8.2 火候的本质

8.2.1 火候的内涵

定量定义建立在合理、准确的定性定义基础上，有必要找到普适于所有烹饪加热过程和品质形成的共性规律，深入研究火候的内涵。

火候的首要目的是成熟，成熟是火候概念中暗含却不可分割的一部分，因此火候包含这样的内涵：控制烹饪传热及终点以达到成熟。成熟一定是火候的控制标准。

烹饪的技法多样、品种繁多，其传热类型、品质变化、过程控制方式千变万化，似乎难以找到共有的技术规律。第 2 章提出了定量描述成熟的函数——成熟值 M，而终点成熟值 M_T 就是在烹饪品质最佳时间点的成熟值，发生在烹饪食材的成熟目标点，如冷点。但这是否就是所有烹饪火候控制的唯一共性目标呢？答案是否定的，原因在于烹饪成熟的复杂性。

烹饪的成熟可能发生在不同的空间位置，且由于爆、炒、汆等烹饪工艺的传热具有非稳态特征，成熟在空间上的分布是不均匀的。参见不同空间位置的成熟值计算公式（2-51）～式（2-53）。成熟的同时，加热也不可避免地给食品品质带来破坏。烹饪过程中的品质破坏也是烹饪成熟的一部分。

回溯到 2.1.1 节中的成熟最基本的含义：成熟是指烹饪过程中烹饪品质达到完善的程度。烹饪食材的某一个点品质的完善，并不代表整个烹饪食材体系整体品质的完善。对任何一次烹饪过程而言，都应是整体上的完善，即在达到成熟的同时，总体品质破坏最小。

基于对成熟的分析，可以概括总结出火候的定性定义：烹饪过程中使菜肴成熟且总体品质达到最优的烹饪传热和烹饪终点控制目标。如果把时间控制看作传热控制的一部分，则定义简化为：烹饪过程中使烹饪成品成熟且总体品质达到最优的传热控制目标。火候包含了 3 个层次的意义：传热控制、烹饪成熟、品质优化。从手工技艺上看，火候意味着通过控制从刀工到传热控制的一系列烹饪操作以达到最优烹饪品质，是通过探索和实践形成的经验。从科学上看，火候就是基于热处理品质变化动力学和热质传递的烹饪品质优化目标。从工程上看，火候意味着获得最优工业烹饪品质的参数控制目标。因此，火候问题的关键是烹饪品质优化问题，而优化是数学中的一个重要领域。

8.2.2　最优化方法

优化即在可供选择的范围内选择最优结果，亦或是达到预期目标所需努力的最小化或使期望利益最大化的过程（Banga et al.，2003；Awuah et al.，2006；Julio et al.，2008）。解决实际生活中优化问题的手段大致有以下几种：一是靠经验的积累，凭主观作判断；二是通过试验选取合适方案，比优劣定决策；三是建立数学模型，求解最优策略（邢文训和谢金星，1999）。

从数学意义上说，最优化方法是一种求极值的方法，即在一组约束条件下，使系统的目标函数达到极值，即最大值或最小值。从工程意义上说，就是在一定操作条件下取得最佳的工程结果。优化就是为了达到最优化目的所提出的各种求解方法。

求解优化问题可总结为六个步骤，进行优化时并不需要严格地按照相应的顺序，最终应当涵盖全部步骤（托马斯等，2006）：①对被优化的过程本身进行分析，把握过程规律，建立全部变量的列表，并确定优化变量；②确定优化目标，指定目标函数；③采用数学表达式，开发一个与过程的输入输出变量和系数相关的、有效的过程模型，并可能包含等式或不等式约束；④如果建立的优化模型过大、过于复杂，可以将其分割为易处理的几个部分，或简化目标函数和模型；⑤对建立的数学模型采用适宜的优化计算方法，计算搜索得到最优的优化变量和目标函数；⑥验证结果，并通过改变问题的参数和假设以测试优化结果的敏感性。本章即按上述步骤开展烹饪品质优化，进行火候研究。

工程最优化问题可以分为函数最优化问题和组合最优化问题两大类。函数最优化问题就是通常所说的连续变量最优化问题，一般的工程设计问题都属于此类问题，用最优化数值迭代方法即可求解；组合最优化是通过数学方法去寻找处理离散事件的最优编排、分组、次序或筛选等问题的优化方法。由于第 2 章已经构建了烹饪品质变化动力学连续函数，而对于作为动力学函数的控制性变量的温度，已在第 4 章构建了关于温度的热质传递的数学物理方程，这些方程虽然复杂，但关键参数温度是连续的。因此，烹饪工艺优化问题是一个函数最优化问题。

优化模型最优变量的主要计算搜索方法包括（李元科，2006）：一维搜索（线性搜索，缩小最优解区间）、黄金分割法（0.618 法）、二次插值法等。无约束最优化方法包括：梯度法（最速下降法）、牛顿法、变尺度法（拟牛顿法）、共轭梯度法、鲍威尔法等。约束最优化方法包括：可行方向法、惩罚函数法、乘子法等。多目标最优化方法：主要目标法、线性加权法、理想点法、目标逼近法、最大最小法等。还有人工神经网络、遗传算法、蒙特卡罗方法等现代优化方法。

由于中式烹饪的多样性，烹饪工艺优化情况复杂，不同工艺可能涉及无约束最优化、约束最优化和多目标最优化。烹饪工艺优化计算最困难的部分在于求解过程模型，即热质传递控制方程，目前必须依赖 CFD 软件数值计算求解，获得温度历史的每个时间步长和每个空间节点的温度历史，并据此计算品质目标函数，然后以设定的温度范围优化变量计算目标函数，以搜索获得使目标函数最优的优化变量。

8.2.3　火候的数学描述和定量定义

定性定义是用文字语言进行相关描述，而定量定义是用数学语言进行描述的。定量定义比定性定义更加准确，其通过数学公式将感性描述上升到科学层次，在实践应用上有显著的优势。烹饪工程需要火候的定量定义。

1. 烹饪品质优化的数学描述

虽然作者的前期论文提出了简化形式的烹饪优化模型（邓力，2013b），但实际烹饪过程的优化问题要更加复杂。

没有一个单独的方法或算法可以有效地应用于所有的优化问题，对于一个特定的优化，其方法主要依赖于：目标函数的特性、约束的性质、独立和相关的变量（托马斯等，2006）。建立烹饪过程的品质优化动力学数学模型如下。

1）约束函数

约束函数为第 2 章 M_T 值公式：

$$M_{\mathrm{T}} = \int_0^{t_{\mathrm{MT}}} 10^{\frac{T-T_{\mathrm{ref}}}{z_{\mathrm{M}}}} \mathrm{d}t \tag{2-48}$$

式中：z_M 是基于感官评价和心理物理学的烹饪成熟品质因子 z 值，℃；T_{ref} 是设定的参考温度，℃；T 是烹饪食材温度，℃；t_{MT} 是达到成熟所需时间，min。

烹饪的第一目标是成熟，一些情况下，如对于多数烹饪初熟（初熟之前的烹饪食材不具备可食性），烹饪过程的品质优化的约束函数是终点成熟值 M_T。约束可以写为

$$M_{n,\hbar} = M_{\mathrm{T}n,\hbar} \quad n=1,\ 2,\ 3,\ \cdots;\ \ \hbar\in\Omega \tag{8-1}$$

式中：$M_{n,\hbar}$ 是在烹饪食材全部空间 Ω 上的 $\hbar$ 空间位置的第 n 个过热品质因子的成熟值，min，其中 $\hbar$ 可能是点、面或者体积；$M_{\mathrm{T}n,\hbar}$ 是在 $\hbar$ 位置的第 n 个过热品质因子的终点成熟值，min，n 是成熟品质因子的序号。

通常我们会选择烹饪食材冷点位置的代表性品质因子的终点成熟值作为约束函数。但由于烹饪成熟的复杂性，烹饪中可能会有多个不同品质因子的、不同空间位置的终点成熟值。当有多个明显区别的成熟存在时，则成为多约束函数优化。

在烹饪中要使得成熟值刚好在终点成熟值终止加热，一方面控制难度极大，另一方面还存在食品安全风险，一旦出现 $M<M_{\mathrm{T}}$，有可能达不到食品卫生要求。因此，约束函数可以改为

$$M_{n,\hbar} \geqslant M_{\mathrm{T}n,\hbar} \quad n=1,\ 2,\ 3,\ \cdots;\quad \hbar \in \Omega \tag{8-2}$$

由于偏离成熟点过多会导致不必要的损失，在工程上，要限定一个范围以保证烹饪质量，则约束函数可以变为

$$M_{\mathrm{T}n,\hbar}+\varDelta \geqslant M_{n,\hbar} \geqslant M_{\mathrm{T}n,\hbar} \qquad n=1,\ 2,\ 3,\ \cdots;\quad \hbar \in \Omega \tag{8-3}$$

式中：$\varDelta$ 是终点成熟值允许误差。

一些烹饪的终点成熟的品质范围较模糊，如炖、煮等烹饪后熟工艺，其 $\varDelta$ 值可能较大，下面的约束函数是合理的：

$$M_{\mathrm{T}n,\hbar}+\varDelta \geqslant M_{n,\hbar} \geqslant M_{\mathrm{T}n,\hbar}-\varDelta \qquad n=1,\ 2,\ 3,\ \cdots;\qquad \hbar \in \Omega \tag{8-4}$$

在成熟控制中，最常见的情况是烹饪食材冷点以平均终点成熟值 $\mathrm{AM_T}$ 为指标的成熟，因此最常用的烹饪工艺优化约束函数是

$$\mathrm{AM_{Tc}}+\varDelta \geqslant \mathrm{AM_h} \geqslant \mathrm{AM_{Tc}} \qquad \mathrm{c} \in \Omega \tag{8-5}$$

式中：下标 c 是烹饪食材冷点，通常在几何中心位置。

对于有多重成熟的情况，如煎，需要同时达到表面和中心成熟，多约束函数可以写为

$$\begin{cases} \mathrm{AM_{Tc}}+\varDelta \geqslant \mathrm{AM}_{\hbar} \geqslant \mathrm{AM_{Tc}} \qquad \mathrm{c} \in \Omega & (8\text{-}6) \\ \mathrm{AM_{Ts}}+\varDelta \geqslant \mathrm{AM}_{\hbar} \geqslant \mathrm{AM_{Ts}} \qquad \mathrm{s} \in \Omega & (8\text{-}7) \end{cases}$$

式中：下标 s 是烹饪食材特定表面。

在不同烹饪工艺下，还可能出现各种约束函数。不同烹饪工艺的成熟特征可应用于烹饪品质优化。

2）目标函数

烹饪过程的品质优化的目标就是将烹饪成熟时附带产生的加热品质损失控制到最小。在 2.4.2 节讨论过烹饪过热的有关函数。通用的表征烹饪过程的品质优化的目标函数是过热值。过热值定量描述了烹饪品质的劣化，包括烹饪食材中不良品质的形成和优良品质的丧失。在一次烹饪过程中，可能会有多个过热品质因子，同时在非稳态传热条件下，这些品质因子在不同的空间位置有着不同的变化。目标函数可以写为

$$O_{\mathrm{T}m,\hbar} \to \min \qquad m=1,\ 2,\ 3,\ \cdots;\ \ \hbar \in \Omega \tag{8-8}$$

式中：$O_{\mathrm{T}m,\hbar}$ 是在 $\hbar$ 空间位置的第 m 个过热品质因子的终点过热值，min；m 是过热品质因子的序号；$\hbar$ 是为烹饪食材空间 Ω 内的任一位置，可以是点、线、面或体积；Ω 是烹饪食材所占据的空间。

关于不同空间位置的过热值函数表达式参见 2.4.2 节。通常根据烹饪食材不同而有不同的关键品质，如色泽是关键品质，我们选取表面过热值；营养是关键品质，则选取体积平均过热值。通常不会用到中心过热值。

在烹饪过程中，优化的目标可能是不同的过热品质因子。针对不同的过热品质因子开展优化可能得到不同的优化结果。一些情况下，可能出现多目标函数优化。例如，不同空间位置的多个过热值，或相同空间位置的不同过热值。

对于一些热敏性成分的损失，也可以用其 O 值表示，但是直接用烹饪终点的品质保持率 Q/Q_0 表示则更为直观实用。烹饪品质优化的目标函数为

$$(Q/Q_0)_{\mathrm{T}m,\hbar} \to \max \qquad m=1,\ 2,\ 3,\ \cdots;\ \ \hbar \in \Omega \tag{8-9}$$

在优化计算时，相同 z 值条件下分别采用 O_{T} 值和 $(Q/Q_0)_{\mathrm{T}}$ 为目标函数开展优化计算得到的优化结果是相同的，两者在优化变量计算中是等价的。式（2-28）为品质保持率的具体计算方程，式中采用的数学符号为 c，与本章的数学符号 Q 表达意义相同。将式（2-54），式（2-58），式（2-59），式（2-28）和式（2-32）的积分时间改为终点成熟时间 t_{MT}，得到目标函数如下：

$$O_{\mathrm{T}} = \int_0^{t_{\mathrm{MT}}} 10^{\left(\frac{T_{\mathrm{s}}-T_{\mathrm{ref}}}{z_{\mathrm{O}}}\right)} \mathrm{d}t \tag{2-56}$$

式中：O_{T} 是成熟终点过热值，min。

$$O_{\mathrm{Ts}} = \iint_A \int_0^{t_{\mathrm{MT}}} 10^{\left(\frac{T_{\mathrm{s}}-T_{\mathrm{ref}}}{z_{\mathrm{O}}}\right)} \mathrm{d}t\mathrm{d}s / S \tag{8-10}$$

式中：O_{Ts} 是成熟终点表面过热值，min；$\iint_A \mathrm{d}s$ 是曲面面积积分，其中 A 为烹饪食材表面的面积域；T_{s} 是表面温度，℃；S 是颗粒表面积，m^2。

对所有空间位置上的成熟值进行体积积分后除以总体积，得到用于计算体积平均

终点成熟值的表达式：

$$O_{\mathrm{Tv}}=\iiint_{\Omega}\int_{0}^{t_{\mathrm{MT}}}10^{\frac{T-T_{\mathrm{ref}}}{z_0}}\,\mathrm{d}t\mathrm{d}v\,/\,V \tag{8-11}$$

式中：O_{Tv} 是成熟终点体积平均过热值，min；$\iiint_{\Omega}\mathrm{d}v$ 是体积积分，其中 Ω 为烹饪颗粒空间域；T 是颗粒温度，℃；V 是颗粒体积，m^3。

$$\left(\frac{Q}{Q_0}\right)_{\mathrm{T}}=10^{-\frac{1}{D_{\mathrm{ref}}}\int_{0}^{t_{\mathrm{MT}}}10^{\frac{T-T_{\mathrm{ref}}}{z}}\mathrm{d}t} \tag{8-12}$$

式中：$(Q/Q_0)_{\mathrm{T}}$ 是成熟终点品质保持率，无量纲；Q、Q_0 分别是时间 t 及 t_0 的质量水平（品质因子浓度）；D_{ref} 是参考温度下品质因子对数递减时间。

$$\left(\frac{Q}{Q_0}\right)_{\mathrm{Tavg}}=\iiint_{\Omega}10^{-\frac{1}{D_{\mathrm{ref}}}\int_{0}^{t_{\mathrm{MT}}}10^{\frac{T-T_{\mathrm{ref}}}{z}}}\mathrm{d}t\mathrm{d}v\,/\,V \tag{8-13}$$

式中：$(Q/Q_0)_{\mathrm{Tavg}}$ 是成熟终点体积平均品质保持率，无量纲。

3）过程模型

在第 4 章和第 5 章给出了不同烹饪条件下的热质传递数学模型，得到一系列二阶偏微分控制方程、附加方程及边界条件方程。这些方程决定了烹饪食材的温度历史，而目标函数和约束函数是温度历史的函数。按优化原理，过程模型也是约束条件之一。

4）优化变量

从原理上讲，这些数学模型的所有的可变参数都可以作为烹饪过程品质优化的变量。但从工程角度看，只有那些可操作控制的参数才有意义。可以作为优化变量的控制参数并不多，包括由流动相-固相相对运动强度（搅拌强度）所决定的对流传热系数及表面传质系数、由刀工决定的颗粒尺寸、加热功率等烹饪操作条件。

5）无 O_{T} 值优化空间的优化模型

一些情况下，如成熟和过热之间不存在 z 值差，任何情况下 $M_{\mathrm{T}}=O_{\mathrm{T}}$，$M$ 值和 O 值变化规律相同；不出现在达到成熟时形成最优 O_{T} 值的优化空间。这种情况下，可以将烹饪时长、烹饪能耗等非品质参数的最小或综合最优作为目标函数。通常这类传热操作对烹饪的品质影响不大，控制简易、复杂性低，主要出现在长时间烹饪中，不是火候研究的主要内容。

开展烹饪过程的品质优化存在影响因素众多、变化复杂的困难，但是优化研究却能够得到烹饪操作、火候控制的指导性原理。

2. 基于烹饪工艺优化的火候定义

基于上文烹饪品质优化数学模型，给出火候的定量定义：使菜肴成熟且总体品质达到最优的烹饪加热程度。火候概念包含了烹饪成熟、品质优化 2 个层次的内容：①加热烹饪食材到成熟，达到终点成熟值；②实现总体烹饪品质最优，使终点过热值最小。火候控制就是实现总体品质最优的烹饪传热过程控制，包括传热控制及加热时间控制等。

而在典型的中式烹饪中，温度是非稳态的，即烹饪食材空间中不同点可能具有不同的温度历史。

需要解决的第一个问题是：在烹饪过程中什么样的温度分布历史在达到烹饪成熟时能够获得最优的烹饪品质？第二个问题是：什么样的烹饪操作能够产生获得最优烹饪品质的温度分布历史。

3. 优化流程

通常情况下，火候计算即烹饪热处理优化的流程如图 8-1 所示。

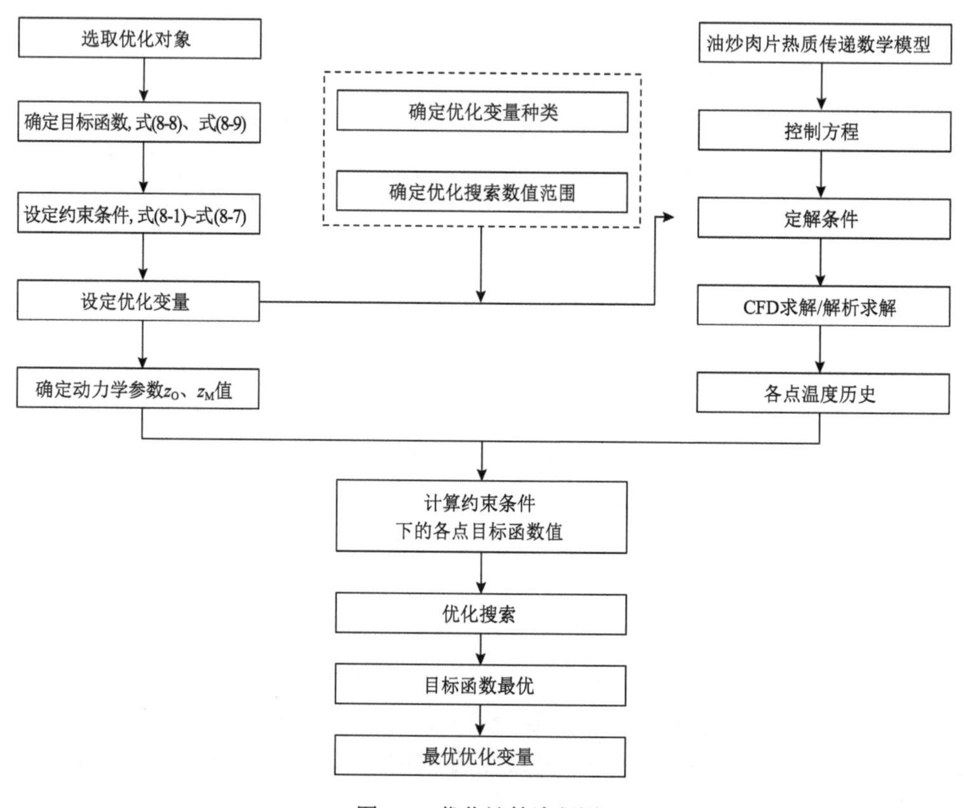

图 8-1　优化计算流程图

8.3　火候基本原理的理论计算与分析

前文给出了烹饪品质优化的数学描述，但给出的数学描述并不能证明存在优化空间——即优化变量是否存在最优点。因此，有必要选择典型烹饪工艺开展基本的理论计算和优化要素分析。研究不要求模拟条件与真实过程完全相同，也不追求参数的绝对可靠，目的是验证烹饪品质优化是否存在及存在的条件，把握住烹饪品质优化的核心规律，从而为火候控制原则的制定提供原理性依据。本节内容主要来自文献（邓力，2013a），并有调整和修改。

8.3.1　优化模型及参数的选定

1. 对象选择

选择烹饪优化对象的原则是，其操作特征和过程复杂性具有较强的中式烹饪代表性。大多中式烹饪都是以流-固传热为特征。而油、水、汽三种流体中，油传热烹饪使用普遍，非稳态传热特征显著，因此选择烹饪优化的对象为烹饪中的肉类爆炒工艺，具体为肉片的爆炒。

2. 爆炒猪肉片优化数学模型

根据 8.2.3 节的火候控制优化模型构建原理，以爆炒猪肉片油炒为例，视肉片为无限平板，忽略水分蒸发传热（视作为水分蒸发归入对流传热系数中），确定爆炒猪肉片的品质优化数学模型如下。

目标函数：终点表面过热值 $O_{Ts}\rightarrow\min$ 或终点体积平均过热值 $O_{Tv}\rightarrow\min$；O_{Ts}、O_{Tv} 表达式分别为式（8-10）和式（8-11）。

约束函数：设定中心位置的成熟值 $M=M_{T70℃}=0.1$ min 或 1 min，$z_M=7℃$。

优化变量：烹饪油温，油温优化计算范围：85～120℃；油-肉片对流传热系数 h_{fp}，优化范围为 200～30000 W/（$m^2\cdot℃$）。

热质传递数学模型：液体-颗粒非稳态导热控制方程为式（4-13）和式（4-14），采用解析法求解。

搜索方法：鉴于解析法求解数学模型的计算负荷较小，采用线性搜索方法即线性搜索法（李元科，2006）获得最优烹饪油温。

3. 条件与参数

1）传热学独立变量

设置数学模型中传热相关独立变量。肉片尺寸为：厚度 2～6 mm；由文献（邓力，2006）确定其热物性为：导热系数 0.47 W/（m·℃）、比热容 3.772 kJ/（kg·℃）、密度 1057 kg/m^3。

2）对流传热系数 h_{fp} 的选择

由于深层油炸的 h_{fp} 在表面蒸发时段为 1000～1100 W/（m^2·℃）（Halder et al.，2007）。该状况类似于烹饪爆炒，因此在优化烹饪温度时 h_{fp} 以 1000 W/（m^2·℃）为计算条件。

3）动力学参数

此次优化研究开展于肉的终点成熟值测定之前，优化所需要的动力学参数是根据文献和动力学原理推测而得的。幸运的是，推测的肉类终点成熟值及其 z_M 值在试验结果的范围内。

a. 成熟值的 z_M 值预测

肉的成熟包括致病微生物的杀灭、蛋白质变性到合适的程度、色泽变化及特征风味的形成等。通常以肉中心温度达到 60～80℃为终点温度，这时肉的嫩度随肉中心的终点温度升高而下降。为了保证卫生通常以 70℃左右为终点温度（刘兴余和金邦荃，2005），综合考虑成熟程度，以中心温度 70℃/1 min 为成熟条件（闵连吉，1988）。接受笔者咨询的一些肉类专家认为达到 70℃就成熟了。

通过考察烹饪过程和饮食习惯，可以认为嫩度是肉类成熟的关键指标。而嫩度形成的关键原因是蛋白质的变性。食品中蛋白质变性的 z 值范围在 4～10℃（Rao and Rizvi，1986）。例如，Miles 等（1995）指出水中肉的胶原蛋白变性活化能为 518 kJ/mol，以 80℃为参考温度推算出其 z 值为 4.6℃。

杀灭致病菌以满足基本的饮食卫生，也是加热烹饪的一个基本目标。而致病微生物的致死 z 值范围与蛋白质变性类似，FDA（2000）认为，总体上生长的微生物的耐热性 z 值范围在 4～7.7℃，如碎牛肉中大肠杆菌 O157:H7 的 z 值为 5.3℃。

可以认为，表征肉类成熟的品质因子为致病微生物的热致死和蛋白质的热变性。两者有接近的 z 值范围，都在 5～10℃。由此，确定烹饪成熟的 z_M 值为 7℃。

b. 终点成熟值的估计

因为一般认为肉类中心温度达到 70℃就成熟了，由成熟值的定义，这时的终点成熟值相当于达到 70℃加热了一个短时，可以记为 $M_{T70℃}$ =0.1 min。而根据经验，不同品种、不同部位的肉类的成熟条件是有差异的，因此认为肉类的终点成熟值有一个范围，不妨假设范围为：$M_{T70℃}$ = 0.1～1.0 min，即假设肉在恒温 70℃下 0.1～1.0 min 后成熟。

c. 过热值的 z_O 值预测

虽然肉类在加热时，非稳态导热形成的中心及外部温度不同会产生不同部位的蛋白质变性差异，但不会形成烹饪操作参数优化的条件。因为从优化的角度来看，成熟品质和过热品质的动力学参数差异是优化的必要条件。

关于肉类加热品质变化的动力学研究，尤其是蛋白质变化的动力学研究并不多，这也是当前难以解释很多肉类加热中品质变化现象的原因之一。

肉的烹饪过程中，水分的含量和状态关系到肉的多汁度（juiciness）、嫩度

（tenderness）、收缩（shrinkage）等关键食用品质指标（Lawrie and Ledward，1998）。早在 1965 年，Bramblett 就提出同样温度下快速加热肉类的多汁率高于慢速加热（Bramblett and Vail，1964），但并未揭示其原理。

在肉类的爆、炒等烹饪中，即使加热介质的温度大于 100℃，由于表面蒸发的存在，肉的温度在 100℃以内（Halder et al.，2007），内部不存在水分蒸发。因此水分的散失是通过传质完成的，其关键的参数是水分扩散系数，而该参数是温度的函数。Rao 和 Rizvi（1986）的研究中，肉的水分扩散系数的活化能为 20～100 kJ/mol，以 60℃计算 z 值为 106.2～21.2℃。张厚军等（2006）研究了猪里脊肉水分迁移动力学，高水分含量时，60℃下水分扩散系数的活化能为 24.74 kJ/mol，计算 z 值为 85.8℃。同时数据表明，水分含量越高、温度越高，活化能越高，相应 z 值越小。肉水分扩散系数活化能与其他高含水食品类似，如马铃薯水分扩散系数的活化能为 25.2～36.2 kJ/mol（McMinn and Maere，1996）。在对水分损失影响最大的 70～100℃区间，计算推测水分扩散的 z 值应在 20～40℃。

加热过程还会导致营养的损失。Mulley 在 1975 年研究了牛肉中维生素 B_1 的热损失动力学，在 121～137.8℃其 z 值为 27.5℃（Mulley et al.，1975）。Feliciotti 和 Esselen（1957）研究了猪肉中维生素 B_1 的热损失动力学，在 121～137.8℃下的 z 值为 27.4℃。维生素热损失的总体平均 z 值为 20～30℃（Rao and Rizvi，1986）。

以水分扩散和食品营养损失为过热值的品质因子，综合上述分析及参数，确定烹饪优化计算的过热值的 z_O 值为 30℃，该值接近计算热处理总体质量损失通常采用的 z 值 33℃（Rao and Rizvi，1986）。

8.3.2　优化模型的计算

1. 优化计算流程

按照图 8-1 优化流程计算，优化计算的目标函数为 O_{Ts} 值、O_{Tv} 值，传热学数学模型的求解方式为解析求解。

2. 解析法求解烹饪热质传递数学模型求解

1）温度历史的计算

将肉片视为无限平板，在被油加热时，肉片存在平行于中心面的等温面，因此只需计算中心线上一点的温度历史即可。由于热量是由外向内传递的，在烹饪过程中从肉片表面到中心存在从高到低的温度分布，需要逐层计算。由于关于中心面对称的两平面总是等温的，因此我们只需要计算无限平板的一半厚度的温度分布及其历史。

实际计算流程为：设定肉片厚度、油温、油-肉片对流传热系数⟶将肉片半厚等分为 20 份⟶计算共 21 个点（包括中心点和表面点）的中心距和半厚之比 x⟶选择时间步长和范围⟶将 x 和各传热学独立变量代入无限平板热传导解析解式（5-6）及式（5-7）⟶采用 MATLAB 编程计算出各点温度-时间关系。

2）计算成熟值 M

根据中心温度-时间关系，按 M 值计算公式，即式（2-44）计算得到成熟值曲线。

3）成熟时间 t_{MT}

以 $M_{T70℃}$=0.1 min 及 1 min 对成熟值曲线插值得到中心成熟时间 t_{MT}。

4）成熟时间点的体积平均过热值 O_{Tv}

对 21 个计算点的温度时间关系，每两个邻近点进行温度平均，得到 20 个代表 1/40 体积肉片的计算点的温度-时间关系，以其按照式（2-56）可计算出过热值-时间关系，并进行体积平均，即在每个时间点，对所有计算点的 O 值求和，并除以 20，即得到体积平均过热值 O_{Tv}。此方法是文献（邓力，2006）所示的 O_v 值计算近似方法，误差取决于等分数，20 等分数对误差影响的分析参见文献（邓力，2006），其能够满足优化计算准确性需要。

图 8-2 展示了一个算例，为特定条件下各计算点的温度时间关系、M 值和 O 值计算结果。

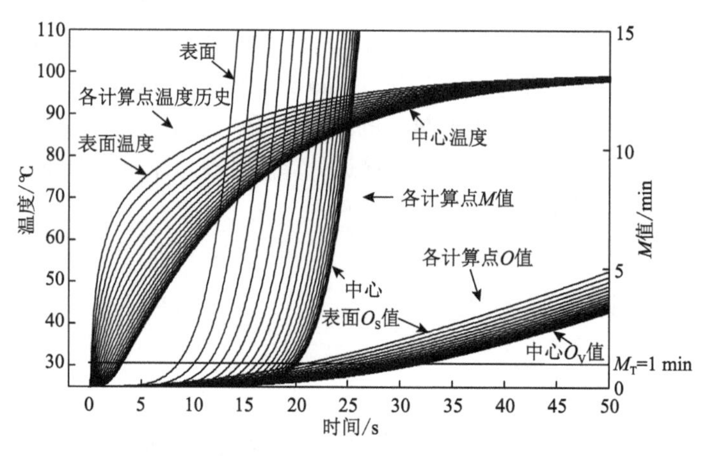

图 8-2 液体颗粒对流传热系数 h_{fp}=1000 W/（m^2·℃），油温 100℃，z_M=7℃，z_O=30℃，3 mm 肉片各计算点的温度历史及相应 M 值和 O 值

3. 动力学函数计算方法

设定多个肉片厚度⟶选定油温条件：在 85～120℃每 0.1℃为一个油温条件⟶计算 20 等分后各点温度-时间关系⟶计算中心点成熟值 M⟶以 $M_{T70℃}$ = 0.1 min 或 1 min 对成熟值曲线插值得到中心成熟时间 t_{MT}⟶计算 t_{MT} 时间点的体积平均过热值 O_{Tv}⟶得到油温-O_{Tv} 关系。通过 MATLAB 软件编制程序计算。

4. 最优烹饪条件计算

1）最优油温的搜索

线性搜索法优化搜索，即从初始状态出发按次序检测数据空间的每一个数据，搜索出最优点。该方法数据计算量大，适用于结果相对简单的优化计算过程。以油温为优化变量时，按一定步长设置油温序列，逐一开展计算，当满足约束函数与目标函数值同时最优时，获取最优油温，即约束函数 $M=M_T$ 时，目标函数 $O_{Tv}\to$min 对应的油温为最优油温。

2）h_{fp} 对烹饪优化的影响

以油-肉片对流传热系数 h_{fp} 为优化变量，优化范围为 200～30000 W/（m^2·℃），进行优化计算得到不同 h_{fp} 下的最优烹饪油温和最优过热值。搜索方法与最优油温搜索方法相同。

8.3.3　优化模型计算结果

1. 不同厚度肉片的最优油温计算

计算得到不同厚度肉片在不同烹饪油温下达到成熟条件（$M_{T70℃}$=1 min、0.1 min）的平均 O_{Tv} 值，如图 8-3 所示，优化结果见表 8-1。

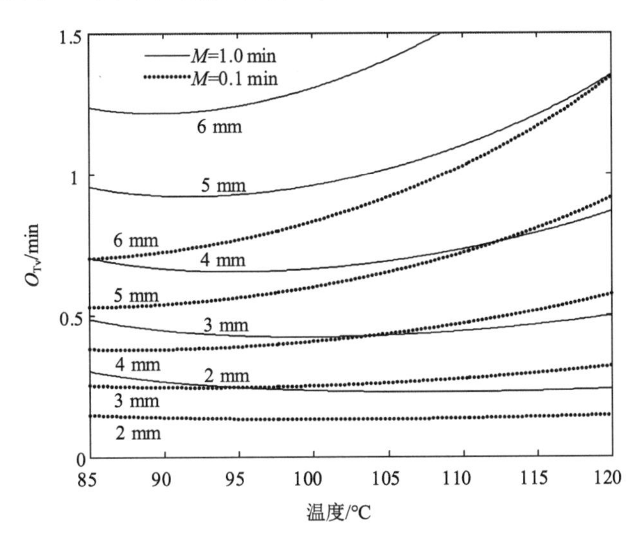

图 8-3　不同厚度肉片在不同烹饪油温下的 O_{Tv} 值

表 8-1　优化条件下的烹饪相关参数

肉片厚度/mm	最优油温/℃		最优点 t_{MT}/s		最优 O_{Tv}/min	
	$M_{T70℃}$ = 0.1 min	$M_{T70℃}$ = 1 min	$M_{T70℃}$ = 0.1 min	$M_{T70℃}$ = 1 min	$M_{T70℃}$ = 0.1 min	$M_{T70℃}$ = 1 min
2.0	100.8	107.9	9.14	9.75	0.13	0.23
3.0	92.5	99.5	19.16	20.45	0.25	0.42
4.0	87.9	94.8	32.56	34.83	0.38	0.66
5.0	85.0	91.8	49.09	52.67	0.53	0.92
6.0	82.8	89.5	68.93	74.23	0.70	1.22

由图 8-3 和表 8-1 可见，当 $M_{T70℃}$ = 0.1 min 和 1 min 时对于不同尺寸的肉片都存在使得体积平均过热值最小的最优油温。也就是说，当忽略表面蒸发时，不同厚度的肉片，都存在一个使得总体品质最佳的加热油温。数据表明，厚度越大，最优油温越低。

2. 不同油-肉片对流传热系数下的优化结果

肉片的爆炒是一个典型的流-固烹饪食材加热过程，研究表明其存在品质优化模型。对于特定尺寸原料，搅拌越剧烈，最优烹饪温度越低，品质越好，结果见表 8-2。

表 8-2　不同油-颗粒对流传热系数下的烹饪优化结果

颗粒对流传热系数 h_{fp}/[W（m^2·℃）]	最优油温/℃	最优点成熟时间 t_{MT}/s	最优过热值 O_{Tv}/min
200	148.7	25.03	0.439
400	117.5	22.97	0.431
800	102.3	21.05	0.425
1000	99.4	20.49	0.424
5000	90.2	18.42	0.425
30000	88.4	17.89	0.428

3. z_O 值不同时的优化结果

以厚度为 3 mm 肉片、h_{fp}=1000 W/（m^2·℃）计算不同 z_O 值对优化油温的影响，结果见图 8-4。

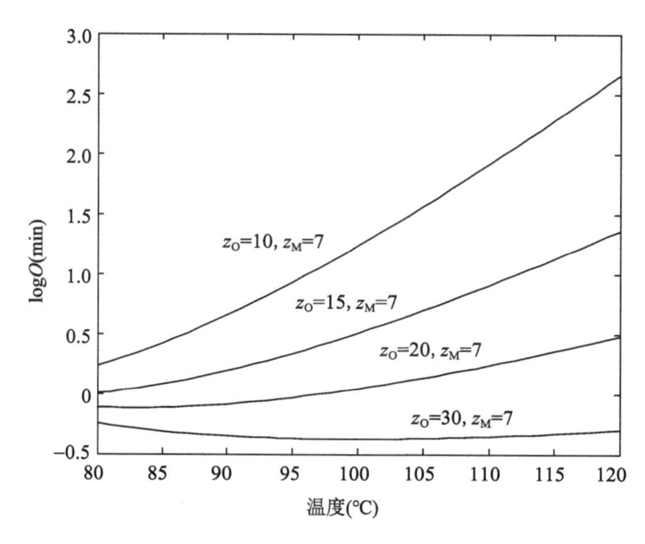

图 8-4　不同 z_O 值对优化油温的影响

4. 优化结果的讨论与分析

1）模型假设条件对模型可靠性的影响

（1）在固相温度低于 100℃时，计算条件接近真实，取得的结果基本可靠。但在固相温度高于 100℃，可能出现蒸发。这时，优化模型中忽略蒸发散热的条件假设对实际传热过热过程影响较大，从而对优化结果产生影响。蒸发散失的热量可视为表面换热的减少，即对流传热系数变小，将导致最优烹饪油温的升高。因此，实际的烹饪最优油温高于计算结果。

（2）数值分析结果表明：在选择的终点成熟值范围（0.1～1 min）内，肉类爆炒烹饪过程都出现了使终点过热值最小的烹饪温度优化点，参见图 8-3。终点成熟值的数值变化只会影响优化结果，而不会影响优化模型本身。第 3 章肉类成熟值测定试验证明了肉类成熟值在优化计算的成熟值范围内。

（3）烹饪中颗粒的边界收缩、烹饪开始时颗粒温度均匀性、液体和肉片的热物性变化等被忽略条件会对传热产生一定影响，但在烹饪中边界收缩及热物性变化幅度不大，初温的影响就更小，不会对优化模型产生颠覆性的影响。

（4）由于烹饪优化模型的复杂性，涉及了大量的传热学和动力学参数，这些参数虽均由文献获得，但取之有据，而使用文献数据进行过程模拟也是本领域常见的食品热处理研究方式。

2）z_M 值取值对模型可靠性的影响

优化计算中 z_M 值为 7℃是根据肉的主要成分蛋白质的客观动力变化 z 值推测取值，而在第 3 章中实测肉成熟的主观 z_M 值为 10℃，两者相差不大。

3）烹饪实践和现有文献对优化模型的反证

现有的烹饪实践，如爆炒肚片、宫保肉丁的烹饪中，加热强度稍弱则生，稍高则嫩度急剧下降，存在显著的火候控制问题，火力（功率）大小、切割形状尺寸、预热油温、加热时间长短明显影响烹饪成品的质构，过强或过弱的加热都导致成品品质偏离最优，这一现象及其操作控制对成品质量的影响趋势可由上述优化模型得到解释。而 Bramblett 和 Vail（1964）文献中升温速度对肉类品质影响的研究结果表明，升温速度越快，肉的品质越好，也支持了优化模型。另一个烹饪实践，即小炒的蔬菜（快速加热）明显比大炒的蔬菜（慢速加热）鲜嫩多汁，也适合用水分扩散速度不同来解释。以上问题的完全澄清尚需要进一步的理论分析和试验研究。

4）z_M 和 z_O 值之差对优化的影响

由图 8-4 可见，成熟值和过热值之间的 z 值差是烹饪优化的必要条件，在本算例中，在 z_M= 7℃，z_O＜15℃情况下，O 值是单调递增的，不存在优化空间。

8.3.4　流-固烹饪品质优化原理、应用范围及意义

1. 流体-颗粒烹饪品质优化原理

1）优化原理分析

当忽略了固相热阻时，固相温度等于流体温度，则温度越高，成熟时间越短，烹饪品质越好，但此时不存在最优流体介质温度，则优化空间不存在。因此，固相热阻所形成的非稳态传热是流-固烹饪食材加热品质优化空间存在的前提条件。

流体-颗粒非稳态传热条件下，当温度低于最优加热介质温度时，烹饪食材颗粒的中心达到成熟较慢，中心以外的部分受到的过度加热较多，导致总体品质劣化。而在最优加热介质温度下，烹饪食材颗粒的中心快速达到成熟，中心以外部分过度加热较少，品质劣化相对减少。由于 z_O 明显大于 z_M 值，烹饪的成熟品质的形成反应比过热品质的形成反应更快，当中心成熟时，中心以外的过热品质的形成反应是有限的，从而形成最优品质。当传热介质温度高于最优加热介质温度时，颗粒表面及接近表面部分受热剧烈，抵消了快速加热对过热品质的形成反应的抑制，导致总体品质劣化，故存在最优的烹饪温度。

图 8-3 和表 8-2 的优化数值模拟结果反映了这一原理，颗粒越小，即肉片越薄，最优油温越高。这是因为颗粒越大，从表面到中心的热阻越大，表面过度加热越严重，导致最优油温越低。

2）影响流-固烹饪食材烹饪品质优化的关键参数

a. 油温

优化计算结果表明，存在一个使得烹饪品质最优的流体介质温度。因此，控制流体介质温度是控制烹饪品质的重要手段。由优化结果可见，肉片厚度在 3.0 mm 以下，最优温度就已经高于 100℃了。由 4.5 节的烹饪热质传递特征分析可知，对于水性传热介质，在开放系统中温度不会超过 100℃；而对于油性介质，当烹饪食材温度高于100℃时，由于温度高于沸点出现一个消耗大量热量的蒸发热阱，使升温受到阻碍。要让固相食材达到 100℃及以上，需要消耗大量热量，参见本书 9.3 节的分析。因此，在多数流-固烹饪中，为提高烹饪品质，应尽量提高流体传热介质温度。由于流-固烹饪中，油温受到很多因素的影响，且过程短促，很难把握控制。这是烹饪火候控制复杂的原因之一。

b. 流-固对流传热系数

通常烹饪中流-固对流传热系数数值在数百到数千之间，对固相烹饪食材的加热影响很大。表 8-2 的优化计算结果表明，对流传热系数对最优油温有显著影响。对流传热系数越小，则优化油温越高，反之，优化油温越低。在烹饪中，实际油温低于优化油温越多，则实际烹饪品质偏离优化品质越大。因此，更高的对流传热系数意味着更低的最优油温，因此提高搅拌强度有利于获得更好的烹饪品质。

c. 固相的尺寸

刀工是烹饪火候控制的一部分，固相烹饪食材的尺寸是可控的。从图 8-3 和表 8-2 可以看出，颗粒尺寸越小，则最优传热介质温度越高。最需要注意的是，颗粒尺寸越小，体积平均过热值就越小，烹饪品质越好，厚度从 2 mm 变为 6 mm，尺寸变大 3 倍，而终点过热值变大 5 倍以上，说明尺寸对烹饪品质有重大影响。

2. 优化结果的应用范围

虽然仅以油-肉片的加热烹饪开展了上述理论优化，但仍展现了具有非稳态特征的流体-颗粒加热烹饪的品质优化规律。优化结果中的变化趋势和参数对优化的影响适用于大多数的流-固非稳态加热烹饪。优化结果中的一些数据也有参照作用。

由于采用了大量简化条件，上述优化模型是一个理论模型，仅给予烹饪品质优化以原理性解释和概貌性的参数描述。烹饪品质优化应通过更接近实际的数值模拟和试验分析来开展。

3. 烹饪品质优化的意义

上述优化模型适用于在烹饪中成熟品质和过热品质的 z 值不同的烹饪工艺，从理论上支持了烹饪成熟通常包含品质优化原理的推断，有助于我们理解中国传统烹饪中的炒、爆类工艺的合理性，且具有指导应用价值。

由优化模型可见，凡是影响烹饪食材颗粒温度分布的传热学操作，都会影响品质优化结果，因此通过分析烹饪操作对烹饪品质优化的影响，观察操作对最优品质形成的作用，即可获得烹饪火候控制的技术规律，从而揭示火候控制原理。

8.4　火候原理验证——猪里脊肉油传热烹饪工艺优化

上一节中通过理论计算分析，初步讨论了烹饪品质优化的要素，而本节针对具体的烹饪工艺开展优化研究，消除上节的一系列条件简化假设，并通过试验验证以证明火候原理的合理性、可靠性。

工艺优化研究一直是食品热处理领域的重点研究内容。就烹饪而言，火候研究即判断通过怎样的烹饪操作使食用品质达到最佳。工艺优化研究是制定热处理工艺的基础方法，如杀菌式的制定就是基于杀菌工艺的优化。对于烹饪工艺的优化研究不仅可为手工烹饪技术提供指导，同时还可以为后续烹饪工业化提供坚实的理论基础和优化参数。本节内容主要来自文献（徐嘉，2019），并有简化和调整。

8.4.1　优化对象及优化数学模型

1. 优化对象与目的

猪肉是中国人食用最多的畜肉，是主要烹饪食材之一，同时是维生素 B_1 的良好来源。但我国成年居民的维生素 B_1 摄入不足比例较高，其主要原因就是其热敏性，易在烹饪热处理中损失。爆炒猪里脊肉是经典的中式烹饪菜肴，通常都会将猪里脊肉处理成片状或者丝状后爆炒，爆炒过程具有过程短促、激烈、非稳态性质显著等特点，且复杂性远高于水煮、蒸。本节选择的优化对象和工艺为猪里脊肉的油传热炒制工艺。试验中设定数值模拟条件和验证试验条件一致。

2. 猪里脊肉油炒工艺优化数学模型

猪里脊肉油炒工艺优化数学模型见表 8-3。

表 8-3　猪里脊肉油炒工艺优化数学模型

优化对象	优化工艺	目标函数	约束函数	优化变量	动力学参数	烹饪热质传递数学模型	优化搜索方法
3～5 mm 猪里脊肉片	油炒工艺	终点维生素 B_1 体积平均保持率 $(Q/Q_0)_{Tavg}$→max	$M_{T70℃}$ = 0.5 min（闫勇等，2014）	油温：80～160℃ 厚度：3～5 mm	z_M=10℃ z_O=27.5℃（VB_1） D=109.67 min（VB_1）	同表 5-3	线性搜索

3. 优化品质因子及动力学参数

选用维生素 B_1 作为品质优化指标在食品热处理优化研究领域非常常见，从 20 世纪 90 年代至今，已经积累了大量试验数据。维生素 B_1 保持率计算中的动力学参数 D = 109.67 min，z_O = 27.5℃来自文献（Ryley and Kajda，1994）。

4. 参数测定及验证试验

1）验证试验的模拟烹饪及数据采集

验证试验采用本书 6.4.2 节的第二代油炒烹饪模拟装置，温度采集使用本书 6.2.2 节的烹饪传热学及动力学采集系统。

2）验证试验的目标函数维生素 B_1 体积平均保持率指标测定

（1）模拟油炒、相同试样准备及热电偶置入冷点的方法确定同 3.2.1 节，肉片试样厚度选择：3 mm、4 mm、5 mm，油炒温度范围：80～160℃。以终点成熟值 M_T = 0.5 min 采集样品。实测样品温度历史的采集点位和几何模型计算点位相同。

（2）维生素 B_1 测定

实测猪里脊肉样品的维生素 B_1 测定按照国标 GB 5009.84—2016。维生素 B_1 体积平均保持率计算公式如下：

$$\text{维生素B}_1\text{体积平均保持率}=\frac{\text{烹饪后试样维生素B}_1\text{浓度}}{\text{烹饪前试样维生素B}_1\text{浓度}} \tag{8-14}$$

3）对流传热系数 h_{fp} 确定

h_{fp} 是决定烹饪热质传递模型的准确性的关键参数。张宏文（2019）通过对油炒烹饪过程中影响 h_{fp} 的各因素的分析，利用量纲分析法对油炒烹饪过程中 h_{fp} 进行研究，构建并验证了无量纲预测模型，见式（7-20）：$Nu=10^{-4.09}Re^{0.876}Pr^{3.21}(T_f/100)^{4.18}$（式中 Re 为雷诺数、Pr 为普朗特数、Nu 为努塞尔数、T_f 为流体温度，℃，预测模型的 $R^2=0.973$），可由 $Nu=h_{fp}L/k$ 计算得到 h_{fp}。详见本书 7.3.2 节。由于该式相关系数较高，本试验条件与之相同，以此预测不同烹饪操作条件下 h_{fp}，计算结果见表 8-4。

表 8-4　对流传热系数计算值

肉片厚度/mm	肉片特征尺寸/m	油流速/（m/s）	油温/℃	Nu	Re	Pr	导热系数 k/[W/（m·℃）]	h_{fp}/[W/（m²·℃）]
3	0.015	0.14	80	33.46	0.18	120.36	0.167 5	374
			100	38.00	0.27	84.26	0.1660	421
			120	44.59	0.36	64.37	0.164 6	489
			140	53.69	0.45	52.29	0.163 3	585
			160	65.69	0.55	44.40	0.162 1	710
4	0.02	0.14	80	49.43	0.28	120.36	0.167 5	408
			100	54.04	0.41	84.26	0.166 0	442
			120	62.88	0.55	64.37	0.164 6	510
			140	83.1	0.70	52.29	0.163 3	668
			160	92.23	0.84	44.40	0.162 1	736
5	0.025	0.14	80	43.61	0.24	120.36	0.167 5	286
			100	49.53	0.36	84.26	0.1660	322
			120	58.12	0.49	64.37	0.164 6	375
			140	69.98	0.61	52.29	0.163 3	448
			160	85.63	0.74	44.40	0.162 1	544

4）优化计算结果验证

将目标函数优化计算的结果与相同优化参数处理结果下实测的维生素 B_1 含量变化对比，确定优化模型的正确性。

8.4.2　优化模型计算

1. 优化计算流程

按表 8-3 确定优化计算的约束函数、目标函数，优化变量油温搜索梯度为 20℃、厚度变化梯度为 1 mm，使用 COMSOL 软件求解计算出各点温度历史，通过 MATLAB

编程计算约束条件下的目标函数值$(Q/Q_0)_{Tavg}$，搜索得到最优优化变量。优化计算流程参见图 8-1。

2. COMSOL 求解无限平板烹饪热质传递数学模型

按照本书 5.3 节的方法构建数学模型及求解。

1）几何建模

建立与几何尺寸相同的几何实体模型。肉片厚度分别为：3 mm、4 mm、5 mm。

2）网格划分

利用 COMSOL 的 Meshing 对几何实体模型进行网格划分，选择自由分三角形网格，如图 8-5 所示（徐嘉，2019）。

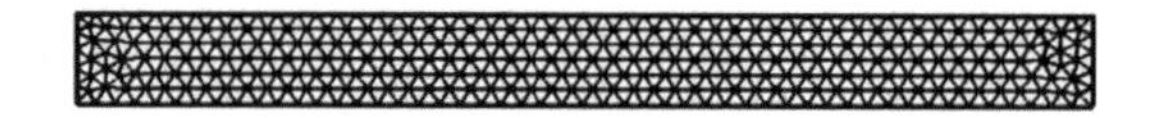

图 8-5　1.5 mm 厚度猪里脊肉片几何模型及网格划分

3）加载定解条件

定解条件同表 5-4。

4）无限平板烹饪热质传递数学模型物性参数

物性参数同表 5-5。

5）求解计算烹饪温度历史

经几何模型构建、参数输入、控制方程与定解条件的加载以及网格划分，设定求解时间与计算步长，数值求解时间与油炒烹饪试验时间等同，时间步长选择 1 s，设定不同油炒温度，模拟计算出不同油炒温度下猪里脊肉加热各网格节点的温度-时间关系。

3. 维生素 B_1 体积平均保持率计算方法

由获得的所有节点温度-时间关系通过 MATLAB 编程计算：首先选取中心温度-时间的关系，根据式（2-44）编程计算中心冷点中心成熟值-时间的关系，再以 $M=M_T=0.5$ min 插值得到成熟值所对应中心成熟时间，从而获得优化约束条件；再以式（8-12）编程计算 20 个等分点维生素 B_1 的 Q/Q_0 值，以中心成熟时间对各等分点的 Q/Q_0 值进行插值，得到该中心成熟时间下的各等分点的$(Q/Q_0)_T$ 值，进行体积平均，得到该油温下猪里脊肉样品的体积平均$(Q/Q_0)_{Tavg}$，即获得优化目标函数值。

4. 最优油温搜索方法

同 8.4.2 节，采用线性搜索方法进行优化搜索，搜索出目标函数$(Q/Q_0)_{Tavg}\rightarrow\max$ 对应的油温，完成优化计算。

8.4.3　优化结果

1. 无限平板烹饪热质传递数学模型求解结果

为便于理解，此处展示一个算例如图 8-6 所示，以 160℃油温加热初始温度为 10℃的 3 mm 厚度猪里脊肉片温度分布云图及肉片不同空间位置的温度变化曲线所示。

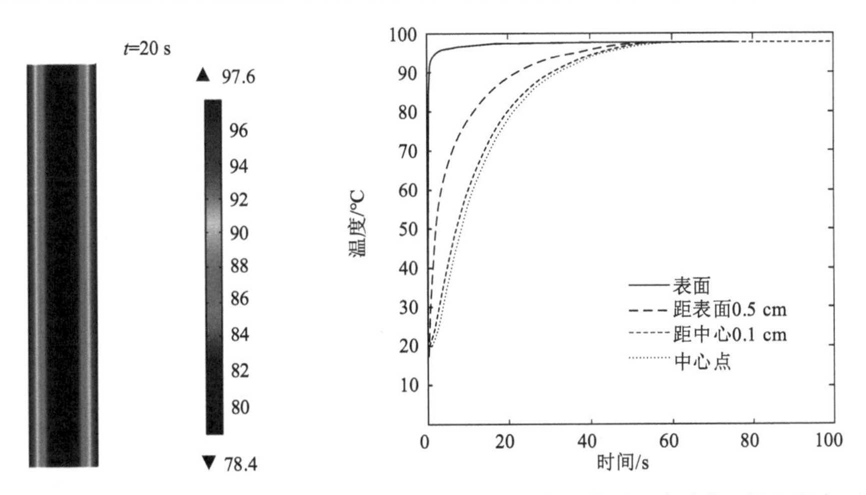

图 8-6　数值模拟 3 mm 厚度猪里脊肉片以 160℃油温加热的中心截面温度分布云图与温度-时间关系

2. 不同厚度猪里脊肉片油炒优化油温模拟试验结果

1）模拟不同油温下不同厚度猪里脊肉片的中心温度

将表 8-4 计算出的 h_{fp} 输入 COMSOL 软件计算得到温度-时间关系。图 8-7 为模拟厚度 3～5 mm 猪里脊肉片在不同油温下的中心温度变化。

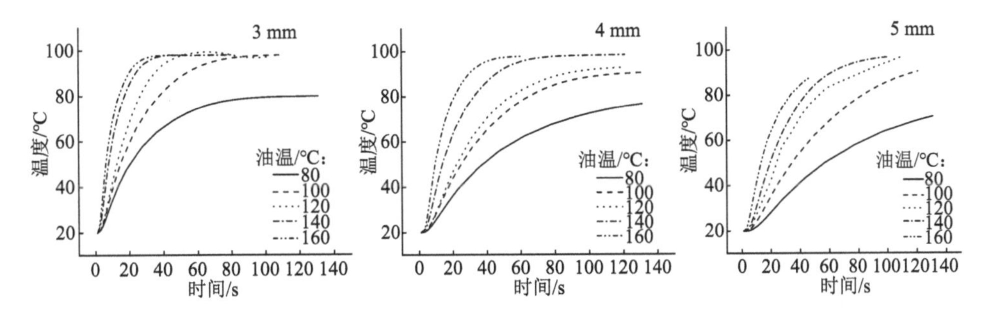

图 8-7　在不同油温下 3～5 mm 猪里脊肉油炒过程中心温度变化模拟结果

2）模拟不同油温下不同厚度猪里脊肉的维生素 B_1 保持率

模拟计算得到维生素 B_1 的体积平均保持率的变化见图 8-8。由成熟时间对图 8-8 的维

生素 B_1 保持率-时间关系数据进行插值得到 3～5 mm 的猪里脊肉片维生素 B_1 体积平均保持率，结果见图 8-9。

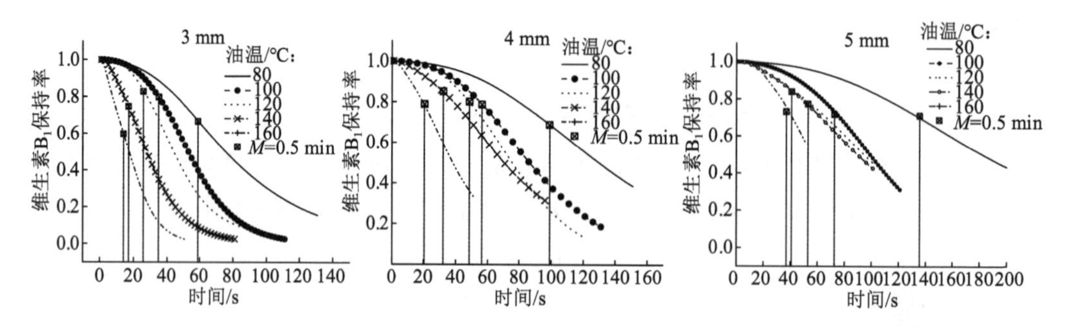

图 8-8 不同油温下 3～5 mm 的猪里脊肉片维生素 B_1 保持率变化

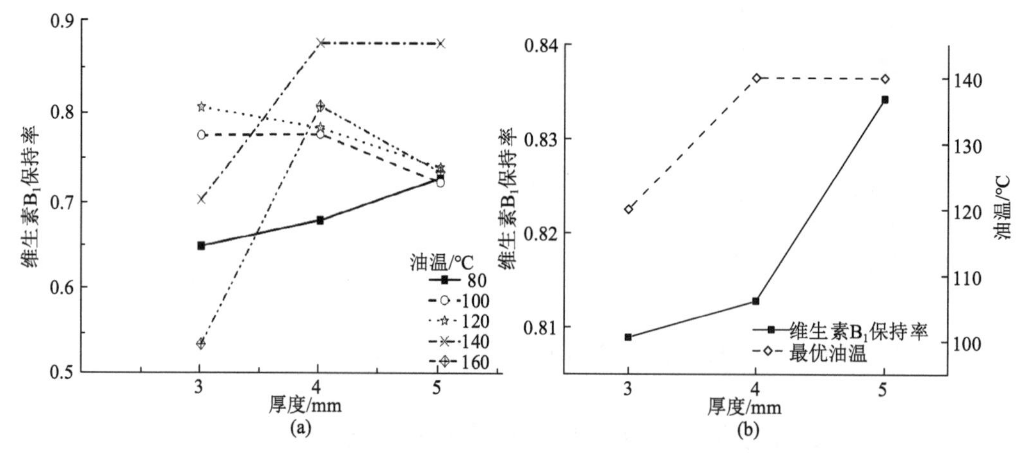

图 8-9 不同油温下成熟值 M = 0.5 min 的猪里脊肉维生素 B_1 保持率与厚度的关系（a）及不同厚度最优油温优化（b）

由图 8-9（a）可以看出，油温和厚度都会对猪里脊肉维生素 B_1 保持率产生影响，且变化并非线性，因此不能由油温简单推断烹饪操作参数不同对品质的影响，说明了火候优化的复杂性和优化计算的意义。

利用 MATLAB 软件优化工具包中 fmincon 命令，得到以 M = 0.5 min 为限制条件的不同厚度的猪里脊肉片的油温优化结果，如图 8-9（b）所示。模拟结果表明，厚度为 3～5 mm 猪里脊肉片的最优油温均大于等于 100℃，且 5 mm 猪里脊肉在最优油温加热条件下达到 M_T =0.5 min 时，猪里脊肉还有较高的维生素 B_1 保持率，损失率不超过 20%。

3. 中式烹饪油炒优化油温品质验证试验结果

针对厚度为 3～5 mm 的猪里脊肉在不同油温下烹饪的维生素 B_1 保持率优化计算结果与实测值对比，找到不同猪里脊肉的最佳烹饪油温，比较其相关性，结果见图 8-10。

3 mm 厚猪里脊肉最优油温为 120℃，模拟维生素 B_1 最高保持率为 73.43%，实测 80.89%；4 mm 猪里脊肉最优油温为 140℃，模拟维生素 B_1 最高保持率为 79.43%，实测 80.89%；5 mm 猪里脊肉最佳油温为 140℃，此时最高维生素 B_1 保持率为 89.53%，实测 81.28%。模拟和实测数据的相关系数 R^2 均在 0.82 以上。

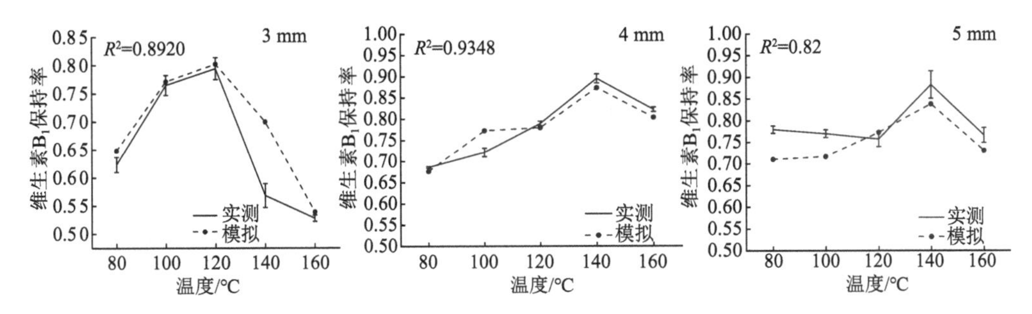

图 8-10　不同油温下不同厚度 M = 0.5 min 猪里脊肉片维生素 B_1 保持率的模拟值与实测值对比

8.4.4　讨论

1. 验证了烹饪工艺优化模型

模拟和试验结果都证明不同厚度猪里脊肉存在最优油温，油温过低及过高均使烹饪品质偏离最优，结论符合 8.3.4 节中 1.流体-颗粒烹饪品质优化原理。模拟和试验结果相关系数 R^2 均在 0.82 以上，验证了优化模型的可靠性。

2. 厚度对优化的影响

根据图 8-3 猪里脊肉的厚度与最优油温优化曲线，较厚的猪里脊肉肉片的最优油温低于较薄的最优油温[O_{Tv} 与$(Q/Q_0)_{Tavg}$是相反趋势]，而图 8-9（a）最优油温猪里脊肉肉片厚度的关系的模拟结果与之不同，出现了复杂情况。其原因在于，上小节模拟未考虑水分损失。这可能是由于较薄的肉片水分流失较易，导致其维生素 B_1 的损失率较高。烹饪中水分流失对水溶性热敏成分保持率的影响值得进一步深入研究。本书 13.4 节图 13-36 中，FUHT 杀菌的最优油温也随颗粒直径的增加而升高。

维生素 B_1 为水溶性，猪里脊肉在烹饪过程中其维生素 B_1 损失，除加热损失外，蛋白质变性导致持水力降低，使得维生素 B_1 可能会随水分流失（Elisabeth et al.，2002）。根据文献（Mieko and Yoshinori，1990），不同的烹饪方式对猪里脊肉维生素 B_1 有显著影响，其中水煮烹饪损失 70%、蒸煮损失 40%、油炸损失 35%。

由于 FUHT 杀菌是在封闭系统中，传热过程无蒸发，而烹饪过程发生在开放系统中，蒸发强烈导致较多水分流失。最优油温随厚度增加而降低，可能是因为蒸发导致的水分携带维生素 B_1 流失。随着肉片厚度的增加，其优化空间不断减少，所以最佳油温不可能无限提高，应该会平衡在某一温度，根据现有试验结果，预测最终厚度 5 mm 左右的猪里脊肉最优油温应在 140℃附近。

3. 对肉类烹饪的启示

烹饪油炒中要以足够高的油温才能使得肉片的品质最优，通常应尽量维持油温高于 100℃。此温度下，食材会出现表面蒸发现象。

动力学研究结果表明，猪里脊肉烹饪结束时的成熟值大幅度超过终点成熟值，会显著增加维生素 B_1 损失。由于未经过专业培训，在家庭烹饪中，对菜肴的终点成熟值点的敏感程度远不如专业厨师，菜肴一般是大幅度超过了终点成熟值。不合理的烹饪火候控制可能是导致国民缺乏维生素 B_1 的原因之一。

煮和蒸由于介质特性，温度都不可能达到 120～140℃的最优介质温度，可见中式烹饪油炒工艺对维生素 B_1 保持率起到积极作用，证明了中式烹饪高温油炒工艺的合理性。

4. 优化模型验证产生误差的原因

试验误差主要源自对特定成熟值取样非常困难。由于成熟值与温度呈指数关系，取样难度剧增。前期探索试验经历过多次失败。试验样品的取样范围设定在成熟值为 0.5 min ± 0.2 min 内。当加热油温超过 100℃后，各试验油温加热条件下，肉样成熟时间非常接近，尤其在 160℃油温加热条件下，3～5 mm 厚度的猪里脊肉达到终点成熟值所需时间不超过 30 s，成熟值从 0.5 min 到 0.6 min，只需 1～2 s。

值得注意的是，由于测试地点在海拔 1050 m 的贵阳市，水分的沸点在 96.6℃，因此本书试验的最优油温与海拔不同的其他地区可能不同。

8.5　火候原理验证——蒜薹油传热烹饪工艺优化

8.5.1　优化对象及优化数学模型

1. 优化对象及目的

本节对另一类主要烹饪食材——蔬菜开展烹饪工艺优化研究。蔬菜中的代表性热敏性成分选择维生素 C。烹饪方式对维生素 C 的影响巨大，采用油炸、煎烤和烘烤烹饪方法时，维生素 C 的保持率为 34%～79%（Emília et al.，2005）。水分也是评价蔬菜烹饪品质的重要指标，其含量和状态关系到蔬菜的多汁性、收缩和水溶性营养物质的水平，此外颜色变化是消费者对菜肴品质最直观的评价，都宜选作研究指标。

本节采用蒜薹为研究对象，选取终点成熟值 M_T = 17 min 作为烹饪终点的控制指标（李文馨，2015），对不同油温（70～160℃）处理下相同成熟程度下油炒蒜薹品质变化进行试验和数值模拟。由于蒜薹的维生素 C、水分和表面颜色 $-a^*$ 等指标的动力学参数参考文献较多（李文馨，2015），因此，选择油炒蒜薹维生素 C、水分和表面颜色作为品质因子对烹饪油炒温度进行优化。本节内容主要取自文献（汪孝，2017），并有调整修改。

2. 蒜薹油炒优化数学模型

蒜薹油炒优化数学模型见表 8-5。

表 8-5　蒜薹油炒优化数学模型

优化对象	优化工艺	目标函数	约束函数	优化变量	动力学参数	烹饪热质传递数学模型	优化搜索方法
蒜薹	油炒工艺	维生素 C $(Q/Q_0)_{Tavg}$→max O_{Ts}值→min 水分含量→max	M_T=17 min（李文馨，2015）	油炒温度搜索范围：70～160℃	M_T=17 min z_O=83.33℃（O_{Ts}） z_O=76.92℃（VC） D=109.67 min（VC）	控制方程同表 5-3	线性搜索法

3. 动力学参数

O_{Ts} 值计算中：z_O=83.33 ℃、维生素 C$(Q/Q_0)_{Tavg}$ 计算中 D=109.67 min，z_O=76.92℃，上述参数均为实测，参见本书 7.2.2 节 3.（汪孝，2017；程芬等，2018）。

4. 参数测定及验证试验

1）烹饪模拟及数据采集

验证试验采用 6.4.2 节的第一代油炒烹饪模拟装置，温度采集使用 6.2.2 节的烹饪传热学及动力学采集系统。不同油温下模拟蒜薹油炒烹饪并获取达到终点成熟值的试样及终点成熟时间，重复试验 10 次，得到平均终点成熟时间。进而按平均终点成熟时间取样，获取相同的成熟值样品。蒜薹以 70℃、100℃、130℃、160℃油温油炒至成熟（M_T=17 min）时所需时间 t_{MT} 分别为：1055.3 s ± 30.67 s、172.32 s ± 10.32 s、154.38 s ± 8.56 s、148.06 s ± 7.28 s。

2）目标函数的指标测定

（1）选择蒜薹圆柱直径为 0.6 mm ± 0.03 mm 且颜色一致的部位，清洗晾干，精确切割成 5 cm 小段，恒温至 30℃，立即进行热处理，油温范围为 70～160℃，步长为 30℃。每一批次处理约 100 g 样品，其中 50 g 用于维生素 C 测定，剩余部分用于色差和水分的测定。

（2）模拟水分含量计算时，模拟干基水分含量 C、湿基水分含量 w 计算公式采用式（5-35）、式（5-37）联合计算。

$$C=\frac{S_w\omega\rho_w}{(1-\omega)\rho_s} \tag{5-35}$$

式中：C 是干基水分含量，%；S_w是水的饱和度，无量纲；ω 是孔隙率，无量纲；ρ_w是水的密度，kg/m^3；ρ_s是蒜薹密度，kg/m^3。

$$w=\frac{C}{1+C} \tag{5-37}$$

式中：w 是湿基水分含量，%。

本试验蒜薹的实测孔隙率 ω 为 0.67、实测干基密度 ρ_s 为 3800 kg/m^3、水的饱和度 S_w 为 0.3。

蒜薹的维生素 C 测定按照国标 GB 5009.86—2016。蒜薹中维生素 C 的测定同 7.2.2 节中 3.，计算公式如下：

$$\text{维生素C保持率}=\frac{\text{烹饪后维生素C浓度}}{\text{生蒜薹维生素C浓度}}\times\frac{\text{烹饪后蒜薹质量}}{\text{烹饪前蒜薹质量}} \tag{7-5}$$

（3）以 $-a^*$ 为颜色指标，测定方法同 7.2.2 节。

（4）水分含量测定使用卤素水分测定仪，重复测定 3 次，结果以平均值±标准差表示。

3）h_{fp} 测定

采用蒜薹实物替代 TTIs，采用 7.3.3 节假设试算法测定，设定步长为 10 W/（m^2·℃），用中心温度代替指示剂酶活，以最小总体温差平方和法（LSTD）进行校验，测定出的 h_{fp}=550 W/（m^2·℃）。

4）优化计算结果验证

将模拟计算的结果与相同条件下实测的维生素 C 含量变化对比，验证优化模型。

8.5.2　优化模型计算

1. 优化计算流程

首先选取蒜薹油炒工艺优化计算的约束函数为蒜薹终点成熟值 M_T；目标函数为 O_{Ts} 值→min、维生素 C 体积平均保持率$(Q/Q_0)_{Tavg}$→max；随后设定优化变量，确定优化变量种类和搜索数值范围；再使用 COMSOL 进行 CFD 求解；最后通过 MATLAB 编程计算约束条件下各点的目标函数值，进行优化搜索，从而得到最优优化变量。优化计算流程也可参见图 8-1。

2. COMSOL 求解圆柱烹饪热质传递数学模型

1）几何建模

将蒜薹视为无限圆柱，蒜薹的直径方向是其传热学特征尺寸，只考虑直径方向的传热、传质，圆柱尺寸为 Φ0.6 mm×5 cm（底面直径×长度）。在 COMSOL 中构建与几何尺寸相同的几何实体模型。

2）网格划分

对只考虑直径方向的传热、传质的圆柱几何模型是轴对称的，取其中心截面即可进行计算，利用 COMSOL 的 Meshing 对圆柱模型进行网格划分，选择自由分三角形网格，选择极端细化，网格数为 1600，如图 8-11 所示。

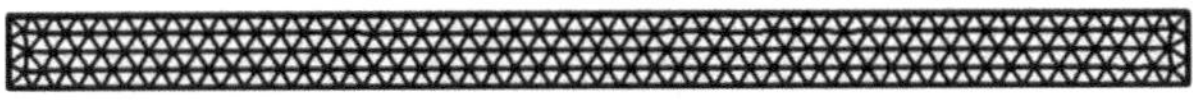

图 8-11　蒜薹中心截面网格划分

3）加载定解条件

圆柱烹饪热质传递数学模型的定解条件除能量控制方程的初始条件为：T_0=30℃外，其余同表 5-4。

4）圆柱烹饪热质传递数学模型物性参数设定

有所区别的参数见表 8-6，其他参数同表 5-5。

表 8-6　油炒蒜薹优化模型参数

参数	符号	数值	单位
固体基质密度	ρ_s	3 800	kg/m^3
固体基质比热容	$c_{p,s}$	0.20	J/（kg·℃）
固体基质导热系数	k_s	0.49	W/（m·℃）
初始湿基含量	x_0	0.88	无量纲
孔隙率	ω	0.67	无量纲
介质温度	T_f	70.0～160.0	℃

其中蒜薹孔隙率由密度推导而出（Yan et al.，2007）、蒜薹的导热系数（Ponciano et al.，1995）和比热容（金万浩，1991）由经验公式推测，具体公式如下：

$$\omega = 1 - \frac{\rho_{ga}}{\rho_{gb}} \tag{8-15}$$

式中：ω 是蒜薹的孔隙率，无量纲，选样蒜薹的孔隙率 $\omega = 0.67$；ρ_{ga} 是烹饪后蒜薹的体积密度，kg/m^3；ρ_{gb} 是鲜蒜薹的密度，kg/m^3。

$$k_s = 0.49 + 0.37\,e^{\left(\frac{0.04x}{x+1}\right)} \tag{8-16}$$

式中：k_s 是蒜薹的导热系数，W/（m·℃）；x 是蒜薹的水分含量，无量纲。

$$c_{p,s} = 0.28x + 1.52 \tag{8-17}$$

式中，$c_{p,s}$ 是蒜薹的比热容，J/（kg·℃）。

5）计算求解及结果

计算方法同 8.4.2 节，计算出不同油炒温度下蒜薹加热各网格节点的温度历史。

3. 维生素 C 体积平均保持率及 O_{Ts} 值计算方法

计算不同初始条件（油温：70～160℃）维生素 C 的终点体积平均保持率$(Q/Q_0)_{Tavg}$与 8.4.2 节中维生素 B_1 终点体积平均保持率计算方法相同；终点表面过热值 O_{Ts} 计算方法与 8.5.2 节相同。计算由 MATLAB 编程完成，$(Q/Q_0)_{Tavg}$、O_{Ts} 值计算原理分别按式（8-13）、式（8-10）。

4. 最优油温搜索方法

同 8.4.2 节，最后搜索出维生素 C 的终点体积平均保持率$(Q/Q_0)_{Tavg}$→max、终点表面 O_{Ts} 值→min 对应的油炒温度。

8.5.3　优化模拟计算结果

1. 圆柱热质传递模型求解结果及 h_{fp} 的测算

1）烹饪热质传递数学模型求解结果

图 8-12 展示了一个算例，以 160℃油温加热尺寸为 Φ0.6 mm×5 cm（直径×长度）的蒜薹，在时间长度与爆炒烹饪时间相同的条件下，模拟得到油炒烹饪过程蒜薹温度分布云图及不同空间位置的温度变化曲线。

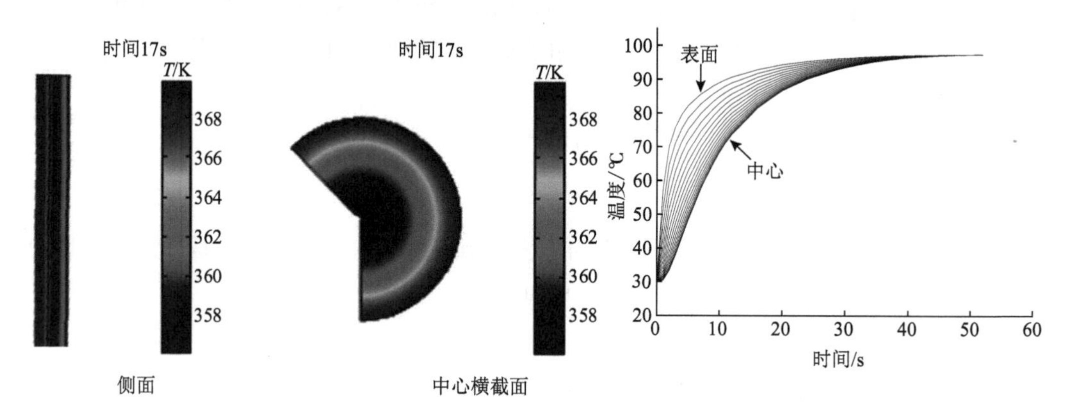

图 8-12　数值模拟 Φ 0.6 mm×5 cm 蒜薹以 160℃油温加热的温度分布云图及温度变化曲线

采用静态颗粒假设试算法。图 8-13 是实测温度曲线和最优 h_{fp} 计算模拟温度曲线的对比，对两条曲线进行误差分析，可得各油炒温度下中心温度历史的相关系数 R^2 分别为 0.962、0.985、0.993、0.991，并结合动力学模型对烹饪模型的限制函数——中心终点成熟值 M_T 的误差进行分析，见表 8-7。

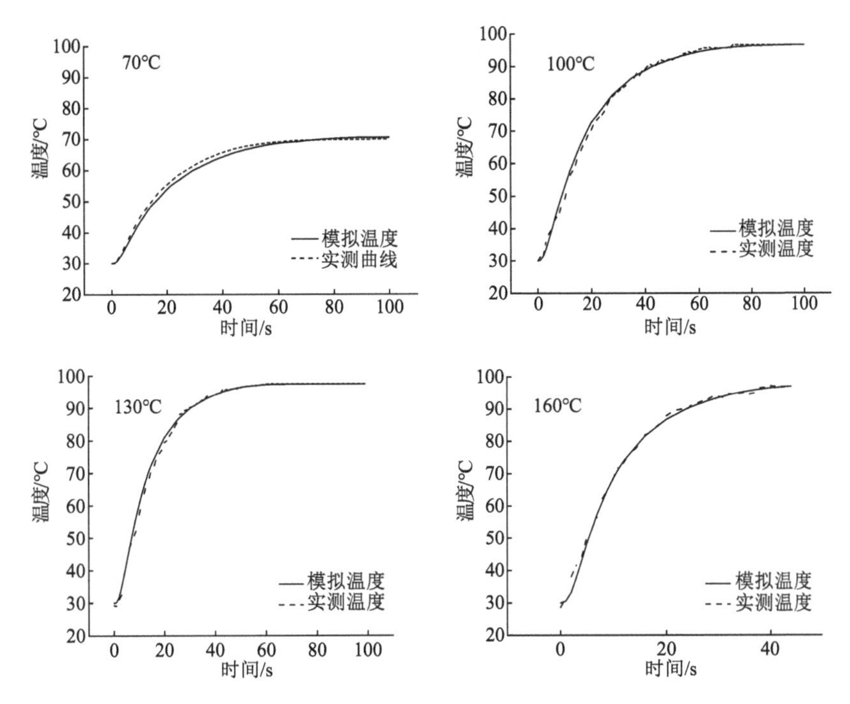

图 8-13　数值模拟及实测不同加热温度下蒜薹的中心温度历史

表 8-7　实测与数值模拟 *M* 值比较

介质温度/℃	70	100	130	160
处理时间/s		100		
实际采集计算 *M* 值/min	1.16	7.90	9.70	10.29
数值模拟计算 *M* 值/min	1.18	7.79	9.54	10.67
相对误差/%	1.72	1.39	1.64	3.70
h_{fp}/[W/（m^2·℃）]		550		

2）h_{fp} 的测算结果

由表 8-7 可知，数值模拟蒜薹烹饪油炒的中心终点成熟值误差在 5%以内，说明该热质传递模型能够满足烹饪优化研究的需求，求得测定条件下的 h_{fp} 为 550 W/（m^2·℃），并以之为模拟计算条件参数。

2. 蒜薹水分含量优化结果

图 8-14 显示了不同油炒温度下模拟和实测的蒜薹水分含量变化，两者有相同的变化趋势，且使蒜薹水分含量最高的油温均为 100℃。对试验数据的误差分析结果见表 8-8，试验和模拟蒜薹油炒过程的水分含量变化平均相对误差为 9.7%。

表 8-8　数值模拟及实测蒜薹水分含量数据分析

油温/℃	模拟水分湿基含量/%	实测水分湿基含量/%
70	72.37	62.91±2.17
100	79.64	71.47±2.29
130	65.25	57.32±1.58
160	35.49	32.56±4.21

3. 蒜薹维生素 C 保持率优化结果

由图 8-15 可知，不同油炒温度下模拟和实测油炒蒜薹达到相同成熟（M_T =17 min）时维生素 C 保持率有相同的变化趋势。维生素 C 保持率最高的油温为 100℃。

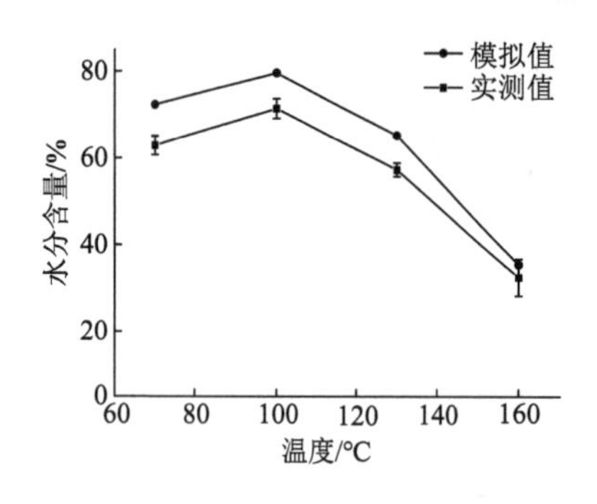

图 8-14　数值模拟及实测蒜薹水分含量变化结果

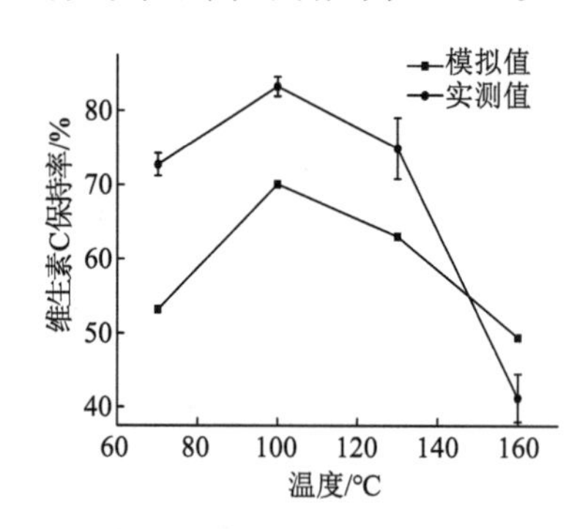

图 8-15　数值模拟及实测蒜薹维生素 C 保持率变化结果

4. 蒜薹表面颜色优化结果

由于模拟采用的是蒜薹表面绿色值$-a^*$的动力学参数，因此终点表面体积平均 O_{Ts} 可以表征表面绿色值$-a^*$的损失趋势。由图 8-16、表 8-9 可知，模拟结果显示，蒜薹油炒达到相同成熟（M_T=17 min）时终点表面体积平均 O_{Ts} 值和表面绿色$-a^*$的损失随着油温的增加呈先升高后降低的趋势，与试验测得的绿色值$-a^*$变化趋势一致。同时，模拟和实测得到的使油炒蒜薹表面颜色最优的油温均为 100℃，如图 8-17 所示。

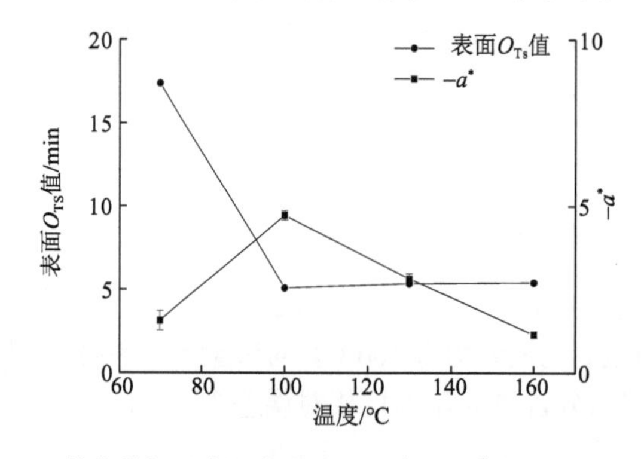

图 8-16　数值模拟及实测蒜薹表面绿色值$-a^*$和 O_{Ts} 值变化结果

表 8-9　数值模拟及实测蒜薹表面 O_{Ts} 值和绿色值 $-a^*$ 数据分析

油温/℃	终点表面 O_{Ts}/min	$-a^*$
70	17.38	3.14±0.58
100	5.095	9.45±0.29
130	5.359	5.65±0.32
160	5.428	2.31±0.21

70℃

100℃

130℃

160℃

图 8-17　70～160℃油温加热蒜薹达到相同成熟（M_T=17 min）时的照片

8.5.4　讨论

1. 高温油炒对蒜薹品质的影响

维生素 C 是蔬菜中热敏性最高的维生素，其变化具有代表性，可以指示其他热敏性成分的损失情况（应小青，2015）。一般观点认为低温烹饪会获得较优的营养品质，但王兆琦等（2012）文献表明高温短时加热比低温长时加热更有利于食品营养物质的保留。本研究以维生素 C 保持率为目标，蒜薹油炒最优温度为 100℃，与吴晓伟等（2012）得到的蒜薹热烫过程维生素 C 最优处理温度一致，证明了合理高温短时处理比低温更有利于营养物质的保留。同时，水分和表面颜色也在 100℃最优，证明了中式油炒烹饪存在最优烹饪温度。

2. 烹饪优化模型品质的可靠性

食品热处理优化模型对品质的预测是由热质传递模型和动力学模型结合完成的，只要相关动力学参数和烹饪食材加热中的温度历史准确可靠，就可以准确计算出食品的品质变化（Banga et al.，1993）。通过数值模拟预测得到的蒜薹维生素 C 保持率与实测值的平均相对误差为 19.39%；水分含量平均相对误差为 9.35%，可以用于烹饪过程的工程设计，具有实用价值。最优油温的优化结果与试验结果一致，也验证了优化模型的可靠性。

3. 烹饪优化原理的验证

根据成熟值理论，只要存在成熟值和过热值的 z 值差值，烹饪操作条件包括加热介质温度、加热时间、搅拌等都将会出现优化空间。因此可以通过提高油温的手段快速加热获得较优品质。

优化计算和试验结果都证明了，蒜薹在不同温度油炒处理，即使中心成熟值完全相同，形成的品质也是有差异的，证明了油温等操作参数的优化空间的存在。数值模拟的优化计算和实测值出现了相同的变化趋势，支持了火候优化原理。

研究结果表明，蒜薹和猪肉的最优油温差距很大，因此两者共同烹饪时，采用得到的任何一个优化条件开展烹饪，必定导致两种食材之一的烹饪偏离最优。而在传统中式烹饪中，对蔬菜炒肉这类菜品，通常采取分别烹饪后的合并烹饪，各自满足其最优烹饪条件。这是非常合理的工艺方法。

8.6　总结与讨论

8.6.1　优化总结

8.4 节和 8.5 节选择猪里脊肉、蒜薹的油炒烹饪工艺，利用数值模拟进行了优化计算，并测定了维生素 B_1、维生素 C、水分、剪切力、蒸煮损失等品质指标，将测定结果与优化计算结果对比，验证了火候优化模型的合理性，得到了最佳烹饪操作条件，同时证明了烹饪优化空间的存在、验证了中式烹饪优化原理。

火候的本质就是烹饪工艺优化，火候控制的实质是针对特定烹饪操作条件，如油温、食材的特征传热尺寸等，控制食材的成熟，实际体现在对烹饪加热时间的把握。而成熟值和过热值是成熟值理论的核心概念，可量化食材的成熟品质，表征食材的成熟度。本章对中式烹饪过程的优化及验证表明烹饪工艺优化原理是正确合理的。

需要注意到，本章优化研究为揭示烹饪优化原理，是在恒定油温下开展的，而实际烹饪中，油温是个变量，预热的油脂在加入颗粒食材后，油温会迅速下降。因此，在实际烹饪过程中，预热油温要设定到比恒温油浴烹饪更高的温度才能取得最优品质。最近开展的烹饪全局数值模拟能展示真实烹饪过程的优化条件。在本书 5.6.5 节的全局数值模拟中，油温为自发变量，猪里脊肉预热油温 160℃时，过热值最小，烹饪品质最优。该温度明显高于本章得到的恒定油温下的优化温度，参见图 5-52（b）。

8.6.2　讨论

1. 火候的存在

以终点成熟值为约束函数，以终点过热值最小为目标函数，以烹饪过程的热质传递数学模型为控制方程，以各种烹饪操作条件参数为优化变量构建了烹饪优化理论模型，结合理论分析和试验测定给出了典型中式烹饪的参数优化计算，从而证明了火候的存在。控制烹饪食材温度的操作参数有限，这样可以更加具体地定义火候为：通过加热功率控制、食材运动控制和加热时间控制达到烹饪成熟且整体品质最优的加热程度。这个定义不包括影响传热的刀工等操作。烹饪优化空间存在的重要原因是非稳态的传热特征及 z_M 与 z_O 的差值，通常差值越大，优化空间越大。

2. 火候优化的复杂性

从上面的内涵分析可以看到火候优化的高度复杂性。公元前 239～前 237 年成书的《吕氏春秋 · 本味》中说：“鼎中之变，精妙微纤，口弗能言，志不能喻。”说明古人深刻认识到了烹饪过程的复杂性，在没有自然科学的时代，这样的感叹是很正常的，更深藏着智慧。无论是刀工、调味还是加热油温不同的烹饪操作条件对菜品的火候控制都有一定的影响。多年来，厨师对火候的掌握主要依靠师傅对学徒经验传授、培训以及烹饪经验的总结积累。

采用数值模拟方法优化复杂的烹饪工艺，同时结合品质验证试验，可节省大量重复试验时间和精力，并保证试验结果的准确性和普适性。但火候的数值模拟优化应用必须解决以下问题：①烹饪过程是传热过程、传质过程及蒸发相变的几个耦合，过程复杂，同时大量的优化变量高度依赖于时间和位置，因此对于烹饪过程中的动态变化必须全程全局计算；②工艺操作必须参数化，用数学语言描述工艺操作参数，建立各手工操作与成熟时间的数学关系模型；③建立合理的优化模型应根据工艺特征和控制需求选择合适的目标函数、限制函数和优化变量。

3. 火候的多样性

由于烹饪工艺种类繁多，以及成熟值和过热值种类和空间位置的多样性，会出现以不同种类和空间位置的终点成熟值为约束条件，以及不同种类和空间位置的过热值为目标函数的多种优化模型。在前文的火候的数学描述中已经有所体现，如 8.3.2 节中介绍的不同目标函数和约束函数。

可以根据烹饪的流-固传热是否具有非稳态特征将火候分为稳态火候和非稳态火候。稳态火候的特征为：烹饪加热过程的大多数时间中，食材的温度和温度分布都保持稳定，总体上呈稳态，不同空间位置的品质变化是相同的。这类烹饪通常是长时的水传热、蒸汽传热加热，初期升温的非稳态阶段对总体加热影响不大，而后期的恒温加热占据主导地位。对于长时水传热、蒸汽传热加热，温度基本保持在水的沸点。稳态火候的成熟特征是后熟烹饪，通常存在一个较为宽泛的终点成熟范围。由于是恒温加热，一般的火候控制手段，如搅拌、加热功率控制等对烹饪品质影响不大，加热时间几乎是唯一的优化变量。稳态火候控制较为简单，即控制加热时间达到后熟终点成熟值后结束烹饪，以避免过度加热，通常时间是唯一的优化变量，目标函数和约束函数都是成熟值达到终点成熟值。而非稳态火候相对复杂，在烹饪流-固传热过程中，固体烹饪食材从外到内存在温度梯度，品质变化复杂而剧烈，传热、时间、空间、品质变化动力学参数都影响最终品质。

在第 2 章和第 3 章中，我们已经了解到了烹饪成熟的复杂性。而成熟是烹饪火候控制的关键，因而有多少种类的成熟，就会有多少种类的火候。参见表 2-2，表中的初熟和后熟大致对应了非稳态火候和稳态火候，而内外因成熟也有相应的火候情况。代表成熟和品质的空间位置是不同的，对于不同空间位置的成熟，有相应的火候控制，而对于火候优化而言，还存在烹饪品质优化的不同空间位置的目标函数，因此火候比成熟更复杂。分析不同烹饪工艺的火候特征如表 8-10 所示。

表 8-10　各种加热烹饪工艺的火候特征

序号	传统名称	传统定义	文献页码	火候-品质优化特征						
				非稳态火候	稳态火候	单限制函数	多限制函数	中心目标函数	表面目标函数	整体目标函数
1	煨	将原料加入多量汤水后用旺火烧沸，再用小火或微火长时间加热至酥烂	A（92）	非	是	是			可	是
2	炖	将原料加汤水及调味品，旺火烧沸后用中、小火长时间烧煮成菜	A（92）	非	是	是			可	是
3	煮	原料加多量汤或清水，旺火烧沸转中小火加热	A（91）	非	是	是			可	是
4	㸆	以小火烧煮使原料入味	B（131）	非	是	是			可	是
5	烩	将几种原料混合在一起，加汤水用旺火或中火烧制成菜	A（95）	非	是	是			可	是
6	焖	将经初步熟处理的原料加汤水及调味品后密盖，用中小火较长时间烧煮至酥烂而成菜	A（94）	非	是	是			可	是
7	烧	将经过初步熟处理的原料加适量汤（或水）用旺火烧开，中、小火烧透入味，旺火收汁	A（93）	非	是	是			可	是
8	扒	将经过初步熟处理的原料整齐入锅，加汤水及调味品，小火烹制收汁，保持原形成菜装盘	A（94）	—	—	—	—	—	—	—
9	㸆	在烧煮的基础上将汤直接提浓或收干	A（95）	非	是	是（兼）	可		可	是
10	卤	将原料用卤汁以中、小火煨、煮至熟或烂并入味	B（256）	非	是	是（兼）	可	可	可	是
11	酱	用事先配制的酱汁以中、小火将原料烧、煮至熟烂	C（286）	非	是	是（兼）	可			是
12	氽	小型原料于沸汤中快速致熟	A（91）	是	非	是				是
13	烫	利用沸水使原料成熟	A（91）	是	非	是				是
14	涮	由食用者将备好的原料夹入沸汤中，来回晃动至熟	A（96）	是	非	是				是
15	熘	将烹制好的熘汁浇淋在预熟好的主料上，或把主料投入熘汁中快速拌均匀	A（103）	—	—	—	—	—	—	—
16	蒸	利用蒸汽传热使原料成熟	B（733）	是（短时）	是（长时）	是				是
17	爆	沸油猛火急炒或沸水（汤）急烫使小型原料快速致熟	A（101）	是	非	是				是

续表

序号	传统名称	传统定义	文献页码	火候-品质优化特征						
				非稳态火候	稳态火候	单限制函数	多限制函数	中心目标函数	表面目标函数	整体目标函数
18	炒	以少油旺火快速翻炒小型原料成菜	A（101）	是	非	是				是
19	炸	以多量食油旺火加热使原料成熟	A（97）	是	非	是	可		可	是
20	氽	用较低油温以中、小火炸制	A（106）	是	非	是				是
21	煎	原料平铺锅底，用少量油，加热使原料表面呈金黄色而成菜	A（104）	是	非	非	是		是	是
22	贴	将几种原料经刀工成形后，加调味品拌渍，合贴在一起，挂糊后在少量油中先煎一面，使其呈金黄色，另一面不煎（或稍煎）	A（105）	是	非	非	是		是	是
23	灼	生料氽至九成熟后取出再速炒成菜（氽+炒）	B（765）	—	—	—	—	—	—	—
24	浸	将原料下入沸热液体致熟而成菜	A（91）	是	非	兼	兼	是		
25	烙	通过炊具的干热使原料成熟的烹调方法	A（109）	是	非	是	非	兼	兼	
26	烘	将原料置于无焰小火上，利用辐射热使之成熟	D（361）	是	非	是	非	兼	兼	
27	烤	利用辐射热使原料成熟	A（106）	是	非	是	非	兼	兼	
28	焗	运用密闭式加热，促使原料自身水分汽化致熟	A（109）	是	非	兼	兼	兼		
29	塌	原料挂糊后煎制并烹入汤汁，使之回软并将汤汁收尽	A（105）	非	是	非	是	兼	是	
30	淋	原料不下锅，以热油浇淋成菜	D（340）	是	非		是	兼	是	
31	烹	原料经熟处理后，泼入调味汁，利用高温使味汁大部分汽化而渗入原料，并快速收干	A（103）	非	是	非	是	兼	是	
32	炝	把制熟原料用调味品调制，使其味进入原料	D（361）	非	是	非	是	兼	是	
33	焐	利用微火或火灰余热保持恒温使密封在炊具中的原料酥烂	D（623）	非	是	兼	兼			是

注：1.所有成熟都是关于最后成熟，不涉及过程成熟，其中的使用了非的，并非没有经历过这种成熟；“是”表示该工艺这类成熟特征中唯一的成熟因素；“非”表示该工艺不包含该成熟特征；“兼”表示该工艺同时包含该成熟特征；“—”表示该工艺不存在成熟问题。

2.表中参考文献：A 为文献（戴桂宝和金晓阳，2014）；B 为文献（史万震和陈书华，2015）；C 为文献（中国烹饪百科全书编委会，1995）；D 为文献（姜毅和李志刚，2004）。

参考文献

程芬, 邓力, 汪孝, 等. 2018. 基于成熟值理论的蒜薹油炒过程品质变化动力学. 食品工业科技, 39(24): 18-23
戴桂宝, 金晓阳. 2014. 烹饪工艺学. 北京: 北京大学出版社

邓力. 2006. 固体食品流态化超高温杀菌技术研究. 无锡: 江南大学
邓力. 2013a. 炒的烹饪过程数值模拟与优化及其技术特征和参数的分析. 农业工程学报, 29(5): 282-292
邓力. 2013b. 烹饪过程动力学函数、优化模型及火候定义. 农业工程学报, 29(4): 278-284
姜毅, 李志刚. 2004. 中式烹调工艺学. 北京: 中国旅游出版社
金万浩. 1991. 食品物性学. 北京: 中国科学技术出版社
李斌. 1996. 火候的概念及数学表达. 中国烹饪, 1996(3): 27
李元科. 2006. 工程最优化设计. 北京: 清华大学出版社
李文馨. 2015. 基于成熟值理论的肉类蔬菜烹饪的动力学研究. 贵阳:贵州大学
刘兴余, 金邦荃. 2005. 影响肉嫩度的因素及其作用机理. 食品研究与开发, (5): 179-182
刘正顺. 1996. 火候定义的重新定位. 中国烹饪, (5): 17-18
闵连吉. 1988. 肉的科学与加工技术. 北京: 中国轻工业出版社
邱庞同. 2010. 中国菜肴史. 青岛: 青岛出版社
史万震, 陈苏华. 2015. 烹饪工艺学. 上海: 复旦大学出版社
托马斯, 戴维, 利昂, 等. 2006. 化工过程优化. 北京: 化学工业出版社
汪孝. 2017. 中式烹饪优化原理的初步验证. 贵阳: 贵州大学
王兆琦, 薛长湖, 丛海花, 等. 2012. 皱纹盘鲍足肌热处理过程中品质变化的动力学初探. 食品工业科技, 33(21): 85-90
吴晓伟, 杨剑婷, 王俊, 等. 2012. 不同蔬菜热烫对维生素 C 的影响. 食品工业科技, 33(11): 238-240
邢文训, 谢金星. 1999. 现代优化计算方法. 北京: 清华大学出版社
徐传骏. 1996. 论中国烹饪中的传热方式(上). 中国烹饪, (8): 28-30
徐嘉. 2019. 中式烹饪油炒火候原理初探. 贵阳: 贵州大学
闫维新. 2010. 多功能中式菜肴自动烹饪机器人研究. 上海: 上海交通大学
闫勇, 邓力, 何腊平, 等. 2014. 猪里脊肉烹饪终点成熟值的测定. 农业工程学报, 30(12): 284-292
应小青. 2015. 低温烹饪的特点及技术要点分析. 食品工程, (4): 33-36
张光直. 1983. 中国青铜时代. 北京: 三联书店
张宏文. 2019. 基于成熟值理论的中式烹饪关键传热规律研究, 贵阳: 贵州大学
张厚军, 崔建云, 成晓瑜, 等. 2014. 猪通脊肉水分迁移动力学及腊肉烘烤工艺优化试验研究. 北京: 中国农业大学
中国烹饪百科全书编委会. 1995. 中国烹饪百科全书. 北京: 中国大百科全书出版社
周晓燕. 2008. 烹调工艺学. 北京: 中国纺织出版社
Awuah G B, Ramaswamy H S, Economides A, et al. 2006. Thermal processing and quality: Principles and overview. Chemical Engineering & Processing: Process Intensification, 46(6): 584-602
Banga J R, Alonso A A, Gallardo J M, et al. 1993. Kinetics of thermal degradation of thiamine and surface colour in canned tuna. Zeitschrift für Lebensmittel - Untersuchung und - Forschung, 197(2): 127-131
Banga J R, Balsa-canto E, Moles C G, et al. 2003. Improving food processing using modern optimization methods. Trends in Food Science & Technology, 14(4): 131-144
Bramblett V D, Vail G E. 1964. Further studies on the qualities of beef as affected by cooking at very low temperature for long periods time. Food Technology, 18: 245
Emília L, Jana K, Martina K, et al. 2005. Vitamin losses: Retention during heat treatment and continual changes expressed by mathematical models. Journal of Food Composition and Analysis, 19(4): 77-84
Elisabeth M, Boyan P, Peter P P, et al. 2002. NMR-cooking: monitoring the changes in meat during cooking by low-field ^{1}H-NMR. Trends in Food Science & Technology, 13(9): 341-346
Feliciotti E, Esselen W B. 1957. Thermal destruction rates of thiamine in pureed meats and vegetables. Food

Technology, 11(2): 77-84

Food and Drug Administration (USA). 2000. Kinetics of Microbial Inactivation for Alternative Food Processing Technologies Microwave and Processing. http://www.fda.gov/Food/ScienceResearch/ResearchAreas /SafePracticesforFoodProcesses/ucm100198.htm.

Gisslen W. 2011. Professional Cooking. Hoboken, New Jersey: John Wiley & Sons

Halder A, Dhall A, Datta A K, et al. 2007. An improved, easily implementable, porous media based model for deep-fat frying. Food and Bioproducts Processing, 85(3): 209-219

Julio R B, Eva B C, Antonio A A, et al. 2008. Quality and safety models and optimization as part of computer - integrated manufacturing. Comprehensive Reviews in Food Science and Food Safety, 7(1): 168-174

Lawrie R A, Ledward D A. 1998. Lawrie's Meat Science. Cambridge: Woodhead Publishing Limited

Mieko K, Yoshinori I. 1990. Cooking losses of minerals in foods and its nutritional significance. Center for Academic Publications Japan, 36: S25-S33

Miles C A, Burjanadze T V, Bailey A J, et al. 1995. The kinetics of the thermal denaturation of collagen in unrestrained rat tail tendon determined by differential scanning calorimetry. Journal of Molecular Biology, 245(4): 437-446

McMinn W M, Magee T R A. 1996. Air drying kinetics of potato cylinders. Drying Technology, 14(9): 2025-2040

Mulley E A, Stumbo C R, Hunting W M, et al. 1975. Kinetics of thiamine degradation by heat: A new method for studying reaction rates in model systems and food products at high temperatures. Journal of Food Science, 40(5): 985-988

Ponciano S M, Robert H D, Kenneth A B, et al. 1995. Models for the specific heat and thermal conductivity of garlic. Drying Technology, 13(1-2): 295-317

Rao M A, Rizvi S S H. 1986. Engineering Property of Foods. New York: Marcel Dekker Press

Ryley J, Kajda P. 1994. Vitamins in thermal processing. Food Chemistry, 49(2): 119-129

Yan Z Y, Sousa-Gallagher M J, Oliveira F A R, et al. 2007. Shrinkage and porosity of banana, pineapple and mango slices during air-drying. Journal of Food Engineering, 84(3): 430-440

第9章

火候的控制

9.1 火候控制概述

为了提升烹饪过程控制水平，摆脱手工操作技艺依靠心口相传的桎梏，推进手工技艺向自动烹饪升级，需要研究火候控制。首先，通过研究火候控制探索操作参数对烹饪品质影响的内在原理，有助于全面地、深入地认识火候；其次，可以解读、评价和提升当前手工烹饪的火候控制技艺；最后，也是最重要的是为自动烹饪的控制奠定原理基础。火候控制研究将烹饪科学原理推向应用层次。

9.1.1 火候控制的构成和前提

1. 火候控制的构成

火候控制的实质是一种过程控制，控制烹饪操作变量达到火候被控变量的设定目标。成熟值 M 为第一被控变量，终点成熟值 M_T 作为控制目标设定值。过热值等参数为第二被控变量，其值达到最优作为控制目标。操作变量为能够影响烹饪温度历史的可控操作参数。能够通过对操作变量的调整，使得被控变量接近设定值。

在上一章给出了火候的定量定义，即使菜肴成熟且总体品质达到最优的烹饪加热程度，并通过数值模拟和试验验证了品质优化空间的存在。因此，以品质优化为目的的烹饪传热控制是火候的核心内容，即控制烹饪热质传递过程中的操作变量，实现烹饪品质最优。

2. 火候控制的原理性前提

《食品工程自动化——食品品质定量及过程控制》(Huang et al.，2001）一书开篇即指出："食品品质量化和过程控制是食品工程自动化的两个重要领域。食品品质量化是食品品质评估和自动化的关键技术。"随后该书又指出："食品品质量化提供了食品品质的定量表达，是客观、自动实现食品品质评估的关键技术，为过程控制提供控制目标。"食品品质量化包括以下步骤：①建立定量指标；②由样品测量获得质量指标定量数值；③定量指标的数值处理和动态分析；④找到定量指标与被控参数之间的关系；⑤由模型预测定量指标的变化；⑥设计构建控制器以保证品质良好。

在本书第 2 章和第 3 章建立了烹饪品质量化的普适性指标——成熟值和过热值，并建立了测量方法，在第 6 章构建了成熟值实时测量的专用装置，在第 8 章提出了更高层次的烹饪品质控制目标——火候。烹饪成熟值/过热值动力学模型结合第 4 章及第 5 章的热质传递模型，构成了烹饪品质的预测模型，可以预测操作参数对定量指标的影响。第 8 章的烹饪优化过程模拟展现了这种预测能力。由上述分析可见，前面 8 章完成了上一段食品品质量化的步骤①到⑤，实现烹饪品质的定量和模型预测。本章将讨论具体的烹饪品质控制、火候控制原理及关键细节。

以目前火候研究的深度和广度，只能针对中式烹饪火候控制的一些关键点展开讨论和试验分析。鉴于烹饪种类的多样性与过程控制的复杂性，要想全面把握火候控制原理，系统总结内在规律，仍需深入研究的积累。

9.1.2　火候控制的被控变量

火候控制的被控变量就是烹饪所希望达到的成熟及成熟品质指标，包括表征成熟的成熟值以及表征品质损失的过热值、品质损失率等。火候控制中的操作变量则是烹饪操作的控制参数，包括可控传热参数和烹饪时长等。在本书第 2 章中给出了烹饪品质变化的动力学表达式，包括成熟值 M、过热值 O 及品质保持率 Q/Q_0。多数情况下火候是一个以终点成熟值为限制函数、以最小过热值为目标函数的优化模型，使得火候的被控变量变得复杂。

1. 被控变量

被控变量按火候原理可分为以下两种。

第一被控变量：火候控制的第一目标是熟了，因此以成熟值 M 为第一被控变量，终点成熟值 M_T 作为被控变量的控制目标设定值。但是，由于在不同加热条件下都可以达到成熟，因此达到控制目标的操作变量可能有无穷多个。

第二被控变量：火候的第二目标是在达到成熟时过热最少，因此，过热值 O[式（2-54）]及品质保持率 Q/Q_0[式（8-9）]为第二被控变量，O_{Tmin}[式（8-11）]及 $(Q/Q_0)_{Tmax}$[式（8-13）]作为被控变量设定值。此时，达到控制目标的操作变量是受限的，常常是唯一的。

2. 第一被控变量与第二被控变量的关系

第一被控变量是火候优化模型中的限制函数，第二被控变量是火候优化模型中的目标函数，两者的关系是由传热学和动力学决定的，相互关联的，通常是非线性的，需要复杂计算才能把握。可以将两者合称为火候被控变量。

罐头杀菌控制与火候控制情况类似，第一被控变量为杀菌目标 F 值，第二被控变量是表征杀菌品质的加热品质劣化动力学参数 C 值及 Q/Q_0 值，而操作变量是杀菌温度和时间的组合——杀菌式。

3. 烹饪火候被控变量是理想的食品品质控制指标

与其他热处理的被控变量不同，火候被控变量具有鲜明的特征。干燥控制的被控变量是水分含量/水分活度，杀菌控制的被控变量为 F 值及 C 值。水分含量/水分活度和 F 值都是保藏指标，C 值是品质优化指标。保藏显然不是人类摄入食物的终极目的，而火候被控变量中的 M 值及其设定值 M_T 值是基于感官评价获得的，反映了人群对食物品质的期望。这个期望包含了传统文化、生存环境、生理需求，是人类用火百万年来适应加热烹饪的后果，体现了人类对食物的本质需求。同时，以过热程度最小为被控变量，也满足了人类对营养品质需求等更高科学层次上的控制目标。显然，以人群的主观需求为目的的被控变量比以保藏为目的的被控变量有更高的层次，商业上也更能满足消费者的需求，是理想的食品品质控制目标。

4. 其他被控变量

还有一些特殊的被控变量，如焦煳程度、毒素含量等。在快速烹饪中，升温越快，烹饪品质越好，需要提高烹饪介质温度，但过高的介质温度可能导致食材表面出现不被期望的焦煳。用水性介质烹饪的情况下，水性介质蒸发殆尽时，必然出现焦煳，这时可以将水性介质蒸发耗尽作为烹饪的被控变量。一些食材天然含有毒素，需要烹饪加热去除。因此，一些情况下焦煳程度及毒素含量可以作为烹饪的被控变量。

9.1.3　火候控制的操作变量

1. 主要操作变量

影响被控变量且可以操作控制的变量都是火候过程控制的操作变量。分析烹饪热质传递的过程参数和烹饪操作的关系，可以得到主要的火候控制操作变量，如图 9-1 所示。

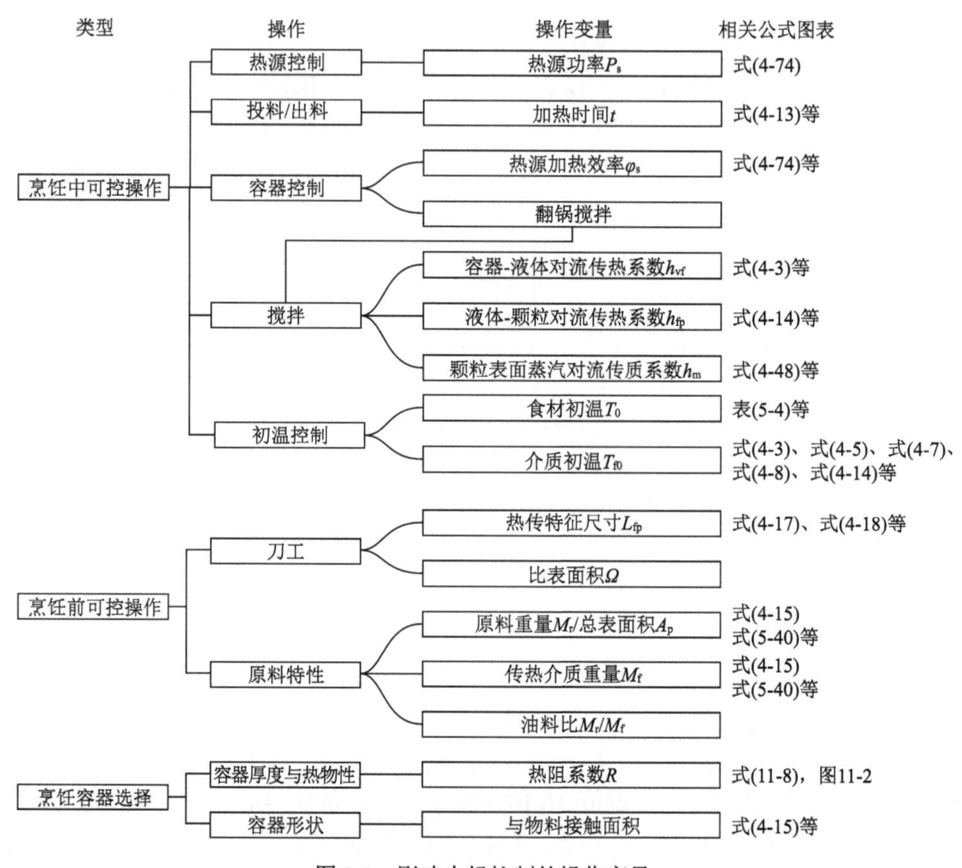

图 9-1　影响火候控制的操作变量

还存在其他一些辅助性火候控制操作，如上浆、挂糊等。在此不一一赘述。有关上浆的研究见 11.3 节。

2. 火候控制操作变量的特征

考察火候控制操作变量，具有以下特征：①能够影响烹饪温度历史的操作参数都可以作为操作变量，由于烹饪热质传递的复杂性，因此操作变量较多；②操作变量之间可能存在相关性，一个操作变量的变化，会影响另一个操作变量，如不同尺寸的烹饪食材所需要的加热时间和功率差别很大；③这些基本的操作变量还可能衍生出次级操作变量，如烹饪用油量与物料量之比——油料比对烹饪的温度历史有重大影响。

9.1.4　火候控制对烹饪品质的影响

火候控制要素对烹饪品质影响的分析见图 9-2。

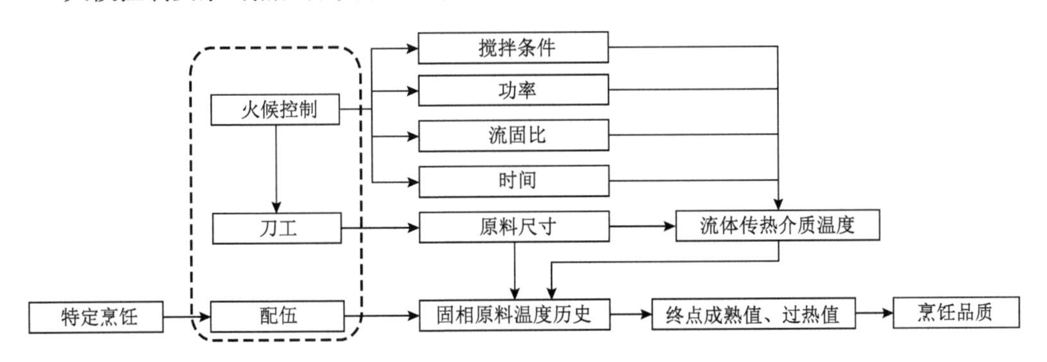

图 9-2　火候控制对品质的影响

烹饪中，包括刀工在内的火候控制决定了固相食材温度，其中流体传热介质温度起到关键作用。特定的食材配伍决定了烹饪的成熟和过热品质因子。而由固相食材的温度历史决定的各品质因子的成熟值和过热值决定了烹饪品质。

9.2　火候被控变量 M 值与烹饪品质的关系

M 值是人类对食物烹饪成熟程度的主观响应，也是成熟控制的第一被控变量。终点成熟值 M_T 是判断烹饪成熟的依据，是第一被控变量的控制目标值。但是，如果成熟控制仅仅代表感官上的可接受度而与食品品质关联性不大，在理性消费的时代，成熟度控制的意义是有限的。那么，成熟值作为被控变量有意义吗？这是一个值得研究的问题。同时，第二被控变量与第一被控变量相比，孰轻孰重，相互关系如何，也是需要讨论的问题。本节选取典型的烹饪工艺、食材和营养/感官品质，分析成熟与食品品质的关系，并考察其影响因素，探讨火候被控变量的参数意义。本节数据主要来自文献（程芬，2019）。

9.2.1　研究的条件和方法

1. 烹饪食材

烹饪食材：猪里脊肉、蒜薹。

2. 试验流程

试验流程如图 9-3 所示。

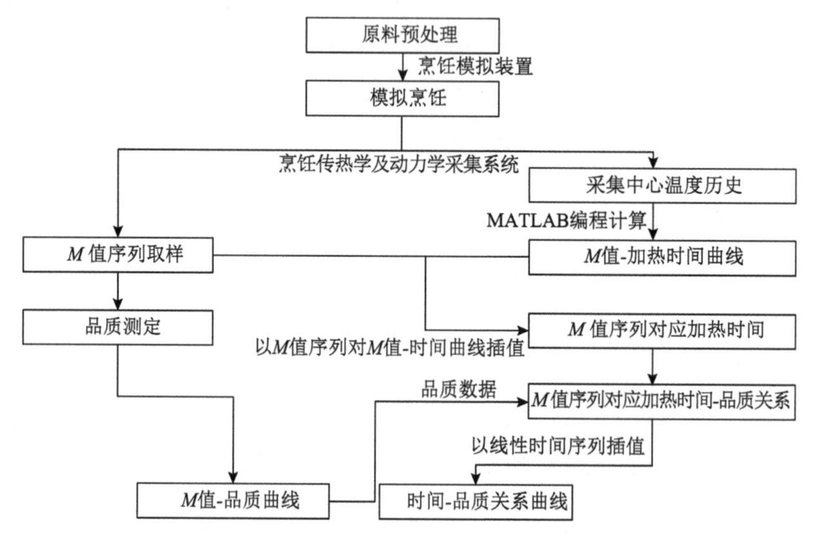

图 9-3　M 值对烹饪品质影响研究流程

3. 试验方法

1）猪里脊肉、蒜薹预处理

采用半厚黏接法制备 4 cm × 4 cm × 0.4 cm 猪里脊肉肉片，方法同 3.2.3 节。蒜薹选取直径为 5 mm ± 0.02 mm 的部位，切割成长度为 4 cm 的小段。

2）中心温度采集和特定 M 值取样

将烹饪传热学及动力学数据采集分析系统的热电偶插入试样几何中心，随后将食材放入第二代油炒模拟装置的油浴槽进行模拟烹饪（见 6.4.2 节）。烹饪传热学及动力学数据采集分析系统记录试样油炒加热过程的中心温度历史，并实时显示 M 值。

取样方式如下：猪里脊肉从 $M = 0$ min 开始，以 M 值每增加 200 min 取样一次，在品质变化剧烈的成熟点附近增加采样点。 蒜薹从 $M = 0$ min 开始以 M 值每增加 20 min 取样一次。

3）不同 M 值样品品质测定

对于取得的标度 M 值的序列样品，测定维生素 C 及维生素 B_1 含量、水分含量、蒸煮损失、剪切力、颜色的指标水平。

4）M 值-加热时间关系计算

采集获得中心温度历史如图 9-4（a）所示。将中心温度历史导入 MATLAB 中编程计算 M 值，获得 M 值-加热时间关系，结果如图 9-4（b）和（c）所示。当猪里脊肉 M = 0.5 min（闫勇等，2014）、蒜薹 M = 17min （李文馨，2015）时样品达到成熟，此时 M 值为 M_T 值，相应加热时间为其各自的终点成熟时间 t_{MT}。

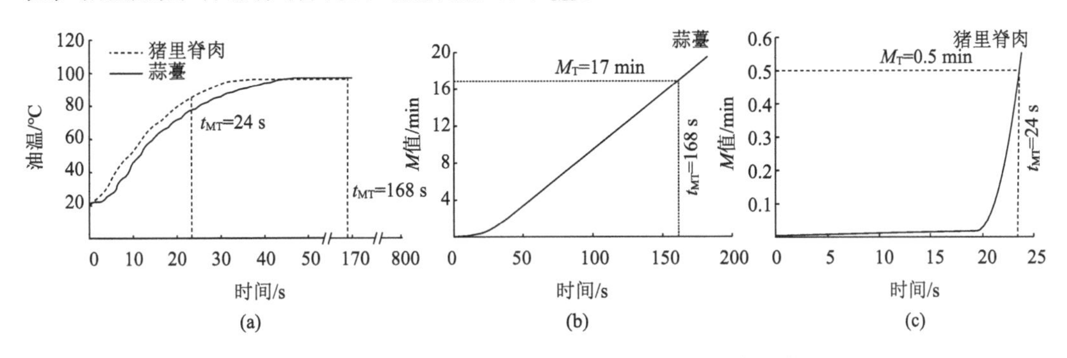

图 9-4　蒜薹及猪里脊肉中心温度及中心成熟值变化曲线

5）加热时间-品质关系

由于 M 值对应的时间是非线性的，不便读图，以取样的序列 M 值对 M 值-品质关系插值，得到可加热时间与样品品质关系。将加热时间-品质关系导入 Origin 软件，以加热时间进行线性插值，得到不同加热时间与样品品质间关系。

6）指标测定

①维生素 C 及维生素 B_1 的测定方法参照《食品安全国家标准 食品中抗坏血酸的测定》（GB 5009.86—2016）和《食品安全国家标准 食品中维生素 B_1 的测定》（GB 5009.84—2016），并加以改进，使用 0.22 μm 的有机相微孔滤膜；②表面颜色、剪切力、蒸煮损失的测定方法同 7.2.2 节中 1.；③水分含量测定使用卤素快速水分测定仪，方法同 7.2.2 节中 2.。

9.2.2　火候控制对烹饪品质的影响

M 值和成熟时间是火候控制的重要目标，M 值为火候控制的第一被控变量。

1. 成熟值及加热时间对维生素的影响

100℃加热条件下蒜薹中维生素 C 随 M 值变化如图 9-5（a）所示。由图 9-5（b）和（c）可知，烹饪过程中维生素随着食材成熟过程变化迅速，其中猪里脊肉中维生素 B_1 在 M 值= M_T 值附近变化尤其剧烈。

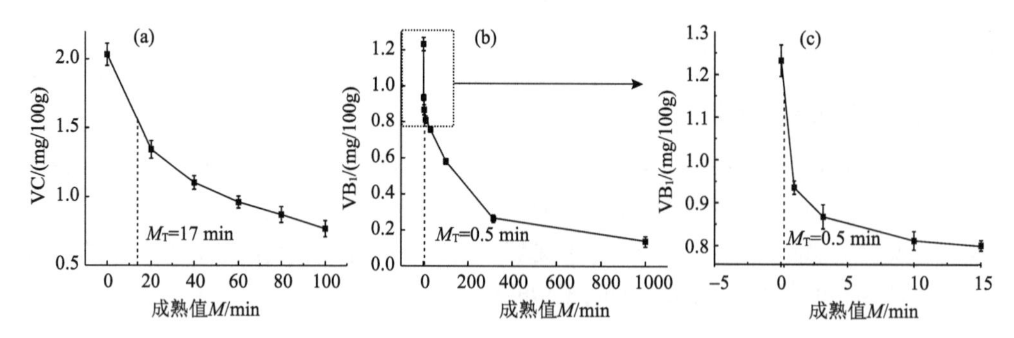

图 9-5　成熟值与蒜薹（a）及猪里脊肉（b，c）中热敏性维生素的关系

加热时间对蒜薹及猪里脊肉中维生素的影响如图 9-6 所示。

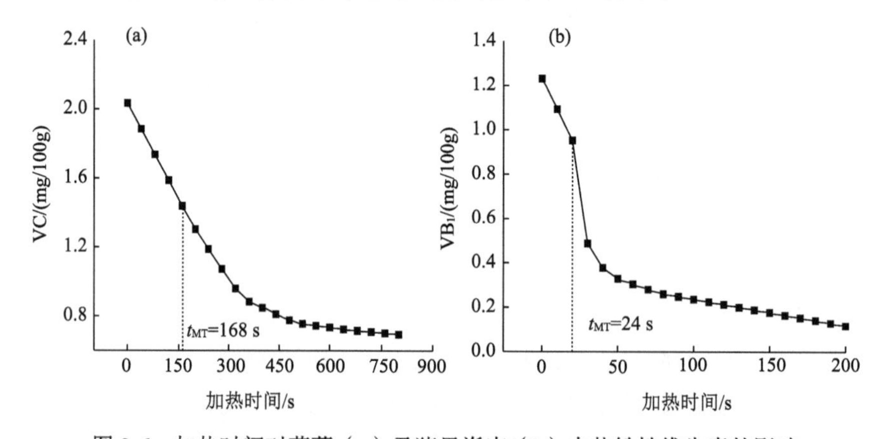

图 9-6　加热时间对蒜薹（a）及猪里脊肉（b）中热敏性维生素的影响

2. 成熟值及加热时间对水分含量的影响

烹饪过程中蒜薹及猪里脊肉水分含量变化随 M 值变化如图 9-7 所示。

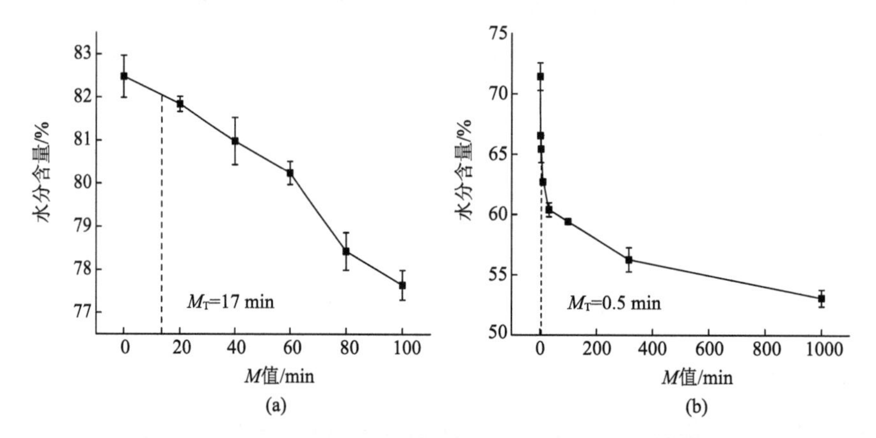

图 9-7　M 值对蒜薹（a）及猪里脊肉（b）中水分含量的影响

加热时间对蒜薹及猪里脊肉中水分含量的影响如图 9-8 所示。

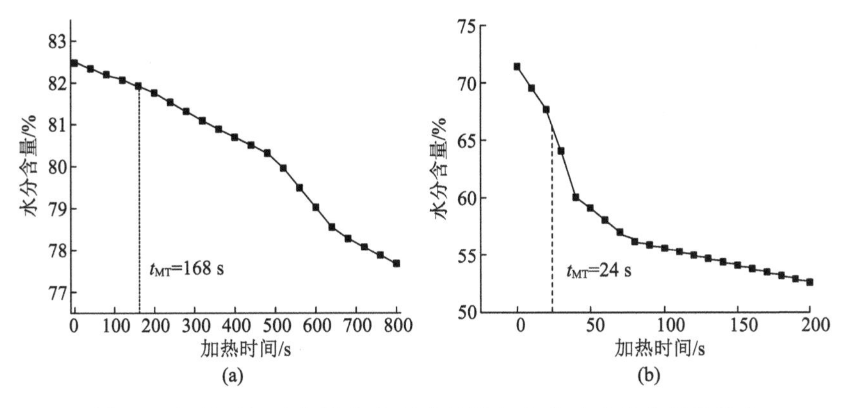

图 9-8　加热时间对蒜薹（a）及猪里脊肉（b）中水分含量的影响

3. 成熟值及加热时间对蒸煮损失的影响

烹饪过程中蒜薹及猪里脊肉蒸煮损失随 M 值变化如图 9-9 所示。

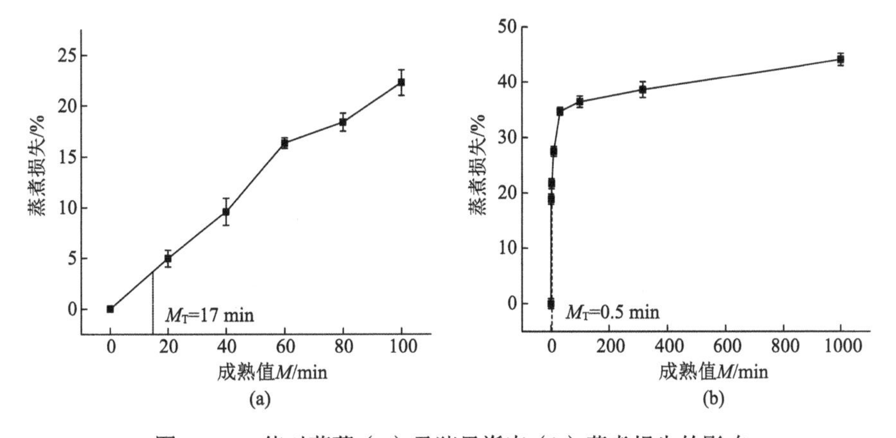

图 9-9　M 值对蒜薹（a）及猪里脊肉（b）蒸煮损失的影响

烹饪过程中蒜薹和猪里脊肉蒸煮损失随加热时间的变化如图 9-10 所示。

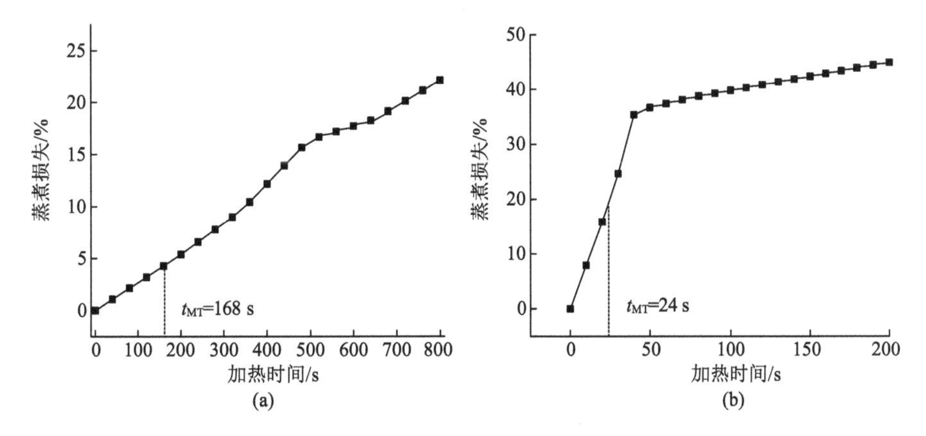

图 9-10　加热时间对蒜薹（a）及猪里脊肉（b）中蒸煮损失的影响

4. 成熟值及加热时间对剪切力的影响

烹饪过程中蒜薹及猪里脊肉剪切力随 M 值变化如图 9-11 所示。

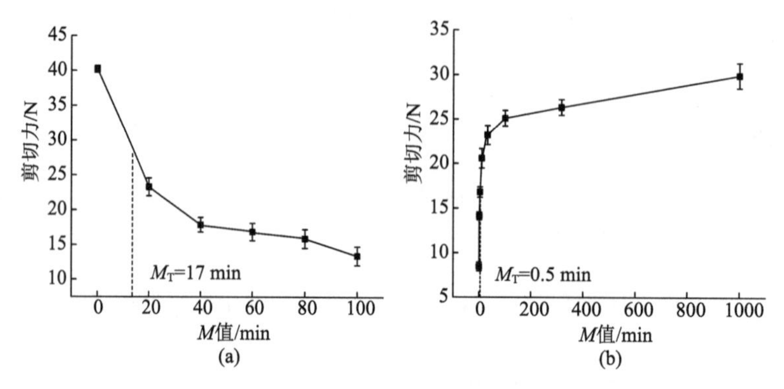

图 9-11　M 值对蒜薹（a）及猪里脊肉（b）剪切力的影响

烹饪过程中蒜薹及猪里脊肉剪切力随加热时间的变化如图 9-12 所示。

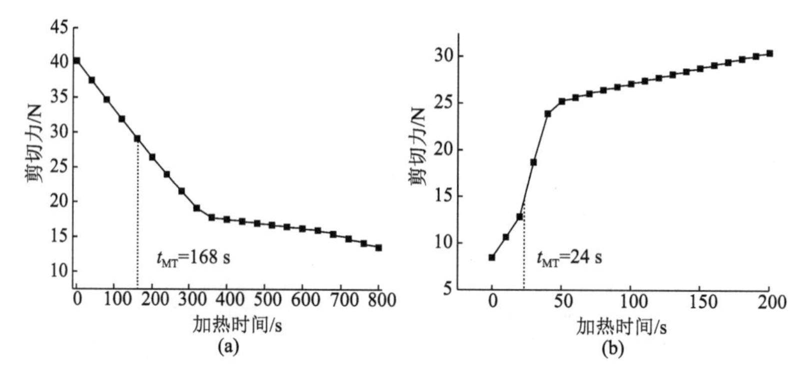

图 9-12　加热时间对蒜薹（a）及猪里脊肉（b）中剪切力的影响

5. 成熟值及加热时间对颜色的影响

蒜薹和猪里脊肉颜色随 M 值的变化如图 9-13 所示。

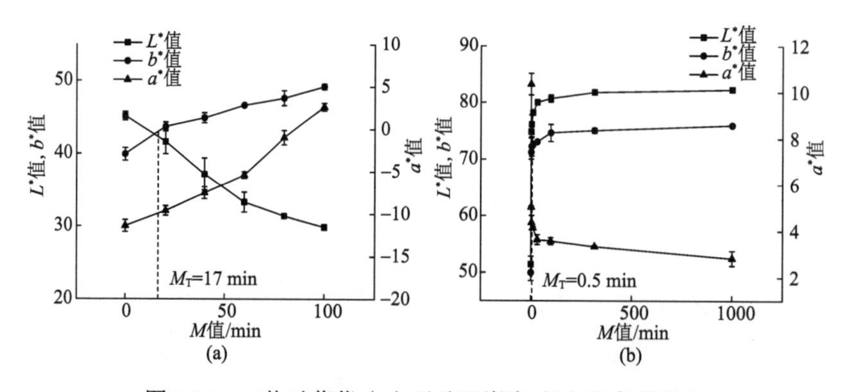

图 9-13　M 值对蒜薹（a）及猪里脊肉（b）颜色的影响

图 9-14 为蒜薹及猪里脊肉颜色在烹饪过程中的变化。

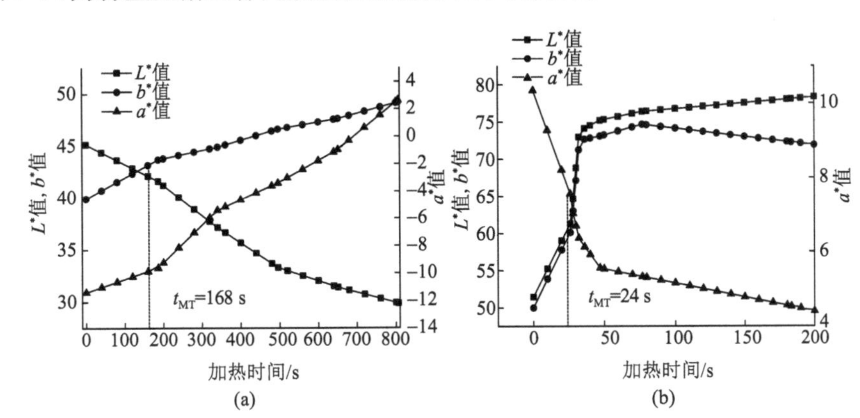

图 9-14　加热时间对蒜薹（a）及猪里脊肉（b）中颜色的影响

6. 不同成熟值样品的照片

油温分别为 100℃和 140℃时不同火候下蒜薹和猪里脊肉的照片如图 9-15 所示（程芬，2019），由图可以直观地看出成熟值对颜色等外观的影响。成熟值可以合理表征不同烹饪食材的品质变化。

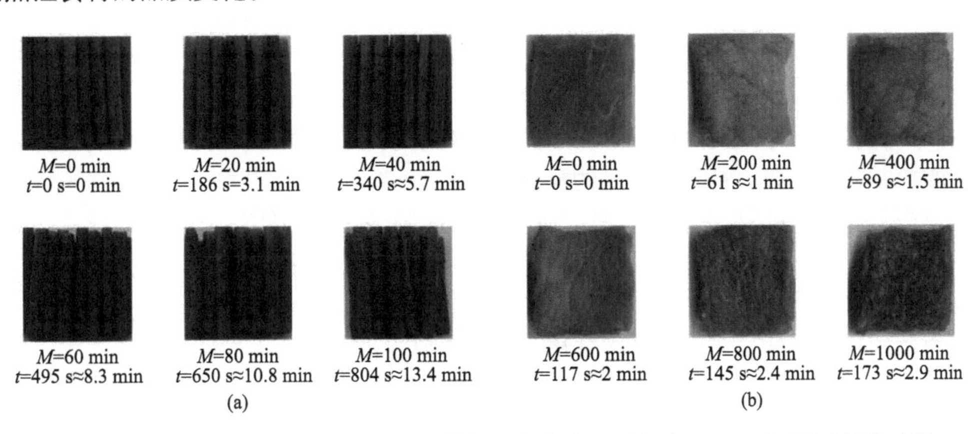

图 9-15　油温为 100℃下不同成熟值时蒜薹照片（a）及油温为 140℃下不同成熟值时猪里脊肉照片（b）

9.2.3　总结与讨论

1. 成熟值是合适的被控变量

从试验数据可知，烹饪过程中食品的热敏性营养、水分、质构和颜色都随 M 值变化，因此 M 值作为烹饪的被控变量是非常合适的。因其包含人类对成熟感受的心理物理学常数，反映了人群的成熟感受；因其可测量而具备工程应用意义；因其可表征热敏性品质而适合作为热处理指标。

在 M-品质关系图中，z_M 值较小的食材品质变化常常近似垂线，难以观测品质变化。而烹饪时间-品质关系图中，品质变化更加平缓，易于观察品质变化。

2. 成熟值作为被控变量的重要意义

由图 9-5～图 9-14 可见，各品质指标在成熟点附近基本都处于变化最剧烈的阶段。在超过终点成熟值后，品质急剧下降。如猪里脊肉的维生素 B_1 含量在成熟点后 10 s 即相对降低约 50%。因此，在达到终点成熟值 M_T 后及时终止加热，对获得优良烹饪品质极为重要，但控制难度较大。很多热质传递参数会影响 M 值的变化速率，从而影响烹饪控制难度。有关烹饪控制难度的细节分析和数学描述见 9.4 节。

3. z_M 对第一被控变量的决定性影响

$z_M = 10$℃的猪里脊肉比 $z_M = 30$℃的蒜薹的品质变化速率快很多，说明 z_M 值越小，M 值超过 M_T 之后的品质劣化越迅速，火候控制越困难。z_M 值对烹饪品质随 M 值变化的速率起到决定性的影响。

4. 两个被控变量对火候影响的比较

第 8 章的烹饪工艺优化研究展示了第二被控变量对烹饪品质的影响。本节试验数据与第 8 章图 8-9 及图 8-10 中相比，可以看出，M_T 控制不当造成的品质损害比第 8 章优化模型的操作参数控制不当产生的后果要严重得多，说明在多数情况下，第一被控变量比第二被控变量对品质的影响大得多。在烹饪达到终点成熟值时及时结束烹饪对烹饪品质的控制非常重要，是火候控制的重点。

但应该指出，上述试验是在前期研究获得的较优烹饪条件下开展的，当烹饪的传热控制参数大幅度偏离优化模型的最优条件，如以过高的或过低的温度烹饪时，即使成熟终点控制得当，也可能导致严重的烹饪品质劣化。第 8 章提出的烹饪工艺优化对火候控制的作用不可低估，两个被控变量均是形成良好烹饪品质的火候控制目标。

当烹饪过程中不存在品质优化空间时，M 值是唯一的被控变量，通常这类烹饪的火候控制较为简单。

5. 应用指导

普通人在烹饪时为确保菜肴的成熟会过度加热使得结束烹饪时的 M 远大于 M_T，其烹饪时间远大于 t_{MT}。而在 M 超过 M_T 后，品质通常处于剧烈变化阶段，导致菜肴品质的严重劣变。由于手工烹饪的普遍性、日常性，这种劣变会导致巨量的食品品质损失，尤其是热敏性维生素的损失，会影响国民健康。这个问题值得营养学专家重视。

日常烹饪时仅通过感官无法精确判断菜肴的成熟。而通过现代过程控制技术，完全可以在自动烹饪中精确控制成熟，可在很大程度上减小菜肴在烹饪过程中的品质损失，也证明了发展中式烹饪标准化、自动化的必要性。

9.3 流体介质温度对火候控制的影响

9.3.1 流体介质温度在火候控制中的重要性

火候控制影响因素众多，各种变量常具有很强的动态性、分布性、不可测定性，导致在把握烹饪控制规律时，思路容易陷入混乱。有必要找到一个便于全局性理解、把握烹饪火候控制规律的参数，考察该参数的动态变化对火候控制的影响。这个合适的参数是流体介质温度。

上一章中对油炒烹饪火候的优化模拟计算结果表明，存在一个使烹饪品质最佳的油温，且得到了试验验证。

流体介质温度在烹饪传热控制中具有枢纽地位。例如，炒的传热过程包含了热源对容器外壁辐射、容器内部传导、油对容器的对流、油对食材颗粒的对流、颗粒内部传导及颗粒表面蒸发等 6 个主要传热和相变过程，参见图 9-16。由于食材颗粒的内部导热是一个自发过程，是不可控的，控制食材颗粒传热的唯一手段就是控制其外部换热条件——食材颗粒的表面传热强度。由图可见，前面几个传热步骤终结于油，传热学上体现为油温。油温是烹饪控制的关键变量，相对于颗粒内部温度等其他变量，流体温度测量更容易一些。在火候控制中，控制烹饪传热介质温度是火候控制的重点。

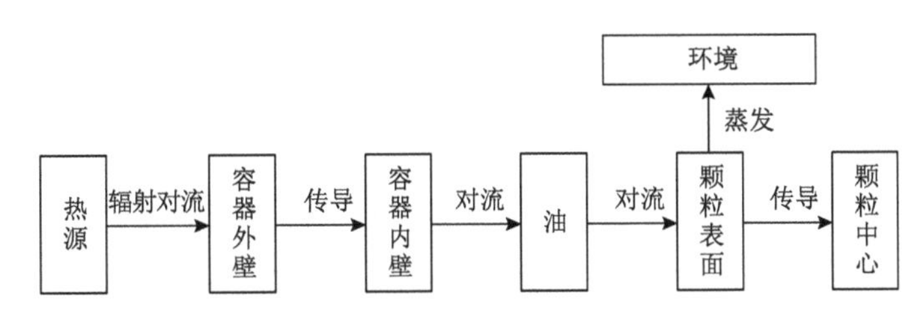

图 9-16 炒的传热过程

9.3.2 爆炒的油温控制原理

以肉类爆炒为例，上一章计算得到猪里脊肉肉片的最优烹饪温度是 140℃左右，但在具体烹饪过程中通常都会偏离最优油温，即使保持在最优油温附近一个变动较小的范围，也是相当困难的。下面通过对烹饪过程的全局功耗分析计算，讨论油温控制的技术规律和控制难度。

对油炒烹饪过程，将油预热到高温，在食材投入锅内后，如果要让油温保持稳定，需要达到如下热量平衡（忽略影响很小的传热项）：

锅内面-油表面换热热量+预热油释放热量 = 油-食材颗粒表面换热热量+水分蒸发吸热量

将上式除以时间，则转变为相应的功率平衡式。动态的分析计算需要同时模拟热源、锅具、传热介质和所有食品颗粒以完成烹饪全局数值模拟，运算负荷巨大。此处根据传热学原理，以豌豆及肉丝为例，采用简化算法开展静态的分析计算功率平衡，分析油温控制的主要影响因素。油炒烹饪蔬菜和肉类的功率与功耗计算方法和计算结果见表 9-1 及图 9-17。由表 9-1 和图 9-17 可以得到以下结论。

表 9-1　油炒功耗平衡的计算

Part 1　豌豆升温需要的瞬时功耗							
豌豆质量：200 g；半径：0.25 cm；相对密度：1.05 g/cm³；颗粒数：2910；总表面积：0.23 m²；豌豆物料初温：25℃；加热油温：100～180℃；油-豌豆对流传热系数：1000 W/（m²·℃）							
物料升温功率 ＝ 对流传热系数×表面积×（油温+料温）							
加热油温/℃	180	160	140	130	120	110	100
物料升温功率/kW	35.4	30.9	26.3	24.0	21.7	19.4	17. 1
Part 2　肉丝升温需要的瞬时功耗							
肉丝质量：200 g；尺寸：0.35 cm×0.35 cm×3.5 cm；相对密度：1.12 g/cm³；颗粒数：466；总表面积：0.24 m²；肉丝物料初温：25℃；油温：100～180℃；油-肉丝对流传热系数：2000 W/（m²·℃）（翻锅爆炒）							
物料升温功率 ＝ 对流传热系数×表面积×（油温+料温）							
加热油温/℃	180	160	140	130	120	110	100
物料升温功率/kW	74.4	64.8	55.2	50.4	45.6	40.8	36.0
Part 3　食材附带水分蒸发需要的功耗							
水量：10 g（0.01 kg）；蒸发潜热：2257.2 kJ/kg							
水分蒸发需要的热流量 ＝ 水量×蒸发潜热/蒸发时间							
蒸发时间/s	1	2	3	4	5		
水分蒸发功率/kW	22.6	11.3	7.5	5.6	4.5		
Part 4　预热油脂降温产热功率							
油脂质量：600～1000 g；油脂比热容：2.8 kJ/（kg·℃）；初温：180℃；末温：100℃；降温时间：1～5 s							
油脂蓄热降温产生的加热功率 =油脂质量×油脂比热容×（末温+初温）/降温时间							
Part 4（a）　600 g 油脂降温产热功率							
降温时间/s	2	4	6	8	10		
降温产热功率/kW	67.2	33.6	22.4	16.8	13.4		
Part 4（b）　1000 g 油脂降温产热功率							
降温时间/s	2	4	6	8	10		
降温产热功率/kW	112.0	56.0	37.3	28.0	22.4		
Part 5　锅具加热功率							
锅口径：35 cm；锅高：14 cm；锅的球体直径：36.75 cm；750 g 油脂有效加热面积（液位高度 2.75 cm）0.0631 m²；1000 g 油脂有效加热面积：（液位高度 3.18 cm）0.0735 m²；锅内面温度：350℃；油温：140℃；油-锅对流传热系数：1000 W/（m²·℃）							
锅具加热功率=有效加热面积（接触面球缺面积）×油-锅对流传热系数×（锅内面温度 – 油温）							
油量/g	750	1000					
锅具加热功率/kW	6.94	8.09					

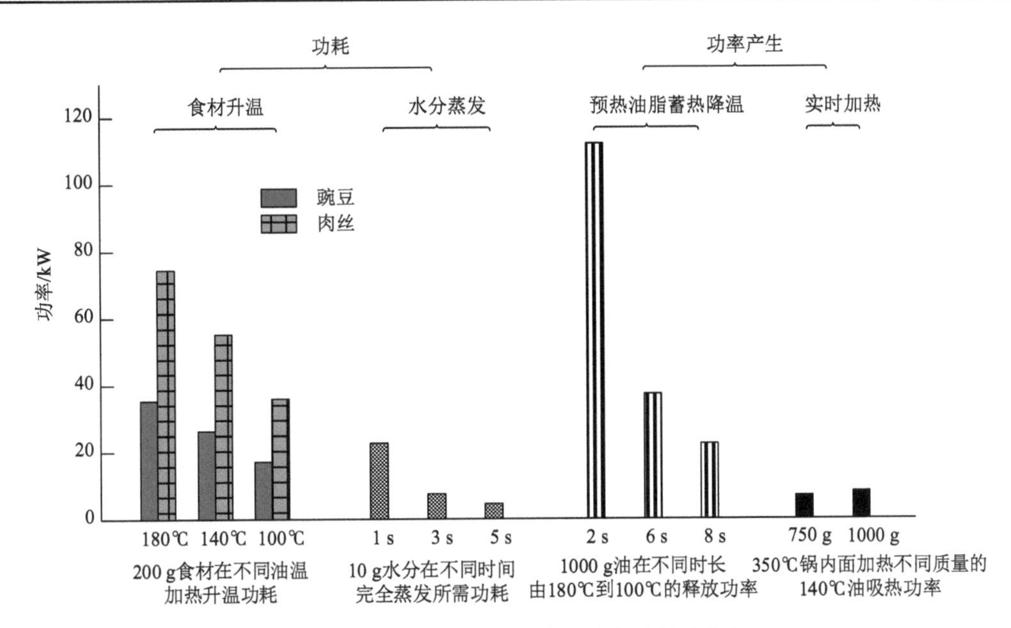

图 9-17　油传热烹饪过程中的功率消耗及产生

1）小颗粒食材油炒烹饪初期的加热功耗极为巨大

由于中式烹饪"食不厌精，脍不厌细"的习惯，多数菜肴都经过精细切割，从而形成了巨大的表面积。加之投料初温较低，需要很大的功率才能满足烹饪食材颗粒的升温需求。由表 9-1 Part 1 可见，豌豆烹饪对流传热系数为 1000 W/（m^2·℃）时，油温 140℃的初始功耗达到 26.3 kW。而肉类烹饪加热更加剧烈，其对流传热系数最高可以达到 2000 W/（m^2·℃）左右，油温 180℃和 140℃的初始功耗达到惊人的 74.4 kW 和 55.2 kW，见表 9-1 Part 2。上浆后，对流传热系数增加数倍，功耗更高，参见表 11-4 和表 11-5。

表面换热功耗还只是烹饪初期加热功耗的一部分。由于烹饪油温高于沸点，而烹饪食材通常表面带有水分且自身含水量高，会出现表面蒸发。中式炒菜投料后出现"哗"的一声，就是水分闪急蒸发导致的。如表 9-1 Part 3，200 g 食材表面含水 5%时，1 s 内蒸发完水分所需功率为 22.6 kW。即使 5 s 内蒸发完，也需要 4.5 kW 的功率。

2）加热功率不能满足烹饪初期的巨大功耗

使用一般家用液化石油气灶，锅底到热源距离和搅拌频率分别为 5～11 cm、0.5～2 Hz 时，可以覆盖大多数操作过程，在这种条件下，实测热源能够向食品体系传递的最大功率通常在 1.49～3.57 kW，数据依据参见 11.1 节。而表 9-1 的加热功率理论计算值也仅 6.94～8.09 kW。与油炒烹饪初期的功耗相比，显然是杯水车薪。那么是否能够设法提高锅具的内表面温度及对流传热系数以提高加热功率呢？答案是否定的。首先，内表面不能温度过高，否则会导致焦煳甚至燃烧。按照流-固表面的运动-换热原理，最接近固体表面的一层液体流动相对缓慢，温度接近固体表面温度。大豆油、花生油燃点分别为 257℃、246℃。容易算出，要让对食材颗粒的加热功率达到 50 kW，保持油温 140℃，即使容器-油的对流传热系数达到 1000 W/（m^2·℃），锅内壁温度必须达到

940℃。实际烹饪中不允许也不可能出现这种情况。

加热功率不能满足烹饪初期巨大功耗的原因在于，烹饪食材颗粒表面积比锅具内的物料受热面积大得多。由表 9-1、Part1～2 和 Part5 数据可算出，200 g 豌豆和肉丝的表面积是锅具中 750～1000 g 油脂受热面积的 3.1 倍和 3.8 倍。这个基本物理因素是无法通过强化传热的措施去弥补的。

既然加热功率不能够满足烹饪初期的功耗需求，其后果一定是油温迅速下降，从而远远偏离烹饪所需最优油温。

3）预热油脂蓄热能够满足油炒烹饪初期的功耗需求

如表 9-1 所计算，将加热到 180℃的 600～1000 g 油脂降温到 100℃，在 2 s 内释放热量，能够输出 67.2～112.0 kW 的功率，即使在 4 s 内释放热量，也能够输出 33.6～56.0 kW 的功率。对于蒸发功耗，油与水混合，快速对流接触，发生闪急蒸发，主要的表面水分蒸发完成后，蒸发功耗减小到很低的数值。而对于烹饪食材颗粒的加热功耗，初期很高，随着颗粒的升温会急剧减少。油脂蓄热只要满足了初期的蒸发功耗和颗粒吸热功耗，后期的加热功率就能够满足正常烹饪的能量需求。

只要操作合理，油脂所蓄积的热量肯定能够满足烹饪需求，原因如下：首先，烹饪油料比是可调的，由于油料比越高，蓄能越多，增加油料比总能达到烹饪功耗需求，而由于油是可回收的，油料比增加基本没有代价，原理上是可以无限提高的；其次，油的加热温度在燃点以下是可自由控制的。在很多场合，爆炒烹饪都将油脂加热达到或接近燃点。在投料前发生油脂燃烧也是手工烹饪中常见的现象。

爆炒，是中国独有的烹饪技艺。我们的祖辈厨师——古代的烹饪专家，在漫长的年代里，以无与伦比的直觉发现了高温烹饪的品质优势，又创造了以预热油脂蓄热来使烹饪中油温处在合理高温从而取得最佳品质的油炒烹饪技艺。当这个传统烹饪技艺被现代食品热处理原理及传热学所解读后，先辈厨师创造这个技艺所体现出的敏锐的观察能力、聪慧的工艺设计能力令人叹为观止！

9.3.3　油炒过程的油温控制

1. 合理油温控制

在油炒烹饪中，由于烹饪初期的巨大功耗需要预热油脂到高温来弥补，要将油温控制在一个固定的理想温度是不可能的。烹饪油温的控制不可能和一般过程控制一样，给一个设定值后，通过调节操作变量，使之被控制在一定数值范围内。

参照第 5 章的数值模拟结果，推测得到合理操作油温和偏低油温情况下的食材颗粒温度历史。合理情况下，颗粒迅速升温，达到成熟而停止加热。而偏低的油温颗粒升温较慢，按上一章的优化分析结论，其烹饪品质也较差，参见图 9-18。注意该图为示意图，而不是来源于数值模拟或试验数据。相对早期文献的同类图（邓力，2013），该图根据最新研究进展做了更改。

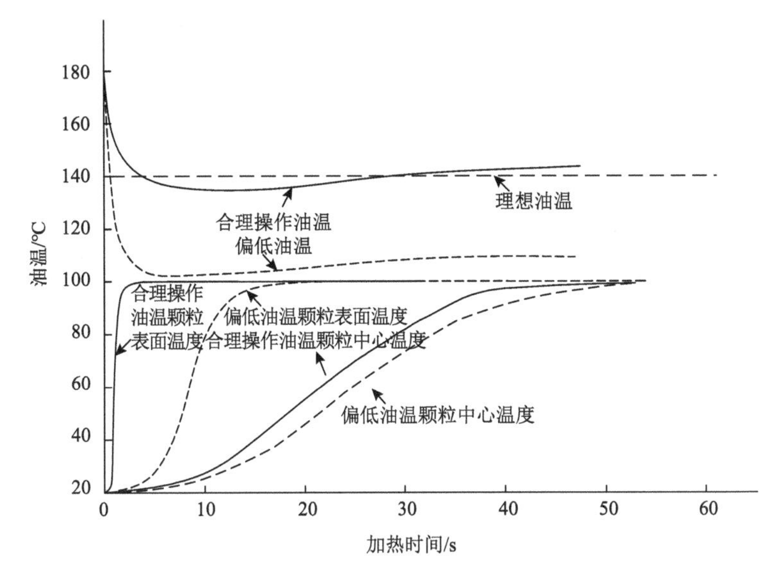

图 9-18　合理油温与偏低油温对油炒的影响

2. 影响油炒油温控制的因素

以下分析影响油炒工艺中油温的因素，见图 9-19。

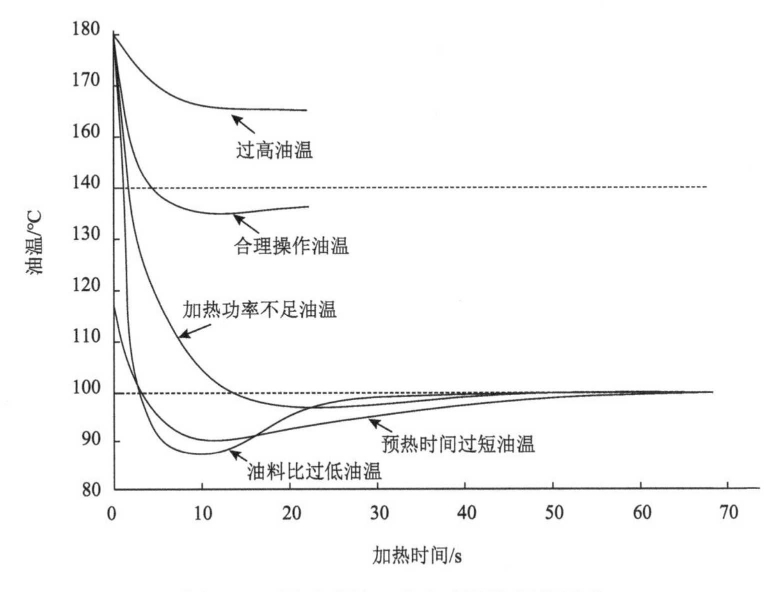

图 9-19　影响油炒工艺中油温控制的因素

1）油料比

油料比是油传热烹饪中预热油脂和烹饪食材的质量比，会直接影响烹饪过程的油温以及烹饪质量。当油料比过低，即使油脂预热温度足够高，由于油脂数量少，烹饪食材吸热和水分蒸发消耗大量热量，而加热功率不足以弥补，油温会迅速降到 100℃以下，使得烹饪偏离最优条件。

2）加热功率

即使油料比合理，油脂预热温度足够高，当烹饪功率不足时，在油脂和食材换热平衡后，油温逐渐降低，而加热功率不足以提升温度，油温会降到 100℃以下。在烹饪操作中可以调节热源功率来控制功率，但在短促的烹饪过程中，通常是通过调整锅具与热源的距离来实现烹饪功率的调节。

3）油脂预热时间

在加热功率一定的情况下油脂预热时间不足，会导致油炒过程中油脂温度偏低。家庭烹饪的烹饪功率和油料比通常都比厨师的专业烹饪低，这是专业烹饪具有品质优势的原因之一。

4）油脂预热温度

与上述情况相反，当油料比过高、油脂预热时间过长、加热功率过高时，由于剧烈蒸发，食材颗粒表面脱水干燥，形成壳层。这种情况可能导致表面的质构和风味品质劣化，而一些烹饪中需要出现这种情况，以产生期望的高温风味。多数情况下，由于内部水分扩散，壳层会在烹饪后吸收水分而消失。初始油温对油的温度历史的影响参见图 9-31。可见初始油温对油温是否在最优温度附近有重大影响。

5）设备尺寸与烹饪食材体积

中式烹饪中，设备上大炒是小炒的工艺放大，即大炒采用大锅，小炒采用小锅。当锅增大时，表现为球缺高度和球面直径的增加。由于锅的形状基本不变，球缺高度和其球面直径保持比例关系，由球冠面积和球缺体积公式可知，球冠面积按高度的平方关系增加，而球缺体积按高度的立方关系增加。考虑加入的物料在烹饪中不规律运动以及锅的形状小幅度变化等因素，大炒和小炒相比，随着锅的增大，加热面积和物料体积分别以近似平方和近似立方关系增加。由辐射传热原理（胡正和林其钊，2007），燃烧加热的火焰温度恒定并保持包围锅体时，锅的辐射热量与受加热的面积成正比。因此，大炒与小炒相比，随着锅的直径和高度的增大，加热功率按近似平方关系增加，而物料体积却按近似立方关系增加，相当于大幅度降低了单位食材的加热功率，烹饪中会出现图 9-19 中加热功率不足的油温变化曲线。另外，由于大炒中物料质量很大，难以实现手工快速沥油，油的数量受到限制，导致油料比大幅度下降，从而无法实现小炒中以多量油脂快速加热烹饪，出现图 9-19 中油料比过低导致油温过低的情况。因此，大炒中，即使预热油温到较高温度，烹饪中油温也会明显低于小炒，由于偏离了最优烹饪条件，大炒质量明显低于小炒。

上述分析说明，烹饪设备受热面积和食材投料量之比是关系到烹饪质量的重要操作参数。

9.4　火候控制难度及优化空间的数学描述

由于成熟值是时间积累性的，且与温度呈指数关系。在高温下加热，会导致成熟值的急剧飙升。根据成熟值公式，当参考温度为 70℃及 z_M=10℃，烹饪食材 100℃下经历 1 min，成熟值就会达到 1000 min，而肉的终点成熟值在 0.5 min 左右，此时烹饪加热中品质急剧变化。因此，我们有必要考察在烹饪成熟点，也就是在达到烹饪终点成熟值时，成熟值的变动情况对火候控制及烹饪品质的影响。针对火候控制的第二个层次，即考虑第一被控变量均达到目标值的情况下，是否存在第二被控变量优化空间，需要找到合理的判据。综上，应该开展理论研究和试验验证，找到火候控制难度及品质优化空间的数学描述。

9.4.1　描述火候控制难度的函数

1）成熟时间 t_{MT}

成熟时间，即烹饪加热时间的长短，是最直观地判断火候控制难度的指标，参见式（2-48），是达到终点成熟值所需要的时间。时间越短，烹饪火候的控制就越困难。

2）成熟速率

成熟速率是成熟值随时间变化的速率。达到终点成熟值是火候控制的基本条件。成熟不足，可能是生的，品质不被接受甚至无法食用；成熟过度，导致品质损失。成熟点附近的成熟值随时间变化越快，成熟速率越大，说明烹饪控制越难。因此，成熟速率可以作为火候控制难度指标，由于成熟值对时间的微分是定义成熟值的积分函数的反函数，并考虑成熟值函数仅作定积分应用，定义成熟速率为

$$\frac{\mathrm{d}M}{\mathrm{d}t}=\frac{\mathrm{d}\left\{\int_0^t 10^{\left(\frac{T-T_{\mathrm{ref}}}{z_{\mathrm{M}}}\right)}\mathrm{d}t\right\}}{\mathrm{d}t}=10^{\frac{T-T_{\mathrm{ref}}}{z_{\mathrm{M}}}} \tag{9-1}$$

式中：$\mathrm{d}M/\mathrm{d}t$ 是成熟速率，无量纲；M 是成熟值，min；t 是时间，min；T 是颗粒空间中某一位置温度，℃；T_{ref} 是参考温度，℃；z_M 是表征烹饪成熟的质量因子 z 值。

由于通常 $z_M>1$，当 $T<T_{\mathrm{ref}}$ 时，$\mathrm{d}M/\mathrm{d}t<1$；当 $T=T_{\mathrm{ref}}$ 时，$\mathrm{d}M/\mathrm{d}t=1$；当 $T>T_{\mathrm{ref}}$ 时，$\mathrm{d}M/\mathrm{d}t>1$。$\mathrm{d}M/\mathrm{d}t$ 对于温度 T 是一个单调递增函数。显然，z_M 值越小，T 越大，则成熟速率 $\mathrm{d}M/\mathrm{d}t$ 越大。品质因子对温度敏感性越高，烹饪温度越高，则成熟变化就越剧烈，控制也越难。

3）过热速率

过热速率是过热值随时间变化的速率。过热值是表征烹饪品质劣化的重要指标。过热速率代表品质劣化速度，应该以食材颗粒整体平均劣化程度表示。因此，过热速率应采用体积平均过热值计算。与成熟速率变化规律一样，过热速率越大，火候控制难度越大。类似地，得到过热速率表达式为

$$\frac{\mathrm{d}O}{\mathrm{d}t}=10^{\frac{T-T_{\mathrm{ref}}}{z_{\mathrm{O}}}} \tag{9-2}$$

式中：O 是中心过热值，min；t 是时间，min；T 是颗粒空间中某一位置温度，℃；T_{ref} 是品质因子参考温度，℃；z_{O} 是表征烹饪品质劣化的质量因子 z 值。

类似于 $\mathrm{d}M/\mathrm{d}t$，T 越大，则过热速率 $\mathrm{d}O/\mathrm{d}t$ 越大。过热品质因子对温度敏感性越高，烹饪温度越高，则过热品质变化就越剧烈，控制也越难。

4）优化变率

优化变率是过热值相对成熟值的变化率。由于烹饪优化的实质表现是使烹饪达到终点成熟值的同时品质劣化最小，优化变率反映了烹饪品质优化空间的状况。定义优化变率为

$$\frac{\mathrm{d}O}{\mathrm{d}M}=10^{\frac{(z_{\mathrm{M}}-z_{\mathrm{O}})(T-T_{\mathrm{ref}})}{z_{\mathrm{O}}z_{\mathrm{M}}}} \tag{9-3}$$

式中：$\mathrm{d}O/\mathrm{d}M$ 是优化变率，无量纲。

当 $z_{\mathrm{M}}<z_{\mathrm{O}}$ 和 $T<T_{\mathrm{ref}}$，此时 $\mathrm{d}O/\mathrm{d}M>1$；当 $z_{\mathrm{M}}=z_{\mathrm{O}}$ 和/或 $T=T_{\mathrm{ref}}$，此时 $\mathrm{d}O/dM=1$；当 $z_{\mathrm{M}}<z_{\mathrm{O}}$ 和 $T>T_{\mathrm{ref}}$，此时 $\mathrm{d}O/\mathrm{d}M<1$。$\mathrm{d}O/\mathrm{d}M$ 对于温度 T 是一个单调递减函数。当 $z_{\mathrm{M}}=z_{\mathrm{O}}$，优化变率 $\mathrm{d}O/\mathrm{d}M=1$，此时，$O$ 值与 M 值变化规律相同，温度对 $\mathrm{d}O/\mathrm{d}M$ 没有影响，即各种控制烹饪温度的手段不影响 $\mathrm{d}O/\mathrm{d}M$ 值变化，因而不存在优化空间，烹饪过程的传热控制对第二被控变量没有意义。

通常 $z_{\mathrm{M}}<z_{\mathrm{O}}$，$z_{\mathrm{M}}-z_{\mathrm{O}}$ 为负值，此时温度 T 越高，式（9-3）的左边的指数项就越小（指数项可能从正值向负值变化），$\mathrm{d}O/\mathrm{d}M$ 越小。而优化变率 $\mathrm{d}O/\mathrm{d}M$ 越小，说明相对于 M 值发生的变化 O 值的变化越小。因此，提高升温速率，使达到成熟时的 T 变大[由式（2-48），更高的温度-更短的时间可以和更低的温度-更长的时间得到相同的 M_{T}]，M 值达到终点成熟值 M_{T} 时的 O 值就会变小，形成更优的烹饪品质。因此优化变率表征了烹饪品质优化的内在机理，反映了优化空间的大小。在成熟时间点的 $\mathrm{d}O/\mathrm{d}M$ 越小，优化空间越大。

由上述分析可知，z_{M} 和 z_{O} 值的差值一定时，温度越高，在成熟时间点的 O 值就越小，优化越显著。但在第 8 章的优化计算中，却明显存在一个最优温度值。这是因为在品质优化中我们关心的是代表总体过热品质的体积平均 O 值——O_{v} 值，而不是中心点的 O 值。由于非稳态传热的非线性，无法由式（2-59）得到 $\mathrm{d}O_{\mathrm{v}}/\mathrm{d}M$ 的解析公式。考虑中心点以外的 O 值，由于越是远离中心点，温度越高，过热越严重，$\mathrm{d}O/\mathrm{d}t$ 值越大。显

然，dO_v/dt 比 dO/dt 大，因此过高的温度，又可能使得 O_v 值过高。在以 O_v 值为目标函数的温度优化中，在一定温度之前优化变率 dO/dM 决定的温度越高品质越优的原理占据优势，而之后更高的温度，使得表面过热形成的 O_v 值过高的原理占据优势，从而形成了品质优化的最优温度点。

z_M 和 z_O 值的差值越大，优化变率所表征的优化越显著，提升加热介质温度（等同于提高升温速率）的优化效果越显著，也即 z_M 和 z_O 值的差值越大，最优温度越高。图 8-4 证实了这一判断。

为实现品质优化，通常应提高升温速率。升温越快烹饪过程的火候控制就越困难。因此 dO_v/dM 也在一定程度上表征了火候控制难度。成熟点的 dO/dM 值越小，火候控制难度越大。

上述三个函数都能表征火候控制的难度，均可作为火候控制的难度函数。这三个函数数值在 $M = M_T$ 时最具代表性。三个火候控制难度函数中，由于 M 值直接表征成熟程度，且通常 $dM/dt > dO/dt$，因而 dM/dt 更具代表性，应作为主要的火候控制难度指标。

5）成熟和过热加速率

进一步地，可以将成熟速率、过热速率、优化变率再次对时间微分，得到它们的加速率。

（1）成熟加速率

$$\frac{d^2M}{dt^2} = \frac{d\left(10^{\frac{T-T_{ref}}{z_M}}\right)}{dt} \tag{9-4}$$

（2）过热加速率

$$\frac{d^2O_v}{dt^2} = \frac{d\left(10^{\frac{T-T_{ref}}{z_O}}\right)}{dt} \tag{9-5}$$

上述参数能动态反映成熟难度随时间的变化率。

9.4.2　火候控制难度函数示例

以 120℃、140℃、160℃油温加热 4 mm 厚度的猪里脊肉，用烹饪传热学及动力学数据采集分析系统采集肉样中心温度历史和中心成熟值 M，并将温度历史导入 MATLAB 编程计算成熟时间、体积平均过热值、成熟速率、过热速率、优化变率，结果如图 9-20 和图 9-21 所示（徐嘉，2019）。

图 9-20（a）表示不同油温加热 4 mm 厚度猪里脊肉片的中心温度-时间的关系。通过对图 9-20（a）中试验数据，利用 MATLAB 软件计算式（2-48）获得中心成熟值随时间变化的

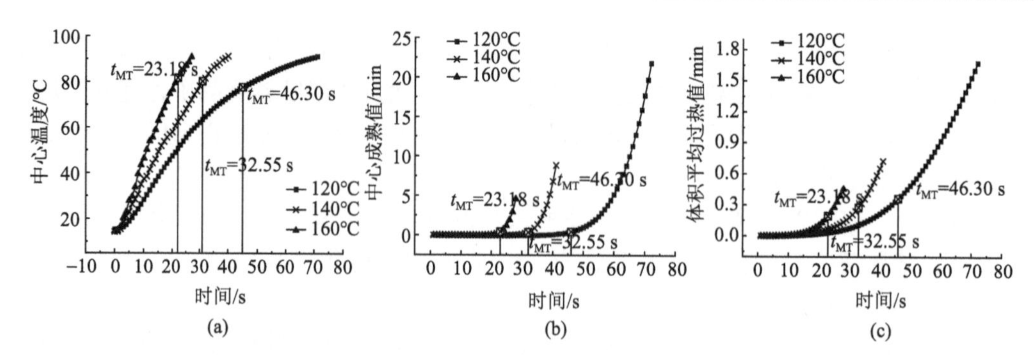

图 9-20　不同油温加热 4 mm 厚度猪里脊肉的中心温度（a）、中心成熟值（b）、体积平均过热值（c）与时间的关系

图中虚线为成熟时间 t_{MT} 线

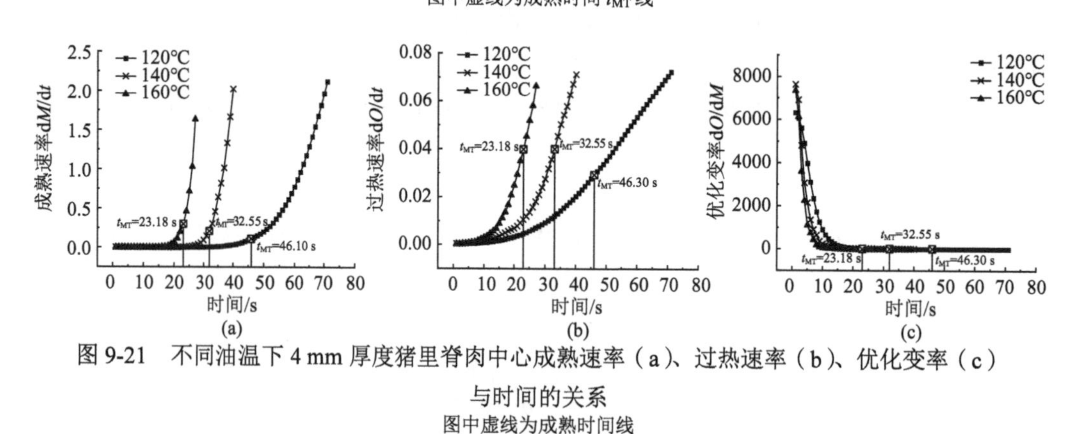

图 9-21　不同油温下 4 mm 厚度猪里脊肉中心成熟速率（a）、过热速率（b）、优化变率（c）与时间的关系

图中虚线为成熟时间线

关系，如图 9-20（b）所示。图 9-20（b）结果表明，厚度为 4 mm 的肉片在 120～160℃油温条件下加热，从生（M= 0.1 min）到熟（M= 0.5 min）不超过 30 s；超过 M= 0.5 min，品质开始劣化（M= 0.6 min）只需要 1 s 左右；而到明显过热（M= 1 min）只需要 4.4 s。显然，要实现准确的火候控制有难度，在现实烹饪中基本不可能通过人的感官直接观察中心成熟点的变化，只能以积累经验把握成熟终点。这也是专业厨师要经过长时间训练的原因之一。从图中可看出，加热油温越高，变化越剧烈，控制越困难，说明不同烹饪条件下，控制难度是不同的。图 9-20（c）显示体积平均过热值-时间的关系，其与成熟值变化趋势一致，由于 z_O 值远大于 z_M 值，变化较为平缓。

而第 8 章的优化计算表明，最优烹饪温度为 140℃，处于火候控制难度较大的范围，参见图 9-21（a）。从图 9-21（b）也可以得到相似结论。由图 9-21（c）可知，优化变率从很高的数值变小，是由于在加热前期，$T-T_{ref}$ 为较大负值，使得 dO/dM 值很高，此时的 M 值和 O 值都很低，这段数据没有意义，成熟点附近的 dO/dM 值才能表征优化空间的大小。140℃及 160℃的优化变率比 120℃小很多，说明仅从动力学角度看，温度越高，优化空间越大，参见图 9-21（c）。

由图 9-22 可见：①在 140℃、160℃下，成熟和过热的加速率会出现一个峰值，且温度越高，峰值越明显，出现越早；②成熟时间点出现在过热加速率峰值出现之前，说明在成熟时间点后，过热会迅速增加，品质破坏加剧，因此在成熟点及时终止烹饪，对保持烹饪品质十分重要；③在 120℃下，成熟及过热的加速率未出现明显峰值，说明温度较低的情况下成熟及过热变化平稳，火候控制难度相对较低。

对图 9-20 及图 9-21 进行数据后处理，对比查看各火候控制难度函数随成熟值的变化，如图 9-23 所示（徐嘉，2019）。由图 9-23 可知，加热 4 mm 猪里脊肉片达到相同成熟时，随着加热油温的升高，成熟时间缩短，成熟速率和过热速率增大，火候控制难度越来越大。最值得关注的是成熟时间点各火候控制难度函数的数值。这一时刻就是烹饪终止点，此时控制难度的大小直接影响烹饪操作控制。

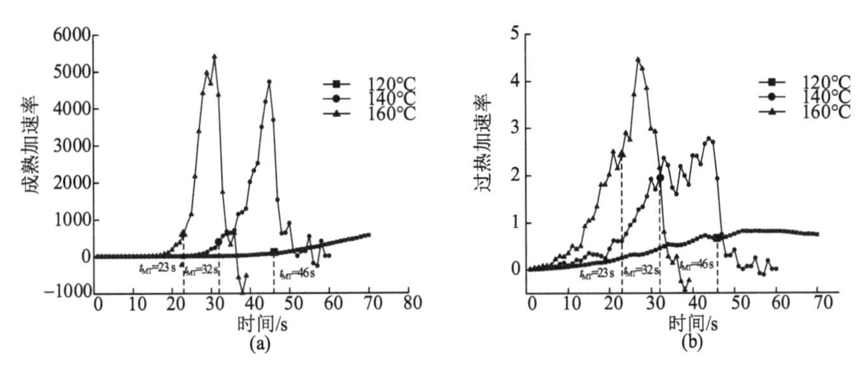

图 9-22　不同油温加热 4 mm 厚度猪里脊肉的中心成熟加速率（a）、过热加速率（b）与时间的关系

图中虚线为成熟时间线

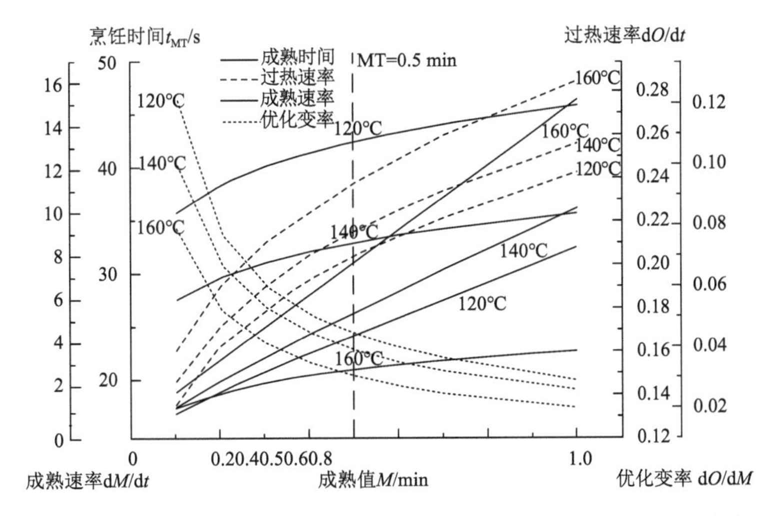

图 9-23　不同油温条件下成熟值与成熟时间、过热速率、成熟速率、优化变率的关系

9.5　烹饪操作参数对火候控制的影响

本节讨论烹饪中的搅拌操作、介质温度和加热功率等可控操作参数对烹饪品质的影响，参见图 9-1。烹饪过程中的热源功率为可控参数；容器的运动控制一方面通过翻锅等运动进行物料搅拌，另一方面控制容器与热源距离的大小而控制加热效率；炒勺搅拌也是搅拌的一种形式，搅拌会影响热量及蒸汽的表面传递系数；多数烹饪中，投料即

加热开始，出料即加热结束，其参数表现为烹饪时长控制；烹饪介质的初始温度也是常用的火候控制参数。下文综合不同研究中关于烹饪操作参数及操作次生参数对热质传递、水分、成熟、火候控制难度的影响。虽然比较零散，但有助于了解不同操作参数对火候控制的作用及程度。

9.5.1　搅拌操作对火候控制的影响

烹饪中的搅拌操作主要是通过控制颗粒食品与液体加热介质及空气的相对运动，影响容器-液体及液体-颗粒对流传热系数 h_{fp} 和颗粒表面蒸汽对流传质系数 h_m。搅拌越剧烈，这些参数数值就越大。下面通过数值模拟分析讨论这些参数对火候控制的影响。

1. h_{fp} 对猪里脊肉油炒火候控制的影响

流体-颗粒对流传热系数 h_{fp} 表征单位面积上流体与颗粒食品表面间的传热速率。由于该参数是烹饪过程中最重要的参数之一，笔者课题组曾对此开展了较多研究。黄德龙（2016）通过构建 TTIs 建立了对流传热系数的假设试算法，并测定了一组油炒烹饪不同操作阶段的对流传热系数，范围在 200.3～1401.2 W/（m^2·℃）。张宏文（2019）通过改变恒温油浴锅内流体流速来模拟搅拌操作，使用 TTI 法结合多孔介质热质传递模型测得炸、炒典型烹饪过程的 h_{fp} 在 250～1375 W/（m^2·℃）范围内。本书 7.3 节介绍了对流传热系数的测量。

1）h_{fp} 对猪里脊肉颗粒油炒时中心温度、成熟时间和平均水分含量的影响

选取 200～1000 W/（m^2·℃）的 h_{fp} 范围，加热条件为 120℃，其余定解条件不变，以本书 5.5 节考虑体积收缩的模型进行数值模拟，并分析其对水分变化的影响，结果见图 9-24 及表 9-2。

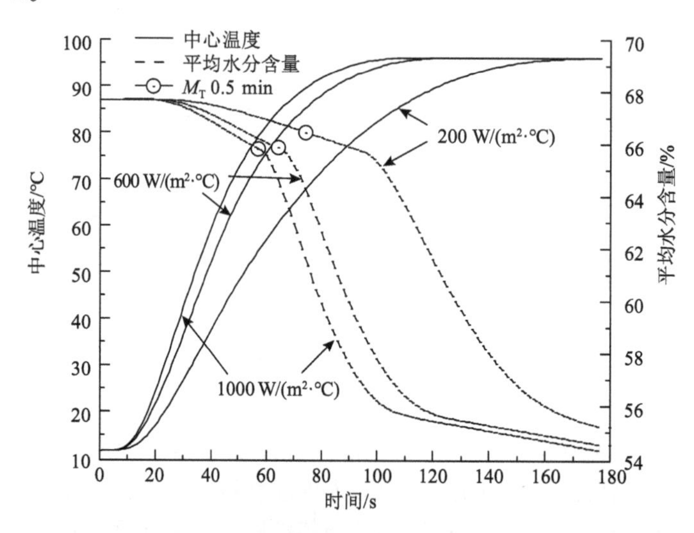

图 9-24　搅拌操作对颗粒中心温度历史和平均水分含量的影响

表 9-2　不同搅拌操作处理的烹饪终点成熟时间与平均水分含量结果（谢乐，2020）

流体-颗粒对流传热系数/[W/（m^2·℃）]	烹饪终点成熟时间/s	平均水分含量/%
200	74	66.50
600	64	65.90
1000	57	65.89

由图 9-24 可知，在爆炒过程中，对于同一初始温度的食材颗粒，h_{fp} 越大，中心温度攀升越快，平均水分含量下降越为迅速。这是因为 h_{fp} 的增大，提高了传热效率，单位时间内颗粒获得更多来自对流传热的热量。结合成熟值计算，当 h_{fp} 由 200 W/（m^2·℃）增大到 1000 W/（m^2·℃）后烹饪终点成熟时间缩短了 23.0%（谢乐，2020），如表 9-2 所示。图 9-24 中不同 h_{fp} 下 M_T=0.5 min 对应成熟时间点都位于水分含量大幅下降之前，颗粒平均水分含量差异较小，较初始水分含量下降不大。这主要是由于 h_{fp} 的增大虽然加速了表面蒸发，但是传热效率的提高加速了食材颗粒的成熟，蒸发时间缩短，导致不同 h_{fp} 处理下食材颗粒的水分含量差异不大。可以看出，较大的 h_{fp} 在基本不改变烹饪水分含量的情况下，缩短了烹饪时间。因此，搅拌通常是一个有益烹饪品质和效率的操作。

2）h_{fp} 对猪里脊肉油炒中心温度和水分分布的影响

以加热油温为 160℃、比表面积为 5.3（Φ1.0 cm × 1.5 cm）的圆柱形猪里脊肉油炒烹饪为例，分别设置样品对流传热系数为 300 W/（m^2·℃）、600 W/（m^2·℃）、900 W/（m^2·℃），以本书 5.4 节的模型模拟计算其对颗粒食品传热传质的影响，结果如图 9-25 所示（余冰妍，2019）。

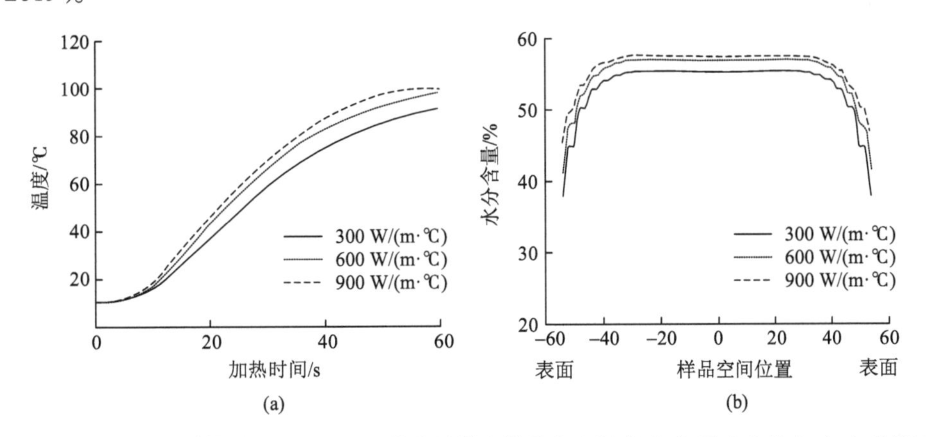

图 9-25　对流传热系数对 M_T = 0.5 min 的猪里脊肉样品中心温度（a）及水分分布（b）的影响

由图 9-25 可知，对流传热系数的改变显著影响颗粒食品内部温度和水分含量的分布。对流传热系数越大，单位时间内颗粒食品的传热效率越高，中心温度上升越快；同理，颗粒食品中心温度上升越快，其终点成熟值达到 0.5 min 所需加热时间越短，表面与加热介质接触时间越短，表面水分损失越少，内部水分含量越高。因此，在烹饪过程中，适当的翻锅搅拌以及精细刀工处理不仅可增加颗粒食品在加热过程中的均匀性，而且能提高传热效率，缩短成熟时间，利于颗粒食品品质的保持。

将图 9-25 中的温度历史导入 MATLAB，计算出中心成熟值随时间变化曲线并以 M_T=0.5 min 插值得到图 9-26，由图可以看出对流传热系数越大，食品升温越快、成熟越快，达到 M_T=0.5 min 所需时间 t_{MT} 越短。

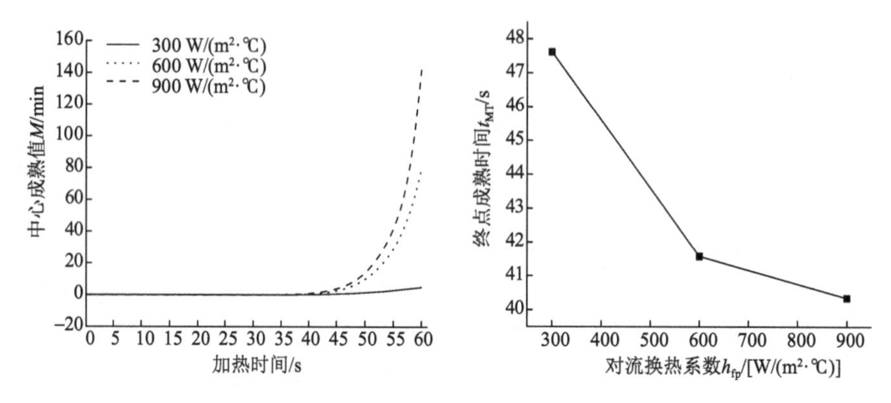

图 9-26 对流传热系数对 M_T = 0.5 min 的猪里脊肉样品中心成熟值及终点成熟时间的影响

2. h_{fp} 对蒜薹油炒烹饪火候控制的影响

选取 h_{fp} 为 200～30000 W/（m^2·℃），油加热温度为 100℃，以 5.3 节的数学模型，以 COMSOL 对直径 6 mm 的蒜薹的油炒烹饪过程进行数值模拟得到所有节点温度历史，并以节点温度历史计算终点成熟时间 t_{MT}，以及按式（2-32）、式（2-58）、式（2-59）计算维生素 C 体积平均保持率、O_v、O_s，结果见图 9-27（汪孝，2017）。

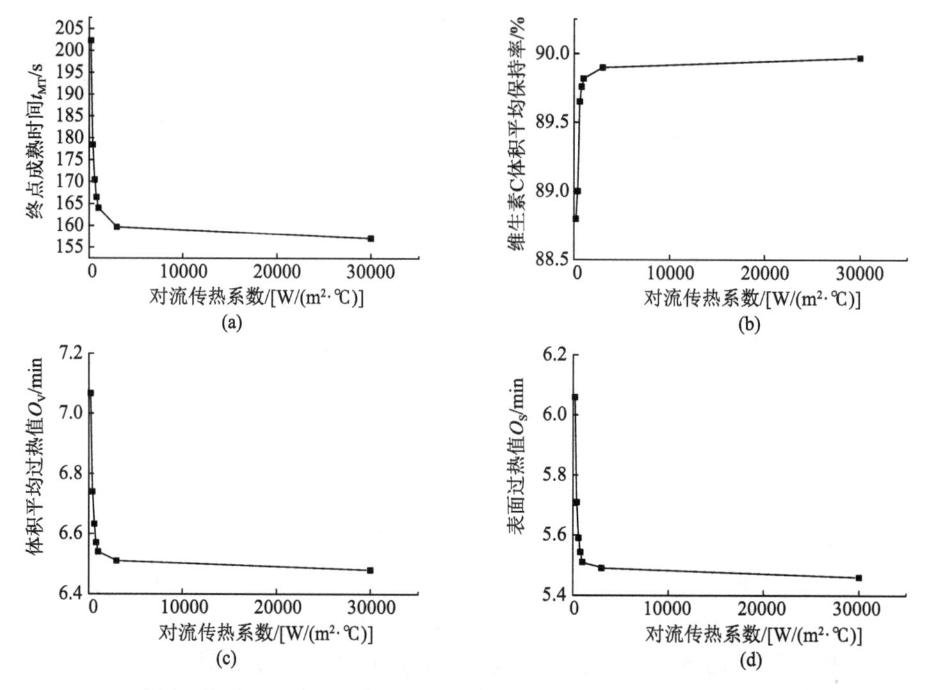

图 9-27 h_{fp} 对油炒终点成熟时间（a）、维生素 C 体积平均保持率（b）、体积平均过热值（c）及表面过热值（d）的影响

由图 9-27 可见，h_{fp}越大，蒜薹达到成熟的时间越短，维生素 C 保持率越高，水分含量的体积平均过热值 O_v 和表面颜色的表面过热值 O_v 越小，即品质损失越小。增加搅拌频率可以提高烹饪品质，原因在于当提高搅拌强度时，颗粒与油料、油料与锅具的对流换热强度增加了，从而提高了颗粒的升温速率，因而提高了颗粒的品质。

该模拟开展于 h_{fp} 试验测定之前，h_{fp} 假设范围过宽，实际烹饪 h_{fp} 一般不会超过 6000 W/（m^2·℃）（上浆后最大值）。且由图 9-27（a）可见，对于成熟时间较长的烹饪，h_{fp}<1000 W/（m^2·℃），h_{fp}对成熟时间影响很大，而在 h_{fp}>1000 W/（m^2·℃）后，对成熟时间影响有限，很多情况下过度强烈的搅拌并非必要。

3. 对流传质系数 h_m 对猪里脊肉油炒火候控制的影响

油传热烹饪过程中，食材尺寸、加热程度、搅拌频率等均会影响对流传质系数。设定加热油温为 160℃、形状为圆柱形（Φ1 cm × 1.5 cm），运行 5.4 节中的模型，在其他条件不变的情况下改变对流传质系数（1×10^{-4} m/s、1×10^{-5} m/s、1×10^{-6} m/s），模拟计算其对火候控制的影响，如图 9-28 所示（余冰妍，2019）。

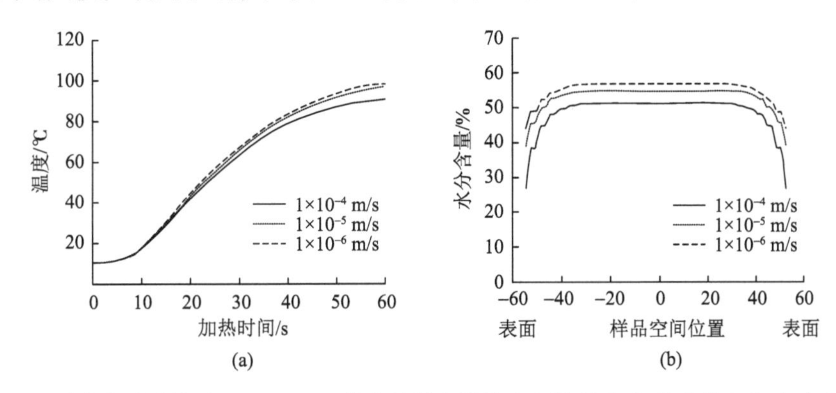

图 9-28　对流传质系数对 M= 0.5 min 的猪里脊肉样品中心温度（a）及水分分布（b）的影响

由图可知，对流传质系数增大时，颗粒食品中心温度上升减缓，成熟变慢，成熟时间延长，水分含量减少且表面水分损失更多。这是由于对流传质系数代表水分的传递速率，对流传质系数增大意味着表面蒸汽传递阻碍小。随着加热的进行，样品水分损失加剧，对流传质系数的增加将导致水分含量分布有所降低且表面水分含量降低更多；同时更多的水分损失也意味着样品内部更高的蒸发速率，由环境导入的能量部分用于水分蒸发散失，以致其向内部传递的能量减少，相同时间下导致中心温度降低。因此，颗粒食品的对流传质系数对其温度变化历史和水分含量的影响较大，对水分含量分布的影响更为显著。

值得指出的是，搅拌强度的增加会同时提升对流传热系数和表面传质系数，而两者数值增大产生的传热传质后果是相反的。上述模拟计算是在 h_{fp} 恒定的情况下计算 h_m 变化对传热和水分分布的影响，不会发生在真实烹饪过程。目前尚未开展搅拌强度对 h_m 影响的试验研究，h_m 的计算范围为假设。实际上，搅拌对火候控制的影响主要体现在 h_{fp}。h_{fp} 对火候控制的影响比 h_m 大得多。

将图 9-28 中的温度历史导入 MATLAB，计算出中心成熟值随时间变化曲线并以 M_T =0.5 min 插值得到图 9-29，由图可以看出不同 h_m 下，食品成熟速度几乎一致，达到 M_T = 0.5 min 所需时间 t_{MT} 差距极小，即使 h_m 数值差了两个量级，t_{MT} 差距也仅 0.02 s。

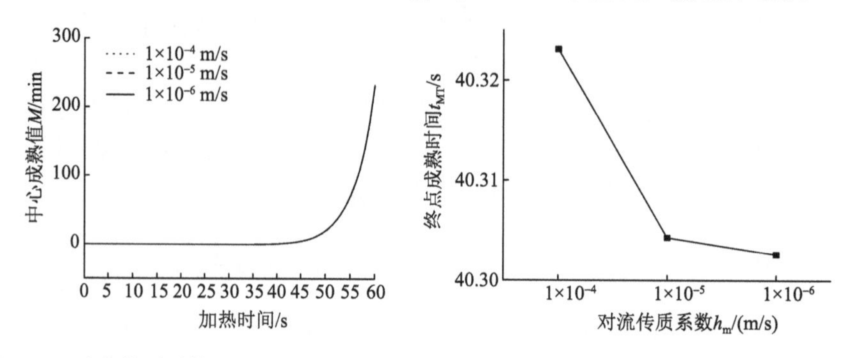

图 9-29　对流传质系数对 M_T = 0.5 min 的猪里脊肉样品中心成熟值及终点成熟时间的影响

9.5.2　传热介质温度对火候控制的影响

在 9.3 节已经讨论了流体介质温度控制对火候控制的影响，重点分析了爆炒过程中的油温控制。第 5 章、第 8 章的数值模拟和优化计算涉及油温对传热和烹饪火候的影响，有助于理解传热介质温度对火候控制的作用。本节总结讨论由数值模拟和试验实测得到的油温对火候控制的影响。

1. 油温对蒜薹油炒火候控制的影响

设定油温恒定为 110～130℃进行模拟烹饪加热，以成熟值 M =15 min 为加热终点，加热结束后冰水冷却，使用烹饪传热学及动力学数据采集分析系统可以得到蒜薹加热过程中的中心温度和成熟值，结果如图 9-30 所示（李文馨，2015）。

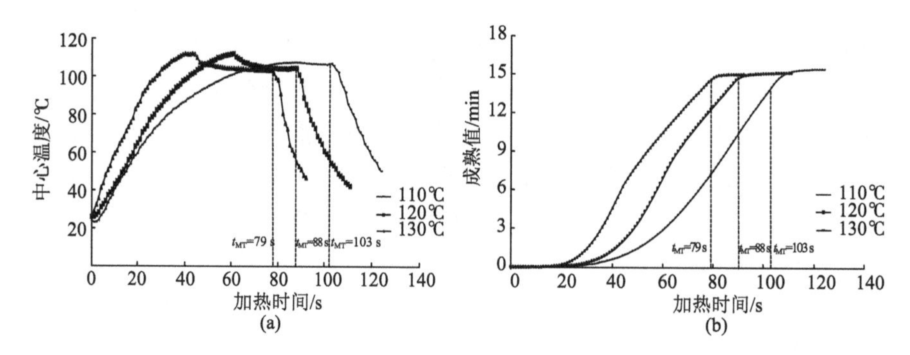

图 9-30　不同油温下蒜薹中心温度（a）和成熟值（b）曲线

由图 9-30 可见，油温越高，成熟越快，油温从 110℃提升到 130℃，成熟时间缩短 24 s。对于蒜薹等有一定组织强度的食材，中心温度会出现超过沸点（贵阳 96.6℃）的情况，这是因为其组织强度足以保持有压力的高温蒸汽不逸出。而随着温度升高和组织软化，局部破溃出现蒸汽逸出孔道，蒸发带走热量及压力降低，出现温度跌落现象。在油温较高时，这种现象也曾出现在一些肉的烹饪中，导致食材内部组织的变化，这很可能是形成爆炒特殊口感的原因之一，值得深入研究。

2. 初始油温对猪里脊肉火候控制的影响

设定初始加热油温为 100～160℃、油料比为 2∶1、加热功率为 2100 W、h_{fp} 为 700 W/（m^2·℃），应用本书 5.6 节中的烹饪过程热质传递全局模型，用 COMSOL 对 4 mm 猪里脊肉片油炒烹饪过程数值模拟得到所有节点温度历史，随后计算得到 M 值，并以 M=0.5 min 插值求得终点成熟时间 t_{MT}，最后按式（2-59）、式（2-58）、式（2-32）计算 O_v、O_s 及维生素 B_1 体积平均保持率，结果如图 9-31 所示（赵庭霞，2021）。

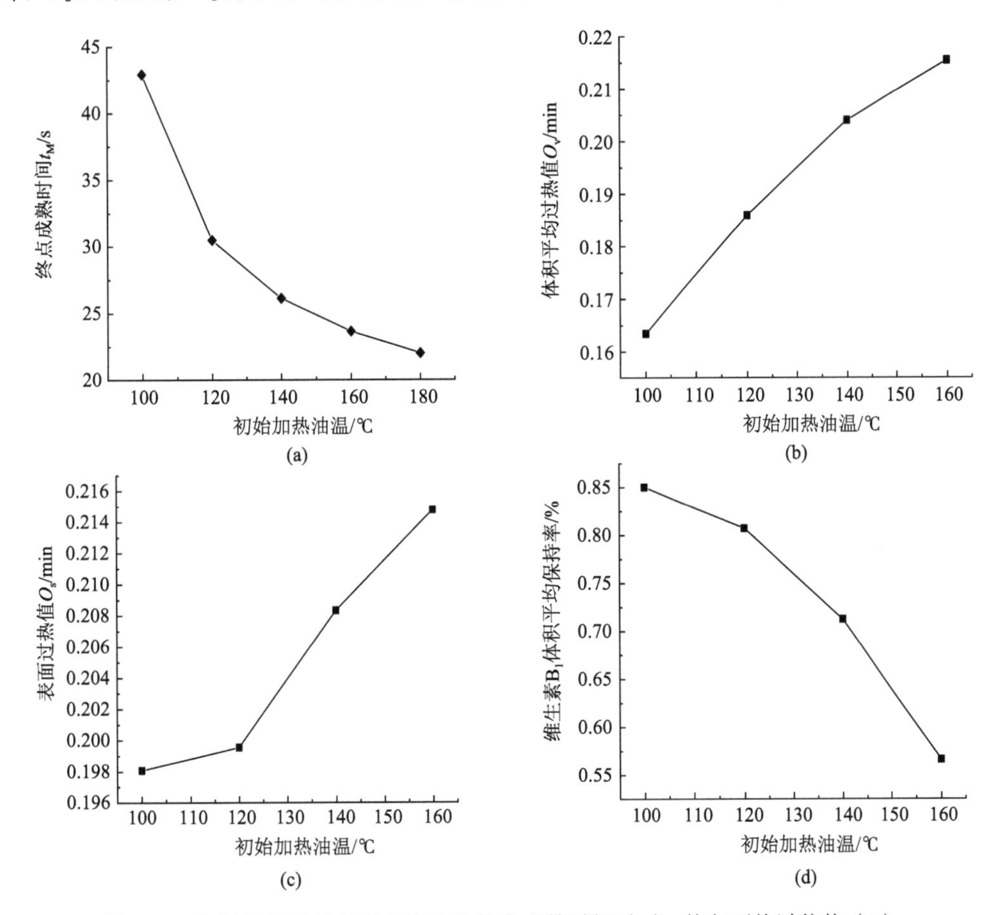

图 9-31　初始油温对油炒猪里脊肉柱终点成熟时间（a）、体积平均过热值（b）、表面过热值（c）、维生素 B_1 体积平均保持率（d）的影响

注意该模拟中的油温是变化的，与其他模拟中的油温恒定不同，参见 5.6 节。初始加热油温越高，猪里脊肉达到成熟的时间越短，维生素 B_1 体积平均保持率降低。此外，表示总体品质损失的体积平均过热值和表示表面品质损失的表面过热值随初始加热油温的升高而增大。本节分析油温对火候控制的影响，得到以下结论：油温越高，烹饪

过程中品质变化越快，火候控制越困难。图 9-31（d）中保持率计算结果与图 8-9 中计算结果差别较大，这是由于 5.6 节模型中模拟条件严重偏离最优油温。较长时间低温加热时，温度越低，热敏性维生素的保持率越高，后续会加强这方面的对比研究。

9.5.3　加热功率对火候控制的影响

设定加热功率为 1000～2100 W、油料比为 2∶1、h_{fp}为 700 W/（m^2·℃）、初始加热油温为 140℃，用 COMSOL 运行本书 5.6 节中的烹饪过程热质传递全局模型，对 4 mm 猪里脊肉柱油炒烹饪过程数值模拟得到所有节点温度历史，以节点温度历史计算终点成熟时间 t_{MT}，并按式（2-58）、式（2-59）、式（2-32）计算 O_v、O_s 和维生素 B_1 体积平均保持率，结果如图 9-32 所示（赵庭霞，2021）。

通过模拟优化获取加热功率对猪里脊肉相应品质的影响，如图 9-32 所示。随着加热功率的增大，猪里脊肉达到成熟的时间越短。在加热功率为 1800 W 条件下，油炒猪里脊肉体积平均过热值和表面过热值最小，维生素 B_1 体积平均保持率达 78.82%，此条件下烹饪品质最优（赵庭霞，2021）。加热功率决定烹饪介质温度。第 6 章中已证明存在猪里脊肉烹饪油温。容易理解在此出现了最优烹饪功率。

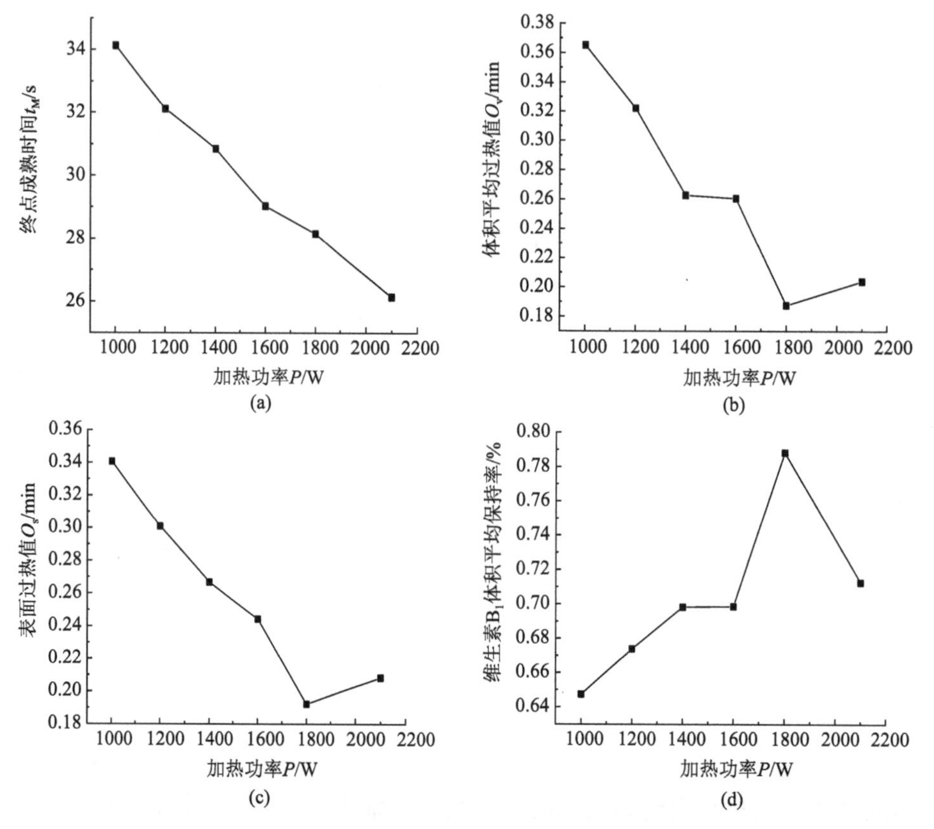

图 9-32　加热功率对油炒猪里脊肉柱终点成熟时间（a）、体积平均过热值（b）、表面过热值（c）、维生素 B_1 体积平均保持率（d）的影响

9.6　烹饪食材对火候控制的影响

烹饪食材是指在烹饪过程中包括菜肴和加热介质在内的所有物料。通常烹饪食材对火候控制起重要影响，因此在本节一并讨论。

9.6.1　z_M 值对火候控制的影响

z_M 值表征人群的烹饪成熟感受对温度的敏感性，是由食材的内在特性决定的。本节对 4 mm 厚度的虚拟食材开展研究，其热物性按肉类设定，烹饪油温为 80～180℃，梯度为 10℃，以 5.3 节中的平板几何模型采用 OMSOL 模拟计算得到其中心温度历史后，以 $M_T = 0.5$ min 为成熟终点，设 z_M 值分别为 2℃、10℃、15℃、20℃、30℃，设 z_O 值为 33℃，按式（8-11）计算其达到加热终点时体积平均过热值 O_{Tv}，结果如图 9-33（a）所示，并以 O_{Tv} 值为目标函数，优化搜索获得最优油温，如图 9-33（b）所示。对各油温下虚拟食材成熟终点时的火候控制难度函数计算结果见表 9-3 及图 9-34。其中 z_M 值为 30℃时，不存在最优油温。

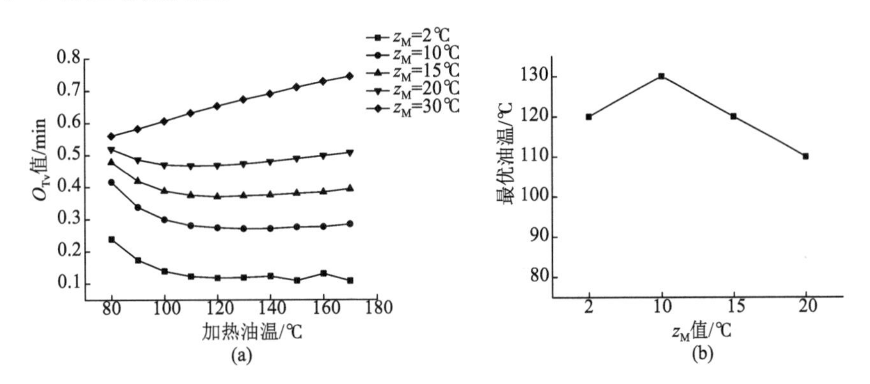

图 9-33　不同 z_M 值虚拟食材烹饪成熟时（M=0.5 min）的 O_{Tv} 值及最优油温

如图 9-33（a）所示，随温度变化，不同 z_M 值食材的 O_{Tv} 值有不同的变化规律，在 z_M 值较小时，O_{Tv} 值出现最小值。z_M 值越小，优化点的出现就越明显。而 z_M 值达到 30℃时，z_M 值与 z_O 值接近，则不出现优化点，O_{Tv} 随温度升高单调递增。在相同油温下烹饪成熟时，z_M 值越小，O_{Tv} 值越小，品质越好。如图 9-33（b）所示，最优油温随 z_M 值减小而递增，说明食材的成熟对温度越敏感，优化空间越大，最优油温也越高。因此对于 z_M 值小的高温敏感食材更适合高温短时的烹饪方式。

值得注意的是，在油温小于最优温度的温度段，终点体积平均过热值 O_{Tv} 值变化较快，且 z_M 越小，O_{Tv} 值变化越快，说明低温段烹饪优化空间较大，且低温烹饪品质损失较大。而在油温大于最优油温之后，O_{Tv} 值的变化较小，说明高温段烹饪优化空间较

表 9-3 不同 z_M 值虚拟食材烹饪成熟时（M=0.5 min）的 dM/dt、dO/dt、dO/dM 计算结果

火候控制难度函数	z_M值/℃	终点成熟值/min	加热油温/℃										
			80	90	100	110	120	130	140	150	160	170	180
dM/dt	2	M=0.5 min	61.91	6.24×10^2	5.60×10^3	4.01×10^4	3.50×10^5	1.99×10^6	6.48×10^6	1.54×10^7	8.13×10^7	1.01×10^8	2.59×10^8
	10		4.55	9.93	17.68	27.70	39.33	51.92	65.26	80.21	92.11	106.74	124.51
	15		3.01	5.71	9.17	12.82	16.55	20.49	23.88	26.43	28.92	31.90	35.88
	20		2.37	4.09	6.11	8.16	10.11	11.94	13.50	14.51	15.55	16.66	18.61
	30		1.81	2.751	3.74	4.73	5.56	6.32	6.87	7.30	7.69	8.07	8.79
dO/dt	2	M=0.5 min	1.26	1.36	1.42	1.47	1.56	1.67	1.81	1.70	2.04	1.76	2.03
	10		1.58	1.99	2.35	2.66	2.93	3.13	3.32	3.51	3.62	3.76	3.91
	15		1.65	2.20	2.72	3.16	3.53	3.89	4.15	4.33	4.49	4.69	4.92
	20		1.69	2.35	2.99	3.56	4.05	4.47	4.81	5.02	5.23	5.45	5.82
	30		1.72	2.51	3.32	4.10	4.76	5.34	5.76	6.09	6.38	6.67	7.21
dO/dM	2	M=0.5 min	0.08	0.08	0.20	0.23	2.03	3.84	0.17	2.77	0.13	17.40	1.06
	10		0.38	0.27	0.22	0.20	0.19	0.20	0.20	0.20	0.20	0.21	0.19
	15		0.58	0.45	0.38	0.35	0.34	0.32	0.31	0.32	0.33	0.32	0.31
	20		0.73	0.63	0.57	0.53	0.51	0.50	0.49	0.49	0.50	0.50	0.47
	30		0.96	0.96	0.95	0.95	0.94	0.93	0.94	0.95	0.96	0.96	0.94

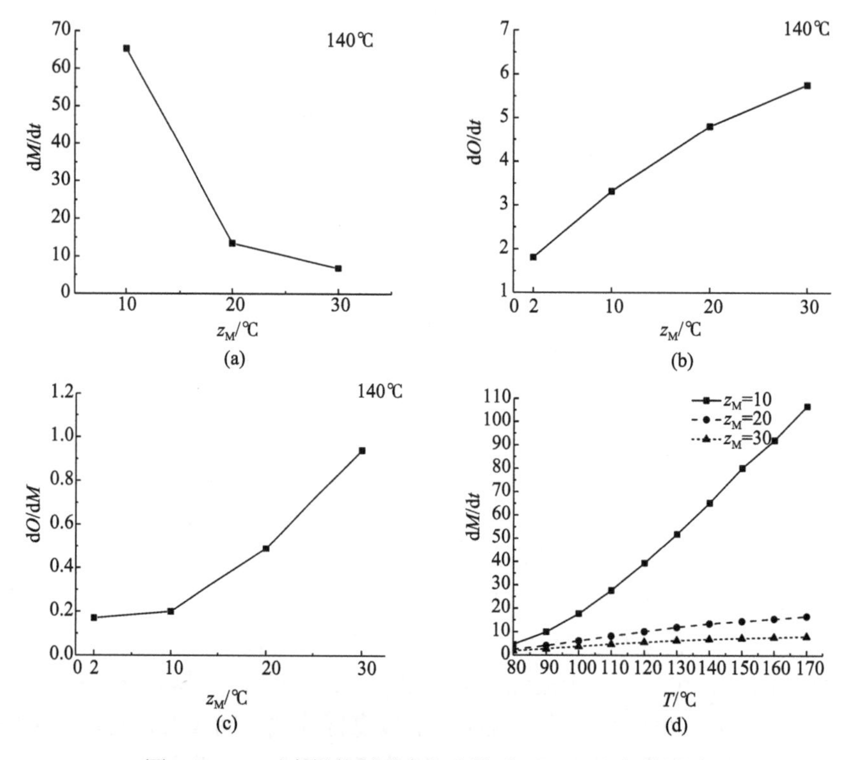

图 9-34 z_M 对火候控制难度各参数（$M = M_T$ 下）的影响

小，温度变化形成的烹饪品质变化不大。因此，对于肉类爆炒，提高烹饪温度达到最优油温及以上，都有利于形成较优的品质，说明爆炒烹饪中尽量提高油温符合烹饪品质优化的传热学-动力学原理。

由图9-34（a）、（b）、（c）所示，在140℃相同油温下，成熟速率 dM/dt 与 z_M 值呈负相关、过热速率 dO/dt 及优化变率 dO/dM 与 z_M 呈正相关，说明 z_M 值越小，火候控制越困难。由图9-34（d）所示，z_M 值更小食材，成熟速率对烹饪温度升高的响应更大。

9.6.2　刀工对火候控制的影响

1. 传统刀工分类

按传统定义，刀工就是根据烹调或食用的要求，运用各种不同的刀法，将烹饪食材切割成一定形状的操作。

菜肴的花色品种繁多，烹调方法也因品种不同而各异，这就需要采用不同的刀法将原料加工成一定的规格、形状来符合烹调的要求或食用风格的需要。刀工还有美化食物形状的作用，使制成的菜肴不仅滋味可口，而且形象美观。传统刀工分类见表9-4。

表9-4　传统烹饪技法中的基本刀法

刀法名称	定义	细分技法	处理后果
切	刀身与原料呈垂直，有节奏地进刀，使原料均等断开的刀法	直切、推切、拉切、锯切、铡切、滚切	使原料形状、厚度均一
片	用片刀把原料片成薄片，处理无骨韧性原料、软性原料，或者是煮熟回软的动物和植物性原料的刀法	推刀片、拉刀片、斜刀片、反刀片、锯刀片和抖刀片	料厚度均一
剁	将原料斩成茸、泥或剁成末状的一种方法	双刀剁、单刀剁	使原料成糜状以方便塑形搓球
劈	刀身将原料强力破开的刀法，常用于处理带骨或质地坚硬的原料	直刀劈和跟刀劈	缩减原料尺寸
拍	将刀放平，用力拍击原料，使原料变碎和平滑的刀法	无	可使肉类平滑，肉质疏松
剞	有雕之意，又称剞花刀，几种切和片的技法，将原料表面划上深而不透的横竖各种刀纹	推刀剞、拉刀剞、直刀剞、花刀剞	经过烹调后，可使食材卷曲成各种形状，使原料易熟，并保持菜肴的鲜、嫩、脆，使调味品汁液易于挂在原料周围

我国古时就把刀工与烹调合称为“割烹”，深刻认识到刀工与烹调的内在联系。历来厨师对刀工极为重视，都当作必须练习的一项基本功。我国厨师经过长期的实践，整理了一套适应各种烹调要求和食用需要的刀法，创造了很多精巧的刀工技艺。

刀工处理控制形状及大小以便于食用，美化外观等作用，还对烹饪的热质传递及火候控制起到重要作用。

2. 切割尺寸对火候控制的影响

刀工影响食材的传热学特征尺度，刀工越精细，颗粒体积越小，其比表面积越大，单位重量食材与周围环境进行热交换的面积越大，加快了热量传递，中心温度上升速率增大，达到沸点温度所需加热时间更短，使食材成熟更快，通常营养保持率更高，品质更好。与此同时，特征尺度也会对食材颗粒传质产生影响。一定时间内，系统的操作条件、传质速率一定，特征尺度越大，食材内部组分质量将越难分布均匀，进而影响烹饪后菜肴的风味均匀性。但食材尺寸过小会使成熟过快，也会增大火候控制的难度。因此，应合理控制刀工满足烹饪优化条件，使得食材能在可实现的火候控制条件前提下缩短成熟时间，减少水分损失，提高烹饪品质。

1）切割尺寸对猪里脊肉火候控制的影响

对不同厚度（2～6 mm）的猪里脊肉片以 140℃油温加热，通过烹饪传热学及动力学数据采集分析系统获得不同厚度的猪里脊肉片加热时的中心温度-时间关系，结果如图 9-35 所示（徐嘉，2019），用 MATLAB 编程计算中心成熟值-时间的关系，并以 $M_T = 0.5$ min 插值计算出终点成熟时间 t_{MT}，如图 9-35（b）中竖线上数字所示。

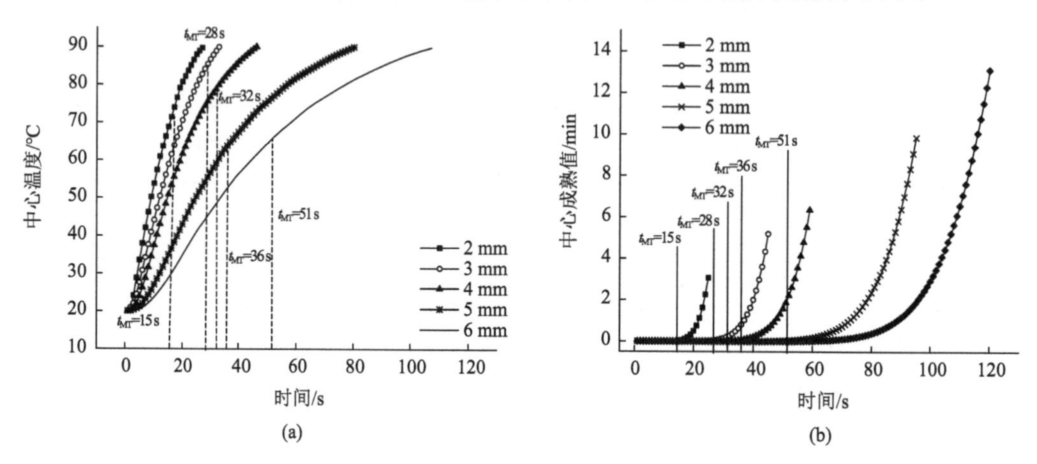

图 9-35　140℃油温加热不同厚度猪里脊肉的中心温度-时间（a）及中心成熟值-时间（b）关系

从图 9-35（a）中的温度曲线可见，不同厚度（2～6 mm）猪里脊肉片在 140℃油温条件下加热，中心温度随厚度的增加，升温速率降低。从图 9-35（b）可见，厚度越大，终点成熟时间越短。图 9-36（a）表明，越厚的肉片在达到成熟终点时的体积平均过热值越高。图 9-36（b）表明，火候控制难度随肉片厚度的减少而增加。

对 140℃油温加热不同厚度猪里脊肉的中心成熟值-时间曲线、成熟速率-时间曲线、过热速率-时间曲线、优化变率曲线进行数据后处理，比较关键成熟点的量化火候控制指标变化情况，如图 9-37 所示。由图 9-37 可知，随着加热油温的升高，厚度为 4 mm 猪里脊肉片达到相同成熟时，成熟时间缩短，成熟速率和过热速率增大，优化变率减小，火候控制难度变大。

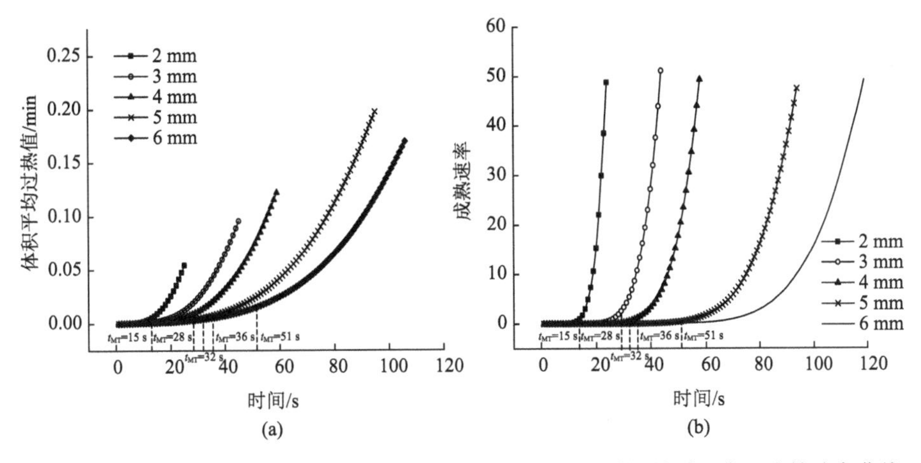

图 9-36　140℃油温加热不同厚度猪里脊肉的体积过热值-时间关系及中心成熟速率曲线

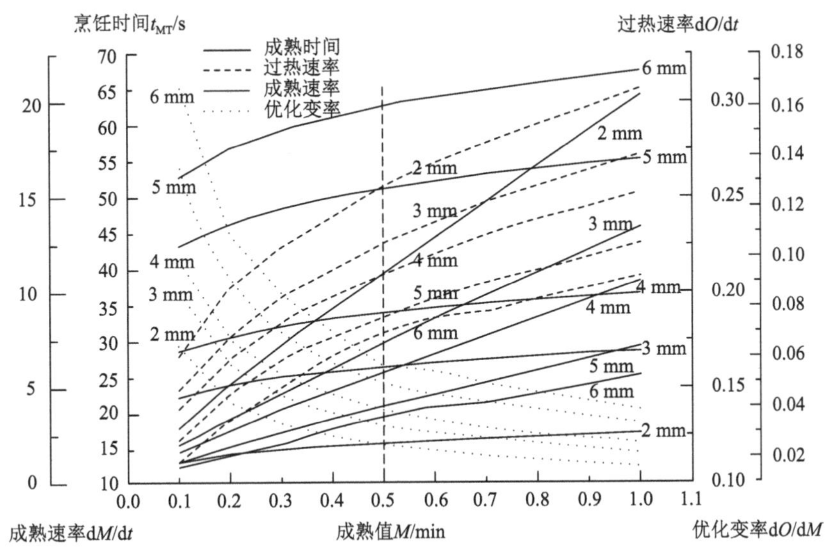

图 9-37　140℃油温加热不同厚度猪里脊肉烹饪过程中成熟时间、成熟速率、过热速率、优化变率的关系

2）讨论

刀工是影响猪里脊肉火候控制的关键因素。通过分析刀工对成熟值的影响，表明中式烹饪中将食材切割为小颗粒以缩小其传热学特征尺寸的刀工工艺是符合传热学原理的。原料尺寸越薄，加热时间越短，成熟变化越剧烈，成熟速率越大，导致火候控制难度增大，厚度为 2 mm 的猪里脊肉，在 140℃油温加热条件下的成熟速率甚至大于 160℃油温加热厚度为 4 mm 的猪里脊肉的成熟速率，说明当食材的尺寸较薄时对火候控制的影响程度大于油温（徐嘉，2019）。而不同厚度猪里脊肉在相同油温条件（140℃）加热，从未熟到过熟的加热时间差不超过 4 s，依靠手工控制此时间差相当困难（徐嘉，2019）。且过短和过长的烹饪加热时间都会导致烹饪品质的劣化，这是烹饪中火候控制难度较大的主要原因之一。8.5 节中讨论了猪肝油炒工艺优化，由优化结果

可知厚度越小，其品质越好；同时厚度越小，其最优油温越高，烹饪过程中品质变化越快，火候控制越困难。对于温度敏感的原料如猪肝，在中式烹饪往往采用高温短时的爆炒方式，在菜肴达到成熟时迅速起锅，降低过热品质，从而得到最优的品质，但由于加热时间短，手工烹饪品质不稳定，因此难以手工控制，必须通过量化火候控制指标来进行精确的火候控制。

3. 形状对颗粒食品热质传递的影响

在烹饪中会根据食材的成菜特点及烹饪技法进行不同的刀工处理，从而得到形状不同的颗粒食品，如条、丝、片等。多数烹饪数学模型的几何形状为单一几何模型，而形状的改变是否对其热质传递产生影响，以数值模拟试验验证。

1）切割形状对颗粒食品中心温度、成熟和平均水分含量的影响

设定油温为 120℃，其余定解条件不变，只改变圆柱形颗粒高度，运行本书 5.5 节中考虑收缩的圆柱模型，模拟不同高度（0.8 cm、1.6 cm、2.4 cm）猪里脊肉柱爆炒过程，半径 0.65 cm 的颗粒中心温度历史和平均水分含量变化见图 9-38，并进一步计算终点成熟时间和平均水分含量，结果如表 9-5 所示（谢乐，2020）。

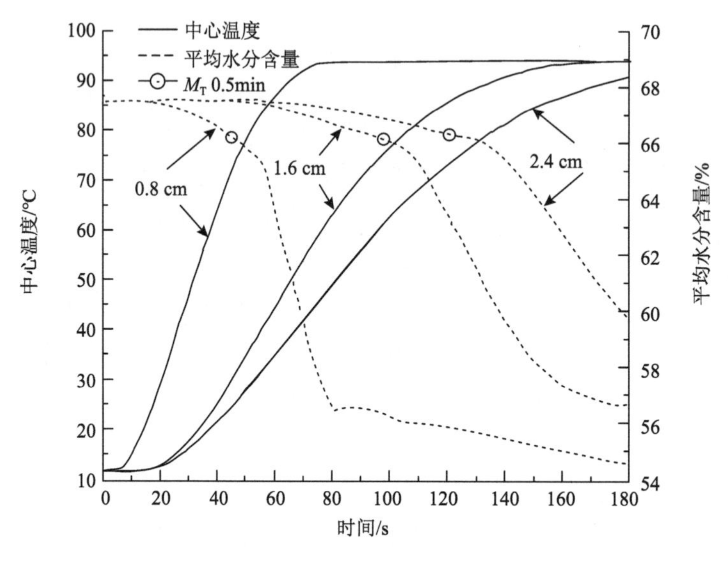

图 9-38　切割处理对颗粒中心温度历史和平均水分含量的影响

表 9-5　不同切割处理的油炒猪里脊肉烹饪终点成熟时间与平均水分含量

肉柱颗粒高度/cm	相对表面积/（cm^2/cm^3）	油炒烹饪终点成熟时间/s	平均水分含量/%
0.8	5.6	46^C	66.27
1.6	4.3	96^B	66.29
2.4	3.9	120^A	66.46

注：图中同一指标中不同大写字母表示有极显著性差异（$P<0.01$）。

由图可知，0.8 cm 高度肉柱颗粒比 1.6 cm 和 2.4 cm 肉柱颗粒中心温度升温迅速，平均水分含量下降更多，传热和传质过程效率更高。M_T 达到 0.5 min 时刻为肉柱颗粒终点成熟值对应的加热时间，不同切割处理样品的平均水分含量无明显差异，与初始水分含量相比下降较小。由表 9-5 可知，肉柱颗粒高度从 2.4 cm 减至 1.6 cm，相对表面积可提高 10.3%，烹饪终点成熟时间由 120 s 减小至 96 s，相对提前了 20%，差异极显著（$P<0.01$）；同理，肉柱高度由 1.6 cm 减至 0.8 cm，相对表面积可提高 30.2%，烹饪终点成熟时间由 96 s 减小至 46 s，相对提前了 52.1%，差异极显著（$P<0.01$）。因此，切割技术通过改变颗粒特征尺寸，影响加热介质对颗粒的传热效率，控制颗粒的成熟过程和烹饪品质。颗粒高度越小、中心温度上升越快，水分含量下降越快，肉柱颗粒高度仅减小 0.8 cm，内部传热与传质速率就变化巨大。模拟结果表明，精细适宜的切割技术在爆炒过程对食材颗粒成熟和烹饪品质影响巨大，有利于提高升温速度，缩短成熟时间，提升烹饪品质。

2）样品形状对颗粒食品中心温度和水分分布的影响

以加热油温为 120℃、140℃为例，设定同一比表面积Ω = 5.3 cm^2/g，以 COMSOL 运行本书 5.4 节中考虑水分蒸发的圆柱食材热质传递模型模拟计算得到半径×高为 0.5 cm×1.5 cm（Ω=5.3）的圆柱形及长×宽×高为 4 cm×4 cm×0.4 cm（Ω=6）的片状肉类食材中心温度分布与水分分布情况，如图 9-39 所示（余冰妍，2019）。同一温度下，不同形状间的温度变化和水分分布曲线间差异很小，表明颗粒食品在保持比表面积和其他参数不变而仅改变样品形状时，其内部传热、传质规律差异较小。

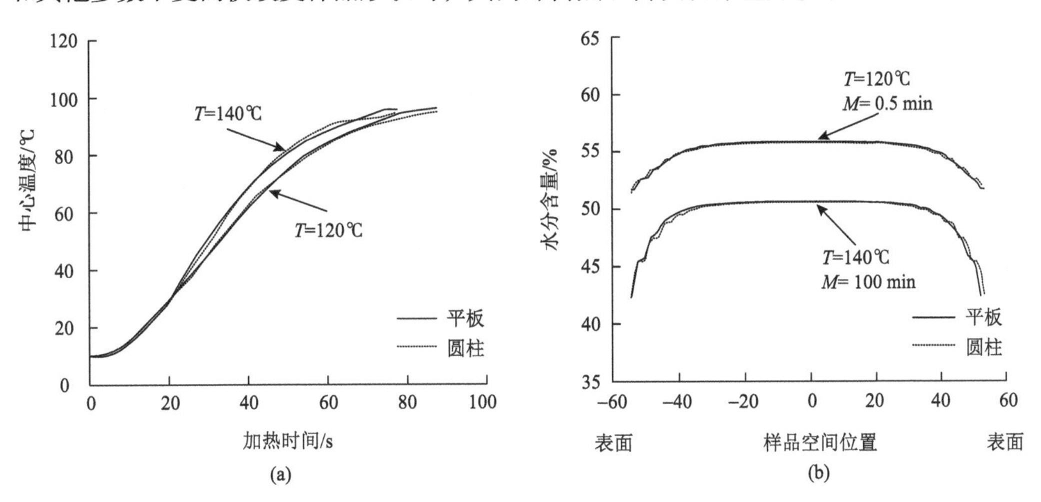

图 9-39　食材形状对样品中心温度（a）及水分分布（b）的影响

3）比表面积对颗粒食品中心温度和水分分布的影响

食材颗粒形状对传热的影响主要体现在比表面积上。同样体积的颗粒，比表面积越大，单位质量食材的流体-颗粒传热面积越大。因此，食材颗粒比表面积的大小对流体-颗粒传热有显著影响。烹饪过程中，颗粒食品尺寸与形状改变的实质是其比表面积的改变。设定加热油温为 160℃，分别构建比表面积Ω为 7.7、5.3、3.9 的几何模型，具体分别

为尺寸 Φ0.6 cm × 2.0 cm、Φ1 cm × 1.5cm、Φ1.4 cm × 2.0 cm 的圆柱肉样，运行 5.4 节的圆柱形热质传递数学模型，计算得到其热质传递规律，结果如图 9-40 所示，本部分试验方法、图表和数据均来自文献（余冰妍，2019）。

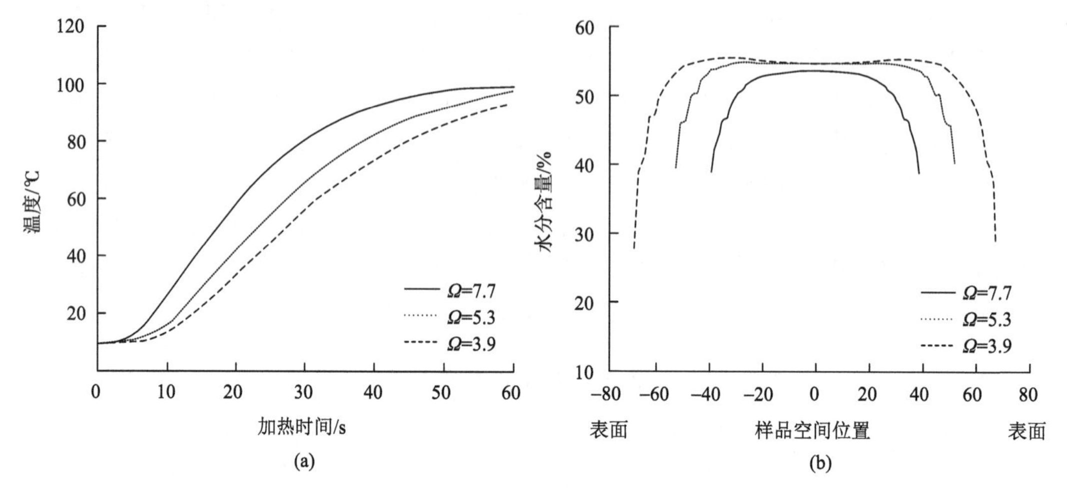

图 9-40　比表面积（Ω）对样品中心温度（a）及水分分布（b）的影响

由样品中心温度分布曲线可知，刀工越精细，食材颗粒比表面积越大，与周围环境进行热交换的有效面积越大，加快了热量传递，中心温度上升速率增大。图 9-40（b）为不同比表面积样品在成熟值为 0.5 min 时的水分分布图，针对相同成熟度的样品，其中心水分含量差别不大，但表面水分有一定差距，这是因为对于比表面积小的样品，其与环境的热质交换较慢，则其内部温度增加速率也相对较慢，达到相同成熟值所需加热时间更长，表面烹饪成熟程度较大，表面水分损失更多。因此，在颗粒食品烹饪过程中，刀工要求严格，精细的切割控形有利于缩短成熟时间，减小水分损失，提高烹饪品质。

将图 9-40 中的温度历史导入 MATLAB，计算出中心成熟值随时间变化的曲线并以 M_T =0.5 min 插值得到图 9-41，由图可以看出比表面积越大，食品升温越快、成熟越快，达到 M_T = 0.5 min 所需时间 t_{MT} 越短，且差距较为明显。

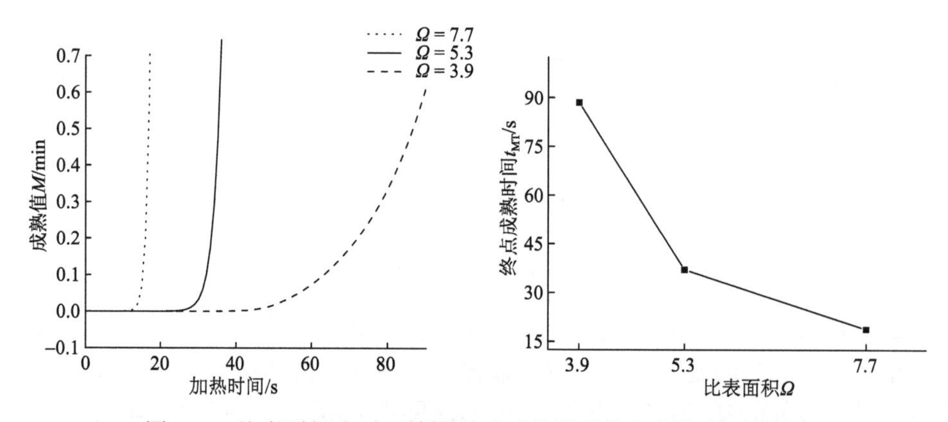

图 9-41　比表面积（Ω）对样品中心成熟值及终点成熟时间的影响

4）讨论

从前文的传热-动力学优化原理来看，切割越精细，即颗粒尺寸越小，越有可能取得最优品质。但这一优化倾向于受到水分损失的热质传递原理的限制。由图 5-19 可见，烹饪中水的损失出现在浅表层，且损失很大，当颗粒足够小，浅表层占总体比例就会很大，导致整体水分损失急剧增加。因此颗粒尺寸的减小受到限制。烹饪中过小的颗粒并不能取得最优品质，需要合理平衡。

9.6.3　颗粒食品物理性质对火候控制的影响

1. 固有渗透率对火候控制的影响

颗粒食品多样，表征其物理性质及特征的参数众多，现有颗粒食品固有渗透率参考值较少，以水为介质的液体固有渗透率数据主要分布在 10^{-16}～10^{-19} m^2（Datta，2006；Oroszvári et al.，2006）。

设定加热油温为 160℃，试样为比表面积为 5.3（Φ1.0 cm × 1.5 cm）的肉类食材，运行本书 5.4 节中圆柱形热质传递数学模型，在其他条件不变的情况下改变样品液体固有渗透率值（5×10^{-13} m^2、5×10^{-15} m^2、10×10^{-17} m^2），研究其对样品热质传递的影响，如图 9-42 所示，本部分来自文献（余冰妍，2019）。

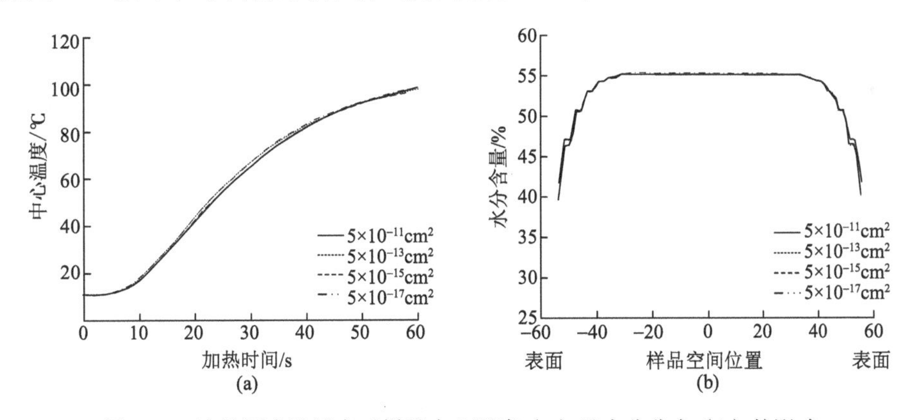

图 9-42　液体固有渗透率对样品中心温度（a）及水分分布（b）的影响

结果表明，液体固有渗透率的变化并未引起颗粒食品温度、水分含量分布（M = 0.5 min）的明显变化，说明颗粒食品液体固有渗透率对其热质传递影响并不显著。这与 Ni 等（1999）对土豆油炸数值模拟过程中液体固有渗透率灵敏性分析结果基本一致。可以推断，水分的内部渗透对火候控制影响较小。

将图 9-42 中的温度历史导入 MATLAB，计算出中心成熟值随时间变化的曲线并以 M_T =0.5 min 插值得到图 9-43，由图可以看出存在固有渗透率越小，食品升温越快、成熟越快，达到 M_T=0.5 min 所需时间 t_{MT} 越短的趋势，但差距并不明显。

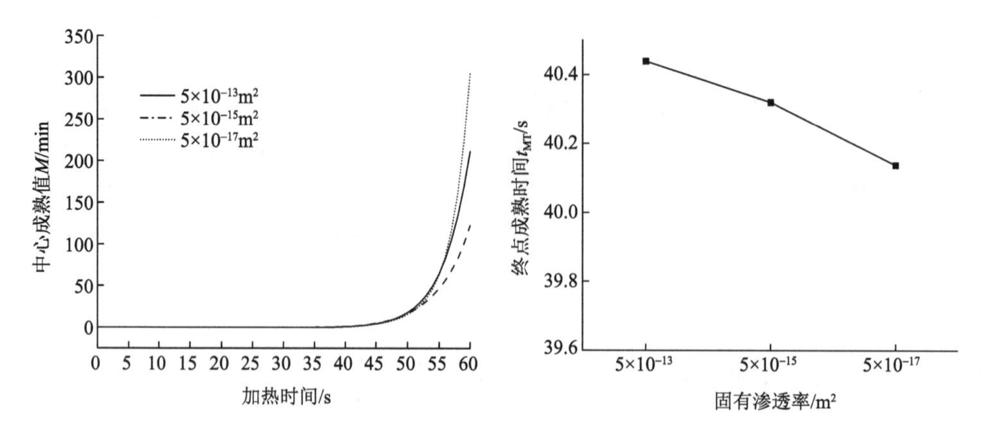

图 9-43　液体固有渗透率对样品中心成熟值及终点成熟时间的影响

2. 导热系数对火候控制的影响

导热系数是颗粒食材热物性参数之一，代表颗粒食品导热性能的优劣。颗粒食材导热系数测定困难，数据较少，由表 7-14 及图 7-51 可知，绝大多数食品在冰点以上的导热系数在 0.15～0.70 W/（m·℃）之间，试验以 160℃加热油温、比表面积为 5.3（Φ1.0 cm×1.5 cm）的圆柱形热质传递数学模型为例，在其他条件不变的情况下分别设定样品导热系数为 0.21 W/（m·℃）、0.41 W/（m·℃）、0.61 W/（m·℃）进行模拟计算，研究其对样品热质传递的影响，如图 9-44 所示（余冰妍，2019）。

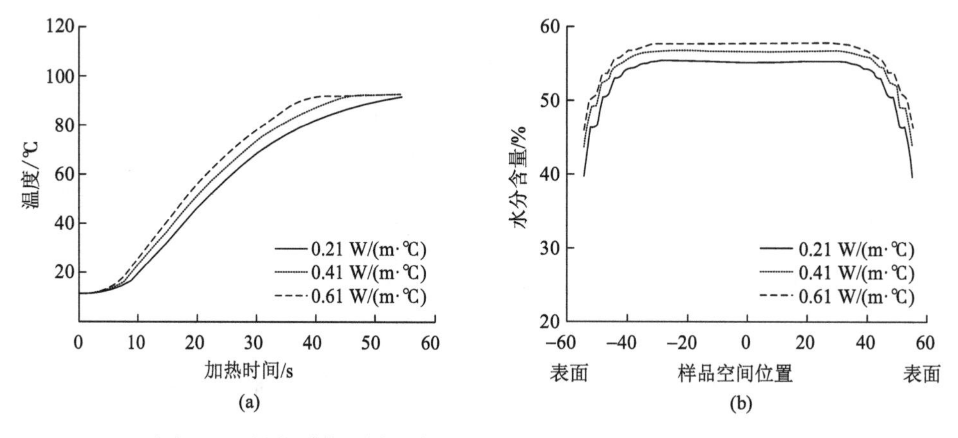

图 9-44　导热系数对样品中心温度（a）及水分分布（b）的影响

导热系数大的颗粒食品在单位时间内向其内部传递的能量更多，颗粒食品的中心温度曲线升温速率更快，在相同烹饪操作条件下，颗粒食品达到同一成熟值所需时间更短。当 M_T = 0.5 min 时，导热系数越高，颗粒食品的水分含量越高。

将图 9-44 中的温度历史导入 MATLAB，计算出中心成熟值随时间变化的曲线并以 M_T =0.5 min 插值得到图 9-45，由图可以看出导热系数越大，食品升温越快、成熟越快，达到 M_T=0.5 min 所需时间 t_{MT} 越短。

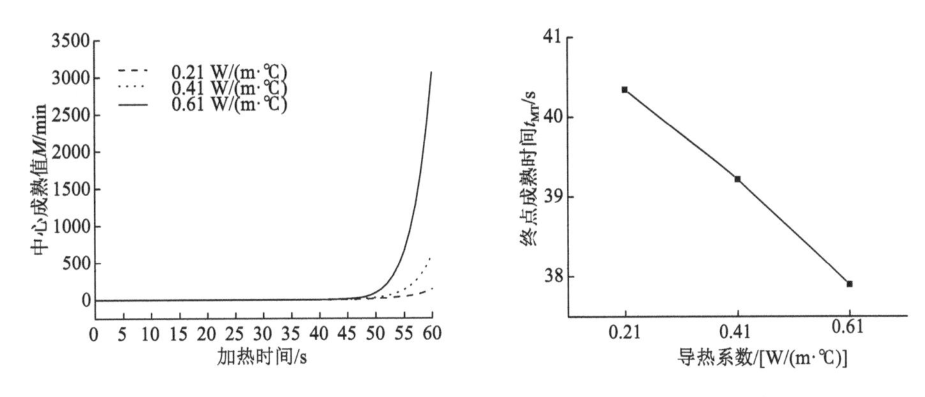

图 9-45　导热系数对样品中心成熟值及终点成熟时间的影响

3. 比热容对火候控制的影响

比热容指单位质量的颗粒食品升高或下降单位温度所吸收或放出的热量，比热容越大，食品吸收或释放热量的能力越强。由表 7-14 和图 7-52 可知，多数食品在冰点以上的比热容在 1800～4100 J/（kg·℃）之间，试验设定加热油温 160℃、试样为比表面积为 5.3（Φ1.0 cm×1.5 cm）的圆柱形肉类食材，运行 5.4 节的热质传递数学模型，在其他条件不变的情况下分别设定样品比热容为 1650 J/（kg·℃）、2650 J/（kg·℃）、3650 J/（kg·℃）时模拟计算研究其对样品热质传递的影响，如图 9-46 所示（余冰妍，2019）。

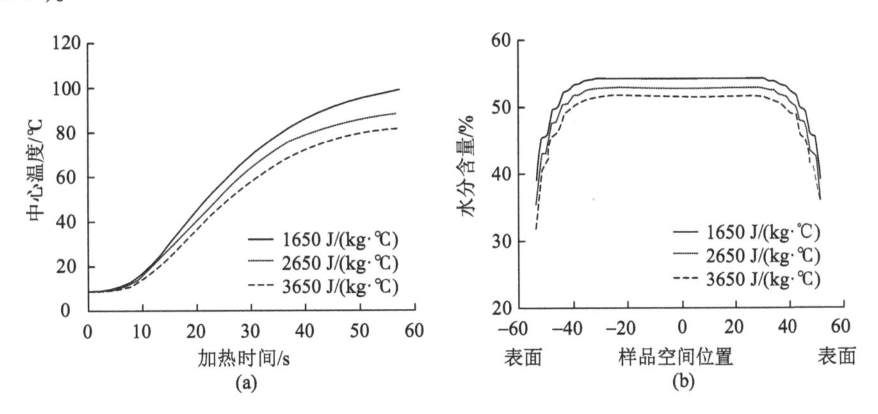

图 9-46　比热容对样品中心温度（a）及水分分布（b）的影响

由图 9-46 可知，比热容的改变对颗粒食品中心温度影响较大。比热容增大，则颗粒食品内部升高 1℃所需能量更大。因此，在相同环境温度下烹饪时，比热容大的颗粒食品内部温度上升速率更慢，要达到相同成熟值所需时间更长。加热食品至 M_T=0.5 min，加热时间的延长不仅导致中心水分含量的变化，也使颗粒食品表面水分含量损失更多，表面品质劣化加剧，不利于烹饪食用品质的保持。因此，在实际烹饪过程中，将比热容较大的食材烹饪至成熟则需更多的能量，可通过适当缩小食材尺寸或加大火源火力来缩短成熟时间，避免水分过度损失导致的食品原料品质劣化。

将图 9-46 中的温度历史导入 MATLAB，计算出中心成熟值随时间变化的曲线并以 M_T =0.5 min 插值得到图 9-47，由图可以看出比热容对食品成熟时间影响较大，比热容越小，食品升温越快、成熟越快，达到 M_T = 0.5 min 所需时间 t_{MT} 越短。

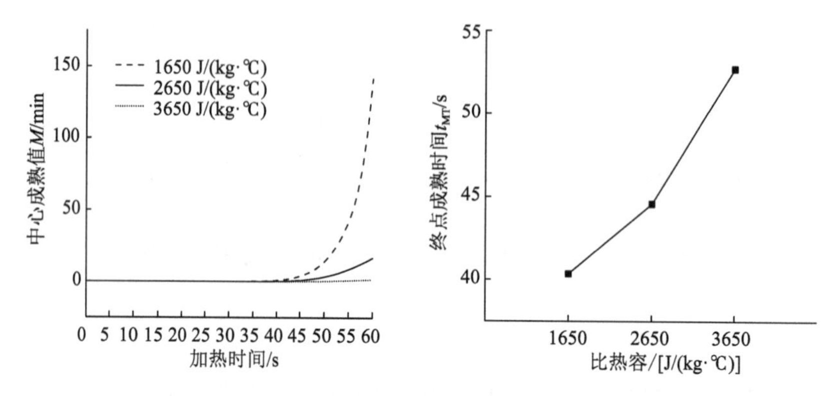

图 9-47　比热容对样品中心成熟值及终点成熟时间的影响

9.6.4　油料比对烹饪猪里脊肉品质的影响

设定油料比为 1：3～3：1、加热功率为 1800 W、h_{fp} 为 700 W/（m^2·℃）、初始加热油温为 140℃，以本书 5.6 节中的烹饪过程热质传递全局模型，用 COMSOL 软件对 4 mm 厚度猪里脊肉片油炒烹饪过程数值模拟得到所有节点温度历史并以此计算终点成熟时间 t_{MT}，最后按式（8-13）、式（8-11）和式（8-10）计算维生素 B_1 体积平均保持率、O_{Tv}、O_{Ts} 值，结果如图 9-48 所示（赵庭霞，2021）。

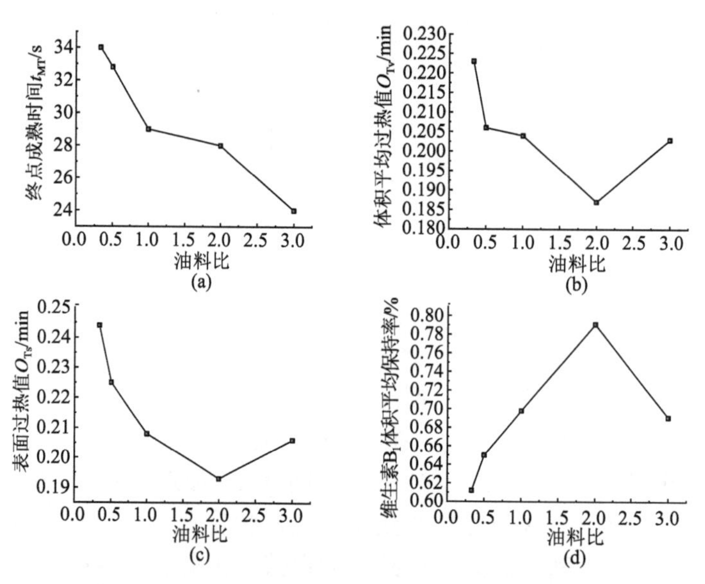

图 9-48　油料比对油炒猪里脊肉柱终点成熟时间（a）、体积平均过热值（b）、表面过热值（c）、维生素 B_1 体积平均保持率（d）的影响

通过模拟优化获取油料比对猪里脊肉烹饪品质的影响。油料比越高，猪里脊肉达到成熟的时间越短。在油料比为 2∶1 条件下，油炒猪里脊肉体积平均过热值和表面过热值最小，且维生素 B_1 体积平均保持率最高，为 78.82%，此条件下烹饪品质最优。这是由于提高油料比，能够使猪里脊肉升温更快，符合热处理优化原理的条件。油料比高时，多量油脂积蓄大量热量，避免物料加入时因热交换和蒸发造成预热油脂温度快速下降，偏离最优油温，参见本章 9.3 节。因此需要选择合适的高油料比，才能保证菜品形成良好的品质。需要注意的是，这一最优油料比是特定条件下的计算结果，并不具有普适性。

9.7　自动烹饪的火候控制

自动烹饪发展是大势所趋，其健康发展的条件之一就是必须继承传统烹饪通过火候控制形成最优烹饪品质的技术优势。实现自动烹饪需要在技术上满足以下两个条件：自动烹饪机构等效完成手工烹饪操作；用自动控制代替人工火候控制。本节主要讨论自动烹饪的火候控制方式。

9.7.1　自动烹饪概述

社会经济发展到了当前阶段，无论国内还是西方，对自动烹饪的需求是毋庸置疑的。由于西方家庭烹饪的相当部分已经工业化，美国、英国、加拿大的成人摄入食品中深加工食品（ultra-processed foods）占比超过 60%（Susan，2019），远远超过中国。因而对自动烹饪的需求反而不如中国强烈。当前，中西方的自动烹饪新发明、新方案层出不穷。国内的自动烹饪发明专利就超千项，并且还在迅速增加。西方的一些名牌大学也加入到了自动烹饪研发的行列。即使简单综述当前的自动烹饪技术状况，也会工作浩繁、篇幅巨大。下面仅给出一个当前自动烹饪的概貌，以展示自动烹饪发展对烹饪火候自动控制的需求。

1. 自动烹饪

西方自动烹饪的研发思路与国内略有不同，由于西式烹饪的烹饪操作处理过程相对简单，更加关注烹饪菜谱信息传递，以便按照食谱细节自动完成烹饪，其中的信息接受和处理占据了重要的位置。其烹饪机构常常包括烹饪的食材处理，如切配等前处理工序在内。Koripali（2014）的自动烹饪设计就体现了这种设计思想。

Koripali 认为烹饪机器人包括智能烹饪工艺及自动化设备两个部分，旨在保持食物质量的一致性和烹饪过程的可重复性，所需的参数是根据可以通过演示学习的机器学习算法来定义、设置和存储的。该算法将可存储任何指定食谱的烹饪过程，包括食材的类型和数量、烹饪过程时间、温度和搅拌频率等加工参数。存储的程序和信息可以实现共享，以相同食谱使用类似设备烹饪预定质量和数量的食物，从而适应用户的不同口味嗜好。现有的厨房烹饪自动化技术可以广泛地视为针对特定过程量身定制的简单机制，如搅拌、切碎或切片等，或者模仿人类手臂和手的机器人操纵器。自动烹饪设计的主要目的是通过自动化机械替代人工烹饪全过程。总结部分西方自动烹饪方案如表 9-6 所示。相当一部分西方主食烹饪的自动化早已高度成熟，如面包生产的全程自动化，更多地应用在工业领域。

表 9-6 西方的自动烹饪产品

产品名称	制造商（开发年）	产品说明	产品视图
Cooki	Sereniti 厨房 （2015）	半自动设备，需要手动将食材放入机器盛放食材的位置，由机器进行加热并使用搅拌臂完成烹饪操作，在完成烹饪后，需要手动清洗设备	
Spyce 厨房	麻省理工学院学生项目（2016）	商用，自动化程度较低，需要手动清洗和切碎食材，然后放入机器的食材入口，完成烹饪过程后，需要手动清洗设备	
One Cook	TNL 团队（2016）	仅能识别用特定的预加工食品容器，将容器放入机器指定位置，按照预设程序进行烹饪，在完成烹饪过程后，需要手动清洗设备	
机器人厨房	Moley 机器人（2018）	商用+家用，按菜谱人工投料后由设备使用机械手臂根据预设的程序进行烹饪，完成烹饪后可以自动清洗。同时含多个摄像头，可以采集手工烹饪操作并学习，进而记录和建立新的菜谱	
Steam Oven	Tovala（2018）	商用+家用，预设蒸烤箱参数，识别特定的食品包装上的条形码，然后以条形码对应程序进行蒸煮或者烘烤	
Let's Pizza	Yay 食品科技有限公司（2021）	商用，仅用于制作比萨的自动烹饪设备，可以自动完成比萨面饼的烘烤制作，并让客户根据自己的喜好选择所需的配料，完成烹饪后可用机器自带的比萨刀分切。该技术已经应用于部分餐馆或比萨店	

目前国内已经出现自动烹饪设备开发的热潮，出现了多种类型的技术方案。就烹饪技术本质而言，大多数自动烹饪技术方案采用容器中加回转搅拌桨的方式，与手工烹饪的热处理效果差别较大。深圳繁兴的爱可技术方案，采用曲柄摇杆机构模拟手工烹饪翻锅动

作，适合炒制烹饪，但没有周转机构，与手工烹饪仍有差别。深圳汉食智能科技有限公司的 YIA 烹饪机器人技术方案，采用卵形回转釜配合四轴联动机构和周转机构能够完成大多数手工烹饪动作，在火候控制算法基础上建立了电子菜谱快速录制系统，能够 1：1 复制大多数手工厨艺。

自动烹饪的机械结构和控制原理相当复杂，更多涉及烹饪工程，不在本书内容范围之内，不在此详述。简单总结国内代表性自动烹饪设备见表 9-7。

表 9-7　中国的自动烹饪设备

产品名称	制造商（开发年）	产品说明	产品视图
九阳炒菜机器人 A9	九阳股份有限公司（2020）	家用。按食谱自备单份食材，投料后按程序由锅底搅拌桨搅拌并加热完成烹饪。自动化程度较低，设备成本低。无周转，一锅烩，与手工烹饪炒菜操作差距较大	
饭来净菜智能烹饪机	深圳饭来科技有限公司（2017）	家用。按食谱准备食材，由物流送达，单份投料后按程序由锅底搅拌桨搅拌并加热完成烹饪。自动化程度较低，设备成本低。无周转、一锅烩，与手工烹饪炒菜操作差距较大	
BSF1-40G2 中型燃气商用煸炒机	深圳市繁兴科技股份有限公司（约 2006 年）	商用大炒。自备批量食材，后按程序由容器回转搅拌加热，完成烹饪。半自动操作，需人工，成本低。无周转，一锅烩，大炒品质	
爱可 2.0	深圳市繁兴科技股份有限公司（2010）	商用。放入单份预制食材分装盒烹饪，根据预设电子菜谱通过曲柄摇杆机构翻锅抛掷加热烹饪，自动化程度较高，需人工值守服务，设备体积大、成本高。通常无周转，一锅炒，与手工烹饪炒工艺有差距	
饭美美一代 1.0 版本智能售卖机	饭美美网络科技（北京）有限公司（2016）	商用，冷链复热设备。在中央厨房完成烹饪、装盒，冷藏物流送达设备，微波复热。无人值守。与手工烹饪差距较大	
味霸机器人厨师	上海爱餐机器人（集团）有限公司（2018）	商用+家用。放入单份预制食材分装盒烹饪，根据预设电子菜谱（控制程序）回转搅拌加热烹饪，自动化程度较高，需人工值守服务。无周转，一锅烩，快菜与手工烹饪炒菜品质差距较大	

续表

产品名称	制造商（开发年）	产品说明	产品视图
汉食烹饪机器人	深圳汉食智能科技有限公司（2020）	商用。在YIA烹饪机器人中放入数十份预制食材分装盒，根据预设电子菜谱通过四轴联动机构翻锅抛掷、刮铲、加热烹饪，具有机器人的独立性、通用性和智能性，无需人工值守服务。有周转，能够1∶1复制手工烹饪炒工艺	

2. 烹饪自动化需要解决的问题

自动化是指机器设备、系统或过程（生产、管理过程）在没有人或较少人的直接参与下，按照人的要求，经过自动检测、信息处理、分析判断、操纵控制，实现预期目标的过程。烹饪自动化就是自动化技术应用于烹饪过程，由设备系统自动完成烹饪操作。烹饪自动化包括烹饪前处理自动化、烹饪自动化和烹饪后处理自动化。烹饪前处理自动化和烹饪后处理自动化与一般的食品工程自动化有类同，不是烹饪自动化的主体内容。烹饪自动化的主体，是将烹饪食材加热至成熟过程的自动化。

自动化作为一个系统工程，它由 5 个单元组成：①程序单元：决定做什么和如何做；②作用单元：施加能量和定位；③传感单元：检测过程的性能和状态；④制定单元：对传感单元送来的信息进行比较，制定和发出指令信号；⑤控制单元：进行制定并调节作用单元的机构（汪晋宽等，2006）。

从上述 5 个单元分析烹饪自动化的技术需求。建立程序单元需要深入理解烹饪的过程特征和操作实质，主要包括工艺流程、操作需求、过程参数等，因此需要从过程原理角度深入解析烹饪操作。作用单元是程序单元的物理实现，即烹饪操作的机构实现。而传感单元、制定单元和控制单元是对程序单元和作用单元的控制手段。

烹饪的过程解析包括自动烹饪的流程分析和技术需求分析。这项工作虽不简单，但难度还是相对较低的。烹饪操作的机构实现和烹饪自动控制是实现烹饪自动化必须解决的两个问题，是难度更大的技术挑战。只有这两个问题得到有商业应用价值的解决方案，烹饪自动化才能够得到工程实现。

当前自动烹饪远未达到成熟阶段，其首要原因是缺乏合理、全面的烹饪操作的机构。这是因为中国手工烹饪中存在繁复的烹饪技法，其中的各种技术动作，如翻锅、划散、用勺、清洗等，动作虽然简单，但包括了复杂的人类智能。厨师需要较长时间的训练才能够烹饪出较高品质的菜肴，就说明了这一点。烹饪操作的机构设计是烹饪自动化的难点之一。

即使已经有了完善的自动烹饪作用单元，还必须实现对高度复杂的烹饪过程的自动控制，尤其是火候控制。在手工烹饪中，火候控制是根据厨师经验完成的。不同烹饪技法、不同烹饪菜品具有各自的火候判断方式，并且判断依据常常是多种因素的综合，这些因素可能包括火力、时间、色泽、气味、声音等，通常需要依赖培训得到的技术经验。烹饪的自动控制存在这样一些问题：烹饪过程能够找到合理的、普适性强的控制依据信号吗？尤其是火候控制的依据信号存在吗？烹饪控制能够使用闭环控制吗？如果不能，开环控制又如何实现？

可以肯定的是，选择合理的烹饪自动控制方式，必须建立在对烹饪的过程原理如火候的过程原理的深入的、定量的分析基础之上。

9.7.2　自动烹饪过程控制方式

1. 当前的烹饪火候控制

1）手工烹饪的火候控制

手工烹饪的火候控制大多需要凭借经验，根据不同的食材性质、形态，不同的烹法与口味要求，对热源的强弱和加热时间长短进行控制，以获得菜肴由生到熟所需的适当温度。

在传统的烹饪操作中，厨师更多的是通过现象观察结合经验来把握火候，掌握食物成熟度。在实际操作中厨师是通过特定的技巧来判断温度和时间的，如油温判断可通过油的自发运动（自然对流）及油烟的生成现象来把握；水温的判断可通过水的沸腾状态来把握；时间的判断可通过食材质地的变化或动物性食材血色变化等现象来把握。具体可根据食材的物性、传热介质、烹调方法、食品在加热中的现象来加以判断应使用何种适当的火候控制操作（张建军，2000）。

2）西方烹饪的火候控制

同样地，西方烹饪的火候控制从菜肴的质构、营养、颜色、风味等方面体现，但多为单一的烹饪方式，如烤、油炸、焙烤，对中式菜肴的烹饪参照作用有限。有代表性的火候控制如下：Cristen 等（2006）设计研发了一型机器人厨师，在整个烹饪过程中没有任何交互性，仅仅达到了烹饪初学者水平；专利“*Deep fat frying cooking control module*”（Rivelli and Barnes，1975）描述了一种自动深度油炸烹饪模块，使用处理器单元控制烹饪油炸中的油炸时间和油炸温度以实现对食材的火候控制，以食材油炸后的酥脆程度作为品质控制指标；专利“*Automatic cooking appliance employing a neural network for cooking control*”（Nishii et al.，1995）提出了一种结合神经网络的烹饪控制设备，神经网络根据食材在烹饪过程中物性参数随烹饪时间的变化关系，可对烹饪程度进行区分，进而进行烹饪控制。西方自动烹饪的火候控制，同样缺少对烹饪成熟原理基础研究，普适性不足，参见 2.1.2 节。

3）中餐自动烹饪的火候控制

在前文中已经揭示了传统中式烹饪的技术原理，并论证了其合理性，而进一步的目标则是推进中国烹饪的现代化、标准化和自动化。当前很多机构、个人致力于烹饪自动化。笔者也提出了能够实现大部分手工烹饪动作的烹饪机器人方案（邓力，2013）。实现自动烹饪的一个困难在于如何将手工烹饪操作转变为机读控制程序以完成自动烹饪操作。这一问题的关键是在一定操作条件下如何确定取得最佳品质的烹饪过程控制。

已公开的自动烹饪专利提出了各种烹饪工艺控制方法。一些专利，如李卫红（2007）提出将温度传感器得到的温度数据——通常是锅底的温度数据处理后，反馈给加热功率控制器，以实现火候的控制。但这些专利都没有提出具体的控制方案，如达到多少温度停止加热。从前文的烹饪过程传热学和动力学可知，锅底温度和烹饪成熟没有直接关系，不能够成为控制依据。

刘小勇等（2003）认为锅体温度用于判断火候是不合理的，从而提出以食品温度、色泽、蒸汽压力、pH、湿度、运动等参数的实时动态传递作为依据参数，反馈处理后调控烹饪火力，但没有给出具体技术方案和理论依据。刘小勇（2008）提出借助通过储存在控制系统中的烹饪程序来执行自动烹饪，提出模拟厨师烹饪动作，但并没有提出将手工烹饪操作转化为自动烹饪操作的具体方法。

李国华等（2004）提出了智能式半自动烹饪机，包括机架、加热炉具、锅体和锅体翻转装置、加料装置、盛出装置、清洗装置、排放装置以及控制装置，控制装置包括控制加热炉具点火及火力控制器，控制装置的控制输出端口还分别与锅体翻转装置、加料装置、盛出装置、清洗装置、排放装置的控制输入端口相连接，加料装置为液体辅料添加装置；盛出装置包括自动配合锅体翻转动作的盛料容器；清洗装置为自动配合锅体翻转动作的锅体清洗系统；控制装置包括计算机部件及存储有各种菜式的烹调程序的存储器、配合及提示人工操作的人机界面。这个系统概念是一个半自动化的中式菜肴烹饪机器人雏形，没有实现智能控制，菜肴的烹制和定义完全靠人为介入，并且没有完成菜肴烹制动作的系统化、标准化和规范化。2003 年，美华机器人研究开发有限公司提出了机器人烹饪系统（董大为，2004），设计了一种可以安装于餐馆、厢式卡车或拖车内的既灵活又便于运输的机器人烹饪系统，可以根据顾客的需要烹调出各种口味的食物，它是用一个或多个机器人作为“厨师”。加热设备将烹饪平底锅加热到指定温度。烹饪锅安装有温度传感器，检测锅和菜肴的烹饪温度。烹饪锅被完全加热到指定温度后，传送机械臂将配好的菜肴倒入烹饪锅中开始烹调过程，当烹饪锅中的菜肴达到设定的烹饪起锅温度值时，机器人将锅中菜肴盛入盘中，就餐者即可食用。但它仅仅作为一种加热流水线工具，做到了温度的闭环控制，没有完成中式菜肴各种复杂动作的实现和定义，不能视作一个具有系统性的烹饪机器人。

而有的中餐自动烹饪火候控制方法运用了模糊控制，如闫维新（2010）提出的烹饪机器人火候系统。该系统能够监控食材加热时的色品/饱和度变化、锅具内温度变化、燃气的流量，结合当前的烹饪工序，做出调整火力大小和当前烹饪工序时间的控制行为，实现火候的精细控制，同时还提出了依靠烹饪机器人双压强火力控制和火候视觉控制。双压强火力控制能够精确地控制常压燃烧器的热负荷，是实现火力控制数字化和标准化的关键；基于机器视觉的火候视觉模块，在特定的图像处理算法下，火候视觉模块能高效地识别典型对象（如已知颜色特征信息，火候视觉模块可以监控主物料或辅料的烹饪情况），对典型对象的烹饪效果进行监控，可以实时监测当前菜肴火候状态，调节当前火力强度和烹饪时间，满足烹饪机器人的火候高精度控制的要求。在此基础上，通过火候模糊随动控制将双压强火力控制与火候视觉模块相结合，建立火候模糊逻辑关系和控制规则，监控食材加热时的色品 / 饱和度变化、锅具内温度变化、燃气的流量，结合当前的烹饪工序，调整火力大小和烹饪工序时间，在这些基础上完成的菜肴，实现了被加热物体的加热效果精确控制，使得烹饪稳定性强，色泽和口感一致（闫维新，2010）。但火候的关键位置在食品的中心冷点，仅靠食材的外部视觉信息是很难判断的。

2. 烹饪过程控制的特征

1）控制系统与烹饪

控制系统分类方式繁多，从应用场合可以分为运动控制系统与过程控制系统两大类。运动控制系统主要指那些以位移、速度和加速度等为被控参数的一类控制系统；过程控制系统则是指以温度、压力、流量、液位（或物位等）、成分和物性等为被控参数的流程工业中的一类控制系统。自动烹饪同时涉及两类控制。锅具和搅拌器具的移动涉及运动控制。而烹饪温度、加热品质变化的控制则是典型的过程控制。两类控制系统虽然基于相同的控制理论，但因控制过程的性质、特征和控制要求等的不同，带来了控制思路、控制策略和控制方法上的区别。

研究烹饪运动控制显然要针对具体的锅具运动方式，如厨师或机器的各种烹饪动作来开展。目前已经有一些文献研究烹饪的锅具运动控制。例如，研究烹饪过程中锅具运动姿态测量方法（戎海龙等，2009）、曲柄摇杆翻锅机构运动学研究（闫维新等，2011）。但这些运动研究都不能得到运动方式与烹饪品质的关系。实际上，在烹饪控制中运动控制是服从于过程控制的，过程控制是目的，运动控制仅仅是实现过程控制的手段之一。不同厨师、不同自动烹饪技术方案的运动可能是不同的，而相同菜品的加热成熟，也即火候控制却具有相同的规律。运动控制是手段性的、技术性的，而过程控制是原理性的。

2）烹饪的过程控制特征

生产过程是指物料经过若干加工步骤而成为产品的过程。该过程中通常会发生物理变化、化学反应、物质能量的转换与传递等，或者说生产过程表现为物流变化的过程；伴随物流变化的信息包括体现物质性质的信息和操作条件的信息；生产过程的总目标，应该是在可能获得的原料和能源条件下，以最经济的途径将原物料加工成预期的合格产品。过程控制一般是指工业生产中连续的或按一定程序周期进行的生产过程的自动控制。过程控制主要针对六大参数，即温度、压力、流量、液位（或物位）、成分和物性等参数的控制问题（李国勇等，2013）。烹饪过程及过程控制总体上高度符合上述描述。由于火候在烹饪过程中的重要性，火候控制是烹饪过程控制的核心。

a. 烹饪过程控制的基本特征

过程控制系统一般有如下两种运行状态：一种是稳态，此时系统没有受到任何外来干扰，同时设定值保持不变，因而被控变量也不会随时间变化，整个系统处于稳定平衡的工况。另一种是动态（非稳态），当系统受到外来干扰的影响或者改变设定值后，原来的稳态遭到破坏，系统中各组成部分的输入/输出变量都相继发生变化，尤其是被控变量也将偏离原稳态值而随时间变化，这时系统处于动态。烹饪过程有着强烈的动态特征。

一般化工过程分为连续过程和间歇过程。连续过程是指过程所有的操作步骤在同一时刻分别在不同位置进行，操作状态稳定且连续不断地进料和产出最终产品，在操作时间内在任何一个位置，物料的各参数实际均保持不变。连续过程具有操作便于机械化、自动化，产品质量均匀，设备紧凑，生产能力大等优点。而间歇过程是人类使用最早的操作方式，由于它占用设备空间少，操作灵活而被人们广为采用。即使完成某个复杂加工过程，其中包括多个物理和化学的加工环节，人们也常常在尽量少的设备上（如搅拌釜）逐步完成一个又一个工序，间歇地实现了全部加工过程。一般而言，连续过程基本呈现稳态，而间歇过程更多呈现动态。中式烹饪是一个间歇过程。

在化学工程中，间歇过程主要应用在精细化工、生物化工中。某些产品，至少从时间和资源上看，开发连续过程是不合理的；有的产品尽管可用连续法生产，但事实上以间歇工艺分批制造可能更经济（杨志才，2001）。而烹饪的小批量、多品种、系列化、步骤复杂的特征比精细化工更显著。因此，烹饪的间歇加工方式是其技术的本质特征，基本不可能被连续加工方式取代。

由于计算机控制技术的快速发展，间歇生产出现崭新的面貌，其生产效率、操作弹性迅速提高。在过去的 10 年中化学工程变化的趋势是从大宗化学品的生产转向专用的功能化学品的生产，从大规模过程转向小规模的具有弹性的过程，从连续加工转向弹性的间歇加工（杨志才，2001）。未来的烹饪加工控制方式与此趋势相似。一套烹饪设备和控制方法应具有很好的加工弹性，能够烹饪大多数菜肴。

烹饪火候控制与一般化工过程控制的区别见表 9-8。

表 9-8　烹饪火候控制与一般化工过程控制的区别

特征	化工连续过程控制	化工间歇过程控制	烹饪火候控制（炒）
控制目标	可测定	可测定	很难测定
控制目标函数	通常为显式函数	通常为显式函数	复杂优化模型
稳态/动态	稳态	动态为主	强烈动态
单/多变量控制	单/多	单/多	多
可控变量相互关联性	一般不高	一般不高	很高
可控变量稳定性	基本不变	变化	剧烈变化
过程时间	慢过程为主	快过程为主	极快过程
定值控制	定值控制为主	定值、非定值兼有	非定值控制
参数性质	集中参数	集中参数/分布参数	分布参数
控制难度	较易	较难	难

b. 烹饪过程控制与过程数学模型

要评价一个过程控制系统的运行质量，应该考查它在动态过程中被控变量随时间的变化情况。控制作用能否有效地克服扰动对被控变量的影响，关键在于选择一个可控性良好的操作变量，这就要对被控对象的动态特性进行研究。因此，研究被控对象动态特性的目的是配置合适的控制系统，以满足生产过程控制的要求。过程数学模型有静态和动态之分，本书第 3 章的烹饪过程数学模型是典型的动态数学模型。

建立被控对象数学模型的主要目的有（李国勇等，2013）：①设计过程控制系统；②整定控制器参数和调试系统；③利用数学模型进行仿真研究；④进行工业过程优化。

在生产过程中，只有深入了解被控过程的数学模型才能实现工业过程的优化设计。虽然在本书第 4 章和第 5 章构建了烹饪过程热质传递数学模型、烹饪品质优化模型，并开展了仿真模拟，但研究中并未出现稳定的、与烹饪品质直接相关的易测定、易控制的参数。烹饪过程的复杂性、动态性、间歇性、多样性都给烹饪的过程控制带来了挑战。

3. 火候控制：开环还是闭环？

由上文可看出烹饪的火候控制有极高的难度。手工烹饪厨师要经过长期训练，积累相当多的经验后，才能取得良好的火候控制判断能力。烹饪火候控制是自动烹饪的必要条件。火候过程控制中被控变量和操作变量的特殊性、复杂性使得烹饪自动化有很高的难度。

1）控制方式

自动控制方式包括闭环控制和开环控制。闭环控制是有被控量反馈的控制。在反馈控制系统中，控制装置对被控对象施加的控制作用，以取自被控变量的反馈信息不断修正被控量与输入量之间的偏差，从而实现对被控对象进行控制的任务。开环控制方式是指控制装置与被控对象之间只有顺向作用而没有反向联系的控制过程，其特点是系统的输出量不会对系统的控制作用造成影响（胡寿松和张正道，2007），参见图 9-49。

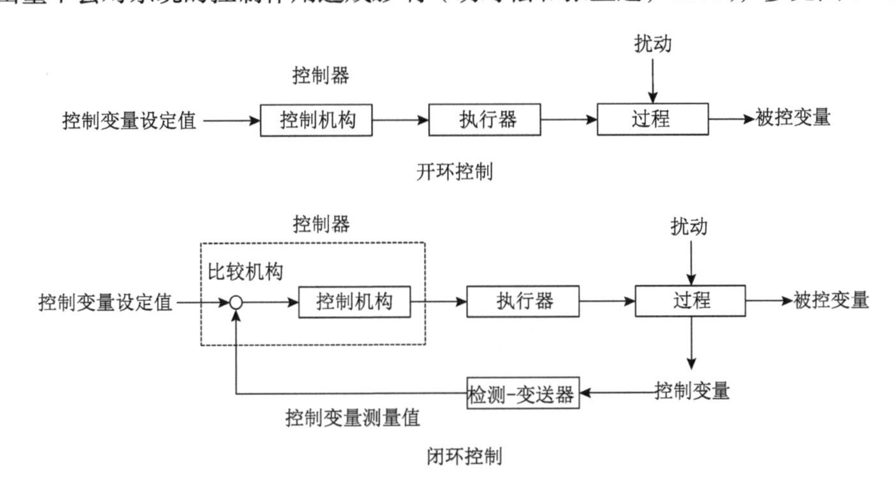

图 9-49　自动控制的构成与控制方式

2）火候过程控制难以采用闭环控制

两种控制方式中，闭环控制虽然较为复杂，但精度较高，对外部扰动和系统参数变化不敏感。而开环控制简单、稳定、可靠，但是无自动纠偏能力，工艺变动的适应性差。闭环控制是自动烹饪理想的控制方式。但烹饪过程闭环控制难以实现的主要原因是被控变量的检测变送困难。

虽然已构建的成熟值和过热值为烹饪自动控制提供了所有菜品烹饪普适的、仅需测量温度就可以计算的被控变量，解决了由于菜品种类众多导致成熟品质指标繁杂、无法找到被控变量的难题。但成熟和过热发生在食材颗粒的中心，是不可见的，尽管已构建了实时测定成熟值、过热值的仪器系统，由于烹饪过程中食物的运动，很难在自动烹饪过程中在线测定成熟值和过热值。因此，开环控制是中式烹饪，尤其是油炒烹饪的主要控制方式。

当然，温和的定温烹饪，如蒸、煮、炖等工艺，是品质变化稳定的慢速过程，是完全可以建立反馈控制的。但这类工艺技术相对简单，品质与过程变化操作之间的关系模糊，且劳动力消耗较低，对自动控制的需求不大。而油炒工艺复杂、品质与操作关系密切，在中式烹饪中占比最高，且劳动需求大，最需要自动控制。

3）火候的开环控制

火候的开环控制是通过预先的参数测定和优化计算，确定所有的自动烹饪参数，并输入自动烹饪设备运行完成烹饪。杀菌工艺也采用类似的开环控制方式，即在预先研究试验而制定杀菌式基础上完成杀菌热处理。

火候控制采用开环方式后，显著优点是控制方案基本上是时序控制，简单可靠。但是，其缺点也很明显，由于烹饪过程的特点，一个自动烹饪程序对应的烹饪食材特性、加热条件等各个操作参数必须是一定的，任何一个条件的变化都会导致控制程序的改变。建立一个合理的、有工程应用价值的火候开环控制也有一定难度。

实现火候自动控制的前提条件是动作机构能够等效完成厨师烹饪动作，且机构的传热学特性、敏捷性等关键性能满足或超过主要手工烹饪所能达到的品质和效率需要。相信未来一定会出现满足商业烹饪需求的自动烹饪机构，参见 14.3.3 节。

即使拥有了性能强大的自动烹饪机构，火候控制还需要满足以下条件：将手工烹饪转变为自动烹饪程序，从而构建火候的开环控制方式。这个程序的编写原则相当复杂，需要完全把握火候的内在规律，定量手工操作的自动烹饪机构的一一对应关系，并能包含主要的烹饪操作技术细节。

9.7.3　基于 TTIs 将手工烹饪转变为自动烹饪方法

虽然已经有许多的自动烹饪技术方案，但目前尚没有一种基于科学原理将手工烹饪操作转变为自动烹饪操作的方法，成为当前烹饪自动化发展进程中亟需解决的问题。本书第 2 章揭示了烹饪的过程原理，提出了成熟值原理，为解决这一问题提供了必要的理论基础。

第 6 章提出的时间温度积分器，可以推算热处理过程的温度历史及品质动力学变化，还可以研究加热对食品品质的影响，应用于热处理设计。将手工烹饪转变为自动烹饪方法是开环控制的方法基础。

1. 烹饪品质的影响参数分析整理

烹饪过程的所有变量都是烹饪品质的影响因素，前文中已将烹饪过程变量参数化，具体包括动力学参数、加热设备参数、传热液体介质的参数、颗粒相关参数、环境参数、颗粒孔隙中各流体参数、各对流传递系数及操作相关参数，总结见表 5-2。

2. 建立将手工烹饪转变为自动烹饪的方法

在第 4 章和第 5 章中建立了烹饪热质传递数学模型，根据偏微分方程解的唯一性定理，模型在定解条件下具有唯一解（戴嘉尊，2002）。因此，当手工烹饪和自动烹饪过程参数相同时，两种烹饪方法中的食材具有相同的温度历史，将具有相同的烹饪品质。

考察烹饪的过程参数，其中的传热介质参数、颗粒相关参数、食材特性参数都是烹饪食材的固有参数，在采用相同食材时，其在两种烹饪方法中完全相同。

自动烹饪可能采用与手工烹饪不同的加热装置。自动烹饪设备能否达到手工烹饪的效果，其关键在于食材颗粒的传热是否一致。基于以下两点，实现这一技术目的难度并不大：第一，手工烹饪的功率-时间关系是可以测量的；第二，以现有的技术，无论燃气加热、电磁感应加热还是电阻加热，都容易做到在自动烹饪中按照所需的功率-时间关系控制加热功率。因此，自动烹饪可以实现与手工烹饪相同的加热效果。

而烹饪加热过程中最为复杂的环节出现在烹饪容器对食材的加热，相关控制参数为容器-液体对流传热系数、液体-颗粒对流传热系数、颗粒表面蒸汽对流传质系数。由式（4-17）、式（4-18）可知，上述参数取决于容器-流体以及颗粒-流体的相对运动速度。而这两个相对运动速度都是由手工烹饪操作中的搅拌强度决定的。手工烹饪的搅拌过程包括抖锅、晃锅和翻炒，是由厨师通过训练和实际操作形成的经验而产生的相应动作，是主观的、缺乏明确外在规律的、技巧性很强的动作组合。由自动机械操作完全相同地实现手工操作几乎不可能，因此自动烹饪必然会有另外的烹饪搅拌原理和方法。已公开的自动烹饪的搅拌技术方案包括模拟手工翻锅运动、烹饪容器回转运动等方式。而自动/半自动烹饪的搅拌参数，如搅拌频率、搅拌线速度等，难以从手工烹饪中通过简单观察、计量和研究直接获取或推测。因此，决定手工烹饪和自动烹饪效果是否相同的关键是其需要实现与手工烹饪相同的搅拌效果。

在此情况下，可以先假设一个自动/半自动烹饪的搅拌参数，配合其他来自对象手工烹饪的可靠烹饪参数，在自动烹饪设备上执行后得到自动烹饪菜品。测量并比较手工烹饪菜品和自动烹饪菜品中表征加热程度的指标，如化学、物理学、生物学指标，如果两者不同，调节搅拌参数，使得两者逐次接近，多次重复直到自动烹饪操作与对象手工烹饪操作有相同的指标，从而将手工烹饪操作转变为自动烹饪操作。以上述方法得到的操作参数对自动烹饪过程执行闭环控制，可以在自动烹饪中得到与手工烹饪相同的菜品品质。实现这一过程的代价不大，而获得的程序可长期重复使用，因而具有实用性。

3. 基于TTI技术将手工烹饪转变为自动烹饪的方法流程

本小节内容主要来自文献（邓力，2013）。上述方法中，如何评价烹饪菜品中表征加热程度的指标是主要技术关键。

本方法以TTI技术作为判断烹饪加热程度的指标，流程见图9-50。

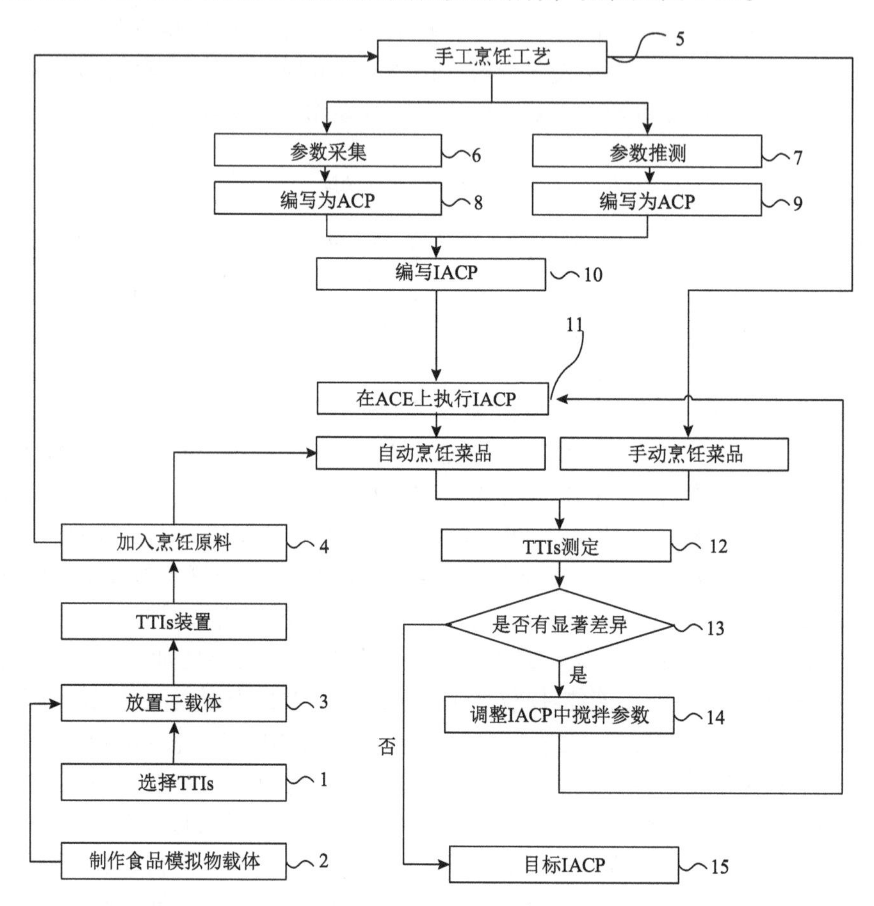

图9-50　基于TTIs技术将手工烹饪转变为自动烹饪的方法流程图
ACP：自动烹饪程序(automatic cuisine programs)；ACE：自动烹饪设备（automatic cuisine equipments）；IACP：完整自动烹饪程序（integrated automatic cuisine programs）

步骤1～步骤3：制作适用的TTIs装置。首先制作食品模拟物载体，载体应质地均匀稳定，热物性、形状和尺寸与烹饪食材相同或接近，易与TTI指示剂结合使用，有一定强度，在烹饪搅拌中不会瓦解。食品模拟物可以由亲水胶体、高分子聚合物、橡胶等制作。本书6.3节及文献（Wang et al.，2010；高毅等，2007）已建立了适用于中式烹饪的食品模拟物系统。例如，以马铃薯淀粉和海藻酸钠制作为海藻胶，可以用模具、切割等方法，使其具有与对象手工烹饪中颗粒食材相同或接近的形状。由于其热物理性质与真实食品接近，可以模拟多数蔬菜、肉类。而TTI指示剂应选用具有和关键烹饪品质相同或相近的动力学参数。例如，烹饪菜用肉类时，肉类的 z_M 值为 10℃，可以选用耐高温 α-淀粉酶（无锡杰能科生物工程有限公司）实测其 z 值为 7.36℃（邓力等，2017）。根据烹饪重点品质出现的部位，将 TTIs 置入食品模拟物载体的相应位置，可以放置在表面和中心，也可以均匀分散于食品模拟物载体中。植入食品模拟物载体中心时，可以采用毛细管法，即将 TTI 指示剂装入毛细管中，密封端口后，插入食品模拟物中心，得到中心 TTIs 装置。将指示剂与制作食品模拟物的材料混合均匀后，同时制作出食品模拟物载体和 TTIs，就可以得到均匀分布的 TTIs 装置。表面 TTIs 的制作可以通过外表面附着实现，如采用热敏墨水染色。这样就将 TTIs 与食品模拟物载体结合，制作出 TTIs 装置。

步骤 4：将至少一个 TTIs 装置分别以取代同样数量食材颗粒的形式加入手工烹饪操作与自动烹饪工艺中的食材颗粒中。

步骤 5：选择一种可能在自动烹饪设备上实现的对象手工烹饪操作，并执行该手工烹饪操作，得到手工烹饪菜品。需要指出的是，所谓对象手工烹饪是一次具体的烹饪操作，而非多种或同一品种的多次烹饪操作。

步骤 6：采集手工烹饪操作参数操作，实际上与手工烹饪操作同时完成，采集烹饪相关参数，相关参数及采集方法如下。

烹饪动作起停时间：记录手工烹饪操作全程的所有烹饪动作的起停时间，这一数据包含所有烹饪动作先后次序及串联并联形式。所述烹饪动作包含以下动作的部分或全部：①投料：向烹饪容器投入物料；②出料：将烹饪容器中物料排出容器；③加热：加热容器中物料；④搅拌：搅拌容器中物料；⑤翻转：翻转容器中的物料；⑥周转物料：将烹饪容器中物料转入周转容器，再次转入烹饪容器；⑦划散：将黏接的烹饪食材分散；⑧碾压：对烹饪食材施加碾压力；⑨切割：使得整块物料切为小块；⑩固液分离：分离固液混合烹饪食材中的固相与液相，保留其中一相；⑪加盖：使烹饪容器密闭；⑫去盖：解除烹饪容器密闭；⑬清洗：洗净烹饪容器。

每次投料食材的种类、数量和质量：所谓数量包括重量、体积等常用烹饪食材的计量方式，通过常规计量方法即可获取。

烹饪全程中加热功率：即获得烹饪的功率和时间关系。当手工烹饪采用燃气灶为热源，测定烹饪的加热功率可以采用国标《家用燃气灶具》（GB 16410—2007）中测定燃气灶功率和热效率的方法。由于烹饪功率与烹饪容器和热源的距离及燃气阀门的开度有关，可以事前测定不同距离、不同开度下的功率和热效率，烹饪过程中通过摄像记录烹饪容器与热源的距离及燃气阀门开度，从而推算出烹饪过程中的加热功率，或可采用本书 11.1 节中的方法。

烹饪全程中搅拌强度：目测记录翻锅和炒勺翻炒的频率次数，而动作强度由于无法计量，可以采用文字描述，为客观可靠，可录像记录后细致分析。

步骤 7：将采集的烹饪参数编写为自动烹饪程序。上述采集的手工烹饪参数首先将参数化为自动烹饪的可执行程序。

步骤 8：根据前述手工烹饪中搅拌操作记录推测自动烹饪中的合理搅拌参数，这一参数和自动烹饪采取的搅拌方式有关，如容器或搅拌器的运动速度。

步骤 9：将推测参数写入自动烹饪程序。

步骤 10：将步骤 8 和步骤 9 的程序合并为完整的自动烹饪程序。

步骤 11：在自动烹饪设备上执行该完整自动烹饪程序烹饪出菜品。

步骤 12：分别对手工烹饪菜品中和自动烹饪菜品中的 TTIs 指示剂进行检测。

步骤 13：对得到的手工烹饪和自动烹饪的 TTIs 指示剂检测数据进行统计学分析，如进行基于卡方（χ^2）分布的假设检验，判断两者之间是否有显著差异。根据对自动烹饪和手工烹饪相似度的要求选择合理的置信度。

步骤 14：当判断结果表示有显著差异时，根据结果判断应加强还是减弱自动烹饪搅拌强度，由此调整自动烹饪程序。

步骤 15：当没有显著差异时，该完整自动烹饪程序就是目标程序。由前述原理可知，使用该目标程序可以烹饪出与手工烹饪相同或近似的菜品，相似度由两 TTIs 之间的差异决定。

4. 上述方法的合理性与应用

1）合理性

比较手工烹饪和自动烹饪菜品烹饪品质的方法还可以采用分析表征烹饪品质的化学、物理指标的方法以及感官评定方法。感官评定虽简便直观，但不完全客观，并不能成为可靠的比较方法。而化学物理方法选用烹饪过程受热后产生变化的化学物理指标进行比较，一方面，选择在可检测范围的物理化学指标有一定困难，如一些热敏指标加热后可能反应殆尽，无法作为指标；另一方面，烹饪品质和食材的热物性及形状尺寸有关，实际操作中很难做到被比较两种样品的上述性质完全一致。从而使得化学物理指标检测方法的应用受到限制。而 TTIs 方法使用人工模拟物，热物性和外形完全一致，其中的 TTIs 指示剂是专门设计的测量指标，不同指示剂分布方式可以表征表面、中心和平均烹饪品质，因此，TTIs 方法是严谨客观的烹饪热处理动力学分析测试方法，结果准确可靠，适用面广。

2）技术应用

（1）鉴于中式烹饪的多样性和复杂性，在自动烹饪中普遍采用闭环控制，即由某种烹饪过程指标来控制烹饪操作，是难以实现的。现实可行的方法是采用开环控制，即将手工烹饪转变为自动烹饪程序，因为在自动烹饪设备中储存大量菜品品种的烹饪程序是容易实现的。

（2）并非所有的手工烹饪都能够转变为自动烹饪，其范围受到自动烹饪的机构和控制设计的限制，但现有技术方案已经能够适用于多数传统中式菜肴。

（3）对象手工烹饪操作可以先优化定型，以使转变得到的自动烹饪程序具有更高价值。

3）技术进展

该方法近期取得较大进展。基于表 9-7 的汉食烹饪机器人，通过优化机读自动烹饪程序，基于上述方法的基础原理，专业人员已能在 20～60 min 内将一个手工烹饪厨艺录制为自动烹饪程序。进一步地，已经开发了电子菜谱自动录制平台。厨师在该平台完成烹饪操作后，即时自动生成自动程序。该平台包含了运动、传热、火候的算法及各种传感器。细节原理将在下一本书中介绍。

只有能够快速录制手工厨艺的自动烹饪设备才具有通用性，以适应中式烹饪的多样性，是自动烹饪能够得到广泛应用的技术关键之一。

9.8　火候控制的一些基本原则

在前文研究的基础上，综合考虑实用性，对于成熟点在固相食材几何中心的快速成熟流-固烹饪，总结得到以下的火候控制原则。

原则 1：由于在成熟时间点品质变化最为剧烈，终点成熟点的把控对烹饪品质至关重要，结束烹饪时偏离 M_T 越多，品质越差。

原则 2：切割越精细，烹饪固相颗粒几何尺寸越小，取得总体最优品质所需的流体传热介质温度越趋向高温，反之，取得总体最优品质所需的流体传热介质温度趋向低温。

原则 3：烹饪固相颗粒几何尺寸越大，终点过热值越大，烹饪品质越差（不考虑过小尺寸导致过度失水的品质损害和食用对块形的需求）。

原则 4：z_M 值越小，即成熟品质对加热越敏感的烹饪食材，取得最优品质所需的流体传热介质温度越趋向高温。

原则 5：z_M 与 z_O 差值越大，过热品质与成熟品质对温度敏感性的差异越大，则传热介质温度变化对烹饪品质的影响越大，越应该选择在最优温度下烹饪（优化空间越大）。

原则 6：对于小颗粒且 z_M 与 z_O 差值大而需要选择在最优温度的烹饪，低于最优流体传热介质温度的烹饪品质损失比高于最优流体传热介质温度的烹饪品质损失大。

原则 7：对于小颗粒且 z_M 与 z_O 差值大而需要选择在最优温度烹饪时，由于升温受种种限制，总体控制原则是尽量提高升温速度，提高升温速度的主要手段有：缩小颗粒几何尺寸/提高比表面积（精细切割）、提高介质温度、加强搅拌、提高油料比、提高加热功率。

原则 8：成熟品质对加热越敏感（z_M 值越小）、升温速度越快，成熟时间越短，火候控制难度越大。

原则 9：通常高蛋白且蛋白质变性快速的食材，品质优化空间大，火候控制复杂且难度越大。

原则 10：烹饪固相颗粒几何尺寸越大，品质优化空间越小，直至消失。

原则 11：当存在烹饪优化空间时，升温速度越快，烹饪品质越好。

原则 12：由动力学原理，在烹饪过程中，总体上各个烹饪品质的变化具有协同性，水分、质构、色泽、风味、热敏性营养之中的一个最优，通常其他品质也最优或接近最优，可选择其中之一作为主要控制指标。

上述原则适用于大多数烹饪，但不排除出现一些特例。

参 考 文 献

程芬. 2019. 烹饪火候控制及后处理对食品食用品质的影响. 贵阳: 贵州大学
戴嘉尊. 2002. 数学物理方程. 南京: 东南大学出版社
邓力. 2013. 基于时间温度积分器将手工烹饪转变为自动烹饪的方法. 农业工程学报, 29(6): 287-292
邓力, 黄德龙, 彭静, 等. 2017. 中式烹饪用时间温度积分器的构建与验证. 农业工程学报, 33(7): 281-288
董大为. 2004. 机器人烹饪系统. 中国专利: CN 03132182
高毅, 邓力, 金征宇, 等. 2007. 对魔芋葡甘聚糖凝胶——一种新型食品模拟的研究. 食品工业科技, (5): 107-109, 112
胡寿松, 张正道. 2007. 基于神经网络的非线性时间序列故障预报. 自动化学报, (7): 744-748
胡正, 林其钊. 2007. 提高中餐燃气炒菜灶热效率的研究. 煤气与热力, (11): 22-24
黄德龙. 2016. 烹饪 TTIs 的构建及应用研究. 贵阳: 贵州大学
李国华, 李维新, 严继才, 等. 2004. 智能式半自动烹饪机. 中国专利: CN 200420014885
李国勇, 何小刚, 阎高伟. 2013. 过程控制系统. 北京: 电子工业出版社
李卫红, 2007. 全自动烹饪机器人系统. 中国专利: CN200720002020.8
李文馨. 2015. 基于成熟值理论的肉类蔬菜烹饪的动力学研究. 贵阳: 贵州大学
刘小勇. 2008. 一种烹调火候的控制方法以及相应的烹调方法和烹调装置. 中国专利: 200710027895.8
刘小勇, 刘岩, 敬刚, 等. 2003. 自动烹调机及其烹调燃气火力调节系统. 中国专利: CN03140861.3
刘银华, 闫维新, 周晓燕, 等. 2007. 自动烹饪机器人. 上海交通大学学报, 2007, 41(1): 4
戎海龙, 戴先中, 刘信羽. 2009. 烹饪过程中锅具运动姿态测量方法. 中国惯性技术学报, 17(4): 419-423
汪晋宽, 于丁文, 张健. 2006. 自动化概论. 北京: 北京邮电大学出版社
汪孝. 2017. 中式烹饪优化原理的初步验证. 贵阳: 贵州大学
谢乐. 2020. 基于移动网格的烹饪过程数值模拟及成熟智能识别. 贵阳: 贵州大学
徐嘉. 2019. 中式烹饪油炒火候原理初探. 贵阳: 贵州大学
闫维新. 2010. 多功能中式菜肴自动烹饪机器人研究. 上海: 上海交通大学
闫维新, 马文涛, 付庄, 等. 2011. 烹饪机器人翻锅运动最优化设计. 电子科技大学学报, 40(3): 476-480
闫勇, 邓力, 何腊平, 等. 2014. 猪里脊肉烹饪终点成熟值的测定. 农业工程学报, 30(12): 284-292
杨志才. 2001. 化工生产中的间歇过程. 北京: 化学工业出版社
余冰妍. 2019. 油传热烹饪过程的数值模拟及实验研究. 贵阳: 贵州大学
张宏文. 2019. 基于成熟值理论的中式烹饪关键传热规律研究. 贵阳: 贵州大学
张建军. 2000. 浅谈火候及其运用. 扬州大学烹饪学报, (3): 32-38
赵庭霞. 2021. 烹饪过程数值模拟的全局化及应用. 贵阳: 贵州大学
Cristen T, Aaron P, Matthew M, et al. 2006. Effects of adaptive robot dialogue on information exchange and social relations. The 1st ACM SIGCHI/SIGART Conference on Human-Robot Interaction, 5: 2-3
Datta A K. 2006. Hydraulic permeability of food tissues. International Journal of Food Properties, 9(4): 767-780
Huang Y B, Whittaker A D, Lacey R E. 2001. Automation for food engineering. Boca Raton: CRC Press
Koripali U J. 2014. Automation of basic cooking process through novel robotic mechanisms and arduino-based systems for data acquisition and supervisory control. Thesis(M.S) of Wichita State University,

College of Engineering
Ni H, Datta A K, Torrance K E, et al. 1999. Moisture transport in intensive microwave heating of biomaterials: A multiphase porous media model. International Journal of Heat and Mass Transfer, 42(8): 1501-1512
Nishii K, Watanabe K, Ueda S, et al. 1995. Automatic cooking appliance employing a neural network for cooking control. US. Patents: 5389764
Oroszvári B K, Rocha C S, Sjöholm I, et al. 2006. Permeability and mass transfer as a function of the cooking temperature during the frying of beefburgers. Journal of Food Engineering, 74(1): 1-12
Rivelli L E, Barnes M J. 1975. Deep fat frying cooking control module. US. Patents: 3950632
Susan S. 2019. Eating ultraprocessed foods accelerates your risk of early death, study says. https: //edition-m.cnn.com/2019/02/11/health/ultraprocessed-foods-early-death-study/index.htm
Team T. 2016. Onecook: the robotic private chef to free your cooking time. https: //www.kickstarter.com/projects/tech-no-logic/onecook-the-robotic-private-chef-to-free-your-cook
Tovala Co.Ltd. 2018. Tovala smart steam-oven. https: //www.tovala.com/steam- oven
Wang J, Deng L, Li Y, et al. 2010. Konjac glucomannan as a carrier material for time-temperature integrator. Food Science and Technology International, 16(2): 127-134

第10章

烹饪的分类

10.1　概　　述

10.1.1　烹饪分类的意义

1. 分类的科学意义

科学，其部分含义是指分科而学，将各种知识通过细化分类研究，形成逐渐完整的知识体系。分类学（taxonomy），也称系统学（systematics），是区分事物类别的学科。“分”即鉴定、描述和命名，“类”即归类，按一定秩序排列类群。食品科学主要来源于西方，并在其发展中形成很多门类。而其中相当多的食品科学子门类，就来源于西方的传统烹饪，如焙烤工艺学。

中式烹饪是中华民族的重要特征之一，在历史长河中演变发展出有着鲜明特征且丰富多彩的烹饪技艺。而现有烹饪文献中，对烹饪技艺的分类 20～30 种。历史如此悠久、技法如此丰富、产业规模如此巨大的技术从未做过科学原理基础上的分类研究，是不合理的，也是难得的研究机会。

科学在合理分类后，针对某一子类的原理和技术特征开展专门研究，从而使研究更加具有高度、深度和针对性。学科分类可以使相应研究更加深入，有效促进食品科学的进一步丰富和发展。将传统烹饪技艺按现代传递过程原理、成熟原理等相关食品科学原理进行科学分类，找到每一分类的技术特征，将会促进烹饪科学的发展，也是烹饪研究上升到科学层次的必要条件。

本书前面章节主要是寻找和探索烹饪过程的共性规律。分类研究，则是寻找不同烹饪技艺的个性特征。这些特征不是简单烹饪技艺的描述和总结，而是建立在科学原理和参数分析之上的。烹饪科学原理研究越深入，参数积累越充分，烹饪的分类就越合理。目前烹饪科学研究仅仅处在初期构建阶段，虽参数测定有一定积累，但与中式烹饪的丰富性相比，仍是极为有限的。而烹饪分类工作又是进一步烹饪研究的基础。因此，只能在现有条件下，开展一定规模的参数测定，合理推测，划分界线，初步分类烹饪工艺。未来，随着烹饪研究的发展，在不断积累的研究成果基础上，烹饪工艺的科学分类也会得到进一步发展。

在分类研究中，需要抽象不同烹饪的共性要素、重构烹饪技术组成，从而在深层次上总结和展现烹饪的内在规律，使得烹饪科学具备系统性。烹饪的分类是烹饪科学研究的重要组成。

2. 从技艺分类到工艺分类

技艺（skill）是指工具和材料使用中的才智、技术或品质性手艺，主要依靠手工劳动。技艺富于技巧性，较难掌握。用工多、用时多、产量小是手工技艺的显著特点。手工烹饪技艺是为特定的人、特定的习惯、特定的饮食偏好服务的，是高度个性化的。随着科学技术和社会的进步，绝大多数手工技艺都被现代生产方式取代，如传统的纺织、木材加工、金属加工等。西方的手工烹饪也基本被食品工业以及商用机器和家用烹饪电器所取代。目前虽然中式烹饪的加工方式仍主要依靠手工技艺，但未来一定会被现代生产方式所取代。

现代生产方式下的烹饪技艺，一定条件下可提升为工艺（processing）、技术（technology）、工程（engineering）的单一或组合体。一般而言，工艺偏向加工过程，技术更偏原理，工程则更高一级。化工中通常采用的工艺一词组合了工艺与技术。部分食品加工技艺也常常被看作化工技术的一种，称为食品化工。国外的很多化工科技期刊都有食品化工栏目。烹饪过程与传递过程高度相关，因此在烹饪研究中引用化工的工艺概念是比较合适的。工艺也指工艺流程或工艺流程的一个环节。而工艺流程指通过一定的生产设备或管道，从原材料投入到成品产出，按顺序连续进行加工的全过程。现代生产工艺的基本特征是具有量化的生产条件和指标，也就是说，参数化是现代生产工艺的基础。

因此，烹饪过程的分类就是按烹饪科学相关传递过程、烹饪品质变化动力学等原理解构烹饪技艺得到过程参数，进而基于所得关键过程参数定义各个烹饪工艺，最终实现工艺烹饪的合理分类。

10.1.2　烹饪技艺的传统分类

我国的传统烹饪源远流长，其中最为突出的特点是烹饪操作的丰富性和复杂性，仅地域上就有数十个烹饪粗分区和 500 多个烹饪细分区。究其原因，其一，我国幅员辽阔，海陆兼备，用于烹饪的食材万种以上，常用食材 3000 多种；其二，中国有很多烹饪类型，有四大菜系（周晓燕，2000）、八大菜系和十大菜系（张文虎，2007，季鸿崑，1993）。不同烹饪的类别通过历史传承演变而形成，各类别之间的区别与联系的内在科学规律值得研究。

传统的烹饪技艺分类依据包括热源、介质、温度、结构动作与形式、成菜性质、烹调工艺操作程序、工艺特点和风味特色（戴桂宝和金晓阳，2014；陈苏华，2008）。传统分类方法包括《中国烹调工艺学》中的 1990 年中国分类法（罗长松，1990）以及《中华厨艺——理论与实务》中的分类方法（戴桂宝和金晓阳，2014）。

当前食品烹饪工艺学定义为：从人的饮食需要出发，对食品卫生、营养、美感三要素的有意控制，使菜点在有卫生保障下达到营养与色香味形质意器俱美的专门学科，它以中国传统风味菜肴与点心制作工艺为研究对象，以手工艺加工为基本特征（陈苏华，2008）。因此，目前的烹饪分类是建立在手工艺基础上的，是烹饪手工操作的简单描述。传统的烹饪技艺分类是在历史演变中形成，是历代烹饪技师基于直觉的朴素总结，具有深厚的传统，直观明白、易理解接受，但缺少科学研究的支持，难以得到工程应用。烹饪技术中的调味技术，即烹饪食材、配料和调料的选择和比例是一种主观技术，由烹饪习俗产生，较少有深层次的科学原理。而烹饪中的加热制熟，却受传热学和动力学原理所决定的客观规律影响，有明确的科学原理。传统命名法常常将调味和加热制熟结合，从而缺少严谨性、科学性。

传统的烹饪分类是手工技艺在历史演变过程中自然形成的，存在着随意性，一般都按具体操作进行分类，常常会将加热操作、刀工操作和调味方式组合在一起。少量的有参数的分类中，参数应用上也不够严谨，出现参数重叠的情况。此外，不同书籍之间的分类也有所不同。总结传统加热烹饪技艺的 43 种分类见表 10-1。

表 10-1　传统加热烹饪技艺分类

直接传热介质	分类名称	定义	文献页码
水传热	水焐	将加工切配后的原料，放入冷水或温水中，用小火或中火加热，水温保持在 85～95℃，使其缓慢成熟	A（P90）
	水浸	将原料投入沸水中，使水温保持在 90～100℃，让原料缓慢成熟	A（P91）
	煮	原料加多量汤或清水，旺火烧沸转中小火加热	A（P91）
	炖	将原料加汤水及调味品，旺火烧沸后用中、小火长时间烧煮成菜	A（P92）
	焖	将经初步熟处理的原料加汤水及调味品后密盖，用中小火较长时间烧煮至酥烂而成菜	A（P94）
	焐（㸅）	在烧煮的基础上将汤直接提浓或收干	A（P95）
	烩	将几种原料混合在一起，加汤水用旺火或中火烧制成菜	A（P95）
	氽（汤爆）	小型原料于沸汤中快速致熟	A（P91）
	卤	将原料用卤汁以中、小火煨、煮至熟或烂并入味	B（P256）
	酱	用事先配制的酱汁以中、小火将原料烧、煮至熟烂	C（P286）
	扒	将经过初步熟处理的原料整齐入锅，加汤水及调味品，小火烹制收汁，保持原形成菜装盘	A（P94）
	煨	将原料加入多量汤水后用旺火烧沸，再用小火或微火长时间加热至酥烂	A（P92）
	烧	将经过初步熟处理的原料加适量汤（或水）用旺火烧开，中、小火烧透入味，旺火收汁	A（P93）
	软熘	软熘又称为蒸熘、煮熘，是将质地柔软细嫩或加工半成品（有固态和流态）的主料，先经蒸汽（或沸水）加热至熟，再淋上芡汁成菜	A（P96）
	涮	由食用者将备好的原料夹入沸汤中，来回晃动至熟	A（P96）
	㸆	以小火烧煮使原料入味	B（P131）
	蜜汁	将原料投入糖水中加热，使之甜味渗透，糖汁收浓而成菜	A（P110）

续表

直接传热介质	分类名称	定义	文献页码
汽传热	蒸	利用水沸后形成的蒸汽加热经过加工的原料，使原料成熟达到一定品质	A（P107）
干热	铁板烧	将原料放在金属铁板之上，利用金属的温度加热原料，使原料成熟	A（P108）
	烙	通过炊具的干热使原料成熟	A（P109）
	锅烤	又称锅焗，即将原料置于密闭性的铁锅中烘烤至熟的成菜方法	C（P278）
油传热	油焐	将原料投入大油量的冷锅油中，用中小火缓缓加热，油温一般控制在两三成	A（P97）
	油浸	将原料投入 100℃的油锅中，保持油温，使投入的原料缓慢成熟	A（P97）
	爆	沸油猛火急炒或沸水(汤）急烫使小型原料快速致熟	A（P101）
	炸	以多量食油旺火加热使原料成熟	A（P97）
	炒	以少油旺火快速翻炒小型原料成菜	A（P101）
	煎	原料平铺锅底，用少量油加热使原料表面呈金黄色而成菜	A（P104）
	贴	将几种原料经刀工成形后加调味品拌渍，合贴在一起，挂糊后在少量油中先煎一面，使其呈金黄色，另一面不煎(或稍煎）	A（P105）
	灼	生料氽至九成熟后取出再速炒成菜（氽+炒）	B（P765）
	烹	原料经熟处理后，泼入调味汁，利用高温使味汁大部分汽化而渗入原料，并快速收干	A（P103）
	熘	将烹制好的熘汁浇淋在预熟好的主料上，或把主料投入熘汁中快速拌均匀	A（P103）
	塌	原料挂糊后煎制并烹入汤汁，使之回软并将汤汁收尽	A（P105）
	炝	把制熟原料用调味品调制，使其味进入原料	D（P361）
非食用颗粒传热	盐焗	将原料放在盐中，通过盐的传热使原料成熟	A（P109）
	砂炒	将原料放在砂粒中，通过砂粒的传热使原料炒制成熟	A（P109）
熔融糖	挂霜	将经加工熟处理的原料，倒入熬制的糖浆中，冷却后形成一层类似白霜	A（P110）
	拔丝	将经油炸的半成品，放入白糖熬制的液体中，翻拌出锅，拨动原料出丝成菜	A（P111）
	琉璃	将原料放入白糖熬制的液体中，裹上糖液，冷却后原料外表形成一层脆糖	A（P111）

续表

直接传热介质	分类名称	定义	文献页码
非容器传热	烘	将原料置于无焰小火上，利用辐射热使之成熟	D（P361）
	烤	利用辐射热使原料成熟	A（P106）
	烟熏	将成熟或接近成熟的原料置于加热设备中，利用制烟材料所释放的烟气加热，使菜肴带有烟香味，同时使原料成熟	A（P106）
	淋	原料不下锅，以热油浇淋成菜	D（P340）

注：A 为文献（戴桂宝和金晓阳，2014）；B 为文献（史万震和陈苏华，2015）；C 为文献（中国烹饪百科全书编委会，1992）；D 为文献（姜毅和李志刚，2004）。

10.1.3　烹饪工艺分类命名的基本考虑

技艺繁复的烹饪工艺，大多数都经历了加热至熟的过程，其过程都是由热质传递原理和烹饪变化动力学原理决定的。因此，开展烹饪工艺的科学分类需要从区分不同工艺的热质传递过程和烹饪变化动力学特征入手，寻找各种烹饪过程的共性与个性，在传统烹饪技艺分类的基础上，构建新的烹饪工艺分类。为此必须全面考虑分类相关的因素，明确烹饪工艺分类的原则。在烹饪工艺的分类研究过程中，我们可以更加深入地、全面地认识烹饪，把握烹饪科学原理。基本分类原则如下。

（1）从多角度考察烹饪参数化烹饪分类，涉及烹饪热质传递过程、烹饪品质变化动力学和烹饪火候控制的相关参数。

（2）应在现有的传统分类基础上开展工作，尽量继承现有分类和命名的合理成分，以便于理解、接受与应用。

（3）尽量在繁复的烹饪工艺中寻找到共性的、基础性的、普遍性的要素作为分类基础，既便于研究理解，其组合后又能够完整合理地表征所有烹饪工艺。

（4）基于过程参数开展分类，分类之间参数界限清晰，每一分类有原理上和参数上的单一性，不重叠，不混淆，可研究性好，工程应用价值高。

（5）子类命名可以相互叠加，形成组合分类及组合命名。

（6）抓住烹饪过程关键特征，不求全，抓住分类要害。

（7）综合考虑烹饪操作与烹饪品质形成的关系，以提高所构建分类的应用价值。

10.2　从分类角度分析烹饪过程热质传递

本书第 3 章、第 4 章深入探讨了烹饪的过程传递。但是，这些研究主要是针对品质形成过程原理，因此相关研究集中在典型的流体-颗粒热质传递过程。而本章需要从分类的角度全局性地考察烹饪热质传递过程。

10.2.1　热源及传热介质

中式烹饪的热源和传热介质种类很多，形成了繁复的加热形式。这是因为烹饪时固体颗粒和流体传热介质是分别受热，有着不同的热源。烹饪中各个层次的热源及传热形式见表 10-2。

表 10-2　烹饪的热源及传热形式

被加热对象	热源大类	具体热源举例	加热的传热形式	举例（传统分类）
食材颗粒	容器	容器内壁	固-固传导	干炒、贴、铁板加热
	水性液体	水、汤汁等	固体表面的流体对流	煮、炖
	油性液体	动植物油及溶解物	固体表面的流体对流	油炸、油爆
	气体	蒸汽等	固体表面的流体对流	蒸（初期含空气）
		干、湿空气	固体表面的流体对流	烤（对流加热部分）
	非食用固体颗粒	盐、糖砂	固-固传导	盐焗、糖砂炒制
	辐射（电磁波）	热辐射	表面辐射	焙烤（辐射加热部分）
		微波	穿透辐射	微波加热
	以上方式可能的混合	油水混合烹饪	固体表面的流体对流	多数煮、炒烹饪
流体　液体	容器	容器内壁	固体表面的流体对流	煮、炖、油炸、油爆
流体　蒸汽	沸腾	水性液体被容器加热后沸腾	液-气相变	蒸
	辐射	水被辐射加热沸腾	表面辐射	焙烤
		水被微波加热沸腾	穿透辐射	微波蒸制
流体　空气	加热器	加热器加热	固-气对流	焙烤
	辐射	空气被辐射加热	表面辐射	焙烤
烹饪容器（器具）	化学燃烧	煤气、天然气、煤、柴的燃烧	辐射+对流	燃气炉、煤炉、柴炉等的烹饪
	电炉加热	电阻炉、红外炉、光波发热	辐射+对流+传导	电炉、光波炉等的烹饪
	电磁感应	磁场感应铁磁性容器产生涡流生热	感应电流欧姆加热	电磁炉烹饪
	外部油浴加热	容器外部夹层高温油浴加热	液-固对流	油浴锅烹饪
	外部蒸汽加热	容器外部夹层蒸汽加热	液-固对流（可能含冷凝）	夹层锅烹饪

值得指出的是，在一个特定的烹饪过程中可能会在不同位置出现上述不同层次、不同类型的热源加热的复杂组合。由于烹饪品质的形成主要取决于温度，加热容器最初热源的形式对烹饪品质不是决定性的。在烹饪工艺的分类中，容器的加热形式是次要的，但烹饪容器及其加热过程确实对烹饪食品品质有一定的影响，相关研究见 11.2 节。

10.2.2　烹饪过程中涉及的主要传递过程

烹饪过程中涉及大量的传递过程，出现在不同位置、不同阶段、不同烹饪条件下。总结这些烹饪传递过程有益于对烹饪工艺的深入解析，从而形成合理分类。烹饪中的 47 种传递过程见表 10-3。

表 10-3　烹饪中的主要传递过程

传递过程类型	传递过程	举例
传热	外加热源向容器的辐射、对流、传导加热	多数烹饪的容器加热
	容器向流体介质的对流传热	多数烹饪
	颗粒的内部热传导	多数含颗粒食材的烹饪
	流体与颗粒、容器的自然对流传热	低加热强度烹饪
	流体与颗粒、容器的强制对流传热	高加热强度烹饪
	辐射源对食品体系的表面辐射加热	焙烤
	辐射源对食品体系的穿透辐射加热	微波加热
	容器向非食材颗粒的传导传热	焗
	非食材颗粒向食品的传导传热	焗
	容器向外部低温环境的辐射散热	多数烹饪
	食品体系向食品体系外部低温环境的辐射散热	多数烹饪
	不同温度的流体的混合形成的热传递	过程中加入冷热流体的烹饪
传质	传热介质自身向颗粒表面的表面对流传质	多数烹饪
	传热介质自身在颗粒内部的传质	多数烹饪
	非介质的外加小分子食用物质向颗粒的表面对流传质	多数烹饪，烹饪调味，典型为卤
	非介质的外加小分子食用物质在颗粒内部的传质	多数烹饪，烹饪调味，典型为卤
	颗粒内原有水溶性小分子物质向水性介质传递	多数水传热烹饪，风味物质的溶出
	颗粒内原有油溶性小分子物质向油性介质传递	多数油传热烹饪，风味物质的溶出
	颗粒内部加热形成的蒸汽向外传质	爆炒
	蒸汽由颗粒表面向环境的对流传质	爆炒
	混合：不同溶解物的对流传质	多数烹饪
	颗粒内水分向外传质	爆、炒、炸及部分蒸、煮
	水性溶液中溶解物质的浓缩	多种烹饪，如烩、煨、卤等
	水性液体对蒸汽吸收	蒸

续表

传递过程类型	传递过程	举例
相变	作为传热介质的水的沸腾与散失性蒸发	煮、炖、烩、爆、炒等
	水沸腾蒸发后作为传热介质	蒸
	吸附态或液态或固态的小分子风味物质转变为气态	多数烹饪
	作为传热介质的固体油脂的融化	烹饪中外加固态动物油脂的融化
	作为食材成分的固体油脂的融化	烹饪中原有固态动物油脂的融化
	食材中水溶性固体物质的水溶	多数水传热烹饪
	食材中油溶性固体物质的油溶	多数油传热烹饪
	加压烹饪中解压后的闪急蒸发	加压烹饪
	颗粒的自由水完全蒸发，食品向玻璃态转变	炸，壳层的形成
	烹饪中玻璃态食品吸收水或油后向黏弹态转变	刚性食品的烹饪
	烹饪中玻璃态食品受热后向黏弹态转变	拔丝、琉璃、挂霜、刚性食品的烹饪
	烹饪中黏弹态食品冷却后向玻璃态转变	拔丝、琉璃、挂霜、刚性食品的烹饪
	冻结食品的融化	冻结食品烹饪，一系列固液相变
运动（动量传递）	一般搅拌：流体强制对流、流体颗粒低速相对运动	炒：炒勺轻度搅拌
	剧烈搅拌：流体强制对流、流体颗粒高速相对运动	翻锅或炒勺强烈搅拌
	液体介质的自然对流	水、油的焐、浸，小火水、油加热
	作为传热介质的水的沸腾形成的蒸汽泡流经水的运动	煮、汆
	作为传热介质的水的沸腾导致颗粒运动	煮、汆
	食材水分蒸发形成的蒸汽泡流经油的运动	爆
	作为传热介质的蒸汽与固体食品的相对运动	蒸
	大块食品的翻面	煎，更换传热位置
	不同食材颗粒的混合	多数烹饪
	食品加热过程中颗粒食品的收缩及膨胀运动	一部分烹饪中出现，影响烹饪传热传质

同样，上述各种传递过程可能会在一个特定烹饪中同时出现，使得烹饪过程高度复杂，进一步增加了烹饪工艺分类的难度。

10.2.3　烹饪分类的关键参数确定

从各种烹饪工艺纷繁复杂的传递过程中找出规律性来开展分类是很困难的。前面两小节就已展现了烹饪过程的复杂性。越是复杂，越说明烹饪工艺分类的重要性。需要精练、抽象出基本的烹饪工艺特征，以便于集中、有效地开展研究。

表 5-2 中列出了流体颗粒热质传递的参数（不含动力学参数），图 9-1 列出了影响火候的操作参数。可以看出，烹饪中可以控制的参数并不多，仅有烹饪时间、烹饪温度、影响烹饪温度的对流传热系数、烹饪食材尺寸、烹饪食材质量和初温、传热介质质量和初温、颗粒-蒸汽表面传质系数等。整体性地考虑所有烹饪工艺，综合相变、烹饪操控等因素，结合第 5 章数值模拟结果、第 9 章的火候控制原理，筛选出烹饪时间、烹饪温度、烹饪压力、对流传热系数（搅拌强度）作为全局性的基础条件参数。基于此，开展烹饪工艺的参数化分类，见 10.5 节。

烹饪参数化分类之前，有必要对不同烹饪工艺开展具有可比性的热质传递过程参数测定，为分类提供必要的参考。基于实验传热学的传热规律和参数对比测定研究结果与分析，见 10.4 节。

10.2.4 烹饪工艺分类的其他方式

如前所述，烹饪成熟过程复杂，因此根据成熟特征开展分类是必要的。第 3 章已针对不同种类食品开展了烹饪成熟动力学测量，得到了一系列终点成熟值及其 z_M 值。因此，已经具备在成熟动力学数据基础上开展烹饪工艺分类的基本条件。

第 9 章已针对烹饪火候控制开展了研究。基于烹饪火候控制可以开展烹饪工艺分类工作。

刀工对烹饪热质传递过程有重大影响。也可以尝试依据颗粒学对烹饪食材的尺寸、类型进行分类。

10.3 基于工艺要素分析的烹饪分类与命名

10.3.1 多维度确定烹饪工艺要素

本书 1.4.2 节及文献讨论过烹饪与单元操作的关系（邓力，2006b），复杂烹饪过程显然不可能划分成单元操作的简单组合，多数情况下是多种单元操作非线性地复合在一起，不可能直接引用单元操作的技术规律来研究和分类烹饪。在传递过程原理基础上分析烹饪过程，解构烹饪过程的要素，提出烹饪工艺分类的各维度如下。

1. 维度 1：是否使用容器

烹饪包括所有的加热至熟的烹饪工艺，可分为有容器烹饪和非容器烹饪两类。容器烹饪中，容器通常是烹饪过程中食品体系的唯一直接热源，多数中式烹饪采用容器烹饪。非容器烹饪则是烹饪时没有容器或容器不作为食品体系的直接热源，如微波、焙烤、烧烤等烹饪方式，它们不是中式烹饪的主流工艺，但也包含在本书对烹饪的定义范围内。

以下各维度只针对容器烹饪。

2. 维度 2：加热温度

考虑烹饪加热温度，从低到高将烹饪加热强度要素分类为：焐、浸、热。

焐：烹饪加热介质温度在常温～90℃，不含 90℃。

浸：烹饪加热介质温度在 90℃～沸点（boiling point，B.P.），不含 B.P.。B.P.为烹饪食品体系开放条件下水的沸点（开放条件下，不同海拔、气象下的沸点不同）。

热：烹饪加热介质温度≥B.P.，对水、汽而言，由于蒸发平衡的存在，烹饪温度 = B.P.；对油而言，可能达到烹饪温度≥B.P.（水）。

烹：涵盖焐、浸、热。

3. 维度 3：表面换热状况

炒：使用了外加的搅拌措施，可能是锅的运动形成，也可能是专门的搅拌器具在食品体系内运动形成。

爆：流体颗粒对流传热系数高于设定值，即 $h_{fp}≥Hb$。Hb 为设定值，是区分爆和热的流体颗粒对流传热系数。爆的后果是高速高效的表面换热，导致食材颗粒快速加热。

炒：表示有人工强制搅拌，而爆是表面换热强度达到一定标准，两者可以形成组合：爆炒。

4. 维度 4：压力

由于在容器内烹饪，压力是可以控制的。根据压力大小，可分为以下几种。

焖：烹饪时食品体系压力＞1 atm，1 atm 为环境大气压力，包含烹饪是加盖形成微弱表压的烹饪，以及在压力容器内形成高压的烹饪。

开放：烹饪时食品体系压力=1 atm，这是大多数烹饪压力条件。

真空：烹饪时食品体系压力＜1 atm，在真空条件下，B.P.会下降，使得沸腾时的温度处在焐、浸的范围。

第 2 维度和第 3 维度的分类可以形成各种组合。第 2 维度～第 4 维度得到的加热强度分类是烹饪过程传递的基础和关键，可以称为基本分类。

5. 维度 5：加热介质

烹饪的加热介质是指对食材颗粒直接加热的热源，包括以下几种。

油：油脂，烹饪流体传热介质。

水：水性液体，包括汤汁等。

汽：蒸汽。

粒：非食用颗粒用作烹饪加热介质，以颗粒流态化的观点，可以视作流体，如盐、砂粒。

干：无介质，烹饪容器直接加热食材颗粒。

混：上述热源的混合情况，且各个热源中没有一个占据明显优势，而产生的独特传热效果。混也可以用水-油、干-油、水-汽这样的组合来表述。必要时，可在混字后加括号，括号内列出具体的加热热源。

6. 维度 6：烹饪时长

对同一种烹饪，时长对烹饪品质有直接影响，却不改变烹饪过程传递的实质。可将烹饪时长分为急、快、慢、久四类，时长分别为＜1 min、1～＜5 min、5～＜15 min、≥15 min。

7. 维度 7：烹饪传质

烹饪的调味传质控制是辅助性的，只有少数烹饪中传质有重要意义。由于传质规律和传热规律是完全不同的，以传质为目标的烹饪会形成新的烹饪分类。

8. 维度 8：烹饪成熟的空间分布

烹饪成熟可能出现在中心、表面、体积或者多个它们的复合。这种分布对烹饪的传热控制提出了特殊需求，从而形成烹饪分类。

9. 维度 9：烹饪食材颗粒的尺寸与形状

烹饪食材颗粒的尺寸与形状对烹饪的热质传递有决定性的影响。烹饪食材种类和刀工技法极多，使得烹饪食材颗粒的尺寸与形状也高度复杂，缺少规律，是烹饪分类研究的一个难点。

10.3.2 烹饪加热强度要素的实质

烹饪加热强度包括基于温度的命名（焐、浸、热）和基于表面换热的命名（炒、爆），焐、浸、热是温度范围，而炒、爆是形成强制对流的搅拌操作，爆表征流体颗粒表面换热是否处于高强度。

1. 焐、浸、热

1）焐和浸

单独的焐，指加热温度在常温～90℃，不包括 90℃，没有搅拌、沸腾等强制对流手段。而焐炒，则加入了搅拌手段形成了强制对流。浸仅仅是温度范围和焐不同，其他与焐相同。

通常情况下，焐、浸的最高温度分别为 90℃和 100℃，相差 10℃左右，浸与热的最低温度分别是 90℃和 100℃，相差 10℃左右，看似没有区分的必要。但以成熟值原理来看，对于成熟值的 z 值为 10℃食品加热过程，在 90℃、100℃下经历 0.1 min，参考温度为 70℃时成熟值 M 分别为 10 min 和 100 min，相差 10 倍。而通常肉类的 z 值低于 10℃，终点成熟值仅 0.5 min 左右。因此，对一些加热温度敏感的食材，适当的低温极有利于厨师从容把握烹饪成熟点。焐和浸这样的烹饪工艺区分存在合理性。

水焐、水浸、油焐、油浸的传递过程没有太大区别，都是没有相变的流体颗粒非稳态传热。常压和高压状态下的蒸汽温度是在沸点及沸点以上的，因此不存在常压和高压下的汽焐、汽浸。而在真空条件下，蒸汽温度低于常压沸点，虽然目前没有烹饪应用，但汽焐、汽浸在原理上是可以实现的。

其他的干焐、干浸、粒焐、粒浸等也可以实现。由于是固体传导传热，效率很低，基本没有烹饪应用价值。

2）热

热这一加热类型未见于传统烹饪分类。对不同传热介质，称为水热、油热和汽热。热的情况也比焐和浸要复杂一些。

对于水热，介质温度通常是恒定的，就是其沸点。只要沸腾，就会形成沸腾强制对流，除了温度比焐和浸高外，流体颗粒的对流传热系数也更高，使其加热强度远高于焐和浸。但热的定义有个限制，就是其对流传热系数小于 Hb（用以定义爆的最低表面换热系数）；当其对流传热系数超过 Hb 时，热就转变为爆。值得注意的是，当水的沸腾足够剧烈，在没有外部搅拌的条件下，也就是没有炒时水热仍可能自发地形成水爆，其控制因素是加热功率。

对于油热，由于不会汽化沸腾，没有明确沸点，油的温度有一个较大范围，可能从水的沸点一直到油的烟点或燃点。由于油不可能形成沸腾对流传递，要使其对流传热系数超过 Hb，形成油爆，则必须同时或单独具备以下两个条件：①有外部搅拌的介入，此时的油炒转为爆炒；②足够高的油温，使得颗粒表面水分急剧蒸发，产生剧烈表面换热。

汽热，也可称为蒸。蒸的温度是基本恒定的，就是水的沸点。当蒸汽流流速足够快，使得流体颗粒对流传热系数超过 Hb 时，形成蒸爆。

2. 炒、爆

1）炒

炒的概念比较清晰，外力搅拌是其特征，搅拌形成流体颗粒相对运动，从而产生强制对流。但当炒剧烈到一定程度，对流传热系数超过 Hb 时，则炒发展为爆炒。对于需要快速加热的油热烹饪过程，爆炒是常规工艺手段。对于干热、粒热，炒是非常重要的操作。由于热量来源于烹饪容器和非食用颗粒，没有炒，很容易出现热堆积，发生焦煳。

2）爆

爆是最强烈的烹饪加热工艺。不管采取的是什么手段，只要能够使得对流传热系数超过 Hb，都称为爆。爆的高对流传热系数的形成是多种多样的，不同的直接热源形成的爆的热质传递的形式差别很大，之所以给出一个要素分类是因为其传热学后果一致，产生相同的快速烹饪至熟效果。具体地，强制搅拌、蒸汽高速流经颗粒、沸腾都是形成高对流传热系数的条件。

对于由维度 2 和维度 5 复合定义的干热、粒热，也可以通过高速运动形成强传热，产生对流传热系数超过 Hb 的效果。虽然容器和非食用颗粒不是流体介质，同样可以用 TTIs 法测定其表观对流传热系数。此时，在食材颗粒与容器换热时，将颗粒群视作流体；而在食材颗粒与非食用颗粒换热时，将非食用颗粒视作流体。

在传统烹饪分类里，通常爆意味着高温。而在科学分类里，只定义其对流传热系数范围。在合理设计的烹饪工艺中，爆通常伴随着水热、汽热及油热的高强度加热。

10.3.3 时间、空间和传质等维度的加入

1. 时间

通过对实际烹饪技艺的调查分析，将烹饪时间长度分为急、快、慢、久四类。具体时长规定见表 10-4。可以在所有维度形成的分类中加入急、快、慢、久词头，从而在烹饪工艺中体现烹饪时间分类，举例也见于表 10-4。

表 10-4 烹饪的时长分类

时长分类		急	快	慢	久
时长/min		<1	1～<5	5～<15	≥15
举例	烹	急烹	快烹	慢烹	久烹
	水热	急水热	快水热	慢水热	久水热
	油热	急油热	快油热	慢油热	久油热
	蒸热	急蒸热	快蒸热	慢蒸热	久蒸热
	油炒	急油炒	快油炒	慢油炒	久油炒
	水焖热	急水焖热	快水焖热	慢水焖热	久水焖热

更加符合科学原理的时长分类应是在相同的参考温度 T_{ref} 下，达到终点成熟值 M_T 所需要的加热时间 t_{MT}。实验测定的部分食品的 M_T 数据范围见表 10-5，按 AM_T 大小将烹饪分为急速、快速、中速、慢速烹饪。等效加热时间虽然代表了加热时长的本质，但需要传热学和动力学计算才能得到具体的烹饪时间，很难在实际烹饪中得到应用。因此，用实际烹饪时长作为分类参数。

时间是烹饪的重要过程参数，在工程设计和自动控制中十分重要。一目了然的合理分类有助于烹饪工艺评价和工程设计。

而影响成熟时间的内在因素包括人群感官对成熟的判断以及相应的烹饪品质变化对温度的敏感性。感官评价下的烹饪品质变化对温度的敏感性的指标是 z_M 值。z_M 值对

烹饪成熟时间有着重大影响。例如，100℃下（食品实际经历温度）加热烹饪时，z_M 值为 30℃的食材比 z_M 值为 10℃的食材成熟时间会慢 100 倍！

表 10-5　部分食材的等效加热时间范围

AM_T 范围（T_{ref}=70℃）/min		AM_T＜1	1≤AM_T＜10	10≤AM_T＜100	AM_T≥100
烹饪分类		急速烹饪	快速烹饪	中速烹饪	慢速烹饪
烹饪方式	油炒	猪肝（0.72）、挂糊虾（0.80）、不挂糊虾（0.35）、猪里脊肉（0.52）		马铃薯（29.23）、蒜薹（28.06）、油辣椒（29.30）、菜薹（65.40）	
烹饪方式	水煮		新鲜鱼（2.79）、鱼丸（8.75）	山药（23.51）、甘蓝（23.31）	梗米（158.32）、芸豆（757.23）、绿豆（465.55）
	蒸			馒头（21.23）、马铃薯会-2 带皮（17.31）、马铃薯会-2 不带皮（17.81）、马铃薯合作-88 带皮（19.29）、马铃薯合作-88 不带皮（26.74）、马铃薯七彩土豆带皮（24.29）、马铃薯七彩土豆不带皮（23.95）	

注：数据来自本书 3.8.1 小节。

以 z_M 值对食材的温度敏感度分类，高温敏食材：z_M 值 0～≤15℃；中温敏食材：z_M 值＞15～≤30℃；低温敏食材：z_M 值＞30℃。在 3.8.2 小节中 2.的 1）中还以 z_M 值大小对成熟速度进行了分类。

2. 传质

只有在少数烹饪中，传质才会成为控制性的因素，当传质成熟时间超过加热成熟时间时，传质在烹饪中才对烹饪品质产生实质影响，从而具有工程意义，如卤制烹饪。由于传统分类中，以传质为主的工艺只有卤，而卤表征了具体的调味，不具备普遍性。因此，可以在前面各个维度的烹饪科学分类命名之后加入词尾“传”。则传统分类中的“卤”的科学命名是：久水热传。

3. 成熟的空间分布

烹饪的成熟不一定发生在中心，还可能出现表面传热控制的情况。例如，煎荷包蛋、煎饼等煎制烹饪需要表面和中心的双重成熟，其控制和优化的难度明显高于一般的中心成熟烹饪。这类烹饪可以加一个词尾：“煎”。例如，仅干煎的一个翻面周期的烹饪的科学命名是：干热煎，少量油的油煎仅有一个翻面周期烹饪的科学命名是：混热煎，也可以命名为：干-油热煎。在科学命名中，“煎”仅仅代表表面成熟。与传统烹饪的

“煎”有所不同。烤与煎类似，不再赘述。

除了极少数生食食品的烹饪可能仅仅出现表面成熟的情况外，绝大多数烹饪都需要中心成熟。因此，对中心成熟不需要专门的命名词。

4. 食材颗粒的尺寸与形状

食材颗粒的尺寸与形状实际上决定了食材颗粒烹饪成熟的空间范围，其一方面由食材的天然特性决定，另一方面由人工切割决定。而人工切割通常已经形成了烹饪的特有的各种规格，如条、丝、丁、末、块等。例如，宫爆肉丁的正方体形状和尺寸，是约定俗成的，很少会有变化。一定的形状和尺寸对应一定的传热学特征尺寸，只有后者才对烹饪传热及烹饪品质产生影响。烹饪食材颗粒的形状和尺寸一旦确定后，对烹饪品质没有可控性的影响。因此，在烹饪工艺分类命名上，没有必要做具体规定。有需要时，食材及尺寸形状可以放在菜肴名称中。

5. 其他维度

上述维度未涉及的一些热质传递过程以及一些特殊烹饪的特殊过程都有可能成为分类维度。例如，一些烹饪中当水性介质浓缩到一定浓度、传统烹饪中的挂霜工艺中糖的结晶、琉璃工艺中糖的玻璃化转变等，这些次要、罕见的维度，没有必要进入分类体系。

10.3.4 烹饪分类要素的组合与烹饪工艺命名

1. 要素的组合

对于容器加热烹饪，以分类维度第 1 维度～第 4 维度得到的烹饪基础要素，组合形成各种烹饪工艺，组合结果见表 10-6。

表 10-6 烹饪要素的组合分类

压力	类别	油	水	汽	干	粒	混
开放	焐	油焐	水焐	—	干焐	粒焐	混焐
	浸	油浸	水浸	—	干浸	粒浸	混浸
	热	油热	水热	蒸热	干热	粒热	混热
	炒	油炒	水炒	蒸炒	干炒	粒炒	混炒
	爆	油爆	水爆	蒸爆	干爆	粒爆	混爆
	爆炒	油爆炒	水爆炒	蒸爆炒	干爆炒	粒爆炒	混爆炒
	浸炒	油浸炒	水浸炒	—	干浸炒	粒浸炒	混浸炒
	焐炒	油焐炒	水焐炒	—	干焐炒	粒焐炒	混焐炒

续表

压力	类别	油	水	汽	干	粒	混
焖	焖热	油焖热	水焖热	蒸焖热	干焖热	粒焖热	混焖热
	焖炒	油焖炒	水焖炒	蒸焖炒	干焖炒	粒焖炒	混焖炒
	焖爆	油焖爆	水焖爆	蒸焖爆	干焖爆	粒焖爆	混焖爆
	焖爆炒	油焖爆炒	水焖爆炒	蒸焖爆炒	干焖爆炒	粒焖爆炒	混焖爆炒
真空	真空焐	油真空焐	水真空焐	真空蒸焐	干真空焐	粒真空焐	混真空焐
	真空浸	油真空浸	水真空浸	真空蒸浸	干真空浸	粒真空浸	混真空浸
	真空热	油真空热	—	真空蒸热	干真空热	粒真空热	混真空热
	真空焐炒	油真空焐炒	水真空焐炒	真空蒸焐炒	干真空焐炒	粒真空焐炒	混真空焐炒
	真空浸炒	油真空浸炒	水真空浸炒	真空蒸浸炒	干真空浸炒	粒真空浸炒	混真空浸炒
	真空爆	油真空爆	水真空爆	真空蒸爆	干真空爆	粒真空爆	混真空爆
	真空爆炒	油真空爆炒	—	真空蒸爆炒	干真空爆炒	粒真空爆炒	混真空爆炒

首先，烹饪加热强度要素组合可以形成爆、炒、热、焐、浸、爆炒、浸炒、焐炒，当直接热源不同时，形成各种热源下的烹饪工艺，如直接热源是油，则组合为直接热源为词头的烹饪工艺：油爆、油炒、油热、油焐、油浸、油爆炒、油浸炒、油焐炒。

进一步地，考虑压力因素，再次组合为以压力为词头的烹饪工艺。开放条件下的烹饪是烹饪的常规形式，开放两字可以忽略，也就是没有压力词头的烹饪工艺都是在开放条件下的。爆是高强度加热手段，满足烹饪快速升温需求，而焐、浸是和缓加热的手段。因此，焐爆、浸爆、浸爆炒、焐爆炒在技术上可能实现，却没有应用价值。在开放条件下，蒸汽的温度会超过焐和浸的温度条件，因而没有汽焐、汽浸、汽浸炒、汽焐炒。而加压时的词头为焖，负压时的词头为真空。对于直接热源为油的、加压烹饪，烹饪工艺有油焖热、油焖炒、油焖爆、油焖爆炒。由于焖的目的是提高烹饪温度，低温烹饪的焖焐和焖浸就没有意义了。真空条件下，水的沸点下降，对实现焐和浸是很有利的。

在现代技术条件下，如果出现商业需求，上述衍生的烹饪工艺基本都可以实现。关键难点是在焖和真空条件下，容器必须密闭，常规条件下无法搅拌。以现有的技术水平这样的设备设计是没有难度的，密闭条件下的搅拌与流体驱动是常规的食品工程、化学工程设计。蒸的情况也类似。

但在日常烹饪条件下，表 10-6 中的许多工艺是不可能做到的，如真空烹饪、加压及蒸制条件下炒的加入。采用炒锅、蒸锅、汤锅、锅盖、高压锅、炒勺等常规传统炊具能实现的工艺列于表 10-7。粒炒、混炒等工艺很少在烹饪中出现。实际上，经常出现的烹饪工艺并不多。总结常用烹饪工艺至表 10-8。

表 10-7　常规传统炊具能实现的工艺

	开放								焖			
	爆	炒	热	焐	浸	爆炒	浸炒	焐炒	焖爆	焖炒	焖热	焖爆炒
油	油爆	油炒	油热	油焐	油浸	油爆炒	油浸炒	油焐炒			油焖热	
水	水爆	水炒	水热	水焐	水浸	水爆炒	水浸炒	水焐炒			水焖热	水焖爆
汽	蒸爆		蒸热								蒸焖热	
干		干炒	干热			干爆炒		干焐炒				
粒	粒爆	粒炒	粒热	粒焐		粒爆炒	粒浸炒	粒焐炒				
混	混爆	混炒	混热	混焐		混爆炒	混浸炒	混焐炒				

表 10-8　常用烹饪工艺

	开放				焖
	爆	炒	热	爆炒	焖热
油	油爆	油炒	油热	油爆炒	油焖热
水	水爆	水炒	水热	水爆炒	水焖热
汽	蒸爆		蒸热		蒸焖热
干		干炒	干热	干爆炒	

严格而言，大多数烹饪的流体介质是混合的，即油水混合物。但是，由于水相对密度大于油，水会沉底而接受容器对流换热；水的黏度小于油，表面换热能力大于油；水存在沸点，开放条件下温度不可能高于沸点。因此，在油水混合的情况下，水起到决定性的作用。当油水之比较小时，传热条件与水传热基本相同。当油水之比很高，但仍有水存在时，油水混合物的温度由水的沸点决定，而颗粒与油接触更多，则表面换热更多地由油决定，如果有沸腾，则流动相变为油水汽三相流。烹饪中水性介质在沸腾情况下，实际上是蒸汽-水或蒸汽-油水混合物的气液两相流，而运动的主要驱动力是相对密度极小的蒸汽向上运动。油水混合物和气液两相流的传热特征可以通过试验传热学研究得到。其在烹饪中出现较多，因此是值得开展相关基础研究的。非食用而仅作为传热介质的颗粒与油、水、汽混合的情况罕见于烹饪实践。

2. 烹饪工艺命名

每个烹饪视作一个工艺流程（processing），在某一个具体时间或时段的烹饪工艺即可按照图 10-1 的顺序开展科学命名。各个维度的命名名词见方框。其中：烹饪是否采用烹饪容器是显而易见的，因此可以不写入命名。压力为开放条件、传热成熟、中心成熟是常规烹饪情况，命名时可忽略。

由烹饪工艺分类的八个维度得到的烹饪基础性分类及相互关系如图 10-1 所示。

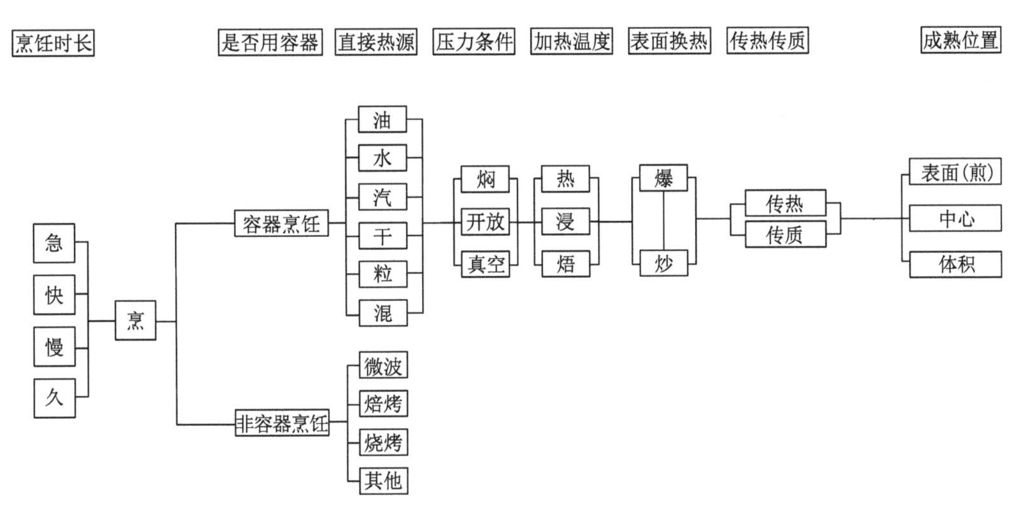

图 10-1　烹饪工艺的分类维度、命名词及命名顺序

采用这八个维度命名烹饪工艺可以覆盖当前烹饪的绝大多数工艺，尤其是使用频率最高的常见烹饪工艺。采用科学命名后，仅仅通过工艺名称，即可基本展现烹饪工艺的基本热质传递和成熟动力学特征。例如，对科学命名“急水热爆”，从命名中就可以知道，这是一个水-颗粒的高强度对流换热的快速加热至熟的烹饪工艺，烹饪过程中没有人工搅拌。如果有人工搅拌，则称为“急水热爆炒”。“急水热爆”与“急水热爆炒”相当于传统命名中的“氽”。

在油热或油爆中有一个特殊情况，就是当表面脱水后形成壳层，且在烹饪结束后短期内不会自动复水，传统分类中称为油炸。这种工艺按科学命名可以称为油热传/油热炒，由于其广泛性，仍可命名为炸。科学命名中，油炸等同于油热传/油热炒，其中的“传”专指壳层的形成。

3. 烹饪过程的参数化表达——烹饪式

1）烹饪式

类似罐头热杀菌中的杀菌式（杨邦英，2009），可以构建表征烹饪条件的烹饪式，细节地、参数化地表述一个烹饪过程。考虑到烹饪过程是一个变温过程，可能出现多个温度变化点，烹饪式格式如下：

$$\frac{t_1 - t_2 - t_3 \cdots | h_1 - h_2 - h_3 \cdots | \mathrm{O/W/S/V - P}}{T_0 - T_1 - T_2 - T_3 \cdots ℃}$$

式中：T_0、T_1、T_2、T_3 是传热介质的初温、第一温度点、第二温度点、第三温度点，如此类推，℃；t_1 是初温到第一温度点经历的时间；t_2、t_3 分别是第一到第二温度点、第二到第三温度点经历的时间，如此类推，min；h_1 是初温到第一温度点的对流传热系数；h_2、h_3 分别是第一到第二温度点、第二到第三温度点的对流传热系数，如此类推，W/（m^2·℃）；O、W、S、V 分别是油（oil）、水（water）、汽（steam）、容器

（vessel），也可以是它们的组合。P（particulates）是含食材颗粒。如果没有 P，则为汤汁的烹饪。

一般情况下，很难获得 h 的具体数值，则烹饪式简化为

$$\frac{t_1 - t_2 - t_3 \cdots \mid \text{O/W/S - P}}{T_0 - T_1 - T_2 - T_3 \cdots ℃}$$

显然，烹饪式比杀菌式更复杂。举例如下。

烹饪式为：$\frac{5'-10' \mid 200-500 \mid \text{W - P}}{25-100-100℃}$，这是一个水为传热介质的烹饪加热过程，初温为常温，升温到 100℃时间为 5 min，此阶段平均对流传热系数为 200 W/（m^2·℃）；在 100℃维持 10 min，此阶段平均对流传热系数为 500 W/（m^2·℃）。如果不知道对流传热系数，则烹饪式变为$\frac{5'-10' \mid \text{W - P}}{25-100-100℃}$。

对于油为传热介质的烹饪加热过程，油温除了初始温度可以设定外，其是一个过程变量，这种情况下，烹饪式的油温以省略号“……”代替。烹饪式为

$$\frac{t \mid h \mid \text{O - P}}{T_0 - \cdots\cdots ℃}$$

对于油温达到 160℃后加入食材，维持炒制 1.5 min，炒制阶段对流传热系数为 1000 W/（m^2·℃）的油传热介质的烹饪，烹饪式为$\frac{1.5' \mid 1000 \mid \text{O - P}}{160-\cdots ℃}$。如不知道对流传热系数，则为$\frac{1.5' \mid \text{O - P}}{160-\cdots ℃}$。

一次烹饪可能是多个烹饪式的叠加。

2）与杀菌式的区别

烹饪式与杀菌式基本相同但相对复杂。首先，温度与杀菌式的温度有所不同，在标示的时间之间，烹饪式中的介质温度是变化的，而杀菌式中的介质温度是恒定的。其次，罐头体积远大于烹饪食材颗粒体积，且热水、蒸汽等加热介质通常是恒温的。因此，罐头杀菌时主要处于非稳态传热的正规状况阶段。在非稳态传热过程中，颗粒与流体接触的初始阶段，温度分布受温度初始分布影响很大，称为非正规状况阶段（杨世铭和陶文铨，2006）。一定时间后，初始温度分布的影响消失，进入正规状况阶段。一般认为，傅里叶数 $Fo>0.2$ 后进入正规状况阶段。进入正规状况后，传热方程经过近似处理后可以得到：

$$\ln\Theta = \ln A - mt \tag{10-1}$$

式中：Θ 是过余温度，无量纲，$\Theta=\frac{T-T_0}{T_\infty-T_0}$；$A$ 是与颗粒热物理性质、形状和尺寸相关的常数；m 是相对冷却速度，s^{-1}；t 是加热时间，s。

在正规状况下，中心升温半对数温度-时间曲线的大部分为直线。利用这个特点发展出测定中心温度-时间关系后近似计算确定罐头杀菌 F 值的 Ball 法、热穿透法等方法。这些方法简单快捷，一直被用作主流杀菌式确定方法。能不能用类似的方法计算烹饪过程的 M 值呢？答案是否定的。首先，对小颗粒食品的加热时间短，通常 $Fo<0.2$，非正规状况持续时间占据了加热时间的大部分，上式失去应用条件，参见表 13-20 的计算。其次，很多烹饪过程的传热介质在烹饪加热过程中是变温的，与杀菌的情况稍有不同。

另外，杀菌存在食品安全问题，中心温度必须达到强制性法规的要求——规定的 F 值。而烹饪则完全不同，达到成熟即可，过熟或略生一些，常常是可以接受的。

10.4　不同烹饪工艺的传热、成熟及 h_{fp} 对比

10.4.1　传热规律及参数获取的方法

不同烹饪工艺的烹饪食材、传热条件及其热物性等各有差异，其传热学规律及参数可以通过查找前期相关研究文献、由热质传递原理分析计算以及由现有参数推测而获取。但最好的方法是进行试验探究。试验可以更精确直观地得出相关的传热学数据，提供真实有效的分类依据。

虽然前期的烹饪传热规律和参数研究已经积累了较多的烹饪试验传热学、理论传热学数据，但都是基于单一烹饪工艺开展的，而不同烹饪的研究条件相差很大。为更好地探究不同烹饪工艺的传热学规律，需要构建统一的试验测定条件，使用物性条件一致的食品模拟物进行实验传热学试验。

食品模拟物是专门制作的用于研究烹饪热处理的食品类似物，参见 6.3 节。应用食品模拟物来替代真实的食材颗粒能够消除真实食品的外形多样复杂、热物性不均匀对试验结果造成的影响，可以更真实、更精确地反映不同热处理工艺的效果差别（Halden et al.，2010），得到可比性较高的数据结果。

利用食品模拟物测定烹饪传热学规律的方法可采用静态颗粒假设试算法和动态颗粒 TTI 假设试算法，参见本书 7.3.1 小节中 3.，前者适用于在烹饪模拟装置中测量静态食材颗粒的对流传热系数，而后者通过数学模型间接计算得到 h_{fp}，方法过程烦琐，误差较大。本节试验采用静态颗粒假设试算法计算对流传热系数 h_{fp}，颗粒使用 KGM 食品模拟物，方法简单，适合大批量试验，参见本书 6.3.3 小节及 7.3 节。

测定 h_{fp} 的具体方法如下。

1. 食品模拟物制备

按本书 6.3.3 小节中 2.的 2）制备 g-KGM 凝胶，用打孔器成型，构建食品模拟物。魔芋凝胶食品模拟物参数为直径 1 cm、高 4 cm 的圆柱体，密度 1038 kg/m^3，比热容 4250 J/（kg·℃），导热系数 0.58 W/（m^2·℃），试验的初始温度为 4℃左右。

2. 烹饪装置

蒸制及冷水煮选用电磁炉加热普通 30 cm 蒸锅。沸水煮及水焐、水浸采用恒温水浴槽；油浸、油焐、油炒、油炸采用本书 6.4 节第二代烹饪模拟装置。

3. 温度采集

将烹饪传热学及动力学数据采集分析系统（本书 6.2.2 小节中 2.）的热电偶末端置入食品模拟物中心，在烹饪装置中模拟烹饪，采集温度。

4. 成熟值及对流传热系数 h_{fp} 计算

以采集温度计算成熟值及成熟时与时间的关系曲线。以该曲线由假设试算法计算得到 h_{fp}，并得到 h_{fp} 与成熟时间的关系。

10.4.2 主要烹饪工艺的食品传热及成熟规律

1. 蒸的传热及成熟规律

电磁炉功率分别设定为 1000 W、1300 W、1600 W、1800 W、2100 W，水量为 3 L，待水沸并稳定后将食品模拟物放入蒸笼中，采集食品模拟物的中心时间温度曲线，如图 10-2（a）所示，并计算其成熟值，如图 10-2（b）和图 10-2（c）所示，终点成熟时间和对流传热系数的关系如图 10-2（d）所示，终点成熟时间和对流传热系数的关系如图 10-2（e）所示。

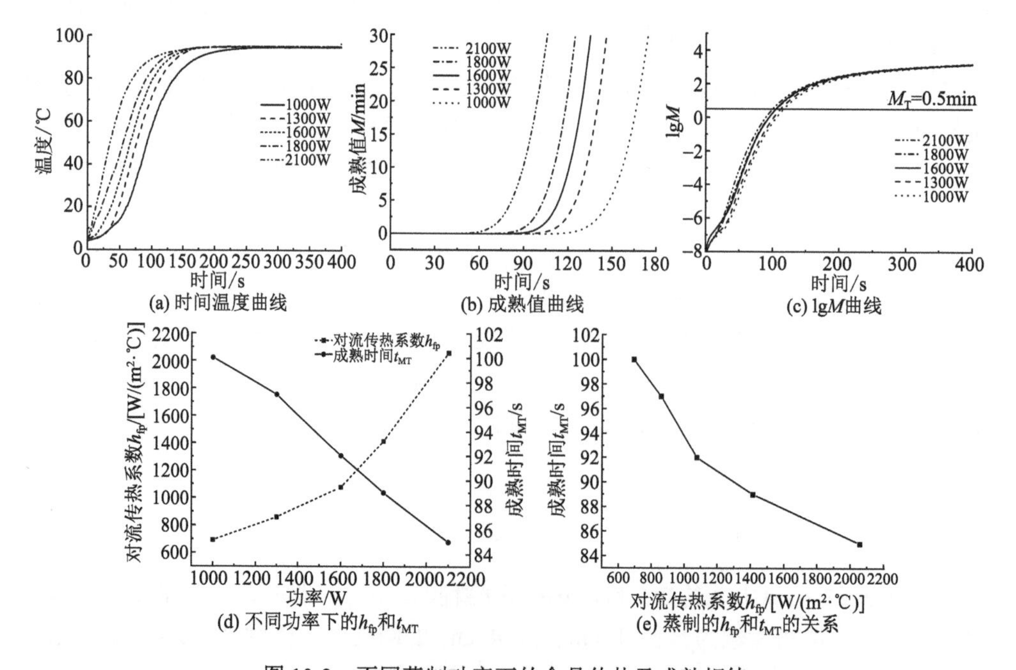

图 10-2　不同蒸制功率下的食品传热及成熟规律

由图 10-2（a）可见不同的电磁炉功率下食品模拟物的升温速率不同。加热功率越大，沸腾越强烈，上升气泡驱动的流体运动越剧烈，对流传热系数越高，升温速率越快。而成熟值与温度是指数关系，在中心温度高于 70℃后迅速升高，成熟值变化曲线见图 10-2（b）。由于成熟后期数值很大，因此取对数以展示总体变化，见图 10-2（c）。

图 10-2（d）是由不同蒸制加热功率下的时间温度关系计算得到的对流传热系数及终点成熟时间。图 10-2（e）是蒸制的 h_{fp} 与 t_{MT} 的关系。由此二图可看出，随着 h_{fp} 的上升，食品模拟物中心达到成熟值 $M = 0.5$ min 的时间逐渐减小。

2. 冷水煮食品的传热及成熟规律

冷水煮所用水量为 3 L，电磁炉功率 1000 W、1300 W、1600 W、1800 W 和 2100 W，采集食品模拟物的时间温度曲线及水温变化曲线，如图 10-3 所示。计算得到其成熟规律及对流传热系数，如图 10-4 所示。

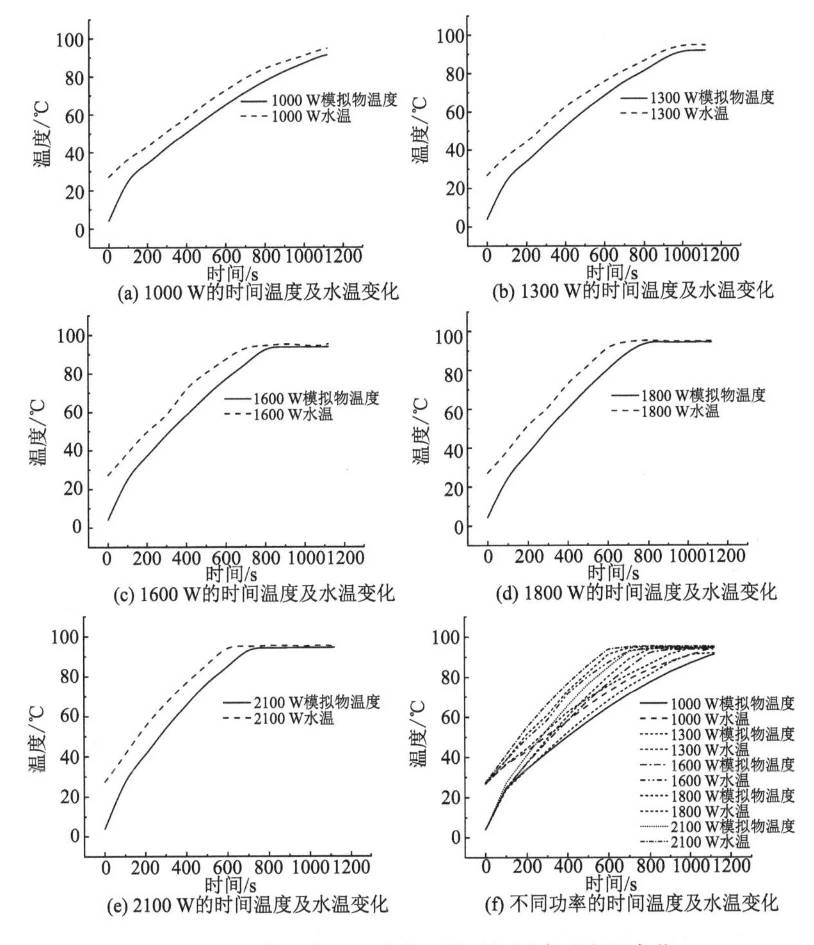

图 10-3 冷水煮不同功率下的时间温度及水温变化

冷水煮是焐-浸-煮三种烹饪工艺的结合，所得变化规律与三者结合变化规律基本一致。

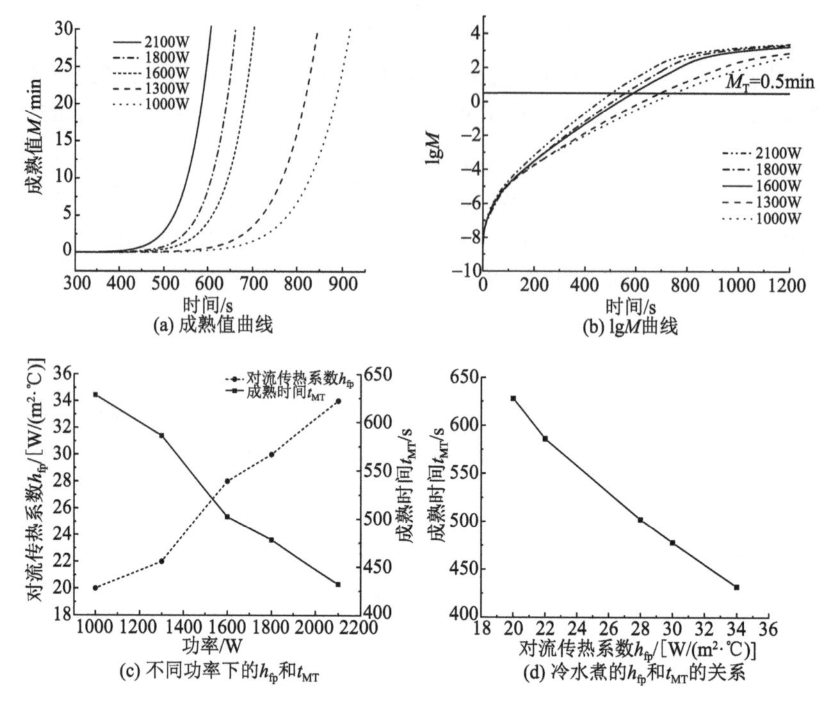

图 10-4　冷水煮不同功率下的成熟规律

3. 煮（水热）的传热及成熟规律

试验得到煮的传热及成熟变化规律如图 10-5 所示。

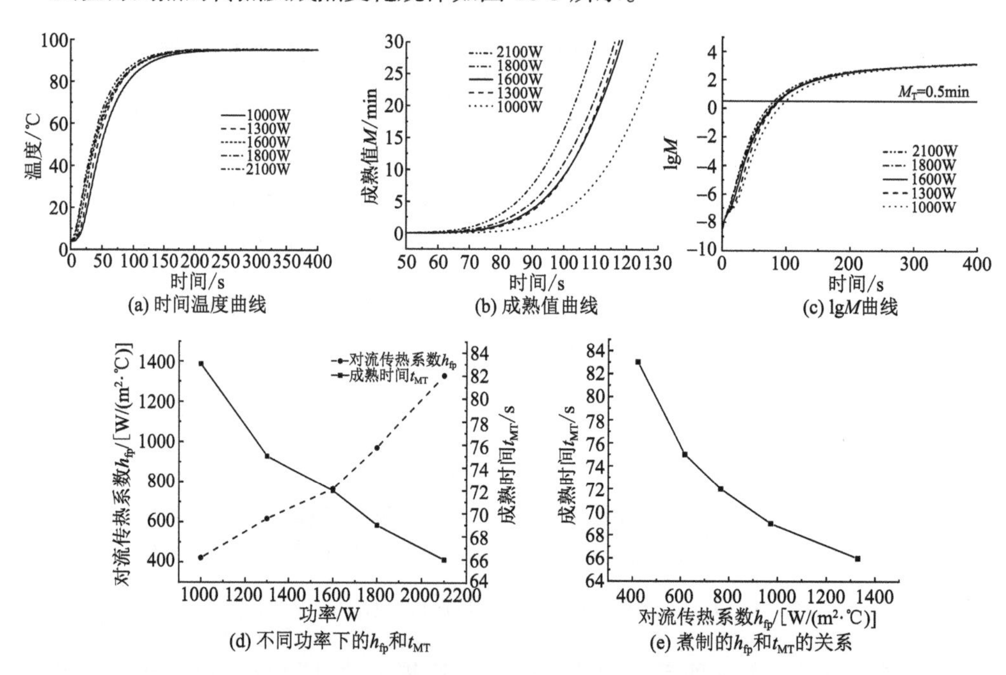

图 10-5　不同沸水煮功率下的食品传热及成熟规律

4. 水浸和水焐食品的传热及成熟规律

水浸的试验条件为：恒温水浴锅温度设定为 92℃、94℃、96℃，待温度升温至设定温度后放入食品模拟物。水焐试验条件为：设定恒温水浴锅温度分别为 75℃、80℃、85℃、90℃，搅拌强度为 0，水温为常温 25～30℃时，打开水浴锅加热同时放入食品模拟物。

试验得到水浸、水焐的传热及传热规律如图 10-6 所示。水浸、水焐在不同温度下前期升温阶段一致，后期不同温度达到稳定的时间不同，如图 10-6（a）所示。由部分成熟值曲线图 10-6（b）及图 10-6（c）可知水浸条件下食品模拟物的成熟值随水温的增大迅速增加，而不同的水焐条件下成熟值变化趋势一致。

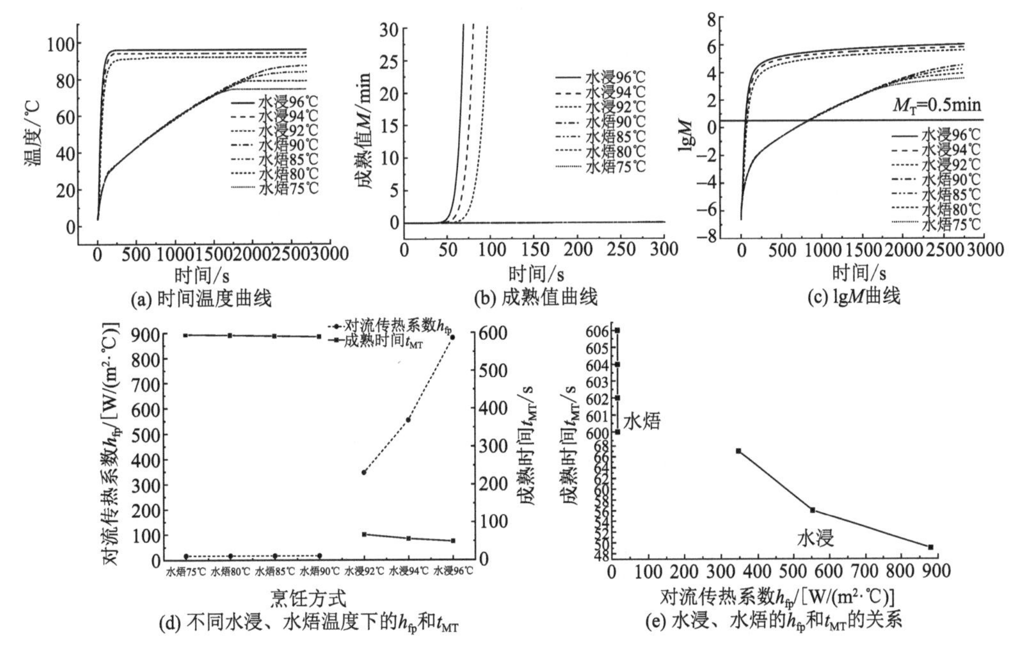

图 10-6　不同水浸、水焐温度下的食品传热及成熟规律

由图 10-6（d）、图 10-6（e）可知，不同水焐条件下的 h_{fp} 和成熟值 M 为 0.5 min 的时间非常接近，近似相等。对于水焐工艺，不同温度下的食品成熟时间前期变化规律是基本一致的。水焐加热成熟比水浸和水热慢得多，是很温和的烹饪制熟方式。水焐在加热一些成熟对温度特别敏感的食材时，很有应用价值。

5. 油浸和油焐食品的传热及成熟规律

油浸的试验条件为：第二代油炒烹饪模拟装置设定为 94℃、96℃、98℃、100℃，待温度升温至设定温度后放入食品模拟物。油焐试验条件为：设定恒温水浴锅温度分别为 75℃、80℃、85℃、90℃，搅拌强度为 0，油温为常温时，打开油浴锅加热同时放入食品模拟物。

试验得到油浸、油焐的传热及成熟规律如图 10-7 所示。

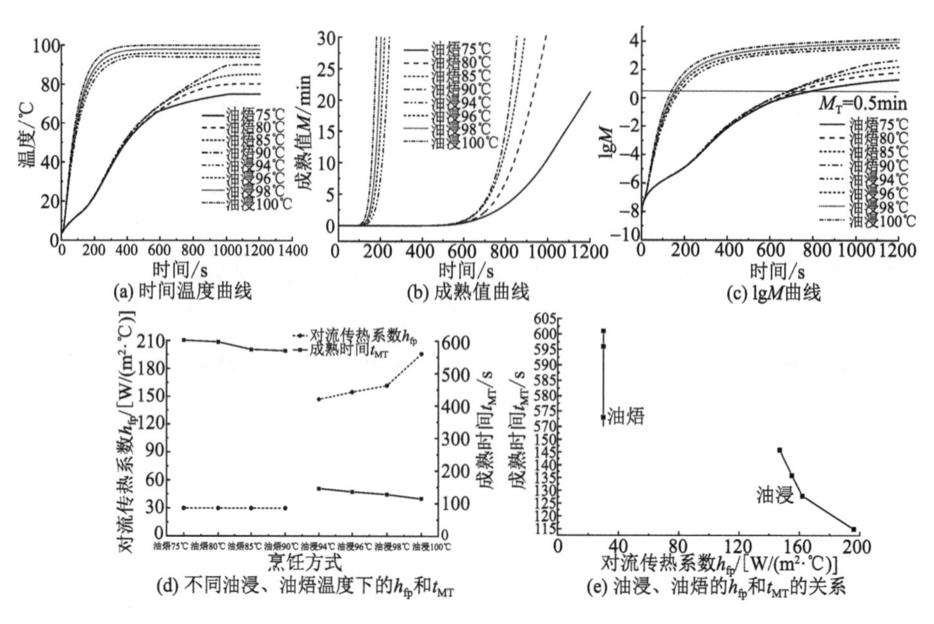

图 10-7　不同油浸、油焐温度下食品的传热及成熟规律

由图 10-7 可见油浸和油焐温度下食品模拟物的各项变化趋势与水浸、水焐类似。

6. 油炒食品的传热及成熟规律

油温分别设定为 100℃、110℃、120℃、130℃、140℃和 150℃，搅拌强度为 2，模拟油炒时的搅拌过程。试验得到不同油温下油炒食品模拟物的传热及成熟变化规律，见图 10-8。

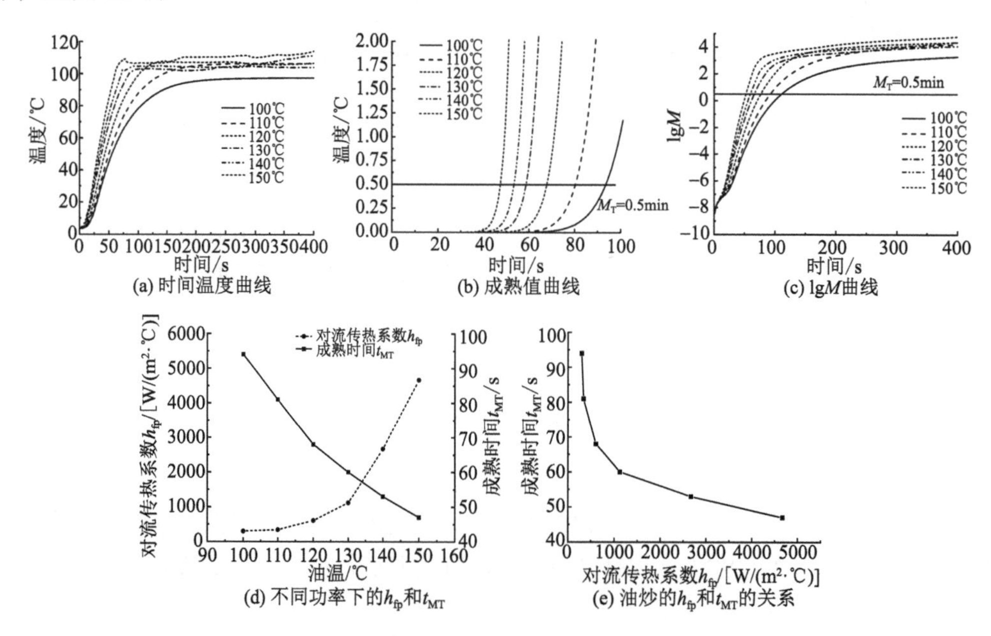

图 10-8　不同油炒温度下的食品传热及成熟规律

7. 低温油炸食品的传热及成熟规律

采用与油炒相同的油温条件，将搅拌强度设定为 0，模拟无搅拌的低温油炸过程。采集食品模拟物的时间温度曲线，类似地得到低温油炸的传热及成熟变化规律，如图 10-9 所示。

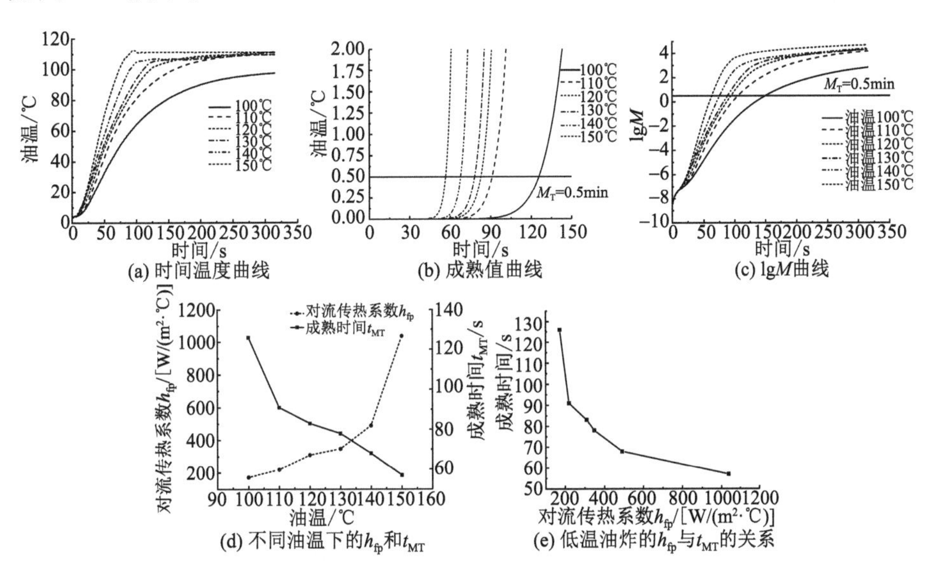

图 10-9　不同低温油炸温度下的食品传热及成熟规律

8. 高温油炸食品的传热及成熟规律

将油温分别设定为 160℃、180℃、200℃、220℃和 240℃，搅拌强度为 0。试验得到高温油炸传热及成熟变化规律，其中对流传热系数近似无穷大，见图 10-10。

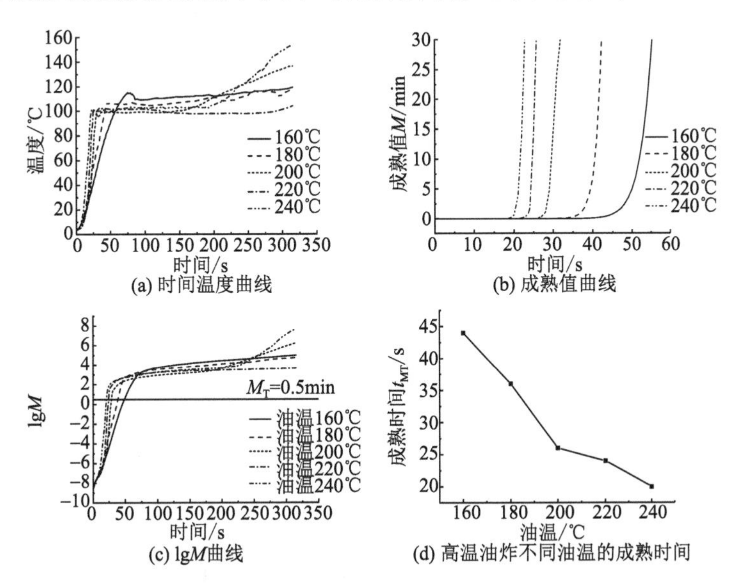

图 10-10　高温油炸不同温度下的食品传热及成熟规律

10.4.3 对流传热系数 h_{fp} 参数总结

1. 实测参数总结分析

总结相关数据结果，见表 10-9。

表 10-9　不同烹饪方式的对流传热系数和终点成熟时间

烹饪方式	条件	对流传热系数 h_{fp}/[W/（m²·℃）]	终点成熟值时间 t_{MT}/s	烹饪方式	条件	对流传热系数 h_{fp}/[W/（m²·℃）]	终点成熟值时间 t_{MT}/s
蒸	功率 1000 W	692	100	油炒	油温 100℃	302	94
	功率 1300 W	858	97		油温 110℃	341	81
	功率 1600 W	1076	92		油温 120℃	609	68
	功率 1800 W	1414	89		油温 130℃	1121	60
	功率 2100 W	2058	85		油温 140℃	2670	53
					油温 150℃	4712	44
冷水煮	功率 1000 W	20	628	低温油炸	油温 100℃	172	126
	功率 1300 W	22	586		油温 110℃	220	91
	功率 1600 W	28	502		油温 120℃	310	83
	功率 1800 W	30	478		油温 130℃	348	78
	功率 2100 W	34	432		油温 140℃	490	68
					油温 150℃	1021	57
沸水煮	功率 1000 W	422	83	高温油炸	油温 160℃	∞	44
	功率 1300 W	617	75		油温 180℃	∞	36
	功率 1600 W	766	72		油温 200℃	∞	26
	功率 1800 W	972	69		油温 220℃	∞	24
	功率 2100 W	1330	66		油温 240℃	∞	20

续表

烹饪方式	条件	对流传热系数 h_{fp}/[W/（m^2·℃）]	终点成熟值时间 t_{MT}/s	烹饪方式	条件	对流传热系数 h_{fp}/[W/（m^2·℃）]	终点成熟值时间 t_{MT}/s
水焐	水温 75℃	17	1180	油焐	油温 75℃	30	601
	水温 80℃	17	606		油温 80℃	30	596
	水温 85℃	17	604		油温 85℃	30	573
	水温 90℃	17	602		油温 90℃	30	569
水浸	水温 92℃	347	67	油浸	油温 94℃	147	600
	水温 94℃	553	56		油温 96℃	155	136
	水温 96℃	880	49		油温 98℃	162	128
					油温 100℃	196	115

2. 源于文献的对流传热系数 h_{fp} 参数总结分析

源于文献的对流传热系数 h_{fp} 参数总结分析见表 10-10。

表 10-10　不同烹饪条件的对流传热系数 h_{fp}

方式	h_{fp}/[W/（m^2·℃）]	条件	计算方法	文献
炖煮	70℃、80℃、90℃下 h_{fp} 为 80、145、215	猪里脊肉：4 cm×4 cm×0.4 cm，食盐 1%；温度：70℃、80℃、90℃；器具：恒温水浴槽	选用不同 h_{fp} 计算取得温度时间关系，由烹饪模拟试验取得温度时间关系，试验测得温度时间关系，获得 LSTD 最小的 h_{fp} 值即为目标 h_{fp} 值。LSTD 法计算程序由 MATLAB 编程	李慧超，2014
96℃涮爆/82℃涮爆	96℃和 82℃下 h_{fp} 为 290、275	猪里脊肉：4 cm×4 cm×0.4 cm；器具：第一代烹饪模拟装置		
油爆	124	猪里脊肉：4 cm×4 cm×0.4 cm；油温 160℃；初温 15℃；器具：第一代烹饪模拟装置	根据烹饪模拟试验采集到的三种烹饪方式下肉片中心的温度历史，利用同上栏的假设试算法计算出相应的表观 h_{fp}	闫勇，2014
汤爆	502	猪里脊肉：4 cm×4 cm×0.4 cm，20cm 的不锈钢锅		
蒸	94	猪里脊肉：4 cm×4 cm×0.4 cm，器具：直径 20 cm 的蒸锅-蒸笼		
油炒	550	选择蒜薹圆柱直径为 0.6 mm±0.03 mm 且颜色一致的部位，清洗晾干，精确切割成 5 cm 小段，恒温至 30℃，进行油炒烹饪模拟；处理温度：70～150℃；器具：第一代烹饪模拟装置	采用假设试算法，假设 h_{fp} 的步长 10/[W/（m^2·℃）]	汪孝，2017

续表

方式	h_{fp}/[W/（m²·℃）]	条件	计算方法	文献
爆炒	1301.5	圆柱形猪里脊肉：Φ0.79 cm×6.08 cm，同尺寸 TTIs，初温：22.05℃，油温 170℃爆炒时间 50 s	利用 ANSYS 软件对 TTIs 的传热控制方程进行求解，不断调整对流传热系数 h_{fp}，得到 TTIs 中心点处不同的温度历史，采用 LSTD 假设试算法寻找到与烹饪传热学及动力学数据采集分析系统采集得到的实际温度最接近的温度数据，并得到此时所对应的 h_{fp}	黄德龙，2016
油炸	1401.2	圆柱形猪里脊肉：Φ0.79 cm×6.08 cm，同尺寸 TTIs，初温：22.05℃，油温 170℃过油时间 30 s		
滤油	200.3	圆柱形猪里脊肉：Φ0.79 cm×6.08 cm，同尺寸 TTIs，初温：22.05℃，油温 170℃滤油时间 75 s		
颠锅爆炒	1198.8	圆柱形猪里脊肉：Φ0.79 cm×6.08 cm，同尺寸 TTIs，初温：22.05℃，油温 170℃爆炒时间 40 s；器具：第一代烹饪模拟装置		
蒸	825～1275	尺寸：Φ0.79 cm×6.08 cm，1100～2100 W 猪里脊肉柱；器具：苏泊尔炒锅	基于 TTIs 法测量不同典型烹饪的 h_{fp}，COMSOL 热质传递模型对该过程进行模拟，以步长 10 W/（m²·℃）不断调整 h_{fp} 使中心温度曲线直到与实际相符，联合 MATLAB 并采用假设试算 LSTD 法进行检验	张宏文，2019
煮	750～1050			
炸	550～875			
炒	840～1375			
煎	1425			

表 10-10 中的 h_{fp} 数据源于不同试验条件和不同测定方法。由于 h_{fp} 受食材形状和烹饪条件影响，表 10-9 中的 h_{fp} 测定针对不同烹饪工艺都基于相同的食品模拟物和实验传热学方法，有较好的可比性。通过数据对比，可以了解主要烹饪工艺的传热和成熟特征，进一步理解烹饪分类的参数基础和合理性。不同操作条件下的对流传热系数的对数值和对流传热系数与终点成熟时间的关系见图 10-11。两者关系呈现一定规律性，值得深入研究。

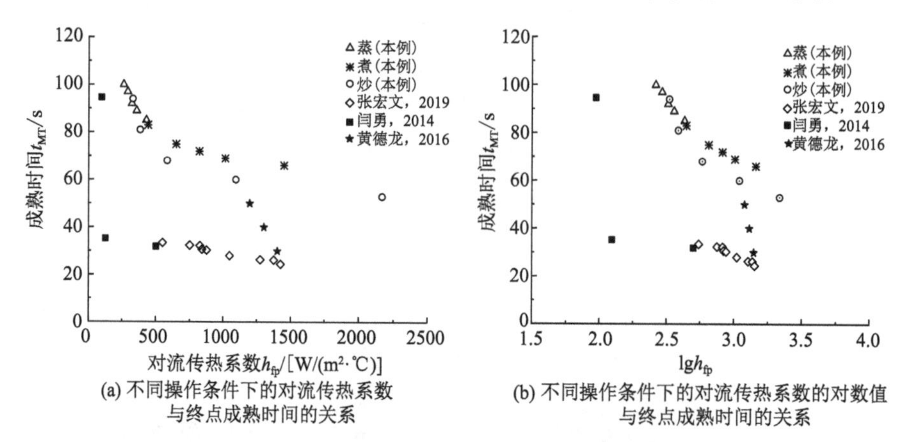

(a) 不同操作条件下的对流传热系数与终点成熟时间的关系

(b) 不同操作条件下的对流传热系数的对数值与终点成熟时间的关系

图 10-11　不同操作条件下的对流传热系数的对数值和对流传热系数与终点成熟时间的关系

10.4.4　Hb 的确定

将对流传热系数分别设为 50 W/（$m^2·℃$）、100 W/（$m^2·℃$）、200 W/（$m^2·℃$）、300 W/（$m^2·℃$）、400 W/（$m^2·℃$）、500 W/（$m^2·℃$）、1000 W/（$m^2·℃$）、2000 W/（$m^2·℃$）、3000W/（$m^2·℃$）、4000 W/（$m^2·℃$）、5000 W/（$m^2·℃$）、10000 W/（$m^2·℃$）和 100000 W/（$m^2·℃$），按式（5-9）、式（5-10）及式（5-15）由 MATLAB 编程计算圆柱形食品模拟物（Φ1.0 cm × 4.0 cm）的中心温度变化、成熟值变化以及成熟值达到 M_T = 0.5 min 时所需要的时间 t_{MT}。对流传热系数对食品模拟物传热和成熟规律的影响见图 10-12。

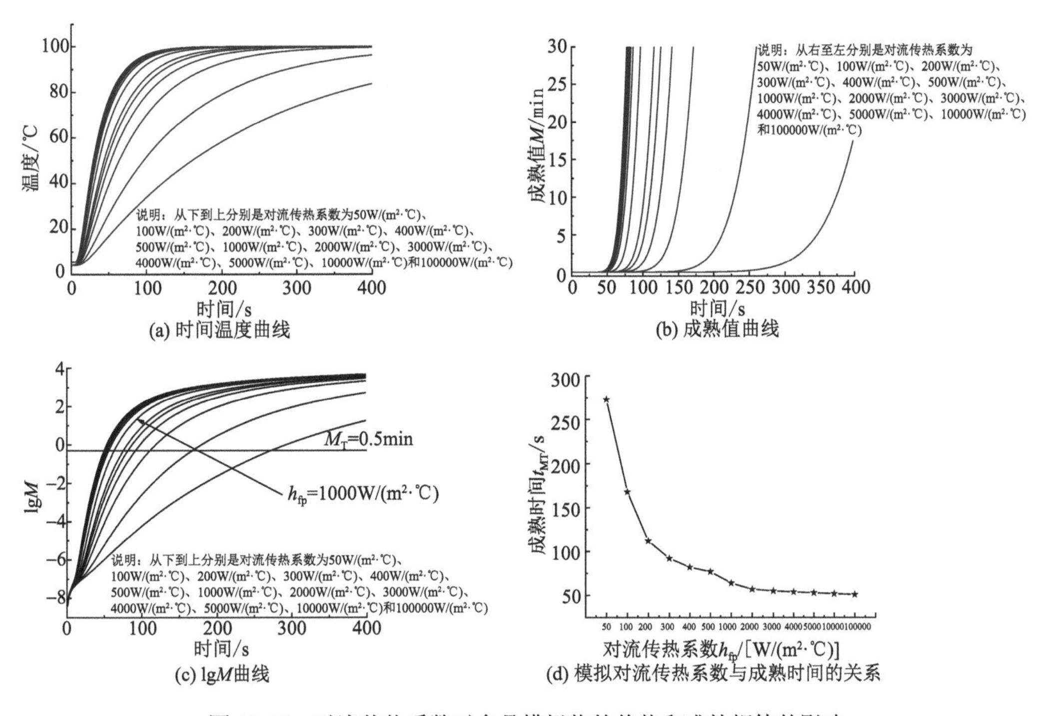

(a) 时间温度曲线　(b) 成熟值曲线　(c) lg$M$曲线　(d) 模拟对流传热系数与成熟时间的关系

图 10-12　对流传热系数对食品模拟物的传热和成熟规律的影响

由图 10-12（a）可见 h_{fp} 对食品模拟物的传热影响很大。由图 10-12（b）和图 10-12（c）可见，M 值进入快速上升阶段的时间点随着 h_{fp} 的下降而后延，在 h_{fp} < 1000 W/（$m^2·℃$）后更为显著。由图 10-12（d）可见，随着 h_{fp} 的上升，食品模拟物中心达到 M_T=0.5 min 的时间逐渐减小，说明 h_{fp} 对食品的传热和成熟产生了显著影响。因此 h_{fp} 是食品传热和成熟的关键与核心参数，可以据此确定 Hb。

由上述计算分析可知，在 h_{fp} 高于 1000 W/（$m^2·℃$）时，温度变化曲线更加紧密，趋势接近，结合前期的 h_{fp} 实测，综合考虑选用 Hb 值为 1000 W/（$m^2·℃$）。高于 1000 W/（$m^2·℃$）的烹饪命名时可使用“爆”。含“爆”的烹饪，通常需要人工强制对流，以形成高对流传热系数。

10.5　基于参数维度的烹饪分类解析

10.5.1　主要烹饪分类参数的选择

科学分类的目的之一是将烹饪工艺参数化，以便于理解、研究烹饪。虽然在烹饪传热和成熟研究中已经涉及大量的烹饪过程参数，但在烹饪分类中，我们关心的是对烹饪过程及品质有重要影响的关键参数。这些参数的变化可能引起烹饪过程和烹饪品质的重大变化，从而划分烹饪类型。在 10.3 节各个烹饪维度中已经提到的关键参数有：流体介质加热温度、h_{fp}、压力、时长等。由于流体介质的物理性质对流体-颗粒的表面换热影响重大，可以增加一个描述流体物理性质对表面换热影响的无因次参数普朗特数 Pr：

$$Pr = \frac{c_p \mu}{k_f} = \frac{\nu}{\alpha} \tag{10-2}$$

式中：c_p 是比热容，J/（kg·℃）；μ 是动力黏度，Pa·s；k_f 是导热系数，W/（m·℃）；ν 是运动黏度，m^2/s；α 是导温系数，m^2/s。

Pr 表示动黏滞系数和热扩散率的比例，也可以视为动量传递及热量传递效果的比例。通常 Pr 越大，在同样条件下的对流传热系数越大。通常：

$$Nu = aRe^n \times Pr^m \qquad 1>n>0,\ 1>m>0 \tag{10-3}$$

式中：努塞尔数 $Nu = \frac{h_{fp}L}{k_f}$，其中，h_{fp} 是流体-颗粒对流传热系数，W/（m^2·℃）；k_f 是静止流体的导热系数；L 是传递过程特征尺寸，m；雷诺数 $Re = \frac{d_p u_{fs} \rho}{\mu}$，其中，$d_p$ 是颗粒直径，m；u_{fs} 是流体颗粒相对速度，m/s；μ 是动力黏度，Pa·s；a、m、n 是系数。因此，可以用普朗特数 Pr 来表征不同传热介质。

蒸汽、水和油的 Pr 见表 10-11。

表 10-11　蒸汽、水和油的普朗特数

温度/℃	蒸汽	水	油	温度/℃	蒸汽	水	油
20	—	7.02	234.19	60	—	2.99	94.49
30	—	5.42	187.60	70	—	2.55	75.07
40	—	4.31	150.29	80	—	2.21	59.97
50	—	3.54	120.33	90	—	1.95	47.98

续表

温度/℃	蒸汽	水	油	温度/℃	蒸汽	水	油
100	1.08	1.75	38.31	150	1.14	1.17	11.79
110	1.09	1.60	30.07	160	1.16	1.1	9.43
120	1.09	1.47	23.83	170	1.18	1.05	7.41
130	1.11	1.36	18.74	180	1.21	1.00	5.80
140	1.12	1.26	14.66	190	1.30	0.96	4.53

10.5.2　基于温度和压力维度的烹饪分类解析

温度和压力是最基本的参数维度。以温度和压力维度开展的烹饪分类见图 10-13。图中 atm 为烹饪环境的大气压力。这是一个无关介质特性的分类示意图，而包含具体介质的烹饪情况会复杂得多。

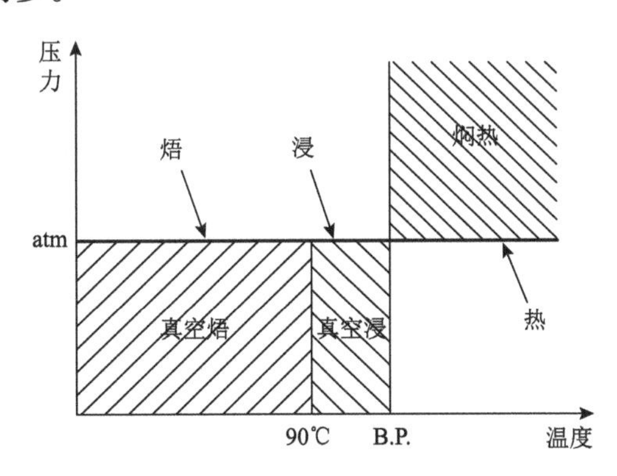

图 10-13　基于温度和压力的烹饪分类

10.5.3　基于介质、温度和压力维度的烹饪分类解析

如图 10-14 所示，图中以 100℃的等 *Pr* 平面作为参照，以便读者理解该 3D 图。

常压下，蒸汽温度处于沸点，因此“蒸”处在沸点、常压、100℃下 *Pr* 值的点上。“焖蒸”是加压的蒸制，而对于蒸汽，其温度、压力和 *Pr* 是相互一一对应的。因此焖蒸是一条曲线，且反映了温度与压力、*Pr* 与温度、*Pr* 与压力均为正相关关系。从水的相图可知，蒸汽在真空条件下是能以低于 B.P.的温度存在的，技术上完全可以实现蒸焐、蒸浸，但技术复杂且缺少需求，没有实用意义。参见图 10-15。

介质为水时，真空条件下，由于沸点降低，水的最高温度小于 B.P.，且与压力正相关，而 *Pr* 与温度、压力呈负相关。目前真空烹饪研究有很多，其在分类上属于真空水焐和真空水浸。烹饪中极为常用的煮、炖等属于“水热”，处在沸点、常压、100℃、*Pr* 点上。在压力条件下，由于沸点升高，水的最高温度超过 B.P.，同样与压力呈正相关，而 *Pr* 与温度、压力呈负相关，此时的烹饪分类为“水焖热”。

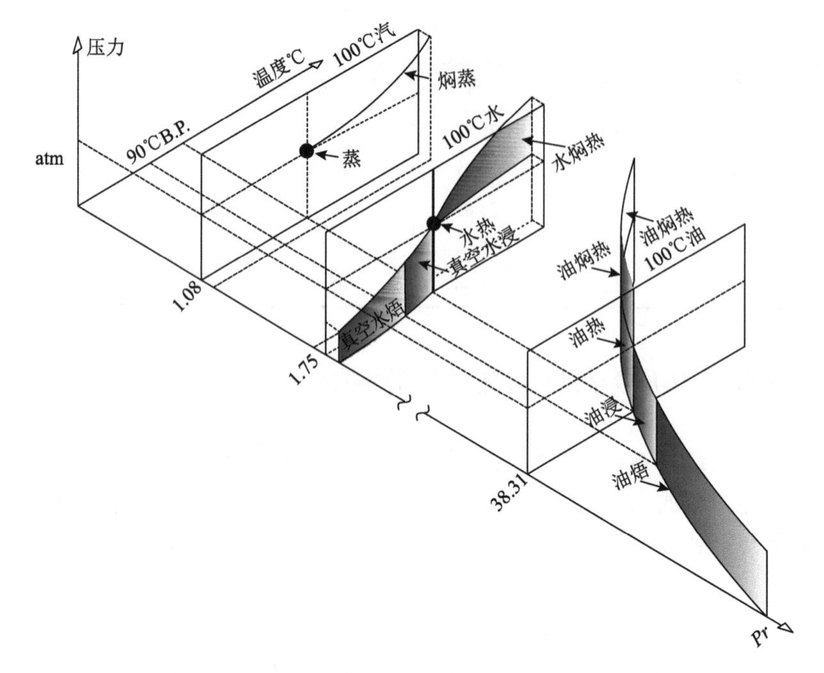

图 10-14　基于介质 *Pr* 数、温度和压力的烹饪分类

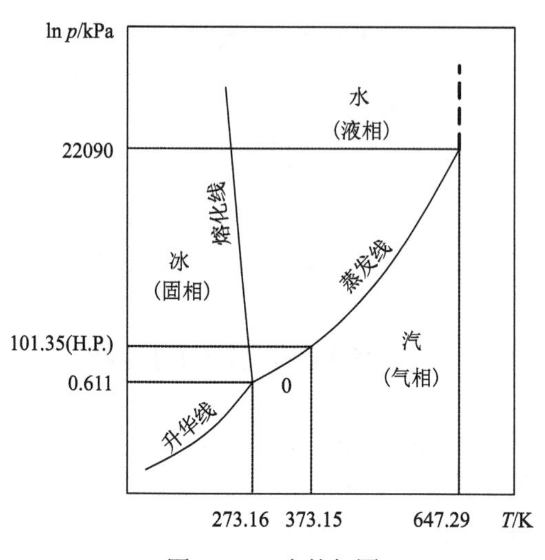

图 10-15　水的相图

油在通常烹饪条件下没有相变，对于单一的油，温度、*Pr* 与压力无关，而 *Pr* 随着温度的增加而减小。因此在任何压力条件下都可以实现油浸、油焙，当然常压是最经济的。在小于等于一个标准大气压的条件下，都能实现油热，但负压下高水分食品难以达到沸点温度。在加压条件下的油加热烹饪就成为油焖热。值得注意的是，油在高温条件下，体现出和水、汽接近的流动和传热性质。*Pr* 表征了流体的流动特性和传热特性，由图 10-14 可见，在压力和温度变化时，*Pr* 也发生变化。在烹饪中，温度不断变化，且油、水、汽有时会同时出现，可见烹饪传热的复杂性。

10.5.4　基于对流传热系数和温度维度的烹饪分类

流体颗粒对流传热系数是一个非常特殊的参数。它既不是物质的内在特性，又不是单一物质的传热指标。h_{fp} 受到系统各种过程条件，如流体颗粒相对运动、流体特性及颗粒特性对于流体颗粒表面换热的综合影响（邓力，2006a）。h_{fp} 对烹饪效果起到关键性的影响，是最能体现系统综合技术效果的核心参数，显然有着重要的分类意义。

在本节，由试验分析和参数总结已经得到了烹饪强表面换热和弱表面换热之间的划分参数 Hb。根据 Hb，以及考虑不同烹饪分类 h_{fp} 的强弱，划分不同的烹饪分类，见图 10-16。

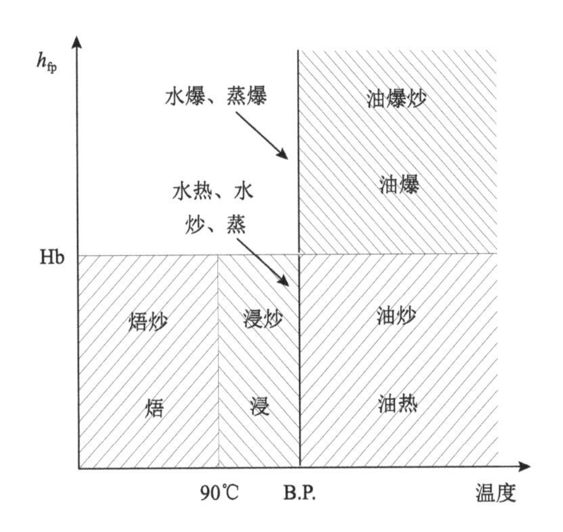

图 10-16　基于对流传热系数和温度的烹饪分类

炒仅仅代表烹饪中手工搅拌的加入，并没有限定的 h_{fp} 数值，但相同条件下炒肯定能够提高 h_{fp}。

10.5.5　基于介质、温度和 h_{fp} 维度的烹饪分类

图 10-17 以 100℃的等 *Pr* 平面作为参照，以便读者理解该 3D 图。

汽为传热介质时，常压下温度一定处于沸点，当 h_{fp} 超过 Hb 时，蒸发展为蒸爆。在日常烹饪中，蒸发量足够大，高蒸汽流速是可以形成蒸爆的。很多商业快速蒸制就是蒸爆，可以形成比家庭蒸制更好的品质。当蒸的温度超过沸点时，必须有外压，此时的蒸称为“蒸焖”。日常的高压锅、蒸锅很难形成蒸焖爆，这是因为在密闭容器内形成蒸汽气流，是需要专门技术支持的。

水为传热介质时，如前所述，在真空条件下可以形成水焐和水浸。但水焐炒和水浸炒也需要专门技术的支持。水热和水爆发生在沸点，区别是水爆的 h_{fp} 超过 Hb。在有外压的条件下，可能形成水焖热和水焖爆。水焖热在一般的高压锅里可以实现，但水焖爆、油焖爆炒则需要专门技术。油烹工艺的技术手段最为丰富，不需要调整压力及使用

专门技术，即可实现油焐、油浸、油焐炒、油浸炒、油热、油爆炒，调整烹饪火候的技术裕度最大。这也是油烹在中式烹饪中广泛应用的原因之一。当然，油焖爆、油焖爆炒也需专门技术。

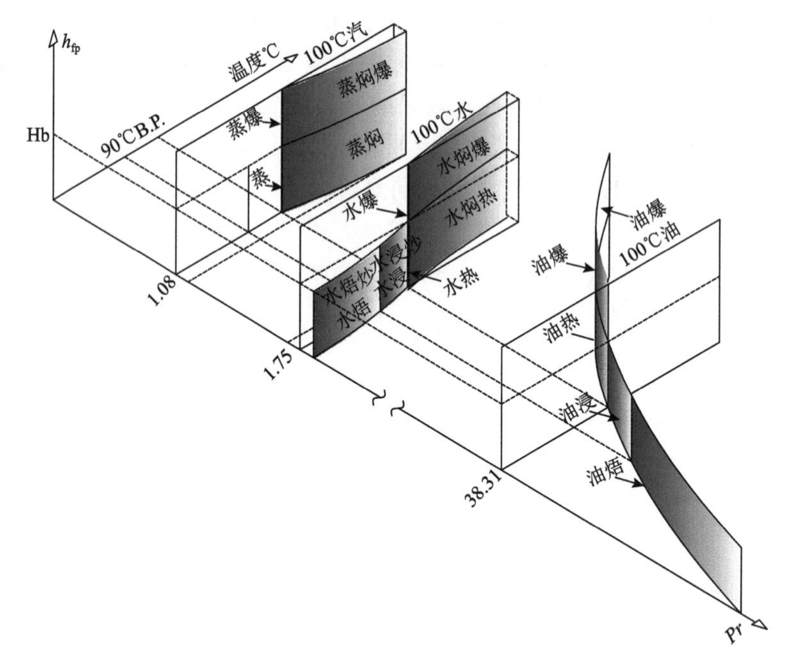

图 10-17　基于介质、温度和 h_{fp} 的烹饪分类

10.5.6　研究意义

当仅从参数的角度来解析烹饪时，所有烹饪技法都联系在一起了，展示出一个新的面貌。基于参数维度的烹饪分类解析从一个更高的视角来看待烹饪，帮助我们理解繁杂的烹饪方式的复杂性和系统性。同时，也从另一个侧面证明了烹饪参数化分类的科学性和严谨性。

当对这些参数维度进行交叉以及延展参数范围时，可以发现还存在可以实现而从未应用过的烹饪方式，为开展烹饪技术创新提供了更为广阔的思路。

完全可能还有其他的参数维度可以用来进行烹饪分类解析，期待更多的人开展进一步的研究分析。

10.6　传统烹饪分类与科学分类的关系

10.6.1　传统烹饪分类的解构

传统烹饪分类里的命名通常关联一类菜肴的整体烹饪过程。但一个烹饪过程常常有很多步骤。因此，一些传统烹饪分类是另一些传统烹饪分类的组合，可以成为复合工艺。部分复合烹饪工艺见表 10-12。

表 10-12 一些烹饪工艺以传统烹饪分类分解

复合工艺	定义	分解为传统烹饪类型	说明
炖	将经过加工处理的大块或整形原料，放入足量水中，大火加热至水沸后，用小火长时间进行加热，使原料熟烂软糯	焐+浸+煮	从常温加热，会经历焐、浸
烩	将易熟或初步热处理的小型原料，放入锅中，加入鲜汤和调味品，用中火加热至沸，勾入宽芡	煮+煮	可能存在两次煮制
煨	将原料经炸、煸、炒、焯水等初步熟处理，放入汤水中，大火加热至沸后，用微火长时间加热至原料成熟	炸、炒、焯+煮	两阶段工艺复合
烧	将经切配加工熟处理（炸、煎、煸、煮或焯水）的原料，加适量的汤汁和调味品，先用旺火烧沸，再用中火或小火烧至浓稠入味成菜的加工技法	炸、煎、煸、煮、焯+煮	两阶段工艺复合
灼	生料汆至九成熟后取出再速炒成菜的烹调方法	汆+炒	两阶段工艺复合

另外，部分烹饪工艺包含了传质过程，且传质成为技术特征。一般而言，这种烹饪传质仅仅是加入、混合、浓缩等操作，与火候控制相比，技术难度相对低得多。将在烹饪中有重要意义的传统烹饪分类涉及的传质工艺总结至表 10-13。

表 10-13 传统烹饪分类中的传质

分类名称	定义	其中的传质工艺
焖	将经初步熟处理的原料加汤水及调味品后密盖，用中小火较长时间烧煮至酥烂而成菜	调味料向固体食品内部传递、汤汁的浓缩
焅（熇）	在烧煮的基础上将汤直接提浓或收干	调味料向固体食品内部传递、汤汁的浓缩
烩	将几种原料混合在一起，加汤水用旺火或中火烧制成菜	调味料向固体食品内部传递、加入淀粉增稠（糊化+传质）
卤	将原料用卤汁以中、小火煨、煮至熟或烂并入味	卤汁中风味和色泽物质向固体食品内部传递
酱	用事先配制的酱汁以中、小火将原料烧、煮至熟烂	酱汁中风味和色泽物质向固体食品内部传递
扒	将经过初步熟处理的原料整齐入锅，加汤水及调味品，小火烹制收汁，保持原形成菜装盘	调味料向固体食品内部传递、淀粉增稠
烧	将经过初步熟处理的原料加适量汤（或水）用旺火烧开，中、小火烧透入味，旺火收汁	调味料向固体食品内部传递、汤汁的浓缩
软熘	软熘又称为蒸馏、煮熘，是将质地柔软细嫩或加工半成品（有固态和流态)的主料，先经蒸汽（或沸水）加热至熟，再淋上芡汁成菜	调味料与固态食品的简单混合

续表

分类名称	定义	其中的传质工艺
焖	以小火烧煮使原料入味	调味料向固体食品内部传递
蜜汁	将原料投入糖水中加热，使之甜味渗透，糖汁收浓而成菜	糖向固体食品内部传递
贴	将几种原料经刀工成形后加调味品拌渍，合贴在一起，挂糊后在少量油中先煎一面，使其呈金黄色，另一面不煎（或稍煎）	调味料与固态食品的简单混合
烹	原料经熟处理后，泼入调味汁，利用高温使味汁大部分汽化而渗入原料，并快速收干	调味料与固态食品的简单混合
熘	将烹制好的熘汁浇淋在预熟好的主料上，或把主料投入熘汁中快速拌均匀	调味料与固态食品的简单混合
塌	原料挂糊后煎制并烹入汤汁，使之回软并将汤汁收尽	调味料向固体食品内部传递、汤汁的浓缩等
炝	把制熟原料用调味品调制，使其味进入原料	调味料向固体食品内部传递，高温促进传递

考察传统烹饪工艺分类，制熟是烹饪的最主要目的，出现在多数热处理烹饪中。当然，本书第 2 章中对成熟定义的范围比传统烹饪工艺中的成熟更加广泛。例如，煎制到食品表面金黄属于本书的成熟定义范围，而在传统烹饪中是专门描述的，一般不称为成熟。如果将传质成熟考虑在内，几乎所有的烹饪技法都涉及成熟问题，参见表 2-2。各种烹饪技法中的成熟问题分析见表 10-14。

表 10-14　各种烹饪技法中的成熟问题分析

分类名称	定义	成熟
水焐	将加工切配后的原料，放入冷水或温水中，用小火或中火加热，水温保持在 85～95℃，使其缓慢成熟	缓慢成熟
水浸	将原料投入沸水中，使水温保持在 90～100℃，让原料缓慢成熟	缓慢成熟
煮	原料加多量汤或清水，旺火烧沸转中小火加热	初步成熟、二次成熟
炖	将原料加汤水及调味品，旺火烧沸后用中、小火长时间烧煮成菜	熟软酥糯是二次成熟
焖	将经初步熟处理的原料加汤水及调味品后密盖，用中小火较长时间烧煮至酥烂而成菜	浓缩为成熟指标
焅（㸆）	在烧煮的基础上将汤直接提浓或收干	浓缩为成熟指标
烩	将几种原料混合在一起，加汤水用旺火或中火烧制成菜	可能有二次成熟
氽（汤爆）	小型原料于沸汤中快速致熟	快速加热成熟
卤	将原料用卤汁以中、小火煨、煮至熟或烂并入味	传质成熟
酱	用事先配制的酱汁以中、小火将原料烧、煮至熟烂	熟烂是成熟指标
扒	将经过初步熟处理的原料整齐入锅，加汤水及调味品，小火烹制收汁，保持原形成菜装盘	加热成熟+传质成熟
煨	将原料加入多量汤水后用旺火烧沸，再用小火或微火长时间加热至酥烂	浓缩为成熟指标

续表

分类名称	定义	成熟
烧	将经过初步熟处理的原料加适量汤（或水）用旺火烧开，中、小火烧透入味，旺火收汁	浓缩为成熟指标
软熘	软熘又称蒸馏、煮熘，是将质地柔软细嫩或加工半成品（有固态和流态）的主料，先经蒸汽（或沸水）加热至熟，再淋上芡汁成菜	加热成熟
涮	由食用者将备好的原料夹入沸汤中，来回晃动至熟	快速加热成熟
焖	以小火烧煮使原料入味	传质成熟
蜜汁	将原料投入糖水中加热，使之甜味渗透，糖汁收浓而成菜	传质成熟
油焐	将原料投入大油量的冷锅油中，用中小火缓缓加热，油温一般控制在两三成	低温加热成熟
油浸	将原料投入100℃的油锅中，保持油温，使投入的原料缓慢成熟	低温加热成熟
爆	沸油猛火急炒或沸水（汤）急烫使小型原料快速致熟	快速加热成熟
炸	以多量食油旺火加热使原料成熟	脱水产生壳层为成熟指标
炒	以少油旺火快速翻炒小型原料成菜	快速加热成熟
煎	原料平铺锅底，用少量油加热使原料表面呈金黄色而成菜	表面成熟+中心成熟
贴	将几种原料经刀工成形后加调味品拌渍，合贴在一起，挂糊后在少量油中先煎一面，使其呈金黄色，另一面不煎（或稍煎）	加热成熟
灼	生料氽至九成熟后取出再速炒成菜（氽+炒）	加热成熟
烹	原料经熟处理后，泼入调味汁，利用高温使味汁大部分汽化而渗入原料，并快速收干	加热成熟+传质成熟
熘	将烹制好的熘汁浇淋在预熟好的主料上，或把主料投入熘汁中快速拌均匀	加热成熟+传质成熟
塌	原料挂糊后煎制并烹入汤汁，使之回软并将汤汁收尽	加热成熟+传质成熟
炝	把制熟原料用调味品调制，使其味进入原料	加热成熟+传质成熟
蒸	利用蒸汽传热使原料成熟	加热成熟
铁板烧	将原料放在金属铁板之上，利用金属的温度加热原料，使原料成熟	加热成熟
烙	通过炊具的干热使原料成熟	加热成熟
焗	运用密闭式加热，促使原料自身水分汽化致熟	加热成熟
盐焗	将原料放在盐中，通过盐的传热使原料成熟	加热成熟
砂炒	将原料放在砂粒中，通过砂粒的传热使原料炒制成熟	加热成熟
烘	将原料置于无焰小火上，利用辐射热使之成熟	加热成熟
烤	利用辐射热使原料成熟	加热成熟
烟熏	将成熟或接近成熟的原料置于加热设备中，利用制烟材料所释放的烟气加热，使菜肴带有烟香味，同时使原料成熟	加热成熟+传质成熟
淋	原料不下锅，以热油浇淋成菜	加热成熟

10.6.2　传统烹饪分类转变为科学分类

多数传统烹饪种类，包括一些无法分解为传统分类的种类，是多个有独立技术特征的工艺组合。而科学分类烹饪种类，具有独立的技术特征，有时出现在整个传统种类的烹饪过程，有时仅出现在其中的某一时段。传统烹饪种类通常是多个科学分类的组合。值得注意的是，科学分类的烹饪种类主要表征加热制熟过程，而加热制熟是烹饪过程中最关键、难度最大的工艺，具有代表性。传统烹饪分类的科学分类解析与说明见表 10-15。

表 10-15　烹饪分类说明

分类名称	定义	其中主要工艺转为科学命名	说明
水焐	将加工切配后的原料，放入冷水或温水中，用小火或中火加热，水温保持在 85～95℃，使其缓慢成熟	水焐、水焐炒	传统分类和科学分类的温度范围有所不同
水浸	将原料投入沸水中，使水温保持在 90～100℃，让原料缓慢成熟的一种加工技法	水浸、水浸炒	传统分类和科学分类的温度范围有所不同
煮	原料加多量汤或清水，旺火烧沸转中小火加热	水热	单一工艺
炖	将原料加汤水及调味品，旺火烧沸后用中、小火长时间烧煮成菜	水焐/水焐炒+水浸/水浸炒+久水热/久水热炒+久水爆	复合工艺，大火加热可能进入水爆。可忽略焐、浸，因为两者的加热强度相对很小
焖	将经初步熟处理的原料加汤水及调味品后密盖，用中小火较长时间烧煮至酥烂而成菜	水热/水热炒+水焖热传/水焖热炒传	复合工艺，虽然加盖只给系统加以微压，但温度有提升，可以缩短加热时间，有传质
焙（㸆）	在烧煮的基础上将汤直接提浓或收干	（水热/油热等）+水热传/水热炒传	复合工艺，有传质
烩	将几种原料混合在一起，加汤水用旺火或中火烧制成菜	（水热/油热等）+水热传/水热炒传	复合工艺，有传质
氽（汤爆）	小型原料于沸汤中快速致熟	急水爆/急水爆炒	快速加热成熟
卤	将原料用卤汁以中、小火煨、煮至熟或烂并入味	久水热传/久水热炒传	传质是关键
酱	用事先配制的酱汁以中、小火将原料烧、煮至熟烂	久水热传/久水热炒传	传质是关键
扒	将经过初步熟处理的原料整齐入锅，加汤水及调味品，小火烹制收汁，保持原形成菜装盘	（水热/油热等）+水热传	复合工艺，有传质
煨	将原料加入多量汤水后用旺火烧沸，再用小火或微火长时间加热至酥烂	（水热/油热等）+急水爆/急水爆炒+久水热/久水热炒	复合工艺

续表

分类名称	定义	其中主要工艺转为科学命名	说明
烧	将经过初步熟处理的原料加适量汤（或水）用旺火烧开，中、小火烧透入味，旺火收汁	（水热/油热等）+急水爆/急水爆炒+久水热传/久水热炒传	复合工艺
软熘	软熘又称为蒸馏、煮熘，是将质地柔软细嫩或加工半成品（有固态和流态)的主料，先经蒸汽（或沸水）加热至熟，再淋上芡汁成菜	蒸热/水热（炒）	最后一步是简单混合
涮	由食用者将备好的原料夹入沸汤中，来回晃动至熟	急水爆/急水爆炒	和余的效果相似
焖	以小火烧煮使原料入味	久水热/久水热炒	
蜜汁	将原料投入糖水中加热，使之甜味渗透，糖汁收浓而成菜	水热传	
油焐	将原料投入大油量的冷锅油中，用中小火缓缓加热，油温一般控制在两三成	油焐/油焐炒	名称相同，但科学命名有严格温度范围
油浸	将原料投入 100℃的油锅中，保持油温，使投入的原料缓慢成熟	油浸/油浸炒	名称相同，但科学命名有严格温度范围
爆	沸油猛火急炒或沸水(汤）急烫使小型原料快速致熟	油爆/油爆炒	快速制熟
炸	以多量食油旺火加热使原料成熟	油热传/油热炒传或：油炸/油炸炒	传质：形成脱水壳层
炒	以少油旺火快速翻炒小型原料成菜	油炒	最常见技法之一
煎	原料平铺锅底，用少量油加热使原料表面呈金黄色而成菜	油热煎	同步表面成熟和中心成熟
贴	将几种原料经刀工成形后加调味品拌渍，合贴在一起，挂糊后在少量油中先煎一面，使其呈金黄色，另一面不煎(或稍煎）	油热煎/干煎	单面煎制
灼	生料余至九成熟后取出再速炒成菜（余+炒）	急水爆/急水爆炒+油炒	复合工艺
烹	原料经熟处理后，泼入调味汁，利用高温使味汁大部分汽化而渗入原料，并快速收干	油炸/油炸炒或油热煎	
熘	将烹制好的熘汁浇淋在预熟好的主料上，或把主料投入熘汁中快速拌均匀		熘工艺本身不制熟
塌	原料挂糊后煎制并烹入汤汁，使之回软并将汤汁收尽	油炸/油炸炒+水热传	
炝	把制熟原料用调味品调制，使其味进入原料	油热传/油爆传	有传质
蒸	利用蒸汽传热使原料成熟	蒸热/蒸爆	
铁板烧	将原料放在金属铁板之上，利用金属的温度加热原料，使原料成熟	干热煎	
烙	通过炊具的干热使原料成熟	干热煎	

续表

分类名称	定义	其中主要工艺转为科学命名	说明
焗	运用密闭式加热，促使原料自身水分汽化致熟	干热+蒸热	复合工艺，特殊点是同时复合，而多数是前后复合
盐焗	将原料放在盐中，通过盐的传热使原料成熟	粒热	
砂炒	将原料放在砂粒中，通过砂粒的传热使原料炒制成熟	粒热炒	
烘	将原料置于无焰小火上，利用辐射热使之成熟	非容器烹饪	
烤	利用辐射热使原料成熟	非容器烹饪	
烟熏	将成熟或接近成熟的原料置于加热设备中，利用制烟材料所释放的烟气加热，使菜肴带有烟香味，同时使原料成熟	非容器烹饪	
淋	原料不下锅，以热油浇淋成菜	非容器烹饪	

需要指出的是，传统分类中，一些工艺并没有炒字。但没有搅拌，热堆积可能会导致容器对颗粒的接触部焦煳，以及可能出现颗粒之间的粘连、颗粒与容器之间的粘连。因此，多数烹饪中都有持续性的或间歇性的人工搅拌。

参 考 文 献

陈苏华. 2008. 烹饪工艺学. 南京: 东南大学出版社

戴桂宝, 金晓阳. 2014. 烹饪工艺学. 北京: 北京大学出版社

邓力. 2006a. 固体食品流态化超高温杀菌技术研究. 无锡: 江南大学

邓力. 2006b. 中式烹饪的过程原理解析及研究体系. 食品与机械, (6): 140-143

黄德龙. 2016. 烹饪 TTIs 的构建及应用研究. 贵阳: 贵州大学

季鸿崑. 1993. 烹饪学基本原理. 上海: 上海科技技术出版社

姜毅, 李志刚. 2004. 中式烹调工艺学. 北京: 中国旅游出版社

李慧超. 2014. 计算流体动力学在食品热处理中的应用. 贵阳: 贵州大学

罗长松. 1990. 中国烹调工艺学. 北京: 中国商业出版社

史万震, 陈苏华. 2015. 烹饪工艺学. 上海: 复旦大学出版社

汪孝. 2017. 中式烹饪优化原理的初步验证. 贵阳: 贵州大学

闫勇. 2014. 操作参数对烹饪传热和食品品质的影响. 贵阳: 贵州大学

杨邦英. 2002. 罐头工业手册（新版）. 北京: 中国轻工业出版社

杨世铭, 陶文铨. 2006. 传热学（第四版）. 北京: 高等教育出版社

张宏文. 2019. 基于成熟值理论的中式烹饪关键传热规律研究. 贵阳: 贵州大学

张文虎. 2007. 烹饪工艺学. 北京: 对外经济贸易大学出版社

中国烹饪百科全书编委会. 1992. 中国烹饪百科全书. 北京: 中国大百科全书出版社

周晓燕. 2000. 烹调工艺学. 北京: 中国轻工业出版社

HaldenA K, Alwis A, Fryer P J. 2010. Changes in the electrical conductivity of foods during ohmic heating. International Journal of Food Science and Technology, 25(1): 9-25

第11章

几个烹饪科学问题

11.1 烹饪中食品体系功耗的测量

11.1.1 烹饪功耗研究的必要性

1. 烹饪品质变化研究和自动化的需求

烹饪品质动力学研究表明，温度对烹饪品质有决定性影响，温度又由烹饪中的热质传递决定，而食品体系吸热对烹饪热质传递过程有决定性影响。因此食品体系吸热是影响烹饪品质的关键因素。无论是烹饪过程传递-品质变化研究，还是烹饪自动化的参数需求，都需要把握烹饪过程食品体系吸热功率的变化规律，建立有实用价值的、基于理论和实验传热学的测量方法（邓力，2013a）。烹饪中的能量消耗，可以换算为烹饪功率，可以用于指导烹饪自动化生产。

目前尚未发现直接研究烹饪中食品体系吸热功率的文献。本书第 4、5 章构建了液体-颗粒食品体系的烹饪传热数学模型并开展模拟计算，但并未直接研究烹饪体系的吸热功率，也没有建立其试验传热过程研究方法。彭静等（2018）考察了锅底到热源距离对燃气灶功率的影响，但研究中并未涉及食品体系的吸热功率，也未考虑搅拌操作对功率的影响。在构建将手工烹饪转变为自动烹饪的方法时，发现搅拌频率是传热控制和烹饪品质形成的决定性参数（邓力，2013d），参见本书 9.5 节，有必要研究搅拌频率对食品体系吸热功率的影响。

爆炒是中式烹饪的代表性工艺（高海薇，2001），油温时刻变化，烹饪操作是快速而复杂的，难度最大，因此优先研究炒的功耗。

2. 烹饪节能的需求

2014 年，一个标准中国家庭平均能源消费量为 1087 kg 标准煤，烹饪能源消耗占比可达 39.8%。文献（刘学亭等，2009；戴万能等，2010）测定了传统炉灶的热效率，也有文献（周波，2008；胡优生，2009；薛兴和刘芳，2012）提出了家用燃气炉灶的改进设计，推进烹饪节能进展。但以烹饪角度开展的能耗和功率研究至今仍为空白。

11.1.2 烹饪中食品体系的功耗计算

典型中式烹饪的过程特征是开放容器（锅）内被搅拌液体-食材颗粒的传热过程（邓力，2013b）。主要传热方向为热源→锅→液体→食材颗粒，以及食材颗粒表面向中心的传热。传热方式涵盖了热传导、热对流和热辐射。

首先，从过程热质传递角度分析，参照间隙搅拌模型（邓力，2013b；冯蟲，2013），忽略食品体系辐射散热，假设搅拌使油温均匀，仅考虑锅内壁到食材颗粒的传热过程，建立能量平衡：液体-锅内壁对流换热=液体吸热+液体-颗粒对流换热+食材颗粒蒸发散热，则食品体系吸热功率 P_{sw} 服从下式：

$$P_{sw}=h_{vf}A_{vf}\left(T_f-T_{vi}\right)=-c_{pf}m_f\frac{dT_f}{dt}-h_{fp}A_p\left(T_{ps}-T_f\right)-A_pN_xH_v \tag{11-1}$$

式中：h_{vf} 是液体-锅内壁对流传热系数，W/（m^2·℃）；A_{vf} 是液体-锅内壁接触面积，m^2；T_f 是液体温度，℃；T_{vi} 是锅内壁温度，℃；c_{pf} 是液体比热容，J/（kg·℃）；m_f 是液体质量，kg；t 是时间，s；h_{fp} 是液体-食材颗粒对流传热系数，W/（m^2·℃）；A_p 是食材颗粒表面积，m^2；T_{ps} 是食材颗粒表面温度，℃；N_x 是水的表面质量流率，kg/（m^2·s）；H_v 是水的蒸发潜热，J/kg。

从能量平衡角度分析，当体系无蒸发，即没有对外物质传递时，食品体系吸收的热量等于各食材吸收能量之和，表达式为

$$Q_s=\sum_{i=1}^{n}\int_{T_1}^{T_2}m_ic_{p,i}dT \tag{11-2}$$

式中：Q_s 是食品体系吸收的热量，J；m_i 是第 i 种烹饪食材质量，kg；n 是烹饪食材种类数；T_1、T_2 是加热初、末态温度，℃。$c_{p,i}$ 是第 i 种食材比热容，J/（kg·℃）。上式表征了食品体系吸收热量的结果。

食品体系吸热功率是食品体系吸收热量与加热时间的比值，t 时刻食品体系平均吸热功率表达式为

$$\overline{P_s}=\frac{\sum_{i=1}^{n}\int_{T_1}^{T_2}m_ic_{p,i}dT}{t} \tag{11-3}$$

而食品体系瞬时吸热功率可按下式计算：

$$P_s=\frac{dQ}{dt}=\frac{d\left(\sum_{i=1}^{n}\int_{T_1}^{T_2}m_ic_{p,i}dT\right)}{dt} \tag{11-4}$$

油脂比热容按文献（Groll and Milnthorp，2004）中的公式计算：

$$c_{po}=-1.2619\times10^{-5}T_{f,o}^2+0.00723T_{f,o}+2.2379 \tag{11-5}$$

式中：c_{po} 是油脂比热容，J/（kg·℃）；$T_{f,o}$ 是油脂温度，℃。

式（11-1）和式（11-3）都可用于计算食品体系吸热功率，但式（11-1）中的 h_{vf} 受搅拌影响数值变化大，且较难测量，而且式（11-1）中影响因素较多，颗粒温度处于非稳态，而运动颗粒的温度测量也很困难。采用式（11-3）时，也有颗粒温度测量问题。综合考虑，采用完全无蒸发的油脂替代两相食品体系，根据式（11-3）近似测算食品体系的吸热功率。

11.1.3　烹饪中食品体系的功耗测量方法——油脂替代法

食品体系的烹饪功耗是指烹饪过程中食品体系吸收的热量的速率，即功率消耗。

只要知道食品体系质量、比热容和加热温度历史，即可计算食品体系的烹饪功耗。但在实际烹饪过程中，多数烹饪是液体-颗粒组成的两相体系。其中固体颗粒处于非稳态，内外温度瞬时变化，不同食材颗粒之间及相同食材颗粒之间的温度也不一致，难以测定食品体系的加热温度历史。

为分析液体-颗粒体系的烹饪功耗，以等质量油脂替代颗粒，使得油脂作为唯一的烹饪食材，采用与实际烹饪尽量一致的具体操作并同步测定油脂温度变化历史，由此计算烹饪功耗，油脂替代试验方法示意见图 11-1。

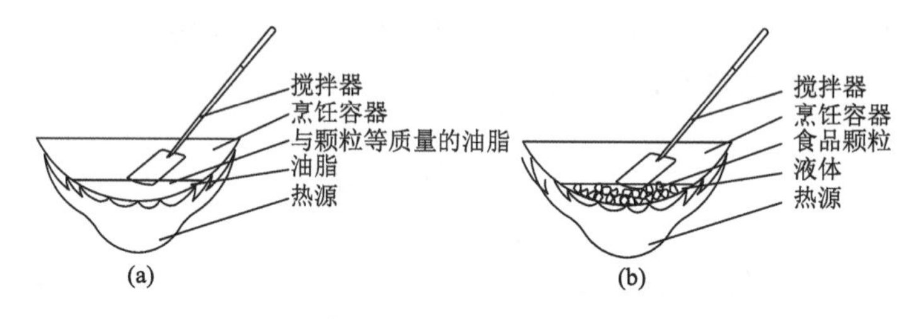

图 11-1　油脂替代烹饪（a）与实际烹饪（b）

11.1.4　烹饪中食品体系的吸热功率测量试验

使用家用液化石油气灶进行烹饪，具体菜品和烹饪工艺流程如下。

（1）葱爆五花肉：锅预热→油脂预热→葱、青椒、过油肉片翻炒→出锅。

（2）鱼香肉丝：锅预热→油脂预热→胡萝卜、青椒、过油肉丝翻炒→出锅。

烹饪葱爆五花肉、鱼香肉丝时，以最大火力加热。现场采集锅具预热温度、原料初始温度，测量锅底到热源的距离，称量添加油脂及原料的质量，同时摄像记录烹饪过程。分析录像记录油脂添加时间、原料投放时间、搅拌频率、颠锅频率、翻炒时间等。相关数据结果见表 11-1。

表 11-1　葱爆五花肉和鱼香肉丝的烹饪操作参数

烹饪操作参数	葱爆五花肉	鱼香肉丝
锅预热温度/℃	130	128
油脂添加时间/s	7	7
油脂添加质量/g	50.21	50.73
原料投放时间/s	9	10
投料质量/g	250.83	250.68
搅拌频率/Hz	1.8	1.4
颠锅频率/Hz	0.5	0.3
原料初始温度/℃	12.5	12.5
锅底-热源距离/cm	5	5
翻炒时间/s	17	21

以等量油脂替代全部食材及油脂，根据表 11-1 所设锅底到热源距离及搅拌频率条件重复烹饪过程，测定油脂温度与时间关系并进行三阶拟合平滑温度曲线，消除不合理数据波动。将加热时间按 1 s 步长连续分段，根据式（11-4）计算各段瞬间吸热功率，具体检测仪器和方法见文献（崔俊，2017），上述食品体系瞬时吸热功率变化见图 11-2。

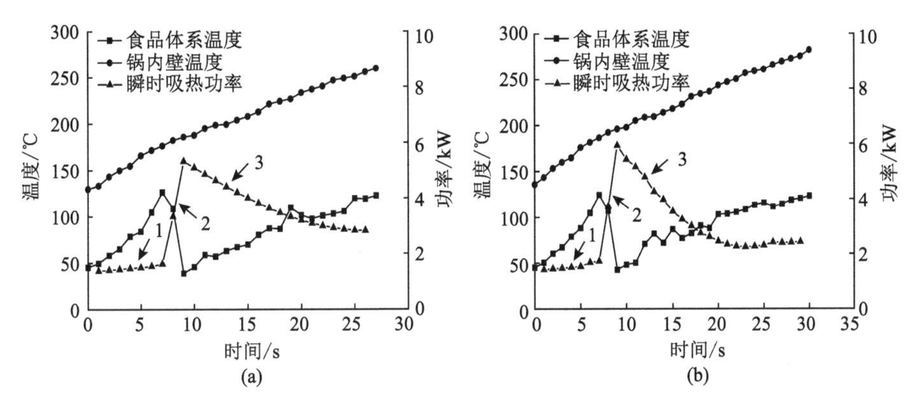

图 11-2　葱爆五花肉（a）、鱼香肉丝（b）食品体系的吸热功率变化规律

由图 11-2 可知在油脂预热阶段，油脂与锅内壁接触面积较小，油脂-锅内壁对流换热强度较弱，油脂瞬时吸热功率小，见功率曲线第 1 阶段；加入与原料质量相等的油脂后，油脂与锅内壁接触面积变大，油脂温度降低，换热强度增加，瞬时吸热功率随之迅速增加，见功率曲线第 2 阶段；随着烹饪过程进行，油脂温度升高，瞬时吸热功率逐渐减小，见功率曲线第 3 阶段。

11.1.5　热源距离和搅拌频率对烹饪体系功耗的影响

1. 以家用液化石油气灶为热源

采用参考文献（黄亚继等，2015；薛兴和刘芳，2012）研究灶具功率的方法，使用液化石油气灶作为热源，设置锅底到热源距离的调节范围为 5～11 cm。分析数十个贵阳新东方烹饪学校油炒烹饪教学过程录像，发现搅拌工具（炒勺）沿锅底回转搅拌是最常用的搅拌方式，搅拌频率为每秒 0.5～2 次，即 0.5～2 Hz。此外，调查结果表明，烹饪一份常规油炒菜肴，食用油脂和原料的平均添加量分别在 50 g 和 300 g 左右。鉴于此，试验中以 350 g 油脂替代等重烹饪食材含烹饪油脂，锅底到热源距离分别设置为 5 cm、8 cm 和 11 cm，搅拌频率设置为 2 Hz、1 Hz 和 0.5 Hz，两两组合进行烹饪试验，每组进行三次平行试验。油脂初始温度与室温（12.5℃）相同，采用最大火力加热，通过自制升降架调节锅底到热源的距离，由有经验的厨师控制搅拌频率。同时采用烹饪传热学及动力学数据采集分析系统实时采集油脂温度。将热电偶末端沿锅具中心轴放入，使其位于锅底与油脂液面距离相等处，由此采集油脂平均温度变化情况。试样采样间隔设置为 1 s，详细测定方法见文献（崔俊，2017）。相关测试结果如图 11-3 所示。由实验数据按式（11-3）计算得到图 11-4。由图可见，当锅底到热源距离固定时，油脂温度随搅拌频率的增加而增加；当搅拌频率一定时，食品体系平均吸热功率随锅底到热源的距离的增大而减小。锅底到热源距离为 5～11 cm，搅拌频率为 0.5～2.0 Hz 时，食品体系的平均吸热功率变化范围为 1.49～3.57 kW。当锅底到热源距离为 5 cm、搅拌频率为 2.0 Hz 时，食品体系平均吸热功率最大，为 3.57 kW。

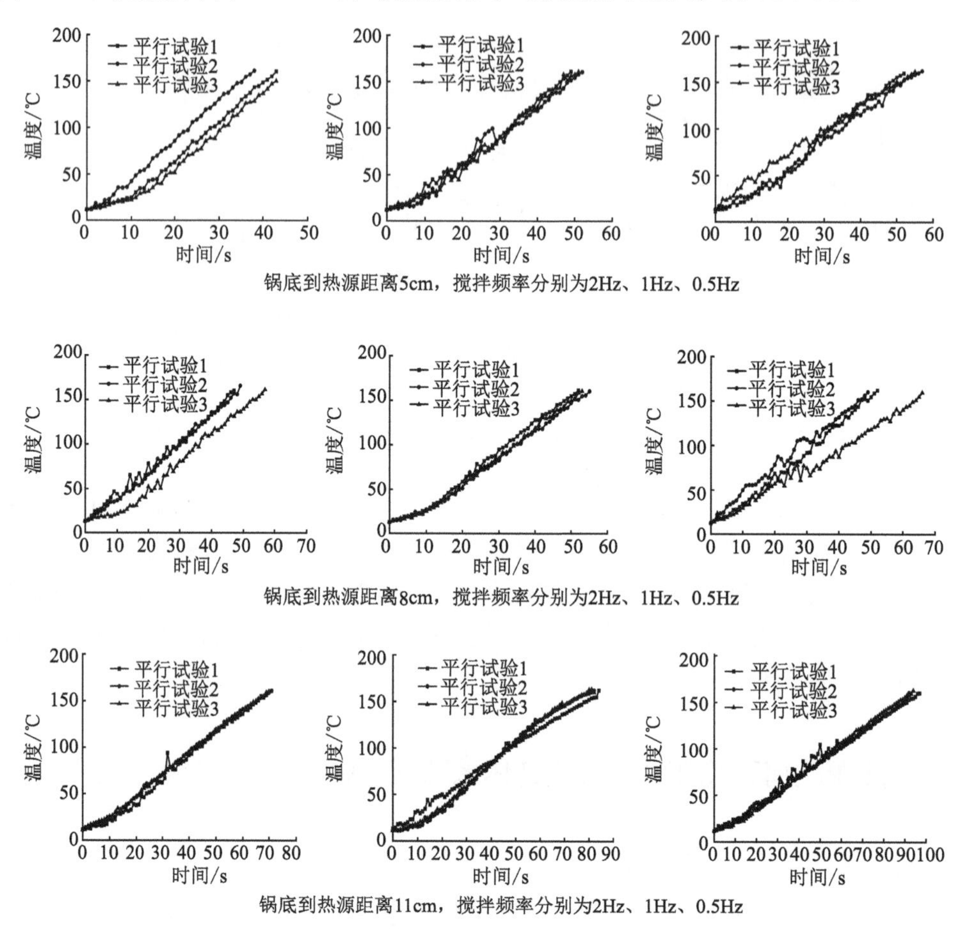

图 11-3　不同热源距离及搅拌频率下的油脂温度随时间变化的曲线

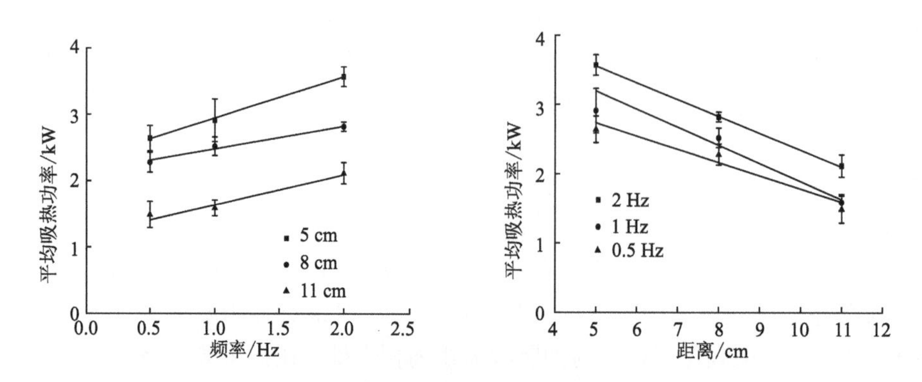

图 11-4　食品体系平均吸热功率与搅拌频率、距离的关系

2. 以商用烹饪灶为热源

以商用烹饪灶为热源，在不同锅底到热源距离下，同样采用油脂替代法研究油脂温度随加热时间的变化规律，进而探讨锅底离热源距离与功率的关系（闫勇，2014），得到与图 4-3 类似的规律。热源-烹饪容器外壁的传热量随锅底离热源距离的增加而减少，所以烹饪容器内壁-油的吸热功率随锅底离热源的距离的增加而减少，如图 11-5 所示。

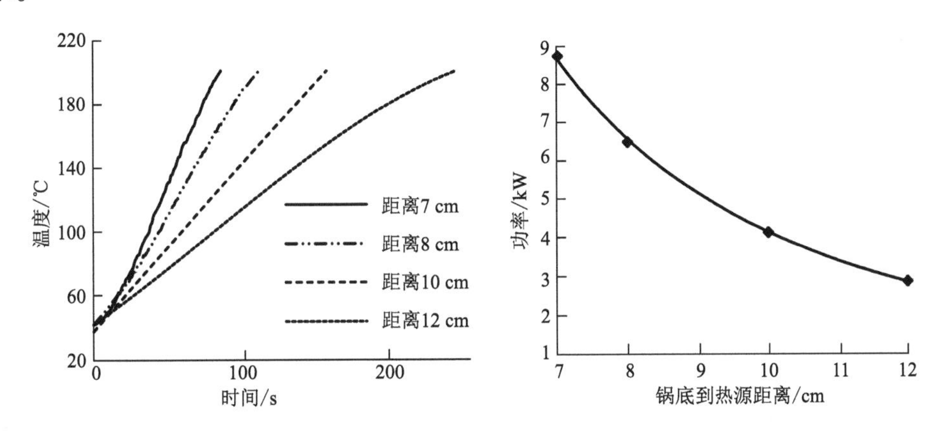

图 11-5　容器外壁-热源距离与油脂温度的关系及其与热量传递功率的关系

对比图 11-3 家用灶和图 11-5 商用灶两组功率数据可知，家庭烹饪和商业烹饪条件下的食品体系吸热功率差别较大。而由火候控制原理可知，升温速度对烹饪品质影响很大。食品体系吸热功率越大，升温越快，品质越高。因此，商业烹饪菜肴往往具有比家庭烹饪菜肴更好的食用品质。

11.2　锅具传热特性及其对烹饪品质的影响

本节内容主要来自文献（彭静，2018；彭静等，2018），并有修改。

11.2.1　烹饪锅具研究的科学意义

锅具在烹饪过程中起着容纳烹饪食材和传递热量的作用，是烹饪过程的反应器。锅具是否会对菜肴烹饪品质产生影响？又会产生怎样的影响？什么样的锅具适合什么样的烹饪？目前无论是烹饪研究者、厨师还是锅具生产商，都没有明确答案。锅具对烹饪品质影响的研究是烹饪领域的科学问题，至今缺少系统性的基础研究和科学解释，需要以试验研究和理论分析来给予解答。

1. 锅具研究背景

锅具的出现，改变了人们只能直接加热食物的烹饪方式，锅具的制作、分类和应用随着烹饪技术的提高不断精细丰富（张文虎，2007）。目前烹饪操作中对锅具的控制主要依靠厨师经验（苏扬和张聪，2015）。锅具烹饪的目的是加热食物使其成熟。锅具的传热性能应与烹饪火候的控制相适配，不同的锅具配合不同的烹饪操作方式。

我国炊具市场持续增长，2017 年产值规模约为 143 亿元，其中炒锅占据我国锅具的主要市场，家庭炒锅拥有率超过 150%（金澜，2018；王晓东，2008）。随着消费者对高品质生活的追求，对锅具质量和功能体验的要求不断提升（金澜，2018；王振华，2014），锅具生产商对锅具制造技术需要解决的关键问题就是锅具对烹饪品质的影响。

锅具的安全性、传热效果、烹饪操作控制感受为锅具评价的重要内容（Sedighi et al.，2012）。锅具安全性是锅具性能评价的重要指标，锅具内壁面要求不与食物发生反应，但制作材料所含的微量元素及金属在烹饪过程中会迁移到食品（Lomolino et al.，2016），可能影响人体健康。锅具的安全性评价已有相应的国家标准——《食品安全国家标准 食品接触用金属材料及制品》（GB 4806.9—2016）。

由烹饪火候原理（邓力，2013c）可知，食材温度决定烹饪品质，而食材温度受烹饪操作条件和锅具传热性质的影响，需要研究锅具对烹饪品质变化的影响。

常用锅具应用在不同烹饪过程，分类介绍如下。

1）以油为传热介质——炒锅

炒是中式烹饪的代表性工艺（邓力，2013c），通常针对小颗粒食品，采取多量油旺火速成，爆炒过程中的油温局部可达到 300℃。炒锅多为半球形、薄壁金属容器，半球形增加了锅具的传热面积，使得热气流运动流畅，有利于热源-锅具-物料之间的传热。

2）以水为传热介质——汤锅

以水为传热介质的烹饪工艺是常用的烹饪方式之一，如煮、炖等，将食材放入锅内并加入多量水煮制成熟，平底汤锅是其主要的烹饪工具。开放环境下，煮制过程中当水达到沸点后，水温通常为 100℃，颗粒受热稳定，锅具传热性能对食材成熟的影响较小。

3）以蒸汽为传热介质——蒸锅

以蒸汽为传热介质的蒸也是常见的烹饪方式之一，将水加热成蒸汽，利用蒸汽加热食材，蒸锅是其主要烹饪工具。开放环境下，蒸汽温度最高为 100℃。蒸制火候控制相对炒要容易（邓力，2013b）。根据食材的性质，分为猛火蒸、中火蒸和慢火蒸三种方式（张文虎，2007）。

2. 锅具研究文献回顾

1）锅具传热性能研究

烹饪中的锅具换热过程十分复杂，包括热源与锅具之间的热对流和热辐射，锅具内外壁间的热传导，以及锅具内壁与食品体系的对流换热等，常常为非稳态传热过程

（邓力，2013c），参见本书 4.2.1 小节中 1.。锅具与热源的换热决定锅具传递的热量，锅具自身的热传导能力决定锅体升温快慢，而锅具与食品体系的换热影响食品体系吸热升温，可见锅具结构尺寸、传热效果会影响烹饪效率和菜肴品质。

关于锅具传热方面已有一些研究成果积累，相关工作主要集中于锅具与热源传热（Sanz-Serrano et al.，2016；Karunanithy and Shafer，2016）、锅具自身热传导（Behnam and Mohammad，2012；Sedighi et al.，2012）以及传热影响因素（Ayata and Yücel，2017；Villacís et al.，2015；Zhao et al.，2006）等方面，而锅具与食品体系的换热、锅具传热对菜肴品质的影响研究甚少。

2）锅具传热效果的影响因素研究

好的烹饪锅具应具有升温快速且锅底温度分布均匀的特征，以使食材颗粒受热均匀和快速烹饪（Zhao et al.，2006）。然而，烹饪过程中锅具受热常常为非稳态，导致与食物接触的锅内壁面很难获得均匀的温度。锅具相关研究通过改变制造材料及工艺、锅材层数及厚度、表面性质等传热影响因素以获得高效传热和均匀的锅底温度分布（Ayata and Yücel，2017）。

Ayate（2005）使用 ANSYS 软件结合人工神经网络（ANN）模拟分析发现铜/铬镍复合锅比铝/铬镍复合锅的导热能力强且有更高热效率；Sedighi 等（2012）通过数值模拟方法研究不同层数金属锅的传热效果，发现双层金属锅比单层、三层、四层金属锅具有更均匀的温度分布；Oyedepo（2012）研究得到锅具的尺寸应与热源尺寸相匹配；陈毅（2012）研究了锅底平面度、新旧颜色程度、光洁度等因素对锅具与燃气灶间换热效率的影响，发现黑色非亮光凹锅底的热效率最高。

3）锅具传热过程研究

对锅具传热过程的研究主要从锅具与热源的传热效率、锅具自身升温率和温度分布等方面进行分析。Jugjai 和 Rungsimuntuchart（2002）建立了从热源到锅具传热过程的数值分析模型，并发现中心涡流火焰加热的热效率高；但国外关于锅具的传热过程研究主要以西式平底锅为研究对象，用于煮、煎等相对简单的烹饪工艺，难以直接推广应用于更为复杂的凹面圆底中式炒锅。Sedigh 等（2017）中指出单层锅厚度薄，热量沿厚度方向上的传递快，易形成热点而导致食物焦煳。李广超（2012）对中餐燃气灶热工性能进行了研究，但未结合炒锅进行烹饪传热过程分析。

锅具传热过程研究中所采用的方法主要有试验测试法和数值模拟法。

a. 试验测试法

有关锅具传热的试验研究涉及锅具受热温度变化情况、锅具与热源间的热效率等。如 Karunanithy 和 Shafer（2016）通过热电偶采集获得不同汤锅锅底及锅壁各检测点的温度与时间变化关系，比较分析不同汤锅导热升温的差异。Lucky 和 Hossain（2001）通过试验对比研究了圆底锅和平底锅的热效率，发现平底锅的热效率更高。试验测试法可以直观反映锅具传热过程特点，但由于测试点有限，无法获得锅具实时温度动态分布情况。

b. 数值模拟法

烹饪过程中的锅具传热过程复杂，获取锅具全局温度变化困难，当加热条件或锅具制作工艺发生改变时，试验测试工作量巨大。数值模拟方法可以同时对锅具传热过程进行多方位模拟，在锅具研究中具有显著优势（Sedighi et al.，2013）。相关数值模拟研究中主要使用 ANSYS 软件和 FLUENT 软件，并结合有限元法、人工神经网络等算法进行处理。例如，Cadavid 等（2014）采用 ANSYS 软件计算分析了电磁炉加热条件下汤锅的传热效率，发现增加锅直径将提高传热效率，而热损失随锅高度的增加而增加；薛兴等（2017）运用 FLUENT 软件对节能锅具在不同结构参数下的传热性能进行了数值模拟分析，获得了最优的锅具烟罩结构参数组合；Behnam 和 Mohammad（2012）采用有限元法模拟了单层锅和多层金属锅的传热效果，发现多层金属锅具有更稳定的温度分布；Jeddi 等（2004）使用人工神经网络模拟了热源到汤锅的传热过程。

3. 研究的必要性

当前的国内外研究，均是针对锅具自身传热规律的研究，未涉及锅具与食品体系之间的传热，而锅具与食品体系之间的换热才是传热研究的关键。更为重要的是锅具传热对烹饪品质和烹饪操作控制的研究，从而理解烹饪器具与烹饪品质的关系，指导消费者合理地使用锅具。在自动烹饪的容器设计中尤其需要锅具对烹饪品质影响原理的支持。

笔者研究团队曾对炒锅、汤锅和蒸锅开展了全面的研究，做了大量工作，本节仅选取了其中炒锅研究的部分内容。

11.2.2 锅具的传热特性

1. 锅具传热理论基础

烹饪系统中的两类固态物体——烹饪容器和烹饪食材颗粒会出现稳态和非稳态的情况。烹饪容器的导热的非稳态状态可能由以下因素所致：①在烹饪过程中热源功率发生变化，如人为控制烹饪容器和热源的距离、调整燃烧强度等，使得容器外壁边界条件发生变动；②在所有烹饪过程的初期，烹饪容器内部的传热介质温度都会发生较大变动，导致边界条件变化。有关锅具传热的数学描述参见 4.2 节。

2. 研究对象锅具的基本参数

大多数炒锅的形状为球缺壳体。尺寸包括球缺高 h、球缺截面直径 r、锅厚 d，见图 11-6。此时，球缺体积为

$$V = \frac{\pi h\left(3r^2 + 4h^2\right)}{24} \tag{11-6}$$

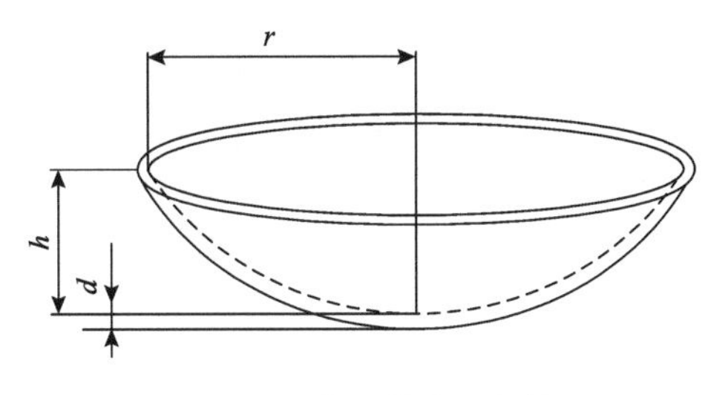

图 11-6　炒锅的外形参数

选用五种市购的不同厚度炒锅开展研究，见表 11-2。

表 11-2　五种炒锅厚度

炒锅	材质	锅底厚度/cm
A	不锈钢复合锅	0.298
B	不锈钢复合锅	0.290
C	不锈钢复合锅	0.216
D	铸铁锅（单层锅）	0.158
E	铁皮锅（单层锅）	0.090

3. 锅具传热特性参数研究

1）导热系数

导热系数是表征锅具传热特征的主要参数之一。常用的导热系数测定方法包括激光闪射法、热流计法、防护热板法、圆管法、热线法、闪光法等。本研究选取炒锅底面中心部分裁剪出 1 cm×1 cm 方形样品，借助激光导热系数测定仪测定炒锅导热系数，测量方法参考文献（刘响等，2013），由仪器自带软件计算出导热系数。

以上五种锅具在不同温度下的导热系数测定结果见图 11-7（a）。由图 11-7（a）可知，复合炒锅 A、B、C 的导热系数随测试温度的升高而升高，单层炒锅 D、E 的导热系

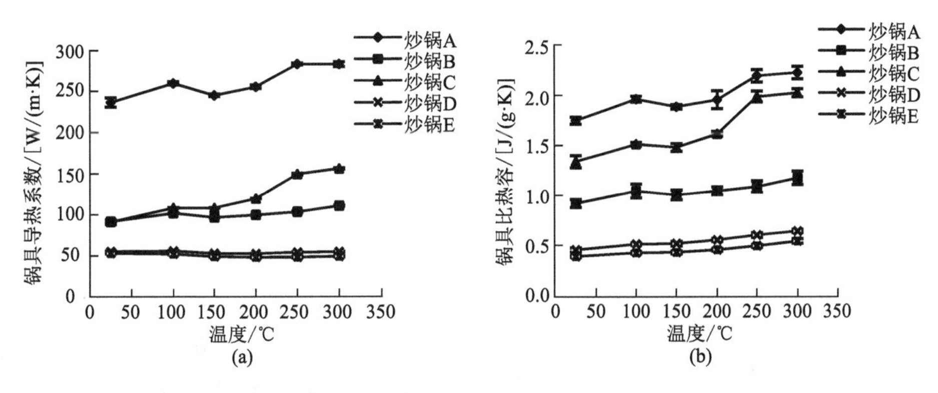

图 11-7　不同温度下实验锅具的导热系数（a）和比热容（b）

数随测试温度的升高而减小；炒锅 A 的导热系数最大且随温度的变化显著，炒锅 E 的导热系数最小且随温度的变化差异小，炒锅 D、E 的导热系数接近，说明锅具的材料会影响锅具的导热性能。炒锅的导热性能不仅与导热系数相关，还与厚度有关，因此不能直接通过导热系数判断锅具的传热性能。

2）比热容

比热容是指一定质量的物质在温度升高时所吸收的热量与该物质的质量和升高的温度乘积之比，表示物体的吸热或散热能力。根据导热系数的定义可知，导热系数 k_v、热扩散系数 α、材料比热容 c_v 和材料密度 ρ_v 之间的关系式为（刘响等，2013）

$$k_v = \alpha c_v \rho_v \tag{11-7}$$

根据 α、k_v 和 ρ_v 测定结果，可由式（11-7）推算出 25℃、100℃、150℃和 300℃测试温度下的炒锅比热容。试验结果如图 11-7（b）所示，炒锅的比热容随测试温度的升高而升高，其中炒锅 A 的比热容最大；不锈钢复合炒锅 A、B、C 的比热容大于单层炒锅 D、E 的比热容，炒锅 D、E 的比热容接近，说明锅具材质会影响锅具容纳热量的能力。

3）热阻

锅具制作材料均会产生热阻，热阻较大的不锈钢传热慢，易导致温度分布不均匀；而热阻较小的铜和铝传热快，温度分布相对均匀。

锅具的导热能力与锅底制作厚度相关（Ayata and Yücel，2017），衡量锅具的总体导热能力必须考虑厚度。热阻综合了导热系数和厚度，能够较全面反映锅具传热特性。热阻计算公式如下（王教方等，2000）：

$$R = \frac{L_1}{k_1} + \frac{L_2}{k_2} + \cdots + \frac{L_n}{k_n} \tag{11-8}$$

式中，L_n 是锅具各层材料厚度，m；k_n 是锅具各层材料导热系数，W/（m·℃）。

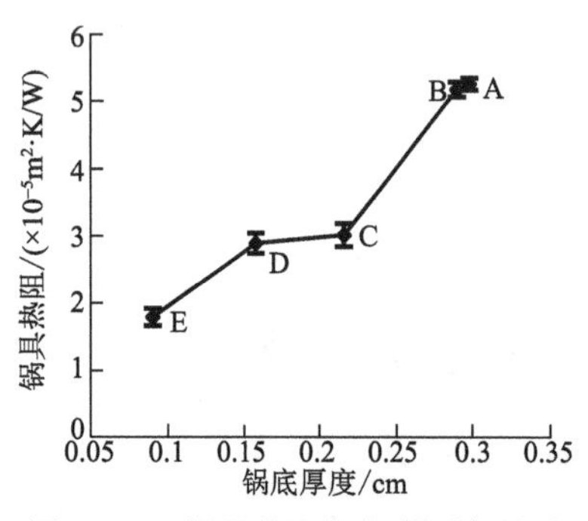

图 11-8　锅具热阻与锅底厚度关系

如图 11-8 所示，炒锅的热阻随着锅底厚度的增大而增大。热阻是锅具导热系数及锅具厚度的综合作用，反映锅具的导热能力的强弱，说明锅具的导热能力与锅底制作厚度相关（Ayata and Yücel，2017）。

4. 锅具对食品体系吸热功率的影响

用上一节的油脂替代法测定食品体系在相同条件下的平均吸热功率，结果见图 11-9。食品体系平均吸热功率随着锅具热阻的增大而减小。

研究结果表明，热阻最小为 $1.70 \times 10^{-5}\ m^2 \cdot K/W$ 的炒锅 E 的食品体系平均吸热功率最大，为 1.84 kW。因而热阻可作为反映锅具导热能力的关键参数。

进一步由热成像仪获得五口锅的温度分布图像，图像表明热阻越大的炒锅，升温过程越慢，锅底温度分布越均匀，其中炒锅 A 的热阻最大为 $5.26 \times 10^{-5}\ m^2 \cdot K/W$，锅底温度分布最均匀。由于图像数量较大，不在此引用。

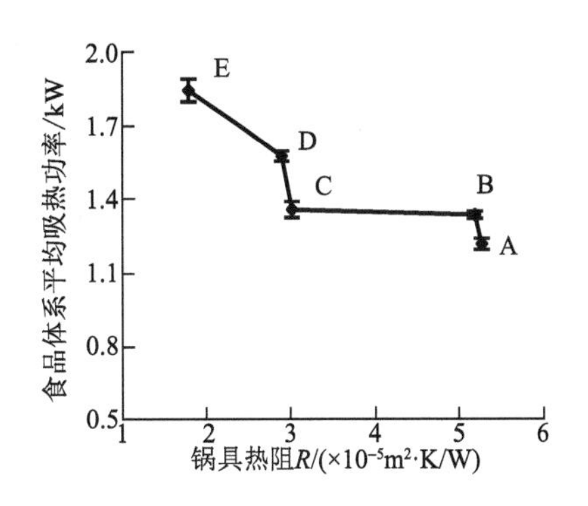

图 11-9　锅具对食品体系平均吸热功率的影响

11.2.3　锅具热阻对猪里脊肉烹饪的影响

1. 烹饪控制指标的选择

根据前文建立的成熟值原理和火候控制原理，达到终点成熟值 M_T 的成熟时间 t_{MT} 是主要的烹饪控制指标。由于实际锅具烹饪与在烹饪模拟装置中模拟烹饪不同，无法使用烹饪传热学和动力学采集系统测量成熟值 M，需要另外建立研究方法。

2. 成熟和焦煳判断方法的建立

多次观察锅具烹饪过程中猪里脊肉外观品质，并与相同样品在烹饪模拟装置中烹饪得到的 M_T=0.5 min 的样品对比，确定可以通过视觉观察近似判断成熟及焦煳。具体研究过程如下。

1）试样准备

将原料猪里脊肉切分后放置于−18℃冰箱中冷冻 4～5 h，用切片机将冷冻肉切割成 2.5 cm×2.5 cm×0.25 cm（长×宽×厚）的试样，恢复至室温以备用。

2）猪里脊肉成熟时间判断方法的建立

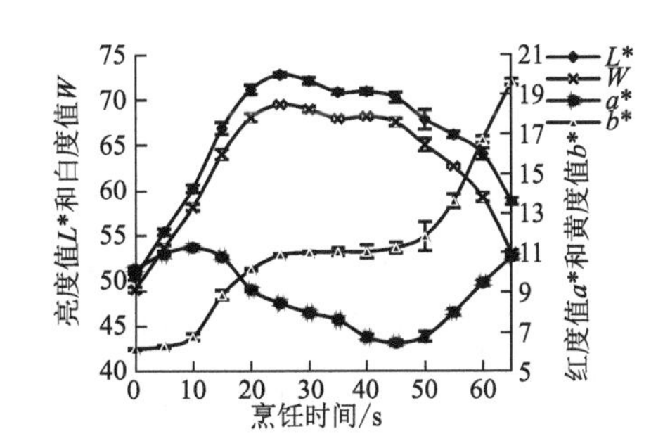

图 11-10　猪里脊肉烹饪至焦煳过程中的颜色变化

选用炒锅 A，称取猪里脊肉片 100 g 和食用油 25 g，预热油温和搅拌频率分别控制为 160℃和 1 Hz，使用电磁炉以 2.1 kW 炒制猪里脊肉片至表面完全焦煳，炒制过程中间隔 5 s 取样，样品置于冰水混合物中冷却 1 min，取出用吸水纸擦干表面水分，然后用色差仪测定肉片的颜色，对比分析获得猪里脊肉片由成熟到焦煳阶段的烹饪品质变化，结果见图 11-10。类似条件的烹饪模拟试验结果图 9-14 中其白度和亮度呈现了与本试验相似的变化规律。白度 W 和亮度 L^* 在成熟前迅速升高到最高值。在 50 s 左右刚出现焦煳时，黄度值和红度值迅速升高，突然出现焦黄色。上述颜色变化显著，肉眼能明确辨识，以此确定成熟时间和开始焦煳时间可行。这一判别方法可以称为成熟和焦煳判断的经验法。

3）经验法判断成熟时间的准确性分析

油炒不同初温的猪里脊肉，利用本书 7.3.3 小节的 TTIs 方法和 5.4 节数值模拟方法以假设试算法测算对流传热系数，随后以得到的对流传热系数由 5.4 节传热数学模型计算猪里脊肉中心温度-时间变化关系，由成熟动力学推算出 M_T=0.5 min 时对应的成熟时间，并与经验法判断取得的成熟时间对比，结果见表 11-3。方法细节见文献（彭静，2018）。

表 11-3　经验取样法与 TTIs 法确定的猪里脊肉成熟时间比较

项目	测试 1	测试 2	测试 3
预热油温/℃	70	100	130
剩余酶活/（U/mL）	40706.15	41349.21	42027.85
计算酶活/（U/mL）	42645.34	42586.46	43486.69
酶活相对误差/%	4.55	2.91	3.35
h_{fp}/[W/（m^2·℃）]	640	720	830
经验法成熟时间/s	46	41	32
试验计算成熟时间/s	44.49	39.83	30.53
成熟时间相对误差/%	3.39	2.94	4.81

试验结果表明，以颜色变化点判断成熟和焦煳时间，误差可以控制在 2～3 s 内。这个误差水平足以判断锅具对烹饪成熟和焦煳的影响。

值得指出的是，上述方法并不具有测定成熟时间的普适性。这是因为本试验针对特定食材、食材尺寸和烹饪条件，且专门开展了颜色变化与成熟时间关系试验以及经验法和试验计算法的对比。在其他条件下，该法通常不适用。例如，对于体积较大的肉块的烹饪，表面变白，中心仍是生的。

3. 锅具热阻对猪里脊肉成熟和焦煳时间的影响

选用锅底厚度分别为 0.298 cm、0.158 cm、0.090 cm 的炒锅 A、D、E，使用功率 2.1 kW 电磁炉在不同预热油温（70℃、100℃、160℃）和搅拌频率（0.2 Hz 和 1 Hz）两两组合条件下，分别炒制 100 g 猪里脊肉片（油料比为 1∶4），并用秒表记录猪里脊肉的成熟时间和开始焦煳时间，结果见图 11-11。

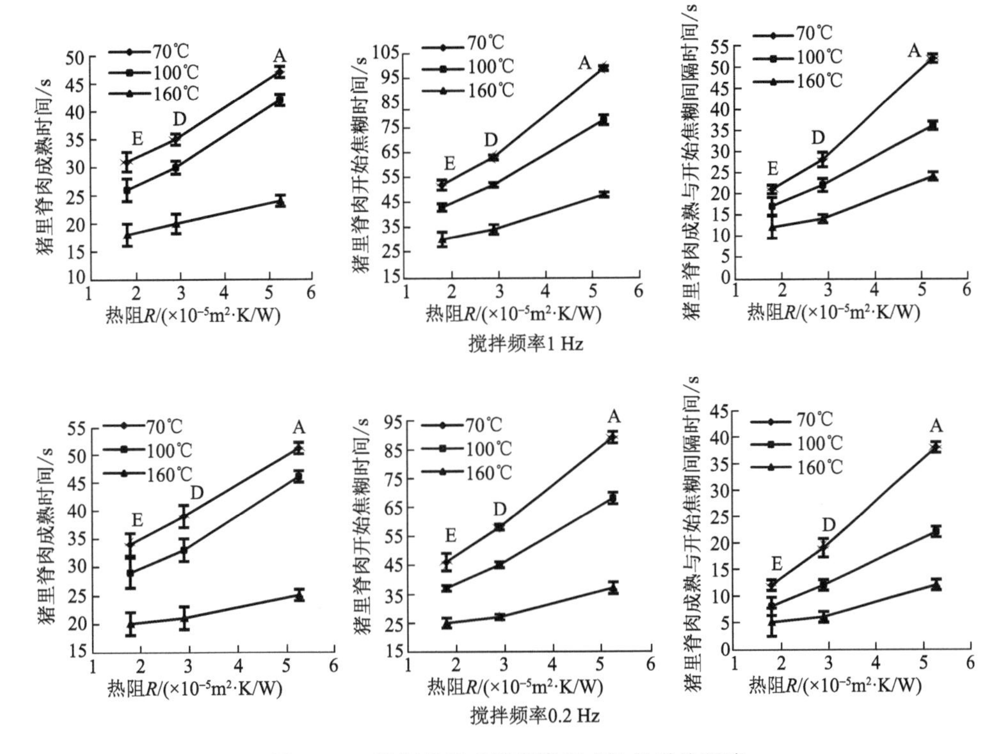

图 11-11　炒锅热阻对猪里脊肉成熟品质的影响

由图 11-11 可知，当烹饪预热油温及搅拌频率相同时，猪里脊肉的成熟时间、开始焦糊时间及两者间隔时间均随炒锅热阻的增大而增大；当搅拌频率相同时，成熟时间、开始焦糊时间及间隔时间随预热油温的升高而减小，原因是油温越高成熟的时间越短；当预热油温相同时，成熟时间随搅拌频率的增大而减小，开始焦糊时间及间隔时间随搅拌频率的增大而增大，搅拌频率越大对流换热强度越大，试样成熟和焦糊就越快。对于热阻较大的炒锅 A，其传热速率慢，猪里脊肉成熟与焦糊两个阶段间隔时间长，烹饪操作相对容易控制；对于热阻较小的炒锅 E，其传热速率快，较高的搅拌频率或较低的预热油温有利于增大猪里脊肉成熟与焦糊两个阶段的间隔时间，使烹饪过程相对容易控制，由此可见炒锅的传热特性对中式烹饪操作有很大的影响。

研究结果表明，在不同预热油温及搅拌频率下，三种测试炒锅油炒猪里脊肉由成熟到表面完全焦糊过程时间为 25～99 s。相同条件下热阻较大的炒锅，烹饪成熟时间及焦糊时间较长，品质变化速率相对较慢，烹饪操作容易控制，有利于非专业人员实施烹饪，对中式炒锅的设计与选择具有指导意义。

11.2.4　锅具对烹饪品质优化的影响

1. 研究意义

本节研究锅具的性能与烹饪品质的关系。第 8 章、第 9 章探究了火候的本质及火候的控制，多数优化研究都是利用烹饪模拟装置开展数值模拟分析计算。本部分以锅具烹饪开展优化试验研究，弥补前面优化研究的应用性不足。

鉴于此，本部分研究基于成熟值理论，使用不同热阻的炒锅在不同处理条件下进行猪里脊肉片油炒试验，检测猪里脊肉成熟样的蒸煮损失、色泽、水分含量、剪切力等品质指标，对比分析不同预热油温、搅拌频率及热源等烹饪操作条件下锅具烹饪品质的变化情况，确定适合不同锅具的最优操作条件，对比不同锅具的烹饪效果。

2. 试验方法

1）预热油温对锅具烹饪品质的影响

选取炒锅 A、B、D、E（表 11-2），以 2.1 kW 电磁炉在预热油温为 70℃、100℃、130℃、160℃和搅拌频率为 1 Hz 条件下，分别炒制 100 g 猪里脊肉片（长×宽×厚为 2.5 cm × 2.5 cm × 0.25 cm，油料比为 1∶4）。每组试验均在相同成熟值（M_T=0.5 min）时以经验法取样，并记录成熟时间，同时迅速将肉样置于冰水混合物中冷却 1 min，取出用吸水纸吸干表面水分。然后按 7.2.2 小节方法检测肉片的颜色、蒸煮损失、水分含量、剪切力等指标。

2）搅拌频率对锅具烹饪品质的影响

选取炒锅 A、B、D、E，以 2.1 kW 电磁炉在预热油温为 130℃和搅拌频率为 0.5 Hz、1 Hz、1.5 Hz 条件，其余操作同上。

3）不同热源对锅具烹饪品质的影响

选取炒锅 A、D、E，使用家用煤气灶开启最大开度在 1 Hz 搅拌频率和预热油温为 70℃、100℃、130℃、160℃条件，其余操作同上。最后，与 11.2.3 小节中以电磁炉为热源的炒锅 A、D、E 烹饪品质试验结果进行对比分析。

3. 结果与分析

1）预热油温对锅具烹饪品质的影响

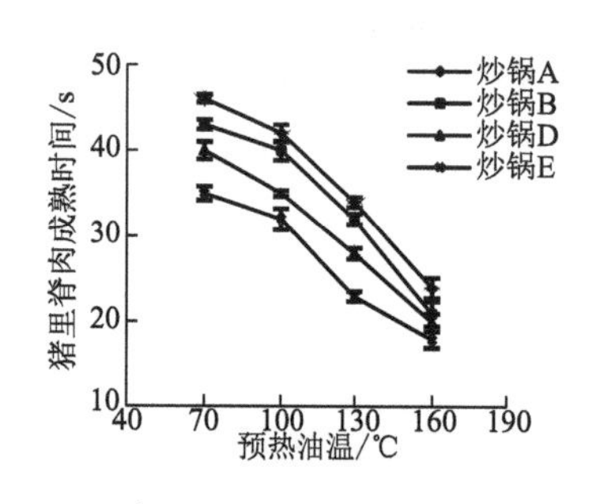

图 11-12　不同预热油温下的肉片成熟时间变化规律

a. 成熟时间变化规律

由图 11-12 可知，炒锅厚度越薄，热阻越小，烹饪成熟时间越短，油温为 160℃时炒锅 E 烹饪菜肴制熟所需时间最短，仅需 18 s。

b. 颜色变化规律

由图 11-13 可知，亮度值 L^*和红度值 a^*随预热油温的升高呈先增大后减小的趋势，黄度值 b^*则随预热油温的升高呈先减小后增大的规律。预热油温为 130℃时，L^*和 a^*最大，b^*最小。随炒锅 A、B、D、E 的热阻减小，样品的 L^*和 a^*依次增大，b^*依次减小。其中，油温为 130℃时采用炒锅 E 烹饪得到的猪里脊肉颜色品质最好。

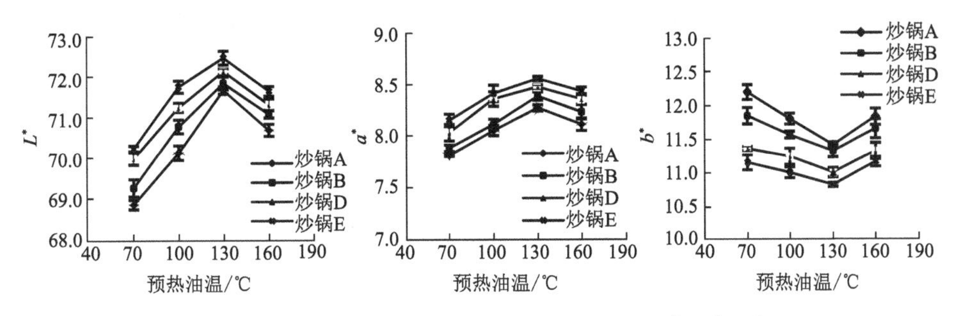

图 11-13　不同预热油温和锅具处理条件下的猪里脊肉 L^*、a^*、b^*颜色变化

c. 蒸煮损失、水分损失和剪切力变化规律

由图 11-14 可知，蒸煮损失、水分损失和剪切力均随预热油温的升高呈先减小后增大的趋势，预热油温为 130℃时上述品质表征指标均为最小值，说明此时猪里脊肉的汁液流失少、水分保持率高、嫩度好。随炒锅热阻的减小，样品的蒸煮损失、水分损失和剪切力依次减小。在油温为 130℃条件下，采用炒锅 E 烹饪猪里脊肉的蒸煮损失、水分损失和剪切力最小。

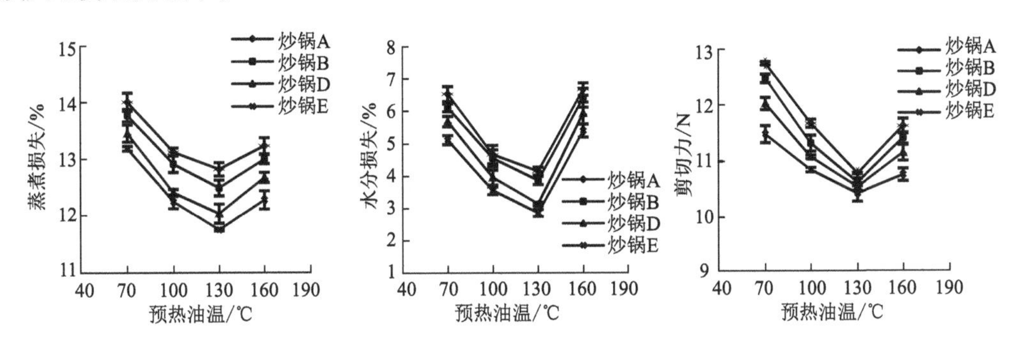

图 11-14　不同预热油温下的猪里脊肉蒸煮损失、水分损失和剪切力变化

综合分析图 11-12～图 11-14 可知，在油温为 130℃时猪里脊肉的烹饪品质保持最好。由炒锅 A、B、D、E 的烹饪品质对比可知，热阻最小的炒锅 E 烹饪猪里脊肉所需成熟时间最短，烹饪品质最好。

2）搅拌频率对锅具烹饪品质的影响

a. 成熟时间变化规律

由图 11-15 可知，烹饪时间随着搅拌频率的增大而缩短，说明搅拌频率加快可以促进猪里脊肉成熟；随炒锅热阻减小烹饪制熟时间依次缩短，搅拌频率为 1.5 Hz 时，炒锅 E 的制熟时间仅 22 s。

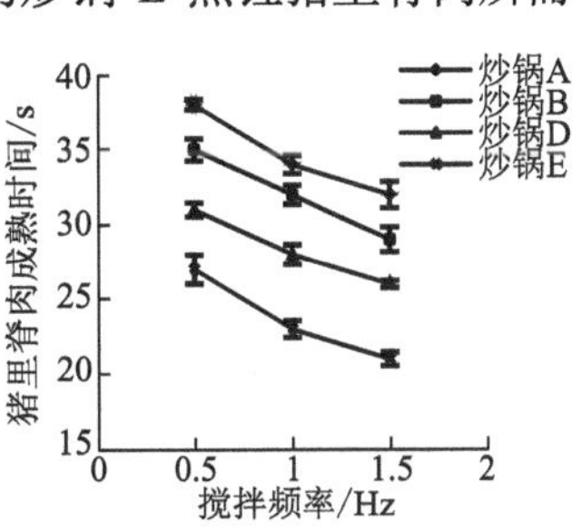

图 11-15　搅拌频率对猪里脊肉成熟时间的影响

b. 颜色变化规律

由图 11-16 可知，猪里脊肉达到相同成熟值时，亮度值 L^*和红度值 a^*随搅拌频率的增大而增大，黄度值 b^*则随搅拌频率的增大而减小，说明随着搅拌频率的增大，猪里脊肉的颜色品质提高。随炒锅热阻减小，所得样品的 L^*和 a^*依次增大，b^*依次减小，在搅拌频率为 1.5 Hz 下使用炒锅 E 烹饪获得的猪里脊肉颜色品质最好。

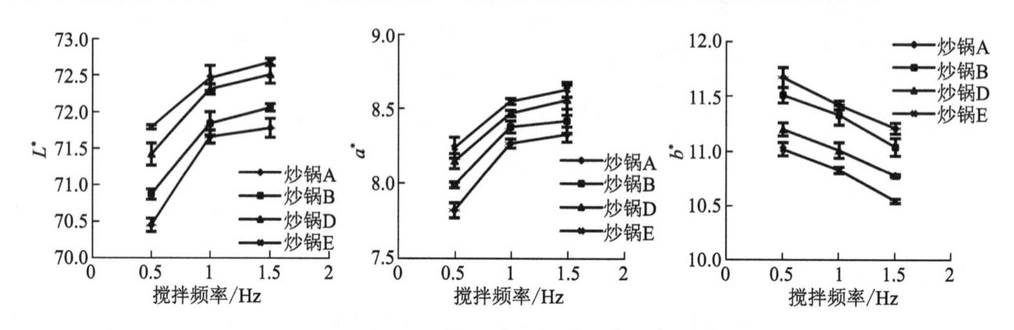

图 11-16　搅拌频率对猪里脊肉 L^*、a^*、b^*变化的影响

c. 蒸煮损失、水分损失和剪切力变化规律

由图 11-17 可知，蒸煮损失、水分损失和剪切力均随搅拌频率的增大而减小，说明搅拌频率大有利于减少猪里脊肉汁液的损失，保持水分，并提高嫩度品质。随炒锅热阻的减小，所得样品的蒸煮损失、水分损失和剪切力均依次减小，锅具 E 在搅拌频率为 1.5 Hz 下烹饪猪里脊肉时的蒸煮损失、水分损失和剪切力均为最小。

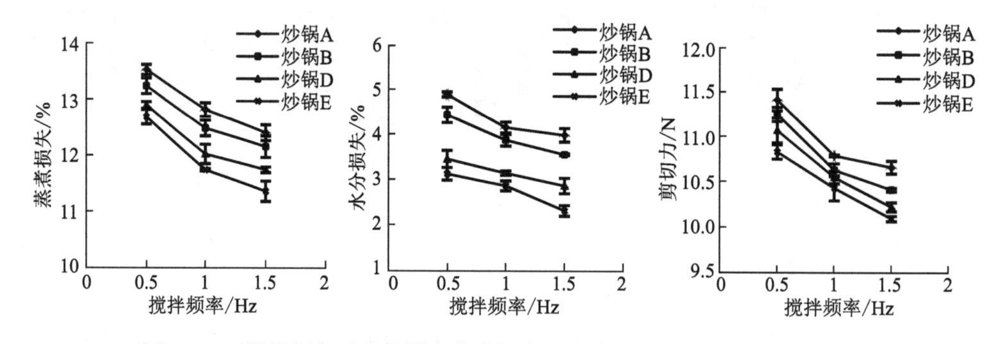

图 11-17　搅拌频率对猪里脊肉蒸煮损失、水分损失、剪切力变化的影响

综合分析图 11-15～图 11-17 可知，随着搅拌频率的增大，猪里脊肉成熟时间缩短，烹饪品质保持更好。四口炒锅中，炒锅 E 烹饪猪里脊肉所需时间最短，烹饪品质最好，当搅拌频率为 1.5 Hz 时品质保持率最高。

3）不同热源对锅具烹饪品质的影响

a. 成熟时间变化规律

由图 11-18 可知，与电磁炉相比，在相同的预热油温下，采用家用煤气灶为热源时所需烹饪时间更短。不同热源对烹饪食品成熟速率的影响不同，说明热源种类会影响锅具烹饪食品的成熟速率。随炒锅 A、D、E 热阻的减小，烹饪制熟时间依次减小，使用家用煤气灶时，炒锅 E 所需烹饪成熟时间最短，仅为 17 s。

b. 颜色变化规律

由图 11-19 可知，以家用煤气灶为热源，猪里脊肉 L^*和 a^*值较大且随预热油温的升高呈先增大后减小趋势，b^*值的变化趋势相反，表明采用家用煤气灶进行烹饪所得猪里脊肉的颜色品质最好。随着炒锅 A、D、E 热阻减小，烹饪所得猪里脊肉的 L^*和 a^*依次增大，b^*依次减小，以家用煤气灶为热源时预热油温为 130℃条件下用锅具 E 烹饪获得的猪里脊肉颜色品质最佳。

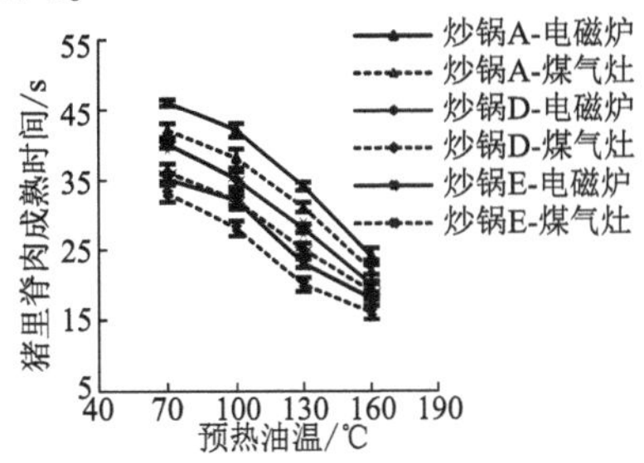

图 11-18　不同热源、预热油温和锅具对猪里脊肉成熟时间的影响

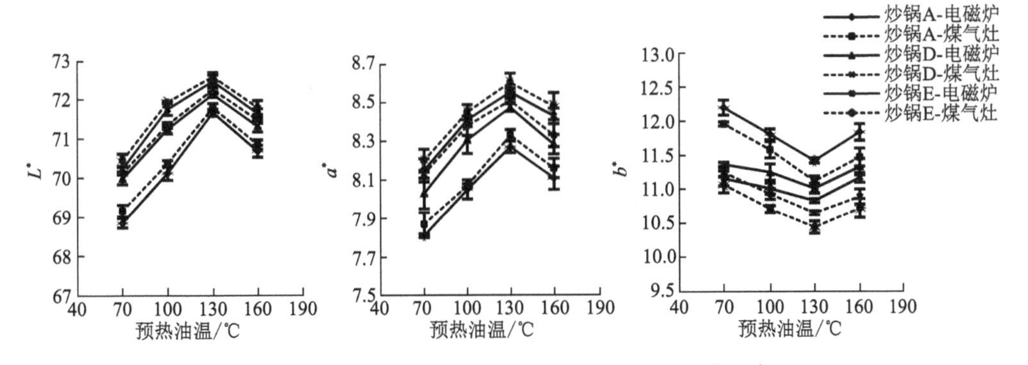

图 11-19　不同热源、预热油温和锅具对猪里脊肉 L^*、a^*、b^*变化的影响

c. 蒸煮损失、水分损失、剪切力变化规律

由图 11-20 可知，与电磁炉相比，以家用煤气灶为热源时，猪里脊肉的蒸煮损失、水分损失和剪切力相对较小，且随着预热油温的升高上述指标呈先减小后增大的趋势，表明采用家用煤气灶烹饪猪里脊肉的汁液流失少、水分损失小、嫩度品质好，随着炒锅 A、D、E 热阻的减小，烹饪样品的蒸煮损失、水分损失和剪切力依次减小。在热源为家用煤气灶且预热油温为 130℃条件下，炒锅 E 烹饪猪里脊肉的品质最好。

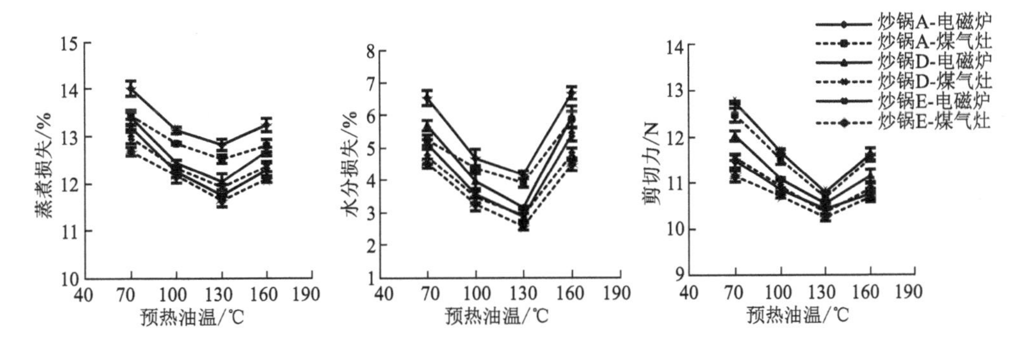

图 11-20　不同热源、预热油温和锅具对猪里脊肉蒸煮损失、水分损失和剪切力变化的影响

综合分析图 11-18～图 11-20 可知，与电磁炉相比，采用家用煤气灶为热源，在预热油温为 130℃下，使用锅具 E 烹饪猪里脊肉的品质保持效果最好。

4. 总结

1）锅具烹饪操作条件存在优化空间

研究结果表明，锅具烹饪与第 8 章的模拟烹饪一样存在优化操作条件。综合分析可知，较高预热油温、快搅拌、高功率热源条件有利于获得更好的烹饪品质，符合爆炒工艺优化原理（邓力，2013a），支持了第 8 章、第 9 章烹饪优化研究得到的结果。

本节研究结论是第 8 章、第 9 章关于火候本质及控制的补充。例如，本节所得油炒烹饪的最优油温为 130℃，温度梯度设置为 30℃，未直接测定 140℃下的数据点，与第 8 章所得 140℃最优油温并不冲突。这一章给出了大量品质优化试验数据结果，为烹饪火候原理提供了更多的实验支撑。

2）锅具传热与烹饪火候控制

研究表明，锅具越薄，导热系数越高，热阻越小，则在相同操作条件下取得的烹饪品质越好。那么，是否热阻越小的锅具就越适合烹饪呢?

研究同时表明，热阻越小，成熟和开始焦煳时间越短，同时成熟与开始出现焦煳的间隔时间也越短，因而要求越高的搅拌频率，烹饪成熟控制的难度越大，对操作和成熟终点的预测掌握技能要求越高。

综上，较薄的小热阻锅具适合专业厨师。而较厚的大热阻锅具适合未受训练的普通烹饪者。

11.3 上浆对烹饪传热及品质的影响

11.3.1 研究背景

1. 上浆的定义及作用

上浆是中式烹饪中的重要食材前处理方法。上浆工艺指的是将食盐、蛋清、水、淀粉等原料合理调制形成浆液，通过渗透和搅拌，使食材表面紧紧包裹一层浆液，加热后在食材表面形成一层薄薄的保护膜，从而使食材呈现鲜嫩、光润的效果。上浆是肉类嫩化的基本方法，广泛应用于中式菜肴生产中。操作时，将蛋清、淀粉、食盐和冷水按一定配比调匀后与处理好的肉混合抓捏，再加少量色拉油继续抓捏均匀，以隔绝空气，完成上浆（肖林，1999）。在工业化生产中往往还需要利用上浆工艺向肉制品中添加品质改良剂和抗氧化剂（如羟基茴香醚、维生素 E）等来保证产品质量，提升食用品质（Yusop et al.，2010）。对于不同类型的食材，上浆调料的配比和添加量不尽相同（黄亚平，2008）。例如，虾仁上浆时，由于虾仁本身含有较多的水分，浆液中水的添加量就少（陈永清，2008a），而牛肉含水量较少，浆液中的水分添加量就多（贺习耀和曾习，2015）。

2. 上浆组分及其作用

淀粉是主要上浆原料之一。淀粉能增强肉制品的感官接受度，对其色、香、味等方面均具有较大的提升作用（王利华，2005）。常见的油传热肉制品，原料肉如不经挂糊、上浆，在旺火热油中水分很快蒸发，鲜味外溢，质地变老（黄梅丽，996）。

由文献总结上浆工艺对食材的作用如下。

（1）造型美观：食材在热处理和冷却过程中会因水分蒸发和热胀冷缩等原因损伤其本身形状，特别是动物性食材烹饪后皱缩、形状改变，而上浆可以修饰这种损伤，增加食物轮廓感，使菜肴更显饱满（张文虎，2007）。上浆表面浆糊色泽光润，也能增加菜品的美感。

（2）保持风味：烹饪时温度上升，食材水分蒸发、香气溢出，而经上浆处理的食材表面存在一层浆液。在烹饪过程中，这层表面浆液迅速凝固、糊化，在食材表面形成一层不同质地的保护层，阻碍食材内部水分继续流失（外溢）（陈永清，2008a）。因此，上浆可以减少食材中水分流出，保持食材本味，从而使菜肴风味更加突出。

（3）保护营养：上浆后的食材表面有一层保护层，将食材与加热介质隔开，二者不能直接接触，从而保护了食材中的营养成分，使之不易溢出。

（4）丰富品种：浆液种类很多，不同种类浆液特点不同，因此上浆可以丰富菜肴品种，扩大食材使用范围。此外，食材经上浆处理后，烹制时不仅能保持食材本身的香气，而且浆液在加热过程中会发生美拉德反应产生香气。在油脂的扩散作用辅助下，菜肴香气更加诱人（孙国军，2004）。

在浆液配料中加入适量食盐，使食盐与肉中的蛋白质发生作用，表面蛋白质所带静电荷增加，水化作用加大，表面黏液增多，肉会变得黏稠，从而使浆液与肉的结合变得更加紧密（Kim et al.，2010）。不同食盐添加量对肉的出品率、水分含量和嫩度影响不同。具体来说，随着食盐添加量的增加，肉的出品率逐渐增加，含水量呈先增加后下降再增加的趋势，嫩度则呈先降低后增加的趋势。出现这种现象的主要原因如下：食盐添加量过少时，盐浓度过低，表面蛋白质的静电荷增加量少，水化作用的离子不足以吸水增加黏性，肉与浆液的结合不稳定、不均匀，因而肉的出品率较低（陈永清，2008b）；食盐量添加过多时，大量的食盐会产生很高的渗透压，此时含水量增加，由于渗透压差的存在，大量的水分从组织内向外渗出（Tabilo-Munizaga and Barbosa-Cánovas，2005），导致脱浆，进而含水量降低，嫩度随之降低；当食盐添加量相对适宜时，食盐电离出的 Na^+和 Cl^-会吸附在蛋白质分子表面，蛋白质表面极性基团增多（陈永清，2008b），这样亲水官能团与极性基团一起，增加了蛋白质的水化能力，原料吸水黏性增加，含水量增加，嫩度增加（Sheard and Tali，2004），即俗称的“上劲”。

现有上浆研究主要集中在食品化学方面，未涉及上浆工艺对传热的影响。同时，有关上浆工艺优化的文献报道主要集中在虾仁（陈永清，2008b）和牛肉片（张建军，

2011）等生鲜制品，尚未见针对油传热烹饪肉制品开展的研究。上浆工艺的发展目标是实现上浆工艺的标准化和参数化（赵钜阳等，2013）。要实现这一目标，需要深入研究上浆原料和浆液配比对食品品质的影响、浆液稳定性的控制方法、烹饪条件对上浆工艺的影响、不同种类食品和烹饪方式适用的上浆方式，以及上浆对以油为烹饪介质的传热过程的影响。

11.3.2　上浆对传热的影响

1. 初次试验研究

肉片上浆后，质量增加，升温所需热量更多，而且表面水分含量的增加又需要大量的热量去蒸发水分。从传热学原理角度推测，上浆后肉片中心温度上升的速率应该慢于不上浆肉片，但试验得到的数据恰恰相反，而且差异显著。

2017 年开展了初次上浆传热学研究试验。采用半厚黏接法在尺寸为 4 cm×4 cm×0.3 cm 的猪里脊肉片中置入热电偶，将肉样按一定浆液配比进行上浆处理，然后放在冰箱中低温保藏 30 min 醒浆，使浆液和肉样紧密结合。最后，与未上浆的对照样一起在 100℃恒温油浴锅中进行热处理，得到了令人震惊的数据，上浆肉片升温速率明显高于未上浆肉片，见图 11-21。推测原因为：上浆给油-食品接触面提供了充足的水分，水分的强烈蒸发强力扰动对流换热边界层，对流传热系数显著增大，强烈的表面换热使升温速率大幅提高。

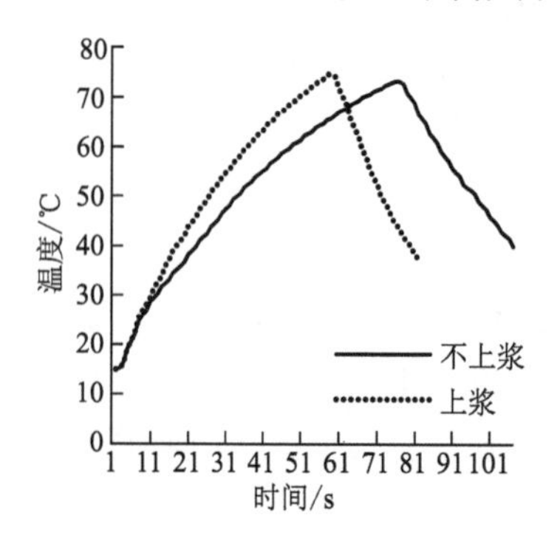

图 11-21　肉片的升温曲线

为探明上浆传热机理，2019 年又专门开展了传热学研究，对比不同温度下上浆对烹饪传热的影响。

2. 不同温度条件下的上浆试验

第一组试验：取直径为 1 cm，高为 4 cm 的肉柱按一定浆液配比进行上浆处理，放在冰箱里低温保藏 30 min 醒浆，然后与不上浆的对照样一起在 80℃、100℃、120℃、140℃和 160℃第二代烹饪模拟装置中进行加热。第二组试验：采用半厚黏接法将 4 cm×4 cm×0.4 cm 猪里脊肉片黏接，将黏接好的肉样按一定浆液配比上浆，采用与第一组试验相同的方法加热。将热电偶置于肉样中心采集不同热处理条件下的时间、温度并计算对流传热系数 h_{fp}。

由图 11-22（a）曲线推测，油温在水的沸点之下时浆液主要起到阻隔热量传递的作用，从而使上浆组中心升温速率慢于对照组；而在高于水的沸点的油温下，由于沸腾表面换热，上浆组中心升温速率反而快于对照组。由图 11-22（b）可知，与对照组相比，80℃下上浆组温度升温速率较慢，而 100℃、120℃、140℃和 160℃下，上浆组的升温速率明显更快。肉片中心温度变化规律与肉柱基本一致。

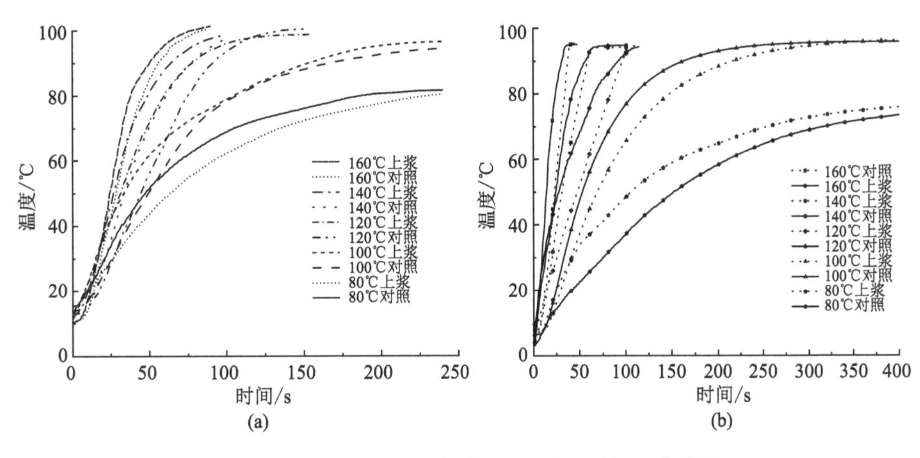

图 11-22　肉柱（a）和肉片（b）中心时间温度曲线

根据采集得到的肉柱中心时间温度曲线，采用假设试算法计算每个温度条件下的对流传热系数 h_{fp} 及上浆与不上浆的 h_{fp} 之差 Δh_{fp}，结果如表 11-4 所示。类似地计算肉片相应数据，见表 11-5。

表 11-4　不同预热油温条件下的肉柱 h_{fp}

条件	预热油温/℃				
	80	100	120	140	160
上浆组的 h_{fp} /[W/（m²·℃）]	213	431	1054	2142	5360
对照组的 h_{fp} /[W/（m²·℃）]	360	396	450	1111	2856
Δh_{fp} /[W/（m²·℃）]	−147	35	604	1031	2504

表 11-5　不同预热油温条件下的肉片 h_{fp}

条件	预热油温/℃				
	80	100	120	140	160
上浆组的 h_{fp} /[W/（m²·℃）]	77	310	773	1948	6650
对照组的 h_{fp} /[W/（m²·℃）]	106	183	268	572	1447
Δh_{fp} /[W/（m²·℃）]	−29	127	505	1376	5203

根据表 11-4 和表 11-5 中的上浆与不上浆对流传热系数差值，作图 11-23。随着预热油温升高，上浆组与对照组样品的对流传热系数之差逐渐增大，上浆组与对照组肉片的对流传热系数之差同样呈逐渐增大的趋势。

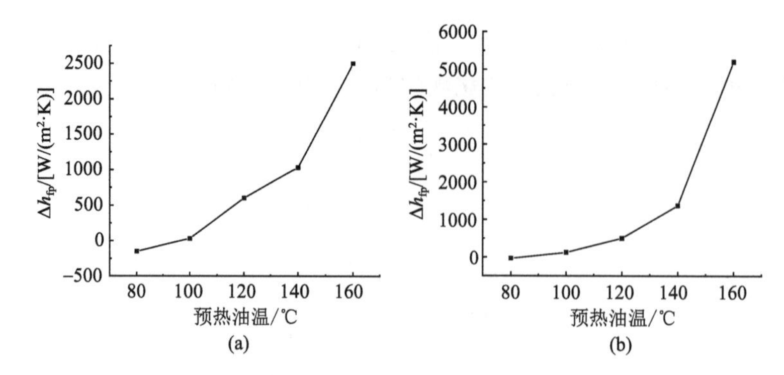

图 11-23　上浆组与对照组肉柱（a）和肉片（b）的对流传热系数差值 Δh_{fp}

由上述试验结果可知，当油温低于沸点（贵阳 96.6℃），烹饪加热时上浆样品中心温度、升温速率小于未上浆样品，符合一般传热学原理。但当油温高于沸点后，上浆样品的中心温度、升温速率高于未上浆样品。对流传热系数的测定证明了初次试验的推测：上浆加上高温度，导致对流传热系数急剧上升，新增的热量传递抵消了水分蒸发的热量消耗，还有额外的热量加速颗粒升温。

上浆后，肉样表面蓄积了一定数量的水分，可供一段时间的持续蒸发。而蒸发气泡在油-肉的传热边界层形成强烈扰动，极大提高了换热效率，相当于对流传热中的沸腾对流换热，有很高的表面系数。160℃下，5000 W/（m^2·℃）以上的对流传热系数证明了这一点。

前文的火候原理指出，对于 z_M 值较小的蛋白质类食品，通常升温速率越快，品质越好。上浆对升温速率有强烈的正面影响，因此能获得更优的烹饪品质。

对于高温油传热烹饪，上浆除了具有 11.3.1 节所述作用外，还对传热和火候控制产生影响，很可能后者的作用更为显著。

11.3.3　浆液中的淀粉添加量对烹饪品质的影响

采用半厚黏接法在尺寸为 4 cm×4 cm×0.3 cm 的猪里脊肉片中置入热电偶，将肉样按不同的浆液配比进行上浆处理，然后放在冰箱中低温保藏 30 min 醒浆，使浆液和肉样紧密结合。研究不同淀粉添加量的浆液对油传热烹饪猪里脊肉品质的影响，上浆液的配方组成为：100 g 鲜肉、8 g 水、1 g 盐，淀粉添加量分别为 0 g、3 g、4 g、5 g、6 g 和 7 g。

由图 11-24 可知，与其他浆液配方相比，经淀粉添加量 6 g 处理后的猪里脊肉蒸煮损失相对较小，经淀粉添加量为 7 g 上浆处理后的猪里脊肉水分含量较高，淀粉添加量对猪里脊肉剪切力变化影响不显著。不同浆液处理肉样间的蒸煮损失、剪切力和水分含量差异显著。

由表 11-6 感官评分结果结合显著性分析可知，不同浆液处理猪里脊肉热处理后的感官评分差异显著，结合以上数据结果可得，采用肉：水：盐：淀粉=100：8：1：6 的浆液配比为猪里脊肉上浆，烹饪后的猪里脊肉品质最佳。

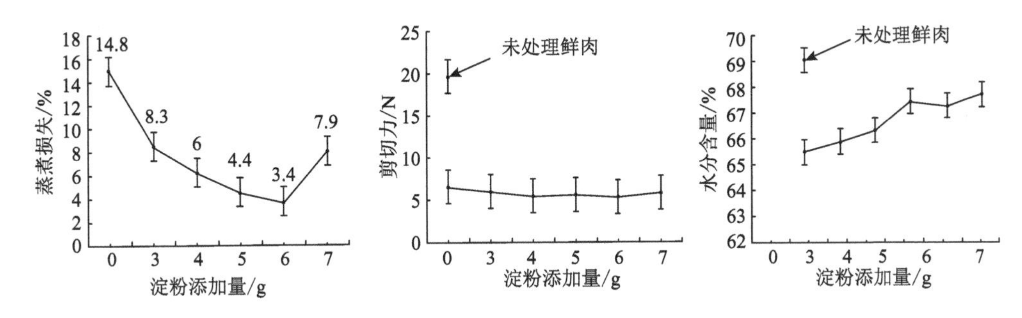

图 11-24　淀粉添加量对猪里脊肉蒸煮损失、剪切力和水分含量的影响

表 11-6　经不同上浆液处理后的猪里脊肉感官评价结果

淀粉添加量/g	色泽	硬度	黏度	多汁性	咀嚼感	平均分
0	14	12	10	11	10	11.4
3	15	14	14	15	14	14.4
4	16	15	17	16	16	16.0
5	15	15	17	17	18	16.4
6	16	17	18	17	18	17.2
7	15	14	18	17	17	16.2

11.4　烹饪过程中的热堆积动力学

11.4.1　热堆积现象

1. 导致热堆积的传热学机理

1）介质高温导致热堆积

在诸如油炸、煎、烘焙等烹饪过程中，食材颗粒表面温度达到水的沸点后形成蒸发界面（Ateba and Mittal，2010）。随着食品表面水分流失，蒸发界面向中心推进，蒸发界面以外部分温度再次升高并接近介质温度，界面外会表现出硬度等物理性质变化（Purlis and Salvadori，2010）。该过程中会发生蒸发界面移动，食材颗粒被蒸发界面分为低水分壳层与高水分核心两大区域。低水分壳层由于失水，导致导热系数大幅度降低，热阻急剧增加，外部介质热量向内的传热受阻，在有外热源的情况下传热介质和壳层的温度持续快速上升，热量“堆积”在食材壳层，形成热堆积，热堆积严重很容易形成焦煳。在高温烹饪中，一旦形成壳层，就可能迅速出现焦煳。文献（Jefferson et al.，2006；Lioumbas et al.，2012；Purlis and Salvadori，2009a，2009b；Zhang et al.，2016）对油炸壳层形成过程中的传热/传质机制有深入的研究。

2）食材颗粒与容器接触发生热堆积

由于烹饪中容器温度很高，无论油传热烹饪还是水传热烹饪，如食材颗粒与容器加热部保持接触，会产生局部高温，从而发生热堆积。此时常常伴随容器加热部与食材的粘连。粘连后热堆积骤增，形成焦煳，产生恶性的品质劣化。这也是烹饪中常常需要不断搅拌的原因之一。

3）容器底部汁液发生热堆积

烹饪加热时，容器加热部出现强烈蒸发，如水性食材的浓度较高、黏度较大、缺少对流运动，会导致局部出现浓缩、干燥，也会发生热堆积。一旦发生这种情况，会在容器加热部形成高热阻的干燥层，热堆积迅速强化，形成恶性焦煳。搅拌是避免容器底部汁液发生热堆积的常用手段。

油传热烹饪发生热堆积的原理参见本书 4.5.4 小节。

2. 热堆积的后果

1）形成有益品质

一定程度上的热堆积是消费者所希冀的，如油炸食品表面颜色变为金黄色，质构变脆。壳层的形成及其结构特征是影响油炸传质过程的重要因素（Ziaiifar et al.，2009）。油炸壳层形成时，食材发生美拉德反应出现金黄色至褐色，低水分含量和高温对其有促进作用（Ghaitaranpour et al.，2018；Zhang et al.，2018）。食品表面烹饪品质是消费者鉴别食品品质的重要因素（Kondjoyan et al.，2014；Pathare and Roskilly，2016）。

控制良好的爆炒过程短促，蒸发界面尚未形成即已完成烹饪，没有壳层或壳层非常薄（Ateba and Mittal，2010；邓力，2013d）。爆炒时轻微的热堆积会产生少量却重要的焦香味，是烹饪锅气的重要组成。在煎、烤、炸等烹饪工艺中，也期待出现可控的热堆积，产生适度焦煳。

2）导致品质劣化

多数情况下，热堆积是不利的。热堆积过度后，进一步还可能发生焦糖化反应。过度的美拉德反应产物和焦糖化反应产物会产生黑色物质，质感变硬，有致癌性，形成苦味，导致品质劣化。很多情况下烹饪过度导致的品质劣化比烹饪不足会在更大程度上降低消费者的满意度（Ahrné et al.，2007）。

爆炒过程控制不良，过度加热也会出现热堆积。即使少量的焦煳，也会严重破坏菜品的色、香、味。导致品质劣化的热堆积通常是烹饪操作失控所造成的。

3. 热堆积动力学

热堆积品质变化主要是美拉德反应、焦糖化反应、结构变化等物理化学变化的综合后果，文献（Kondjoyan et al.，2014；Portanguen et al.，2014；Purlis and Salvadori，2007；Vanin et al.，2009；高尧来和朱晶莹，2004）开展了多个角度的深入研究。但我们需要关注的是烹饪过程中热堆积的控制，以形成良好的烹饪品质。煎制、油炸、焙烤等烹饪工艺过程中的热堆积现象是形成烹饪成熟的重要指标。热堆积产生的可控焦煳是烹饪火候控制的指标之一，而烹饪火候控制原理建立在品质动力学基础之上。因此，有必要开展热堆积的动力学研究，确定反应级数，测定动力参数。

本节以猪里脊肉为研究对象，分别研究油炸工艺热堆积过程中肉样亮度 L^*、黄度值 b^*、剪切力及含水率等烹饪品质因子的热堆积动力学。本书 3.6 节测定了油辣椒的成熟值，也可视为一种可控热堆积的成熟动力学研究。

11.4.2　热堆积动力学的研究方法

1. 原料准备

新鲜猪里脊肉切分后放入−18℃冰箱冷冻 8～10 h 后，切为长×宽×厚为 4 cm×4 cm×0.4 cm 规格的肉片，置于 4℃冰箱中冷藏 12 h 左右。

2. 试验方法

首先使用标准温度计校准油浴锅和热电偶的温度准确性。将肉样从冰箱中取出置于室温下，待肉片温度接近室温（约 25℃）时，分别置于 80℃、100℃、120℃、140℃和 160℃油温条件下进行加热。依次测定色差、含水率以及剪切力指标，并采用 7.2.2 节方法对测定结果进行数据分析。

11.4.3　结果与分析

1. 热堆积过程中肉样亮度（L^*）的动力学分析

颜色是反映油炸食品品质的重要指标，直接影响消费者对产品的接受程度。L^*值表示亮度与白度的综合值，该值越大表明猪里脊肉越白且亮度越高。热堆积过程中肉样 L^*的反应动力学见图 11-25，热堆积过程中，猪里脊肉的亮度随油炸温度和烹饪时间的增加而呈降低趋势，且油炸温度越高 L^*降低得越快。

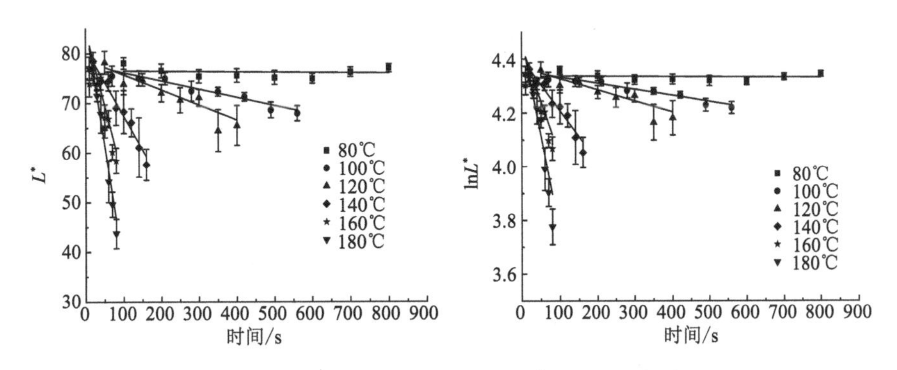

图 11-25　热堆积过程中肉样 L^*的反应动力学

由表 11-7 可知，热堆积过程中肉样 L^*变化对零级反应和一级反应的决定系数分别为 0.856 和 0.891。由决定系数的相对大小可知热堆积 L^*变化为一级反应动力学。

表 11-7　L^*反应级数的速率常数 k 及 R^2

温度/℃	零级反应			一级反应		
	k/s^{-1}	R^2	平均决定系数	k/s^{-1}	R^2	平均决定系数
80	6.40×10^{-4}	0.871	0.856	8.40×10^{-6}	0.871	0.891
100	1.65×10^{-2}	0.920		2.27×10^{-4}	0.961	
120	3.05×10^{-2}	0.794		4.16×10^{-4}	0.805	
140	0.1366	0.933		1.94×10^{-3}	0.950	
160	0.3023	0.741		4.14×10^{-3}	0.815	
180	0.4929	0.880		7.27×10^{-3}	0.945	

L^*变化的 Arrhenius 图与 z 值图见图 11-26，根据不同温度下的 k 值，以 $\ln k$ 对 T^{-1} 作直线，其斜率为 E_a/R，截距为 $\ln k_0$，由直线斜率即可求出活化能 E_a。活化能越高表示热堆积过程中肉样的颜色变化越敏感，在描述颜色变化时就越具有代表性。同时以 $\lg D$ 对 T 作直线，其斜率为$-1/z$，由回归直线斜率求得 z 值。相关动力学参数见表 11-8。

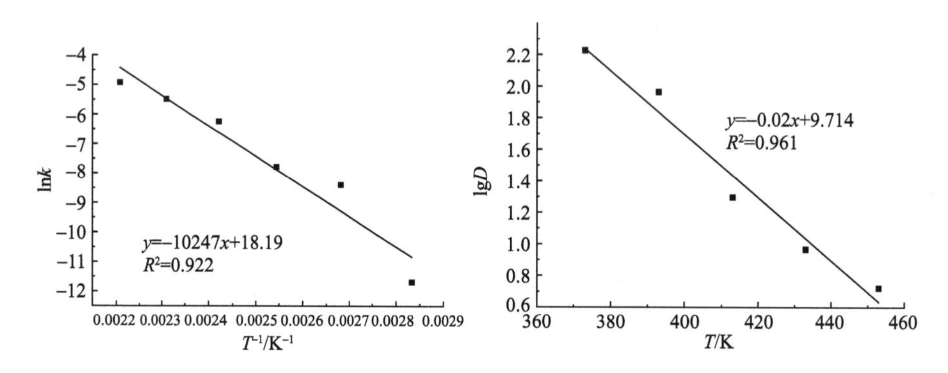

图 11-26　L^*变化的 Arrhenius 图与 z 值图

表 11-8　L^*变化的一级反应动力学参数

温度/K	k/s^{-1}	$\ln k$	E_a/(kJ/mol)	D 值/min	$\lg D$	z/℃
353	8.40×10^{-6}	−11.69	85.19	4572.17	3.66	50
373	2.27×10^{-4}	−8.39		169.13	2.23	
393	4.16×10^{-4}	−7.78		92.20	1.96	
413	1.94×10^{-3}	−6.25		19.79	1.30	
433	4.14×10^{-3}	−5.49		9.27	0.97	
453	7.27×10^{-3}	−4.92		5.28	0.72	

2. 热堆积过程中肉样黄度（b^*）的动力学分析

热堆积过程中肉样 b^*的反应动力学见图 11-27。由表 11-9 可知，分析不同时间、温度下的 b^*变化数据，用零级反应模型拟合所得平均决定系数 R^2 为 0.891，而用一级反应模型拟合所得平均决定系数 R^2 为 0.885。由于两种动力学模型的平均决定系数相差不大，选择一级动力学模型描述 b^*的变化。

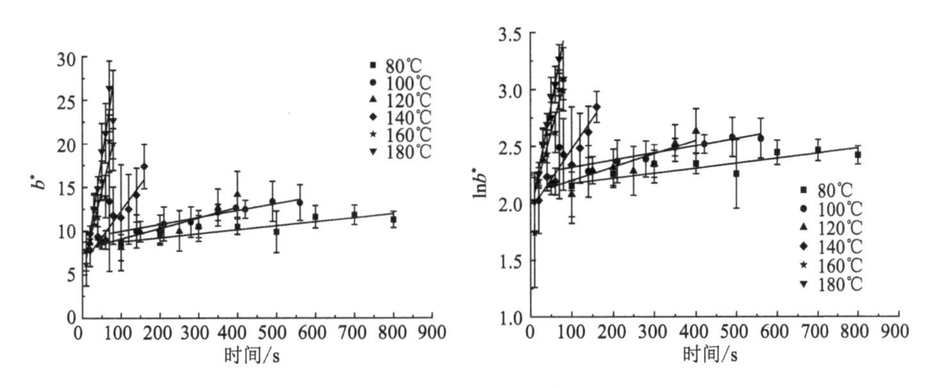

图 11-27　热堆积过程中肉样 b^*的反应动力学

表 11-9　b^*反应级数的速率常数 k 及 R^2

温度/℃	零级反应			一级反应		
	k/s^{-1}	R^2	平均决定系数	k/s^{-1}	R^2	平均决定系数
80	4.55×10^{-3}	0.889	0.891	4.40×10^{-4}	0.874	0.885
100	7.88×10^{-3}	0.843		6.35×10^{-4}	0.773	
120	1.20×10^{-2}	0.807		1.18×10^{-3}	0.845	
140	6.02×10^{-2}	0.881		5.36×10^{-3}	0.925	
160	0.1838	0.941		1.34×10^{-2}	0.935	
180	0.2861	0.984		1.89×10^{-2}	0.956	

由回归直线求得该过程 E_a 值为 55.62 kJ/mol（R^2=0.9384），z 值为 54.73℃（R^2=0.9525），相关动力学计算见图 11-28、表 11-10。

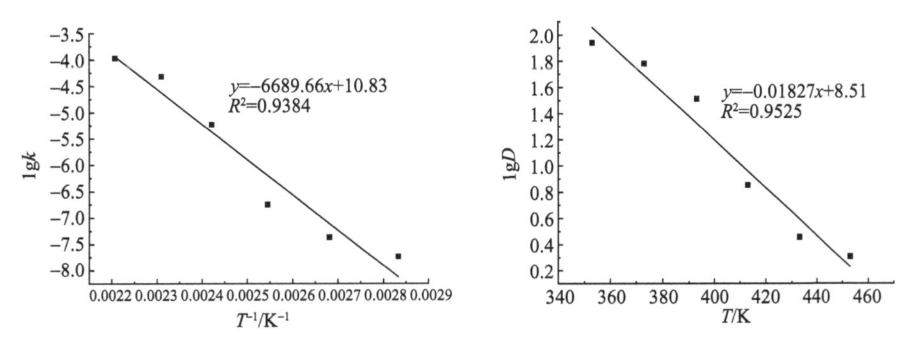

图 11-28　b^*变化的 Arrhenius 图与 z 值图

表 11-10　b^*变化的一级反应动力学参数

温度/K	k/s^{-1}	ln$k$	E_a/(kJ/mol)	D 值/min	lg$D$	z/℃
353	4.40×10^{-4}	−7.73	55.62	87.33	1.94	54.73
373	6.35×10^{-4}	−7.36		60.45	1.78	
393	1.18×10^{-3}	−6.74		32.53	1.51	
413	5.36×10^{-3}	−5.23		7.16	0.86	
433	1.34×10^{-2}	−4.32		2.87	0.46	
453	1.89×10^{-2}	−3.97		2.04	0.31	

3. 热堆积过程含水率变化的动力学分析

对图 11-29 中不同时间、温度下含水率变化数据进行拟合，用零级和一级反应动力学模型拟合分析得到平均决定系数 R^2 为 0.944 和 0.927，见表 11-11。零级动力学模型的拟合程度较高，但差别不大，可以选择一级反应动力学模型。猪里脊肉的水分损失随加热温度的升高而增大，且温度越高损失越大，这是由于具有保水作用的肌纤维蛋白在高温下变性加剧（黄明等，2009）。上述含水率变化结果与文献（孙红霞等，2018）所述趋势相同。

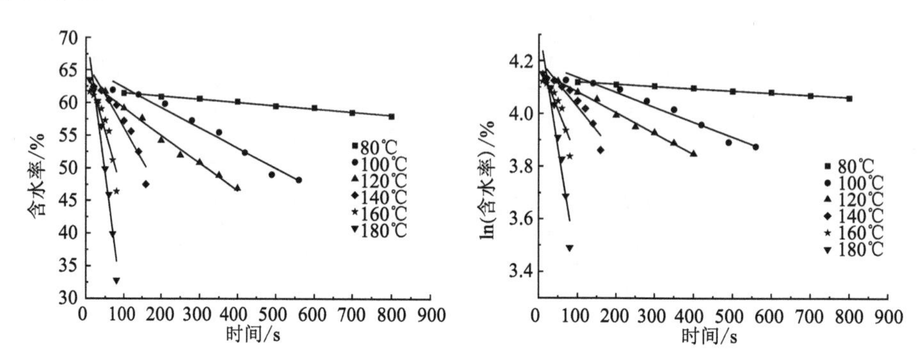

图 11-29　热堆积过程中肉样含水率的反应动力学

表 11-11　含水率反应级数的速率常数 k 及 R^2

温度/℃	零级反应			一级反应		
	k/s^{-1}	R^2	平均决定系数	k/s^{-1}	R^2	平均决定系数
80	4.88×10^{-3}	0.989	0.944	8.17×10^{-5}	0.988	0.927
100	3.08×10^{-2}	0.970		5.60×10^{-4}	0.962	
120	4.22×10^{-2}	0.988		7.81×10^{-4}	0.992	
140	9.98×10^{-2}	0.900		1.79×10^{-3}	0.873	
160	2.03×10^{-1}	0.863		3.71×10^{-3}	0.835	
180	4.45×10^{-1}	0.952		9.22×10^{-3}	0.911	

含水率变化的 Arrhenius 图与 z 值图见图 11-30，由回归直线求得该过程 E_a 值为 55.61 kJ/mol（R^2=0.962），z 值为 55.43℃（R^2=0.947），相关动力学参数见表 11-12。

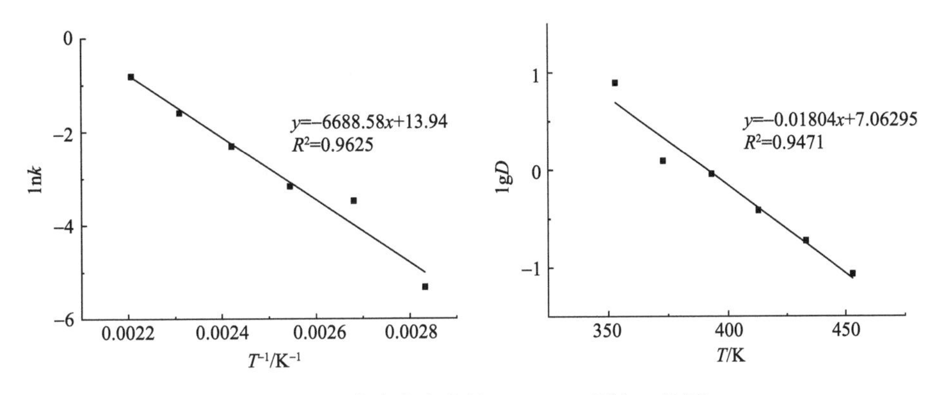

图 11-30　含水率变化的 Arrhenius 图与 z 值图

表 11-12　含水率变化的一级反应动力学参数

温度/K	k/s^{-1}	ln$k$	E_a/(kJ/mol)	D 值/min	lg$D$	z/℃
353	0.0049	−5.32	55.61	7.87	0.90	55.43
373	0.0308	−3.48		1.25	0.10	
393	0.0422	−3.17		0.91	−0.04	
413	0.0998	−2.31		0.38	−0.42	
433	0.2031	−1.59		0.19	−0.72	
453	0.4449	−0.81		0.09	−1.06	

4. 热堆积过程剪切力的动力学分析

对图 11-31 中热堆积过程剪切力的反应动力学变化数据进行拟合，用零级和一级反应动力学模型拟合得到平均决定系数 R^2 分别为 0.875 和 0.845，差别不大，见表 11-13。由于零级动力学模型的拟合程度较高，选择零级动力学模型解释剪切力的变化动力学。剪切力变化的 Arrhenius 图与 z 值图见图 11-32。

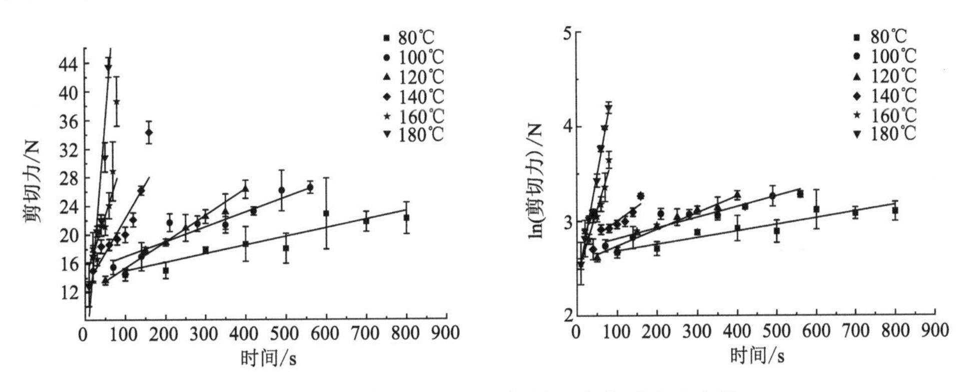

图 11-31　热堆积过程中肉样剪切力的反应动力学

表 11-13　剪切力反应级数的速率常数 k 及 R^2

温度/℃	零级反应			一级反应		
	k/s^{-1}	R^2	平均决定系数	k/s^{-1}	R^2	平均决定系数
80	1.19×10^{-2}	0.874	0.875	6.90×10^{-4}	0.809	0.845
100	2.05×10^{-2}	0.914		1.12×10^{-3}	0.897	
120	3.66×10^{-2}	0.972		1.75×10^{-3}	0.833	
140	9.56×10^{-2}	0.818		2.98×10^{-3}	0.821	
160	1.74×10^{-1}	0.787		1.40×10^{-2}	0.786	
180	6.68×10^{-1}	0.882		2.30×10^{-2}	0.924	

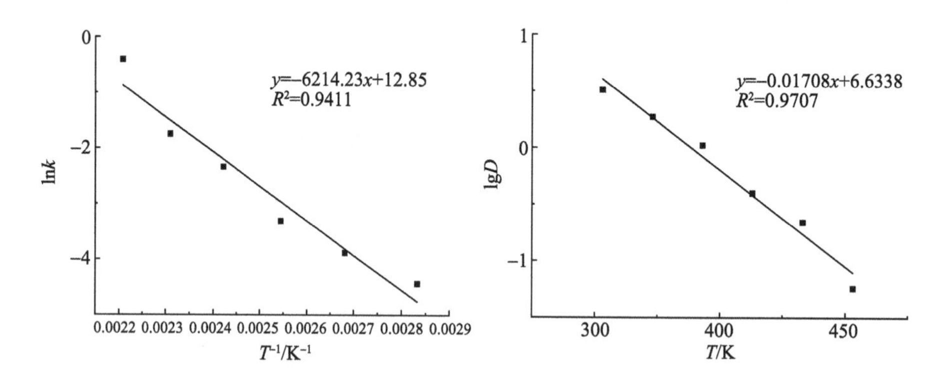

图 11-32　剪切力变化的 Arrhenius 图与 z 值图

由回归直线求得该过程 E_a 值为 51.67 kJ/mol（R^2=0.9411），z 值为 58.55 ℃（R^2=0.9707），相关动力学参数见表 11-14。由图 11-32 和表 11-14 可知，热堆积过程中肉样的剪切力变化符合零级动力学。由于 R^2 相差不大，近似选择一级动力学。

表 11-14　剪切力变化的零级反应动力学参数

温度/K	k/s^{-1}	ln$k$	E_a/(kJ/mol)	D 值/min	lg$D$	z/℃
353	1.19×10^{-2}	−4.43	51.67	3.23	353	58.55
373	2.05×10^{-2}	−3.89		1.87	373	
393	3.66×10^{-2}	−3.31		1.05	393	
413	9.56×10^{-2}	−2.34		0.40	413	
433	1.74×10^{-1}	−1.75		0.22	433	
453	6.68×10^{-1}	−0.40		0.06	453	

11.4.4　结论

研究表明，猪里脊肉热堆积品质变化的亮度 L^*值、黄度 b^*值、含水率和剪切力均可采用一级反应动力学描述。符合加热过程中的大多数食品品质变化符合一级反应动力学的论断（Boekel，2008）。一级动力学测定结果汇总至表 11-15，在 80～180℃的加热温度范围，上述热堆积指标的活化能 E_a 范围在 51.67～85.19 kJ/mol，z 值变化范围在 50.00～58.55℃。

表 11-15　猪里脊肉发生热堆积的动力学参数汇总

指标	E_a/(kJ/mol)	z/℃
亮度 L^*	85.19	50.00
黄度 b^*	55.62	54.73
含水率	55.61	55.43
剪切力	51.67	58.55

11.5　油炒对猪里脊肉油脂和水分含量的影响及传质机理研究

本节内容主要源于文献（李杨，2022；李杨等，2022）。

11.5.1　油炒的研究现状

油炒烹饪是中式烹饪中使用最广且独具特色的烹饪方式之一（戴桂宝和金晓阳，2014），常以多量油脂为介质（何荣显，1998），从而赋予菜肴特殊的口感及香味，但摄入过多油脂易导致人体肥胖并增加患心血管疾病的风险（Hosseini et al.，2016）。因此，有必要研究影响油炒菜肴油脂含量的因素及机理。

由于没有定量方法获取不同烹饪条件下成熟度相同的试样，目前的菜肴油脂含量研究多采用定时取样并主观判断其成熟程度的方法（钱小丽等，2020；刘振东等，2015）。而成熟度却直接关系到菜肴最终含油量，导致样品缺少具有一致性的研究基准，失去客观性。由于达到成熟终点时的烹饪品质最佳，终点成熟值取样样品是最合理的研究基准（赵庭霞，2021）。

火候是烹饪过程中使菜肴品质达到最优的烹饪加热程度，目的是在达到成熟终点时承受的品质破坏最小——终点过热值（termination overheated value，O_T 值）最小（邓力，2013a），这是控制烹饪操作的关键，油炒温度、搅拌等火候控制手段显著影响烹饪的水分变化、时间长短及品质优劣（邓力，2013b）。而烹饪中的水分变化和时长又影响油脂的传质，因此研究油脂含量时，不考虑火候控制的含油量研究缺少应用价值。一些研究探讨了油温、搅拌等因素对烹饪食品油脂含量的影响（陈康明等，2020；翟金玲等，2015）。

油炒传质过程以食品油脂吸入和水分损失为主要特征（Igoumenidis et al.，2011）。传质过程的主要研究方法有两种：①菲克第二定律：常用来描述非稳态扩散过程中的传质现象。在西方文献中，广泛应用于研究油炸过程的传质现象（Igoumenidis et al.，

2011；Sayyad，2017）。单金卉等（2017）采用菲克第二定律构建了油炸外糊裹鱼块的油-水扩散模型，得到了扩散传质系数，模型准确度较好。但尚未对油炒过程中的油脂传质进行研究的报道。②一级动力学方程：采用一级动力学方程描述薯条油炸过程中的水分损失和油脂吸入情况（Krokida et al.，2000），但该模型实质上是对传质指数方程的拟合方程，缺少底层原理支持。因此，宜采用菲克第二定律探索油炒过程中的油、水传质过程。

本节拟开展下述研究：①选取猪里脊肉为研究对象，探讨油炒烹饪火候控制对猪里脊肉油脂含量的影响；②利用菲克第二定律开展油炒油-水传质扩散过程规律的研究。本研究可为油炒过程中肉类烹饪原料的火候控制提供参考，也为中式菜肴规模化、自动化生产提供理论依据和科学指导。

11.5.2 试验方法及理论依据

1. 原料处理

将猪里脊肉冷冻后以切割机切为 4 cm×4 cm×0.1 cm 的肉片，置于 4℃冷藏室内，试验前恒温到室温使用。采用半厚黏结法（闫勇，2014），参照文献（赵庭霞等，2021）稍作修改，将热电偶放置于肉片中心，黏合为 4 cm×4 cm×0.2 cm 肉片，打开第二代烹饪模拟装置，油量 2 L，油料比 20∶1，并调节流速模拟油炒烹饪过程，油炒烹饪模拟装置示意图参见图 6-32，待油温升至所需温度时进行加热处理。

2. 猪里脊肉终点成熟值采样

将预处理后的肉片放入预定油温和搅拌速度的恒温油浴锅，采用烹饪传热学及动力学采集系统（周杰等，2013）实时采集和计算肉片中心温度和成熟值，达到设定成熟值后取样。

3. 火候控制手段对特定成熟值肉片油脂含量的影响

1）油炒温度对肉片油脂含量的影响

以 100 g 预处理后的肉片为试样，选定搅拌速度为 0.23 m/s，油温 80℃、100℃、120℃、140℃、160℃，采用文献（Li et al.，2017）所述方法依次得到刚好成熟的猪里脊肉（M_T=0.5 min）样品（油炒时间分别为 59 s、38 s、29 s、22 s、20 s），为模拟日常用餐情况，用筷子夹出并停留 10 s 以滴沥去表面油脂，再测定肉片油脂含量。

2）搅拌速度对肉片油脂含量的影响

选定油温 120℃、搅拌速度为 0 m/s 、0.13 m/s、0.18 m/s、0.23 m/s、0.28 m/s，在 M_T=0.5 min 时取样（油炒时间分别为 59 s、38 s、29 s、22 s、20 s），用筷子夹出并停留 10 s 后再测定肉片油脂含量。

4. 传质理论基础

油传热烹饪中传质过程以食材颗粒的油脂吸入和水分损失质量扩散控制过程为主（Igoumenidis et al.，2011），是一个流-固传质过程。由菲克第二定律，得到水分传质控制方程如下：

$$\frac{\partial}{\partial L}\left[D_{\mathrm{w,eff}}\frac{\partial M}{\partial \mathrm{L}}\right]=\frac{\partial(M)}{\partial L} \tag{11-9}$$

将肉片看作无限大的平板，且初始油脂、水分和温度分布均匀，可得到式（11-9）的解析解：

$$M_{\mathrm{r}}=\frac{M-M_{\mathrm{w},\infty}}{M_0-M_{\mathrm{w},\infty}}=\frac{8}{\pi^2}\sum_{n=0}^{\infty}\frac{1}{(2n+1)^2}\mathrm{e}^{\left[(-2n+1)^2\frac{\pi^2 D_{\mathrm{w,eff}}t}{4L^2}\right]} \tag{11-10}$$

假定时间够长，当达到平衡时油中的水分含量可忽略不计，上式中 M_∞=0，式（11-10）可简化为

$$M_{\mathrm{r}}'=\frac{M}{M_0}=\frac{8}{\pi^2}\mathrm{e}\left(-\frac{\pi^2 D_{\mathrm{w,eff}}t}{4L^2}\right)=\frac{8}{\pi^2}\mathrm{e}^{(-k_{\mathrm{w}}t)} \tag{11-11}$$

$$D_{\mathrm{w,eff}}=\frac{4k_{\mathrm{w}}L^2}{\pi^2} \tag{11-12}$$

上面 4 个公式中：M 是时间 t 时样品中的水分含量，g/g；M_0 是样品的初始水分含量，g/g；M_{r} 是水分含量比；M_{r}'是当油传热达到平衡时的水分含量比；L 是样品的半厚，m；k_{w} 是水分损失速率常数，s^{-1}；$D_{\mathrm{w,eff}}$是有效水分扩散率，m^2/s；t 是油传热时间，s；$M_{\mathrm{w},\infty}$是边界的水分含量，g/g。

同理，油脂质量扩散控制方程:

$$\frac{\partial}{\partial L}\left[D_{\mathrm{o,eff}}\frac{\partial G}{\partial L}\right]=\frac{\partial(G)}{\partial L} \tag{11-13}$$

$$G_{\mathrm{r}}'=\frac{G-G_{\mathrm{o},\infty}}{G_0-G_{\mathrm{o},\infty}}=\frac{8}{\pi^2}\exp\left(-\frac{\pi^2 D_{\mathrm{o,eff}}t}{4L^2}\right)=\frac{8}{\pi^2}\mathrm{e}^{(-k_{\mathrm{o}}t)} \tag{11-14}$$

$$D_{\mathrm{o,eff}}=-\frac{4k_{\mathrm{o}}L^2}{\pi^2} \tag{11-15}$$

式中：G 是时间 t 时样品中的油脂含量，g/g；G_0 是样品的初始油脂含量，g/g；G_{r}'是当油传热达到平衡时的油脂含量比；k_{o} 是油脂扩散速率常数，s^{-1}；$D_{\mathrm{o,eff}}$ 是有效油脂扩散率，m^2/s；$G_{\mathrm{o},\infty}$是边界的油含量，g/g。

5. 传质模型参数的获取

肉样和加热条件如 11.5.2 小节中 1.方法，0～300 s，每隔 50 s 取样，用筷子夹出并停留 10 s 后再测定油脂和水分含量。将得到的油脂含量 G 代入式（11-14），得到油脂扩散速率常数 k_o，从而得到有效油脂扩散率 $D_{o,eff}=-\dfrac{4k_oL^2}{\pi^2}$，同理得到有效水分扩散率 $D_{w,eff}=\dfrac{4k_wL^2}{\pi^2}$。

6. 指标测定

a. 油脂的测定

根据《食品安全国家标准 食品中脂肪的测定》(GB 5009.6—2016)，采用索氏提取法进行脂肪的测定。

b. 水分的测定

根据《食品安全国家标准 食品中水分的测定》(GB 5009.3—2016)，采用直接干燥法进行水分测定。

c. 数据处理与分析

采用 Excel 2019 及 Origin 2018 软件进行数据处理及绘图，通过 SPSS 25 软件进行邓肯氏（Duncan's）差异分析（P<0.05）。

11.5.3 结果与分析

1. 油炒过程中猪里脊肉成熟值变化规律

由成熟值定义，肉片在加热中成熟值 M 呈指数增加，特别是油炒温度越高其成熟值变化越剧烈，见图 11-33（a）。成熟时间（t_{MT}）是达到刚好成熟的时间，如图 11-33（b）所示，猪里脊肉片在 160℃、80℃下的 t_{MT} 分别为 20.3 s、58.7 s，在 160℃下的 t_{MT} 仅约为 80℃下的三分之一。

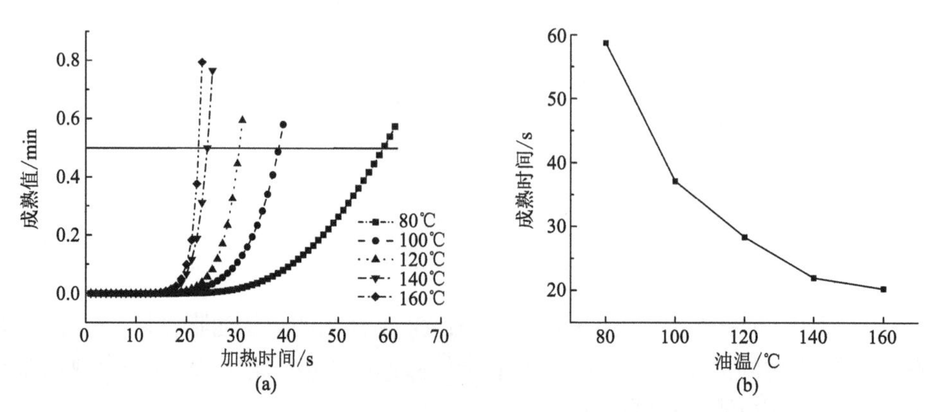

图 11-33　油炒温度对猪里脊肉成熟值（a）和成熟时间（b）的影响

2. 火候控制手段对特定成熟值肉片油脂含量的影响

1）油炒温度对 M_T=0.5 min 的肉片油脂含量的影响

由图 11-34（a）可知，在相同成熟值取样时，油炒过程中肉片油脂含量随油炒温度的升高而降低，在油炒温度 120℃时出现最小值，油脂含量约为 5.96%，当超过 120℃时油脂含量继续增高。由此说明，增大油温可以降低肉片油脂含量，但油温过高，又会带来不利的影响。

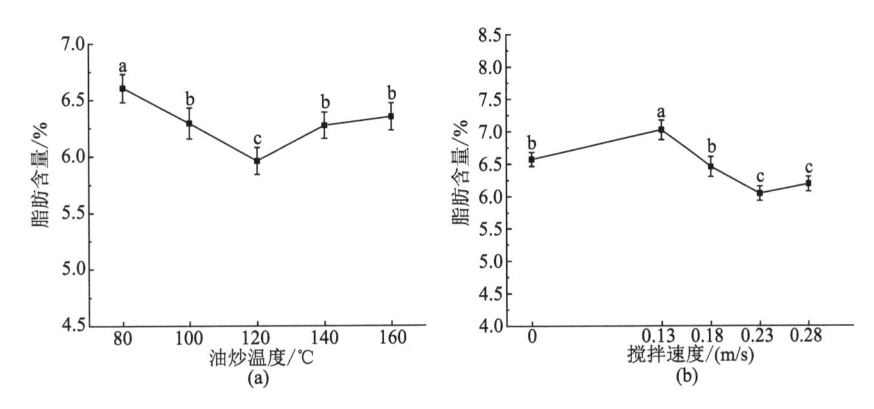

图 11-34　不同油炒温度（a）和不同搅拌速度（b）下猪里脊肉 M_T=0.5 min 时的油脂含量

图中字母相同表示差异不显著（P>0.05），不同表示有显著性差异（P<0.05），下同

2）搅拌速度对 M_T=0.5 min 的肉片油脂含量的影响

搅拌在炒制中是不可或缺的工艺，对颗粒含水率有显著影响（谢乐等，2020），而水分变化又影响颗粒油脂含量的多少。如图 11-34（b）所示，对于等成熟值肉片，随着搅拌速度的增加，肉片油脂含量总体呈现先增加后下降的趋势，在搅拌速度 0.23 m/s 下油脂含量最低，仅为 6.04 g/100 g，说明搅拌速度加快会增大肉片油脂含量，但在搅拌速度 0.13～0.23 m/s 范围内会降低油脂含量，可通过控制搅拌速度，控制油脂含量。

3. 油炒温度和时间对肉片油脂含量的影响及传质模型构建

1）油炒温度和时间对肉片油脂含量的影响

由表 11-16 和图 11-35 可知，新鲜猪里脊肉片油脂含量为 5.60%，在油炒过程中油脂含量随油炒温度和时间的增加而显著增大（P<0.05）。在油炒过程初期，猪里脊肉与油脂充分接触且产生相对运动而吸附于食品表面，油脂含量逐渐增加。当油炒时间超过 60 s 后，100℃、140℃下猪里脊肉的油脂含量随时间的增大而显著增加（P<0.05）。其中，肉片在 160℃加热 300 s 时的油脂含量与鲜样相比增

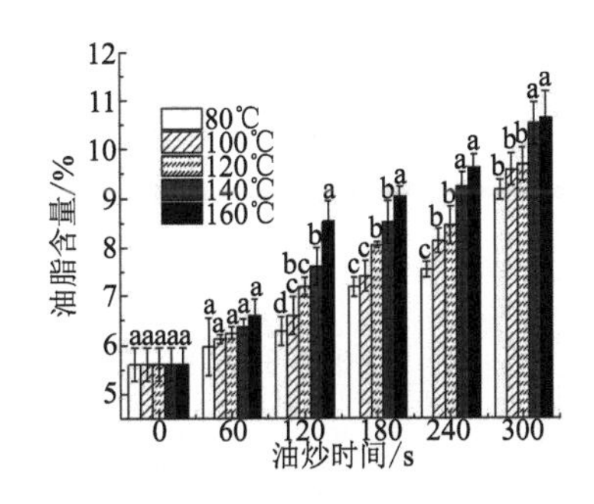

图 11-35　不同油炒温度下油炒时间对猪里脊肉油脂含量的影响

加了 90.00%，这是因为随着油炒的不断进行，水分强烈蒸发，为油脂的进入提供了孔隙和孔道。而油炒时间大于 180 s 后，肉片中的油脂吸入量基本饱和，同时肌原纤维结构收缩，内部孔隙减少，油脂含量增速放缓。

表 11-16　不同油炒温度下肉片加热过程中的油脂含量变化（%）

油炒时间/s	油炒温度/℃				
	80	100	120	140	160
0	5.60±0.33^{aD}	5.60±0.33^{aE}	5.60±0.33^{aE}	5.60±0.33^{aF}	5.60±0.33^{aE}
60	5.97±0.58^{aCD}	6.12±0.09^{aDE}	6.24±0.12^{aD}	6.38±0.15^{aE}	6.60±0.33^{aD}
120	6.28±0.29^{dC}	6.60±0.39^{cdD}	7.18±0.20^{bcC}	7.61±0.40^{bD}	8.54±0.40^{aC}
180	7.18±0.20^{cB}	7.42±0.32^{cC}	8.05±0.05^{bB}	8.52±0.42^{bC}	9.04±0.21^{aBC}
240	7.55±0.16^{cB}	8.13±0.25^{bB}	8.45±0.38^{bB}	9.23±0.31^{aB}	9.62±0.28^{aB}
300	9.18±0.20^{bA}	9.59±0.33^{bA}	9.69±0.34^{bA}	10.53±0.42^{aA}	10.64±0.54^{aA}

注：不同小写、大写字母分别表示同一时间、温度处理间差异显著（$P<0.05$），下同。

2）油炒温度和时间对肉片有效油脂扩散率的影响

由图 11-36（a）和表 11-17 可知，随着油炒温度的提高，肉片油脂扩散速率常数从 1.402×10^{-4} s^{-1} 增大至 2.291×10^{-4} s^{-1}，油脂有效扩散率的数值在 2.272×10^{-10} m^2/s 至 3.713×10^{-10} m^2/s 之间。与曾恒（2017）研究外糊裹油炸鱼块过程中 k_o 的变化趋势一致。而且在油炸鱼块时的 k_o 分别为 0.052 s^{-1}、0.051 s^{-1}、0.053 s^{-1}，可见油炒过程的 k_o 小于油炸过程，推测其原因为高温短时油炒过程中原料与油脂接触时间短，原料迅速升温产生的水蒸气向外扩散，阻碍了油脂的吸入，从而使油炒比油炸过程的吸油速率低 3 个数量级。

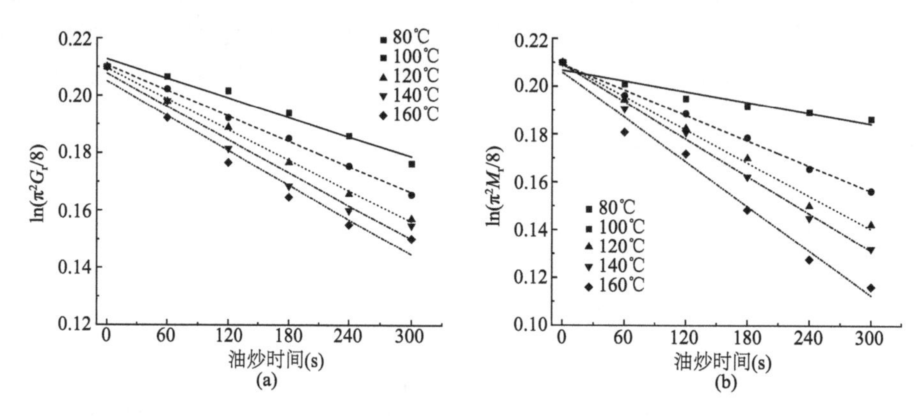

图 11-36　不同油炒温度下油脂扩散曲线（a）和水分损失拟合曲线（b）

表 11-17　不同油炒温度下的油脂扩散模型参数

油炒温度/℃	k_o/（$\times10^{-4}s^{-1}$）	$D_{o,eff}$/（$\times10^{-10}$ m^2/s）	决定系数
80	1.402	2.272	0.9728

续表

油炒温度/℃	k_o/（$\times10^{-4}s^{-1}$）	$D_{o,eff}$/（$\times10^{-10}\ m^2/s$）	决定系数
100	1.439	2.333	0.9979
120	1.845	2.991	0.9979
140	2.083	3.377	0.9726
160	2.291	3.713	0.9645

4. 油炒猪里脊肉的水分含量变化及其传质扩散模型

1）油炒温度和时间对肉片水分含量的影响

水分的含量对肉类营养和口感都有重要影响（方永卫和张颖利，2017）。由表 11-18 可知，当油炒温度为 80℃时，随着油炒时间的延长，水分含量缓慢下降，而当油炒温度为 100～160℃时，在相同温度下，肉片水分含量随油炒时间的增加而显著降低（$P<0.05$）。这是因为油炒温度为 80℃时，未达到水分的蒸发温度，水分传递不剧烈。而高油温导致猪肉中的肌原纤维蛋白变性剧烈，肌球蛋白纤丝和肌动蛋白纤丝间空隙减小，肉的持水力降低。同时肉片表面水分快速蒸发，水分从高水分区域向低水分区域转移，导致水分含量下降（黄本婷，2020）。

表 11-18　不同油炒温度下肉片加热过程中的水分含量变化（%）

油炒时间/s	油炒温度/℃				
	80	100	120	140	160
0	68.29 ± 0.33^{aA}	68.29 ± 0.33^{aA}	68.29 ± 0.33^{aA}	68.29 ± 0.33^{aA}	68.29 ± 0.33^{aA}
60	67.47 ± 0.06^{aB}	67.14 ± 0.42^{aB}	67.09 ± 0.18^{abB}	66.72 ± 0.06^{bB}	66.18 ± 0.12^{cB}
120	67.07 ± 0.08^{aC}	66.64 ± 0.04^{bC}	66.22 ± 0.11^{cC}	66.16 ± 0.15^{cC}	65.53 ± 0.10^{dC}
180	66.84 ± 0.15^{aC}	65.96 ± 0.06^{bD}	65.41 ± 0.10^{cD}	64.92 ± 0.06^{dD}	63.98 ± 0.12^{eD}
240	66.74 ± 0.23^{aC}	65.15 ± 0.16^{bE}	64.14 ± 0.21^{cE}	63.80 ± 0.08^{cE}	62.68 ± 0.32^{dE}
300	65.96 ± 0.14^{aD}	64.56 ± 0.10^{bF}	63.63 ± 0.43^{cF}	62.90 ± 0.18^{dF}	61.92 ± 0.16^{eF}

2）油炒温度和时间对肉片有效水分扩散率的影响

不同油炒温度下水分损失拟合曲线如图 11-36（b）所示。油炒温度越高，水分损失拟合曲线的斜率越大，猪里脊肉水分损失也越大。将图中的拟合曲线结合式（11-12）求得不同油炒温度下的猪里脊肉的水分扩散模型参数，见表 11-19。

表 11-19　不同油炒温度下的水分扩散模型参数

油炒温度/℃	k_w/（$\times10^{-4}s^{-1}$）	$D_{w,eff}$/（$\times10^{-10}\ m^2/s$）	决定系数
80	0.785	1.277	0.9270
100	2.224	3.635	0.9950
120	2.821	4.574	0.9921

续表

油炒温度/℃	k_w/（$\times10^{-4}s^{-1}$）	$D_{w,eff}$/（$\times10^{-10}\,m^2/s$）	决定系数
140	3.244	5.260	0.9951
160	3.913	6.343	0.9844

如表 11-19 所示，在同等条件下油炒温度越高，水分损失越大，水分损失速率常数 k_w 越大，且 R^2 均大于 0.92，证明模型能很好地描述水分损失情况。而 80～160℃下的有效水分扩散率 $D_{w,eff}$ 在 1.277×10^{-10}～6.343×10^{-10} m^2/s 之间，明显小于肉排煎制过程的 1.5×10^{-9}～3.02×10^{-8} m^2/s（Vaidya and Eun，2013）。由前文的传质理论基础可知，样品半厚越大，油炒温度越高，油炒时间越长，$D_{w,eff}$ 越大。而煎制时，肉排一般较厚且与烹饪器具长时间接触，使得 $D_{w,eff}$ 较大。而油炒时食材的尺寸小且快速翻拌，达到成熟的时间缩短，$D_{w,eff}$ 较小，因此可以保持更多水分。

5. 油炒猪里脊肉的油-水传质过程分析

由图 11-37（a）可得，油炒过程中肉片油脂与水分含量呈负相关关系，且油炒温度越高，负相关越显著。这与文献（Krokida et al.，2000）所述水油置换机制规律相符。如图 11-37（b）所示，油脂和水分的有效扩散速率都随着油炒温度的升高而逐渐加快，分别为 2.272×10^{-10}～3.713×10^{-10} m^2/s，1.277×10^{-10}～5.260×10^{-10} m^2/s，总体上水分的扩散速率相对更快，油脂仅在 80℃时的扩散速率比水分更快。这是因为低油温时未达到水的沸点，水分蒸发缓慢，且水的黏度大于油脂，整体上水分扩散速率低于油脂扩散速率。随着油炒温度的升高，水分蒸发加剧，食品内部逐渐出现孔隙，油脂主要进入水分溢散后形成的孔隙，存在一定的时间差且水蒸气密度小于油脂密度，水蒸气扩散更快，总体上水分扩散速率大，说明油炒猪里脊肉的油-水传质过程中的油脂吸入和水分蒸发并非同步。

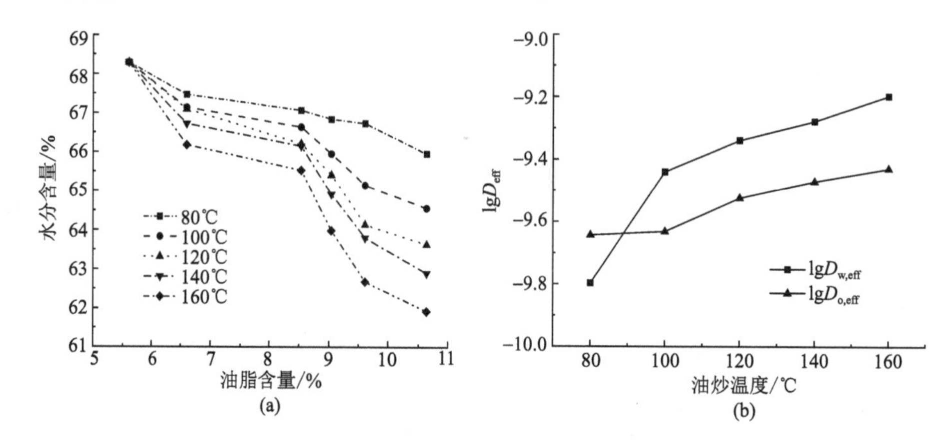

图 11-37　不同油炒温度下猪里脊肉油脂与水分含量的变化（a）及有效水分扩散率与油脂扩散率变化（b）

11.5.4　讨论

1. 影响菜肴油脂含量的参数

由式（11-14）可知，影响油脂含量的参数有 $D_{o,eff}$（有效油脂扩散率）、t（油炒时间）、L（样品的半厚），而 $D_{o,eff}$ 又受到 T（油炒温度）、V（搅拌速度）的影响，T 越高，V 越大，$D_{o,eff}$ 越大，G_r'（油脂含量）越高。所以在一般情况下，油温越高，搅拌速度越快，油炒时间越长，半厚越小，油脂含量越高。

2. 烹饪火候控制决定菜肴油脂含量

但上述影响菜肴油脂含量的参数不可以自由调控，因为在烹饪中保证菜肴成熟和形成最优烹饪品质远比油脂传递控制更重要，即油脂含量是一个从属控制指标，受到烹饪火候控制的约束。烹饪过程中首先要保证食品达到成熟，其次还需保持最优的食品品质（邓力，2013b）。由成熟值原理可知（邓力，2013a），成熟是时间和温度的积累，达到相同成熟值时，油温越高，搅拌速度越快，成熟时间越短。烹饪操作参数和烹饪成熟之间的非线性关系受到动力学和传热学的影响（邓力，2013b）。不同的烹饪操作条件下都可以达到相同的成熟，存在一个最优操作参数。

烹饪优化是烹饪过程中使烹饪成品成熟且总体品质达到最优的受控传热（邓力，2013a）。由第 8 章烹饪优化原理可知，由于肉类成熟对温度的敏感性远高于油脂传递对温度的敏感性，从而存在一个使得油脂含量最小的油温。油炒过程中水分从食品中流失，而油脂逐步进入食品内部，因此烹饪中食品水分保持越高，油脂含量越低。而前期的优化研究和计算表明，在猪里脊肉达到相同成熟值的情况下，形成最佳烹饪品质时，最优烹饪油温范围为 120～140℃，与本试验得到的最优油温基本一致。同时对比式（11-11）、式（11-14）可知，水分和油脂含量服从相同的规律，说明油脂含量出现最优点（最小值点）也存在一个优化过程。所以本试验中油脂含量出现最小值，也是烹饪优化原理的体现。

3. 烹饪中油脂向菜肴传递的机理

过强或过弱的加热都导致烹饪品质偏离最优。低温烹饪时，时间是影响油脂含量的主要因素。由图 11-33 可知，80℃下肉片的成熟时间是 160℃的近 3 倍，时间越长，油脂含量越高。高温烹饪时，表面蒸发是影响肉片油脂含量的主要因素，肉片中的水分强烈蒸发，内部逐渐形成较多孔隙，一旦肉片冷却，内部水蒸气冷凝产生真空效应，致使外部油脂进入肉片孔隙，因此油脂含量增大。而 120℃的油炒温度，足以维持食品表面蒸发，同时较快的搅拌速度下，成熟时间较短，整体上油脂含量低。搅拌导致对流传热系数增加，相当于升高油温，即增强搅拌与增加油温有类似的效果。综上，油炒温度和搅拌速度过大或过小都会导致油脂含量增加，而图 11-34 中，油炒温度 120℃、搅拌速度 0.23 m/s 出现最小值点，分别为 5.96 g/100 g 、6.04 g/100 g，即在本试验条件的最优火候控制下，猪里脊肉的油脂含量约为 6.00 g/100 g。

4. 烹饪火候控制对菜肴油脂含量的意义

本试验得到在最优火候控制下烹饪至刚好成熟时，油脂含量最低，结合烹饪模拟装置研究文献（张宏文，2019）和文献（彭静，2018）中对流传热系数的变化规律可得，120℃油温下的搅拌速度 0.23 m/s 相当于每秒用锅铲手工来回搅拌原料一次的搅拌频率，是一般烹饪人员能完成的中等搅拌频率，据此建议在日常烹饪中在保证菜肴成熟的同时减少热处理时间，尽量选择鲜烹热食菜肴，可以减少油脂的摄入含量。

11.5.5 小结

油炒猪里脊肉油脂含量和油-水传质过程主要受到有效油脂扩散率、油炒时间、油炒温度、搅拌速度等的影响。烹饪火候控制决定油脂含量，在油炒温度 120℃，油炒时间 29 s、搅拌速度 0.23 m/s 下烹饪至刚好成熟时，油脂含量约为 6.00 g/100 g，而继续加热肉片，其油脂含量最高可达 10.64 g/100 g，与刚成熟相比油脂含量增加了 77.33%。这说明在最优火候控制下，可以得到最低的油脂含量。试验结果符合菲克第二定律构建的油-水传质模型，$D_{w,eff}$、$D_{o,eff}$ 分别在 1.277×10^{-10}～6.343×10^{-10} m^2/s、2.272×10^{-10}～3.713×10^{-10} m^2/s 之间，说明传质过程中的油脂吸入和水分蒸发并非同步，水分的扩散速率相对较快。油炒和油炸的油脂有效扩散速率相差 3 个数量级，证明在油脂进入食材方面，油炒和油炸有本质区别，将油炒称为 stir-frying，会产生误解，是很不合理的。此外，模型中的 $D_{o,eff}$、$D_{w,eff}$ 等基础参数为下一步探索烹饪操作条件、油料比、食材种类等因素对其油脂含量的影响提供了研究基础。

参 考 文 献

陈康明, 刘晓丽, 许艳顺, 等. 2020. 油炸温度与时间对白公干鱼传质特性及品质的影响. 食品与机械, 36(2): 25-31

陈毅. 2012. 家用燃气灶具热效率测试用锅影响因素探讨. 中国土木工程学会燃气分会应用专业委员会、中国土木工程学会燃气分会燃气供热专业委员会 2012 年会

陈永清. 2008a. 淡水虾仁上浆加盐量标准化工艺条件研究. 中国调味品, (10): 89-91

陈永清. 2008b. 虾仁上浆中添加淀粉量标准化的研究. 四川烹饪高等专科学校学报, (3): 21-23

崔俊. 2017. 爆炒烹饪的 CFD 数值模拟及功率测定研究. 贵阳: 贵州大学

戴桂宝,金晓阳. 2014. 烹饪工艺学. 北京: 北京大学出版社

戴万能, 秦朝葵, 熊超. 2010. 家用燃气灶热效率测量及不确定度评定. 热科学与技术, 9(1): 79-84

邓力. 2013a. 烹饪过程动力学函数、优化模型及火候定义. 农业工程学报, 29(4): 278-284

邓力. 2013b. 炒的烹饪过程数值模拟与优化及其技术特征和参数的分析. 农业工程学报, 29(5): 282-292

邓力. 2013c. 中式烹饪热质传递过程数学模型的构建. 农业工程学报, 29(3): 285-292

邓力. 2013d. 基于时间温度积分器将手工烹饪转变为自动烹饪的方法. 农业工程学报, 29(6): 287-292

邓力, 金征宇. 2006. 中式烹饪的过程原理解析及研究体系. 食品与机械, 22(6): 140-143

方永卫, 张颖利. 2017. 影响猪肉水分含量因素分析. 肉类工业, (6): 34-36, 41

冯蟲. 2013. 食品工程原理. 北京: 中国轻工业出版社
高海薇. 2001. 中西烹调方法的比较. 四川烹饪高等专科学校学报, (4): 20-21
高尧来, 朱晶莹. 2004. 美拉德反应与肉的风味. 食品工业科技, (1): 91-94
何荣显. 1998. 中国烹调技术. 长春: 吉林科学技术出版社
贺习耀, 曾习. 2015. 牛肉上浆工艺与质构特性研究. 食品研究与开发, 36(7): 74-77
胡优生. 2009. 自动节能环保安全燃气灶的设计与应用. 机械制造, 46(1): 26-27
黄本婷. 2020. 川菜家常菜肴回锅肉工业化加工技术研究. 成都: 成都大学
黄梅丽. 1996. 挂糊上浆有学问. 中国食品, (6): 27-28
黄明, 黄峰, 张首玉, 等. 2009. 热处理对猪肉食用品质的影响. 食品科学, 30(23): 189-192
黄亚继, 张强, 邵志伟, 等. 2015. 锅支架高度对燃气灶性能的影响规律. 热科学与技术, 14(1): 75-81
黄亚平. 2008. 谈挂糊、上浆和勾芡的作用. 科技资讯, (21): 204
金澜. 2018. 中国炊具市场市场分析与展望. 现代家电, (3): 59-61
李广超. 2012. 新型高效鼓风完全预混式中餐燃气灶热工性能研究. 重庆: 重庆大学
李杨. 2022. 炒制菜品含油量与重复使用油脂品质劣变研究. 贵阳: 贵州大学
李杨, 王黎明, 林锦, 等. 2022. 油炒猪里脊肉油脂含量的影响因素及油-水传质研究. 食品与发酵科技, (3): 58
刘响, 张秀华, 田志宏, 等. 2013. 激光闪射法测量碳复合耐火材料导热系数的影响因素. 工程与试验, 53(4): 37-39, 45
刘学亭, 张从菊, 郭玉平, 等. 2009. 几种家用灶具热效率特性的实验研究. 实验室研究与探索, 28(3): 49-51
刘振东, 何丽华, 马长中, 等. 2015. 嫩化技术应用于青椒牦牛肉丝的研究. 食品与发酵科技, 51(1): 44-47
彭静. 2018. 基于成熟值理论的烹饪锅具评估方法构建及应用优化研究. 贵阳: 贵州大学
彭静, 邓力, 王磊, 等. 2018. 锅具传热特性对中式烹饪操作控制的影响. 食品与机械, 34(6): 70-74
钱小丽, 丛钰琪, 陈正荣. 2020. 滑油工艺对上浆猪里脊肉的影响因素分析. 美食研究, 37(3): 53-58
单金卉, 陈季旺, 曾恒, 等. 2017. 炸用油品质对外裹糊鱼块深度油炸过程中传质动力学的影响. 武汉轻工大学学报, 36(2): 8-15, 25
苏扬, 张聪. 2015. 中国餐饮业实现工业烹饪战略研究. 中国调味品, 40(1): 131-136
孙国军. 2004. 脆皮糊的制作要领. 中国烹饪, (7): 64
孙红霞, 黄峰, 丁振江, 等. 2018. 不同加热条件下牛肉嫩度和保水性的变化及机理. 食品科学, 39(1): 84-90
王教方, 岳贤军, 宋淑珍, 等. 2000. 多层复合材料导热系数测定方法的研究. 山东建材学院学报, (3): 258-260
王利华. 2005. 淀粉的性质以及在肉制品中的应用. 肉类研究, (9): 24-26
王晓东. 2008. 炒锅产品发展前景分析. 现代家电, (23): 44-47
王振华. 2014. 品质与创新驱动炊具行业稳健发展. 现代家电, (3): 52-54
肖林. 1999. 烹饪中肉类的嫩化与上浆. 中国食品, (11): 31
谢乐, 邓力, 李静鹏, 等. 2020. 考虑收缩的爆炒热质传递过程模拟与验证. 农业工程学报, 36(18): 251-262
薛兴, 刘芳. 2012. 锅支架高度对燃气灶热效率影响的数值模拟. 装备制造技术, (11): 42-43, 56
薛兴, 王凤娟, 韦凤兰, 等. 2017. 一种家用燃气节能锅具结构的设计与优化. 桂林电子科技大学学报, 37(1): 73-78
闫勇. 2014. 操作参数对烹饪传热和食品品质的影响. 贵阳: 贵州大学
曾恒. 2017. 外裹糊鱼块深度油炸过程中的传质动力学. 武汉: 武汉轻工大学

翟金玲, 陈季旺, 肖佳妍, 等.2015. 低脂油炸外裹糊鱼块的制备工艺优化. 食品科学, 36(20): 1-6
张宏文. 2019. 基于成熟值理论的中式烹饪关键传热规律研究. 贵阳: 贵州大学
张建军. 2011. 牛肉片上浆工艺与卫生研究. 中国调味品, 36(8): 58-62, 66
张文虎. 2007. 烹饪工艺学. 北京: 对外贸易经济大学出版社
赵钜阳, 李沛军, 孔保华, 等. 2013. 上浆配料对预油炸鸡肉丁半成品品质的影响. 食品科技, 38(1): 153-158
赵庭霞, 邓力, 李静鹏, 等. 2021. 基于成熟值理论的炒制烹后蒜薹及猪肉品质变化研究. 食品与发酵科技, 57(4): 32-38
赵庭霞. 2021. 烹饪过程数值模拟的全局化及应用. 贵阳: 贵州大学
中华人民共和国国家卫生和计划生育委员会. 2016a. GB 4806.9—2016. 食品安全国家标准 食品接触用金属材料及制品. 北京: 中国标准出版社
中华人民共和国国家卫生和计划生育委员会. 2016b. GB 5009.6—2016. 食品安全国家标准 食品中脂肪的测定. 北京: 中国标准出版社
中华人民共和国国家卫生和计划生育委员会. 2016c. GB 5009.3—2016. 食品安全国家标准 食品中水分的测定. 北京: 中国标准出版社
周波. 2008. 嵌入式家用燃气灶结构上的不足及改进措施. 城市公用事业, 22(4): 47-49
周杰, 邓力, 闫勇, 等. 2013. 烹饪传热学及动力学数据采集分析系统的研制. 农业工程学报, 29(23): 241-246
Ahrné L, Andersson C, Floberg P, et al. 2007. Effect of crust temperature and water content on acrylamide formation during baking of white bread: Steam and falling temperature baking. Food Science and Technology, 40: 1708-1715
Akter L R, Hossain I. 2001. Efficiency study of bangladeshi cookstoves with an emphasis on gas cookstoves. Energy, 26(3): 221-237
Ateba P, Mittal G S. 2010. Dynamics of crust formation and kinetics of quality changes during frying of meatballs. Journal of Food Science, 59(6): 1275-1278
Ayata T, Yücel. 2017. Effect of the section geometry of saucepan base on the energy consumption: an experimental study. Heat and Mass Transfer, 53(4): 1155-1161
Ayata T, Çavuşog˘lu A, Arcaklıog˘lu E A. 2005. Predictions of temperature distributions on layered metal plates using artificial neural networks. Energy Conversion and Management, 47(15): 2361-2370
Behnam N D, Mohammad. 2012. Numerical solution of heat transfer for single and multi-metal pan. Applied Mechanics and Materials, 1603: 148-149
Boekel V T. 2008. Kinetic modeling of food quality: A critical review. Comprehensive Reviews in Food Science and Food Safety, 7: 144-158
Cadavid F J, Cadavid Y, Amell A A, et al. 2014. Numerical and experimental methodology to measure the thermal efficiency of pots on electrical stoves. Energy (Oxford), 73: 258-263
Ghaitaranpour A, Koocheki A, Mohebbi M, et al. 2018. Effect of deep fat and hot air frying on doughnuts physical properties and kinetic of crust formation. Journal of Cereal Science, 83: 25-31
Groll W A, Milnthorp J. 2004. Copper clad aluminum core composite material suitable for making a cellular telephone transmission tower antenna. US. Patents. 20040137260A1
Hosseini H, Ghorbani M, Meshginfar N, et al. 2016. A review on frying: procedure, fat, deterioration progress and health hazards. Journal of the American Oil Chemists' Society, 93(4): 445-466
Igoumenidis P E, Konstanta M A, Salta F N, et al. 2011. Phytosterols in frying oils: evaluation of their absorption in pre-fried potatoes and determination of their destruction kinetics after repeated deep and

pan frying. Procedia Food Science, 1: 608-615

Jeddi M K, Hannani S K, Farhanieh B. 2004. Study of mixed-convection heat transfer from an impinging jet to a solid wall using a finite-element method—application to cooktop modeling. Numerical Heat Transfer Part B Fundamentals, 46(4): 387-397

Jefferson D R, Lacey A A, Sadd P A. 2006. Understanding crust formation during baking. Journal of Food Engineering, 75: 515-521

Jugjai S, Rungsimuntuchart N. 2002, High efficiency heat-recirculating domestic gas burners. Experimental Thermal and Fluid Science, 26(5): 581-592

Karunanithy C, Shafer K. 2016. Heat Transfer characteristics and cooking efficiency of different sauce pans on various cooktops. Applied Thermal Engineering, 93: 1202-1215

Kim H, Lee E, Jeong J, et al. 2010. Effect of bamboo salt on the physicochemical properties of meat emulsion systems. Meat Science, 86(4): 960-965

Kondjoyan A, Kohler A, Realini C E, et al. 2014. Towards models for the prediction of beef meat quality during cooking. Meat Science, 97: 323-331

Krokida M K, Oreopoulou V, Maroulis Z B, et al. 2000. Water loss and oil uptake as a function of frying time. Journal of Food Engineering, 44(1): 39-46

Li J, Deng L, Jin Z, et al. 2017. Modelling the cooking doneness via integrating sensory evaluation and kinetics. Food Research International, 92: 1-8

Lioumbas J S, Kostoglou M, Karapantsios T D. 2012. On the capacity of a crust-core model to describe potato deep-fat frying. Food Research International, 46: 185-193

Lomolino G, Crapisi A, Cagnin M. 2016. Study of elements concentrations of European seabass (*dicentrarchus labrax*) fillets after cooking on steel, cast iron, teflon, aluminum and ceramic pots. International Journal of Gastronomy and Food Science, 5-6: 1-9

Lucky R A, Hossain I. 2001. Efficiency study of Bangladeshi cookstoves with an emphasis on gas cookstoves. Energy, 26(3): 221-237

Oyedepo S. 2012. Efficient energy utilization as a tool for sustainable development in Nigeria. International Journal of Energy and Environmental Engineering, 3(1): 1-12

Pathare P B, Roskilly A P. 2016. Quality and energy evaluation in meat cooking. Food Engineering Reviews, 8(4): 435-447

Portanguen S, Ikonic P, Clerjon S, et al. 2014. Mechanisms of crust development at the surface of beef meat subjected to hot air: an experimental study. Food and Bioprocess Technology, 7: 3308-3318

Purlis E, Salvadori V O. 2007. Bread browning kinetics during baking. Journal of Food Engineering, 80: 1107-1115

Purlis E, Salvadori V O. 2009a. Bread baking as a moving boundary problem. Part 1: Mathematical modelling. Journal of Food Engineering, 91: 428-433

Purlis E, Salvadori V O. 2009b. Bread baking as a moving boundary problem. Part 2: Model validation and numerical simulation. Journal of Food Engineering, 91: 434-442

Purlis E, Salvadori V O. 2010. A moving boundary problem in a food material undergoing volume change-simulation of bread baking. Food Research International, 43: 949-958

Sanz-Serrano F, Sagues C, Llorente S. 2016. Inverse modeling of pan heating in domestic cookers. Applied Thermal Engineering, 92: 137-148

Sayyad R. 2017. Effects of deep-fat frying process on the oil quality during french fries preparation. Food Science Technology, 54(8): 2224-2229

Sedighi M, Behnam N, Dardashti. 2012. A review of thermal and mechanical analysis in single and bi-layer plate(review). Materials Physics and Mechanics, 14(1): 37-46

Sedighi M, Behnam N, Dardashti. 2013. Layer number dependence of temperature distribution in multi-metal cookware. Materials Physics & Mechanics, 1(18): 70-76

Sedigh M, Salarian H, Taherian H. 2017. Material dependence of temperature distribution in multi-layer multi-metal cookware. Journal of Engineering Science & Technology, 12(9): 2333-2345

Sheard P R, Tali A. 2004. Injection of salt, tripolyphosphate and bicarbonate marinade solutions to improve the yield and tenderness of cooked pork loin. Meat Science, 68(2): 305-311

Tabilo-Munizaga G, Barbosa-Cánovas G V. 2005. Pressurized and heat-treated surimi gels as affected by potato starch and egg white: microstructure and water-holding capacity. Food Science & Technology, 38(1): 47-57

Vaidya B, Eun J. 2013. Effect of temperature on oxidation kinetics of walnut and grape seed oil. Food Science and Biotechnology, 22(1): 273-279

Vanin F M, Lucas T, Trystram G. 2009. Crust formation and its role during bread baking. Trends in Food Science & Technology, 20: 333-343

Villacís S, Martínez J, Riofrío A J, et al. 2015. Energy efficiency analysis of different materials for cookware commonly used in induction cookers. Energy Procedia, 75: 925-930

Yusop S M, O'Sullivan M G, Kerry J F, et al. 2010. Effect of marinating time and low ph on marinade performance and sensory acceptability of poultry meat. Meat Science, 85(4): 657-663

Zhang L, Doursat C, Vanin F M, et al. 2016. Water loss and crust formation during bread baking, Part I: Interpretation aided by mathematical models with highlights on the role of local porosity. Drying Technology, 35: 1506-1517

Zhang T, Zhang Y, Fan D, et al. 2018. The description of oil absorption behavior of potato chips during the frying. LWT-Food Science and Technology, 96: 119-126

Zhao Z, Wong T T, Leung C W, et al. 2006. Wok design thermal-performance influencing parameters. Applied Energy, 4(83): 387-400

Ziaiifar A M, Heyd B, Courtois F. 2009. Investigation of effective thermal conductivity kinetics of crust and core regions of potato during deep-fat frying using a modified Lees method. Journal of Food Engineering, 95: 373-378

第12章

烹饪的前处理与后处理

12.1 概　　述

12.1.1 烹饪前处理

1. 概述

食材在从农田到餐桌的过程中会经历一系列复杂的品质变化，可按阶段分为烹饪前处理过程、烹饪制熟热处理过程以及烹饪后处理过程。其中，烹饪前处理在合理的储存条件下对食材品质影响较小，主要的品质变化更多发生在烹饪及烹饪后处理中。

烹饪前处理指食材在烹饪加热制熟前的一切加工操作。前处理工艺包括烹饪食材的拣选、除杂、清洗、去皮、切割、涨发、混合、烫漂、浸渍等。部分前处理过程中还需要制备浆糊、芡汁、拍粉、高汤等烹饪专用辅料。针对不同的食材种类的烹饪前处理方式繁多，对于绝大多数烹饪，前处理过程是不可或缺的。烹饪前处理也包含了部分加热工艺，如烫漂、预热、浸渍等。这些加热工艺的目的与烹饪主体工艺的加热至熟不同，主要用于护色、除味、稳定等，多数情况下，对烹饪制熟有较大影响。

传统烹饪中，烹饪前处理和后处理通常都是在厨房中完成的。烹饪前处理的工序包括“水台”：负责水产禽类的宰杀、分解、清洗；以及“砧板”：负责切菜、配菜等。虽然前处理工艺技术含量不高，但在烹饪手工劳动的工作量中占据了很大比例。未来将烹饪前处理工程化在技术经济上是非常合理的。烹饪前后处理工程参见本书 1.1.3 节及图 1-1。

2. 烹饪前处理的工程化

烹饪过程工程化后，烹饪前处理工艺也必然工程化，各种烹饪配料在中央厨房集中大批量前处理，可减少手工劳动，降低生产成本，是烹饪产业的必然趋势。

烹饪前处理工程化后会产生一系列的技术优势：①规模加工，使食材品质控制、卫生水平、食品安全控制水平得到提高；②按标准工艺生产得到标准化的烹饪食材，为烹饪加热制熟过程标准化提供了前提条件；③劳动力成本下降；④原料综合利用成为可能，利用率提高，减少浪费，绿色环保。

但也会产生一系列需要解决的技术问题：①需要开发各种烹饪食材自动化预处理技术，尤其是大宗烹饪食材前处理技术；②工程化后，前处理后烹饪食材需经过分装、储运才能烹饪，前处理工艺要与烹饪工艺无缝衔接而且要确保烹饪食材的新鲜度；③工业加工的烹饪食材品质与传统手工加工存在品质差距，因此会出现各种技术问题。

各种烹饪前处理工艺都应该有相应的食品科学与工程原理和技术基础。由于烹饪食材多样且复杂，必须针对性地开展研究，所需专用设备也需要逐步开发。预计当烹饪自动化、智能化发展到一定程度，会出现大量烹饪前处理研究需求。

3. 烹饪食材的品质控制

鉴于烹饪方法和烹饪食材的多样性，烹饪食材品质问题广泛涉及食品保藏学、食品安全学、食品质量管理、烹饪食材学等学科。分析未来烹饪的产业特征和技术规律，关键在以下三个方面：①安全控制；②食用品质控制；③形状尺寸控制。

1）安全控制

食品安全应保证食品不含有可能损害或威胁人体健康的有害有毒化学物质或生物，避免导致消费者患食源性疾病的危险。烹饪食材的安全控制与现有的食品安全控制并无区别。而在本书前言和第 14 章中，笔者预测未来的烹饪产业是一种分布式加工，即将新鲜原料规模加工为单次烹饪需要的食材组后，配送到现场完成自动烹饪后即食。这样，烹饪食材的储运是一个短期储运过程，相对其他需要更长期保存的食材而言，安全压力较小。烹饪食材的食品安全需要重点考虑的问题是这个短期储运过程的微生物安全问题。

2）食用品质控制

食品质量的广义定义是指食品的适用性，即食品满足用户需要的程度。而烹饪食材的食用品质控制，与一般的食品及食品原料品质控制相比，有其独有的特征。由第 2 章可以看到，通过烹饪火候控制得到的最终品质与人群的主观成熟判断有关，形成了对烹饪食材的特定要求。因此，烹饪食材的品质需要满足烹饪成品的品质需求，而不同的食材有着不同的终点成熟值和品质优化条件，与火候控制密切相关。总体上食材的品质应与传统烹饪的食材品质控制一致。实现这一目标的难点在于，传统烹饪是新鲜食材现场处理，即时烹饪的。而自动烹饪通常需要中央厨房批量预制食材后配送到烹饪现场。加工储运后的食材品质与现场处理的新鲜食材的品质差异，可能导致自动烹饪和手工烹饪的品质差异。食材新鲜度的保持应以最终烹饪品质为目标。在大规模自动烹饪应用后，需要针对性地建立食材新鲜度的质量标准和技术标准。鉴于烹饪食材的多样性，未来该方面的研究需求会很多。

食品质量的狭义定义是食品的符合性，即食品相对所选定质量标准的符合程度。由于未来的大规模食材组加工的目的是应用于分布式自动烹饪。而自动烹饪的程序通常是基本固定的，缺少厨师判断食材火候的灵活性，因此食材品质必须满足火候控制的标准化要求。

新鲜度的变化不外是由微生物变化和化学变化导致，主要受到时间和温度等条件的影响，本质上都是动力学问题。因此，烹饪食材品质研究的重要课题是以动力学手段分析保藏条件对最终烹饪的影响。

3）形状尺寸控制

本书 9.6.2 小节讨论了刀工对火候控制的影响，烹饪食材的形状尺寸是火候控制的主要手段之一。在一次烹饪中，以所有食材颗粒中传热学特征尺寸最大的一粒的中心冷点成熟为火候控制的限制函数。形状尺寸偏离技术标准的食材可能导致该次烹饪中出现不符合安全标准的未成熟点，导致烹饪失败。因此，刀工是食材品质的重要组成部分，需要重视。

如何在大规模食材加工中以现代化方式获得与手工近同的切割效果，是未来自动烹饪产业应解决的问题。

4）不同品质控制的协调性

烹饪食材的品质控制中，会遇到这样的问题，即安全质量、食用品质和切割技术之间的协调性问题。现有的大多数食品安全质量技术标准是针对工业食品和基本食品安全的。达到这些标准的食材很可能得不到具有合理的烹饪质量的烹饪成品。例如，达到微生物安全标准的食材，其新鲜度可能已经下降到不能形成必要的烹饪品质。另外，鲜切的食材的比表面积增加、汁水溢出，有可能产生各种质量和安全问题。

针对上述这些问题，笔者团队组织开展了一些粗浅的研究，试图对这些问题有一个初步的认识。研究选择一种不宜深加工而适合烹饪的食材——贵州小香鸡为对象，开展了腐败微生物动力学、保藏方式对烹饪品质的影响。详见本章 12.2、12.3 节。

12.1.2 烹饪后处理

1. 烹饪后处理的内涵

菜肴烹饪完成至人们食入前的所有加工操作过程统称为烹饪后处理。烹饪后处理主要包括分装杀菌、储藏配送等，其中最常见的是因无法及时食用而在常温环境下放置或冷链/热链配送。

随着社会的发展，会出现越来越多的用餐地点和烹饪地点不同的情况，以及出现集中批量生产的工程化菜品。这些菜品可能需要经过保藏、运输和分配后才能被消费者食用。在商业上，烹饪成品冷藏后加热升温以备用称为冷链复热技术，而烹饪后的保温配送称为热链技术。

按传统的中式烹饪饮食习惯及食品保藏原理，大多数烹饪菜品均以即烹即食为佳。食用时，烹饪成品保持较高温度，风味比较好。但不是所有情况下都能做到鲜烹即食，如烹饪菜品数量较大不能一次食尽、需要远程配送、烹饪后需等待就餐等情况。无论是冷链复热技术还是热链技术，都可能经历烹饪后再次加热过程。而后处理中的温度、时间、氧气、光照等条件对热敏性、易氧化、光敏性成分都具有破坏作用。在非日常餐饮中，如户外、军用和移动（公共交通）餐饮，则需要长架寿包装烹饪成品。此时，杀菌技术就成为烹饪后处理的必需手段。但杀菌技术带来的品质破坏，通常会使食用品质大幅度降低。细节讨论见 12.4 节。

目前，规模化餐饮企业在异地配餐时一般是将主食配料装盒，然后通过以下方法储运配送到异地：①短途送餐时，使用保温箱等保温手段维持菜品温度，但当路途较远、时间较长时，使用该方法存在品质下降和腐败问题。②长途送餐时，冷藏储运后采用微波、蒸制、热水浴等手段复热，但对设备需求较高。以上两种方法配送的菜品保藏期都较短。③密封包装后杀菌至商业无菌状态，可使保质期延长至数月甚至数年，此类产品在日常餐饮和非日常餐饮都可应用，但与新鲜菜品相比品质严重下降。

2. 烹饪后处理涉及的技术

烹饪菜肴成品的保藏配送会产生一系列的工程技术问题。

1）主食配菜装填技术

米饭等主食的装填技术已基本成熟，如米饭扒松机、米饭分装机等，但配菜的装填十分困难，基本还需要手工，工程化程度较低。只有部分均匀性和连续性较好的菜肴能够由现有自动设备装填。要解决菜肴装填自动化，合理的技术路线是单份菜肴自动烹饪和自动出料，再与装填输送线配合。

2）保温储运技术

采用食品保温箱储运，技术简单，成本较低。但保温箱储运保藏期较短，且保藏期内菜品品质损失问题仍有待研究。

3）冷藏储运技术

该技术必须使用冷藏降温设备、低温运输工具和微波加热设备，导致成本增加，储运过程中仍有食品品质下降。常用的微波复热产生冷热不匀和局部过热，保质期有限，该问题可以通过冻藏得到解决，但冻藏-解冻又会导致质构损失、风味成分破坏等一系列品质问题，同时储运能耗和成本也随之上升。

4）长架寿包装杀菌技术

固体烹饪成品具有高水分活度、低酸性特点。这一类固体食品被称为主食固体食品，其理化特性不利于食品杀菌。虽然食品杀菌领域一直在向加工高品质长架寿主食固体食品的方向努力，但仍然缺少能够成为主流加工方法的先进杀菌技术。目前在烹饪成品上应用较多的是软包装杀菌技术，该技术已广泛应用于烹饪加热强度大且加热耐受性高的烹饪产品上，如茶叶蛋、卤肉等。但在更广泛的烹饪成品上应用时受到以下限制：①真空包装形成外压力，食品被挤压成块，外观、质构和风味都受到破坏；②烹饪成品通常需要 F 值达到 3～10 min，由于加热强度高，热敏性品质破坏严重。针对上述问题采取的对策是含气调理杀菌技术，如小野含气调理杀菌技术。即采用含气包装，通过热水均匀喷淋方法，结合梯度升温等优化杀菌方式，获得较好的杀菌品质。即便如此，杀菌加热强度仍远超烹饪加热强度。将含气调理杀菌技术与半硬质塑料容器（semi-rigid container）结合使用才能产生良好的质构保持效果，但会显著增加成本。应该说，小野含气调理杀菌技术已将传统杀菌釜杀菌技术的潜力挖掘到接近极限了。要想在烹饪成品的长架寿保藏方面取得根本性的进步，需要从原理上寻找突破。流态化超高温杀菌（fluidization ultra high temperature stenilization，FUHTS）技术就是这样一种尝试。该技术适用于烹饪成品杀菌保藏，优势显著，详见第 13 章。

5）微波加热减菌技术

微波加热减菌技术配合定温保藏也被应用于烹饪工艺。例如，微波巴氏杀菌技术已广泛应用于主食食品生产，美国利用该技术每年生产上千万份备餐（ready meal），如扬州炒饭，但仍需冷链进入商业渠道，架寿较短，且食用时还需再次升温。值得指出的是，由于微波加热的不均匀性，每种产品的微波减菌工艺都要经过复杂的微波场控制和优化，技术适用性受到一定的限制。烹饪后处理与前处理技术研究一样，也需要烹饪主体研究所建立的烹饪品质评价和分析方法的支持。

12.1.3　烹饪热处理强度在烹饪前、中、后过程的分配

在前处理、制熟及后处理的整个烹饪处理中，任一环节都可能存在热处理过程。由食品热处理动力学原理可知，热处理对食品品质的影响是温度和时间共同积累的后果。这样，就产生了一种新的技术可能，即通过总体调控将烹饪所需加热强度合理分配到烹饪各个阶段，最大限度减少烹饪过热从而获得更好的食用品质。例如，在烹饪成品未熟时罐装，在杀菌过程中成熟，后处理工艺配合完成部分烹饪工作。

将总体加热强度分配到不同烹饪工艺中的另一个技术需求体现在操作需要上。例如，精细切割的肉类在烹饪时易粘连结团，导致烹饪品质降低，甚至可能因为未熟而出现卫生事故，因而烹饪时需要划散工艺。可以对精细切割的肉类预先施加一部分加热，并使之分散，成为半成品烹饪食材后再进入烹饪主体工艺。预加热只要达到良好的分散效果即可，不需要保证食品成熟。这样，加热就被分为两个部分，共同导致食品成熟。这种方法在当前团膳烹饪中有所应用。

而烹饪加热强度在不同工艺阶段中的分配是一个值得研究的问题，由于烹饪过程的非稳态特征和热质传递的存在，无论是试验方法还是数值分析，都具有相当大的研究难度。

12.2　烹饪前处理中食材腐败菌生长动力学及其货架期预测

在烹饪食材的烹饪前储运中，必须防止腐败，尽量保持新鲜度。应用微生物生长动力学，可对特定保藏条件计算出食材微生物的生长情况，推算货架期，有显著的应用价值。本节以贵州小香鸡为研究对象，开展假单胞菌的生长动力学研究。本节内容主要来自文献（李双艳，2017），并有修改。

12.2.1　微生物生长动力学

微生物生长动力学是一个建立在计算机基础上，结合微生物学、数学、统计

学，对特定环境条件下微生物的生长和死亡进行预测的学科（郭晓娟，2011）。微生物生长动力学采用数学方法描述微生物生长状况，不需要具体分析检测食品微生物，而是通过建立特定环境条件下主要腐败菌或病原菌生长动力学生长模型，借助计算机快速地对食品货架期和安全性做出评估。在食品流通过程中，影响微生物生长的因子有很多，但只有少数因子对微生物的生长、死亡有决定性的作用，且这些因子对微生物的作用都是独立的，即影响微生物生长的因子都是等价的（Cui et al.，2010）。

预测微生物生长学是食品安全质量管理的理论基础（Zurera-Cosano et al.，2006），基于微生物生长学预测低温肉制品的货架期有助于肉类生产企业合理规划生产，避免因腐败变质带来的损失。陈雯钰和卢立新（2013）以冷却猪肉为研究对象，通过研究其主要特征腐败微生物生长动力学，基于预测食品微生物学理论建立不同影响因子作用下的特征微生物生长预测模型和不同包装流通环境下的冷却肉包装保质期预测模型。贺旺林和俞龙浩（2015）综述了货架期预测过程中菌相分析、特定腐败菌生长模型的建立、货架期预测软件开发模型的验证及改良等主要技术及其应用现状，为低温肉制品货架期预测提供参考。

12.2.2　冷藏小香鸡中假单胞菌生长动力学研究

假单胞菌是鸡肉冷藏过程中的特定腐败菌（specific spoilage organisms，SSO），是引起鸡肉腐败的主要原因。假单胞菌的数量与鸡肉的鲜度和货架期关系密切，研究结果表明（侯芮，2012；李忠辉等，2011），利用假单胞菌生长动力学模型可快速预测假单胞菌的生长、存活和死亡状态，实时监控鸡肉品质，为鸡肉货架期预测提供技术参数。

1. 冷藏小香鸡中假单胞菌的生长曲线

图 12-1 所示为 0℃、4℃和 8℃冷藏小香鸡中假单胞菌数量随时间变化情况。初始假单胞菌数为 3.11～3.27 lg（CFU/g），最大假单胞菌数为 6.24～6.46 lg（CFU/g）。假单胞菌数量随储藏时间的延长而增大，储藏温度越低，菌落数增长越缓慢，主要是因为低温环境对细菌的生长有较好的抑制作用。具体实验方法参见文献（李双艳，2017）。

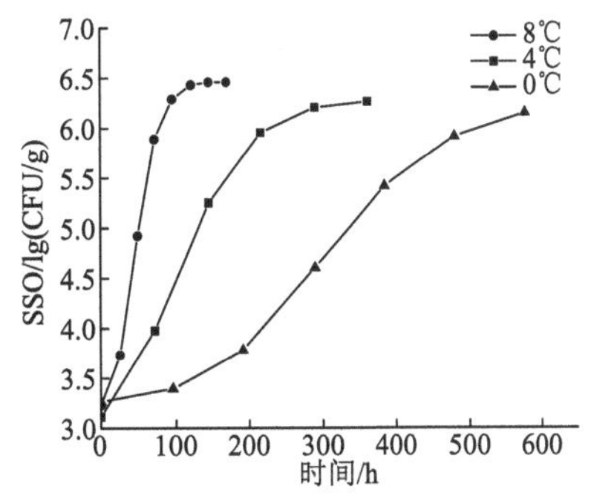

图 12-1　冷藏小香鸡假单胞菌在不同温度下的生长曲线

2. 一级生长动力学模型的构建

一级生长动力学模型表征微生物数量与时间的关系，常用的模型有一级化学反应动力学模型、Baranyi-Roberts 模型和修正 Gompertz 模型等。Baranyi-Roberts 模型能较好地协调模型参数和准确性之间的关系，可使用少量参数对微生物生长进行准确的预测，因此该模型使用范围更广。修正 Gompertz 模型是一个经验模型，没有充分考虑延滞期的影响，因此在进行预测时，预测结果存在一定误差。

1）一级化学反应动力学模型

假单胞菌一级化学反应动力学方程表达式为

$$\pm\frac{\mathrm{d}Y}{\mathrm{d}t}=k\times Y \tag{12-1}$$

式中：Y 是微生物数量，CFU/g；t 是储藏时间，h；k 是反应速率常数。

对式（12-1）求积分得到式（12-2）：

$$y(t)=y_0+kt \tag{12-2}$$

式中：$y(t)$是某一时间下的微生物量的对数值，lg（CFU/g）；y_0 是初始微生物的量的对数值，lg（CFU/g）。

2）Baranyi-Roberts 模型

用 Baranyi-Roberts 模型拟合微生物量与时间的关系，得到初始菌落、滞留期、最大比生长速率、细菌最大浓度等。该模型参见文献（Baranyi and Roberts，1994）的表达式：

$$y(t)=y_0+\mu A(t)-\ln\left(1+\frac{\exp(\mu A(t)-1)}{\exp(y_{\max}-y_0)}\right) \tag{12-3}$$

$$A(t)=t+\frac{1}{\mu}\ln\left(\exp(-\mu t)+\exp(-h)-\exp(-h-\mu)\right) \tag{12-4}$$

$$\lambda=\frac{h}{\mu} \tag{12-5}$$

上面三式中：$A(t)$是 $y(t)$的积分函数；$y_{\max}$ 是微生物达到稳定时的最大量的对数值，lg（CFU/g）；μ 是最大比生长速率，h^{-1}；h 是适应因素；λ 是生长滞留时间，h。

3）修正 Gompertz 模型

用 Gompertz 模型拟合微生物数量与时间变化的关系，同样可以得到初始菌落、滞留期、比生长速率、细菌的最大浓度等。修正 Gompertz 模型的表达式为

$$y(t)=y_0+(y_{\max}-y_0)\times\exp\left\{-\exp\left[\frac{\mu\times 2.718}{y_{\max}-y_0}\times(\lambda-t)+1\right]\right\} \tag{12-6}$$

分别用上述模型拟合冷藏小香鸡中的假单胞菌生长曲线，相关模型参数如表 12-1

所示。结果表明温度变化与一级化学反应动力学模型反应速率常数 k 以及 Baranyi-Roberts 模型、修正 Gompertz 模型的最大比生长速率 μ 呈正相关，而与延滞期 λ 呈负相关。这是因为温度影响微生物体内酶的活性，当温度较低时，微生物细胞膜冻结，无法形成质子梯度，营养物质无法运输，微生物延滞期较长，最大比生长速率较小，增殖较缓慢，反应速率常数较小。

表 12-1　冷藏小香鸡假单胞菌生长动力学方程非线性拟合参数

模型	温度/℃	模型参数					R^2	偏差因子（B_f）	准确性因子（A_f）
		y_0	y_{max}	μ	λ	k			
一级化学反应动力学	0	3.245				0.0011	0.843	1.063	1.073
	4	3.735				0.0017	0.839	1.049	1.066
	8	4.046				0.0033	0.742	1.083	1.082
Baranyi-Roberts	0	3.259	6.245	0.0143	202.168		0.982	1.018	1.064
	4	3.106	6.257	0.0251	46.853		0.974	1.002	1.066
	8	3.191	6.275	0.0645	20.868		0.976	1.027	1.078
修正 Gompertz	0	3.101	6.368	0.0095	147.374		0.962	1.042	1.014
	4	3.058	6.318	0.0195	25.486		0.934	1.017	1.015
	8	3.175	6.341	0.0484	12.273		0.958	1.060	1.019

冷藏小香鸡假单胞菌模型拟合的决定系数 R^2、模型预测值的偏差因子 B_f 和准确性因子 A_f 的值如表 12-1 所示，3 种模型预测假单胞菌数与试验得到的假单胞菌数的偏差因子和准确度因子均略高于 1，说明实测和模拟数据结果误差比较小，所建立的模型准确可靠，其中 Baranyi-Roberts 模型能够更好地预测微生物生长状况。

3. 二级生长动力学模型的构建

在一级模型基础上建立二级模型描述温度对微生物增殖的影响，常用的二级模型包括平方根模型、Arrhenius 方程等。

1）平方根模型

该模型是基于比生长速率的平方根和滞留期倒数的平方根与温度之间的线性关系提出的经验模型。其表达式为

$$\sqrt{\frac{1}{\lambda}} = b_\lambda \times \left(T - T_{\min\lambda}\right) \tag{12-7}$$

$$\sqrt{\mu} = b_\mu \times \left(T - T_{\min\mu}\right) \tag{12-8}$$

式中：μ 是最大比生长速率，h^{-1}；λ 是生长滞留时间，h；b_μ、b_λ 是方程系数；T 是温度，℃；T_{min} 是假设概念，指微生物没有代谢活动时的温度。

图 12-2 和图 12-3 利用平方根模型分别基于 Baranyi-Roberts 模型和修正 Gompertz 模型得到小香鸡冷藏温度与微生物最大比生长速率 μ 及生长滞留期 λ 的关系。$\mu^{1/2}$ 和 $\lambda^{1/2}$ 分别与温度呈较好的线性关系，说明平方根模型可以准确反映冷藏小香鸡中假单胞菌生长随温度变化的关系。冷藏小香鸡中假单胞菌最大比生长速率 μ 及生长滞留期 λ 结果经平方根模型拟合得到其方程系数 b_μ、b_λ 和 $T_{\min\mu}$、$T_{\min\lambda}$，决定系数 R^2 结果如表 12-2 所示。采用 Baranyi-Roberts 模型描述冷藏小香鸡中微生物生长的趋势更加准确。

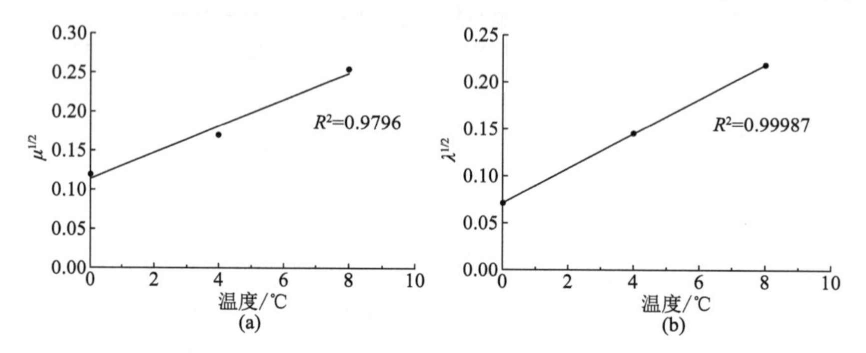

图 12-2 基于 Baranyi-Roberts 模型的温度与假单胞菌 μ 和滞留期 λ 的关系

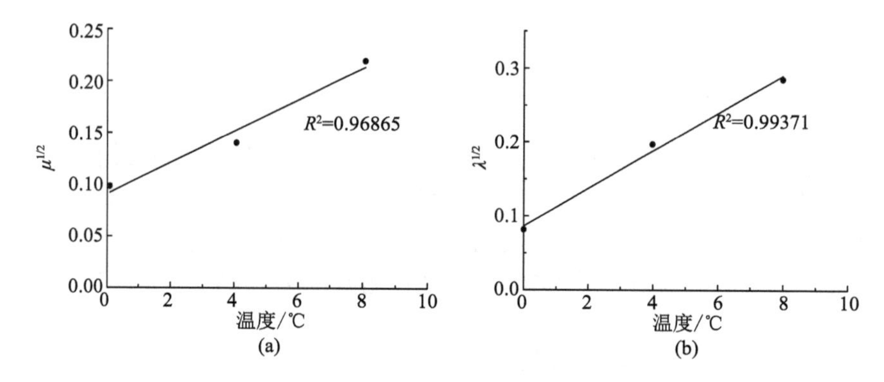

图 12-3　基于修正 Gompertz 模型描述温度与假单胞菌 μ 和滞留期 λ 的关系

表 12-2　假单胞菌由平方根模型拟合生长动力学参数

参数	Baranyi-Roberts	R^2	参数	修正 Gompertz	R^2
b_μ	371.45	0.9796	b_μ	−3.27	0.9687
$T_{\min\lambda}$	203.26		$T_{\min\lambda}$	20.99	
b_λ	87.27	0.9998	b_λ	45.45	0.9935
$T_{\min\mu}$	381.24		$T_{\min\mu}$	−0.72	

2）Arrhenius 方程

Arrhenius 方程反映温度对化学反应速率常数 k 的影响，其表达式为

$$k = k_0 \times \exp\left(-\frac{E_a}{RT}\right) \tag{12-9}$$

式中：k 是反应速率常数；k_0 是指前因子；E_a 是活化能，J/mol；T 是热力学温度，K；R 是摩尔气体常数，8.314 J/（mol·K）。

如图 12-4 所示，冷藏小香鸡中的假单胞菌反应速率常数 k 由 Arrhenius 方程拟合，决定系数 R^2=0.9971，表明 Arrhenius 方程能较好地描述反应速率常数 k 随温度的变化关系。冷藏小香鸡中假单胞菌反应速率常数 k 随温度升高而显著升高，说明温度是影响假单胞菌增殖的重要因素之一。温度变化显著影响微生物体内酶活性，从而影响微生物的代谢并最终影响其增殖速度。基于 Arrhenius 模型所得拟合方程为

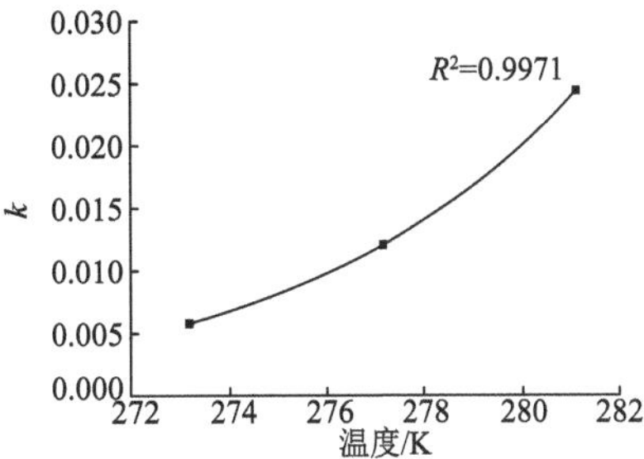

图 12-4　基于 Arrhenius 方程描述温度对假单胞菌生长曲线的影响

$$k=5.664\times10^{19}\times \mathrm{e}^{-\frac{114996}{8.314\times T}} \tag{12-10}$$

4. 特定腐败菌的最小腐败值的确定

通过试验测得，在 0℃、4℃和 8℃冷藏小香鸡达到人体通过感官判断不可食用时假单胞菌的最小腐败量分别为 5.42 lg（CFU/g）、5.55 lg（CFU/g）和 5.35 lg（CFU/g）。李苗云等（2012）认为鸡肉中 SSO 的最小腐败值为 5.390 lg（CFU/g），陈鹏等（2016）认为黄羽鸡 SSO 的最小腐败值为 5.67 lg（CFU/g），与本试验结果相差不大，表明本试验所得 SSO 的最小腐败值是合理的。

5. 模型验证

采用偏差因子 B_f 和准确性因子 A_f 检验评价微生物生长动力学模型。偏差因子和准确性因子分别表示模型的结构偏差和平均准确性。

$$B_f = 10^{\left\{\sum \lg\left(\frac{\text{pred}}{\text{obs}}\right)/n\right\}} \tag{12-11}$$

$$A_f = 10^{\left\{\sum \left|\lg\frac{\text{pred}}{\text{obs}}\right|/n\right\}} \tag{12-12}$$

式中：pred 是微生物量对数值的估算值，lg（CFU/g）；obs 是微生物量对数值的实测值，lg（CFU/g）；n 是试验次数。

图 12-5 和图 12-6 分别为冷藏小香鸡中假单胞菌的实测值与模型拟合假单胞菌的关系。由图 12-6 的 R^2 数据和表 12-1 中的子 B_f 和 A_f 数值可见，一级化学反应动力学模型的拟合效果低于其他两种模型。相同温度下，Baranyi-Roberts 模型拟合值与实际值的相关系数高于修正 Gompertz 模型。

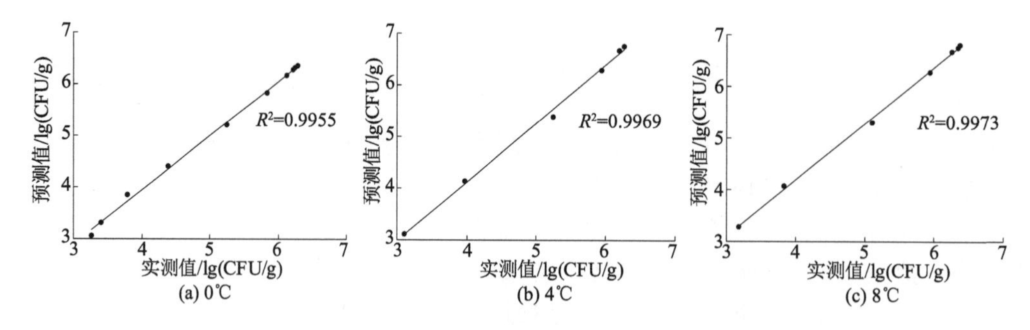

图 12-5　基于 Baranyi-Roberts 模型假单胞菌模型预测值和实测值的相关性

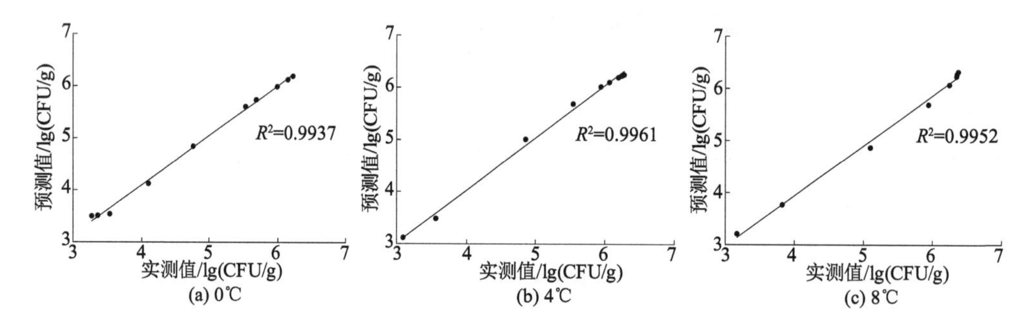

图 12-6　基于修正 Gompertz 模型假单胞菌模型预测值和实测值的相关性

12.2.3　冷藏小香鸡的货架期模型

食品货架期（shelf life，SL）可通过特定腐败微生物的初始菌数、最大比生长速率、最小腐败量来确定。货架期模型 SL 的表达式为

$$SL = \lambda - \frac{y_{max} - y_0}{2.718 \times \mu} \times \left[\ln\left(-\ln \frac{y_s - y_0}{y_{max} - y_0} \right) - 1 \right] \tag{12-13}$$

式中：y_0 是初始微生物量的对数值，lg（CFU/g）；y_{max} 是微生物达到稳定时的最大量的对数值，lg（CFU/g）；y_s 是微生物最小腐败量的对数值，lg（CFU/g）；μ 是最大比生长速率，h^{-1}。

由 Arrhenius 方程推导货架期模型，其表达式为

$$SL = \frac{y(t) - y_0}{k_0 \times e^{-\frac{E_a}{RT}}} \tag{12-14}$$

式中：$y(t)$是某一时间微生物量的对数值，lg（CFU/g）；k_0 是指前因子；E_a 是活化能，J/mol；T 是热力学温度，K；R 是摩尔气体常数，8.314 J/（mol·K）。

根据小香鸡假单胞菌生长动力学模型，由假单胞菌从 y_0 增殖到 y_s 所需时间分别预测 0℃、4℃和 8℃冷藏条件下的生鲜鸡肉货架期。用 Baranyi-Roberts 和修正 Gompertz 模型拟合得到不同温度下的动力学参数，得到不同冷藏条件下的小香鸡货

架期。

上述模型预测值和实测值相对误差分别为−3.27%～45.45%、−2.10%～11.30%和−2.75%～5.53%。由平方根模型得到的货架期模型相对误差较小，详见表 12-3，通过此表可说明所建立的货架期模型准确可靠。与 Baranyi-Roberts 模型相比，当冷藏温度较高时，修正 Gompertz 模型更适用于货架期值的预测。

表 12-3　小香鸡货架期预测模型的验证

<table>
<tr><th colspan="2">模型</th><th>温度/℃</th><th>预测货架期 SL/d</th><th>实测货架期 SL/d</th><th>相对误差/%</th></tr>
<tr><td colspan="2" rowspan="3">Arrhenius</td><td>0</td><td>15.5</td><td>16.0</td><td>−3.27</td></tr>
<tr><td>4</td><td>8.5</td><td>7.0</td><td>20.99</td></tr>
<tr><td>8</td><td>3.6</td><td>2.5</td><td>45.45</td></tr>
<tr><td rowspan="6">平方根模型</td><td rowspan="3">Baranyi and Roberts</td><td>0</td><td>15.9</td><td>16.0</td><td>−0.72</td></tr>
<tr><td>4</td><td>6.9</td><td>7.0</td><td>−2.10</td></tr>
<tr><td>8</td><td>2.2</td><td>2.5</td><td>11.30</td></tr>
<tr><td rowspan="3">修正 Gompertz</td><td>0</td><td>16.9</td><td>16.0</td><td>5.53</td></tr>
<tr><td>4</td><td>6.9</td><td>7.0</td><td>−1.15</td></tr>
<tr><td>8</td><td>2.4</td><td>2.5</td><td>−2.75</td></tr>
</table>

文献（李苗云等，2012；陈鹏等，2016）基于 Arrhenius 方程和平方根模型对禽肉货架期预测，相对误差分别为−0.60%～13.30%和−0.50%～26.20%，与本章预测货架期存在差异，这可能与研究对象差异、数据采集方式、数据采集数量以及确定感官拒绝点时的主观差异等因素有关。

12.3　烹饪前处理中冷藏方式对烹饪品质的影响

烹饪食材的配送需要冷链，而冷链的保藏条件有低温冷藏（冻藏）、高温冷藏和冰鲜三种。对于果蔬等仍有生机的食材，高温冷藏甚至常温条件即可。但对肉禽水产则需要低温冷藏。本节比较了冷藏方式对食材最终食用品质的影响。本节内容主要来自文献（李双艳等，2017），并有修改。

12.3.1　冷藏方式概述

一般食品货架期有两个标准，一是不发生腐败变质，二是品质保持。采摘后，由于自身酶和微生物共同作用，其品质不断损失。当前，随着生活水平的提高，烹饪对食材的新鲜度要求也越来越高。且随着电子商务进入生鲜市场，烹饪食材需要以更快、更安全的服务送达消费者指定地点。

烹饪前处理冷藏包括冰鲜冷藏、低温冷藏、高温冷藏，其中冰鲜冷藏技术代价小，品质损失低，更适合小包装食品。

1）冰鲜技术概述

低温保藏方式中，冷藏温度高于 0℃（通常为 0～4℃）称为冷鲜，低于 0℃（通常在−18℃以下）称为冷冻（Gallart-Jornet et al.，2007）。冰鲜技术是第三代保鲜技术，冰温控制在 0℃到生物体冻结温度的温域，在此温域细胞始终处于活体状态。该保鲜技术能使生鲜食品生理活性维持在最低正常代谢程度而不产生冻害，同时抑制微生物的生长，使食品能够长期保鲜（申江和刘斌，2007；周梁等，2011）。

冰鲜技术起源于日本，在日本、欧洲、美国等发达国家和地区的水产品、农产品、畜禽肉制品冷藏得到了广泛应用，并且已出现无水活鱼冰温、超冰温运输冷藏等技术。各种冰鲜技术的原理及研究见文献（王琦，2013，朱志强等，2011；刘志鸣等，2005；Nirmal and Benjakul，2009；Benjakul et al.，2005）。

2）冰鲜技术的优越性

温度是影响食品微生物生长的重要因素之一，低温能有效抑制微生物生长。在 0～10℃范围内，温度每升高 10℃，微生物生长速率提高 5 倍，即微生物生长的温度系数 Q_{10}=5。冷鲜冷藏食品的中心温度约 4℃，冰鲜冷藏食品的中心温度约−1℃，冷鲜冷藏食品中微生物生长速率是冰鲜冷藏的 2 倍。与冷鲜相比，薛松（2010）比较−0.8℃ ± 0.2℃冰鲜冷藏及 4℃冷藏对鸡肉鲜度和品质的影响，发现冰鲜技术能将鸡肉的一级鲜度期限由 11 d 延长至 25 d，冰鲜鸡肉中的游离氨基酸明显增多，其中必需氨基酸增加为 61%，明显高于冷鲜条件下的 33%；谷氨酸增加了 51%，而冷鲜增加 11%，表明冰鲜储藏鸡肉风味更丰富。邵磊等（2011）将生鲜鸡肉置于 4℃冷藏和−1℃冰鲜储藏，比较两者的保鲜效果，发现冰鲜能有效地延缓鸡脯肉的腐败变质，鸡脯肉的货架期可以延长 10 d 左右。陈天及等（2015）分析冰温保藏鲫鱼的氨基酸含量，发现冰鲜鲫鱼的蛋白质易于消化吸收且风味口感更佳。冰鲜技术不仅可以弥补冷冻和冷鲜的不足，还可以有效保护食品风味。

12.3.2　基于电子鼻和电子舌分析冷藏方式对小香鸡烹饪品质的影响

电子鼻用于检测样品气味，电子舌用于检测样品滋味，仅依靠其一难以代表样品整体风味。本研究采集冷冻、冰鲜和冷鲜储藏小香鸡炖制汤汁的电子鼻和电子舌电极响应值，利用主成分分析法（principal component analysis，PCA）、荷载分析法（loads analysis method，LAM）和偏最小二乘（partial least square，PLS）法对汤汁的风味成分进行分析检测，为小香鸡保鲜提供技术参考。

生鲜鸡肉是典型的中式烹饪食材，本节选用小香鸡作为试验原料。将小香鸡分为冷冻组、冰鲜组和冷鲜组，分别置于−18℃、0℃和 4℃储藏室内备用。把储藏后的小香鸡炖制 2 h，借助电子鼻和电子舌测定其汤汁的电极响应值，再利用主成分分析法、荷载分析法和偏最小二乘法对汤汁的风味成分进行分析检测。最后结合感官评价进行偏最小二乘回归分析，判别小香鸡的新鲜度。研究方法细节参见文献（李双艳，2017）。

1. 电子鼻检测小香鸡汤汁挥发性气味变化

电子鼻（Iα-GENIMI 电子鼻，法国 Alpha MOS 公司）采用 T70/2、PA/2、P30/1、P40/2、LY2/Gh 和 LY2/gCTL 传感器。表 12-4 展示了电子鼻传感器的名称及其响应物质，对照表 12-4 分析图 12-7，发现电子鼻的 6 个传感器对小香鸡汤汁的风味成分响应明显，且不同储藏方式所得结果差别显著，说明电子鼻可以用于区分不同温度储藏条件下的样品。

表 12-4　电子鼻传感器名称及其对应的响应物质

传感器序号	传感器名称	敏感香气种类
1	T70/2	甲苯、二甲苯
2	PA/2	乙醇
3	P30/1	碳氢化合物、氨、乙醇
4	P40/2	氯
5	LY2/Gh	氨、胺化合物
6	LY2/gCTL	硫化氢

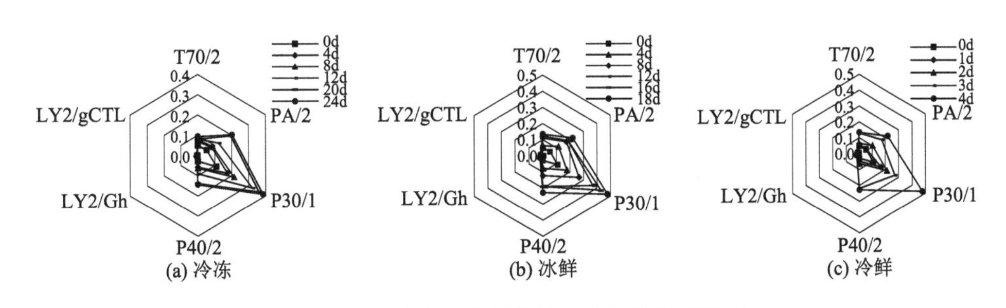

图 12-7　小香鸡汤汁挥发性气味变化的雷达图

主成分分析主要是对传感器响应值的特征向量矩阵进行数据转换和降维，然后对降维后的特征向量进行线性分类，并将分类结果以散点图的形式展现出来。

图 12-7 中电子鼻的 6 个传感器对小香鸡汤汁的风味成分有明显的响应。在 3 种冷藏方式下，苯类、胺类、醇类、碳氢化合物和氯浓度变化较显著，硫化物和氨、胺化合物等挥发性物质较稳定存在。冷鲜组汤汁储藏至 4 d 的响应值与冰鲜组 18 d 的响应值接近，冰鲜组汤汁储藏至 12 d 的响应值与冷冻组 24 d 的响应值接近，表明储藏温度越高，挥发性风味变化越明显。图 12-7（a）、（b）和（c）三图差别显著，说明利用电子鼻区分不同温度储藏条件下的样品是可行性的。

图 12-8 中的椭圆代表单一样品整体信息特征，图形距离的远近代表样品间气味差异的大小。综合了全部传感器的响应结果所提取的信息能够反映原始数据。PCA 方法可对其进行区分，冷冻组汤汁的挥发性物质成分区域几乎无重叠，储藏 4～20 d 内挥发性气味组成接近，可能是由于低温时微生物生长受抑制，气味变化不明显。第 24 d 时气味骤变，可能是脂肪氧化激增所致。储藏温度越高，挥发性气味变化越明显。由图判断，冷鲜、冰鲜和冷冻样品保鲜期分别在 3 d、4 d 和 20 d。

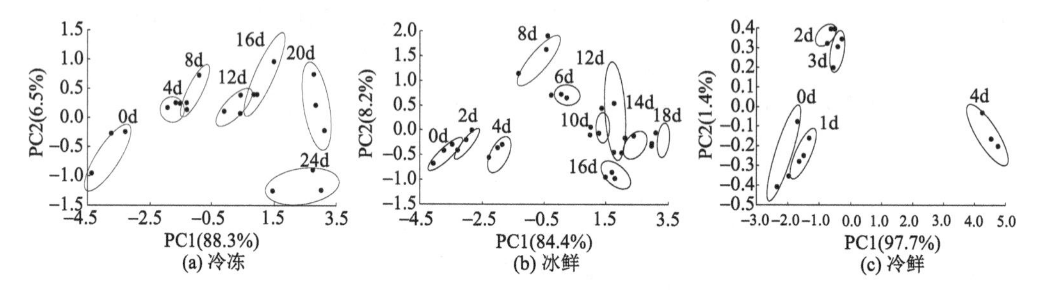

图 12-8　小香鸡汤汁挥发性气味变化的 PCA 分析

图 12-9 中 PC1 和 PC2 分别表示第 1 主成分与第 2 主成分，且据图中贡献比可知，样品挥发性气味中的碳氢化合物、氨类、氯和醇类物含量较高，苯类也占有一定比例。与冰鲜样品相比，冷鲜小香鸡汤汁中的挥发性苯类和氯化物等成分含量明显高。原因可能是随着保藏期的延长，小香鸡鸡肉新鲜度降低，蛋白质、脂类和碳水化合物等成分在内源酶或微生物的作用下，最终分解为氨、硫化氢、苯类和氨类等风味物质。

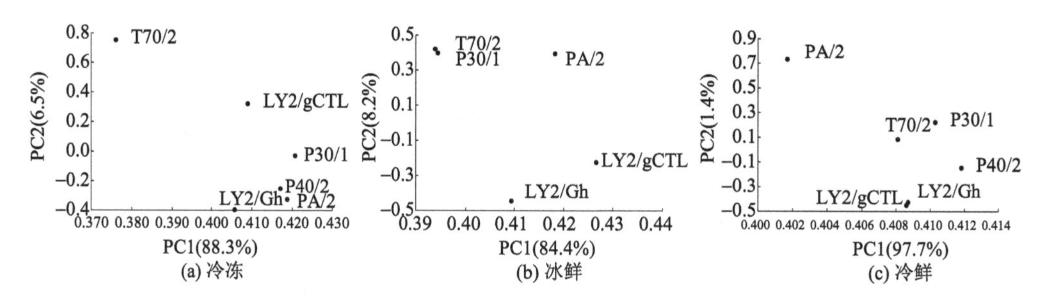

图 12-9　不同储藏条件下小香鸡汤汁挥发性气味变化的载荷分析

2. 电子舌检测小香鸡汤汁的滋味变化

电子舌（Insent SA402B，北京盈盛恒泰科技有限责任公司）的 0AAE、CT0、CA0、C00 和 AE1 传感器的响应特性分别为鲜味、咸味、酸味、苦味和涩味。

与电子鼻数据分析结果相比，图 12-10 的电子舌 PCA 分析发生品质拐点的时间略有不同，这是因为电子鼻检测时获取的样品信息主要来自鸡汤的挥发性和半挥发性物质，而电子舌检测时获取的信息来自鸡汤中的水溶性物质。

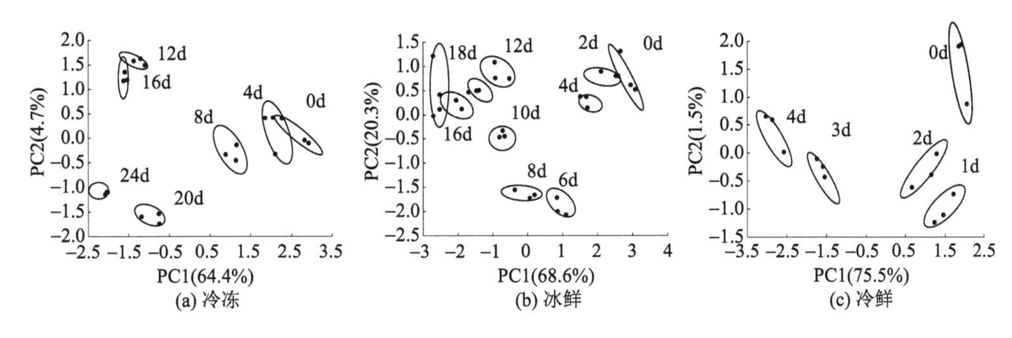

图 12-10　不同储藏条件下小香鸡汤汁滋味变化的 PCA 分析

3. 不同小香鸡汤汁感官评价结果

以小香鸡汤汁的气味和滋味为主要评价指标，权重分别为 50%，对其进行感官评价，具体评分标准见表 12-5。

表 12-5　小香鸡汤汁感官评价表

评价指标	权重	评分标准	得分
滋味	50%	口感醇厚，回味清甘	8～10
		鲜味不足，口感纯正	5～8
		口感清淡，回味不足，无异味	3～5
		无鸡汤鲜味或有异味	0～3
气味	50%	肉香味浓郁	8～10
		有明显鸡肉香味，但香味较淡	5～8
		肉香味较弱，无异味	3～5
		无鸡汤香味或有异味	0～3

在冷冻、冰鲜和冷鲜 3 种冷藏条件下，小香鸡风味变化趋势显著不同，这为采用感官评定法来区分三者提供了有利条件。感官评价如表 12-6 所示，可见对任意一种冷藏方式，随着储藏时间的延长，小香鸡汤汁的感官评分都呈下降趋势，其中冷鲜组的汤汁感官评分值的下降速率明显快于冷冻组和冰鲜组。

表 12-6　不同储藏条件下小香鸡的感官评分结果

储藏时间/d	冷冻（−18℃）	冰鲜（0℃）	冷鲜（4℃）
0	9.553±0.120[a]	9.553±0.120[a]	9.553±0.120[a]
1			8.283±0.237[b]
2		9.090±0.085[b]	7.497±0.205[c]
3			5.658±0.650[d]
4	8.157±0.199[b]	8.433±0.151[c]	4.383±0.329[e]
6		7.867±0.140[d]	
8	7.189±0.161[c]	7.470±0.356[e]	

续表

储藏时间/d	冷冻（-18℃）	冰鲜（0℃）	冷鲜（4℃）
10		6.997±0.144[f]	
12	6.873±0.237[d]	6.623±0.291[g]	
14		5.790±0.223[g]	
16	6.353±0.155[d]	5.311±0.110[h]	
18		4.643±0.251[i]	
20	5.673±0.051[e]		
24	5.338±0.131[e]		

注：数据右上角字母不同代表差异显著（$P<0.05$）。

4. 不同小香鸡感官评价与电子鼻、电子舌数据结果间的相关性分析

以不同储藏时间下小香鸡汤汁的实际感官评分为横坐标，电子鼻和电子舌预测结果为纵坐标，进行偏最小二乘法回归分析，结果如图 12-11 所示。

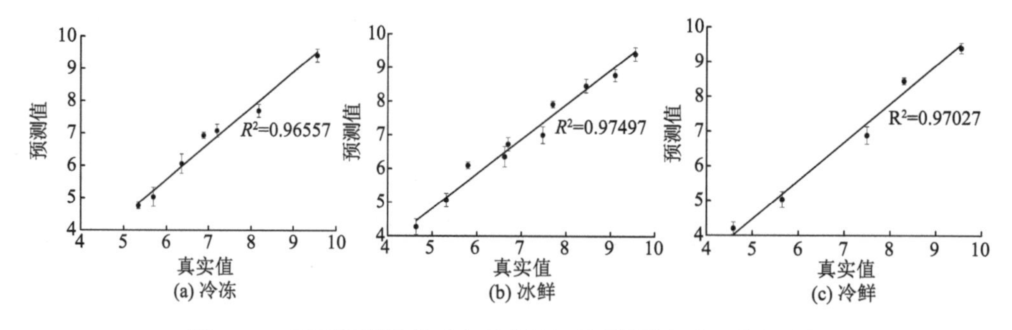

图 12-11　不同储藏条件下小香鸡汤汁的预测值与实际值拟合图

由上图分析可知，感官评价结果与电子鼻、电子舌所得结果有良好的重复性，电子鼻和电子舌均能较好地预测低温储藏小香鸡汤汁的品质。但电子鼻、电子舌比人为感官评价的辨识度更高，数据结果更精确、客观。

5. 货架期和保鲜期不同

电子鼻和电子舌的分析表明冷鲜（4℃）、冰鲜（0℃）小香鸡样品以烹饪成品品质确定的保鲜期为 3 d 和 4 d，而以微生物生长为指标的样品实测货架期则为 7 d、16 d（表 12-3），说明烹饪食材的品质控制中，不同品质的控制量是不协调的。各类食材品质中，与烹饪成品质量相关的品质最有价值。未来的烹饪产业需要建立这类品质标准。

12.4　烹饪后处理方式对烹饪品质的影响

菜肴烹饪结束至食用前会经历常温放置、冷热链配送及复热等后处理，整个过程

中食品品质时刻变化。本部分通过研究蒜薹及猪里脊肉在后处理过程中的品质变化，发现除烹饪过程外，菜肴品质很大程度上取决于储藏条件。本节内容主要来自文献（程芬，2019），并有修改。

12.4.1　常温储藏对菜肴的食用品质的影响

研究表明烹饪过程中蔬菜和肉类的品质都发生了改变（姜雯，2014；Astruc et al., 2015），其维生素、花青素等营养成分均有降低，很多情况下我们并不能立即食用烹饪成熟的菜品，如食堂就餐、家庭聚餐等。在放置储存过程中，烹后菜品的品质及营养成分受自身余温、环境等因素影响而变化，故最终摄入人体的营养与烹后即食菜肴营养不同。

试验时将猪里脊肉顺着纤维方向切割成 4 cm×4 cm×0.2 cm 的均匀肉片，使用极少量的透明耐热亲水胶体将两片肉片粘连，试验前恒温到 20℃使用。在蒜薹直径为 5 mm±0.02 mm 的部位切割成长度为 4 cm 的小段，现切现用。使用烹饪模拟装置模拟油炒得到终点成熟值分别为 17 min 和 0.5 min 的蒜薹和猪里脊肉，进而测定其在常温放置过程中的品质变化。烹饪后的蒜薹和猪里脊肉在放置过程中心温度变化如图 12-12 所示，其温度下降较为缓慢。测定仪器和细节方法参见文献（程芬，2019）。相关研究结果如下。

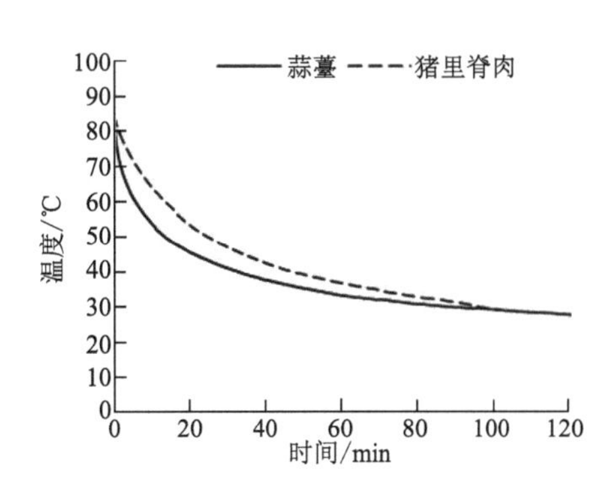

图 12-12　常温储藏时中心温度变化曲线

1. 烹后常温储藏时间对蒜薹及猪里脊肉中维生素的影响

蒜薹及猪里脊肉烹后常温储藏过程中的维生素含量随时间的变化如图 12-13（a）所示，烹饪结束后的前 0.5 h 内损失率较大，这是由于烹饪结束后菜肴余温较高，会对维生素造成持续破坏，而后续储藏温度逐渐降低，同时烹饪用油被吸入原料表层，食材与空气隔绝，维生素损失速率相应减小。维生素 C 在储藏过程中的损失率大于维生素

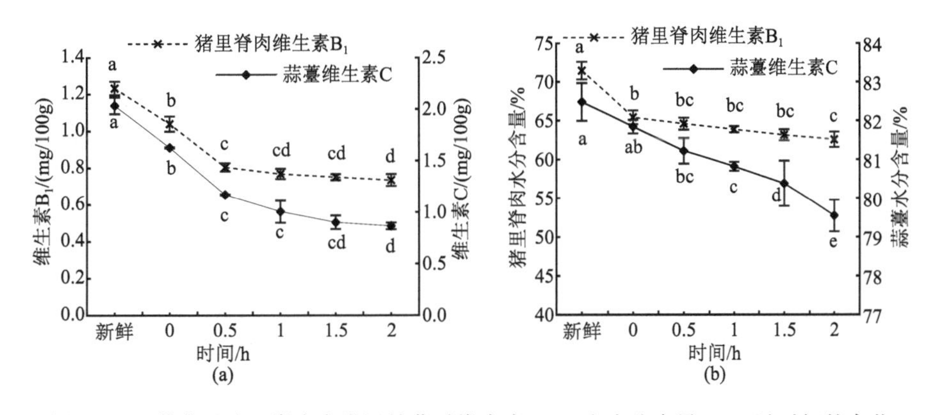

图 12-13　蒜薹及猪里脊肉在常温储藏时维生素（a）和水分含量（b）随时间的变化

B_1，除维生素 C 对温度的敏感性高于维生素 B_1 外，可能与两种食材质地结构有关，如放置过程中蒜薹会发生质地变软等现象，质构破坏通常伴随水分损失，这是引起维生素流失的重要原因之一。

烹后放置过程中维生素损失率甚至超过了烹饪过程的损失率，因为品质变化是在温度时间上的累积结果，烹饪过程中温度很高，但达到成熟所需时间较短，仅几十秒到几分钟，而放置过程虽是降温，整个过程时间较长，其累积损失反而更高。由此可见，烹饪结束后放置等过程产生的二次损失不容忽视。烹饪后即食是最好的饮食方式，可以摄取最多的热敏性营养。

2. 常温储藏时间对蒜薹及猪里脊肉中水分含量的影响

水分含量与菜肴的口感、嫩度等品质密切相关，蒜薹及猪里脊肉烹后常温储藏过程中的水分含量变化如图 12-13（b）所示。由图可以看出，烹饪后的猪里脊肉水分含量从 71.4%降至 65.4%，主要是因为高温条件下猪里脊肉所含水分剧烈蒸发。放置过程中水分下降幅度相对较小，这是因为温度及自由水比例的降低导致蒸发减弱。蒜薹中的水分含量在烹饪后续常温储藏过程中逐渐降低，可能是由于烹饪过程中蒜薹结构被破坏，导致水分持续流失。

3. 常温储藏时间对蒜薹及猪里脊肉失重率的影响

采用电子天平称量烹饪后及经储存放置后的样品质量，失重率计算公式如下：

$$失重率=\frac{m_{t_0}-m'}{m_{t_0}}\times 100\% \tag{12-15}$$

式中：m_{t_0} 是烹饪至刚好成熟时样品质量，g；m'是经储存放置后样品质量，g。

失重的产生与原料受热引起的水分及可溶性固形物流失等因素有关，烹后常温储藏过程中蒜薹及猪里脊肉的失重率变化如图 12-14（a）所示。水分含量损失是引起蒜薹及猪里脊肉失重的主要原因，失重率主要发生在烹饪过程及烹后常温储藏的前 0.5 h，整体变化呈上升趋势。

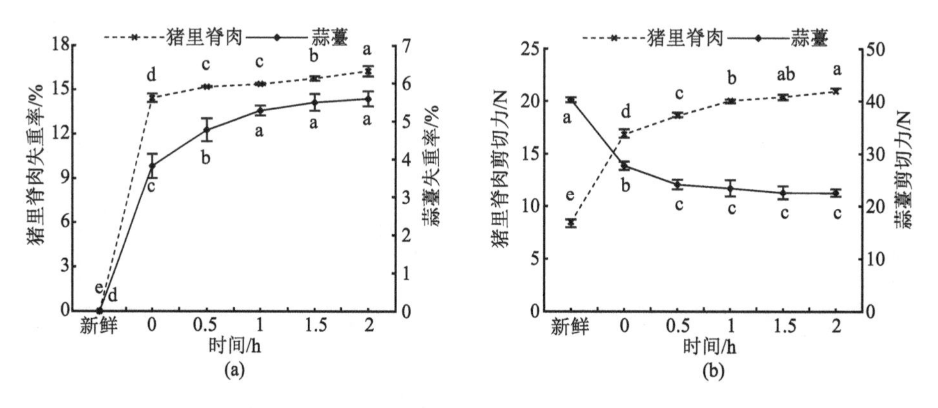

图 12-14　蒜薹及猪里脊肉在常温储藏时失重率（a）和剪切力（b）随时间的变化

4. 烹后常温储藏时间对蒜薹及猪里脊肉剪切力的影响

烹后常温储藏过程中蒜薹及猪里脊肉的剪切力随时间的变化如图 12-14（b）所示。生鲜猪里脊肉质地柔软，剪切力较小。烹饪加热破坏了猪里脊肉中的蛋白质空间结构，蛋白质溶解性降低，发生聚合、凝固和变性等，表现为猪里脊肉收缩变硬，剪切力升高。随着储存时间的延长，猪里脊肉的剪切力继续缓慢上升，这是因为较高的烹饪余温进一步导致水分含量降低，猪里脊肉收缩变硬，密度增大，剪切力随之增大。与猪里脊肉剪切力变化趋势相反，烹后蒜薹剪切力显著下降，这是果胶等长链大分子继续水解所致。烹后常温储藏中蒜薹剪切力稍有降低但变化不大。

5. 烹后常温储藏时间对蒜薹及猪里脊肉颜色的影响

菜肴的颜色与其品质变化关系密切，颜色差别对品质区分和预判具有重要作用。常温放置过程中蒜薹及猪里脊肉的颜色变化如图 12-15 所示。蒜薹和猪里脊肉的颜色变化主要发生在烹饪过程中，常温储藏对其影响较小。

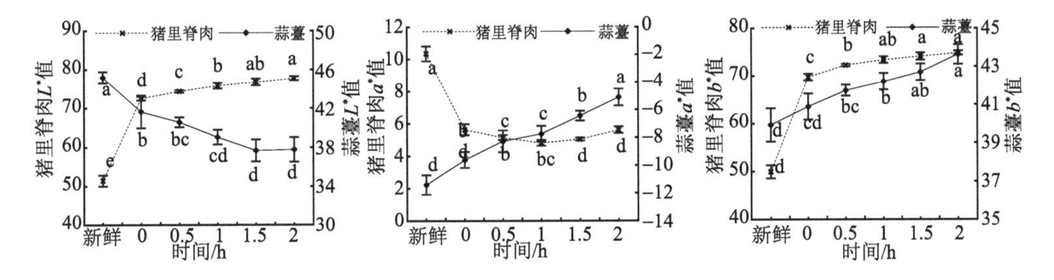

图 12-15　蒜薹及猪里脊肉在常温储藏时颜色随时间的变化

新鲜猪里脊肉为红色，a^*值越高，红色越深，肉类 a^*值与肌红蛋白含量呈正相关。烹饪后的猪里脊肉为浅褐色，a^*值由 10.35 降至 5.63，主要是由于高温使肌红蛋白变性失去原有的红色，由于烹饪过程中水分散失带走了部分色素，同时常温放置过程中未达到蛋白质变性所需温度，颜色稍有变浅，但整体变化不大。a^*值为负时表示原料呈现出绿色。在烹饪后放置过程中蒜薹表面颜色 a^*值和 b^*值呈增大趋势，L^*值减小，这是由于放置过程中发生了一定程度的褐变，使其黄褐色加深。

12.4.2　配送条件及复热对菜肴食用品质的影响

将食品的某一品质在烹饪过程中的损失量占烹饪前食品品质的比例定义为一次损失率，将烹饪后食品在后处理过程中（如放置、配送和复热等）产生的品质损失所占烹饪前食物品质的比例定义为二次损失率，表达式如下：

$$一次损失率=\frac{Q_0-Q_1}{Q_0}\times 100\% \tag{12-16}$$

$$二次损失率=\frac{Q_1-Q_2}{Q_0}\times 100\% \tag{12-17}$$

式中：Q_0是食品烹饪前的质量百分比；Q_1是食品烹饪后的质量百分比；Q_2是烹饪后的食品经一定后处理之后的质量百分比。

失重率计算公式如下。

按照 Wattanachant 等（2004）的方法，测定样品质量并计算，每个条件 3 组平行，公式如下：

$$\mathrm{CL}_t = \frac{m_0 - m_t}{m_0} \times 100\% \tag{12-18}$$

式中：CL_t是失重率，%；m_0是热处理初始时刻的样品质量，g；m_t 是热处理t时刻的样品质量，g。以嫩度仪测定蒜薹及猪里脊肉剪切力，由于油炒后原料外形会发生变化，因此猪里脊肉选取表面均匀平整的样品，沿肌肉纤维切割为4 cm × 2 cm × 0.4 cm小块后沿垂直肌纤维方向剪切；蒜薹切去两端，取中间长度2 cm的小段，垂直剪切。样品处理后置于载样台，剪切并记录，设置5组平行，计算求取平均值（夏建新等，2010）。

以 WSC-S 色差仪测定样品的 L^*、a^*、b^*值，每次选取样品表面不同位置重复测定 10 次并求平均值。猪里脊肉白度值 W 按下式计算（Ramirez-Suarez et al.，2006）：

$$W = 100 - \sqrt{(100 - L^*)^2 + a^{*2} + b^{*2}} \tag{12-19}$$

式中：L^*是亮暗度；a^*是红绿度；b^* 是黄蓝度。

食品品质变化规律一般符合零级或一级动力学反应模型（Rizvi and Tong，1997），以下公式为零级和一级动力学模型公式，用于分析在该条件下的各品质水平的损失速率。

$$C_{\mathrm{A}} - C_{\mathrm{A0}} = -kt \tag{12-20}$$

$$\ln\left(C_{\mathrm{A}}/C_{\mathrm{A0}}\right) = -kt \tag{12-21}$$

式中：C_{A} 是 t 时间的品质水平；C_{A0}是初始品质水平；t 是储藏时间，h；k 是在相应的储藏条件下各品质水平降低速率常数，h^{-1}。

按下式由损失速率 k 计算得到各品质水平降解的半衰期（$t_{1/2}$），以半衰期作为比较各品质水平变化速度的参数。

$$t_{1/2} = \frac{\ln 2}{k} \tag{12-22}$$

式中：k 是在储藏条件下品质水平降解速率常数；$t_{1/2}$ 是品质水平损失一半时所需要的时间。

菜肴品质变化是受热累积效果的综合体现，且多为不可逆转变。除烹饪过程外，菜肴品质与配送温度、配送时间等条件关系密切，不同配送方式对食品品质影响不同。试验表明，储运及复热过程中菜肴发生的品质劣变程度较大。与热链配送相比，冷链配送储藏更有利于菜肴品质的保持。随着储藏时间的增加，蒜薹及猪里脊肉品质会有不同程度的降低，如颜色劣变、剪切力和蒸煮损失增大、维生素含量降低等，热保藏过程中维生素损失甚至可以达到烹饪过程损失量的 2～3 倍。因此，以蒜薹或猪里脊肉为主要原料的菜肴，热链配送时间最好小于 0.5 h，如因时间有限等原因无法鲜烹即食时，优先选择冷链配送或选择配送时间较短的菜肴。

以蒜薹和猪里脊肉为原料，制样方法同 12.4.1 节，分别获取猪里脊肉在 140℃条件下加热到终点成熟值为 0.5 min 及蒜薹在 100℃条件下终点成熟值为 17 min 时所需加热时间，各独立测定 10 次，对所得终点成熟时间进行平均即为终点成熟时间。采用油浴模拟油炒过程，终点成熟时间进行热处理，达到加热时间后立即取出装入陶瓷盘内放置于 25℃培养箱中，分别储存 0 h、0.5 h、1 h、1.5 h、2 h 后取出测定蒜薹及猪里脊肉品质。

以中心终点成熟值为烹饪成熟度的统一标准，在试验室条件下模拟冷链及热链（采用商用保温箱）两种配送方式，对比其在配送及复热过程中的营养及感官品质变化。测定猪里脊肉和蒜薹在冷链和热链配送过程中的维生素 B_1、维生素 C、水分含量、剪切力和颜色变化，进行动力学模型拟合并计算半衰期。

结果表明：维生素 B_1（猪里脊肉）、维生素 C（蒜薹）、水分含量、剪切力和颜色在配送过程中变化的一级反应动力学的拟合系数大于零级动力学的拟合系数，因此以上指标在配送过程中的品质变化遵循一级动力学模型。测定仪器和细节方法参见文献（程芬，2019）。相关研究结果如下。

1. 配送条件对菜肴中心温度的影响

热链配送和冷链配送菜肴中心温度变化见图 12-16。鼓风冷却 50 min 左右菜肴中心温度降至 10℃，而置于保温箱中的样品经过 250 min 后中心温度依然维持在 30℃以上。

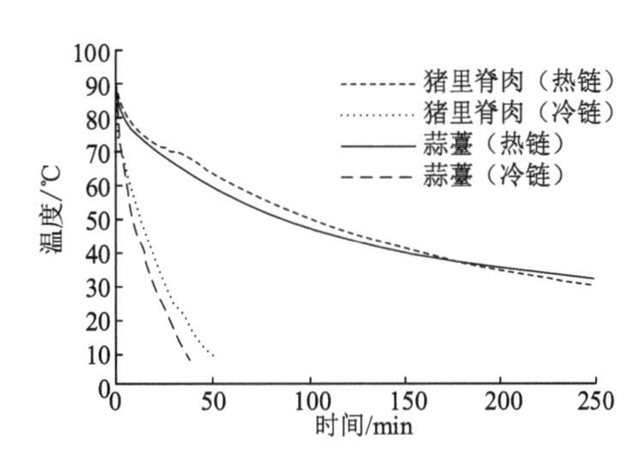

图 12-16　不同配送储藏过程中菜肴的中心温度变化

2. 配送条件及复热对蒜薹及猪里脊肉中维生素的影响

不同配送方式下各品质变化的测定结果见图 12-17（a）和（b）。将图 12-17（a）、（b）所示的猪里脊肉维生素 B_1 和蒜薹中维生素 C 在热链和冷链配送时的变化取对数值进行线性拟合及回归分析，根据公式求出半衰期，结果见表 12-7 及图 12-17（c），由结果可知：维生素 B_1 在热链和冷链配送时损失的半衰期分别为：2.82 h、277.26 h；维生素 C 在热链和冷链配送时损失的半衰期分别为：1.10 h、533.19 h。可见猪里脊肉和蒜薹热链配送时的维生素 B_1 和维生素 C 损失速度比冷链配送分别快约 98 倍、484 倍。

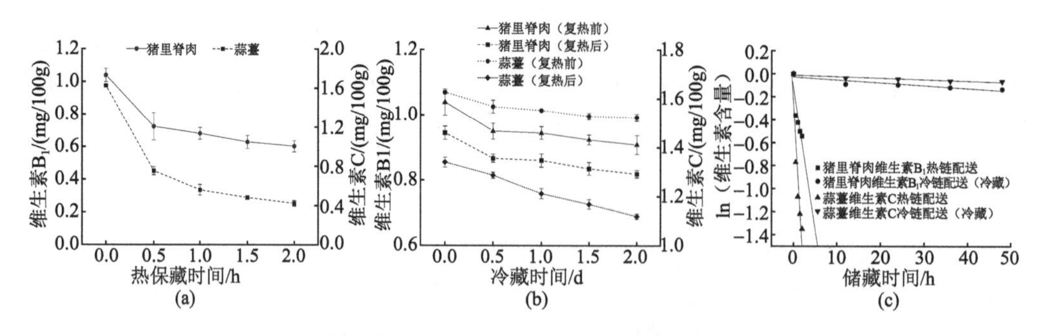

图 12-17　样品在热链配送（a）、冷链配送过程和复热（b）的维生素 C 和维生素 B_1 变化及它们的对数图（c）

表 12-7　蒜薹及猪里脊肉在配送过程中品质变化的动力学分析

材料	配送方式	品质	动力学方程	拟合系数 R^2	降解速率常数 k/h^{-1}	半衰期 $t_{1/2}$/h
猪里脊肉	热链	维生素 B_1	y=-1.2×10^{-1}–2.5×10^{-1}x	0.8049	–0.2461	2.82
		水分含量	y=-6.1×10^{-2}–9.2×10^{-2}x	0.6765	–0.0923	7.51
		剪切力	y=9.2×10^{-3}+1.2×10^{-1}x	0.9863	0.1156	6.00
		L^*	y=1.0×10^{-3}+1.4×10^{-2}x	0.9524	0.01420	48.81
		a^*	y=9.0×10^{-2}–1.2×10^{-1}x	0.3692	–0.1208	5.74
		b^*	y=3.4×10^{-3}–1.9×10^{-1}x	0.7886	–0.1939	3.57
		W	y=2.0×10^{-4}+1.4×10^{-2}x	0.9514	0.01400	49.51
	冷链	维生素 B_1	y=-2.8×10^{-2}–2.5×10^{-3}x	0.8127	–0.0025	277.26
		水分含量	y=3.3×10^{-3}–6.0×10^{-4}x	0.9071	–0.0006	1155.25
		剪切力	y=8.7×10^{-3}+4.6×10^{-3}x	0.9749	0.0046	150.68
		L^*	y=-2.8×10^{-3}+1.4×10^{-3}x	0.9549	0.0014	495.11
		a^*	y=8.9×10^{-3}+4.3×10^{-3}x	0.9745	0.0043	161.20
		b^*	y=-1.7×10^{-2}–1.4×10^{-2}x	0.9948	–0.0144	48.14
		W	y=-2.7×10^{-3}+1.4×10^{-3}x	0.9580	0.0014	495.11
蒜薹	热链	维生素 C	y=-2.5×10^{-1}–6.3×10^{-1}x	0.8553	–0.6293	1.10
		水分含量	y=1.9×10^{-3}–1.3×10^{-2}x	0.9735	–0.0133	52.12
		剪切力	y=1.2×10^{-1}–3.8×10^{-1}x	0.8803	–0.3794	1.83
		L^*	y=-1.5×10^{-2}–1.2×10^{-1}x	0.9463	–0.1218	5.69
		a^*	y=1.3×10^{-1}–7.6×10^{-1}x	0.8620	–0.7587	0.91
		b^*	y=3.2×10^{-2}+1.8×10^{-1}x	0.9615	0.1772	3.91
	冷链	维生素 C	y=-1.1×10^{-2}–1.3×10^{-3}x	0.8822	–0.0013	533.19
		水分含量	y=-3.0×10^{-4}–1.0×10^{-4}x	0.7593	–0.0001	6931.47
		剪切力	y=-3.6×10^{-2}–5.0×10^{-3}x	0.9092	–0.0050	138.63
		L^*	y=-1.1×10^{-2}–1.3×10^{-3}x	0.8822	–0.0013	533.19

续表

材料	配送方式	品质	动力学方程	拟合系数 R^2	降解速率常数 k/h^{-1}	半衰期 $t_{1/2}$/h
蒜薹	冷链	a^*	y=-6.8×10^{-2}–5.9×10^{-3}x	0.8059	–0.0059	117.48
		b^*	y=-2.1×10^{-2}–3.7×10^{-3}x	0.9467	–0.0037	187.34

在热链配送时（0.5～2 h），维生素 B_1 和维生素 C 的二次损失率（25.62%～35.42%、43.01%～59.24%）比冷链配送时（6～48 h）的二次损失率（含冷藏和复热两部分，14.00%～17.89%、14.10%～24.97%）高接近 2 倍，按式（12-16）计算出复热后的维生素 B_1 和维生素 C 损失率（7.75%～8.27%、11.21%～19.90%）分别占冷链配送二次损失率的 40%、80%。

3. 配送条件及复热对蒜薹及猪里脊肉中水分含量的影响

将图 12-18（a）、（b）所示的菜肴水分含量在热链和冷链配送时的变化取对数值进行线性拟合及回归分析，结果见表 12-7 及图 12-18（c），根据公式求出半衰期，由结果可知：猪里脊肉在热链配送、冷链配送时水分含量品质水平下降的半衰期分别为：7.51 h、1155.25 h；蒜薹在热链配送、冷链配送时水分含量品质水平下降的半衰期分别为：52.12 h、6931.47 h。猪里脊肉和蒜薹热链配送时的水分含量损失速度比冷链配送分别快约 154 倍、133 倍。而热链配送时的水分变化对一级反应拟合系数较低，可能是因为水蒸气在菜肴外部的餐盒盖上冷凝后滴至表面而影响测定结果，蒜薹在冷链配送时拟合系数较低，可能是由于表面组织加热时被破坏（唐丽丽，2010）和干耗现象（贾丽娜，2015）使水分损失变化规律改变，因此也导致蒜薹在复热时的水分损失比猪里脊肉更严重。

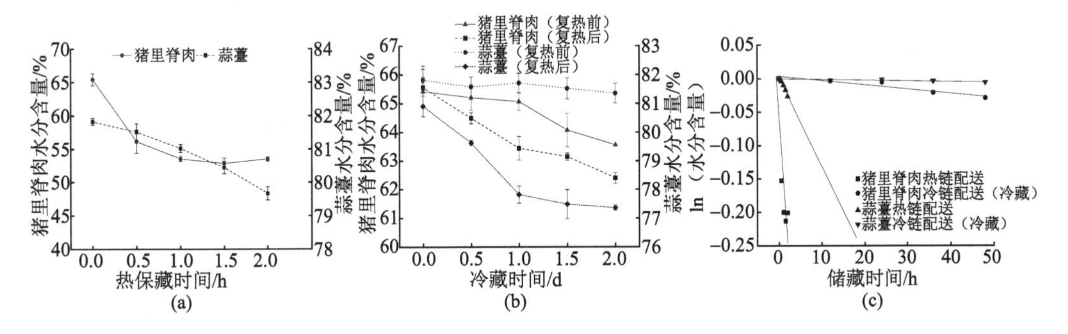

图 12-18　样品在热链配送（a）、冷链配送过程和复热（b）的水分含量变化及对数图（c）

水分会直接影响菜肴口感和嫩度等感官品质。由图 12-18（a）、（b）可见配送及复热会使菜肴水分含量降低，猪里脊肉热链配送过程中余热使肌原纤维蛋白收缩和胶原蛋白变性，自由水蒸发损失，持水性降低（José et al.，2015）。

4. 配送条件及复热对蒜薹及猪里脊肉失重率的影响

将图 12-19（a）、（b）所示的菜肴失重率在热链和冷链配送时的变化取对数值进行线性拟合及回归分析，结果见表 12-8 及图 12-19（c），根据公式求出半衰期，由结果可知：猪里脊肉和蒜薹的失重率在配送时的变化与零级动力学模型拟合性较好，但与一级动力学模型拟合度也很接近，这与余冰妍等（2018）测定的猪里脊肉油炒时的失重率变化趋势一致。猪里脊肉在热链配送、冷链配送时失重率变化的半衰期分别为：3.83 h、103.94 h；蒜薹在热链配送、冷链配送时失重率的半衰期分别为：0.81 h、82.31 h。由此可见猪里脊肉和蒜薹热链配送时的失重率上升比冷链配送分别快约 27 倍、102 倍。

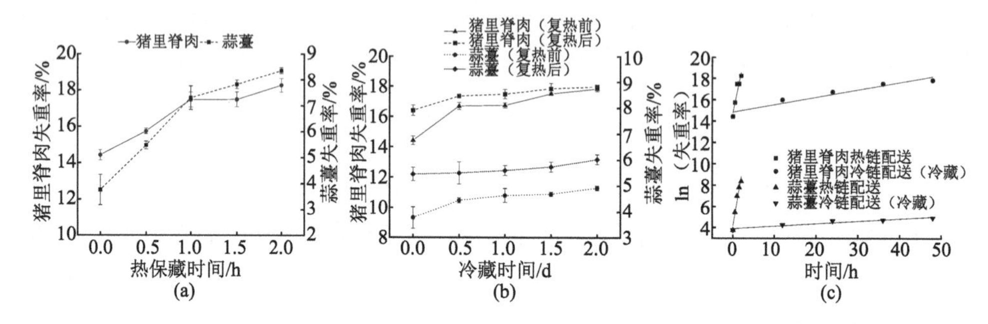

图 12-19　样品在热链配送（a）、冷链配送过程和复热（b）的失重率变化及对数图（c）

表 12-8　蒜薹及猪里脊肉在配送过程中失重率变化的动力学分析

材料	配送方式	零级			一级	
		k/h^{-1}	相关系数	半衰期 $t_{1/2}$/h	k/h^{-1}	相关系数
猪里脊肉	热链	1.8833	0.9111	3.83	0.1153	0.9009
	冷链	0.0694	0.9370	103.94	0.0043	0.9219
蒜薹	热链	2.3080	0.9511	0.81	0.3907	0.9017
	冷链	0.0229	0.9241	82.31	0.0053	0.9073

由图 12-19（a）、（b）可见，蒜薹及猪里脊肉在热链配送时的失重率会增加 5 个百分点左右，这与陈艳萍等（2019）的研究规律类似。冷链配送时，放入冰箱前的冷却过程中失重率增加较快，而在冷藏过程中变化不大，与文献（李汴生等，2014）中莴笋失重率趋势一致，菜肴复热后的失重率相对鲜烹时增加 2%～4%，与水分含量变化接近。

5. 配送条件及复热对蒜薹及猪里脊肉剪切力的影响

将图 12-20（a）、（b）所示的菜肴剪切力在热链和冷链配送时的变化取对数值进行线性拟合及回归分析，结果见表 12-7 及图 12-20（c），根据公式求出半衰期，由结果可知：猪里脊肉在热链配送、冷链配送时剪切力变化的半衰期分别为：6.00 h、150.68 h；蒜薹在热链配送、冷链配送时剪切力变化的半衰期分别为：1.83 h、138.63 h。由此可见猪里脊肉和蒜薹热链配送时的剪切力品质损失速度比冷链配送分别快约 25 倍、76 倍。

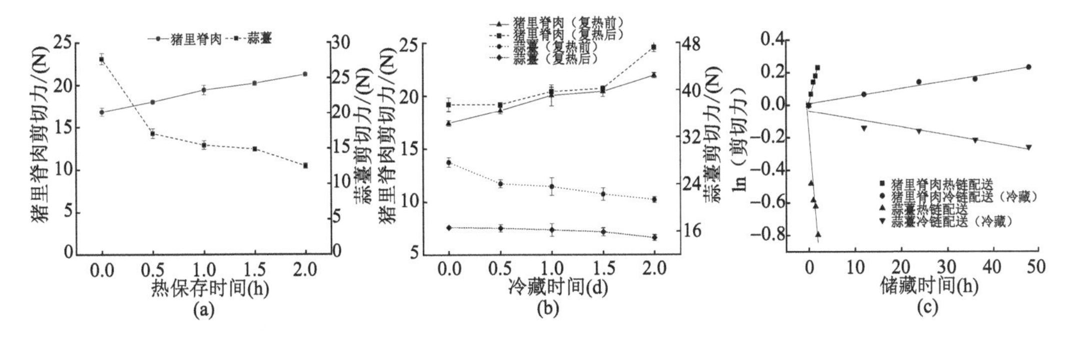

图 12-20　样品在热链配送（a）、冷链配送过程和复热（b）的剪切力变化及对数图（c）

复热前后菜肴硬度变化与菜肴结构有关（张晓银，2014）。图 12-20（a）显示了猪里脊肉在热链配送时剪切力上升，主要原因为肌原蛋白变性使肉质变嫩、变硬，以及肌纤维蛋白受热收缩造成持水性降低（José et al.，2015；黄明等，2009）；由图 12-20（b）可见，蒜薹复热后剪切力下降，原因是蒜薹细胞结构在加热和冷藏过程中都会受到不可逆破坏（唐丽丽，2010；李素清等，2014），这与研究（姚佳等，2013）中果蔬产品储藏的硬度变化趋势相近。

6. 配送条件及复热过程对菜肴颜色的影响

将图 12-21（a）～（h）所示的菜肴颜色在热链和冷链配送时的变化取对数值进行线性拟合及回归分析，结果见表 12-7 及图 12-21（i）～（l），根据公式求出半衰期，由结果可知：猪里脊肉 L^*、a^*、b^*、W 值在热链配送时的半衰期分别为：48.81 h、5.74 h、3.57 h、49.51 h，而在冷链配送时半衰期分别为 495.11 h、161.20 h、48.14 h、495.11 h；蒜薹的 L^*、a^*、b^*在热链配送时的半衰期分别为：5.69 h、0.91 h、3.91 h，而在冷链配送时半衰期分别为 533.19 h、117.48 h、187.34 h。由此可见猪里脊肉和蒜薹热链配送时的颜色品质（L^*、a^*、b^*、W；L^*、a^*、b^*）损失速度比冷链配送分别快约 10 倍、28 倍、13 倍、10 倍；94 倍、129 倍、48 倍。

由图 12-21（a）～（d）可见：猪里脊肉热链配送时 L^*、W 值呈上升趋势，而 a^*值先上升后下降，可能是由于当菜肴刚结束烹饪时温度较高，在保温箱中菜肴降温速度较慢，发生蛋白质变性和美拉德反应，这也导致 a^*值的拟合系数较低。蒜薹热链配送时 L^*下降，a^*值和 b^*值显著上升，蒜薹表面绿色对温度敏感，在热保藏 1 h 时已褐变严重。图 12-21（e）～（h）显示猪里脊肉和蒜薹在冷藏过程中颜色变化较小，蒜薹复热后仍然能保持部分的绿色色泽。

本节对油炒猪里脊肉和蒜薹以相同成熟值为基准取样，模拟菜肴在热链配送和冷链配送的实际情况，探究各品质变化规律，并进行动力学分析，通过半衰期比较品质损失速率，为选择外卖方式提供参考。结果表明：维生素 B_1（猪里脊肉）、维生素 C（蒜薹）、水分含量、剪切力、颜色等在配送时的变化规律遵循一级动力学模型，失重率变化遵循零级动力学模型。

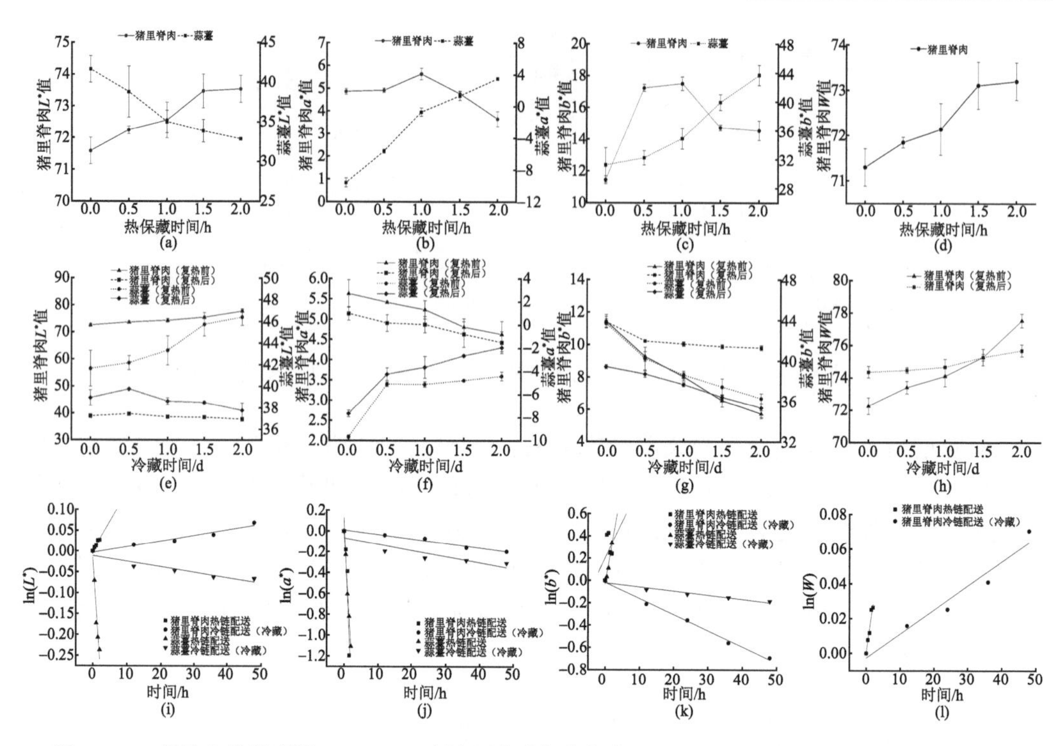

图 12-21　样品在热链配送（a～d）、冷链配送过程和复热（e～h）的颜色变化及对数图（i～l）

综上可见：①菜肴中的各品质在配送过程中的变化遵循零级或一级动力学模型；②菜肴在热链配送时营养损失速率明显更快；③维生素 C 比维生素 B_1 对温度更敏感，因此蔬菜类菜肴等维生素 C 含量较高的菜肴更适宜用冷链配送；④菜肴热敏性营养成分在复热时的损失不可忽视，后续还可以开展复热工艺优化，降低冷链配送菜肴的营养损失；⑤建议菜肴大规模配送时，如中央厨房、中小学营养餐配送等优先选用冷链配送，更能保障消费者营养摄入。

通过菜肴在冷链和热链配送过程中品质变化规律的动力学分析和对比，可以看出菜肴营养品质的保持情况在冷链配送时优于热链配送，即使热链配送时长仅 0.5 h，菜肴中热敏性营养损失也高于冷藏 2 天的冷链配送。因此在无法保证菜肴在烹饪结束后立刻送给消费者食用的情形下，冷链配送的方式对外卖配送菜肴的营养保持更有利，同时也更适合应用于团餐配送、学生营养餐等场合。

12.5　烹饪后处理杀菌概述

将烹饪产品加工为长架寿包装食品有巨大的市场需求，加热灭菌技术是加工长架寿烹饪食品的难点和关键点。传热学和动力学同时是烹饪热处理和烹饪成品热杀菌技术的核心理论基础，本节是本章随后两节及第 13 章的研究背景介绍。

12.5.1　杀菌技术

1. 传统热力杀菌技术

1）技术概况

1804 年尼古拉·阿贝尔发明的密封罐藏技术应用成功，形成了第一种工业杀菌技术——高压杀菌釜杀菌技术，200 年来得到广泛应用。20 世纪 20～40 年代，Ball、Bigelow 等在研究中将微生物致死动力学和传热学结合起来，奠定了该方法的理论基础。该技术的本质是通过传热介质对流加热密封包装食品，使其最冷点达到有害微生物热力致死条件。商业无菌受到一系列强制性和非强制法规的限制，如《食品安全国家标准 罐头食品》（GB 7098—2015）、《食品安全国家标准 罐头食品生产卫生规范》（GB 8950—2016）等标准。

按照美国食品药品监督管理局（Food and Drug Administration，FDA）要求，食品的热力杀菌规程不能由企业随意制定，而应由“杀菌权威”（process authority）协助制定。对于杀菌权威，美国给出的解释是：由某些拥有专家和一定的实验设备的公司及被公认的有热力杀菌知识的个人，按一定的科学程序，获得足够多的数据，才可以制定热力杀菌规程。

热力杀菌仍是主要的食品杀菌方式，其杀菌方式大体可以归纳为以下几种（漳州中罐协科技中心，2014）。

按杀菌温度来分：有巴氏杀菌、低温杀菌、高温杀菌、高温短时杀菌。

按杀菌压力来分：可分为常压杀菌、加压杀菌。

按罐装食品容器在杀菌过程中的进釜方式来分：可分为间隙式和连续式。

按加热介质来分：可分为蒸汽杀菌、水杀菌（全水式、淋水式等）、汽/气/水混合杀菌。

按容器在杀菌过程中的运动状况来分：可分为静置式和回转式杀菌。

我国杀菌设备的硬件制造技术，如热力容器制造、介质的驱动与温控等技术与西方先进技术并没有代差。但是，硬件制造技术只是杀菌技术的一部分。杀菌技术的另一核心技术是设计热力杀菌规程，即杀菌式的制定。我国在这一领域与西方有较大差距，导致我国自行制定规程的热力杀菌产品的质量较差，而采用西方制定工艺的出口杀菌产品则相对质量较好。

2）热力杀菌规程的制定

热力杀菌有两个主要目的：将食品中的微生物杀死，达到“商业无菌”的状态；完成烹调过程，将食品煮熟调味获得更好的“商业价值”，即有良好的形态、色、香、味等感官指标（漳州中罐协科技中心，2014）。制定热力杀菌规程的具体过程包括以下几步。第一步：按产品 pH 和水分活度来界定杀菌温度；第二步：确定高温短时还是低温长时；第三步：感官预试杀菌；第四步：试样热穿透测试；第五步：试样风味与杀菌强度优选。笔者认为这一流程有可商榷之处。

文献（漳州中罐协科技中心，2014）中介绍热力杀菌规程制定的部分仅 5 页，所述方法有“拷贝”法、经验估算法、计算法、查 LR 表估算法、“专家师傅”法等，所介绍的热穿透实验法没有具体操作方法。而文献（杨邦英，2009）中比较详细地介绍了罐头杀菌时间及 F 值的一般计算法，有可操作性，但其中的 F 值积分还在使用原始的剪纸称重法。这类方法需要大量重复实际杀菌试验，使用昂贵的专用热处理计值仪器并需受过专门培训的人员才能完成，代价较高。实际上，这是国外 20 世纪 20 年代肇始，40 年发展起来的方法，与当前国际上普遍使用的数值模拟-优化计算法相比存在巨大的技术代差。与美国相比，我国缺少自己的“杀菌权威”。

3）热力杀菌的工艺优化

热力杀菌工艺优化是热处理工艺优化的一种，与前述烹饪热处理工艺优化基于相似的底层原理。

不同种类的单一或复合食品在杀菌中所需要的杀菌时间和温度不尽相同，但杀菌中的温度和时间不容易准确掌握。为保证食品安全，很多企业都选择长时间的高温保温以达到杀菌安全性，而过高的加热强度导致产品滋味、颜色、口感的不良变化（夏文水，2007），甚至失去可食用性。由于罐头产业规模巨大——人均年消费量达 10 kg（美国 90 kg，日本 23 kg，中国 1.6 kg），因此罐头杀菌技术得到广泛研究（赵晋府，2007）。近几十年来，食品工程领域热杀菌技术不断进步，如软包装技术、梯度升温技术、回转杀菌技术、喷淋杀菌技术的应用，使得这一传统技术得到进一步扬长避短，技术水平得到提升。但是该技术产生品质热破坏的缺陷仍然无法完全避免，这是由该方法原理所决定的。减少热力杀菌的品质损失是杀菌热处理研究的重点。

2. 超高温杀菌技术

1）超高温杀菌的定义

超高温杀菌就是通过高效换热使食品处于 135～150℃下加热 2～8 s，按以上杀菌条件处理后产品达到商业无菌要求的杀菌过程（涂顺明等，2004；高福成，1997）。这一杀菌温度比相对低酸性食品常规杀菌中采用的 100～135℃高 20～40℃，因此称为超高温。而对于酸性食品，常规杀菌方法中采用 60～100℃的杀菌温度，而在超高温杀菌设备中进行杀菌时，加热温度可能在 80～135℃，温度也高 20～40℃，因此超高温是一个相对的概念。要达到 135～150℃下加热 2～8 s 以上杀菌条件，同时食品又不会因过热产生品质破坏，其技术关键是精准快速加热和快速冷却。

2）超高温杀菌高效换热的实现

按照液体物料与加热介质直接接触与否，超高温杀菌工艺可以分为直接式和间接式加热法两类。

直接式加热超高温杀菌过程是采用高温纯净蒸汽直接与待杀菌液体物料混合接触，物料瞬间被加热到 135～160℃，然后通过闪急蒸发瞬间降温，并实现进入液体食品加热蒸汽量和闪急蒸发时蒸发量的平衡。具体的方式包括注射式和喷射式，前者将高压蒸汽注射到杀菌物料中，后者物料与蒸汽逆流流动接触混合。

间接式加热超高温杀菌过程是通过采用高压蒸汽和高压水为加热介质，热量经过壁面传递给物料。间接式加热超高温杀菌的换热器的传热效率至关重要。常用的超高温换热器包括片式换热器、套管式换热器、刮板式换热器等。

直接式加热和间接式加热超高温杀菌有着不同的温度变化规律，由图 12-22 可以看出两者的不同。直接式加热超高温杀菌实现了瞬间加热和冷却，食品品质的热破坏更小，但也存在加热蒸汽成为食品成分的问题。

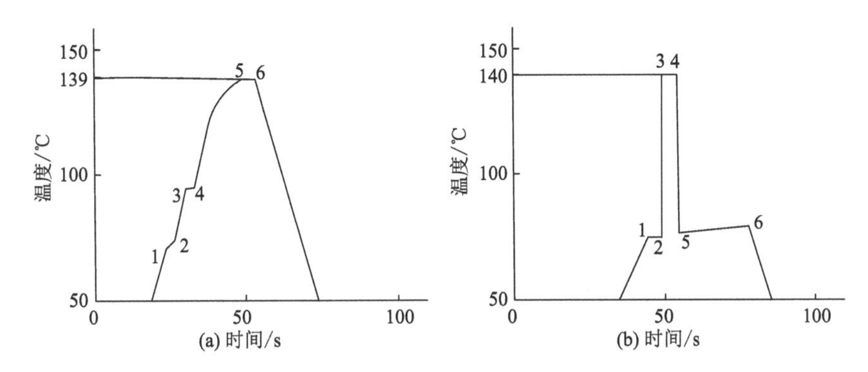

图 12-22　间接式加热（a）和直接式加热（b）超高温杀菌的温度变化曲线（Hallström et al.，1988）

3）无菌包装系统

经过超高温杀菌的食品达到了商业灭菌要求，在后面的包装、流通和销售过程中不允许受到任何微生物污染，因而无菌包装是超高温杀菌必需的后续工艺。20 世纪 60 年代 Loelinger 和 Regez 开创的双氧水软包装材料杀菌技术为无菌工艺的大规模工业应用奠定基础（徐守渊，1986）。此后无菌包装技术不断发展。目前已经开发了纸、塑料、金属罐、玻璃瓶等包装材料的无菌包装系统。根据不同的包装形式，包装材料的杀菌方法也不同。纸容器和塑料容器一般采用双氧水杀菌方法。同时，无菌包装设备空间在生产前彻底灭菌及无菌空气发生以形成无菌环境也是无菌包装的基本技术条件。经过多年的发展，无菌包装技术已相当成熟。

无菌包装必须具备以下三个基本条件：①食品达到商业灭菌条件；②包装材料和包装容器彻底灭菌；③装填过程必须保持无菌环境。

无菌包装具有以下优点：①容器与食品分别灭菌，食品品质不受容器形状和大小的影响，因此可以具有丰富的包装形式，也可以采用大型包装；②通常低温装填，食品和容器没有经历共同的高温加热过程，因此容器成分很少进入食品中。但一般无菌包装系统的一次性研发投资很高，运行过程中若被细菌污染，要对全系统进行重新灭菌，会降低生产效率和成品得率。

无菌包装主要针对液体和高黏度液体，近年来开发了含有固形物的液体状食品无菌包装系统，但目前应用不多（涂顺明等，2004）。

4）无菌工艺

食品加工中采用超高温短时杀菌结合无菌包装称为无菌工艺，其具有显著的优点：①食品感官及营养品质好；②采用无菌包装工艺，可以自由选择包装材料的尺寸和形状，避免杀菌后食品再污染；③快速换热提高了能量利用率；④自动化程度高，操作人员少（Ramaswamy et al.，1997）。应该注意到，无菌工艺的最大优势和主要发展动力在于其产品品质的提高。

中文文献中一般认为无菌工艺是英国于 1956 年首创，在 1957～1965 年间大量的品质及微生物变化动力学基础理论和技术应用研究发展后才投入生产，最早的无菌工艺成套设备是荷兰 Stork 公司率先研制的，首先用于超高温灭菌乳（涂顺明等，2004）。但在北美文献中，通常认为早在 1927 年 Ball 指导美国罐头公司开发了用于乳饮料生产的加热、装填、冷却（heat，fill，cool，HFC）无菌工艺，因此实际上 Ball 才是无菌工艺的首创者。20 世纪 40 年代北美出现的 Avoset 工艺和 Martin-Dole 工艺（Ramaswamy et al.，1995）也是无菌工艺。

无菌工艺经过数十年发展已臻于成熟，在食品杀菌中尤其是液体食品杀菌中获得广泛应用，发展出多种多样的技术形式，成为主流杀菌技术。该技术对人类的食品生产和消费形式产生了重大的影响，同时该技术的发展促进了热杀菌的理论研究，使杀菌动力学取得了长足的进步。

但是无菌工艺也存在以下问题（Lund，1977）：①难以钝化耐热酶；②设备一次性投资较大；③产品类型限制于流体食品；④为了达到无菌条件，系统的启动很复杂。

3. 液体-颗粒食品无菌工艺

1）概况

液体食品超高温杀菌工艺应用成功后，人们很自然地希望将这一技术拓展到固体食品加工上。为此各国研究者进行了长期大量的探索和研究，提出了各种技术方法和新颖巧妙的研究手段，使液体-颗粒无菌工艺不断发展。目前该技术已在酸性液体-颗粒食品杀菌中得到应用，参见图 12-23。

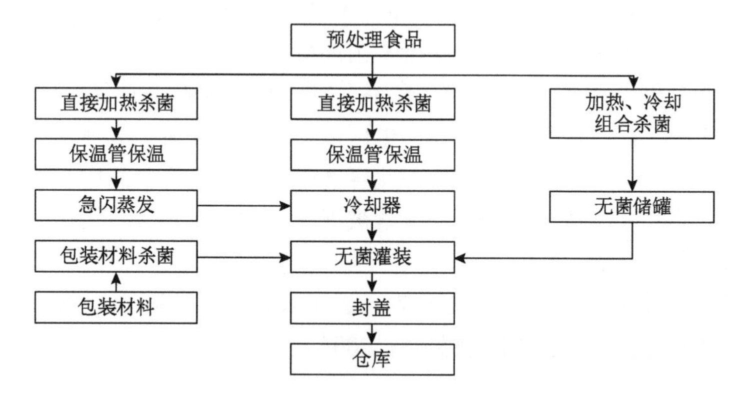

图 12-23　无菌工艺系统流程图（Ramaswamy et al.，1997）

由于该技术的核心过程是液体与颗粒的两相流动与传热，过程复杂。食材颗粒复杂多样的组织和外形、高黏度非牛顿液体流变特性、加工中食品热物理性质的变化（如加热过程中食品的边界层移动、热物性的温度依赖性等）、运动颗粒的温度测量等难点影响无菌工艺的理论计算和实验验证，使其技术难度远远超过液体食品无菌工艺和传统杀菌技术。液体-颗粒食品无菌工艺很大程度上依赖于数学模型，其研究水平和技术复杂程度在食品工程中是比较突出的，一些研究即使在化学工程上也是新颖和独特的。

从文献数量上看，该技术研究从 20 世纪 70 年代开始，在 90 年代达到高峰。由于该技术的主要目的——用于低酸性固体食品的高品质杀菌长期未得到工业应用，近年来研究数量有减少的趋向，一些长期从事该领域研究的学者开始转向研究非热杀菌技术。

中国在这一技术领域的研究基本是空白。该技术发展过程中，液体-颗粒食品的流体力学、传热学、杀菌学、品质变化动力学、过程优化以及颗粒的速度及浓度测量技术、温度测量技术都得到较大发展，为本书的 FUHT 杀菌研究提供了最直接的理论和方法基础。

2）液体-颗粒食品无菌工艺种类

现有的液体-颗粒食品无菌工艺包括间隙式工艺和连续式工艺。

a. 间隙式工艺

间隙式工艺包括英国安培威公司（APV）的 Jupiter 系统和 Steripart 系统（Single-Flow Fraction-Specfic Thermal Processing，Single-Flow FSTP）（Hermans，1991；Dennis，1992）。

APV Jupiter 系统将载流在传统热交换器中加热至无菌状态，而颗粒被装入一个双锥无菌工艺杀菌釜（double cone aseptic processing vessel，DCAPV）中，杀菌釜中注入一定压力蒸汽，双锥无菌加工杀菌釜回转，在釜中运动的颗粒被蒸汽加热达到超高温杀菌条件（Herson and Shore，1981）。加热初期，蒸汽冷凝有助于提高传热效率。然后用无菌空气取代蒸汽，釜内加入载流，通过夹套水冷杀菌釜，颗粒和载流被冷却后排出双锥无菌加工杀菌釜进入无菌包装工序。

Steripart 系统也称为单流定比热处理（Hersom and Shore，1981），是荷兰斯托克（Stork）公司发展的一种颗粒无菌工艺技术。通过特殊设计的筛网或者螺旋送料器来调节液体-颗粒流动中颗粒的停留时间，分离大颗粒和小颗粒，控制颗粒和流体比例或大颗粒和小颗粒的比例，由此使液体、大颗粒和小颗粒分别获得最理想的温度变化。

工艺中液体-颗粒混合物通过一个或多个选择性保持截面（selective holding sections，SHS）来调节颗粒在流动中的保持时间。选择性保持截面可以让流体或小颗粒通过，而大颗粒被截留。

有两种类型的选择性保持截面：一种是回转保持装置（rota-hold device），即齿桨。齿桨缓慢旋转使大颗粒被截留，经过回转输送到出口释放，而液体能够自由流动。这种方式只能够处理两种固定的固液比。另一种是螺旋保持装置（spiral-hold device），内部有螺旋送料器，由顶部喂料，底部出料，通过调节螺旋送料器的叶片厚度及级数来调整固液比和颗粒停留时间等液-固分离特性。

该系统能够解决液体-颗粒无菌工艺中难以控制的停留时间分布问题，但长期处于中试状态，未见投入工业应用。

b. 连续式工艺

间隙式杀菌颗粒食品的无菌工艺不是研究和发展的主流，研究和应用都很少。绝大多数研究集中在连续式液体-颗粒无菌工艺上。连续式液体-颗粒无菌工艺在一般文献中直接被称为液体-颗粒无菌工艺。

连续式工艺包括连续式液体-颗粒无菌工艺和液体-颗粒欧姆杀菌工艺，在连续式液体-颗粒无菌工艺中，液体与颗粒搅拌混合后进入管道共同流动，在刮板表面换热器（scraped surface heat exchanger，SSHE）中被加热，然后在保温管（solding tube）中保温，产品冷却，最后经过无菌包装得到成品。液体-颗粒混合物的组成及特性（如固液比、液体流变学特性、固液相对密度差等）应能保证混合物流动。

液体-颗粒欧姆杀菌工艺与连续式液体-颗粒无菌工艺的区别为是否采用欧姆加热器。从原理上说欧姆加热器是体积加热，可以使液体和固体均匀加热，达到超高温杀菌条件，从根本上解决液体-颗粒无菌工艺对流传热系数难以计算的问题。但实际上，由于很难实现液体和颗粒完全相同的电导率，液-固温度不均匀仍然会导致液体-颗粒对流换热和颗粒内部热传导。脂肪等电导率很低的食品不能应用该技术。同时当物料电导率不均匀时，很难通过理论计算确定最冷点，导致杀菌参数计算和工艺验证困难。另外为了使颗粒与液体同步流动，载流黏度通常较高，加速了电极结垢，也导致了技术上的困难。

3）连续式液体-颗粒无菌工艺的工艺流程、数学模型和研究体系

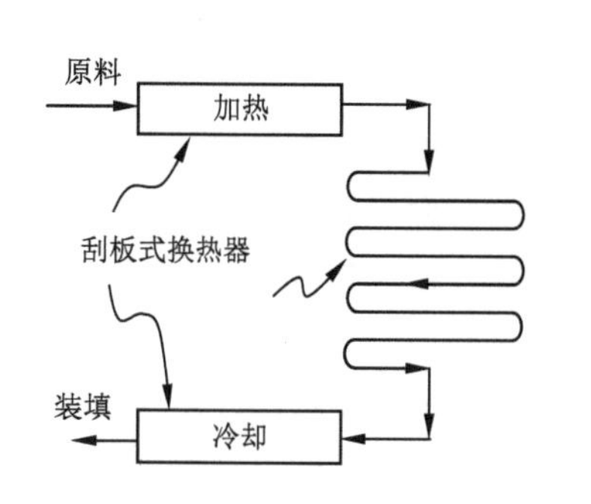

图 12-24　连续式液体-颗粒无菌工艺系统示意图（Ramaswamy et al.，1997）

通常可以将连续式热流体无菌工艺及连续式流体颗粒无菌工艺分为六个要素：被杀菌的产品、流动控制、产品加热、保温管、产品冷却和无菌包装（Ramaswamy et al.，1997）。图 12-24 为连续式液体-颗粒无菌工艺系统示意图。

在液体超高温杀菌技术中引入固体颗粒后，重点要解决的问题包括：①颗粒在液体中的均匀分布及其在工艺中的完整性保持；②以最小的品质损失达到商业杀菌条件。第一个问题可以采用刮板式换热器、管式换热器和正位移泵解决（Ruyter and Brunet，1973）。但是在解决第二个问题时遇到了很大的困难。运动颗粒的中心温度无法测定，使杀菌验证无法像杀菌釜杀菌或液体超高温杀菌那样通过温度记录来完成，导致杀菌过程验证高度依赖于数学模型或者 TTI 技术。由于后者只能进行纯粹验证，无法进行预测和分析，因此数学模型的应用成为连续式液体-颗粒无菌工艺的关键。

目前已有多种估算含颗粒低酸性食品的致死率的数学模型/计算机仿真方法（Dail，

1985；Chandarana and Gavin，1989；Larkin，1989；Dignan et al.，1989；Heldman，1989；Chakrabandhu and Singh，2002；Ramaswamy and ZareiFard，2000）。相关数学模型是一系列传热学-动力学方程，总结计算过程见图 12-25。必须指出的是，该示意图无法表达各计算之间的复杂关联。例如，换热会影响液体-颗粒系统的流体力学性质，对保留时间分布计算产生影响。

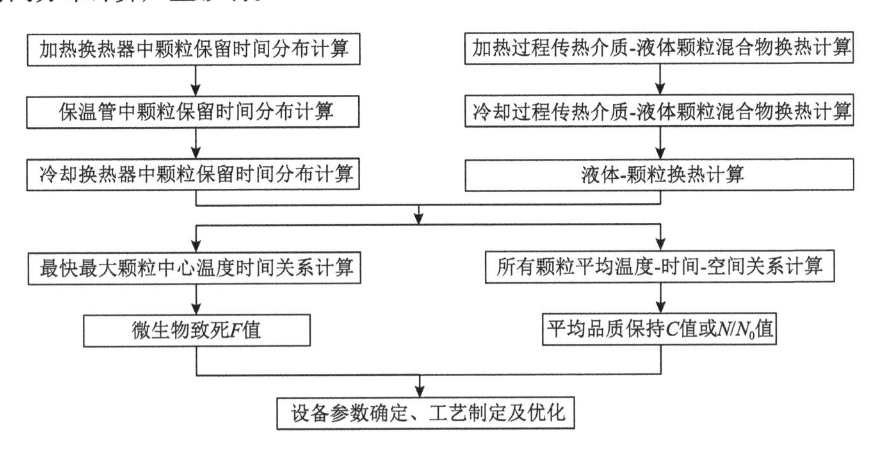

图 12-25　连续式液体颗粒无菌工艺计算流程图

由于杀菌的数学模型的复杂性，在建立过程中都进行了必要的简化，或者忽略一些次要因子，或者合并一些过程。但不管采用哪种计算方法，两个重要的参数是计算的关键，即液体-颗粒的对流传热系数 h_{fp} 和颗粒在液体中运动的停留时间分布（RTD）。准确计算或测量 h_{fp} 和 RTD 直接关系到 F 值即平均 C 值的计算，从而关系到连续式液体-颗粒无菌工艺的设备参数计算及工艺的确定和优化。遗憾的是，目前这两个重要的参数都没有能够准确测量或者理论预测的方法。

液体-颗粒无菌工艺是一个各自规律相互独立又在总体上密切相关的多个部分组成的系统研究体系，液体-颗粒无菌工艺研究体系如图12-26所示。固体食品流态化超高温杀菌技术研究除了不需要 RTD 研究之外，也可使用该体系。

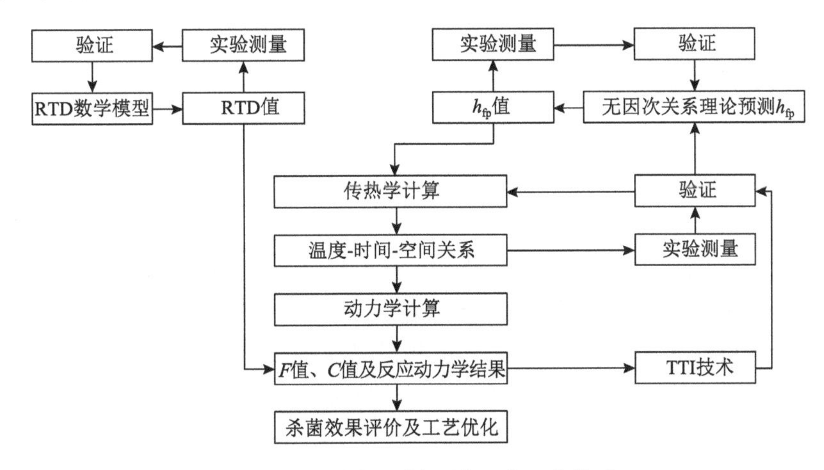

图 12-26　液体-颗粒无菌工艺研究体系

12.5.2 烹饪后处理杀菌技术的选择

1. 主要杀菌技术

目前烹饪后处理可选择杀菌技术主要包括以下三类：①杀菌釜杀菌；②液体颗粒无菌工艺；③非热杀菌技术。

杀菌釜杀菌对流换热形成的非稳态会产生明显的温度不均匀，因此存在加热强度大、食品品质破坏严重、能耗较高和生产周期长的缺点。虽然近几十年来，该技术不断发展，软包装技术、回转杀菌技术、等压杀菌技术、梯度升温技术、喷淋杀菌技术陆续应用，但该技术的基本缺陷仍然存在，这是由该方法的原理所决定的。

近60年来，涌现出许多不同于杀菌釜杀菌的新技术，且其杀菌效果具有明显优势。这些技术吸收了其他学科发展的技术成果，通过热、电、声、光、磁、膜等技术手段进行食品杀菌，通常称为现代杀菌技术，也称为先进杀菌技术（alternative sterilization technologies）。被FDA列入研究对象的先进杀菌技术包括微波和射频（microwave and radio frequency）、欧姆和电感加热（ohmic and inductive heating）、高压处理（high pressure processing）、脉冲电场（pulsed electric field）、电弧（high voltage arc discharge）、脉冲强光（pulsed light）、振荡磁场（oscillating magnetic fields）、紫外线（ultraviolet light）、超声（ultrasound）和X射线（X-rays）。应该注意到，FDA列出的先进杀菌技术具有两个特点：第一，这些方法能够直接杀死微生物；第二，这些方法都已经过较长时间的发展和较深入的研究。其实，膜过滤除菌技术、激光杀菌技术、电解杀菌技术等现代杀菌技术（涂顺明等，2004）也应该列入先进杀菌技术的目录。

非热杀菌技术在近20年来得到迅速推广和应用，相关的杀菌动力学计算也因此得到发展（Peleg，1999）。这一技术包括高压杀菌、脉冲电场、脉冲强光、膜过滤除菌等方法，由于可以在低温下完成杀菌或除菌操作，避免了对热敏性品质因子的破坏，在加工热敏性物料时有着巨大的优越性。但是非热杀菌技术也存在着自己的技术缺陷，如难以杀死细菌芽孢，杀菌强度大时温度易升高等，限制了其应用范围，尤其是在低酸性长架寿固体食品加工方面，非热杀菌技术难以获得应用。应该指出的是，一些食品通常需要加热后食用，如大多数肉类和谷物，并不适合冷加工。有必要全面考察烹饪杀菌技术，考察对烹饪后处理杀菌的适用性。

2. 主食固体食品杀菌的意义和特点

1）主食固体食品概念的提出

固体食品和半固态食品是食品的主要形态，包括凝胶状食品、组织状食品、多孔状食品和粉体食品。人类摄取营养的主要来源，如主食米饭、面食、肉、蔬菜都是凝胶状固体食品（李里特，2001）。从杀菌学的角度考察凝胶状固体食品，可以将具有高水分活度（$A_w > 0.9$）、低酸性（pH > 4.6）特点的固体食品称为主食固体食品。大多数烹饪成品属于主食固体食品。

2）主食固体食品的杀菌学特征和意义

长架寿主食固体食品的热杀菌指标微生物是耐热芽孢杆菌和梭状芽孢杆菌的芽孢，如肉毒梭状芽孢杆菌（*Clostridium botulinum*）、嗜热脂肪芽孢杆菌（*Bacillus stearothermophilus*）、生孢梭菌（*Clostridium sporogenes*）的芽孢。这些耐热芽孢对各种杀菌手段有强耐受力。

中国饮食有“食不厌精，脍不厌细”的传统，除了米饭、面食是固体食品外，菜肴大多是颗粒体积较小的固体食品。主食食品经过工业加工即成为方便食品，如将中国传统菜肴通过先进杀菌方法加工成为可以长期保藏的高品质包装食品，对提高食品工业水平、推进传统食品工业化及促进国民饮食方式的发展进步都有重要意义。主食食品方便化的一个基本要求就是产品必须具有较长的保藏期，通常应达到三个月到一年以上，即长架寿。而长架寿产品必须达到商业灭菌条件。因此，长架寿主食食品的杀菌要求是必须杀灭耐受性强的芽孢。

3）液体食品和固体食品杀菌的不同及其内在原因

相对固体食品杀菌，液体食品的杀菌无论在理论计算还是技术实践上都容易得多。这是液态食品与固态食品基本物理性质不同造成的。液体食品在组成上通常是均质的，其杀菌相关的物理性质，如导温系数、电导率、介电常数等，是均匀的。传递过程是工程单元操作的基础，液态食品能够通过对流来完成热量、动量、质量的传递，使过程物理量的变化梯度减小，温度等关键控制参数更为均匀，容易实现稳态传递。

多数固体食品来源于动植物组织，常常是非均质食品，因为即使相同的品种也存在同一个体内部的不均匀以及个体之间的差异。因此，与杀菌相关的物理性质常常也是不均匀的，导致杀菌关键过程控制参数波动，如电导率和介电常数在固体食品内的不均匀导致在欧姆杀菌和微波杀菌过程中的温度分布不均匀。由于固体食品的内部传递过程不存在对流，一般是非稳态的，这意味着杀菌关键控制参数的计算通常是非线性的，这大大增加了计算的复杂性。而杀菌过程需要执行强制安全标准，准确地进行杀菌计算是工业杀菌所必需的。同时，固体食品的输送和传递相对困难，增加了过程的复杂性。

从技术原理、设备制造、技术经济各方面来说，几乎所有现代杀菌技术都更适用于液体食品。例如，高压杀菌技术、脉冲电场杀菌技术、欧姆杀菌技术、超声杀菌技术都对液体食品更为有效，更不要说仅仅能够处理液态食品的膜技术了。

3. 长架寿主食固体食品杀菌技术分析

1）主要的现代食品杀菌技术

表 12-9 总结了主要的现代食品杀菌技术的手段、原理及应用。处理长架寿主食固体食品的杀菌方法及技术关键在于杀灭耐热细菌芽孢，达到商业灭菌要求。由表 12-9 中列出的杀菌技术可以发现，序号 1～7 的技术主要用于保鲜，通常只能够杀灭致病微生物，有效降低腐败菌群数量，但无法杀灭耐热细菌芽孢。除电离辐射杀菌技术（序号 11）

外，这些技术大多更适用于液体食品，或者只能适用于液体食品。序号 8、9 的技术只能应用于液体食品，因此序号 1～9 的技术基本没有处理长架寿主食固体食品的可能。应该指出的是，在各种先进杀菌技术中，普遍将颗粒食品悬浮在液体食品中，从而扩展其技术应用范围，但是固体食品的尺寸大小、相对密度（实际上是与液体的相对密度差）、固液比受到限制，而且只能获得液体固体混合物形式的最终产品。

表 12-9　主要的现代食品杀菌技术的手段、原理及应用（涂顺明等，2004；Farkas and Hoover，2000；高福成，1997）

序号	现代杀菌技术	技术手段	杀菌原理	应用
1	高压脉冲电场杀菌	20～80 kV 脉冲高压电场	破坏细胞膜的通透性	仅应用于保鲜，主要用于液体食品
2	高压电弧放电	＞25 kV/cm 电场产生电弧作用于食品	自由基氧化破坏，冲击波破坏，细胞膜破坏	液体食品巴氏杀菌，产生电解产物，应用受限制
3	超声杀菌	16 kHz～1000 MHz 超声波通过	空化作用产生局部高热、高压杀灭微生物	液体食品保鲜
4	紫外线	100～280 nm（通常 24 nm）照射	DNA 破坏	食品表面和透明包装材料杀菌
5	脉冲 X 射线	100～1000 次/s，每次 5～30 ns aW 脉冲	DNA 和细胞质膜破坏	试验研究，用于保鲜
6	脉冲强光杀菌	170～2600 nm，0.01～50 J/cm^2 强烈白光闪照	蛋白质和核酸破坏	透明物料包装的食品表面以及食品保鲜
7	振荡磁场	5～50T，5～500 kHz 磁场处理	蛋白质失活	实验研究阶段
8	液体食品直接式超高温杀菌	液体食品高效换热加热	热致死	广泛工业应用
9	液体食品间接式超高温杀菌	液体食品注入高温蒸汽	热致死	广泛工业应用
10	高压杀菌	100～1000 MPa 超高压	酶失活、细胞膜破坏、DNA 破坏、蛋白质变性	已经有工业应用，投资较高，芽孢杀灭困难
11	电离辐射	200 keV～5 MeV 电子束或 γ 射线或 X 射线照射	蛋白质电离损伤，DNA 断裂，自由基氧化破坏	受到食品法规限制，仅在少数场合使用
12	微波杀菌	2.458 Hz 和 915 Hz 电磁波	热致死，电穿孔等非热致死效应尚不明确	广泛工业应用
13	欧姆杀菌	电流通过食品电阻产热杀菌	热致死，电流的非热致死效果不明确	小范围工业应用
14	固体食品直接式超高温杀菌	液体-颗粒混合物注入高温蒸汽	热致死	实验研究
15	固体食品间接式超高温杀菌	液体-颗粒混合物刮板式换热器加热	热致死	实验研究，酸性颗粒食品的工业应用

2）现代杀菌技术的优势和局限

a. 高压杀菌技术

高压杀菌技术又称为高压处理技术（HPP）、高静压（high hydrostatic pressure，HHP）技术、超高压（ultra high pressure，UHP）技术，即通过 100~1000 MPa 的高压处理杀死食品中的大部分或全部微生物（Gervilla et al.，2000），达到保藏食品的目的。高压使微生物致死的机理主要是破坏其细胞膜和细胞壁，使蛋白质凝固，抑制酶的活性和 DNA 等遗传物质的复制（Silva et al.，2002；Kornblatt and Kornblatt，2002）。HPP 对共价键影响较小，因而对食品品质，尤其对营养、色泽品质破坏较小，而对组织影响相对较大。HPP 过程与食品的体积和形状无关，因此适用于各种食品处理，但在处理固体食品时需要液体传递压力。HPP 具有杀菌温度低、灭菌效果好、食品风味和营养素保存好等优点，非常适合已包装食品和高价值食品的杀菌。经过近 30 年的发展，在日本、美国和欧洲的一些发达国家，超高压杀菌技术已应用于部分食品的商业化生产（Sonne et al.，2013）。

目前，国内一些文献在介绍 HPP 时，认为 HPP 能够以很高的杀菌品质处理几乎所有的食品。实际上，HPP 难以处理长架寿主食固体食品。因为通过 HPP 杀灭耐压微生物芽孢存在着原理和技术经济上难以逾越的障碍。

压力增加会导致 HPP 设备成本急剧上升，且昂贵设备必须具有一定的生产效率来保证技术经济合理性，通常认为有商业价值的 HPP 设备压力不宜超过 800 MPa，操作时间应该小于 20 min，操作温度应为常温。分析表 12-10 可以看出，HPP 杀灭芽孢的条件难以满足这一基本要求，因为其压力、温度、操作时间总有一项超过。

表 12-10　HPP 杀灭细菌芽孢的条件

芽孢菌	杀菌效果	初始浓度/（个/mL）	操作压力/MPa	杀菌时间/min	杀菌温度/℃	文献
C. sporogene PA3679	杀灭	10^5	1400	5	54	
C. sporogene PA3679	杀灭	10^5	800	5	75	
C. sporogenes	5 对数周期		680	60	室温	
C. sporogenes PA3679	杀灭	8.4×10^2	900	10	30	Ramaswamy and Zareifard，2000
B. cereus	杀灭	4×10^5	200→900	1 min→1 min	20	
Bacillus licheniFormis	杀灭	6×10^6	800	3	60	
B. stearothermophilus	杀灭	4×10^5	800	3	70	

为解决 HPP 杀菌难以杀灭芽孢的问题，发展了两级压力处理和热压协同工艺（synergistic process）。通过一级压力处理使芽孢激活，然后通过二级压力处理杀死全部微生物，但是存在加工时间过长的问题，其理论依据已被实验证实。Rovere 等（1996）研究热压协同效应后，提出 108℃/800 MPa 是最有效的热压协同 HPP 工艺，该条件下 D 值为 0.695 min，而单纯热处理条件下 D 值为 13.3 min，但这一工艺的实现有

技术上的困难。首先是如何在如此高的压力下进行热交换（一般压力升高 100 MPa，食品温度仅提高 3℃左右）。同时，要使食品中心的最冷点达到 108℃/8.34 min（=12*D*），对固体食品而言需要相当长的传热时间。热压协同 HPP 工艺可能对液体食品有效，但用在固体食品上存在技术上的困难。另外，目前还没有连续式高压杀菌技术设备，间接式工艺效率较低，加上设备投资昂贵，用于加工数量巨大但附加值低的主食固体食品存在技术和经济困难。

b. 电离辐射杀菌技术

电离辐射（ionization radiation）杀菌技术是通过电子束、X 射线或 γ 射线照射食品，通过破坏 DNA 及产生自由基而使微生物致死，使食品达到杀菌条件的方法。其中，X 射线和 γ 射线对食品的穿透深度达到 60～400 cm，电子束的穿透深度也达到 5 cm。该方法具有明显的技术优势：①可以实现冷杀菌；②杀菌效果较好，容易调整杀菌强度；③可以在包装状态下进行杀菌处理；④可以在同一条件下进行连续大量处理，生产控制、过程管理简单。从这些技术优点来看，电离辐射杀菌似乎是适合于长架寿主食固体食品杀菌的。

限制该方法应用于长架寿主食固体食品的主要原因是安全因素和食品化学因素。1980 年，国际原子能机构（IAEA）、联合国粮食及农业组织（FAO）、世界卫生组织（WHO）的联合专家委员会提出："实际平均辐照剂量不超过 10 kGy 的范围内，各种辐照食品不存在放射线辐照的安全性问题"（施培新，2004）。

按照辐射强度将食品的电离辐射杀菌分为三个种类（涂顺明等，2004）：①1～7 kGy：降低食品中的细菌数量，延长保藏期；②3～10 kGy：杀死所有致病菌，显著降低食品中的细菌数量，达到卫生消毒目的；③20～50 kGy：杀死芽孢以及所有微生物，达到商业灭菌要求。

能够满足安全要求的中剂量处理（1～10 kGy）难以杀灭耐辐射细菌芽孢，而高剂量处理（20～50 kGy）食品的安全问题目前还没有得到一致的肯定结论。目前，高剂量处理仅仅用于生产需要完全无菌的病患者食品。另外，辐射后会产生营养、色泽、风味的食品化学变化，其中"辐照臭"是突出的问题。高剂量处理后，辐照臭非常明显，会严重影响消费者大量和长期食用的主食食品商业价值。

c. 欧姆杀菌技术

欧姆杀菌的特征是采用欧姆加热作为杀菌热源。欧姆加热（ohmic heating）也称为焦耳加热（Joule heating）、电阻加热（electrical resistance heating）和电导加热（electroconductive heating），可以定义为：以加热为主要目的，电流直接通过食品，热量以内能的形式产生在物料和其他物料内部的技术（Mermelstein，2001）。具体过程是：具有一定黏度（可含颗粒）的液体食品经泵输送到欧姆加热器中，以垂直于电场的方向流过欧姆加热柱，物料在 2 min 内被加热到所需温度，在该温度下保温 30～90 s，达到所要求的灭菌强度，然后快速冷却、无菌包装。一般认为，欧姆杀菌的致死机理与热致死机理相同。一些研究表明电场的非热致死效果会产生有限作用，但是没有得到研究者一致认可。

欧姆杀菌具有如下优点：①以体积加热方式处理食品液体和颗粒，升温快速均匀，热破坏小；②液体和颗粒之间温度差异很小，产品的安全水平更高；③不存在传热表面，降低了设备结垢的可能性，设备连续运行时间长；④移动部件少，维护费用低。

英国电力研究和发展中心开发了欧姆杀菌技术，拥有世界范围内的特许权利。APV 公司是唯一一家授权生产商业化欧姆加热设备的公司。欧姆加热系统能够单独或者组合为更加复杂的杀菌系统或者热装罐生产线。目前商业规模的系统已经达到 75～300 kW 的输出功率，杀菌温度升至 75℃时加工能力可达 750～3000 kg/h。

限制欧姆杀菌技术用于主食固体食品的原因有：①只能加工液体-颗粒混合物，并且颗粒的大小和液体黏度受到悬浮流动要求和电极间距大小的限制；②主食固体食品常常存在电导率不均匀的现象，如肉中肥肉和瘦肉电导率相差很大，电流优先通过电导率较大的瘦肉，导致肥肉杀菌不足，影响了欧姆杀菌技术的应用；③液体-颗粒混合物的欧姆加热冷点难以确定，给杀菌计算带来困难；④欧姆杀菌采用的电极可能会产生金属溶出，污染食品；⑤电压过大的情况下，可能会在食品局部形成电弧，产生焦煳味。

该技术目前主要用于高黏度液体食品超高温杀菌。尽管液体-颗粒混合食品的欧姆杀菌研究较多，目前尚未见应用于商业生产的报道。

d. 微波杀菌技术

使用 2458 MHz 和 915 MHz 电磁波穿透食品，使食品加热达到杀菌条件。微波杀菌技术已在长架寿主食固体食品高品质杀菌中应用，这里进行相对详细的介绍。

微波加热产生的热量与微波的频率和功率、食品的介电常数、介质损耗系数、食品在微波场中的空间位置等因素有关。其中，食品的介电常数、介质损耗系数是具有温度依赖性的。为保证微波加热的均匀性，食品在加热过程中是运动的，因而在微波加热过程中食品空间内的温度分布高度复杂。

微波杀菌微生物致死机理研究表明，微波杀菌的主要致死因素是热效应。但是近年来关于微波杀菌非热效应的研究表明存在非热效应（non-thermal effect），如微生物的选择性加热（selective heating of microorganisms）、电穿孔（electroporation）、细胞膜破裂（cell membrane rupture）、电磁耦合导致的细胞自溶（cell lysis due to electromagnetic energy coupling）（Heddleson and Doores，1994）。但研究者承认，微波加热过程中的非热效应难以定量和测量。同时，目前尚未发现抗微波的致病菌和腐败菌。也就是说，微波杀菌中的动力学计算完全可以参考热杀菌动力学参数（Heddleson and Doores，1994）。

与传统的对流加热杀菌方法相比，微波杀菌具有明显的技术优势。首先，微波加热速度快，与对流加热相比，能够更快达到杀菌条件。由图 12-27 可见，在达到相同 F 值的情况下，微波杀菌对食品的品质破坏小得多。其次，微波加热是体积加热，加热较均匀，杀菌品质也较均匀，可以有效地提高具体杀菌品质，而对流加热杀菌中会出现明显的表面过热。

微波杀菌的技术局限表现在：①虽然微波加热比对流加热更加均匀，但是对流加热可以通过不稳定传热计算得到准确的温度分布和冷点位置。而微波加热的不均匀性却很难用数学模型描述，因为微波加热的温度空间分布与食品的组成、形状、尺寸、运动

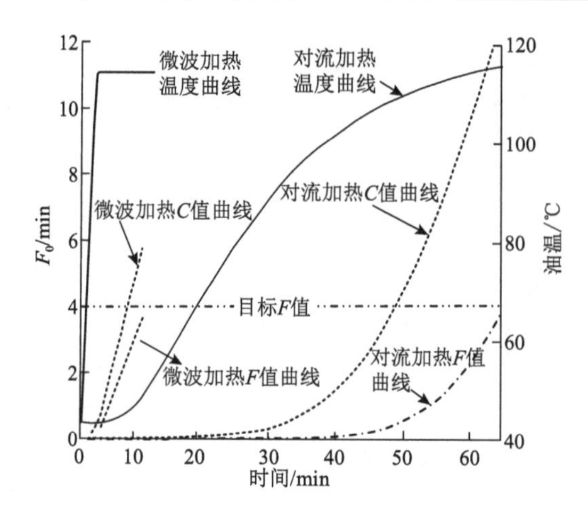

图 12-27　计算机模拟微波加热和对流加热典型条件下的品质参数变化（Datta and Hu，1992）

形式以及微波的频率、功率和微波炉的设计有关，确定温度分布很困难，因此难以确定食品冷点位置，给杀菌操作和计算带来困难。②不同形状的食品容器通常都会出现高温区域，高温区域的食品会在杀菌过程中出现过热现象，甚至产生焦煳。而在传统的对流加热杀菌中，食品的温度不可能超过对流换热介质的温度。③由于微波加热速度快得多，当食品成分介电常数随温度增加时，微波加热中会出现温度增效作用，即温度高的部分加热更快，当食品冷点达到杀菌条件时，局部会出现严重过热现象（水的介电常数随温度升高而降低，在加热过程中有温度均化作用）。④微波加热是一种纯粹的加热手段，不能用于冷却，因而微波杀菌的冷却过程必须再通过传统对流方法冷却，导致食品受热程度增加。另外，由于对流热损失，微波加热容器的表面温度常常过低，为保证表面温度，经常采用阻热微波托盘（microwave-transparent and heat-resistant trays），但这样的容器又会降低冷却速率。

显然，如何实现均匀加热是微波杀菌技术的关键。使微波杀菌达到均匀加热的技术方法有：食品的回转与振动；在食品周围环绕微波吸收媒介；通过加热-平衡-加热，在平衡阶段通过内部热传导使得温度均匀；精心设计包装容器形状，对高温区域进行微波遮挡；精心设计微波炉结构；微波变频加热技术；相控制微波加热技术。

微波巴氏杀菌已经在主食食品生产上获得较广泛应用，美国用微波杀菌技术生产了数千万份备餐，但仍需冷链配合才能进入商业渠道，且架寿不长。微波阿氏杀菌通过对微波加热隧道加压，使包装内食品达到阿氏杀菌条件。由于阿氏杀菌温度较高，特别容易出现局部高温过热，因此在杀菌过程中通常要经过多次温度平衡，导致加热时间延长，削减了微波加热杀菌的技术优势。而且在长架寿低酸性固体食品加工中不能达到超高温杀菌效果，同时难以制定具有说服力的热处理效果评价数学模型，目前未见大规模商业应用。

e. 连续式液体-颗粒无菌工艺

连续式液体-颗粒无菌工艺是在液体超高温杀菌工艺基础上拓展其应用范围用于处理固体食品。Silva 等（1992）指出超高温杀菌原理应用于固体和高黏度食品仍存在困难，这是因为热传递会增加达到商业无菌条件的时间。

连续式液体-颗粒无菌工艺的基本方法是将固体颗粒与液体混合后在管道内共同运动，通过热交换器、保温管和冷却器，完成超高温杀菌流程。加热器和冷却器通常是刮板式换热器或者套管式换热器。以下几个问题限制了它的应用：①由于运动颗粒中心温度无法测定、载流使用的非牛顿流体以及对流传热系数的预测和分析计算困难，目前还没有可靠的杀菌参数计算方法；②即使使用高黏度液体，流动中颗粒与液体、颗粒与颗粒之间的运动仍不能够完全同步，形成了停留时间分布，使得不同位置和不同形状的颗粒处理时间不同，大大增加了杀菌计算和控制的复杂性，目前还没有可靠的 RTD 计算方法；③由于液体颗粒同时运动，相对运动速度较小，同时液体黏度较大，液体颗粒间的对流传热系数相对较小，颗粒升温速度受限，传热时间增加，产品品质降低；④为了使液体-颗粒同时运动，需要较大的液体黏度，同时固液比和颗粒尺寸也受到限制，限制了可加工食品品种的范围。

连续式液体-颗粒无菌工艺的杀菌效果验证方法一直未被 FDA 承认。作为一种关系到公众健康的生产技术，没有可靠的验证方法是一种致命缺陷，致使该技术长时期处于试验阶段，没有获得进一步的发展。

3）结论

通过以上专业领域内的考察和重点技术分析可以发现，虽然食品杀菌领域一直在向加工高品质长架寿主食固体食品的方向努力，但仍然缺少能够成为主流加工方法的先进杀菌技术。这类食品的工业杀菌方法仍在沿用已有 200 年历史的高压釜杀菌方法，并承受该方法带来的品质破坏，许多热敏性稍高的食品原料不能进行商业加工，导致饮食资源浪费，最终影响食品工业的发展。

12.5.3　杀菌工艺优化

1. 优化原理

杀菌工艺的优化可以定义为以最小的加热强度实现商业灭菌以免除不必要的产品品质破坏和能耗（Sastry，1989）。由于 F 值比 C 值对温度变化更为敏感，当流体温度较小时，达到目标 F 值的加热时间过长，导致体积平均蒸煮值 C_{avg} 很大；当流体温度过大时，尽管达到目标 F 值的加热时间很短，但食品表面及外层强烈过热，也导致 C_{avg} 值变得很大，因此存在一个使 C_{avg} 值最小的流体温度。究其本质，微生物致死和品质破坏的 E_a 值和 z 值的不同形成了杀菌工艺优化的空间。

2. 杀菌工艺优化方法简要回顾

Ball 法计算杀菌动力学参数时依赖图解法和数值积分，过程优化非常烦琐复杂。Teixeira 等（1969）首次采用有限差分方法计算温度分布，以罐内硫胺素破坏量为目标函数优化了杀菌工艺。由此，业内普遍采用数值方法进行杀菌工艺优化。这些优化方法的要点是以体积平均 C 值、表面 C 值、品质保持率和体积平均品质保持率最小为目标函数，以 F 值小于目标杀菌 F 值为约束条件，通过一维或者二维有限差分求解不稳定传热方程，最终通过数学搜索手段得到最优杀菌温度（杀菌釜温度）或者升温曲线。在这方面已有大量研究，出现了采用各种不同数学优化方法的很多优化数学模型。

连续式液体-颗粒无菌工艺的工艺优化原理实际上与传统罐头杀菌相同，因此在工艺优化方面延续了有关的数值方法（Dignan et al.，1989）。近来杀菌工艺优化方法进一步发展。Chen 和 Ramaswamy（2002）把人工神经网络（artificial neural network，ANN）技术和遗传算法（genetic algorithm，GA）成功应用于杀菌工艺优化领域（Singh et al.，2007）。

12.6 基于梯度升温技术的规则形状软罐头杀菌工艺优化

12.6.1 引言

软包装罐头食品是利用纸、铝箔、纤维、塑料薄膜以及它们的复合物制成的各种袋、盒、包等代替马口铁容器或玻璃容器而制作的罐头食品。其食品安全法规与传统罐头食品相同。相比于玻璃罐或金属罐，软包装材料的密度小、体积小，开启和密封方便，同时更有利于杀菌过程中的热量传递，减少杀菌时间，产品品质好于传统罐头。因此，软包装食品更适合当今社会对方便性和节能性的追求，是未来灌装产品的新增长点。可以预见，在烹饪后处理杀菌中，软包装杀菌是未来的主流技术方向之一。

较刚性罐头而言，软罐头（soft can）因其柔性包装材料具有的密度小、成本低、传热效率高、阻隔性好等优点，被称为第二代罐头食品（阎玮，2012；Manzoor Ahmad Shah，2017）。软罐头具有储存时间久、便携和易于开启等特点，具有较高的市场占有率（Al-Baali and Farid，2006）。软罐头加工原理及工艺方法与刚性罐头类似，热力灭菌工艺仍是以杀菌釜恒温（constant retort temperature，CRT）工艺为主（Augusto and Pinheiro，2010），因此同样存在加热强度过大导致品质严重破坏的问题（王亮，2015）。优化杀菌工艺是提升软罐头品质、增强竞争力的技术关键。

随着近年来热力杀菌工艺优化技术的发展，杀菌釜变温（variable retort temperature，VRT）工艺已被证明比 CRT 工艺具有更好的品质保持效果（João et al.，1996）。这是由于 CRT 工艺只有一个保温段，单一时间温度组合导致优化空间较小，而 VRT 工艺的升温过程可控，利于热量从加热介质到食品内部的稳定传递，从而减弱因受热不均造成的食品表面品质热破坏（Noronha et al.，2010）。由于 VRT 工艺的升温形式多（如函数变温、梯度升温等），且变温控制参数多（如梯度温度、梯度数量等），其优化难度远比 CRT 工艺大。以正交试验和响应面分析等传统方法优化杀菌工艺，会形成巨大的试验量，材料和能源消耗巨大。Cheon 等（2015）和 Chung 等（1991）分别对盘装肉丸和软罐头咖喱酱进行了高达 27 组和 18 组的 CRT 工艺筛选，均采用数值模拟方法，传统优化方法用于优化 VRT 工艺基本不可行。

目前，市场上大部分软包装豆腐干产品普遍采用一次性升温杀菌工艺，在保证食品安全的同时也破坏了产品的品质（周先汉等，2009）。

12.6.2 研究对象与建模

1. 豆腐干软罐头加工及杀菌工艺

调味豆腐干是豆腐的再加工制品，具有咸香可口、风味独特、硬中有韧、营养价值高等特点，是我国居民餐桌上的佐餐食物。因豆腐干中的营养物质含量丰富，微生物的生长和繁殖速度快，其杀菌工艺直接影响产品的品质和货架期。图 12-28 为酱香豆腐干生产工艺流程图及工艺参数，豆腐干试验样品尺寸长、宽、厚分别为 8.00 cm、7.30 cm、2.25 cm，试验采用已完成杀菌前处理的豆腐干产品。

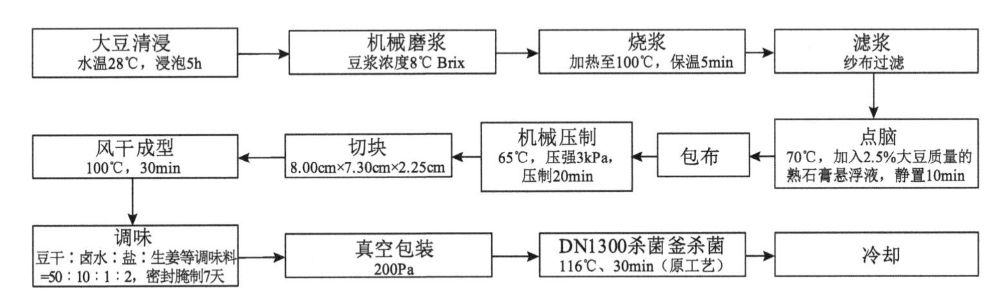

图 12-28 酱香豆腐干生产工艺及参数

2. 几何模型的构建及网格划分

每包豆腐干软罐头由 8 块规则的豆腐干整齐堆叠形成规则长方体，为方便找到冷点位置，选取豆腐干软罐头的 1/8 体积建模。聚酰胺（polyamide，PA）膜的厚度较薄，相比于豆腐干尺寸可忽略不计，模型边界条件加载面为暴露在外的三个面，其余面为绝热面；冷点为模型几何体的顶点，如图 12-29（a）所示。以 COMSOL 划分模型网格，如图 12-29（b）所示，其中单元数量为 99284 个，豆腐干的密度 ρ 为 1061 kg/m^3，比热容 c_p 为 3960 J/（kg·℃），导热系数 k 为 0.55 W/（m·℃）（Ubaidi et al.，1986）。

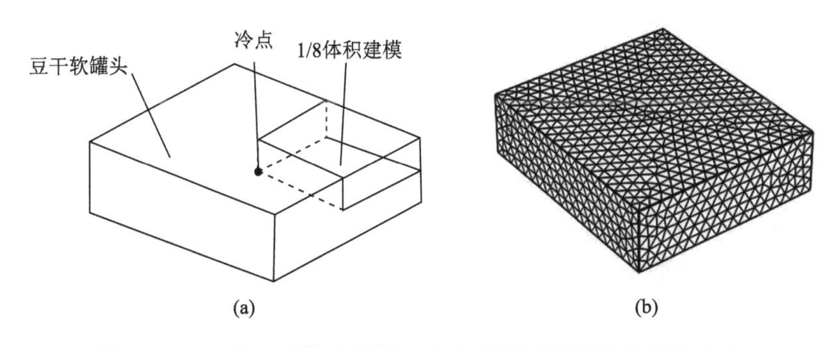

图 12-29 豆腐干建模示意图（a）与豆腐干模型网格划分（b）

12.6.3　杀菌工艺优化与其数学模型

1. 传热数学模型

1）控制方程

豆腐干软罐头为固体，在热杀菌过程中，其内部任一位置的温度随时间的变化而变化，在笛卡儿坐标系中，呈现三维非稳态温度分布。样品内无热源，密度、比热容、导热系数等热物理参数可视为常数，因此，内部导热过程适用于简化的三维非稳态导热微分方程（Manson and Cullen，2010；Augusto，2011）：

$$\frac{\partial\left(\rho c_{\mathrm{p}} T\right)}{\partial t}=kT\left(\frac{\partial^2 T}{\partial x^2}+\frac{\partial^2 T}{\partial y^2}+\frac{\partial^2 T}{\partial z^2}\right) \tag{12-23}$$

式中：x、y、z 是笛卡儿坐标系；k 是固体的导热系数，W/（m·℃）；T 是固体微元的温度，℃；ρ 是固体密度，kg/m^3；c_{p} 是颗粒的比热容，J/（kg·℃）；t 是传热时间，s。

2）初始条件和边界条件

初始条件：杀菌物初始温度为 T_1=15.8℃。

边界条件：流体-颗粒对流加热过程中，其边界控制方程为

$$k\left(\frac{\partial T}{\partial x}i+\frac{\partial T}{\partial y}j+\frac{\partial T}{\partial z}k\right)=-h\left(T_{\mathrm{s}}-T_{\mathrm{f}}\right) \tag{12-24}$$

式中：i、j、k 是 x、y、z 坐标轴上的单位矢量；h 是对流传热系数，W/（m^2·℃）；T_{s} 是固体表面温度，℃；T_{f} 是对流温度，℃。

2. 杀菌工艺优化数学模型

1）限制条件

为确保产品安全性，本章优化方法以微生物热致死模型作为限制条件。考虑到食品工程领域中应用 D-z 模型比 k-E_{a} 模型更为广泛，本章使用 z 值模型，因此本章所述 F 值都指 F_z 值。F_z 值表示参考温度在 121.1℃下的微生物等效致死时间，公式如下：

$$F_z=\int_0^t 10^{\left(\frac{T_{\mathrm{sh}}-T_{\mathrm{ref}}}{z}\right)}\mathrm{d}t \tag{2-25}$$

式中：t 是杀菌时间，s；T_{sh} 是样品冷点温度，℃；T_{ref} 是参考温度，取 121.1℃；z 是微生物对热的敏感性，其值为 D 值变化一个对数值所需温度，取 10℃。

2）目标函数

在满足限制条件的基础上，为进一步筛选能够有效降低品质破坏的升温方式，采

用蒸煮值模型作为品质优化目标函数，即优化的目标函数，包括中心 C 值 C_c、表面 C 值 C_s、体积平均 C 值 C_{avg}（Ling et al.，2015）。

$$C_c = \int_0^t 10^{\left(\frac{T_c - T_{ref}}{z_q}\right)} dt \tag{12-25}$$

式中：T_{ref} 取 100℃；z_q 是品质对热的敏感性，整体品质通常取 33℃（Holdsworth and Simpson，2016）；T_c 是样品中心温度，℃。

$$C_s = \int_0^t 10^{\left(\frac{T_s - T_{ref}}{z_q}\right)} dt \tag{12-26}$$

式中：T_s 是样品表面温度，℃。

$$C_{avg} = \frac{1}{V}\int_0^v \int_0^t 10^{\left(\frac{T - T_{ref}}{z_q}\right)} dt dV \tag{12-27}$$

式中：T 是样品计算点温度，℃；V 是样品体积，m^3。

3. 传热数学模型的参数获取与求解验证

1）杀菌过程温度采集

（1）采集杀菌釜对流加热温度：将 Ellab 公司的 Track Sense pro 无线温度传感器置于灭菌釜中心及角落，杀菌完成后根据采集的数据拟合得到时间-温度函数并取最慢加热区的温度-时间函数。

（2）采集样品表面及杀菌冷点温度：在软包装上打一个孔并装上配套的真空密封件，并使其末端位于软罐头几何中心，以保证组装探针后位于密封件端点的热电偶能够测量中心温度；将装有真空密封件的豆腐干软罐头和无线温度传感器组装并抽真空，以采集表面、中心温度，如图 12-30（a）所示。

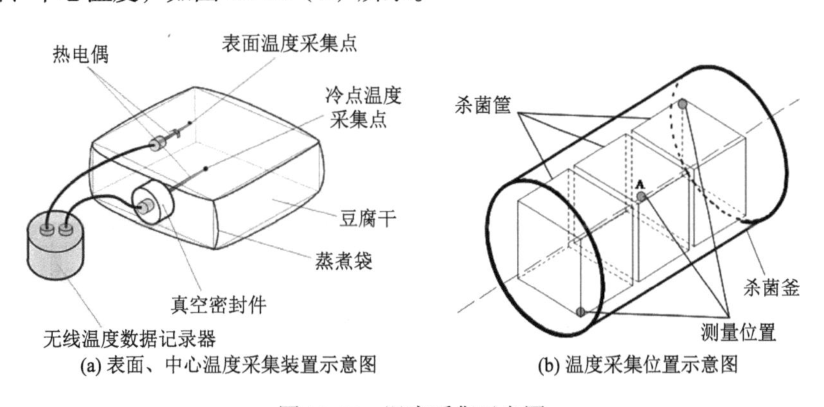

(a) 表面、中心温度采集装置示意图　　(b) 温度采集位置示意图

图 12-30　温度采集示意图

将 3 组温度采集装置按照图 12-30（b）分别置于灭菌釜的中心及角落位置，其中杀菌筐为 7 层，中心测量位置位于中间杀菌筐的第 4 层，两个角落位置分别位于两侧杀

菌筐的底层和顶层，其余样品平铺于每层杀菌筐中并装满至额定容量（200 kg），启动杀菌釜进行灭菌。灭菌完成后取出采集装置中的无线温度数据记录器，用配套记录器读取平台杀菌全程温度历史。表面和中心均取升温最慢处温度历史，并且以该样品中心为灭菌冷点。

2）对流传热系数（h）的测算

传热过程直接影响热处理品质变化，作为非稳态传热边界条件参数，h 对传热模型精确度有决定性影响，但其无法直接测量，只能通过假设试算法计算得到。假设一系列 h 值并进行杀菌全程的模拟，将模拟的与试验采集的冷点温度数据计算同时搜索升温、保温和降温的对流传热系数 h，LSTD 最小时的 h 值即为采用值。计算公式见式（5-20）。

3）温度模拟结果验证

采集各杀菌工艺中温度历史并以其计算各阶段 h。3 种杀菌工艺的关键参数如表 12-11 所示。在 COMSOL 中输入得到的 h 进行模拟计算，得到模拟温度和实测温度，如图 12-31 所示，相关系数 R^2 分别为 0.9996、0.9995、0.9993，平均相对误差 δ 分别为 1.228%、1.346%、1.76%。可见对于形状规则的样品，数值模拟结果是准确可靠的。

表 12-11　3 种杀菌工艺的关键参数

升温方式	杀菌釜对流温度 T_F	对流传热系数/h
一次升温 (30 min/116℃)	T_{F1}=0.07393×t +15.87（0 s≤t≤1352s）	h_1=1500（0 s≤t≤1352 s）
	T_{F2}=116（1352 s≤t≤3152s）	h_2=210（1352 s≤t≤3152 s）
	T_{F3}=–0.14017×t +555.36（3152 s≤t≤3980s）	h_3=700（3152 s≤t≤3729 s）
两阶段升温 (20 min/100～15 min/120℃)	T_{F1}=0.07847×t +15.8（0 s≤t≤1073s）	h_1=1500（0 s≤t≤1073 s）
	T_{F2}=100（1073 s≤t≤2273 s）	h_2=300（1073 s≤t≤2273 s）
	T_{F3}=0.05376×t –22.2（2273 s≤t≤2645 s）	h_3=500（2273 s≤t≤2645 s）
	T_{F4}=120（2645 s≤t≤3500 s）	h_4=400（2645 s≤t≤3500 s）
	T_{F5}=–0.1375×t +601.25（3500 s≤t≤4000 s）	h_5=900（3500 s≤t≤4000 s）
三阶段升温 (10min/116～5min/125℃～130℃)	T_{F1}=0.07393×t +15.87（0 s≤t≤1326 s）	h_1=1500（0 s≤t≤1073 s）
	T_{F2}=116（1326 s≤t≤1886 s）	h_2=210（1073 s≤t≤2273 s）
	T_{F3}=0.03947×t +41.55（1886 s≤t ≤2114 s）	h_3=360（2273 s≤t≤2645 s）
	T_{F4}=125（2114 s≤t≤2311 s）	h_4=320（2645 s≤ t ≤3500 s）
	T_{F5}=0.03472×t +44.75（2311 s≤t≤2455 s）	h_5=380（3500 s≤ t ≤4000 s）
	T_{F6}=–0.1203×t +425.4（2455 s≤t≤3200 s）	h_6=1 000（3500 s≤ t ≤4000 s）

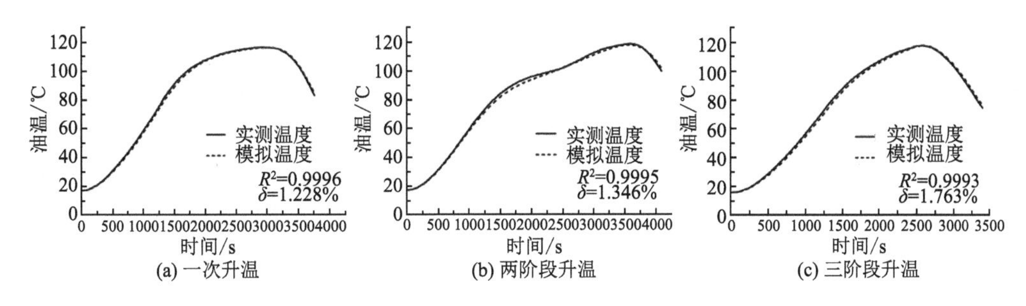

图 12-31　不同升温方式下的冷点实测温度与数值模拟温度

12.6.4　梯度升温工艺设计、优化与验证

1. 升温工艺的 CFD 预测设计与优化

美国 FDA 规定嗜热芽孢杆菌灭菌值 F 应达到 12D，豆制品中耐热菌的 $D_{121.1℃}$值为 0.1～0.2 min（杨邦英，2009），故豆腐干 F 应为 1.2～2.4 min。一般豆制品杀菌工艺都要求大于 3 min 以确保安全，因此限制条件为 F>3 min。

设计不同 VRT 工艺，经过预测计算，以品质最优原则去除效果不佳的升温工艺后初步选择表 12-12 所示升温工艺。由表 12-12 可知，得到满足限制条件（F=3 min）和优化目标（C_s 值减少 5%以上）的升温方式有两种，二阶段方式为：第一阶段升温到 100℃恒温 20 min；第二阶段继续升温到 120℃保温杀菌 15 min。三阶段方式为：第一阶段升温到 116℃保温杀菌 10 min；第二阶段继续升温到 125℃保温杀菌 5 min；第三阶段继续升温至 130℃即开始降温，其模拟 C_s 值比原工艺分别减少 9.58%和 6.68%。

表 12-12　升温方式筛选表

升温方式		F 值/min	C_s 值/min	C_s 值变化/%
一阶段	30 min/116℃	3.80	109.13	0
两阶段	20 min/85℃～15 min/120℃	1.95	—	—
	20 min/90℃～15 min/120℃	2.38	—	—
	20 min/95℃～15 min/120℃	2.92	—	—
	20 min/100℃～15 min/120℃	3.74	98.68	–9.58
	20 min/105℃～15 min/120℃	4.70	115.23	+5.59
三阶段	10 min/112℃～5 min/120℃～125℃	2.68	—	—
	10 min/116℃～5 min/125℃～130℃	3.99	101.85	–6.68
	10 min/121℃～5 min/125℃～130℃	5.71	122.35	+12.11

2. 工艺验证

采集三种升温方式的杀菌釜内、样品表面和冷点全过程温度，如图 12-32 所示，由冷点温度历史，按式（2-25）计算 F 值；由表面温度历史按式（12-25）计算 C_c 值；由表面温度历史按式（12-26）计算 C_s 值；由数值模型获取所有节点的温度历史，按式（12-27）计算 C_{avg}。计算结果如表 12-13 所示。一次升温工艺即原杀菌工艺的 F 值为 3.7380 min，满足豆腐干的安全指标。两阶段和三阶段升温和一次升温相比，F 值略有提升，能够满足该产品实际生产的安全指标；三者 C_c 值相差不大，差异均不显著（$P>0.05$）；C_s 降低 10.10%，C_{avg} 降低 8.69%，因而整体品质上有较大的提升；三种工艺所耗时间基本一致。

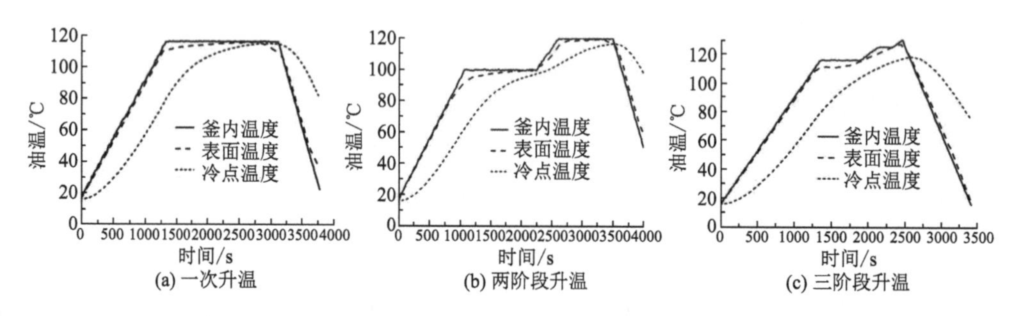

图 12-32 不同升温方式下的实测釜内、样品表面及冷点温度

表 12-13 三种杀菌工艺的 F 值、C_s 值、C_c 值、C_{avg} 值及杀菌时间

杀菌工艺	F 值/min	C_c 值/min	C_s 值/min	C_{avg} 值/min	杀菌时间/s
一次升温（30min/116℃）	3.7380^a	65.5978^a	107.5814^A	88.1289^A	3980^A
两阶段升温（20min/100℃，15min/120℃）	3.7392^a	64.4659^a	96.7156^B	80.4685^B	4000^A
三阶段升温（10min/116℃，5min/125℃，130℃）	3.9928^b	65.1055^a	100.5778^C	81.9531^C	3200^B

注：表中同一指标中小写字母不同者表示有显著性差异（$P<0.05$），大写字母不同者表示有极显著性差异（$P<0.01$），下同。

三阶段升温和一次升温相比，F 值提升 6.82%，具有更高的安全性；C_s 和 C_{avg} 分别降低了 6.51%和 7.01%，杀菌时间明显缩短，两阶段和三阶段升温方式都在保证安全性的前提下提升了产品品质，但两阶段升温工艺的品质提升更高，相比之下三阶段升温工艺虽能够有效缩短杀菌时间，但对设备耐压性能有很高的要求，对于普通灭菌釜（最高温度≤135℃），长期使用存在安全隐患，故企业选用了两阶段升温作为该产品的新杀菌工艺。

研究最终得到一种能满足安全指标且品质劣化程度显著降低的豆腐干软罐头梯度升温杀菌工艺：第一阶段升温到 100℃恒温杀菌 20 min；第二阶段继续升温到 120℃恒温杀菌 15 min。

3. 优化梯度升温工艺的效果

所得优化工艺下的 F 为 3.7392 min，其大于 3 min，表面蒸煮值和体积平均蒸煮值分别比原有的恒温杀菌工艺（30 min/116℃）降低 10.10%和 8.69%；杀菌后豆腐干色泽显著提升，L^*值、a^*值和 b^*值分别比原有工艺提升 3.57%、27.40%和 43.40%；持水性增长（含水量提升 30.10%），口感改善明显，剪切力、表面硬度、凝聚性分别提升 1.58%、78.90%、55.1%。参见表 12-14、图 12-33。

表 12-14　基于 TPA 的豆腐干质构对比

样品	表面		内部	
	硬度/ N	凝聚性/%	硬度/ N	凝聚性/%
原杀菌工艺	41.06±0.05[A]	0.09±0.01[B]	40.80±0.10[b]	0.045±0.01[B]
新杀菌工艺	8.71±4.89[B]	0.56±0.08 [A]	59.72±0.09[a]	0.067±0.01[A]

注：表中同一指标中小写字母不同者表示有显著性差异（$P<0.05$），大写字母不同者表示有极显著性差异（$P<0.01$），下同。

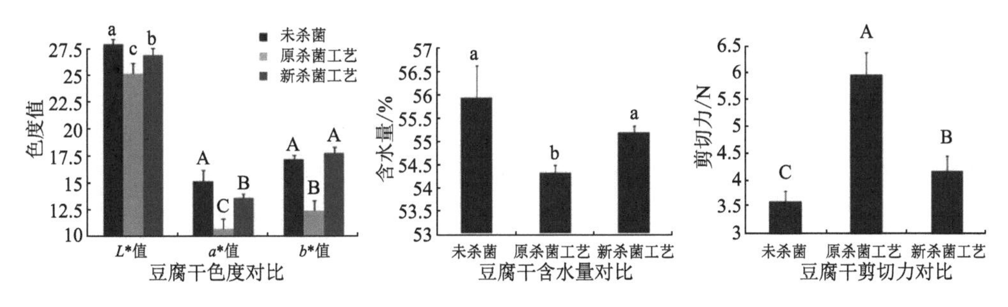

图 12-33　品质验证对比图

12.7　基于梯度升温的不规则形状软罐头杀菌工艺优化

12.7.1　引言

上一节通过实例介绍了梯度升温在烹饪后处理杀菌优化上的应用方法和效果，研究对象是形状规则的软罐头。实际上，由于中餐“食不厌精，脍不厌细”的传统，通常是将食品切割后在包装中自然堆积形成最终形状，大多数烹饪产品装袋包装后的形状是不规则的。

不规则形状软罐头的形状难以控制，冷点不固定，给烹饪产品的后处理杀菌带来了技术挑战。目前解决这一问题的方法包括采用金属罐、半硬质塑料容器（semi-regid plastic can）等形状规则的容器，以及软包装控形、含气包装控形等。金属罐成本高、制罐工艺复杂、内容物不可见、顶隙严重影响杀菌传热，半硬质塑料容器同样存在顶隙问题。含气包装在国内已有一定应用，而软包装控形技术尚未见国内使用。

目前，国内外有关软罐头杀菌的研究中采用了使形状规则的 3D 袋控形技术（Ghani et al.，2001）。文献（Simpson et al.，2007）提供了一种不规则形状软罐头的控形技术，但并未深入讨论其杀菌规律。

辣子鸡是贵州典型的特色烹饪食品，杀菌保藏导致的品质损失严重。为解决这一问题，以形状不规则的辣子鸡软罐头杀菌工艺优化为例，基于 3D 扫描建模技术和软包装控形技术开展不规则形状软罐头杀菌工艺优化探索与分析。杀菌工艺优化流程见图 12-34。

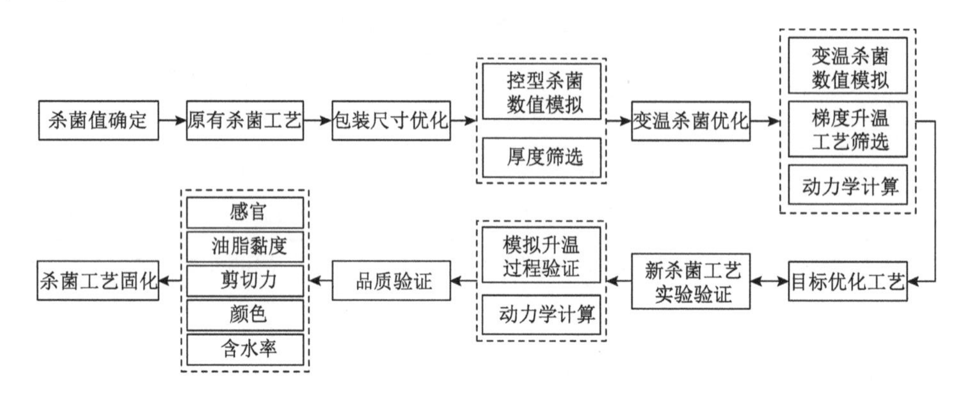

图 12-34　辣子鸡软罐头杀菌工艺优化流程

12.7.2　建模技术及软包装控形技术的应用

1. 产品的包装及原有工艺

辣子鸡软罐头：300 g/包长方形内袋尺寸为 21.00 cm×11.50 cm，包装材料是厚度为 0.08 mm 的 PA/CPP 复合膜；铝箔外袋尺寸为 21.32 cm×14.20 cm，包装材料为厚度 0.1 mm 的 PET/Al/PE 复合膜。

贵州辣子鸡生产工艺流程如图 12-35 所示，本节采用的实验原料均为炒制后充分冷却的散装辣子鸡。

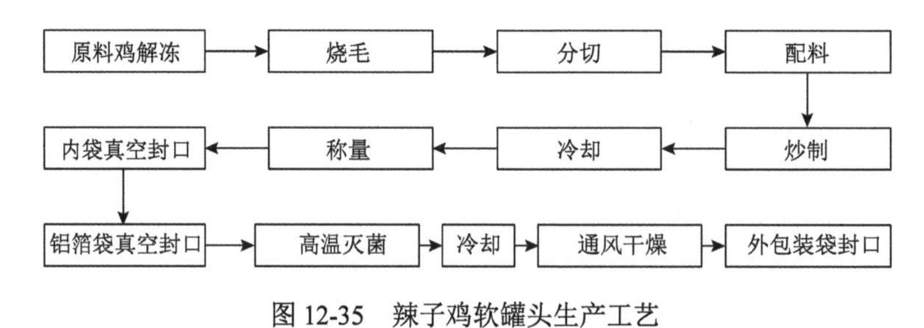

图 12-35　辣子鸡软罐头生产工艺

2. 不规则辣子鸡软罐头 3D 模型的构建

用 OKIO-FreeScan X5 三维扫描仪扫描单包辣子鸡软罐头（3D 图形文件），然后导入 GEOMAGIC STUDIO 软件进行点云修饰，生成格式为 STL 的 3D 文件；最后将该 STL 文件导入 COMSOL 软件的图形求解器进行加载，去除锐利面后得到 3D 模型,如图 12-36（a）和（b）所示；选择物理场控制网格划分，网格单元尺寸为“标准”规格，网格划分单元数为 188370，相应结果如图 12-36（c）所示；材料性质参数为鸡肉热物理性参数：密度 ρ 为 980 kg/m^3，比热容 c_p 为 3530 J/（kg·℃），导热系数 k 为 0.50 W/（m·℃）。

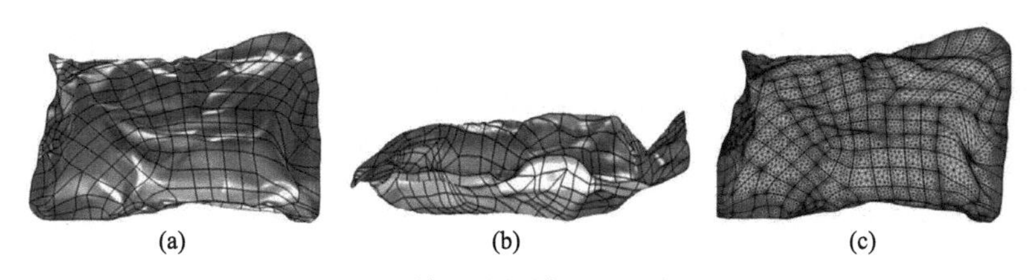

(a)　(b)　(c)

图 12-36　不规则辣子鸡软罐头三维模型及网格划分

3. 软包装的控形技术

设计制造控形钢制模具如图 12-37 所示。将空的杀菌包装依次放入控形容器，通过增减厚度控制板的数量调节模具内腔至一定厚度，将辣子鸡原料装入包装袋内至 300 g，然后整体移入真空封装机内抽真空，抽真空时的参数为：真空度−0.08 MPa，真空排气时间 65 s，热封时间 10 s，冷却时间 5 s，真空封装完毕[图 12-37（b）]，从模具中取出样品。

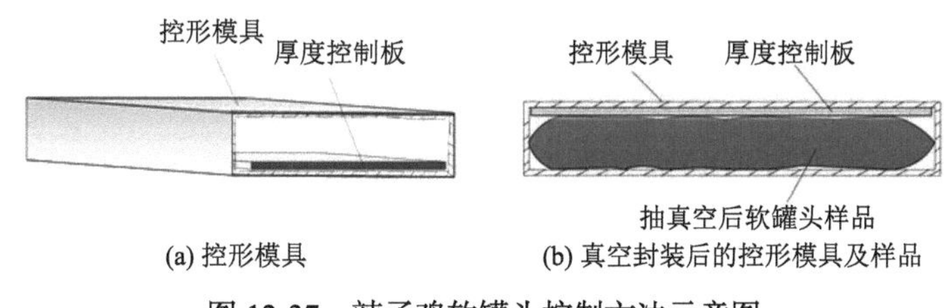

(a) 控形模具　(b) 真空封装后的控形模具及样品

图 12-37　辣子鸡软罐头控制方法示意图

4. 控形辣子鸡软罐头 3D 模型的构建

在几何求解器中构建两个底面重合的镜像六面体棱台，应用布尔运算合并为八面体并去除重合面，如图 12-38（a）、（b）所示。上下底面尺寸为 150 mm×100 mm，中间面尺寸为 187.5 mm×125 mm，总高度为 20 mm。划分网格后的辣子鸡软罐头 3D 模型，如图 12-38（c）所示，网格单元数为 148091 个。将 3D 图形文件作为 CFD 数值模拟几何体加载求解，再将原杀菌工艺的模拟冷点温度和实测冷点温度进行相关性比较，验证模拟的准确性。

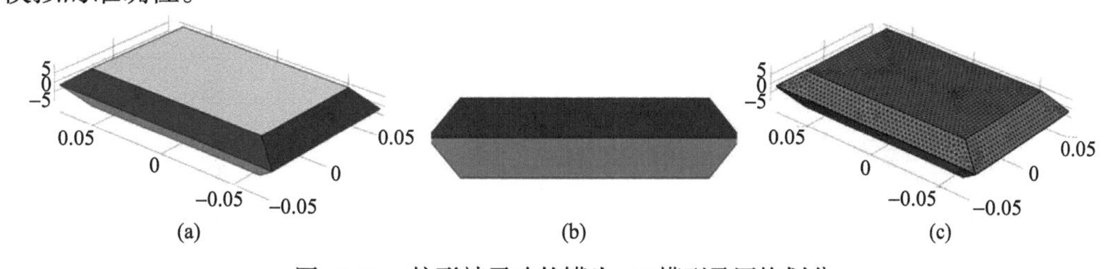

(a)　(b)　(c)

图 12-38　控形辣子鸡软罐头 3D 模型及网格划分

12.7.3　基于梯度升温技术的杀菌工艺优化

1. CFD 数值模拟的模型构建与验证

本部分所用数学模型与 12.6.3 小节相同。

表面、中心温度采集装置的构建：用打孔器在软包装上打一个孔并装上配套真空密封件，其中真空密封件的末端位于软罐头最厚处中心点，以便通过密封件末端的热电偶获取样品最慢加热区的中心温度；将装有真空密封件的辣子鸡软罐头和无线温度传感器组装并抽真空，构成表面、中心温度采集装置，如图 12-39 所示。

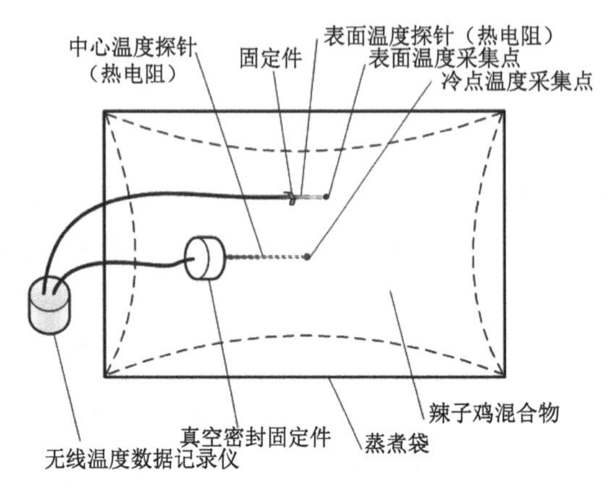

图 12-39 表面、冷点温度采集装置示意图

模拟不规则包装辣子鸡软罐头杀菌时间为 3750 s 和 6300 s 的五等分切面温度云图与表面温度云图，如图 12-40 所示。

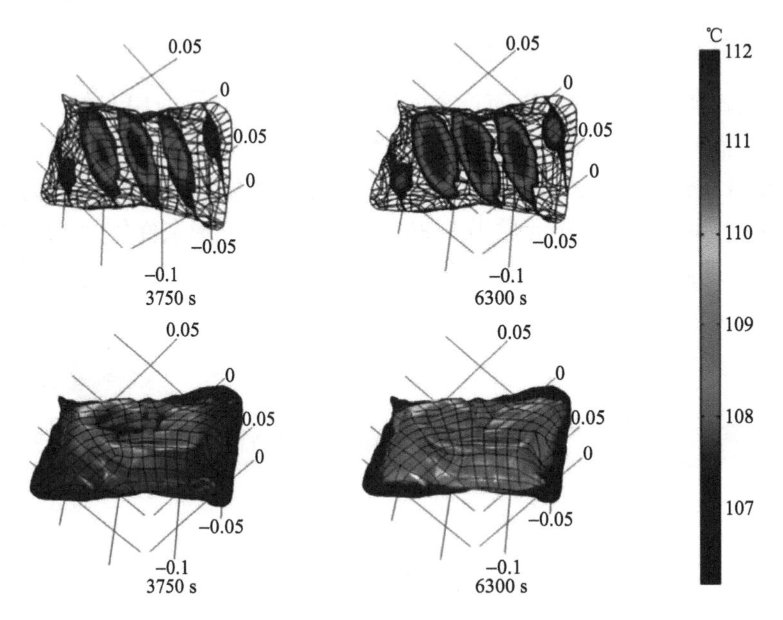

图 12-40 不规则辣子鸡软罐头模拟杀菌过程温度云图

不规则辣子鸡软罐头杀菌模拟过程和杀菌试验实测过程的表面温度历史见图 12-41（a），两条时间-温度曲线的决定系数 R^2 为 0.998，模拟、实测冷点温度曲线基本的平均相对误差 δ 为 1.011%。图 12-41（b）为模拟冷点温度和试验实测冷点温度历史，其中两条

时间-温度曲线的决定系数 R^2 为 0.996，模拟、实测冷点温度曲线也基本一致，平均相对误差 δ 为 1.795%；由此可知不规则辣子鸡软包装的数值模拟准确度在可接受范围内（$R^2 \geqslant 0.9$，$\delta \leqslant 5\%$）。

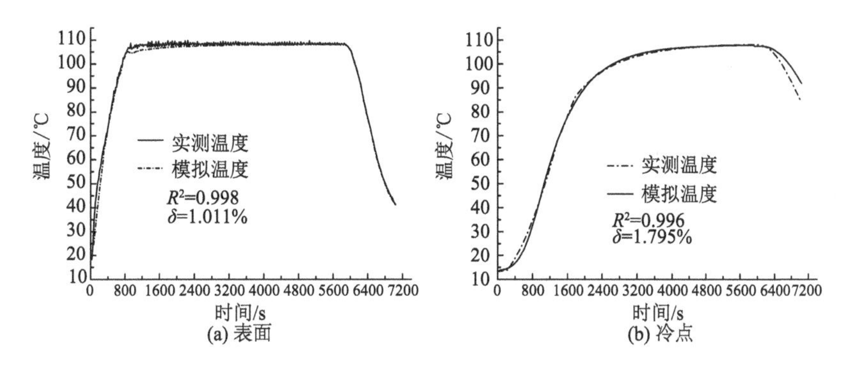

图 12-41　不规则辣子鸡软罐头杀菌过程模拟和实测温度历史

图 12-42 为模拟的控形包装辣子鸡软罐头在杀菌时间为 3750 s 和 6300 s 时的五等分切面温度云图和表面温度云图；图 12-43 为控形后规则辣子鸡软罐头的数值模拟验证结果，图 12-43（a）和（b）分别为表面和冷点的温度历史，表面、冷点模拟-实测温度历史曲线的决定系数 R^2 分别为 0.994 和 0.995，平均相对误差 δ 分别为 2.107%和 1.855%，同样在可接受范围内。

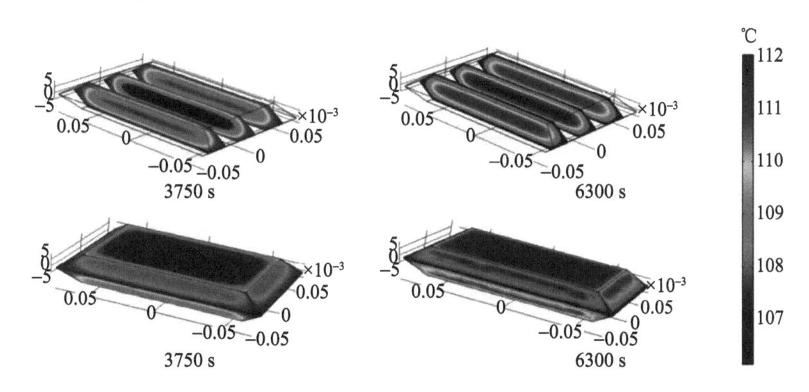

图 12-42　控形后规则辣子鸡软罐头模拟杀菌过程温度云图

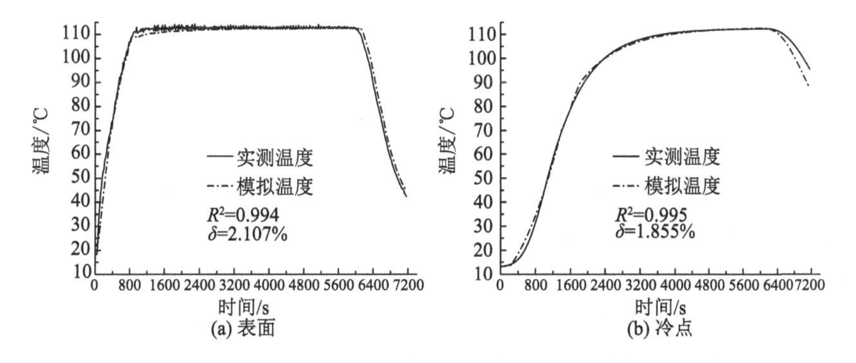

图 12-43　控形后规则辣子鸡软罐头杀菌过程模拟和实测温度历史

可见，无论是不规则包装还是规则包装的辣子鸡软罐头，数值模拟都能够在可接受范围内进行准确模拟。该结果一方面可以为不规则软罐头杀菌过程的 CFD 模拟预测提供新方法；另一方面，准确的数值模拟结果和不规则包装的冷点可控性为辣子鸡软罐头的进一步杀菌工艺优化提供了保障。

2. 控形模具厚度的筛选

设定一系列控形后的厚度：从 10 mm 到 55 mm，步长为 5 mm，加载控制方程，在原有杀菌工艺传热条件 85 min/112℃下，根据 CFD 求解计算导出冷点温度历史，由 MATLAB 编程计算 F 值。同时改变保温时间长度，以保持杀菌强度始终为 F=6.5 min，计算体积平均 C 值 C_{avg}。由此得到厚度与 F 值和 C_{avg} 值的关系，如图 12-44 所示。在一定的杀菌工艺条件下，F 值随厚度的增加而减小。通过减小厚度能够有效增大 F 值，即增强杀菌强度。C_{avg} 值代表整体品质的破坏程度，其值越大说明品质破坏越严重。目标 F 值为 6.5 min，C_{avg} 值随厚度的增加而增大；由此可知，减小厚度能够有效减小 C_{avg}，即减弱品质破坏的程度。

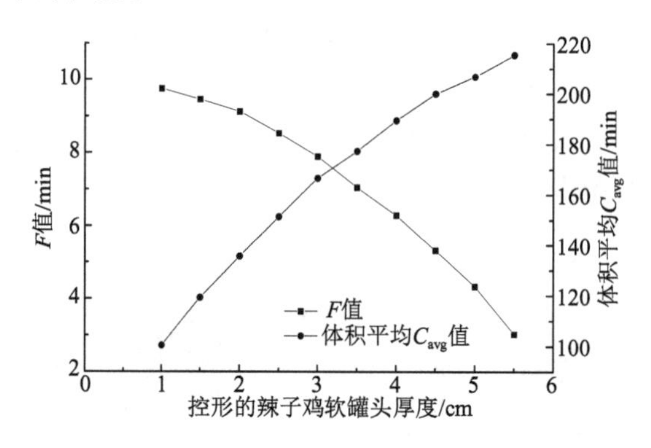

图 12-44　辣子鸡软罐头厚度与 F 值和体积平均 C_{avg} 的关系

综上，减小辣子鸡软罐头厚度能够有效提高传热效率，减少品质损失。这与文献（Ramaswamy and Grabowski，1999）所述硬质罐头高径比对热杀菌效率的影响研究结果一致。由于消费者对辣子鸡产品尺寸有一定要求，即单块辣子鸡不可过小，考虑到市场的可接受程度，选择平均单块厚度 20 mm 辣子鸡软罐头作为最优厚度。

3. 控形软罐头梯度升温模式的选择

控形 20 mm 辣子鸡软罐头梯度升温模拟条件下的动力学参数计算如表 12-15 所示。由表可知，杀菌式 25 min/100℃～15 min/120℃、25 min/100℃～15 min/118℃的 F 值均小于原有杀菌强度（F=6.56 min），但安全指标不满足限制条件；杀菌式 25 min/100℃～15 min/122℃、25 min/100℃～15 min/121℃、25 min/98℃～15 min/121℃均满足限制条件，表面 C 值和体积平均 C 值也均有一定程度的下降，但优化效果有待提高；杀菌式 25 min/95℃～15 min/121℃的 F=6.58＞6.56 min，满足限制条件，C_s 和 C_{avg} 分别比原杀菌工艺降低 42.95%和 42.05%。

表 12-15　辣子鸡软罐头梯度升温方法的选择

	釜内对流温度/℃		h/[W/(m^2·℃)]	F/min	C_s/min	C_{avg}/min
112 min/85℃（原有杀菌工艺）	0.1×t+28.77	0～820 s	1700	6.56	198.42	190.60
	100	820～5940 s	300			
	0.05×t–10.65	5940～6800 s	800			
25 min/100℃～15 min/122℃	0.1×t+28.77	0～713 s	1850	9.32	172.18	167.34
	100	713～2213 s	380			
	0.055×t –21.67	2213～2614 s	750			
	122	2614～3 514 s	470			
	–0.063×t +343.38	3514～5172 s	670			
25 min/100℃～15 min/121℃	0.1×t +28.77	0～713 s	1850	8.14	157.22	151.46
	100	713～2213 s	380			
	0.054×t –19.50	2213～2602 s	730			
	121	2602～3502 s	420			
	–0.062×t +338.12	3502～5131 s	650			
25 min/100℃～15 min/120℃	0.1×t +28.77	0～713 s	1800	6.35	F 值低于原工艺，无计算必要	
	100	713～2213 s	380			
	0.05×t –10.65	2213～2613 s	700			
	120	2613～3513 s	470			
	–0.063×t +341.32	3515～5100 s	670			
25 min/100℃～15 min/118℃	0.1×t+28.77	0～713 s	1850	5.49	F 值低于原工艺，无计算必要	
	100	713～2213 s	380+			
	0.048×t –6.224	2213～2588 s	680			
	118	2588～3488 s	460			
	–0.063×t +337.744	3488～5067 s	670			
25 min/98℃～15 min/121℃	0.1×t+28.77	0～692 s	1850	7.03	135.30	131.61
	98	692～2192 s	380			
	0.055×t –23.715	2192～2952 s	750			
	121	2952～3852 s	470			
	–0.063×t +343.38	3852～5172 s	700			
25 min/95℃～15 min/121℃	0.1×t +28.77	0～663 s	1830	6.58	113.19	110.44
	95	663～2163 s	350			
	0.05×t –10.65	2163～2683 s	580			
	121	2683～3583 s	370			
	0.063×t +346.73	3583～5027 s	670			

注：t 是时间，s。

4. 所得最优杀菌工艺的验证

针对最优杀菌式 25 min/95℃～15 min/121℃开展传热学与动力学实测结果对理论模拟结果的验证，如图 12-45 所示，图 12-45（a)、(b）两图的决定系数 R^2 分别为 0.992 和 0.991，平均相对误差 δ 分别为 3.46%和 3.76%，均满足模拟精度要求。

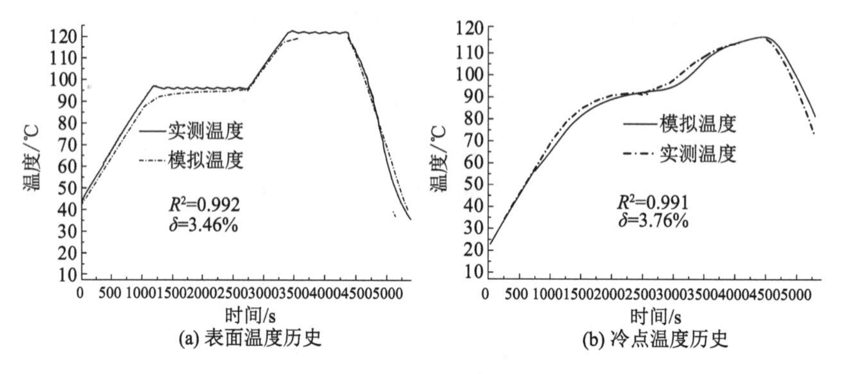

图 12-45 新杀菌工艺数值模拟准确性验证

根据新杀菌工艺的实际温度数据计算动力学参数 F 值、C_c 值、C_s 值和 C_{avg} 值，结果如表 12-16 所示。由表可知原杀菌工艺和新杀菌工艺的实际 F 值和 C_c 值都基本一致（$P>0.05$），说明冷点热力强度相当并且新工艺的杀菌强度能保证产品原有工艺的安全指标。C_s 值和 C_{avg} 比原有工艺分别降低 42.28%和 41.49%，大幅度减小了品质破坏程度，同时杀菌时间缩短 26.03%，进一步提高了该产品的生产效率。

表 12-16 不同杀菌工艺的 F 值、C_c 值、C_s 值、C_{avg} 值及杀菌时间对比

杀菌工艺	F 值/min	C_c 值/min	C_s 值/min	C_{avg} 值/min	杀菌时间/s
原杀菌工艺	6.56[a]	95.57[b]	198.42[C]	190.59[C]	6800[E]
新杀菌工艺	6.67[a]	97.17[b]	114.52[D]	111.52[D]	5030[F]

注：表中同一指标中小写字母不同者表示有显著性差异（$P<0.05$），大写字母不同者表示有极显著性差异（$P<0.01$），下同。

5. 不同杀菌工艺的技术效果对比

分别测定未杀菌、原杀菌和新杀菌工艺得到的辣子鸡剪切力、含水率、油脂黏度、色度和感官评分，测定方法见文献（王磊等，2017），讨论如下。

1）剪切力与含水率对比

辣子鸡的嫩度直接影响其剪切力和含水率。鸡肉嫩度越高，剪切力越小，水分含量越高（Noronha et al.，2010；Durance；1997；Chen and Ramaswamy，2002）。由图 12-46（a)、(b）可知，与未杀菌辣子鸡相比，原杀菌工艺与新杀菌工艺的含水率分别降低 23.82%和 15.98%，数据差异显著（$P<0.05$），新工艺比原工艺产品含水率提升 10.29%；原杀菌工艺和新杀菌工艺的剪切力分别比未杀菌上升了 67.89%和

36.70%，数据差异极显著（$P<0.01$），新工艺比原有工艺剪切力低 18.58%，说明新杀菌工艺更有利于辣子鸡嫩度的保持。更为重要的是，样品含水量的提升减少了包装内可见的表面渗水，显著提高了产品的外观质量。

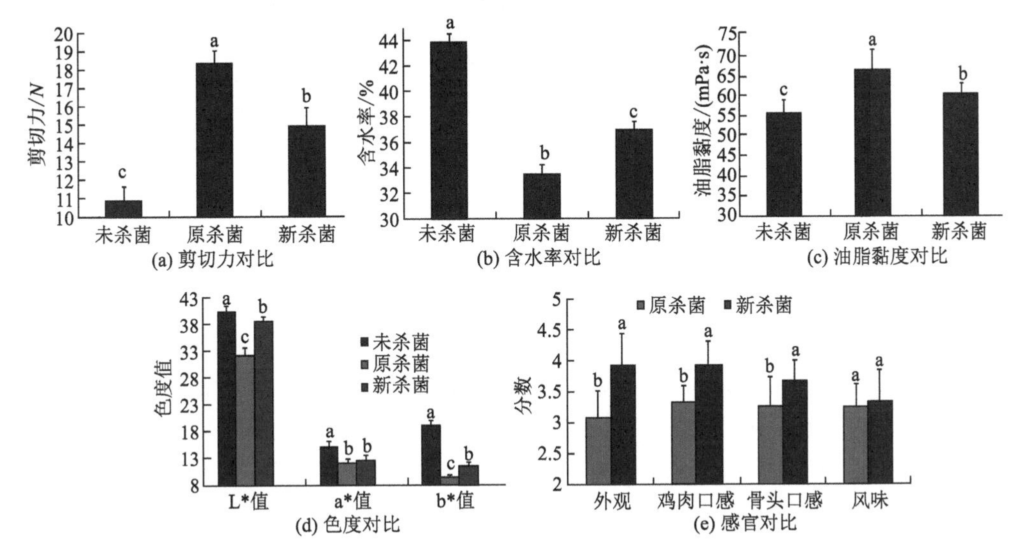

图 12-46　新杀菌工艺食用品质验证

图中大、小写字母分别表示数据结果在 0.01 和 0.05 水平上差异显著

2）油脂黏度对比

油脂作为肉制品热加工品质形成的重要影响因素，其品质劣化程度代表样品过热程度的大小，特别是对辣子鸡这种几乎被油脂浸泡的产品。长时间加热，油脂的黏度会随着热力的积累而逐渐增加，造成风味和适口性降低，因此油脂黏度越小，其品质破坏程度越小（Stanciu，2012；Fasina and Colley，2008）。由图 12-46（c）可知，相比于未杀菌工艺，原杀菌工艺和新杀菌工艺的黏度分别提高 19.31%和 8.56%，数据差异显著（$P<0.05$），新工艺比原工艺低 9.01%。

3）颜色对比

颜色变化是多种物理化学变化共同作用的结果，能够直观反映样品整体品质的差异（Noronha et al.，2010；Rubio et al.，2008），如图 12-46（d）所示，与未杀菌的辣子鸡相比，新杀菌工艺、原杀菌工艺的 L^*值损失分别为 4.55%和 20.20%，差异显著（$P<0.05$），其中新工艺比原工艺提升 19.62%，表明新杀菌工艺能更好地保留辣子鸡的亮度；a^*值损失分别为 17.02%和 20.10%，差异不显著（$P>0.05$），新杀菌工艺对辣子鸡的红色的保留贡献不多（需讨论，因为辣椒颜色热处理 z 值小，参见本书 3.8 节）；b^*值损失分别为 39.48%和 50.50%，差异显著（$P<0.05$），其中新工艺比原工艺提升 22.27%，表明新杀菌工艺有利于辣子鸡特征色——黄色的保留。新旧工艺条件下的辣子鸡品质对比如图 12-47 所示。通过照片对比可知，新杀菌工艺更有利于保留辣子鸡的表面颜色。

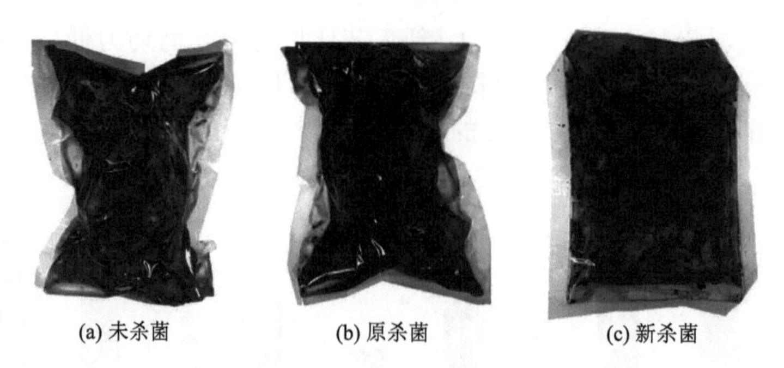

图 12-47　实拍辣子鸡软罐头颜色对比

4）感官评价结果对比

感官评价是对品质的一种综合性评价，能够全面反映品质变化的程度（赵玉红和张立钢，2006）。感官评价表见表 12-17，评价结果如图 12-46（e）所示。与原有杀菌工艺相比，新杀菌工艺的整体外观、鸡肉口感、骨头口感和总体风味评分分别高 21.66%、15.29%、11.57%和 2.26%。其中，整体外观、鸡肉口感、骨头口感的差异均显著（$P<0.05$），而风味评分差异不显著，这可能与辣子鸡生产过程中大量使用香辛料有关。具体来说由于软罐头的密闭环境，受热后大量香料产生风味后并不会散失，并会在开袋之后很大程度上掩盖过热产生的不良风味，因此相关评价结果差异不大。而其他指标的明显提升足以说明新杀菌工艺能够有效改善辣子鸡软罐头的综合品质。

表 12-17　辣子鸡软罐头感官评分表

评价指标	评分标准	分数
外观	鸡块表面油润光泽，主体呈酱红色	4～5
	主体呈酱红色，光泽度低	3
	鸡块表面油少较干，颜色暗淡，酱红色不明显	1～2
肌肉口感	富有弹性	4～5
	弹性一般	3
	弹性差，比较柴	1～2
骨头口感	硬度较高，不容易嚼断	4～5
	硬度一般，稍用力可嚼断	3
	易于嚼碎	1～2
风味	辣子鸡固有的滋味和气味浓郁，香辣味纯正无异味	4～5
	滋味、香味一般，稍有蒸煮味	3
	滋味或香气淡，蒸煮味严重	1～2

12.7.4　梯度升温杀菌工艺优化食品品质的原理

梯度升温能够减小品质损失。①从优化模型的角度看：z 值表征某一品质对热的敏感性，由 F_z 值、C 值公式可知，z 值<z_q 值，即 F 值所表征的指标菌致死率变化比 C 值所表征的品质变化对温度更为敏感，这是梯度升温技术能够优化品质的基础原理。②从传热角度看：由于阶段升温，表面和中心的温度差距有效减小，热量由表及里的传递更平缓，食品冷点达到基本相同杀菌条件时，表层承受高温的时间明显缩短。与原工艺相比，新工艺在 110℃以上的加热时间缩短了 71.15%，因而表面的局部过热程度大大降低。③从品质变化动力学角度看：梯度升温杀菌过程中，C_c 值所表征的中心品质变化相对稳定，而 C_s 值所表征的表面品质优化提升效果最为明显，C_{avg} 值所表征的平均品质也有提升。这同色度、硬度测试得到的结果相吻合，梯度升温杀菌形成的品质提升程度由内到外逐步增强。

12.7.5　优化方法的合理性

数值方法建立在计算机基础上，在模型正确、参数准确的前提下能够迅速、准确地预测全局传热过程，将影响杀菌结果的单因素试验转化为计算机指令，搜索得到杀菌优化方案，较少的试验即可验证结果，比杀菌试验优化方法更加高效，研究成本更低。

多数食品具有复杂几何体，这是 CFD 数值模拟方法研究该类产品的技术瓶颈。由 12.7.2 小节中 2.可知，通过 GEOMATIC Studic 等 3D 后处理软件的点云修复及拼接处理，COMSOL 软件能够完整读取该类 3D 文件信息、精确划分网格并完成收敛良好的有限元计算，三维重建技术应用于异性或者不规则形状包装的软罐头食品的数值模拟效果良好，这是计算流体动力学与 3D 扫描技术相结合的一个成功应用案例。

由 12.8.3 小节中 3.可知，梯度升温工艺具有较宽的优化范围，而其温度阈值、梯度数量又有多种组合。研究结果所采用的两阶段升温仅仅是此条件下得到的最优杀菌工艺。下一步研究可通过增加梯度数量、设定更精确的温度阈值、缩短搜索步长来探索效果更好的梯度升温工艺。

本研究提出的两阶段升温新杀菌工艺——95℃保温 25 min，121℃保温 15 min 能够保证产品安全，其 F 值为 6.67 min，大于该产品的长期经验杀菌值 6.56 min。而且升温范围在合理区间，能够保证杀菌设备安全持续运作，品质动力学参数 C_s 值、C_{avg} 值比原杀菌工艺分别降低 42.29%和 41.49%。辣子鸡的剪切力、含水率、油脂黏度、色泽和感官评分均有明显提高。优化的二阶段梯度升温工艺能够有效解决工业化辣子鸡过度杀菌的问题，显著提高产品质量。

参 考 文 献

陈鹏, 程镜蓉, 陈之瑶, 等. 2016. 黄羽肉鸡冷鲜储存过程中品质变化研究. 现代食品科技, 32(3): 140-146

陈天及, 曾鹏, 申江. 2015. 鲫鱼冰温离水保活及氨基酸分析. 广东农业科学, 42(2): 108-113
陈雯钰, 卢立新. 2013. 包装内 CO_2 含量对冷却肉特征微生物生长的影响. 包装工程, 34(5): 5-9
陈艳萍, 许艳顺, 曹亚裙, 等. 2019. 间歇式蒸微组合加热对排骨品质的影响. 食品与生物技术学报, 38(01):114-118
程芬. 2019. 烹饪火候控制及后处理对食品食用品质的影响. 贵阳: 贵州大学
高福成. 1997. 现代食品工程高新技术. 北京: 中国轻工业出版社
郭晓娟. 2011. 基于 ANSYS 的保温包装温度场数值模拟. 无锡: 江南大学
贺旺林, 俞龙浩. 2015. 基于腐败微生物的低温肉制品货架期预测研究进展. 黑龙江八一农垦大学学报, 27(2): 51-56
侯芮. 2012. 引起鸡肉腐败的微生物及延缓腐败的措施. 科技风, (14): 227
黄明, 黄峰, 张首玉, 等. 2009. 热处理对猪肉食用品质的影响. 食品科学, 30(23): 189-192
贾丽娜. 2015. 速冻调理回锅肉加工工艺及冻藏期间品质变化研究. 无锡: 江南大学
姜雯. 2014. 烹饪热处理对茭白食用价值、功能性成分和营养品质的影响及营养茭白粉的初步研制. 扬州: 扬州大学
李汴生, 张晓银, 阮征, 等. 2014. 冷配送烹饪莴笋的真空冷却技术研究. 现代食品科技, 30(5): 167-171, 195
李里特. 2001. 食品物性学. 北京: 中国农业出版社
李苗云, 张建威, 樊静, 等. 2012. 生鲜鸡肉货架期预测模型的建立与评价. 食品科学, 33(23): 60-63
李素清, 陈真华, 丁捷, 等. 2014. 鲜切蒜薹复合保鲜剂的配方优化及其保鲜作用. 食品工业科技, 35(24): 326-331
李双艳. 2017. 冰鲜小香鸡贮运耗冰量和微生物生长模型的建立与验证. 贵阳: 贵州大学
李双艳, 邓力, 汪孝, 等. 2017. 基于电子鼻、电子舌比较分析冷藏方式对小香鸡风味的影响. 肉类研究, 31(4): 50-55
李忠辉, 姚开, 贾冬英, 等. 2011. 冷鲜鸡胸肉主要腐败菌的分离及低温贮藏对货架期的影响. 食品与发酵工业, 37(1): 167-170
刘志鸣,万金庆,王建民. 2005. 日本冰温技术发展史略. 制冷与空调(四川), (3): 70-74, 57
邵磊, 周裔彬, 胡经纬, 等. 2011. 比较鸡脯肉冷藏与冰温贮藏期间品质的变化. 肉类工业, (5): 26-29
申江, 刘斌. 2007. 冰温贮藏保鲜关键技术. 中国制冷学会 2007 学术年会. 中国浙江杭州
施培新. 2004. 食品辐照加工原理与技术. 北京: 中国农业技术出版社
唐丽丽. 2010. 蒜薹贮藏保鲜工艺及常见问题. 农产品加工(学刊), (6): 84-85
涂顺明, 邓丹雯, 余小林, 等. 2004. 食品杀菌新技术. 北京: 中国轻工业出版社
王磊, 邓力, 李慧超, 等. 2017. 基于 CFD 数值模拟的豆腐干软罐头杀菌工艺优化. 农业工程学报, 33(21): 9
王亮. 2015. 不同类型罐头食品热杀菌过程模拟与优化研究. 杭州: 浙江大学
王琦. 2013. 冰温保鲜技术的发展与研究. 食品研究与开发, 34(12): 131-132
夏建新, 王海滨, 徐群英. 2010. 肌肉嫩度仪与质构仪对燕麦复合火腿肠测定的比较研究. 食品科学, 31(3): 145-149
夏文水. 2007. 食品工艺学. 北京: 中国轻工业出版社
徐守渊. 1986. 乳品超高温杀菌和无菌包装. 北京: 中国轻工业出版社
薛松, 万金庆, 张丹丹, 等. 2010. 冰温贮藏对鸡肉鲜度和游离氨基酸变化的影响. 江苏农业科学, (6): 411-413
阎玮. 2012. 软罐头食品的工艺及前景展望. 甘肃农业, 17: 53-55
杨邦英. 2009. 罐头工业手册. 北京: 食品轻工业出版社

姚佳, 孔民, 胡小松, 等. 2013. 高静压杀菌对不同形状果块的黄桃罐头质地的影响. 农业工程学报, 29(S1): 275-285
余冰妍, 邓力, 李文馨, 等. 2018. 猪里脊肉油传热过程中品质变化动力学研究. 食品与机械, 34(4): 48-53
张晓银. 2014. 冷配送蔬菜菜肴的加工控制及货架期模型研究. 广州: 华南理工大学
漳州中罐协科技中心. 2014. 食品热力杀菌理论与实践. 北京: 中国轻工业出版社
赵晋府. 2007. 食品工艺学. 北京: 中国轻工业出版社
赵玉红, 张立钢. 2006. 食品感官评价. 哈尔滨: 东北林业大学出版社
周梁, 卢艳, 周佺, 等. 2011. 猪肉冰温贮藏过程中的品质变化与机理研究. 现代食品科技, 27(11): 1296-1302, 1311
周先汉, 朱稀標, 王亚东, 等. 2009. 茶干杀菌工艺的研究. 食品工业科技, 30(6): 199-201
朱志强, 张平, 任朝晖, 等. 2011. 国内外冰温保鲜技术研究与应用. 农产品加工(学刊), (3): 4-6, 10
Al-Baali A G, Farid M M. 2006. Sterilization of Food in Retort Pouches. New York: Springer
Astruc T, Venien A, Santelhoutellier V, et al. 2015. Structural changes of meat during cooking impact on quality and *in vitro* digestibility. 5. International Summer School, Kulmbach
Augusto D U. 2011. Numerical simulation of packed liquid food thermal process using computational fluid dynamics (CFD). International Journal of Food Engineering, 7(4): 457-461
Augusto D U, Pinheiro U O. 2010. Using computational fluid-dynamics (cfd) for the evaluation of beer pasteurization: effect of orientation of cans. Ciência e Tecnologia De Alimentos, 30(4): 980-986
Benjakul S, Visessanguan W, Phongkanpai V, et al. 2005. Antioxidative activity of caramelisation products and their preventive effect on lipid oxidation in fish mince. Food Chemistry, 90(1/2): 231-239
Chakrabandhu K, Singh R K. 2002. Fluid-to-particle heat transfer coefficients for continuous flow of suspensions in coiled tube and straight tube with bends. LWT-Food Science and Technology, 35(5): 420-435
Chandarana D I, Gavin A. 1989. Establishing thermal processes for heterogeneous foods to be processed aseptically: A theoretical comparison of process development methods. Journal of Food Science, 54(1): 198-204
Chen C R, Ramaswamy H S. 2002. Modeling and optimization of variable retort temperature (VRT) thermal processing using coupled neural networks and genetic algorithms. Journal of Food Engineering, 53(3) : 209-220
Cheon H S, Choi S H, Jhin C, et al. 2015. Optimization of sterilization conditions for production of retorted meatballs. Food Science and Biotechnology, 24(2): 471-480
Chung M S, Cha H S, Koo B Y, et al. 1991. Determination of optimum sterilization condition for the production of retort pouched curry sauce. Korean Journal of Food Science & Technology, 23(6): 723-731
Cui Z C, Zhong X U, Yang X S, et al. 2010. Microbial growth kinetics model of spoilage organisms and shelf life prediction for scophthalmus maximus. Marine Fisheries, 32(4): 454-460
Dail R. 1985. Calculation of required hold time of aseptically processed low acid foods containing particulates utilizing the ball method. Journal of Food Science, 50(6): 1703-1706
Dennis C. 1992. HTST processing-Scientific Situation and Perspective of the industry. Processing and Quality of Foods
Dignan D M, Berry M R, Pflug I J, et al. 1989. Safety considerations in establishing aseptic processes for low-acid foods containing particulates. Food Technology, 43(3): 118
Durance T D. 1997. Improving canned food quality with variable retort temperature processes. Trends in Food Science & Technology, 8(4): 113-118

Farkas D, Hoover D. 2000. Kinetics of microbial inactivation for alternative food processing technologies. Journal of Food Science, 65(8): 1-108

Fasina O O, Colley Z. 2008. Viscosity and specific heat of vegetable oils as a function of temperature: 35℃ to 180℃. International Journal of Food Properties, 11(4): 738-746

Gallart-Jornet L, Rustad T, Barat J M, et al. 2007. Effect of superchilled storage on the freshness and salting behaviour of atlantic salmon (salmo salar) fillets. Food Chemistry, 103(4): 1268-1281

Gervilla R, Ferragut V, Guamis B. 2000. High pressure inactivation of microorganisms inoculated into ovine milk of different fat contents. Journal of Dairy Science, 83(4): 674-682

Ghani A, Farid M M, Chen X D. 2001. Thermal sterilization of canned food in a 3-D pouch using computational fluid dynamics. Journal of Food Engineering, 48(2): 147-156

Hallstrom B, Skjöldebrand C, Trägradh C. 1988. Heat Transfer and Food Products. Holland: Elsevier Applied Science

Heddleson R A, Doores S. 1994. Factors affecting microwave heating of foods and microwave induced destruction of foodborne pathogens: a review. Journal of Food Protection, 57(11):1025-1037

Heldman D R. 1989. Establishing aseptic thermal processes for low-acid foods ccontaining pparticulates. Food Technol, 43(3): 122

Hermans W F. 1991. Single-flow fraction specific thermal processing (single-flow fstp) of liquid foods containing particulates.news in aseptic processing and packaging. Proceedings of Technical Research Center of Finland: 35-43

Hersom A C, Shore D T. 1981. Aseptic processing of foods comprising sauce and solids. Food Technology, 35 (5): 53-62

Holdsworth S D, Simpson R. 2016. Thermal processing of packaged foods :optimization of thermal food processing. Springer International Publishing

João F N, van Loey A, Hendrickx M, et al. 1996. An empirical equation for the description of optimum variable retort temperature profiles that maximize surface quality retention. Journal of Food Processing&Preservation, 20(3): 251-264

José M, Aurora C, Paulo E M, et al. 2015. Physicochemical properties of foal meat as affected by cooking methods. Meat Science, 108: 50-54

Jozsef B, Terry A R. 1994. A dynamic approach to predicting bacterial growth in food. International Journal of Food Microbiology, 23: 277-294

Kornblatt J A, Kornblatt M J. 2002. The effects of osmotic and hydrostatic pressures on macromolecular systems. Biochimica et Biophysica Acta, 1595(1-2): 30-47

Larkin J W. 1989. Use of a modified ball's formula method to evaluate aseptic processing of foods containing particulates. Food Technology, 43 (3): 124

Ling B, Tang J, Kong, F, et al. 2015. Kinetics of food quality changes during thermal processing: A review. Food and Bioprocess Technology, 8(2): 343-358

Lund D B. 1977. Design of thermal processes for maximizing nutrient retention. Food Technology, 31(2): 71

Manson J E, Cullen J F. 2010. Thermal process simulation for aseptic processing of foods containing discrete particulate matter. Journal of Food Science, 39(6): 1084-1089

Manzoor A S A, Sowriappan J D B A, Shabir A M B, et al. 2017. Evaluation of shelf life of retort pouch packaged rogan josh, a traditional meat curry of kashmir, India. Food Packaging and Shelf Life, 12: 76-82

Mermelstein N H. 2001. High-temperature, short-time processing. Food Technology, 55(6): 65-66

Nirmal N P, Benjakul S. 2009. Effect of ferulic acid on inhibition of polyphenoloxidase and quality changes of pacific white shrimp (litopenaeus vannamei) during iced storage. Food Chemistry, 116(1): 323-331

Noronha J, Hendrickx M, Suys J, et al. 2010. Optimization of surface quality retention during the thermal processing of conduction heated foods using variable temperature retort profiles. Journal of Food Processing & Preservation, 17(2): 75-91

Peleg M. 1999. On Calculating sterility in thermal and non-thermal preservation methods. Food Research International, 32(4): 271-278

Ramaswamy H S, Abdelrahim K A, Simpson B K, et al. 1995. Residence time distribution (RTD) in aseptic processing of particulate foods: A review. Food Research International, 28(3): 291-310

Ramaswamy H S, Awuah G B, Simpson B. K. 1997. Heat transfer and lethality considerations in aseptic processing of liquid/particle mixtures: A review. CRC Critical Reviews in Food Technology, 37(3): 253-286

Ramaswamy H S, Grabowski S. 1999. Thermal processing of pacific salmon in steam/air and water-immersion still retorts: Influence of container type/shape on heating behavior. Food Science & Technology, 32(1): 12-18

Ramaswamy H S, Zareifard M R. 2000. Evaluation of factors influencing tube-flow fluid-to-particle heat transfer coefficient using a calorimetric technique. Journal of Food Engineering, 45(3): 127-138

Ramirez-Suarez J C, Morrissey M T. 2006. Effect of high pressure processing (HPP) on shelf life of albacore tuna (*Thunnus alalunga*) minced muscle. Innovative Food Science and Emerging Technologies, 7(1): 19-27

Rizvi A F, Tong C H. 1997. Fractional conversion for determining texture degradation kinetics of vegetables. Journal of Food Science, 62(1): 1-7

Rovere P D, Tosoratti D, Maggi A. 1996. Prove di sterilizzazione a 15.000 bar per ottenere la stabilità microbiologica ed enzimatica. Industrie Alimentari, 35(352): 1062-1065

Rubio B, Martinez B, Garcia M D, et al. 2008. Effect of the packaging method and the storage time on lipid oxidation and colour stability on dry fermented sausage salchichon manufactured with raw material with a high level of mono and polyunsaturated fatty acids. Meat Science, 80: 1182-1187

Ruyter P, Brunet R. 1973. Estimation of process conditions for continuous sterilization of foods containing particulates. Food Technology, 27: 44-51

Sastry S K. 1989. Mathematical evaluation of processing of schedules for aseptic processing of low-acid food containing particulates utilizing the ball method. Food Technology, 43(3): 122

Silva C, Hendrickx M, Oliveira F, et al. 1992. Critical evaluation of commonly used objective functions to optimize overall quality and nutrient retention of heat-preserved foods. Journal of Food Engineering, 17 (4): 241-258

Silva J L, Oliveira A C, Gomes, et al. 2002. Pressure induces folding intermediates that are crucial for protein–DNA recognition and virus assembly. Biochimica Et Biophysica Acta, 1595(1-2): 250-265

Simpson R, Teixeira A, Almonacid S. 2007. Advances with intelligent on-line retort control and automation in thermal processing of canned foods. Food Control, 18(7): 821-833

Singh Y, Meher J G, Raval K, et al. 2007. Heat transfer in food processing-recent developments and applications. Journal of Controlled Release, 252(5): 28-49

Sonne A, Grunert K G, Olsen N V, et al. 2013. Consumers' perceptions of HPP and PEF food products. British Food Journal, 114(1): 85-107

Stanciu I. 2012. A new viscosity-temperature relationship for vegetable oil. Ovidius University Annals of Chemistry, 23(1): 27-30

Teixeira A A, Dixon J R, Zahradnik J W, et al. 1969. Computer optimization of nutrient retention in the

thermal processing of conduction-heated foods. Food Technology, 23(6): 845-850
Ubaidi M R, White T W, Ripps H, et al. 1986. Engineering properties of foods. New York:Marcel Dekker Inc
Wattanachant S, Benjakul S, Ledward D A. 2004. Effect of heat treatment on changes in texture, structure and properties of Thai indigenous chicken muscle. Food Chemistry, 93(2): 337-348
Zurera-Cosano G, Garcia-Gimeno R M, Rodriguez -perez R, et al. 2006. Performance of response surface model for prediction of leuconostoc mesenteroides growth parameters under different experimental conditions. Food Control, 17(6): 429-438

第13章

流态化超高温杀菌技术

13.1 基本方法

本章源于文献（邓力，2006），但总体结构做了较大调整，并有较多删节。

13.1.1 缘起

第 12 章中讨论了烹饪后处理杀菌，通过梯度升温等优化方法能够明显提高杀菌品质，但其杀菌加热强度仍是烹饪的数十到数百倍。杀菌后的产品品质与烹饪后产品品质相比，劣化严重。是否能够找到一种从根本上提高杀菌品质的方法呢？这是一个值得探索的研究方向。

参考液体食品杀菌领域的发展，可以发现最初液体食品也是装罐杀菌的，如汤汁罐头，同样出现了严重的品质劣化。液体 UHT 杀菌技术极大地降低了热破坏，显著提高了产品质量，目前已成为液体食品的主流杀菌手段。

国外对布丁、沙拉等含液体颗粒混合食品的杀菌已经做了探索，是液体食品 UHT 杀菌技术的延伸，也极大地提高了产品质量。

中餐烹饪食品有“食不厌精，脍不厌细”的传统，大量的菜肴成品是以固体小颗粒形式存在的，相比西方更需要固体颗粒食品的高品质杀菌技术。首先，大多数中餐烹饪食品中的液体比例很低，以悬浮颗粒形式运动的液体-颗粒 UHT 杀菌方法并不适用；其次，即使采用悬浮颗粒的液体 UHT 杀菌方法，由于颗粒的非稳态传热需求导致杀菌时间延长，停留时间分布（RTD）导致杀菌工艺制定非常困难、冷却阶段的内部热惯性导致继续过热等，因此导致杀菌工艺实施困难而且品质提升有限。是否存在更快速的加热和冷却手段满足烹饪食品的杀菌需求呢？本章将针对笔者提出的一种全新的固态食品杀菌方式——流态化超高温杀菌（FUHTS）技术，研究其基本原理、应用效果和可行性。

13.1.2 FUHTS 技术的基本方法

1. 高效加热手段——流体颗粒流态化换热

固体颗粒流态化换热基本操作原理如图 13-1 所示。该方法的实质是流体与食品颗粒相对运动，由于固体食品以颗粒形式存在，比表面积高，热穿透深度小，产生较高的对流传热系数，形成流体颗粒高效换热。同时，运动流体的温度容易精确控制，特别有利于准确控制杀菌过程。流体颗粒换热理想的状态是形成流态化，此时流-固两相界面面积大，流体颗粒在床层内混合激烈，颗粒温度均匀，流体颗粒传热效率和传热稳定性高，这些特性都非常适合杀菌操作。流-固体系中孔隙率的变化可以引起颗粒曳力系数大幅度变化，以致在较宽的颗粒尺度及操作速度范围内都能形成流态化床层，有较高的操作弹性。同时由于流化颗粒群的性质类似于流体的性质，可以较为方便地从装置中引入、输出，并且可以在两个流化床之间进行转移和循环。这为引入其他操作，实现过程耦合提供了良好的条件。

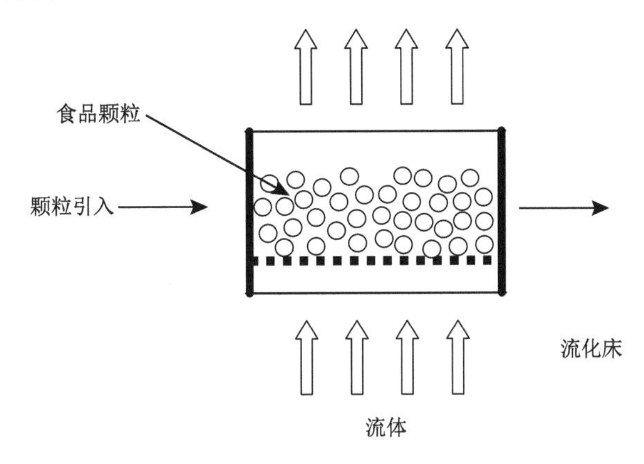

图 13-1　流体颗粒的流态化加热

颗粒可通过笼状容器引入和输出流化床。尽管可以直接利用颗粒群在流态化状态下的液态性质通过液位高低引入和输出颗粒。但考虑到必须保证杀菌强度均匀性，避免出现颗粒返混导致杀菌过度，对进入床层的颗粒进行平行于流体流向的分隔是必要的。

FUHTS 的流体介质可以是油、水、蒸汽、空气和惰性气体。考虑中式烹饪普遍以油脂为传热介质，油脂是合适的介质。对于高含水的烹饪食品，蒸汽也是很好的介质，这是因为蒸汽相对不易影响产品品质。

2. 高效冷却手段

快速加热必须配合快速冷却，才能全面降低杀菌强度。

1）流体颗粒流态化换热冷却

使用低温流体介质进行流体颗粒流态化换热可以实现快速高效冷却。原理同上。

2）常压和真空闪急蒸发冷却

闪急蒸发是直接式液体食品超高温杀菌中实现高效瞬时降温的手段，应用于固体食品超高温杀菌的研究尚未见报道。

流态化加热结束时食品颗粒的温度超过 100℃，减小压力后可自发蒸发。由于食品的蒸汽压超过外界压力，闪急蒸发是一个热力学自发过程，会在整个颗粒食品空间内一直进行到压力平衡。水蒸气在食品内的扩散阻力是主要的动力学因素，影响蒸发时间。

食品以颗粒形式存在，因此有较大的比表面积，对蒸发十分有利。蒸发会对食品质构产生影响，控制减压蒸发压力可以成为调节食品质构的一种手段。

由于流态化流体颗粒换热过程中背景压力的存在，以及加热时间较短，可能没有或者很少有水分损失。而闪急蒸发过程伴随着水分损失，使流态化加热和闪急蒸发组合后产生类似主食食品烹调过程的综合效果。通过控制减压蒸发的终点压力，可以控制食品中的水分含量。

常温闪急蒸发后可进一步进行真空蒸发，使食品温度进一步降低，直接达到包装温度，从而不需要后续的包装后冷却，可以简化杀菌流程，提高产品质量。

由于食品颗粒离开封闭空间时排出了绝大部分流体，得到的产品是纯粹固体。

FUHTS 的基本流程见图 13-2。

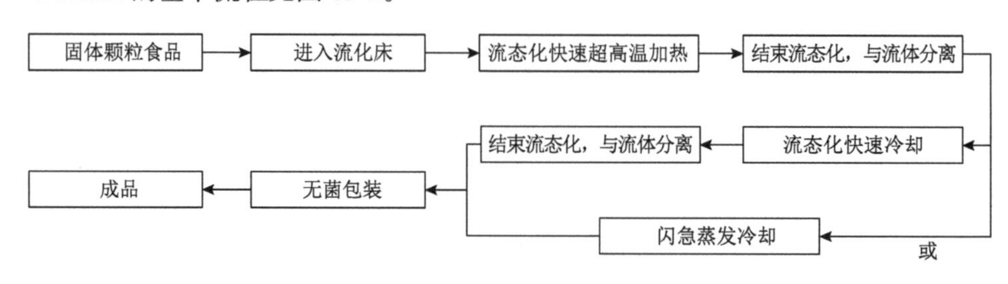

图 13-2　FUHTS 的基本流程

3. 流态化超高温杀菌

快速加热和冷却构成一种新的杀菌技术，该技术是以流态化为技术特征的，因此称其为流态化超高温杀菌。

13.1.3　FUHTS 技术的应用基础

本书所提出的 FUHTS 技术，需要有基本的技术可能性，应开展技术方案的框架设计。

1. 基本技术方案

鉴于该技术的复杂性，可以采用多种技术方式构成杀菌流程。主要研究目的是奠定这一方法的理论基础并分析技术可行性，而不是实际建立一个中试规模或者工业规模 FUHTS 系统。下面仅是一个可能的初步技术方案，这个方案并不一定是技术上最合理的或者是最可行的方案。

预想中的整个装置包括杀菌容器输送带、杀菌容器推入和推出工位机械装置、超高温杀菌装置（由上部顶盖和下部底座组成，顶盖可以上下移动）、夹紧杀菌容器机械装置、无菌冷却输送带、各缓冲容器及储罐、加热及冷却器、动力及传动部分、泵、空气压缩机、真空泵、管道、阀门、自动控制系统、支撑结构。FUHTS 的工序操作流程见图 13-3，操作流程见图 13-4，系统可能构成见图 13-5。

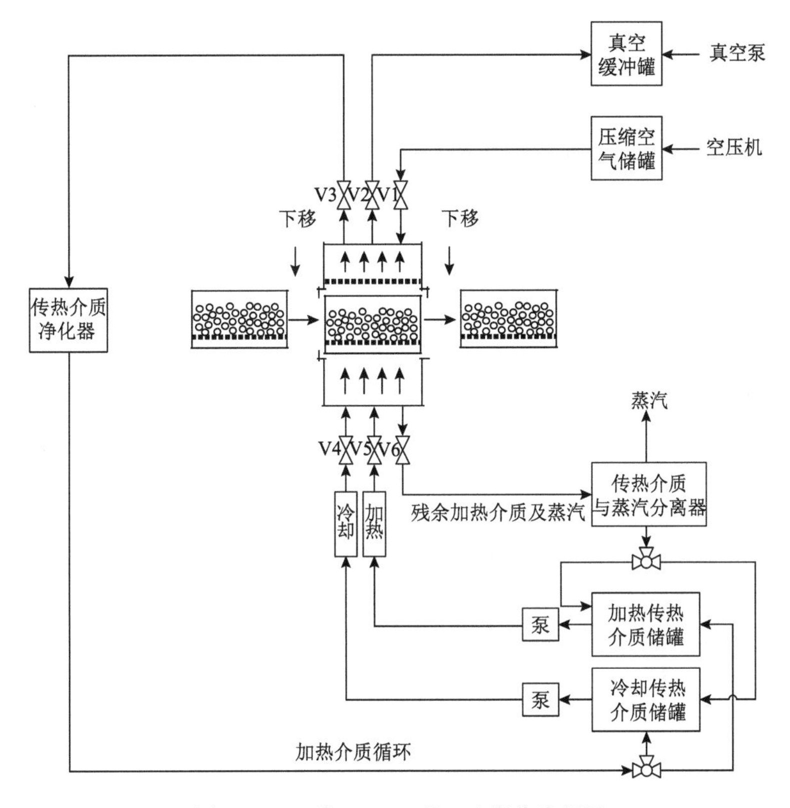

图 13-3　一种 FUHTS 的工序操作流程图

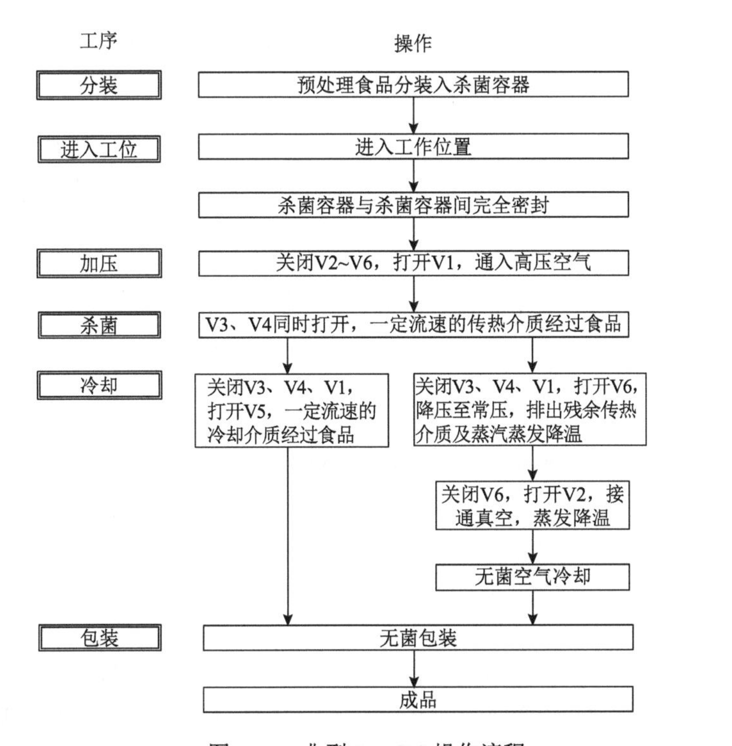

图 13-4　典型 FUHTS 操作流程

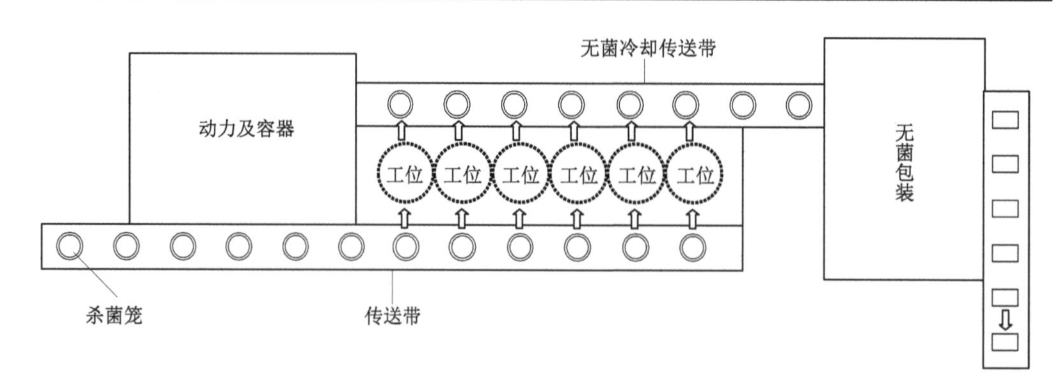

图 13-5　一种 FUHTS 系统可能构成

FUHTS 中，由于已经在超高温杀菌前对固体食品进行了混合和称量，因此相对容易进行无菌包装。图 13-6 是设想的一种可能的 FUHTS 与无菌包装的衔接方式。

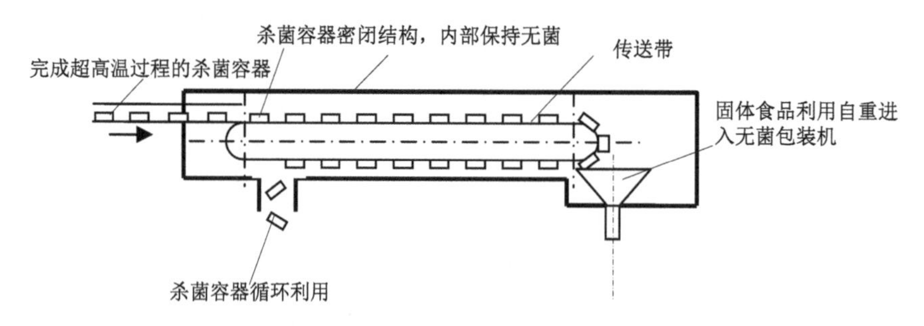

图 13-6　FUHTS 与无菌包装的衔接

2. 工作效率

与所有的低酸性固体食品杀菌技术不同，FUHTS 技术是通过在多个杀菌工作位置每次对一个或数个包装容量的食品杀菌，以短工作周期的连续操作来达到工业规模所必需的工作效率。

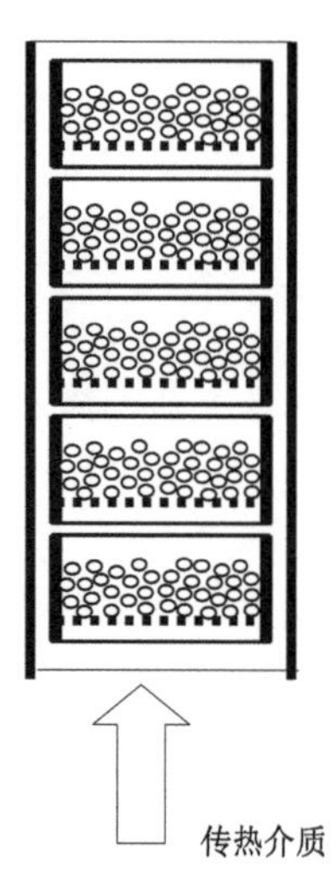

图 13-7　多容器同时杀菌

设备的生产效率估算如下。①每一工位操作时间。进入工作位置：1 s，接通高压空气至平衡：3 s，油浴超高温杀菌：20～80 s，常压减压：5 s，真空减压：10 s，离开工作位置：1 s，合计工作时间为 40～100 s。②设定每个杀菌容器工作容量为 500 g，每台机组有 10 个杀菌头。③则每小时加工能力为 360～900 包，0.18～0.45 t，按照每日 2 班计，每班 6 h，日产 2.2～5.4 t，年（300 天）产 648～1620 t。以优质罐头通常超过 2 万元/t 的价格计算，生产年产值可达 1300 万～3000 万元。技术经济可满足工业生产要求。

此外还可以通过对多容器同时杀菌（图 13-7），或者大容量杀菌容器杀菌后，无菌分装后再包装，从而大大提高生产效率。采用流态化技术使 FUHTS 技术具有提高工作效率的潜力。

3. 技术后果

流态化流体颗粒加热/冷却及闪急蒸发技术灵活，可能导致三个后果：①FUHTS 可能具有多种流程形式；②流态化流体颗粒加热/冷却及闪急蒸发的组合有可能广泛地应用于食品工程，如预煮、干燥（采用干空气和过热蒸汽作为流动相，等同于流化干燥）、食品质构调节等；③通过过程耦合与其他技术良好结合，如微波加热、欧姆加热等。

根据 FUHTS 的基本原理，开发了原理验证设备，细节见本书 6.5 节。

13.2　FUHTS 的流态化原理

13.2.1　流态化的流体力学基础

1. 食品颗粒在流体中的受力与运动状态

对于处于流动流体中的球形颗粒，如果忽略颗粒之间的范德华力、静电力，当颗粒达到悬浮状态时，重力、浮力、曳力应该达到平衡（金涌，2002）：

$$\underbrace{\frac{1}{6}\pi\left(d_{\mathrm{p}}\right)^{3}\rho_{\mathrm{p}}g}_{\text{重力}}-\underbrace{\frac{1}{6}\pi\left(d_{\mathrm{p}}\right)^{3}\rho_{\mathrm{f}}g}_{\text{浮力}}=\underbrace{\underbrace{C_{\mathrm{D}}}_{\text{曳力系数}}\quad\underbrace{\frac{\pi}{4}\left(d_{\mathrm{p}}\right)^{2}}_{\text{迎风面积}}\quad\underbrace{\frac{1}{2}\rho_{\mathrm{f}}u^{2}}_{\text{动压头}}}_{\text{流体曳力}} \tag{13-1}$$

式中：d_{p} 是颗粒直径，m；ρ_{p} 是颗粒密度，kg/m^3；ρ_{f} 是流体密度，kg/m^3；C_{D} 是曳力系数，无量纲；u 是流速，m/s。

流体中悬浮颗粒的运动由颗粒受到的合力及牛顿运动定律决定。受力平衡不同，可以形成三种状态：①当重力减去浮力大于流体曳力时，颗粒将在流体中沉降，如果有一个多孔床支撑，颗粒静止不动，形成固定床。②当重力减去浮力小于流体曳力时，颗粒将被流体带起加速，由于流体颗粒相对速度增加后流体曳力系数下降，颗粒受力趋于平衡。床层由固定床向流化床转变的临界状态下的流体速度为临界流化速度 u_{mf}。③当重力减去浮力等于流体曳力时，颗粒受力平衡，这时有两种情况：颗粒悬浮在液体中，宏观速度为 0，形成流态化；颗粒被流体夹带匀速运动，形成流化输送。颗粒被流体夹带时的最初速度为颗粒终端速度 u_{t}。

超高温杀菌技术的关键是传热强化，在 FUHTS 中需要强化颗粒与流体之间的传热。上述三种状态中，流态化颗粒的相对运动最为激烈，传热效率最高，而固定床和两相流两种状态下传热效率相对较低。目前两相流技术已经应用于液体颗粒无菌工艺，由于两相流中固体与液体的分离困难，只能生产液体颗粒混合食品。而流化床可以相对容易地引入和输出固体颗粒食品。

流体的运动状态由纳维尔斯-托克斯方程决定，考虑两相流流体颗粒流动具体情况，如果流体和固体之间不存在质量交换，得到质量平衡和动量平衡方程（李洪钟和郭慕孙，2002；Ouyang et al.，2004）：

$$\frac{\partial}{\partial t}\left(\varepsilon\rho_{\mathrm{f}}\right)+\frac{\partial\left(\varepsilon\rho_{\mathrm{f}}V_{\mathrm{f}}\right)}{\partial x}+\frac{\partial\left(\varepsilon\rho_{\mathrm{f}}V_{\mathrm{f}}\right)}{\partial y}+\frac{\partial\left(\varepsilon\rho_{\mathrm{f}}V_{\mathrm{f}}\right)}{\partial z}=0 \tag{13-2}$$

$$\frac{\partial}{\partial t}\left(\varepsilon\rho_{\mathrm{f}}V_{\mathrm{f}}\right)+\nabla\cdot\left(\varepsilon\rho_{\mathrm{f}}V_{\mathrm{f}}V_{\mathrm{f}}\right)=-\varepsilon\nabla\cdot p-S_{\mathrm{p}}+\nabla\cdot\left(\varepsilon\tau_{\mathrm{f}}\right)+\varepsilon\rho_{\mathrm{f}}g \tag{13-3}$$

式中：ε 是床层孔隙率；ρ_{f} 是流体密度，kg/m^3；V_{f} 是流体速度矢量，m/s；p 是压力，Pa；S_{p} 是动量交换源项，kg/（m^2·s^2）；τ_{f} 是流体黏性应力张量，kg/（m·s^2）。

2. 两相流的流型变化与 FUHTS

1）流态化与非流态化两相流

一般而言，流体颗粒两相流可分为流态化两相流与非流态化两相流。当固体颗粒在流体中处于悬浮状态时，为流态化两相流。而当固体颗粒在流体中彼此相互接触，处于非悬浮状态时，为非流态化两相流。Leung 和 Jones(1978)提出的判据如下。

当 $u_{\mathrm{fs}}>u_{\mathrm{mf}}$ 和 $\varepsilon>\varepsilon_{\mathrm{mf}}$，为流态化两相流。

当 $u_{\mathrm{fs}}<u_{\mathrm{mf}}$ 和 $\varepsilon<\varepsilon_{\mathrm{mf}}$，为非流态化两相流。

式中：u_{fs} 是流体颗粒两相的相对速度，m/s，$u_{\mathrm{fs}}=u_{\mathrm{s}}-u_{\mathrm{f}}$，$u_{\mathrm{f}}$ 是流体流动速度，m/s，u_{s} 是固体移动速度，m/s；u_{mf} 是起始流化速度，m/s；$\varepsilon_{\mathrm{mf}}$ 是初始流化状态时的床层孔隙率。

对非流态化两相流进一步细分(Leung and Jones，1978)：

当 $0<u_{\mathrm{fs}}<u_{\mathrm{mf}}$ 和 $\varepsilon_{\mathrm{c}}<\varepsilon<\varepsilon_{\mathrm{mf}}$，为过渡填充床流（固定床）

式中：ε_{c} 是最低床层孔隙率。

当 $u_{\mathrm{fs}}\leqslant 0$，$\varepsilon=\varepsilon_{\mathrm{c}}$，为填充床流（固定床）

对流态化两相流进一步细分：

当 $u_{\mathrm{fs}}>u_{\mathrm{t}}$ 和 $\varepsilon>\varepsilon_{\mathrm{mf}}$，为流化输送两相流

式中：u_{t} 是颗粒的终端速度，m/s。

当 $u_{\mathrm{fs}}<u_{\mathrm{t}}$ 和 $\varepsilon>\varepsilon_{\mathrm{mf}}$，为传统流态化两相流

在液体颗粒无菌工艺中由于颗粒与液体共同杀菌，最理想的状态是两相同时流动且流速相同，即 $u_{\mathrm{fs}}=u_{\mathrm{s}}-u_{\mathrm{f}}=0$。而 FUHTS 中，流体仅作为传热介质，固体不随着流体移动，不允许颗粒被流体带走，即固相的宏观（从床层尺度来看）流速为 0，操作中要求 $u_{\mathrm{fs}}<u_{\mathrm{t}}$。固体食品超高温杀菌与两相流流型见表 13-1。

表 13-1　固体食品超高温杀菌与两相流流型

流体流速	流速增加 →			
流型	填充床	过渡填充床	流态化	流化输送
两相的相对滑动速度 u_{fs}	$u_{fs} \leqslant 0$	$0 < u_{fs} < u_{mf}$	$u_{fs} \leqslant u_t$	$u_{fs} > u_t$
固体食品超高温杀菌			FUHTS	液体颗粒无菌工艺

从传热学效果来看，固体流体两相之间的相对速度越大，则对流传热系数越大，传热效率越高。同时，流态化极有利于颗粒食品的均匀加热，而加热的均匀性对于食品的杀菌过程是至关重要的。因此流态化是 FUHTS 的最佳流型。

2）流态化流型变化与 FUHTS

理想的流化操作状态是固体颗粒间的距离随着流体流速的增加而均匀增加，颗粒在流体中均匀分布。这种颗粒的均匀悬浮使所有颗粒都有均衡的机会和流体接触，也使所有的流体都流经同样厚度的颗粒床层，因而流体和颗粒之间有充分而且均等的接触机会。这对化学反应和物理操作都十分有利。均匀的流态化包括了全床中均匀的传质和传热效率以及均匀的流体停留时间。这时的流态化质量是最高的（金涌，2002），这种流态化称为散式流态化，反之称为聚式流态化。

对于加热杀菌过程，必须使整个食品体系的最冷点达到杀菌温度时间条件，因此传热均匀性极为重要。在对流换热条件下，散式流态化可以最大限度地提高固态食品加热的均匀性。同时散式流态化可以使流化床的床层膨胀控制在一定范围，并且远远小于聚式流态化，这有利于 FUHTS 提高操作效率和减小设备体积。因此，散式流态化是 FUHTS 的最佳流态化流型。对于 FUHTS 技术，液-固流态化的流型是非常理想的。而气固流态化复杂的流型将增加气固流态化在 FUHTS 中应用的复杂性。

液-固流态化流型较为简单，随着流速从低到高，基本上只有固定床、散式流态化及液相输送 3 种流型。众多液-固流态化研究表明，液-固流化床中颗粒均匀悬浮在向上流动的流体中，各种流动参数都呈均匀分布。只要流体流速保持在颗粒终端速度以下，就能够维持散式流态化状态（金涌，2002）。

而气固流态化则具有相对复杂的流型。随着气速从低到高，流型从固定床、散式床、鼓泡床、节涌床、湍动床、快速流化床到气力输送变化。FUHTS 的研究对象是粒径较大的 Geldart 分类 D 类食品颗粒，如果能够形成气固流态化，床层很可能没有均匀膨胀的过程，而是直接发生鼓泡现象，其最小流化速度就是最小鼓泡速度。这时从床层底部出现气泡，整个流化床出现气泡相和乳化相，气泡上升过程中相互聚并，体积增加，到床层顶部破裂。如果气泡扩大到接近床层截面积的尺寸，就会产生节涌流态化。节涌流态化使得夹带（颗粒被气体带出床层）加剧，气固接触效率和操作稳定性降低。进一步提高流速，床层湍动床加剧，气泡尺寸变小，边缘模糊不清，相应的流型为湍动流态化。湍动流态化气固接触效率高，但是夹带现象严重，参见图 13-8。如果食品颗粒在 FUHTS 过程中能够形成气固流态化，基本没有形成散式流态化的可能，适合采用的流型是鼓泡床，这是因为鼓泡床的床层密度比较高，气体颗粒对流传热效率高并且均匀。与固定床相比，鼓泡床传热效率提高，并解决了固定床中存在的过热点问题。

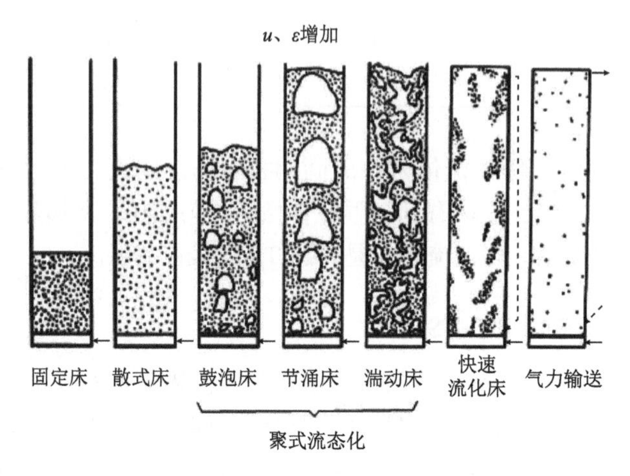

图 13-8　FUHTS 与两相流流型

一般颗粒夹带量有限的流化状态包括散式流态化、鼓泡床流态化和湍动流态化，称为低气速流态化，气速更高的流态化称为高气速流态化。高气速流态化床层膨胀和颗粒夹带严重，不适于 FUHTS 操作。

在流体可通过容器中的少量食品在气流中是否能够形成流态化，以及形成流态化的特征和规律，依照现有的理论和文献，难以做出明确的判断。但可以依据现有的理论及经验公式进行初步的试探性计算。

3. 临界流化速度 u_{mf} 和颗粒终端速度 u_t

对于颗粒流体系统，当流体流速处于临界流化速度 u_{mf} 和颗粒终端速度 u_t 之间时，颗粒处于流态化状态。此时颗粒与颗粒之间内摩擦消失，颗粒群呈现类似流体的性质。

1）临界流化速度 u_{mf}

不考虑流体中颗粒与床壁之间的摩擦力，床层总重量与流体对颗粒的曳力保持平衡，即

$$\Delta p A_b = H_{mf} A_b \left[(1-\varepsilon_{mf})\rho_p + \varepsilon_{mf}\rho_p \right] g \tag{13-4}$$

式中：Δp 是床层压降，Pa；A_b 是床层横截面积，m^2；H_{mf} 是初始流态化状态下总床高，m；ε_{mf} 是初始流化状态时的床层孔隙率；ρ_p 是颗粒密度，kg/m^3。

简化为

$$\Delta p = H_{mf} \left[(1-\varepsilon_{mf})\rho_p g + \varepsilon_{mf}\rho_p g \right] \tag{13-5}$$

固定床中流体流速和压差关系可用经典的 Ergun 公式来表达：

$$\frac{\Delta p}{H}=\frac{1-\varepsilon}{\Phi_{s}d_{p}\varepsilon^{3}}\left[150\frac{(1-\varepsilon)\mu u}{\Phi_{s}d_{p}}+1.75\rho_{f}u^{2}\right] \tag{13-6}$$

式中：H 是流态化总床高，m；Φ_s 是颗粒的球形度，无量纲；ε 是床层孔隙率；μ 是动力黏度，Pa·s；ρ_f是流体密度，kg/m^3；d_p是颗粒直径，m。

式（13-5）和式（13-6）联立后可以得出临界流化速度的二次方程（金涌，2002）：

$$\frac{1.75}{\Phi_{s}\varepsilon_{mf}^{3}}\left(\frac{d_{p}u_{mf}\rho_{f}}{\mu}\right)^{2}+\frac{150(1-\varepsilon_{mf})}{\Phi_{s}^{2}\varepsilon_{mf}^{3}}\left(\frac{d_{p}u_{mf}\rho_{f}}{\mu}\right)=\frac{d_{p}^{3}\rho_{f}(\rho_{p}-\rho_{f})g}{\mu^{2}} \tag{13-7}$$

2）颗粒终端速度 u_t

从受力分析可以看出，对物理性质确定的流体颗粒系统，重力和浮力相对固定。对运动状态影响较大的是曳力系数 C_D 和流速 u。对曳力系数的研究表明，单颗粒的曳力系数为 C_{Ds}：

$$C_{Ds}=\frac{24}{Re_{t}} \qquad Re_t<0.4 \tag{13-8}$$

$$C_{Ds}=\frac{18.5}{Re_{t}^{0.6}} \qquad 0.4<Re_t<500 \tag{13-9}$$

$$C_{Ds}=0.43 \qquad 500<Re_t<200\,000 \tag{13-10}$$

将式（13-8）、式（13-9）、式（13-10）代入式（13-1）得到颗粒终端速度的计算公式：

滞留区斯托克斯（Stokes）定律：

$$u_{t}=\frac{gd^{2}(\rho_{p}-\rho_{f})}{18\mu} \qquad Re_t<0.4 \tag{13-11}$$

过渡流区 Allen 定律：

$$u_{t}=0.153\frac{g^{0.71}d^{1.14}(\rho_{p}-\rho_{f})^{0.7}}{\rho_{f}^{0.29}\mu^{0.43}} \qquad 0.4<Re_t<500 \tag{13-12}$$

湍流区 Newton 定律：

$$u_{t}=1.74\left[\frac{gd(\rho_{p}-\rho_{f})}{\rho_{f}}\right]^{0.5} \qquad 500<Re_t<200000 \tag{13-13}$$

式（13-8）～式（13-13）中：Re_t是对应于颗粒终端速度的颗粒雷诺数。

图 13-9 为单颗粒曳力系数与雷诺数的关系。从图中可以看出，雷诺数增加，即流速增加，曳力系数下降，从而使式（13-8）～式（13-10）能够在一定的流速操作范围内保持平衡，维持流态化状态。

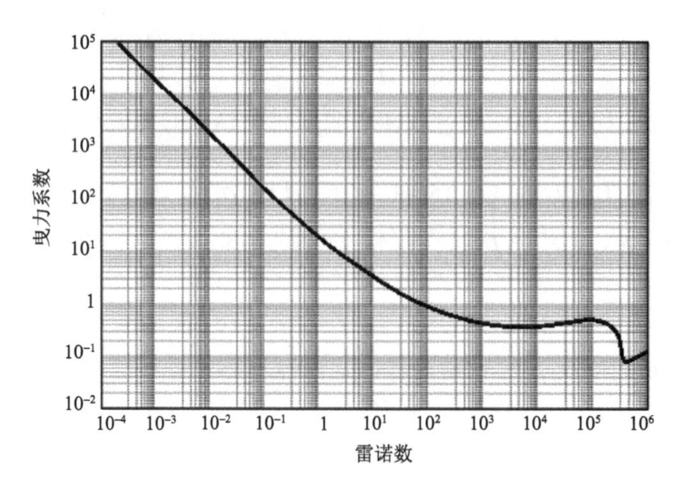

图 13-9 单颗粒曳力系数与雷诺数的关系

13.2.2 流体颗粒流态化计算与分析

1. FUHTS 的流体力学条件

1）气固流态化

固相：球形食品颗粒直径 d_p 范围，0.0025～0.030 m，即 0.25～3.0 cm；颗粒性质采用典型颗粒性质，比热容，4.11 kJ/（kg·℃）；导热系数，0.524 W/（m·℃）；密度，1020 kg/m^3；热扩散系数，1.25×10^{-7} m^2/s。

气相：气相介质包括水蒸气和氮气，水蒸气和氮气的流体力学和热物理性质按照操作条件查取或根据理想气体状态方程计算。

操作条件：温度，145℃；操作压力，0.44 MPa。

2）液-固流态化

固相：食品颗粒直径 d_p 范围，0.0025～0.030 m，即 0.25～3.0 cm；颗粒性质采用典型颗粒性质（见上）；设流化床直径为 0.15 m。

液相：液相介质为食用植物油，采用典型油脂性质（145℃下典型油脂性质：密度，840 kg/m^3；黏度，2.35 Pa·s；导热系数，0.160 W/（m·℃），比热容为 2648 J/（kg·℃））。

操作条件：温度，145℃；操作压力，0.6 MPa。

2. 流态化基本规律

1）气固流态化

a. 临界流化速度 u_{mf}

临界流化速度可以通过理论及经验公式、数值模拟、实验测量获得。关于气固流态化临界流化速度的计算已经积累了大量的经验公式（金涌，2002）。纯粹经验公式在其适用范围内一般有较高的准确性。但是这些经验公式主要应用于细颗粒及化工原料，没有广泛适用于食品颗粒的经验公式。

在高雷诺数条件下，忽略黏度损失，在理论公式（13-7）基础上得到临界流化速度的简化方程：

$$u_{mf}^2=\frac{d_p\left(\rho_p-\rho_f\right)g}{24.5\rho_f}\qquad Re_p>1000 \tag{13-14}$$

式中：ρ_p 是颗粒密度，kg/m^3；ρ_f 是流体密度，kg/m^3；d_p 是颗粒直径，m。

Wen 和 Yu（1966）得到以下近似关系式：

$$\frac{1}{\Phi_s\varepsilon_{mf}^3}\approx 14,\quad \frac{1-\varepsilon_{mf}}{\Phi_s^2\varepsilon_{mf}^3}\approx 11 \tag{13-15}$$

式中：Φ_s 是颗粒的球形度，无量纲；ε_{mf} 是初始流化状态时的床层孔隙率。

将式（13-15）代入式（13-7）得到适用所有 Re 的公式，并经 Whalley 修正得到适用于气固流态化公式（Whalley，1983）：

$$Re_{mf}=\left[C_1^2+C_2Ar\right]^{0.5}-C_1\qquad C_1=27.2,\ C_2=0.0408 \tag{13-16}$$

式中：Re_{mf} 是对应于临界流化速度的颗粒雷诺数；Ar 是阿基米德数。

以上公式建立在理论公式（13-7）之上，是半经验公式，有广泛的使用范围，本书采用式（13-16）计算临界流化速度。上述公式既适用于气固体系又适用于液-固体系。

b. 颗粒终端速度 u_t

式（13-11）、式（13-12）、式（13-13）同样是半经验公式。由于 FUHTS 中通常 $Re_t>0.4$，实际计算中采用式（13-12）、式（13-13）。

c. 散式流态化发生的判据

Wilhelm 和 Kwauk（1948）提出了以下判据来判断散式流态化的发生：

$$Fr_{mf}=u_{mf}^2/\left(gd_p\right)\ Fr_{mf}<0.13\ \text{为散式},\quad Fr_{mf}>1.3\ \text{为聚式} \tag{13-17}$$

式中：Fr_{mf} 是对应于临界流化速度的弗鲁德数。

该式形式简单，用于判别液-固流态化流型是否为散式比较有效，并可应用于气固流态化流型判别，但由于存在 0.13～1.30 间的计算空当，Romero 和 Johanson（1962）建立的修正式应用更多一些：

$$Fr_{mf}Re_{mf}\left(\frac{\rho_p-\rho_f}{\rho_f}\right)\left(\frac{H_{mf}}{D}\right) < 100 \text{ 为散式} \tag{13-18}$$

式中：H_{mf}是初始流态化状态下总床高，m；D是床径，m。

d. 流化床的床层膨胀

文献中有大量床层膨胀半经验和经验关联式，但是绝大多数只适用于特定的操作条件和颗粒体系。在常温条件下 Babu 等（1978）发展的关联式具有较宽的适用范围（d_p=0.05～2.87 mm，ρ_p=257～3928 kg/m^3，p=1～70 atm）（金涌，2002）

$$\frac{H_f}{H_{mf}}=1+\frac{14.311\left(u-u_{mf}\right)^{0.738}d_p^{\ 1.006}\rho_p^{\ 0.376}}{\left(u_{mf}\right)^{0.937}\left(M_f p_r\right)^{0.126}} \tag{13-19}$$

Cai 等（1993）对上式进行修正得到温度范围为 20～985℃的经验公式：

$$\frac{H_f}{H_{mf}}=1+\frac{21.55\left(u-u_{mf}^*\right)^{0.738}d_p^{\ 1.006}\rho_p^{\ 0.376}}{\left(u_{mf}\right)^{0.37}\left(M_f p_r\right)^{0.12}} \tag{13-20}$$

式中：H_f是总膨胀床层高度，m；u_{mf}^*是常温及操作压力下的起始流化速度，m/s；p_r是绝对操作压力与常压之比，无量纲；M_f是流化气体的摩尔质量，g/mol。

上面两式适用颗粒直径范围相比于实际固体食品流态化杀菌颗粒直径范围偏小，但已经是所有公式中最适用的。

2）液-固流态化

a. 临界流化速度 u_{mf}

采用式（13-14）、式（13-16）计算。

b. 颗粒终端速度 u_t

与气固流态化计算相同，采用式（13-17）、式（13-18）计算。

c. 流化数

流化数表征了流态化操作中速度调节的灵活性。比值越大，操作灵活性越大。计算公式如下（无锡轻工业学院，1985）：

$$K=\frac{u_t}{u_{mf}} \tag{13-21}$$

d. 散式流态化发生的判据

采用判据式（13-17）。

e. 流化床的床层膨胀

采用 Richardson-Zaki 公式：

$$\frac{u_l}{u_i}=\varepsilon^n \tag{13-22}$$

式中：u_l 是表观液体速度，m/s；u_i 是 Richardson-Zaki 公式中的常数速度，m/s；ε 是床层孔隙率。

$$\lg u_i=\lg u_l+\frac{d_p}{D_f} \tag{13-23}$$

式中：D_f 是流化床直径，m；d_p 是颗粒直径，m。其中：

$$n=4.65+19.5d_p/D_f \qquad Re_t<0.2$$

$$n=(4.35+17.5d_p/D_f)Re_t^{-0.03} \qquad 0.2<Re_t<1$$

$$n=(4.45+18d_p/D_f)Re_t^{-0.1} \qquad 1<Re_t<200$$

$$n=4.45Re_t^{-0.1} \qquad 200<Re_t<500$$

$$n=2.39 \qquad Re_t>500$$

3）非球形颗粒的流态化计算

在实验验证中需要计算圆柱形颗粒的流态化，为便于比较，在此讨论非球形颗粒流态化的相关计算公式。

a. 非球形颗粒的终端速度

颗粒尺寸受到的曳力还与颗粒的形状有直接关系。对非球形颗粒的终端速度，不同研究者提出了各自的计算方法，最常用的是下面的修正式。

式（13-11）～式（13-13）的修正式（金涌，2002）：

$$u_t=K_1\frac{gd_v^2\left(\rho_p-\rho_f\right)}{18\mu} \qquad Re_t<0.05 \tag{13-24}$$

$$u_t=\left[\frac{4}{3}\frac{gd_v\left(\rho_p-\rho_f\right)}{C_D\rho_f}\right]^{\frac{1}{2}} \qquad 0.05\leqslant Re_t<2000 \tag{13-25}$$

$$u_t=1.74\left[\frac{gd_v\left(\rho_p-\rho_f\right)}{K_2\rho_f}\right]^{\frac{1}{2}} \qquad 2000\leqslant Re_t<200\,000 \tag{13-26}$$

式中：$K_1=0.843\lg\frac{\Phi_s}{0.065}$；$K_2=5.31-4.88\Phi_s$；$u_t$是颗粒终端速度，m/s；$d_v$是等体积当量直径，m；$\Phi_s$是颗粒的球形度，无量纲。

式（13-11）～式（13-13）的修正式为（金涌，2002）

$$u_t=\left[\frac{4}{3}\frac{gd_v\left(\rho_p-\rho_f\right)}{C_{Ds}\rho_f}\right]^{0.5}\qquad 0.05<Re_t<2000 \tag{13-27}$$

式中：C_{Ds}是曳力系数，无量纲。非球形颗粒的曳力系数C_{Ds}参见表 13-2。

表 13-2　非球形颗粒的曳力系数 C_{Ds}

Φs	Re				
	1	10	100	400	1000
0.670	28	6	2.2	2.0	2.0
0.806	27	5	1.3	1.0	1.1
0.846	27	4.5	1.2	0.9	1.0
0.946	27.5	4.5	1.1	0.8	0.8
1.000	26.5	4.1	1.07	0.6	0.46

分析与球形颗粒终端速度计算公式的差别，形状系数越小，食品颗粒与球形的偏离越大，则颗粒终端速度越小。

b. 非球形颗粒的临界流化速度

非球形颗粒的临界流化速度采用 Chen 提出的式（13-16）的修正公式计算（金涌，2002）：

$$Re_{mf}=\left[C_1^2+C_2Ar\right]^{0.5}-C_1\qquad C_1=33.7\Phi_s^{\ 0.10},\ C_2=0.048\Phi_s^{\ -0.045} \tag{13-28}$$

在实际计算中，形状系数越小，则颗粒临界流化速度越小。

3. 结果与讨论

1）结果

A. 气固流态化

a. 临界流化速度u_{mf}、颗粒终端速度u_t以及操作速度

操作速度为临界流化速度和颗粒终端速度的平均值。按式（13-16）计算，结果见表 13-3 和图 13-10。

表 13-3　气固流态化颗粒直径与临界流化速度 u_{mf} 及颗粒终端速度 u_t 的关系

颗粒直径 d_p/cm		0.25	0.50	0.75	1.00	1.25	1.50	1.75	2.00	2.25	2.50	2.75	3.00
水蒸气	u_t/（m/s）	5.81	8.22	10.06	11.62	12.99	14.23	15.37	16.43	17.43	18.37	19.27	20.13
	u_{mf}/（m/s）	0.67	0.99	1.23	1.43	1.60	1.76	1.90	2.03	2.16	2.27	2.38	2.49
	操作速度	3.24	4.60	5.65	6.52	7.30	7.99	8.64	9.23	9.79	10.32	10.83	11.31
	K	8.68	8.28	8.18	8.14	8.12	8.10	8.10	8.09	8.09	8.08	8.08	8.08
氮气	u_t/（m/s）	5.63	7.96	9.74	11.25	12.58	13.78	14.88	15.91	16.88	17.79	18.66	19.49
	u_{mf}/（m/s）	0.56	0.87	1.10	1.28	1.44	1.58	1.71	1.83	1.95	2.05	2.16	2.25
	操作速度	3.09	4.41	5.42	6.27	7.01	7.68	8.30	8.87	9.41	9.92	10.41	10.87
	K	10.11	9.12	8.88	8.79	8.74	8.71	8.69	8.68	8.67	8.66	8.65	8.65

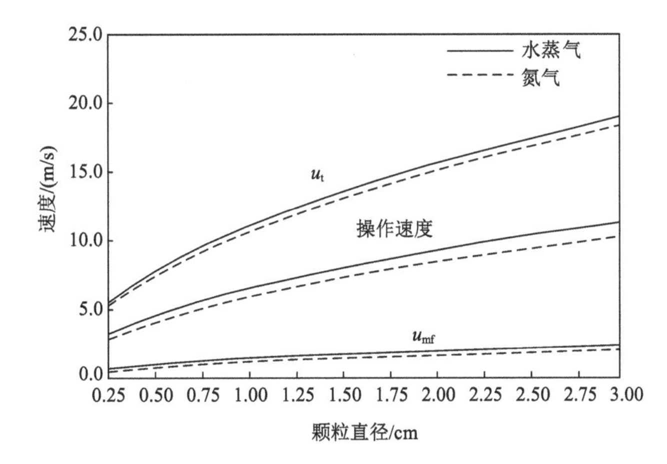

图 13-10　气固流态化临界流化速度 u_{mf} 及颗粒终端速度 u_t 与颗粒直径的关系

b. 流型的判断

按照判据式（13-17）计算得到表 13-4。

表 13-4　流型判断表 a

颗粒直径 d_p/m	0.25	0.50	0.75	1.00	1.25	1.50	1.75	2.00	2.25	2.50	2.75	3.00
Fr_{mf}	17.29	19.45	20.04	20.28	20.42	20.50	20.55	20.59	20.61	20.63	20.65	20.66
判断	>1.3											

按照判据式（13-18）计算得到表 13-5。

表 13-5　流型判断表 b

颗粒直径 d_p/m	0.25	0.50	0.75	1.00	1.25	1.50	1.75	2.00	2.25	2.50	2.75	3.00
$Fr_{mf}Re_{mf}\left(\frac{\rho_p-\rho_f}{\rho_f}\right)\left(\frac{H_{mf}}{D}\right)$	0.0296	10.0	19.2	30.1	42.4	56.1	71.0	86.9	103.9	121.9	140.8	160.6
判断	<100											

c. 床层膨胀的计算

按照式（13-20）计算床层膨胀，得到的结果见图 13-11。

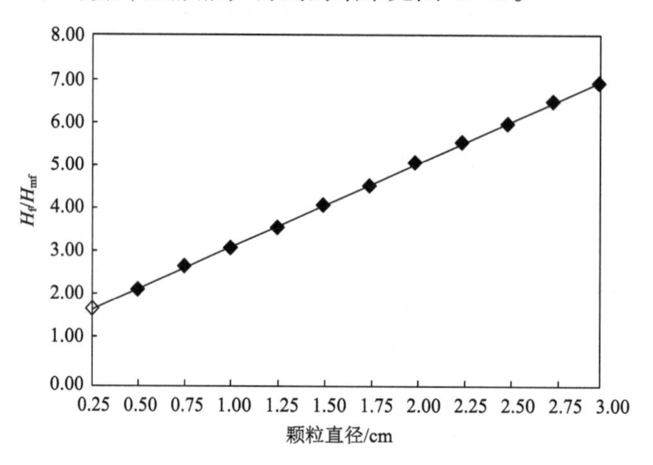

图 13-11　床层膨胀与颗粒直径的关系

B. 液-固流态化

a. 临界流化速度 u_{mf}

按照式（13-14）、式（13-16）计算得到不同颗粒直径的临界流化速度 u_{mf}，两者计算结果极为接近，最终采用式（13-16）的计算结果。颗粒终端速度使用式（13-12）、式（13-13）计算。结果见图 13-12 和表 13-6。

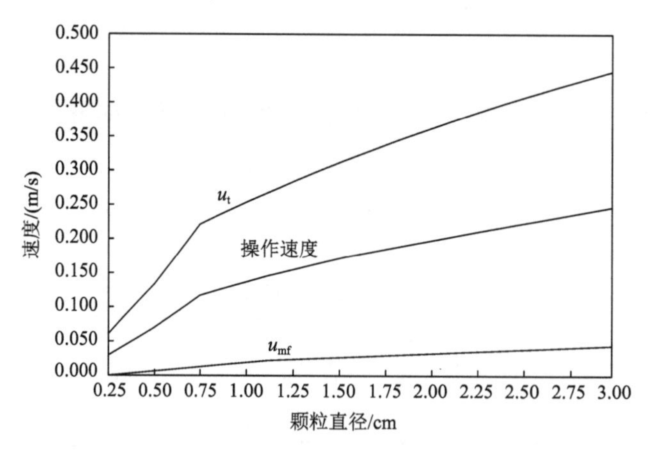

图 13-12　液-固流态化临界流化速度 u_{mf} 及颗粒终端速度 u_t 与颗粒直径的关系

表 13-6　液-固流态化颗粒直径与临界流化速度 u_{mf} 及颗粒终端速度 u_t 的关系

颗粒直径 d_p/cm	0.25	0.50	0.75	1.00	1.25	1.50	1.75	2.00	2.25	2.50	2.75	3.00
u_t/（m/s）	0.06	0.13	0.22	0.26	0.29	0.31	0.34	0.36	0.38	0.40	0.42	0.44
u_{mf}/（m/s）	0.003	0.011	0.017	0.023	0.027	0.031	0.035	0.038	0.041	0.044	0.046	0.049
操作速度	0.032	0.073	0.12	0.14	0.16	0.17	0.19	0.20	0.21	0.22	0.24	0.25
K	18.30	12.80	12.78	11.17	10.39	9.94	9.65	9.45	9.31	9.21	9.13	9.06

b. 流化数 K

按照式（13-21）得到流化数和颗粒直径的关系，见表 13-6 和图 13-13。

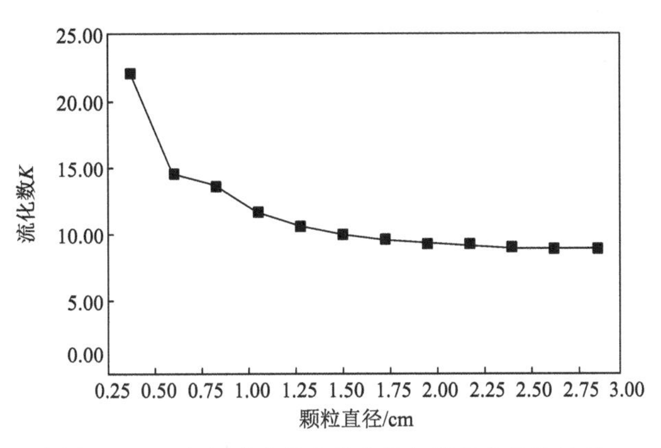

图 13-13　液-固流态化中流化数与颗粒直径的关系

c.流型的判断

采用判据式（13-17）计算得到表 13-7。

表 13-7　流型判断表 c

颗粒直径 d_p/cm	0.25	0.50	0.75	1.00	1.25	1.50	1.75	2.00	2.25	2.50	2.75	3.00
Fr_{mf}	0.0003	0.0017	0.0034	0.0047	0.0056	0.0063	0.0068	0.0071	0.0074	0.0076	0.0078	0.0079
判断	<0.13											

d. 床层膨胀

由式（13-22）和式（13-23）计算，结果见表 13-8 和图 13-14。

表 13-8　液-固流态化中的颗粒直径与床层孔隙率

颗粒直径 d_p/cm	0.25	0.50	0.75	1.00	1.25	1.50	1.75	2.00	2.25	2.50	2.75	3.00
ε	0.052	0.074	0.125	0.143	0.153	0.155	0.157	0.158	0.159	0.160	0.160	0.161

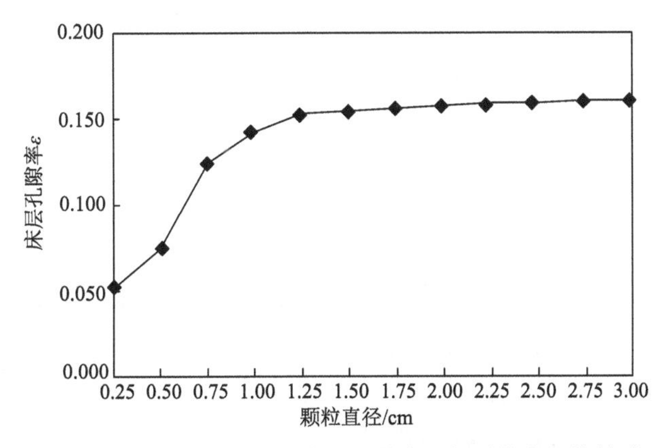

图 13-14　液-固流态化中床层孔隙率 ε 与颗粒直径的关系

e. 颗粒密度对流态化的影响

由式（13-12）、式（13-13）、式（13-14）、式（13-16）以不同液-固相密度差计算0.25 cm 和 1.50 cm 颗粒的流态化操作速度，结果见图 13-15。

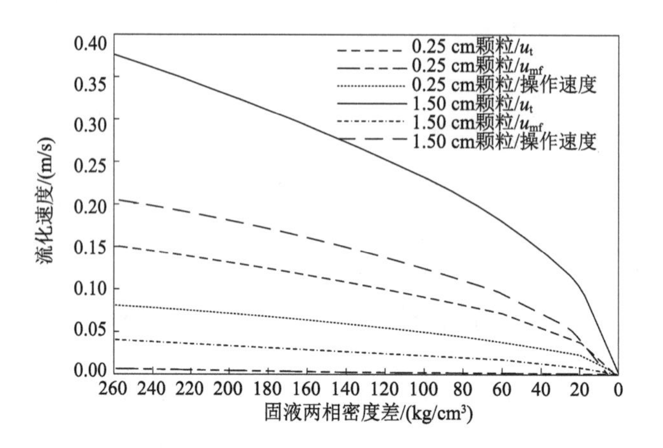

图 13-15　液-固流态化中液-固两相密度差与流化速度的关系

2）讨论

（1）由图 13-10 和图 13-12 可知，颗粒终端速度和临界流化速度曲线之间区域为流态化操作范围，两图中范围都较宽，说明具有较宽粒径分布的颗粒群可以同时实现流态化。这对扩大固体食品流态化的超高温杀菌技术的应用范围非常有利。计算表明对于0.25～3.0 cm 直径的颗粒，气固流态化操作速度为 3.09～11.31 m/s，液-固流态化操作速度为 0.032～0.25 m/s。

（2）由图 13-10 可见，气固流态化中水蒸气和氮气的各个流态化速度计算结果非常接近，这是由于气体密度对流-固密度差影响较小，说明大多数气体会对食品颗粒产生类似的流态化结果。同时也应该注意到，计算得到的操作流速范围高于常用的气固流态化操作速度 0.2～1.0 m/s（无锡轻工业学院，1985）。

（3）由流型的判断计算结果判断气固流态化基本不可能发生散式流态化，其流型为聚式，而液-固流态化的流型为散式。散式流态化对提高杀菌均匀性、降低设备成本有利，在这方面液-固流态化有技术优势。

（4）由表 13-8 和图 13-11 可知，气固流态化床层膨胀显著，总床高是初始流态化总床高的 1.62～6.98 倍，这对于设备效率和技术经济是不利的。由表 13-8、图 13-14 可知，液-固流态化床孔隙率在 0.052～0.161 之间，床层膨胀较小，有利于减小设备体积。

（5）由图 13-15 可见，随着液-固密度差下降，流态化操作速度下降。颗粒越小受影响越大。0.25 cm 颗粒密度差小于 100 kg/m^3，1.5 cm 颗粒密度差小于 20 kg/m^3，流态化操作速度低于 0.05 m/s。过低的流态化操作速度对液体颗粒换热非常不利。FUHTS中液-固流态化受到液-固两相密度差的限制。

13.2.3　流体颗粒对流换热计算与分析

1. 计算目的和计算条件

1）计算目的

分析典型颗粒液-固流态化及有相变和无相变的气固流态化表面换热，同时分析流速对表面换热的影响。

2）计算条件

a. 有相变气固流态化计算条件

传热介质：水蒸气；蒸汽温度：145℃；食品表面平均温度：140℃（传热过程中主要传热热阻存在于颗粒食品内部，表面温度会在短期内迅速升高到接近蒸汽温度）；定性温度：145–3/4×(145–140)=141.25℃；颗粒性质为典型颗粒。

b. 无相变气固流态化对流传热系数计算条件

传热介质：氮气；气相温度：145℃。

c. 液-固流态化对流传热系数计算条件

传热介质：典型油脂；液相温度：145℃。

2. 公式和方法

现有文献中没有发现发生气相冷凝的大颗粒对流传热系数的研究及相应公式，因此考虑近似计算。球体颗粒的球形表面由主要平行于流体流向的球面和垂直于流体流向球面组成，可以近似看作垂直/平行于流向的柱面综合，因此球体的膜状冷凝对流传热系数计算可以按照水平/垂直管道膜状冷凝公式的平均值进行近似计算。垂直管道膜状冷凝努塞尔理论公式为（无锡轻工业学院，1985；苏赛克和杰姆斯，1981）

$$h_{\mathrm{fp}}=0.943\left(\frac{k^{3}\rho^{2}gH_{\mathrm{c}}}{L_{\mathrm{tube}}\left(T_{\mathrm{st}}-T_{\mathrm{ps}}\right)\mu}\right)^{\frac{1}{4}} \tag{13-29}$$

式中：h_{fp} 是流体/颗粒对流传热系数，W/（m^2·℃）；k 是水的导热系数，W/（m·℃）；ρ 是水的密度，kg/m^3；g 是重力加速度，m/s^2；H_{c} 是水冷凝潜热，J/（kg·℃）；L_{tube} 是管道长度，m；T_{ps} 是颗粒表面温度，℃；T_{st} 是蒸汽温度，℃；μ 是动力黏度，Pa·s。

水平管道的膜状冷凝公式为（无锡轻工业学院，1985）

$$h_{\mathrm{fp}}=0.725\left(\frac{k^{3}\rho^{2}gH_{\mathrm{c}}}{d_{\mathrm{tube}}\left(T_{\mathrm{st}}-T_{\mathrm{ps}}\right)\mu}\right)^{\frac{1}{4}} \tag{13-30}$$

式中：d_{tube} 是管道外径，m。

考虑颗粒直径 $d_p=L_{tube}=d_{tube}$，则颗粒对流传热系数的计算公式可以近似看作式（13-29）和式（13-30）的平均：

$$h_{fp}=0.834\left(\frac{k^3\rho^2 gH_c}{d_p\left(T_{st}-T_{ps}\right)\mu}\right)^{\frac{1}{4}} \tag{13-31}$$

应该指出的是上述近似计算公式的条件是凝结液膜为层流流动，并忽略凝结液膜的加速度的影响，而气固流态化中气相和固相之间的运动速度较大，颗粒之间存在碰撞，计算结果相对保守（比实际值小）。

（1）无相变气固流态化计算气体颗粒对流传热系数无因次关系式。

按照无因次关系理论，流体颗粒对流传热系数与流体颗粒运动状态和颗粒/流体特性有关。当颗粒/流体特性固定主要与流速有关。由于气固流态化是流态化技术应用的主流，流态化流体颗粒对流传热系数的多数无因次关系式是建立在气体颗粒实验基础上的。

Kunii 和 Levenspiel（1969）从气体与单颗粒之间的大量传热实验数据中得到了以下经验关系式：

$$Nu=2+0.6Re^{1/2}Pr^{1/3} \tag{13-32}$$

对于大颗粒固定床，关联式表达为

$$Nu=2+1.8Re^{1/2}Pr^{1/3} \tag{13-33}$$

假定床层中气体及颗粒混合得很好，气体运动是活塞流，并将以上经验式应用在鼓泡床中，通过实验数据检验回归得到：

$$Nu=0.03Re^{1.3} \qquad 0.1<Re<100 \tag{13-34}$$

$$Nu=2+0.6Re^{1/2}Pr^{1/3} \qquad Re>100 \tag{13-35}$$

该式相对较适用于 FUHTS 气固流态化条件，采用式（13-35）进行气体颗粒对流传热系数计算。

（2）在液体颗粒无菌工艺的研究中得到大量的无因次关系式，大量的无因次关系式表明缺少具有广泛应用范围的通用公式。

当颗粒和流体相对速度为 0，即 $Re=0$，这时边界仅仅考虑热传导，有

$$Nu=2 \tag{13-36}$$

这一公式在液体颗粒无菌工艺中有应用（Hunter，1972），但对于有较高操作速度的 FUHTS 显然过于保守。

文献（Ramaswamy et al.，1997）中，将 Nu 看作 Pe 的函数：

$$Nu=2.0+0.5Pe+0.25Pe^2\ln(Pe)+0.334Pe^2+1/16Pe^3\ln(Pe) \tag{13-37}$$

当 Pe 值达到无穷大，边界层传导传热就可以忽略，Nu=9.0。

Awuah 等（1993）将有限圆柱状马铃薯和胡萝卜颗粒放在羧甲基纤维素溶液中加热到 60～80℃，得到 Nu 与 Ra（Rayleigh number）在自然对流的层流区的关系。对于以颗粒长度为特征尺寸的非因次数群，在 $Ra=3.0\times10^{-3}\sim6.0\times10^{4}$：

对胡萝卜颗粒：

$$Nu = 2.45Ra^{0.108} \tag{13-38}$$

对马铃薯颗粒：

$$Nu = 2.02Ra^{0.113} \tag{13-39}$$

Zuritz 等（1990）认为 Nu 与颗粒和管道尺寸有关，以蘑菇状的铝质颗粒悬浮在 70℃非牛顿流体中，流速 0.06～0.287 m/s 时，得到：

$$Nu = 2.0 + 28.37Re^{0.233}Pr^{0.143}\left(D_{\text{p}} / D_{\text{tube}}\right)^{1.787} \tag{13-40}$$

式中：D_{p} 是颗粒直径；D_{tube} 是管径。

Chandarana 等（1989）认为，颗粒尺寸的减小可以增加颗粒的表面积与体积之比（SAV），从而使 h_{fp} 增加。作者得到 h_{fp} 与 SAV 和 Re 的关系如下：

$$h_{\text{fp}} = 1.14\times10^{4}\left(\text{SAV}\right)^{1.94}Re^{0.07} \tag{13-41}$$

Zitoun 和 Sastry（1989）采用液晶法以 45℃操作温度在保温管模拟器内研究发现立方体颗粒传热受颗粒尺寸、流体黏度、流速和径向位置的影响。特征尺寸为与立方体体积相同的球体尺寸，作者推算出 Nu 与管内 Re_{g}、管内的 Pr_{g}、长度与直径比和颗粒径向位置的关系。该式适用于球体，并在 $41.2<Re<477.5$ 和 $185.3<Pr<1075.2$ 下有效：

$$Nu = 2.0 + 8.4703Re_{\text{g}}^{0.553}\times Pr_{\text{g}}^{0.2176}\left(L_{\text{p}} / D\right)^{0.6272}\left(R - r / R\right)^{-0.11472} \tag{13-42}$$

液体颗粒无菌工艺中的 h_{fp} 无因次关系式都是在颗粒和液体之间相对速度较小的情况下获得的，FUHTS 中两相相对速度较大的情况下，可能适用性较差。但是这些无因次关系式揭示了影响 h_{fp} 的因素，对 FUHTS 中建立 h_{fp} 的无因次关系式有参考作用。分析比较后，考虑杀菌条件下油脂的黏度和流态化操作条件下的雷诺数，适用公式选择 Vliet-Leppert 公式（Vliet and Leppert，1961）。

$2<Pr<380$ 以及 $1<Re<300\,000$ 时，对水或油类绕球体的流动：

$$Nu = \left(1.2 + 0.53Re^{0.54}\right)Pr^{0.3}\left(\mu / \mu_{\text{w}}\right)^{0.25} \tag{13-43}$$

式中：μ 是流体温度条件下流体黏度，Pa·s；μ_{w} 是球体表面温度条件下流体黏度，Pa·s。

3. 结果与讨论

1）结果

a. 有相变气固流态化对流传热系数 h_{fp}

由式（13-31）计算，结果见表 13-9。

表 13-9　颗粒直径与有相变气固流态化对流传热系数 h_{fp}

颗粒直径/m	0.0025	0.005	0.0075	0.01	0.0125	0.015	0.0175	0.02	0.0225	0.025	0.0275	0.030
h_{fp}/[W/(m^2·℃)]	5784	4864	4395	4090	3868	3696	3556	3439	3339	3253	3176	3108
Nu	10.56	17.77	24.08	29.88	35.32	40.50	45.46	50.25	54.89	59.41	63.81	68.11
1/*Bi*	0.076	0.045	0.033	0.027	0.023	0.020	0.018	0.016	0.015	0.014	0.013	0.012

b. 无相变气固流态化对流传热系数 h_{fp}

由式（13-34）计算得到表 13-10 及图 13-16。

表 13-10　气固流态化中颗粒直径与对流传热系数的关系

颗粒直径/m	临界流化速度下		操作速度下		颗粒终端速度下	
	Nu	h_{fp}/[W/(m^2·℃)]	*Nu*	h_{fp}/[W/(m^2·℃)]	*Nu*	h_{fp}/[W/(m^2·℃)]
0.0025	12.2	67.8	26.0	144.7	34.4	191.4
0.0050	20.1	55.8	42.6	118.5	56.5	157.1
0.0075	26.8	49.7	57.1	105.9	75.9	140.7
0.0100	32.9	45.8	70.4	97.9	93.7	130.2
0.0125	38.7	43.0	82.9	92.2	110.4	122.8
0.0150	44.1	40.9	94.8	87.8	126.3	117.0
0.0175	49.3	39.2	106.2	84.3	141.5	112.4
0.0200	54.4	37.8	117.2	81.4	156.2	108.6
0.0225	59.2	36.6	127.8	79.0	170.5	105.3
0.0250	64.0	35.6	138.2	76.8	184.3	102.5
0.0275	68.6	34.7	148.3	74.9	197.8	100.0
0.0300	73.1	33.9	158.1	73.3	211.0	97.8

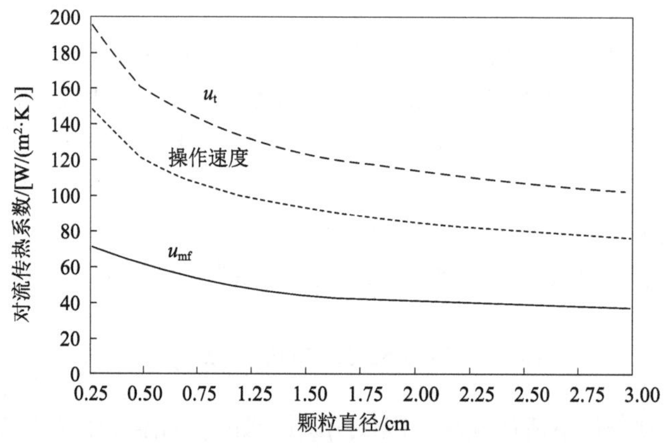

图 13-16　无相变气相流态化对流传热系数与颗粒直径的关系

c. 液-固流态化对流传热系数 h_{fp}

分别采用颗粒终端速度、临界流化速度和操作速度计算对流传热系数。其中操作速度是颗粒终端速度和临界流化速度的算术平均值。

采用式（13-43），计算得到表 13-11 和图 13-17。

表 13-11　液-固流态化中颗粒直径与对流传热系数的关系

颗粒直径/m	临界流化速度下		操作速度下		颗粒终端速度下	
	Nu	h_{fp}/[W/(m^2·℃)]	*Nu*	h_{fp}/[W/(m^2·℃)]	*Nu*	h_{fp}/[W/(m^2·℃)]
0.0025	6.4	411.6	13.2	846.9	17.2	1101.4
0.0050	11.3	360.0	25.3	810.1	33.9	1085.4
0.0075	16.1	342.5	38.9	830.3	52.9	1128.6
0.0100	20.5	328.1	48.4	775.0	65.8	1053.5
0.0125	24.7	315.8	57.5	736.0	78.2	1000.6
0.0150	28.6	305.2	66.2	706.3	90.0	960.5
0.0175	32.4	296.2	74.6	682.5	101.5	928.4
0.0200	36.0	288.3	82.8	662.7	112.7	901.8
0.0225	39.6	281.5	90.8	646.0	123.7	879.3
0.0250	43.0	275.4	98.7	631.5	134.4	859.8
0.0275	46.4	269.9	106.4	618.8	144.8	842.7
0.0300	49.7	265.1	113.9	607.4	155.2	827.5

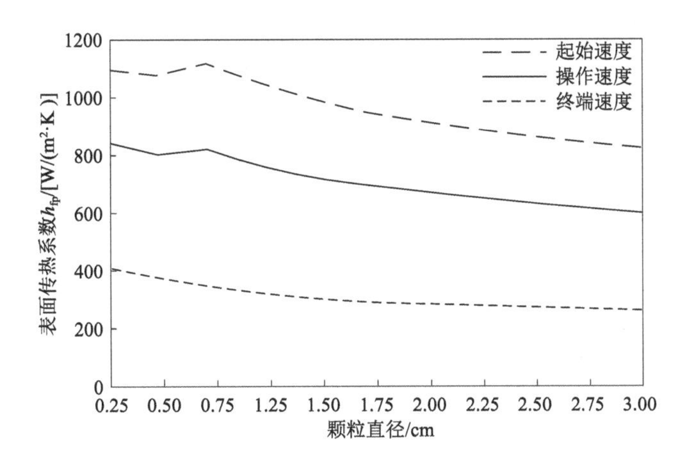

图 13-17　液-固流态化中颗粒直径与对流传热系数的关系

d. 流速对对流传热系数的影响

流速对对流传热系数的影响见图13-18。

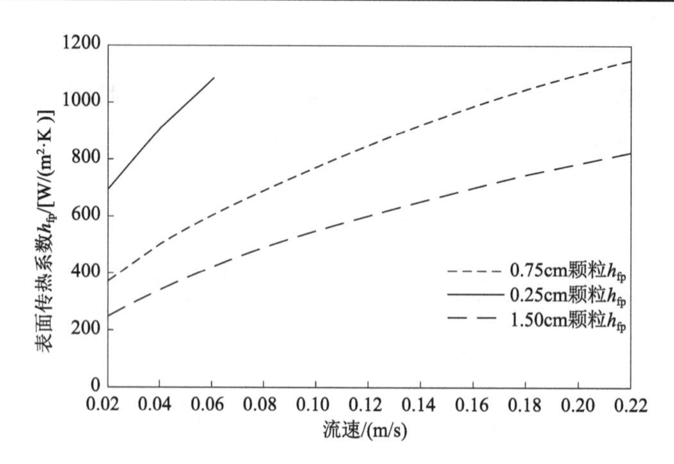

图 13-18　液-固流态化中操作速度与对流传热系数的关系

2）讨论

（1）在非稳态热传导中，一般认为当 $1/Bi<0.05$ 时，可以忽略表面换热热阻（苏赛克和杰姆斯，1981），即 $h_{fp}\approx\infty$。从表 13-9 看出，除了直径 0.25 cm 颗粒的 $1/Bi$ 略大于 0.05 之外，其余均小于 0.05。考虑近似计算方法较为保守，可以认为在以水蒸气为传热介质的气固流态化超高温杀菌中对流传热系数可以看作无穷大。在传统罐头食品蒸汽冷凝换热杀菌过程中对流传热系数长期以来都按照无穷大进行计算。

（2）图 13-16 及表 13-10 表明，流态化操作速度下，尽管 Nu 数较高，但气相为氮气的 0.25～3.0 cm 直径颗粒气固流态化对流传热系数在 33.9～191.4 W/（m²·℃）之间，数值较小，这是由于气体导热系数很低，是不良导热体形成的，显然对杀菌不利。

（3）图 13-17 及表 13-11 表明，流态化操作速度下，0.25～3.0 cm 直径颗粒以典型油脂为传热介质的液-固流态化对流传热系数在 607.4～846.9 W/（m²·℃）之间，考虑到油脂导热系数很低，这是很高的数值。

（4）图 13-18 表明，相同直径颗粒液-固流态化中操作速度越大则对流传热系数越大。

13.3　FUHTS 的传热分析

13.3.1　流化床中流体颗粒传热学基础

1. 流化床总体传热

在流体-颗粒流化床中，忽略黏度形成的能量损失，不考虑相变，床层外壁绝热，考虑床层中的一个薄层 dl，流体与颗粒之间保持能量平衡，容易得到下面方程：

$$h_{fp}aA_b\left(T_f-T_p\right)dl=c_{pf}G_f d\left(T_f\right) \tag{13-44}$$

式中：h_{fp} 是流体颗粒对流传热系数，W/（m^2·℃）；a 是床层单位体积中的颗粒表面积，m^2；A_b 是床层横截面积，m^2；T_f 是流体温度，℃；T_p 是颗粒温度，℃；l 是颗粒与流体相互接触区域的高度，m；c_{pf} 是流体比热容，J/（kg·℃）；G_f 是流体的流量，kg/s。

对于颗粒加热过程，方程左侧为颗粒吸收的热量，方程右侧为流体释放的热量。因为 T_f 在床层中垂直方向的变化通常很小，每个颗粒的外部换热条件几乎是相同的，因此，流体和颗粒的表面换热以及颗粒内部的不稳定传热才是传热过程的关键。

2. 颗粒内部的三维非稳态导热

在流体颗粒传热中，颗粒内部任一空间点的温度随时间变化，呈不稳定温度分布状态，即三维非稳态导热。在笛卡儿坐标系中，一均质各向同性的物体，内部有热源，与周围介质有热交换，三维非稳态导热的偏微分方程为（杨世铭和陶文铨，1998）

$$\rho c_p \frac{\partial T}{\partial t} = \frac{\partial}{\partial x}\left(k\frac{\partial T}{\partial x}\right) + \frac{\partial}{\partial y}\left(k\frac{\partial T}{\partial y}\right) + \frac{\partial}{\partial z}\left(k\frac{\partial T}{\partial z}\right) + \Phi \tag{13-45}$$

式中：ρ 是密度，kg/m^3；c_p 是比热容，J/（kg·℃）；T 是温度，℃；x，y，z 是笛卡儿坐标系三维空间位置，m；k 是导热系数，W/（m·℃）；Φ 是单位体积内热源生成热，W/m^3。

食品的导热系数有一定温度依赖性，但是受温度影响不大，假设 k 与温度和方向无关，同时如果不耦合微波加热、欧姆加热等体积加热技术，不存在内热源，则式（13-45）变为

$$\frac{\partial T}{\partial t} = \alpha\left(\frac{\partial^2 T}{\partial x^2} + \frac{\partial^2 T}{\partial y^2} + \frac{\partial^2 T}{\partial z^2}\right) \tag{13-46}$$

式中：α 是导温系数，m^2/s。

边界条件由牛顿冷却定律和傅里叶传热定律联立确定：

$$k_p\left(\frac{\partial T}{\partial x} + \frac{\partial T}{\partial y} + \frac{\partial T}{\partial z}\right)\cdot \eta = -h_{fp}\left(T_p - T_f\right) \tag{13-47}$$

式中：k_p 是颗粒导热系数，W/（m·℃）；h_{fp} 是对流传热系数，W/（m^2·℃）；η 是该点等温线上的法向单位矢量；T_p 是颗粒表面温度，℃；T_f 是载流温度，℃。

该方程的定解条件包括初始条件和边界条件，初始条件为初始温度分布。有三类边界条件。①第一类边界条件：规定边界温度值；②第二类边界条件：规定边界的热流密度值；③第三类边界条件：规定边界的对流传热系数 h_{fp} 及流体温度。本项研究适用第三类边界条件，当 h_{fp} 趋于无穷大，则转换为第一类边界条件。

3. 无因次关系理论预测流体颗粒对流传热系数 h_{fp}

分析三维非稳态导热方程各物理量，除了待求解物理量 t、T 外，x、y、z、α、k_p 是给定参数和颗粒热物理参数，因此流体颗粒对流传热系数 h_{fp} 成为方程求解的关键。

按照传递过程原理中流体和固体壁面边界层理论，流体流经颗粒时，迎风面流体为层流状态，经过驻点后产生边界层分离，形成不规则脉动流动。通过边界层理论可以得到钝头体迎风面传热的解析解。但是对于下游部分边界层分离区要取得适当的分析解是很困难的。因此颗粒平均换热系数只能靠实验得到（埃克特和德雷克，1983）。

影响流体颗粒对流换热的因素很多，由于流动动力的不同、流动状态的区别、流体是否相变及换热表面几何形状的差别构成了多种类型的对流换热现象。因而 h_{fp} 取决于多种因素。对于无相变非高速流动强制对流换热，h_{fp} 可表示为（杨世铭和陶文铨，1998）

$$h_{fp}=f\left(u,L,\rho_f,\mu_f,c_{pf}\right) \tag{13-48}$$

式中：u 是流体流动速度，m/s；L 是传递过程特征尺寸，m；ρ_f 是流体密度，kg/m^3；μ_f 是黏度，Pa·s；c_{pf} 是流体比热容，J/（kg·℃）。

获得 h_{fp} 表达式的方法大致有以下四种。①分析法：通过边界层理论确定对流换热问题的偏微分方程及相应定解条件，并取得温度分布的解析解，通过表面热量平衡计算出 h_{fp}。目前只能得到个别简单的对流换热问题的分析解。②实验-量纲分析法：通过建立在 Π 定理和相似原理基础上的量纲分析法结合实验数据，获得 h_{fp} 与特征数（无因次准数）之间的关系。这是目前广泛应用的方法。③比拟法：通过研究动量传递与热量传递的共性或类似特性，建立起对流传热系数与阻力系数间的相互关系，目前已很少使用。④数值法：通过数值方法得到温度分布，通过表面热量平衡计算出 h_{fp}。

通过量纲分析，式（13-48）可以转变为下面无因次关系式：

$$Nu=f\left(Re,\ Gr,\ Pr\right) \tag{13-49}$$

式中：Nu 是努塞尔数；Re 是雷诺数；Gr 是格拉斯霍夫数；Pr 是普朗特数。

在 FUHTS 条件下，强制对流占有绝对优势，可以忽略自然对流的影响，式（13-49）可以变为

$$Nu=f\left(Re,\ Pr\right) \tag{13-50}$$

在气固流态化中气体温度高于颗粒表面温度时，气体发生冷凝，形成有相变的流态化颗粒传热。例如气相为水蒸气时的食品颗粒流态化加热。此时的无因次关系式为（无锡轻工业学院，1985）

$$Nu = m\left(Ga \cdot Pr \cdot Kd\right)^n \tag{13-51}$$

式中：Ga 是伽利略数；Kd 是冷凝准数；m，n 是常数。

在复杂条件和必要参数难以测算的情况下，无因次准数关系式有较广的适用范围，具有工程应用价值。

13.3.2　颗粒内部热传导的传热学计算

1. 解析法及其应用

解析法求解式（13-46）和式（13-47）的有关方法参见本书 5.2.2 小节中 1。

2. 使用 ANSYS 和 MATLAB 联合分析计算颗粒热传导温度分布及杀菌过程

1）计算目的

针对气相为蒸汽有相变气固流态化和液相为典型油脂的液-固流态化进行分析计算。计算目的包括：①计算掌握颗粒内部温度分布历史，将其作为微生物致死和品质保持分析的基础；②颗粒内部的微生物致死动力学分析，计算颗粒内最冷点 F 值；③颗粒内部的品质变化动力学分析，计算颗粒体积平均 C 值（C_{avg}）及其与表面最大 C 值（C_{max}）的差值，考察杀菌品质均匀性；④分析流态化操作速度下不同直径颗粒达到低酸性食品杀菌要求，即 F 值=10 min 时，所需要的时间以及该时间的体积平均 C 值。

2）计算条件

采用典型颗粒热物理性质，颗粒形状为球形，计算颗粒热传导温度分布及杀菌过程，计算中，气相为蒸汽有相变气固流态化的对流传热系数按照无穷大计算，液-固流态化下的对流传热系数按照表 13-11 计算。

食品的初始温度设为 60℃，均匀分布。流体温度均为 145℃，温度恒定。

3）计算方法

A. 有限对流传热系数条件下的颗粒内部温度分布的 ANSYS 求解

本计算的性质是球体的非稳态热传导计算。根据球体的轴对称性，选择球体中心面的四分之一建立平面 2D 有限元模型，相比采用立体 3D 有限元模型，可以减少运算负荷。图 13-19 为直径 0.5 cm 球形颗粒食品的有限元网格划分。相应选用平面热分析单元 PLANE77，单元特性选用轴对称。

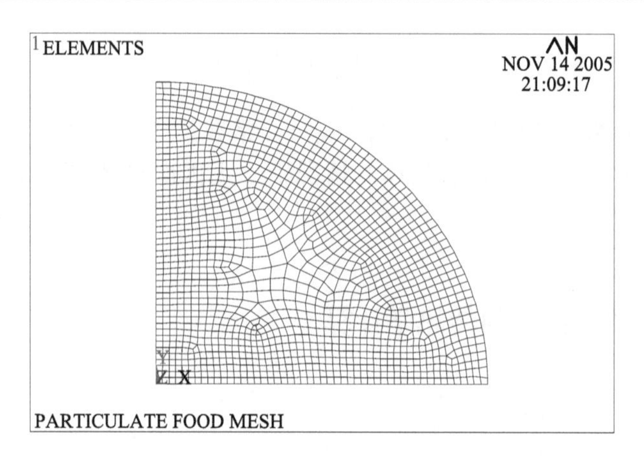

图 13-19　直径 0.5cm 球形颗粒食品的有限元网格

在网格划分时，网格结点中确保包括 C_{avg} 计算点。设置的网格密度要能够保证计算精度，网格越密，计算精度越高。通过 Excel 预先计算确定时间长度，即 ANSYS 的载荷步时间，该时间长度保证颗粒中心温度历程产生的 F 值超过 10 min。时间步长的选择条件是（唐兴伦，2003）

$$\text{ITS} = L^2 / 4\alpha \tag{13-52}$$

式中：ITS 是 ANSYS 载荷步的载荷子步，s；L 是热流梯度最大的单元的长度，宏观上就是特征尺寸，m；α 是导温系数，m^2/s。

应用中选用的载荷子步远远小于计算的 ITS。

详细的计算设置见表 13-12。

表 13-12　食品颗粒内部导热 ANSYS 计算条件

颗粒直径/m	网格设置 半径/圆周	气固流态化 蒸汽温度/℃	液-固流态化 食用油温度/℃	载荷步/s	载荷子步/s	气固流态化 h_{fp}/[W/(m^2·℃)]	液-固流态化 h_{fp}/[W/(m^2·℃)]
0.0025	50/80	145	145	15	0.05	7077	4259
0.0050	50/80	145	145	75	0.5	5698	4031
0.0075	50/80	145	145	180	1	5055	4118
0.0100	50/80	145	145	180	1	4656	3848
0.0150	50/80	145	145	450	2.5	4158	3512
0.0200	50/80	145	145	720	4	3844	3298
0.0025	50/80	145	145	1080	6	3620	3143
0.0300	50/80	145	145	1080	6	3449	3.024

B. 对流传热系数无穷大条件下颗粒内部温度分布的 MATLAB 求解

当对流传热系数无穷大，可以避免求解超越方程，采用相对简单的解析公式（5-14）来计算，因此采用 MATLAB 编程求解。求解中无穷级数求和项数取 20。

C. F 值与 C 值的计算

F 值、C 值按式（2-25）及式（2-27）计算。z 值取 10℃，z_q 值取 33℃。计算 F 值

采用中心温度时间关系。C_{max}值以表面温度历史计算。

关键问题是 C_{avg} 的计算，C_{avg} 定义关系式为式（2-31）。

数值计算获得的仅是节点上的温度时间历史，在空间上是离散的，要得到 C_{avg} 的精确值是不可能的。采用下面的近似算法计算 C_{avg}：对圆心为 o 球体的半径 R 进行 n 等分，分别得到厚度（半径）为 oa、ob、oc 的球壳（球体），见图 13-20。由球壳厚度的中点温度计算得到球壳的平均 C 值，按照下式计算体积平均 C 值。

$$C_{avg}=\text{等分球壳平均 } C \text{ 值} \times \text{等分球壳体积 } V$$

即

$$\begin{aligned}C_{avg}=&\frac{1}{V}\times\int_0^t 10^{\left(\frac{T_{R/2n}-100}{z_q}\right)}dt\times\frac{4\pi}{3}\left(\frac{R}{n}\right)^3+\int_0^t 10^{\left(\frac{T_{3R/2n}-100}{z_q}\right)}dt\\&\times\frac{4\pi}{3}\left[\left(\frac{2R}{n}\right)^3-\left(\frac{R}{n}\right)^3\right]+\cdots+\int_0^t 10^{\left(\frac{T_{(2i-1)/2n}-100}{z_q}\right)}dt\\&\times\frac{4\pi}{3}\left[\left(\frac{2R}{n}\right)^3-\left(\frac{R}{n}\right)^3\right]+\cdots+\int_0^t 10^{\left(\frac{T_{(2n-1)R/2n}-100}{z_q}\right)}dt\\&\times\frac{4\pi}{3}\left[(R)^3-\left(\frac{(n-1)R}{n}\right)^3\right]\end{aligned}\tag{13-53}$$

而$V=\frac{4\pi}{3}\left(\frac{R}{n}\right)^3$，则：

$$\begin{aligned}C_{avg}=&\int_0^t 10^{\left(\frac{T_{R/2n}-100}{z_q}\right)}dt\times\left(\frac{1}{n}\right)^3+\int_0^t 10^{\left(\frac{T_{3R/2n}-100}{z_q}\right)}dt\times\left[\left(\frac{2}{n}\right)^3-\left(\frac{1}{n}\right)^3\right]+\cdots\\&+\int_0^t 10^{\left(\frac{T_{(2i-1)/2n}-100}{z_q}\right)}dt\times\left[\left(\frac{3}{n}\right)^3-\left(\frac{2}{n}\right)^3\right]+\cdots+\int_0^t 10^{\left(\frac{T_{(2n-1)R/2n}-100}{z_q}\right)}dt\\&\times\left[1-\left(\frac{(n-1)}{n}\right)^3\right]\end{aligned}\tag{13-54}$$

显然 n 越大，C_{avg} 越精确。

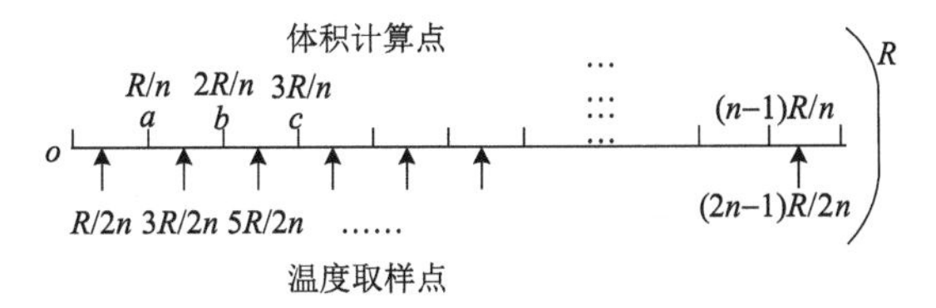

图 13-20　球体平均 C 值计算的体积计算点和温度取样点

具体计算的执行：将 ANSYS 计算取得的各温度取样点的时间温度关系数组拷贝到 MATLAB 软件，构成一个矩阵后，利用 MATLAB 软件灵活的矩阵运算功能完成积分计算及体积平均计算。F 值和 C 值的积分计算采用梯形法，为保证梯形法的积分精度，积分步长，也就是 ANSYS 的载荷子步不能太大。梯形法积分采用 MATLAB 软件 cumtrapz 函数。

D. 计算精度分析

a. 解析法计算分析 ANSYS 的数值计算精度

针对食品颗粒直径为 0.25 cm、1.0 cm 和 3.0 cm ANSYS 模型用于实际计算的 ANSYS 有限元模型，将 h_{fp} 调整到无穷大，实际计算中调整到一个足够大的数，如 10 000 000 W/（m^2·℃），采用与实际分析计算相同的载荷步和载荷子步计算出颗粒中心温度时间关系。然后通过解析法在相同尺寸条件和边界条件下由 MATLAB 软件计算出中心温度时间关系。比较两组结果，了解 ANSYS 的数值计算精度。分别比较两组数据的相关系数、绝对偏差绝对值的平均值、相对偏差绝对值的平均值以及偏差对 C 值/F 值的影响。

b. 半径等分密度对 C_{avg} 计算精度的影响

对颗粒直径为 0.5 cm 的食品颗粒，采用 5 等分、10 等分、20 等分计算 C_{avg}。然后计算 n=10 和 n=5 与 n=20 体积平均 C 值之间的相对误差。

3. 结果与讨论

1）精度分析

（1）与解析法计算结果比较分析 ANSYS 的数值计算精度，计算结果见表 13-13。

表 13-13 颗粒的 ANSYS 解和解析解差异

ANSYS 解和解析解差异指标	颗粒直径		
	0.25 cm	1.0 cm	3.0 cm
相关系数	0.9999	0.9998	0.9999
绝对偏差绝对值的平均值/℃	0.2427	0.36649	0.3603
相对偏差绝对值的平均值/%	0.2464	0.3441	0.3418
产生的平均 C 值相对误差/%	1.71	2.59	2.55
产生的 F 值相对误差/%	5.75	8.80	8.65

（2）半径等分密度对 C_{avg} 计算精度的影响。

计算结果见图 13-21。

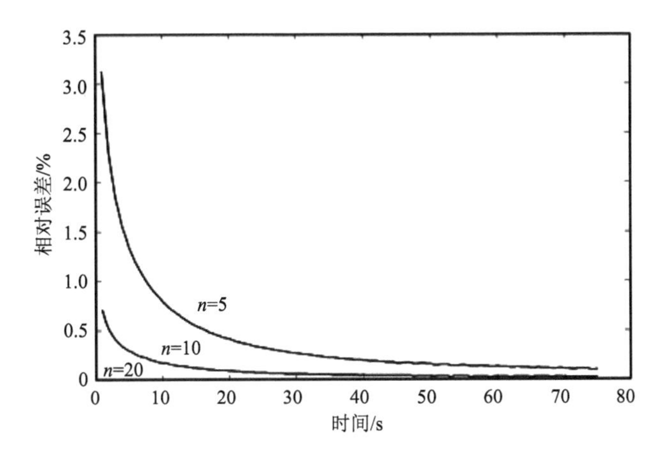

图 13-21　n=10/n=5 与 n=20 体积平均 C 值之间的相对误差

2）颗粒内部热传导、微生物致死和品质变化动力学分析

计算结果见图 13-22～图 13-26。

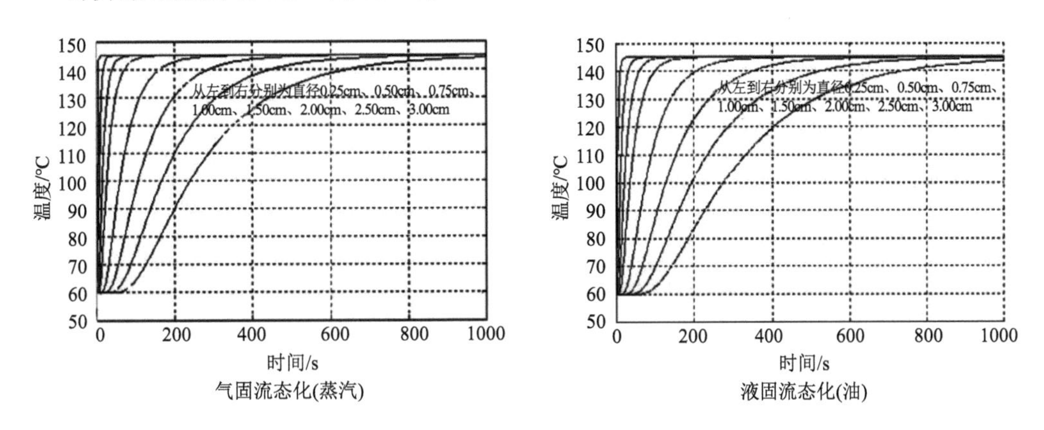

图 13-22　流态化操作速度下不同直径颗粒中心温度与时间的关系

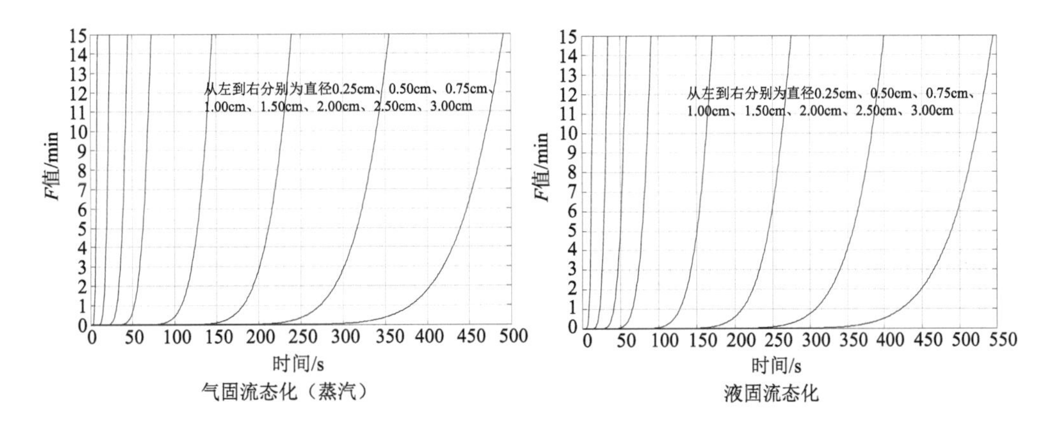

图 13-23　流态化操作速度下不同直径颗粒中心 F 值与时间的关系

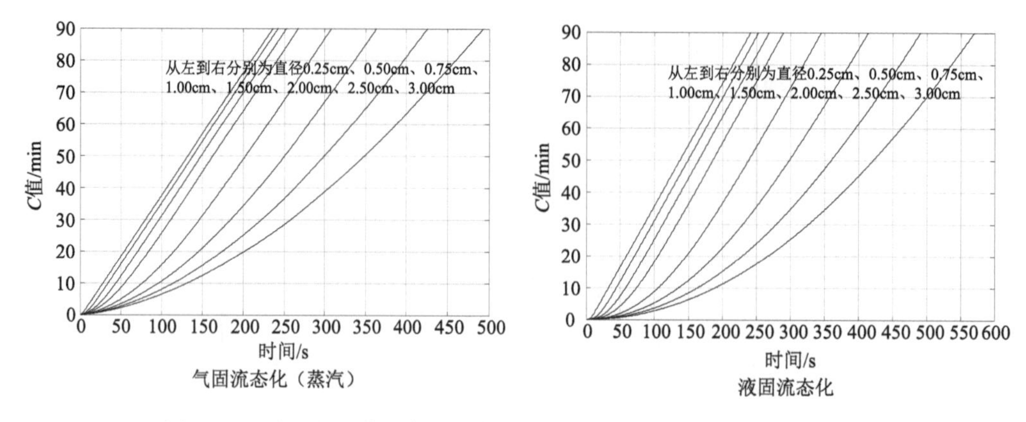

图 13-24　流态化操作速度下不同直径颗粒体积平均 C 值与时间的关系

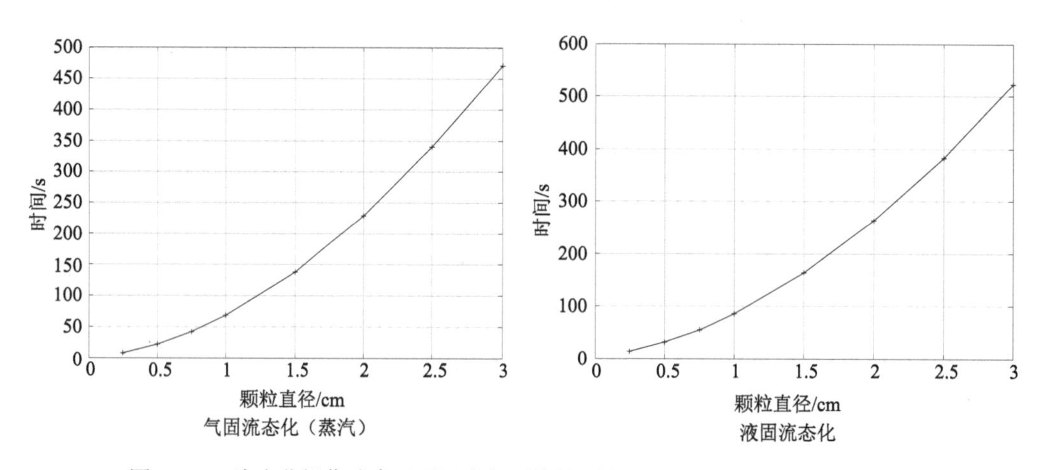

图 13-25　流态化操作速度下不同直径颗粒达到中心 F 值=10 min 时的杀菌时间

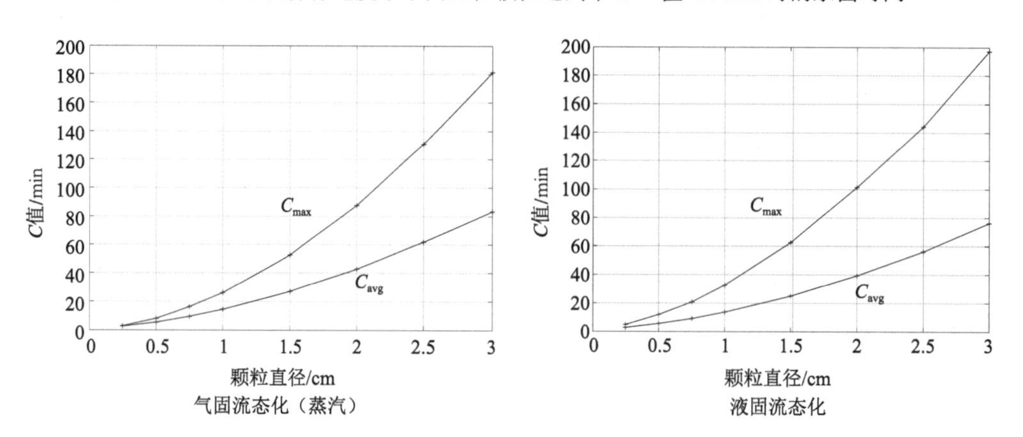

图 13-26　流态化操作速度下不同直径颗粒在中心 F 值=10 min 时体积平均 C 值及表面 C 值

3）讨论

（1）由表 13-13 可知，两组数据的相关系数表明，ANSYS 解是可靠的。但 C 值/F 值的相对误差与温度偏差的关系是指数关系，很小的温度偏差可能导致较大的 C 值/F

值相对误差。由于 C 值、F 值变化剧烈，在超高温操作中，其偏差产生的时间偏差一般并不大。虽然可以通过进一步提高网格密度和减小载荷子步来提高计算精度，但是会大幅度增加运算负荷。现有偏差能够满足颗粒内部热传导及杀菌学后果概貌性分析的精度要求。

（2）对于直径 0.5 cm 的颗粒，F 值大于 1 min 后，相当于时间 20 s 后，C_{avg} 的值才有意义。从图 13-21 可以看出，20 s 后，n=10 和 n=20 的 C_{avg} 相对误差已经小于 0.1%，足够满足精度要求。

（3）由图 13-22 可以发现，随着颗粒直径的增加，中心升温速度迅速下降，但从表 13-14 可以发现，达到 F 值=10 min 所需时间增加了 40 倍左右（气固流态化和液-固流态化倍数接近），说明颗粒直径对其内部传热有决定性的影响。

表 13-14　流态化操作速度下不同直径颗粒达到中心 F 值=10 min 时的杀菌时间及体积平均 C 值

颗粒直径/cm	0.25	0.50	0.75	1.00	1.50	2.00	2.50	3.00
气固流态化								
时间/s	7.74	21.5	41. 8	68. 1	137.6	228.5	339.9	471.0
C_{avg}/min	2.16	5.16	9.27	14.33	27.05	42.95	61.79	83.42
C_{max}/min	2.78	8.08	15.8	26.0	52.8	87.8	130.7	181.2
液-固流态化								
时间/s	13.7	31.6	55.0	85.5	163.5	263.0	383.0	522.9
C_{avg}/min	2.61	5.31	8.94	13.5	24.9	39.3	56.4	76.3
C_{max}/min	4.90	11.8	20.8	32.60	62.7	101.5	144.2	196.9

（4）比较图 13-22～图 13-26 计算结果，对相同直径颗粒、以蒸汽为流动相的气固流态化比以油为流动相的液-固流态化传热更快，达到 F=10 min 的时间缩短 11%～77%，同时 C 值分布更小，显然表面冷凝换热杀菌效果明显优于无相变对流换热杀菌。

（5）颗粒直径对 FUHTS 的杀菌效果起到决定性影响，颗粒直径越小，杀菌品质越高，颗粒直径越大，杀菌品质越差。表现在：①由图 13-26 和表 13-14 可以发现，直径增加后，体积平均 C 值急剧增加。当直径从 0.25 cm 变化到 2.5 cm 时，直径变化 10 倍，达到 F 值=10 min 时的体积平均 C 值增加了 29 倍（气固流态化）和 22 倍（液-固流态化）左右，说明杀菌品质迅速下降。②由图 13-26 看出，当直径增加，颗粒内部温度分布不均匀性也增加了，导致 C 值分布扩大，尽管也有有利的一面，但总体上对杀菌后食品品质产生不利影响；同时随着直径增加，达到中心 F 值=10 min 时的表面 C 值与体积平均 C 值之差迅速增加，说明表面过热，导致品质破坏。

（6）由图 13-23、图 13-24 可以看出，在 FUHTS 中，采用较高的传热介质温度以及通过流态化产生较高的对流传热系数都能加快升温速度，导致杀菌过程中 F 值/C 值增加极为迅速，这对生产工艺中的冷却方法和自动控制提出了挑战。因为如果达到杀菌条件后不能及时结束加热，即使很短的延迟也会产生较大的品质破坏。

（7）综合以上的分析计算，可以把食品颗粒按直径分作三类：第一类，颗粒直径 d_p＜0.75 cm，适合使用 FUHTS 技术，可以取得良好杀菌效果，杀菌时间小于 55 s/145℃，平均 C 值 C_{avg}＜10 min，表面 C 值 C_{max}＜21 min；第二类，1.50 cm＞d_p＞0.75 cm，适合使用 FUHTS 技术，可以取得较好杀菌效果，杀菌时间小于 165 s/145℃，C_{avg}＜28 min，C_{max}＜63 min；第三类，d_p＞1.50 cm，适合使用 FUHTS 技术，然而杀菌效果虽然明显优于传统杀菌釜杀菌，但存在由于杀菌时间过长导致生产效率降低和表面品质破坏严重等问题。该情况下，将 FUHTS 与欧姆加热、微波加热等体积加热技术耦合，仍有可能产生良好的杀菌效果。

（8）必须指出的是，上述分析计算是以指定的流体温度 145℃进行计算的，没有采用使最终体积平均 C 值最小的最优杀菌温度。而其他技术方法可以有效地减小体积平均 C 值，如梯度升温。因此，上述计算结果只能作为评价 FUHTS 技术杀菌效果的一个概貌性分析。

13.3.3　对流传热系数对传热和杀菌的影响

1. 对流传热系数对直径 0.5 cm 颗粒的传热和杀菌的影响

1）方法

采用表 13-12 中的条件，将其中的对流传热系数分别设为 200～7000 W/（m^2·℃）和 70000000 W/（m^2·℃）（即∞），采用 13.3.2 小节中 2.的方法通过 ANSYS 计算不同对流传热系数下直径 0.5 cm 颗粒中心的温度变化、中心 F 值变化和达到 F 值=10 min 所需要的时间 $t_{F=10}$。

2）结果

图 13-27 为对流传热系数对传热和杀菌的影响。

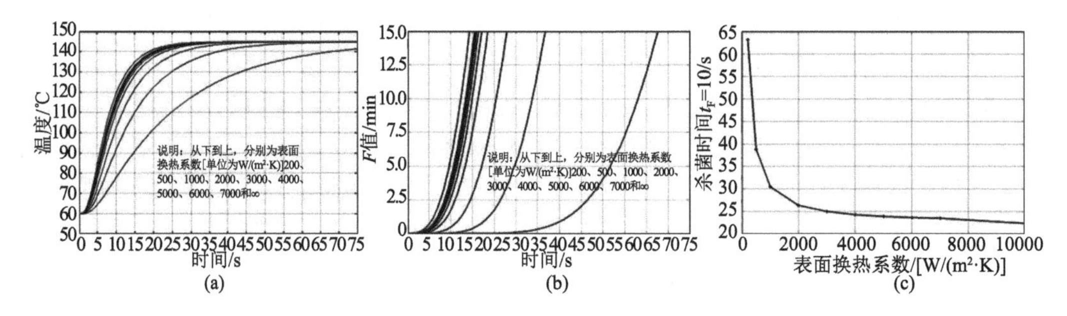

图 13-27　对流传热系数对传热和杀菌的影响：（a）中心温度；（b）F 值；（c）杀菌时间

3）讨论

（1）由图 13-27（a）可见，h_{fp} 对流体颗粒传热的影响很大，在 h_{fp}＜1000 W/（m^2·℃）后 h_{fp} 的变化对颗粒中心温度升温速度的影响迅速增加。

（2）由图 13-27（b）可知，F 值曲线的上升随着 h_{fp} 的下降而推后，在 h_{fp}＜1000 W/（m^2·℃）后更为显著。

（3）由图 13-27（c）可知，随着 h_{fp} 上升，颗粒中心达到 F 值=10 min 的时间逐渐减小，h_{fp} 对杀菌产生了显著影响，说明 h_{fp} 是 FUHTS 的关键和核心参数。

2. 基于无因次关系理论研究杀菌时间和 h_{fp} 的关系

1）目的

h_{fp} 对杀菌过程有着重要的意义。但是在 FUHTS 研究中，如果每次分析 h_{fp} 对杀菌的影响都要做一次数值模拟计算，会导致研究非常烦琐。因此希望找出杀菌时间与 h_{fp} 关系的内在规律。

2）方法

在数值分析的基础上，试用无因次关系理论分析研究后，取得了较好的结论。无因次关系理论通过建立准则数，得到代表“纯粹”物理量或者物理量之比，建立在准则数基础上的无因次关系式具有更为广泛的指导意义和应用范围。具体方法如下。

首先针对直径为 0.25 cm、0.5 cm、0.75 cm 和 1.5 cm 的颗粒分别在 13.3.3 小节中 1.的条件下按照 13.3.2 小节中 2.的方法通过 ANSYS 进行分析计算，共获得 36 组温度分布数据和 F 值=10 min 的杀菌时间，并加入 13.3.2 小节中 3.的相关计算结果，得到不同直径颗粒的 h_{fp}-$t_{F=10}$ 关系。然后进行无因次处理。

h_{fp} 用 Bi 数无因次化：

$$Bi = \frac{h_{fp}L}{k} \tag{13-55}$$

式中：L 是球体特征尺寸，为 $d/2$，d 是直径；h_{fp} 是对流传热系数，W/（m^2·℃）；k 是导热系数，W/（m·℃）

杀菌时间采用下列公式无因次化：

$$t' = \frac{t_{F=10}\big|_{h_{fp}=\infty}}{t_{F=10}} \tag{13-56}$$

式中：t'是无因次杀菌时间；$t_{F=10}$ 是达到 F 值=10 min 所需要的时间；$t_{F=10|h_{fp}=\infty}$是 $h_{fp}=\infty$ 时的 $t_{F=10}$。

将所有 h_{fp}-$t_{F=10}$ 关系无因次化，得到 t'-Bi 关系，然后进行非线性拟合，最终得到 t'-Bi 关系公式。

3）结果与讨论

a. 结果

从不同直径颗粒的 h_{fp}-$t_{F=10}$ 关系计算得到 t'-Bi 关系散点图，见图 13-28。

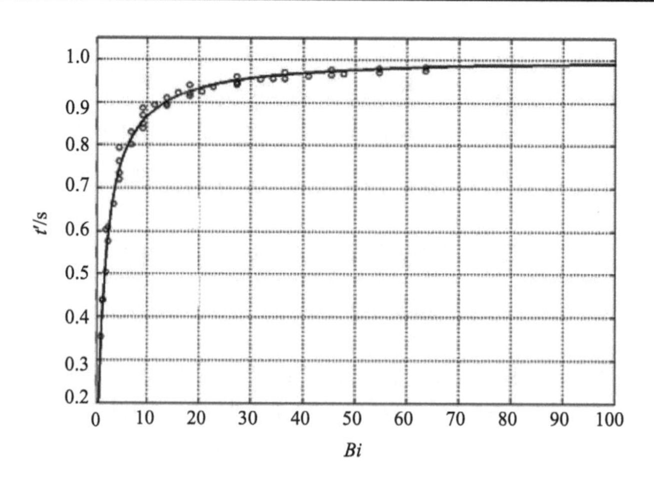

图 13-28　无因次杀菌时间与 Bi 数的关系及拟合曲线

观察 t'-Bi 关系散点分布，发现其具有双曲函数特征，采用$\frac{1}{t'}=a+\frac{b}{Bi}$，线性化为 $y=a+bx$，使用 MATLAB 软件进行线性拟合，结果见图 13-29。将拟合得到的参数 a 和 b 回代，得到 t'-Bi 关系式。

$$t'=\frac{Bi}{1.271Bi+0.3944} \tag{13-57}$$

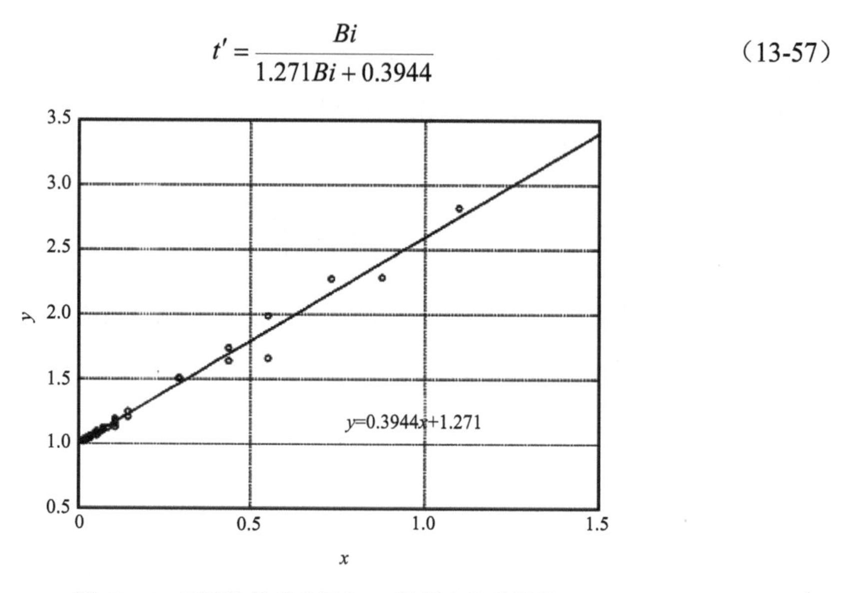

图 13-29　无因次杀菌时间与 Bi 数拟合的线性化

按照该关系式绘制曲线，见图 13-28。对拟合曲线进行相关分析，相关系数 R_c=0.9941。

b. 讨论

（1）拟合后的无因次关系式与散点符合很好，说明该式有较好的代表性。

（2）可以通过该式方便地了解 h_{fp} 变化对杀菌产生的影响。

（3）该式反映了对流传热系数与杀菌时间的关系，双曲型函数揭示了 h_{fp} 越小对杀菌时间影响越大的内在技术规律。

（4）由于无因次化，该式适用于球形颗粒的表面换热与杀菌时间分析，不受颗粒热物性、杀菌温度和其他条件的影响。

（5）从图 13-28 曲线变化趋势可以发现，在 $Bi>5$ 之后，$t'>0.75$，即杀菌时间与 $h_{fp}=\infty$ 时的杀菌时间的差别小于 25%，而当 $Bi<5$ 后，随着 Bi 数下降，t'迅速下降，即杀菌时间迅速增加。

当 $Bi=5$ 时，不同直径颗粒的 h_{fp} 值（导热系数 0.55 W/m·℃）如表 13-15 所示。在流态化操作速度下，相应的 h_{fp} 除了直径 0.25 cm 颗粒液-固流态化的 h_{fp} 稍小之外，其他数据都明显大于表中数值。这说明在 FUHTS 中，无因次杀菌时间通常大于 0.75，与 $h_{fp}=\infty$ 时的杀菌时间相近，证明 FUHTS 条件下的对流换热效率很高，可以取得良好的杀菌效果。同时 $h_{fp}=\infty$ 时的中心温度计算要简易得多，有利于研究和生产中的参数估计。

表 13-15　$Bi=5$ 时不同直径食品颗粒的 h_{fp} 值

颗粒直径/cm	0.25	0.5	0.75	1.0	1.5
h_{fp}/[W/（m²·℃）]	2200	1100	733	550	367

3. 颗粒形状对传热和杀菌的影响

固体形状对传热影响很大，因而也对流体颗粒换热以及杀菌后果影响很大。在不稳定热传导中系统的特征尺寸定义为物体的体积和表面积的比值，球体特征尺寸为直径的 1/6，正方体为边长的 1/6，无限圆柱为直径的 1/4。该值越小越有利于传热。从图 13-30 可以看出具有相同主要尺寸的平板、方柱体、圆柱体、正方体和圆球在相同条件下冷却时的过热余温准数 Θ 的变化。比表面积最小的圆球 Θ 变化最快，也就是温度变化最快，最有利于杀菌操作。这一原理同样适用于比较烹饪中不同形状食材的加热和冷却速度。

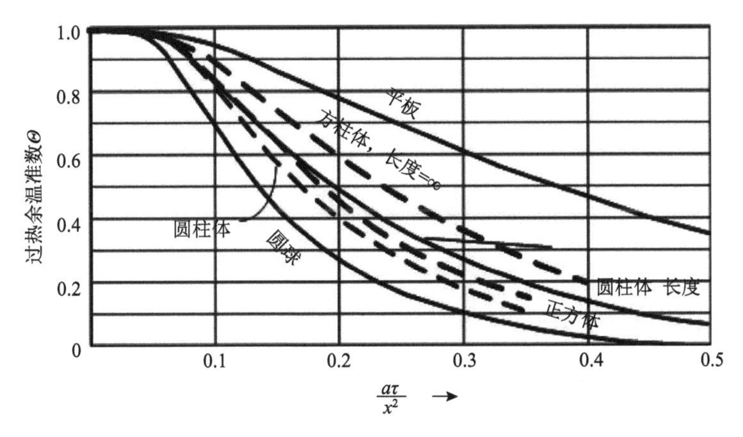

图 13-30　不同形状物体冷却时中心温度与时间关系

x 为特征尺寸，α 为导温系数，τ 为时间然而从另一个角度来看，如果不限定主要尺寸相同，相同体积下不同形状物体的传热出现了相反的情况。球体体积和表面积的比值最大，因而相应的温度变化最慢，最不利于杀菌操作，因此在加工前将食品切割成丝、条、片对烹饪传热和杀菌有利。

4. 不同形状物体在流体颗粒换热杀菌过程中的等效尺寸

1）定义、对象选择和计算方法

烹饪或杀菌过程中达到相同目标热处理条件时两种不同形状食品之间具有相同热处理时间的两尺寸互称为等效尺寸。此处的尺寸包含了形状。

不同种类食品和相同种类食品之间具有复杂的形状和广泛的尺寸分布，要进行广泛的分析几乎是不可能的。但是考虑到多数固体食品在切割后食用，而切割的形状主要是条和片，前者可以认为是平行六面体（长方柱体），后者可以认为是平板。为便于参照，计算了长方柱体、平板与球体之间的等效尺寸。方法为：首先通过 MATLAB 软件采用解析法编程计算选定尺寸球体颗粒食品达到目标杀菌条件 F=10 min 时的时间，然后通过 MATLAB 软件采用解析法编程计算长方柱体或者平板颗粒食品达到目标杀菌条件 F=10 min 时的时间，通过调整尺寸使达到目标杀菌条件 F=10 min 时的时间与选定尺寸球体颗粒食品达到目标杀菌条件 F=10 min 时的时间相差小于 ± 0.02 s。此时的长方柱体或平板尺寸即为等效尺寸。

计算参数选择如下。长方柱体：截面为边长为 L_C 的正方形，长度是边长的 4 倍；平板：厚度为 L_S，边长均为厚度的 10 倍，近似为无限平板；热物理性质采用典型颗粒性质；初始温度：60℃；流体温度：145℃；对流传热系数 h_{fp} 无穷大。

2）结果与讨论

球体、长方柱体和无限平板的等效杀菌尺寸见表 13-16。

表 13-16　球体、长方柱体和无限平板的等效杀菌尺寸

球体直径 d/cm	长方柱体 L_C/cm	d/L_C/%	平板 L_S/cm	d/L_s/%	F 值=10 min 杀菌时间/s
0.25	0.182	72.8%	0.133	53.2%	7.76
0.50	0.367	73.4%	0.269	53.8%	21.50
1.00	0.734	73.4%	0.545	54.5%	68.1
1.50	1.105	73.7%	0.824	54.9%	137.5

讨论：在计算尺度范围内，球体与厚度为球体直径 54%的平板、短边长为球体直径 73%的长方柱体具有相同的杀菌效果。

5. 热物理性质对传热和杀菌的影响

颗粒的热物理性质显然会对传热和杀菌产生影响。FUHTS 对象中可能包括导温系数较低的颗粒，如肥肉。这里通过分析计算比较如下。

计算条件。对象：典型颗粒和肥肉颗粒，肥肉颗粒热物性[比热容：2.8 kJ/（kg·℃），导热系数：0.18 W/（m·℃），密度：850 kg/m^3，热扩散系数：0.756×10^{-7} m^2/s]；颗粒形状：球形；颗粒直径：0.5 cm；初始温度：60℃；流体温度：145℃；对流传热系数无穷大。

计算方法。借助 MATLAB 软件按照解析法编程计算。

典型颗粒和肥肉颗粒热物理性质对中心温度和 F 值影响的计算结果见图 13-31。插值计算结果表明，典型颗粒和肥肉颗粒达到目标杀菌条件 F 值等于 10 min 时的时间分别为 21.51 s 和 32.281 s，差别达 50.1%。

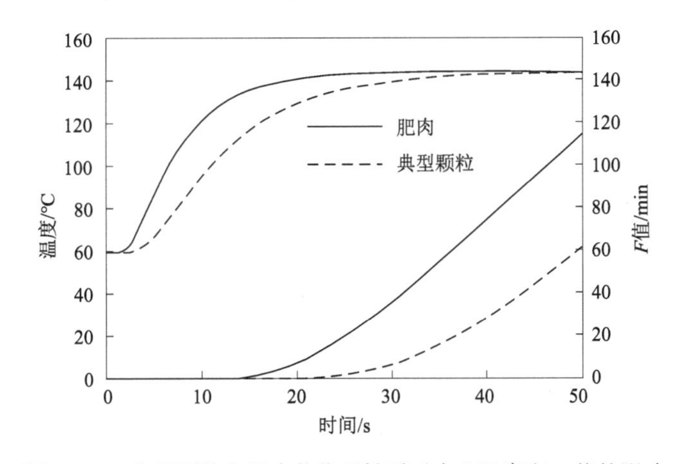

图 13-31　典型颗粒和肥肉热物理性质对中心温度和 F 值的影响

讨论：由计算结果可见，颗粒的热物理性质在差别较大时会对传热和杀菌产生较大的影响。但由前文分析可知，对于主食固体食品，食品颗粒的热物理性质主要是由水产生的，因而大多数主食固体食品具有与典型颗粒类似的热物理性质。多数情况下，主食固体食品颗粒之间的热物理性质相差不大。

13.3.4　对流传热系数的测定与验证

1. 对流传热系数的测定与验证方法

1）目的和方法

A. 验证的目的

通过计算模拟和比较取得了 FUHTS 技术的基本流体力学、传热学和杀菌学规律。回顾分析模拟方法，关键流体力学计算公式已被实践广泛证明，计算结果可靠性较高。内部热传导的传热学计算主要通过解析法求解，采用数值计算时也进行了精度分析，结果可靠。相对略显薄弱的是流体颗粒的表面换热计算，计算中完全依靠无因次经验关系式，而其结果 h_{fp} 恰恰是 FUHTS 最关键的参数——它决定了杀菌效果及技术经济性，直接关系到技术可行性。

更为重要的是，h_{fp} 是系统各种过程条件，如流体颗粒相对运动、流体特性及颗粒特性对于流体颗粒换热的传热学综合，对杀菌效果起到关键性的影响，是最能体现系统综合技术效果的核心参数。因而必须通过实验方法验证理论计算的可靠性。

B. 技术路线

技术路线如图 13-32 所示。

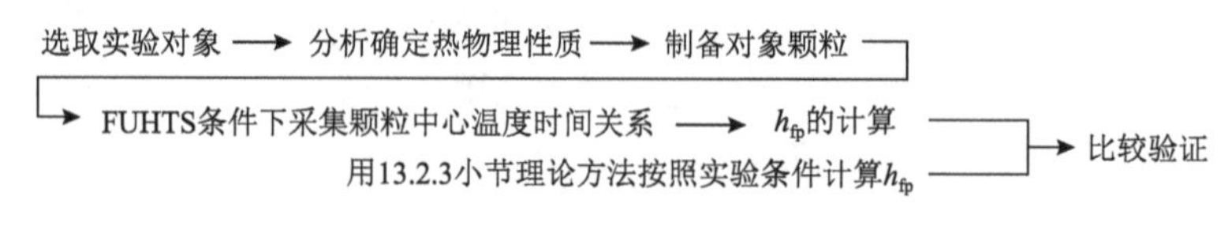

图 13-32　技术路线

C. 验证方法技术关键

a. 颗粒的选择及其热物理性质确定

无论实验验证还是理论计算都需要食品颗粒的热物理性质。但是颗粒在流态化超高温杀菌过程中，短时间内经历了从常温到超高温的急剧变化，多数食品的热物理性质是热依赖性的，计算过程中难以忽略温度变化对热物理性质的影响，而各种文献中缺乏大于 100℃的食品热物理性质数据。

理想的验证材料是：已知热物理性质及其与温度的关系；密度在合适范围内；对高温和油脂稳定。但是现有的食品模拟物如橡胶、金属、高分子材料（如二甲基邻苯二甲酸酯）和亲水胶体都不能同时满足以上要求。这是验证方法面临的困难之一。

b. 中心温度测量

如前文讨论，目前尚没有运动颗粒的中心温度测量方法。考虑各种方法后，选用静态热电偶法。原因在于：该方法简单可靠；虽然该方法将颗粒固定在热电偶上限制了颗粒运动，可能导致测算的 h_{fp} 比实际值小，但是与连续式液体颗粒无菌工艺相比，流态化超高温杀菌中流体颗粒相对速度大得多，颗粒自身的运动对 h_{fp} 的影响相对较小；目前没有更好的技术手段。

c. h_{fp} 的计算

由于非稳态导热偏微分方程由定解条件求解温度时间关系的计算是不可逆的，因此如何由实验取得的温度时间关系计算 h_{fp} 也存在难度。

2）温度采集实验

A. 实验材料及设备

（1）实验材料：马铃薯。

（2）马铃薯切割与尺寸测量：采用打孔器对马铃薯打孔，打孔器中的马铃薯芯切为 6 cm 长，从而得到圆柱形马铃薯试样。采用游标卡尺测定尺寸。切割后马铃薯有三种规格：Φ0.68 cm×6.00 cm、Φ0.88 cm×6.00 cm、Φ1.08 cm×6.00 cm。

（3）传热介质：采用食用精炼大豆色拉油。

（4）实验设备：FUHTS 原理验证设备及数据采集系统。

B. 温度采集

温度采集流程如图 13-33 所示。

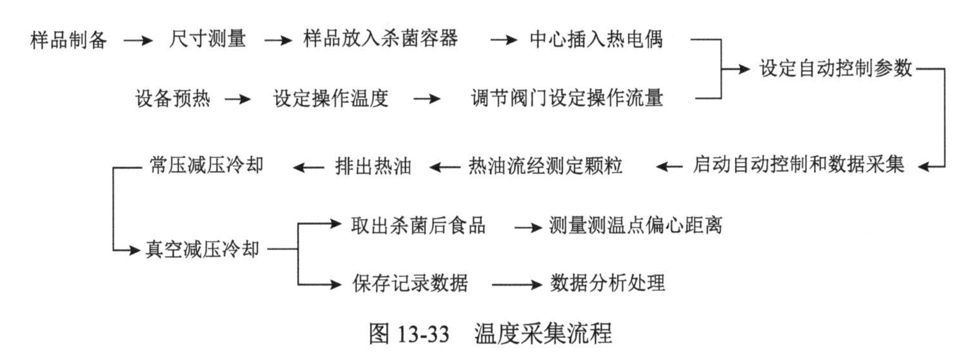

图 13-33　温度采集流程

C. 实验设计

按照表 13-17 的实验条件对每一规格马铃薯进行 3 次实验，共取得有效颗粒中心温度、介质温度和压力数据、测温点偏心距离数据 9 组。

表 13-17　h_{fp} 测算实验条件及结果

试样代号	试样几何尺寸/cm	流体流速/(m/s)	平均流体温度/℃	颗粒初始温度/℃	热交换时间/s	颗粒偏心距离/cm	h_{fp}/[W/(m^2·℃)]
1	Φ1.08×6.00	0.13	141.8	30.0	172	0.030	706
2	Φ1.08×6.00	0.13	141.8	30.0	172	0.052	858
3	Φ1.08×6.00	0.13	143.3	39.1	186	0.025	778
4	Φ0.88×6.00	0.1	144.4	37.0	76	0.040	678
5	Φ0.88×6.00	0.1	139.5	35.9	81	0.084	720
6	Φ0.88×6.00	0.1	144.5	32.3	86	0.025	885
7	Φ0.68×6.00	0.1	142.0	38.0	73	0.100	822
8	Φ0.68×6.00	0.1	142.0	35.8	73	0.100	747
9	Φ0.68×6.00	0.1	143.5	47.1	78	0.100	616

3）采用 MATLAB 编程由实验数据计算 h_{fp}

a. 方法选择

h_{fp} 的测定计算有复杂多样的方法。由于非稳态传热控制方程不能进行逆运算，由温度时间关系回算 h_{fp} 只能采用试算法。即根据实验条件确定不稳定传热控制方程的边界条件和初始条件，选用不同的 h_{fp} 试算取得温度时间关系，并与实验测定温度时间关系比较，差别最小的为 h_{fp} 目标值。比较温度时间关系，采用 LSTD 法，参见本书 5.2.3 小节。

b. 用 MATLAB 计算实验条件下的温度时间数据

采用试差法计算：根据实验条件确定颗粒不稳定传热控制方程的定解条件，流体温度及热物理性质采用平均值，h_{fp} 设定计算范围和步长，对每一 h_{fp}，采用式（5-9）和式（5-10）通过 MATLAB 软件编程求解后，得到温度时间关系数组，然后计算该数组温度与相应实验温度数据的 LSTD，LSTD 最小时的 h_{fp} 值为目标值。采用 for/end 循环自动试算，并且通过逐次缩小步长降低计算工作量。

2. 结果与讨论

1）结果

结果见表 13-17。

2）实验条件下颗粒流态化操作条件和 h_{fp} 的理论及经验公式计算

a. 计算目的

按照流体颗粒的流态化和表面传热理论和经验公式计算实验条件下颗粒流态化操作条件和 h_{fp}。

b. 计算条件

食用油的热物性按照典型油脂的性质计算，马铃薯的热物理性质按照流态化非球形颗粒临界流化速度和颗粒终端速度计算公式计算。采用颗粒 h_{fp} 计算公式，其中流速采用表 13-17 中油的流速。以 13.2.3 小节中方法按式（13-43）计算。结果见图 13-34、表 13-18。

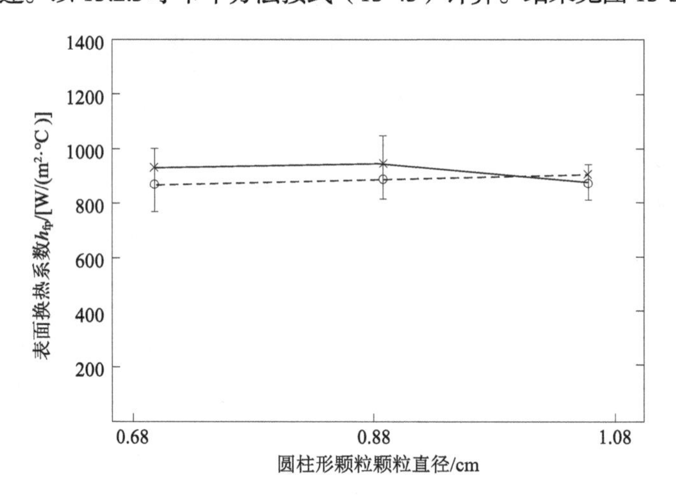

图 13-34　理论计算以及实验测定的 h_{fp} 值
×—理论计算值；○—实验测定值

表 13-18　实验条件下颗粒流态化速度和 h_{fp} 的预测

颗粒尺寸/cm	颗粒终端速度/（m/s）	临界流化速度/（m/s）	流化数	Nu	h_{fp}/[W/(m^2·℃)]
Φ1.08×6.00	0.372	0.054	6.92	42.79	748.1
Φ0.88×6.00	0.348	0.050	7.02	39.22	817.7
Φ0.68×6.00	0.319	0.044	7.19	30.89	809.2

3）比较与讨论

（1）实验采用的流体流速在理论计算值流态化速度范围内，而 h_{fp} 值测算结果表明，理论计算 h_{fp} 值和实验测算 h_{fp} 值接近，说明计算方法是合理的，适用于液-固流态化。

（2）以往的研究（Ramaswamy et al.，1997）表明，静态热电偶法测量颗粒中心温度实验中，颗粒的运动受到限制，导致测出的 h_{fp} 值会偏小，因此实际的 h_{fp} 值应比测定值更大。

（3）由于实验条件限制，没有在更大颗粒尺寸范围测算 h_{fp} 值，已有实验数据表明颗粒尺寸对 h_{fp} 值没有明显影响，这与连续式液体颗粒无菌工艺中的液体颗粒传热相似（Ramaswamy et al.，1996）。

13.4　FUHTS 的工艺优化

加热杀菌的目的是通过将食品内部微生物数量从初始值降低到允许的数值或者彻底杀灭。需要达到的杀菌强度用 F 值来表示。对于一个安全的热处理，可以通过公式计算 F 值，然后与相应的 F_{req}[达到必需致死率（the required lethality）所需要的等效杀菌时间]比较。

F_{req} 是把初始微生物数量 A 减少到 B 所需要的热致死时间（杰伊和徐岩，2001）：

$$F_{req} = D_0\left(\lg A - \lg B\right) \tag{13-58}$$

致死因子可以定义为 F_0/F_{req}，要达到商业灭菌要求，该值必须大于等于 1（Merson et al.，1978）。对低酸性食品杀菌，通常要求指标微生物达到 $\lg A - \lg B \geqslant 12$，即 F_{req} 值达到 $12D$。

热处理指标微生物的致死活化能为 200～400 kJ/mol；主要质量因子（色、味、组织及营养成分）降解的活化能为 60～120 k/mol；而酶促反应、扩散控制和氧化反应活化能较低，为 8～60 kJ/mol（Nelson et al.，1987）。从化学反应动力学的观点来看，活化能不同表示反映对温升的敏感程度。微生物的致死活化能比质量因子降解等反应的活化能高，说明微生物的致死比品质破坏对温度升高更为敏感，即微生物的致死率有更高的温度依赖性。因此在给定的微生物致死率下，提高温度可以使达到杀菌条件的时间急剧减少，而化学反应对温度升高不敏感，食品的品质破坏相应减少。因而升降温速度成为超高温杀菌技术的关键。

13.4.1　FUHTS 工艺优化方法

1. FUHTS 的特点

现有的杀菌工艺优化都存在升温和降温过程，也就是说流体温度是变化的，因而优化计算中的传热数学模型必须通过数值方法求解。同时，由于优化搜索的需要，求解过程必须可以方便地调用，以便迭代或者使用其他数学方法处理，这就意味着优化程序中必须包括传热学数学模型的数值求解，因而难以使用现有的 CFD 专业程序进行优化计算，增加了优化难度。

但是 FUHTS 存在与现有所有杀菌工艺不同的特点：①流体传热介质温度容易通过

自动控制精确调整为恒温；②由于采用闪急蒸发降温，达到目标 F 值后，温度可以立刻下降到 80℃以下（传热介质是气体，不存在流体排出问题，即使是液体，由于有较大内压力，排出速度很快，可以忽略排出液体的短暂时间），对 F 值和 C 值不再产生影响，因而传热过程全程可近似满足流体温度恒定的条件，对特定形状的食品可以使用解析法求解传热过程，这是前所未有的过程特点。其后果是工艺设计和验证简单明确，其成为 FUHTS 的技术优势之一。

对于异形颗粒食品、梯度升温工艺以及因不适于闪急蒸发而采用流态化冷却的工艺则必须在数值计算求解温度时间关系的基础上优化杀菌工艺。

2. 优化数学模型

（1）定义变量及目标函数。

独立变量：密度 ρ，kg/m^3；比热容 c_p，J/（kg·℃）；流体温度 T_f，℃；导热系数 k，W/（m·℃）；颗粒传递过程特征尺寸 L，m；对流传热系数 h_{fp}，W/（m^2·℃）。

优化变量：流体温度 T_f，℃。

目标函数：平均蒸煮值 C_{avg}（min）或最大蒸煮值 C_{max}（min）或体积平均品质保持率（N/N_0）$_{avg}$或表面品质保持率（N/N_0）$_{min}$。

（2）数学模型

热传导模型，边界条件；F、C_{avg}、（N/N_0）$_{avg}$公式；C_{max}、（N/N_0）$_{min}$公式。

（3）约束条件

F=10 min。

（4）搜索方法

对于流体温度恒定，颗粒形状满足解析解条件的食品颗粒，数学模型解析法求解相对简单，采用遍历法搜索最优流体温度 T_{fop}。计算出设定流体温度范围内的所有目标函数，其最小值相应的流体温度就是 T_{fop}。T_{fop} 的精度由设定流体温度的步长决定，容易通过缩小流体温度计算步长来提高 T_{fop} 精度。

3. 有限 h_{fp} 并采用闪急蒸发的 FUHTS 温度优化的计算方法

基本计算方法为：首先设定优化杀菌温度的范围和步长，并选择合理的时间长度和步长，对不同几何形状分别采用解析法求解不稳定导热方程，如球体，把 h_{fp} 无因次化为 Bi 数输入超越方程，求解得到特征值，再采用公式计算得到中心、表面及各等分点的所有杀菌温度条件下的温度时间关系。

按照公式计算 C_{avg} 值，并类似地计算（N/N_0）$_{avg}$ 值。同时计算中心 F 值、表面 C 值 C_{max} 和表面 N/N_0 值（N/N_0）$_{max}$。以 F=10 min 对不同杀菌温度条件下的 C_{avg} 值数组和 C_{max} 值数组插值，分别得到不同杀菌温度条件下达到目标杀菌条件时的 C_{avg} 值和 C_{max} 值，分别对 C_{avg} 值和 C_{max} 值搜索最小值，如果最小值不在边界上，则分别得到中心品质优化和表面品质优化的最优点，用该点 C_{avg} 值和 C_{max} 对温度插值，则分别得到中心品质和表面品质最优条件下的杀菌流体温度。用这两个温度分别对时间序列插值，则分别得到中心品质优化和表面品质优化的最优杀菌温度条件下的杀菌时间。再用这两个温度分别对（N/N_0）$_{avg}$ 和（N/N_0）$_{max}$ 插值，则分别得到中心品质优化和表面品质优化的最优杀菌温度条件下的平均值品质保持率和表面品质保持率。

实际上也可以通过搜索 F=10 min 不同杀菌温度条件下的（N/N_0）$_{avg}$ 和（N/N_0）$_{max}$ 的最大值取得优化点，得到数值与采用 C_{avg} 值和 C_{max} 值计算的完全相同。

通过两次优化计算减少最优点搜索时间，提高计算效率。第一次设置较宽的优化温度范围和较大的时间步长，得到低精度的优化点。第二次在第一次得到的优化点附近设置较窄的优化温度范围和较小的时间步长，再次优化计算后得到精度较高的优化点。

具体计算通过 MATLAB 6.5 软件编制程序实现。中心品质优化的程序流程见图 13-35。表面品质优化程序类似，仅将计算 C_{avg} 值部分改为计算 C_{max} 值。

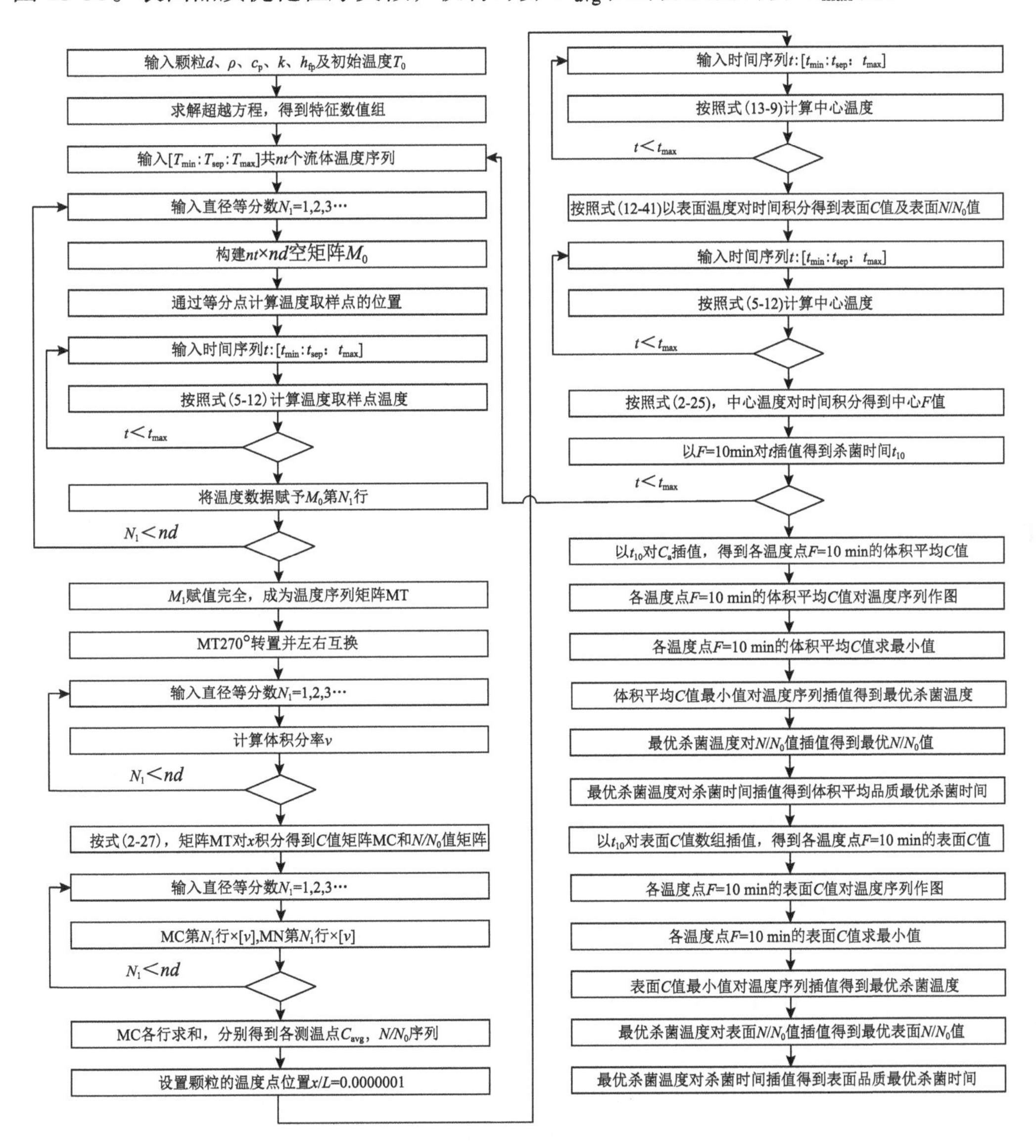

图 13-35　中心品质优化的程序流程图

13.4.2　优化计算目的和计算条件

1. 优化计算目的

（1）通过优化计算，确定在流态化操作条件下的最优流体温度，了解最优条件下低酸性食品达到目标 F 值等于 10 min 时相应的 C 值、N/N_0 值和杀菌时间。

（2）分别以体积品质变化——体积平均 C 值 C_{avg} 和体积平均质量保持率（N/N_0）$_{avg}$ 值以及表面品质变化——表面 C 值 C_{max} 和表面平均质量保持率（N/N_0）$_{max}$ 为目标函数进行优化，分析两个优化结果之间的不同。

（3）分析颗粒直径对优化结果的影响，用于对 FUHTS 技术的整体评价及比较。

2. 优化计算条件

（1）颗粒特性

颗粒形状为球形，采用典型颗粒热物理性质。

（2）传热学条件

食品的初始温度设为 60℃，均匀分布；流体温度均为 145℃，温度恒定；流体颗粒对流换热按照表 13-10 中液-固流态化操作速度下的对流传热系数计算。

（3）动力学参数

按照前文讨论的结果，动力学参数选择如下：微生物致死 z=10℃；总体品质变化 z=33℃，D=200 min；杀菌目标 F 值 F=3 min。

优化计算条件见表 13-19。

表 13-19　优化计算条件

颗粒直径/cm	h_{fp}/[W/(m^2·℃)]	半径等分数	计算时间/s	时间步长/s	优化搜索温度范围/℃	第一次计算温度步长/℃	第二次计算温度步长/℃
0.25	846.9	30	1000	0.1	120～160	1	0.1
0.5	810.1	30	1000	0.5	120～160	1	0.1
0.75	830.3	30	1000	1	120～160	1	0.1
1.0	775	30	1000	1	120～160	1	0.1
1.5	706.3	30	1000	2	120～160	1	0.1
2.0	662.7	30	1200	2	120～160	1	0.1
2.5	631.5	30	1500	5	120～160	1	0.1
3.0	607.4	30	1800	5	120～160	1	0.1

13.4.3　杀菌工艺优化结果与讨论

1. 结果

（1）FUHTS 的杀菌温度与食品品质的关系，即流体温度与 F=10 min 时 C_{avg}、（N/N_0）$_{avg}$、C_{max} 和（N/N_0）$_{max}$ 的关系，见图 13-36。

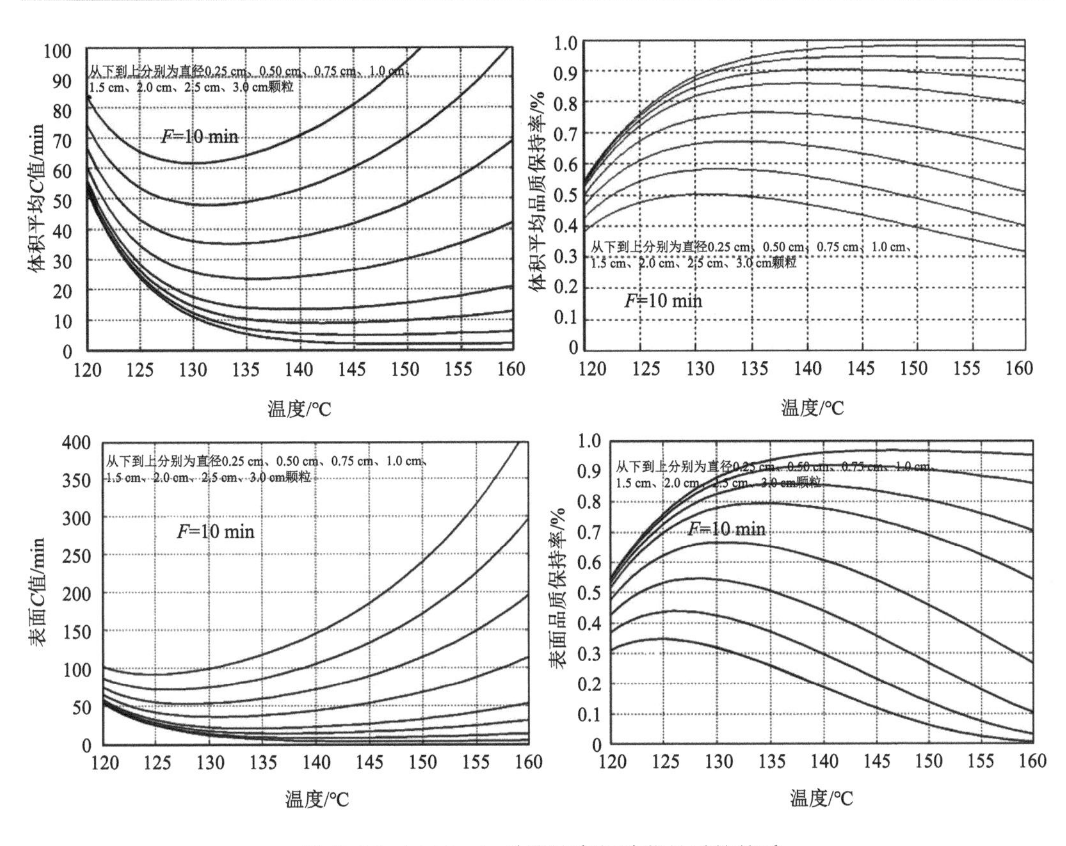

图 13-36　F=10 min 杀菌温度与杀菌品质的关系

（2）颗粒直径与最优杀菌温度 T_{fop} 的关系，以及最优杀菌条件下不同直径颗粒达到目标 F 值时的体积平均 C 值、表面 C 值、体积平均品质保持率、表面品质保持率，见表 13-20、图 13-37、图 13-38、图 13-39、图 13-40。

表 13-20　优化计算结果

	颗粒直径/cm	0.25	0.50	0.75	1.00	1.50	2.00	2.50	3.00
体积平均品质优化	T_{fop}/℃	151.3	145.4	141.8	139.4	135.9	133.5	131.6	130.0
	C_{avg}/min	1.97	5.14	9.01	13.4	23.59	35.1	47.8	61.6
	$(N/N_0)_{avg}$	0.978	0.943	0.902	0.857	0.764	0.671	0.583	0.502
	杀菌时间/s	5.54	21.71	48.5	85.2	189.5	332.6	515.4	738.4
表面品质优化	T_{fop}/℃	146.0	140.2	136.7	134.2	130.7	128.2	126.3	124.7
	C_{max}/min	2.99	7.73	13.52	20.2	35.4	52.6	71.5	91.8
	$(N/N_0)_{max}$	0.966	0.915	0.856	0.793	0.665	0.546	0.439	0.348
	杀菌时间/s	7.37	28.6	63.8	112.8	251.1	443.4	687.2	986.1

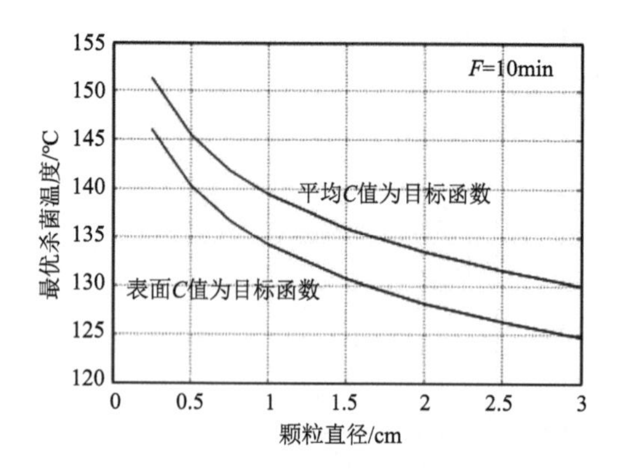

图 13-37　颗粒直径与最优杀菌温度的关系图

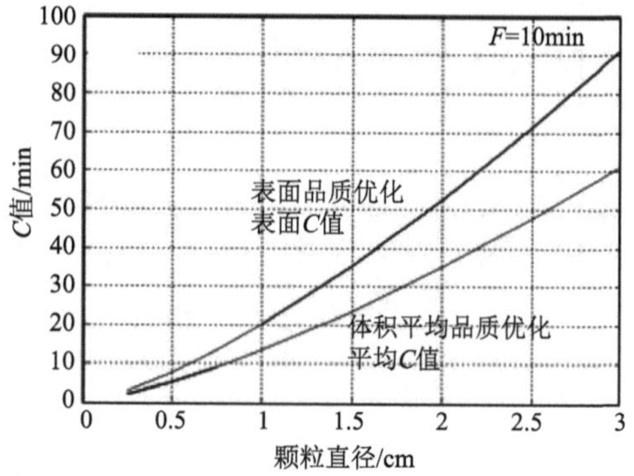

图 13-38　颗粒直径与优化杀菌完成后 C 值的关系

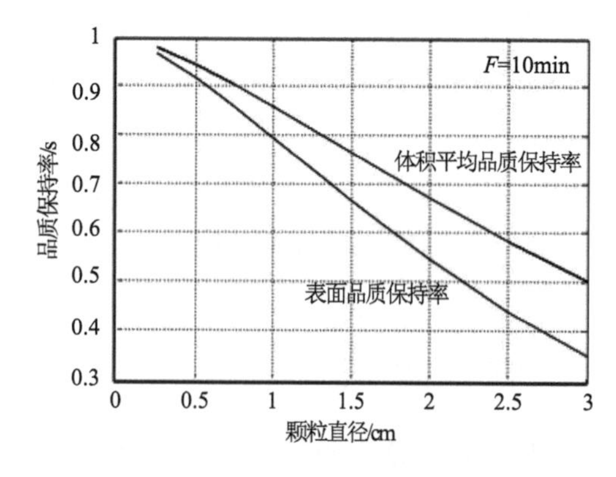

图 13-39　颗粒直径与优化杀菌完成后品质保持率的关系

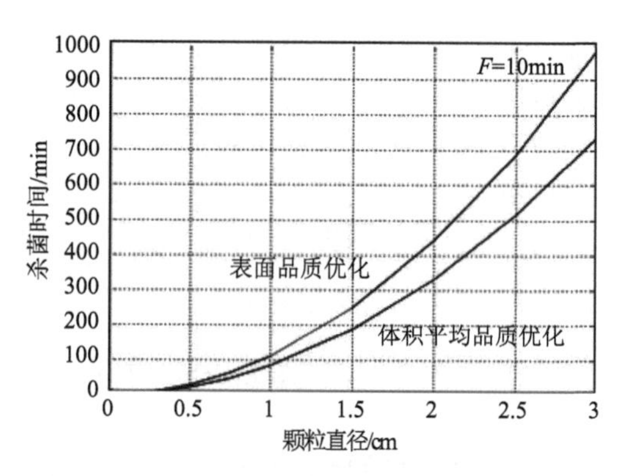

图 13-40　颗粒直径与完成优化杀菌所需时间的关系

2. 讨论

（1）图 13-36 体现了 FUHTS 优化的过程原理。由各分图可以发现，不同直径颗粒都存在食品中心和表面品质杀菌温度最优点。杀菌温度低于或高于该点得到的食品品质都劣于最优点食品品质。

（2）由图 13-37 可见，平均品质优化比表面品质优化得到的最优杀菌温度高 5.2～5.3℃。原因在于较低的杀菌温度有利于表面品质保持。这说明体积平均品质优化和表面品质优化之间存在矛盾。体积平均品质和表面品质中任一破坏达到最小，而另一个品质破坏不可能达到最小。同时由图 13-40 可见，表面品质优化杀菌比体积平均品质优化需要更长的杀菌时间。

（3）由图 13-37 可知，颗粒直径越大，优化温度越小。这一结果与传统杀菌釜杀菌优化中实罐尺寸越大，优化温度越小相吻合（Teixeira et al.，1969；Skjldebrand and Ohlsson，1993；Tucker and Holdsworth，1990）。当直径增加到 1.5 cm 以上时，最优杀菌温度已经小于 135℃，已经不在超高温杀菌定义的高于 135℃的范畴内。

（4）由图 13-39、图 13-40 可知，观察优化工艺条件下颗粒直径对品质的影响，可以得到 13.2.3 小节类似的结论：颗粒直径增加会使杀菌品质急剧下降。由图 13-38 可以发现，直径增加后，体积平均 C 值和表面 C 值急剧增加。当直径从 0.25 cm 变化到 2.5 cm 时，直径变化 10 倍，从表 13-20 可以发现，达到 F 值=10 min 时的体积平均 C 值增加 24.3 倍，表面 C 值增加 23.9 倍。

（5）由计算结果对颗粒直径分类可以得到：体积平均保持率品质优化后：第一类颗粒，d<0.75 cm，杀菌时间<48.5 s/141.8℃，C_{avg}值<9.01 min，N/N_0值>0.902；第二类颗粒，0.75 cm<d<1.50 cm，平均杀菌时间 189.5 s/135.9℃，C_{avg}值 23.89 min，平均 N/N_0 值 0.764；第三类颗粒，d>1.50 cm，杀菌时间>738.4 s/130.0℃，C_{avg} 值>61.6 min，N/N_0值<0.502。

13.5　FUHTS 的对比评价与技术总结

13.5.1　与杀菌釜杀菌技术的比较

FUHTS 将流态化技术引入超高温杀菌，从而构成了一种拥有全新原理的能够处理纯粹固体食品的超高温杀菌技术。前文的实验及分析计算已经揭示了这种技术的一些基本特征和规律。现在对该技术进行初步评价。通过与现有杀菌技术相比较，分析 FUHTS 技术的优势、特点和局限，并在分析中进一步揭示该技术的内在原理。

由于 FUHTS 技术的处理对象是固体食品，因此选择与现有的传统杀菌釜杀菌技术、连续式液体颗粒无菌工艺等固体食品杀菌技术进行比较，首先与杀菌釜杀菌技术开展比较。

1. 传热特征尺寸分析

特征尺寸，即物体的表面积及与其体积之比，是影响等温面传播速度的重要因素。对物体冷却过程的研究表明，特征尺寸越大，温度变化的速度也越快。这个结论对任何 Bi 数都是适用的（伊萨琴科等，1987）。13.3.3 小节中 3.对不同形状物体的传热分析是这一原理的实例。

采用下面方法比较 FUHTS 与传统杀菌釜杀菌效果：把罐头内的固体食品与等体积的一定尺寸的颗粒群进行比较，分析其特征尺寸变化。显然，颗粒数量和特征尺寸随着颗粒直径的减小而增加。

按照这一方法将不同罐型的体积转变为等体积 0.5 cm /1.0 cm 颗粒，比较特征尺寸的变化，实罐体积（杨邦英，2002）转变为颗粒后的特征尺寸变化见表 13-21 和图 13-41。由图 13-41 可见，实罐等体积颗粒的传热特征尺寸大幅度增加，颗粒越小、罐型体积越大，则特征尺寸增加越大。从 539 号罐到 15267 号罐，等体积 0.5 cm/1.0 cm 颗粒的特征尺寸增大 2.76～35.75 倍，这将大幅度提高传热速度，说明 FUHTS 比传统杀菌釜杀菌传热明显加快。这是 FUHTS 的核心技术优势之一。

表 13-21 与实罐体积相等的颗粒的特征尺寸

	罐号		15267	1589	1068	889	778	672	599	539
实罐	成品规格/mm	公称直径	153	153	105	83	73	65	52	52
		内径	153.4	153.4	105.1	83.3	72.9	65.3	52.3	52.3
		外高	267	89	68	89	78	72	99	39
	计算容积/cm^3		4935	1645	590	485	326	241	213	84
	计算表面积/cm^2		1656	799	398	342	262	215	206	107
	特征尺寸/cm		0.34	0.49	0.67	0.7	0.81	0.89	0.97	1.28
等体积 d=1 cm 球形颗粒	颗粒/个		9424	2360	652	421	226	136	99	32
	颗粒面积/cm^2		29607.59	8972	2949.68	2238.61	1395.28	964.51	797.55	295.71
	特征尺寸/cm		6	5.45	5	4.62	4.29	4	3.75	3.53
	特征尺寸增加倍数		17.88	11.24	7.41	6.55	5.32	4.49	3.88	2.76
等体积 d=0.5 cm 球形颗粒	颗粒/个		75395	14543	3284	1809	852	460	305	92
	颗粒面积/cm^2		59215.19	16448.66	5056.59	3637.74	2170.44	1446.77	1160.77	418.92
	特征尺寸/cm		12	10	8.75	7.5	6.67	6	5.45	5
	特征尺寸增加倍数		35.75	20.6	12.7	10.64	8.28	6.24	5.64	3.91

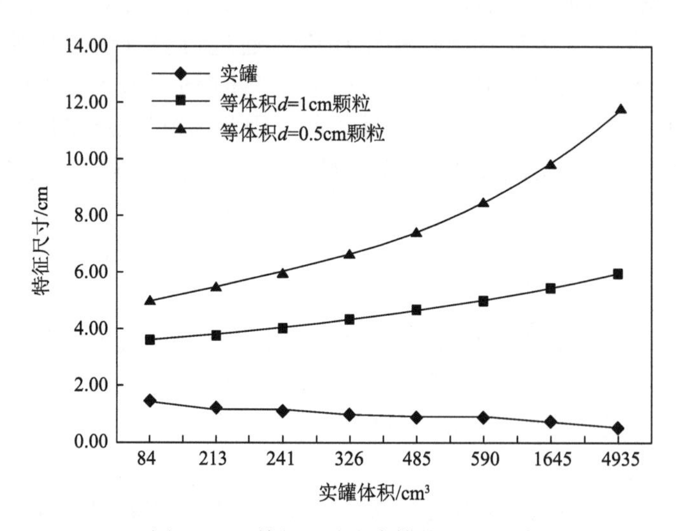

图 13-41 特征尺寸和实罐体积的关系

2. 传热学正规状况分析

在不稳定传热过程中，颗粒与流体接触的初始阶段，温度分布受温度初始分布影响很大，称为非正规状况阶段。一定时间后，初始温度分布的影响消失，进入正规状况阶段（杨世铭和陶文铨，1998）。一般认为，傅里叶准数 $Fo>0.2$ 后进入正规状况阶段。进入正规状况后，可以对不稳定传热的傅里叶级数解一阶近似，即忽略无穷级数第一项以后的所有项。傅里叶级数解方程经过处理后可以得到：

$$\ln\Theta = \ln A - mt \tag{13-59}$$

式中：Θ 是过余温度，无量纲，$\Theta = \dfrac{T - T_0}{T_\infty - T_0}$；$A$ 是与颗粒热物理性质、形状和尺寸相关的常数；m 是相对冷却速度，s^{-1}；t 是加热时间，s。该式说明进入正规状况后颗粒的温度时间呈半对数线性关系——这正是 Ball 法评价热处理效果的理论基础。计算 0.25～3.0 cm 颗粒达到 Fo=0.20 的时间得到表 13-22。

表 13-22　*Fo* 为 0.20 时的加热时间

颗粒直径/cm	0.25	0.50	0.75	1.00	1.25	1.50	1.75	2.00	2.25	2.50	2.75	3.00
Fo/min	0.20											
加热时间/s	2.50	10.00	22.50	40.00	62.5	90.0	122.5	160.0	202.5	250.0	302.5	360.0

按照计算得到的时间，对照图 13-22 的颗粒传热温度时间关系，发现在进入正规状况之前多数直径的颗粒温度已经＞120℃。显然，Ball 法不适用于流态化操作条件下流体颗粒的热处理评估。FUHTS 比液体颗粒无菌工艺的对流传热系数大，升温更快，因此对 Ball 法的适用性更差。

3. 杀菌釜杀菌的最优杀菌效果

选择不同时期文献中不同罐型的杀菌釜杀菌优化结果，参见表 13-23 比较 FUHTS 优化条件，发现表 13-20 的优化计算条件比上述文献中的计算条件保守（不利于品质保持），如导温系数采用 $1.25×10^{-7}$ m^2/s，而文献中为 $1.6×10^{-7}$ m^2/s；微生物致死 F= 10 min，而文献中为 3 min 和 6 min。用保守参数优化的结果与文献中的优化结果比较更能说明技术优势。

表 13-23　杀菌釜杀菌优化条件及优化结果

文献	A	B	C	C	C	D	D	D	D
条件									
罐型	圆罐	圆罐	圆罐	圆罐	圆罐	方罐	方罐	方罐	方罐
尺寸/mm	Φ87.3×115.9	Φ73×31	Φ73×58	Φ73×108	Φ73×119	150×100×35	150×100×40	150×100×45	150×100×50
导温系数/（m^2/s）	$1.7×10^{-7}$	$1.6×10^{-7}$	$1.6×10^{-7}$	$1.6×10^{-7}$	$1.6×10^{-7}$	$1.6×10^{-7}$	$1.6×10^{-7}$	$1.6×10^{-7}$	$1.6×10^{-7}$
初温/℃	80	80	80	80	80	10	10	10	10
冷却温度/℃	26.1	20	20	20	20	20	20	20	20
对流传热系数/[W/（m·℃）]	∞	∞	∞	∞	∞	∞	∞	∞	∞
微生物 D 值/min	3.0	—	—	—	—	—	—	—	—
杀菌计算参考温度/℃	121.1	—	—	—	—	—	—	—	—

续表

文献	A	B	C	C	C	D	D	D	D
条件									
罐型	圆罐	圆罐	圆罐	圆罐	圆罐	方罐	方罐	方罐	方罐
微生物致死 z 值/min	—	6	6	6	6	3	3	3	3
品质计算参考温度/℃	100	100	100	100	100	100	100	100	100
TMV	5.124×10^{-6}	—	—	—	—	—	—	—	—
品质变化 z 值/min	33.33	33	33	33	33	33	33	33	33
目标函数	$(N/N_0)_{avg}$	C_{avg}	C_{avg}	C_{avg}	C_{avg}	C_{avg}	C_{avg}	C_{avg}	C_{avg}
结果									
优化杀菌温度/℃	124.6	125.5	129.5	122.5	120.5	120.4	119.3	118.6	117.6
相应杀菌时间/min	70.9	28.3	54.5	73.4	121.1	79.4	94.5	108.8	123.8
优化杀菌后平均 C 值/min	66.56	84.5	128.94	162.99	231.67	129.51	146.72	162.78	176.68
优化杀菌后平均 $(N/N_0)_{avg}$	0.4774	0.3872	0.2402	0.1681	0.0834	0.2449	0.2049	0.1742	0.1509

注：文献 A（Teixeira et al.，1969）；文献 B（Skjldebrand and Ohlsson，1993）；文献 C（Thomas and Ohlsson，1980）；文献 D（Tucker and Holdsworth，1990）。

4. 小野含气调理杀菌锅杀菌效果

1）小野含气调理杀菌简介

小野含气调理杀菌是目前先进的杀菌釜杀菌设备之一。该技术从设置于杀菌锅两侧的众多喷嘴向被杀菌物直接喷射扇状、带状、波浪状的热水，热扩散快，热传递均匀。该技术还采用多阶段升温、两阶段冷却方式，缩短食品表面与中心之间的温度差，改善传统杀菌釜杀菌因一次性升温及高温加热时间过长而对食品造成的热损伤及出现蒸馏异味和煳味的弊端。达到目标 F 值后，冷却系统迅速启动，使被杀菌物尽快脱离高温状态。含气调理是指将包装了食品的杀菌袋内空气置换成不活泼气体，然后再杀菌处理，有利于产品质构保持。该系统同时带有模拟温度压力调节系统以及 F 值计算软件和数据处理系统。整个杀菌过程控制准确，升降温迅速。

2）小野含气调理杀菌的杀菌效果

利用从小野兴业食品株式会社（Skjldebrand and Ohlsson，1993）公开文件中得到的软罐头杀菌表面及中心温度时间数据，采用公式计算得到表面及中心的 F 值/C 值，见图 13-42。

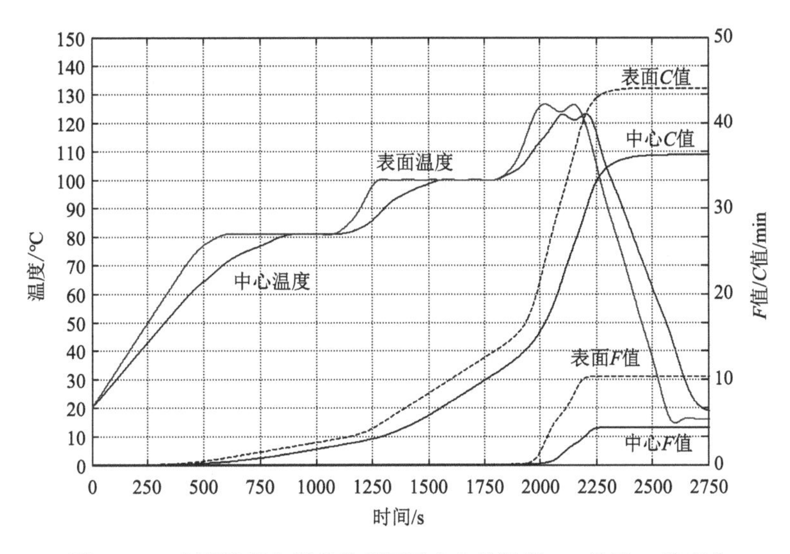

图 13-42　小野杀菌中蒸煮袋表面及中心的温度、F 值及 C 值变化

计算结果表明，小野含气调理杀菌完成后，表面 C 值 44.08 min，中心 C 值 36.28 min，相当于表面品质保持率为 0.6202，中心品质保值率为 0.6586。

总结表 13-20 和表 13-23 FUHTS、杀菌釜杀菌以及小野含气调理杀菌的平均品质保持率（表面和中心品质保持率的平均值），见图 13-43。

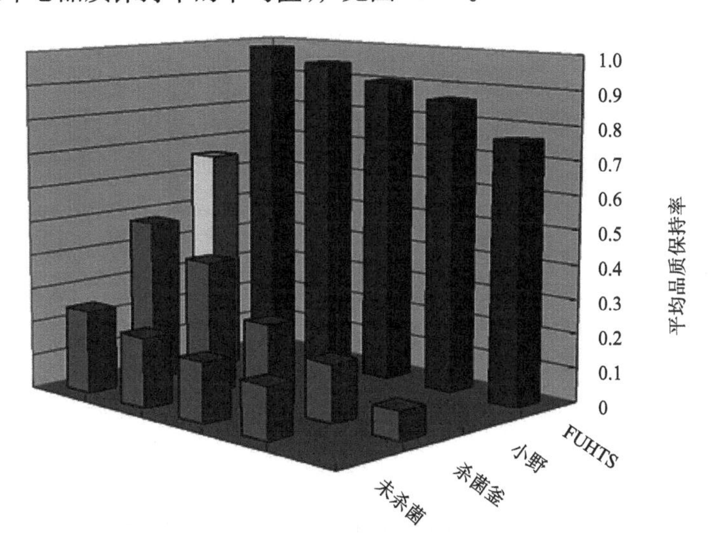

图 13-43　固体食品流态化超高温杀菌与杀菌釜杀菌及小野杀菌的平均品质保持率比较

表 13-23 中的优化结果表明，主流罐型优化后杀菌平均 C 值在 66.56～231.67 之间，平均品质保持率在 0.0834～0.4774 之间；而 FUHTS 优化后第一类颗粒 d<0.75 cm，平均 C 值在 1.97～9.01 之间，平均品质保持率在 0.978～0.902 之间，第二类颗粒 0.75 cm<d<1.50 cm 的平均 C 值小于 23.59，平均品质保持率大于 0.764。数据表明，FUHTS 比杀菌釜杀菌有着显著的技术优势，产品品质得到根本性的提高。

比较表 13-23 杀菌釜杀菌的 C 值和品质保持率数据，发现小野含气调理杀菌的确具有显著的优势。但与表 13-21 中 FUHTS 的优化结果相比，仍有相当大的差距。

13.5.2　与连续式液体颗粒无菌工艺比较

1. 连续式液体颗粒无菌工艺的主要技术限制

h_{fp} 是连续式液体颗粒无菌工艺传热和热处理评价计算的最重要的参数（Heldman，1989），是系统各种过程条件如流体颗粒相对运动、流体特性等体现在流体颗粒体表面传热的综合。虽然已经发展了多种测定 h_{fp} 的方法，但是没有任何一种能够满足杀菌计算所需要的可靠性和准确度。保障食品安全的后果是过度加热，从而削减了超高温杀菌带来的品质优势，这是连续式液体颗粒无菌工艺的最主要技术限制。

连续式液体颗粒无菌工艺中必然出现停留时间分布（RTD）问题。流体-颗粒运动中，颗粒与液体、颗粒与颗粒之间的运动不能完全同步，形成了颗粒运动在系统中的 RTD。RTD 决定了连续式液体颗粒无菌工艺系统中每一个颗粒的加热、保温及冷却时间。没有 RTD 机理，就无法计算颗粒的平均品质变化，因而无法进行工艺优化，有效发挥超高温杀菌的优势。但是 RTD 有非常多的影响因素，其测定方法复杂而困难，现有数学模型又不够成熟，因此很难得到准确可靠的 RTD，也限制了连续式液体颗粒无菌工艺的应用和发展。

在连续式液体颗粒无菌工艺系统中，液体颗粒相对速度的控制存在两难。如果降低液体黏度和提高总体流速来提高液体颗粒相对速度，液体颗粒传热边界层厚度减小，h_{fp} 增大，传热加快，达到目标 F 值的时间缩短，提高了杀菌品质。仅仅从传热来看，液体颗粒相对速度越大，杀菌品质越高。但液体颗粒相对速度提高，同时也会造成 RTD 变宽，增加颗粒传热不均匀性，最快运动颗粒之后的所有颗粒都会出现过热，从而造成品质损失。从颗粒运动来看，液体颗粒相对速度越大，品质损失越大。如果减小液体颗粒相对速度，尽管杀菌均匀性增加，但传热效率降低了。这一问题是连续式液体颗粒无菌工艺提高产品品质的原理性限制。

2. 杀菌效果的比较分析

由于连续式液体颗粒无菌工艺的颗粒中心温度无法得到实验数据，现有的文献的温度时间数据都是通过数学模型计算获得的。文献（Skjöldebrand and Ohlsson，1993）的液体颗粒无菌工艺较为典型，将其与 FUHTS 比较。

文献（Skjöldebrand and Ohlsson，1993）的模拟结果见表 13-24 和图 13-44。应该指出的是，结果中的平均 C 值是中心面 C 值而不是体积平均 C 值。后者比前者大。从两种方法的模拟条件来看，FUHTS 的模拟条件比液体颗粒无菌工艺保守（不利于品质保持率），体现在前者颗粒直径和目标 F 值较大，而热扩散系数较小。图 13-45 对两种杀菌效果进行比较，可以看出，前者比后者有更为明显的优势。

表 13-24　液体颗粒无菌工艺与 FUHTS 模拟条件及结果比较

参数	液体颗粒无菌工艺	FUHTS
主要计算条件		
颗粒直径/cm	1.4	1.5
颗粒热扩散系数/（$\times10^{-7}m^2/s$）	1.5	1.25
流量与流速	1500 kg/h	0.157 m/s（液体传热介质）
颗粒初始温度/℃	60	60
加热温度/℃	132（SSHE 温度）	136（液体传热介质温度）
计算结果		
颗粒中心目标 F 值/min	6.0（最快颗粒）	10.0
杀菌时间/min	11.0	3.17
液体 C 值/min	97	—
液体品质保持率 N/N_0 值	0.33	—
平均 C 值/min	80.5（平均速度运动的颗粒中心）	23.57（体积平均）
平均颗粒品质保持率 N/N_0 值	0.40（平均速度运动的颗粒中心）	0.76（体积平均）
颗粒中心 C 值/min	28.5	23.57（按体积平均计，实际更低）
颗粒品质保持率 N/N_0 值	0.72	—

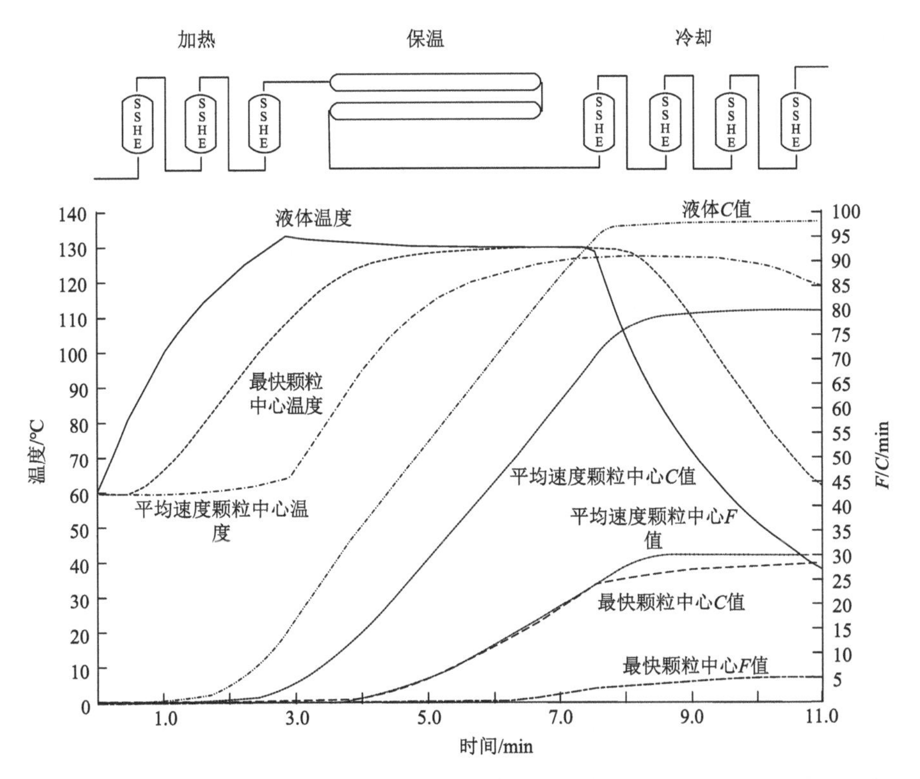

图 13-44　液体、最快颗粒和平均速度颗粒中心温度的典型计算并同时显示在三组加热器、保温管和四组冷却器中的 F 值和蒸煮值（Skjöldebrand and Ohlsson，1993）

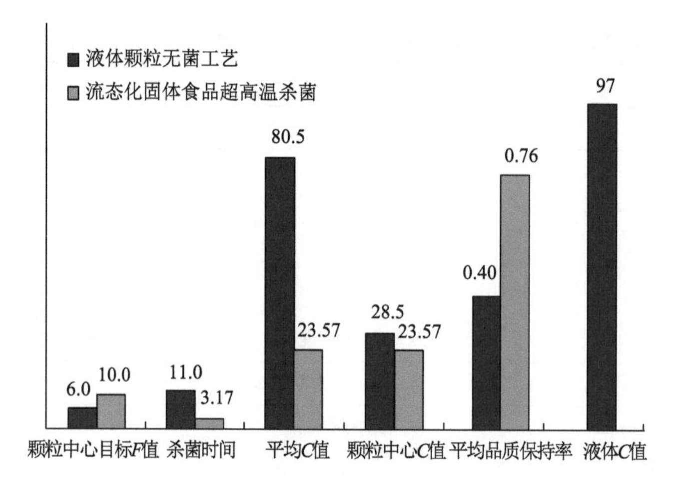

图 13-45　固体食品流态化超高温杀菌技术与连续式液体颗粒无菌工艺主要杀菌参数比较

分析优势产生的主要原因：①FUHTS 的 h_{fp} 较高，同时与颗粒直接接触的液体不存在升温过程，加热迅速，缩短了杀菌时间，品质损失减小；②从图 13-45 中可以看出，两种技术的中心 C 值很接近，但是平均 C 值产生了很大的差别，除了连续颗粒无菌工艺 h_{fp} 较小外，RTD 的影响是重要原因。FUHTS 不存在 RTD，避免 RTD 造成的加热时间不均匀。

关于液体颗粒无菌工艺与 FUHTS 的比较的细节分析参见文献（邓力，2006）。

13.5.3　FUHTS 减压蒸发冷却杀菌试验

通过研发 FUHTS 原理验证设备（6.2 节）进行采用减压蒸发流态化加热杀菌，得到温度-压力-时间关系，了解杀菌效果。

1. 杀菌材料和方法

实验材料采用马铃薯（市购），含水量 80.93% ± 1.93%。切割为长方体条状。

杀菌方法：在固体食品流态化超高温杀菌原理验证设备中按照表 6-12 标准操作程序试验，通过 FUHTS 温度及动力学采集系统（6.2.2 小节）取得温度-压力-时间数据。通过调节阀门 FM1、FX、常压减压时间、真空减压时间来调节减压速度（图 6-39）。

实验条件设置见表 13-25。

表 13-25　减压蒸发试验条件

试验号	试样尺寸 /cm^3	平均油温 /℃	中心最高温度 /℃	加热时间 /s	排油时间 /s	常压减压时间 /s	真空减压时间 /s	平均背景压力 /MPa	真空设置 /MPa	阀 FX 开启度 /（°）
1	1.06×1.04×4.50	149.64	126.5	134	3.7	10	25	0.611	0.010	720
2	1.05×1.05×4.90	155.72	146.7	150	3.7	8	25	0.620	0.040	720
3	1.07×1.10×4.89	153.9	133.6	135	3.0	4	10	0.665	0.040	90

2. 实验结果

3 个试验的中心温度、油温和系统压力变化的实验数据见图 13-46。

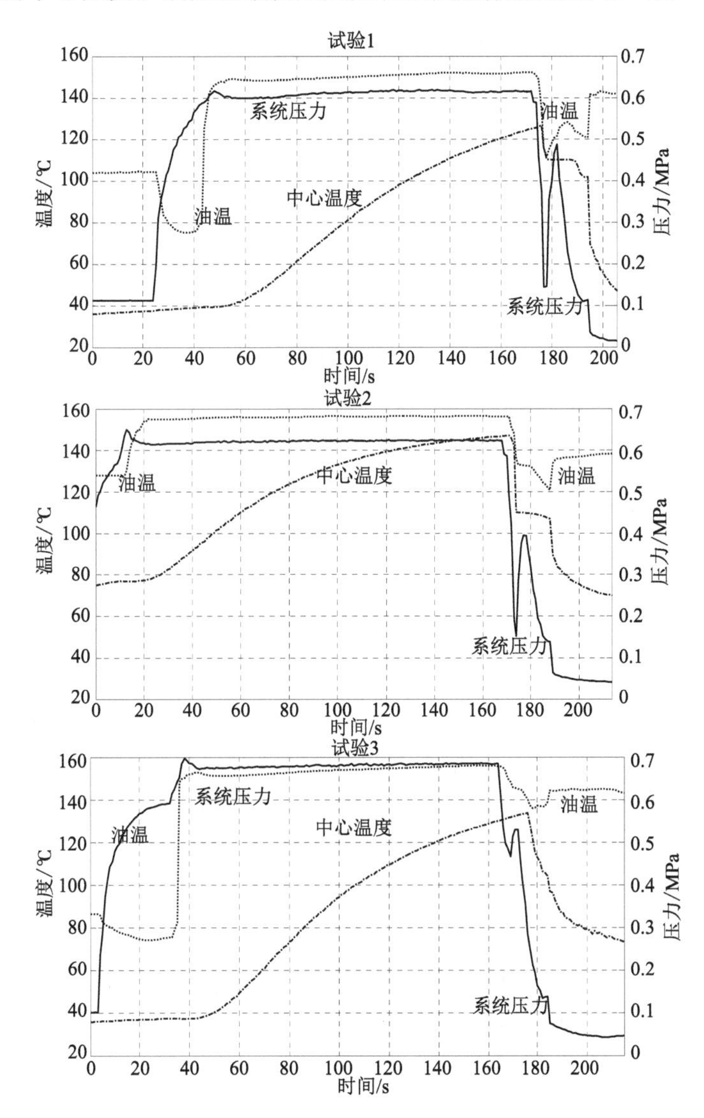

图 13-46　FUHTS 减压蒸发冷却杀菌过程实测数据

3. 讨论

通过条形马铃薯的减压蒸发冷却杀菌试验取得以下结论：减压蒸发能够形成快速体积冷却，温度急剧下降，下降速率和减压强度（减压阀开度）正相关。由于整体冷却，杀菌过热大幅度减少。

FUHTS 的杀菌时间相对现有杀菌方式低 1～2 个数量级，极大减少了过热品质破坏。

有关减压蒸发冷却的细节过程、技术后果和内在机理，参见文献（邓力，2006）第八章。

13.5.4 FUHTS 技术评价

1. 技术局限

1）实现流态化受到限制

液-固流态化中受到两相相对密度差不能太小的限制，而气固流态化中受到流型为聚式及床层膨胀强烈的限制，黏弹性较强的食品颗粒是否能够形成流态化尚需实验证明。

2）受到颗粒直径尺寸大小的限制

当典型颗粒直径大于 1.5 cm 后，液相为典型油脂的液-固流态化最优杀菌温度已经小于 135℃，不能被称为超高温杀菌。

3）受颗粒直径分布和颗粒热物性差异的限制

由于杀菌工艺必须保证全部食品体系的最冷点达到杀菌条件，因此必须保证直径最大、导温系数最低的颗粒中心温度达到指标微生物的目标致死率，相应地尺寸较小和导温系数较低的食品将因过热而降低总体杀菌品质。

4）杀菌工艺参数推算和热处理验证受到限制

FUHTS 中颗粒处于运动状态，无法进行在线热处理评价，因而相关的杀菌工艺参数推算和热处理验证依赖于数学模型。由于目前没有方法能够准确测定对流传热系数 h_{fp}，为了保证食品安全，其后果是产品过热，造成杀菌品质降低。

5）应用减压蒸发冷却受到限制

减压蒸发冷却可以使食品瞬时降温，对提高杀菌品质有利，但可能出现水分损失和质构破坏，对某些不适合水分蒸发及质构脆弱的食品可能不适用。

6）传质损失的限制

在液-固流态化中，会有极少量传质损失，但集中在表面，可能导致一些表面富含可溶性关键品质成分的食品不能应用该技术。

7）加工效率的限制

该技术是通过少量食品的快速杀菌来实现工业化生产所需的效率，核心流程只能称为半连续，与连续式液体颗粒无菌工艺相比，加工效率较低，同时其加工效率还受到颗粒尺寸、设备设计制造单因素的限制。

2. 技术优势

1）传热学

有三个主要优势。①对流传热系数高。流态化形成颗粒与流体的剧烈相对运动，比较杀菌釜杀菌中罐头处于静态和连续式液体颗粒无菌工艺中颗粒处于流化床输送状态，有更高的对流传热系数。②流体颗粒换热均匀。流态化中颗粒具有流体性质，颗粒处于动态混合状态，免除了轴向和径向不同位置颗粒传热不均匀现象。传热均匀性的提高有利于杀菌品质。③采用减压蒸发冷却时，形成整体冷却，可以降低食品加热强度。

2）流体颗粒运动

首先，FUHTS 存在很宽的流速操作的范围，体现了流态化的特点，容许较大的颗粒直径分布和密度差异的颗粒同时杀菌，这是主要技术优势；其次，彻底解决了 RTD 问题，提高了杀菌均匀性；最后，流态化中的流动相适合使用低黏度非牛顿流体，大幅度提高了传热系数，同时减小了流体力学计算的复杂性。

3）工艺参数和热处理评价

杀菌参数推算和热处理效果评价数学模型大为简化，原因在于：①流体温度可控，无需通过模型推算；②杀菌中流体温度保持稳定，因此流体力学和热物理性质相对稳定，相应地减小了计算工作量，并提高了准确性；③流动相为非牛顿流体，可以简化计算；④当采用减压蒸发冷却时，可以瞬时降温，热处理评估仅仅计算升温段即可，减轻了计算工作量，有利于工艺优化计算。

4）工艺流程与节能

①FUHTS 是一种最终产品是不含液体的主食固体食品的超高温杀菌工艺。②该技术具有很大的灵活性，加热可以选择气固流态化、液-固流态化，甚至其他流态化方法。冷却可以是减压蒸发冷却、低温介质流态化冷却和包装后冷却三种形式的任意组合。③可以通过阀门切换或者启闭准确控制杀菌过程，容易实现自动化操作。④传热介质循环使用，以及减压蒸发冷却时，加热能量以蒸汽形式排出，便于再利用，存在很大的节能潜力。

3. 气固流态化与液-固流态化的比较

1）气固流态化

以蒸汽为气相的气固流态化具有显著的优点：无可溶性成分传质、有相变时对流传热系数可按无穷大计算、不存在两相相对密度差太小时对流态化的限制、杀菌结束时食品中基本不残留外部物质，但流型判断计算表明食品颗粒的气固流态化流型为聚式，流态化操作速度很大，床层膨胀严重，使气固流态化的应用受到限制。

无相变的气固流态化由于对流传热系数较小，导致杀菌时间长，如果不与其他技术结合，单独应用的可能性较小。

2）液-固流态化

液-固流态化的优点是流型为散式，床层膨胀小，对提高杀菌均匀性和设备设计制造有利。虽然存在可溶性成分的传质损失、残留液相介质等缺点，但并不会严重影响液-固流态化的实际应用。关键问题在于两相相对密度差对液-固流态化形成的限制。当两相相对密度差很小时，很低的操作速度就可以形成流化输送。而大多数主食固体食品相对密度在 1.000～1.100 kg/m^3 之间，与水的密度非常接近，以水作为流态化液相会导致相当多的食品不能够形成有操作价值的流态化。而其中密度较小的可食用液体可能只有油脂了，油脂能够与主食固体食品形成良好的液-固流态化。但油脂的导热系数仅为水的约四分之一（145℃），导致传热效果大幅度降低。在相同的流态化表面换热条件下（*Nu* 数相同），以水作为流态化液相将比以油作为流态化液相的对流传热系数大四倍。因此相对密度差问题实际上还限制了 FUHTS 的表面传热优势。使用油脂作为流态化液相还会带来杀菌后食品油脂残留问题，以及循环使用带来的风味化学、毒理学及营养学问题，同时导致成本上升。

13.5.5 FUHTS 技术的应用前景分析

1. 可能的应用范围

如果 FUHTS 工业生产设备开发成功，该技术由于比杀菌釜杀菌技术具有显著品质优势，可能给主食固体食品的加工带来革命性的变化。可能的应用包括以下几方面。

（1）应用于现有食品品种，能够有效地提高产品品质，节约能源。

（2）应用于现有杀菌技术不能够加工处理的热敏性食品杀菌，扩大罐藏技术应用范围。

（3）利用该技术杀菌处理食品原料，尤其适用于季节性强、热敏性高、尺寸均匀的颗粒食品原料；一些天然农业产品原料经过适当分选后可以得到特征尺寸和热物性较为均匀的颗粒，如豆类、坚果类。另一些农产原料经过切割以后可以得到适于 FUHTS 的颗粒。农副产品原料经过超高温杀菌后，可以在营养和风味保存较好的情况下长时间储藏。如果产品直接面向消费者，可以采用无菌小包装形式。如果产品作为工业原料，可以通过无菌大包装作为工业半成品储藏，类似果汁的无菌大罐储藏技术。

（4）由于超高温杀菌营养破坏少，色泽、风味和组织保持良好，并可能允许品种广泛的蔬菜与肉类同时杀菌，而小颗粒食品是最合适的方便即食食品形式，因此 FUHTS 技术适合于生产餐桌主食食品。比较理想的方案是：成品包装采用半硬质塑料容器（semi-rigid container）或者其他微波可穿透无菌包装容器，消费者经微波炉加热后可以直接食用。如果需要生产含汤汁的固体食品，汤汁可以通过液体食品超高温杀菌技术另外杀菌后与固体食品混合。该技术还可用于生产现有罐头食品品种，拓展加工范围，显著提高产品质量。

（5）FUHTS 技术具有水分和质构调节功能，有可能用于开发生产食品新产品。

2. 液-固 FUHTS 技术用于加工传统中式菜肴

1）中式菜肴加工方法及分析

中式菜肴的加工有煎、炸、炒、炖、烧、烩、卤等形式。解析其加工过程，煎、炸、炒这一类加工方法可以认为是调味搅拌+高温油浴。炖、烧、烩、卤等可以认为是调味+水浴加热。前一类食品基本上完全是固体食品，汤汁只占很小的比例，而后一类食品为固体食品+液体。

大多数中式菜肴的烹制过程中大量的油（通常循环使用）被加热到很高的温度，并通过强烈的搅拌油浴使食品得到迅速加热，基本上是一个高温短时（含水量高的食品温度不可能超过 100℃）加热过程，这样合理的工艺过程存在着被改造成为工业化加工的良好基础条件。

FUHTS 技术的提出受到了传统的中式菜肴烹调技术的影响和启发。

2）FUHTS 技术在中式菜肴加工中可能的应用

（1）中式菜肴加工适用于 FUHTS 技术。

具体表现在：①由于中国饮食文化“食不厌精，脍不厌细”的传统，许多固体食品都被加工为小尺寸颗粒，适合 FUHTS。②中式炒菜油浴工艺特别适用于以油脂为传热介质的强制换热超高温杀菌。③大多数中式菜肴的炒制过程 1～5 min，由于高温油浴，食品温度可能很快达到 100℃，相当于 C 值为 1～5 min，而 FUHTS 技术中直径 0.25～0.5 cm 典型颗粒在平均品质优化杀菌条件下的 C 值为 1.97～5.14 min（表 13-20），证明在 FUHTS 中可能取得与传统中式烹调技术中炒菜类似的热处理效果。④减压蒸发冷却过程中水分的蒸发损失与炒菜过程中高温油浴造成的水分损失类似，使 FUHTS 过程更加类似于传统炒菜过程。⑤中式菜肴经常有热敏性蔬菜与肉类同时存在的情况，常规杀菌方法无法处理这类食品。而这一技术给这类中式菜肴品种提供了工业加工的可能性。⑥目前常规杀菌技术在处理肉类时，会产生组织破坏（肌肉纤维松散，食用时抗剪强度过低,失去肉的鲜嫩口感）、风味沉闷（长时间加热形成明显的蒸煮味）的缺陷，在消费者对饮食风味质量的要求不断提高的今天，这样的食品已经失去吸引力，这也是肉类罐头食品生产萎靡不振的主要原因之一。而 FUHTS 技术有可能解决这一问题，生产出风味更好、更为可口的肉类长架寿包装食品。

对于有汤汁的炒菜，在必要的情况下，可将杀菌前的汤汁分离后采用液体超高温灭菌，在包装时回填，保持有汤汁炒菜的特色。

（2）应用前景分析。

目前，中式菜肴的工业食品加工越来越广泛，从马口铁罐头到软包装罐头食品，品种种类繁多，但长架寿的高温储藏食品都是采用高温长时间杀菌的。因而现在市场上的罐装中式菜肴包装食品品种主要是传统中式菜肴中加热强度比较大的种类，如采用烧、煮、炖、卤等工艺加工的食品。FUHTS 技术如果获得应用，可以改变中式菜肴工业加工的现状，有力地促进其发展。中式菜肴由于其深厚的传统、丰富的形式、广泛的影响成为世界性主要饮食流派之一，中式菜肴的高品质工业加工存在着巨大的商业前景。

采用强制换热超高温杀菌技术有可能加工出来一些品质优良的中式菜肴。但许多传统的中式菜肴工艺极其复杂、高度依赖于手工技艺，要在工业加工中得到完全实现是不可能的。因此这一技术在中式菜肴工业加工中的应用会受到限制。即使如此，能够对一定数量炒菜品种进行有商业价值的工业加工，对中国罐头工业来说也是革命性的变化。

FUHTS 技术具有一定的基础性，具有广泛的应用前景，且该技术特别适用于中式菜肴的工业化加工。产品具有较长的保藏期是主食固体食品的方便化的基本要求之一，通常应该达到三个月到一年以上，即长架寿。而长架寿的一个最基本条件就是产品必须达到商业灭菌条件。这两个条件都特别适用于 FUHTS 技术。

3. 可能产生的效益

该项技术如果开发成功，获得大规模工业应用后，可能产生重大的社会经济效益。传统手工制作的菜肴通过工业化加工后，可以减轻家庭烹饪负担，适应现代社会的快节奏的需要，促进生活方式的现代化。

参 考 文 献

埃克特 E R G, 德雷克 R M. 1983. 传热与传质分析. 北京: 科学出版社
邓力. 2006. 固体食品流态化超高温杀菌技术研究. 无锡: 江南大学
杰伊, 徐岩. 2001. 现代食品微生物学. 5 版. 北京: 中国轻工业出版社
金涌. 2002. 流态化工程原理. 北京: 清华大学出版社
李洪钟, 郭慕孙. 2002. 非流态化气固两相流: 理论及应用. 北京: 北京大学出版社
苏赛克, 杰姆斯. 1981. 传热学(上册). 北京: 人民教育出版社
唐兴伦. 2003. ANSYS 工程应用教程. 热与电磁学篇, ANSYS 工程应用教程. 北京: 中国铁道出版社
无锡轻工业学院. 1985. 食品工程原理. 上册. 北京: 中国轻工业出版社
杨世铭, 陶文铨. 1998. 传热学. 3 版. 西安: 西安交通大学出版社
杨邦英. 2002. 罐头工业手册(新版). 北京: 中国轻工业出版社
伊萨琴科. 1987. 传热学. 北京: 高等教育出版社
Awuah G B, Ramaswamy H S, Simpson B K, et al. 1993. Surface heat transfer coefficient associated with heating of food particles in CMC solutions. Journal of Food Process Engineering, 16: 39
Awuah G B, Ramaswamy H S, Simpson B K, et al. 1996. Fluid-to-particle convective heat transfer coefficient as evaluated in an aseptic processing holding tube simulator. Journal of Food Process Engineering, 19(3): 241-267
Babu S P, Shah B, Talwalkar A, et al. 1978. Fluidization correlation for coal gasification materials-minimum fluidization velocity and fluidized bed expansion ratio. AIChE Journal, 74: 176-186
Cai P, Demichele G, Traniello-Gradassi A, et al. 1993. A generralized metothod for predicting gas flow distribution between the phases in FBC // Rubow L. FBC's Role in the World Energy Mix. New York:

ASME

Chandarana D I, Gavin A, Wheaton F W. 1989. Simulation of parameters for modeling aseptic processing of food containing. Food Technology, 43 (3): 137

Dignan D M, Berry M R, Pflug I J, et al. 1989. Safety considerations in establishing aseptic processes for low-acid foods containing particulates. Food Technology, 43 (3): 118

Hayes J B. 1988. Scraped surface heat transfer in the food industry. AIChE Journal, 49: 273

Heldman D R. 1989. Establishing aseptic thermal processes for low-acid foods containing particulates. Food Technology, 43 (3): 122

Hunter G M. 1972. Continuous sterilization of liquid media containing suspended particles. Food Technology Australia, 24: 158

Kunii D, Levenspiel O. 1969. Fluidization engineering. New York : Wiley & Sons

Larkin J W. 1989. Use of a modified ball's formula method to evaluate aseptic processing of foods containing particulates. Food Technology, 43 (3): 124

Leung L S, Jones P J. 1978. Flow of gas–solid mixtures in standpipes: a review. Powder Technology, 20(2): 145-160

Merson R L, Singh R P, Carroad P A. 1978. An evaluation of ball's formula method of thermal process calculations [canned foods]. Food Technology, 32 (3): 66

Nelson P E, Chambers J V, Rodriguez J H. 1987. Principles of Aseptic Processing and Packaging. West Lafayette: Purdue University Press

Ouyang J, Jinghai L I, Sun G. 2004. The simulations of annulus-core structure in CFB. Chinese Journal of Chemical Engineering, 12 (1): 27-32

Ramaswamy H S, Awuah, G B, Simpson B K. 1996. Influence of particle characteristics on fluid-to-particle heat transfer coefficient in a pilot scale holding tube simulator. Food Research International, 29 (3): 291-300

Ramaswamy H S, Awuah G B, Simpson B. K. 1997. Heat transfer and lethality considerations in aseptic processing of liquid/particle mixtures: a review. Critical Reviews in Food Science and Nutrition, 37 (3): 253-286

Romero J B, Johanson L N. 1962. Factors affecting fluidized bed quality. Chemical Engineering Progress, 58 (38): 28

Sastry S K. 1989. Mathematical evaluation of processing of schedules for aseptic processing of low-acid food containing particulates utilizing the ball method. Food Technology, 43 (3): 122

Skjöldebrand C, Ohlsson T. 1993. A computer simulation program for evaluation of the continuous heat treatment of particulate food products. part 2: utilization. Journal of Food Engineering, 20 (2): 167-181

Teixeira A A, Dixon J R, Zahradnik J W, et al. 1969. Computer optimization of nutrient retention in the thermal processing of conduction-heated foods. Food Technology, 23 (6): 845-850

Thomas O. 1980. Optimal sterilization temperatures for flat containers. Journal of Food Science, 45 (4): 848-852

Tucker G, Holdsworth S. 1990. Optimisation of quality factors for foods thermally processed in rectangular containers. Campden Food and Drink Research Association

Vliet G C, Leppert G. 1961. Forced convection heat transfer from an isothermal sphere to water. Journal of Heat Transfer, 83 (2): 163

Wen C Y, Yu Y H. 1966. A generalized method for predicting the minimum fluidization velocity. AIChE Journal, 12: 610-612

Whalley P B. 1983. Handbook of multiphase systems. Journal of Fluid Mechanics, 129: 500-502
Wilhelm R H, Kwauk M. 1948. Fluidzation of solid particles. Chemical Engineering Progress, 44: 201
Zitoun K B, Sastry S K. 2010. Convective heat transfer coefficient for cubic particles in continuous tube flow using the moving thermocouple method. Journal of Food Process Engineering, 17 (2): 229-241
Zuritz C A, Mccoy S C, Sastry S K. 1990. Convective heat transfer coefficients for irregular particles immersed in non-newtonian fluid during tube flow. Journal of Food Engineering, 11 (2): 159-174

第14章

总结与前瞻

14.1　成熟值理论

本书第 2 章提出了成熟的定量公式，并在第 3 章中测定证实。第 4 章构建了烹饪的热质传递模型，并在第 5 章中进行了数值模拟和试验验证。在第 8 章中给出了火候的数学描述，并在第 9 章中通过火候控制研究得到深化。上述逻辑连贯的理论研究，构成了一个理论体系，可称其为成熟值理论或火候理论，成熟值理论散见于各章论述中，主线并不清晰，在本节理清脉络，择要总结如下。

14.1.1　成熟值理论总结

1. 综合主观感觉和客观变化的数学描述——成熟值

烹饪成熟的客观实质是一系列加热化学反应和物理变化的综合，是时间和温度积累后的化学和物理后果，大多数食品加热变化呈一级动力学规律，而由心理物理学原理得到的成熟感觉强度与加热品质浓度的对数呈线性关系。由韦伯-费希纳定律和 D-z 值动力学模型，通过图 2-3 的演绎推导得到描述成熟品质变化的动力学函数 M 的公式，即成熟值公式：

$$M = \int_0^t 10^{\frac{T-T_{\mathrm{ref}}}{z_{\mathrm{M}}}} \mathrm{d}t \tag{2-44}$$

食品刚好达到成熟时对应的成熟值被称为终点成熟值 M_{T}。根据 3.1.2 节的方法，通过对不同成熟值样品的感官评价区别试验选定成熟样；通过设计差别试验，获得差异加热条件下多个成熟样的不同温度历史；以假设的不同 z_{M}'值按上述多个差异试验的温度历史计算平均终点成熟值 $\mathrm{AM}_{\mathrm{T}}'$，各 $\mathrm{AM}_{\mathrm{T}}'$之间的统计偏差最小的 z_{M} 值则为目标 z_{M} 值，并以此计算得到目标终点成熟值 M_{T}。z_{M} 值和 M_{T} 只能通过特定人群对成熟终点主观判断的试验结果以统计分析得到。

这样，成熟值可定义为由特定人群感官评价判定某一特定品质的成熟程度相对参考温度的等效加热时间。成熟值作为成熟指标定量表征了某一个成熟品质因子，如色泽、风味等，在热处理后形成的有益成熟品质。

成熟值公式包含了韦伯-费希纳定律，表征了人群对成熟品质因子刺激形成的感觉强度，其中的 z_{M} 值包含了心理物理学常数。而 M_{T} 值和 z_{M} 是感官评价的统计结果，包含了人群的成熟主观判断。因此，成熟值 M 合理综合了主观判断、生理感觉和客观变化，反映了成熟的本质。特定人群对成熟的生理感觉/主观判断和食材的特性是稳定的，因此 z_{M} 值是常数，由式（2-44）可见，决定特定食材烹饪成熟的唯一因素是烹饪所经历的温度历史。

而温度历史是可测量的，从而成熟值 M 和终点成熟值 M_{T} 也是可测量的，是有科学研究和工程应用价值的食品热处理品质指标。与 F 值等以保藏为目的技术性热处理指标不同，M 值（尤其是 M_T 值）反映了人对热处理的心理需求，包含了人类对百万年烹饪的生理适应和饮食习俗。

2. 烹饪的热质传递

典型中式烹饪的物理实质是开放容器中的流体介质-食材颗粒加热过程：热量由颗粒介质表面对流换热进入颗粒，再传导入颗粒中心/冷点；通常油由外向内传递而水和蒸汽由内向外传递；当颗粒温度超过水的沸点时，出现蒸发，向外部环境逸散。可把颗粒视作多孔介质，基于多孔介质传递理论和非稳态传热理论，可用一组热-质传递控制方程表征颗粒内部温度、水分、油、气体的传递过程。详见图 14-2 及第 4 章的烹饪热质传递数学模型。

烹饪热质传递数学模型中的目标方程是能量方程，它决定了烹饪过程中食材颗粒的温度历史，引入其他控制方程和附加方程是因为它们会影响到能量方程。能量方程决定了大多数烹饪中颗粒的升温过程是一个温度非均匀分布且时刻变化着的非稳态传热过程。

通过烹饪热质传递过程解析，可得到影响烹饪温度历史的主要烹饪操作参数，包括加热时间、传热介质温度、加热功率、介质-颗粒对流传热系数、颗粒传热学特征尺寸等。

3. 烹饪的过热

不同烹饪操作条件都可以实现烹饪成熟，但成熟后的食品品质是不同的。其关键原因是：当食材颗粒最冷点达到成熟时，颗粒的其他部分必然被过度加热了，不同烹饪操作下的过热程度是不同的。针对产生不利后果的一些品质因子，参照成熟值定义，提出过热值概念：

$$O = \int_0^t 10^{\frac{T - T_{\mathrm{ref}}}{z_O}} \mathrm{d}t \tag{2-54}$$

当然，也可用有益品质的损失率 Q/Q_0（即 c/c_0）来表达过热，见式（2-28）。z_O 值的测定可以采用客观反映动力学方法，必要时也可采用与 z_M 值测定相同的主客观结合方法。

4. 动力学函数的空间分布

由于食材颗粒的非稳态特征，变温过程呈空间/时间分布，而作为温度函数的成熟值和过热值也一样是非稳态的，呈空间/时间分布。通常，食材颗粒的几何中心和表面成熟值、表面和体积平均过热值是表征烹饪品质的常用函数。

5. 烹饪品质优化——火候

烹饪研究的重要目的就是把握控制烹饪操作使得烹饪品质最优。最优烹饪是在烹饪加热中达到成熟的同时，使得过热最小。烹饪品质优化的典型数学模型如下。

目标函数：$O \to \min$ 或 $Q/Q_0 \to \max$。

约束条件：$M \geqslant M_T + \Delta$。

优化变量：传热相关的烹饪操作参数。

控制方程：介质-颗粒热质传递方程。

因而，可从烹饪的品质变化动力学角度定义烹饪火候为：烹饪中食材达到终点成熟值的同时使得终点过热值最小的烹饪加热程度。当不存在品质优化空间时，火候体现在使 $M \geqslant M_T + \Delta$。

火候的品质优化模型并非任何烹饪条件下都有意义，需要优化空间存在。其存在条件包括：①非稳态加热；②成熟值和过热值存在 z 值差。非稳态性越强、z 值差越大，优化越显著。可以用优化变率[式（9-3）]来表征优化空间大小。

烹饪品质优化原理在于蛋白质变性等成熟品质因子比色泽变化等过热的品质因子对温度更为敏感。通过迅速升温，使食材在很短的时间内达到成熟，而品质破坏却因为时间短促被控制在一定程度，从而实现品质最优。

6. 火候的控制

火候控制存在两个层次的控制。第一层次，仅使 $M \geqslant M_T + \Delta$。对于爆炒等快速烹饪过程，由于加热强度大，品质快速变化，由于成熟点位于无法直接观察到的颗粒中心，这一层次的控制有较高难度。第二层次才是实现上述烹饪品质的优化模型，其控制难度更大。可以用成熟速率[式（9-1）]、过热速率[式（9-2）]和优化变率[式（9-3）]来表征火候控制的难度。

有关烹饪成熟值理论的构成，构成之间的关联以及学科关系见图 14-1。而成熟值理论的主要数学描述见图 14-2。

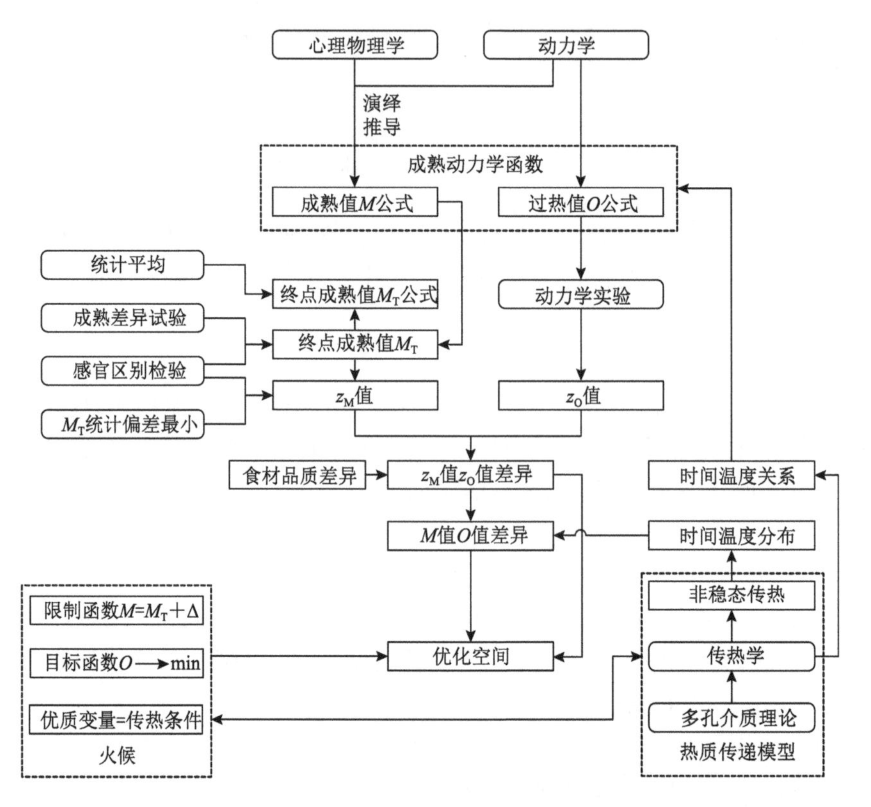

图 14-1　成熟值理论各构成之间的关联

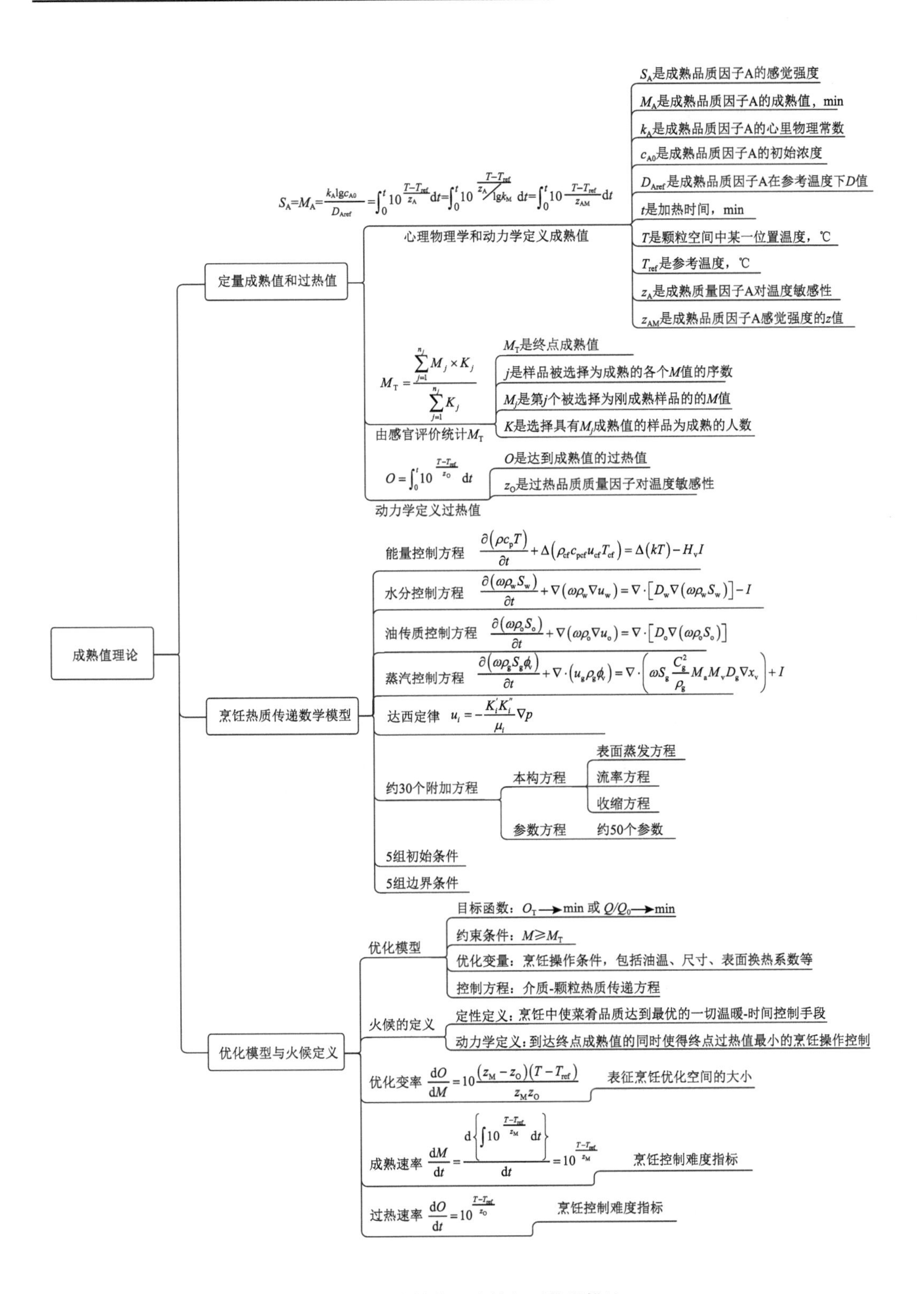

图 14-2　成熟值理论的主要数学描述

14.1.2 成熟值理论评述

1. 成熟值理论的组成和性质

成熟值理论也可称为火候理论，是由综合了主客观的烹饪成熟和过热动力学、烹饪热质传递原理、烹饪品质优化三个部分有机结合组成的。其同时包含了概念、判断、推理等思维类型，有其特定的内在逻辑关系，其发展建立也经历了假设-验证的过程，因此称其为理论。

成熟值理论建立在韦伯-费希纳定律、反应动力学、热量/质量/动量平衡、感官评价/统计学及最优化原理的基础之上，具有半理论半经验的性质。其核心公式或得于演绎推导或源于已被充分验证的理论和方法，z_M 值测定等试验方法也有清晰的逻辑，其成熟值、火候等核心原理也经过了多种类食材、多类型烹饪的试验验证，可以初步判断成熟值理论是合理的、可靠的。当然，烹饪成熟值理论还是一个初创的理论，虽有一定的外部应用，仍缺少笔者团队以外的验证研究，还需要进一步丰富、发展及更多的试验验证。

2. 成熟值理论的科学意义和应用价值

烹饪造就了人类，因而烹饪成熟应是食品科学最底层的问题，成熟值理论有基础性的食品科学意义。经过热处理的食品占人类摄入食物中的大多数，成熟值为研究食品热处理的食品化学/物理、饮食-生理关系提供了关键指标。成熟值理论作为动力学与心理物理学结合的方法，还可以应用于其他具有品质变化动力学规律且感官品质很重要的技术，如发酵食品的成熟控制。

烹饪食品的产值应在 10 万亿元以上（含家庭烹饪），是中国居民的主要食物摄入形式。成熟值理论全面覆盖了烹饪的成熟、热质传递过程和品质优化，能够全面描述烹饪的过程规律，不但为烹饪科学研究建立了学科框架，还为规模巨大、对国民健康和社会经济影响巨大的烹饪产业提供了工程原理基础。

14.2 对中式烹饪的评价

国民高度认可中式烹饪，但通常是从传统文化和风味习俗角度出发，缺少当代对事物评价时必不可少的科学理由。一些对中式烹饪的不合理评价仍缺少基于科学事实的反驳，不利于烹饪产业发展、中式烹饪的推广和国民食育。在建立成熟值理论之后，有必要对中式烹饪开展分析和评价。

14.2.1 当前对传统中式烹饪的负面观点

1. 对中式烹饪的负面观点

与西方不同，中国以极快的速度实现了工业化，传统饮食烹饪方式得到了较好的保存，国民仍高度认可中式烹饪，普遍认可中式烹饪的美味、丰富以及对传统文化和生活方式的传承，但当前中式烹饪却存在较多负面评价，在国际上、学术界尤其如此。笔者的烹饪方向的研究生在法国参加食品科学夏令营时就与法国指导教授争论中餐的优劣，对方对中式烹饪持有强烈的负面意见。国际上，普遍有中餐油炒菜品是劣质食品的认识。国内一些食品领域的学者，以及不少网络舆论都受到这种观念的影响。这些负面观点对中国烹饪走向世界产生了不利影响。

中式烹饪中最典型，应用最多的炒，其英文名为 stir-frying，被认为是油炸食品的一种。油炸食品由于高含油、高温加热营养损失严重、食品安全不佳，通常被认为是垃圾食品。油炒被错误地认为与油炸一样，含油量高而可能导致肥胖和心血管疾病，同时会产生反式脂肪酸、脂质氧化物、杂环胺化合物等有害物质，且由于油炒中的食用油反复使用，甚至劣于油炸。

爆炒烹饪采用高温加热，也产生了热敏性营养损失很大的错误认识，却忽略了烹饪时间极短的实际营养保持率很高的事实。

2. 中式传统烹饪与科学无关

由于烹饪研究，尤其是基础研究长期没有实质性进展，连火候这样的基础概念都没有科学解释，一些人就认为烹饪与食品科学关联不大，“鼎中之变，精妙微纤，口弗能言，志弗能喻”，只能作为技艺而存在，不可能进入科学层次。这种观念对烹饪科学研究的危害较大，导致大众乃至食品科学界一些人对烹饪科学研究持负面态度。很长一段时期部分专业期刊拒发烹饪研究论文反映了这种观念的影响。

14.2.2　基于成熟值理论的中式烹饪评价

中式烹饪技法丰富，品种繁多，全面评价既受到篇幅限制，也缺少细节研究的支持。这里仅以使用频率最高、代表性最强、研究最多的油炒工艺为主开展评价。以本书成熟值理论和研究成果为基础，重点根据本书 9.8 节中火候控制的基本原则开展评价。

1. 传统爆炒技法高度契合烹饪品质优化原理

1）为什么选择油作为传热介质

西方烹饪中也用油作为烹饪传热介质，但主要用于油炸油煎等工艺，利用油的高温加热，以期形成壳层，产生与烤类似的高温香气和质构。而中国的炒菜，油炒加热后，仍然高含水，并未形成壳层。如果把食材煮熟或蒸熟后混合油炒的调料和辅料，从外形上看起来也与油炒没有什么区别。那么，是什么原因让我们的祖辈减少使用更简单、成本低得多的煮和蒸而主要采用油炒工艺呢？答案是只有油才有可能使流体-颗粒烹饪达到最优热处理效果，这是在漫长历史中优胜劣汰的技术选择后的结果。

（1）油是唯一使得烹饪温度能够高于水的沸点的传热介质。

参见图 10-16 基于对流传热系数和温度的烹饪分类，油炒、油热和油爆能提供沸点以上的加热温度，而对小颗粒食材，最优介质温度远高于沸点。同时油能够提供宽广的加热温度范围，能够提供焐、浸、热的所有温度段的加热温度。

（2）油能够提供更强的表面传热条件。

无因次准数普兰特数 Pr 表示动黏滞系数和热扩散率的比例，也可以视为动量传递及热量传递效果的比例。由式（10-2），Pr 越大，在同样条件下的对流传热系数越大。在 100℃，蒸汽、水、油的 Pr 分别为 1.08、1.75、38.31。油比其他介质有更强的对流传热优势。由图 10-14 基于介质 Pr、温度和压力的烹饪分类及图 10-17 基于介质、温度和 h_{fp} 的烹饪分类，可见油传热烹饪与水传热烹饪和汽传热烹饪有着显著的区别。

提高烹饪品质，需要尽量高的对流传热系数 h_{fp}，而油传热烹饪为提高 h_{fp} 提供了可能性。

2）油传热使食材快速升温成为可能

（1）高预热油温。

由本书 9.8 节火候控制原则 2 可知，切割越精细，烹饪固相颗粒几何尺寸越小，取得总体最优品质所需的流体传热介质温度越趋向高温，参见本书 8.3.4 节的分析及表 8-1。小颗粒食材具有巨大表面积，由表 9-1 的计算可知，200 g 肉丝的表面积 0.24 m^2，h_{fp} 为 2000 W/（m^2·℃）下，预热油温 160℃时，瞬时功耗达到惊人的 64.8 kW，普通的灶具能达到的食品体系可吸收极限功率肯定低于 10 kW（参见本书 11.1 节），无论如何都无法满足这个功率需求。而 1000 g 油脂在 2s 内从 180℃降温到 100℃，可以输出 112 kW 的功率。油的加热温度在燃点以下可自由控制，因而可以满足爆炒所需要的瞬时功率。高预热油温是实现爆炒烹饪最优条件的关键手段。

（2）油料比。

一定的油料比配合高预热油温才能满足烹饪品质优化条件。烹饪油料比是可调的，增加油料比总能达到烹饪功耗需求，而由于油是可回收的，油料比增加基本没有代价，原理上可以无限提高。爆炒烹饪在油料比不高时，常常将油脂加热达到或接近燃点，并辅以最大加热功率，显然是符合品质优化原理的操作。

3）烹饪技法

（1）精细切割。

由火候控制原则 3 可知：烹饪固相颗粒几何尺寸越大，终点过热值越大，烹饪品质越差，参见图 8-3；以及按原则 10：烹饪固相颗粒几何尺寸越大，品质优化空间越小，直至消失，参见本书 8.3.4 节第 1 小节。所以，中式烹饪的刀工是一种火候调节手段，对品质优化及其操作条件有重大影响。

由于颗粒越小最优条件下的烹饪过热值越小，中式烹饪中对于成熟快的食材（z_M

及 M_T小），通常采用小尺寸切割方式，如肉丝、肉丁尺寸通常在 5 mm 以下；对极易成熟的内脏类食材常常采用花刀切割，如松果刀法会形成一面为共同底面而其他五个面与油接触的整齐排列的小颗粒。这就使加热面积成倍增加而传热学特征尺寸成倍减少，食材在块形较大且保持食用适口的同时传热速度急剧提升，符合烹饪品质优化原理。这些刀工技术绝不仅仅是为了美观而采用的，更大的目的是提高烹饪品质。中国“食不厌精，脍不厌细”的加工方式不但是饮食习俗和审美需要，更是满足烹饪品质优化的需要。

（2）强烈搅拌。

按火候控制原则 11：当存在烹饪优化空间时，升温速度越快，烹饪品质越好。参见本书 4.5.4 节第 5 小节和 9.5.1 节，对流传热系数对烹饪传热和品质影响巨大。爆炒烹饪中，搅拌越剧烈，对流传热系数越高，升温越快，烹饪品质越好。

由表 10-9 可知，相同模拟条件下，蒸的 h_{fp} 为 692～2058 W/（m^2·℃），煮的 h_{fp} 为 20～1330 W/（m^2·℃），炸的 h_{fp} 为 172～490 W/（m^2·℃），炒的 h_{fp} 为 302～2670 W/（m^2·℃）（模拟烹饪的流-固相对运动不如手工搅拌强烈）。上浆猪里脊肉片 160℃预热油温模拟烹饪中，h_{fp} 实测值达到 6650 W/（m^2·℃），见本书 11.3.2 小节。可见相比于其他烹饪工艺，爆炒具有形成最佳烹饪品质的技术潜力。

中式烹饪为提高油-颗粒的换热效率发展出了翻锅这一形成强烈搅拌的独有技术手段，其对流传热系数，在配合上浆后可达到更高的数值。这一技艺为中式烹饪所独有，却为提升烹饪品质所需，符合烹饪品质优化原理，其合理性和操作难度都令人惊叹。

（3）上浆。

上浆工艺，即将调味品和淀粉、鸡蛋清等直接加入肉类食材中，拌和均匀成浆流状物质，加热后使食材表面形成浆膜的一种烹调辅助手段，适合于质嫩、型小、易成熟的肉类、内脏类食材。

一般认为，上浆的作用主要在于上浆液中的淀粉等组分与肉类蛋白质作用产生嫩滑效果。11.3 节的研究表明，上浆大幅度提高了传热效率。高温加热的情况下，上浆比不上浆升温速度更快。按一般传热学原理，上浆不但增加了食材重量，还增加了食材表面的水分含量，而水分蒸发会消耗大量热能，上浆后升温速率应该会减慢。但试验结果表明，上浆后食材升温速率反而上升了。其原因是表面蒸发产生的蒸汽对油脂的强烈搅拌，大幅度提升了对流传热系数，导致传热强化，有利于烹饪品质提升。实测数据表明，油温从 80℃到 160℃，h_{fp} 从 77 W/m^2℃飙升到 6650 W/m^2℃，参见表 11-5。古代厨师不懂传热学，上浆工艺应该是在烹饪实践中发现其能够大幅度提升品质而得到应用普及的。

2. 火候的掌控

1）火候掌控的重要性

按火候控制原则 1：由于在成熟时间点品质变化最为剧烈，终点成熟点的把控对烹饪品质至关重要，结束烹饪时偏离 M_T 越多，品质越差。因此，采用高温高强度传热烹饪形成最优烹饪品质，有一个重要的前提条件，即应在最优成熟时间结束烹饪。因为在成熟时间点附近，通常出现最大过热加速率，烹饪品质会迅速劣化，参见图 9-22。

成熟常发生在食材中心，肉眼不可见，且在极短的烹饪时间内，不可能连续多次通过品尝判断成熟，因而掌控火候找到最优烹饪成熟点，使烹饪食材不因为提前终止而生，推后终止而劣，是高品质油炒烹饪所必需的技能。

2）厨师技能与品质优化控制

解决这一问题的唯一方法就是通过训练取得火候的判断及控制能力。一个优秀的中餐厨师需要经过大量的训练和经验积累才能掌握火候掌控的技能。笔者曾用高频热像仪录制过国家一级厨师使用不同厚度锅具完成烹饪的过程。在低油料比的情况下，采用了极高的烹饪温度，取得了良好的烹饪品质，参见图 14-3。几位高水平的厨师都能根据锅具、食材、油料比的不同情况，灵活而合理地控制烹饪的传热与时长，总体上高度符合火候控制原理。他们通过将手放置在热油上方固定位置感受热辐射的强度来判断预热油温的高低。高水平厨师传承的传统中式烹饪火候控制技能符合烹饪品质优化原理。

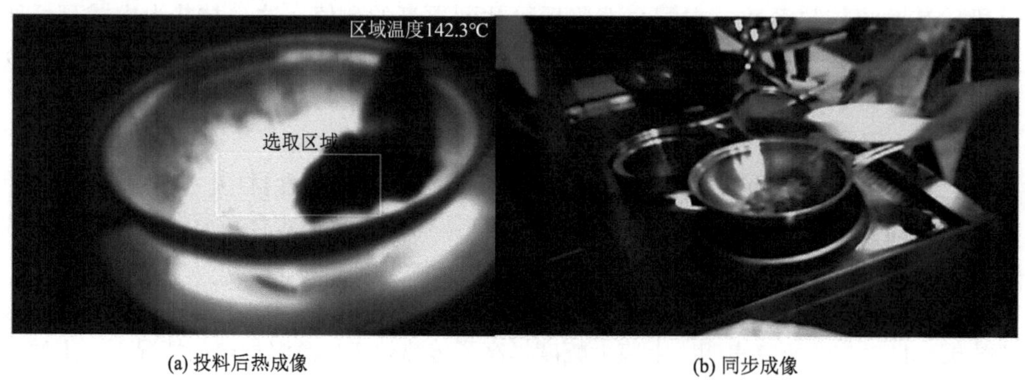

(a) 投料后热成像　　(b) 同步成像

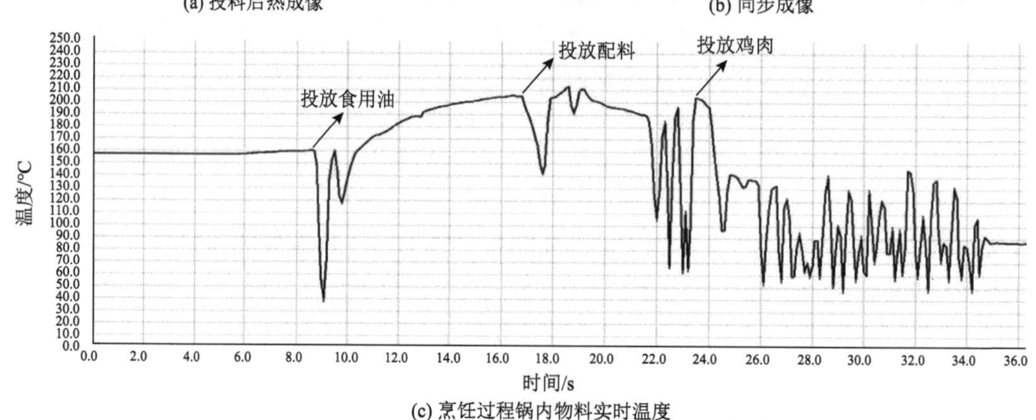

(c) 烹饪过程锅内物料实时温度

图 14-3　低油料比下的烹饪宫保鸡丁食品体系烹饪平均温度

图 14-3 为一级厨师烹饪宫保鸡丁的热成像图像和处理的温度数据记录。具体过程为：称取 1 cm 大小的鸡肉块 180 g，各种调味料适量。采用热锅冷油的方式进行烹饪。将锅烧到 200℃左右，加入 50 mL 油，待油温加热到高温时，加入姜蒜炒出香味，放入鸡肉块炒至全熟时，关火放入油辣椒，开火炒制出香气，放入豆瓣酱，搅拌均匀，放入调味料搅拌均匀，关火，加入蒜段搅拌均匀，然后出锅。由热像仪得到的锅内物料平均温度变化可见，由于油料比低，厨师尽量预热锅具和油脂到高温，烹饪中维持物料在加热成熟品质形成关键阶段处于高于 100℃的状态，符合火候控制原理。

3）不同食材的火候区别控制

相比于西式烹饪，中式烹饪的一个重要特点是多种食材的混合烹饪，如蔬菜与肉类共同炒制。由第 3 章的 z_M 和终点成熟值 M_T 的测定结果可知，测定得到的畜肉等动物蛋白食材的 z_M 值为 7～18℃，$M_{T70℃}$值为 0.35～8.75 min；而蔬菜类食材的 z_M 值为 21～79℃，$M_{T70℃}$值为 17.31～65.40 min，两类食材的火候控制需求差别很大。厨师们可能很早就发现了这种区别，采用了分别烹饪后再合并烹饪的方法。两种食材完全采用不同的火候控制，第一个烹饪的食材周转放置，然后烹饪第二种食材，最后合并烹饪，使得两种食材通过不同火候控制都取得最佳品质，从而高效合理地解决了这一问题。从各种中餐菜谱中可以看到，这样的火候区别控制手段非常丰富，如食材预先焯水等。这种火候区别控制是完全符合成熟值理论原理的，体现了创制厨艺的厨师们的智慧。

3. 锅气的烹饪科学解读

锅气的概念，体现了中餐厨师对爆炒烹饪的理解，得到普遍认可，对手工烹饪形成了良好的指导作用，但却缺少科学原理的支持。

锅气是评判小炒菜非常重要的标准，需要达到热、快、干、香四个指标，小炒菜才能具有很好的锅气；热是菜肴上桌温度要高，菜肴入口要烫；快是烹调速度要快；干是菜肴上桌的要求是质地干爽，不见汁水；香是菜肴本身的香味要浓郁，甚至可以有轻微的焦香味。笔者认为，热主要是指烹饪的高温，因为缺少锅气的菜品出锅后立刻上桌也是烫的，不能代表锅气技术特征。

成熟值理论可以对锅气形成原理给出科学解释。热、快，是中式爆炒的传热学技术特征，包括高油温及高油料比蓄热形成高传热介质温度和高加热功率、强烈搅拌导致高液体-颗粒表面传热系数、精细切割赋予更小的传热学特征尺寸。这些条件形成了烹饪传热的高升温速率，从而接近或达到烹饪品质最优条件。干，则表现为烹饪中食材颗粒较少向外释放水分，也即食材在烹饪结束后有更高的持水率，使得食用时更为多汁、柔嫩。按烹饪火候控制原则 12：由动力学原理，在烹饪过程中，总体上各个烹饪品质的变化具有协同性，水分、质构、色泽、风味、热敏性营养之中的一个最优，通常其他品质也最优或接近最优。本书的实验研究都证实了这一点。文献（Barbut and Mittal，2010）表明较大的加热速率可以保持较高的水分含量。从动力学角度看，水分向外部传递的 z 值远小于烹饪成熟的 z_M 值，成熟比水分向外部传递快得多，在快速升温达到烹饪成熟时，水分还来不及释放就结束烹饪了，因而能够很好地保持住食材水分。菜品内部高含水，在形成良好的食材嫩度的同时可减少水溶性营养成分的流失。由于水分被保持在食材内部，菜品外观上看来就比较干。

一种观点认为是烹饪中的高温蒸发掉了食材释放的水分才导致干。其实，与优化条件下烹饪保持住水分相比这只是很次要的原因，因为蛋白质变性会释放大量水分，如肉，可能释放出自身重量30%～50%的水分。有锅气的菜品通常嫩度很好，充分说明了水分是保持在食材内部，而不是被蒸发了。

香，则是高温产生了焦香，容易由美拉德反应、焦糖化反应等原理给出食品化学解释。由于高温时间极为短暂，可以推测不会或极少产生油炸食品的各种有害物质。因此，高温短时的爆炒既获得了油炸食品的部分香气，又没有油炸食品的高温长时导致的品质破坏和有害物质形成，是非常合理的食品加热技术手段。

锅气的形成，热、快是烹饪条件，干、香是结果。锅气这一传统概念，尽管只是烹饪火候控制原理的通俗表达，却精练合理地总结了爆炒的核心技术特征和效果。

4. 中式烹饪的营养优势

从热处理角度看，油炒烹饪，尤其爆炒烹饪是一个高温短时加热过程，能有效提升烹饪品质，保留热敏性营养，其原理与超高温杀菌（UHTS）类似，参见本书 12.5.1 第 2 小节。由本书 8.4.3 节可知，在最优条件下油炒猪肉的维生素 B_1 损失率不超过20%，而由本书 8.5.3 节油炒蒜薹的维生素 C 保持率可达 70%。对于大多数菜品，爆炒应是最能保持热敏性营养的烹饪热处理工艺。

14.2.3 油炒与油炸的区别

为厘清油炒的油脂含量和食品安全问题，笔者团队开展了炒制菜品含油量与重复使用油脂品质劣变研究，探索了火候控制对猪里脊肉含油量和含水量的影响，分析了油脂在油炒过程中渗入食材的细节机理，研究了不同油炒温度下加热至猪里脊肉 $M_{T70℃}$=0.5 min 时的总含油量、表面油脂、结构油脂、表面渗透油脂含量的变化，并建立了油脂重复使用过程中以酸价指标为基础的氧化动力学模型（李杨，2022）。由于研究较晚，内容未收入本书。

1. 油炒和油炸的差异

1）烹饪目的不同

油炒的目的是加热至熟，属于成熟分类中的初熟，而油炸却是在初熟后继续加热，形成焦香、酥脆等新的食用品质，属于初熟之后的后熟。两者的终点成熟值差别很大，油炸的终点成熟值远远大于油炒。

2）热质传递过程不同

油炸的特征是，高温油浴加热后，水分蒸发形成一个脱水壳层，并向内移动。而油炒仅相当于油炸的初期阶段，没有壳层形成。油炒的加热时间通常要比油炸短得多，通常至少要少一个数量级。油炸的加热强度远远高于油炒。本书 11.5 节的研究表明，油炒和油炸的油脂有效扩散速率相差 2～3 个数量级，证明在油炒和油炸时油脂进入食材的速率有本质区别。

3）油炒的含油量远远低于油炸

油炸中壳层形成后，水分蒸发形成多孔状结构，油渗透进入孔隙后导致含油量很高，通常在 20%以上，有时高达 40%～50%。而油炒时内部脱水有限，没有形成吸收油脂的壳层，油脂难以进入；且水分向外强烈蒸发也阻止了油脂的进入。在油炒烹饪后的放置中，油脂会部分渗入食材颗粒，烹后即食则不会出现这个问题。另外，中餐使用筷子作为餐具，也大大减少了油脂的摄入。炒制成熟的肉类的含油量通常在 10%以下。参见本书 11.5 节的研究及文献（程芬，2019；李杨，2022），试验测定结果见图 14-4，成熟点 M=0.5 min。

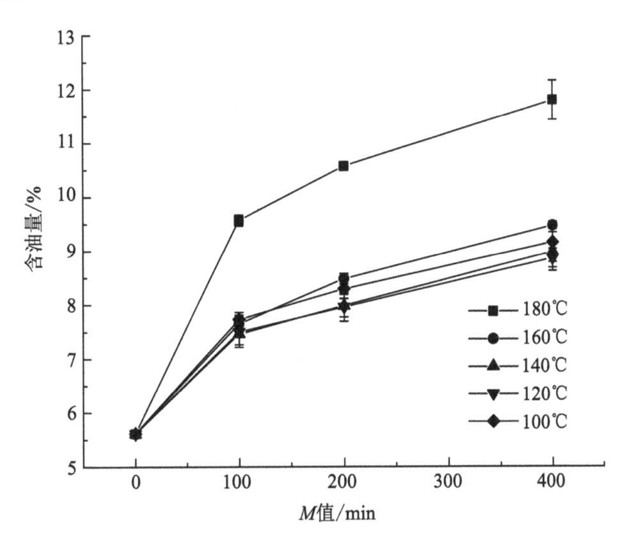

图 14-4　不同 M 值下猪里脊肉的脂肪含量（李杨，2022）

4）烹饪用油的受热情况不同

在高频次商业烹饪中，油炒油和油炸油同样重复使用，经历高温，但油炸油长期处在 140～200℃的高温状态，而油炒油仅在烹饪投料前的升温端短时达到高温，投料后和暂存阶段，温度通常低于 100℃。油炒油的总体加热强度比油炸油低得多。油炒油的安全性问题值得开展深入研究。

5）油炒烹饪重复使用油脂的食品安全性

研究表明，在 180℃重复油炒 150 次猪里脊肉的情况下，大豆油的酸价、过氧化值、羰基价分别为 0.06～1.42 mg/g、0.02～0.05 g/100g、5.41～29.18 meq/kg，各指标均在国标规定范围内（李杨，2022）。其安全性表现远比重复使用油炸油的好。原因很明显，重复使用油炸油持续处于高温下，而油炒油只是在烹饪中短时周期性加热，且不断混入的新油对原有油起到稀释和保护作用。

2. 需要区别油炒与油炸

由上述过程分析和试验数据可知，油炒与油炸有着显著区别。中式烹饪的油炒和爆炒工艺，不但良好地保留了热敏性营养，而且由于高温加热还产生了良好的风味品质。这种高温风味品质实际上与油炸有类似之处，因而既产生了部分油炸风味，品质上又未出现严重的热敏性营养损失、高含油量，其食品安全问题也远少于油炸。

笔者认为将油炒称为 stir-frying 是不妥的，油炒应称为 oil-stir-cooking，以避免对中式烹饪油炒的误解。

14.2.4　中式烹饪的问题和优势

1. 传统中式烹饪的问题和缺陷

中式传统烹饪是千百年来先辈厨师在烹饪实践中发展出来的烹饪技艺系统，长期以来缺少烹饪科学理论支撑，罕有高水平的科学研究和工程应用，核心技术仍处于前工业社会的技术水平，已经不能满足社会发展的需求。中式烹饪，尤其是使用最多的油炒工艺，劳动繁重且中餐厨师需要通过长时间培训和实践操作来积累烹饪经验，在劳动力成本高昂的今天，高厨艺烹饪导致成本不断上升。由于中式烹饪的复杂性，在自动化技术高度发展的今天，仍未有成熟、普适的自动烹饪方案出现。在与洋快餐及各种方便食品的竞争中，中式烹饪常常处于被动局面。

中餐烹饪高水平厨师的比例并不高，通常大多数普通厨师和家庭烹饪的火候控制能力有限，常常严重偏离烹饪最优成熟点及品质优化条件，产生不必要的烹饪过热，从而导致热敏性营养成分损失、能源浪费和食品安全问题。

当前中式烹饪的食品安全研究不足，如中式炒菜油脂重复使用的安全性问题、局部高温的食品安全评价等缺少深入研究。

中餐烹饪的卫生和环保问题也应正视。

2. 传统中式烹饪的优势

1）传统中式烹饪的营养优势

在理性餐饮的时代，饮食的评价标准更加趋向于营养价值评估。典型中餐烹饪工艺——油炒，在合理火候控制下高度符合热处理工艺优化的原则。与烤、煎、炖、煮等其他工艺相比，在保存热敏性成分、易消化上具有显著的优势。中式烹饪通过快速烹饪提升品质的技术倾向，不但体现在爆炒烹饪，同样应用于水传热和汽传热烹饪。例如，在水传热烹饪中的水爆及汽传热烹饪中的大火快蒸（蒸爆），其热处理优化效果与油炒类似。

在中式烹饪的技艺发展过程中，厨师并不懂得需要保护食材中的热敏性营养成分。推测他们是为了保持食材中的水分，即通过保持菜品的多汁度来优化烹饪工艺，而多汁度是可以感知的，从而创造了各种符合热处理优化原理的烹饪技法。由于各种品质在优化中的协同性，食品中的水分损失的规律与热敏性成分保持规律是一致的，发展出来的很多烹饪技艺十分有利于保持热敏性营养成分。

传统中式烹饪的另一个营养学优势是使用食材种类极多，满足了人类的杂食性需求。在世界的各种饮食烹饪方式中，中式烹饪使用食材种类最多。在中式烹饪传统中，对陌生食材持开放性态度，中西饮食交流以来，中餐烹饪大量采用来源于西方的食材，如用啤酒烹饪啤酒鸭等各式菜肴。中式烹饪中对不同食材分别控制火候，也使得所有食材的热敏性营养都得到最大保持。从餐饮大数据得到的最常点餐的 20 种油炒菜品的食材组成分析可见，近 50%的炒菜都是动物性食材与植物性食材的组合。见表 14-1。

表 14-1　最常见炒菜的食材组成

序号	油炒菜菜品名	动物性食材+植物性食材	动物性食材	植物性食材	序号	油炒菜菜品名	动物性食材+植物性食材	动物性食材	植物性食材
1	鱼香肉丝	√			11	干煸四季豆			√
2	酸辣/尖椒土豆丝			√	12	番茄炒鸡蛋	√		
3	手撕/辣炒包菜			√	13	蒜蓉油麦菜/青菜			√
4	小炒/干锅有机花菜			√	14	地三鲜			√
5	宫保/酱爆鸡丁	√			15	青椒/芹菜肉丝	√		
6	农家/尖椒小炒肉	√			16	肉炒千页豆腐	√		
7	麻婆豆腐			√	17	炒肝尖		√	
8	回锅肉		√		18	醋熘/酸辣白菜			√
9	尖椒/韭菜/剁椒鸡蛋	√			19	尖椒肥肠	√		
10	红烧/鱼香/肉末茄子	√			20	辣子鸡丁		√	

中式烹饪中有“食不厌精，脍不厌细”的传统，食材通常精细切割，便于咀嚼，也有利于人体消化吸收。

2）中式烹饪的效率优势

在商业烹饪中，烹饪效率非常重要。由于就餐时间是固定且有限的，单位时间烹饪产出菜品越多，利润越高。手工烹饪是否有必要改造成自动烹饪，是否满足商业应用所需要的效率是其基础条件，过低效率的自动烹饪产业意义有限。中式油炒烹饪通过精细切割、预热多量油脂到高温后大火加热、翻锅强烈搅拌使得烹饪速度极快，很多菜肴的烹饪时间在数秒到十秒级。快速烹饪不但得到最优烹饪品质，而且具有烹饪效率高的特点。一旦油炒烹饪实现了自动化，将具有良好的商业应用前景。

3）中式烹饪的卫生优势

在油炒和爆炒烹饪中，较高的温度实现了消毒杀菌，即使食材的卫生水平不够理想，也能保证基本的食品安全。中国古代医疗水平较低，一次肠道感染即可致命，油炒形成的消毒杀菌效果是很有价值的。

在现代，高温烹饪杀菌也具有食品安全技术优势，而良好的中式油炒烹饪技艺能与西餐冷食一样起到保留热敏性维生素的营养作用。西方多习惯生食蔬菜沙拉这样的生鲜食品来保证维生素的摄入，而生食未经加热容易被致病菌感染，卫生要求极高。

对中式烹饪的另一负面评价是中餐食品安全卫生差。传统中餐烹饪后厨卫生较差、产生油烟、使用食盐较多也被普遍诟病。虽然对中式烹饪的一些负面评价是缺少科学依据的个人偏见，但后厨卫生条件较差、产生油烟、使用食盐较多等问题，也是真实存在的，需要认真面对。

4）总结

全世界各民族中，只有中国人发明并大规模应用了油炒烹饪技艺。油炒烹饪能够带来的品质和营养优势并非是显而易见的，其技术本身也具有相当的复杂性。先辈们在遥远的古代发明创造了这样的技艺，是跨越时代且意义非凡的。笔者推测中国人拥有高智商、强耐力等特质很可能与油炒烹饪有关，因为爆炒能让我们摄入更多的营养，更多的维生素 B_1、维生素 C 这样的热敏性成分。

以现代科学论证了中式烹饪复杂技艺中的合理性后，我们不禁要惊叹：神乎其技！中式烹饪中深深蕴藏着先辈的智慧和敏锐、探索与创新精神。烹饪是祖先留给我们的巨大遗产。中国人创造了中式烹饪，中式烹饪也塑造了中国人民，塑造了我们的生理和精神特质，也让我们成为全世界最注重饮食、最愿意为饮食消耗时间和精力的民族。我们有什么理由不继承好这个遗产，并以现代科技去发扬光大呢？！

14.3　中国烹饪的未来展望

14.3.1　中国烹饪的发展方向

1. 保持传统的同时实现现代化

笔者在本书“前言——人类需要什么样的饮食”中提出，未来人类的饮食应满足：第一，能够以合理的数量和质量满足人类作为杂食者的生物需要；第二，能够继承传统饮食的烹饪方式和社会功能，并促进其进一步丰富和发展；第三，将人和土地、环境、物种联系起来，实现食材安全及环境的可追溯，提供可靠的选择依据；第四，用现代化的方式而不是手工的、小农的方式实现上述三条。

由于中国在 1～2 代人的时间内完成了工业化，当前的家庭烹饪和中餐馆仍然是中国人摄入食物的主要来源，中国饮食传统总体上得到较好的保持。西方饮食产业的资本化、规模化、标准化在很大程度上背离了人们的生物性需要和社会性需要，中国的饮食产业决不能亦步亦趋，应该继承中国优良饮食传统，走一条与西方不同的发展道路。

当前，西式快餐、大规模连锁餐饮、各种工业食品仍然在快速侵蚀中国的传统烹饪和饮食方式，通过各种商业活动进行食育，改变我们后代的口味和饮食方式。这些规模化、标准化的食品生产方式在资本追求利润的压力下，为降低成本，一定会大规模生产利润高、需求大的少量食品品种，采用成本最低的大宗食品原料。这正是西方工业化以来饮食行业的发展道路。这一发展方向会减少国民食物摄入的丰富性，有悖于人类的杂食需要，并偏离中国几千年的饮食文化传统。

保持中国传统烹饪方式的同时实现餐饮现代化是一条艰难的道路。走通这条路，需要技术创新，更需要烹饪科学的基础研究，同时还需要资本、产业和技术的共同努力及政府的政策引导。这是中国人在饮食上的中国梦，它将惠及子孙后代，值得吾侪为此努力。

2. 发展分布式食品加工

炒菜在国民摄入的全部食物中的产值占比最高，是中式餐饮的核心和灵魂。目前在商业及家庭餐饮中，从原料到产品仍然高度依赖手工操作。

手工操作烹饪导致以下问题：餐饮业劳动力成本高，成为餐饮业的发展瓶颈；品质依赖于口传心授的手工技艺，无法标准化，阻碍了以炒菜为核心的餐企品牌扩张；在人群密集的商业区域需要占据较大的烹饪食材加工场地面积，提高了经营成本；零星采购烹饪食材，导致成本高，品质不稳定，安全难保障；人均烹饪家务劳动时间 0.5～1 h，在家务劳动中占比最高；手工操作无法数字化，信息传递不畅，很难与线上商业模式深度衔接；餐饮准备与消费需求之间缺少交流导致低效率、高成本，出现顾客等待、点不到需要的菜、备料浪费等行业普遍存在的问题。重要的是，这种手工生产方式很难与现代食品加工业竞争，年轻一代人越来越不愿意和不会做饭，形成了逐渐严重的中式烹饪继承和发展的危机。

因此，我们需要建立一种新的餐饮模式，改变当前原料—中央厨房粗加工食材—物流—连锁餐饮/团膳烹饪的主流商业模式，以及前工业时代水平的农产品—农贸市场—家庭/餐厅烹饪的传统模式，转变为原料—中央厨房加工自动烹饪专用食材组合—物流配送—终端自动烹饪机器人—分布式的就近智能自动烹饪，以满足新时代的饮食需求。新的餐饮生产模式可称其为分布式食品加工。

14.3.2　未来的分布式食品加工

1. 分布式食品加工的产业模式

如图 14-5 所示，分布式食品加工的构成如下：由农业企业（business4, B4 方）完成烹饪食材的种植养殖生产；通过集中采购进入净菜企业/中央厨房（business3,

B3 方），在此按照自动烹饪的技术标准加工成能够烹饪一个菜肴的食材组合；由物流企业（business2, B2 方）通过冷链配送到烹饪现场；由餐饮企业（business1, B1 方）提供手工烹饪厨艺并由智能烹饪服务平台公司（business5, B5 方）转变为自动烹饪程序，经营运行现场自动烹饪，现场包括家庭、团餐、社区便利店、快餐企业、团餐企业等各种餐饮场合；上述产业链的订餐需求信息和消费支付主要来源于（customer, C 方）用户的 APP 下单，少量来源于现场点餐；而烹饪机器人智能烹饪服务平台公司（B5 方）负责将用户信息组合处理向各 B 方分发，提供自动烹饪技术、设备和标准，并完成产业链资金（店面点餐为辅）结算。平台需要提供烹饪订单信息技术标准、物流信息技术标准、烹饪设备电子菜谱维护服务、消费者个性服务、大数据技术处理服务和结算服务。通过这个平台组织整个烹饪产业流程所需的物质流、信息流和现金流。

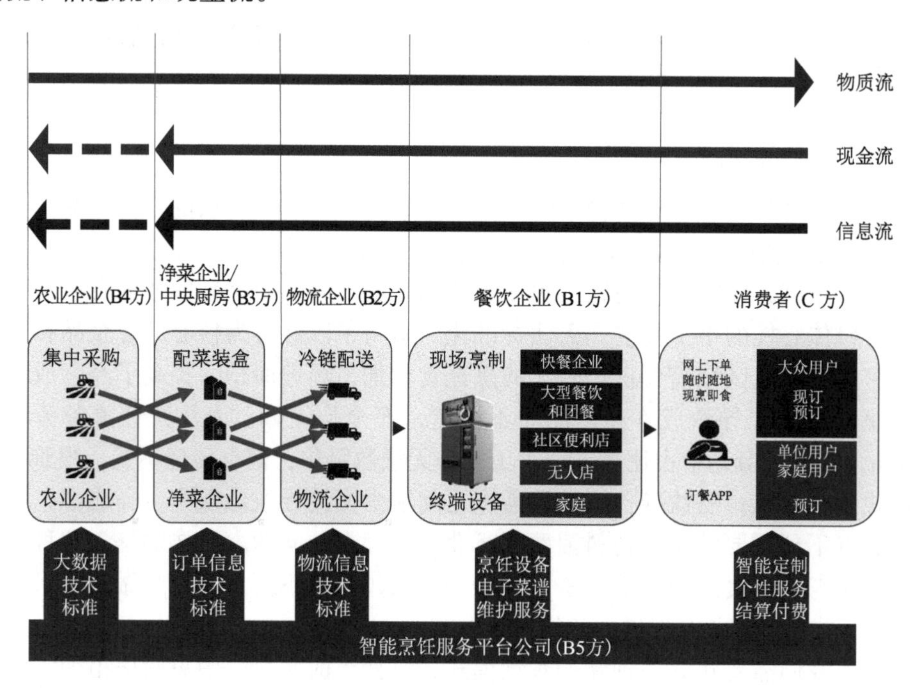

图 14-5　分布式食品加工产业模式

分布式食品加工的构成具有以下特征。

（1）分布性：B1 方及 B2～B5 方之间对 C 方的服务是分布性的，是可选择的网状交互供应与服务，不但符合商业原理，还有利于饮食的可选择性与多样性。

（2）即时性：信息即时传递，使得食材准备精准、及时，保证食材的新鲜卫生，避免浪费；通过区块链技术可以实现多方实时结算，保障各方利益，产业链运行流畅。

（3）个性化：订餐 APP 可以向用户提供菜单选择，并实现口味、健康、地点等个性定制服务。

（4）通用性：核心的自动烹饪设备具有通用性，能广谱烹饪大多数种类的菜肴，具有地域、菜系、场地的适应性。

（5）信息性：智能烹饪产业链依赖线上信息传递。利用第五代移动通信技术（5G）可以实现食材产地、食材种养殖环境、食品安全信息的可追溯，给消费者提供了选择的权利，也使消费者和产业链形成密切联系。食材的产业链将形成具有未来中式烹饪优势的物联网。

（6）扩展性：自动烹饪的电子菜谱可自动快速录制，并可由消费者不限地域自由选择。厨师可通过厨艺交易受益，不再受限于沉重的手工作业而专注于厨艺研发，自动烹饪的菜品也可无限扩展。

（7）便利性：消费者可在住宅、办公楼、社区、便利店、快餐店、交通工具上就近用餐，具有无限便利性。

家用和商用的自动烹饪应用流程参见图 14-6 及图 14-7。

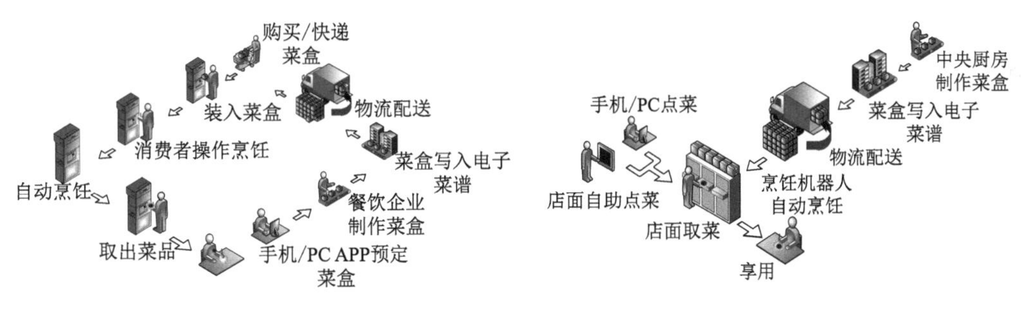

图 14-6　家用自动烹饪示意

图 14-7　商用自动烹饪示意

2. 分布式食品加工需要解决的问题

分布式食品加工需要以下技术的支持：自动烹饪技术、互联网技术、区块链技术、物联网技术、5G 技术、冷链物流技术、数据库/大数据技术。目前，除了自动烹饪技术，其他各项技术在我国均已发展成熟。

14.3.3　中式烹饪的自动化

1. 自动烹饪需要解决的问题

本书 9.7 节已经对自动烹饪的火候控制、烹饪自动化、火候控制方式等开展了讨论。要实现中式烹饪的自动化，必须解决以下技术问题。

（1）能完成模拟手工烹饪动作的机构设计和自动控制。

（2）编制菜肴的电子菜谱，即将手工烹饪动作转变为自动烹饪程序。为适应中式烹饪的地域性、多样性，电子菜谱的编制还应该快速、自动、智能。

（3）建立自动烹饪与产业链衔接形式，即由净菜企业/中央厨房生产加工一个菜肴的原料食材组合，目前较多使用的是分格菜盒。这种菜盒既便于快速自动装填，又便于自动烹饪装机应用。

（4）产业链运作所需信息技术和资金结算技术，当前我国相关技术处于领先地位，技术成熟。

2. 中式烹饪自动化软硬件实现

1）烹饪操作的机构实现

烹饪操作分析表明，烹饪包括以下烹饪动作的部分或全部以串联或/和并联形式的组合。

投料：向烹饪容器投入物料。

出料装盘：将烹饪物料排出并装盘。

加热：加热容器中的物料。

搅拌：搅拌容器中的物料。

翻转：翻转容器中的物料。

周转物料：将烹饪容器中的物料转入周转容器，再次转入烹饪容器。

分散：让聚结的烹饪食材分散。

刮铲：物料烹饪过程中刮铲物料。

加粉料：向烹饪容器加入粉状调料。

加液：向烹饪容器中注入各种液体，包括上浆液、蛋液和酱料。

热油循环：热油回收、去杂、加热处理及循环使用。

固液分离：分离固液混合烹饪食材中的固相与液相，保留其中一相。

清洗：洗净烹饪设备所有与食品物料接触和可能对食物形成污染的表面，需要建立一套就地清洗（cleaning in place，CIP）系统。

排废：废渣、废水和油烟的排出和处理。

2）烹饪自动控制的实现

第 9 章分析讨论了烹饪的控制特征和火候控制原理，而建立电子菜谱-自动控制总体流程及各个机构分别控制的方式是烹饪自动控制的关键。在把握原理后，以国内现有自控技术水平完成控制流程所需软硬件不存在技术难度。

烹饪工程不是本书的主旨，故不在此深入讨论。

14.3.4　中国烹饪现代化的意义

1. 产业带动

有识之士很早就预见到烹饪产业对国民经济和社会发展的巨大影响。早在 1994 年，中国科学院及工程院院士钱学森就预测：“快餐业就是烹饪业的工业化，把古老的烹饪操作用现代科学技术和经营管理技术变为像工业生产那样组织起来，形成烹饪产业，这是一场人类历史上的革命！犹如出现于 18 世纪末西欧的工业革命，用机器和机械动力取代了手工人力操作”（涂元季，2007）。这是对餐饮业产业化发展方向和重大意义的高度概括。

2019 年，全国规模以上餐饮行业总营收达到 4.7 万亿元，如包括家庭和小规模餐饮，产值应远超 10 万亿元。其中，中餐炒菜约占 62%。全国至少有 500 万家餐饮门店，3.5 亿户家庭，约 600 万厨师和厨工，国外有 60 万家中餐厅（仅美国有约 6 万家）。因此，烹饪现代化（尤其自动烹饪）快速发展后，可全面、深度带动国民经济。对于第二产业，家用和商用自动烹饪机量产后可形成规模巨大的新兴家电和装备产业，其规模预测会以千亿计；对于第一产业，烹饪现代化会使餐饮原料标准化，形成农业大数据，推动种养殖业产业化，并将促进农业信息化、集中化、产业化、订单化，从而推进农牧渔业获得高效快速发展，从根本上解决农产品价格无序波动的问题；对于第三产业，可形成新的餐饮产业链，拉动上下游行业发展，产生大量的专业性烹饪食材供应企业、冷链物流业、配送服务业、智能烹饪企业，产生大量新的就业机会，促进餐饮服务业的智能化、自动化。

当今，大部分中国烹饪还处于自然经济状态，即农田-农贸农场-烹饪消费，全过程未进入国家经济管理，不能形成产值和税收，难以进行食品安全管理。这部分自然经济状态下的烹饪消费，有着相当大的规模。自动烹饪的充分发展，将自然经济状态下的烹饪供应-消费链升级为现代产业，对经济增长有巨大促进作用。

2. 有益民生，推动生活进步

中国国民通过菜市场零星购买烹饪食材，从事繁杂的烹饪食材购买处理和烹饪劳动，平均每天花费 1 h（刘爱玲等，2007）。家用自动烹饪设备及其服务体系能够完全免除用户的原料摘拣、清洗、切割，以及烹饪、锅具清洗等一系列家务劳动，是所有家电中节约家务劳动最多的一种，使得人们有更多的时间从事其他活动，推动生活进步。

随着中式自动烹饪产业规模的扩大，自动烹饪食材的生产必定会规模更大、分工更细，会出现烹饪食材中单一品种的大规模加工，从而形成大规模的单一品种食材采购，会显著导致烹饪产品成本的降低，从而降低居民生活成本，提高生活水平。

商业烹饪的自动化将给人们的家庭外就餐带来更卫生、更廉价、更便捷的服务。网络订餐、菜肴个性化订制、店面的人机交互订餐都成为可能。

3. 绿色环保

当前一家一户的烹饪食材购买处理模式，导致食材利用率低、清洗耗水量大、三废排放高、能耗高等一系列环保问题。

厨余垃圾数量在垃圾中占有很大比例。2019 年，我国城市生活垃圾产量约为 2.23 亿 t，处置量约为 2.22 亿 t，其中厨余垃圾占到 59%，给环境保护带来巨大成本和压力。按照 2010 年环境保护部《生活垃圾处理技术指南》，“减量化、资源化、无害化”是生活垃圾处理的基本原则。自动烹饪模式应用后，厨余垃圾在中央厨房即可得到集中处理，一方面减少了生鲜产品的损耗，充分利用原料，另一方面，将废物通过配送自动烹饪食材的物流回收厨余垃圾，以进行集中无害化处理，大幅地减少居民生活垃圾的产生，极大地减轻环保压力，改善我国的城市环境。

烹饪废弃物种类繁杂，混杂于其他的垃圾之中，难以处理。当自动烹饪规模化后，烹饪食材处理相应也将规模化，可以规模化处理单一种类的各种烹饪废弃物，对废物综合利用十分有利。

当前运入城市的烹饪食材的利用率较低，而自动烹饪食材处理的中央厨房企业可建立在城市之外，尤其是食材出产地，加工后运入城市的部分食用比例极高，从而大幅度降低烹饪食材运入城市的物流费用。在城市化快速发展、城市人口大幅度增加的今天，意义重大。

城市内一家一户日复一日对烹饪食材的清洗耗水量惊人，而食材集中处理后可以大量节约用水，有利于水资源的保护，减少有机污水的排放。

手工烹饪能耗较高，占家庭能耗的 30%～50%。日常烹饪能量利用率仅 20%～30%，而家庭烹饪自动化后能够节约 50%～80%烹饪能耗，且由使用化石燃料转为用电，符合国家能源战略。

4. 增进食品安全

当前我国居民通过菜市场/超市的零星采购后自行烹饪，这种传统的消费形式将导致食品安全监控难度大，食品安全检测成本高。

当自动烹饪得到规模应用后，可大幅度提高我国烹饪食材的安全控制水平。首先，由于集中提供自动烹饪食材，针对生产企业容易开展食品安全监控；其次，由于烹饪食材的单一品种加工量大，安全监控成本较低；最后，由于自动烹饪容易实现烹饪食材的信息化，食材物流全程可控，通过 5G 技术和区块链技术可实现食物全程可追溯，从而提高食品安全控制水平。

5. 弘扬中国传统饮食文化

中华饮食技艺及文化源远流长，在世界上享有很高的声誉，是先进农耕文化的代表，其合理性、丰富性、科学性推动了中华民族的壮大和发展。近代中国在科学技术经济文化等诸多方面曾相形黯然，但中华饮食文化依然熠熠生辉，享誉世界（李里特，2005）。

自动烹饪将使中国传统烹饪摆脱手工操作的手工劳动方式，融入自动化、智能化的时代大潮。自动烹饪可以通过商业模式设计让菜品的创新者通过电子菜谱抽成获得利益，从而推动中式烹饪菜系菜品的繁荣发展。中国餐饮的国际化是国家“走出去”战略的重要组成部分，也是我国餐饮业发展的重要方向。商用自动烹饪必将走出国门，让中国传统烹饪以高科技的设备，先进的商业模式，展示中国烹饪的全新形象，发扬中国的传统饮食文化。优秀的中餐烹饪也会成为世界各国人民的福祉。

烹饪的现代化不仅是提高国民生活水平的需要、增强国民身体素质的迫切需要、农业产业化发展的迫切需要，也对振奋民族精神，实现中华民族伟大复兴具有积极意义。

6. 烹饪自动化的社会意义的负面作用和总体评价

毋庸讳言，当烹饪自动化普及到一定程度，会产生一定的负面效应。

首先，会对厨师的就业造成一定的消极影响，但自动烹饪并不与手工烹饪完全矛盾，即使自动烹饪充分发展，手工的家庭烹饪和商业烹饪仍将长期共存，因为一些需要复杂手工完成的烹饪菜品，可能是自动烹饪设备所无法实现的。未来的趋势是，一部分技艺普通的厨师可能转向自动烹饪产业，如做自动烹饪所必需的食材鉴定师，而高技能厨师则创新烹饪技艺，为自动烹饪提供菜谱资源。

其次，一些传统烹饪食品文化，如饮食习俗，可能会受到自动烹饪的冲击。中华民族是一个崇拜祖先、尊重传统的民族，相信可以让传统饮食习惯以合理的形式保留，同时培养出自动烹饪时代的新饮食习俗。

最后，自动烹饪出现后，传统食品加工方式有了重大变化，会出现更多的烹饪前处理和烹饪后处理，可能产生一些新的食品安全问题。只要充分重视食品安全，对可能出现的问题有预见，针对性地开展相关研究，自动烹饪的食品安全问题是可以避免的。

综合本节的讨论，烹饪现代化、自动化显然是利远远大于弊，其积极作用极为巨大，而负面效应可以克服。

14.4　未来的烹饪科学

14.4.1　烹饪科学应成为中国食品科学的主流研究方向之一

现代食品工业的发展建立在西方食品科学的科学原理发展的基础之上，而烹饪科学原理的进步将为烹饪产业的发展奠定坚实的基础，并且可能走出与当前食品工业不同的发展路线。

近年来中国食品加工业高速发展的势头已渐趋平缓，一些食品公司甚至出现负增长，而预制菜、中央厨房、连锁餐饮等烹饪相关产业却高速发展。究其原因，消费者更愿意食用烹饪食品而不是工业食品。当前，烹饪仍是我们摄入食物的主要来源，烹饪科学研究理应成为我国食品科学研究的主流。

我们基于近二十年的理论探索与试验研究，通过心理物理学、感官评价、过程原理、最优化原理给出了烹饪过程和品质形成的细节数学表征，并以此开展了应用研究，给出了烹饪分类，基本证明了烹饪科学有着独特的原理基础，并初步构建了学科框架。

14.4.2　烹饪科学还有大量研究空白

本书在第 1 章中对烹饪科学的概念和范畴、研究内容、方法论和研究体系已进行了讨论。本书也对烹饪的成熟、热质传递、火候、试验手段、烹饪的前后处理等开展了研究，构建了成熟值理论，但这些研究仅仅是一个长期发展过程的开端。烹饪科学研究领域广泛，也不仅限于烹饪过程的原理研究，应更进一步，开展烹饪科学的应用研究，将烹饪科学应用到烹饪工程，促进烹饪产业的发展。

在此预测当前烹饪科学需要开展的研究方向如下。

（1）成熟值理论仍属于初创，仍存在大量需要探索研究的原理性问题。例如，对成熟主观判断和生理响应的机理研究、主观成熟动力学与客观成熟动力学差异的研究、成熟测量的误差形成分析与控制、对蒸的传递过程原理和火候控制研究等。

（2）成熟值理论应用研究具有广阔的前景。虽然已经建立了成熟值理论，但是大量烹饪食材的成熟值需要测定，主要烹饪方式的传热过程原理和火候控制研究也应进一步深入。品种丰富是中式烹饪的显著特征。按常规食品科学研究方法对单一烹饪菜品开展大量和深入的细节研究，研究成本高且意义有限。有必要建立有广泛实用性的、高效的研究范式，而成熟值理论的底层性、通用性给烹饪应用研究提供了有力的手段。由于成熟值理论包含了动力学和传热学，与烹饪工程之间存在着内在的结合点，为成熟过程控制、烹饪品质优化提供了原理基础。在烹饪产业快速工程化的今天，这一原理基础能够为自动烹饪给出设计目标和技术原则。

（3）烹饪成熟和人类生理的关系是非常值得探索的研究方向。本书已证实，多数食材，尤其是快速成熟的食材，存在一个清晰的成熟点。这个成熟点是人类食用加热食品几十万年而形成的，可以推断，人类的消化-代谢系统对食品加热产生了适应性进化。人类为什么不选择更生一些或更熟一些的加热程度作为成熟标准，一定有着生理上的深层次的原因！加热成熟点上的食品是否有共性分子特征，是什么？成熟点的选择是微生物原因（肉类成熟正好超过致病菌消毒条件）还是营养原因？人类的消化系统/营养代谢和成熟点选择有何关系？人类对成熟的选择是出于本能还是后天食育，能否找到其基因表征？这一系列问题值得我们深入探索研究。

（4）应开展烹饪对国民安全与健康影响的研究。随着生活水平的提高，国民日益关注健康安全。笔者在文献检索中发现，对工业食品的国民安全与健康研究较多，而对烹饪食品的安全研究数量极少。作为主要食物摄入形式的烹饪对国民健康安全影响最大，还有很多没有科学依据的烹饪与健康安全的推测臆想，甚至一些伪科学观点也大行其道。希望人类营养及食品安全领域的食品科学工作者重视烹饪，以民为本，在烹饪领域发力，开展研究。

（5）成熟值理论建立了成熟值测定的方法，由于成熟值和特定人群存在关联，给饮食人类学和饮食文化研究提供了特别的定量研究手段。

14.4.3　烹饪科学是中国的也是世界的

食品冷加工可以保护食品的热敏性营养，近年该领域的科学研究和工程应用发展迅猛，但是人类的主要食物，如谷物、肉类、多数蔬菜等都必须加热后食用。因为只有加热才能使食物产生人类需要的可消化性及风味，这是人类与烹饪几十万年来相互适应的结果。因此，烹饪科学研究有着世界意义。烹饪科学适用于中式烹饪，也适用于世界各地的烹饪。烹饪不但是中国的，也是世界的。

参 考 文 献

程芬. 2019. 烹饪火候控制及后处理对食品食用品质的影响. 贵阳: 贵州大学

李里特. 2005. 弘扬中华食文化振兴农业和食品产业. 中国食物与营养, 9: 4-7

李杨. 2022. 烹饪火候控制及后处理对食品食用品质的影响. 贵阳: 贵州大学

刘爱玲, 崔朝辉, 胡小琪, 等. 2007. 中国成年人家务劳动现状.中国慢性病预防与控制, 2: 84-87

涂元季. 2007. 钱学森书信. 北京: 国防工业出版社

Barbut G S, Mittal S. 2010. Effect of heating rate on meat batter stability, texture and gelation. Journal of Food Science, 55(2): 334-337

跋

20 世纪 80 年代，笔者还是无锡轻工业学院食品工程专业的一个本科生时，多门课程都讲述食品加热会导致热敏性维生素的损失而导致摄入不足。笔者却心存疑问，烹饪热食是笔者和周围许多人长期、主要的餐食形式，其中很大一部分食物是高温炒制的，但并未发生显著的热敏性维生素不足。这是为什么呢？是否和烹饪方式有关呢？这个疑问是笔者研究烹饪科学的肇始。只是没有想到，近 40 年后才得到这个问题的解答。

笔者的博士论文研究起源于 2001 年的 FUHT 杀菌方法构想，想解决烹饪食品的长架寿保藏问题。但研究的难度、深度远远超过笔者当时的能力和知识水平。笔者不得不系统学习食品热处理——这个领域可能是我国食品科学各个子领域中最为薄弱的。从 1922 年 Ball 构建杀菌学理论，到 20 世纪 90 年代后发展起来的热处理数值模拟——这一领域的学术发展过程少见于中文文献。幸而继承了原中央大学食品科学文献的江南大学图书馆有完整的、系统化的英文资料——工程原理文献的时效通常很长。在了解了学术背景后，就是无法绕过的理论学习。数学物理方程、数值分析、泛函变分、过程模拟、MATLAB 编程及 ANSYS 等 CFD 软件的自学耗费了很多精力。当在耗时 3 年研发的 FUHT 杀菌原理验证设备上跑出的中心温度时间曲线与笔者 2 年前模拟预测的曲线几乎完全重合后，笔者对科学、理论与工程有了新的认识。

博士毕业时，笔者面临着艰难的选择：是用掌握的独具特色和高应用价值的知识去走常规的学术发展道路或到大公司任职，还是迎接内心深处存在已久的挑战——解决烹饪原理问题？笔者深知当时的学术环境对烹饪研究并不友好，国内多数高水平食品学术期刊拒发有关烹饪的论文。2005 年 11 月的瓜洲古渡过江诗代表了笔者当时的心情（为购买 FUHTS 设备部件，午夜从制造地扬州回无锡时所作）：

羁旅曷云倦，
艰苦迄未休。
所经不足羡，
底事平生酬。
风冷古道急，
情迈两襟收。
灯黯江愈阔，
月照渡瓜洲。

7 年的工作后——包括在茫然中长时间的原理摸索，为这个消耗巨大的研究寻求必需的经费，克服工作生活变动、身体病痛导致的艰难困苦，终于在 2013 年同时投稿并发表了近 4 万字的烹饪研究系列论文，给出成熟和火候的数学描述，形成了成熟值理论的雏形。随后的验证试验研究和理论分析基本证实了理论的合理性。而完成烹饪过程的数值模拟更为坎坷，前后持续 10 多年才基本解决。同时还为持续开发研究所必需的专用传热学和动力学参数采集系统、TTIs、烹饪模拟平台等一系列专用实验装置付出了很大代价。

2009 年初秋，笔者在烹饪研究初有心得时希望写一部关于烹饪热处理的书。当时的想法非常简单，内容仅考虑为以现代食品热处理原理和方法对烹饪过程开展系统性研究与分析。初拟书名为《烹饪过程原理》。但随着研究深入，发现烹饪成熟主客观关系的复杂性。伴随着数据的积累和认识的提升，尤其是为撰写此书而开展的关于饮食哲学、烹饪史、科学等方面的广泛阅读，逐渐意识到烹饪研究实际上触及了食品科学的最底层。烹饪成熟-传热问题应是食品科学的基础问题，其原理主线是烹饪所独有的、特征鲜明的、可以自成体系的。因此在申报 2020 年国家科学技术学术著作出版基金时将书名改为《烹饪科学原理》。书稿经过了 5 次大的结构性变动，从最初的 8 章调整为 14 章。伴随着写作过程，本书的一些基本概念、核心原理、关键逻辑不断演进成熟。关于成熟值公式的心理物理学-动力学演绎推导就是在 2021 年才完成的。

撰写此书时明显感觉到表述上的困难。食品热处理原理在西方食品科学中地位较高，却不为中国的食品专业人员所熟知，且其中的很多理论、概念、方法比较抽象，涉及较多的数学知识，逻辑性强。为此，书中或专门或穿插，相对系统地表述了有关基础理论，适量进行文献回顾，力求系统、严谨，便于读者理解。由于成熟值理论的假设-验证性质，因此比较多地给出了研究细节，目的是让读者由研究方法和数据独立判断结论的合理性和可靠性。FUHT 杀菌原理则是攻读博士期间的工作成果，其传热学和动力学原理都与烹饪热处理一意贯穿，是一种烹饪后处理工艺，因此将它作为本书的一章。由于整个研究历时 20 年，理论和方法不断演进，书中内容无法按时间排序，前后可能存在不一致，请读者详察、谅解，并注意引用文献的年代差异。

书中的不少理论、方法、软件、硬件是从空白中创建。除了参考西方食品热处理文献以外，很难找到直接研究基础及参照，也缺少复杂研究所需要的学术讨论和交流，研究团队和物质条件并无优势，甚至可以说存在先天不足。为应对这一局面，研究尽量从原理根本做起，努力保证核心原理的可靠、严谨；关键试验多角度、多材料开展重复试验；理论、数值分析和试验相互印证。核心原理和方法经历了长时间的思索-试验-验证，在过程中不断修正。但限于研究条件，很多地方仍不尽如人意。即使研究结果和数据不够理想，在书中仍如实展现。相信读者会对研究的合理性及水平给出自己的判断。笔者诚挚欢迎一切有依据的指正、评论和批判。

本书的一个缺陷是缺少对蒸的研究。虽然蒸的过程明显比炒简单，但却是中国烹饪两种代表性技法之一。目前笔者团队正在开展对蒸的一系列研究。但是已经来不及写入本书了，只能付之阙如，容后弥补。

由于形成基本学科框架后才能整体把握核心原理，因此研究中没有纠缠在某一个研究点上，也没有消耗精力发论文，而是整体推进，全面等深度开展研究。限于笔者的能力和精力，很多研究仍不够深入细致，导致本书展现的理论及验证仍然粗糙，写作也还有大量可改进之处，一定存在笔者未能察觉的各种不足。笔者的想法是，与其耗时耗力将本书精细化，还不如将较为粗糙的内容呈现出来，以引发更多的食品科技工作者研究烹饪，推动烹饪科学的发展，填补这一领域尚存的很多研究空白。笔者随后会将本书部分内容提升为科技论文发表，以弥补本书的不足，有兴趣的读者可以跟踪阅读本人此后发表的相关论文。由于烹饪食品在国民摄入食品中占比最大，烹饪研究理应成为中国食品科学的主流。一定会有更多的能力远超笔者的学者做出水平远超笔者的研究成果。

笔者从 2009 年起开始系统阅读自动烹饪相关专利，在 2011～2013 年提出了以四轴联动机构、物料周转机构、将手工烹饪转变为自动烹饪程序的方法为核心的系统方案，申请了系列发明专利。当时曾和很多大型食品装备企业联系，希望合作开发菜肴自动烹饪机器人，却均未得到积极响应，不得已的情况下只能自己组织团队开展研发。幸运的是，经过团队 10 年的艰苦奋斗，1∶1 复制手工厨艺的菜肴烹饪机器人已经开发完成，能够实现无人值守连续烹饪高品质中式菜肴。其中积累的理论、机构、自控、数据、方法和商业模式设计，将在笔者的下一部书《烹饪工程原理》中表述。

多年来，日常工作占据了笔者几乎全部的工作时间，只能利用夜晚、周末及节日写作，几乎每一个春节都是在高强度的写作中度过，其中艰辛，不遑暇及。此时，笔者感激西方开创和丰富了传热学、动力学、心理物理学和食品热处理等学科的先贤，感激塑造了中国传统饮食智慧的哲人，但更要感激的是那些以惊人的敏锐创造了最优烹饪方法和火候控制技艺的古代中国厨师们，正是这些不知名的先辈为笔者的研究提供了关键研究对象和概念启发。

成书之际，感慨纷纭，诗以志：

一声轻吁跋旧卷，
春雨秋霜二十年。
精妙微纤承古问，
谨严邃密忝西贤。
煎销心血及鼎镬，
自许质诚与轩辕。
祖德大哉浩浩者，
愚衷微矣休休焉。

二〇二一年五月十日于无锡梅园

致　谢

感恩我的父亲邓炯、母亲杨毓明，是他们给我示范和指引了人生道路，教给我克己、忠恕、忍耐、奉公、爱国、爱学生的做人原则，我才能为这部书坚持二十年。母亲和父亲在此书垂成之际去世，给我留下深深的伤痛。

感谢贵州大学校长宋宝安院士对本书的指导和申请国家科学技术学术著作出版基金的推荐。感谢贵州大学酿酒与食品工程学院（以下简称本院）邱树毅院长、凌琦书记的鼓励和支持。感谢本院秦礼康副院长，他在 2004 年建议以魔芋凝胶作为 TTI 食品模拟物，已被证明非常合理。感谢本院朱秋劲副院长、何腊平教授、胡萍教授和曾雪峰教授，近年来与他们在烹饪领域的合作研究非常愉快，受益匪浅。感谢本院教师李静鹏博士，她与我合作撰写的成熟值研究论文在 FRI 被作为首页论文发表，并为本书的最后定稿校改做了很多工作。感谢贵州大学省部共建公共大数据国家重点实验室算力中心，为研究提供了强大的数值模拟计算平台。贵州大学的学术环境和研究条件是本书完成的重要基础。

感谢母校江南大学的培养。感谢江南大学校长陈卫院士对本书的指导及在百忙中为本书写序。最要感谢的是我的博士生导师、原副校长金征宇院士。正是金老师的激励、宽容及教诲，让我有机会研究 FUHT 杀菌，深入食品热处理领域。本书的第 13 章是在金老师的悉心指导下完成的。金老师给我的学术发展空间，为后面的烹饪研究打下了基础。感谢指导我完成本科食品工程启蒙教育的高福成教授、于秋生老师和陈宏老师。当时我是食工原理课代表，是原无锡轻工业学院最后一批接受原中央大学教授授课的学生之一。多年之后，才体会到数学功底极为深厚的高福成教授对我产生的深刻影响。于秋生老师、陈宏老师也一直关心鼓励我的烹饪研究。感谢原副校长冯骉教授对我的博士论文的评阅指导和他开设的化工过程模拟课程，我旁听了这个对研究生开设的优秀课程，收获很大。感谢原食品学院副院长徐学明教授在博士研究期间给我的支持和申请国家科学技术学术著作出版基金的推荐。感谢我在江南大学工作期间参与指导的研究生高毅、徐林、王金鹏、贺利锋，他们所开展的食品热处理相关研究对本书起到了支持作用。

感谢科学出版社沈力匀编审对本书的项目申报、章节撰写的指导和鼓励。

感谢世界中餐业联合会邢颖会长的指导和鼓励。

感谢浙江大学刘东红教授对本书的指导和申请国家科学技术学术著作出版基金的推荐。

感谢无限极（中国）有限公司，合作开展的锅具研究项目为本书补充了很多有价值的内容。

感谢无锡商业职业技术学院旅游烹饪学院徐桥猛院长、谢强副院长、王黎明博士在传统烹饪研究方面的大力支持。

感谢迈安德集团有限公司徐斌、荣臻等公司领导和高文祥、周二晓等工程师对FUHTS设备研发的支持。

感谢贵阳市新东方烹饪中等职业学校提供烹饪研究条件。

感谢我在贵州大学指导的研究生。他们和我一起承担压力，争取研究经费，一起直面对烹饪研究的偏见和误解，还需要额外完成沉重的理论和软件学习，克服创新研究所带来的各种压力。他们是参加早期研究的周杰、闫勇、李慧超、李文馨、黄德龙、汪孝、崔俊、李双艳、王磊、彭静、程芬同学。汪孝同学因为烹饪热处理优化研究结果不够理想，在完全可以毕业的情况下主动延期。崔俊同学首次以 COMSOL 完成烹饪过程数值模拟，克服了重重困难。后期参加研究的有徐嘉、余冰妍、张宏文、廖小梅、石宇、苏婕妤、万蔚阳、谢乐、赵庭霞、李丽丹、魏瑶、邓夏彬阳、李杨、唐国云、张广涛、许安芸、张熙晨、马秀兰、陈晓青、唐浩、夏旭、丁香、柘光容。后期参加研究的同学或多或少参与了本书繁重的修改整理工作。其中，石宇同学在申报国家学术专著基金工作中、李杨和张熙晨同学在近期的定稿编辑工作中做了很多组织工作。没有直接参加烹饪研究工作的其他研究生杨晓玲、李秋萍、金佳幸、何聪颖同学也间接为本书做出了贡献。107 团队（因在贵州大学南区逸夫楼 107 室工作而取名）是一个勇于克服困难的、团结的、能战斗的团队。感谢这个团队！

感谢国家自然科学基金委员会的资助。尤其 2016 年获得的国内首个有关烹饪的国家自然科学基金项目资助，标志着烹饪研究被科研主流所认可，有着比资金更重要的意义。三个国家自然科学基金项目也为研究提供了重要的资金支持。感谢贵州省科技厅的烹饪研究相关项目资助，使得烹饪研究有了较为充足的经费。

感谢中国南方电网贵州电网公司教授级高工邓朴给予我 MATLAB 软件编程和数值计算上的指导。感谢江苏博立生物制品有限公司肖光焰总工程师对 FUHT 验证设备设计的建议指导，以及提供的 TTI 用耐高温淀粉酶支持。感谢中国轻工业出版社李亦兵副社长提供大量参考书籍资料的支持。感谢武汉轻工大学食品科学与工程学院食品1904 班邓任之同学在书籍编辑整理上的工作。感谢方俊女士的支持。

感谢深圳汉食智能科技有限公司的李军、刘俊峰、贺利锋、闫勇、杨超群等创业伙伴对我撰写本书的支持。

感谢《农业工程学报》期刊的各位编辑，让我获得发表研究成果的宝贵机会。其中一篇论文获得中国精品科技期刊顶尖学术论文领跑者 5000 奖及农业工程学会论文一等奖。与编辑们对关键问题的理论层次的研讨提高了论文水平。

感谢贵州省生产力促进中心原主任赵斌对我的研究事业的鼓励和支持，昨天还发给我学术创业的概念，讨论研究意义。

感谢贵州众创仪云科技有限公司周鹏飞总经理给予的仪器装备方面的支持。

感谢这个时代和这个时代的引领者们，没有二十年来祖国的飞速进步，要完成这些研究是根本不可能的。

感谢所有支持、关心和鼓励我开展烹饪科学研究的人！

二〇二一年五月十日于无锡

附　　录

附录一　符　号　表

A

a——床层单位体积中的颗粒表面积，m^2

a_v——表面积与体积之比，m^{-1}

a_{v0}——初始表面积与体积之比，m^{-1}

A——换热面积，m^2

A_b——床层横截面积，m^2

A_{fa}——流体暴露于空气的面积，m^2

A_{fp}——流体与食材颗粒的接触面积，m^2

A_{ht}——保温管内表面积，m^2

AM_T——平均终点成熟值，min

AM_T'——假设 z_M' 值下平均终点成熟值，min

$\overline{AM_T'}$——所有差异试验成熟样的 AM_T' 值的平均值，min

A_p——食材颗粒表面积，m^2

A_{vf}——容器内壁与流体的接触面积，m^2

A_{vm}——有效加热面积，即容器和食品接触面积，m^2

B

b^*——黄蓝度

B——推算杀菌时间，s

C

c_A——反应物 A 的浓度，mol/dm^3

c_{A0}——成熟品质因子的初始浓度，mol/dm^3

c_p——颗粒的比热容，J/（kg·℃）

c_{pa}——空气的比热容，J/（kg·℃）

c_{pf}——流体比热容，J/（kg·℃）

c_{pl}——饱和水的定压比热容，J/（kg·℃）

c_{po}——油的比热容，J/（kg·℃）

c_{ps}——固体基质的比热容，J/（kg·℃）

c_{pT_1}——蓄热温度下比热容，J/（kg·℃）

c_f——流体的比热容，J/（kg·℃）

C_g——气体的摩尔密度，$kmol/m^3$

CL_t——蒸煮损失，%

CT——σ-z_M'曲线的曲率，℃

CV——选定成熟样的 AM_T'值的变异系数，无量纲

CV_i——第 i 个 z_M 值计算得到的差异条件下的 AM'_T 值的变异系数，min

CV_{i+1}——第 i+1 个 z_M'值计算得到的差异条

c_{pT_2}——放热温度下比热容，J/（kg·℃）

c_{pv}——水蒸气的比热容，J/（kg·℃）

c_{pve}——烹饪容器比热容，J/（kg·℃）

c_{pw}——水的比热容，J/（kg·℃）

C——干基水分含量，kg/kg

件下的多个 AM_T'值的变异系数，min

C_{wl}——取决于加热表面-水组合情况的经验常数

C_∞——平衡水分含量，kg/kg

D

d——无糖干物质浓度，kg/kg 干物质

d_{bc}——燃烧室与容器底的距离，m

d_p——颗粒直径，m

d_{T_1}——蓄热温度下的相对密度，无量纲

d_{T_2}——放热温度下的相对密度，无量纲

d_{tube}——管道管径，m

d_v——颗粒等体积当量直径，m

D——特定温度 T 下某一食品品质因子变化一个对数周期（即变化 90%）所需要的时间，min；有效水分扩散系数，m^2/s

D_{AB}——组分 A 在组分 B 中的传质系数，m^2/s

D_{Aref}——成熟品质因子 A 在参考温度下 D 值，min

D_c——营养成分在 T_0 下的对数递减时间，min

D_g——气体在颗粒中的扩散系数，m^2/s

D_m——微生物在 T_0 下的对数递减时间，min

D_o——油的扩散系数，m^2/s

$D_{o,eff}$——有效油脂扩散率，m^2/s

D_{ref}——参考温度下品质因子对数递减时间，min

D_R——收缩系数，无量纲

D_w——水在颗粒孔隙中扩散系数，m^2/s

$D_{w,eff}$——有效水分扩散率，m^2/s

E

E_{aO}——烹饪过热品质因子反应活化能，kJ/mol

E_{aM}——基于感官评价和心理物理学的烹饪成熟品质因子反应活化能，kJ/mol

$E_{z\omega}^{Simp}$——由温度-时间数组 ω 采用辛普森法积分得到 $F_{z\omega}^{Simp}$的误差

$E_{z\omega}^{Trapz}$——由温度-时间数组 ω 采用梯形法积分得到 $F_{z\omega}^{E_T}$的误差

E_T——温度测量绝对误差，℃

E_{F_z}——由温度测量误差引起的 F_z 值绝对误差，℃

F

F_E——Arrhenius 模型下的等效杀菌时间，min

F_z——D-z 值模型的等效杀菌时间，min

$F_{z\omega}'$——温度-时间数组 ω 计算得到的 F_z 值

$F_{z\omega}^{E_T}$——加入温度绝对误差 E_T 后温度-时间数组 ω 计算得到的 F_z 值，min

G

G——时间 t 时样品中的油脂含量，g/g

G_f——流体的流量，kg/s

G_r'——当油传热达到平衡时的油脂含量比

H

h——对流传热系数，W/（m^2·℃）

h_∞——外壁向空气的对流传热系数，W/（m^2·℃）

h_{fp}——流体与食品颗粒的对流传热系数，W/（m^2·℃）

h_m——表面对流传质系数，m/s

h_{ps}——食品颗粒-蒸汽对流传热系数，W/（m^2·℃）

h_v——球缺容器半径高度，m

h_{vb}——火焰-容器对流传热系数，W/（m^2·℃）

h_{vf}——容器-液体对流传热系数，W/（m^2·℃）

H_c——水冷凝潜热，J/（kg·℃）

H_v——水的蒸发潜热，J/kg

I

i——流体序号，无量纲

I——水分蒸发量，kg/（m^3·s）

I_0——起始刺激量

I_A——成熟品质因子 A 的物理刺激强度

J

j——样品被选择为成熟的各个 M 值的序数

j'——样品被选择为成熟的各个 M' 值的序数

J——单位时间通过垂直于扩散方向的单位面积的扩散物质的通量，kg/（m^2·s）

K

k——导热系数，W/（m·℃）

k_0——指前因子，s^{-1}

k_a——空气的导热系数，W/（m·℃）

k_{eff}——多孔介质有效导热系数，W/（m·℃）

k_i——相渗透率，m^2

k_m——食品导热系数，W/（m·℃）

k_n——锅具各层材料导热系数，W/（m·℃）

k_o——油的导热系数，W/（m·℃）

k_p——颗粒导热系数，W/（m·℃）

k_{ref}——参考温度下的反应速率常数，s^{-1}

k_s——固相导热系数，W/（m·℃）

k_S——史蒂文斯心理物理常数

k_{ve}——烹饪容器导热系数，W/（m·℃）

k_w——水的导热系数，W/（m·℃）

k'——绝对渗透率，m^2

k''——相对渗透率，无量纲

k_A——反应物 A 的速率常数，$mol^{1-n}\cdot dm^{3n-3}/s$

k_A——成熟品质因子 A 的心理物理常数

K_g——基于压力的对流传质系数，kg/（s·m^2·Pa）

K_j——选择标度为 M_j 成熟值的样品为成熟的人数

K_j'——选择具有 M_j' 成熟值的样品为成熟的人数

k_t——热敏电阻的导热系数，W/（m·℃）

k_v——水蒸气的导热系数，W/（m·℃）

k_o——油脂扩散速率常数，s^{-1}

L

l——颗粒与流体相互接触区域的高度，m

L——传递过程特征尺寸，m

M

m'——经储存放置后样品质量，g

m_0——热处理初始时刻的样品质量，g

m_f——流体的质量，kg

m_{sfv}——蒸发率，kg/（m^2·s）

m_t——热处理 t 时刻的样品质量，g

m_{t_0}——烹饪至刚好成熟时样品质量，g

M——成熟值，定义为由特定人群感官评价某一特定品质的成熟程度相对参考温度的等效加热时间，min

M_0——样品的初始水分含量，g/g

M_a——空气的分子量，kg/mol

M_A——成熟品质因子 A 的成熟值，min

M_c——中心成熟值，min

M_f——流化气体的摩尔质量，g/mol

M_j——第 j 个被选择为刚成熟样的 M 值

M_j'——第 j 个被选择为成熟的 M'值

M_r——烹饪食材质量，kg

M_m——烹饪传热介质质量，kg

$M_{n,\hbar}$——在烹饪食材全部空间 Ω 上的 $\hbar$ 空间位置的第 n 个过热品质因子的成熟值，min

$M_{w,\infty}$——边界的水分含量，g/g

M_r——水分含量比

M_r'——当油传热达到平衡时的水分含量比

M_s——表面平均成熟值，min

M_T——终点成熟值，min

M_v——蒸汽的分子量，kg/mol

N

n——差异试验数，个

n_i——品质因子个数，个

n_j——样品被选择为成熟的 M'值的总数

$\vec{n}_v$ ——蒸汽的质量流率，kg/（m^2·s）

$\vec{n}_w$ ——水的质量流率，kg/（m^2·s）

N——活菌数，个/g(mL)；初始时间，$N=N_0$

N——TTI 指示剂的酶活，U；初始时间，$N=N_0$

O

O——过热值，min

O_c——中心过热值，min

O_s——表面过热值，min

O_T——终点过热值，达到成熟的时间 t_{MT} 时的过热值，min

$O_{Tm,\hbar}$——在 $\hbar$ 空间位置的第 m 个过热品质因子的终点过热值，min

O_{Ts}——成熟终点表面过热值，min

O_{Tv}——成熟终点体积平均过热值，min

O_v——体积平均过热值，min

P

p——压力，Pa

p_0——基本模型参数（变量）初始值；初始压力，Pa

P_a——面积比功率，W/m^2

p_e——基本模型参数（变量）终点值

P_{eff}——有效加热功率，W

P_h——热源功率，W

p_i——基本模型参数（变量）

P_{im}——介质综合比功率，W/（$kg·m^2$）

P_{ir}——原料综合比功率，W/（$kg·m^2$）

P_m——介质比功率，W/kg

P_r——原料比功率，W/kg

P_s——热源功率，W

Q

q——沸腾热流密度，W/m^2

q_{bf}——火焰到烹饪传热介质热流密度，W/m^2

$q_{f\infty}$——烹饪传热介质到环境的热流密度，W/m^2

Q——球体吸收或放出的热量，J

Q_{100}——100 mL 传热介质蓄热量，J

Q_N——球体从初始时刻到与周围介质处于热平衡过程所传递的能量，J

R

r——热敏电阻的半径，mm

r_A——组分质量生成速率，kg/（$m^3·s$）

R——试样肉柱的半径，m

R_b——燃烧室半径，m

R_i——第 i 个品质因子感官评价权重

R_v——球缺容器半径，m

S

S——饱和度，无量纲

S_A——成熟品质因子 A 感觉强度

S_b——相对体积收缩率，无量纲

S_g——气体的饱和度，无量纲

S_{ir}——不可约饱和度，无量纲

S_p——动量交换源项，kg/（$m^2·s^2$）

S_w——水的饱和度，无量纲

T

t'——无量纲杀菌时间

t_{MT}——达到成熟所需时间，min

T_∞——环境温度，℃

T_b——火焰温度，℃

T_c——中心温度，℃

T_{cb}——燃烧室底面温度，℃

T_{ref}——参考温度，℃

T_s——固体微元的温度，℃

T_{st}——蒸汽温度，℃

T_{ve}——容器内壁暴露部分温度，℃

T_{vi}——容器内壁与流体接触部分温度，℃

T_{vo}——容器外壁温度，℃

T_f——流体的温度，℃

T_p——食材颗粒的温度，℃

T_{ps}——食材颗粒与蒸汽接触部分温度，℃

T'_{vi}——烹饪容器非加热的暴露部分的内壁温度，℃

U

u——质点速度，m/s

u_r——相对运动速度，m/s

U——换热器总体传热系数，W/（m^2·℃）

V

v——运动黏度，m^2/s

v_A——反应物 A 的反应速率，mol/（dm^3·s）

v_r——半径的收缩速度，m/s

v_z——高的收缩速度，m/s

V_0——原料肉的初始体积，m^3

V_{CV}——变异系数变率，$℃^{-1}$

V_f——流体体积，m^3

V_p——颗粒体积，m^3

V_s——体积收缩率，无量纲

V_t——任意时间原料肉的体积，m^3

$V_{w,l}$——原料肉在烹饪过程中的失水体积，m^3

W

w——湿基水分含量，无量纲

w_0——初始湿基水分含量，kg/kg

w_{av}——平均湿基水分含量，kg/kg

X

x——摩尔分数，无量纲

X——干基水分含量，无量纲

X_e——终点干基水分含量，无量纲

Y

y——微生物量的对数值，lg（CFU/g）

y_{max}——微生物达到稳定时的最大量的对数值，lg（CFU/g）

y_s——微生物最小腐败量的对数值，lg（CFU/g）

Z

z——D 值变化一个对数周期所需要的温度，℃；品质因子平均 z 值，℃

z_c——营养变化一个对数周期的温度值，℃

z_M——基于感官评价和心理物理学的烹饪成熟品质因子 z 值，℃

$z_{M\,step}$——设定的 z'_M 值序列的步长，℃

z_m——微生物的 D 值变化一个对数周期的温度值，℃

z_{AM}——成熟品质因子 A 感觉强度的 z 值，℃

z_E ——酶的 z 值，℃

z_O——基于感官评价的烹饪过热品质因子 z 值，℃

Z——试样肉柱的高度，m

Z_t——原料 t 时刻试样肉柱的高度，m

希腊字母及特殊字符

α——导温系数，也称热扩散系数，m^2/s；

α_∞——烹饪容器到环境的辐射传热系数，W/（$m^2 \cdot ℃$）

α_R——火焰到烹饪容器的辐射传热系数，W/（$m^2 \cdot ℃$）

α_T——对流-辐射联合传热系数，W/（$m^2 \cdot ℃$）

β——孔隙生成系数，取值范围 0～1，无量纲

δ——厚度，m

Δ——拉普拉斯算符，$\Delta = \frac{\partial^2}{\partial x^2} + \frac{\partial^2}{\partial y^2} + \frac{\partial^2}{\partial z^2}$

$\Delta T'$ ——过热度，℃

ε——热常数；床层孔隙率

ε_∞——环境黑度，无量纲

ε_v——容器外壁黑度，无量纲

η——能量转化效率

λ_n——非稳态传热解析计算特征值

μ——动力黏度，Pa·s

ρ——密度，kg/m^3

σ——所有差异试验成熟样的 A_{MT} 值的标准差，min

τ_f——流体黏性应力张量，kg/（$m \cdot s^2$）

τ_m——响应时间，s

ϕ_a——空气质量分数，无量纲

ϕ_v——蒸汽质量分数，无量纲

Ω——比表面积，表征样品与加热油脂有效接触面积，是样品表面积与体积的比值，m^{-1}

ω——孔隙率，无量纲

ψ——通用变量，表征温度等求解变量

Γ_ψ——广义扩散系数

ϕ——水的液体-蒸汽界面的表面张力，N/m；

φ_s——体系热效率，无量纲

∇ ——哈密顿算符，$\nabla = \boldsymbol{i}\frac{\partial}{\partial x} + \boldsymbol{j}\frac{\partial}{\partial y} + \boldsymbol{k}\frac{\partial}{\partial z}$

附录二　准　数　表

Ar 是阿基米德数，为浮力与惯性力的比值。

$$Ar = \frac{Gr}{Re^2} = \frac{gL^3\rho_1(\rho - \rho_1)}{\mu^2}$$

式中：g 是重力加速度，9.81 m/s^2；ρ_1 是流体的密度，kg/m^3；ρ 是物体的密度，kg/m^3；μ 是动态黏度，Pa·s；L 是物体特征尺寸，m。

Bi 是毕渥数，为物体内部和物体表面热阻的比值。

$$Bi = \frac{hL}{k}$$

式中：h 是对流传热系数，W/（m^2·℃）；L 是物体特征尺寸，m；k 是固体的导热系数，W/（m·℃）。

Bi_m 是传质毕渥数，为物体内部和物体表面传质阻力的比值。

$$Bi_m = \frac{h_m L}{D}$$

式中：h_m 是对流传质系数，m/s； L 是物体特征尺寸，m；D 是固体内部的传质系数，m^2/s。

Fo 是热传导傅里叶数，为热传导速率和热量储存速率的比值。

$$Fo = \frac{\alpha t}{L^2}$$

式中：α 是热扩散率，m^2/s；t 是特征时间，s；L 是物体特征尺寸，m。

Fo_m 是质量扩散傅里叶数，为质量扩散速率和质量储存速率的比值。

$$Fo_m = \frac{Dt}{L^2}$$

式中：D 是质量扩散率，m^2/s；t 是特征时间，s；L 是物体特征尺寸，m。

Fr 是弗鲁德数，为惯性力与重力的比值。

$$Fr = \frac{u}{\sqrt{gL}}$$

式中：u 是流速，m/s；g 是重力加速度，9.81 m/s^2；L 是物体特征尺寸，m。

Ga 是伽利略数，为重力与黏滞力的比值。

$$Ga = \frac{gL^3}{v^2}$$

式中：g 是重力加速度，9.81 m/s^2；L 是物体特征尺寸，m；v 是运动黏度，m^2/s。

Gr 是格拉斯霍夫数，为作用在流体上的浮力与黏性力的比值。

$$Gr = \frac{g\beta\Delta T' L^3}{v^2}$$

式中：β 是热膨胀系数，K^{-1}；g 是重力加速度，9.81 m/s^2；L 是物体特征尺寸，m；$\Delta T'$ 是温差，℃；v 是运动黏度，m^2/s。

Kd 是冷凝准数，为温差和物性对冷凝的影响。

$$Kd = \frac{H_c}{c_p(T_{st} - T_{ps})}$$

式中：H_c 是水分冷凝潜热，J/（kg·℃）；c_p 是比热容，J/（kg·℃）；T_{st} 是蒸汽温度，℃；T_{ps} 是颗粒表面温度，℃。

Nu 是努塞尔数，为跨边界的对流与传导热传递的比值。

$$Nu = \frac{hL}{k}$$

式中：h 是流体的对流传热系数，W/（m^2·℃）；L 是特征尺寸，m；k 是流体的导热系数，W/（m·℃）。

Pe 是传热佩克莱数，为热对流速率与热扩散速率之比。

$$Pe = \frac{uL}{\alpha} = RePr$$

式中：L 是物体特征尺寸，m；u 是局部流速，m^2/s；α 是热扩散系数，m^2/s。

Pr 是普兰特数，为动量传输及热量传输速率的比值。

$$Pr = \frac{c_p\mu}{k} = \frac{v}{\alpha}$$

式中：v 是运动黏度，m^2/s；α 是热扩散率，m^2/s；μ 是动力黏度，Pa·s；k 是流体热传导系数，W/（m ℃）；c_p 是比热容，J/（kg ℃）。

Ra 是雷利数，为自然对流与热传导之比对给热的影响。

$$Ra = \frac{g\beta L^2 \Delta T c_p \rho^2}{\mu k}$$

式中：g 是重力加速度，9.81 m/s^2；β 是热膨胀系数，$℃^{-1}$；L 是物体特征尺寸，m；ΔT 是温差，℃；c_p 是比热容，J/（kg·℃）；ρ 是流体的密度，kg/m^3；μ 是流体的动力黏度，pa·s；k 是流体热传导系数，W/（m·℃）。

Re 是雷诺数，为流体惯性力与黏性力的比值。

$$Re = \frac{Lu\rho}{\mu}$$

式中：ρ 是流体的密度，kg/m^3；u 是流速，m/s；L 是物体特征尺寸，m；μ 是流体的动力黏度，Pa·s。

Θ 是过余温度准数。

$$\Theta = \frac{T - T_0}{T_\infty - T_0}$$

式中：T 是物体温度，℃；T_0 是初始温度，℃；T_∞ 是流体温度，℃。

θ 是过余水分含量准数。

$$\theta = \frac{C_t - C_\infty}{C_i - C_\infty}$$

式中：C_t 是 t 时刻水分含量，%；C_i 是初始水分含量，%；C_∞ 是外部流体水分含量，%。

附录三　名 词 解 释

B

爆：针对烹饪表面换热情况的科学命名词头，流体颗粒对流传热系数高于设定值，即 $h_{\mathrm{fp}} \geqslant \mathrm{Hb}$，Hb 为设定值。

表观对流传热系数：当固液比较高时，固体颗粒不被传热介质淹没，而是在搅拌后，固体颗粒与传热介质周期性或不规则相互接触和运动，可以沿用研究液体-表面换热的传热学研究方法，获得的对流传热系数可以称为表观对流传热系数。

边界条件：能够用来说明某一具体物理现象边界上的约束情况的条件，即描述物理过程边界状态的数学条件。

变异系数最小值法：以假设的序列 z_{M}值计算得到各个差异试验条件下 M_{f}值之间的变异系数 CV，其中最小的标准偏差所对应的 z_{M}值即为目标值。

标准差最大曲率法：以假设的序列 z_{M}值计算得到各个差异试验条件下 M_{f}值之间的标准偏差 σ，然后计算 σ-z_{M}曲线的曲率 CT，其中最大曲率对应的 z_{M}值即为目标值。

标准差最小值法：以假设的序列 z_{M}值计算得到各个差异试验条件下 M_{f}值之间的标准偏差 σ，其中最小的标准偏差所对应的 z_{M}值即为目标值。

闭环控制：由被控量反馈的控制。在反馈控制系统中，控制装置对被控对象施加的控制作用，以取自被控变量的反馈信息不断修正被控量与输入量之间的偏差，从而实现对被控对象进行控制的任务。

C

差异试验：在成熟值测量中，专门设计的形成不同成熟温度历史的烹饪试验，以形成成熟值测量所需的差异试验终点成熟值之间的统计偏差。

超高温杀菌（ultra high temperature sterilization，UHTS）：加热温度为 135～150℃，加热时间为 2～8 s，加热后产品达到商业无菌要求的杀菌过程。

炒：针对烹饪表面换热情况的科学命名词头，指烹饪中使用了外加的搅拌措施。

成熟：指烹饪过程中烹饪品质达到完善的程度。具体地，在烹饪加热中食材升温形成的化学、物理变化导致作为成熟感官刺激的物理基础的品质因子逐渐积累，当这些刺激的强度达到人类心里认可的成熟感觉强度时，食品达到成熟。

成熟加速率：成熟速率随时间变化的速率。

成熟品质因子：表征食品成熟的品质因子（参见品质因子词条）。

成熟时间（done time or matured time）：在烹饪加热过程中达到烹饪成熟的时间，

称为成熟时间 t_{MT}（done time or matured time），也即烹饪的加热终止时间。

成熟值：由特定人群感官评价某一特定品质的成熟程度相对参考温度的等效加热时间。

成熟值标度：对特定烹饪通过温度历史计算得到烹饪过程中某一时间点的食材的 M 值。

成熟值理论：也可称为火候理论，是由主客观结合的烹饪成熟和过热动力学、烹饪热质传递原理、烹饪品质优化三个部分有机结合组成的。其同时包含了概念、判断、推理等思维类型，有其内在逻辑关系，其发展建立也经历了假设-验证的过程，因此称其为理论。

初始条件：能够用来说明某一具体物理现象初始状态的条件，即描述物理过程初始状态的数学条件。

C **值**：即蒸煮值（cooking value），是食品加热品质损失相对参考温度的等效加热时间，即加热品质损失程度相当于在参考温度下加热 1 min 的分钟数，故称为等效加热时间，可以用于计算变温热处理中的等效品质损失。

D

等效尺寸（equivalent size）：烹饪或杀菌过程中达到相同目标热处理条件时两种不同形状食品之间具有相同热处理时间的两尺寸互称为等效尺寸。所谓尺寸，包含了形状。

低温敏食材：z_M 值>30℃的食材。

典型烹饪过程：开放容器中流体-颗粒烹饪食材的相对运动以及传热、传质和品质变化过程。

电离辐射杀菌：通过电子束或 X 射线或 γ 射线照射食品使食品达到杀菌条件的方法。

定位法：通过定量测定热处理前后的品质因子变化以确定或评价热处理强度。

动态烹饪：人工施加强制运动的烹饪。

对流传质系数：流体与表面进行对流传质时，单位时间、单位浓度差、单位面积下的传质质量。

多孔介质：指多孔固体骨架构成的孔隙空间中充满单相或多相介质，固体骨架遍及多孔介质所占据的体积空间，孔隙空间相互连通，其内的介质可以是气相流体、液相流体或气液两相流体。

D **值**：微生物数量或者反应物浓度递减一个对数周期所需的时间。

F

非容器烹饪：烹饪时没有容器或容器不作为食品体系的直接热源，如微波、焙烤、烧烤等烹饪方式。

非稳态传热：指在导热过程中，温度场随时间变化，即温度分布和热流量分布随时间和空间的变化。

非稳态火候：其特征为在烹饪成熟过程中固体烹饪食材从外到内存在温度梯度。

非正规状况阶段：在非稳态传热过程中，颗粒与流体接触的初始阶段，温度分布受温度初始分布影响很大，称为非正规状况阶段。

FUHTS 原理验证设备：由杀菌机构、介质加热循环系统、自动控制及参数采集记录系统、真空系统等组成，具有固体食品流态化超高温杀菌、真空-流态化冷却、温度及 F 值/C 值实时采集、杀菌条件程序控制等功能。

***F* 值**：达到等效于在参考温度 T_{ref} 下加热 1min 的杀菌效果所需的时间（min）。

G

高耗能组织假说（expensive-tissue hypothesis）：随着动物的大脑体积不断增加，其耗能也越来越大，必须补充能量以维持其运转，如转变食性——寻找高营养的食物，如坚果和肉类，或者学习烹饪——熟食不需要太多能量即可消化。

高温敏食材：z_M 值 0～15℃的食材。

高压杀菌：又称为高压处理技术（high pressure processing，HPP）、高静压技术（high hydrostatic pressure，HHP），即通过 100～1000 MPa 的高压处理杀死食品中的大部分或全部微生物达到保藏食品的目的。

公式法（the formula method）：也称为 Ball 法，将时间温度数据半对数线性化，由杀菌目标函数值倒推计算杀菌时间的计算方法。

过热：食材的烹饪加热成熟时，不可避免地导致一些有益热敏性品质的减少和不期望的有害品质的产生，称为烹饪过热。

过热加速率：过热速率随时间变化的速率。

过热品质因子：表征食品过热的品质因子（参见品质因子词条）。

过热值（overheated value）：简称 O 值，由某一烹饪过热品质因子变化程度相对参考温度的等效加热时间。可以由特定人群感官评价结合动力学或仅由化学反应动力学得到。

H

火候：使菜肴成熟且总体品质达到最优的烹饪加热程度，即达到终点成熟值的同时使得终点过热值最小。

火候控制：实质是一种过程控制，控制烹饪操作变量达到火候被控变量的设定目标。成熟值 M 为第一被控变量，终点成熟值 M_T 作为控制目标设定值。过热值等参数为第二被控变量，其值达到最优作为控制目标。操作变量为能够影响烹饪温度历史的可控操作参数，主要包括加热功率控制、食材运动控制和加热时间控制等。

火候优化数学模型：限制函数为终点成熟值 M_T，目标函数为过热值或品质保持率，优化变量为影响烹饪温度的各个操作参数，过程模型为烹饪热质传递模型的优化模型。

Hb：定义爆的对流传热系数数值，当对流传热系数超过 Hb 时，烹饪工艺即可加上爆的词头或词尾。

J

基本推算法（the general method）：以时间温度历史通过积分计算包装食品的杀菌动力学指标函数。

计算流体动力学：随着计算机的发展而产生的一个介于数学、流体力学和计算机之间的交叉学科，主要研究内容是通过计算机和数值方法来求解流体力学的控制方程，对流体力学问题进行模拟和分析。计算流体动力学将流体力学的控制方程中积分、微分项近似地表示为离散的代数形式，使其成为代数方程组，然后通过计算机求解这些离散的代数方程组，获得离散的时间/空间点上的数值解。

技艺（skill）：是指工具和材料使用中的才智、技术或品质性手艺，主要依靠手工劳动。

浸：针对烹饪加热温度的科学命名词头，指烹饪加热介质温度在 90℃～B.P.（水的沸点），不含 B.P.。

经验模型：在没有理论依据时，以实测数据为基础，通过经验由各种拟合方法获得的数据间定量公式。

静态烹饪：没有人工施加强制运动的烹饪。

K

开环控制：指控制装置与被控对象之间只有顺向作用而没有反向联系的控制过程，其特点是系统的输出量不会对系统的控制作用发生影响。

控制方程：流动和传热问题中满足守恒定律的数学表达式，能够比较准确、完整地描述过程规律。

L

冷链复热技术：烹饪成品冷藏后加热升温以备食用的技术。

流态化超高温杀菌（fluidization ultra high temperature sterilization，FUHTS）：利用流态化快速加热、流态化冷却或闪急蒸发冷却组合而成的一种新型杀菌技术。

M

模型验证：指测定模型对实际过程的预测能力（即可信程度）的过程。

O

欧姆加热（Ohmic heating）：也称为焦耳加热（Joule heating）、电阻加热（electrical resistance heating）和电导加热（electroconductive heating），可以定义为：以加热为主要目的，电流直接通过食品使热量以内能的形式产生在物料和其他物料内部的技术。

P

烹饪：食物原料加热至熟的过程。

烹饪产品：包含烹饪结束后的成品以及烹饪成品经过后处理后得到的产品。

烹饪成品：烹饪结束后的成品，与后处理杀菌后的烹饪产品有所区别。

烹饪成熟：烹饪过程中烹饪品质达到期望的程度。

烹饪成熟值的空间分布：烹饪成熟可能出现在中心、表面、体积或者它们的复合。

烹饪传热介质：指在烹饪容器内从烹饪容器吸热而对烹饪食材颗粒进行加热的传热媒介。

烹饪传热学及动力学数据采集分析系统：可高精度、多点度采集获得烹饪过程温度历史，实时计算采集和显示烹饪 M 值/O 值等动力学参数。

烹饪工艺：将食材加热为成熟成品的具体技术流程，包括原料配比、参数、加热条件等全部技术措施。

烹饪后处理：菜肴烹饪完成至人们食入前的所有加工操作，如加热升温、包装、杀菌、冷藏、保温、配送等。

烹饪科学：研究烹饪的成熟原理、传递过程原理、品质优化原理及它们的应用的科学。

烹饪模拟装置：通过油浴槽以泵或搅拌器使食材颗粒与油脂产生相对运动的装置，与烹饪传热学及动力学数据采集分析系统结合，可用于对油炒和其他烹饪过程的模拟与研究。

烹饪前处理：烹饪加热至熟之前的一切食材加工操作，如拣选、除杂、清洗、去皮、切割（刀工）、涨发、混合、烫漂、浸渍等。

烹饪食材：所有进入烹饪容器并最终成为烹饪成品的物料，也包括加入目的是成为烹饪成品但在加工中被蒸发、粘锅等损耗了的部分。

烹饪食材颗粒：烹饪食材中的固体部分，在除了汤汁以外的大多数烹饪品种中构成了烹饪品质的主体。

品质因子：烹饪时能够反映食材的物理、化学和生物变化的单一的、可测定的品质指标。

平均终点成熟值（average termination maturity value）：记为 AM_T，是特定人群判定多个品质因子达到成熟点时相对于参考温度的平均等效加热时间，即多个品质因子 M_T 的统计平均。为表达方便，也常常用 M_T 来表示。

R

热：针对烹饪加热温度的科学命名词头，指烹饪加热介质温度≥B.P.（水的沸点）。

热处理验证系统（thermal validation system）：食品领域的传热学和动力学试验研究设备，也称为热力温度验证系统。

热堆积：烹饪热量传递中遇到热阻而热量蓄积后，温度急剧升高。

热堆积现象：在油炸、煎、烘焙等烹饪过程中，食物颗粒表面温度达到水的沸点后形成蒸发界面，并在此后发生蒸发界面移动，食材颗粒被分为壳层与核心两大区域，发生于壳层的焦煳、固结等现象统称为热堆积现象。

热阱：通常是指能够无限制吸收热量并将热量排出系统的散热器或散热机制。

热链技术：烹饪后的保温配送称为热链技术。

热阻：指的是当有热量在物体上传输时，在物体两端温度差与热源的功率之间的比值。

容器烹饪：指烹饪过程中容器是食品体系的唯一直接热源的烹饪。

S

食材热处理变形：热处理中食材的形状和尺寸的变化，如收缩和膨胀。

食品模拟物：在实验室制作的一类用于研究食品热处理的实验模型，用于替代真实的食品材料，可消除真实食品不均匀的、复杂多样的外形结构与内部组成对实验结果带来的负面影响，以更真实、准确地反映食品热处理效果。

食品热处理：通过加热、保温或者冷却的手段，食品达到质量、安全指标的同时实现品质最优。

食品热处理设计（thermal processing evaluation）：又称热处理计值，即按传热学和动力学原理以一定方法确定热处理条件参数。

时间温度积分器（time temperature integrator）：是用于模拟目标质量参数随时间温度的总体变化效果的可以方便准确测量的小型装置。

时间温度积分器系统（time temperature integrator system，TTIs）：时间温度积分器与食品模拟物的组合，结合数学模型可推算食品热处理的温度历史及动力学后果。

数学物理方程：指从物理学及其他各门自然科学、技术科学中所产生的偏微分方程，它们反映了有关的未知变量关于时间的导数和关于空间变量的导数之间的制约关系。

数学物理方法：原意是将物理问题翻译成数学问题，求解，并得到解。本书中主要指结合动力学和热质传递原理联合计算出热处理后果，用于热处理设计。

数值模拟：也称计算机模拟。依靠电子计算机，通过对时间及空间的离散，以及数值计算和图像显示的方法，达到对工程问题和物理问题等各类问题研究的目的。

T

停留时间分布（residence time distribution，RTD）：流体-颗粒运动中，颗粒与液体、颗粒与颗粒之间的运动不能完全同步，形成了颗粒运动在系统中的停留时间分布。

同时测量 M_T 和 z_M 的假设试算法：基于 *D-z* 值模型通过差异试验得到由假设 z_M' 值计算的 M'值标度的样品，感官评价取得成熟样，统计分析得到差异试验成熟样 M_T'之间的统计偏差，统计偏差最小的 z_M'即目标 z_M，以目标 z_M 计算得到该食材的目标 M_T 值。

W

网格划分：将模型空间划分成很多小的单元。

微波杀菌：使用 2458 MHz 和 915 MHz 电磁波穿透食品，使食品加热达到杀菌条件。

韦伯-费希纳定律（Weber-Fechner's law）：感觉强度 *S* 同刺激强度 *I* 的对数成正比，$S=k_F \lg I$，比例系数为心理物理常数 k_F。

温度历史（temperature history）：指时段内温度的总体历程，并非时间温度的简单一一对应关系，一段温度历史决定了特定的动力学后果，区别于传热学意义上的时间温度关系。

稳态传热：指传热系统中各点的温度仅随位置而变化，不随时间而改变，这种传热过程称为稳态传热。

稳态火候：其特征为，烹饪加热过程的大多数时间中食材的温度和温度分布都保持稳定，总体上呈稳态，不同空间位置的品质变化是相同的。

无菌工艺：食品加工中采用超高温短时杀菌结合无菌包装称为无菌工艺。

焐：针对烹饪加热温度的科学命名词头，指烹饪加热温度在常温～90℃，不包括 90℃。

X

心理物理学（psychophysics）：研究心理量与物理量之间的数量关系，解决心理量的计量问题。

蓄热能力：指不考虑外部热源传热，仅以传热介质的温度降低向烹饪食材提供热量的能力。

Y

曳力系数（流体阻力系数）：是流体作用于颗粒上的曳力对颗粒在其运动方向上的投影面积与流体动压力乘积的比值。

优化变率：是过热值相对成熟值的变化率，反映了烹饪品质优化空间的状况。

油炒：以多量油为传热介质的快速烹饪方式的通称，耦合了蒸发相变、内部液体/气体传递、体积收缩等的复杂过程，通常短促剧烈。

Z

再制生食：食材经过加工重组后仍必须加热烹饪后才能食用的烹饪食材。

正规状况阶段：在非稳态传热过程中，一定时间后，初始温度分布的影响消失，称为正规状况阶段。

终点成熟值（termination maturity value）：记为 M_T，是成熟时间点的成熟值。

终点过热值（termination over heated value）：达到成熟的时间 t_{MT} 时的过热值，记为 O_T，定量表达了烹饪完成后品质劣化的程度。

中温敏食材：z_M 值 15～30℃（不包括 15℃）的食材。

主食固体食品：具有高水分活度、低酸性特点的固体烹饪成品食品。

z_M：反映成熟品质因子的感官响应对烹饪温度变化的敏感程度。

z 值：为 D 值变化一个对数周期所需要的温度，表征了该品质因子对温度变化的敏感程度，其值越小说明对温度越敏感。

附录四　变异系数变率定值法测定 M_T 和 z_M 的 MATLAB 代码

```
%变率法 MT 及 zM 值计算代码
%版本 2.01，编写邓力，许安芸，日期 2022.5.20
%注：本版本针对 3 个差异试验，每组试验取样 10 次，可自由增减，相应调整代码；本版本应用于本书 3.2.2 算例
%————————输入差异试验一～三所有标度 M 值序列样品的温度历史，→代表采集的温度时间数据————————
clear all; close all ;
t1=[→];t2=[→];t3=[→];t4=[→];t5=[→];t6=[→];t7=[→];t8=[→];t9=[→];t10 =[→];%温度序列输入
nu1=length(t1);nu2=length(t2);nu3=length(t3);nu4=length(t4);nu5=length(t5);nu6=length(t6);nu7=length(t7);nu8=length(t8);nu9=length(t9);nu10=length(t10); %得到温度历史的数值长度，即时间
TT1=[1:1:nu1];    TT2=[1:1:nu2];    TT3=[1:1:nu3];    TT4=[1:1:nu4];    TT5=[1:1:nu5]; TT6=[1:1:nu6]; TT7=[1:1:nu7]; TT8=[1:1:nu8]; TT9=[1:1:nu9]; TT10=[1:1:nu10]; %温度历史时间序列，采样间隔为 1s，否则乘上采样间隔
%-输入差异试验二所有标度 M 值序列样品的温度历史
u1=[→];u2=[→];u3=[→];u4=[→];u5=[→];u6=[→];u7=[→];u8=[→];u9=[ →];u10 =[→];
nu11=length(u1);nu22=length(u2);nu33=length(u3);nu44=length(u4);nu55=length(u5);nu66=length(u6);nu77=length(u7);nu88=length(u8);nu99=length(u9);nu110=length(u10);
TTT1=[1:1:nu11];TTT2=[1:1:nu22];TTT3=[1:1:nu33];TTT4=[1:1:nu44];TTT5=[1:1:nu55];TTT6=[1:1:nu66]; TTT7=[1:1:nu77]; TTT8=[1:1:nu88]; TTT9=[1:1:nu99]; TTT10=[1:1:nu110];
%输入差异试验三所有标度 M 值序列样品的温度历史
k1=[→];k2=[→];k3=[→];k4=[→];k5=[→];k6=[→];k7=[→];k8=[→];k9=[→];k10 =[→];
nu111=length(k1);nu222=length(k2);nu333=length(k3);nu444=length(k4);nu555=length(k5);nu666=length(k6);nu777=length(k7);nu888=length(k8);nu999=length(k9);nu1110=length(k10);
T1=[1:1:nu111];T2=[1:1:nu222];T3=[1:1:nu333];T4=[1:1:nu444];T5=[1:1:nu555];T6=[1:1:nu666]; T7=[1:1:nu777]; T8=[1:1:nu888]; T9=[1:1:nu999]; T10=[1:1:nu1110];
%————————计算各差异试验标度 M 值序列样品的假设 zM´值序列对应的假设终点成熟值 MT´序列————
%建立各差异试验所有标度 M 值序列样品的 MT´空矩阵
A1=[];A2=[];A3=[];A4=[];A5=[];A6=[];A7=[];A8=[];A9=[];A10=[];
A11=[];A22=[];A33=[];A44=[];A55=[];A66=[];A77=[];A88=[];A99=[];A110=[];
A111=[];A222=[];A333=[];A444=[];A555=[];A666=[];A777=[];A888=[];A999=[];A1110=[];
%参数设置
step=0.1;  %设置 zM 试算步长                    Ztest=80;  %设置 zM 试算终止值
zmin=15;  %设置 zM 试算起始值                   Tref=70;   %设置参考温度
%差异试验一每个样品的 MT´序列计算和空矩阵赋值
for i=1:(Ztest/step-zmin/step+1);  %  zM 试算值计算范围
z=zmin+step*(i-1);
Mm1=cumtrapz(TT1/60,10.^((t1-Tref)/z));      Mm6=cumtrapz(TT6/60,10.^((t6-Tref)/z));
Mm2=cumtrapz(TT2/60,10.^((t2-Tref)/z));      Mm7=cumtrapz(TT7/60,10.^((t7-Tref)/z));
Mm3=cumtrapz(TT3/60,10.^((t3-Tref)/z));      Mm8=cumtrapz(TT8/60,10.^((t8-Tref)/z));
Mm4=cumtrapz(TT4/60,10.^((t4-Tref)/z));      Mm9=cumtrapz(TT9/60,10.^((t9-Tref)/z));
Mm5=cumtrapz(TT5/60,10.^((t5-Tref)/z));      Mm10=cumtrapz(TT10/60,10.^((t10-Tref)/z));
%-对 MT´空矩阵赋值，完成 MT´计算
A1(i)=Mm1(1,nu1);     A4(i)=Mm4(1,nu4);     A7(i)=Mm7(1,nu7);     A10(i)=Mm10(1,nu10);
A2(i)=Mm2(1,nu2);     A5(i)=Mm5(1,nu5);     A8(i)=Mm8(1,nu8);
A3(i)=Mm3(1,nu3);     A6(i)=Mm6(1,nu6);     A9(i)=Mm9(1,nu9);
%差异试验二每个样品 MT´序列计算和空矩阵赋值
Mm11=cumtrapz(TTT1/60,10.^((u1-Tref)/z));    Mm66=cumtrapz(TTT6/60,10.^((u6-Tref)/z));
Mm22=cumtrapz(TTT2/60,10.^((u2-Tref)/z));    Mm77=cumtrapz(TTT7/60,10.^((u7-Tref)/z));
Mm33=cumtrapz(TTT3/60,10.^((u3-Tref)/z));    Mm88=cumtrapz(TTT8/60,10.^((u8-Tref)/z));
Mm44=cumtrapz(TTT4/60,10.^((u4-Tref)/z));    Mm99=cumtrapz(TTT9/60,10.^((u9-Tref)/z));
Mm55=cumtrapz(TTT5/60,10.^((u5-Tref)/z));    Mm110=cumtrapz(TTT10/60,10.^((u10-Tref)/z));
A11(i)=Mm11(1,nu11);  A44(i)=Mm44(1,nu44);  A77(i)=Mm77(1,nu77);  A110(i)=Mm110(1,nu110);
A22(i)=Mm22(1,nu22);  A55(i)=Mm55(1,nu55);  A88(i)=Mm88(1,nu88);
A33(i)=Mm33(1,nu33);  A66(i)=Mm66(1,nu66);  A99(i)=Mm99(1,nu99);
%差异试验三每个样品 MT´序列计算和空矩阵赋值
```

```
Mm111=cumtrapz(T1/60,10.^((k1-Tref)/z));      Mm666=cumtrapz(T6/60,10.^((k6-Tref)/z));
Mm222=cumtrapz(T2/60,10.^((k2-Tref)/z));      Mm777=cumtrapz(T7/60,10.^((k7-Tref)/z));
Mm333=cumtrapz(T3/60,10.^((k3-Tref)/z));      Mm888=cumtrapz(T8/60,10.^((k8-Tref)/z));
Mm444=cumtrapz(T4/60,10.^((k4-Tref)/z));      Mm999=cumtrapz(T9/60,10.^((k9-Tref)/z));
Mm555=cumtrapz(T5/60,10.^((k5-Tref)/z));      Mm1110=cumtrapz(T10/60,10.^((k10-Tref)/z));

A111(i)=Mm111(1,nu111);A444(i)=Mm444(1,nu444);A777(i)=Mm777(1,nu777);A1110(i)=Mm1110(1,nu1110);
A222(i)=Mm222(1,nu222);A555(i)=Mm555(1,nu555);A888(i)=Mm888(1,nu888);
A333(i)=Mm333(1,nu333);A666(i)=Mm666(1,nu666);A999(i)=Mm999(1,nu999);
end
%————————————计算假设zM´值序列对应各差异试验平均终点成熟值AMT´序列————————————
%根据各差异试验感官评价成熟样选择次数，统计计算每个差异试验的各个品质因子对应MT´
mt1=[(A6*2+A7*4+A8*2+A9*2)/10];     %差异试验一颜色，A6选择人数2，A7选择人数4，A8选择人数2，A9选择人数2，下同
mt11=[(A6*3+A7*5+A8*1+A9*1)/10];    %差异试验一口感
mt111=[(A6*3+A7*4+A8*2+A9*1)/10];   %差异试验一气味，以下差异试验二、三与差异试验相同
mt2=[(A44*1+A55*5+A66*3+A77*1)/10];         mt3=[(A333*2+A444*4+A555*3+A666*4)/10];
mt22=[(A44*2+A55*5+A66*2+A88*1)/10];        mt33=[(A333*2+A444*5+A555*3)/10];
mt222=[(A44*2+A55*4+A66*3+A77*1)/10];       mt333=[(A333*3+A444*4+A555*2+A666*1)/10];
%输入感官品质因子权重
a=0.32;  % 味感              b=0.32;  % 嗅感                  c=0.36;  % 口感
%计算三个差异试验的平均终点成熟值AMT´
amt11=(mt1.*a+mt11.*b+mt111.*c);            amt3=(mt3.*a+mt333.*b+mt333.*c);
amt2=(mt2.*a+mt22.*b+mt222.*c);
%构建AMT´值空矩阵
K=zeros(3,(Ztest/step-zmin/step+1));
%以三个差异试验的AMT´值对空矩阵K赋值，共3行
K(1,:)=amt11;                K(2,:)=amt2;                K(3,:)=amt3;
%————————————————计算相同假设zM´对应的各差异试验AMT´的CV变率————————————
for i=1:(Ztest/step-zmin/step+1);
   tt(i)=std(K(:,i));   %各时间点下差异试验的成熟值的标准差
   v1(i)=std(K(:,i))/mean(K(:,i));%各z点下差异试验成熟值的变异系数
   y0=tt(1,:) ;  %所有z点下差异试验成熟值的标准差
   y=v1(1,:);    %所有z点下差异试验成熟值的CV值
end
for i=1:(Ztest/step-zmin/step);
   yy0(i)=(std(K(:,i))-std(K(:,i+1)))./std(K(:,i))./step;   %单位zM´值变化导致的标准差变率
   yy(i)=(std(K(:,i))/mean(K(:,i))-
std(K(:,i+1))/mean(K(:,i+1)))./(std(K(:,i))/mean(K(:,i)))./step; %单位zM值变化导致的CV变率
   nnn=i;
end
%————————————由CV变率- zM´曲线以CV变率定值插值得到目标zM并绘图————————————
%参数设置
x=[zmin:step:Ztest];   %zM´试算值范围          ERROR=0.05;      %设置变率数值
%取得计算结果
xx=[zmin:0.001:Ztest];   %设置zM´插值分段
zzz=interp1(x(1:length(x)-1),yy,xx);%对CV变化率以zM´插值分段线性插值
ind=find(zzz<=ERROR); %找到CV变化率以zM´插值分段线性插值中的所有非零元素，得到CV=0.05的点
Zopti=xx(ind(1))      %从zM´插值分段范围中得到目标zM值
Zopti2=xx(ind(2))     %从zM´插值分段范围中得到对比zM´值，下同
Zopti3=xx(ind(3))
Zopti4=xx(ind(length(ind)))      %在zM´插值分段范围中找到整段向量中zM´值
figure('name','z-CV曲线')
plot(x,y, '-','linewidth',1.5)  %绘制zM´-CV曲线
hold on
[~,minFlag]=min(y);   %找到差异试验AMT´值最小CV
x_min=x(minFlag);  %CV最小值对应的x轴
y_min=y(minFlag);   %CV最小值对应的y轴
plot(x_min,y_min,'rp')   %在zM´-CV曲线中画出CV最小点
CVopti=interp1(x,y,Zopti)   %目标点的CV值
hold on
plot(Zopti,CVopti,'ro','linewidth',1.5);  %在zM´-CV曲线中画出目标zM值对应的CV点
figure('name','z-标准差曲线');
plot(x,y0, 'o'); %绘制zM´-标准差曲线
```

```
[~,minFlag1]=min(y0) ;  %差异试验 AMT´值最小标准差
x_min=x(minFlag1);   %标准差最小值对应的 x 轴
y0_min=y0(minFlag1);  %标准差最小值对应的 y 轴
hold on
plot(x_min,y0_min,'rp');    %在 zM´-标准差曲线中画出最小标准差
hold on
STopti=interp1(x,y0,Zopti)   %目标 zM 的标准差
hold on
plot(Zopti,STopti,'ro','linewidth',1.5);
figure('name','z-变率曲线')
plot(x(1:length(x)-1),yy,'b-','linewidth',1.5,'color','k');   %绘制 zM´-变率曲线
hold on
BLopti=interp1(x(1:length(x)-1),yy,Zopti)   %在目标 zM-变率中插值
plot(Zopti,BLopti,'-','linewidth',1.5,'color','k');
line([zmin Ztest],[ERROR ERROR],'linestyle','--','color','k','linewidth',1); %在图上绘制目标点的变率
hold on
%————————按试验标度M值序列样品温度历史并以得到zM值计算目标综合终点成熟值————————
% MT计算
MMm11=cumtrapz(TT1/60,10.^((t1-Tref)/Zopti));
MMm22=cumtrapz(TT2/60,10.^((t2-Tref)/Zopti));
MMm33=cumtrapz(TT3/60,10.^((t3-Tref)/Zopti));
MMm44=cumtrapz(TT4/60,10.^((t4-Tref)/Zopti));
MMm55=cumtrapz(TT5/60,10.^((t5-Tref)/Zopti));
MMm66=cumtrapz(TT6/60,10.^((t6-Tref)/Zopti));
MMm77=cumtrapz(TT7/60,10.^((t7-Tref)/Zopti));
MMm88=cumtrapz(TT8/60,10.^((t8-Tref)/Zopti));
MMm99=cumtrapz(TT9/60,10.^((t9-Tref)/Zopti));
MMm1100=cumtrapz(TT10/60,10.^((t10-Tref)/Zopti));
%得到 MT-时间关系
MT11=MMm11(1,nu1);  MT22=MMm22(1,nu2);
MT33=MMm33(1,nu3);    MT44=MMm44(1,nu4);    MT55=MMm55(1,nu5);    MT66=MMm66(1,nu6);
MT77=MMm77(1,nu7);  MT88=MMm88(1,nu8);  MT99=MMm99(1,nu9);  MT10=MMm1100(1,nu10);
MMMm11=cumtrapz(TTT1/60,10.^((u1-Tref)/Zopti));
MMMm22=cumtrapz(TTT2/60,10.^((u2-Tref)/Zopti));
MMMm33=cumtrapz(TTT3/60,10.^((u3-Tref)/Zopti));
MMMm44=cumtrapz(TTT4/60,10.^((u4-Tref)/Zopti));
MMMm55=cumtrapz(TTT5/60,10.^((u5-Tref)/Zopti));
MMMm66=cumtrapz(TTT6/60,10.^((u6-Tref)/Zopti));
MMMm77=cumtrapz(TTT7/60,10.^((u7-Tref)/Zopti));
MMMm88=cumtrapz(TTT8/60,10.^((u8-Tref)/Zopti));
MMMm99=cumtrapz(TTT9/60,10.^((u9-Tref)/Zopti));
MMMm1100=cumtrapz(TTT10/60,10.^((u10-Tref)/Zopti));
MMT11=MMMm11(1,nu11); MMT33=MMMm33(1,nu33);   MMT55=MMMm55(1,nu55);MMT77=MMMm77(1,nu77);
MMT22=MMMm22(1,nu22); MMT44=MMMm44(1,nu44);   MMT66=MMMm66(1,nu66);MMT88=MMMm88(1,nu88);
MMT99=MMMm99(1,nu99); MMT10=MMMm1100(1,nu110);
MMMMm11=cumtrapz(T1/60,10.^((k1-Tref)/Zopti));
MMMMm22=cumtrapz(T2/60,10.^((k2-Tref)/Zopti));
MMMMm33=cumtrapz(T3/60,10.^((k3-Tref)/Zopti));
MMMMm44=cumtrapz(T4/60,10.^((k4-Tref)/Zopti));
MMMMm55=cumtrapz(T5/60,10.^((k5-Tref)/Zopti));
MMMMm66=cumtrapz(T6/60,10.^((k6-Tref)/Zopti));
MMMMm77=cumtrapz(T7/60,10.^((k7-Tref)/Zopti));
MMMMm88=cumtrapz(T8/60,10.^((k8-Tref)/Zopti));
MMMMm99=cumtrapz(T9/60,10.^((k9-Tref)/Zopti));
MMMMm1100=cumtrapz(T10/60,10.^((k10-Tref)/Zopti));          MMMT11=MMMMm11(1,nu111);
MMMT22=MMMMm22(1,nu222);       MMMT33=MMMMm33(1,nu333);       MMMT44=MMMMm44(1,nu444);
MMMT55=MMMMm55(1,nu555);       MMMT66=MMMMm66(1,nu666);       MMMT77=MMMMm77(1,nu777);
MMMT88=MMMMm88(1,nu888);   MMMT99=MMMMm99(1,nu999);   MMMT10=MMMMm1100(1,nu1110);
%输入各差异试验不同感官评价选择次数统计计算目标 MT
mmt1=[(MT66*2+MT77*4+MT88*2+MT99*2)/10];           %差异试验一颜色
mmt11=[(MT66*3+MT77*5+MT88*1+MT99*1)/10];          %差异试验一口感
mmt111=[(MT66*3+MT77*4+MT88*2+MT99*1)/10];         %差异试验一气味，下同
mmt2=[(MMT44*1+MMT55*5+MMT66*3+MMT77*1)/10];
mmt22=[(MMT44*2+MMT55*5+MMT66*2+MMT88*1)/10];
mmt222=[(MMT44*2+MMT55*4+MMT66*3+MMT77*1)/10];
```

```
mmt3=[(MMMT33*2+MMMT44*4+MMMT55*3+MMMT66*4)/10];
mmt33=[(MMMT33*2+MMMT44*5+MMMT55*3)/10];
mmt333=[(MMMT33*3+MMMT44*4+MMMT55*2+MMMT66*1)/10];  %差异试验一～三目标综合终点成熟值
ammt1=(mmt1*a+mmt11*b+mmt111*c);                          ammt2=(mmt2*a+mmt22*b+mmt222*c);
ammt3=(mmt3*a+mmt333*b+mmt333*c);
%计算总体目标综合终点成熟值
Amt=(ammt1+ammt2+ammt3)/3;
```